中国古生代地层及标志化石图集
Paleozoic Stratigraphy and Index Fossils of China

中国奥陶纪
地层及标志化石图集

Ordovician
Stratigraphy and Index Fossils of China

张元动　詹仁斌　王志浩　袁文伟　方　翔　梁　艳
燕　夔　王玉净　梁　昆　张俊鹏　陈挺恩　周志强
陈　清　全青完　马　譞　李文杰　武学进　魏　鑫 ◎ 著

图书在版编目（CIP）数据

中国奥陶纪地层及标志化石图集 / 张元动等著. --
杭州：浙江大学出版社，2020.7
ISBN 978-7-308-19840-0

Ⅰ. ①中… Ⅱ. ①张… Ⅲ. ①奥陶纪—区域地层—中国—图集 ②标准化石—中国—图集 Ⅳ. ①P535.2-64 ②Q911.26-64

中国版本图书馆CIP数据核字（2019）第290791号

中国奥陶纪地层及标志化石图集

张元动 詹仁斌 王志浩 袁文伟 方 翔 梁 艳
燕 夔 王玉净 梁 昆 张俊鹏 陈挺恩 周志强
陈 清 全胄完 马 譞 李文杰 武学进 魏 鑫 著

策划编辑 徐有智 许佳颖
责任编辑 潘晶晶 伍秀芳
责任校对 殷晓彤
封面设计 程 晨
出版发行 浙江大学出版社
（杭州天目山路148号 邮政编码：310007）
（网址：http://www.zjupress.com）
排　　版 浙江时代出版服务有限公司
印　　刷 浙江海虹彩色印务有限公司
开　　本 889mm × 1194mm 1/16
印　　张 36.75
字　　数 880千
版 印 次 2020年7月第1版 2020年7月第1次印刷
书　　号 ISBN 978-7-308-19840-0
定　　价 198.00元

审图号：GS（2020）4374号

著者名单

张元动　现代古生物学和地层学国家重点实验室（中国科学院南京地质古生物研究所）；中国科学院生物演化与环境卓越中心；中国科学院大学地球与行星科学学院。ydzhang@nigpas.ac.cn

詹仁斌　现代古生物学和地层学国家重点实验室（中国科学院南京地质古生物研究所）；中国科学院生物演化与环境卓越中心；中国科学院大学地球与行星科学学院。rbzhan@nigpas.ac.cn

王志浩　中国科学院南京地质古生物研究所。zhwang@nigpas.ac.cn

袁文伟　中国科学院南京地质古生物研究所。wwyuan@nigpas.ac.cn

方　翔　现代古生物学和地层学国家重点实验室（中国科学院南京地质古生物研究所）；中国科学院生物演化与环境卓越中心。xfang@nigpas.ac.cn

梁　艳　现代古生物学和地层学国家重点实验室（中国科学院南京地质古生物研究所）；中国科学院生物演化与环境卓越中心。liangyan@nigpas.ac.cn

燕　夔　现代古生物学和地层学国家重点实验室（中国科学院南京地质古生物研究所）；中国科学院生物演化与环境卓越中心。kuiyan@nigpas.ac.cn

王玉净　中国科学院南京地质古生物研究所

梁　昆　现代古生物学和地层学国家重点实验室（中国科学院南京地质古生物研究所）；中国科学院生物演化与环境卓越中心。kliang@nigpas.ac.cn

张俊鹏　现代古生物学和地层学国家重点实验室（中国科学院南京地质古生物研究所）；中国科学院生物演化与环境卓越中心。jpzhang@nigpas.ac.cn

陈挺恩　中国科学院南京地质古生物研究所。chenten40@163.com

周志强　中国地质调查局西安地质矿产研究所。zsy1940@163.com

陈　清　现代古生物学和地层学国家重点实验室（中国科学院南京地质古生物研究所）；中国科学院生物演化与环境卓越中心。qchen@nigpas.ac.cn

全胄完　中国科学院南京地质古生物研究所；中国科学院大学。jjeon@nigpas.ac.cn

马　譞　中国科学院南京地质古生物研究所；中国科学院大学。mxpalaeo11@gmail.com

李文杰　中国科学院南京地质古生物研究所；中国科学院大学。wjli@nigpas.ac.cn

武学进　中国科学院南京地质古生物研究所；中国科学技术大学。xjwu@nigpas.ac.cn

魏　鑫　现代古生物学和地层学国家重点实验室（中国科学院南京地质古生物研究所）；北京大学地球与空间科学学院。xwei@pku.edu.cn

前 言

近年来，当我们阅读有关奥陶系的文献的时候，经常为不同时期所采纳的奥陶纪年代地层划分方案各不相同而感到格外困惑和纠结，需要查阅许多文献或询问有关资深专家才可明确。这种划分方案的差异是地层学不断发展的必然结果。生活在不同历史时期和来自不同国家、机构的奥陶系专家往往倾向于使用有地方特色、时代烙印和反映区域地质历史的划分方案，这就容易导致世界地区之间、时代之隔的地层划分对比呈现差异。为此，国际地质科学联合会（IUGS）于1965年专门成立了国际地层委员会（ICS），旨在在全球范围内通过建立一系列全球界线层型剖面和点位（GSSP，俗称“金钉子”），建立一份全球统一的地质年表，以形成全球地质工作者最基本的共同语言。

1997—2007年，全球奥陶系确立了所有7个阶的“金钉子”，其中有3个建立在我国，包括1997年确立的我国第一个（也是全球奥陶系第一个）“金钉子”——奥陶系达瑞威尔阶全球界线层型。自2007年以来，这套全球奥陶系划分对比标准被世界各国专家广泛参照，发挥了世界共同语言的重要作用。但是，如何更好地在我国使用这套全球划分对比标准，避免“关公战秦琼”的穿越现象，需要一本书来系统性地介绍和阐述我国各个历史阶段的划分方案，明确各划分单元的定义、时限范围和主要地层特征，并根据时间框架建立精确的对比关系。同时，在我国几个主要块体设置10条（华南6条、华北2条、塔里木2条）具有地区特点和沉积相代表性的基干剖面，详细描述它们的多重地层划分序列及其对比关系，可以作为我国奥陶纪地层划分的实体参照标准，从而解决不同相区的划分对比难题。这是本书的第一个预期目的。

目前，国际奥陶系实行“三统七阶”的划分方案。这7个阶的划分都是根据特定生物门类的属种的首次出现层位来定义的，其中5个阶基于笔石，2个阶基于牙形类。奥陶纪是海洋生物大辐射的重要地史时期。当时，海洋中至少已有10多个化石门类，占据了从海底之下到海面的各个生态域。其中，许多类群具备标志化石的主要特征（形态特征显著、延续时限短、地理分布广），在精确划分对比地层中发挥了重要作用。如何准确识别、鉴定和定义这些“阶”界线的化石，以及再细分每个阶内部各个门类的标准化石，就需要通过一部专著来系统性、精准地展示这些化石的主要形态特征和属性。这是本书的第二个预期目的。

我国历来重视分断代的、面向广大地质工作者的、系统性的化石图册编撰工作。在20世纪60年代，中国科学院南京地质古生物研究所就组织编写了各个化石门类的系列小册子，如《笔石》（1960）等，展示各门类主要类群的基本形态特征、地理分布和时代。与此同时，编撰出版了我国各主要区域的标志化石图册，如《华南区标准化石手册》（1964）。在20世纪70年代，编著的《西南地区地层古生物手册》（1974）涉及震旦系—三叠系等断代地层，以及10多个化石门类。20世纪70—80年代又完成了全国分地区、省份的系列化石图册编著工作，如《西南地区古生物图册 贵州分册（一）：寒武纪—泥盆纪》（1978）、《华东地区古生物图册（一）：早古生代分册》（1983）等，以供全国地质工作者共同参照。近20多年来，又开展了多个化石门类的系统古生物学总结工作，陆续有门类总结性专著问世，如《中国笔石》（2002）、《中国疑源类化石》（2006）、《中国寒武纪和奥陶纪牙形刺》（2011）、《中国显生宙腕足动物属志》（2018，英文）等。所有这些工作，都为本书的编著奠定了坚实基础。

本书集结了我国奥陶纪地层和古生物研究的一批专家，涉及古生物学、生物地层学、岩石地层学、年代地层学、化学地层学、事件地层学、定量地层学、生态地层学、沉积学、沉积地球化学等学科。全书共分5章，具体章节内容（及执笔分工）如下：第1章国际年代地层划分（张元动）；第2章中国年代地层综述（张元动、詹仁斌、王志浩、袁文伟、方翔、张俊鹏）；第3章中国奥陶纪地层区划及综合地层对比（张元动、詹仁斌）；第4章典型剖面描述（方翔、张俊鹏、李文杰、武学进、张元动）；第5章标志化石图集，收录10个常见化石门类，包括笔石（张元动、陈清、马譞）、牙形类（王志浩）、腕足动物（詹仁斌）、三叶虫（袁文伟、周志强）、头足类（方翔、陈挺恩）、疑源类（燕夔）、几丁虫（梁艳）、放射虫（王玉净、武学进）、珊瑚（梁昆）、层孔虫（全胄完）等。

本书共汇集了化石图版175个，其中笔石33个、牙形类17个、腕足动物37个、三叶虫19个、头足类25个、几丁虫15个、疑源类9个、放射虫8个、珊瑚9个、层孔虫3个。除了珊瑚和层孔虫主要限于晚奥陶世外，其他门类基本上涵盖了整个奥陶纪，从生物带、生物群落、生物组合的不同角度形成了贯穿奥陶纪的多门类生物地层序列。

本书是“中国古生代地层及标志化石图集”丛书之一。在本书编著过程中，得到了陈旭、戎嘉余、周志毅、李军、罗辉、张允白、吴荣昌、樊隽轩（南京大学）、王文卉（中南大学）、唐鹏、甄勇毅（澳大利亚新南威尔士地质调查所）、汪隆武（浙江省地质调查院）、张建芳（浙江省地质调查院）等人的大力帮助和支持，受益于美国代顿大学Daniel Goldman教授、德国自由大学Jörg Maletz教授提供的多张笔石和地层照片，并得到国家科技基础性工作专项“中国古生代区域综合地层及标准化石图集”（2013FY111000）、中国科学院战略性先导科技专项（B类）“海洋浮游和游泳生态系统的起源与早期演化”（XDB26000000）、国家科技重大专项任务“重点地区黑色页岩综合地层及古环境研究”（2017ZX05036001-004）、国家自然科学基金课题“奥陶纪末安吉特异埋藏动物群的多学科综合研究”（41772005）、“华南中奥陶世华美正形贝腕足动物群与奥陶纪大辐射”（41972011）的部分资助，在此一并致谢。

我们秉持初心，忐忑期待着本书能为未来10多年的中国区域地层划分和对比提供一个参照标准，并成为地质学研究、油气等矿产资源勘探和开发的重要参考书。

2020年6月于南京
作者

目 录

1　国际年代地层划分

自从20世纪70年代国际地层学发展提出现代地层学核心的“金钉子”概念后，很长时间里奥陶系都未能确立第一个“金钉子”。从20世纪70年代初国际奥陶系分会成立至80年代末的20年间，奥陶系内统、阶两级的全球界线层型剖面和点位（GSSP，即“金钉子”）的研究进展甚微。1990年，澳大利亚悉尼大学B.D. Webby教授出任国际奥陶系分会主席，并于次年在澳大利亚悉尼召开的第六届国际奥陶系大会上采用界线层型（而非单位层型）的概念，提出了奥陶系内建立“统”“阶”级GSSP的9个以笔石带或牙形类带底界为标准的参考层位（Webby，1992）。在兼顾历史传统和现代地层学理念的基础上，国际奥陶系分会于20世纪90年代逐步形成了“三统六阶”的奥陶系划分方案，并开始以全球界线层型剖面和点位的形式把逐条界线固定下来。

1997年，奥陶系的第一个“金钉子”（达瑞威尔阶底界）确立在我国浙江常山黄泥塘剖面（陈旭等，1998），开启了通过“金钉子”来划分全球奥陶系内“统”“阶”年代地层单元的新篇章。随后，2000—2002年，特马豆克阶、弗洛阶、桑比阶等3个阶的底界“金钉子”陆续建立。

2003年，在阿根廷圣胡安市召开的第9届国际奥陶系大会上，相关专家又一致同意将原先二分的上奥陶统进一步划分为3个阶，从而确立了现今广泛认同并采用的奥陶系“三统七阶”的划分方案，自下而上为：特马豆克阶、弗洛阶、第三阶（即后来的大坪阶）、达瑞威尔阶、桑比阶、凯迪阶、赫南特阶（Finney，2005；Bergström et al.，2006a）。

2005—2007年，凯迪阶、赫南特阶、大坪阶底界的“金钉子”相继得以确立。至此，奥陶系3个统、7个阶的底界“金钉子”全部确立，成为全世界共同参照的国际标准（图1-1）。

1.1　下奥陶统

1.1.1　特马豆克阶

特马豆克阶的底界（同时也是下奥陶统和奥陶系的底界）GSSP于2000年确立在加拿大纽芬兰岛西海岸的Green Point剖面，于2001年揭牌。该界线的国际工作组最早成立于1974年，但真正的进展从20世纪80年代才开始，当时选择界线的原则是“位于或靠近（英国）特马豆克统的底界”，以及“应以牙形类为主要门类，位于漂浮笔石的首次出现层位之下不远处”。1992年后，成立了以新西兰Roger Cooper为首的新的国际界线工作组，认为原先采用的牙形类*Cordylodus lindstromi*存在许多分类学和地层学疑难问题，建议改用牙形类*Iapetognathus*的某个种来定义界线。在1995年拉斯维加斯（Las Vegas）奥陶系大会上，界线工作组会议提出3条候选剖面，分别代表不同的沉积相：美国犹他州的Lawson Cove（浅水碳酸岩相），纽芬兰的Green Point（下斜坡的深水页岩夹碳酸盐岩），中国吉林大阳岔（外陆棚到上斜坡）。1999年1月，界线工作组通过了以Green Point剖面牙形类*Iapetognathus fluctivagus* [实际上该新种于1999年才正式发表（Nicoll et al.，1999），表决时称*Iapetognathus* sp.1]的首

国际标准			关键笔石或牙形刺层位	英国标准	
系	统	阶		统	阶
志留系	兰多维列统	鲁丹阶	*Akidograptus ascensus*（英国，Dob's Linn）	兰多维列统	Rhuddanian
奥陶系	上统	赫南特阶	*Metabolograptus extraordinarius*（中国湖北宜昌,王家湾北剖面，2006）	阿什极尔统	Hirnantian
		凯迪阶			Rawtheyan
					Cautleyan
					Pusgillian
				卡拉道克统	Streffordian
					Cheneyan
			Diplacanthograptus caudatus（美国俄克拉何马, Black Knob Ridge剖面, 2005）		Burrellian
		桑比阶	*Nemagraptus gracilis*（瑞典斯科纳省,Fågelsång剖面,2002）		Aurelucian
	中统	达瑞威尔阶		兰维恩统	Llandeilian
					Abereiddian
			Undulograptus austrodentatus（中国浙江常山,黄泥塘剖面,1997）	阿伦尼克统	Fennian
		大坪阶	*Baltoniodus triangularis*（中国湖北宜昌,黄花场剖面,2007）		Whitlandian
	下统	弗洛阶	*Tetragraptus approximatus*（瑞典西哥特兰省,Diabasbrottet剖面,2002）		Moridunian
		特马豆克阶		特马豆克统	Migneintian
					Cressagian
寒武系	芙蓉统	第十阶	*Iapetognathus fluctivagus*（加拿大纽芬兰,Green Point剖面,2000）		

图 1-1　当前奥陶系国际标准划分与传统的英国划分

次出现层位（FAD）为全球奥陶系底界的决议，该界线位于最早的漂浮笔石首现层位之下4.8m处。这一决议于同年9月、11月和2000年1月依次在奥陶系分会、国际地层委员会和国际地质科学联合会获得通过（Cooper et al.，2001）。

纽芬兰Green Point剖面的地层是倒转的，以泥页岩为主，夹一些薄层泥灰岩，以及层数不多的中层砾岩（泥石流沉积）。"金钉子"界线位于剖面的第23层内，与*Iapetognathus fluctivagus*同时首现的有*Cordylodus lindstromi*，在界线之下附近牙形类*Cordylodus prion*、*Cordylodus andresi*首次出现，界线之上附近首次出现的有*Hirsutodontus simplex*、*Utahconus utahensis*、*Monocostodus sevierensis*等（图1-2和图1-3）。

2016年，美国密苏里州立大学的Miller教授提议将犹他州的Lawson Cove剖面列为奥陶系底界的全球辅助层型剖面（Auxiliary Stratotype Section and Point，ASSP），获得奥陶系分会通过（Miller et al.，2015）。该浅水台地相地层剖面在一定程度上弥补了Green Point剖面在界线之下缺少牙形类的缺陷，自下而上可以识别出*Cordylodus proavus*带、*Cordylodus intermedius*带、*Cordylodus lindstromi*带（细分为上、下亚带）、*Iapetognathus*带、*Cordylodus angulatus*带、*Rossodus manitouensis*带等，其中奥陶系底界以*Iapetognathus fluctivagus*的FAD为标志，并与*Iapetognathus*带底界一致（图1-3）。

图 1-2 奥陶系暨特马豆克阶底界“金钉子”剖面——加拿大纽芬兰 Green Point 剖面。A.“金钉子”揭牌仪式（2001 年）；B. Green Point 剖面地理位置；C. 界线地层（倒转）；D. Green Point 剖面全景（退潮期）；E. 定义奥陶系底界的牙形类 *Iapetognathus fluctivagus*（Nicoll et al., 1999）。剖面照片由张元动摄于 2001 年

寒武系 | 奥陶系

第十阶 | 特马豆克阶

沈家湾组 | 盘家嘴组

C. proavus | C. intermedius | Cordylodus lindstromi 带 (下部; Iapetognathus fluctivagus) | Cordylodus angulatus带 （牙形类带）

Cordylodus proavus
Cordylodus andresi
Cordylodus intermedius
Cordylodus lindstromi
Cordylodus prolindstromi
Cordylodus prion
Monocostodus sevierensis
Iapetognathus fluctivagus
Iapetognathus aengensis
Cordylodus angulatus

湖南西北部综合剖面

冶里组

C.proavus 带 | C.caboti 带 | C.intermedius 带 | Cordylodus lindstromi 带 （牙形类带）

? | R. proparabola 带 | R. f. parabola 带 （笔石带）

Cordylodus proavus
Rhabdinopora proparabola
Staurograptus dichotomus
Cordylodus caboti
Monocostodus sevierensis
R. flabelliformis parabola
Hirsutodontus simplex
Cordylodus intermedius
Cordylodus prolindstromi
Cordylodus lindstromi
Iapetognathus jilinensis

吉林白山大阳岔剖面
（全球辅助层型剖面）

Notch Peak Fm. | House Limestone

Lava Dam Mbr. | Barn Canyon Mbr. | Burnout Canyon Mbr.

Cordylodus proavus带 | Cordylodus intermedius带 (Hirsutodontus simplex 亚带; Clavohamulus hintzei 亚带) | C. lindstromi带 (下; 上) | Iapetognathus | Cordylodus angulatus带 | Rossodus manitouensis带 （牙形类带）

Cordylodus proavus
Monocostodus sevierensis
Utahconus utahensis
Hirsutodontus simplex
Cordylodus intermedius
Clavohamulus hintzei
Cordylodus prolindstromi
Cordylodus lindstromi
Cordylodus prion
Iapetonudus ibexensis
Iapetognathus fluctivagus
Cordylodus angulatus
Rossodus manitouensis

美国犹他州Lawson Cove剖面
（全球辅助层型剖面）

Green Point Formation

Martin Point Member | Broom Point Member

Cordylodus proavus带 | C. intermedius | Iapetognathus fluctivagus带 | Cordylodus angulatus带 （牙形类带）

? | R. praeparabola | Rhabdinopora parabola带 | Anisograptus matanensis带 （笔石带）

Rhabdinopora praeparabola
Staurograptus dichotomus
Rhabdinopora canadensis
Rhabdinopora parabola
Staurograptus hyperboreus
Anisograptus matanensis
Cordylodus proavus
Cordylodus intermedius s.l.
Cordylodus prion
Cordylodus andresi
Iapetognathus fluctivagus
Cordylodus lindstromi s.l.
Hirsutodontus simplex
Utahconus utahensis
Monocostodus sevierensis
Iapetognathus aengensis
Cordylodus angulatus

加拿大纽芬兰
Green Point剖面
（金钉子剖面）

图 1-3 中国和北美奥陶系底界主要剖面的化石延限及对比关系。黄绿色竖条表示奥陶系底界，棕褐色竖条表示（大阳岔剖面）*Iapetognathus* 的首现层位（曾被部分专家当作奥陶系底界），天蓝色横线表示牙形类的属种延限，红色横线表示笔石的属种延限。数据来源：湘西北综合剖面—Dong et al.，2004；Dong & Zhang，2017；吉林大阳岔剖面（奥陶系底界辅助层型剖面）—Wang XF et al.，2019；美国 Lawson Cove 剖面（奥陶系底界辅助层型剖面）—Miller et al.，2014，2015；加拿大 Green Point 剖面（“金钉子”剖面）—Nicoll et al.，1999；Cooper et al.，2001

2019年，我国吉林白山大阳岔剖面经国际奥陶系分会表决通过，成为全球奥陶系底界暨特马豆克阶底界的又一个辅助层型剖面（ASSP）。大阳岔剖面位于华北板块东部边缘，界线上下地层以黄绿色泥岩、页岩夹薄—中层灰岩为特征，同时具有较丰富的笔石、牙形类和疑源类等化石，代表外陆棚-上斜坡的沉积环境（Wang XF et al.，2019）。该剖面进一步弥补了加拿大Green Point“金钉子”剖面处于下斜坡环境、界线之下牙形类稀少的缺陷。

但是，在大阳岔剖面始终未发现*Iapetognathus fluctivagus*。这里的奥陶系底界是通过与加拿大Green Point剖面对比建立的。界线位于（冶里组之下）第三单元内（“大阳岔层”共分为4个非正式的“单元”），该点位位于剖面“大阳岔层”19.9m处（化石层BD24—BD25），位于牙形类*Cordylodus intermedius*带（从化石层BD23/DC61到BD28，地层刻度18.4—21.4m）上部，距离上覆*Cordylodus lingdstromi*带底界1.5m（Wang XF et al.，2019）。大阳岔剖面的奥陶系底界以稀土元素异常为标志，略高于*Cordylodus intermedius*的首现层位，略低于*Cordylodus prolindstromi*、*Cordylodus lindstromi*和*Iapetognathus jilinensis*的首现层位，且位于最早的漂浮笔石出现层位（20.9m）之下1m处。从笔石层位来看，这个新的奥陶系底界比过去传统划定的界线略高了一些（过去的界线在漂浮笔石最早出现层位之下2.23m）（张元动等，2019）。

1.1.2 弗洛阶

弗洛阶底界的“金钉子”位于瑞典中南部的西哥特兰省的Diabasbrottet采石场剖面，以笔石*Tetragraptus approximatus*的首次出现层位为标志，界线位于一套灰黑色钙质页岩（Tøyen Shale）内，下距寒武纪地层（Alum Shale）顶面2.1m（Bergström et al.，2004；图1-4）。该剖面的寒武系和奥陶系之间有地层间断，缺失了特马豆克阶下部地层。剖面下部被半米厚的粗玄岩水平岩脉穿过，并留有废弃矿洞。该剖面的优点是笔石和牙形类均较丰富，剖面出露好，代表外陆棚沉积环境，且似无沉积间断；缺点主要是在界线之下没有发现笔石，因此并不能建立关于定义物种的连续的演化序列，另外定义物种*Tetragraptus approximatus*在剖面上十分稀少（张元动等，2005）。

1.2 中奥陶统

1.2.1 大坪阶

大坪阶底界的“金钉子”于2007年确立于湖北宜昌黄花场剖面，以牙形类*Baltoniodus triangularis*的首次出现层位为标志，点位在大湾组下段内部，位于该组底界之上10.57m，同时位于牙形类*Microzarkodina flabellum*首次出现层位之下0.2m（Wang et al.，2009；图1-5）。在剖面上，牙形类具有较好的*Baltoniodus* cf. *triangularis*-*Baltoniodus triangularis*-*Baltoniodus navis*谱系的演化记录。界线上下数米内含有一些笔石，属于*Azygograptus suecicus*带，可分为上、下两部分。“金钉子”点位与两者之间的界线基本一致，下部含有*Azygograptus suecicus*、*A. eivionicus*和*Phyllograptus anna*，上部含有*Azygograptus ellesi*、*A. suecicus*、*Xiphograptus svalbardensis*、*Pseudotrigonograptus* sp.和*Tetragraptus* sp.（Wang et al.，2009；Cooper & Sadler，2012）。“金钉子”点位与几丁虫*Belonechitina henryi*带的底界基本一致（剖面的详细岩性柱及多门类化石延限见本书第4章）。

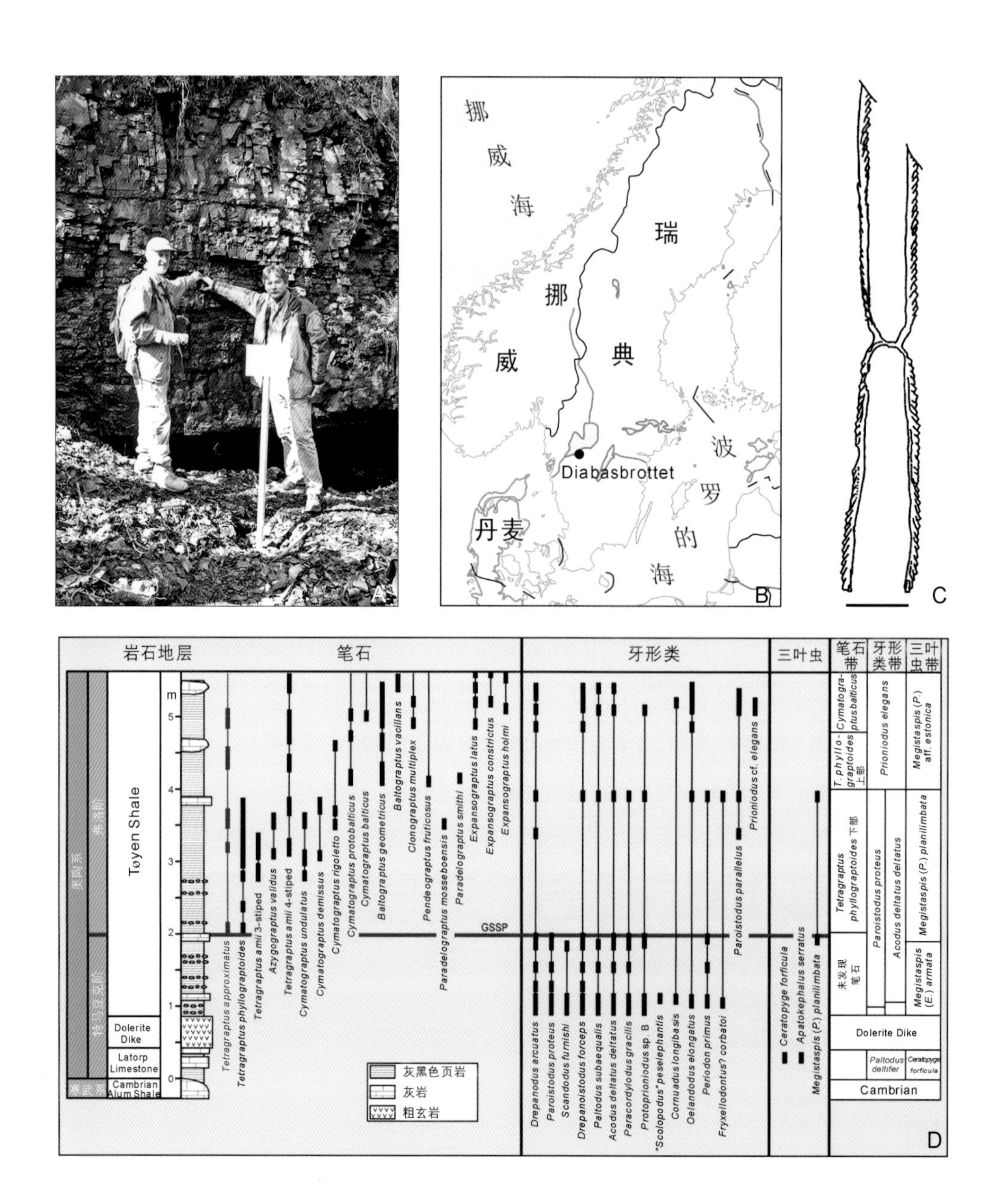

图 1-4　奥陶系弗洛阶“金钉子”剖面地理位置及点位。A. 金钉子位于一套灰黑色钙质页岩内，下部为废弃矿洞（左边站立者为 Felix Gradstein，时任国际地层委员会主席；右边站立者为 Stan C. Finney，时任国际地层委员会副主席）；B. Diabasbrottet 采石场剖面的地理位置；C. 定义界线的笔石 *Tetragraptus approximatus* Nicholson，标本采自该剖面寒武系 - 奥陶系界线之上 3.4 ~ 3.5m 处，比例尺长度 =1cm；D. 金钉子界线位于该剖面寒武系 - 奥陶系界线之上 2.1m 处（顺层侵入的二叠纪粗玄岩墙顶界之上 1.25m 处）。据 Bergström et al.（2004）

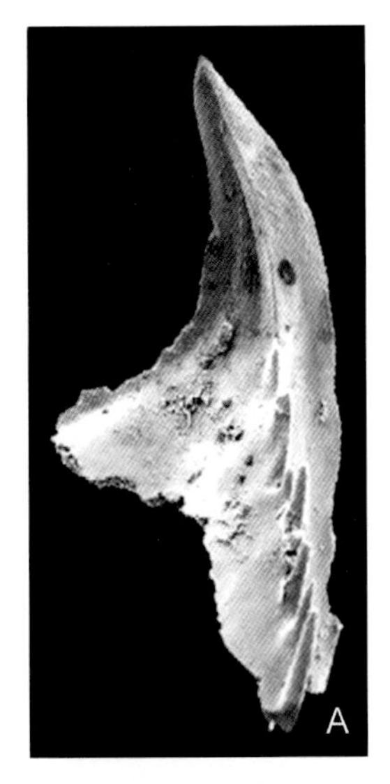

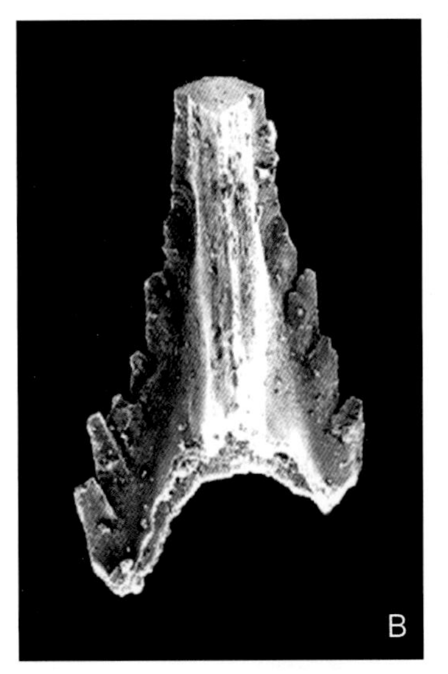

图 1-5　奥陶系大坪阶底界“金钉子”剖面——湖北宜昌黄花场。A，B. 定义界线的牙形类 *Baltoniodus triangularis*（Lindström）（A. Hod-c-2/6009，SHod-16，标本高度 =0.3mm；B. Hod-c-2/5999，SHod-16，标本高度 =0.2mm）；C. “金钉子”界线，位于大湾组底界之上 10.57m 处；D. “金钉子”界线位于大湾组下段近顶部；E. 大坪阶“金钉子”标志碑

1.2.2　达瑞威尔阶

达瑞威尔阶底界的“金钉子”于1997年确立于我国浙江常山黄泥塘剖面，以笔石*Undulograptus austrodentatus*（澳洲齿状波曲笔石）的首次出现层位（即*U. austrodentatus*带的底界）为标志，位于宁国组第4段内，该组底界之上30.43m处，与岩层第12层之底及化石层AEP184之底一致（Mitchell et al.，1997；陈旭等，1997，1998；张元动等，2008；图1-6）。黄泥塘剖面宁国组从下而上可以识别出下列连续笔石带：*Corymbograptus deflexus*带、*Azygograptus suecicus*带、*Isograptus caduceus imitatus*

带、*Exigraptus clavus*带、*Undulograptus austrodentatus*带、*Acrograptus ellesae*带、*Nicholsonograptus fasciculatus*带、*Pterograptus elegans*带、*Hustedograptus teretiusculus*带、*Nemagraptus gracilis*带（Chen et al.，2006b；Zhang et al.，2007）.

在“金钉子”界线上与*U. austrodentatus*几乎同时出现的还有笔石*Arienigraptus zhejiangensis*和*Cardiograptus giganteus*，前者被用来定义*U. austrodentatus*带的下部亚带。在该界线之下附近首次出现的还有笔石*Cardiograptus amplus*、*C. ordovicicus*、*Procardiograptus uniformis*和*Undulograptus sinodentatus*等，在该界线之上附近首次出现的有笔石*Glossograptus acanthus*、*Undulograptus formosus*、*Undulograptus* sp. 2和*Arienigraptus jiangxiensis*等（张元动等，2008；详细内容见本书第4章关于黄泥塘剖面的描述）。

图 1-6　奥陶系达瑞威尔阶“金钉子”——浙江常山黄泥塘剖面。A. “金钉子”点位，位于宁国组第 4 段内，化石层 AEP184 之底（2019 年 11 月，张元动摄）；B. 在“金钉子”剖面进行全国地层古生物学研究生野外现场教学（2019 年 11 月）；C. 黄泥塘剖面及沿河保护长廊（2019 年 10 月，张元动摄）

1.3 上奥陶统

1.3.1 桑比阶

桑比阶底界的“金钉子”位于瑞典南部斯堪尼亚省的Fågelsång剖面（东经13°19′3.5″，北纬55°42′57.3″），以全球性广布的笔石种*Nemagraptus gracilis*的首次出现层位（即*Nemagraptus gracilis*带底界）为标志。Fågelsång剖面位于瑞典隆德市以东约6km的Fågelsång村附近（属于Birdsong Valley自然保护区），“金钉子”点位在一套称为“*Dicellograptus* Shale”的页岩地层内，位于其中“Fågelsång磷矿层”之下1.4m处（Bergström et al.，2000；图1-7）。界线之下不远处有笔石*Jiangxigraptus vagus*、*J. intortus*、*Dicellograptus geniculatus*、*Dicranograptus irregularis*、*Nemagraptus subtilis*等种首次出现，在界线附近还有*Jiangxigraptus sextans*、*J. exilis*、*Hallograptus mucronatus*、*Corynoides curtus*等重要笔石属种首次出现。因此，通过*N. gracilis*或界线附近其他特征笔石种的首次出现，可以将该界线较精确地对比到世界各地，比如我国华南宜昌地区（Chen et al.，2010a）、浙赣交界的三山地区（Chen et al.，2006a）、华北鄂尔多斯和塔里木西北（Chen et al.，2016），美国阿巴拉契亚地区（Finney et al.，1996），南美洲前科迪勒拉地体等（Ortega et al.，2008）。

近年来，Bergström（2007）对该剖面界线上下地层的牙形类进行了研究，自下而上识别出*Pygodus serra*带（*Eoplacognathus lindstroemi*亚带）、*Pygodus anserinus*带（顶部含*Amorphognathus inaequalis*亚带）和*Amorphognathus tvaerensis*带（*Baltoniodus variabilis*亚带），并明确指出桑比阶的底界位于*P. anserinus*带的中部，非常靠近*Amorphognathus inaequalis*亚带的底界。根据界线上下的牙形类序列，并结合笔石序列，在我国华南（Chen et al.，2010a）、华北西缘（Wang et al.，2013；Bergström et al.，2016）和塔里木（Zhen et al.，2011）等地，可以较精确地识别该界线。

1.3.2 凯迪阶

凯迪阶底界的“金钉子”位于美国俄克拉何马州东南部Atoka县Atoka镇以北5km的Black Knob Ridge剖面（北纬34°25′39.08″，西经96°4′3.78″），以笔石*Diplacanthograptus caudatus* 的首现层位为标志。该界线位于Black Knob Ridge剖面的Bigfork Chert组底界之上4m处，Bigfork Chert组以瘤状和层状硅质岩夹黑色页岩和硅质灰岩为特征，含有笔石、牙形类和几丁虫（Goldman et al.，2007；图1-8）。Bigfork组之下为整合接触的Womble Shale组，以松软的棕褐色页岩夹层状硅质岩为特征，含有笔石、牙形类、几丁虫、海绵骨针和无铰纲腕足动物，顶部产*Amorphognatus tvaerensis*带*Baltoniodus alobatus*亚带的牙形类。“金钉子”界线位于牙形类*Baltoniodus alobatus* 亚带内。在“金钉子”界线之上2m处笔石*Corynoides americanus*首现，在9.8m处笔石*Diplacanthograptus spiniferus*首现，在52.5m处笔石*Climacograptus tubuliferus*首现，这些都是凯迪阶底部的主要标准化石（Goldman et al.，2007）。

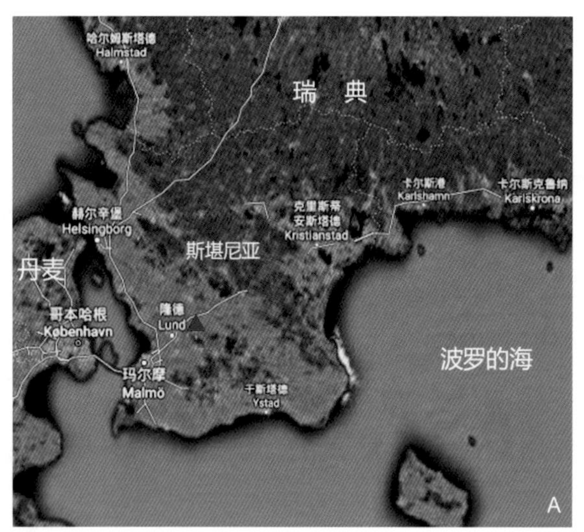

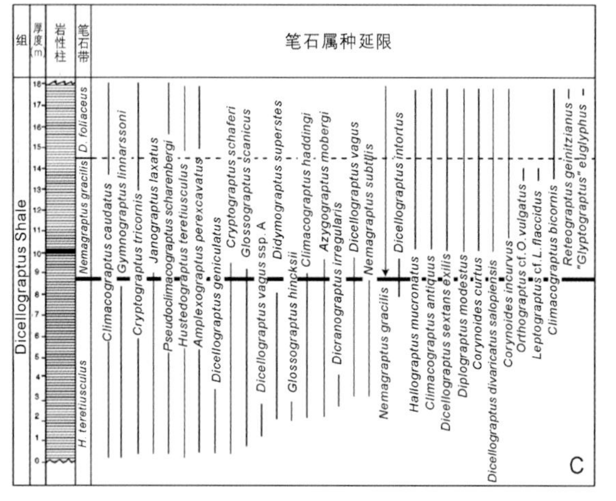

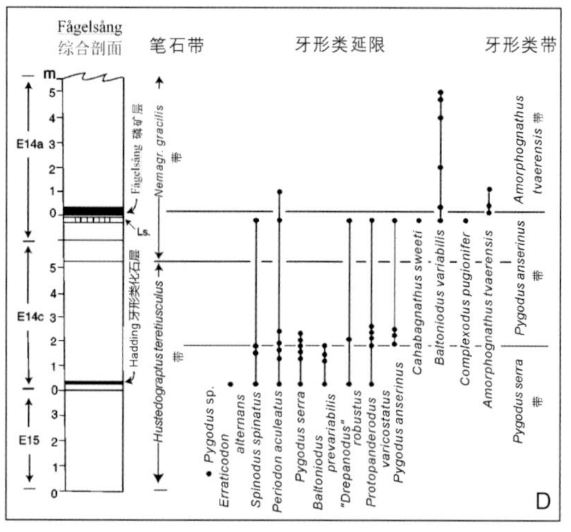

图 1-7　上奥陶统桑比阶“金钉子”——瑞典 Fågelsång 剖面。A. 剖面交通位置（位于瑞典南部隆德市东约 6km）；B. “金钉子”位于“叉笔石页岩”内（2004 年“金钉子”揭牌典礼，站立的两人分别是 Stan Finney 和 Stig Bergström 教授，由 B.-D. Erdtmann 教授摄）；C. Fågelsång 剖面笔石序列，“金钉子”以笔石 *Nemagraptus gracilis* 的首次出现层位为标志，位于磷矿层之下 1.4m 处（Bergström et al.，2000）；D. 牙形类序列（Bergström et al.，2000；Bergström，2007）；E. IGCP503 项目 2004 年度国际研讨会（德国埃朗根市），部分会议代表在会后赴瑞典 Fågelsång 剖面考察；F. Fågelsång 剖面在雨季经常被洪水淹没（2004 年）

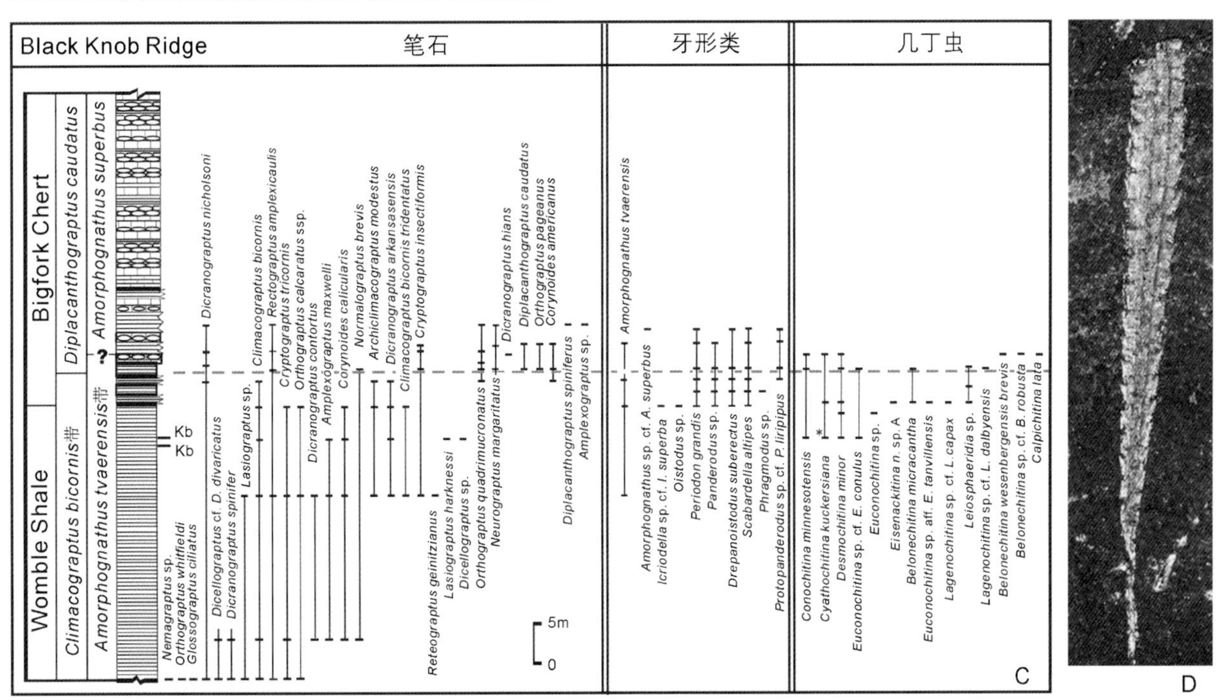

图1-8 位于美国俄克拉何马州的凯迪阶"金钉子"——Black Knob Ridge剖面。A."金钉子"界线位置，左一为该"金钉子"研究的主要完成人Daniel Goldman教授，中间持钉子者为时任国际地层委员会主席Stan Finney教授（马譞摄于2015年）；B. Black Knob Ridge剖面，下虚线1指示Womble Shale组与上覆地层Bigfork Chert组的界线，上虚线2指示"金钉子"的层位——位于Bigfork Chert组底界之上4m处；C. "金钉子"界线上下地层的笔石、牙形类和几丁虫序列（据Goldman et al.，2007）；D. 定义凯迪阶底界的笔石*Diplacanthograptus caudatus*（Lapworth，1876），图中笔石体长度=20mm

1.3.3 赫南特阶

该界线的"金钉子"位于我国湖北宜昌王家湾北剖面，以笔石*Metabolograptus extraordinarius*的首次出现层位（即*Metabolograptus extraordinarius*带的底界）为标志，界线位于该剖面的五峰组观音桥层底界之下0.39m处（五峰组黑色页岩层段的近顶部，观音桥层为泥灰岩）（Chen et al.，2006a；陈旭等，2006；图1-9）。*Metabolograptus extraordinarius*带之下为*Paraorthograptus pacificus*笔石带

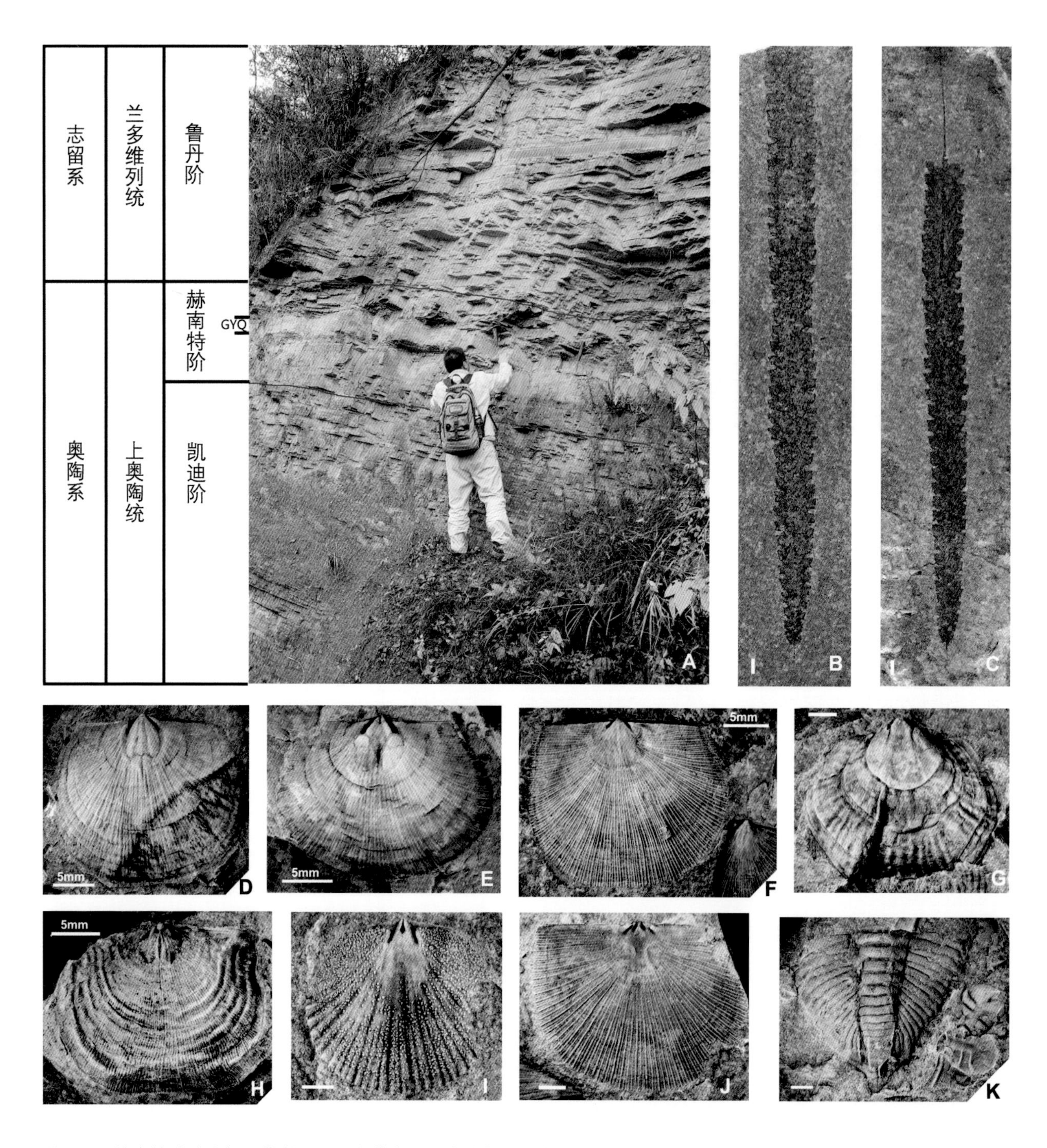

图 1-9 赫南特阶“金钉子”剖面——湖北宜昌王家湾剖面及主要化石类型。A. 王家湾北剖面的赫南特底界“金钉子”及顶界；B，C. 定义赫南特阶底界的笔石 *Metabolograptus extraordinarius*（Sobolevskaya）；D，E. *Hirnantia sagittifera*（M' Coy）；F，J. *Eostropheodonta parvicostellata*（Rong）；G. *Cliftonia oxoplecioides* Wright；H. *Leptaena trifidum*（Marek & Havlíček）；I. *Dalmanella testudinaria*（Dalman）；K. 三叶虫 *Mucronaspis*（*Songxites*）sp.。笔石、腕足动物、三叶虫标本据 Chen et al.（2006b）。笔石产于赫南特阶底部，腕足动物和三叶虫产于观音桥层（GYQ）。露头剖面照片摄于 2003 年。图中比例尺长度除特别标注外，均为 1mm

的*Diceratograptus mirus*亚带，之上为*Metabolograptus persculptus*笔石带。在“金钉子”界线上，与*M. extraordinarius*同时首次出现的笔石有*Normalograptus mirnyensis*等，在界线之下附近首次出现的有*Korenograptus laciniosus*、*Normalograptus miserabilis*、*Metabolograptus ojsuensis*、*Paraorthograptus tenuis*、*Appendispinograptus fibratus*等种，在界线之上首次出现的笔石仅有*Paraorthograptus uniformis*等（Chen et al.，2006a）。该“金钉子”界线对揭示赫南特期发生的冈瓦纳大陆冰盖扩增、全球性大降温和海平面下降事件的发生时间、过程和变化细节具有重要的标尺意义。

由于该界线与赫南特冰期事件及与之相关的凉水型赫南特贝动物群的产生具有密切关系，因此在确定界线时常用赫南特贝动物群的出现来加以判定。赫南特贝动物群含有常见的*Hirnantia*、*Hindella*、*Eostropheodonta*、*Paromalomena*、*Kinnella*、*Aegiromena*、*Leptaena*、*Plectothyrella*等属种，以及共生的三叶虫*Mucronaspis*（*Songxites*）（过去普遍定为*Dalmanitina*，参见Zhou et al.，2011）等，常见于湖北、贵州等浅水台地相地层（Rong et al.，2002；图1-9）。此外，在深水相区，如浙江余杭等地，也发育一套同期或略晚（赫南特末期）的*Leangella-Mucronaspis*（*Songxites*）动物群组合，包括*Leangella*、*Aegiromena*、*Aegiromenella*、*Skenidioides*、*Dolerorthis*、*Paracraniops*和三叶虫*Mucronaspis*（*Songxites*）（Rong et al.，2008）。王家湾北剖面的赫南特贝动物群见于五峰组观音桥层，位于赫南特阶底界之上0.39 ~ 0.59m处（图1-9）。该剖面的详细地层古生物内容见本书第四章相关章节。

在华南扬子区、江南区和滇西地区，赫南特阶底界均可直接通过笔石和共生的腕足动物群来识别，在珠江区缺少腕足动物化石，需要根据笔石组合加以识别。华北板块和塔里木板块普遍不发育或缺失该段地层（陈旭等，2012b，2014；Zhang & Munnecke，2016）。

2　中国年代地层综述

迄今为止，我国学者关于奥陶系建立了相当数量的统和阶名（陈旭等，2000b）。其中“统”包括常被引用的宜昌统、艾家山统、钱塘江统等，以及不太常用的和因为重名等原因而废弃的一些“统”。① 华南：红石崖统、桐梓统、十字铺统、罗汉坡统、赵家坝统、半河统、分乡统、扬子（亚）统、汤头统；②华北：平州统、三道统、湾湾统、冶里统、亮甲山统、马家沟统、四眼统、军庄统、西北涧统、豆房统、缸窑统、卧龙统、五顶统；③塔里木：却尔却克统；④柴达木：大头羊沟统、扣门子统、阴沟统、大梁统、南石门子统、妖魔山统；⑤滇西：施甸统。这些“统”并非现代地层学意义上的年代地层单位，而是岩石地层单位，在过去的数十年中已被进一步转化和细分为相应的岩石地层单位，因此已无使用价值。

此外，我国还建立了一批区域性的阶名。①华南（台地相）：盐津阶、两河口阶、道保湾阶、红花园阶、大湾阶、牯牛潭阶、庙坡阶、小溪塔阶，五峰阶；②华南（斜坡-盆地相）：玉山阶、浙江阶、新厂阶、宁国阶、胡乐阶、澌江阶、石口阶；③华北：浑江阶。这些阶中的大多数是在我国历史上实行统一地层划分时根据岩石地层单位（主要是组，如红花园组、宁国组）命名的，由于岩石地层单位在不同地区通常具有显著穿时性，因此这些阶名的使用具有明显的局限性，绝大多数已废弃不用。其中也有部分是我国实行多重地层划分后建立的（如道保湾阶、浙江阶），但与国际通用阶的顶底界完全一致，也已无实用价值，应予弃用。但是，目前的《中国地层表》（全国地层委员会《中国地层表》编委会，2014）中仍然保留了其中少数几个统、阶的名称，现予以简要介绍如下（图2-1）。

2.1　中国奥陶纪年代地层单位

2.1.1　新厂阶

穆恩之（1974）根据广东台山地区的新厂组地层建立“新厂期”。后来，张文堂等（1982）据此建立新厂阶，自下而上包括3个笔石带：①*Staurograptus-Anisograptus*带；②*Aletograptus-Triograptus*带；③*Adelograptus-Clonograptus*带。由于新厂组地层中的含笔石层位是断断续续的，而且当时确立的笔石带均以属的出现为特征，这就导致准确性不高等问题，比如*Staurograptus*和*Anisograptus*的最古老的化石种并不是同时出现的，底界划在哪里并没有明确的定义。实际上，新厂阶在台山地区的顶、底界线都不清楚。汪啸风等（2004）建议以吉林白山（原名浑江）大阳岔剖面为新厂阶的层型剖面，底界以牙形类*Cordylodus intermedius*的首次出现层位为标志。Dong et al.（2004）和Dong & Zhang（2017）在湘西北桃源瓦尔岗的盘家嘴组下部发现牙形类*Iapetognathus fluctivagus*、*I. jilinensis*、*Cordylodus intermedius*、*C. lindstromi*和*C. prolindstromi*，并自下而上识别出*C. intermedius*带、*C. lindstromi*（下部、上部）等牙形类带，将奥陶系界线置于*C. lindstromi*带（上部）之底，以*Iapetognathus jilinensis*首次出现层位为标志。由于桃源瓦尔岗剖面的*I. fluctivagus*的FAD（仅一个层

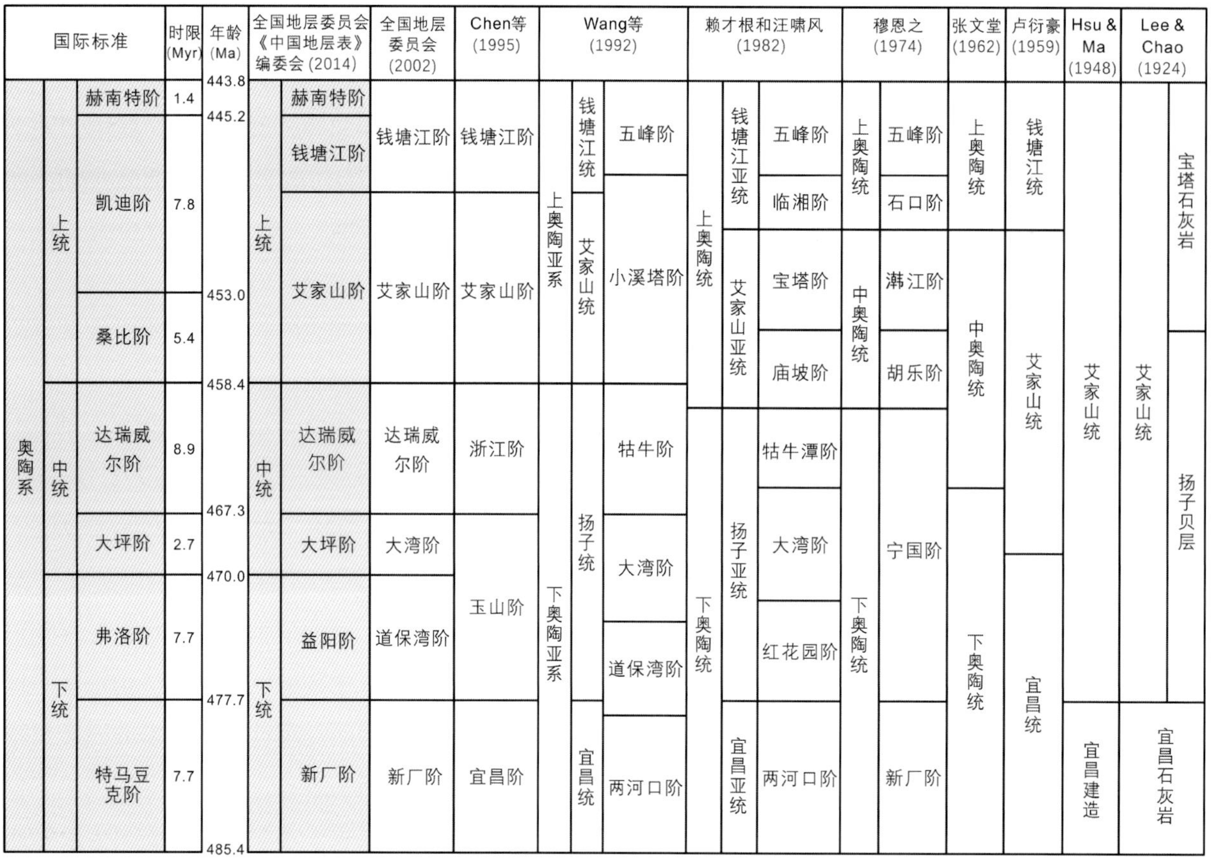

国际标准			时限(Myr)	年龄(Ma)	全国地层委员会《中国地层表》编委会(2014)		全国地层委员会(2002)	Chen等(1995)	Wang等(1992)			赖才根和汪啸风(1982)			穆恩之(1974)		张文堂(1962)	卢衍豪(1959)	Hsu & Ma(1948)	Lee & Chao(1924)	
奥陶系	上统	赫南特阶	1.4	443.8	上统	赫南特阶	钱塘江阶	钱塘江阶	上奥陶亚系	钱塘江统	五峰阶	上奥陶统	钱塘江亚统	五峰阶	上奥陶统	五峰阶	上奥陶统	钱塘江统	艾家山统	艾家山统	宝塔石灰岩
		凯迪阶	7.8	445.2		钱塘江阶															
											小溪塔阶			临湘阶		石口阶					
						艾家山阶	艾家山阶	艾家山阶		艾家山统											
													艾家山亚统	宝塔阶	中奥陶统	澣江阶	中奥陶统	艾家山统			
		桑比阶	5.4	453.0																	
														庙坡阶		胡乐阶					扬子贝层
	中统	达瑞威尔阶	8.9	458.4	中统	达瑞威尔阶	达瑞威尔阶	浙江阶	下奥陶亚系	扬子统	牯牛阶										
												下奥陶统	扬子亚统	牯牛潭阶	下奥陶统	宁国阶					
														大湾阶			下奥陶统				
		大坪阶	2.7	467.3		大坪阶	大湾阶	玉山阶			大湾阶										
																		宜昌统			
	下统	弗洛阶	7.7	470.0	下统	益阳阶	道保湾阶														
														红花园阶							
											道保湾阶										
		特马豆克阶	7.7	477.7		新厂阶	新厂阶	宜昌阶		宜昌统			宜昌亚统	两河口阶		新厂阶			宜昌建造	宜昌石灰岩	
				485.4							两河口阶										

图 2-1　中国奥陶纪年代地层划分对比沿革表

位）明显高于*I. jilinensis*，而后者在白山大阳岔剖面的FAD甚至位于最早漂浮笔石之上，因此瓦尔岗剖面的这条界线不一定能与纽芬兰“金钉子”界线精准对比。最近，Wang XF et al.（2019）通过将白山大阳岔剖面与加拿大纽芬兰Green Point“金钉子”剖面对比，认为大阳岔剖面的奥陶系底界位于牙形类*Cordylodus intermedius*带上部。

我国新厂阶厘定后的时限范围及其顶、底界的定义均与国际特马豆克阶相同。《中国地层表》（全国地层委员会《中国地层表》编委会，2014）采用的新厂阶的顶、底界定义与国际上的特马豆克阶是一致的，即底界以牙形类*Iapetognathus fluctivagus*的首次出现为标志，顶界则以笔石*Tetragraptus approximatus*的首次出现为标志。新厂阶在华南和华北包括的笔石带略有不同，综合起来自下而上包括6个笔石带：①*Rhabdinopora flabelliformis parabola*带；②*Anisograptus matanensis*带；③*Rhabdinopora flabelliformis anglica*带；④*Psigraptus jacksoni*带；⑤*Aorograptus victoriae*带；⑥*Hunnegraptus copiosus*带（张元动等，2005，2019）。

2.1.2　道保湾阶

道保湾阶由曾庆銮等（1983）根据湖北宜昌黄花场附近的道保湾村的红花园组剖面建立，底界以笔石*Adelograptus*和*Kiaerograptus*的消失为标志，顶界以笔石*Baltograptus* cf. *deflexus*的首次出现为标志。后来，Wang et al.（1992）和汪啸风等（1996a，1996b）两次厘定该阶，最后将底界定为牙形类*Serratognathus*的首次出现，大体相当于*Adelograptus-Kiaergraptus*笔石带结束层位；顶界为牙形类*Baltoniodus triangularis*带之底，大体与笔石*Azygograptus suecicus*带之底接近。由于该阶的顶底界线均由牙形类定义，但底界并无明确定义的具体化石物种，因此实际上不便使用。

2.1.3 益阳阶

Feng et al.（2009）报道湖南益阳南坝剖面的奥陶系，其中发育下奥陶统特马豆克阶至弗洛阶的基本连续地层，并含有我国迄今为止发现的最为完整的该时期笔石序列。据此，汪啸风（2016）建议建立益阳阶，以取代顶底并不明确的道保湾阶，作为我国奥陶系第二个区域性年代地层单位对比标准。益阳阶的底界以笔石*Tetragraptus approximatus*的首次出现为标志，这与瑞典Diabasbrottet的弗洛阶“金钉子”剖面的界线完全一致；顶界则与大坪阶的底界一致，即以牙形类*Baltoniodus triangularis*的首次出现为标志。由此可见，我国益阳阶界线和延限实际上与国际通用的弗洛阶是完全一致的，因此我国学者通常直接使用弗洛阶。

2.1.4 玉山阶

由Chen et al.（1995）创立，以江西玉山陈家坞剖面为层型剖面，底界以笔石*Tetragraptus approximatus*的首次出现（即*T. approximatus*带的底界）为标志，顶阶则与达瑞威尔阶的底界一致，即*Undulograptus austrodentatus*的首次出现层位。这实际上相当于目前国际标准划分的弗洛阶+大坪阶，时限比较长。后来，陈旭等（2000b）对该阶进行了厘定，将顶界改为笔石*Azygograptus suecicus*带的底，其上为大湾阶。玉山阶内自下而上包括3个笔石带：①*Tetragraptus approximatus*带；②*Pendeograptus fruticosus*带；③*Baltograptus deflexus*带。这样玉山阶大体相当于国际标准的弗洛阶，也意义不大。

2.1.5 浙江阶

由Chen et al.（1995）根据浙赣交界的“三山地区”地层创立，自下而上包括4个笔石带：①*Undulograptus austrodentatus*带；②*Acrograptus ellesae*带；③*Nicholsonograptus fasciculatus*带；④*Didymograptus murchisoni*带。由于该阶的时限范围与全球标准划分的达瑞威尔阶完全一致，而达瑞威尔阶底界的“金钉子”就位于我国浙赣“三山地区”，因此浙江阶已失去意义，建议直接使用达瑞威尔阶。

2.1.6 艾家山阶

李四光和赵亚曾（1924）在三峡地区创立的艾家山统包括扬子贝层和宝塔石灰岩，时代跨度较大。后来，艾家山统的时限几经厘定（跨度差别较大，不复赘述）。Chen & Bergström（1995）将其厘定为艾家山阶，时限大致与英国的“卡拉道克阶”相当。根据最新的笔石地层研究结果，该阶底界与*Nemagraptus gracilis*笔石带的底界一致，顶界则与笔石*Dicellograptus complanatus*带的底界一致（与*Nankinolithus nankinensis*三叶虫带底界大体相当，后者可能略低），阶内自下而上包括笔石带（图2-2）：①*Nemagraptus gracilis*带；②*Climacograptus bicornis*带；③*Diplacanthograptus caudatus*带；④*Diplacanthograptus spiniferus*带；⑤*Geniculograptus pygmaeus*带；⑥*Dicellograptus elegans-Orthograptus quadrimucronatus*带。因此，艾家山阶大致相当于国际划分的桑比阶+凯迪阶（下部）。

2.1.7　钱塘江阶

卢衍豪（1959）根据浙西地区的黄泥岗组和长坞组地层建立钱塘江统，该统在宜昌三峡地区包括临湘组和五峰组地层。该统的时限也几经厘定，目前底界以笔石*Dicellograptus complanatus*带的底界为标志，顶界与赫南特阶底界一致（图2-1和图2-2），参见《中国地层表》（全国地层委员会《中国地层表》编委会，2014）。该阶自下而上包括3个笔石带：①*Dicellograptus complanatus*带；②*Dicellograptus complexus*带；③*Paraorthograptus pacificus*带（包括下亚带、*Tangyagraptus typicus*亚带、*Diceratograptus mirus*亚带）。该阶相当于国际标准划分的凯迪阶上部（图2-2）。

在这7个阶中，新厂阶、道保湾阶、益阳阶、玉山阶和浙江阶在创名之初，或几经厘定之后，已与相应的国际通用阶在底界定义和时代跨度上完全一致，已无实际应用意义，建议弃用。艾家山阶和钱塘江阶在一定程度上反映了我国华南上奥陶统独特的地层序列特征和地质历史发展的阶段性，定义也较清楚，可以在讨论区域性地质问题时与国际阶名结合使用。

2.2　中国奥陶纪综合地层序列

2.2.1　生物地层序列

中国奥陶纪海洋生物化石极为丰富多样，含有10多个化石门类，包括笔石、三叶虫、腕足动物、牙形类、头足类、几丁虫、疑源类、放射虫、珊瑚、层孔虫、海绵、棘皮动物、苔藓虫、介形虫、鱼类（无颌类）、蠕虫等。在这些化石门类中，笔石和牙形类大多是远洋浮游类型，具有全球广布、等时的特征，长期以来一直是奥陶系洲际、地区间及地区内划分对比的主导门类。我国奥陶纪笔石和牙形类主要分布在华南、华北和塔里木等主要块体和地区，具有属种演化迅速、序列较完整、鉴别特征清楚、横向分布较广等特点，是构建我国奥陶纪年代地层框架、划分和对比地层的主要依据门类。综合我国几个块体的笔石和牙形类序列，共建立30个笔石带、27个牙形类带，基本上涵盖了整个奥陶系（图2-2）。

底栖的壳相化石门类虽然由于大洋隔离或所处纬度差异，在组成和组合面貌等方面有所差异，但历史上所建的一些地区性序列在解决区内地层精确对比方面仍不时起到重要作用，在有些时段甚至成为地区间或洲际地层对比不可替代的工具，例如特马豆克阶、桑比阶和凯迪阶内的三叶虫和头足类，以及赫南特阶内的腕足动物等。

近年来，几丁虫（又称胞石）和疑源类在奥陶纪地层划分对比中的作用日益增强。随着研究的不断深入，它们在确定一些缺失或缺少笔石、牙形类等关键化石的地层的时代，特别是钻井岩芯的时代方面，具有不可替代的作用。奥陶纪的放射虫序列过去长期被忽视，但近年来开始在国际上逐步得到

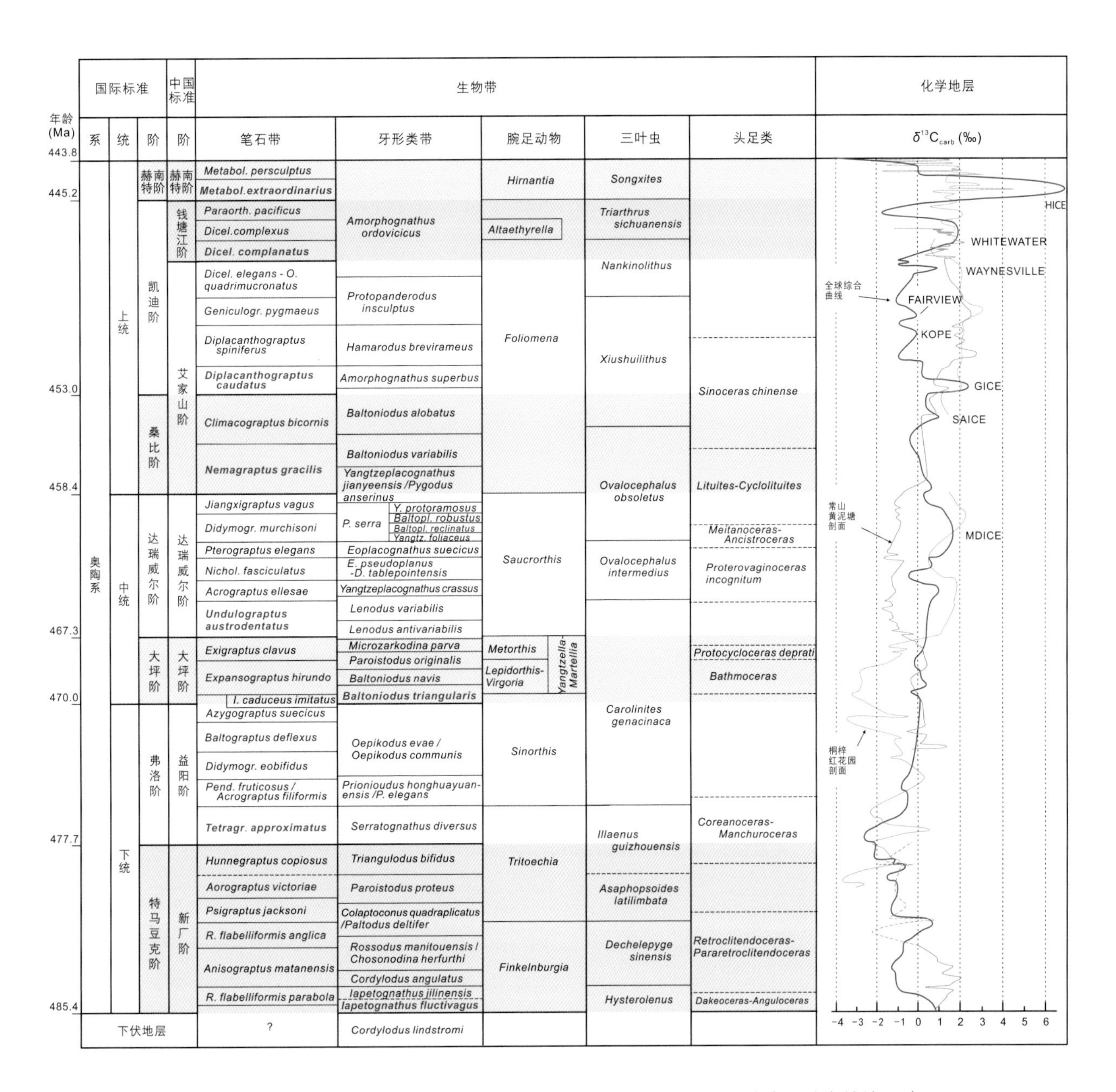

图 2-2　中国奥陶系综合地层序列。据张元动等（2019）简化。化学地层学碳同位素漂移事件缩写（Bergström et al., 2009）：HICE—赫南特期碳同位素正漂移，WHITEWATER—美国辛辛那提地区 Whitewater 组碳同位素正漂移，WAYNESVILLE—美国辛辛那提地区 Waynesville 组碳同位素正漂移，FAIRVIEW—美国辛辛那提地区 Fairview 组碳同位素正漂移，KOPE—美国辛辛那提地区 Kope 组小幅度碳同位素正漂移，GICE—美国中东部地区 Derach 组 Guttenberg 段的一次短时限的、较大幅度的碳同位素正漂移，SAICE—桑比期的小幅度碳同位素正漂移，MDICE—达瑞威尔中期的碳同位素正漂移

重视，在华北、华南和塔里木地块均有重要发现，对于解决井下有关烃源岩层段对比问题和页岩气开发潜力评估，具有独特价值。

1. 笔石

我国奥陶纪的笔石序列基本齐全，总体研究程度较高，在华南、华北、塔里木、柴达木和西藏等地均可建立不同完整程度的序列，其中以华南的序列最为完整。因此，本书的综合笔石序列主要根据华南的研究结果，并结合部分其他板块的资料综合而成。

（1）*Rhabdinopora flabelliformis parabola*带

该带以*Rhabdinopora flabelliformis parabola*的首次出现为标志，在华北板块东部和华南斜坡相地层中，该带均可识别（Feng et al.，1999；张元动等，2005）。该带中除带化石外，还含有*Rhabdinopora praeparabola*（限于下部）。在华南，该带中还常见*Staurograptus dichotomus*，在近顶部含有*Bryograptus kjerulfi orientalis*等种。

（2）*Anisograptus matanensis*带

该带以带化石的首次出现为底界标志，在华南该带中还常见*Staurograptus dichotomus*、*S. apertus*、*S. hyperboreus*和*Anisograptus ruedemanni*等（王海峰，1997；张元动等，2005）。此外，*Rhabdinopora flabelliformis parabola*和*Bryograptus kjerulfi orientalis*也可从下伏的*R. f. parabola*带上延到该带的下部。

（3）*Rhabdinopora flabelliformis anglica*带

该带可在湖南常德、桃江等地识别出来，见于马刀堉组，以带化石的首次出现为底界标志（Wang & Wang，2001；Wang & Muir，2015）。带中还含有笔石*Rhabdinopora hunanensis*、*R. umbellata*和上延而来的*Anisograptus matanensis*等。

（4）*Psigraptus jacksoni*带

该带以带化石*Psigraptus jacksoni*的首次出现为底界标志，在华北东部地区的冶里组上部可识别（张元动等，2005）。该种化石还见于澳大利亚和加拿大育空地区，因此该带是可以国际对比的。该带中除了带化石及*Psigraptus*的其他种外，还有部分*Adelograptus*出现。根据共生化石，该带可与我国华南斜坡相区、英国、北欧等地的*Adelograptus tenellus*带对比（张元动等，2005；王文卉等，2012）。

（5）*Aorograptus victoriae*带

该带以带化石的首次出现为底界标志，在华北地区和华南斜坡相-盆地相地层均可识别（张元动等，2005；冯洪真等，2009；王文卉等，2012）。带中除带化石外，还含有*Aorograptus sinicus*、丰富的*Kiaerograptus*及少量*Bryograptus*。

（6）*Hunnegraptus copiosus*带

该带在上扬子区以*Hunnegraptus*的出现为标志，在四川古蔺大坪和纳羊箐等地可以识别，带中见*Hunnegraptus copiosus*、*H. novus*、*Hunnegraptus* sp.、*Kiaerograptus pritchardi*等，以及由下伏地层上延的*Araneograptus*、*Paradelograptus onubensis*等（贵州区调队，1979；王钢，1981；张元动等，

2005）。

（7）*Tetragraptus approximatus*带

该带以带化石的首次出现为底界标志，在贵州三都、陕西紫阳、湖南益阳、江西玉山、浙江桐庐等斜坡相地层中均可识别出来（张元动等，2005，2012；冯洪真等，2009）。带内除带化石较丰富外，还含有常见的丰富的*Tetragraptus*种、*Adelograptus simplex*、*A. robustus*及*Clonograptus* sp.等，*Acrograptus pusillus*和*Acr. sinensis*也在该带上部首次出现。

（8）*Acrograptus filiformis*带

该带以命名种的首次出现为底界。除*Acr. filiformis*外，该带还含有丰富的*Acr. pusillus*和*Acr. saukros*。*Acr. filiformis*见于英国、北美和我国华南（李积金和陈旭，1962；肖承协和陈洪冶，1990），*Acr. pusillus*亦见于我国华南，但两者均未见于澳洲。澳洲相应的地层以含有丰富的*Pendeograptus*为特征。*Pendeograptus*亦见于我国浙赣交界地区，但非常稀少（肖承协和陈洪冶，1990），在扬子区尚未发现。我国云南东部地区红石崖组中产出以*Baltograptus varicosus*为代表的具有宽大笔石枝的属种（王举德，1974；穆恩之等，1979a），其层位应与*Acrograptus filiformis*带相当。在陕南紫阳，傅力浦（1996）发现属于该带的多种笔石，面貌与桐梓红花园湄潭组底部的笔石动物群非常类似。

（9）*Didymograptellus eobifidus*带

该带以*Didymograptellus eobifidus*的首次出现为底界，主要见于黔北、重庆城口、湖北宜昌—南漳等地（穆恩之等，1979a；骆天天和张元动，2008），代表奥陶纪两套含下垂对笔石类的下套地层。这套下垂对笔石（下层下垂对笔石）在上扬子区普遍存在，容易识别。该带与北美的*D. bifidus*带、英国的*Baltograptus jacksoni*带上部、澳洲的Be4-Ch1下部大致相当。汪啸风等（2004）在宜昌地区大湾组*Azygograptus suecicus*带之下识别出*D. bifidus*带，其中笔石分异度和丰度均较低，可能相当于黔北的*D. eobifidus*带 + *B. deflexus*带。

（10）*Baltograptus deflexus*带

该带以*B. deflexus*的首次出现为底界。英国笔石专家Rushton重新研究了英国的*B. deflexus*标本，发现该种其实在*B. deflexus*带中非常罕见，而在其上的*Expansograptus simulans*带却很常见（见Cooper et al.，1995；Zalasiewicz et al.，2009）。而原来定义的*C. deflexus*带却以产出一套具有宽大笔石体的下曲类对笔石（厘定为*Baltograptus jacksoni*）为特征，Rushton据此把原来的*B. deflexus*带改为*Baltograptus jacksoni*带。鉴于英国*E. simulans*带中已经出现*Azygograptus*及*Acrograptus nicholsoni*等，华南的*B. deflexus*带应该与英国的*Expansograptus simulans*带下部对比。

（11）*Azygograptus suecicus*带/ *Isograptus caduceus imitatus*带

*Azygograptus suecicus*带以带化石*Azygograptus suecicus*的首次出现为底界。该种由Moberg（1892）根据瑞典的标本命名，迄今已发现于北欧、英国（Elles & Wood，1902）和华南等，可以较好地对比。在华南斜坡相、盆地相区，相应地层以含有深水相的*Isograptus caduceus imitatus*为特征，可识别为*Isograptus c. imitatus*带（Chen & Bergström，1995），其底界比*A. suecicus*带略高（Chen X et al.，2009）。

（12）*Expansograptus hirundo*带

该带以*E. hirundo*的首次出现为底界。该带过去因材料所限而被称为*E.* cf. *hirundo*带，但后来笔者在桐梓红花园剖面发现了具始端的完好标本，因此确证了该带（Zhang & Chen，2003）。除带化石外，该带中的笔石以*Expansograptus*的种为主。

（13）*Exigraptus clavus*带

该带以*E. clavus*的首次出现为底界。该带化石见于湖北宜昌地区（穆恩之等，1979a）、黔北地区（Chen et al.，2001）、浙赣地区（Chen & Bergström，1995；Chen et al.，1995a，1995b）。根据浙赣交界地区的地层资料，*E. clavus*的首次出现比*Undulograptus sinodentatus*略早，因此在尚未发现*E. clavus*的地方，该带的底界可以*U. sinodentatus*的首次出现层位为参考。

（14）*Undulograptus austrodentatus*带

该带以*U. austrodentatus*的首次出现为标志，其底界已于1997年被国际地层委员会（ICS）和国际地质科学联合会（IUGS）正式确认为达瑞威尔阶"金钉子"（GSSP）的标志。*U. austrodentatus*由Harris & Keble（1932）根据澳大利亚的标本命名，是一个全球广布的笔石种，见于我国、英国、澳洲、北美和南美等地。在北欧，该带则相当于*E. hirundo*带的中部，在英国则与厘定后的*E. hirundo*带之底吻合。

（15）*Acrograptus ellesae*带

这是宁国组内最高的笔石带，并向上延入胡乐组底部。该带以*A. ellesae*的首次出现为底界，带内化石丰富，以具有复杂化的褶曲变形胞管的中国笔石科[包括*Tylograptus*（=*Holmograptus*）、*Sinograptus*和*Allograptus*等属]为代表，以具有复杂始端发育类型的早期双笔石类（如*Hustedograptus*、*Archiclimacograptus*、*Proclimacograptus*、*Haddingograptus*等）的大量出现为特征，另外发育刺网的*Paraglossograptus*也较常见。

（16）*Nicholsonograptus fasciculatus*带

该带以*Nicholsonograptus fasciculatus*的出现为底界标志。*Nicholsonograptus*属至少包括4个种，在我国江南斜坡相区（许杰，1934；钱义元等，1964；葛梅钰，1964；陈旭和韩乃仁，1964；李积金，1983）及挪威奥斯陆地区（Maletz，1997），都只限于该带或相当于该带的层位。

（17）*Pterograptus elegans*带

该带以带化石的首次出现为底界标志，主要见于皖、浙、赣等地的斜坡相地层。带中还含有*Pterograptus scanicus*、*Archiclimacograptus intermedius*、*Kalpinograptus ovatus*等，以及较多的*Xiphograptus*。

（18）*Didymograptus murchisoni*带

该带以上层下垂对笔石*Didymograptus murchisoni*的出现为底界标志，主要见于华南上扬子区、滇西、塔里木、华北鄂尔多斯等地（Zhang YD et al.，2009；陈旭等，2018）。带中含有较多的下垂对笔石类、双笔石类*Pseudamplexograptus distichus*、*Haddingograptus eurystoma*等，大致与江南斜坡相地层的*Pterograptus elegans* 带上部相当。

（19）*Jiangxigraptus vagus*带

该带以叉笔石类*J. vagus*的首次出现为底界标志，见于华南斜坡相区、塔里木等地。带中含有较丰富的早期双头笔石类和叉笔石类，以及双笔石类*Hustedograptus*、*Archiclimacograptus*、*Haddingograptus*、*Unicornigraptus*等（陈旭等，2018）。

（20）*Nemagraptus gracilis*带

该带的底界以*N. gracilis*的首次出现为标志，也是全球上奥陶统桑比阶底界的标志。该带的重要笔石属种除带化石外，还包括*Jiangxigraptus gurleyi*、*J. sextans*、*J. bispiralis*等。该带在我国华北地块西缘、华南和塔里木等地均可被识别出来（宋妍妍等，2013；陈旭等，2018）。

（21）*Climacograptus bicornis*带

该带以带化石的首次出现作为底界标志。在华北地块西缘的甘肃平凉、陕西陇县、塔里木柯坪、华南扬子区（庙坡组）和江南斜坡带（胡乐组）等地均可识别。

（22）*Diplacanthograptus caudatus*带

该带以*Diplacanthograptus caudatus*的首次出现为底界标志，在华北鄂尔多斯地区、塔里木柯坪—阿克苏地区可识别。带中还含有*Diplacanthograptus lanceolatus*、*Amplexograptus praetypicalis*、*A. maxwelli*等。在华南，该层位相当于宝塔组或砚瓦山组的下部。

（23）*Diplacanthograptus spiniferus*带

该带以带化石*Diplacanthograptus spiniferus*的首次出现为底界标志，见于滇西保山、塔里木西北（印干组）、华南部分盆地相地层（如湖南祁东双家口组、城步组下部）（刘义仁和傅汉英，1989a，1989b；Chen et al.，2000a；Zhang et al.，2014）。这个时期的地层在华北是缺失的，在华南扬子台地和江南斜坡带是一套碳酸盐岩（宝塔组、砚瓦山组），缺少笔石，只有在珠江盆地相区才可识别。

（24）*Geniculograptus pygmaeus*带

该带以*Geniculograptus pygmaeus*的首现为底界标志，可在湖南祁东、新疆库鲁克塔格等地识别，带中还含有*Climacograptus typicalis*、*C. styloides*等（刘义仁和傅汉英，1989b；陈旭等，2012a）。

（25）*Dicellograptus elegans*带/*Orthograptus quadrimucronatus*带

*Dicellograptus elegans*带以含有带化石为特征（陈旭等，2012b，2017）。刘义仁和傅汉英（1989a，1989b）根据湖南祁东双家口剖面城步组的笔石建立*Dicellograptus johnstrupi*带，带中含有丰富的叉笔石类和直笔石类，以及部分宁夏笔石类（过去称为纤笔石类，但近来发现纤笔石*Leptograptus*为叉笔石*Dicellograptus*的后同义名，从而将具有纤笔石式胞管的笔石全部归入宁夏笔石类）（马譞等，2015；陈旭等，2018）。华南过去定为*Dicellograptus johnstrupi*的笔石标本均应为*Dicellograptus elegans*，见于黔北遵义、川西南轿顶山等地（Chen et al.，2010a）。该带可大致对比到扬子区的临湘组下部，或江南斜坡相区黄泥岗组下部。*Orthograptus quadrimucronatus*带见于塔里木库鲁克塔格地区的元宝山组（钟端和郝永祥，1990），与华南的*D. elegans*带大致相当。

（26）*Dicellograptus complanatus*带

该带是陈旭等（1987b）根据珠江盆地相的赣南和桂北地层建立的。后来在上扬子台地的桐梓和松桃五峰组底部也发现此带（Chen et al.，2000b）。但在扬子区其他地区，由于地层缺失或壳相地层发育（临湘组、涧草沟组），尚未能识别出该带。

（27）*Dicellograptus complexus*带

该带以带化石*Dicellograptus complexus*（=*Dicellograptus szechuanensis*）的出现为特征。以往在该带之下还建立过*Amplexograptus disjunctus yangtzeensis*带（穆恩之，1974），但其带化石后来被修订为*Amplexograptus latus*的后同义名（Riva，1987），且在扬子区许多地点均与*Dicell. complexus*共生，遂被废弃（Chen et al.，1995a）。

（28）*Paraorthograptus pacificus*带

该带以带化石的出现为特征，包括了过去采用的*Tangyagraptus typicus*带和*Diceratograptus mirus*带，两者可作为该带中的两个亚带（Chen et al.，2000b）。

（29）*Metabolograptus extraordinarius*带

该带以带化石的首次出现为底界标志，也是奥陶系赫南特阶的底界。带内笔石化石丰富，且含有特征的赫南特贝腕足动物群化石，详细名单参见Chen et al.（2006a）和陈旭等（2006）。该带相当于过去采用的*Paraorthograptus uniformis*带和*Diplograptus bohemicus*带（Mu，1974；穆恩之等，1993）。该带在我国绝大多数地区及国外各主要块体上均可识别和对比。由该带底界定义的奥陶系赫南特阶全球界线层型剖面和点位（“金钉子”），于2006年确立在我国湖北宜昌王家湾。

（30）*Metabolograptus persculptus*带

该带以带化石的首次出现为底界标志，其顶界由笔石*Akidograptus ascensus*的首次出现来界定（即志留系的底界），可在湖北宜昌、浙江安吉等地识别（Chen et al.，2006a；汪隆武等，2016）。该带上部还含有*Avitograptus*、*Neodiplograptus*等属的多个特征种（Muir et al.，2020）。

2. 牙形类

（1）*Iapetognathus fluctivagus*带

该带化石仅见于湖南桃源瓦尔岗剖面的盘家嘴组，最早是作为*Cordylodus lindstromi*带上部亚带的标准化石（Dong et al.，2004），但后来发现*Iapetognathus fluctivagus*的出现层位高于*Iapetognathus jilinensis*（Dong & Zhang，2017），因此该带的有效性仍需进一步研究。该带层位可能大致相当于国际上通用的*Iapetognathus fluctivagus*带（王志浩等，2011；Zhang et al.，2019），或仅相当于后者上部。

（2）*Iapetognathus jilinensis*带

此带底界以*Iapetognathus jilinensis*的首次出现为代表。除带化石*Iapetognathus jilinensis*外，此带的其他共生分子还有*Cordylodus intermedius*、*C. drucei*、*C. lindstromi*、*C. prion*、*C. proavus*、*Aloxoconus propinquus*、*A. iowensis*和*Teridontus gracilis*等。此带仅发现于我国东北吉林大阳岔地区特马豆克阶冶里组底部，可大致与笔石*R. f. parabora*带对比（Wang et al.，2018）。我国其他地区尚未发现此带（湖南桃源瓦尔岗剖面的一个层位见有*I. jilinensis*，未建带，参见Dong & Zhang，2017），但其相当层位应

位于*Cordylodus angulatus*带之下的*Cordylodus lindstromi*带或*Monocostodus sevierensis*层上部的层段中。*Iapetognathus*的首次出现代表奥陶纪的开始，这也是公认的国际标准。

（3）*Cordylodus angulatus* 带

此带底界以*Cordylodus angulatus*的首次出现为代表，除带分子*Cordylodus angulatus*外，与其共生的重要属种还有*Cordylodus intermedius*、*C. lindstromi*、*C. prion*、*C. rotundatus*、*Aloxoconus iowensis*、*A. propinquus*、*Acanthodus uncinatus*、*Teridontus gracilis*和*Prooneotodus rotundatus*等。此带广泛分布于我国奥陶系底部的层位中，如我国华北、东北地区奥陶系冶里组下部，扬子区奥陶系下部特马豆克阶的南津关组、仑山组及其相当层位，以及新疆塔里木地区奥陶系丘里塔格上亚群及其相当地层（Wang ZH et al.，2018，2019）。此带也广泛分布于世界各地，在北欧波罗的地区作为奥陶系的第一个牙形类带，它特征明显，可以进行国内和国际对比。

（4）*Chosonodina herfurthi*带、*Rossodus manitouensis*带

*Chosonodina herfurthi*带底界以带化石的首次出现为代表。该底界可能略低于*Rossodus manitouensi*带底界，但两个带的时限有重叠。除带化石外，此带其他共生分子还有 *Cordylodus angulatus*、*C. intermedius*、*C. lindstromi*、*C. prion*、*Acanthodus uncinatus*、*Variabiliconus bassleri*、*Polycostatus oneotensis*和*Chosonodina fisheri*等。此带在我国华北、东北、西北和华南都有分布，在江南斜坡相地层中常见（Wang ZH et al.，2019），在华北见于冶里组，在扬子区见于仑山组、南津关组，在塔里木地区见于丘里塔格上亚群及其相当层位，在浙江见于留下组（Zhen et al.，2015）。此带还见于澳大利亚和西伯利亚地区。

*Rossodus manitouensi*带以带化石的首次出现为底界，除带化石外，常见的共生分子还有*Cordylodus angulatus*、*Acanthodus uncinatus*、*Aloxoconus iowensis*和*Variabiliconus bassleri*等。此带广泛分布于我国华北和东北的下奥陶统冶里组、新疆塔里木地区的蓬莱坝组。此带是北美中大陆型的牙形类带，可进行国际对比。

（5）*Colaptoconus quadraplicatus*带、*Paltodus deltifer*带

*C. quadraplicatus*带以带化石的首次出现为底界。除带化石外，常见的共生分子还有*Acanthodus costatus*、*Aloxoconus iowensis*、*Drepanodus arcuatus*、*Drepanoistodus subarcuatus*、*Scolopodus* spp.和*Variabiliconus bassleri*等。此带广泛分布于我国下奥陶统的上部地层中，如东北和华北的冶里组，扬子区的南津关组、仑山组及其相当层位，以及新疆塔里木地区的蓬莱坝组（王志浩等，2011）。此带为北美中大陆型的牙形类带，可进行国际对比。

*Paltodus deltifer*带以带化石为特征，主要分布于下扬子地区的奥陶系仑山组，主要分子还有*Acodus jiangningensis*、*Oistodus nanjingensis*、*Triangulodus proteus*、*Paroistodus numarcuatus*、*Aloxoconus* cf. *staufferi*、*Scolopodus barbatus*、*Scandodus parallelus*和*Drepanodus arcuatus*等（王志浩等，2011）。该带也见于浙江临安等地的施家头组（唐增才等，2014）。*Paltodus deltifer*带是一个国际性的牙形类带，也见于西欧下奥陶统特马豆克阶顶部地层，分布于欧洲波罗的地区。

（6）*Paroistodus proteus*带

此带以*Paroistodus proteus*的首次出现为底界。该带分布于较深水沉积环境。除带化石外，其他共生分子还有*Cooperignathus aranda*、*Drepanodus arcuatus*、*D. reclinatus*、*Juanognathus variabilis*、*Nasusgnathus dolonus*、*Protopanderodus gradatus*等（唐增才等，2014；Zhen et al.，2015）。

（7）*Triangulodus bifidus*带

该带以*Triangulodus bifidus*的首现为底界，见于扬子区红花园组下部、江南区荆山组（唐增才等，2014；Zhen et al.，2009a，2009b，2009c，2015）。带中还含有*Acodus* sp.、*Cornuodus longibasis*、*Drepanodus arcuatus*、*D. reclinatus*、*Drepanoistodus* sp.、*Juanognathus variabilis*、*Nasusgnathus dolonus*、*Paltodus deltifer*、*Paroistodus parallelus*、*P. proteus*、*Prioniodus* sp.、*Protopanderodus gradatus*及*Scolopodus multicostatus*等（Zhen et al.，2015）。

（8）*Serratognathus diversus*带

此带以*Serratognathus diversus*的首次出现为底界，在华南扬子区可用来指示弗洛阶的底界（Zhen et al.，2009a，2009b）。除带化石及*Paroistodus elegans*、*Oepikodus communis*外，其他常见的重要分子还有*Acodus triangularis*、*A. russoni*、*Bergstroemognathus extensus*、*B. hubeiensis*、*Cornuodus longibasis*、*Drepanodus arcuatus*、*D. perlongus*、*Drepanoistodus subarcuatus*、*Juanognathus variabilis*、*Protopanderodus gradatus*、*Reutterodus andinus*、*Serratognathus bilobatus*、*Scolopodus rex*、*Tripodus variabilis*和*T. brevibasis*等（王志浩等，2011）。此带在我国广泛分布，如华北和东北奥陶系弗洛阶的亮甲山组，扬子地区的弗洛阶红花园组和新疆塔里木地区的鹰山组及其相当层位。此带除有地方性分子外，尚有西欧的牙形类带典型分子，如*Paroistodus proteus*，因此，该牙形类带可以进行广泛的国内外地层对比。弗洛阶以笔石*T. approximatus*的首次出现为底界标志，但在缺乏笔石的情况下，此牙形类带的底界可以作为弗洛阶之底界。

（9）*Prioniodus honghuayuanensis*带、*Prioniodus elegans*带

*Prioniodus honghuayuanensis*带广泛分布于扬子（华南）地区的红花园组顶部，其底界以带化石或*P. elegans*首现为标志。过去安太庠（1987）定为*Baltoniodus communis*的标本，经厘定应为*P. honghuayuanensis*（Zhen et al.，2005）。除带化石外，该带其他常见分子还有*Bergstroemognathus extensus*、*Reutterodus andinus*、*Juanognathus variabilis*、*Scolopodus rex*等。

*Prioniodus elegans*带是欧洲波罗的地区和我国华南常见的牙形类带，可进行国际对比。该带以*Prioniodus elegans*首现为底界。在浙江临安等地，该带中含有丰富的牙形类：*Acodus deltatus*?、*Bergstroemognathus extensus*、*Cooperignathus aranda*、*Cornuodus longibasis*、*Drepanodus arcuatus*、*D. reclinatus*、*Juanognathus variabilis*、*Paltodus deltifer*、*Paroistodus proteus*、*Protopanderodus gradatus*、*Protoprioniodus yapu*、*Scolopodus subrex*和*Triangulodus zhiyii*等（Zhen et al.，2015）。

（10）*Oepikodus evae*带或*Oepikodus communis*带

*Oepikodus evae*带常见于扬子区湖北、湖南、贵州、江苏和安徽等地大湾组底部，并在江南斜坡带如浙赣边区的宁国组黄泥塘段和横塘段也可识别（Chen & Bergström，1995；Chen X et al.，2009）。

该带以*Oepikodus evae*的发育为特征，其底界以*Oepikodus evae*的首现为标志；除带化石外，带内共生分子还有*Oepikodus communis*、*Bergstroemognathus extensus*、*Cornuodus longibasis*、*Drepanodus arcuatus*、*D. perlongus*、*D. antilectus*、*Drepanoistodus subarcuatus*、*Juanognathus jaanussoni*、*J. anhuiensis*、*J. variabilis*、*Nasusgnathus dolonus*、*Reutterodus andinus*、*Scolopodus rex*、*S. rex oistodiformis*和*Tripodus brevibasis*等。此带广泛分布于西欧地区，为北大西洋型，时代为特马豆克期，可进行精确国际地层对比。

（11）*Baltoniodus triangularis* 带

此带常见于扬子区奥陶系大坪阶大湾组，以*Baltoniodus triangularis* 和*Baltoniodus navis*的首现分别作为其底界和顶界；除带化石外，其他常见分子还有*Cornuodus longibasis*、*Drepanodus arcuatus*、*D. antilectus*、*Juanognathus jaanussoni*、*J. anhuiensis*、*J. variabilis*、*Paroistodus proteus*、*P. parallelus*、*Oistodus meseaus*、*Periodon flabellum*、*Protopanderodus gradatus*、*P. rectus*、*Protoprioniodus costatus*、*Nasusgnathus dolonus*、*Reutterodus depressus*、*Stolodus stola*和*Scolopodus rex*等。*Baltoniodus triangularis*是典型的西欧分子，它的首现作为中奥陶统的开始和大坪阶的底界已得到国际公认（Wang et al., 2009）。

（12）*Baltoniodus navis*带

此带常见于我国南方奥陶系大坪阶大湾组，以*Baltoniodus navis*的首现作为底界，其顶界则以带化石的消失和*Paroistodus originalis*的大量出现为标志。带内共生分子还有*Cornuodus longibasis*、*Drepanodus arcuatus*、*D. antilectus*、*Erraticodon hexianensis*、*Paroistodus proteus*、*P. parallelus*、*Periodon flabellum*、*Oistodus meseaus*、*Protopanderodus rectus*和 *Scolopodus* sp. 等。这是欧洲波罗的地区的牙形类带，可进行国际对比。

（13）*Paroistodus originalis* 带

此带常见于我国南方奥陶系大坪阶，即大湾组及江南斜坡带浙赣边区的相当层位，以*Paroistodus originalis*的大量出现为特征，其底界以*Baltoniodus navis*消失和*Paroistodus originalis*的繁盛为标志，其顶界则以*Microzarkodina parva*和*Baltoniodus norrlandicus*的首现为标志。与带化石共生的分子还有*Cornuodus longibasis*、*Drepanodus arcuatus*、*D. antilectus*、*Paroistodus parallelus*、*Nasusgnathus dolonus*、*Periodon flabellum*、*Oistodus meseaus*、*O. lanceolatus*、*Erraticodon hexianensis*、*Protopanderodus calceatus*、*P. gradatus*、*P. rectus*、*Baltoniodus prevariabilis*、*Drepanoistodus venustus*、*Tripodus brevibasis* 和*Scolopodus rex*等。此带在新疆塔里木库鲁克塔格地区的巷古勒塔格组也有发现，这是欧洲波罗的地区的牙形类带，可进行国际对比。

（14）*Microzarkodina parva*带

此带见于扬子区奥陶系大湾组，其底界以*Microzarkodina parva*的首现为标志。除带化石*Microzarkodina parva*外，共生分子还有*Baltoniodus norrlandicus*、*Paroistodus originalis*、*P. parallelus*、*Oistodus lanceolatus*、*Periodon flabellum*、*Protopanderodus calceatus*、*Microzarkodina flabellum*和*Tripodus brevibasis*等。这是欧洲波罗的地区的牙形类带，可进行国际对比。达瑞威尔阶的底界是以笔

石*U. austrodentatus*的首现为标志，但在没有笔石的壳相地层则可以把此牙形类带的底界视为达瑞威尔阶之底界。

（15）*Lenodus antivariabilis*带

此带见于湖北地区大湾组上部至牯牛潭组底部，除带化石外，其他共生分子还有*Baltoniodus norrlandicus*、*Protopanderodus calceatus*、*Scolopodus rex*、*Tripodus brevibasis*和*Drepanoistodus basiovalis*等，其底界以*Lenodus antivariabilis*的首现为标志。此带首先在我国发现，后又在欧洲波罗的地区发现，可进行国际对比。

（16）*Lenodus variabilis*带

此带的底界以*Lenodus variabilis*的首现为标志，与带化石共生的分子还有*Baltoniodus norrlandicus*、*Protopanderodus cooperi*、*P. calceatus*、*Periodon aculeatus*、*Drepanoistodus basiovaris*、*Microzarkodina parva*、*Scolopodus rex*和*Tripodus brevibasis*等。此带见于扬子区中奥陶统达瑞威尔阶牯牛潭组，这是欧洲波罗的地区达瑞威尔阶的牙形类带，可以精细对比。

（17）*Yangtzeplacognathus crassus*带

此带的底界以*Yangtzeplacognathus crassus*首现为标志，除带化石外，其余共生分子还有*Lenodus variabilis*、*Baltoniodus norrlandicus*、*B. medius*、*B. prevariabilis*、*Protopanderodus calceatus*、*Paroistodus horridus*和*Periodon aculeatus*等。此带首见于我国扬子区牯牛潭组和新疆塔里木区达瑞威尔阶大湾沟组，后在欧洲波罗的地区达瑞威尔阶发现，可以进行国际对比。

（18）*Yangtzeplacognathus pseudoplanus*（= *Dzikodus tablepointensis*）带

此带常见于我国上扬子区的牯牛潭组和塔里木柯坪地区的大湾沟组，其底界以*Yangtzeplacognathus pseudoplanus*或*Dzikodus tablepointensis*首现为标志。除两个带化石外，此带的共生分子还有*Polonodus clivosus*、*Periodon aculeatus*、*Baltoniodus prevariabilis*、*Cornuodus longibasis*、*Protopanderodus rectus*、*P. robustus*、*P. varicostatus*、*Drepanodus arcuatus*、*Drepanoistodus venustus*、*Scolopodus rex*和*Walliserodus ethingtoni*等。这是欧洲和北美北大西洋型的牙形类带，属于达瑞威尔阶，可全球对比。

（19）*Eoplacognathus suecicus*带

此带见于我国华北达瑞威尔阶马家沟组、华南扬子区的牯牛潭组、内蒙古桌子山克里摩里组和新疆塔里木地区的大湾沟组等。这是一个世界性分布的北大西洋型牙形类带，其底以*Eoplacognathus suecicus*首现为标志，共生分子还有*Baltoniodus prevariabilis*、*Ansella jemtlandica*、*Cornuodus longibasis*、*Paroistodus horridus*、*Histiodella kristinae*、*Panderodus gracilis*、*Protopanderodus rectus*、*P. cooperi*、*P. robustus*、*P. varicostatus*、*Yangtzeplacognathus pseudoplanus*、*Polonodus clivosus*、*Dzikodus tablepointensis*、*Periodon aculeatus*、*Scolopodus rex*和*Walliserodus ethingtoni*等。

（20）*Pygodus serra*带

此带广泛分布于扬子区牯牛潭组和塔里木西北地区的萨尔干组等，这是世界性的北大西洋型牙形类带，其底界与顶界分别以*Pygodus serra*和*Pygodus anserinus*的首现为标志，其共生分子还有*Yangtzeplacognathus foliaceus*、*Y. protoramosus*、*Baltoplacognathus reclinatus*、*B. robustus*、

Baltoniodus prevariabilis、*Ansella jemtlandica*、*Cornuodus longibasis*、*Paroistodus horridus*、*Panderodus gracilis*、*Periodon aculeatus*、*Dapsilodus viruensis*、*Drepanodus arcuatus*、*Protopanderodus cooperi*、*P. varicostatus*、*Scabbardella altipes*和*Scolopodus rex* 等。该带在扬子区可细分为4个亚带，自下而上为*Yangtzeplacognathus foliaceus*亚带、*Baltoplacognathus reclinatus*亚带、*Baltoplacognathus robustus*亚带、*Yangtzeplacognathus protoramosus*亚带（王志浩等，2011；图2-2）。

（21）*Pygodus anserinus*带、*Yangtzeplacognathus jianyeensis*带

*Pygodus anserinus*带广泛分布于我国扬子区的庙坡组和大田坝组、塔里木等地的萨尔干组（顶部）和坎岭组、华北西缘的乌拉力克组和平凉组等地层中，属于桑比阶底部。这是北大西洋型的牙形类带，其底界以*Pygodus anserinus*的首现为标志，其共生分子还有*Ansella jemtlandica*、*Baltoniodus prevariabilis*、*Cornuodus longibasis*、*Complexodus originalis*、*Dapsilodus viruensis*、*Drepanodus arcuatus*、*Panderodus gracilis*、*Periodon aculeatus*、*Protopanderodus cooperi*、*P. varicostatus*、*Drepanoistodus venustus*、*Pygodus serra*、*Scabbardella altipes*、*Walliserodus ethingtoni*和*Paltodus* sp.等。桑比阶的底界是以笔石*Nemagraptus gracilis*的首现为标志，但在无笔石化石时，此牙形类带的底界可大致界定桑比阶之底。

*Yangtzeplacognathus jianyeensis*带广泛分布于扬子和塔里木等地区的庙坡组、大田坝组、坎岭组和吐木休克组等地层中，其底界以*Yangtzeplacognathus jianyeensis*首现为标志，带内共生分子有*Pygodus anserinus*、*P. serra*、*Ansella jemtlandica*、*Baltoniodus prevariabilis*、*Cornuodus longibasis*、*Drepanodus arcuatus*、*Drepanoistodus venustus*、*Panderodus gracilis*、*Dapsilodus viruensis*、*Periodon aculeatus*、*Protopanderodus varicostatus*、*Scabbardella altipes*和*Walliserodus ethingtoni*等。此带首先发现于我国南方，以后在我国塔里木地区和欧洲波罗的地区相继发现，可以进行国内外地层对比。

（22）*Baltoniodus variabilis*带

该带见于我国扬子区宝塔组下部，底界以带化石首现为标志。带中还含有*Cornuodus longibasis*、*Dapsilodus viruensis*、*Panderodus gracilis*、*Protopanderodus liripipus*和*Scabbardella altipes*等（王志浩等，2011）。

（23）*Baltoniodus alobatus*带

该带见于我国扬子区宝塔组下部，底界以*Baltoniodus alobatus*首现为标志。与带化石同时首次出现的通常还有*Baltoniodus variabilis*、*Cornuodus longibasis*、*Dapsilodus viruensis*、*Panderodus gracilis*、*Protopanderodus liripipus*和*Scabbardella altipes*等。

该带与其下的*Baltoniodus variabilis*带常作为*Amorphognathus tvaerensis* 带的上、下两个亚带。这两个亚带或带在湖北宝塔组下部、新疆塔里木的坎岭组和吐木休克组都有发现，是北大西洋型牙形类带，可进行国际对比，其中下亚带为桑比阶，上亚带可为凯迪阶。凯迪阶的底界以笔石*Diplacanthograptus caudatus*的首现为标志，但在缺乏笔石的情况下，此牙形类带的底界可大致相当于凯迪阶的底界。

（24）*Amorphognathus superbus*带

该带以*Amorphognathus superbus*首次出现为底界标志，见于下扬子地区的汤山组（王志浩等，2011）。该带层位略低于扬子区的*Hamarodus brevirameus*带（宝塔组中部）（Wang ZH et al.，2019）。*Amorphognathus superbus*带中含有*Amorphognathus superbus*、*Cornuodus longibasis*、*Periodon grandis*、*Panderodus gracilis*、*Protopanderodus liripipus*和*Scabbardella altipes*等。

（25）*Hamarodus brevirameus*带

该带以*Hamarodus brevirameus*首次出现为底界标志，见于华南宝塔组和砚瓦山组上部。此带还含有*Panderodus gracilis*、*Periodon grandis*、*Protopanderodus liripipus*和*Scabbardella altipes*等从下伏地层上延而来的种（Wang ZH et al.，2019）。我们过去常用作带化石的*Hamarodus europaeus*（Serpagli，1967）被认定为*Hamarodus brevirameus*（Walliser，1964）的后同义名（Dzik，1994），因此相应的地层也就改用*Hamarodus brevirameus*带（王志浩等，2015）。

（26）*Protopanderodus insculptus*带

此带见于我国扬子区的凯迪阶宝塔组顶部和临湘组，以产*Protopanderodus insculptus*为特征，其底界以带化石的首次出现为标志，其顶界因化石稀少而不能精确划定，此带共生分子还有*Protopanderodus liripipus*、*Dapsilodus viruensis*、*Drepanoistodus venustus*和*Scabbardella altipes*等。此带在西北地区的龙门洞组也有报道，带化石是北大西洋型的常见分子。

（27）*Amorphognathus ordovicicus*带

此带仅见于湖北宜昌地区的五峰组，主要分布于凯迪阶上部，也可能上延至赫南特阶，是西欧奥陶系最高的一个牙形类带，以产*Amorphognathus ordovicicus*为特征，因化石较少，往往很难精确划定其顶、底界（Chen et al.，2006a）。除带化石外，常见分子还有*Dapsilodus mutatus*、*Drepanodus* sp.、*Panderodus gracilis*、*Scabbardella altipes*和*Protopanderodus liripipus*等。以前曾用过的*Yaoxianognathus yaoxianensis*带大致相当于*Protopanderodus insculptus*带上部至*Amorphognathus ordovicicus*带下部（Wang ZH et al.，2018）。由于*Yaoxianognathus yaoxianensis*仅代表浅水型的地方性分子，因此这里沿用国际统一的牙形类序列中最高的牙形类带名称。

3. 腕足动物

作为古生代演化动物群主要类群之一的腕足动物，在奥陶纪期间经历了重要的演化辐射，成为奥陶纪地层中常见的优势化石类群。但是，相对于笔石动物而言，腕足动物的宏演化要缓慢一些；相对于牙形类而言，腕足动物的分布又较局限，且经常表现为较强的土著性或区域性。因此，奥陶系腕足动物的生物带序列从未完整地建立起来。不过，区域性和地方性的尝试时有出现。曾庆銮（1991）曾依据湖北宜昌地区完整的奥陶系序列及其中丰富的腕足动物化石资料，将奥陶纪腕足动物从下至上识别为12个群落，并简单讨论了各自的古生态。由于曾庆銮所依据的化石资料的系统古生物学研究尚存在诸多问题，其识别的奥陶纪腕足动物序列暂不能直接使用。根据近十余年对中国奥陶纪腕足动物资料的总结，我们认为奥陶纪从下至上可识别出若干腕足动物群：*Finkelnburgia*动物群、*Tritoechia*动物群、*Sinorthis*动物群、*Saucrorthis*动物群、*Foliomena*动物群、*Altaethyrella*动物群、*Hirnantia*动物群。它们具有区域特征，并具有较为广泛的地层对比意义。

（1）*Finkelnburgia*动物群

*Finkelnburgia*动物群是寒武纪晚期和早奥陶世特马豆克早期全球广布的一个腕足动物群，常见分子包括*Finkelnburgia*、*Nanorthis*、*Apheoorthis*、*Tetralobula*、*Imbricatia*、*Punctolira*和*Tritoechia*。该动物群主要发育在上扬子区桐梓组下部，在下扬子区同期地层中也有零星产出，但至今未在宜昌地区西陵峡组和南津关组下部发现过。除华南外，我国东北兴安岭地区、北美、西伯利亚、欧洲、南美洲、非洲的特马豆克早期地层中均发现此动物群。

（2）*Tritoechia*动物群

*Tritoechia*动物群也是一个世界广布的腕足动物群，但与*Finkelnburgia*动物群不同，它的时代是特马豆克中晚期和弗洛最早期。*Tritoechia*动物群组成中正形贝族（如*Nanorthis*、*Oligorthis*、*Diparelasma*、*Archaeorthis*）和共凸贝族（如*Tetralobula*、*Punctolira*、*Imbricatia*）共同占据优势，*Finkelnburgia*很少、*Apheoorthis*缺失，且经常是*Tritoechia*占据绝对优势。*Tritoechia*动物群主要发育在整个华南扬子区，如桐梓组中上部、南津关组中上部、仑山组中上部、分乡组、红花园组。在北美、西伯利亚、阿尔泰和哈萨克斯坦，相当于*Tritoechia*动物群的层位仍继续繁衍*Finkelnburgia*动物群，而没有或极少产出*Tritoechia*。

（3）*Sinorthis*动物群

*Sinorthis*动物群是一个极具华南地方特色、发育在早奥陶世晚期和中奥陶世早期的腕足动物群，它的出现和繁盛标志着华南奥陶纪腕足动物辐射第一次高潮的到来。除命名属*Sinorthis*外，其他常见腕足动物组分包括*Xinanorthis*、*Desmorthis*、*Euorthisina*、*Leptella*、*Nereidella*、*Nocturnellia*、*Nothorthis*、*Paralenorthis*、*Tarfaya*、*Pseudoporambonites*、*Yangtzeella*等。在扬子区，该动物群广泛分布，特别是上扬子区中部，如黔北、川南、渝南、鄂西等，产出地层包括湄潭组中下部、大湾组中下部及同期地层。此外，我国的东北地区、西北的塔里木盆地及欧洲南部法国的黑山地区都发现了多样性较低的*Sinorthis*动物群，但它们与华南的*Sinorthis*动物群不能直接对比，原因有以下两点：①动物群组分差异较大；②华南以外的产地时代均为中奥陶世大坪后期，甚至更晚。

（4）*Lepidorthis-Virgoria*群集

*Lepidorthis-Virgoria*群集是中奥陶世大坪早期发育在上扬子区中部的*Expansograptus hirundo*带的一个独特腕足动物群集，以小型腕足动物占据优势为特征。除命名属外，*Sinorthis*动物群中部分常见分子也有产出，如*Nereidella*、*Yangtzeella*、*Nocturnellia*等，指示较深水的底域环境。除上扬子区外，目前尚无其他地区发现该群集。

（5）*Metorthis*群落

*Metorthis*群落是中奥陶世大坪后期*Exigraptus clavus*带的一个相对单调的腕足动物群落，以命名属大量繁盛为特色，伴以少量其他腕足动物组分，如*Glyptorthis*、*Nothorthis*等。就目前掌握的资料看，*Metorthis*群落主要分布在上扬子区西部，特别是川南长宁地区。

（6）*Yangtzeella-Martellia*群落

*Yangtzeella-Martellia*群落是中奥陶世大坪期发育在湖北宜昌地区的腕足动物群落，以两个命名属，特别是*Yangtzeella*大量繁盛为特色，其他腕足动物化石包括*Nereidella*、*Lepidorthis*、*Pseudomimella*等，指示正常浅海底域环境，灰泥质海底。该群落在扬子区主要分布在大湾组发育的地区。除扬子区外，还见于我国云南西部及缅甸（同属掸泰板块）、土耳其及哈萨克斯坦等地区，但产出时代都比华南的晚，为中奥陶世后期达瑞威尔期。

（7）*Saucrorthis*动物群

*Saucrorthis*动物群也是首先在扬子区（华南）识别出来的一个腕足动物群，分布于广大的扬子区，时代为中奥陶世达瑞威尔期，产出地层有十字铺组、大沙坝组、牯牛潭组等。其最主要的特征就是大量发育*Saucrorthis*，同时伴有一些其他常见分子，如*Parisorthis*、*Orthambonites*、*Nothorthis*、*Dolerorthis*、*Protoskenidioides*、*Phragmorthis*、*Aegironetes*、*Leptestia*、*Leptellina*、*Calyptolepta*、*Bellimurina*、*Yangtzeella*等。除华南外，*Saucrorthis*动物群目前仅见于掸泰板块和伊朗北部地区稍晚一些的地层中（达瑞威尔晚期—桑比早期）。广泛发育在欧洲和北美的*Aporthophyla*动物群可与*Saucrorthis*动物群进行对比。

（8）*Foliomena*动物群

*Foliomena*动物群是全球广布，但主要集中在当时南纬20º ~ 40º范围内的较深水相的腕足动物群，对应全球大规模海侵。迄今所知，该动物群在华南地质延限最长（已知最低层位也在华南）、地理分布最广、生态分异最强烈，具体涉及整个扬子区及江南斜坡的部分地区，时代从桑比期至凯迪期，是晚奥陶世颇具特色的、可指示较深水环境的一个小型腕足动物群。除命名属*Foliomena*外，其他一些常见的共生分子包括*Dedzetina*、*Epitomyonia*、*Sericoidea*、*Eoplectodonta*、*Leangella*、*Anisopleurella*、*Kassinella*、*Christiania*、*Cyclospira*等。在华南的产出地层包括庙坡组（桑比最早期）、宝塔组（桑比期至凯迪早期）、临湘组（凯迪中期）、长坞组（凯迪晚期）及它们各自的同期地层。在华北，目前仅见于华北地台西缘的平凉组上部（桑比晚期）。另外，还见于我国塔里木、掸泰板块、哈萨克斯坦、波罗的地区、劳伦板块东缘、阿瓦隆尼亚、波希米亚、意大利撒丁岛、波兰等地体与板块上，但每一处都只是一个产地、一个层位，且都集中在桑比晚期至凯迪期。

（9）*Altaethyrella*动物群

*Altaethyrella*动物群是晚奥陶世一个区域性很明显的腕足动物群，小嘴贝类*Altaethyrella*大量繁盛，同时伴以一些其他常见分子，如*Plectorthis*、*Mimella*、*Kassinella*、*Sowerbyella*、*Antizygospira*、*Ovalospira*、*Eospirifer*等，时代主要是晚奥陶世凯迪晚期。在扬子区，由于凯迪晚期大范围发育五峰组的笔石页岩，只在江南斜坡带（当时已演变为狭窄的浙赣台地和浙西斜坡）浙西、赣东北等局部地区较浅水域发育了丰富的*Altaethyrella*动物群。在华北，*Altaethyrella*动物群仍发育在华北地台西缘，产出在背锅山组中下部（凯迪晚期），腕足动物组成与华南的不同，个体普遍偏小，分异度较高，指示相对较深的水体环境。另外，我国塔里木、哈萨克斯坦的阿尔泰地区同期地层中也广泛发育*Altaethyrella*动物群，但分异度低。

（10）*Hirnantia*动物群

*Hirnantia*动物群是晚奥陶世赫南特期标志性的动物群，全球广布。腕足动物典型组分包括*Lingulella*、*Pseudopholidops*、*Philhedra*、*Acanthocrania*、*Orbiculoidea*、*Trematis*、*Toxorthis*、*Dalmanella*、*Onniella*、*Trucizelina*、*Draborthis*、*Drabovinella*、*Hirnantia*、*Kinnella*、*Dysprosorthis*、*Mirorthis*、*Triplesia*、*Cliftonia*、*Onychoplecia*、*Aegiromena*、*Paromalomena*、*Leptaena*、*Eostropheodonta*、*Fardenia*、*Dorytreta*、*Sphenotreta*、*Plectothyrella*、*Whitfieldella*和*Hindella*。与之同期产出且经常共生的三叶虫是*Dalmanitina*动物群［我国过去定为*Dalmanitina*的化石多为*Mucronaspis*（*Songxites*）］，也有不少研究者将它们统称为*Hirnantia-Dalmanitina*动物群。迄今所知，*Hirnantia*动物群在华南扬子区广泛分布，极度发育，在各地分化为稍有差异的群落和亚群落，指示水深、底质等环境条件的小幅变化。产出地层主要是观音桥层，另有南郑组、新开岭组等。研究证实，华南是*Hirnantia*动物群分布最广、地质延限最长、生态分异最强烈的地区。除华南外，我国仅西藏同期地层中零星报道过*Hirnantia*动物群。

4. 三叶虫

三叶虫在我国奥陶纪地层中广泛分布，但动物群具强烈的区域性色彩。由于沉积环境分异，即使在同一地层区，三叶虫组成也因地而异。因此，尽管以前曾建立过不少三叶虫带，但大多只适合在小区域使用。本书推荐建立以下三叶虫带或组合来代表这一门类化石的地层序列，除特马豆克阶-弗洛阶交界和赫南特阶外，均立足于深水相分子，因为它们具有跨区分布的特点，利于区间关联和对比。大部分三叶虫带或组合沿用华南的已刊或未刊资料，因为在我国该区块以三叶虫研究程度最高；同时选择与笔石或牙形类混生的有关种群或属群为代表，以确定它们可靠的时代。以下序列从老到新论述，为便于区间对比，每一个三叶虫带或组合均选列了少数有代表性的、延限仅限于该带或该组合的组成分子（属或种）。

（1）*Hysterolenus*带

*Hysterolenus*带从寒武系顶部延伸到奥陶系底部的*Rhabdinopora flabelliformis parabola*笔石带或*Iapetognathus jilinensis*牙形类带，分布于江南斜坡带、塔里木库鲁克塔格及中天山霍城等地的深水相地层。组成分子包括*Amzasskiella*、*Hysterolenus*、*Onchonotellus*、*Onychopyge*、*Palaeoharpes*、*Pharostomina*、*Protarchaegonus*、*Proteuloma*及 *Rhabdinopleura*等。

（2）*Dechelepyge sinensis*带

*Dechelepyge sinensis*带是与笔石*Anisograptus matanensis*带—*Rhabdinopora flabelliformis anglica*带或牙形类*Cordylodus angulatus*带—*Colaptoconus quadraplicatus*带关联并等时分布的三叶虫带，分布于江南斜坡带、塔里木库鲁克塔格及中天山霍城等地的深水相地层。组成分子包括*Bienvillia tetragonalis jiangshanensis*、*Clavatellus duibianensis*、*Dechelepyge sinensis*、*Illaenopsis asiaticus*、*Symphysurus planarius*、*Parabolinella jiangshanensis* 及 *Prospectatrix exquisita*等。

（3）*Asaphopsoides latilimbata*带

*Asaphopsoides latilimbata*带建立于江南斜坡带西段的湘西，其层位大致与*Acrograptus victoriae*笔石带相当。组成分子包括*Asaphopsoides latilimbata*、*Conophrys acutifrons*、*Harpides taoyuanensis*、*Sinoparapilekia panjiazuiensis*、*Songtaoia tuberculata*等。在上扬子区，同期三叶虫归属于*Tungtzuella*带，组成分子包括 *Asaphopsoides angulatus*、*Chosenia divergens* 和 *Parapilekia inexpecta*等。

（4）*Illaenus guizhouensis*带

*Illaenus guizhouensis*带分布于上扬子区台地边缘相地层，时代与笔石*Hunnegraptus copiosus*带—*Tetragraptus approximatus*带相当。三叶虫匮乏，组成分子仅包括*Guizhouhystricurus yinjiangensis* 和 *Illaenus guizhouensis*等。目前，大致同时代的浅外陆棚相三叶虫仅在北祁连有过系统记述，包括 *Apatokephalus kansuensis*、*Ceratopyge*、*Parabolinella chilienensis*和 *Symphysurus quadratus*等，其中 *Ceratopyge*系特马豆克晚期的重要标准化石，在我国除北祁连外还见于浙西。

（5）*Carolinites genacinaca*组合

Carolinites genacinaca Ross在全球广泛分布，此组合在我国与笔石*Pendeograptus fruticosus*/*Acrograptus filiformis*带—*Undulograptus austrodentatus*带呈等时分布，以华南上扬子区发育最为完整。组成分子除带化石外，尚包括*Agerina elongata*、*Hanchungolithus*、*Hexacopyge nasuta*、*Liomegalaspides taningensis*、*Ninkianites*、*Ningkianolithus*、*Ovalocephalus primitivus*、*Phorocephala*及*Yinpanolithus*等。

（6）*Ovalocephalus intermedius* 组合

Ovalocephalus intermedius 组合是与牙形类*Lenodus variabilis*带—*Eoplacognathus suecicus*带等时分布的三叶虫组合，分布于华南、塔里木及华北鄂尔多斯桌子山地区。在湘西的深外陆棚相地层，组成分子以*Microparia*（*Quadratapyge*）*quadrata*、*Ovalocephalus intermedius*和*Pytine laevigata*为主；而在上扬子区的浅外陆棚相地层，该组合则以*Illaenus sinensis*、*Lonchodomas brevicus*和 *Zhenganites*为特征。

（7）*Ovalocephalus obsoletus* 带

Ovalocephalus obsoletus 带延限大致从*Pygodus serra* 牙形类带至*Climacograptus bicornis*笔石带。以华南浅外陆棚相地层为例，其组成分子包括*Birmanites hupeiensis*、*Calymenesun tingi*、*Hexacopyge turbiniformis*、*Lisogorites scutelloides*、*Ovalocephalus obsoletus*、*Reedocalymene expansa* 和 *Stenopareia miaopoensis*等。类似的三叶虫组合也分布于塔里木柯坪及华北鄂尔多斯环县地区同期同相地层中。

（8）*Xiushuilithus* 带

Xiushuilithus 带与笔石*Climacograptus wilsoni*带—*Geniculograptus pygmaeus*带大致呈等时分布，在扬子地台西北缘和江南斜坡带均有分布，以*Cyclopyge recurva*、*Ovalocephalus yangtzeensis*、*Paraphillipsinella nanjingensis*、*Parisoceraurus sinicus*、*Remopleurides amphitryonoides*、*Stenoblepharum dactylum*和*Xiushuilithus*等三叶虫为特征，带化石或类似的三叶虫组合在塔里木柯坪及华北鄂尔多斯环县地区同期地层中也有分布。

（9）*Nankinolithus*带

*Nankinolithus*带是与笔石*Dicellograptus elegans*带及*D. complanatus*带关联并等时分布的三叶虫带，

见于华南临湘组、黄泥岗组及其同期地层。在华南，该带组成分子包括*Amphitryon zhejiangensis*、*Cyclopyge rotundata*、*Nankinolithus*、*Ovalocephalus decorosus*、*Phillipsinella tangtouensis*、*Shumardia aculeata*和*Sinocybele gaoluoensis*等。带化石和类似的三叶虫在塔里木库鲁克塔格及华北鄂尔多斯环县地区均有报道。

（10）*Triarthrus sichuanensis* 带

Triarthrus sichuanensis 带以带化石为优势分子，另外包括三叶虫*Diacanthaspis laokuangshanensis*、*Triarthrus sichuanensis*、*Kweichowilla hongyaensis*和*Robergia sinensis*等，分布于上扬子地区笔石相地层*Dicellograptus complexus*带—*Paraorthograptus pacificus*带中，在江南斜坡相的浙赣地区同期的陆棚斜坡碎屑相和浅水碳酸盐相地层也有发育，但从三叶虫角度无法提供它们彼此间的直接对比证据。

（11）*Mucronaspis*（*Songxites*）带

Mucronaspis（*Songxites*）带广泛分布于华南、塔里木及祁连的赫南特期地层（笔石*Metabolograptus extraordinarius*带和*Metabolograptus persculptus*带），见于五峰组顶部观音桥层，组成分子有*Mucronaspis*（*Songxites*）、*Niuchangella*、*Eoleonaspis*、*Platycoryphe*和 *Dicranopeltis postulosus*等。

5. 头足类

以下罗列的头足类地层单元中，除*Bathmoceras*带和*Protocycloceras deprati*带外（学者们最近重新做过相关工作），其余前人建立的头足类组合或带均缺乏明确的定义，需进一步开展与现行主导门类生物带的确切对比工作。

（1）*Dakeoceras-Anguloceras*组合

*Dakeoceras-Anguloceras*组合见于三峡地区三游洞群顶部，山东中部纸坊庄组底部，内蒙古清水河、河北涞水等地冶里组底部，包括*Dakeoceras*、*Clarkoceras*、*Cumberloceras*、*Ectenolites*、*Barnesoceras*、*Anguloceras*等。

（2）*Retroclitendoceras-Pararetroclitendoceras*组合

*Retroclitendoceras-Pararetroclitendoceras*组合见于鄂西南津关组下部。

（3）*Coreanoceras-Manchuroceras*组合

*Coreanoceras-Manchuroceras*组合见于扬子区红花园组、华北区亮甲山组。以*Manchuroceras*、*Coreanoceras*的富集为特征，伴有*Cyrtovaginoceras*、*Proterocameroceras*、*Belemnoceras*、*Kerkoceras*、*Pharkoceras*、*Eothinoceras*等。

（4）*Bathmoceras*带

*Bathmoceras*带见于扬子区大湾组和紫台组下段顶部至中段底部，以*Bathmoceras*的延限为标志，伴有内角石类分子。

（5）*Protocycloceras deprati*带

*Protocycloceras deprati*带见于扬子区大湾组和紫台组中段。*Protocycloceras deprati*顶峰带以富含*Protocycloceras deprati*为特征，伴有大量内角石类、直角石类及少量肿角石类分子。

（6）*Polydesmia-Wutinoceras*组合

*Polydesmia-Wutinoceras*组合见于华北区北庵庄组。

（7）*Proterovaqinoceras incoqnitum*带

*Proterovaqinoceras incoqnitum*带见于扬子区牯牛潭组中、下部。

（8）*Meitanoceras-Ancistroceras*组合

*Meitanoceras-Ancistroceras*组合见于扬子区牯牛潭组顶部。

（9）*Stereoplasmoceras pseudoseptatum*带

*Stereoplasmoceras pseudoseptatum*带见于华北区马家沟组下部。

（10）*Tofangoceras pauciannulatum*带

*Tofangoceras pauciannulatum*带见于华北区马家沟组上部。

（11）*Lituites-Cyclolituites*组合

*Lituites-Cyclolituites*组合见于扬子区大田坝组、庙坡组。

（12）*Gonioceras badouense*带

*Gonioceras badouense*带见于山东中部八陡组。

（13）*Sinoceras chinense*带

*Sinoceras chinense*带见于华南扬子区宝塔组、江南区砚瓦山组。

（14）*Richardsonoceras simplex*带

该带由中国科学院南京地质古生物研究所（1974）在《西南地区地层古生物手册》中建立，主要见于宜昌峡东地区宝塔组近顶部地层。

（15）*Dongkaloceras-Discoceras*带

该带由曾庆銮等（1983）根据宜昌峡东地区的临湘组中的头足类动物群建立，主要见于临湘组下部，层位略低于三叶虫*Nankinolithus*带，大致与牙形类*Protopanderodus insculptus*带相当或略低于此带。

（16）*Yushanoceras*带

该带由陈挺恩（1987）根据西藏申扎地区冈木桑组上部的头足类*Yushanoceras*建立。*Yushanoceras*是陈均远和刘耕武根据浙赣地区三衢山组的标本建立的头足类属（见卢衍豪等，1976），是浙赣“三山”地区三衢山组中常见的特征类型。

2.2.2 碳同位素化学地层

近10多年来，全球奥陶纪碳同位素化学地层研究如火如荼，在北美洲、南美洲、欧洲、西伯利亚和东亚等地区均有大量的研究实例，已经建立了相对精确的全球奥陶纪综合曲线，揭示了达瑞威尔中期正漂移（Middle Darriwilian Isotope Carbon Excursion, MDICE）、古滕伯格正漂移（Guttenberg Isotope Carbon Excursion，GICE）、赫南特期正漂移（Hirnantian Isotope Carbon Excursion, HICE）等可全球对比的显著正漂移事件，以及数量不等的小型正漂移事件，在全球地层划分对比，特别是区域地层对比和构造-沉积事件判别中发挥了重要作用。兹对其中主要事件简介如下（Bergström et al., 2009；图2-2）。

HICE正漂移事件全球可识别，多数地区漂移幅度>6‰，可能与赫南特期冰期事件有关（Finney et al., 1999；Brenchley et al., 2003；Bergström et al., 2006b；Melchin et al., 2014；李超等，2018）。

WHITEWATER是凯迪晚期的小规模碳同位素正漂移事件，层位对应*Dicellograptus complanatus*笔石带，主要见于美国俄亥俄州辛辛那提地区的Whitewater组（Bergström et al., 2007, 2009），在爱沙尼亚相当于Moe事件或早阿什极尔期事件（Ainsaar et al., 2010），其层位在我国相当于华南五峰组底部。

WAYNESVILLE是凯迪中晚期的一次中等幅度（~2‰）的碳同位素正漂移事件，见于美国俄亥俄州辛辛那提地区的Waynesville组，对应牙形类*Amorphognathus ordovicicus*带底部层位（Bergström et al., 2007）。

FAIRVIEW是记录于美国俄亥俄州辛辛那提地区Fairview组的一次小规模碳同位素正漂移事件，对应凯迪中期*Geniculograptus pygmaeus*笔石带。

KOPE见于辛辛那提地区Kope组，对应凯迪早中期*Diplacanthograptus spiniferus*笔石带-*Geniculograptus pygmaeus*笔石带界线上下（Bergström et al., 2007）。

GICE首次报道于美国艾奥瓦州、密苏里州、伊利诺伊州交界地区Derach组Guttenberg段灰岩，是一次短期的、较大幅度的碳同位素正漂移事件（Ludvigson et al., 2004；Young et al., 2005），时代为桑比期末—凯迪期初。该漂移事件后来陆续在中国、爱沙尼亚、阿根廷等世界多个主要地区得到识别（Young et al., 2008；Ainsaar et al., 2010），在华南位于宝塔组底部（Munnecke et al., 2011），在塔里木则位于其浪组（Zhang & Munnecke, 2016）。

SAICE（Sandbian Isotope Carbon Excursion）事件报道于美国阿巴拉契亚山脉相当于牙形类*Baltoniodus gerdae*亚带的桑比期地层（Leslie et al., 2011）、美国西部内华达州大盆地的桑比期地层（Saltzman & Young, 2005；Kaljo et al., 2007），对应桑比晚期*Climacograptus bicornis*带。这是一次小规模的正漂移事件（~1‰幅度），其地质意义及与其他地区的对比尚有待确认（Bergström et al., 2012）。

MDICE首先由Ainsaar et al.（2004, 2007）在爱沙尼亚的Jurmala钻孔和Ruhnu钻孔岩芯中的Segerstad组中发现，这次正漂移幅度不算很大（~2‰），发生于达瑞威尔中期。Kaljo et al.（2007）在爱沙尼亚奥陶纪的Kerguta钻孔和Mehikoorma钻孔地层中也发现该次正漂移。后来，这次漂移事件在加拿大纽芬兰（Albanesi et al., 2013）、瑞典中部和南部（Wu et al., 2015, 2017, 2018）等地相继得到验证，尽管发生时间略有差异。但是，这次发生于达瑞威尔中期（*Yangtzeplacognathus pseudoplanus*带—*Eoplacognathus suecicus*带期间）的小幅度、长时限的正漂移事件，在我国、美国和南美洲还没有得到有说服力的数据验证。

近10年来，中国奥陶纪碳同位素化学地层学研究发展迅猛，在华南、华北、塔里木乃至西藏均开展了较多工作，取得了具有较高分辨率的研究结果，并已广泛用于地层划分和对比。这些结果大多数可与国际上的综合曲线进行良好对比，但也有部分层段的同位素记录表现不一致。兹对相关结果简介如下。

1. 华南

华南是我国开展奥陶纪碳同位素研究最早的地区之一。华南扬子台地相区和江南斜坡相区在奥陶纪沉积连续，岩性为碎屑岩夹碳酸盐岩，化石丰富，生物地层序列清楚，为开展碳同位素研究提供了良好的物质基础。其中，奥陶纪海相碳酸盐岩基本未受后期成岩作用影响，其碳同位素组成演化能较好地反映海洋溶解无机碳同位素的变化情况。前人对华南扬子台地奥陶纪碳同位素研究大多集中在某些特定层段，主要集中在晚奥陶世五峰组（含观音桥层）—龙马溪组、宝塔组、庙坡组，中奥陶世大湾组及寒武系-奥陶系界线之上的早奥陶世地层，由于文献较多，本文无法一一评述，拟按早、中、晚奥陶世分时段加以简要介绍，并着重强调碳同位素记录的主要特征和地层划分对比意义。

（1）早奥陶世

冯洪真等（2000）首先在宜昌三峡地区开展了寒武系—中奥陶统的碳氧同位素记录分析，认为δ^{18}O记录反映了海水古盐度变化，而δ^{13}C可能反映古海洋的初级生产力，负漂指示了初级生产力的提升。最近，Wu et al.（2020）获得了湖北兴山古洞口、松滋响水洞、安徽石台大岭剖面的特马豆克期—大坪期的无机碳同位素曲线，识别出5个具有对比潜力的漂移区间。

（2）中奥陶世

汪啸风等（2005）围绕中奥陶统底界“金钉子”的研究，获得了宜昌黄花场剖面大湾组下段、中段的无机碳同位素曲线，揭示了一次小型的正漂移变化。Zhang et al.（2011）研究了宜昌陈家河剖面大湾组下段、中段的碳同位素，发现弗洛阶-大坪阶界线上下的δ^{13}C在−0.5‰~0.5‰波动，无显著漂移现象。Ma et al.（2015）根据宜昌陈家河、真金剖面的碳同位素记录，认为牯牛潭组近顶部存在一个疑似MDICE的小型正漂移，顶部截切现象说明这段地层中可能存在地层间断——达瑞威尔晚期部分地层缺失，抑或这段地层高度凝缩沉积，从而导致MDICE的下降段未能被识别出来。Luan et al.（2019）研究了湖北兴山和松滋、安徽池州、贵州印江等地奥陶系大湾组或紫台组的碳同位素记录，发现从弗洛期到达瑞威尔早期，δ^{13}C基本上在−1‰~1‰波动，未见显著的漂移现象。

（3）晚奥陶世

Young et al.（2008）通过研究宜昌普溪河剖面宝塔组，揭示了华南扬子区凯迪期的一次无机碳同位素正漂移，并认为与美国的GICE事件对应。Bergström et al.（2009）详细研究了华南多条剖面的宝塔组和砚瓦山组碳同位素记录，较完整地揭示了华南GICE事件。Zhang TG et al.（2009）揭示了桐梓红花园剖面五峰组顶部的有机碳同位素HICE事件及大致同步的硫同位素（δ^{34}S）正漂移事件。Zhang et al.（2010）在贵州桐梓红花园剖面获得了较完整的奥陶纪有机碳同位素记录，揭示了弗洛期（湄潭组下段）存在一次显著的正漂移事件（8‰漂移幅度），认为这是短时间内大量有机质埋藏所致，这一变化导致了全球气候变凉及奥陶纪生物大辐射事件的爆发。

Fan et al.（2009）首次获得湖北宜昌王家湾小河边剖面的有机碳同位素曲线，发现赫南特期存在一次显著的“双峰式”正漂移，幅度达2‰，由此认为赫南特冰期导致的冈瓦纳冰盖扩增具有“双峰式”特征。Munnecke et al.（2011）在华南上扬子区、下扬子区共采集了11条奥陶纪地层剖面的碳氧同位素样，获得了贯穿奥陶系的、具有精确牙形类带和笔石带限定时代的无机碳同位素曲线，揭示了疑似MDICE、显著GICE和被截切的HICE等正漂移事件（图2-2）。涂珅等（2012）对湖北宜昌王家湾小河边剖面的赫南特期地层开展碳同位素分析，发现赫南特期存在一次明显的$\delta^{13}C_{carb}$负偏移趋势，最低值达−12.8‰，认为这是冰期海平面下降导致大量甲烷释放进入海水所致。Gorjan et al.（2012）也对小河边剖面进行了地球化学分析，发现赫南特中晚期存在从1.5‰到−7‰的负偏过程，这是值得高度关注的。

此外，王传尚等（2003）开展宜昌地区庙坡组及上下地层的元素地球化学分析，揭示了稀土元素地球化学、有机碳同位素负异常和Ce异常，认为庙坡组代表最大海泛面时期的凝缩段沉积。

2. 华北

华北奥陶系的碳同位素研究较为薄弱，已有研究主要集中在东部的吉林白山大阳岔剖面、西部的鄂尔多斯地区。前者主要限于寒武系-奥陶系界线过渡地层，后者主要包括中奥陶统—上奥陶统（下部）。

在大阳岔剖面，Ripperdan et al.（1993）首次揭示了寒武系-奥陶系界线上下的无机碳同位素曲线，显示在界线之下和之上各有一次小规模的正漂移。这一结果得到了最新采样分析和研究的进一步验证（Wang XF et al.，2019）。郭彦如等（2014）对华北台地相的两条地层剖面（山西临汾剖面、山西河津西磴口剖面）的冶里组、亮甲山组和马家沟组的碳氧同位素进行了分析，发现从特马豆克期到大坪期，华北台地的$\delta^{13}C$基本上均处于负值区，有一定的波动现象。其中，在马家沟组底部附近达到−4‰；马五段底部接近0‰，但整个马五段、马六段仍处于负值。他们对鄂尔多斯西南缘的两条斜坡相地层剖面（陕西淳化铁瓦殿剖面、陕西岐山剖面）的克里摩里组、乌拉力克组、拉什仲组、公乌素组和背锅山组等地层，也开展了碳氧同位素地层研究，获得了较完整的$\delta^{13}C$曲线，该曲线显示达瑞威尔期的克里摩里组存在较显著的正漂移，$\delta^{13}C$可达3‰；乌拉力克组—公乌素组（桑比期—凯迪初期）的数值较离散，但总体位于0~2‰区间，未能识别出GICE事件。

在河南内乡县寺岗剖面，Jing et al.（2019）对凯迪期的石燕河组进行了碳同位素分析研究，识别出KOPE、FAIRVIEW、WAYNESVILLE、WHITEWATER 和疑似的ELKHORN事件，并将这些漂移与华南的江南斜坡相区地层、美国辛辛那提地区地层剖面的碳同位素记录进行了对比。河南内乡—淅川一带属于秦岭构造带区域，其地层特征与典型的华南地层区和华北地层区均有相同和差异之处。戎嘉余等（2015）认为，该地区的奥陶纪腕足动物和珊瑚动物群面貌与华北更接近，到志留纪则与华南更相似。

3. 塔里木

塔里木盆地的奥陶系碳同位素记录在许多文献中都有不同详细程度和地层跨度的分析和研究，这里选择其中样品采集较密、具有连续性变化趋势的研究实例加以简要介绍。

景秀春等（2008）首次确立了柯坪地区多条剖面寒武系-奥陶系界线附近的碳同位素记录，识别出交替出现的4 次负漂移和4 次正漂移事件，并与吉林大阳岔、澳大利亚Black Mountain、美国Lawson Cove、加拿大纽芬兰Green Point等地记录进行了对比。柯坪地区的$\delta^{13}C$曲线总体上表现为寒武纪末呈上升趋势，从奥陶纪开始转为下降趋势，这一变化或许可以用于更多地区的地层对比。

Zhang & Munnecke（2016）对塔里木盆地的9条奥陶纪地层剖面和钻井岩芯进行了碳氧同位素分析，获得了较完整的穿越奥陶系的无机碳同位素曲线（图2-2）。其中，在柯坪大湾沟剖面、柯坪羊吉坎剖面、阿克苏四石场剖面的大湾沟组近顶部发现疑似的MDICE事件，$\delta^{13}C$最大值约1.39‰；识别出了规模巨大的、曲线形态完整的GICE事件，$\delta^{13}C$峰值达约2.5‰，位于其浪组内，时代为桑比期末—凯迪早期；在凯迪早—中期（印干组），$\delta^{13}C$回落到0‰。印干组与凯迪晚期的铁热克阿瓦提组之间为假整合界线，缺失多个生物带地层。铁热克阿瓦提组为砾岩、砂岩、粉砂岩夹泥岩沉积，未获得碳同位素记录。

4. 西藏

现在的西藏地区在奥陶纪包括多个地体，它们可能位于印度板块北部边缘，或游离于冈瓦纳大陆东北缘海域（Yu et al.，2019），详细位置一直有争议。这些地体中的奥陶纪地层受构造影响较大，关系复杂，有些甚至发生不同程度的变质，研究还比较初步。迄今为止，奥陶纪碳同位素分析主要见于聂拉木甲村剖面（Yu et al.，2019）、申扎永珠5118剖面（Yuan et al.，2018）。总体来看，碳同位素数据不够完整，采样密度较稀疏，其中在申扎5118剖面上识别出HICE正漂移事件，幅度1.8‰，位于以钙质、粉砂质含笔石泥岩为特征的、含赫南特贝动物群的申扎组中。

3 中国奥陶纪地层区划及综合地层对比

3.1 中国奥陶纪地层区划

中国奥陶纪的地层区划一直随着大地构造等学科的发展而变化，在不同的历史时期奥陶纪地层区划方案并不一致，甚至有相当大的差异。不同的专家学者采用的方案也不完全相同，特别是涉及地层分区和小区的划分问题，更是存在差异。因此，本书只对各个主要历史时期的区划方案做简要叙述，不做深入讨论。

张文堂（1962）根据沉积物的性质和厚度、生物群的种类和性质及大地构造背景情况，在《中国的奥陶系》中将中国奥陶系分为8个大区：①大兴安岭区；②华北区（包括东北南部）；③西北区；④秦岭区；⑤华中—西南区；⑥东南区；⑦滇西区；⑧西藏区。

盛莘夫（1974）在讨论“中国奥陶系划分对比”时基本沿用了张文堂（1962）的区划意见。穆恩之等（1979b）根据岩性、岩相、沉积类型和生物群，将其中的华中—西南区进一步区分出多个“区”：湘鄂区、川黔区、川陕区、滇东区、黔南区、滇东南区。

赖才根等（1982）在《中国地层（5）：中国的奥陶系》将中国的奥陶纪地层分为10个区：①天山兴安区；②塔里木区；③华北区；④祁连区；⑤昆仑—秦岭区；⑥藏北—滇西区；⑦喜马拉雅区；⑧扬子区；⑨江南区；⑩东南区。

汪啸风等（1996a）则将中国的奥陶纪地层分为：①西伯利亚地层区，主要包括准噶尔—兴安地层分区[汪啸风等（2005）将该分区进一步分为准噶尔地层分区、兴安地层分区]；②塔里木地层区,包括天山—北山地层分区、柯坪—库鲁克塔格—阿尔金地层分区、巴楚地层分区；③华北地层区，包括昆仑—祁连地层分区、鄂尔多斯地层分区、晋冀鲁豫地层分区；④华南地层区，包括扬子地层分区、江南—南秦岭地层分区、东南地层分区；⑤掸泰地层区，主要包括藏南—滇西地层分区；⑥海南—印支地层区，包括五指山地层分区、三亚地层分区。

陈旭等根据板块构造研究进展，认为中国在奥陶纪包括以下板块或块体：①哈萨克斯坦块体；②兴安块体；③华北板块；④柴达木块体；⑤松潘—甘孜块体；⑥华南板块；⑦滇缅马块体；⑧云开块体（陈旭和戎嘉余，1992；Chen et al.，1995a，2010b）。

本书着重根据板块构造最新研究结果，结合各块体的奥陶纪地层发育特点，将中国奥陶系区划如下（陈旭和戎嘉余，1992；Chen et al.，1995a，2010b；赵政璋等，2001；张元动等，2010；陈旭等，2012a，2012b； Zhan & Jin，2007；Zhang et al.，2007，2014；Zhen et al.，2016）：①华南地层区，包括扬子地层分区、江南地层分区、珠江地层分区，通常简称为扬子区、江南区和珠江区；②华北（中朝）地层区，包括北部地层分区、西部地层分区（鄂尔多斯地层分区）、南部地层分区；③塔里木—天山地层区，包括塔里木地层分区（又可进一步分为辛格尔小区、南天山小区、柯坪小区、巴楚—塔克拉玛干小区）和中天山—北山地层分区；④柴达木地层区；⑤西藏地层大区，该区地质历史复杂，根据构造格局和地质发展特点，自南向北分为喜马拉雅地层区、冈底斯—察隅地层区、羌塘—昌都地层区、巴颜喀拉地层区等；⑥阿尔泰—兴安地层区（构造带，属西伯利亚板块南边缘）；⑦准噶尔地层区（哈萨克斯坦板块东部）；⑧松潘—甘孜地层区（褶皱带，奥陶系零星出露，关系不明）；⑨印支地层区（奥陶系主要见于云南中、南部，云开地块和海南也可能属于该区）；⑩滇缅马地层区（对应于滇缅马地体或掸泰地体，我国奥陶系主要见于云南西部保山、潞西地区）等（图3-1）。

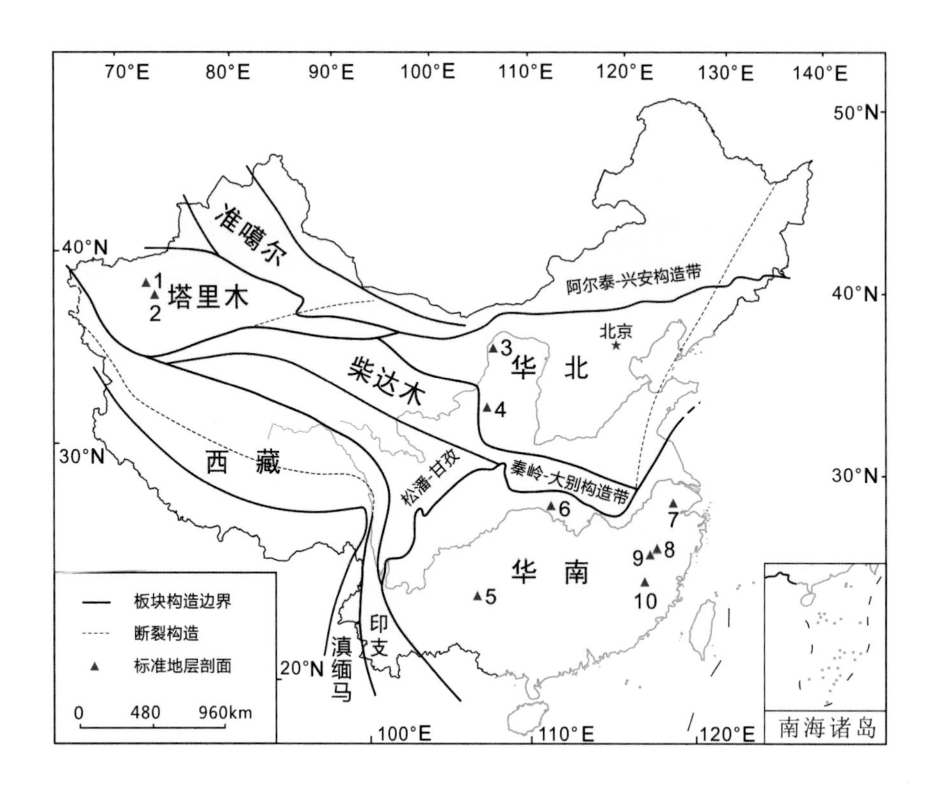

图 3-1 中国奥陶系构造地层分区及奥陶纪标准地层剖面位置。板块构造边界据张国伟等（2013）、Zheng et al.（2013）绘制，其中准噶尔北部边界据万天丰（2006）绘制。奥陶纪标准地层剖面：1. 新疆柯坪大湾沟剖面；2. 新疆巴楚大坂塔格剖面；3. 内蒙古乌海桌子山剖面；4. 陕西陇县龙门洞剖面；5. 贵州桐梓红花园剖面；6. 湖北宜昌黄花场—陈家河—王家湾综合剖面；7. 浙江安吉杭垓剖面；8. 浙江常山黄泥塘剖面；9. 江西玉山祝宅剖面；10. 江西崇义剖面

3.2 华南奥陶纪地层

3.2.1 华南奥陶纪地层分区

本书的华南地层区包括扬子地区（扬子地块或块体）和狭义的华南地区（华夏地块或块体）。近年来的构造地质学和地质年代学研究表明，扬子地块与华夏地块在8亿~9亿年前发生碰撞聚合，古华南洋闭合，形成华南板块，成为Rodinia超大陆的一部分（舒良树，2006）。在江山—绍兴断裂带（如江西弋阳樟树墩）和东乡—德兴—歙县（赣东北）断裂带（如德兴西湾）可见该时期的蛇绿混杂岩带、I型花岗岩、高压蓝片岩等，堪为佐证（舒良树，2012）。在早古生代华南板块未见确切的大洋

沉积和大洋板块残留，年代学研究显示，原定为早古生代的蛇绿岩和火山岩均为前震旦纪（舒良树，2006），构造运动表现为板内造山运动（张国伟等，2013）。在志留纪发生的板内碰撞–拼合事件使华夏块体与扬子块体再次缝合，形成真正统一的中国南方大陆（舒良树，2012）。对华南加里东期造山运动的动力学机制，有专家认为当时在华夏块体的东侧，即华南板块与冈瓦纳大陆之间存在一个洋壳性质的“古太平洋板块”，因其向西北方向的俯冲作用，推动华夏块体与扬子块体之间发生板内挤压碰撞，导致大范围褶皱造山运动和火山事件（胡艳华，2012）。

华南奥陶纪海相地层的分布受到华南板块边界、板内构造活动、古隆起、古海岸线展布、古地形、古海水化学等诸多因素的控制，总体上基本延续了寒武纪的台-坡-盆格局。根据地层发育的特点，以及岩相和生物相的分布，整个华南地层区可以大体分为三个地层分区（图3-2）：扬子区、江南区、珠江区。

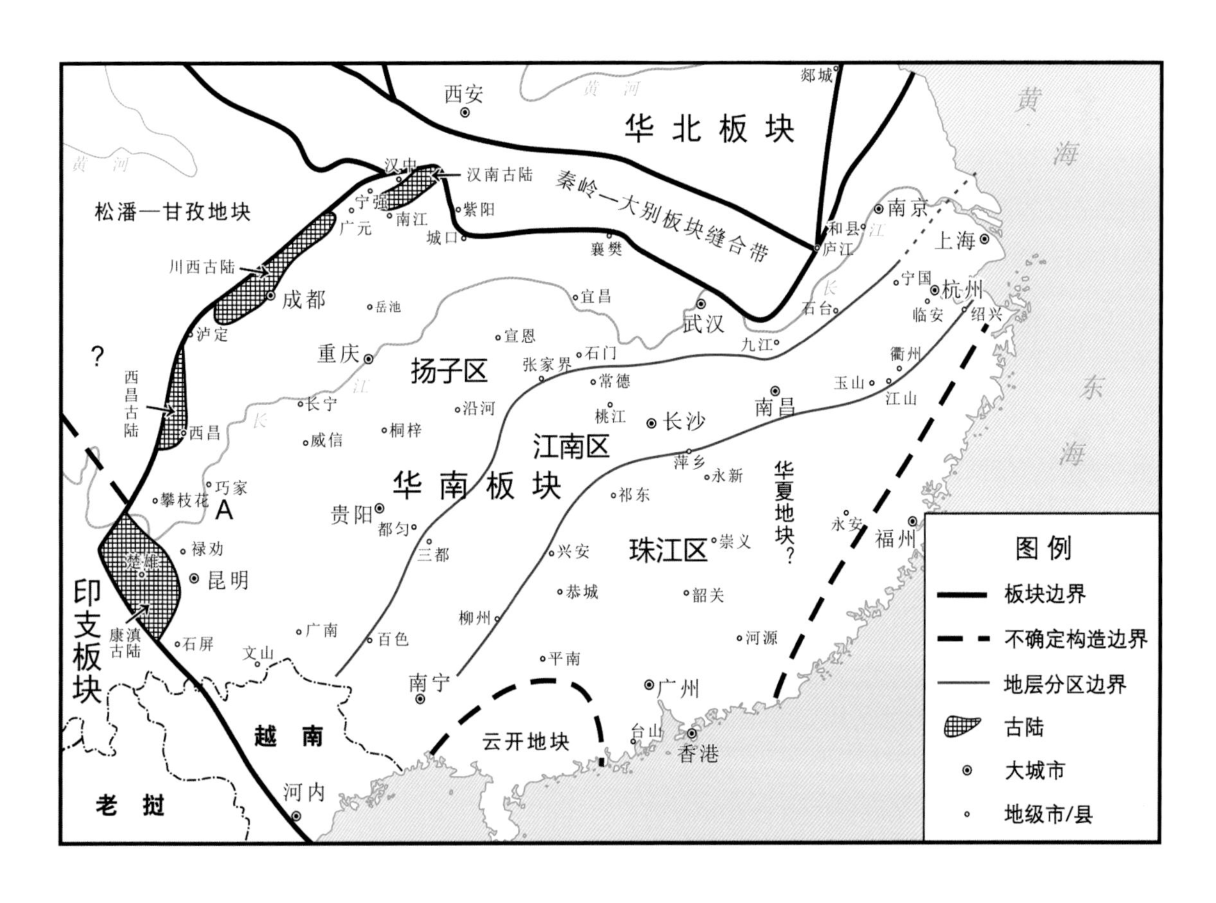

图 3-2　华南奥陶系地层分区

1. 扬子区

扬子区位于华南板块的西北部，以浅水台地型沉积为特征，是华南奥陶纪海相地层的主要分布区。该区北部由秦岭—大别造山带所围限，东北部则受郯庐断裂后期切割，西部以龙门山断裂、鲜水河断裂为界，西南部以哀牢山—红河（或马江）断裂为界，东南部以百色—三都—张家界—九江—石台一线与江南区交界（图3-2）。Guo et al.（2013）根据青藏高原东部310km长的SinoProbe-02深部地震剖面，发现扬子地块的地壳延伸到龙门山断裂带之下。换言之，地震探测反映龙门山断裂和龙日坝断裂的向下延伸未穿透地壳，说明扬子地块的西部边界在龙门山断裂带以西。上扬子地区奥陶纪地层和生物序列发育较好，下扬子地区地层类型虽与之相同，但却遭后期构造破坏，且许多地层被中、新生代地层所覆盖，因此，长期以来生物地层详细研究工作大都集中在中、上扬子地区。

扬子区的西南部和西北部在奥陶纪不同时期均有厚度和跨度不等的地层缺失，表明曾经存在多个古陆（或水下隆起，古地理学含义）。其中西南部的黔中古陆在奥陶纪已初具规模，并可能在晚奥陶世开始与康滇古陆连成一体。在扬子区西部边缘的北川、安县等地，奥陶系大部分缺失，应该是个古隆起（川西古陆）。扬子区西北部的广元、旺苍、南江、南郑等地，在寒武纪即为古隆起（汉南古陆），受奥陶纪“南郑上升”和“西乡上升”等多次构造活动的影响，也缺失部分奥陶纪地层（陈旭等，1990）。此外，在宜昌三峡与黔东北之间，受奥陶纪末“宜昌上升”的影响，在上奥陶统—志留系兰多维列统之间缺失时限跨度不等的地层（陈旭等，2001）。因此，整个扬子区的西部（即上扬子地区）由上述这些古陆形成半包围状，并成为陆源碎屑的供给区，从而形成从古陆向台地中央陆源碎屑成分渐次减少的梯度变化。

上扬子区的奥陶系剖面较多，属浅水相沉积。在川黔地区，可以贵州桐梓红花园剖面为代表，自下而上包括桐梓组、红花园组、湄潭组、十字铺组、宝塔组、临湘组、五峰组（含观音桥层）。其中，桐梓组主要是一套白云岩和灰岩，可以与三峡地区的南津关组和分乡组对比。红花园组广布于整个扬子区，剖面间可相互对比，时代应相当于弗洛初期，但底部可能含有部分特马豆克期地层。湄潭组以砂泥质碎屑沉积为主，分布于川南、黔北等地区，自下而上含有数十层笔石，时代从弗洛早期到达瑞威尔早期（Zhang & Chen，2003），可大致与三峡地区的大湾组、浙西地区的宁国组对比。十字铺组以泥灰岩为主，含有笔石、腕足动物和三叶虫等，时代为达瑞威尔中—晚期，可与三峡地区的牯牛潭组大致对比。宝塔组广布于扬子区，是一套具有“收缩纹”构造的独特碳酸盐岩沉积，含有三叶虫、腕足动物等大化石和牙形类等微体化石，其底界是穿时的，在不同地区有高低差别。临湘组主要为小瘤状泥灰岩，广布于三峡地区和上扬子部分地区，以含有三瘤虫等三叶虫为特征，可与上扬子的涧草沟组、下扬子地区的汤头组、江南区的黄泥岗组等对比，其底界相当于我国“钱塘江阶”的底界。五峰组以黑色笔石页岩和硅质岩为特征，广泛分布于扬子区，其底界时代基本一致，顶界与龙马溪组整合或假整合接触，不同地区略有高低差异。五峰组可与皖浙赣等地江南区的新岭组、长坞组/三衢山组、于潜组对比。五峰组顶部的观音桥层是奥陶纪末赫南特期发育形成的灰岩、泥灰岩，富含腕足动物、三叶虫等壳相化石，广泛分布于中、上扬子地区。近年来的研究显示，观音桥层有显著的穿时现象，在扬子区由西向东其时代由老变新，同时显示在黔鄂交界的来凤、宣恩、恩施、巴东等地及鄂北的竹山、房县等地均缺失该段地层，造成五峰组和龙马溪组之间的假整合接触关系（王怿等，2011）。

川北地区的奥陶系大多缺失下奥陶统，可以南江沙滩—桥亭剖面为代表，自下而上包括宝塔组（该地区有时难以详细区分宝塔组及上下地层岩性，采用广义的“宝塔组”，可分为下、中、上三部分，分别大致相当于扬子台地中央的大田坝组、狭义宝塔组、临湘组）、涧草沟组和五峰组，可分别与三峡地区的宝塔组、临湘组和五峰组对比。在广元和江油—北川等地，上奥陶统也有部分缺失，仅保存宝塔组及其下少量地层。

川东北地区的奥陶系可以重庆城口剖面为代表，自下而上包括杨家坝组、大槽组、营盘组、厚坪组、牯牛潭组、庙坡组、宝塔组、临湘组、五峰组（含观音桥层）。其中杨家坝组可与宜昌等地的南津关组对比，大槽组可与分乡组和红花园组对比，营盘组+厚坪组可与宜昌地区的大湾组或川南黔北一带的湄潭组对比。牯牛潭组岩性与该组标准地点——宜昌分乡相似，但时代跨度较短。庙坡组是一套以页岩为主、夹少量灰岩的地层，富含笔石、三叶虫、腕足动物、苔藓虫和棘皮动物化石，在扬子区呈补丁状分布于重庆城口—湖北宜昌、安徽和县等两个地区（宋妍妍等，2018）。最近研究表明，庙坡组亦分布在湖北南漳和京山等地，在扬子区其他地区相变为大田坝组和十字铺组等碳酸盐岩地层，该组还可与江南区的胡乐组上部对应。城口的宝塔组、涧草沟组、五峰组和观音桥层可与宜昌等地同期地层直接对比。

宜昌三峡地区的奥陶系较为发育，研究历史悠久，以宜昌两河口—黄花场剖面、陈家河剖面和王家湾剖面3个剖面发育最好，相接构成完整的地层序列（参见第四章的典型剖面描述）。其中两河口—黄花场剖面是中奥陶统暨大坪阶底界的“金钉子”剖面（GSSP），王家湾剖面是上奥陶统赫南特阶底界的“金钉子”剖面，因此这是全球范围内地层发育最好、研究程度最高的奥陶纪地层剖面。该地区奥陶系自下而上包括西陵峡组、南津关组、分乡组、红花园组、大湾组、牯牛潭组、庙坡组、宝塔组、临湘组、五峰组（含观音桥层）。这些组在整个三峡及附近地区均可识别，而且界线基本一致。南津关组与上扬子区的桐梓组下部和中部相当，分乡组对应桐梓组上部，红花园组在整个中—上扬子区广泛分布，剖面之间有穿时但可对比，大湾组可大体与上扬子区的湄潭组对比，牯牛潭组与十字铺组相当，庙坡组与大田坝组大体相当，应属同时异相关系。区内的宝塔组可直接对比，临湘组可与涧草沟组对比，五峰组的观音桥层在整个中上扬子区可以识别，但观音桥层底界是穿时的。

过去奥陶系的底界被长期放在南津关组的底界，即与岩石地层单位的界线一致。但是根据2000年国际地质科学联合会通过的全球界线层型，该界线定义在牙形类*Iapetognathus fluctivagus*的首次出现层位：在加拿大纽芬兰岛的“金钉子”剖面上，该界线位于最早出现的漂浮笔石层位之下4.8m处。在两河口—黄花场剖面迄今未发现*Iapetognathus fluctivagus*，笔石也非常稀少、零星，而且保存不佳，所以准确的奥陶系底界难以直接划定，但根据该剖面产出的其他牙形类化石推断，界线应位于西陵峡组近顶部。

中奥陶统的底界定义在牙形类*Baltoniodus triangularis*的首次出现层位，“金钉子”位于两河口—黄花场剖面上的大湾组下段近顶部，对应到笔石*Azygograptus suecicus*带内。上奥陶统的底界对应到庙坡组底界附近。上奥陶统赫南特阶底界定义在笔石*Metabolograptus extraordinarius*的首次出现层位，“金钉子”界线位于王家湾剖面的五峰组顶部。

在湖北京山，完整的奥陶系由武校剖面、滴水寺剖面和道子庙剖面相接而成。过去整个奥陶系的岩石地层序列沿用宜昌地区的单元名称，自下而上包括南津关组、分乡组、红花园组、大湾组、“牯牛潭组”、庙坡组、宝塔组、“临湘组”和五峰组。但最近研究表明，该剖面的岩性特征与宜昌地区有明显差别，特别是中奥陶统层段，拟另外命名岩石地层单位，暂加引号以示区别。

下扬子地区的奥陶系可以南京汤山古炮台—外圩沟剖面为代表，底界位于观音台组内，整个仑山组和部分观音台组与三峡地区的南津关组和分乡组相当，大田坝组与三峡地区的庙坡组大致相当，汤头组与临湘组或浙西的黄泥岗组相当。

2. 江南区

江南区位于浅水的扬子台地和深水的珠江盆地之间，以斜坡相沉积为特征，呈北东—南西向的狭长条带状分布，属于台地边缘到上斜坡的地层沉积。该区西北侧与扬子区形成连续的岩相过渡，主要受古地形、古海水深度和化学性质的控制，地层特点较为明显；东南侧的情况则较复杂，该区东端的地层明显受到江山—绍兴断裂的控制，地层具有北东—南西向的条带状分布特点，断裂以南的地层发育情况不明。江南区西南端则进一步受到古地形和水深的影响，向东南方向连续过渡为珠江区的深水盆地相沉积。

3. 珠江区

珠江区属于深水斜坡-盆地沉积，位于华南的东南部广大区域，西北部以江山—绍兴断裂及其西延断裂（柳州—兴安—萍乡一线）为界，东南部大致以政和—大浦断裂为界（图3-2）。该区西南侧为“云开地块”，具有独特的地层序列和围限边界，其构造属性尚有争议（吴浩若，2000），可能不属于华南板块（华夏地块），而与印支板块有密切关联。珠江区地质背景复杂，又曾受到多期次造山运动和岩浆活动的干扰叠加，使得奥陶纪地层出露较为局限，地层序列也经常因构造活动的切割破坏而变得不完整、不连续。因此，学者对该区奥陶纪地层沉积环境和控制机制常有不同观点。

在珠江区的东南部，奥陶系受到华夏古陆的影响，特别是在晚奥陶世以后，大范围的地层缺失均与这一古陆的活动有关（陈旭等，2010，2012b）。但华夏古陆自身的范围、性质、历史及其与扬子（华南）地块的关系还有许多问题待解决。

综上所述，三个地层区从西北到东南方向连续展布，在奥陶纪的不同时期，具体分界线略有差别，但基本格局不变。

3.2.2 华南奥陶纪地层分布的基本特征

华南地层区以秦岭缝合带与华北地层区分界，奥陶系由西向东可以分为三个地层分区：扬子区、江南区和珠江区。

奥陶纪扬子区在古地理格局上表现为一台地（故又称扬子台地），主要指康定—广元—汉中—城口—襄樊—武汉—九江—合肥一线以南，文山—都匀—吉首—岳阳—石台—杭州一线以北的大部分区域，包括云、贵、川、鄂等省的大部分，湖南的西北部分，以及安徽、江苏及上海的部分地区。本区奥陶纪地层分布广泛，以灰岩、泥灰岩为主，夹页岩，生物相以介壳化石与笔石相混生和交替出现为特征，地层厚度300 ~ 500m，属稳定浅海台地相沉积（曾庆銮等，1987；Zhan & Jin，2007）。

在扬子区的西部边缘，由于康滇古陆、西昌古陆、川西古陆和汉南古陆等的发育，奥陶系沉积受地形、陆源碎屑和水深的控制，总体上表现为自西向东的条带状分布格局。在滇东北、川西南和黔北等地区，由于离陆源较近，陆源碎屑供给较充分，广泛形成了以碎屑岩为主、夹含碳酸盐岩的地层，如红石崖组、巧家组、湄潭组、十字铺组等，富含腕足动物、三叶虫、苔藓虫、棘皮动物等底栖壳相化石，同时也含有较丰富的笔石和疑源类等浮游生物（张举等，2013）。而在宜昌三峡等远岸地区，则广泛形成以碳酸盐岩为主、夹含碎屑岩的地层，如分乡组、大湾组等，富含腕足动物、三叶虫、苔藓虫和头足类等壳相化石，笔石相对较少。唯在晚奥陶世凯迪晚期，由于陆表海的大面积发育和半封闭海盆环境的形成，整个扬子区广泛出现五峰组黑色页岩和硅质岩沉积，其中富含大量笔石。

在扬子区北缘，包括陕南紫阳等地，奥陶纪期间海水较深，形成一套以碎屑岩为主、含较多笔石的地层，其地层序列和笔石化石类型均可与江南斜坡带进行对比，显示两者可能具有相似的古环境特征（傅力浦，1983，1996）。

江南区的西北侧与扬子台地呈岩相过渡，东南侧与珠江盆地呈岩相过渡。整个江南区的奥陶纪地层基本上沿北东—南西向呈条带状分布，西北侧较接近扬子台地的地层沉积，东南侧接近珠江盆地的地层沉积。该区奥陶系的总体特点是，全区早奥陶世—晚奥陶世桑比期广泛发育大套黑色、灰黑色的泥岩、页岩和硅质岩，夹部分泥灰岩，如印渚埠组、宁国组、胡乐组/烟溪组等，其中含有丰富的笔石、疑源类和叶虾类等浮游生物化石，腕足动物和三叶虫等较稀少，且多样性较低（张元动等，2008）。该区东端在晚奥陶世开始受到华夏古陆向西北方向快速扩展的影响，在浙西北地区形成了数千米厚的复理式沉积，如长坞组/于潜组和文昌组/堰口组等，并存在部分地层缺失现象（刘晓等，2012）。该区西端在晚奥陶世发育大套浅水粗碎屑沉积（如南石冲组等），或存在地层缺失（如在贵州三都缺失整个上奥陶统）。

珠江区的奥陶纪地层主要出露于赣南、湘中、桂北和粤南等地，以发育大套深水黑色岩系为主要特点，如湘中的爵山沟组、七溪岭组、百马冲组、双家口组和城步组，赣南的七溪岭组、陇溪组、漭江组和石口组等。这些地层中普遍缺少腕足动物、三叶虫、棘皮动物、苔藓虫等浅水壳相动物化石，而含有较丰富的笔石等深水化石类型。该区地层受到后期构造活动的严重破坏，地层序列常不连续，总体出露有限。由于崇义运动的影响，该区奥陶纪末至志留纪初存在不同程度的地层缺失现象（陈旭等，2012a）。

江山—绍兴断裂以东的奥陶纪地层仅见于福建永安，其中含笔石化石（骆金锭等，1980），由于露头孤立，周围被大量侵入岩包围，因此该套地层的形成背景及其与华南地层区的关系有待进一步研究。

3.3 华北奥陶纪地层

华北地层区包括阿尔泰—兴安区以南（通常以北山—索伦—西拉木伦河—长春—延吉一线为界）、扬子区以北的广大地区，东部与华南地层区以郯庐断裂和苏鲁造山带为界。从板块构造的角度，华北地层区对应的华北板块（或中朝板块）的东北部延伸到朝鲜半岛，大致包括现在的朝鲜。整个华北地层区的形状像一个倒置的三角形。

华北奥陶系大多与下伏的寒武系呈连续沉积，唯其西南部和南部的奥陶系超覆在寒武纪中—晚期的不同地层上，其间存在地层不整合面。此外，华北奥陶系上部广泛存在不同程度的地层缺失，其上与上石炭亚系（宾夕法尼亚亚系）或下二叠统（乌拉尔统）地层假整合接触，其间普遍缺失部分奥陶系、志留系、泥盆系和下石炭亚系（密西西比亚系）地层（陈旭等，2014；Zhen et al.，2016；王志浩等，2016）。

华北地层区的奥陶系以碳酸盐岩为主，岩相稳定，厚度通常>600m。但在华北西部和西南部（鄂尔多斯西南缘），奥陶系以碳酸盐岩夹页岩为特征，厚度较大，并存在岩相变化。

华北奥陶系的生物以壳相生物群为主，包括鹦鹉螺、腹足类、牙形类等，一些层段亦可见到笔石、腕足动物、三叶虫、放射虫、珊瑚和介形虫等（陈旭等，2018）。其牙形类特点与澳大利亚东部、北美中大陆等地区相似，属于低纬度暖水型，显示出热带和亚热带的古地理环境特点（Wang et al.，2018）。

根据华北奥陶系的地层序列发育、岩相和古生物化石等特征，华北区的奥陶系可划分为北部地层分区（台地相）、西部地层分区（鄂尔多斯地层分区，台地边缘-斜坡相）和南部地层分区（Zhen et al.，2016；图3-3）。其中，北部地层分区包括吉林白山、辽宁本溪、河北唐山等地，奥陶系自下而上包括冶里组、亮甲山组、北庵庄组、马家沟组，在亮甲山组和北庵庄组之间为一个小型假整合，马家沟组之上地层全部缺失，上覆地层为石炭系本溪组（周志毅等，1983；Wang et al.，2018）。鄂尔多斯地层分区位于华北西部，大致包括鄂尔多斯盆地西缘和西南缘地区，奥陶系以碳酸盐岩和碎屑岩交互为特征，该分区北部自下而上包括三道坎组、桌子山组、克里摩里组、乌拉力克组、拉什仲组、公乌素组、蛇山组等（蛇山组之上地层缺失，上覆地层为二叠系山西组，系“怀远运动”所致），南部包括三道沟组、平凉组（龙门洞组）、背锅山组等，其上为下二叠统（乌拉尔统）的山西组，以假整合接触（王志浩等，2016；陈旭等，2018）。南部地层分区包括辽宁海河口—河北曲阳—山西保德一线以南、鄂尔多斯以东的华北地层区范围，包括山东博山、莱芜、新泰，河北邯郸峰峰，江苏徐州，以及安徽淮北、宿州、怀远等地，自下而上包括三山子组（或纸坊庄组）、北庵庄组、马家沟组、阁庄组、八陡组（或峰峰组，相当于阁庄组+八陡组）（陈均远，1976），在三山子组和北庵庄组之间缺失弗洛阶+大坪阶的地层，八陡组之上地层缺失，被上石炭亚系（宾夕法尼亚亚系）本溪组假整合覆盖（Wang et al.，2018）。

奥陶纪期间阿拉善块体与华北板块的关系仍有争议，主要集中在两者的拼合时间上。最近，李锦轶等（2012）根据宁夏牛首山西南麓出露的泥盆纪、石炭纪地层的波痕及斜层理等证据，结合区域上奥陶系砂岩的碎屑锆石年龄，推测华北与阿拉善两个古陆拼合发生在晚奥陶世至泥盆纪早期之间的某一地质时期。

过去把昆仑—祁连区也作为华北地层区的一部分（汪啸风等，1996a）。但是最新研究显示，这里可能是增生的造山带，是华中造山带的一部分，向东与西秦岭造山带相连（Song et al.，2017）。昆仑—祁连区中还裹挟着相对稳定的柴达木地块，因此本书将这部分奥陶纪地层归入柴达木地块（图3-1）。

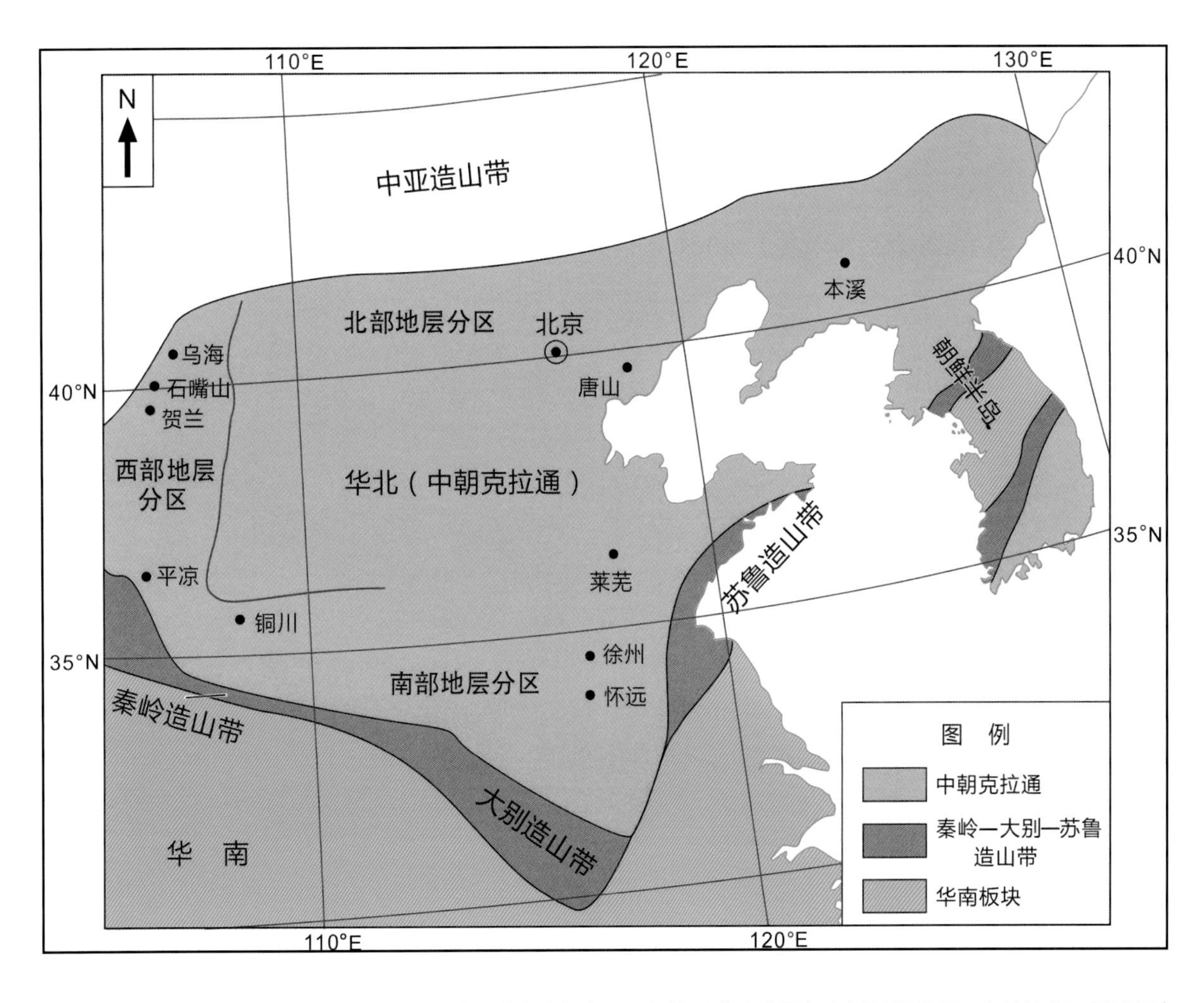

图 3-3 华北奥陶系地层分区：北部地层分区（台地相）、西部地层分区（鄂尔多斯地层分区，台地边缘 - 斜坡相）和南部地层分区。据 Zhen et al.（2016）、王志浩等（2016）

3.4 塔里木奥陶纪地层

塔里木地块位于亚洲腹地，为夹持于天山和昆仑山之间的菱形地块，北侧为汉腾格里—库米什断裂所限，南侧则以柯岗断裂和且末—星星峡走滑断裂为界（周志毅等，1995）。塔里木地块的形成始于吕梁期，又在四堡—晋宁、震旦—加里东、海西各期构造运动中得到改造和发展，二叠纪晚期转入陆内盆地阶段并于二叠纪末与欧亚大陆拼合，中生代以来受印度板块向欧亚大陆多次俯冲的影响发生频繁升降（陈金华，1990），新生代以来印度板块与欧亚大陆发生拼贴，这一陆内盆地受到强烈挤压，产生差异性升降并形成了大量陆内指向的推覆构造。

塔里木地层区包括塔里木地层分区、中天山—北山地层分区（周志毅等，1990；汪啸风等，1996a）。

3.4.1 塔里木地层分区

塔里木区内加里东期升降运动的模式是南升北降，塔里木陆块北部早古生代地层发育较为完整，而南部则基本缺失。

在国内，过去对地层小区的划分主要反映中生代以后的盆地范围和区域构造框架，而对其他断代（如奥陶纪）地层小区的划分并无统一的原则。这里将每一个奥陶系小区定义为具有岩性、岩相、所含化石内容和生物相总体上大致相似的地层组和地层段的分布地域。区内奥陶纪地层仅出露于塔里木盆地北缘（图3-4）。塔里木盆地广大腹地为沙漠所覆盖，又因后期断裂和推覆构造的破坏，使得地层的横向展布难以确切追踪，地层小区的界线往往不易断定。目前，地层小区暂时沿断裂线和岩相转折带走向大致划分，自北而南共可划分为4个小区（图3-4）。

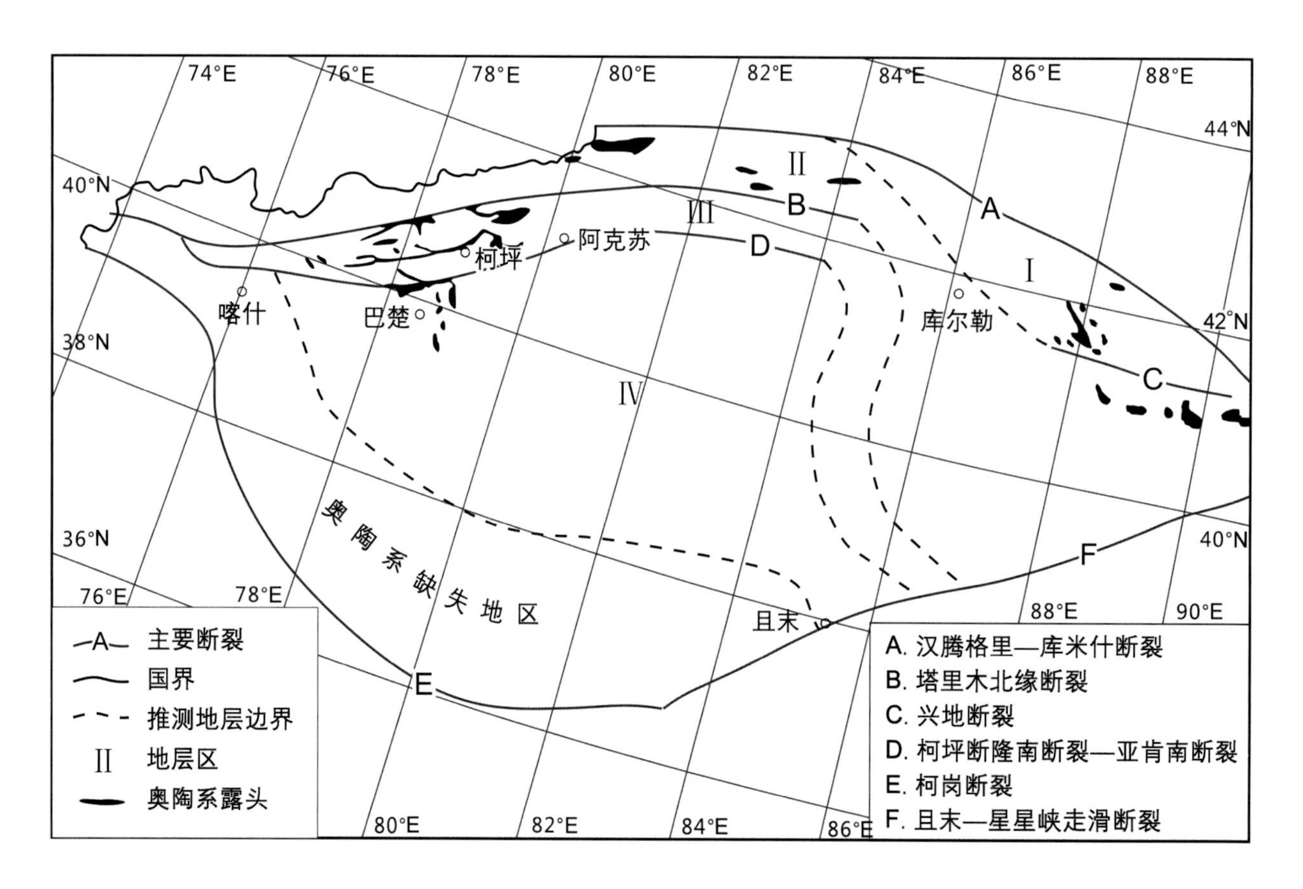

图 3-4　塔里木地层分区奥陶系露头分布和地层小区的划分。据周志毅等（1990）、倪寓南等（2001）整理。Ⅰ. 辛格尔小区；Ⅱ. 南天山小区；Ⅲ. 柯坪小区；Ⅳ. 巴楚—塔克拉玛干小区

1. 辛格尔小区

辛格尔小区（库鲁克塔格北区）的奥陶系分布于兴地断裂以北的库鲁克塔格地区的乌里格孜塔格和阿拉塔格东端的硫磺山一带，早期以斜坡型钙质浊积岩为主，晚期则发育了台地边缘相碳酸盐隆起带的厚层块状生物灰岩（图3-4 Ⅰ）。

该小区（库鲁克塔格北区）属浅水相，地层出露于乌里格孜塔格一带，自下而上包括白云岗组、巷古勒塔格组、赛力克达坂组、乌里格孜塔格组和哈达不拉克塔格组，其上为断层所截（钟端和郝永祥，1990）。整套地层为典型台地浅水相，以碳酸盐岩为主，夹有少量泥砂质碎屑岩。地层中含有较丰富的壳相化石，如腕足动物、三叶虫、珊瑚、双壳类、腹足类和苔藓虫等，但是因为缺少笔石化石，壳相化石的采集研究也不够系统，许多地层界线还无法准确划定。

2. 南天山小区

南天山小区的奥陶系在西段只在哈尔克山背斜核部地区出露，主要为变质碎屑岩及大理岩（图3-4 Ⅱ）。但在东段发育较好，出露地层分布于兴地断裂以南、孔雀河以北的库鲁克塔格南区，由下而上依次发育了陆架盆地相薄层泥晶灰岩和页岩、陆架盆地相炭质页岩和硅质岩、槽盆相复理式碎屑岩。根据钻井资料，相似的地层在塔东覆盖区广泛分布（群克1井、维马1井和塔东1井）。小区东南被且末—星星峡走滑断裂截切。

该小区的东段（即库鲁克塔格南区）为相对深水相，包括却尔却克山、元宝山和南雅尔当山等剖面，奥陶纪地层自下而上包括白云岗组、黑土凹组、却尔却克组、杂土坡组、元宝山组和银屏山组，为一套砂泥质碎屑岩沉积，其中含有较丰富的笔石化石，部分层段另含较多壳相化石（陈旭等，2012b；Zhan et al.，2014）。近年来，“中国海相地层研究”项目对整个库鲁克塔格地区的奥陶系开展了进一步的深入研究，取得了重要进展，其中在黑土凹组获得大量笔石，在下伏地层白云岗组获得了丰富的三叶虫和牙形类化石，从而对黑土凹组顶底界和内部生物地层划分有了新的认识：黑土凹组底界相当于大坪初期的*Isograptus victoriae*带，顶界相当于达瑞威尔初期*Undulograptus austrodentatus*带，黑土凹组与白云岗组之间为假整合接触，存在一个巨大的不整合面，缺失弗洛阶和大部分的特马豆克阶（王玉净等，2008；陈旭等，2012b）。在银屏山组下部采得丰富的笔石和腕足动物化石，确定时代为凯迪晚期（Zhan et al.，2014）。

3. 柯坪小区

柯坪小区北以塔里木北缘断裂（哈尔克山南坡—库尔勒南）为界（周清杰和郑建京，1990；周志毅等，1995），南止于柯坪断隆南断裂—亚肯南断裂（图3-4 Ⅲ）。西段露头区的奥陶系由台地相碳酸盐岩（下奥陶统和中奥陶统下部）、陆架斜坡相碳酸盐岩、陆架盆地相笔石页岩（中奥陶统上部—上奥陶统下部，萨尔干组）和滨浅海相陆源碎屑岩（上奥陶统上部）组成，指示该区属于台地—陆架盆地之间的过渡区。类似地层在覆盖区展布延伸的情况不明，但周棣康等（1991）和周东延等（1992）曾根据地震地层资料推测，台地—陆架盆地之间发育了大致呈南北向展布的塔东斜坡相带，其走向大致与邻近的库尔勒南断裂相同，这里暂时将这一狭长地带也划归本小区。根据钻井资料，与西段不同的是，东段覆盖区在英买力及轮南地区晚奥陶世晚期发育了一套碳酸盐潮坪相生物碎屑灰岩、泥岩、泥晶灰岩、钙质粉砂岩和白云岩地层。更值得指出的是，同样根据钻井资料，这一小区的东缘在早奥陶世—中奥陶世早期（库南1井、库南2井）和晚奥陶世晚期（草1井）水体曾两度变深，分别沉积了陆架斜坡相钙质浊积岩和频繁互层的砂岩、泥岩。

该小区的奥陶系以柯坪大湾沟剖面为代表，由下而上主要包括鹰山组、大湾沟组、萨尔干组、坎岭组、其浪组、印干组、铁热克阿瓦提组。对印干组之上假整合覆盖的铁热克阿瓦提组是否为奥陶纪地层，目前仍有争议。根据近年来的研究结果，该小区的西段（塔西北部分）可识别出两个相带（景秀春等，2007；陈旭等，2012b；Zhang & Munnecke，2016）：①柯坪—阿克苏相带，可以大湾沟剖面为代表；②乌什相带，乌什地区原定为志留系的地层可能属奥陶系，而且在亚科瑞克发现一套新的浅水相地层，因此不能简单地套用大湾沟剖面的地层序列。

4. 巴楚—塔克拉玛干小区

这一小区在早奥陶世—中奥陶世早期和晚奥陶世晚期的岩相、生物相类型与柯坪小区并无显著性差异（图3-4 Ⅳ）。根据出露于巴楚地区的地层剖面，该小区前一时期发育了由半闭塞向开阔台地相逐步过渡的碳酸盐岩，后一时期则为滨浅海相陆源碎屑岩沉积。但区内中奥陶统上部—上奥陶统下部却由一套台地边缘相碳酸盐岩（礁、丘、滩）和礁前斜坡相瘤状砂屑灰岩和厚层生物碎屑灰岩组成。值得注意的是，晚奥陶世晚期区内曾发生进一步沉积分异，其西部及南部为滨浅海相陆源碎屑岩分布区，而北部据塔中地区的钻井资料应属潮坪相泥质碳酸盐岩分布区。

据贾承造等（2004），在小区西南部喀什、疏勒、阿克陶、英吉沙地区，出露的最老地层为中元古代长城纪阿克苏群，不整合于不同时代的新地层之下；从目前资料来看，这些新地层中最老层段系中泥盆世阿尔他西组。据报道，麦盖提斜坡以南的莎车、叶城、皮山、和田一带的广大地区在晚泥盆世奇自拉夫组之下还有一套巨厚槽盆相变质碎屑岩，但时代不明。小区南部（在塘古孜巴斯地区以南的民丰地区）出露的最老地层为中元古界蓟县系，甚至古元古界的变质岩系，而出露的上覆地层中的最老地层为石炭纪晚期的卡拉乌依组。在叶城、和田和民丰一带以南的铁克里克地区发育了前寒武系（或震旦系）和晚泥盆世奇自拉夫组，但迄今并无早古生代地层被发现。根据以上叙述，可以认为这一小区的北部曾为奥陶纪浅水台地，而南部当时可能为陆缘地带。

该小区的地层在巴楚一带可以一间房剖面为代表，属台地相，奥陶系自下而上包括鹰山组、一间房组、吐木休克组、良里塔格组，各组的时代及组间界线主要根据最新的牙形类资料划定，其中一间房组的底界大致对应到大湾沟组内，吐木休克组的底界对应上奥陶统底界。

3.4.2 中天山—北山地层分区

中天山—北山地层分区处于构造带中，地层序列较为复杂，在霍城果子沟剖面，奥陶系自下而上包括新二台组、风沟组、塔勒基河组、科克萨雷溪组等（许杰和黄枝高，1979），本书暂不详述。

3.5 青藏地区奥陶纪地层

这里的青藏地区实际上包括了柴达木块体和西藏块体（后者由多个小微地体组成）。青藏地区大地构造位置居于阿尔卑斯—喜马拉雅巨型山系的东段，是特提斯构造域的重要组成部分。青藏地区具有地壳厚度巨大、大地构造性质独特（欧亚大陆与印度板块之间的碰撞过渡地带）的特点，长期以来为国内外地学界所瞩目。青藏地区发育多数时代的地层，沉积类型多样，其中中生代海相地层出露尤佳，化石丰富。根据构造格局和地层发育特点，通常将青藏地区分为4个构造-地层区（图3-5）：①喜马拉雅地层区；②冈底斯—察隅地层区；③羌塘—昌都地层区；④巴颜喀拉地层区。此外，柴达木块体位于南昆仑—阿尼玛卿缝合带以北、西昆仑—祁连山构造带以南，形成单独的柴达木地层区。

整个青藏地区的奥陶系分布较为局限。在柴达木地层区，奥陶系主要分布在祁连山东、西端及柴达木盆地西部的大柴旦等地，以碎屑岩为特征，含较丰富的笔石等。在西藏地层大区，奥陶系主要见于：①喜马拉雅地层区的聂拉木和定日；②冈底斯—察隅地层区的申扎、察隅等地；③羌塘—昌都地层区的芒康等地。西藏地层大区的奥陶系以碎屑岩和碳酸盐岩为特征，含有较为丰富的头足类、笔石和腕足动物等。

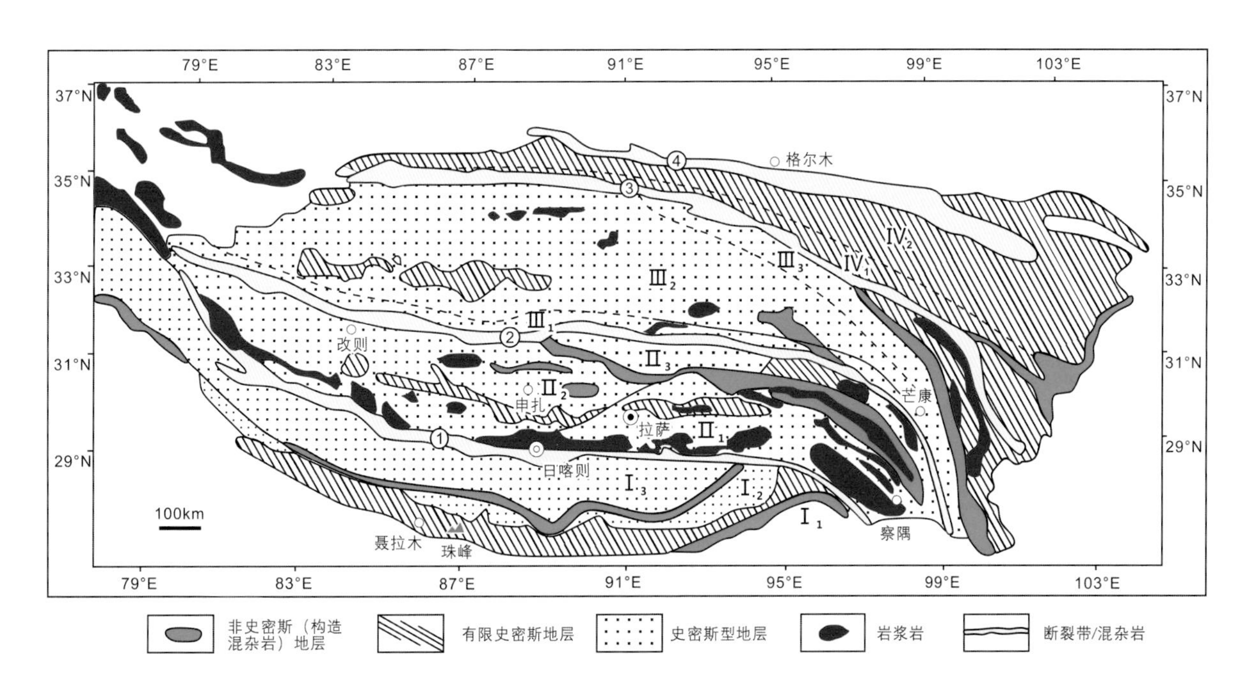

图3-5　青藏高原构造-地层分区。据赵政璋（2001）绘制。①雅鲁藏布江缝合带；②班公错—怒江缝合带；③拉竹龙—金沙江缝合带；④南昆仑—阿尼玛卿缝合带。Ⅰ．喜马拉雅地层区；Ⅱ．冈底斯—察隅地层区；Ⅲ．羌塘—昌都地层区；Ⅳ．巴颜喀拉地层区

3.6　主要地区岩石地层对比

根据上述我国各个主要区块的奥陶纪综合地层特征，将各区块的主要代表性岩石地层序列对比如图3-6所示。

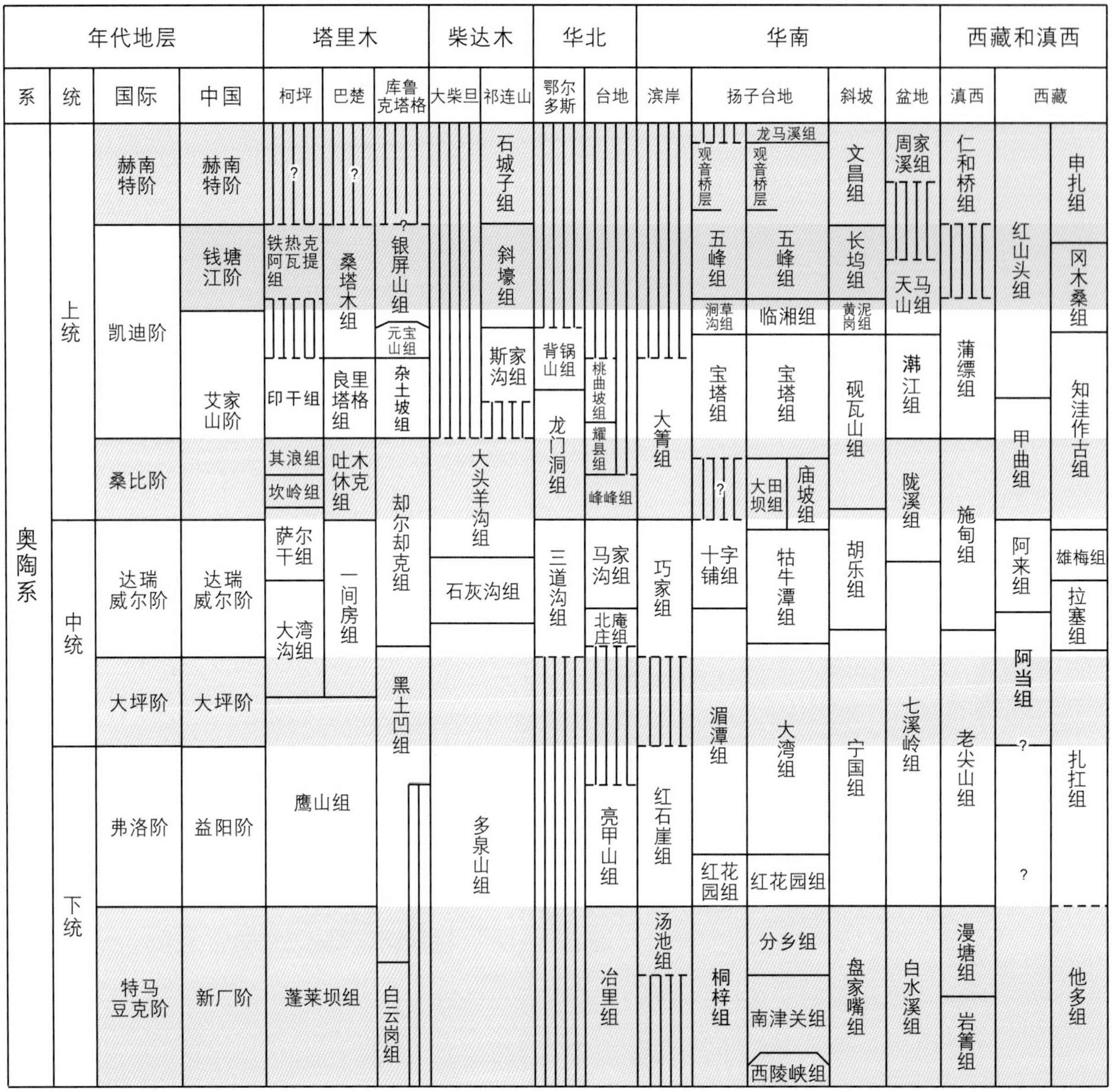

系	统	国际	中国	塔里木 柯坪	塔里木 巴楚	塔里木 库鲁克塔格	柴达木 大柴旦	柴达木 祁连山	华北 鄂尔多斯	华北 台地	华南 滨岸	华南 扬子台地	华南 扬子台地	华南 斜坡	华南 盆地	西藏和滇西 滇西	西藏和滇西 西藏	西藏和滇西 西藏
奥陶系	上统	赫南特阶	赫南特阶	?	?	?		石城子组				观音桥层	龙马溪组；观音桥层	文昌组	周家溪组	仁和桥组	红山头组	申扎组
		凯迪阶	钱塘江阶	铁热克阿瓦提组	桑塔木组	银屏山组		斜壕组				五峰组；涧草沟组	五峰组；临湘组	长坞组；黄泥岗组	天马山组			冈木桑组
			艾家山阶	印干组	良里塔格组	元宝山组；杂土坡组		斯家沟组	背锅山组；龙门洞组	桃曲坡组；耀县组	大箐组	宝塔组	宝塔组	砚瓦山组	沸江组	蒲缥组	甲曲组	知洼作古组
		桑比阶		其浪组；坎岭组	吐木休克组	却尔却克组	大头羊沟组			峰峰组		?	大田坝组；庙坡组		陇溪组			
	中统	达瑞威尔阶	达瑞威尔阶	萨尔干组；大湾沟组	一间房组		石灰沟组		三道沟组	马家沟组；北庵庄组	巧家组	十字铺组	牯牛潭组	胡乐组		施甸组	阿来组	雄梅组；拉塞组
		大坪阶	大坪阶			黑土凹组						湄潭组	大湾组	宁国组	七溪岭组	老尖山组	阿当组；?	扎扛组
	下统	弗洛阶	益阳阶	鹰山组			多泉山组			亮甲山组	红石崖组	红花园组	红花园组				?	
		特马豆克阶	新厂阶	蓬莱坝组		白云岗组				冶里组	汤池组	桐梓组	分乡组；南津关组；西陵峡组	盘家嘴组	白水溪组	漫塘组；岩箐组		他多组

图 3-6　我国主要地层区的奥陶纪岩石地层单元对比

4 典型剖面描述

4.1 华 南

4.1.1 台地相区

1. 贵州桐梓红花园剖面

红花园剖面位于贵州北部桐梓县县城东南7km的红花园村后山（28°4′31″N，106°51′45″E），包括寒武系芙蓉统娄山关群到志留系兰多维列统龙马溪组的完整地层序列，出露较好（图4-1）。该剖面最早由张鸣韶和盛莘夫（1958）研究报道，并建立红花园组。20世纪60年代，中国科学院南京地质古生物研究所张文堂、陈旭等详细测量并采集了该剖面化石样本，建立了完整的奥陶纪地层序列（见张文堂等，1964；穆恩之等，1979a，1979b）。在20世纪90年代后期，中国科学院南京地质古生物研究所陈旭、戎嘉余等在该剖面开展上奥陶统赫南特阶的全球界线层型研究工作，逐层详细测量了该剖面五峰组至龙马溪组下部的地层，并系统采集了该层段的笔石、腕足动物、三叶虫和双壳类等多门类化石，据此结合扬子区其他剖面对我国五峰组的笔石序列进行了厘定，使之成为国际赫南特阶的重要参考剖面（Chen et al.，2000b；陈旭等，2000a）标准。

21世纪初，中国科学院南京地质古生物研究所张元动、詹仁斌等和北京大学刘建波教授在该剖面开展奥陶纪生物大辐射研究（国家“973”项目课题），进一步对该剖面的湄潭组和十字铺组进行了详细测量和系统采集工作，获得了一批包括笔石、腕足动物、三叶虫、头足类、苔藓虫和棘皮动物等在内多门类化石。据此，对该层段的生物地层序列进行了厘定和深入研究。2007年，该剖面成为第十届国际奥陶系大会、第三届国际志留系大会和IGCP503项目联合大会的会后重点考察剖面，来自全球30多个国家的70多名专家对该剖面进行了多学科考察研究（Zhan & Jin，2007）。

兹根据我们近年来的研究结果，结合前人资料，将红花园剖面地层简要介绍如下。

桐梓组由张鸣韶和盛莘夫（1958）命名“桐梓层”，标准剖面即桐梓红花园剖面。根据岩性，该组可大致分为三部分：下部为灰色生物碎屑灰岩夹页岩，中部为浅灰色、灰色白云岩、白云质灰岩，上部为薄层生物碎屑灰岩、黄绿色页岩。该组与下伏地层娄山关群白云岩、上覆地层红花园组均整合接触。组内主要含壳相化石，包括三叶虫、腕足动物和牙形类等，其中根据三叶虫可自下而上识别三个化石带（傅琨，1982）：①*Wanliangtingia*带，②*Lohanpopsis lohanpoensis-Chungkingaspis emiensis*带，③*Tungtzuella*带。牙形类由下而上大致包括*Acanthodus costatus*组合带、*Glyptoconus quadraplicatus*组合带、*Scolopodus barbatus*延限带（汪啸风等，1996a）。甄勇毅等的研究表明，该组顶部包括牙形类*Paroistodus deltifer*带，说明该组时代大致相当于特马豆克期，但未到顶（即特马豆克阶的顶界位于上覆地层红花园组内）（Zhen et al.，2009a）。

红花园组由张鸣韶和盛莘夫（1958）命名“红花园灰岩”，标准剖面即桐梓红花园剖面，主要

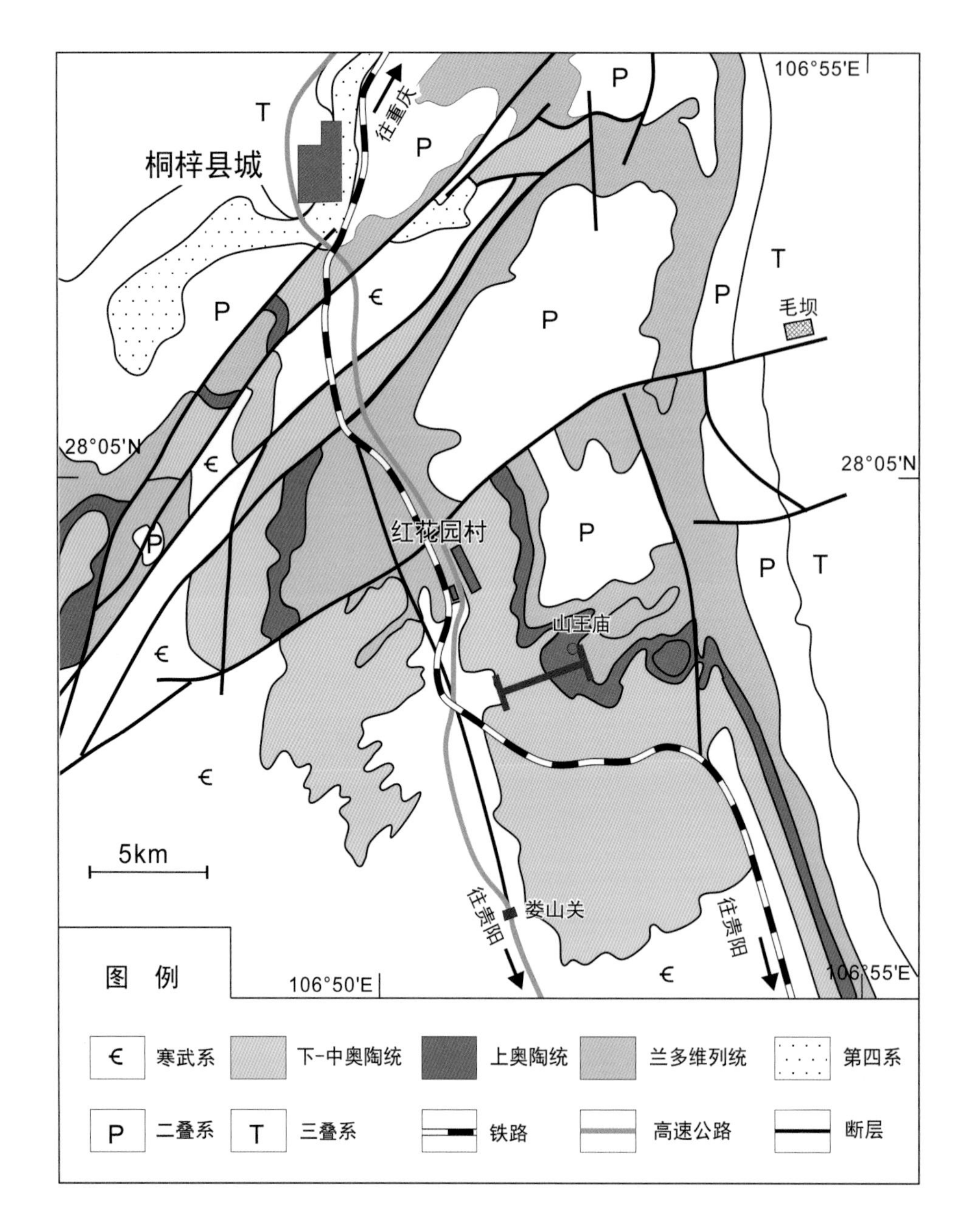

图 4-1　桐梓红花园剖面地质简图

岩性为灰色、灰黑色中厚层—块状生物碎屑灰岩，常含燧石结核或透镜体（图4-2）。该组富含壳相生物化石，其中头足类（*Coreanoceras*和*Manchuroceras*）、三叶虫、大型海绵（*Archaeocyphia*和*Calathium*）、苔藓虫和腕足动物（*Tritoechia*和*Diparelasma*）等尤为丰富。根据甄勇毅等最新研究，在该组自下而上可识别出*Triangulodus bifidus*带、*Serratognathus diversus*带、*Prioniodus honghuayuanensis*带，整个组大致相当于北欧波罗的地区的*Paroistodus proteus*带—*Prioniodus elegans*带下部，时代为特马豆克期末—弗洛期初（Zhen et al.，2009a，2009b）。与湖北宜昌地区的红花园组相比，桐梓红花园组的底界要低一个牙形类带。

图 4-2 桐梓红花园剖面地层照片。A. 五峰组及观音桥层露头；B. 五峰组黑色页岩段（下）与观音桥层（上）界线；C. 涧草沟组；D. 宝塔组收缩纹结构（层面）；E. 宝塔组收缩纹结构（横断面）；F. 湄潭组中段（砂屑灰岩），示交错层理；G. 红花园组（生物碎屑灰岩）

湄潭组岩性主要为黄绿色粉砂质泥岩夹部分灰岩，富含笔石、腕足动物、三叶虫等多门类化石，属于混合相（图4-2）。可从上而下识别以下笔石带：*Undulograptus intersitus*带（AFI1096—AFA263）、*Undulograptus austrodentatus*带（AFI1092—AFI1095）、*Exigraptus clavus*带（?AFI1090—AFI1091）、*Expansograptus hirundo*带（AFI1067—?AFI1090）、*Azygograptus suecicus*带（AFI1047—AFI1066）、*Baltograptus deflexus*带（AFI1029e—AFI1046）、*Didymograptellus eobifidus*带（AFI1008—AFI1029a）、*Acrograptus filiformis*带（AFI994—AFI1007）。因此，该组的时代为早奥陶世弗洛中期—中奥陶世达瑞威尔中期。

红花园剖面的十字铺组厚度不到10m，主要岩性为灰色钙质、粉砂质泥岩和泥灰岩。该组含较丰富的腕足动物（*Leptestia*、*Parisorthis*、*Orthambonites*、*Saucrorthis*、*Martellia*、*Leptellina*、*Bellimurina*、*Glyptomena*）、三叶虫、棘皮动物等，上部泥岩含笔石*Gymnograptus* sp.、“*Glyptograptus*” sp.，相当于*Gymnograptus linnarssoni*带。结合下伏地层（湄潭组）顶界的时代（达瑞威尔早期），红花园剖面的十字铺组应相当于中奥陶世达瑞威尔中—晚期。

红花园剖面的宝塔组岩性与扬子区其他地点相同，为暗肉红色中厚层“龟裂纹”灰岩（图4-2）。组内含较丰富的头足类*Sinoceras chinense*等，可识别*Sinoceras chinense*带；还含较丰富的牙形类，包括*Hamarodus europaeus*（= *Hamarodus brevirameus*）（王志浩等，2015）、*Protopanderodus liripipus*、*Panderodus gracilis*等，下部和中部相当于*Hamarodus europaeus*带，上部相当于*Protopanderodus insculptus*带（安太庠，1987）。从生物地层的角度，该组缺少笔石，牙形类序列也较单调，总体分辨率较低。根据所含牙形类，结合下伏和上覆地层的时代，红花园剖面的宝塔组应相当于桑比期—凯迪中期。

涧草沟组主要岩性为灰白色泥质瘤状灰岩，厚度仅3m。其中含三叶虫*Calymenesun*、*Ovalocephalus*、*Remopleurides*等，应该相当于*Nankinolithus*带（Zhan & Jin，2007），可与宜昌地区的临湘组对比，时代为凯迪中晚期。此外，组内含牙形类*Scabbardella similaris*、*Dapsilodus mutatus*、*Acodus trigonius aequilateralis*等（安太庠，1987）。

五峰组地层主要出露于两条剖面：山王庙剖面（28°04′31″N，106°51′45″E）、南坝子剖面（28°04′10″N，106°51′40″E），两者分别位于同一座山的北、南两侧山坡，相距仅600m，岩相和地层序列基本一致（苏文博等，2006；戎嘉余等，2010）。其中山王庙剖面研究较多。山王庙剖面的五峰组厚度达15.1m，可区分上下两部分：下部为黑色（风化后呈紫灰色）炭质、硅质页岩，厚9.6m，富含笔石；上部为棕黑色泥质灰岩夹黑色页岩、砂质页岩（即观音桥层），厚5.5m，含赫南特贝动物群。根据笔石，该剖面五峰组自下而上包括*Dicellograptus complanatus*带、*Dicellograptus complexus*带、*Paraorthograptus pacificus*带（包括下部亚带、*Tangyagraptus typicus*亚带、*Diceratograptus mirus*亚带）、*Metabolograptus extraordinarius*带和*Metabolograptus persculptus*带（下部）（Chen et al., 2000b；陈旭等，2000a）。据此，该剖面五峰组时代为凯迪晚期—赫南特期。

五峰组顶部的观音桥层过去曾经被“一分为二”，即区分出上、下两套富含壳相化石的地层。观音桥层下部属于混合相（AFA295—AFA304），含笔石、腕足动物、三叶虫和腹足类等（Chen et al.,

2000b；邓义楠等，2010），其中含有赫南特贝动物群的7个典型属*Hirnantia*、*Dalmanella*、*Kinnella*、*Paromalomena*、*Eostropheodonta*、*Plectothyrella*、*Hindella*等，故被称为“赫南特贝层”，厚2.8m。此外，该段地层还含有笔石*Metabolograptus extraordianrius*、*M. ojsuensis*、*Normalograptus normalis*、*N. angustus*和*Paraplegmatograptus*等，以及三叶虫*Mucronaspis* (*Songxites*)和*Leonaspis*等，通常时代归为奥陶纪赫南特期*M. extraordinarius*带。观音桥层上部除了从下部上延6个属（未见*Kinnella*）外，新增加*Eospirifer*、*Brevilamnulella*和*Nalivkinia*等属（未见笔石），故被称为“介壳层”，厚2.7m。该段地层时代为奥陶纪赫南特期晚期，相当于笔石*Metabolograptus persculptus*带下部（Chen et al.，2000b）。但黔北的其他地层剖面的观音桥层无法区分出上、下两套不同的腕足动物组合，均为赫南特贝动物群（戎嘉余等，2010）。

龙马溪组下部以黑色含炭笔石页岩为特征，在距底部0~0.2m发现笔石*Normalograptus normalis*、*N. angustus*、*N. madernii*、*Glyptograptus gracilis*、*G. lungmaensis*，在距底部0.2~0.5m发现笔石*Normalograptus normalis*、*N. angustus*、*N. premedius*、*N. rectangularis*、*Korenograptus laciniosus*、*K. gracilis*、*K. lungmaensis*、*K. tortithecatus*、*Metaclimacograptus robustus*、*Cystograptus vesiculosus*、*Pseudorthograptus* sp.、*Neodiplograptus bicaudatus*、*Dimorphograptus* sp.、*D. malayensis*、*Paraclimacograptus innotatus*、*Atavograptus gracilis*等（Chen et al.，2000b）。根据该笔石动物群，红花园剖面的龙马溪组底部应属于兰多维列世鲁丹中晚期的*Cystograptus vesiculosus*带。因此，红花园剖面的五峰组观音桥层与上覆的龙马溪组为假整合接触，缺失了奥陶系赫南特阶顶部—志留系鲁丹阶下部地层，即缺失了*Metabolograptus persculptus*带（上部）、*Akidograptus ascensus*带、*Parakidograptus acuminatus*带的地层（戎嘉余等，2010）。

红花园剖面的化学地层学研究主要包括碳同位素（Zhang et al.，2010；Munnecke et al.，2011）和硫同位素（Zhang TG et al.，2009）。特马豆克阶上部—弗洛阶下部表现出$\delta^{13}C_{carb}$负值，但呈上升趋势，最高值位于弗洛阶底界附近（0.5‰）。弗洛阶*Acrograptus filiformis*笔石带$\delta^{13}C_{carb}$约为−2‰；弗洛阶的上部缺少碳酸盐岩，无法获得数据。大坪阶中下部（湄潭组中段）的碎屑岩层段$\delta^{13}C_{carb}$波动明显，上部则表现出上升趋势，从−3‰（*Expansograptus hirundo*带）到−1‰（*Exigraptus clavus*带）。达瑞威尔阶中下部（湄潭组上段）以碎屑岩为主，未获得$\delta^{13}C_{carb}$数据；上部（十字铺组）$\delta^{13}C_{carb}$主要表现为正值。桑比阶地层大部分缺失。凯迪阶下部地层（宝塔组）呈现一次明显的$\delta^{13}C_{carb}$正漂移（GICE），中间峰值达到+3‰，顶部回落到+0.8‰。凯迪阶上部（涧草沟组、五峰组黑色页岩段）仅底部获得数据，基本上延续宝塔组顶部的$\delta^{13}C_{carb}$值。观音桥层下部发生一次短暂的、但明显的正漂移，$\delta^{13}C_{carb}$峰值达+4.4‰，也是迄今为止整个华南奥陶系的最高值，代表了赫南特期正漂移事件（HICE）；中上部$\delta^{13}C_{carb}$开始呈现波浪式回落，最低值达−2.42‰（Munnecke et al.，2011）。

红花园剖面的奥陶系有机碳同位素（$\delta^{13}C_{org}$）的数据主要集中在弗洛阶和大坪阶（Zhang et al.，2010），其中在弗洛阶底部有一次较小的负漂移（红花园组，最低达−29.36‰），之后是一次较大规模的正漂移，最高峰值位于湄潭组下部（−21.12‰），随后逐步回落到湄潭组顶部（约−28‰）（图4-3）。十字铺组、宝塔组和涧草沟组的$\delta^{13}C_{org}$在−30‰~−26‰波动，规律性不明显。五峰组的$\delta^{13}C_{org}$在观音桥层存在明显的正漂移，分两次由−30.5‰升高到−27.3‰，然后回落到−28.6‰。

硫同位素（$\delta^{34}S$）在观音桥层也存在一次明显的正漂移，数据来自其中所含的黄铁矿，$\delta^{34}S$从五峰组黑色页岩段的+6.4‰升高为+20.4‰，然后迅速回落到+7‰~+9‰，最低值达+0.6‰，呈现出与$\delta^{13}C_{org}$基本同步的演化曲线特征（Zhang TG et al.，2009）。

年代地层：系	统	阶	岩石地层：组	段	厚度(m)	分层	岩性描述	生物地层：笔石带	牙形类带	其他化石带（群落）
志留系兰多维列统		鲁丹阶	龙马溪组		>10		黑色含炭笔石页岩	*Cystograptus vesiculosus* 带		
奥陶系	上奥陶统	赫南特阶	观音桥层			36	棕黑色泥质灰岩,夹黑色页岩	*Metabolograptus extraordinarius* 带		*Mucronaspis* (*Songxites*) – *Hirnantia* 群落(三、腕)
		凯迪阶	五峰组			28—35	黑色(风化后呈紫灰色)炭质、硅质页岩	*Paraorthograptus pacificus* 带；*Dicellograptus complexus* 带		
			涧草沟组			27	灰白色小瘤状泥质灰岩	*Dicellograptus complanatus* 带	*Protopanderodus insculptus* 带	*Nankinolithus* 带(三)
		桑比阶	宝塔组			26	暗肉红色厚层—块状灰岩,"干裂纹"状构造发育		*Hamarodus brevirameus* 带	*Sinoceras chinense* 带(头)
	中奥陶统	达瑞威尔阶	十字铺组			23—25	深灰色（风化后呈灰黄色）薄层泥质灰岩，夹灰绿色钙质页岩	*Gymnograptus linnarssoni* 带		
			湄潭组	上段		22	灰黄色砂质页岩	*Undulograptus intersitus* 带		
						21	深灰色灰岩夹瘤状灰岩和砂质页岩	*Undulogr. austrodentatus* 带		
		大坪阶				20	灰黄色砂质页岩与薄层砂岩互层	*Exigraptus clavus* 带		
						18	深灰色灰岩	*Expansograptus hirundo* 带		
						16	灰黄色砂质页岩与薄层砂岩互层			
						15	灰黄色页岩与薄层砂岩互层	*Azygograptus suecicus* 带		
							灰色薄层生物碎屑灰岩			
						13	灰黄色砂质页岩与薄层砂岩互层			
				中段		12	灰色薄层、中层生物碎屑灰岩			
	下奥陶统	弗洛阶		下段		11	黄绿色页岩夹薄层砂岩			*Sinorthis* 群落（腕）
						10	黄绿色页岩	*Baltograptus deflexus* 带		
						9	黄绿色、灰绿色页岩夹薄层砂岩,顶部夹一层厚砂岩			
						8	黄绿色、灰黄色页岩	*Didymograptellus eobifidus* 带		
						7	深灰色薄层灰岩			
						6	黄绿色页岩	*Acrograptus filiformis* 带		
			红花园组			5	深灰色厚层生物碎屑灰岩		*Prioniodus honghuayuanensis* 带；*Serratognathus diversus* 带；*Triangulodus bifidus* 带	

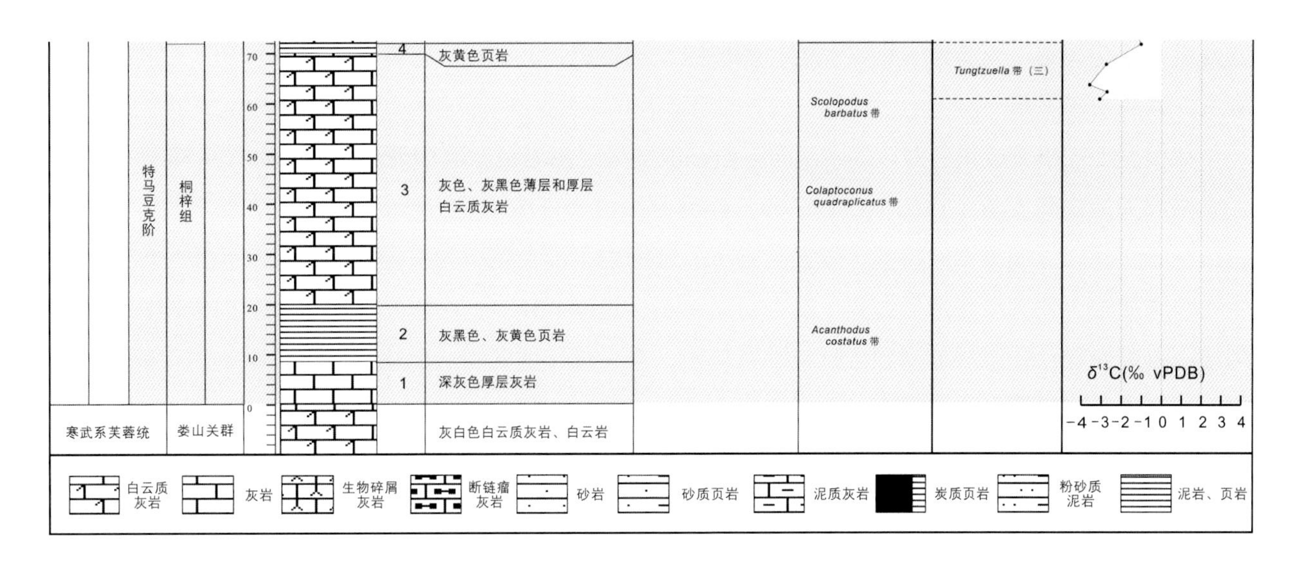

图 4-3　贵州桐梓红花园剖面综合柱状图

2. 湖北宜昌黄花场—王家湾奥陶系剖面

宜昌三峡地区是我国奥陶系研究的经典地区之一。该地区开拓性的地质研究最早始于李四光和赵亚曾（1924），此后到新中国成立前又陆续开展一系列多学科和多门类的研究，从而建立了该地区奥陶系的初步划分格架（谢家荣和赵亚曾，1925；Yü，1930；孙云铸，1933；王钰，1938；计荣森，1940；许杰和马振图，1948）。

新中国成立后，中国科学院南京地质古生物研究所卢衍豪、穆恩之等专家在该地区开展了更为系统的地层和多门类化石研究，建立了该地区奥陶系和志留系等地层的基本序列（张文堂等，1957；卢衍豪，1959；穆恩之等，1979a，1979b；葛治洲等，1979）。20世纪80年代，宜昌地质矿产研究所对峡东地区若干条奥陶系—志留系剖面进行了较为详细的剖面测制和系统的化石采集工作（曾庆銮等，1983，1987）。与此同时，南京地质古生物研究所专家则围绕寒武系-奥陶系、奥陶系-志留系等若干条主要地层界线，进行了高精度地层测量和高密度化石采集工作，有关的多门类和多学科研究成果以英文发表（中国科学院南京地质古生物研究所，1984）。

2000年以来，南京地质古生物研究所的陈旭、戎嘉余等专家，在该地区开展奥陶系赫南特阶的全球界线层型剖面和点位（GSSP，“金钉子”）研究，对该地区的上奥陶统—志留系鲁丹阶层段进行了高密度化石采集和多门类、多学科的研究工作，并成功地于2006年在宜昌王家湾剖面确立奥陶系赫南特阶底界的“金钉子”（GSSP）（Chen et al.，2006a；陈旭等，2006）。宜昌地质矿产研究所则针对中奥陶统底界的全球界线层型，对宜昌黄花场等剖面重新进行了化石采集和研究工作，并于2007年在该剖面大湾组下段确立了奥陶系大坪阶的“金钉子”（Wang et al.，2009）。

上述研究工作极大地推动了峡东地区奥陶纪地层的研究工作，使得宜昌黄花场剖面（30°51′30″N，111°22′21″E）、陈家河剖面和王家湾剖面（30°58′56″N，111°25′10″E）成为峡东地区和扬子区乃至全球的经典剖面（图4-4）。宜昌地区的整个奥陶系自下而上包括西陵峡组、南津关组、分乡组、红花园组、大湾组、牯牛潭组、庙坡组、宝塔组、临湘组、五峰组和龙马溪组（底部属于奥陶系，其余为志留系）。

兹根据上述研究成果，对该综合剖面按岩石地层单元由老至新顺序简述如下：

南津关组由张文堂（1962）正式命名，标准剖面位于宜昌西北约5km的南津关，参考剖面位于宜昌黄花场两河口。根据岩性特征（碳酸盐岩），该组由下而上可分为三段：下段为灰色厚层灰岩、含生物碎屑灰岩，偶夹少量薄层泥岩（其中可见笔石，见图4-5F）；中段为浅灰色厚层白云岩，见鸟眼构造；上段为灰色中厚层或厚层含鲕粒砂屑灰岩，含少量硅质条带、团块。南津关组的时代确定主要根据牙形类。该组牙形类自下而上包括*Cordylodus angulatus*带、*Acanthodus costatus*带、*Colaptoconus quadraplicatus-Paltodus deltifer*带（汪啸风等，1996a）。因此，该组时代为早奥陶世特马豆克早期—

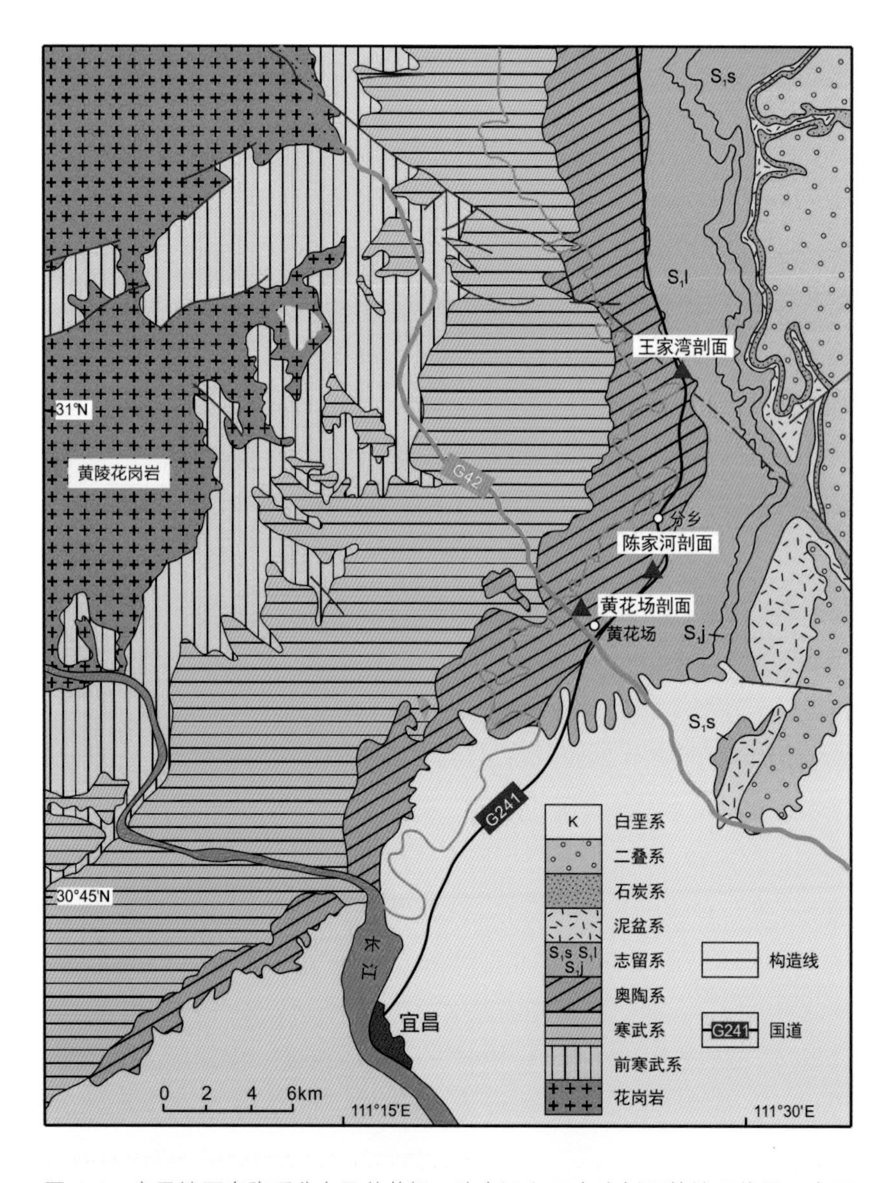

图 4-4　宜昌地区奥陶系分布及黄花场、陈家河和王家湾剖面的地理位置。底图据 1/20 万地质图《宜昌幅》（1965 年）

中期。

分乡组源于计荣森（1940）建立的分乡页岩，命名剖面位于宜昌分乡镇以西的女娲庙附近，主要以灰色生物碎屑灰岩夹黄绿色页岩（图4-5C和D）为岩性特征，含丰富的苔藓虫、腕足动物、三叶虫、头足类、笔石和牙形类等。根据岩性，该组可以分为上、下两段：下段以灰色薄—中厚层鲕状含生物碎屑灰岩夹少量薄层钙质泥岩为特征，厚14.9m，含少量腕足动物、三叶虫、牙形类等壳相化石；上段为灰绿色泥岩与薄—中厚层含生物碎屑灰岩互层，厚53.2m，含丰富的笔石、苔藓虫、腕足动物、三叶虫和牙形类等（汪啸风等，1987；Xia et al.，2007；Maletz & Kozłowska，2013；Baliński & Sun，2015）。根据牙形类，该组相当于*Paltodus deltifer*带—*Paroistodus proteus*带（下部），可与北欧波罗的地区对比（汪啸风等，1996a；Zhen et al.，2009a）。许杰和马振图（1948）在该组识别出笔石*Acanthograptus sinensis*带，汪啸风等（1996）在该组顶部识别出笔石*Adelograptus-Kiaerograptus*组合带。在该组还识别出三叶虫*Tungtzuella*组合带，可与黔北地区桐梓组顶部的同名带对比。该组时代为特马豆克晚期。

红花园组为灰色厚层—块状生物碎屑灰岩，含燧石团块，富含海绵动物、腕足动物、三叶虫、头足类、苔藓虫和牙形类等化石，其中海绵动物*Calathium*等尤为丰富，可成礁（图4-5A和B）。该组厚度为24.2m。根据牙形类最新研究结果，该组的*Serratognathus diversus*带相当于北欧波罗的等地*Paroistodus proteus*带中部—*Prioniodus elegans*带下部。该组时代为早奥陶世弗洛早期（Zhen et al.，2009b）。在该组可识别出腕足动物*Tritoechia*群落（图2-2）。

大湾组由张文堂等（1957）建立于宜昌分乡镇西北的大湾村，根据岩性可分为三段（图4-6D—F）：下段为灰绿色瘤状灰岩夹页岩，厚21.6m；中段（所谓的“中灰岩”）为肉红色中—厚层灰岩，下部偶夹泥岩，厚12.1m；上段为灰绿色页岩夹薄层灰岩，厚12.5m。该组富含腕足动物、三叶虫、笔石、苔藓虫、棘皮动物等化石。根据所含笔石，在该组自下而上可识别：*Didymograptellus eobifidus*带、*Baltograptus deflexus*带、*Azygograptus suecicus*带、*Exigraptus clavus*带、*Undulograptus austrodentatus*带，指示时代为早奥陶世弗洛中期—中奥陶世达瑞威尔初期。奥陶系大坪阶“金钉子”位于黄花场剖面大湾组下段的上部，以牙形类*Baltoniodus triangularis*的首次出现为标志，界线位于笔石*Azygograptus suecicus*带内部（图4-7）。

在大湾组自下而上可以识别出4个腕足动物组合：*Leptella grandis*组合、*Sinorthis typica*组合、*Protoskenidioides huanghuaensis*组合、*Yangtzeella poloi-Nereidella typa*组合（詹仁斌和戎嘉余，2006）。大湾组中下部含较丰富的牙形类，在下段可识别出*Oepikodus evae*带和*Baltoniodus triangularis*带，中段为*Baltoniodus navis*带，上段为*Paroistodus originalis*带和*Microzarkodina parva-Baltoniodus norrlandicus*带（王志浩等，1996；王志浩和伯格斯特龙，1999）。

牯牛潭组主要为灰色薄—中层小瘤状生物碎屑泥灰岩（图4-6C），厚18.5m，含丰富的壳相化石，未见笔石。根据所含的牙形类，该组自下而上可建立4个牙形类带：*Yangtzeplacognathus crassus*带、*Yangtzeplacognathus pseudoplanus*带、*Eoplacognathus suecicus*带、*Pygodus serra*带（Zhang，1998），可与北欧、塔里木等地区对比，时代为达瑞威尔中期—晚期。

图 4-5　湖北宜昌黄花场剖面的下奥陶统地层。A. 红花园组的古钵海绵（*Archaeoscyphia*）；B. 红花园组的瓶筐石海绵（*Calathium*）；C. 分乡组（页岩夹灰岩）；D. 分乡组的鲕粒灰岩；E. 西陵峡组（下）与南津关组（上）界线；F. 南津关组下段的交错层理

图 4-6　湖北宜昌陈家河剖面的大湾组—宝塔组地层。A. 宝塔组，示典型的收缩纹构造；B. 宝塔组及临湘组（照片顶部）；C. 牯牛潭组；D. 大湾组上段；E. 大湾组下段层面上的腕足动物 *Tritoechia* 化石；F. 大湾组下段

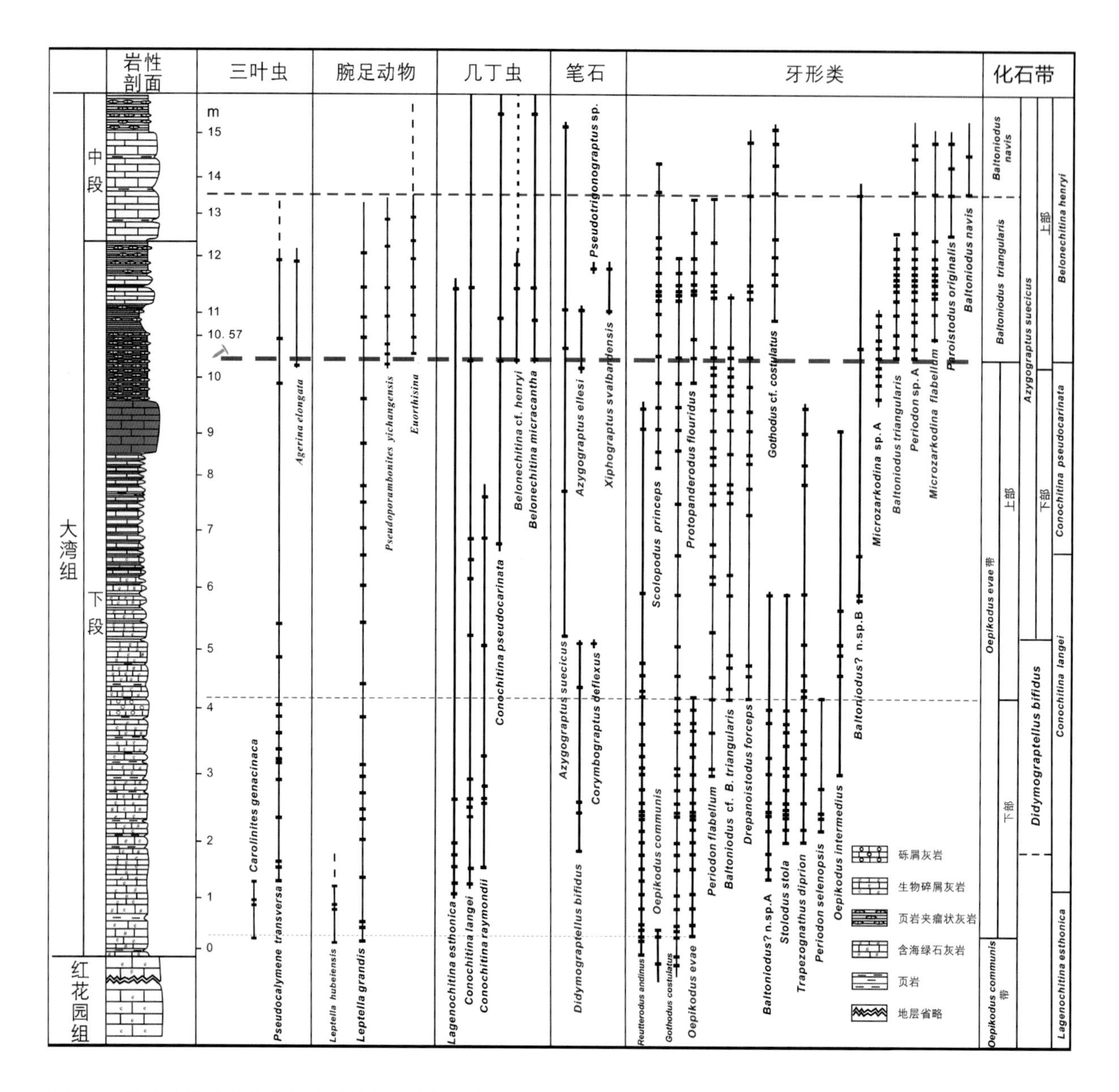

图 4-7 湖北宜昌黄花场大坪阶“金钉子”剖面多门类化石延限及分带。据 Wang et al.（2009）

庙坡组以灰黑色、黑色页岩夹少量薄层、中层泥灰岩为岩性特征，自下而上可以识别出至少2个笔石带：*Hustedograptus teretiusculus*带和*Nemagraptus gracilis*带。该组时代为达瑞威尔期末—桑比期初。牙形类序列自下而上包括*Pygodus anserinus*带、*Eoplacognathus jianyeensis*带和*Amorphognathus tvaerensis*带，但在庙坡组分布区的不同地点，该组延限跨度可有略微变化。在黄花场、陈家河、界岭等剖面该组厚度为2.5m左右，在整个宜昌地区该组厚度为2～4m。

宝塔组为灰色、浅灰色、浅肉红色中—厚层泥晶灰岩，发育网纹状构造，以其发育独特的“龟裂纹”构造而易与上下相邻地层相区别，厚20.1m（图4-6A和B）。宜昌黄花场和陈家河剖面的宝塔组含有3个牙形类带（参见安太庠，1987）：底部*Amorphognathus tvaerensis*带（*Prioniodus alobatus*亚带）、中部*Hamarodus europaeus*带和上部*Protopanderodus insculptus*带，时代为凯迪早期—中期。此外，宝塔组富含头足类，可识别*Sinoceras chinense*带。

临湘组以青灰色薄—中厚层小瘤状泥灰岩为特征（图4-6B），厚15.1m，含有丰富的三叶虫和头足类（*Discoceras*等），可识别三叶虫*Nankinolithus*带，时代为凯迪中晚期（基本相当于钱塘江阶之底）。

五峰组以王家湾剖面研究程度最高（图4-8）。该组以黑色炭质页岩、硅质岩为特征，顶部为观音桥层，总厚度为7.85m，其中观音桥层厚0.18m。该组富含笔石，顶部观音桥层富含赫南特贝动物群，自下而上包括笔石带：*Dicellograptus complexus*带、*Paraorthograptus pacificus*带（含下亚带、*Tangyagraptus typicus*亚带、*Diceratograptus mirus*亚带），*Metabolograptus extraordinarius*带和*Metabolograptus persculptus*带，时代相当于凯迪晚期—赫南特期（图4-9）。王家湾剖面五峰组的底界比贵州桐梓红花园剖面和松桃陆地坪剖面的五峰组底界（对应*Dicellograptus complanatus*带）稍高（Chen et al.，2000b），该剖面的观音桥层及赫南特贝动物群的层位也稍高一些（Rong et al.，2020）。

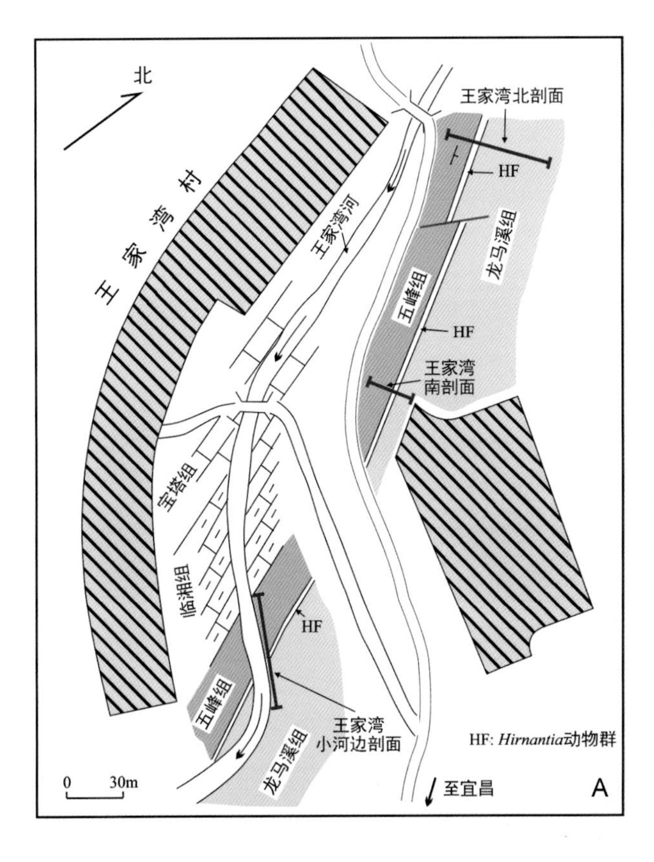

图 4-8　湖北宜昌王家湾剖面赫南特阶（图 B 红线）及上下地层。图 B 下红线指示赫南特阶底界，上红线指示赫南特阶顶界（即志留系底界）；铁锤所指为观音桥层，富含赫南特贝（*Hirnantia*）动物群，其上为龙马溪组，其下为五峰组的黑色页岩层段

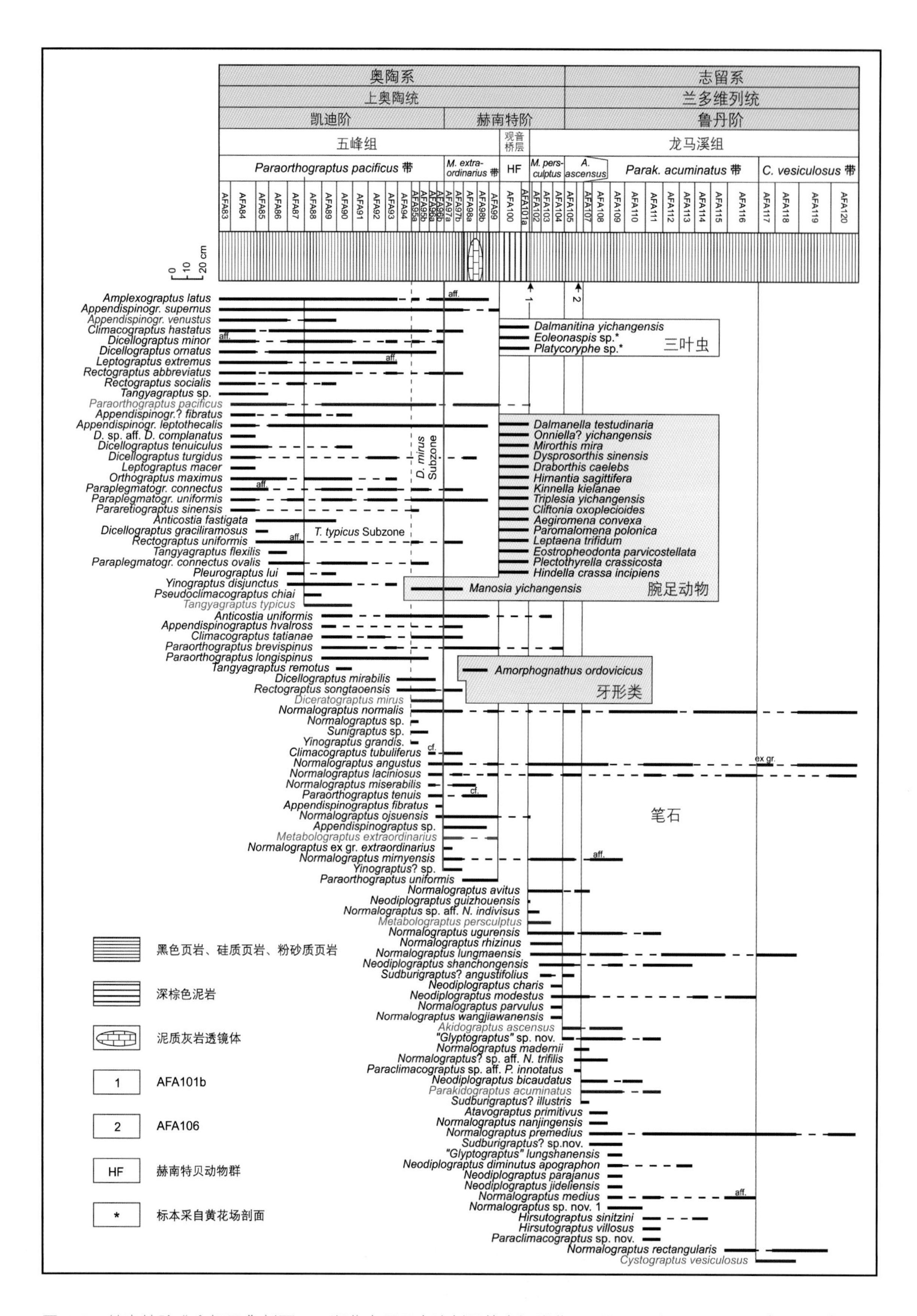

图 4-9 赫南特阶“金钉子”剖面——湖北宜昌王家湾剖面的多门类化石延限图。据 Chen. et al.（2006b）

3. 碳同位素地层

黄花场剖面下奥陶统主要发育以白云岩为主夹少量碎屑岩沉积的地层序列，因此化学地层数据较少。在下—中奥陶统界线，$\delta^{13}C$值表现为总体稳定上升的趋势，最大正偏离值为0.68‰，接近大湾组下段中部与上部界线之间。从最大正偏离值向上，$\delta^{13}C$值基本上稳定，但具有轻微下降的趋势，其间两个相对高的峰值分别出现在大湾组下段上部和中段下部。黄花场剖面大湾组下段的同位素组合显示，碳同位素的正偏离与生物多样性和海平面升降存在着相关性（Wang et al.，2005）。

在黄花场—王家湾地区中—上奥陶统地层中，诸多学者相继在我国不同地区识别出MDICE、GICE、HICE等碳同位素事件，且均能与全球其他地区对比（李超等，2018；图4-10）。其中在中奥陶统牯牛潭组碳酸盐岩地层中，MDICE正漂移起始于*Dzikodus tablepointensis*牙形类带（与北欧*Eoplacognathus pseudoplanus*带相当）之*Microzarkodina hagetiana*亚带下部，但是由于上覆地层存在间断或出露不全而未能识别出完整的正漂移记录（Schmitz et al.，2010）。之上宝塔组中的GICE正漂移开始于牙形类*Baltoniodus alobatus*亚带（*Amorphognathus tvaerensis*带）之上，峰值大致位于*Amorphognathus* aff. *ventilatus*牙形类首现层面（FAD）之下，与爱沙尼亚GICE正漂移峰值层位相当（Bergström et al.，2009）。

湖北宜昌王家湾北剖面是奥陶系最顶部的赫南特阶“金钉子”剖面，已有若干位学者开展该剖面赫南特阶的碳同位素记录研究，识别出4‰的HICE碳同位素正漂移（Wang et al., 1997；Yan et al., 2009）。但是，由于王家湾北剖面风化程度较高，因此一些学者在露头新鲜的王家湾小河边剖面（王家湾北剖面南约200m）开展同位素地球化学研究（Fan et al., 2009；Gorjan et al., 2012；涂珅等2012）。Fan et al.（2009）对王家湾小河边剖面开展了有机碳同位素分析，识别出1.8‰的HICE正漂移（从−30.3‰到−28.5‰）（图4-10）。Gorjan et al.（2012）对该王家湾小河边剖面进行了系统采样，从而得到了较好的无机碳同位素曲线，并识别出了HICE正漂移事件，对应笔石*Paraorthograptus pacificus*带上部至*Metabolograptus persculptus*带下部，正漂移幅度约为6‰，峰值约为+1‰（Gorjan et al.，2012）。

4.1.2 斜坡相区

1. 浙江安吉杭垓奥陶系剖面

近年来，浙江安吉地区的奥陶系研究取得了突出进展。1967年，浙江省区测队完成了1 : 20万《临安幅》地质填图及区域地质报告，其中包括安吉的大部分地区，建立了奥陶系的基本地层序列。杨达铨（1964，1983）发表了临安和安吉一带上奥陶统—下志留统的若干种笔石，加深了对该地区奥陶系序列的认识。刘晓等（2012）在安吉黄墅识别出奥陶纪末的浅水相砾岩沉积，并确定其时代为赫南特晚期。

2012—2015年，浙江省地质调查院对安吉县杭垓地区开展1：5万区域地质调查和填图工作，对安吉县山岗上剖面、缫舍剖面进行实测，建立了奥陶纪—志留纪过渡时期的岩石地层、生物地层及层

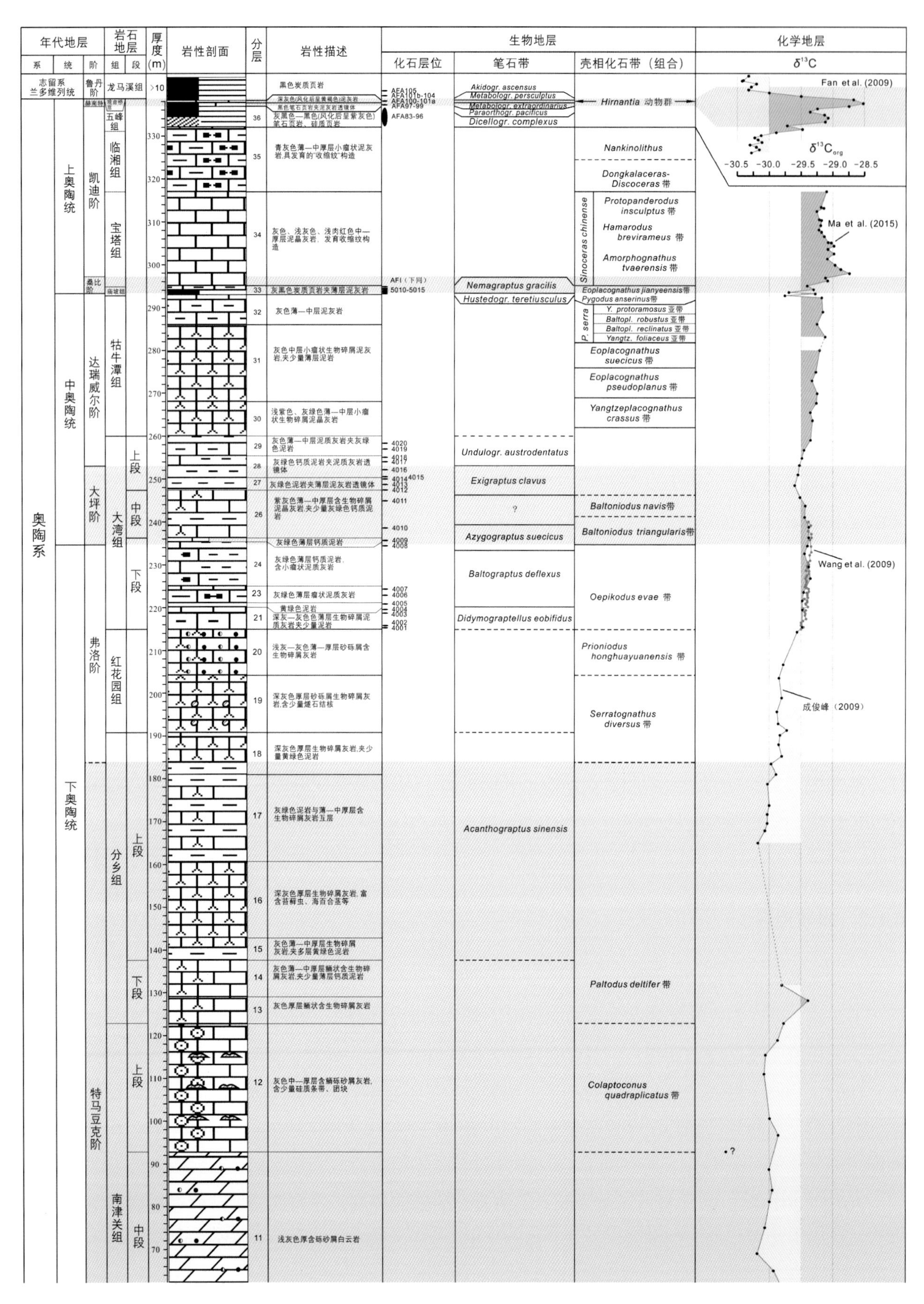

年代地层
岩石地层
厚度(m)
岩性剖面
分层
岩性描述
生物地层
化石层位
笔石带
壳相化石带（组合）
化学地层
$\delta^{13}C$
系
统
阶
组
段
志留系
兰多维列统
鲁丹阶
龙马溪组
奥陶系
上奥陶统
中奥陶统
下奥陶统
凯迪阶
桑比阶
达瑞威尔阶
大坪阶
弗洛阶
特马豆克阶
五峰组
临湘组
宝塔组
牯牛潭组
大湾组
红花园组
分乡组
南津关组
上段
中段
下段
黑色炭质页岩
青灰色薄—中厚层小瘤状泥灰岩,具发育的"收缩纹"构造
灰色、浅灰色、浅肉红色中—厚层泥晶灰岩，发育收缩纹构造
灰黑色炭质页岩夹薄层泥灰岩
灰色薄—中层泥灰岩
灰色中层小瘤状生物碎屑泥灰岩,夹少量薄层泥岩
浅紫色、灰绿色薄—中层小瘤状生物碎屑泥晶灰岩
灰绿色钙质泥岩夹薄层泥灰岩透镜体
灰绿色薄层钙质泥岩
灰绿色薄层瘤状泥质灰岩
黄绿色泥岩
浅灰—灰色薄—厚层砂砾屑含生物碎屑灰岩
深灰色厚层砂砾屑生物碎屑灰岩,含少量燧石结核
深灰色厚层生物碎屑灰岩,夹少量黄绿色泥岩
灰绿色泥岩与薄—中厚层含生物碎屑灰岩互层
深灰色厚层生物碎屑灰岩, 富含苔藓虫、海百合茎等
灰色薄—中厚层生物碎屑灰岩,夹多层黄绿色泥岩
灰色厚层鲕状含生物碎屑灰岩
灰色中—厚层含鲕砾砂屑灰岩,含少量硅质条带、团块
浅灰色厚含砾砂屑白云岩
AFA105
AFA83-96
AFI（下同）
5010-5015
4020
4019
4016
4015
4011
4010
4009
4008
4007
4006
4005
4004
4003
4002
4001
Akidogr. ascensus
Metabologr. persculptus
Metabologr. extraordinarius
Paraorthogr. pacificus
Dicellogr. complexus
Nemagraptus gracilis
Hustedogr. teretiusculus
Undulogr. austrodentatus
Exigraptus clavus
Azygograptus suecicus
Baltograptus deflexus
Didymograptellus eobifidus
Acanthograptus sinensis
Hirnantia 动物群
Nankinolithus
Dongkalaceras-Discoceras 带
Sinoceras chinense
Protopanderodus insculptus 带
Hamarodus brevirameus 带
Amorphognathus tvaerensis 带
Eoplacognathus jianyeensis带
Pygodus anserinus带
P. serra
Y. protoramosus 亚带
Baltopl. robustus 亚带
Baltopl. reclinatus 亚带
Yangtz. foliaceus 亚带
Eoplacognathus suecicus 带
Eoplacognathus pseudoplanus 带
Yangtzeplacognathus crassus 带
Baltoniodus navis带
Baltoniodus triangularis带
Oepikodus evae 带
Prioniodus honghuayuanensis 带
Serratognathus diversus 带
Paltodus deltifer 带
Colaptoconus quadraplicatus 带
Fan et al. (2009)
$\delta^{13}C_{org}$
-30.5
-30.0
-29.5
-29.0
-28.5
Ma et al. (2015)
Wang et al. (2009)
成俊峰（2009）

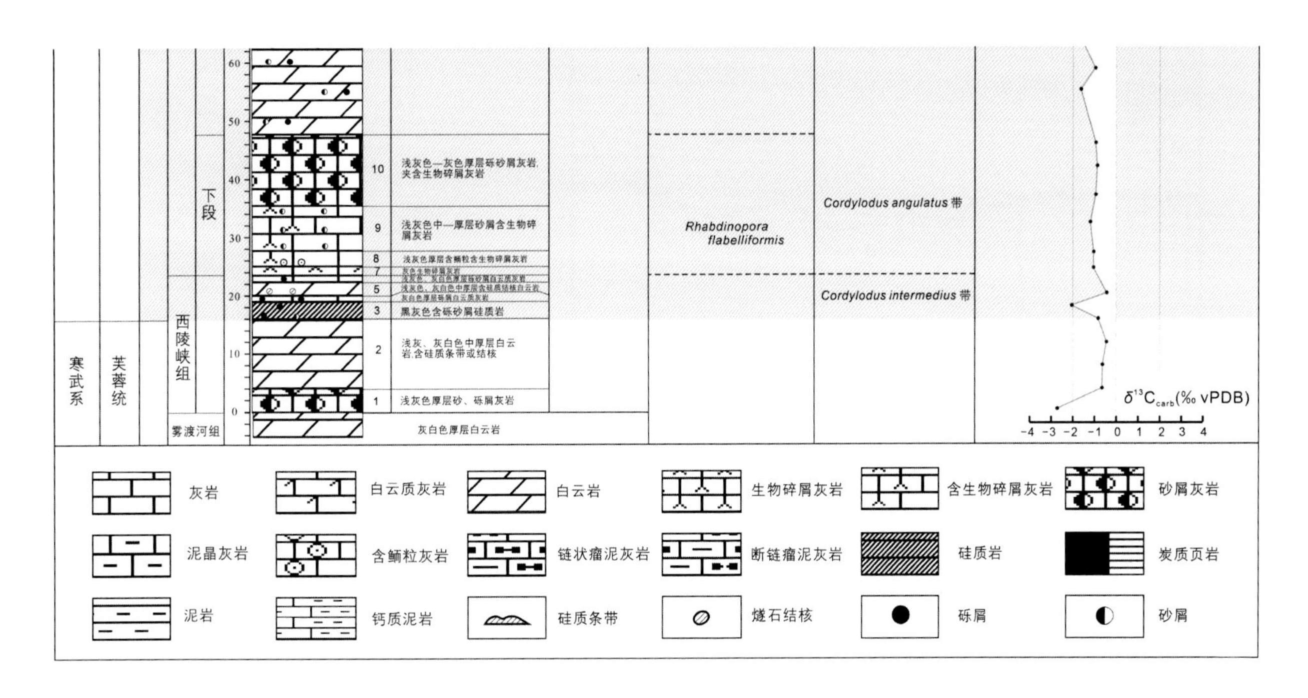

图 4-10　湖北宜昌黄花场—陈家河—王家湾综合剖面柱状图

序地层序列。2015年11月15—17日，全国地层委员会组织专家通过实地考察认证，批准杭垓山岗上–缫舍剖面为上奥陶统赫南特阶下扬子地区标准剖面（图4-11）。汪隆武等（2015）在安吉的黄泥岗组发现多达数十层斑脱岩层，并开展了高灵敏度高分辨率二次离子探针（sensitive high-resolution ion microprobe，SHRIMP）的U-Pb定年研究，确定其时代453 ± 4Ma，为凯迪晚期；通过成因地球化学分析，提出这些斑脱岩主要形成于板内构造环境，为晚奥陶世凯迪期广西运动构造-岩浆事件的产物。汪隆武等（2016）提出了安吉地区的上奥陶统赫南特阶及上下地层的综合地层序列，在该剖面的连续地层中发现丰富的笔石、几丁虫和海绵动物化石，以及部分三叶虫、腹足类、腕足动物、头足类等化石，自下而上共识别出*Dicellograptus complexus*带、*Paraorthograptus pacificus*带、*Metabolograptus extraordinarius*带、*Metabolograptus persculptus*带，以及志留纪早期的*Akidograptus ascensus*带和*Parakidograptus acuminatus*带，另在*M. persculptus*带底部发现壳相化石组合*Songxites-Aegiromenella* 动物群（松溪虫-小埃吉尔月贝动物群）。

Ma和Zhang（2018）首次发表了安吉的宁国组—胡乐组的笔石序列，自下而上建立了*Acrograptus ellesae*带、*Nicholsonograptus fasciculatus*带和*Pterograptus elegans*带，并发现多种笔石的结构复杂化现象。

浙江安吉杭垓（30°30′30″N，119°22′43″E）奥陶纪地层出露齐全连续，自下而上分为印渚埠组、宁国组、胡乐组、砚瓦山组、黄泥岗组、长坞组和文昌组（图4-12）。下、中奥陶统以硅泥建造为主，上奥陶统由下往上分别有硅泥建造、碳酸盐岩建造及复理石-类复理石建造；古生物以浮游笔石类为主，在早奥陶世早期、晚奥陶世早期和晚期出现牙形类、底栖三叶虫、腹足类等，显示奥陶纪主体以深水陆棚-上斜坡为主，间有浅水陆棚的古地理沉积环境。

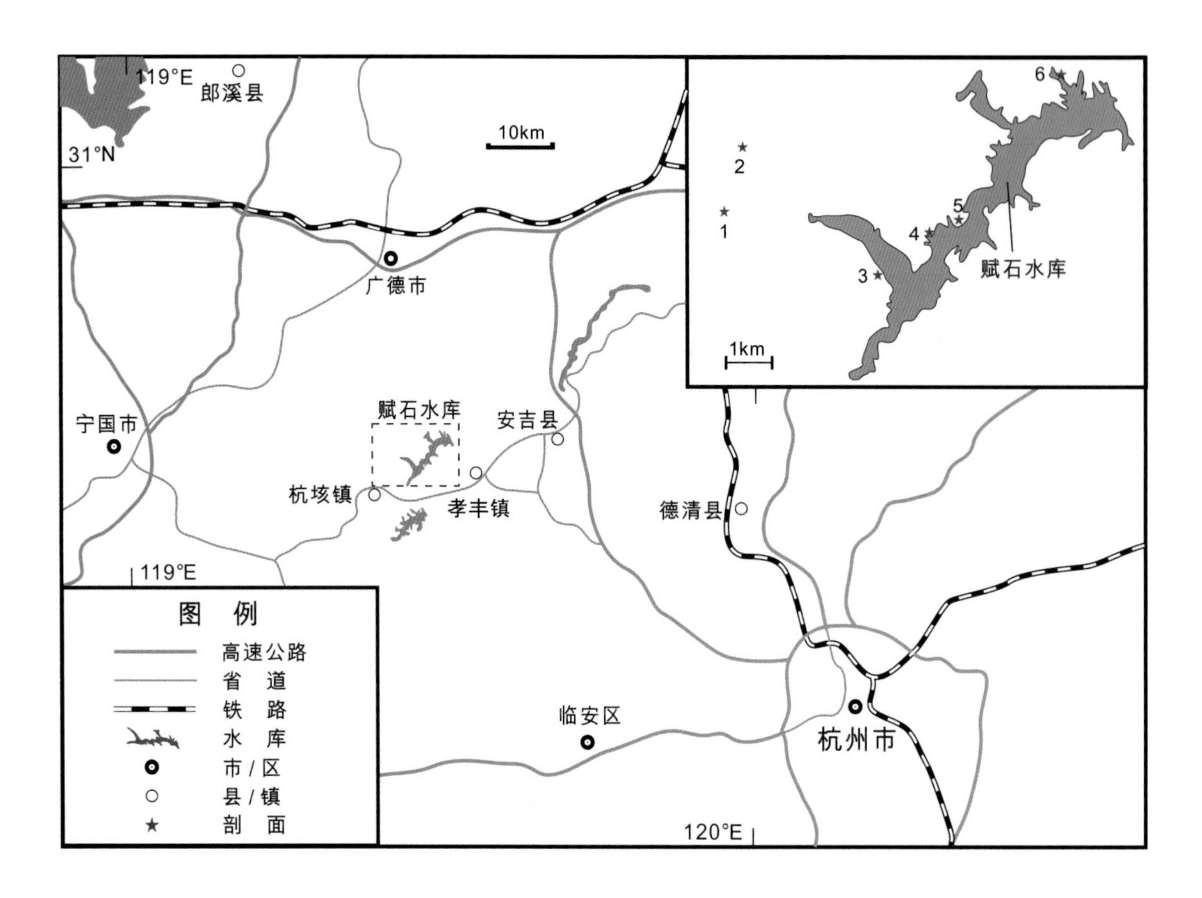

图 4-11　浙江安吉杭垓上奥陶统赫南特阶剖面交通位置图。1. 竹坞口剖面；2. 竹品厂剖面；3. 天加山剖面；4. 山岗上剖面；5. 双舍剖面；6. 天赋村剖面

印渚埠组由朱庭祜和孙海寰（1924）创建，命名地点在现在的浙江省桐庐县分水镇印渚埠。安吉的印渚埠组根据岩性自下而上分为三段：下段为钙质泥质粉砂岩、含粉砂硅质泥岩、硅质泥岩和瘤状泥灰岩，厚76.07m；中段为深灰色、灰绿色含钙硅质泥岩夹扁瘤状灰岩（图4-12E），次为钙质粉砂质泥岩，厚24.36m；上段为粉砂质硅质泥岩、瘤状灰岩、含硅泥岩，厚222.74m。本组化石稀少，归属*Anisograptus-Clonograptus*带，时代为早奥陶世特马豆克晚期。

宁国组由许杰（1934）创建，命名地点在安徽省宁国市胡乐镇西南的皇墓附近。安吉的宁国组主要岩性为含硅粉砂质泥岩和炭质硅质泥岩，厚度为93.69m。宁国组时代为早奥陶世弗洛期—中奥陶世达瑞威尔早期。安吉地区宁国组顶部可建2个笔石带，即*Acrograptus ellesae*带和*Nicholsonograptus fasciculatus*带。在宁国组含炭泥岩样中，$\delta^{13}C$稳定同位素值为$-30.99‰ \sim -30.24‰$，平均值为$-30.66‰$。

胡乐组由许杰（1934）创建，命名地点在安徽省宁国市胡乐镇西南的皇墓附近。安吉胡乐组根据岩性自下而上可分为三段：下段为灰黑色炭质粉砂质页岩、微层状硅质岩（图4-12F），厚4.98m；中段为深灰—灰黑色薄层状含炭硅质岩、薄—中层状含粉砂泥质硅质岩，厚66.80m；上段为黑色薄层状含硅泥岩、微—薄层状含炭硅质岩，厚3.47m。安吉地区的胡乐组可分为3个笔石带，分别为

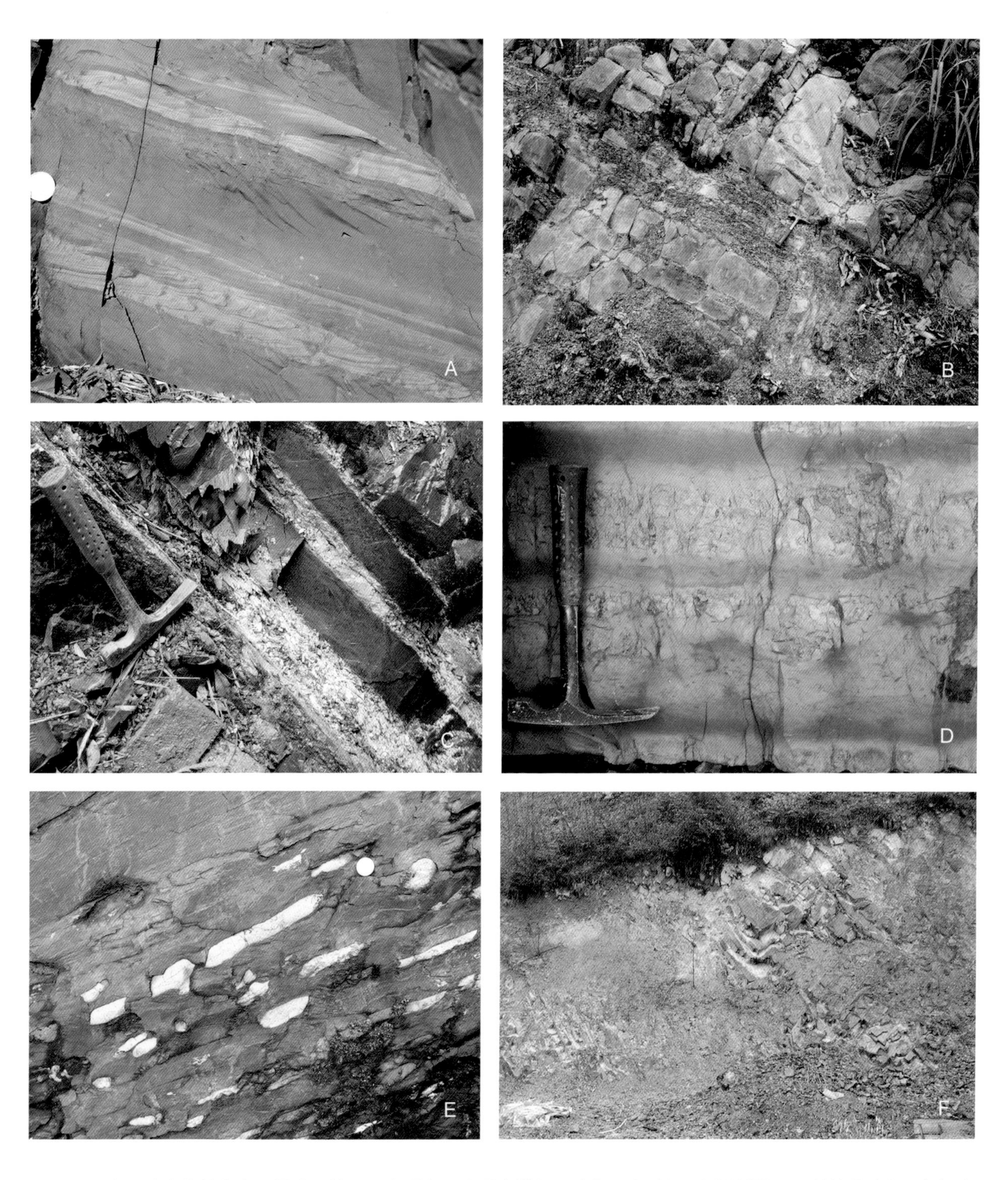

图 4-12　浙江安吉杭垓奥陶系露头照片。A. 长坞组一段的交错层理（鲍玛序列），新桥剖面；B. 长坞组（左下）与文昌组的界线，山岗上剖面；C. 黄泥岗组的斑脱岩，新桥剖面；D. 砚瓦山组，示瘤状灰岩与泥质灰岩递变结构，新桥剖面；E. 印渚埠组的灰绿色泥岩夹扁瘤状灰岩，黄豆坞剖面；F. 宁国组（左）与胡乐组（右）界线，九亩垄剖面

*Pterograptus elegans*带、*Hustedograptus teretiusculus*带和*Nemagraptus gracilis*带。胡乐组δ^{13}C稳定同位素值为−30.31‰ ~ −27.93‰，平均值为−28.78‰。

砚瓦山组由刘季辰和赵亚曾（1927）创名，命名地点为浙江省常山县砚瓦山村附近。安吉的砚瓦山组岩性主要为泥灰岩和瘤状灰岩（图4-12D），厚度为13.75m。安吉砚瓦山组化石主要为牙形类，含2个牙形类带：*Baltoniodus variabilis*带和*Baltoniodus alobatus*带。砚瓦山组时代为晚奥陶世桑比晚期—凯迪早期。

黄泥岗组由卢衍豪等（1955）创名，命名地点在浙江省江山市黄泥岗村附近。安吉该组岩性主要为灰—青灰色薄—中层状含硅泥岩、硅质泥岩、瘤状灰岩，含丰富的钾质斑脱岩（图4-12C），厚度为77.37m（汪隆武等，2015）。安吉的黄泥岗组发育底栖类三叶虫，包括两个三叶虫带：下部为*Xiushuilithus*（修水三瘤虫）带，上部为*Nankinolithus*（南京三瘤虫）带。黄泥岗组时代为晚奥陶世凯迪期中期。

长坞组由卢衍豪等（1955）创名，命名地点在浙江省江山市城北的长坞东山。安吉长坞组根据岩性自下而上可分为三段（汪隆武等，2016）：一段为灰色中—厚层状粉砂细砂岩、薄—中层状粉砂岩、薄层状含硅泥岩多韵律互层（图4-12A和B），偶夹薄层状钾质斑脱岩，含少量笔石，发育鲍玛序列，厚154.91m；二段为灰色薄—中层状细砂岩、粉砂岩或泥质粉砂岩、薄层状含硅泥岩、黑色微层状炭质泥岩（多呈韵律互层），可见鲍玛序列，厚201.48m，近顶部灰黑色泥岩增多且富含笔石；三段为灰色长石石英砂岩、长石石英粉砂细砂岩、粉砂质泥岩和泥岩，泥岩中含笔石，厚161.39m。在安吉长坞组的二段、三段可分别识别出笔石带：*Dicellograptus complexus*带和*Paraorthograptus pacificus*带，时代为晚奥陶世凯迪晚期（汪隆武等，2016）。长坞组δ^{13}C稳定同位素值为−30.99‰ ~ −29.45‰，平均值为−30.07‰，且样品之间的δ^{13}C值相差不大。

文昌组由浙江省区域地质测量队于1965年创名，命名地点在浙江省淳安县潭头镇文昌村附近（现千岛湖高铁站南侧）。安吉杭垓的文昌组主要岩性为灰色中—厚层状长石石英砂岩、长石石英细砂粉砂岩，次为薄—中层粉砂质泥岩、灰色薄层状泥质粉砂岩、深灰色含粉砂泥岩、黑色炭质泥岩，厚度为378.48m（汪隆武等，2016）。文昌组按岩性可分为上、下两段。下段为青灰色厚层—块状石英长石砂岩、中层状砂岩、灰黑色薄层粉砂质泥岩韵律互层，夹含少量黑色薄层笔石的页岩，总厚241.6m；下段底部10.3m可能属于*Paraorthograptus pacificus*带，其余属于*Metabolograptus extraordinarius*笔石带，对应几丁虫*Belonechitina Americana*带和*Eisenackitina songtaoensis*带；时代为赫南特早期。上段以灰色中—厚层、块状长石石英砂岩夹薄层状粉砂岩或粉砂质泥岩、微层状黑色含炭硅泥岩为特征，底部以一层含硅质泥岩结核的浅灰白色粉砂岩为标志，厚3.09m，含腕足动物*Aegiromenella planissima*（Reed）、三叶虫*Mucronaspis*（*Songxites*）*wuningensis*（Lin）、海百合茎、头足类和腹足类等化石（被称为*Songxites-Aegiromenella*动物群）（汪隆武等，2016）；该壳相层之上为一套黑色炭质页岩，岩性单一，厚8.77m，其中富含笔石和原态位保存的软躯体海绵化石等，包含超过100种的海绵化石（被称为安吉生物群）（图4-13），属于*Metabolograptus persculptus*笔石带，时代为晚奥陶世赫南特晚期（Botting et al.，2017a，2017b，2018a，2018b；Muir et al.，2020）。

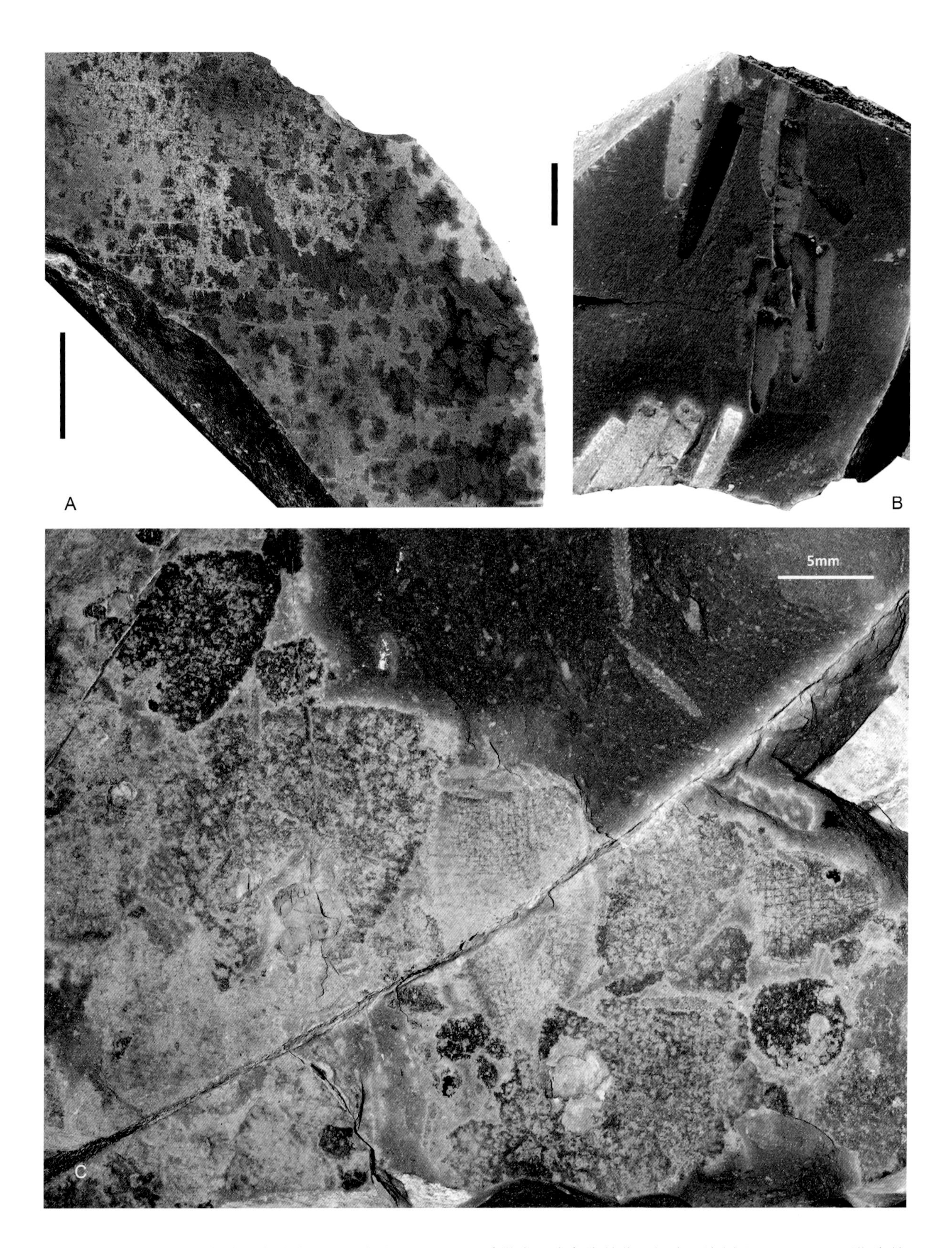

图 4-13　浙江安吉赫南特阶海绵化石。A. 疑似 *Euplectella*（偕老同穴）海绵化石标本，比例尺 =2cm；B. 手指海绵（*Shouzhispongia*）原态位倒伏、半定向排列（Botting et al.，2020），比例尺 =1cm；C. 多个属种的海绵化石呈原态位保存，并与笔石共生。据 Botting et al.（2017a）

文昌组下段的δ^{13}C稳定同位素值为−28.09‰～−24.96‰，平均值为−26.99‰；文昌组上段底部δ^{13}C稳定同位素测值为−31.00‰～−30.76‰，平均值为−30.89‰；文昌组上段其余部分δ^{13}C稳定同位素测值为−29.73‰～−26.96‰，平均值为−28.69‰（图4-14）（汪隆武等，2016；Zhang JP et al.，in prep）。文昌组与上覆地层霞乡组整合接触。

年代地层			岩石地层		厚度(m)	岩性剖面	岩性描述	生物地层		化学地层
系	统	阶	组	段				笔石带	其他化石带（组合）	δ^{13}C
志留系 兰多维列统			霞乡组		>60		黑色含炭笔石页岩	*Akidograptus ascensus*		
奥陶系	上奥陶统	赫南特阶	文昌组		1700, 1600, 1500		中厚层砂岩夹黑色薄层粉砂质泥岩	*Metabolograptus persculptus*	安吉生物群 *Songxites*（三）–*Aegiromenella*（腕）	$\delta^{13}C_{org}$
					1400			*Metabolograptus extraordinarius*	*Belonechitina americana*（几） *Eisenackitina songtaoensis*（几）	
		凯迪阶	长坞组	三段	1300, 1200		薄中层泥岩、粉砂质泥岩、粉砂岩组成复理石韵律	*Paraorthograptus pacificus*		
				二段	1100, 1000		薄中层粉砂岩与粉砂质泥岩互层	*Dicellograptus complexus*		
				一段	900		中层砂岩、中层或薄层粉砂岩			
			黄泥岗组		800		薄层硅质泥岩，夹薄层钾质斑脱岩		*Nankinolithus*（三） *Xiushuilithus*（三）	

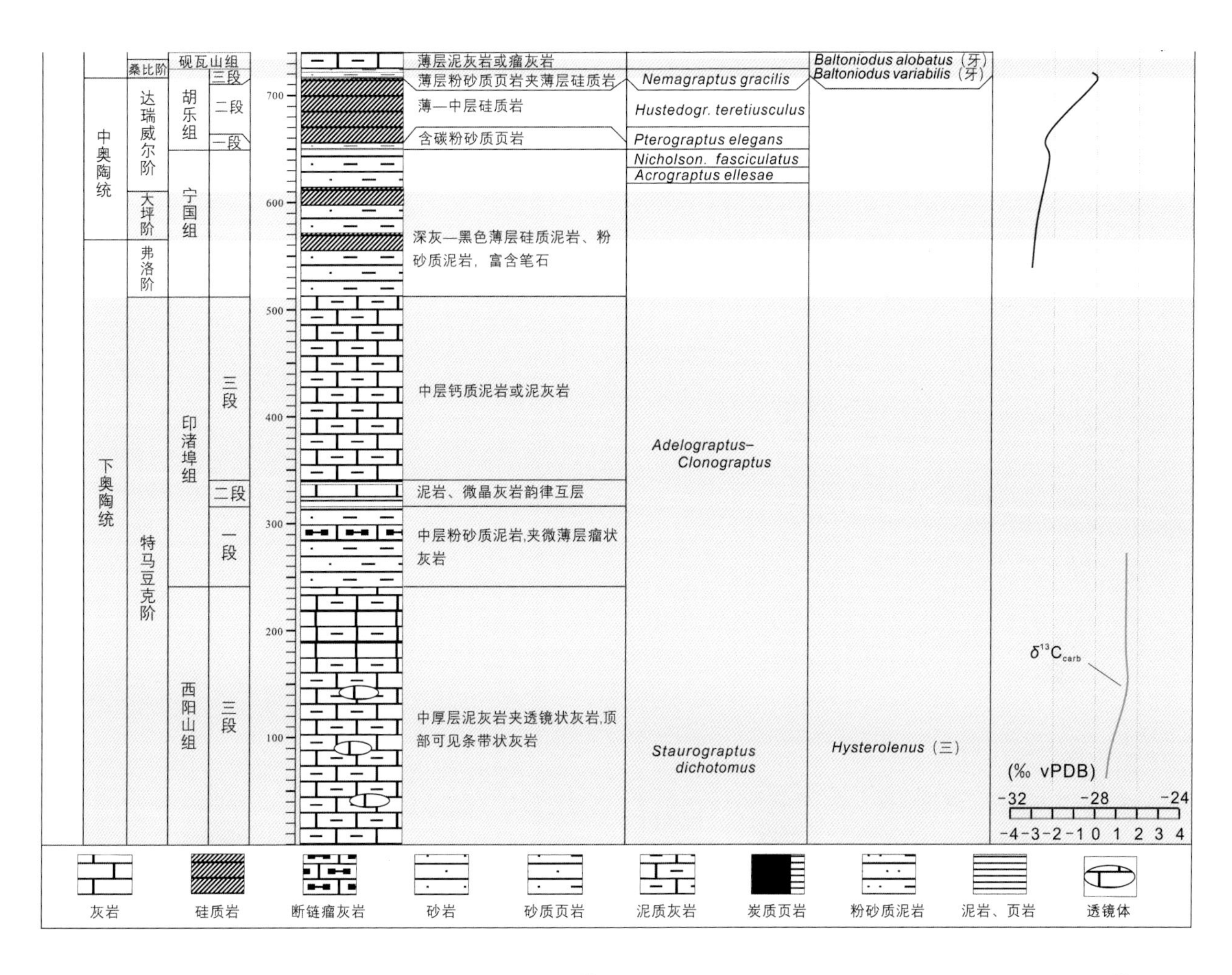

图 4-14　浙江安吉杭垓奥陶系综合柱状图。碳同位素 $\delta^{13}C_{org}$ 据汪隆武等（2016）、Zhang JP et al. (in prep.)，$\delta^{13}C_{carb}$ 据张建芳等（2015）

2. 浙江常山黄泥塘剖面

黄泥塘剖面位于浙赣交界的“三山地区”（浙江江山、常山和江西玉山）。该地区古生代地层的研究历史悠久，地层剖面丰富，出露亦佳，是我国早古生代地层研究的经典地区之一。该地区的最早研究可以追溯到1871年，德国地质学家李希霍芬到浙西地区进行旅行考察（Richthofen，1912）。20世纪10—20年代陆续有学者开展开创性研究，初步建立了该地区的地层框架（Noda，1915；朱庭祜和孙海寰，1924；刘季辰和赵亚曾，1927；朱庭祜等，1930）。新中国成立后对该地区开展了一系列深入研究（卢衍豪，1955；穆恩之，1957，1958；穆恩之和李积金，1958；葛梅钰，1962，1964；陈旭和韩乃仁，1964），基本确立了该区的岩石和生物地层序列（图4-15）。在20世纪80—90年代，一批学者对该地区古生物地层进行了深入的系统研究，发表了有关笔石、三叶虫等化石门类的系列论著（如陈旭等，1983；韩乃仁，1966，1983；肖承协和陈洪冶，1990；肖承协等，1991）。

黄泥塘剖面位于浙江省常山县西南3.5km的二都桥乡（现属钳口镇）周塘村黄泥塘，经纬度为28°52′16″N，118°29′33″E（图4-16）。该剖面是由浙江省地质调查院俞国华于1979年首次发现，后罗

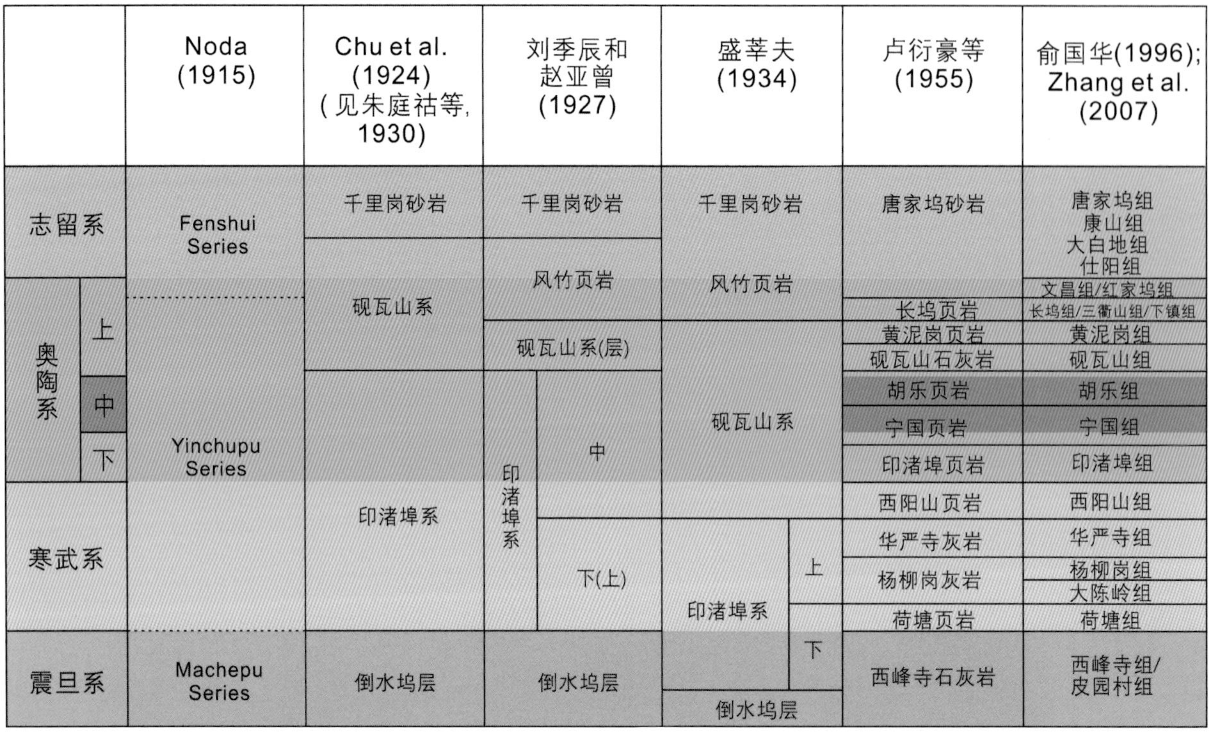

		Noda (1915)	Chu et al. (1924)（见朱庭祜等, 1930）	刘季辰和赵亚曾 (1927)	盛莘夫 (1934)	卢衍豪等 (1955)	俞国华(1996); Zhang et al. (2007)
志留系		Fenshui Series	千里岗砂岩	千里岗砂岩	千里岗砂岩	唐家坞砂岩	唐家坞组 康山组 大白地组 仕阳组
			砚瓦山系	风竹页岩	风竹页岩		文昌组/红家坞组
奥陶系	上	Yinchupu Series				长坞页岩	长坞组/三衢山组/下镇组
				砚瓦山系(层)	砚瓦山系	黄泥岗页岩	黄泥岗组
						砚瓦山石灰岩	砚瓦山组
	中		印渚埠系	印渚埠系 中		胡乐页岩	胡乐组
						宁国页岩	宁国组
	下					印渚埠页岩	印渚埠组
寒武系					印渚埠系	西阳山页岩	西阳山组
				下(上)		华严寺灰岩	华严寺组
					上	杨柳岗灰岩	杨柳岗组 大陈岭组
						荷塘页岩	荷塘组
震旦系		Machepu Series	倒水坞层	倒水坞层	下	西峰寺石灰岩	西峰寺组/皮园村组
					倒水坞层		

图 4-15　浙赣交界的“三山地区”早古生代地层划分沿革。据张元动等（2013）

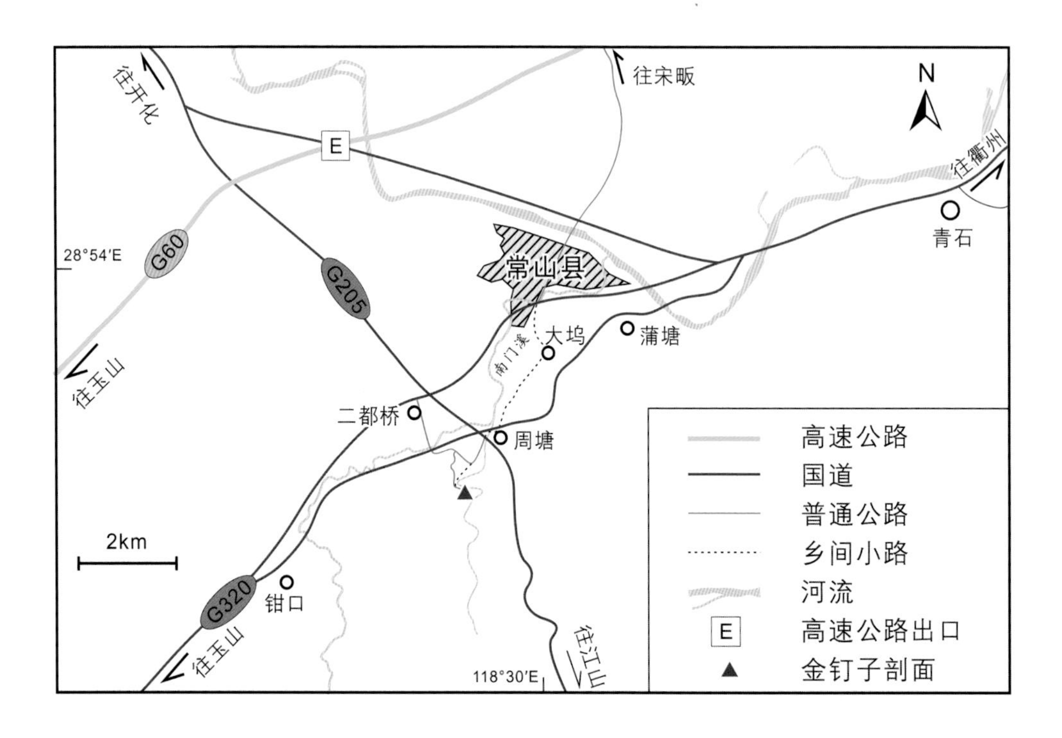

图 4-16　浙江常山黄泥塘剖面交通位置图（陈旭等，2013）

璋和郑云川（1981）、Yang（1990）、姚伦淇和杨达铨（1991）等对该剖面进行了初步研究。陈旭等专家在1990年、1991年、1995年和1998年先后四次对黄泥塘剖面进行了详细测量和无间断化石采集工作，确立了该剖面的高精度岩石地层、生物地层框架（Chen & Bergström，1995；陈旭等，2013）。1997年1月，经国际地科联批准，黄泥塘剖面被确立为奥陶系达瑞威尔阶全球界线层型剖面和点位（“金钉子”）。在2002年到2003年间，常山县政府以“金钉子”为核心区建立了常山国家地质公园（一期），旨在保护黄泥塘“金钉子”剖面。后来又经过多期建设，形成了一整套完整的剖面保护和科学内容展示方案。

黄泥塘剖面自下而上发育西阳山组、印渚埠组、宁国组、胡乐组、砚瓦山组、黄泥岗组和三衢山组。据Zhang et al.（2007）、Munnecke et al.（2011）、陈旭等（2013），将黄泥塘剖面综合地层信息介绍如下。

西阳山组属于寒武系芙蓉统，在黄泥塘剖面仅出露该组的顶部，厚度>18.5m，岩性为浅灰—深灰色泥晶灰岩和条带状、透镜状泥质灰岩。其上与印渚埠组整合接触。

印渚埠组属于下奥陶统特马豆克阶，主要为一套杂色泥岩、页岩夹瘤状灰岩，厚233m，根据岩性可再细分为四段。印渚埠组最下部的第一段（二都桥段）为灰色含细纹层泥质灰岩和泥晶灰岩，含灰岩瘤和灰岩透镜体，厚54.4m，在其中部可识别出*Staurograptus dichotomus*笔石带，在其顶部可识别出*Anisograptus matanensis*笔石带；奥陶系底界划在该段底界之上10.6m的层位，对应三叶虫*Hysterolenus asiaticus*带之底。第二段为灰—灰黄绿色钙质泥岩夹瘤状钙质泥岩和灰岩透镜体，厚51.7m。第三段为灰黄绿色钙质泥岩、泥岩夹灰岩透镜体，厚67.8m，段内地层被两期闪长玢岩侵入；该段底部5.2m为紫红色、红褐色钙质泥岩。第四段为紫色、灰绿色泥岩夹小瘤状灰岩，厚59.1m。

宁国组为弗洛期至达瑞威尔中期沉积，厚56.32m；主要岩性为黑色页岩夹层状或透镜状灰岩，底部与下伏印渚埠组假整合接触。宁国组自下而上可分为四段：最下部为黄泥塘段，为深灰色含生物碎屑泥晶灰岩夹黄绿色页岩，厚9.5m，其底部含一层2~5cm厚的起伏不平的胶菱铁矿层。在该段可识别出*Baltograptus deflexus*笔石带和*Oepikodus evae*牙形类带（Wang & Bergström，1995；陈旭等，1997），时代为早奥陶世弗洛期。第二段为黄绿色页岩夹薄—中层灰岩，厚11.75m，可识别*Azygograptus suecicus*笔石带和*Isograptus caduceus imitatus*笔石带，以及对应的*Paroistodus originalis*牙形类带（Wang & Bergström，1995；陈旭等，1997），时代为弗洛期至大坪期。第三段为深灰色透镜状灰岩，厚6.73m，可识别出*I. caduceus imitatus*笔石带（上部）和*Exigraptus clavus*笔石带，时代为大坪期。第四段为黑色页岩与深灰色泥质灰岩、内碎屑亮晶灰岩互层，厚28.34m。根据产出的笔石，在该段自下而上可识别出*E. clavus*带（上部）、*Undulograptus austrodentatus*带和*Acrograptus ellesae*带。在*U. austrodentatus*带中可识别出两个亚带，自下而上分别为*Arienigraptus zhejiangensis*亚带和*Undulograptus sinicus*亚带。根据笔石生物地层划分，宁国组第四段时代为大坪晚期至达瑞威尔中期。达瑞威尔阶的全球界线层型剖面和点位（“金钉子”）位于该剖面宁国组第四段内，距离宁国组底界30.43m，与化石层AEP184之底一致，以笔石*Undulograptus austrodentatus*的首次出现层位为标志（图4-17和图4-18）（张元动等，2008）。

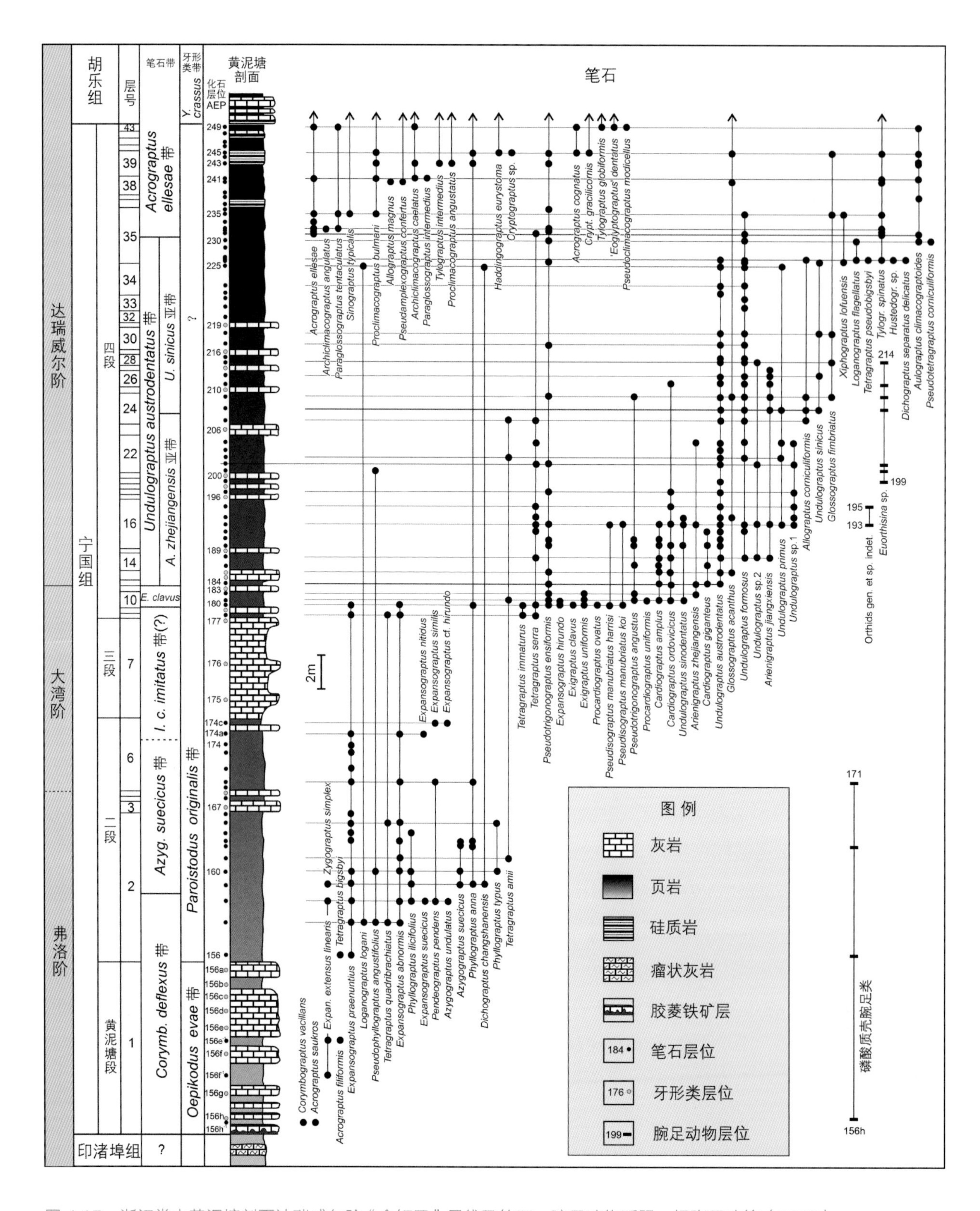

图 4-17　浙江常山黄泥塘剖面达瑞威尔阶“金钉子”界线及笔石、腕足动物延限。据张元动等（2008）

图 4-18　浙江常山黄泥塘达瑞威尔阶“金钉子”剖面照片。A. 砚瓦山组下部，示灰白色条带状、扁瘤状灰岩与灰色泥质灰岩互层；B. 砚瓦山组与胡乐组界线，铁锤锤尖示达瑞威尔阶的顶界层位（位于胡乐组近顶部）；C. 定义达瑞威尔阶底界 GSSP 的笔石 *Undulograptus austrodentatus*；D. 达瑞威尔阶“金钉子”标志碑；E. 达瑞威尔阶底界的“金钉子”点位（铁锤锤头）；E. 黄泥塘剖面全景，白色箭头指示“金钉子”位置，张元动于 1998 年摄

宁国组除了含有丰富笔石外，还含有牙形类、腕足动物、几丁虫、疑源类和叶虾类等。整个宁国组的牙形类大都来自其中所夹的厚度不等的灰岩层，共可识别两个牙形类带（自下而上）：AEP156h~AEP156a为*Oepikodus evae*带，AEP156~AEP210为*Paroistodus originalis*带（上部有可能部分相当于北欧的*Microzarkodina parva*带）。宁国组中的腕足动物化石非常稀少，在AEP156（*A. suecicus*带）发现磷质壳腕足动物化石，在AEP193~AEP214层段（*U. austrodentatus*带）发现*Euorthisina* sp.和orthids gen. et sp. indet.（图4-17）。其中*Euorthisina*通常指示底栖动物组合BA4~BA5，是深水类型的代表。黄泥塘的腕足动物尚不足以建立序列。尹磊明和Playford（2003）对黄泥塘剖面的疑源类进行了研究，从笔石*Azygograptus suecicus*带—*Undulograptus austrodentatus*带的灰岩中获得丰富的但保存状态一般的疑源类化石，共26个形态属，包含41个已知种和12个未定名种，其中极少有冈瓦纳大陆的冷水类型。

胡乐组岩性为黑色页岩、硅质岩夹深灰色中厚层灰岩，含黑色燧石条带，厚度为23.69m，近顶部被闪长玢岩侵入。根据页岩中保存的笔石化石，可识别出5个笔石带（自下而上）：*Acrograptus ellesae*带、*Nicholsonograptus fasciculatus*带、*Pterograptus elegans*带、"*Hustedograptus teretiusculus*带"和*Nemagraptus gracilis*带。根据产自其中灰岩夹层的牙形类化石，可识别出三个牙形类带，自下而上分别是*Yangtzeplacognathus crassus*带、"*Histiodella holodentata*带"和*Histiodella kristinae*带（Zhang et al.，2007）（图4-19）。牙形类和笔石序列指示胡乐组时代为达瑞威尔中期至桑比早期（Chen et al.，2006b）。

统	阶	组	段	分层	岩性描述	笔石带	牙形类带	其他化石带
上奥陶统	凯迪阶	三衢山组	长坞组	18	灰色、深灰色薄层泥晶灰岩和泥质灰岩/黄绿色粉砂质泥岩			
上奥陶统	凯迪阶	黄泥岗组		17	灰绿色和黑色含灰岩瘤钙质泥岩			*Nankinolithus nankinensis* 带（三）
上奥陶统	凯迪阶	砚瓦山组	二段	16	紫红色、灰绿色瘤状灰岩夹薄层泥晶灰岩		?	*Sinoceras chinense* 带（头）
上奥陶统	凯迪阶	砚瓦山组	一段	15	灰绿色瘤状灰岩和泥晶灰岩		*Baltoniodus alobatus* 带	
上奥陶统	桑比阶	砚瓦山组	一段	14	深灰色、灰绿色条带状灰岩和泥质灰岩	? *Nemagraptus gracilis* 带	*Pygodus anserinus* 带	
中奥陶统	达瑞威尔阶	胡乐组		13	黑色页岩夹深灰色灰岩，偶夹黑色燧石条带	"*Hustedograptus teretiusculus* 带" *Pterograptus elegans* 带 *Nicholsonogr. fasciculatus* 带	*Histiodella kristinae* 带 "*Histiodella holodentata*带"	
中奥陶统	达瑞威尔阶	胡乐组		12	黑色页岩、硅质岩与深灰色中厚层灰岩互层	*Acrograpus ellesae* 带	*Yangtzeplacognathus crassus* 带	
中奥陶统	达瑞威尔阶	宁国组	四段	11	黑色页岩		?	
中奥陶统	达瑞威尔阶	宁国组	四段	10	深灰色泥质灰岩、内碎屑亮晶灰岩和黑色页岩互层	*Undulograptus austrodentatus* 带（*Undulograptus sinicus* 亚带；*Arienigraptus zhejiangensis* 亚带） *Exigraptus clavus* 带		
中奥陶统	大湾阶	宁国组	三段	9	深灰色透镜状灰岩	*Isograptus caduceus imitatus* 带	*Paroistodus originalis*带	
中奥陶统	大湾阶/弗洛阶	宁国组	二段	8	黄绿色页岩、泥岩，夹两层薄—中层灰岩	*Azygograptus suecicus* 带		
	弗洛阶	宁国组	黄泥塘段	7	深灰色含生物碎屑泥晶灰岩夹若干层黄绿色页岩	*Baltograptus deflexus* 带	*Oepikodus evae* 带	

年代地层：系、统、阶；岩石地层：组、段；厚度(m)：230–380；岩性剖面；生物地层；化学地层：$\delta^{13}C$

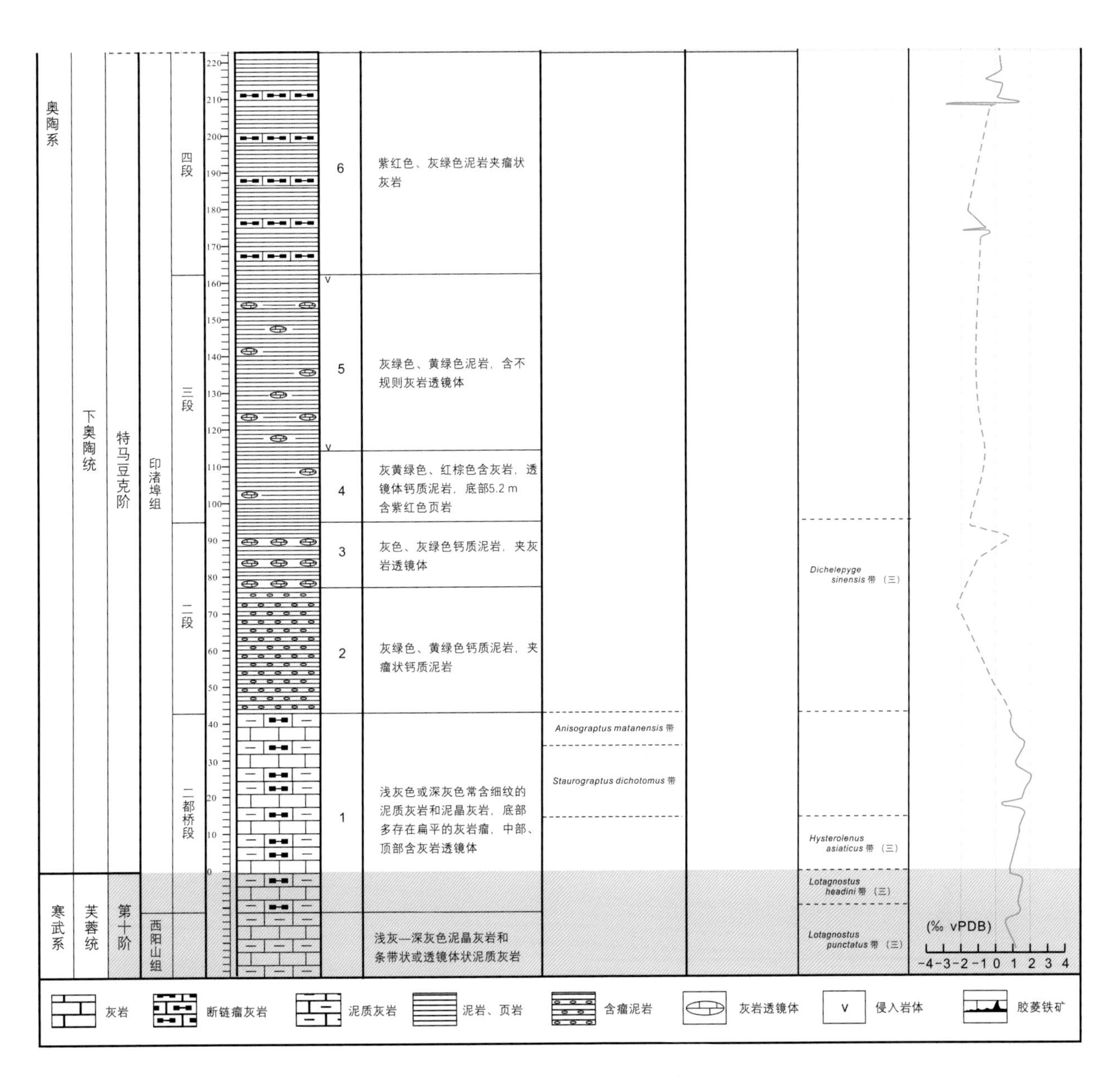

图 4-19　浙江常山黄泥塘奥陶系剖面综合地层柱状图

黄泥塘剖面的砚瓦山组厚度大于40m。该组以紫红色或灰绿色瘤状灰岩为主，可分为两段。一段主要岩性为灰绿色瘤状灰岩和泥晶灰岩，从中可识别出牙形类*Pygodus anserinus* 带、*Baltoniodus alobatus*带（Zhen et al.，2009c；王志浩等，2015）；二段主要出露于205国道剖面和蒲塘口剖面，岩性为紫红色、灰绿色瘤状灰岩夹薄层状泥晶灰岩（Zhang et al.，2007； 王志浩等，2015；Li et al.，2019）。根据砚瓦山组产出的头足类化石，可以识别出*Sinoceras chinense*带。砚瓦山组时代为桑比期至凯迪早期，可大致与扬子区宝塔组对比。此外，根据无机碳同位素曲线，在该组内可识别出GICE事件（Munnecke et al.，2011）。

黄泥岗组出露于距黄泥塘剖面数百米的常山205国道剖面和常山城南蒲塘口剖面，厚22.4m，为一套灰绿色和紫红色含灰岩瘤的钙质泥岩，下部发育一套滑塌堆积。根据产出的三叶虫化石可识别出*Nankinolithus nankinensis*带，时代大致为凯迪中晚期。在黄泥塘剖面见三衢山组部分出露，厚度大于11.5m，岩性为灰色薄层瘤状泥晶灰岩和泥质灰岩，化石稀少。三衢山组在常山蒲塘口剖面出露完整，发育多期滑塌堆积，显示了该组沉积时处于一定坡度的斜坡上（Li et al.，2019）。

3. 江西玉山祝宅剖面

玉山祝宅剖面位于江西省玉山县东南的六都镇群力乡前洲村（原名祝宅自然村）（28°34′48″N，118°20′49″E；图4-20）。该剖面最早由张利民等于1977年发现，随后经韩乃仁、李罗照等于1980年实测并完成“江西玉山祝宅奥陶系剖面初稿”。1985年，陈旭、戎嘉余、李守军等在前人工作的基础上进行野外调查并于两年后发表报告，对该剖面的生物地层和沉积环境进行了研究（陈旭等，1987a）。随后，中、韩、德、加等多国专家先后发表该剖面的系统古生物、生物地层与化学地层研究成果（詹仁斌等，2002；Jin et al.，2006；Munnecke et al.，2011；Lee et al.，2012，2016；Lee，2013；Jeon et al.，2019）。在2007年，该剖面作为第十届国际奥陶系及第三届国际志留系、IGCP503项目联合大会的会前野外路线点，40多位中外专家对其进行了现场考察和研究。自20世纪90年代以来，该剖面一直是我国地层古生物学研究生野外现场教学和实习的主要观察点（图4-21）。

祝宅剖面位于浙赣台地近岸一侧，在晚奥陶世凯迪中晚期发育浅海开阔台地相沉积（陈旭等，1987a）。这套化石丰富且以碳酸盐岩夹页岩为主的地层，由于后期构造运动的破坏，只保存了相当于“三山”地区的三衢山组上部或长坞组上部的地层，被称为下镇组（陈旭等，1987a；Zhan et al.，2002）。该剖面实际包括三段地层露头，其间被农田所隔（图4-20），厚度共计253m，依次记为ZU1

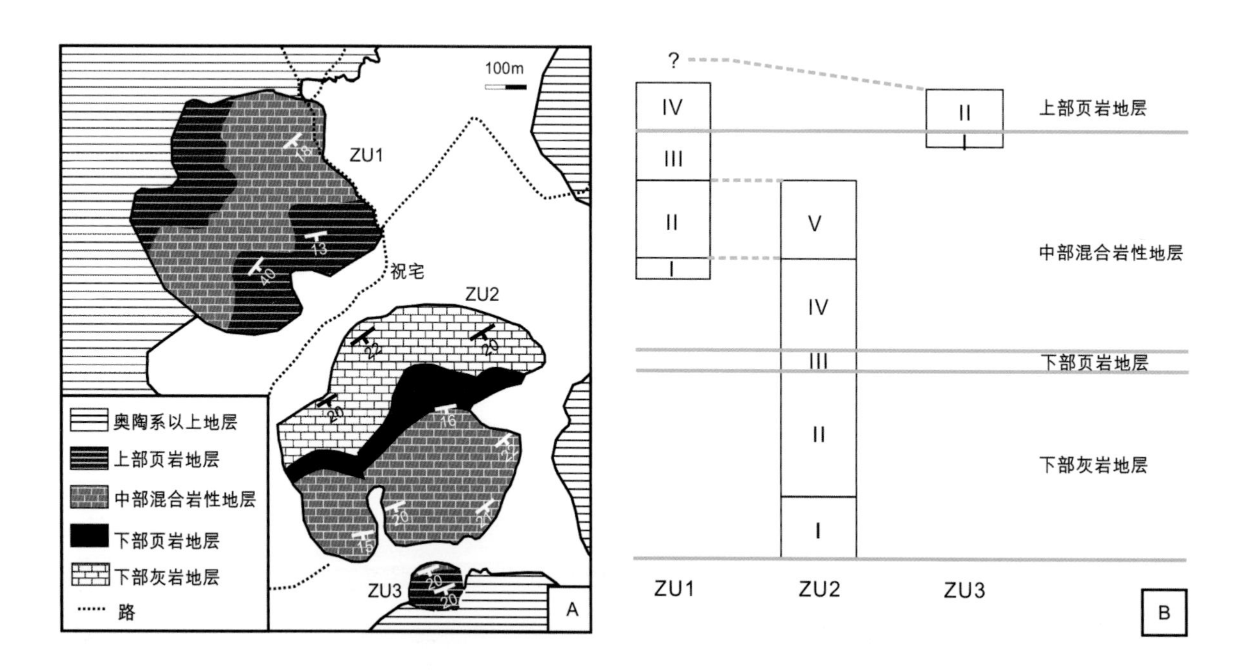

图 4-20　江西玉山祝宅剖面露头平面分布图（A）及三套地层露头之间的地层关系对比（B）

（80m）、ZU2（150m）和ZU3（23m）。学者们对这三段地层剖面的相互关系有不同看法：通常认为这三段地层剖面自西北向东南构成一个连续地层序列（陈旭等，1987a），但近年来Lee et al.（2012）依据地层序列和古生物组合特征，指出三个出露的地层单元之间存在部分地层重复，并将这种现象归因于区域性的逆冲推覆构造。依据造礁生物的化石特征，这三个单元被进一步划分为ZU1（Ⅰ、Ⅱ、Ⅲ和Ⅳ）、ZU2（Ⅰ、Ⅱ、Ⅲ、Ⅳ和Ⅴ）和ZU3（Ⅰ和Ⅱ），其地层对比关系如图4-20所示。

然而，在新的地层对比关系下，三套地层露头之间的地层划分和对比变得异常复杂，因此本书的综合柱状图采用调整后的地层序列，即由下到上依次为ZU2的Ⅰ—Ⅴ段（145m）、ZU1的Ⅲ段（22m）、ZU1的Ⅳ段（20m），地层总厚度为187m（图4-22）。

其中，ZU2的Ⅰ段以泥粒灰岩、粒泥灰岩及颗粒灰岩为主，厚25m；富含珊瑚*Agetolites*、层孔虫，含少量腹足类和钙藻，可见生物扰动和窗格构造。ZU2的Ⅱ段以灰泥灰岩、富含生物碎屑的泥粒灰岩、粒泥灰岩和珊瑚礁屑灰岩为主，厚50m；生物扰动强烈，可见压实构造，镜下清晰可见海绵骨针。Ⅰ段和Ⅱ段之间岩相渐变过渡，以泥粒灰岩变为灰泥灰岩为界。ZU2的Ⅲ段以泥页岩为主，厚8m，富含三叶虫（asaphids、*Meitanillaebus*? sp.、styginids、*Amphilichas* sp.、*Vietnamia* sp.、*Neseuretinus*? sp.、*Pliomerina* sp.等）（Lee et al.，2013）、腕足动物（*Eospirifer praecursor*、*Ovalospira dichotoma*、*Plectoglossa* sp.）（Zhan et al.，2002）和双壳类。Ⅲ段通常作为剖面的标志层。ZU2的Ⅳ段共32m，以灰岩为主，含页岩夹层；生物礁发育，以珊瑚*Agetolites*和层孔虫为主，同时可见腹足类、苔藓虫、头足类及钙藻*Ortonella* sp.（陈旭等，1987a）。Ⅳ段灰岩包括钙藻粒泥灰岩、层孔虫屑灰岩、层孔虫骨架灰岩和珊瑚-层孔虫发育的粒泥灰岩等。该段底部灰岩藻类纹层发育，顶部与ZU2的Ⅴ段以侵蚀面接触。ZU2的Ⅴ段共约30m，因植被覆盖出露状况一般，岩性以泥岩为主，夹含的少量灰岩富含藻类纹层和腕足动物化石*Deloprosopus jiangshanensis*（Jin et al.，2006），常见泥裂构造（图4-21）。

ZU1的Ⅲ段共22m，以粗粒灰岩为主，包括生物碎屑泥粒-粒泥-颗粒灰岩和分米级的生物礁灰岩，上半部常见硅质结核。该段富含化石，包括珊瑚（*Agetolites*、*Catenipora*）（图4-21）、层孔虫（*Clathrodictyon* sp.）、钙藻、腕足动物（*Deloprosopus jiangshanensis*、*Antizygospira liquanensis*、*Sowerbyella sinensis*等）、头足类（*Fengzuceras*）、海百合和腹足类等（陈旭等，1987a；Zhan et al.，2002；Jin et al.，2006）。

ZU1的Ⅳ段（上部页岩）共出露20m，顶部被覆盖；岩性以黄绿色、灰褐色泥页岩为主（图4-21），上半部夹生物碎屑瘤状灰岩。泥页岩中富含三叶虫（*Remopleurides*、*Hibbertia*、*Vietnamia*、*Ceraurinus*等）（Lee，2013）、腕足动物（*Sowerbyella*、*Strophomena*、*Antizygospira*）（Zhan et al.，2002），以及少量双壳类、腹足类、棘皮动物、介形虫和笔石等。

从初步的化学地层学分析结果来看，在祝宅剖面未能识别出可广泛对比的碳同位素漂移事件（图4-22）。但是根据碳同位素曲线，可识别出两个短暂的碳同位素正漂移事件，正向漂移幅度均大于1.5‰，同时在三衢山剖面亦可识别（Munnecke et al.，2011）。但这一现象无法在中上扬子地区台地相剖面上追踪，因此可能是局部地区环境变迁引起海水碳储库（DIC）变化所致。

图 4-21　江西玉山祝宅剖面地层露头照片。A. 下镇组近顶部的黄绿色泥岩（ZU1 的Ⅳ段，富含腕足动物、双壳类、三叶虫、介形虫等，含少量笔石；B. 点礁中的日射珊瑚（*Heliolites*）（下镇组近顶部，ZU3）；C. 生物礁体（ZU1 的Ⅲ段）；D. 祝宅剖面（ZU1），示顶部生物层和生物礁；E. 泥裂构造（下镇组中部，ZU1 的Ⅱ段）；F. 薄层泥灰岩夹少量泥岩（下镇组中部，ZU1 的Ⅱ段）

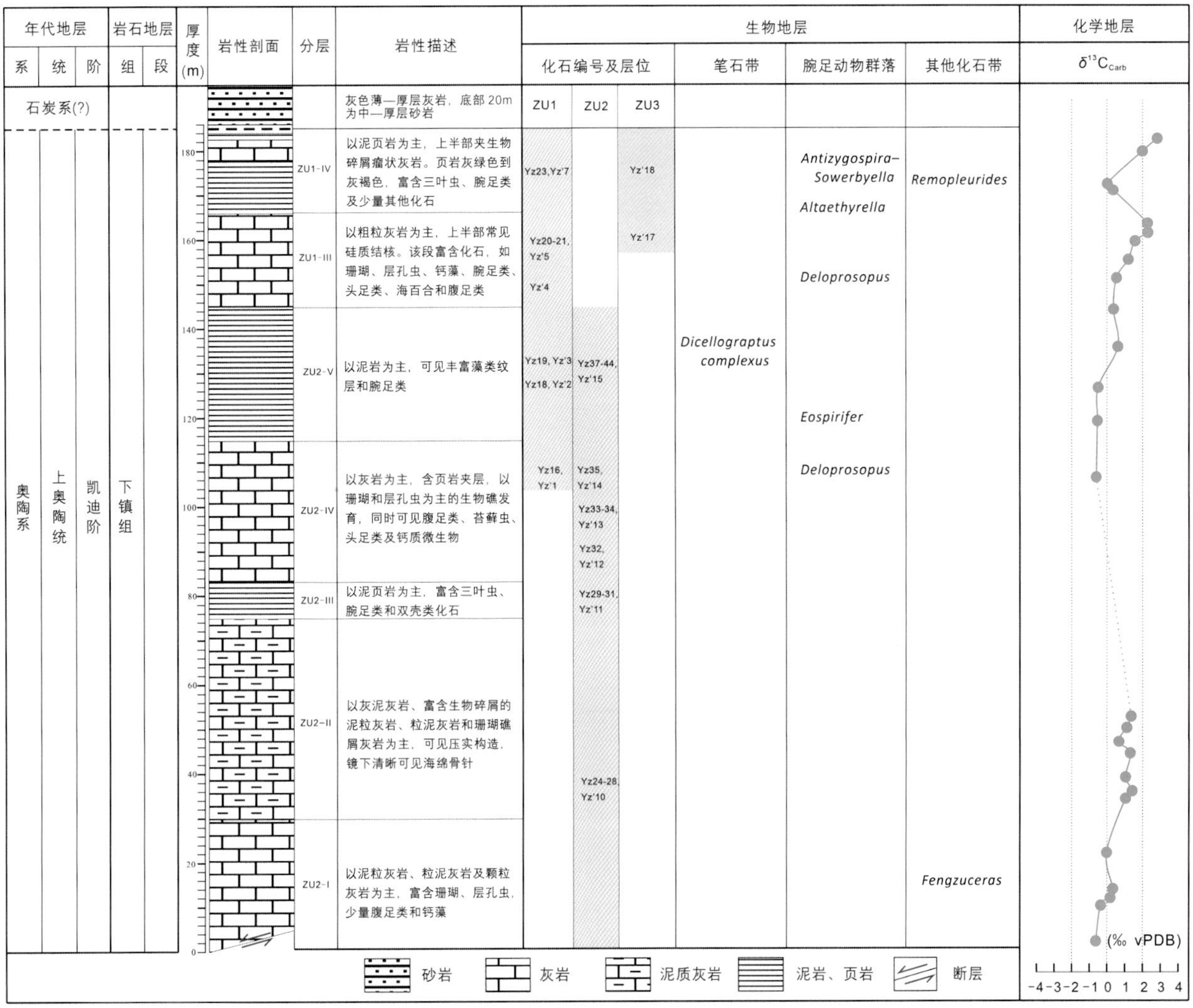

年代地层			岩石地层		分层	岩性描述	生物地层 化石编号及层位 ZU1	ZU2	ZU3	笔石带	腕足动物群落	其他化石带
系	统	阶	组	段								
石炭系(?)						灰色薄—厚层灰岩，底部20m为中—厚层砂岩						
奥陶系	上奥陶统	凯迪阶	下镇组		ZU1-IV	以泥页岩为主，上半部夹生物碎屑瘤状灰岩。页岩灰绿色到灰褐色，富含三叶虫、腕足类及少量其他化石	Yz23,Yz'7		Yz'18		*Antizygospira–Sowerbyella* *Altaethyrella*	*Remopleurides*
					ZU1-III	以粗粒灰岩为主，上半部常见硅质结核。该段富含化石，如珊瑚、层孔虫、钙藻、腕足类、头足类、海百合和腹足类	Yz20-21, Yz'5 Yz'4		Yz'17		*Deloprosopus*	
					ZU2-V	以泥岩为主，可见丰富藻类纹层和腕足类	Yz19, Yz'3 Yz18, Yz'2	Yz37-44, Yz'15		*Dicellograptus complexus*	*Eospirifer*	
					ZU2-IV	以灰岩为主，含页岩夹层，以珊瑚和层孔虫为主的生物礁发育，同时可见腹足类、苔藓虫、头足类及钙质微生物	Yz16, Yz'1	Yz35, Yz'14 Yz33-34, Yz'13 Yz32, Yz'12			*Deloprosopus*	
					ZU2-III	以泥页岩为主，富含三叶虫、腕足类和双壳类化石		Yz29-31, Yz'11				
					ZU2-II	以灰泥灰岩、富含生物碎屑的泥粒灰岩、粒泥灰岩和珊瑚礁屑灰岩为主，可见压实构造，镜下清晰可见海绵骨针		Yz24-28, Yz'10				
					ZU2-I	以泥粒灰岩、粒泥灰岩及颗粒灰岩为主，富含珊瑚、层孔虫、少量腹足类和钙藻						*Fengzuceras*

化学地层：$\delta^{13}C_{Carb}$（‰ vPDB），-4 -3 -2 -1 0 1 2 3 4

厚度(m)：0, 20, 40, 60, 80, 100, 120, 140, 160, 180

图例：砂岩　灰岩　泥质灰岩　泥岩、页岩　断层

图 4-22　江西玉山祝宅剖面综合柱状图

祝宅剖面中泥质灰岩、灰岩、生物碎屑灰岩、泥岩等多次交互出现。与之相对应的是以层孔虫、珊瑚、腕足动物、腹足类等占优势的动物群落或群集及藻类交替出现，丰度高，分异度大（张元动等，2015）。这同时也是下扬子地区浅海开阔台地上古生态的一个缩影，对了解该时期的海洋动物与环境的协同演化具有重要意义。

4.1.3　盆地相区

江西崇义奥陶系剖面

赣南崇义—永新地区的奥陶系是华南深水盆地相地层的典型代表（图4-23），从下奥陶统至上奥陶统下部均为连续的碎屑岩系，含丰富笔石。该套地层最早由张浅深等（1964）报道。魏秀喆等（1966）发表了江西永新—宁冈地区奥陶纪笔石地层的报告，自下而上建立了爵山沟组、七溪岭组、陇溪组、滞江组和石口组。此后，肖承协、黄学浮等初步建立了以崇义县思顺乡樟木曲、对耳石、黄背和白石坳等剖面为基础的下、中奥陶统的笔石带（肖承协和黄学浮，1974；肖承协等，1975）。李积金等（2000）发表了下奥陶统*Tetragraptus approximatus*带至中奥陶统*Pterograptus elegans*带的笔石系统古生物研究成果，共计描记笔石45属168种，其中有3个新种。至此，*P. elegans*带以下的含笔石地层序列已基本确立。黄枝高等（1988）发表了江西崇义—永新地区的中—上奥陶统的地层序列及笔石动物群。最近，陈旭等（2010）在重新研究了崇义—永新地区的奥陶纪重要笔石属种之后，发现由不同著者建立的石口组和花面垄组均为滞江组的一部分，并将其下陇溪组时代厘定为晚奥陶世桑比期。

江西崇义新厂期茅坪组剖面是华南地区具有代表性的深水盆地相奥陶系剖面之一。茅坪组笔石较为丰富，分带清晰，特别在剖面上部有大量正笔石式树形笔石与少量正笔石共生。茅坪组按岩性自下而上可分为三段：下段为灰绿色厚层石英砂岩夹粉砂质板岩，厚285.1m；中段为灰绿色夹灰黑色千枚状板岩，厚142.8m；上段为灰绿色、灰黑色厚层硅质板岩，厚144.52m。根据岩性和笔石群的特点，茅坪组可划分为三个笔石带（肖承协和夏天亮，1984），自下而上为*Staurograptus-Anisograptus delicatulus*带（厚度为49.73m）、*Triograptus-Clonograptus tenellus*带（厚度为378.17m）、*Adelograptus*

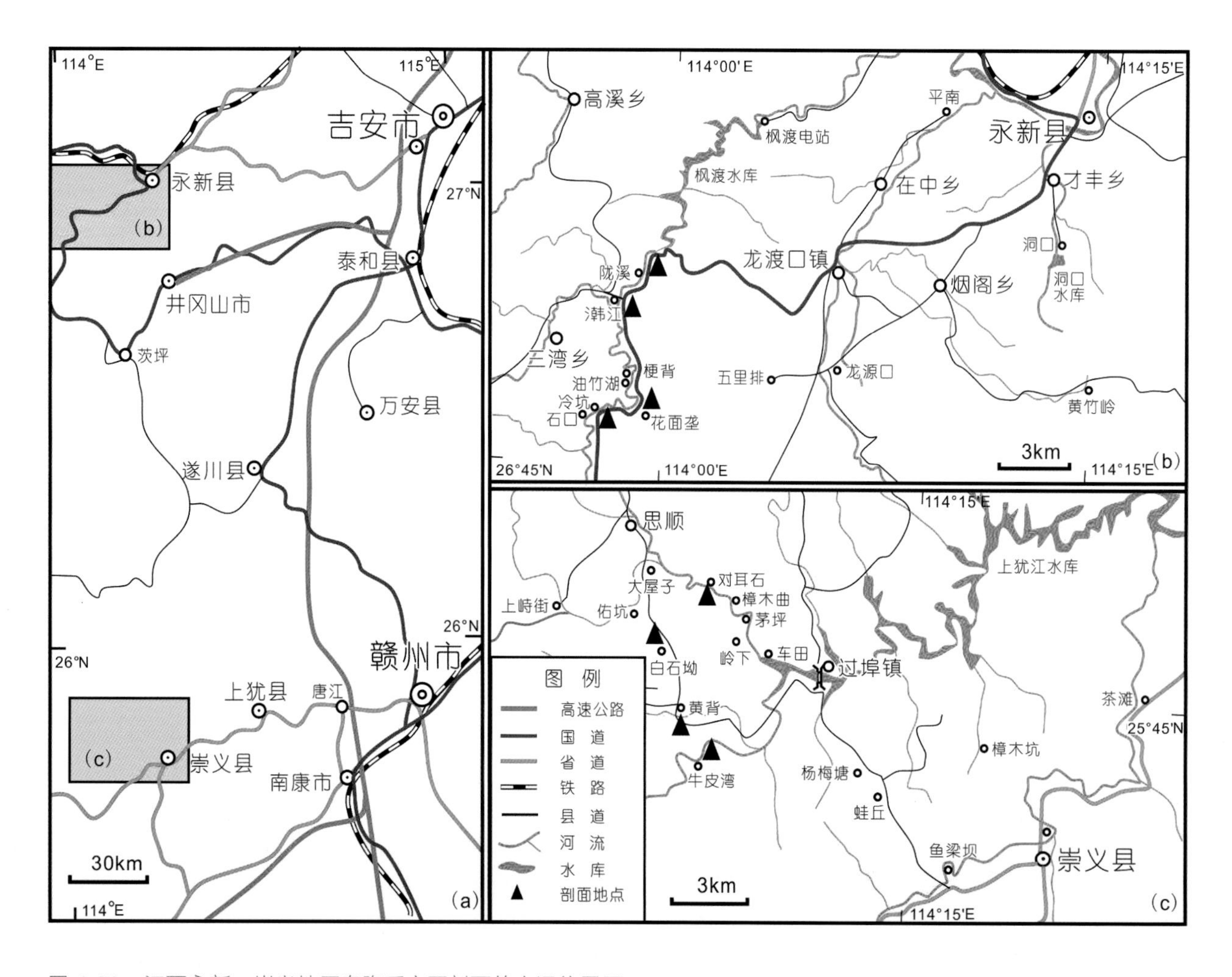

图 4-23　江西永新、崇义地区奥陶系主要剖面的交通位置图

*victoriae-Kiaerograptus*带（厚度为144.52m）；时代为早奥陶世特马豆克早期。该组与下伏地层——寒武系芙蓉统水石群整合接触。

七溪岭组以黑色、灰黑色含炭粉砂质泥岩为主，夹薄层粉砂质泥岩，厚度为338m（图4-24C—E）。该组与下伏地层茅坪组、上覆地层陇溪组均整合接触。七溪岭组按岩性自下而上分为三段：下段为灰绿色中厚层粉砂质泥岩与黑色页岩互层，厚57.1m；中段为灰绿色、灰黑色中厚层泥岩，厚13.4m；上段为灰黑色厚层粉砂质泥岩夹薄层粉砂质泥岩，厚267.5m。七溪岭组共划分出10个笔石带，自下而上包括：①*Tetragraptus approximatus*带，②*Pendeograptus fruticosus*带，③*Didymograptellus* cf. *protobifidus*带，④*Isograptus victoriae lunatus*带，⑤*Oncograptus magnus*带，⑥*Cardiograptus amplus*带，⑦*Undulograptus austrodentatus*带，⑧*Acrograptus ellesae*带，⑨*Nicholsonograptus fasciculatus*带，⑩*Pterograptus elegans*带（图4-24D）。七溪岭组时代为早奥陶世弗洛期—中奥陶世达瑞威尔期。

永新—崇义地区的陇溪组以黑色硅质、炭质板岩为主，其中一些层位含分异度适度的笔石动物群（图4-25）。永新县西南的陇溪村为陇溪组标准地点（26°52′43″N，114°1′45″E）。陇溪组按岩性自下而上分为二段：下段为黑色薄层硅质板岩夹黑色薄层板岩（图4-24A），厚72.18m，相当于*Nemagraptus gracilis*笔石带；上段为黑色中厚层硅质板岩夹黑色薄层板岩，厚86.06m，为*Climacograptus bicornis*笔石带。陇溪组时代为晚奥陶世桑比期。

潲江组按岩性自下而上可分为三段：下段为灰色中厚层细砂岩与黑色中、薄层板岩互层夹灰色、薄层粉砂质板岩（图4-24B），厚755m；中段为黄绿色中厚层粉砂岩夹灰黑色薄层板岩，厚2044m；上段为灰绿色中厚层变余砂岩夹灰黑色薄层硅质板岩，厚587m（肖承协等，1982；黄高枝等，1988）。在该组识别出一个笔石带，即*Diplacanthograptus caudatus-Diplacanthograptus spiniferus*带（陈旭等，2010）。该组上覆地层为第四系浮土，两者不整合接触。潲江组时代为晚奥陶世凯迪早期（图4-26）。

4.2 华　北

4.2.1　台地边缘 - 斜坡相

1. 内蒙古桌子山奥陶系剖面

内蒙古桌子山奥陶系剖面位于内蒙古乌海市海南区桌子山附近，由海南区南约4km的老石旦东山剖面（即卧龙岗剖面，39°22′02″N，106°52′44″E）、海南区西北约5km的大石门剖面（即哈图克沟剖面，39°28′34″N，106°49′32″E），以及公乌素北约5km的青年农场剖面（39°22′05″N，106°53′56″E）拼接而成（图4-27和图4-28）。桌子山地区奥陶纪地层发现于20世纪20年代，后来关士聪和车树政（1955）依据岩性和化石将其划分为下奥陶统三道坎层、桌子山石灰岩、克里摩里石灰岩，中奥陶统乌拉力克层、拉什仲绿色岩系等五个地层单位。张文堂（1962）综合前人的笔石和头足类研究成果，将桌子山奥陶系划分为6个化石带。随后，陈均远等（1984）对化石带提出修改，并在拉什仲组之上创

图 4-24　江西崇义奥陶系露头照片。A. 陇溪组（对耳石隧道东口剖面），硅质岩层形成紧闭褶皱；B. 浒江组下部（对耳石剖面），细砂岩；C. 七溪岭组（圆江潭剖面），粉砂质泥岩，含笔石 *Expansograptus*；D. 七溪岭组（白石坳剖面），产笔石 *Pterograptus*（达瑞威尔期）；E. 七溪岭组（牛鼻垄电站剖面），岩层直立

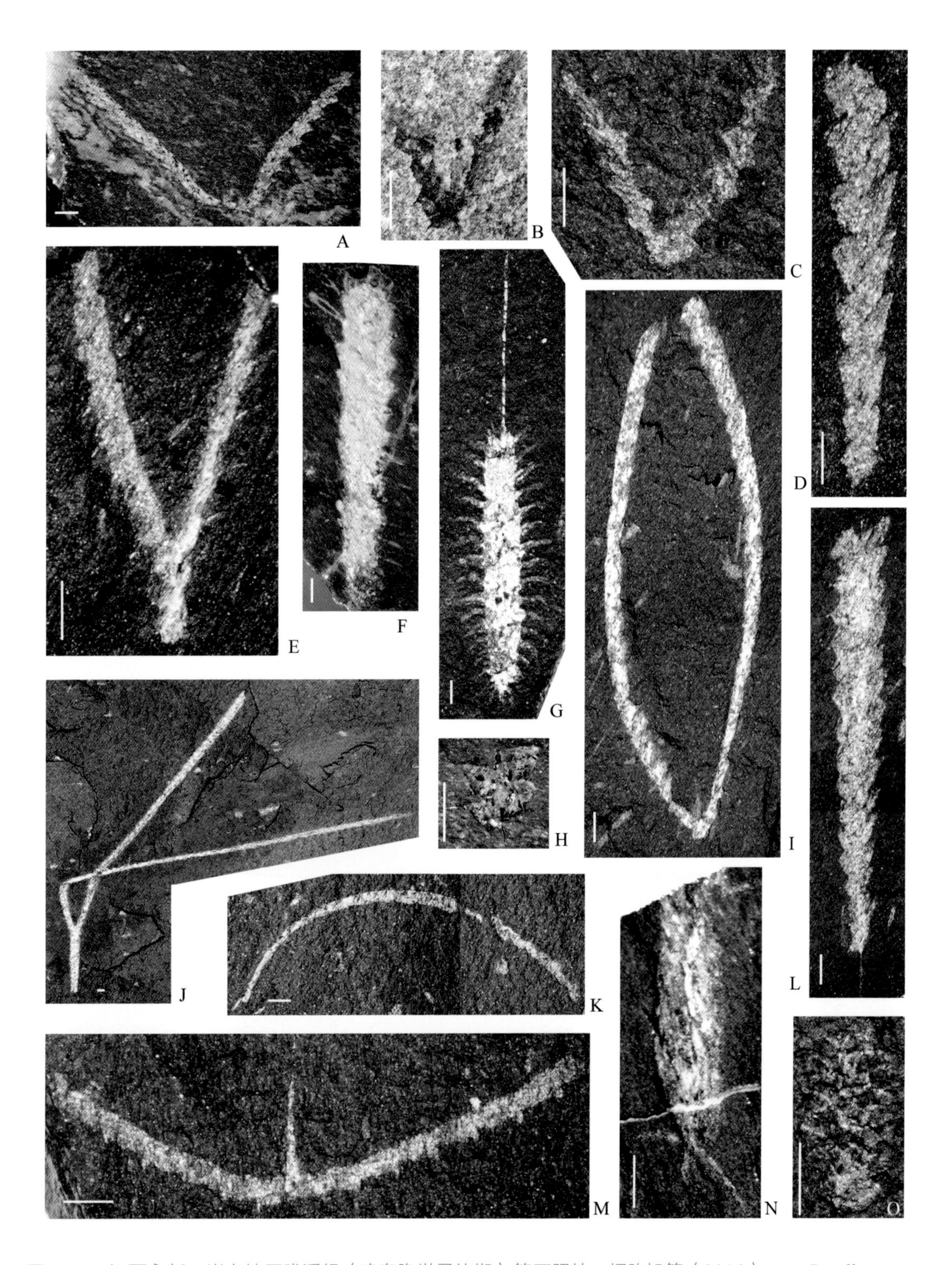

图 4-25　江西永新—崇义地区陇溪组（晚奥陶世桑比期）笔石照片。据陈旭等（2010）。A. *Dicellograptus forchammeri*（Geinitz）; B. *Jiangxigraptus sextans exilis*（Elles and Wood）; C. *Jiangxigraptus mui* Yu and Fang; D. *Orthograptus* cf. *calcaratus*（Lapworth）; E. *Dicranograptus brevicaulis* Elles and Wood; F. *Glossograptus hincksii*（Hopkinson）; G. *Glossograptus fimbriatus*（Hopkinson）; H. *Amplexograptus praetypicalis* Riva; I. *Jiangxigraptus* cf. *gurleyi*（Lapworth）; J. *Dicranograptus rectus* Hopkinson; K. *Pseudazyograptus incurvus*（Ekström）; L. *Hustedograptus teretiusculus*（Hisinger）; M. "*Leptograptus*" *validus* Lapworth; N. *Cryptograptus tricornis*（Carruthers）; O. *Reteograptus geinitzianus* Hall。图中比例尺长度 = 1mm

年代地层 系	统	阶	岩石地层 组	段	分层	岩性描述	化石编号及层位	笔石带
第四系								
奥陶系	上奥陶统	凯迪阶	沸江组	上段	46	灰黑色薄层、中厚层硅质板岩与黄绿色中厚层状砂岩互层，夹薄层状含炭板岩	H101	Diplacanthograptus caudatus–Diplacanthograptus spiniferus 带
					45	灰绿色中厚层变余砂岩夹灰黑色薄层硅质板岩		
					44	灰绿色、灰黑色薄—中厚层板岩		
					43	灰色、浅黄褐色中厚层硅质板岩夹板岩		
					42	灰黑色中厚层硅质板岩夹炭质板岩		
					41	黑色、灰黑色中厚层硅质板岩与粉砂岩互层	H97	
				中段	40	灰色、灰黑色中厚层板岩与粉砂岩互层	H96, H95, H94, H93	
					39	黄绿色中厚层粉砂岩夹板岩		
					38	黄褐色中厚层粉砂岩与灰黑色板岩互层	H89	
					37	灰绿色厚层、中厚层粉砂岩，夹粉砂质板岩	H92, H91, H90, H88	
					36	灰黑色中厚层粉砂岩夹粉砂质板岩		
					35	灰黑色中厚层细砂岩夹板岩		
					34	灰色中厚层细砂岩与黑色薄层粉砂质板岩互层	H78	
					33	灰色中厚层粉砂岩与灰黑色板岩互层	H88, H76, H75	
					32	灰绿色、青灰色中厚层粉砂质板岩与灰黑色板岩互层	H74, H73, H66, H65	
					31	黄绿色中厚层、厚层粉砂岩与板岩互层	H71, H70, H64, H63, H62	
					30	黄绿色、青灰色厚层粉砂质板岩，夹灰黑色板岩	H61, H60	
					29	灰白色、黄绿色厚层、中厚层细砂岩，夹青灰色板岩		
					28	浮土掩盖		
					27	黄绿色中厚层粉砂岩夹灰黑色薄层板岩	H58, H57	
					26	灰绿色粉砂岩夹粉砂质板岩		
					25	黄绿色中厚层、厚层粉砂岩及炭质板岩		
					24	灰绿色中厚层粉砂质板岩及粉砂岩	H69, H68, H81	
					23	灰绿色中层、厚层粉砂岩夹厚层板岩	H55, H54	
					22	灰绿色厚层、中厚层粉砂岩夹粉砂质板岩		
					21	灰褐色中厚层砂质板岩		
					20	灰绿色、灰白色、肉红色中—厚层粉砂岩		
				下段	19	灰绿色厚层、中厚层板岩，含硅质板岩		
					18	灰黑色、灰绿色中厚层板岩，夹灰黑色薄层板岩	H52, H51	
					17	灰绿色中层、薄层粉砂质板岩		
					16	灰色薄层板岩夹粉砂质板岩		
					15	灰色中厚层细砂岩与黑色中层、薄层板岩互层，夹灰色薄层粉砂质板岩		
		桑比阶	陇溪组		14	黑色中厚层硅质板岩夹黑色薄层板岩	OD63-65, 60-61, 55-58; OD29,15-17,11-13; OC59-75,89; OC1-2,3A,3B	Climacograptus bicornis 带
					13	黑色薄层硅质板岩夹黑色薄层板岩	OC54-58	Nemagraptus gracilis 带
	中奥陶统	达瑞威尔阶	七溪岭组		12	灰黑色薄层粉砂质泥岩夹薄层泥岩	Z84F67-73,85; DF2-12,13,14a,14b,15,72	Pterograptus elegans 带; Nicholsonograptus fasciculatus 带; Acrograptus ellesae 带; Undulograptus austrodentatus 带
		大坪阶			11	灰黑色厚层粉砂质泥岩夹薄层粉砂质泥岩	Z84F13-18,33-48,51-66; DF2-1-11,17-26; F1,2,5-9	Cardiograptus amplus 带; Oncograptus magnus 带
					10	灰黑色中厚层粉砂质泥岩夹黑色泥岩	Z84F7,8,19-32; DF2-27,30-40	Isograptus victoriae lunatus 带
	下奥陶统	弗洛阶			9	灰绿色、灰黑色中厚层泥岩	F10-18,23,35-40	Didymograptus cf. protobifidus 带
					8	灰绿色中厚层粉砂质泥岩与黑色页岩互层	Z84F6,12,DF2-28; Z84F1-5,11,42	Pendeograptus fruticosus 带
		特马豆克阶	茅坪组		7	灰绿色中厚层板岩	DF2-29,F19-34,41-55; OT41-55	Tetragraptus approximatus 带
					6	灰绿色、灰黑色厚层硅质板岩	OM41-46	Adelograptus victoriae–Kiaerograptus antiquus 带
					5	灰绿色夹灰黑色千枚状板岩		Triograptus–Clongraptus tenellus 带
					4	灰绿色中薄层粉砂质板岩	FM99-100	

厚度(m)：4500, 4350, 4200, 4050, 3900, 3750, 3600, 3450, 3300, 3150, 3000, 2850, 2700, 2550, 2400, 2250, 2100, 1950, 1800, 1650, 1500, 1350, 1200, 1050, 900, 750, 600, 450, 300, 150

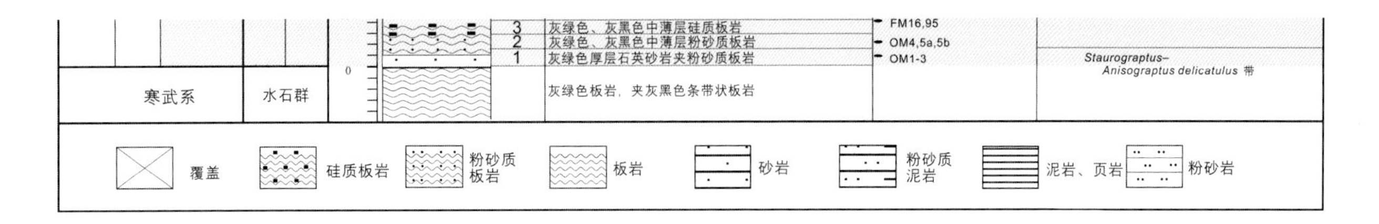

图 4-26 江西崇义奥陶系剖面综合柱状图

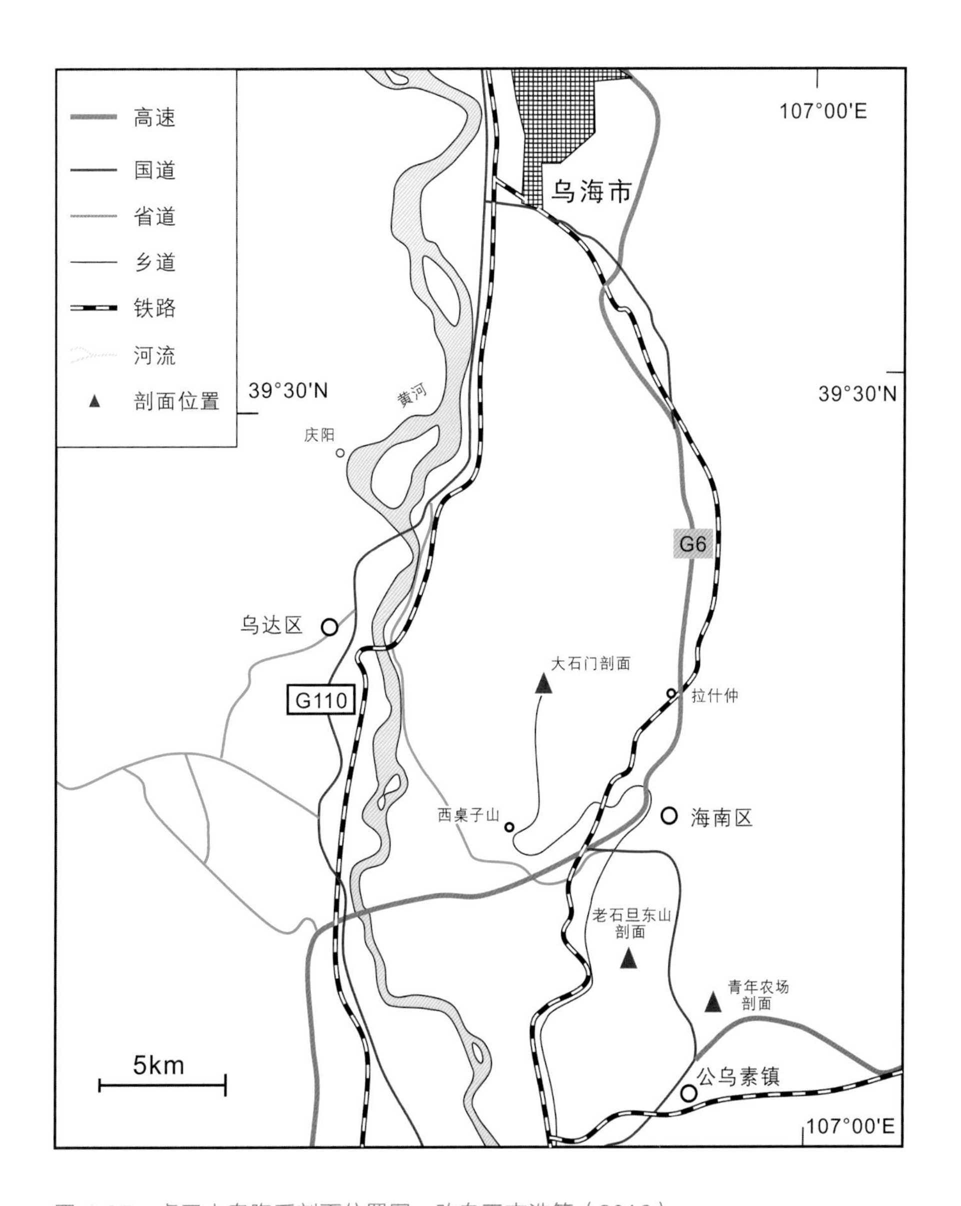

图 4-27 桌子山奥陶系剖面位置图。改自王志浩等（2013）

建公乌素组和蛇山组两个岩石地层单位。王志浩和罗坤泉（1984）首次描述了该地区克里摩里组至乌拉力克组的牙形类动物群，后经王志浩等（2013b）、陈旭等（2017）进一步梳理，确立了以笔石和牙形类为基础的精细生物地层序列。Jing et al.（2016a，2016b）对乌海地区同期地层牙形类化石及其序列做了进一步整理和补充研究。

桌子山奥陶系剖面位于贺兰构造带北部，下部以浅水碳酸盐岩沉积为主，上部以半深水—深水泥页岩沉积为主，其界限位于乌拉力克组上部，对应于前陆盆地的不同演化阶段（王振涛等，2016）。该地区奥陶系剖面由下至上依次包括三道坎组、桌子山组、克里摩里组、乌拉力克组、拉什仲组、公乌素组和蛇山组，地层时代为大坪期至凯迪期，总厚度约900m；蛇山组与上覆的上石炭亚系本溪组呈平行不整合接触（图4-29）（陈均远等，1984；陈旭等，2017）。其中三道坎组、桌子山组主要依据卧龙岗剖面，克里摩里组、乌拉力克组和拉什仲组主要根据大石门剖面，公乌素组和蛇山组主要根据公乌素北的青年农场剖面。

三道坎组以薄层中砂岩与白云质灰岩、白云岩互层为主，地层厚度60~90m，富含头足类和腕足动物化石，沉积环境为局限台地相的云坪（王振涛等，2016）。该组地层对应头足类*Pseudowutinoceras*带和*Parakogenoceras*带（陈均远等，1984）。在该组近顶部发现牙形类*Histiodella* cf. *holodentata*，显示时代应为达瑞威尔期（Jing et al.，2016a）。该组与下伏的寒武系芙蓉统崮山组薄层灰岩和竹叶状灰岩假整合接触（陈均远等，1984），中间缺失下奥陶统和中奥陶统大坪阶地层。

桌子山组厚度超300m，下部以中层灰岩为主，上部以泥灰岩为主，顶部出现瘤状灰岩（图4-28），富含头足类、三叶虫、腕足动物和牙形类化石，沉积环境为上潮坪–缓坡浅滩（王振涛等，2016）。生物地层对应于牙形类*Histiodella* cf. *holodentata*带上部、*Histiodella kristinae*带和*Histiodella bellburnensis*带（Jing et al.，2016a），以及头足类*Polydesmia zhuozishanensis*带、*Ordosoceras quasilineatum*带和*Gomphoceras-Dederoceras undulatam*带（陈均远等，1984）。

克里摩里组分为上、下两段（图4-28）：下段以中薄层微晶灰岩为主，厚约43m，可见三叶虫、笔石等化石，对应牙形类*Histiodella kristinae*带、笔石*Cryptograptus gracilicornis*层；上段以黑色含笔石炭质页岩为主，无灰岩夹层，约22m，含笔石*Pterograptus elegans*带和*Didymograptus murchisoni*带（Wang et al.，2013；王志浩等，2013b；陈旭等，2017）。Jing et al.（2016b）根据乌海卧龙岗剖面（即老石旦剖面）的牙形类序列，在克里摩里组下段识别出*Drepanoistodus tablepointensis*带、*Eoplacognathus suecicus*带（进一步分为下部*Pygodus lunnensis*亚带、上部*Pypodus anitae*亚带）和*Pygodus serra*带（在底部识别出*Yangtzeplacognathus foliaceus*亚带）；在上段未识别出牙形类带（图4-29）。

乌拉力克组厚度变化较大，底部为角砾灰岩、泥灰岩（图4-28），下部为黑色炭质页岩夹黄绿色粉砂质页岩，可见笔石*Nemagraptus gracilis*等，在底部灰岩中发现疑似的*Pygodus anserinus*？，因此可能对应牙形类*Pygodus anserinus*带（？）（Wang et al.，2013）。乌拉力克组上部为黄绿色粉砂质页岩，未见笔石，但根据在上覆地层拉什仲组底部含*Nemagraptus gracilis*的情况，推断乌拉力克组上部仍相当于*Nemagraptus gracilis*带（图4-29）。

图 4-28　内蒙古乌海桌子山地区大石门奥陶系剖面。A. 剖面全景，从左到右为乌拉力克组、克里摩里组（上段、下段）；B. 乌拉力克组（左）底部以一层砾状石灰岩为标志，下伏地层为克里摩里组；C. 克里摩里组上段（远处暗色地层）、下段（近处浅色地层）；D. 桌子山组灰岩；E. 桌子山组（左）与崮山组（右）呈断层接触。

年代地层			岩石地层		厚度 (m)	岩性描述	生物地层			
系	统	阶	组	段			牙形类带	牙形类带	笔石带	头足类
							Wang et al. (2013, 2018)	Jing et al. (2016a,2016b)		
中石炭统			本溪组							*Eurasiaticoceras-Sheshanoceras* 带
奥陶系	上奥陶统	凯迪阶	蛇山组		>60	中层砾屑、砂屑灰岩，未露全				
奥陶系	上奥陶统	凯迪阶	公乌素组			灰绿色页岩夹薄层泥灰岩、粉细砂岩，底部30多米为灰绿色页岩			?	
奥陶系	上奥陶统	桑比阶	拉什仲组		900, 750	黄绿色页岩、粉砂质页岩，夹粉细砂岩等，底部约30m为黑色炭质页岩			*Climacograptus bicornis* 带	
奥陶系	上奥陶统	桑比阶	乌拉力克组		600	下部为黑色炭质页岩，夹黄绿色粉砂质页岩；上部为黄绿色粉砂质页岩；底部为一层约2m厚的砾屑灰岩	*Pygodus anserinus* 带	*Pygodus anserinus* 带	*Nemagraptus gracilis* 带	
奥陶系	中奥陶统	达瑞威尔阶	克里摩里组	上段		黑色炭质页岩	*Pygodus serra* 带; ?	*Pygodus serra* 带; ?	*Didymograptus murchisoni* 带; *Pterogr. elegans* 带	
奥陶系	中奥陶统	达瑞威尔阶	克里摩里组	下段	450	薄层泥灰岩或瘤状灰岩夹钙质泥岩	*Histiodella kristinae* 带	*Eoplacog. suecicus* 带 (*Y. foliaceus* 亚带; *P. anitae* 亚带; *P. lunnensis* 亚带); *Dzik. tablepointensis* 带	*Cryptograptus gracilicornis* 层	
奥陶系	中奥陶统	达瑞威尔阶	桌子山组		300, 150	下部为中薄层灰岩，上部为泥灰岩，顶部出现瘤状灰岩	?	?; *Histiodella bellburnensis* 带; *Histiodella kristinae* 带		*Gomphoceras–Dideroceras undulatum* 带; *Ordosoceras quasilineatum* 带; *Polydesmia zhuozishanensis* 带

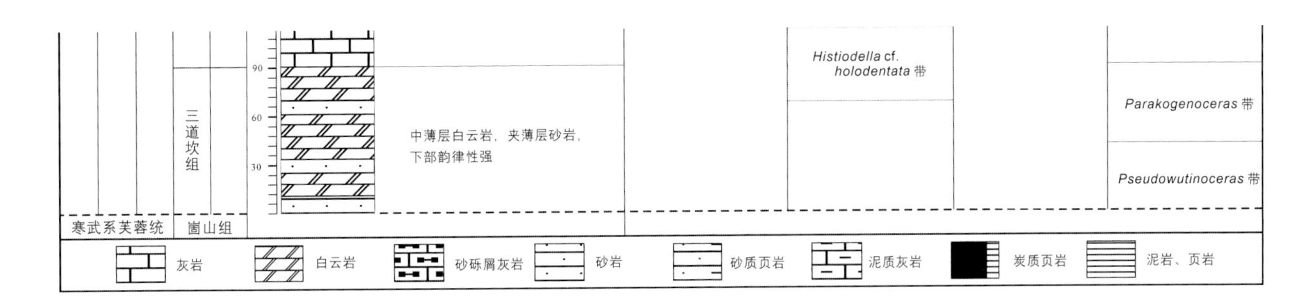

图 4-29　内蒙古桌子山地区奥陶系剖面综合柱状图

拉什仲组以碎屑岩为主，厚约200m，下部为黑色炭质页岩，中上部为灰黄色页岩夹细砂岩，沉积环境为斜坡–深水盆地相。该组可见三叶虫、腕足动物和笔石等化石，下部地层对应*Nemagraptus gracilis*笔石带，中上部为*Climacograptus bicornis*笔石带（陈均远等，1984）。

公乌素组命名剖面在公乌素正北约5km的青年农场的南山坡（青年农场剖面）。该组以中厚层泥灰岩为主，夹泥岩，顶部为一套中层细砂岩，总厚约120m，沉积环境自下而上由深水变为缓坡（王振涛等，2016）。公乌素组常见三叶虫、笔石等，下部地层属于*Climacograptus bicornis*笔石带（陈旭等，2017），上部地层含笔石*Amplexograptus gansuensis*及牙形类*Protopanderodus insculptus*（陈均远等，1984），属于凯迪期早期。

蛇山组标准地点在公乌素正北5km的蛇山。蛇山组以灰黄色中厚层砾状生物灰岩为特征，厚度仅数米，其上与石炭系本溪组呈平行不整合接触。该组含有较丰富的头足类，属于*Eurasiaticoceras-Sheshanoceras* 带（陈均远等，1984）。

桌子山地区奥陶系的化学地层学研究正在进行中，迄今未见可靠的碳同位素数据发表。

2. 陕西陇县龙门洞剖面

龙门洞剖面（35°02′31″N，106° 00′03″E）位于陕西省陇县县城与甘肃省平凉市之间的景福山龙门洞一带（图4-30和图4-31）。该剖面奥陶系最早由田在艺（1948）采集笔石化石，穆恩之（1959）认为其属于中奥陶统，可以与平凉组对比。1962年，车福鑫在该区域发现上奥陶统背锅山组，1963年傅力浦等测制了龙门洞“平凉组”剖面并系统采集笔石化石（西安地质矿产研究所，1963；傅力浦，1977）。陈均远等（1984）据龙门洞地区该套地层建立了新地层单位——龙门洞组，认为龙门洞组地层较平凉地区的平凉组更为完整，应用于陇县—岐山一带。

龙门洞剖面自下而上发育三道沟组、龙门洞组和背锅山组（图4-32），根据陈均远等（1984）、安太庠和郑昭昌（1990）、傅力浦等（1993）、陈旭等（2017），将龙门洞剖面综合地层信息介绍如下。

三道沟组在龙门洞剖面出露14.9m，岩性为厚层砾状灰岩和灰色中厚层状隐藻灰岩；该组下部大部分被覆盖，为深灰至浅灰色中厚层灰岩，局部微发红。在陇县一带，三道沟组厚度达600m，主要岩性为灰、深灰色豹皮灰岩，下部夹多层薄层灰岩或瘤状灰岩，近顶部含有牙形类*Pygodus anserinus*，表

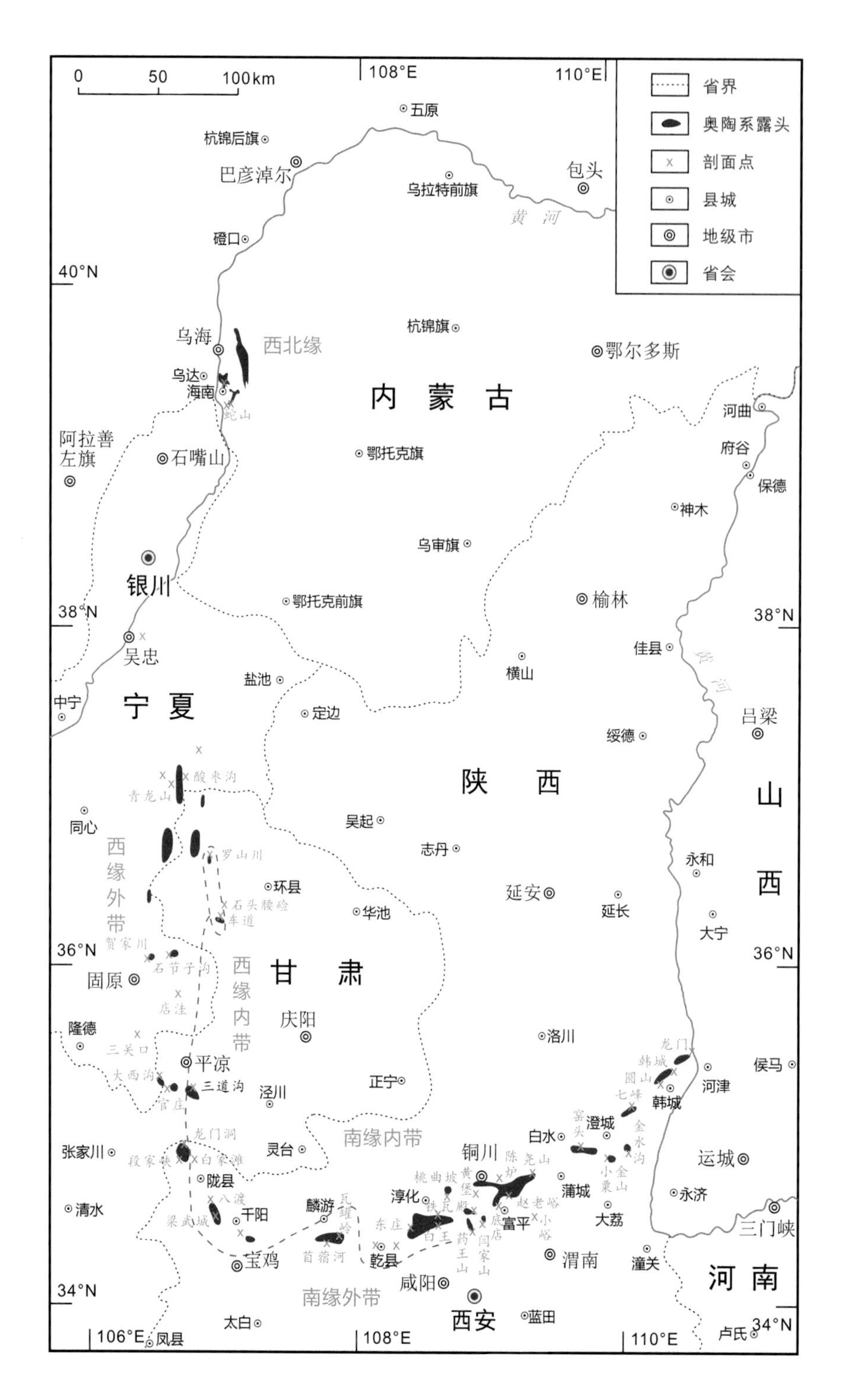

图 4-30 鄂尔多斯台缘奥陶系露头分布及地层分区图。据傅力浦等（1993），略有修改

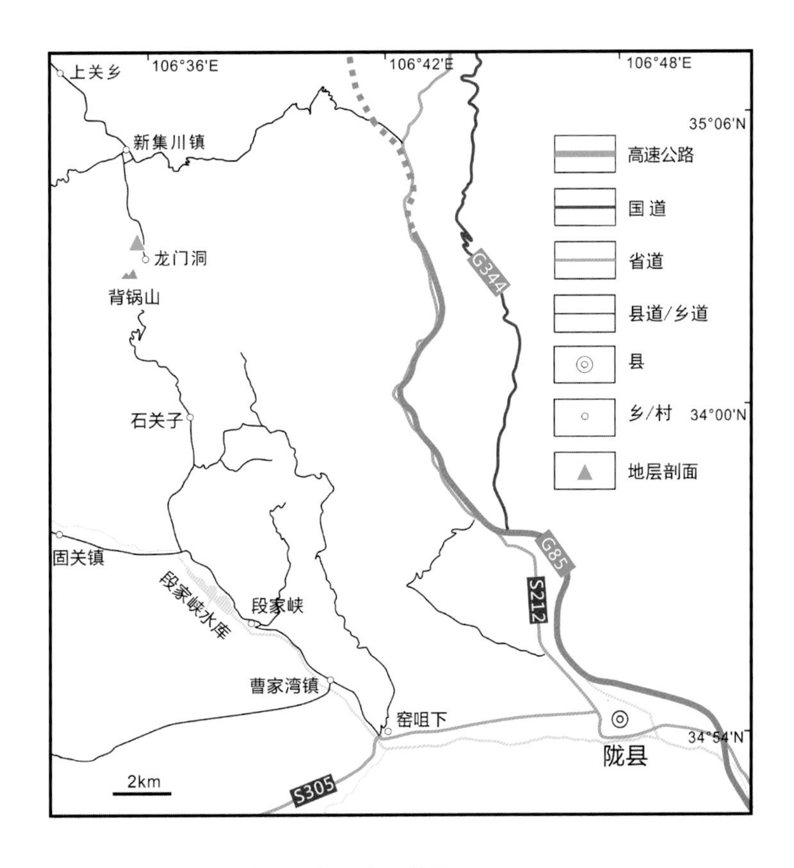

图 4-31 陕西陇县龙门洞剖面交通位置图

明时代为中—晚奥陶世过渡期；该组与下伏寒武系假整合接触（陈均远等，1984）。

龙门洞组整体岩性为灰岩和页岩互层，厚度为127m。根据其中产出的笔石化石，自下而上可识别出4个笔石带：*Nemagraptus gracilis*带、*Climacograptus bicornis*带、*Diplacanthograptus caudatus*带和*Diplacanthograptus spiniferus*带（陈旭等，2017）；根据灰岩夹层产出的牙形类化石，可以在龙门洞组中部识别出*Pygodus anserinus*带，以及在顶部识别出*Protopanderodus insculptus*带（王志浩和罗坤泉，1984；安太庠和郑昭昌，1990）。根据岩性特征，该组可分为上下两部分：下部为砾状灰岩、薄层灰岩，夹黑色或灰绿色笔石页岩、钙质页岩和硅质页岩，相当于*N. gracilis*带上部至*C. bicornis*带下部；上部为黄绿色粉砂质页岩、硅质岩、泥岩及泥质灰岩，顶部含灰岩透镜体（图4-32），相当于*C. bicornis*带上部至*D. spiniferus*带。因此，龙门洞组从下而上包括*N. gracilis*带上部、*C. bicornis*带、*D. caudatus*带和*D. spiniferus*带（下部），可识别出牙形类*Pygodus anserinus*带、*Protopanderodus insculptus*带。根据笔石和牙形类化石信息，该组时代为桑比期—凯迪早期。

傅力浦（1977）在陇县龙门洞剖面的龙门洞组近顶部发现并命名*Climacograptus longxianensis*，这是一种具有尖削笔石体始端和粗壮胎管刺的双笔石类，为地方性笔石种。最近，谢从瑞等（2017）在甘肃平凉等地的平凉组中也发现*Climacograptus longxianensis*，从而提出在陇县—平凉地区统一用平凉组（弃用龙门洞组），并在近顶部确立*Climacograptus longxianensis*带。该带与当前国际通用的*Diplacanthograptus caudatus*带大体相当（图4-33）。

图 4-32　陕西陇县龙门洞奥陶系剖面露头照片。A. 龙门洞组上部的笔石页岩（AFC149a）；B. 龙门洞组顶部与上覆背锅山组的接触关系；C. 背锅山组灰岩；D. 三道沟组灰岩

年代地层			岩石地层		厚度 (m)	岩性剖面	分层	岩性描述	生物地层		
系	统	阶	组	段					化石编号及层位 AFC	笔石带	牙形类带
二叠系			山西组？			（未见顶）					
		凯迪阶	东庄组		79 m			黄绿色泥岩、页岩			
			背锅山组		371.5 m			灰色厚层砾状灰岩、藻礁灰岩			*Yaoxianognathus yaoxianensis* 带
							17	黄灰色页岩夹薄层泥晶灰岩及白云母泥质粉砂岩	AFC152	*Diplacanth. spiniferus* 带	*Protopanderodus insculptus* 带

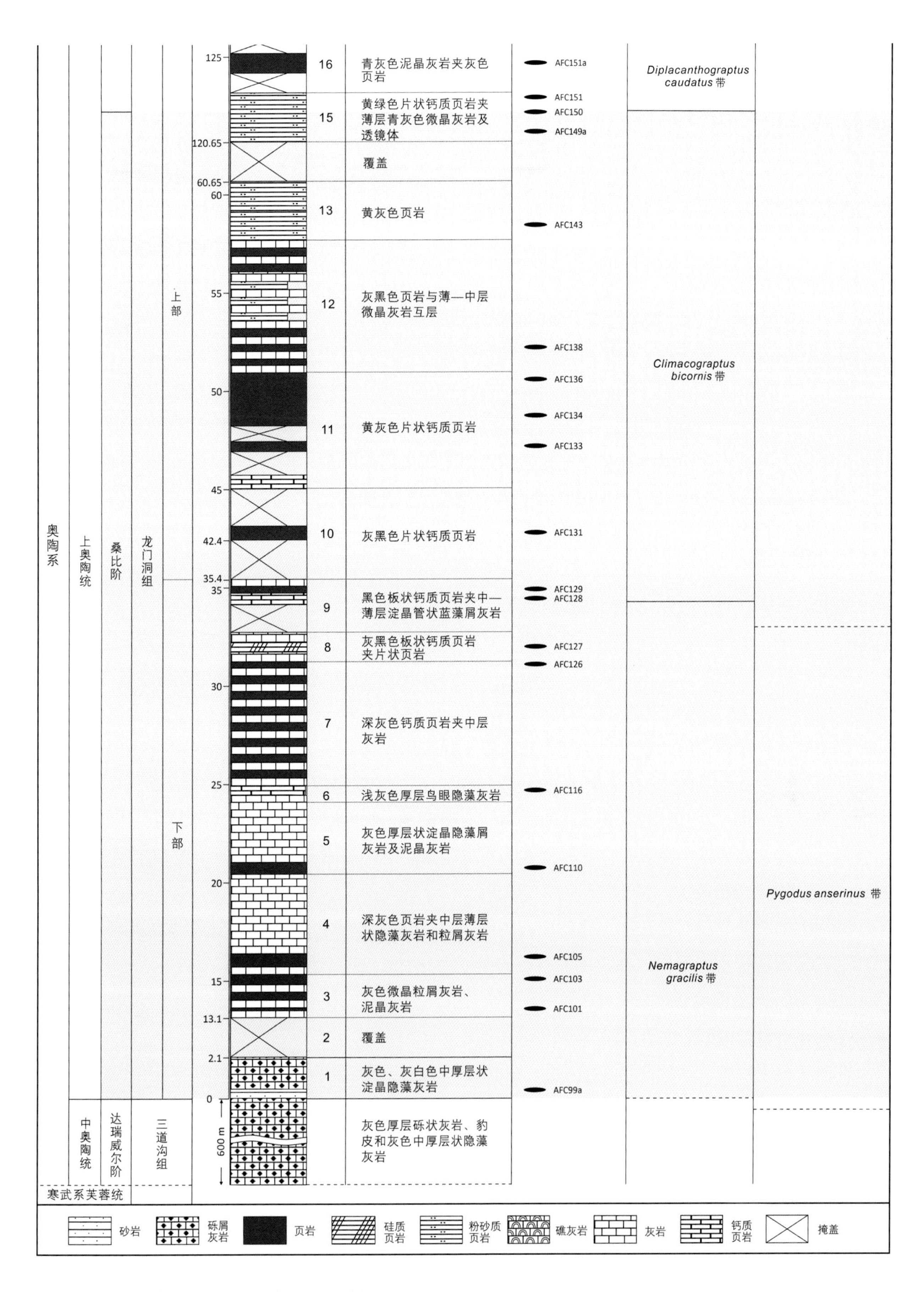

图 4-33　陕西陇县龙门洞奥陶系剖面综合柱状图

龙门洞组上覆地层为背锅山组，为一套礁相沉积及灰色砾状灰岩，标准剖面在陇县新集乡李家坡西北侧的背锅山。但李家坡背锅山剖面太陡，傅力浦等（1993）另测了陇县龙门洞剖面，序列较为完整。背锅山组厚371.5m，以灰色厚层砾状灰岩、藻礁灰岩为特征，地貌上表现为隆起（图4-32），富含腕足动物、三叶虫、珊瑚和层孔虫等。背锅山组牙形类也较丰富，含有*Belodina compressa*、*B. dispansa*、*Protopanderodus liripipus*等，可与北美、西伯利亚等地的晚奥陶世同期牙形类动物群对比（王志浩和罗坤泉，1984）。安太庠和郑昭昌（1990）在背锅山剖面获得较多的牙形类，根据牙形类动物群的组成特征，认为该组上段属于*Yaoxianognathus yaoxianensis*带，时代为凯迪早—中期。

背锅山组之上为东庄组。东庄组岩性以黄绿色泥页岩为主，夹少量瘤状灰岩和细砂岩，化石稀少，确切时代有争议，厚度为79m（傅力浦等，1993）。近期，樊隽轩等（个人交流）在东庄组中获得一些几丁虫化石，但都是一些长延限的普通属种，无法确定准确时代。东庄组的同位素测年显示，其年龄范围为凯迪晚期—赫南特初期。龙门洞剖面的东庄组未见顶，但根据区域地层发育和分布情况，推测其上覆地层应为二叠系山西组地层，两组地层不整合接触。

4.2.2　台地相区

华北地层区的北部地层分区和南部地层分区的奥陶系均以台地相地层为主，局部为台地边缘-上斜坡相。其中，北部地层分区包括吉林白山、辽宁本溪、河北唐山等地，奥陶系自下而上包括冶里组、亮甲山组、北庵庄组、马家沟组、峰峰组，以吉林白山大阳岔剖面、河北唐山赵各庄长山剖面和卢龙武山剖面最具代表性（王志浩等，1983；段吉业等，2002；Wang et al., 2019）。

冶里组由孙云铸和葛利普创名于唐山赵各庄（孙云铸，1933），后来周志毅等（1983）将卢龙武山剖面指定为参考剖面。该组主要由灰色厚层灰岩、泥质灰岩组成，夹竹叶状灰岩和灰绿色页岩；厚度在唐山为150m，在其他地区50 ~ 310m不等（汪啸风等，1996a）；含笔石、三叶虫、牙形类、疑源类等；底界可能稍低于奥陶系之底，顶界与特马豆克阶之顶基本一致或略低（张元动等，2005，2019；王志浩等，2014b）。

亮甲山组的参考剖面也在唐山赵各庄。亮甲山组主要为富含燧石条带或结核（豹皮状）的厚层灰岩、白云质灰岩和白云岩，在唐山赵各庄的厚度为161m，在其他地区为40 ~ 311m（汪啸风等，1996a）。该组与上覆地层北庵庄组之间为假整合关系，中间缺失弗洛阶—达瑞威尔阶下部跨度不等的地层（Zhen et al., 2016）。

北庵庄组（相当于过去的下马家沟组，后者因不符合岩石地层单位命名法规而被弃用）命名于山东新泰汶南北庵庄，在标准剖面岩性为灰色中厚层灰岩，底部为微层理灰岩或薄层灰岩，偶夹泥质和钙质页岩，厚度为127m（陈均远，1976）。该组广泛见于华北北部和东北部地区，按岩性可分上、下二段，以赵各庄长山剖面为例：下段以薄—中厚层白云质灰岩、钙质白云岩为主，底部广泛发育一套底砾岩、砂岩、角砾状灰岩和白云岩地层，与下伏亮甲山组假整合接触；上段以中厚层钙质白云岩、白云质灰岩和微层理灰岩为主（周志毅等，1983）。北庵庄组在河北唐山长山剖面厚度为238m（周志毅等，1983），在其他地区60 ~ 320m不等（汪啸风等，1996a）。最新的牙形类生物地层研究表明，北庵庄组对应于*Histiodella holodentata-Tangshanodus tangshanensis*牙形类带，指示时代为达瑞威尔早—中期（王志浩等，2014a；Zhen et al.，2016）。在不同地区北庵庄组覆盖在亮甲山组或三山子组之上，与后两者之间有大套地层缺失，是“怀远运动”首幕的直接证据（Zhen et al., 2016；王志浩等，2016）。

马家沟组在厘定之后仅相当于以往的“上马家沟组”，根据岩性可分为上、下两段：下段以浅灰色白云质灰岩、钙质白云岩为主，下部夹数层钙质白云质角砾岩、角砾状灰岩、白云岩；上段以灰色厚—巨厚层豹皮灰岩为主，上部夹泥质白云质灰岩。马家沟组豹皮灰岩中富含头足类化石，以及较常见的三叶虫和层孔虫化石等；在唐山长山剖面厚274m，在其他地区较薄（周志毅等，1983）。根据最新的牙形类生物地层研究，马家沟组对应于*Eoplacognathus suecicus*牙形类带（自下而上分为*Acontiodus? linxiensis*亚带、*Plectodina onychodonta*亚带），指示达瑞威尔中晚期的地层时代（王志浩等，2014a）。一些专家认为，马家沟组的底界和顶界可能都是不整合界面，之间存在地层缺失（汪啸风等，1996a）。在华北北部地层分区，马家沟组与上覆地层——石炭系本溪组不整合接触，两者之间存在巨大的地层间断，是华北“怀远运动”主幕的直接证据（Zhen et al., 2016；王志浩等，2016）。

华北南部地层分区位于辽宁海河口—河北曲阳—山西保德一线以南、鄂尔多斯以东，包括山东博山、莱芜、新泰，河北邯郸峰峰，江苏徐州，安徽淮北、宿州、怀远等地（Zhen et al.，2016）。该地区的奥陶系自下而上包括三山子组（或纸坊庄组）、北庵庄组、马家沟组、阁庄组、八陡组（或峰峰组，相当于阁庄组+八陡组）（陈均远，1976）。

三山子组的命名地在江苏徐州东北部的贾汪煤矿附近的三山子，是一套浅灰—深灰色的白云岩和白云质灰岩地层；其厚度在不同地区50～360m不等，呈“南厚北薄”格局（Chen et al.，1995a；Zhen et al.，2016）。由于三山子组的顶面受到长期剥蚀，因此这套地层的原始厚度可能要比现在大得多，估计可达850m（宋奠南，2001）。不同地区的三山子组保存厚度不同，时限有明显差异，但总体属于特马豆克期。

纸坊庄组由陈均远（1976）命名于山东新泰县汶南镇的纸坊庄，主要为白云岩，按岩性可分三段：下段的白云岩不含燧石，夹竹叶状灰岩；中段白云岩普遍含燧石，燧石在下部较多，向上递减；上段为黄绿、棕红色角砾状白云质灰岩，夹白云岩透镜体。纸坊庄组可能是三山子组的后同义名。

阁庄组的命名地在山东新泰县汶南镇的阁庄，为灰白色、粉红色的白云质泥质灰岩、钙质白云岩，夹薄层白云质页岩，有时具角砾状构造，未见化石。

八陡组的命名地在山东淄博的八陡五阳山，为灰色—灰黑色灰岩，上部夹白云质灰岩，产头足类、层孔虫、牙形类化石（陈均远，1976）。八陡组所含的牙形类化石可识别出*Belodina compressa-Microcoelodus symmetricus*带（安太庠等，1983），指示时代为晚奥陶世桑比期。

峰峰组由河北第一区调队（1976）命名于河北邯郸峰峰，主要为浅灰色—深灰色厚层灰岩、白云岩，厚253m，含有头足类、牙形类化石，可识别*Belodina compressa-Microcoelodus symmetricus*带（安太庠等，1983）。

4.3 塔里木

4.3.1 斜坡相区

新疆柯坪大湾沟剖面

柯坪地区的奥陶系研究历史悠久。瑞典人Norin（1937）首次确认该地区存在奥陶系。张日东等（1959）发现并描述了柯坪县西北20km的苏巴什沟剖面（图4-34），主要包括丘里塔格统和萨尔干统。1964年，詹士高、乔新东和张太荣等从萨尔干岩系顶部分出印干组，1974年张太荣和乔新东又进一步从萨尔干岩系上部分出坎岭组和其浪组，将萨尔干组的含义缩小到限于丘里塔格群和坎岭组之间的一套黑色页岩。20世纪80年代，中国科学院南京地质古生物研究所专家在该地区开展进一步研究。周志毅等（1990）详细测量并描述了柯坪县大湾沟奥陶系剖面。该剖面自下而上包括丘里塔格上亚群、萨尔干组、坎岭组、其浪组和印干组等，总厚度为497.34m。周棣康等（1991）根据柯坪大湾沟剖面，从丘里塔格上亚群的顶部分出大湾沟组。大湾沟组岩性以灰色中—薄层瘤状生物砂屑及泥屑灰岩为特征，厚度为19.6～25.1m，富含头足类、三叶虫、牙形类和海绵化石等（倪寓南等，2001）。

柯坪地区的奥陶系剖面可以大湾沟剖面为代表（40°43′18″N，70°32′15″E）。大湾沟剖面位于柯坪

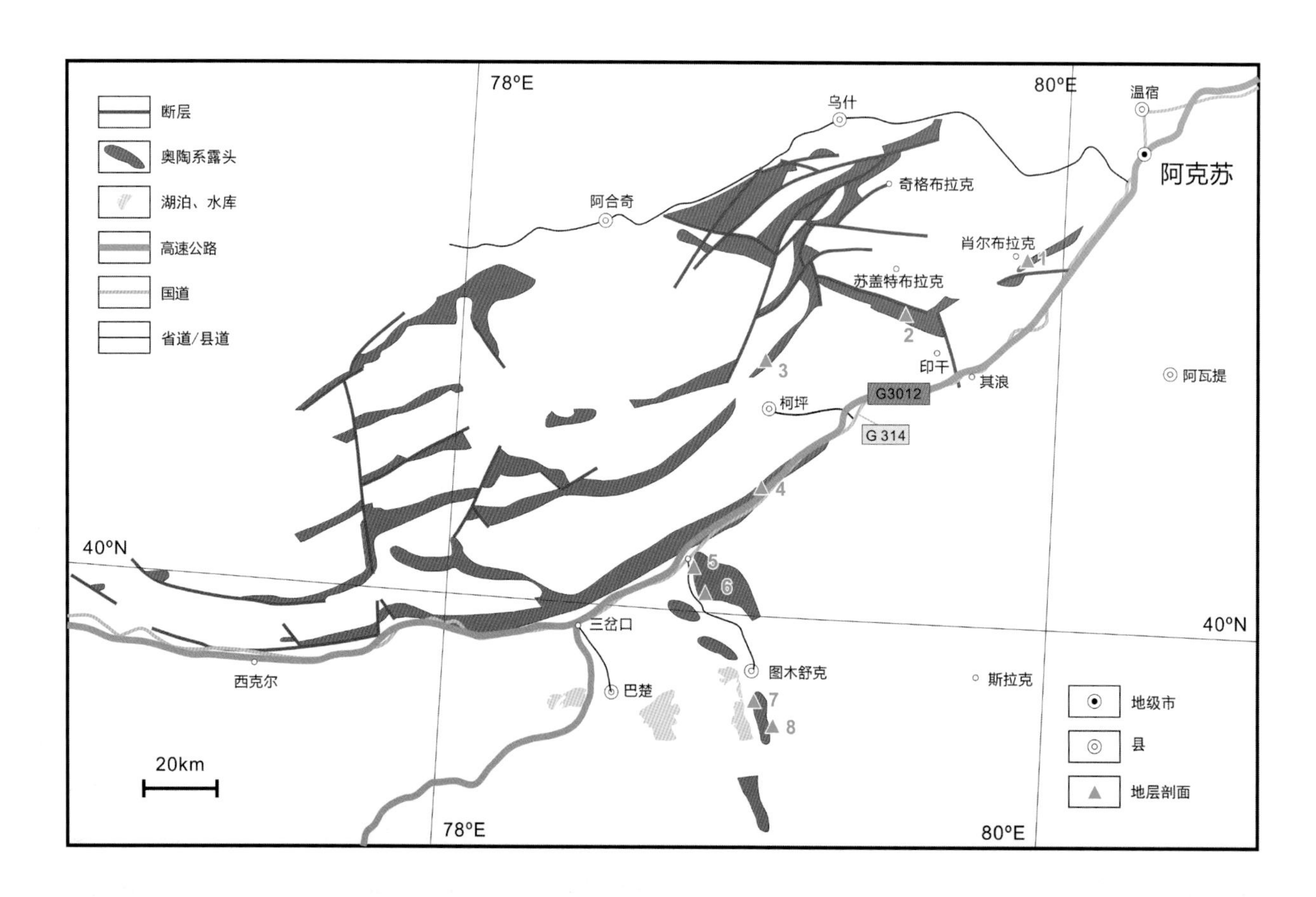

图4-34 塔里木西北地区奥陶系露头分布和地层剖面交通位置。1. 阿克苏四石场；2. 柯坪大湾沟；3. 柯坪苏巴什沟；4. 柯坪羊基坎；5. 巴楚南一沟；6. 良里塔格；7. 永安坝水库（Ⅰ）；8. 大坂塔格（Ⅱ）

县东北约45km（直线距离），位于印干村西北侧（图4-34和图4-35）。该剖面地层完整连续，出露良好，序列清楚，其中大湾沟组、萨尔干组、坎岭组、其浪组、印干组和铁热克阿瓦提组（原柯坪塔格组的下段）出露尤佳。1996年，该剖面成为30届国际地质大会（北京）的会后野外考察路线的主要剖面，来自美国、澳大利亚、英国、挪威、中国等多国专家学者参观考察了该剖面。2001年，该剖面被选为上奥陶统桑比阶底界的全球辅助界线层型，界线位于萨尔干组近顶部。

根据前人的研究结果（周志毅等，1990；倪寓南等，2001；Zhang & Munnecke，2016），对柯坪大湾沟剖面的奥陶纪地层自下而上概括如下（图4-36）。

上丘里塔格群上部岩性主要为灰色砂屑灰岩和泥晶灰岩；下部为浅灰色、灰白色中—厚层白云岩、亮晶砾砂屑灰岩，含硅质条带。该群主要分布在柯坪—阿克苏一带，厚180～445m，在大湾沟剖面厚238.6m，富含牙形类化石。

根据该群下部所含的牙形类，张师本和高琴琴（1992）自下而上识别出3个牙形类带：*Monocostodus sevierensis*带、*Chosonodina herfurthi-Rossodus manitouensis*带、*Colaptoconus quadraplicatus*带。其中*M. sevierensis*带广泛分布于华北冶里组、华南三峡地区西陵峡组顶部至南津关组底部，指示了寒武系顶部层位；*Ch. herfurthi-R. manitouensis*带和*Co. quadraplicatus*带可与三峡地区南津关组、华北冶里组中上部的奥陶纪同名牙形类带对比。因此，上丘里塔格群的下部基本相当于寒武系顶部和奥陶系特马豆克阶下部。

在上丘里塔格群的中部，周志毅等（1990）自下而上识别出牙形类*Paltodus deltifer*带和*Paroistodus proteus*带。这两个带可以与瑞典和我国华南的同期牙形类带对比，时代为特马豆克末期—弗洛早期。

上丘里塔格群的上部为牙形类*Baltoniodus* aff. *navis*带，该带化石也见于中上扬子区的大湾组和湄潭组上部，可以对比，属于弗洛晚期—达瑞威尔初期（安太庠，1987）。该带与波罗的地区的*Microzarkodina parva*带大体相当。

因此，整个上丘里塔格群自下而上包括以下牙形类带：①*Monocostodus sevierensis*带，②*Chosonodina herfurthi-Rossodus manitouensis*带，③*Colaptoconus quadraplicatus*带，④*Paltodus deltifer*带，⑤*Paroistodus proteus*带，⑥*Baltoniodus* aff. *navis*带。其时代为寒武纪末—奥陶纪达瑞威尔期初。王志浩和周天荣（1998）在柯坪地区的上丘里塔格群上部还发现*Scolopodus*? *tarimensis*牙形类动物群，位于*Baltoniodus* aff. *navis*带之下（图4-36）。

大湾沟组由周棣康等（1991）建立，岩性以灰色中—薄层瘤状生物砂屑灰岩及泥状灰岩为特征，含燧石团块及条带，厚度为25.1m。大湾沟组下部产牙形类，可以识别出*Lenodus variabilis*带（下）和*Yangtzeplacognathus crassus*带（上），大致与瑞典、丹麦、挪威、爱沙尼亚、波兰、加拿大纽芬兰及我国华南等地的同名带相当，属于达瑞威尔早期（周志毅等，1990；Wang et al.，2007）。大湾沟组上部属于*Eoplacognathus suecicus*带，与宜昌三峡地区牯牛潭组同名带及波罗的地区同名带可以对比，时代为达瑞威尔中期。近年来，经过进一步样品分析和化石属种厘定，大湾沟组自下而上包括*Baltoniodus* aff. *navis*带、*Yangtzeplacognathus crassus*带、*Histiodella holodentata*带、*Histiodella kristinae*带（Zhen et al.，2011）。

图 4-35　新疆柯坪大湾沟奥陶系剖面。A. 坎岭组中的鹦鹉螺化石；B. 印干组（下）与铁热克阿瓦提组（上）之间的假整合界线，示界线上的砾岩；C. 萨尔干组黑色页岩（下）与坎岭组灰岩（上）的岩性过渡，上奥陶统（暨桑比阶）底界位于考察人员（Axel Munnecke）的左脚层位；D. 坎岭组（下方红层）与其浪组（上）的界线；E. 大湾沟剖面全景，由近及远分别为大湾沟组、萨尔干组（黑色页岩）、坎岭组（红层）、其浪组

大湾沟组含有少量小型头足类和三叶虫化石。其中，头足类包括*Dideroceras wahlenbergi*（=*Proterovaginoceras incognitum*）和*Ancistroceras*等，组合特征与宜昌地区牯牛潭组相似，周志毅等（1990）将其定为*D. wahlenbergi-Ancistroceras*带。三叶虫有*Nileus liangshanensis*、*Pseudocalymene quadrata*等，与大湾组顶部的三叶虫类型相似。

萨尔干组以黑色页岩夹灰黑色薄层或透镜状泥灰岩为主要岩性特征，分布在柯坪—阿克苏一带，呈狭长条带状地理分布，在大湾沟剖面厚13.04m。萨尔干组富含化石，其中笔石尤为丰富，三叶虫、牙形类较为常见，另含腕足动物、几丁虫、疑源类、腹足类和双壳类等。萨尔干组跨越了中奥陶统—上奥陶统界线，上奥陶统的底界（即桑比阶的底界）位于萨尔干组顶之下2.51m处（图4-35C）。

根据萨尔干组所含笔石，倪寓南等（2001）识别出两个笔石带：*Didymograptus murchisoni*带（下）、*Nemagraptus gracilis*带（上）。其中*D. murchisoni*带自下而上分为三个亚带：①*Pterograptus elegans*亚带，②*Didymograptus jiangxiensis*亚带，③*Hustedograptus teretiusculus*亚带。总体而言，这个笔石序列还是很清晰的，如果把三个亚带独立提升成带的话，完全可以与华南江南区浙赣交界的“三山”地区、赣北武宁等地的笔石序列对比（倪寓南，1991；陈旭等，2004；Zhang et al.，2007）。陈旭等（2017）厘定这一序列，自下而上包括：*Pterograptus elegans*带、*Didymograptus murchisoni*带、*Jiangxigraptus vagus*带、*Nemagraptus gracilis*带。萨尔干组时代为中奥陶世达瑞威尔中期—晚奥陶世桑比初期。

萨尔干组可识别的牙形类至少包括三个带。周志毅等（1990）自下而上识别出*Eoplacognathus suecicus*带、*Pygodus serra*带、*Pygodus anserinus*带。张师本和高琴琴（1992）在下部建立*Eoplacognathus suecicus-E. foliaceus*带，与周志毅等（1990）的下部两个带相当。赵宗举等（2006）在萨尔干组中部建立*Pygodus serra*带，并分出两个亚带：*Eoplacognathus foliaceus*亚带、*Eoplacognathus protoramosus*亚带。Zhen et al.（2011）在厘定该剖面牙形类化石的基础上，自下而上识别出*Pygodus serra*带和*Pygodus anserinus*带，两者界线大致与*Jiangxigraptus vagus*笔石带底界一致。这些带可与宜昌三峡牯牛潭组—庙坡组、华北马家沟组，或鄂尔多斯三道沟组—平凉组过渡界线地层的牙形类序列进行对比。

在该组自下而上可识别出几丁虫三个化石带：*Conochitina turgida*/*C. subcylindrica*带、*Cyathochitina jenkinsi*带、*Lagenechitina* sp. A带（倪寓南等，2001）。这些带可与加拿大纽芬兰及澳大利亚等地的几丁虫带对比。萨尔干组的三叶虫包括*Shumardia tarimuensis*和*Nileus convergens*等，部分类型与宜昌三峡地区的庙坡组相同。

萨尔干组在区域上厚度有一定变化，但时代基本相当。在阿克苏四石场剖面，萨尔干组厚约6.7m，底部可见*Pterograptus elegans*等笔石，属于*P. elegans*带，顶部可见*Nemagraptus gracilis*等笔石，属于*N. gracilis*带（张元动个人资料），时限与大湾沟剖面相同；在苏巴什沟剖面，萨尔干组厚约5m，为黑色炭质页岩夹薄层灰岩透镜体，含笔石*Climacograptus*等。

坎岭组由张太荣和乔新东于1974年从萨尔干岩系分出，以灰色中薄层泥屑灰岩（下部）和紫红色薄层瘤状泥屑灰岩（上部）为特征，厚18m，与下伏的萨尔干组、上覆的其浪组均整合接触。坎岭组

年代地层 系	年代地层 统	年代地层 阶	岩石地层 组	岩石地层 段	厚度 (m)	岩性剖面	分层	岩性描述	生物地层 笔石带	生物地层 牙形类带	化学地层 碳同位素（$\delta^{13}C_{carb}$）
志留系		鲁丹	柯坪塔格组					黄绿色砂岩，底部含页岩	*Akidograptus ascensus* 带 –*Parakid. acuminatus* 带		
奥陶系	上奥陶统	凯迪阶	铁热克阿瓦提组		257.2 m			黄绿色砂岩、泥质粉砂岩，夹粉砂质泥岩			
			印干组				26	黑色页岩与灰黑色泥质层纹泥屑灰岩互层，含黄铁矿	*Diplacanthograptus spiniferus* 带		
							25	黑色页岩与砂质泥质条带泥屑灰岩互层			
							24	黑色页岩夹灰黑色泥质层纹泥屑灰岩薄层或透镜体，含沥青质斑纹			
			其浪组		700		23	灰色薄层疙瘩状泥屑灰岩与黄绿色钙质页岩组成韵律性沉积，具黄铁矿斑点	*Diplacanthograptus lanceolatus* 带	?	
							22	灰色薄层瘤状泥屑灰岩与黄绿色钙质页岩互层，层面见水平滑动构造，含黄铁矿，具水平虫迹爬痕			
							21	深灰色薄层泥屑灰岩与灰色钙质页岩互层,黄铁矿呈细分散状			
							20	紫灰色疙瘩状泥屑灰岩与黄绿色钙质粉砂质页岩组成韵律性沉积，距本层顶部16m处发育65cm厚的团粒灰岩			
		桑比阶			600		19	灰绿色钙质粉砂质页岩与紫灰色薄层泥质泥屑灰岩组成韵律性沉积	*Climacograptus bicornis* 带		
							18	灰绿色薄层生物泥屑灰岩、瘤状泥质泥屑灰岩与黄绿色粉砂质钙质页岩组成韵律性沉积			
			坎岭组	上段			17	紫红色薄层瘤状泥质泥屑灰岩及灰绿色泥质泥屑灰岩		*Baltoniodus alobatus* 带	
				下段			16	灰色中薄层泥质泥屑灰岩风化后呈瘤状	*Nemagraptus gracilis* 带	*Pygodus anserinus* 带	
	中奥陶统	达瑞威尔阶	萨尔干组				11-15	黑色炭质钙质页岩夹灰黑色瘤状生物泥屑灰岩，含硅质条带	*Jiangxigraptus vagus* 带 *Didymogr. murchisoni* 带	*Pygodus serra* 带 *Histiodella kristinae* 带	
			大湾沟组		500		10	灰色中、薄层瘤状生物砂屑及泥屑灰岩，含燧石团块及条带	*Pterograptus elegans* 带	*Histiodella holodentata* 带 *Yangtzeplaco. crassus* 带 *Baltoniodus* aff. *navis* 带	
		大坪阶	上丘里塔格群				9	灰色薄层藻层纹状灰岩，窗格、鸟眼构造发育			
	下奥陶统	弗洛阶					8	灰色薄层砾屑团粒灰岩，发育细小针孔状构造,其孔洞皆为黄铁矿充填		*Scolopodus? tarimensis* 带	
					400		7	灰色、灰黑色薄层—中厚层团粒砾屑灰岩			
							6	灰黑色薄层含砂质砾屑灰岩及砾屑团粒灰岩			
							5	灰色厚层含燧石团块结晶白云岩，燧石团块具皮壳状构造和砾屑状构造			
		特马豆克阶			300					*Paroistodus proteus* 带	
							4	灰白色厚层细晶白云岩，晶洞、鸟眼构造发育，孔洞为后期亮晶方解石充填		*Paltodus deltifer* 带	
					200		3	褐灰色、灰色厚层白云岩和砾屑白云岩，含燧石团块和条带		*Colaptoconus quadraplicatus* 带	

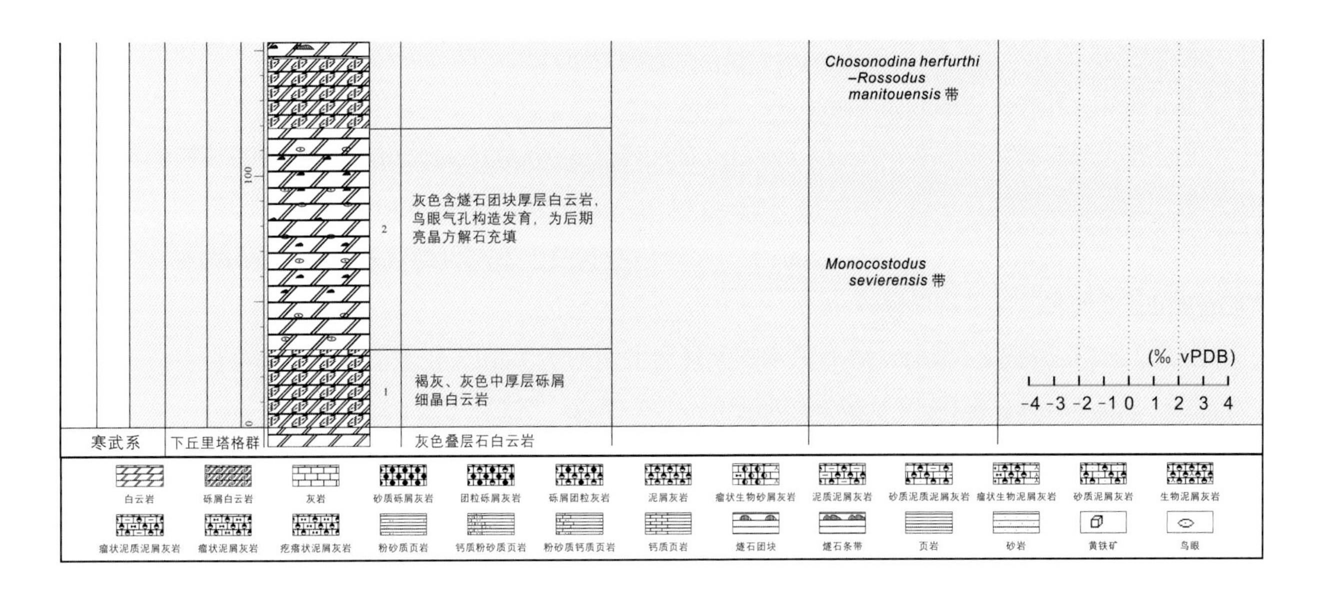

图 4-36　新疆柯坪大湾沟剖面奥陶系综合柱状图。岩石地层主要据周志毅等（1990）、倪寓南等（2001）、邓胜徽等（2008）；笔石带据 Chen et al.（2000b）、Wang et al.（2015a）、陈旭等（2017）；牙形类带据张师本和高琴琴（1992）、王志浩和周天荣（1998）、Zhen et al.（2011）；化学地层据 Zhang & Munnecke（2016）

的牙形类化石非常丰富，头足类和三叶虫常见，另含少量腹足类、疑源类和笔石。

坎岭组下部属于*Pygodus anserinus*牙形类带。该带可与华北平凉组、华南庙坡组和大田坝组等地层的同名牙形类带对比。坎岭组中部属于*Baltoniodus variabilis*牙形类带，可与宜昌三峡地区庙坡组的同名带对比（倪寓南，2001）；上部属于*Baltoniodus alobatus*牙形类带，可与扬子区宝塔组底部的同名牙形类带对比（Chen et al., 2010a）。因此，根据牙形类序列，坎岭组相当于扬子区的庙坡组上部—宝塔组下部。

该组中常见头足类和三叶虫。其中，头足类以*Lituites*、*Michelinoceras*、*Trilacinoceras*等占优势，主要出现在该组中部，属于*Trilacinoceras-Lituites*带，可与扬子区的庙坡组同名带对比（倪寓南等，2001）；三叶虫出现于组内多个层位，其中*Nileus convergens*也见于下伏萨尔干组、扬子区庙坡组。坎岭组笔石稀少，仅在顶部见*Haddingograptus scharenbergi stenostoma*。该种也见于上覆地层其浪组、浙西地区胡乐组顶部等地层，延限较长，地层意义有限。

其浪组与坎岭组由张太荣、乔新东于1974年同时从萨尔干岩系分出，主要岩性为灰色薄层泥屑灰岩和瘤状泥屑灰岩与灰绿色钙质、粉砂质页岩呈韵律性互层，厚度为167.3m。该组化石丰富，包括笔石、三叶虫、疑源类、头足类、几丁虫、腕足动物、双壳类、介形虫、腹足类等。

其浪组下部笔石较少，仅个别层（距底8m）含笔石*Corynoides americanus*，属于*C. americanus*带（周志毅等，1990；倪寓南等，2001）。*C. americanus*在北美俄克拉何马州首现于*Diplacanthograptus caudatus*带，时代为凯迪期初。后来，通过进一步的工作，在其浪组更多的层位发现了笔石，由下而上建立了两个笔石带：*Climacograptus bicornis*带（下）、*Diplacanthograptus lanceolatus*带（上）（Chen et al.，2000a）。其浪组中、上部属于*Diplacanthograptus lanceolatus*带，可与澳大利亚的同名

带、北美的*Diplacanthograptus caudatus*带、英国的*Dicranograptus clingani*带中部对比，时代为凯迪早期（Chen et al.，2000a；Zhang & Munnecke，2016）。

其浪组的牙形类稀少，仅含*Scabbardella altipes*和*Dapsilodus mutatus*等长限分子，无法建立牙形类带。该组含丰富的几丁虫，下部属于*Conochitina primitiva-Spinachitina cylindrica*带；上部属于*Sphaerochitina gragui*带（倪寓南等，2001）。三叶虫在其浪组下部以*Cyclopyge recurva*为主，上部以*Xiushuilithus*为代表。头足类以*Michelinoceras elongatum*为特征。

Zhang & Munnecke（2016）在大湾沟剖面其浪组中识别出GICE正漂移事件，其层位对应于笔石*Climacograptus bicornis*带中部至*Diplacanthograptus spiniferus* 带底部（图4-36）。

印干组由詹士高、乔新东和张太荣等于1964年从萨尔干系顶部分出，以黑色、深灰色的炭质、钙质和粉砂质页岩与泥屑灰岩为标志，含丰富的笔石和几丁虫，以及少量三叶虫和磷质壳腕足动物，厚35.3m。该组与下伏地层其浪组整合接触，与上覆地层铁热克阿瓦提组［即过去三段式划分的柯坪塔格组的下段（邓胜徽等，2008）］假整合接触。印干组下部属于*Diplacanthograptus lanceolatus*带，时代为凯迪早期；上部属于*Diplacanthograptus spiniferus*带，可与北美东部的同名笔石带对比，时代为凯迪早中期（Chen et al.，2000a；倪寓南等，2001）。

印干组自下而上包括三个几丁虫带（倪寓南等，2001）：①*Tanuchitina bergstroemi*/*Cyathochitina macastyensis*带，②*Calpichitina lata*带，③*Belonechitina seriespinosa*带。

印干组在其分布区——柯坪—阿克苏地区内厚度变化较大，在柯坪羊吉坎剖面厚达165m，在大湾沟东侧剖面厚度也超过90m。在阿克苏四石场剖面未见印干组，在其浪组之上为一套杏黄色、浅杏黄色薄层灰岩夹紫红色粉砂质泥岩，与其浪组整合接触，与上覆地层铁热克阿瓦提组似为假整合接触。在这套杏黄色粉砂质泥岩中未发现笔石等标志化石，因此对于它究竟是印干组的横向相变，还是其浪组上部地层的相变，或者是另一套地层，还需要做进一步研究。

印干组与上覆地层铁热克阿瓦提组假整合接触。铁热克阿瓦提组以砂岩、粉砂岩夹粉砂质泥岩为特征，底部具有一层10～15cm厚的灰黄色砾岩，砾石成分与印干组中的硅质泥岩大致相同（Zhang & Munnecke，2016）。对铁热克阿瓦提组的时代仍有争议。该组主要化石包括几丁虫和少量腕足动物化石，耿良玉在大湾沟剖面该组底界之上18.1m、157.2m层位发现几丁虫（周志毅等，1990；倪寓南等，2001），由此确立*Tanuchitina anticostiensis*带、*Hercochitina crickmayi*带，前者与华南扬子区晚奥陶世凯迪晚期的*Dicellograptus complanatus*笔石带时代相当，后者也属于晚奥陶世。据此，Zhang和Munnecke（2016）认为铁热克阿瓦提组的时代为凯迪晚期，其下与印干组假整合接触，两者之间有明显的地层缺失；其上与志留系柯坪塔格组（狭义）假整合接触，两者之间缺失赫南特期地层（图4-36）。

厘定后的柯坪塔格组相当于原来三段式划分的中段和上段，为一套砂岩、粉砂岩和粉砂质泥岩沉积。在大湾沟剖面该组底部含有一段数米厚的灰黑色、灰绿色泥岩，产出较丰富的笔石，属于*Akidograptus ascensus*带—*Parakidograptus acuminatus*带，时代为志留纪初（Wang et al.，2015a）。

4.3.2 台地相区

新疆巴楚大坂塔格剖面

巴楚地区的奥陶系由大套碳酸盐岩组成，早期统称为丘里塔格群和萨尔干群。赵治信（1987）将该地区丘里塔格群之上的奥陶系统称为吐木休克组。周志毅等（1990）进一步将其细分为若干岩石地层单位（自下而上）：丘里塔格群、一间房组、吐木休克组、良里塔格组等，厘定了吐木休克组延限，使之仅限于一间房组和良里塔格组之间的地层。倪寓南等（2001）将丘里塔格群分为下丘里塔格群（主要为寒武纪）、上丘里塔格群（奥陶纪）。近年来，上丘里塔格群由于较厚（922.6m），地层时代跨度很长（奥陶纪初—中奥陶世大坪晚期），因此进一步被细分：下部为蓬莱坝组，上部为鹰山组（赵宗举等，2006；李越等，2009）。这样，目前巴楚地区的奥陶系自下而上包括蓬莱坝组、鹰山组、一间房组、吐木休克组、良里塔格组。良里塔格组的上部倾没于戈壁滩中，其上的奥陶纪地层在露头区尚不明了。

巴楚地区并不存在一条完整的奥陶系剖面。周志毅等（1990）建立该地区奥陶纪地层系统时，将大坂塔格的丘里塔格群、唐王城的一间房组下部、一间房的一间房组—吐木休克组、一间房至唐王城老公路旁的良里塔格组拼接成一个基本完整的地层序列。

因此，巴楚地区奥陶系主要包括四条剖面（图4-37）：①大坂塔格西北侧的永安坝剖面（Ⅰ号剖面），主要出露丘里塔格组、蓬莱坝组（下部）；②大坂塔格东南侧的Ⅱ号剖面，主要出露蓬莱坝组（上部）、鹰山组、一间房组（底部）；③南一沟剖面，主要出露鹰山组（上部）、一间房组、吐木休克组、良里塔格组（下段—上段底部）；④良里塔格组建组剖面（上段）。

（1）大坂塔格永安坝剖面（Ⅰ号剖面）

永安坝水库剖面位于巴楚大坂塔格（山）西北坡、永安坝水库的东侧（39°48′24″N，79°01′32″E），出露丘里塔格组（顶部）、蓬莱坝组，是研究巴楚地区寒武系-奥陶系界线地层和蓬莱坝组的主要剖面。

蓬莱坝组岩性为浅灰色、灰色薄—中厚层白云岩、含藻泥晶灰岩，夹砂屑灰岩、薄层硅质岩或团块，厚度为316.2m。该组可分为三个岩性段（Zhang & Munnecke, 2016；张师本，个人资料）。

下段（56.9m）：浅灰色、灰色的中薄层粉晶或细晶白云岩、藻泥晶灰岩，夹砂屑灰岩和薄层硅质岩。

中段（147.9m）：浅灰色、灰色、灰黑色的中薄层—中厚层粉晶或粗晶白云岩、藻灰岩，夹薄层硅质岩或团块。

上段（111.4m）：灰色中薄层—中厚层泥晶藻灰岩、泥晶灰岩、浅灰色中薄层白云岩，夹黑色硅质岩。下部为灰岩与白云岩互层，向上变为灰岩夹白云岩。

（2）大坂塔格东侧Ⅱ号剖面

巴楚奥陶系Ⅱ号剖面位于大坂塔格东南侧山坡（剖面起点位于39°45′41″N，79°03′01″E；剖面终点位于39°45′12″N，79°04′02″E；图4-34），沿坡脚向东南方向展布，主要出露蓬莱坝组（上部）、鹰山

图 4-37　大坂塔格 I 、II 号剖面奥陶系露头。A. II 号剖面鹰山组（下）与一间房组（上）的假整合界线；B. II 号剖面鹰山组顶界层面上的生物层，可见大型腹足类化石；C. II 号剖面鹰山组（上）与蓬莱坝组（下）的不整合界线，示起伏的剥蚀面；D. I 号剖面蓬莱坝组与丘里塔格组（下）的界线；E. 永安坝水库剖面（ I 号剖面）的丘里塔格组（近）、蓬莱坝组（远），奥陶系底界位于蓬莱坝组底界之上约 40m 处

组、一间房组（底部），是研究巴楚地区鹰山组的主要剖面。

巴楚地区鹰山组岩性以浅灰色—深灰色中—薄层白云岩与藻灰岩互层为特征，夹黑色薄层或条带状硅质岩。鹰山组与下伏蓬莱坝组可能假整合接触（具有剥蚀面，图4-37C），以灰岩增多、颜色加深、岩层变为薄层等特征相区别；鹰山组与上覆地层一间房组之间也是假整合接触关系，有少量大坪晚期地层缺失（Zhang & Munnecke，2016；图4-37A）。根据岩性，该剖面鹰山组自下而上可分为4段，总厚度约为500m。其中，第一、二段大致为早奥陶世，第三、四段为中奥陶世（Zhang & Munnecke，2016；张师本，个人资料）。

第一段（93m）：浅灰色、灰色中—薄层白云岩夹泥晶（藻）灰岩及灰黑色薄层硅质岩。

第二段（138m）：浅灰—深灰色中—薄层泥晶（藻）灰岩，夹浅灰—灰色粉—细晶白云岩、泥质白云岩及硅质薄层或团块，发育水平层理。

第三段（195m）：灰—深灰色微晶灰岩、藻屑灰岩，夹灰质白云岩及白云质藻灰岩，发育波纹层理。

第四段（68m）：浅灰—深灰色薄—中层泥晶（含生物碎屑）灰岩，夹亮晶砂屑灰岩，向上砂屑灰岩增多，产三叶虫、腕足动物和头足类等化石。

（3）南一沟剖面（大坂塔格Ⅲ号剖面）

南一沟剖面位于巴楚一间房岔路口东南约8km处（剖面起点位于40°5′19″N，78°50′49″E；剖面终点位于40°5′22″N，78°50′12″E），地层沿河沟两侧出露展布，从沟里向沟口依次出露鹰山组、一间房组、吐木休克组、良里塔格组（下段），是研究巴楚地区一间房组、吐木休克组和良里塔格组的主要剖面。

南一沟剖面的鹰山组上部为微晶灰岩夹白云岩，顶部有一个明显的沉积间断面，这一间断面和砾屑灰岩在唐王城、羊买勒村和永安坝一带都能识别，可作为划分鹰山组和一间房组界线的标志。在唐王城附近剖面点（40°1′17″N，78°59′56″E），该间断面出露数百平方米，显示明显的古喀斯特界面特征，指示物理沉积间断。该间断面之下数米厚的灰岩层中含大量中等磨圆度、厘米级大小的灰岩砾石，并与残破的头足类壳体共生，代表一种高能滩沉积。

南一沟剖面与一间房组标准剖面（巴楚北岔路口一间房，图4-38）相距仅数百米，两者地层序列和发育情况大体相同，但后者主要出露一间房组及以上地层，一间房组以下地层因断层而缺失。标准地点的一间房组为一套厚54.1m的厚层生物碎屑灰岩和生物礁滩灰岩，上与吐木休克组整合接触（图4-38），下与“上丘里塔格群”断层接触（周志毅等，1990；倪寓南等，2001）。周志毅等（1990）将上丘里塔格群与一间房组界线划在“深灰色厚层生物砾屑灰岩，含硅质条带”（下）与“深灰色厚层砾屑灰岩，含燧石条带”（上）之间。朱忠德等（2006）将燧石条带作为一间房组之底。巴楚这段含燧石条带层的空间展布不稳定，纵向上数次出现，作为组间界线标志层并不理想。

一间房组富含瓶筐石（*Calathium*，属于海绵动物）、头足类、三叶虫等，棘皮动物、腕足动物、腹足类、双壳类等也较常见。其中，瓶筐石和葵盘石（*Receptaculites*，可能属于钙藻）形成生物礁格架（图4-38）。一间房组以浅水、暖水碳酸盐岩为特征，仅含有少量牙形类，以北美中大陆型分子居

图 4-38　新疆巴楚一间房奥陶系剖面。A. 一间房组（达瑞威尔阶）生物礁；B. 由近及远分别为一间房组、吐木休克组（红层）、良里塔格组（下段、上段）

多，而且丰度低、属种演化慢。据之建立高精度地层对比方案比较困难，只能确立这些特征种或代表种的出现层位。熊剑飞等（2006）在一间房组自下而上识别出若干牙形类化石带：*Microzarkodina parva*带、*Lenodus variabilis*带、*Eoplacognathus crassus*带，同时在上覆地层——吐木休克组的底部识别出*Pygodus anserinus*带，从而揭示一间房组与吐木休克组之间可能存在地层缺失。李越等（2009）在一间房组内建立*Periodon flabellum*层，底部有鹰山组上部常见的、上延而来的*Glyptoconus tarimensis*动物群。鉴于一些专家对部分带化石的鉴定存在不同意见，本书综合前人意见，对巴楚地区一间房组自下而上采纳以下牙形类序列：*Glyptoconus tarimensis*带、*Periodon flabellum* 层、*Lenodus variabilis*带。一间房组时代为大坪期末—达瑞威尔中期（图4-39）。

南一沟剖面的一间房组根据岩性和生物礁发育特征可分为三段。

下段（刻度0—13.7m）：以灰色中层、薄层砂屑泥粒状灰岩为主，亦见砂屑粒泥状灰岩，少量生物碎屑泥粒状灰岩。该组底部为一层砾屑灰岩，与下伏的鹰山组之间可能存在地层间断。在距底界7 ~ 7.8m层位发育小型浅灰色起伏较平缓的藻丘，指示该地区在鹰山组顶部出现沉积间断后，一间房组沉积早期开始了新一期的海侵，主要为浅水潮坪沉积。

中段（刻度13.7—49.7m）：底部为灰色中层内碎屑泥粒状灰岩、砂屑粒泥状灰岩，含头足类；下部为浅灰、浅灰白色砂屑泥粒状灰岩夹含少量隐藻黏结岩；在距底界17 ~ 19m处发育第2期藻丘，为含窗孔构造的泥状灰岩，具水平藻席；向上出现砂屑、棘屑、藻团块颗粒状灰岩，在距一间房组底界26m处发育一间房组第3期由瓶筐石和少量苔藓虫格架形成的数米厚中小型障积礁丘（李越等，2007）。

上段（刻度49.7—66.9m）：为暗灰色中—薄层泥质疙瘩状–瘤状灰岩，含海绵骨针。该段下部燧石团块增多，燧石团块中除硅化的棘屑、砂屑之外，还含硅化海绵骨针；向上，海绵骨针含量增多，其他生物碎屑为少量三叶虫、介形类介壳和腹足类，偶见*Nuia*藻屑。这指示在一间房组沉积晚期，海平面继续上升，海水变深导致一间房组中段的瓶筐石礁滩迅速消亡。

吐木休克组最早由赵治信（1987）命名，指丘里塔格群之上的奥陶纪地层。当前的吐木休克组与近年来石油产业部门的定义相同，仅限于一间房组之上的第一套红层（下红灰岩），厚10.14m。主要岩性为紫红色薄层状生物碎屑粒泥状灰岩、含生物碎屑泥状灰岩，灰泥中含氧化铁。灰岩中含丰富的牙形类，其他生物化石主要包括头足类、三叶虫（包括薄壳型三叶虫）、介形类碎屑，含较多薄壳型腹足类个体。

熊剑飞等（2006）在吐木休克组自下而上识别出三个牙形类带：*Pygodus anserinus*带、*Baltoniodus variabilis*带、*Baltoniodus alobatus*带，由此认为该组时限大体相当于桑比期。

王志浩等（2009）、李越等（2009）在吐木休克组下部发现*Pygodus anserinus*、*P. serra*、*Yangtzeplacognathus jianyeensis*共生的现象，认为南一沟剖面*P. anserinus*在吐木休克组出现的时间要晚于该种在其他地区真正意义上的首现，建议采用*Pygodus anserinus*层或*Yangtzeplacognathus jianyeensis*带，时代为晚奥陶世桑比早、中期。

吐木休克组上部含牙形类*Baltoniodus alobatus*、*B. prevariabilis*、*B. variabilis*、*Ansella* *jemtlandica*、*Dapsilodus mutatus*、*Protopanderodus liripipus*、*Scabbardella altipes*、*Panderodus gracilis*等，属于*Baltoniodus alobatus*带，时代为晚奥陶世桑比晚期（王志浩等，2009）。

良里塔格组最初由周志毅等（1990）建立，包括巴楚地区奥陶系第二套红层及以上地层。近年来，石油产业部门出于井下地层划分对比的目的，厘定了原来的吐木休克组定义，使之收缩到仅限于第一套红层，同时修改良里塔格组的定义，将第一套与第二套红层之间厚约100m左右的灰色砾屑、砂屑灰岩（原来属于吐木休克组）划到良里塔格组内，作为良里塔格组下段，原来定义的那部分地层则为良里塔格组上段（图4-39）。

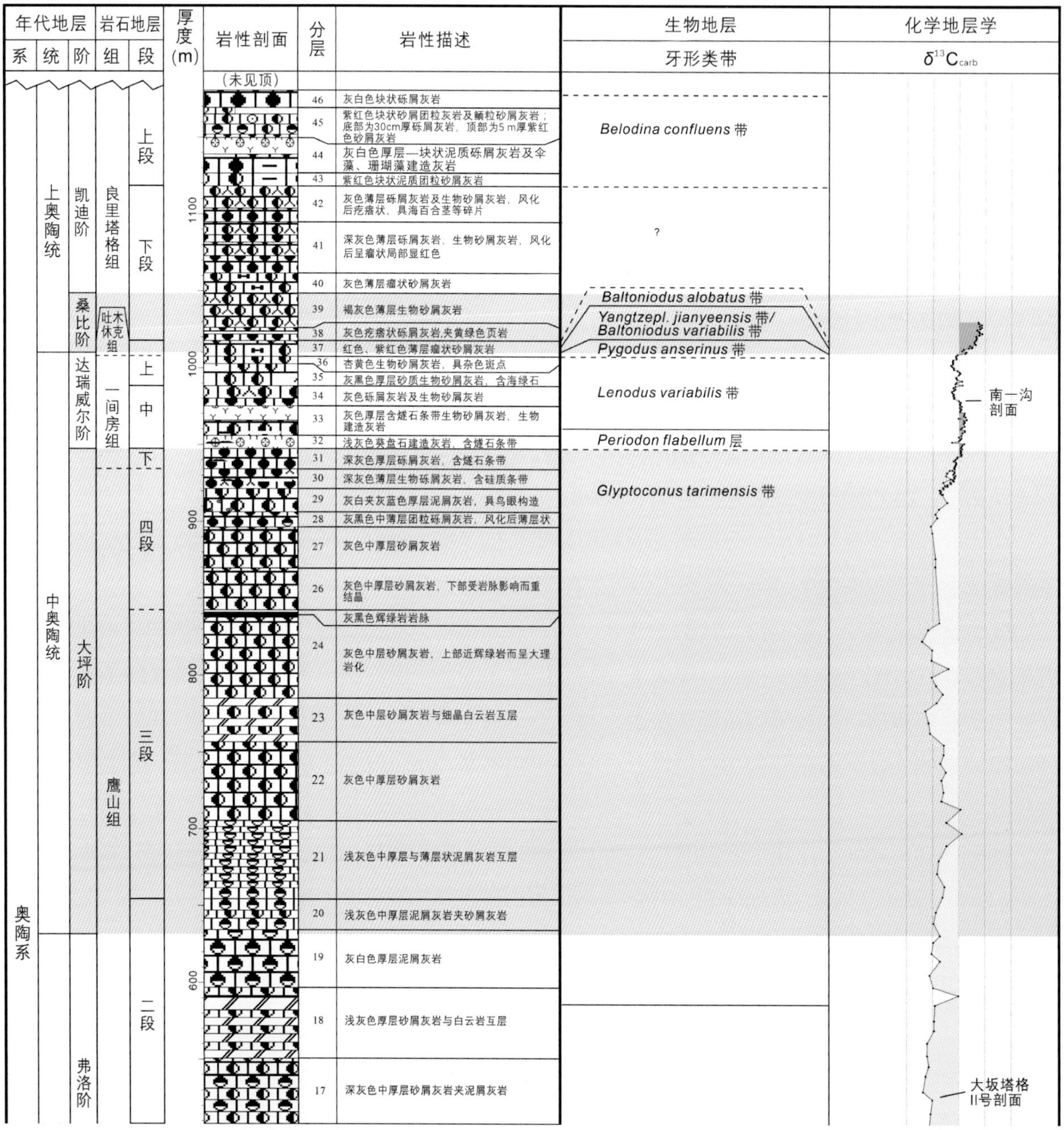

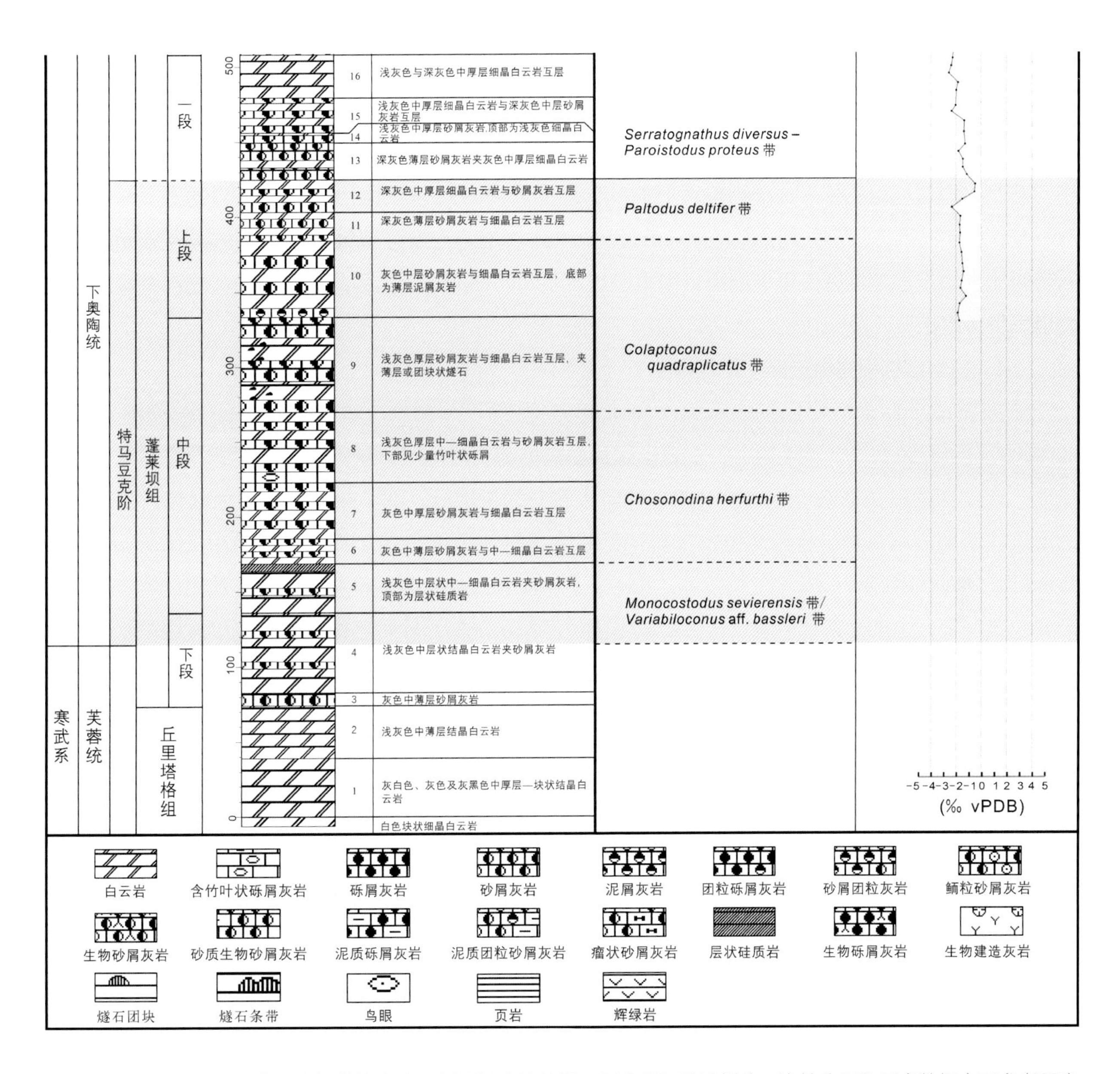

图 4-39　新疆巴楚一间房—大坂塔格奥陶系剖面综合柱状图。图中岩石地层划分、岩性分层和厚度数据主要参考周志毅等（1990）、Zhang & Munnecke（2016）；牙形类分带参考赵治信等（2000）、倪寓南等（2001）、熊剑飞等（2006）、王志浩等（2009）；化学地层参考 Zhang & Munnecke（2016）

因此，当前定义的良里塔格组共包括上、下两段。下段为灰色、深灰色薄层瘤状砾屑灰岩和生物砂屑灰岩，含三叶虫*Pseudosphaerrexochus* sp.、*Calymenesun tingi*、*Illaenus* sp.，腕足动物*Dalerorthis*? sp.、*Dactylogonia*? sp.、*Oxoplecia* sp.、*Bellimurina* sp.、*Leptaena* sp.、*Leptellina* sp.，腹足类*Holopea* sp.、*Lesueurilla* sp.，双壳类*Cyrtodonta* sp.，苔藓虫*Atactoporella* sp.等。牙形类包括*Oistodus venustus*、*Belodella* cf. *fenxiangensis*、*Panderodus gracilis*等。

良里塔格组上段为紫红色块状泥质团粒砂屑灰岩、鲕粒砂屑灰岩（两套红层，即中红灰岩和上红灰岩）、灰白色厚层—块状泥质砾屑灰岩、藻灰岩，含三叶虫*Dulanaspis* sp.、*Amphilichas*?

sp.、*Prionocheilus* sp.、*Pseudosphorexochus* sp.，腕足动物*Camerella* sp.、*Sowerbyella*? sp.，头足类*Michelinoceras* sp.，腹足类*Maclurites sinkiangensis*等，以及牙形类*Belodina confluens*、*Panderodus gracilis*、*Panderodus* sp.。

整个良里塔格组的牙形类动物群属于*Belodina confluens*带，时代相当于晚奥陶世凯迪早—中期。*Belodina confluens*是北美中大陆*B. confluens*带的带化石，该带大致可与*Diplacanthograptus spiniferus*笔石带对比。由于巴楚地区良里塔格组下段未发现*Belodina confluens*，因此其详细时代还存有疑问，有待进一步研究。

（4）良里塔格组建组剖面（Ⅳ号剖面）

该剖面位于良里塔格山的东南端（剖面起点位于40°0′55″N，78°56′09″E；剖面终点位于40°0′51″N，78°56′11″E；图4-34），主要出露良里塔格组上段地层。剖面上部倾没于沙漠戈壁中，未见顶。该剖面的良里塔格组（上段）按岩性可大致分为三部分（图4-39）：下部为紫红、紫褐灰色的薄层状团粒泥状灰岩、含砂屑粒状灰岩，见蓝菌–绿藻形成的礁丘，常见蓝菌类化石*Girvanella*、*Renalcis*、*Izhella*和*Ortonella*（王建坡等，2009）；中部为浅灰白色块状藻黏结岩、藻团粒核形石鲕粒砂屑粒状灰岩；上部为紫红色块状含藻屑或藻团粒泥粒状灰岩、砂屑泥粒灰岩，夹浅灰白色厚块状含海得藻、管孔藻的藻屑藻团粒泥粒状灰岩，具栉壳状孔隙，为藻丘；顶部为灰白色块状砾屑灰岩（周志毅等，1990）。对良里塔格组的礁相分析表明，凯迪早期巴楚地区为一个向北倾斜的碳酸盐岩缓坡，北侧发育大量点礁，南侧则为滩相沉积（Zhang et al.，2015）。

5 标志化石图集

5.1 笔 石

笔石是一种已灭绝的海生群体动物，属于半索动物门。它起源于寒武纪中期，灭绝于早石炭世。笔石在奥陶纪和志留纪高度繁盛、演化迅速，是该时期地层划分对比最重要的标准化石。通常认为，笔石与杆壁虫（翼鳃纲）具有最近的亲缘关系，两者软体均具有“三位一体”（U-形肠道、两侧对称、多个触手）的共同特征，由相互联结的茎系来芽生虫体，形成群体。笔石通常作为一个纲（笔石纲），与半索动物门的翼鳃纲（现生代表——杆壁虫、头盘虫）和肠鳃纲（现生代表——柱头虫）并列。

笔石的名称源自其独特的形态特征，由于非常像笔在石头上写的字或画出的图案，因此被形象地称为笔石（Graptolite，源于希腊文，意为石头上的笔迹）。笔石在18 ~ 19世纪曾被当作无机体、植物、头足类、珊瑚、苔藓虫等，Elles（1922）正式将这类化石统一归为一个独特的“笔石纲”，Bulman（1955）根据其与杆壁虫和头盘虫的高度相似性，将其归入半索动物门之内。近年来，有笔石专家通过分析分枝，提出笔石属于翼鳃纲的一个亚纲——笔石亚纲，而杆壁虫是该亚纲的一部分，从而认为杆壁虫就是笔石的现生代表（Mitchell et al.，2013）。

笔石虫体以群体形式定居于笔石体（tubarium，硬化骨骼）内。笔石虫体化石较为罕见，在地层中常见的是笔石体。笔石体形态非常多样，有树形、圆锥形、音叉形、圆柱形、针形、镰刀形、弓形、网兜形等。笔石体的大小差异较大，大的长度可达2m，小的仅有约1mm。笔石体由1个或若干个笔石枝组成，始端具一个长锥形的胎管，胎管尖端逐渐变细，形成向外伸出的、极细的线管。笔石枝由向一个方向连续生长的许多胞管相连而成，不分枝或再分枝，枝下垂、下斜、平伸、上斜或攀合生长。胞管为笔石虫体的住室，呈管状，壁由纺锤层及表皮层组成；胞管前后相互叠覆排列，末端露出。胞管形状变化较大，有直的、弯的、卷曲的、喇叭状的、角状的、萨克斯管状的，有的还生出很多刺，刺还可以分叉或互相绞结。胞管的形态特征是鉴定和区分笔石属种的重要依据。

寒武纪的笔石以笔石体固定在海底或其他物体上，营固着生活；从奥陶纪开始，部分笔石类型脱离海底，在海水中营浮游生活。浮游的笔石在死后沉落海底并被埋藏。由于开阔浅海地带各种捕食动物较多，生物扰动频繁，笔石不易得到埋藏保存；但在台地内的凹陷或大陆边缘的斜坡地带，因海底常常发育缺氧水体，底栖和表栖生物较少，笔石容易得到保存。笔石通常保存为碳化薄膜或印痕，但在硫化的、有微生物参与的环境中，笔石体通常发生不同程度的矿化和交代作用，形成黄铁矿化的内模或内核化石。所以，笔石常见于黑色或深灰色的页岩、泥岩中，而较少见于灰岩或砂岩中。

笔石亚纲包括6个目和5个位置不明的科：树形笔石目、正笔石目、管笔石目、腔笔石目、甲壳笔石目、茎笔石目、杆壁虫科、腔笔石科、维曼甲壳笔石科、双胞树笔石科、圆盘笔石科（Maletz，2014）。在地层中最常见的笔石是树形笔石目和正笔石目，具有重要的演化古生物学和生物地层学意义，其余类别相对罕见。

笔石在奥陶纪—早泥盆世具有演化速度快、形态特征显著、地理分布广等特点，因而被广泛用于该时期的高精度生物地层划分和对比。奥陶系内7个“阶”的界线中有5条是用笔石属种来定义和识别的，志留系内“阶”的8条界线全部由笔石种定义，泥盆系底界也是由笔石种定义的。此外，近年来在奥陶系—志留系过渡时期的黑色页岩中发现丰富的页岩气资源，由于这些页岩中所含的主要化石是笔石，因此根据笔石建立的生物地层序列是页岩气地层划分对比及追踪的主要依据；此外有部分专家认为笔石作为当时繁盛的海洋生物，可能参与了页岩气的形成，或者是其中的烷烃来源之一。

笔石自中寒武世出现后，延续到早石炭世即全部灭绝。其演化事件概括如下：①笔石自寒武纪中期开始出现，主要是一些匍匐或固着在海底的底栖类型，笔石体（笔石动物的硬化骨骼）具有3种胞管——正胞管、副胞管和茎胞管。寒武纪的笔石主要包括树形笔石类和一些分类位置不明的类型。②从奥陶纪初开始出现漂浮的类型（早期代表类型有正笔石式树形笔石亚目），占领自海面到海底的各个水层。③早奥陶世晚期（弗洛期），发生副胞管丧失的演化事件，形成极为丰富的均分笔石类及其后大量的衍生类群（中国笔石亚目、均分笔石亚目、舌笔石亚目等），笔石体的繁殖方式也变得更为简单，笔石体总体上存在简化趋势。④在中奥陶世晚期（达瑞威尔期），开始出现笔石体细小但结构紧凑的有轴笔石亚目，同时也阶段性地发生笔石体特化现象。⑤在中—晚奥陶世过渡期，部分笔石出现笔石体体壁退化（网格）的现象，与此同时均分笔石亚目和舌笔石亚目灭绝。⑥在奥陶纪—志留纪过渡期，笔石体变得高度简化，多数只保留单列胞管（单笔石超科）。⑦在早泥盆世布拉格期末，所有漂浮生活的笔石灭绝，只剩下底栖固着的树形笔石类。⑧早石炭世末，树形笔石类也灭绝，至此笔石全部灭绝。

5.1.1　笔石基本结构

1. 笔石结构和术语

树形笔石类（dendroids）：对树形笔石目化石的统称。营固着海底生活。笔石体含相对较多的笔石枝，由三种胞管（正胞管、副胞管、茎胞管）组成（图5-1B-C；图5-2），以三分岔式出芽。分枝方式多为均分枝或不规则分枝。中寒武世—早石炭世，全球分布。

正笔石类（graptoloids）：对正笔石目化石的统称。营漂浮或浮游生活。笔石体含相对较少的笔石枝，仅由一种胞管（正胞管）组成（图5-3），未见硬化的茎系，笔石枝下垂到上攀。早奥陶世—早泥盆世，全球分布。

反称笔石类（anisograptids）：对反称笔石科（树形笔石目）化石的统称。具游离线管，营漂浮或浮游生活。笔石体多为下垂或平伸，具正胞管、副胞管和茎胞管，始端呈四射、三射或两侧对称。早奥陶世，全球分布。

均分笔石类（dichograptids）：对均分笔石超科（均分笔石亚目）化石的统称。具游离线管，营漂浮或浮游生活。笔石体多枝或少枝，仅具正胞管，无胎管刺。早奥陶世晚期—晚奥陶世早期，全球分布。

舌笔石类（glossograptids）：对舌笔石超科（均分笔石亚目）化石的统称。具双列胞管，单肋式排列，无胎管刺，始端胎管与第一个胞管（th1[1]）左右对称，营漂浮或浮游生活。中奥陶世—晚奥陶世，全球分布。

双笔石类（diplograptids）：对双笔石次目（有轴亚目）化石的统称。具胎管刺、双列胞管，双肋式排列，营漂浮或浮游生活（图5-1J）。中奥陶世—早泥盆世，全球分布。

笔石枝（stipe）：广义指多枝笔石的一条枝，狭义指前后正分枝点之间的一段枝，通常由许多胞管排列连接而成。

笔石体（tubarium）：整个笔石群体的硬化外骨骼。包括带幼枝的类型，但不包括笔石簇。

上攀式（scandent）：在正笔石类的一些笔石体中，笔石枝向上直立生长，包围线管（或中轴）（图5-4）。

上斜式（reclined）：在正笔石类的一些笔石体中，笔石枝向斜上方呈直或近直生长（图5-4）。

上曲式（reflexed）：与上斜式相似，但枝的末端转为平伸（图5-4）。

平伸式（horizontal）：正笔石类的笔石体中，笔石枝水平伸展，与胎管成直角（图5-4）。

下曲式（deflexed）：与下斜式相似，但枝的末端转为平伸（图5-4）。

下斜式（declined）：在正笔石类的笔石体中，笔石枝向斜下方直或近直生长（图5-4）。

下垂式（pendent）：笔石枝自胎管向下近于竖直、相互平行生长（图5-4）。

四列（quadriserial）：在部分上攀的正笔石类中，笔石体由四排胞管“背-背”排列组成。如叶笔石（*Phyllograptus*）。

双列（biserial）：上攀的正笔石类笔石体由两列胞管包围中轴（或线管）组成。

单列（uniserial）：正笔石类的笔石体或笔石枝仅由一排胞管组成（图5-5）。

单肋式（monopleural）：两枝上攀，侧面互相重叠，在一面仅能看到一排完整的胞管。

双肋式（dipleural）：两枝上攀，“背-背”攀合，左右两边对称。

中隔壁（median septum）：又称“中间缝合线”。在双列的、双肋式正笔石中，分隔两列胞管的背侧隔膜，有直、波曲和“之”字形等多种形态。可以起始于笔石体的任何高度位置，也可能完全缺失。

原始枝（primary stipe）：由胎管生出的第一级枝。

侧分枝（lateral branching）：分枝的一种方式，主枝生长方向不变，侧枝与主枝构成一定的夹角。

主枝（main stipe）：派生出侧枝和幼枝的笔石枝。见于丝笔石（*Nemagraptus*）和弓笔石（*Cyrtograptus*）等。

幼枝（cladium）：从笔石的成熟胞管口部或胎管口部生出的笔石枝。自胞管口部生出的称为胞管幼枝，自胎管口部生出的幼枝称为胎管幼枝。

横靶（dissepiment，cross bar）：树形笔石中相邻笔石枝间的杆状连接物。

胞管间壁（interthecal septum）：相邻胞管之间的隔壁（图5-1K）。

大网（clathria）：由笔石体壁退化、局部胶原蛋白质集中形成的网状骨架（图5-1H）。

细网（reticula）：大网之间更细的网状构造。

刺网（lacinia）：口刺末部相互连接而成的网状构造（图5-1I）。

胎管（sicula）：笔石群体最初虫体的骨骼，由锥状的原胎管和管状亚胎管组成。

原胎管（prosicula）：胎管的始部，即尖端部分（图5-1E）。

亚胎管（metasicula）：胎管的末部，即口端部分（图5-1E）。

胎管刺（virgella）：由胎管口的腹侧向下垂伸的刺状物（图5-1E）。

胎管口刺（sicular apertural spine）：从胎管口部延伸出来的、胎管刺以外的刺状物。

线管（nema）：自胎管尖端伸出之线状体，露出体外，一般细弱（图5-1E、图5-3和图5-6）。

胎管口尖（sicular rutellum）：笔石胎管口部腹侧向下的舌状或铲状延伸物。有专家认为，胞管口部腹侧的、向外延伸的舌状或铲状物（胞管口尖）与胎管口尖具有相同的结构特征，只是位置不同，两者统称为rutellum。

拟胎管（parasicula）：从胎管口部沿胎管刺向下延伸一段距离、包围胎管刺的一种管状体。

共通沟（common canal）：由原胞管相互联通而成的管状体。

中轴（virgula）：有轴亚目笔石的、位于笔石体中央或背侧的硬直的线状体（图5-1J）。中轴是由线管被胞管包埋而形成的，内部结构与线管相同，因此部分笔石专家将两者统称为线管。

正胞管（autotheca）：笔石的三种基本胞管类型之一。树形笔石类和反称笔石类中相对较大的胞管类型（图5-1C、图5-2）。

副胞管（bitheca）：笔石的三种基本胞管类型之一。树形笔石类和反称笔石类中相对较小的胞管，常在正胞管左右两侧呈互生排列（图5-1C、图5-2）。

茎胞管（stolotheca）：笔石的三种基本胞管类型之一。树形笔石类和反称笔石类的无开口于外、无个体居住之鞘状体。由其以“三分岔式”派生出下一轮的三种胞管（即茎胞管、正胞管、副胞管）（图5-2）。

双芽胞管（dicalycal theca）：正笔石目笔石中派生出两个芽的胞管，常造成分枝。

原胞管（protheca）：正笔石类胞管之始端部分（图5-1K），相当于树形笔石中的茎胞管。

亚胞管（metatheca）：正笔石类胞管之末端部分（图5-1K），相当于树形笔石中的正胞管。

原胞管褶（prothecal fold）：原胞管部分（通常是起始部分）的“U”形褶曲，导致在笔石枝背侧形成瘤状外观（图5-5）。

亚胞管褶（metathecal fold）：亚胞管部分的“U”形褶曲，见于中国笔石（*Sinograptus*）的胞管等（图5-5）。

膝角（geniculum）：部分正笔石类的胞管在生长方向上形成的折角状弯曲。常见于栅笔石类、围笔石类或毛笔石类等。

膝刺（genicular spine）：从膝角上生出的刺。常见单个，偶见成双。

膝上腹缘（supragenicular wall）：膝角之上的胞管腹缘。

膝下腹缘（infragenicular wall）：膝角之下到前一个胞管口之间的胞管腹缘。

胞管口（thecal aperture）：胞管末端的向外开口部分（图5-1D），通常用于笔石虫体的摄食、活动等。

胞管口穴（thecal excavation）：在部分正笔石类的笔石体中，由胞管口部与其后一个胞管的膝下腹缘围成的区域（图5-1D）。

腹刺（mesial spine）：从胞管腹缘露出部分的中间生出的刺。

底刺（basal spine）：从部分双笔石类笔石体始部生出的刺状构造。

剑柄构造（manubrium）：在部分舌笔石类（超科）笔石体的反面，由一系列向下生长的始端胞管折曲并定向排列而形成的、明显具有肩部的复杂构造，形若剑柄。

浮胞（floating vesicle）：中轴或线管末端所附连的囊状物（图5-1J）。

轴囊（virgular sac）：中轴及其延伸部分膨胀形成的囊状物。

底盘（basal disc）：又称“固着盘”。从笔石体胎管顶端衍生出的盘状物（图5-1B）。用于固着类笔石的附着，如树形笔石。

轴角（axial angle）：上斜笔石体两枝背侧之间的夹角。

分散角（angle of divergence）：两个原始枝腹侧之间的夹角。

反面（reverse view）：笔石体遮掩胎管的一面。

正面（obverse view）：笔石体露出胎管的一面。

腹侧（ventral）：笔石枝上胞管口所在位置的一侧（图5-1K、图5-6）。

背侧（dorsal）：腹侧的对侧（图5-1K、图5-6）。

始端（proximal end）：笔石体最先形成的部分，通常指靠近胎管的一端。

始端发育型式（proximal development type）：笔石体初始部分的胞管出芽顺序，包括U、C、A、D、E、G、K、H、I、J、M型等，常用来指示笔石类群之间的演化关系（图5-7—图5-9）。

末端（distal end）：笔石体最后形成的部分，通常指远离胎管的一端。

胞管掩盖（thecal overlapping）：相邻胞管间的重叠现象，通常用胞管腹缘的掩盖部分占整个腹缘（掩盖部分+露出部分）的占比来衡量掩盖程度。

胞管倾角（inclined angle）：胞管轴向与笔石枝轴向之间的夹角（图5-6）。

胞管密度（thecal spacing）：胞管排列的紧密程度，通常以一定长度内所含的胞管数量来衡量。近年来，一些专家建议使用“两个胞管重复的距离”（2TRD）来衡量（图5-6）。

口视标本（scalariform）：一种笔石体保存状态，即胞管口部朝向或背向观察者（通常见于双笔石类）。

2. 笔石结构图解

笔石的基本构造如图5-1—图5-9所示。

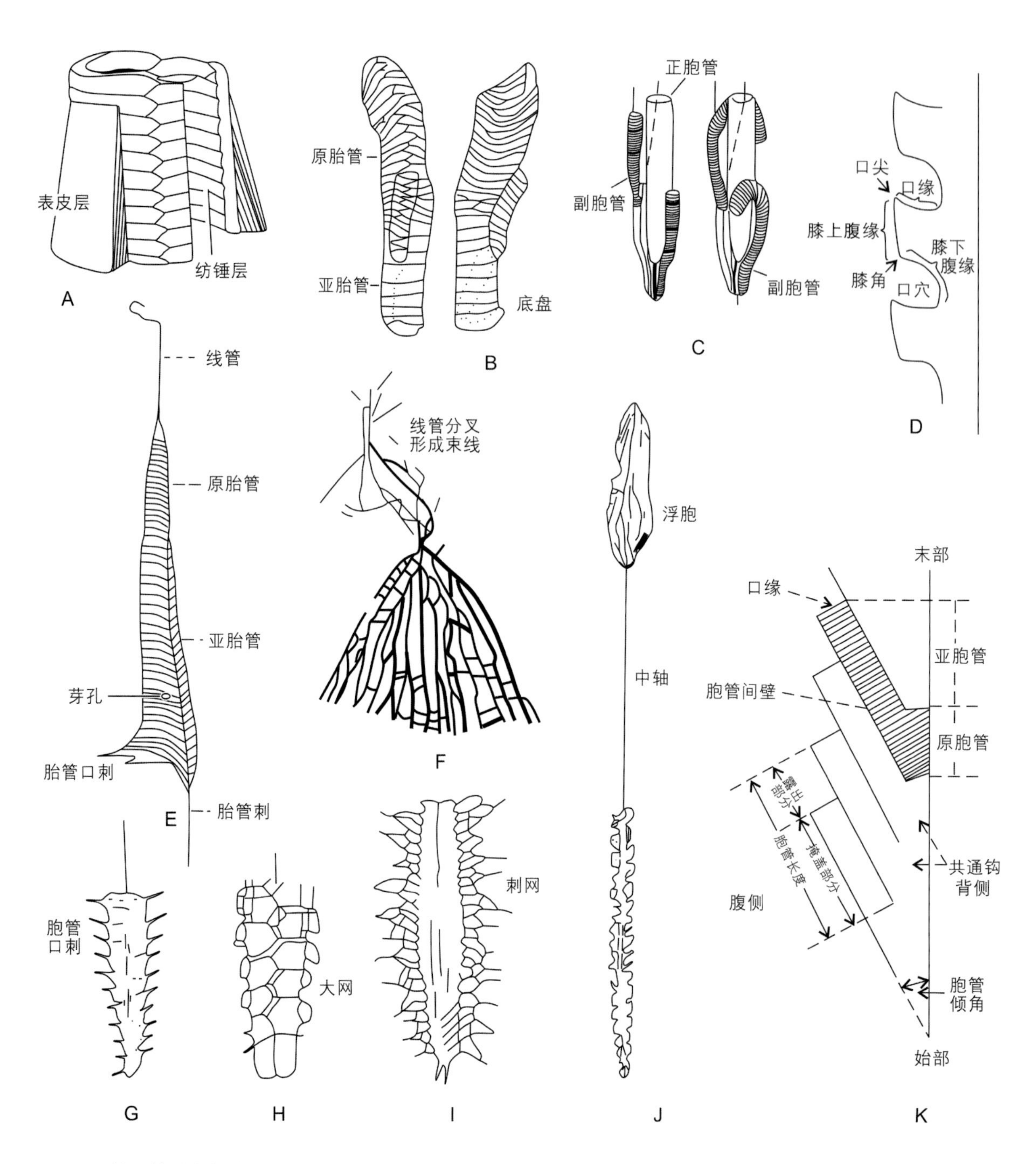

图5-1　笔石的基本构造。据门凤岐和赵祥麟（1993）略修改。A. 笔石体壁的结构分层及其特征；B.（底栖固着类型）笔石的胎管构造；C. 副胞管的常见形态类型；D. 胞管口穴、膝角、口尖及相关构造；E.（漂浮类型）笔石的胎管构造；F.（漂浮类型）笔石线管分叉现象；G. 胞管口刺；H. 笔石体壁网格化，形成大网；I. 胞管口刺相连形成刺网；J. 双笔石类的、伸出体外的中轴及其末端的浮胞；K. 笔石胞管的主要构造，及笔石枝的腹 - 背定位

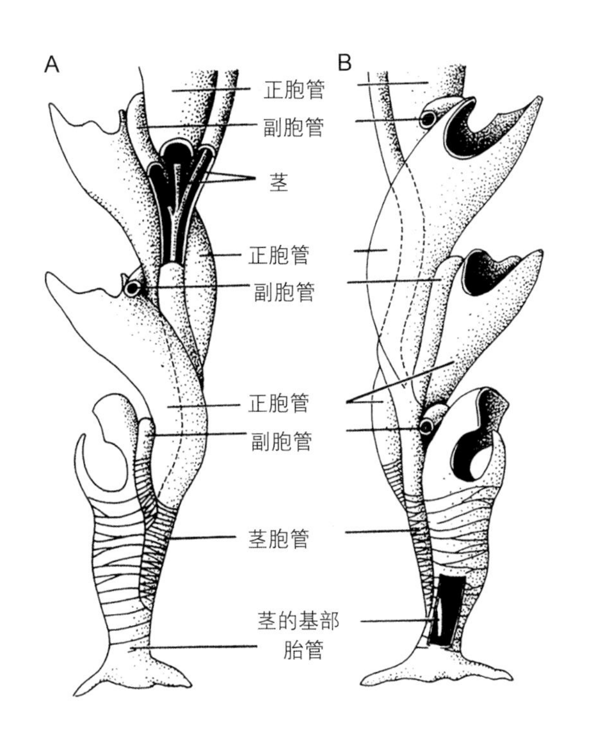

图 5-2　树形笔石类的胞管类型及排列方式。据 Clarkson（1998）修改

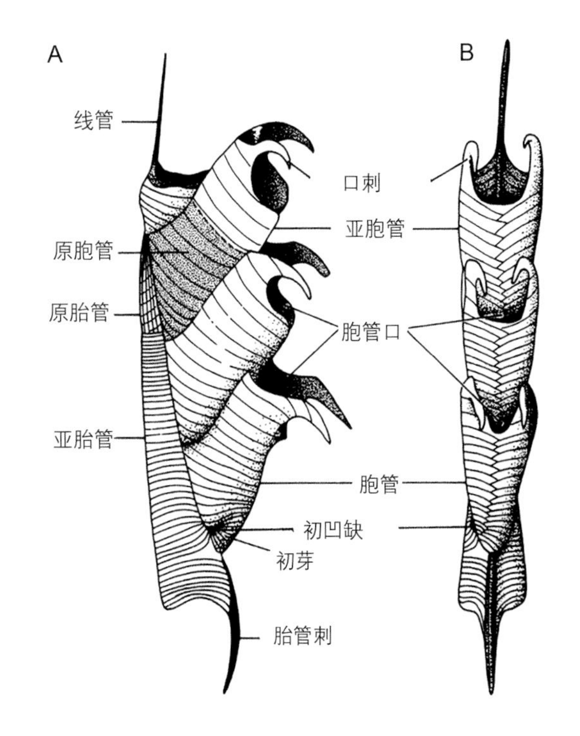

图 5-3　正笔石类的基本构造图解。据 Clarkson（1998）修改

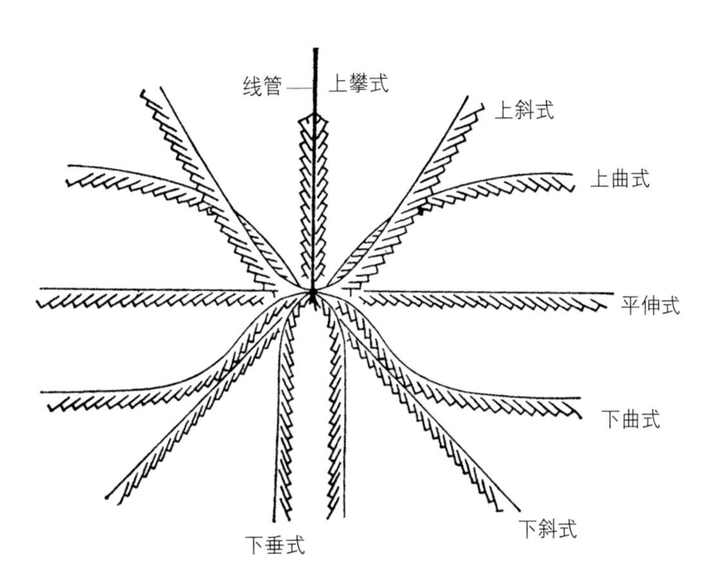

图 5-4　笔石枝的生长方向。据 Bulman（1970）、门凤岐和赵祥麟（1993）修改

均分笔石式	栅笔石式	单笔石式
胞管直管状	胞管膝状弯曲，膝上腹缘直且与枝平行	胞管弯曲呈钩形
纤笔石式	围笔石式	卷笔石式
胞管细长，微呈波状弯曲	胞管膝状弯曲，间壁向轴倾斜，膝上腹缘微向轴倾斜，口穴斜而深	胞管向外卷曲，末部呈球形
雕笔石式	瘤笔石式	半耙笔石式
胞管波状弯曲	胞管始部背褶，口部向内转曲	胞管向外伸展，大部孤立呈三角形
叉笔石式	中国笔石式	耙笔石式
胞管"S"形弯曲，口部内转，且多少有些孤立	胞管强烈褶曲，始部背褶，末部腹褶，具褶刺	胞管长而孤立

图 5-5　正笔石类的主要胞管类型。据门凤岐和赵祥麟（1993）、Zhang & Fortey（2001）修改

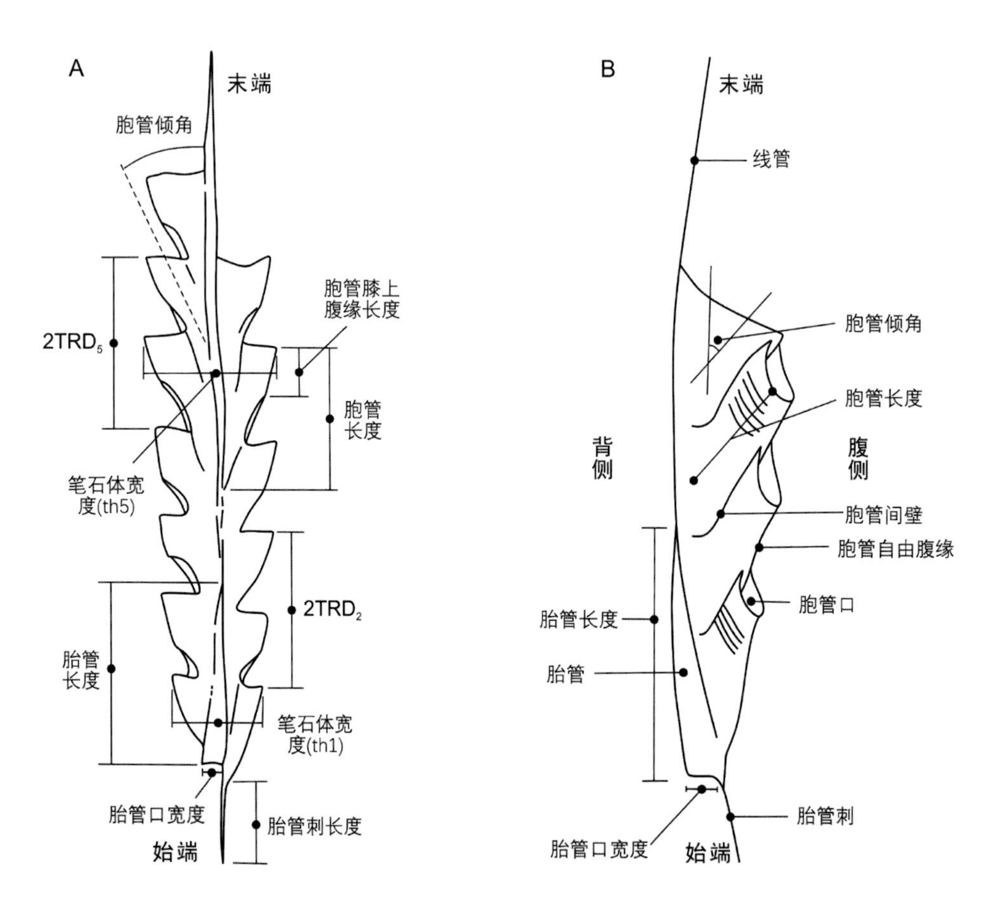

图 5-6　笔石体定位、结构和部分度量参数。据 Štorch et al.（2011）、Rickards & Wright（2003）

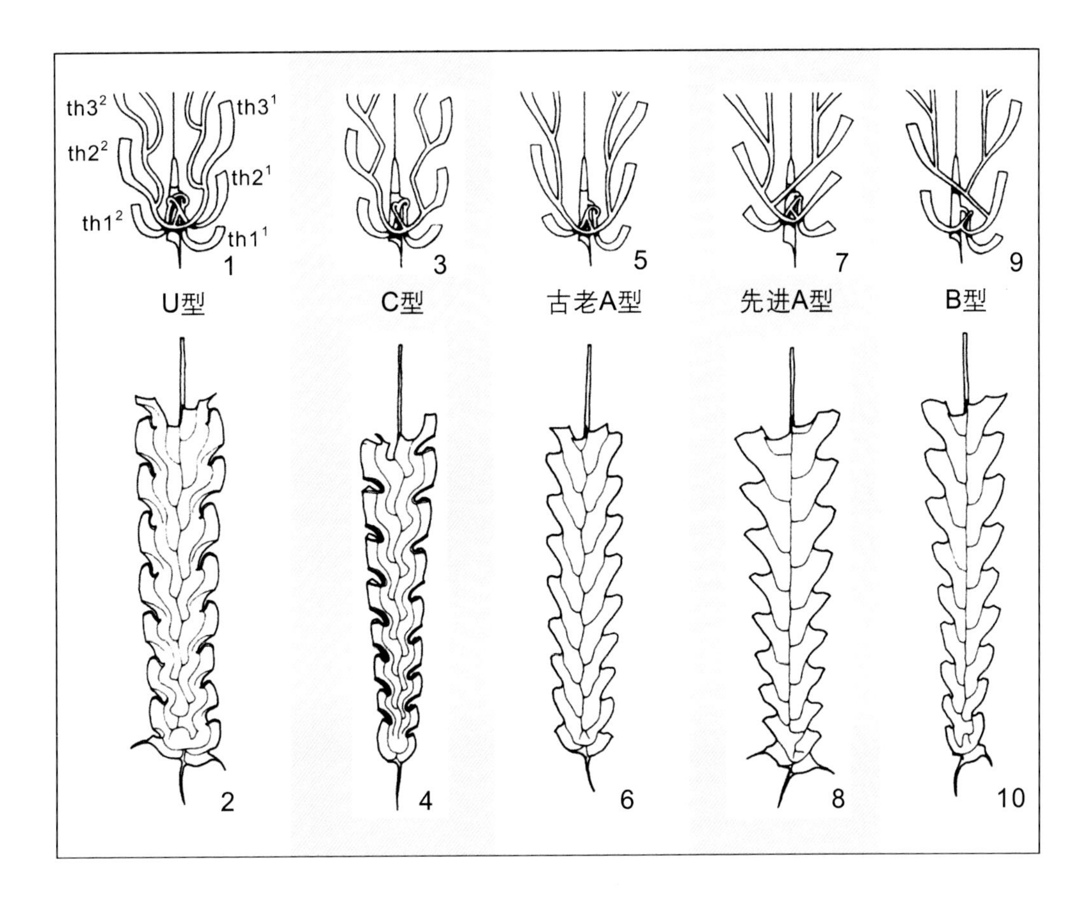

图 5-7 奥陶纪常见的几种始端发育型式。据 Mitchell（1990）、Maletz（2011）。1，2. U 型始端发育图解及典型样例。1. U 型：th1² 的生长发育呈卷芽式（S 形），th2² 为双芽胞管；2. *Undulograptus*。3，4. C 型始端发育图解及典型样例。3. C 型：th2¹ 为双芽胞管；4. *Pseudamplexograptus*。5，6. 古老 A 型始端发育图解及典型样例。5. 古老 A 型：th1² 的生长方式为卷芽式，th2¹ 为双芽胞管，出芽方式为左手式；6. *Oelandograptus*。7，8. 先进 A 型始端发育图解及典型样例。7. 先进 A 型：与古老 A 型的主要区别在于 th1² 的生长方式为近芽式（J 形），th2² 为双芽胞管；8. *Hustedograptus*。9，10. B 型始端发育图解及典型样例。9. B 型：th2² 的生长点较高，th2² 通常为双芽胞管；10. *Eoglyptograptus*

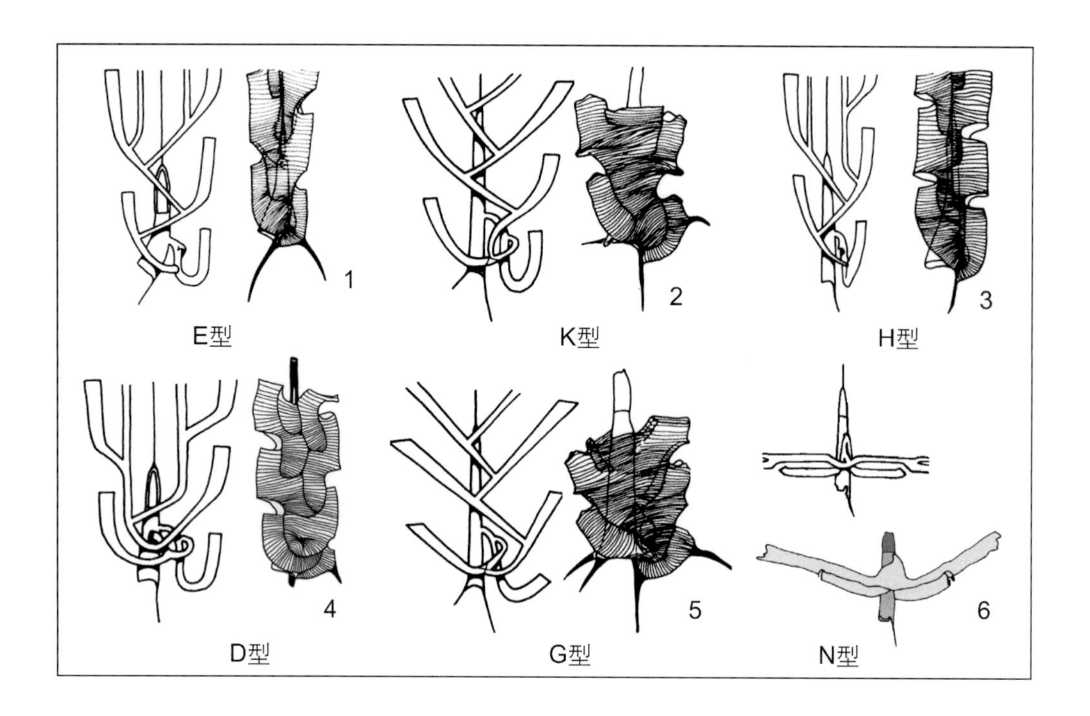

图 5-8　奥陶纪笔石常见的几种始端发育型式。据 Mitchell（1987）、Melchin & Mitchell（1991）、Maletz et al.（2016）。E 型：原胎管通常退化成 1 ~ 2 根索或缺失，亚胎管常弯曲，$th2^1$ 和 $th2^2$ 的生长点较高，如 *Diplacanthograptus spiniferus*（Ruedemann）（素描图 1）。K 型：始端第一对胞管具有向下生长阶段，$th2^1$ 由向上生长的唇片与 $th1^2$ 的残留横管合围而成，如 *Amplexograptus inuiti* Cox（素描图 2）。H 型：胎管直立，$th1^1$ 原胞管向下生长，亚胞管向上，$th1^2$ 从 $th1^1$ 的向上生长段生出（向斜上方横过胎管），如 *Normalograptus kuckersianus*（Wiman）（素描图 3）。D 型：原胎管通常退化成 1 ~ 2 根索或缺失，$th2^1$ 和 $th2^2$ 由一个从 $th1^2$ 背侧向上生长的唇片分叉而成，如 *Pseudoclimacograptus scharenbergi*（Lapworth）（素描图 4）。G 型：始端 3 个胞管具有向下生长阶段，中隔壁缺失或起点推后，如 *Orthograptus calcaratus basilicus* Lapworth（素描图 5）。N 型：胎管直立，近口部向下伸出枝外、孤立，$th1^2$ 呈近芽式生长（J 形），$th2^1$ 为双芽胞管，$th3^1$ 和 $th2^2$ 分别向外生长，不攀合，如 *Nemagraptus gracilis*（Hall）（素描图 6）

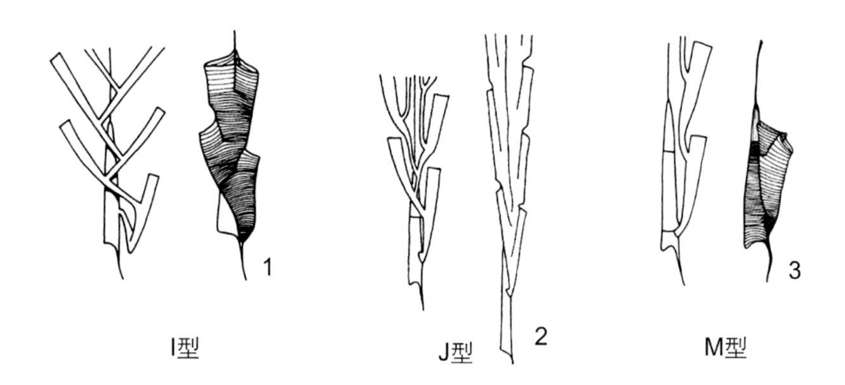

图 5-9　奥陶纪末至志留纪常见的几种始端发育型式。据 Melchin & Mitchell（1991）。I 型：$th1^1$ 从亚胎管生出，初始向下生长，后期亚胞管折向上，将原胞管段包裹，胎管口部从笔石体反面出露，如 *Glyptograptus tamariscus tamariscus*（Nicholson）（素描图 1）。J 型：$th1^1$ 从亚胎管生出，胎管出露，所有胞管均向上生长，如 *Akidograptus ascensus* Davies（素描图 2）。M 型：$th1^1$ 从胎管近口处生出并向上生长，笔石体只有一列胞管，如 *Atavograptus ceryx*（Rickards & Hutt）（素描图 3）

5.1.2　笔石种（亚种）延限分布

笔石是奥陶系划分对比的第一化石门类。在奥陶系内7个阶的底界的全球界线层型中，有5个是以笔石种进行定义的，包括弗洛阶、达瑞威尔阶、桑比阶、凯迪阶、赫南特阶。另2个阶（特马豆克阶、大坪阶）虽然是以牙形类化石种定义的，但也与相关的笔石种建立了密切的层位对应关系。在我国奥陶系生物地层划分中，以笔石带和牙形类带划分最为详细，在综合序列中共有笔石带30个，牙形类带27个（图2-2）。

围绕我国奥陶系笔石生物地层序列，本文收录我国奥陶纪标准笔石种（亚种）92个，基本上涵盖奥陶系各个层段（图5-10）。这些种（亚种）除了延限短和具有特异性的、容易识别的形态学特征外，所示标本还有保存较好、结构图像清晰、便于读者参照使用的特点。个别层位虽然建立了笔石生物带，但因带化石标本保存差、特征模糊，或显示典型特征的关键标本已遗失，没有列入本书。

5.1.3　笔石图版及说明

本书共有33个奥陶纪笔石图版。除特殊说明收藏地点外，标本均保存在中国科学院南京地质古生物研究所。

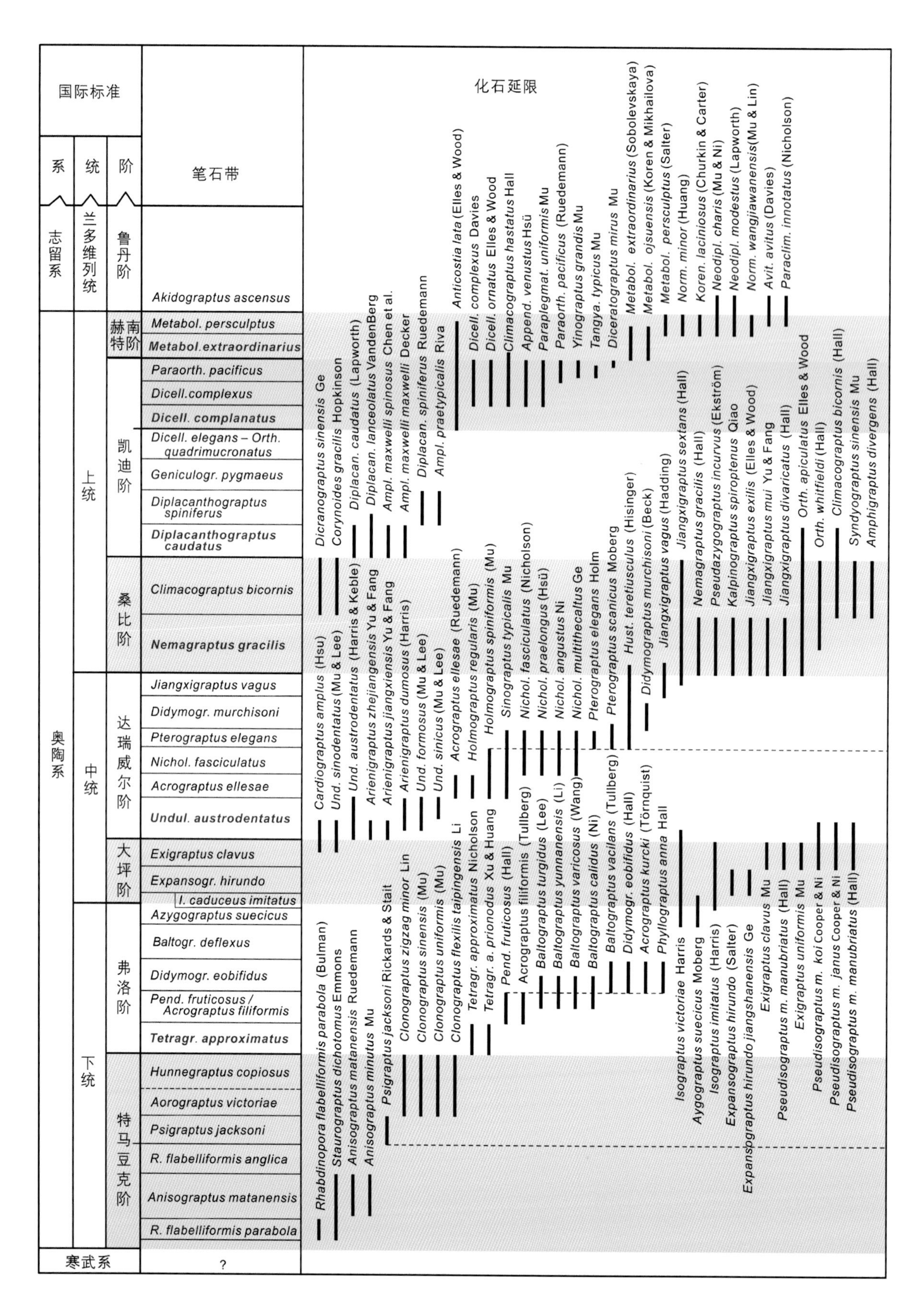

图 5-10　本书收录的笔石属种（亚种）延限分布图

图版 5-1-1　笔石

（比例尺长度 =5mm）

特马豆克阶（下部）

1—5　扇形杆孔笔石抛物线形亚种 *Rhabdinopora flabelliformis parabola*（Bulman，1954）

主要特征：笔石体呈扇形（保存平面），原始形态为钟形–锥形，由系列分叉的、辐射状的笔石枝组成，笔石枝排列均匀、间距近等，相邻笔石枝之间有横靶相连。笔石体始端原始分枝为“四分叉式”，形成“十”字形排列的四个原始枝，各自再行多级分枝。始端具发育的线管，可分叉形成“两叉型”“三叉型”或多次分叉的束线构造，并可有膜状物发育。笔石枝发育三种胞管类型：正胞管、副胞管、茎胞管。其中正胞管较大，发育排列规则，形成笔石枝主体；副胞管较细小，沿正胞管侧面分布，常有沿正胞管两侧交互生长现象。

1. 笔石体全貌，侧压标本。笔石体扇形，笔石枝宽度较规则，枝间距几近相等；横靶密集，始端具“两叉型”束线构造（tuft of threads，平衡和漂浮功能）。采集号：HDA19-2。登记号：NIGP92687。产地：吉林白山大阳岔小阳桥剖面。层位：冶里组，*R. f. parabola*带。

2. 两个成年体标本，斜侧压。笔石体钟形—锥形，始端原始分枝“四分叉式”，多级分枝较规则，笔石枝间距均衡，枝间发育横靶。登记号：NIGP92659。产地：吉林白山大阳岔小阳桥剖面。层位：冶里组，*R. f. parabola*带。

3. 成年笔石体末端局部的放大，示笔石枝分叉、胞管排列方式及特征（正胞管清楚，副胞管隐约可见）。笔石枝间具横靶相连。登记号：NIGP92680。产地：吉林白山大阳岔小阳桥剖面。层位：冶里组，*R. f. parabola*带。

4. 完整成年体，侧压标本，示钟形笔石体外形、规则的笔石枝排列、近相等的枝间距。枝间发育横靶，始端发育“两叉型”、多次分叉的束线构造，长达1cm以上。登记号：NIGP92662（HAD19-2）。产地：吉林白山大阳岔小阳桥剖面。层位：冶里组，*R. f. parabola*带。

5. 完整成年体，侧压标本，示扇形笔石体（扇形是因为侧压所致；从始端来看，完整笔石体应该是钟形的）、四个原始枝（第四个原始枝位于下方，被笔石体和围岩所掩盖）及其后多级分枝。横靶发育，始端具“三叉型”束线构造。采集号：HDB33’。登记号：NIGP102913。产地：吉林白山大阳岔三道堡子剖面。层位：冶里组，*R. f. parabola*带。

图1—4标本首次发表于Lin（in Chen et al.，1985），后由林尧坤（1988）、Cooper et al（1998）进行了厘定；图5标本首次发表于林尧坤（1988）。

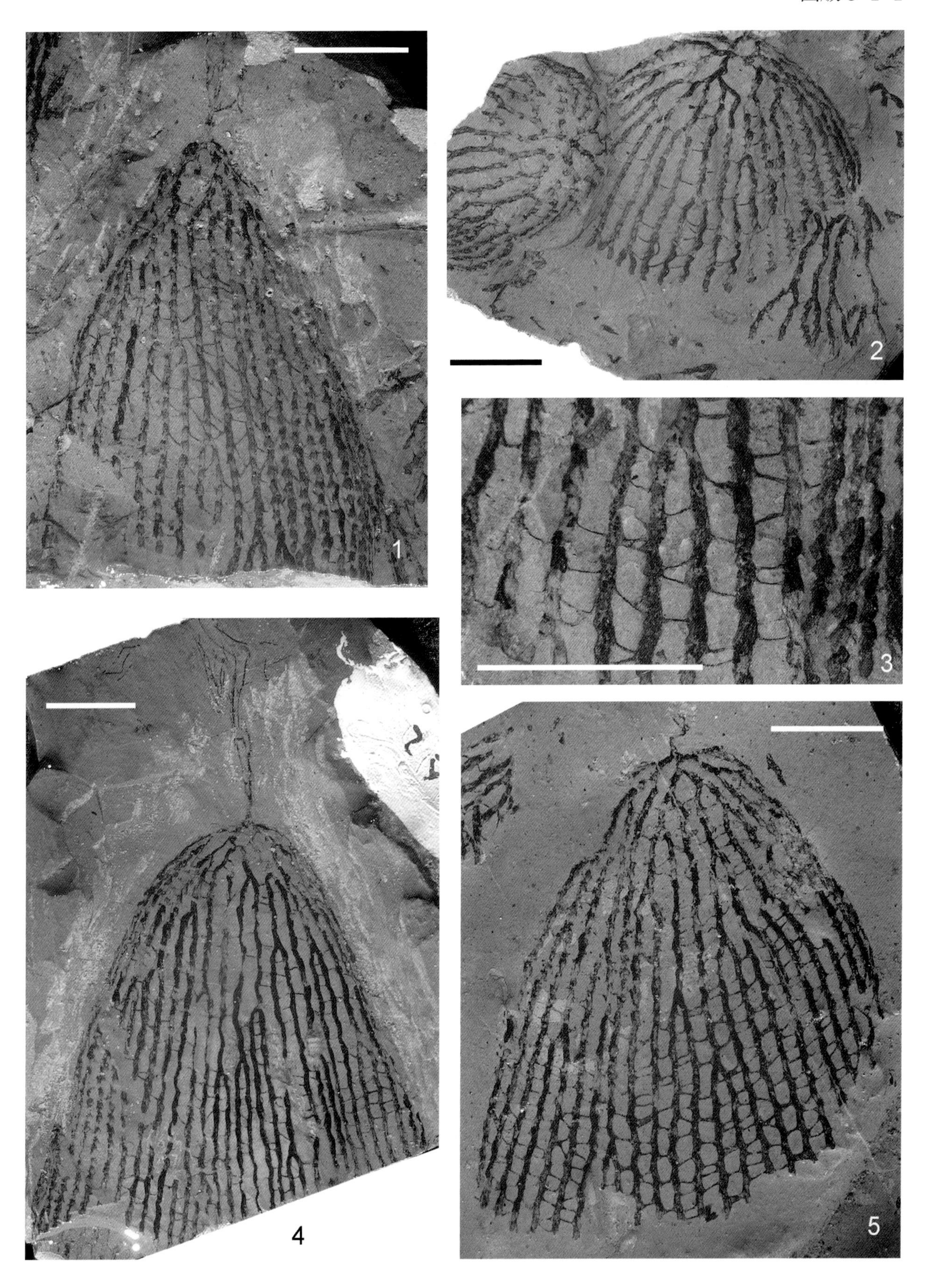
1
2
3
4
5

图版 5-1-2 笔石

（比例尺长度 =5mm）

特马豆克阶（下部）

1—4 扇形杆孔笔石抛物线形亚种 *Rhabdinopora flabelliformis parabola*（Bulman，1954）

主要特征：见图版5-1-1。

1. 顶压标本。原始分枝为“四分叉式”，呈“十”字形，各自再行次级分枝，分枝较规则，达五级；由于特殊的顶压保存，笔石枝略有变形，枝间的横靶部分被拉断。采集号：HDA19-1。登记号：NIGP92661。产地：吉林白山大阳岔小阳桥剖面。层位：冶里组，*R. f. parabola*带。

2. 成年体标本的始端放大。侧压标本，示胎管及顶端线管的束状构造，未见囊状漂浮构造。采集号：HDA19-2。登记号：NIGP92675。产地：吉林白山大阳岔小阳桥剖面。层位：冶里组，*R. f. parabola*带。

3. 成年体标本，侧压。笔石体扇形，始端原始分枝，次级分枝较规则，达5级；笔石枝宽度均匀，枝间距从笔石体始端到末端基本保持均一，枝间发育纤细的横靶；始端发育束线构造。采集号：HDA19-2。登记号：NIGP92686。产地：吉林白山大阳岔小阳桥剖面。层位：冶里组，*R. f. parabola*带。

4. 成年体标本，侧压。笔石体扇形，笔石枝宽度均匀，横靶分布均匀；始端线管发育“对称型”束线构造。采集号：HDA19-2。登记号：NIGP102914。产地：吉林白山大阳岔小阳桥剖面。层位：冶里组，*R. f. parabola*带。

图1—3标本首次发表于Lin（in Chen et al.，1985），后由林尧坤（1988）、Cooper et al.（1998）进行了厘定；图4标本首次发表于林尧坤（1988）。

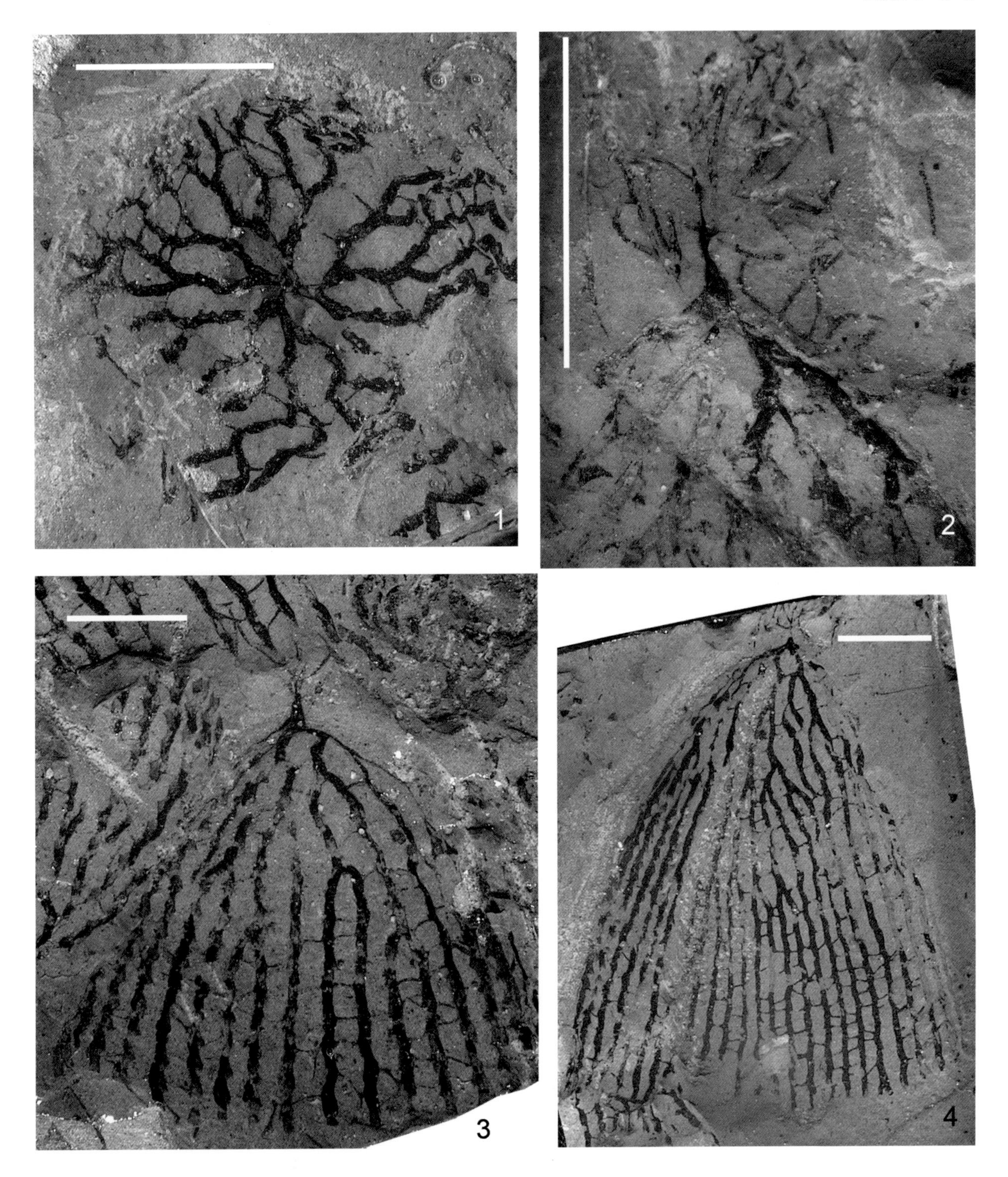
1
2
3
4

图版 5-1-3　笔石

（比例尺长度 =1mm）

特马豆克阶（下部）

1—6　均分十字笔石 *Staurograptus dichotomus* Emmons，1855

主要特征：笔石体原始分枝为“四分叉式”，四个原始枝呈“十”字形排列，长度不等，各自再行正分枝，可达三级。笔石枝分布呈平面状，枝间距较规则，二级、三级分枝基本同步。胎管尖锥状。具三种胞管类型：正胞管、副胞管、茎胞管。正胞管呈近直管状，形态基本均匀；副胞管呈细管状，较短，位于正胞管侧面；茎胞管常为细长索状，但不易观察到。

1. 侧压的少年体标本。胎管尖锥状，“四分叉式”原始分枝，正胞管呈近直管状，副胞管隐约可见；四个原始枝的二级分枝略有先后。采集号：ADA31。登记号：NIGP76465 。产地：浙江江山花园垅剖面。层位：印渚埠组，*Staurograptus dichotomus*带。该标本由Chen（1985）首次发表。

2. 侧压的少年体标本。胎管尖锥状，“四分叉式”原始分枝，胞管近直管状。采集号：AEP677，登记号：NIGP175404。产地：浙江常山黄泥塘剖面。层位：印渚埠组，*Staurograptus dichotomus*带。该标本由Zhang et al.（2007）首次发表。

3. 成年体标本，顶压保存。原始分枝“四分叉式”，四个原始枝呈“十”字形排列，原始枝长度不等，各自再行正分枝，达三级；笔石枝分布呈平面状，枝间距较规则，二级、三级分枝基本同步。采集号：ADA39。登记号：NIGP76468。产地：浙江常山西阳山剖面。层位：印渚埠组，根据Chen（1985）记录，该标本与*Anisograptus matanensis* Ruedemann共生，故应属于特马豆克阶*A. matanensis*带。

4. 顶压保存标本。“四分叉式”原始分枝，四个原始枝呈“十”字形排列，其中一个枝略短（图像上方），二级枝为正分枝，分散角70°～90°。采集号：AEP677。登记号：NIGP175405。产地：浙江常山黄泥塘剖面。层位：印渚埠组，*Staurograptus dichotomus*带。该标本由Zhang et al.（2007）首次发表。

5. 成年体标本。“四分叉式”原始分枝，四个原始枝呈“十”字形排列，长度不等，各自再行正分枝，二级枝长度亦不相等；具三级分枝。采集号：ADA14。登记号：NIGP76467。产地：浙江江山黄泥岗剖面。层位：印渚埠组；根据Chen（1985）记录，该标本与*Anisograptus richardsoni* Bulman（=*A. matanensis* Ruedemann）共生，故应属于特马豆克阶*A. matanensis*带。

6. 成年体标本。“四分叉式”原始分枝，四个原始枝呈“十”字形排列，长度不等，部分再行正分枝。正胞管呈均匀管状，略作弯曲；副胞管呈细管状，较短，位于正胞管的侧面，口部与正胞管平齐。登记号：NIGP103951。产地：吉林白山木掀头沟剖面。层位：冶里组下部；根据赵祥麟等（1988），该标本似来自*Rhabdinopora flabelliformis parabola*带。

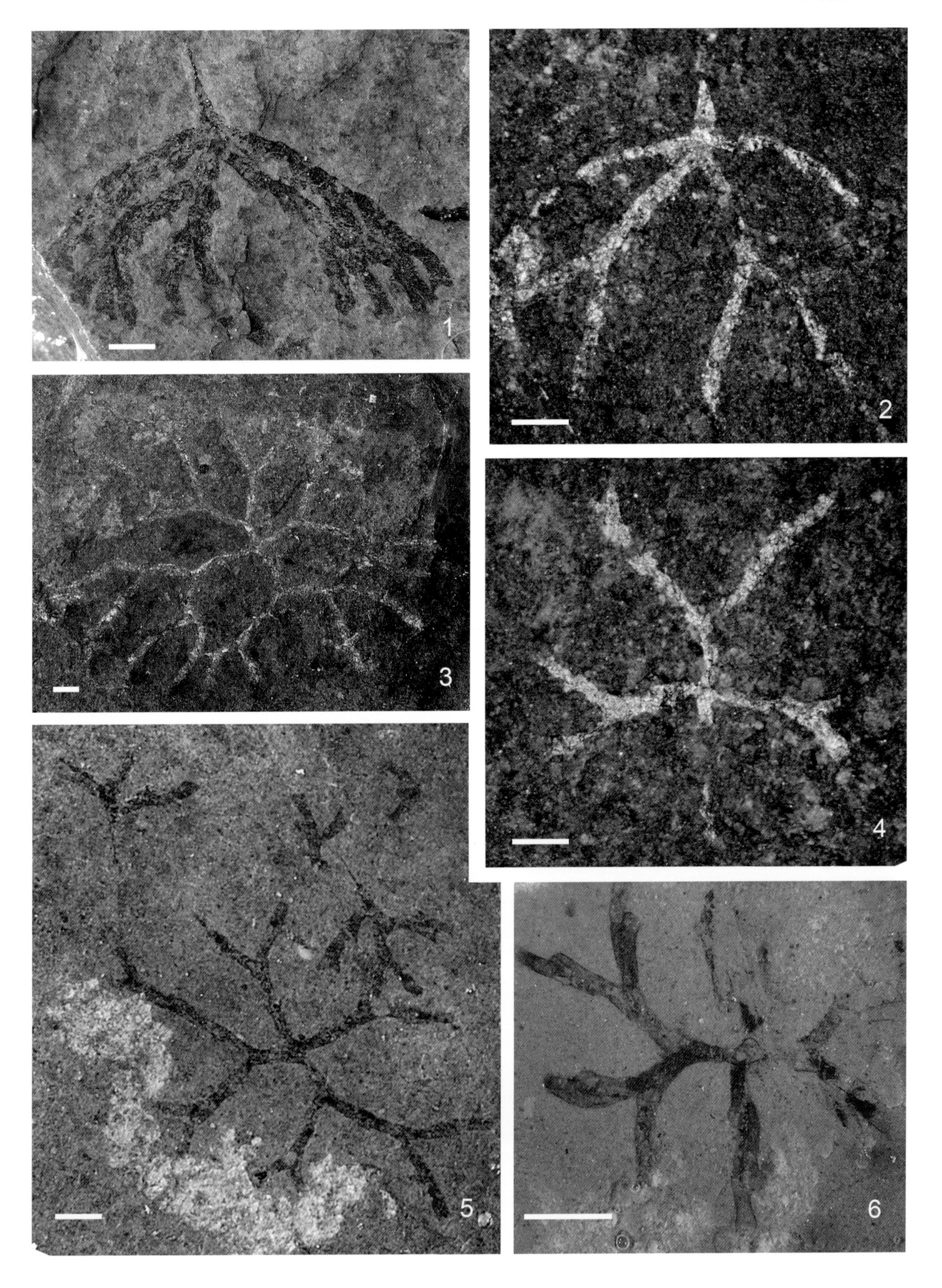
1
2
3
4
5
6

图版 5-1-4 笔石

（比例尺长度 =1mm）

特马豆克阶（下部）

1—3，5 马滩反称笔石 *Anisograptus matanensis* Ruedemann，1937

主要特征：笔石体大致呈平面生长，始端通过“三分叉式”分枝形成三个原始枝，长度通常不等，互相成120° 左右分散角；每个原始枝再行正分枝，可达4 ~ 6级，枝宽均匀。胎管细锥形，侧面发育胎管位副胞管（sicular bitheca）；笔石体始端强烈不对称。正胞管为细长管状，副胞管沿笔石枝侧面交互生长。

1. 成年体标本。始端三个原始枝呈“三分叉式”，三个原始枝长度不等，互相成120° 分散角，每个原始枝再行正分枝，枝宽均匀；胎管锥形。采集号：AEP678。登记号：NIGP175406。产地：浙江常山黄泥塘剖面。层位：印渚埠组，*Anisograptus matanensis*带。该标本由Zhang et al.（2007）首次发表。

2. 成年体标本，斜侧压。始端原始枝呈“三分叉式”，三个原始枝长度不等，互相成90° ~ 150° 分散角，每个原始枝再行正分枝，枝宽均匀，分枝达三级；胎管部分断缺。采集号：AEP678。登记号：NIGP175407。产地：浙江常山黄泥塘剖面。层位：印渚埠组，*Anisograptus matanensis*带。该标本由Zhang et al.（2007）首次发表。

3. 成年体标本。始端三个原始枝呈“三分叉式”，长度大体一致，二级枝长度不等；枝宽均匀，分枝四级。采集号：ADA28。登记号：NG76480，与NG76503应为互反对面。产地：浙江江山碓边剖面。层位：印渚埠组，*Anisograptus matanensis*带；与*Staurograptus dichotomus*共生。该标本由Chen（1985）首次发表。

5. 成年体标本。笔石体水平状，原始枝呈“三分叉式”，分枝四级；三个原始枝直，二级、三级、四级枝长度递增，四级枝长4 ~ 5mm；笔石枝纤细、微曲、均宽；胞管细长管状。采集号：HDA24。登记号：NG92702。产地：吉林白山大阳岔小阳桥剖面。层位：冶里组，*Anisograptus matanensis*带。该标本最初由林尧坤（见Chen et al. 1985）鉴定为*Anisograptus richardsoni* Bulman，1950，后由Cooper et al.（1998）厘定为*Anisograptus matanensis* Ruedemann，1937。

4 小型反称笔石 *Anisograptus minutus* Mu in Yang et al.，1983

主要特征：笔石体极小，直径约5mm。始端三个原始枝呈“三分叉式”，三个原始枝中有一枝较长，其余两枝较短，分枝可达四级以上，枝较直。正胞管细长管状，副胞管常不清晰。

成年体标本。始端三个原始枝长度大体一致，二级枝长度不等；枝宽均匀，分枝三级；笔石体极小，直径仅5mm。三个原始枝一长两短，长的1.5mm，短的仅0.8mm。二级枝长2mm左右，三级枝短，分枝角度大。枝宽0.4mm，胞管性质不明。登记号：NG53910（正模）。产地：浙江常山西阳山剖面。层位：印渚埠组下部，*Anisograptus matanensis*带。该标本由穆恩之（见杨达铨等，1983）首次发表。

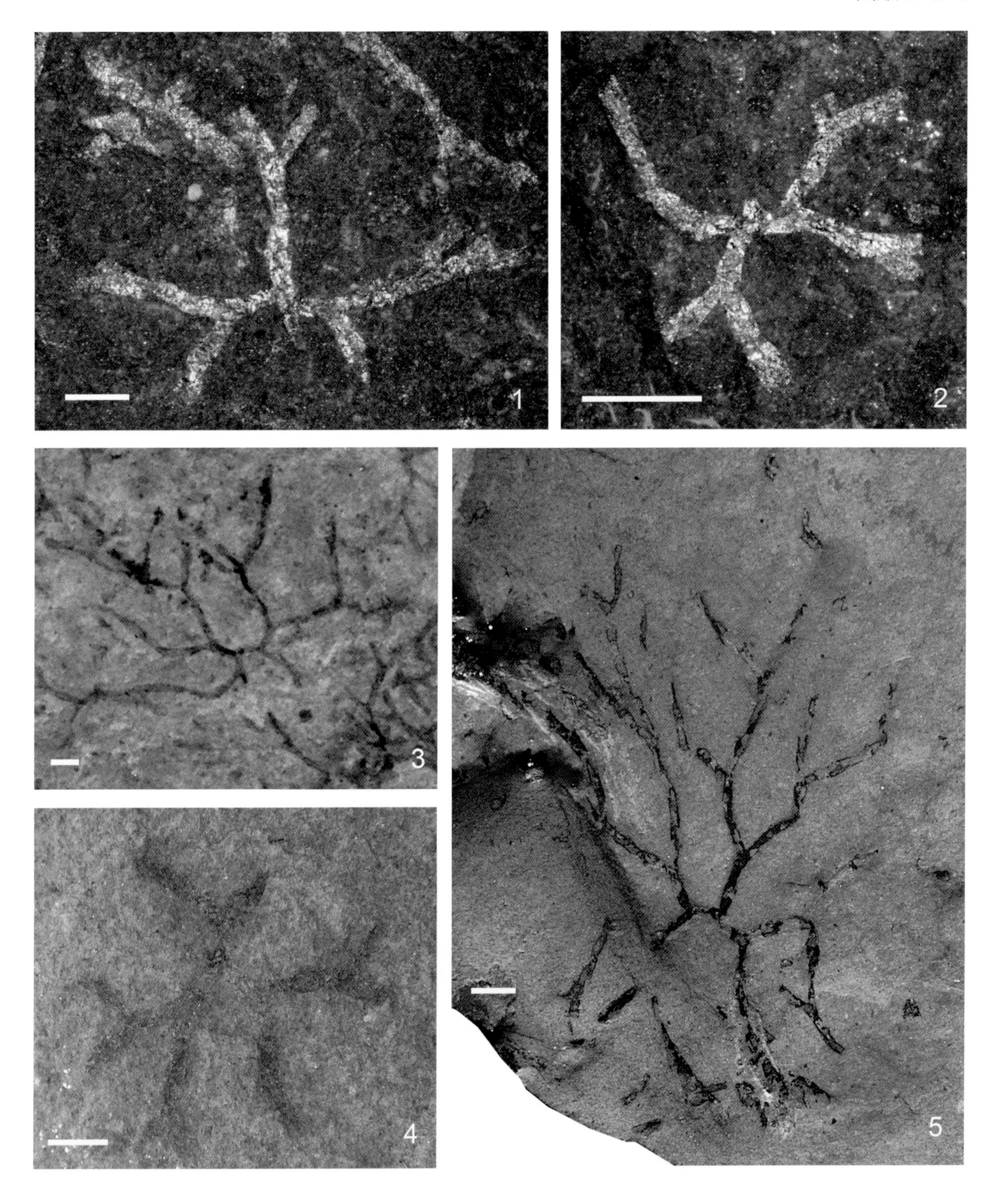
1
2
3
4
5

图版 5-1-5　笔石

（比例尺长度 =1mm）

特马豆克阶（上部）

1—6　杰克逊戟笔石 *Psigraptus jacksoni* Rickards & Stait，1984

主要特征：笔石体两个原始枝水平反向生长，各自行正分枝，并转为上斜生长，分枝可达六级或更多，枝长逐级递增，枝宽均匀。胎管长锥状，亚胎管的近口部向下伸出枝外，完全孤立。始端第一对胞管向腹侧宽缓弯曲，末端完全孤立。向笔石体末端，胞管逐渐变为直管状，孤立部分退缩至消失。

1. 成年笔石体，侧压标本。两个原始枝水平背向生出，各自再行正分枝，其中部分二级枝再行正分枝，上斜生长，枝长递增；分枝共四级；胎管细长锥状，直立位于两个原始枝中央，近口部较长一段伸出枝外，呈孤立状；正胞管直管状，副胞管局部隐约可见呈细管状。登记号：NIGP134672。产地：吉林白山大阳岔老头沟剖面。层位：冶里组，*Psigraptus jacksoni*带。该标本由Zhang & Erdtmann（2004）首次发表。

2. 少年体标本，正面侧压。始端具两个原始枝，水平生长，较短；二级枝上斜生长；胎管长锥状，亚胎管的近口部向下伸出枝外，呈孤立状；发育胎管位副胞管，较短小，攀附于胎管中段侧面；正胞管呈直管状，部分口部向腹侧微弯曲，成孤立状。登记号：NIGP134669。产地：吉林白山大阳岔老头沟剖面。层位：冶里组，*Psigraptus jacksoni*带。该标本由Zhang & Erdtmann（2004）首次发表。

3. 成年笔石体，侧压保存。两个原始枝水平生出，见其中一枝再行正分枝，并转为向上斜生长，另一枝未见分枝（可能是保存原因）；胎管长锥状，亚胎管的近口部向下伸出枝外约2/3，呈孤立状；始端胞管成长管状，亚胞管向腹侧弯曲成宽弧形，近口部完全孤立；向末端胞管为直管状，孤立部分逐步退缩至近于消失。登记号：NIGP134673a。产地：吉林白山大阳岔老头沟剖面。层位：冶里组，*Psigraptus jacksoni*带。该标本由Zhang & Erdtmann（2004）首次发表。

4. 幼年体标本，侧压保存。胎管直立，锥状，近口部的亚胎管段伸出枝外，成孤立状；两原始枝水平伸出，并开始再分枝；第一对胞管向腹侧弯曲。登记号：NIGP60877-1。产地：山西浑源中庄铺羊投崖剖面。层位：冶里组，*Adelograptus-Clonograptus*带。标本长2.6mm。该标本位于林尧坤（1981）发表的含有笔石*Kiaerograptus hengshanensis* Lin正模标本（NIGP60877）的反面，现已严重风化。

5. 成年体标本，侧压保存。两个原始枝，其中一个枝再行正分枝三级，共四级分枝，枝宽均匀；另两个枝也疑似再分枝；胎管呈直立的长锥状，胎管近口部约2/3长度向下伸出枝外，孤立；始端胞管为长管状，亚胞管向腹侧弯曲成宽弧形，近口部完全孤立；向末端胞管为直管状，口部孤立部分逐步退缩至消失。登记号：NIGP134664a。产地：吉林白山大阳岔老头沟剖面。层位：冶里组，*Psigraptus jacksoni*带。该标本由Zhang & Erdtmann（2004）首次发表。

6. 老年体标本，斜侧压保存。两个原始枝水平反向生出，较短，各自行正分枝（另两枝保存于反对面标本）；共六级分枝，枝长逐级递增，并由上斜转为向上生长，枝宽均匀；胎管似断离，始端第一对胞管向腹侧宽缓弯曲，末端完全孤立；向笔石体末端，胞管口的孤立部分逐渐缩短，以至消失。登记号：NIGP134666。产地：吉林白山大阳岔老头沟剖面。层位：冶里组，*Psigraptus jacksoni*带。该标本由Zhang & Erdtmann（2004）首次发表。

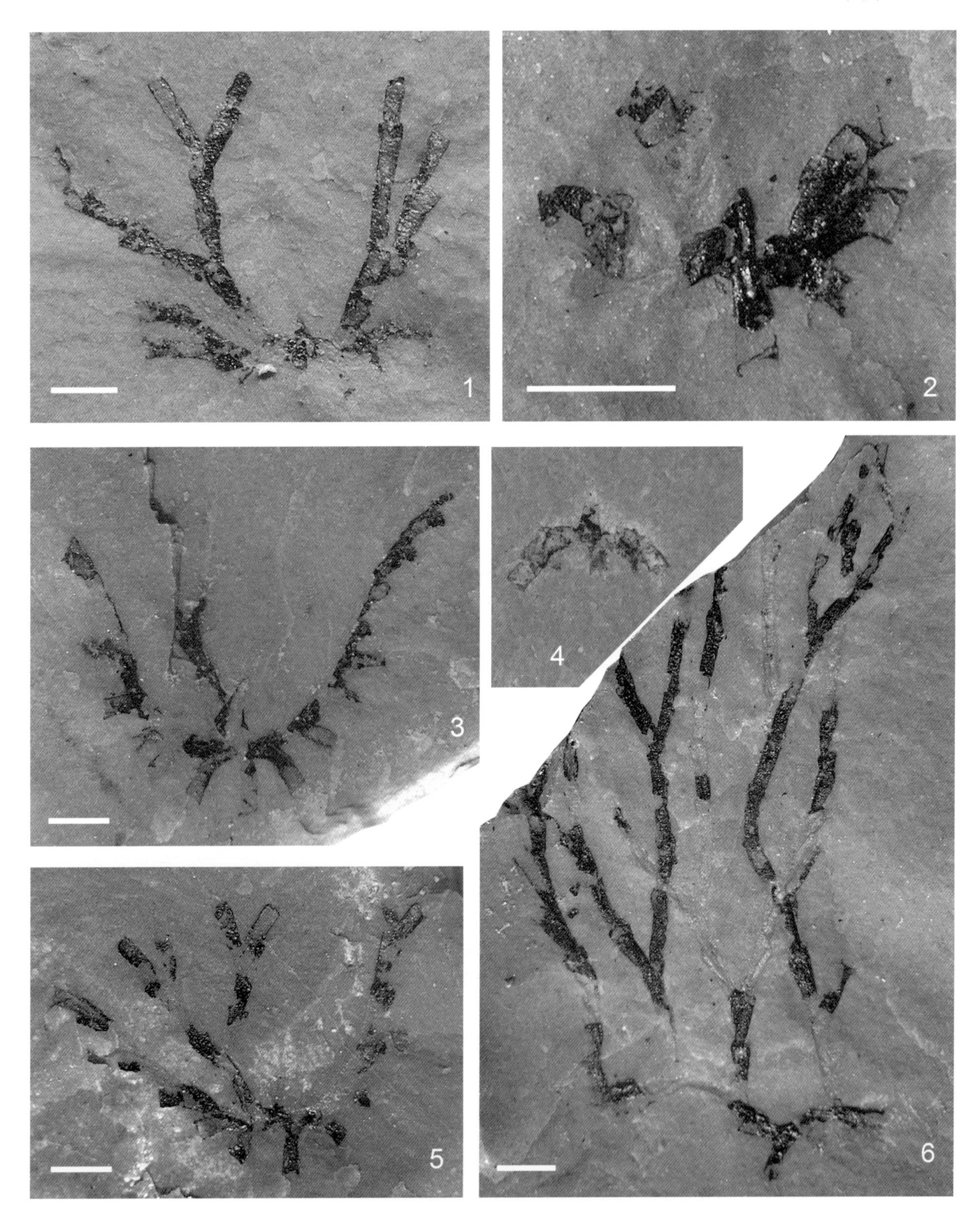
1
2
3
4
5
6

图版 5-1-6 笔石

（图 1—3，5 比例尺长度 =1mm，图 4 比例尺长度 =5mm）

特马豆克阶（上部）

1 曲折枝笔石小型亚种 *Clonograptus zigzag minor* Lin，1981

主要特征：笔石体小，直径8mm。两侧对称，两个原始枝构成横索，各自再行正分枝，分枝4 ~ 5级，分枝间距向笔石体末端递增。胎管保存变形，呈小三角状。笔石枝直或微弯曲，宽度基本均匀，0.2 ~ 0.5mm。胞管细直管状，侧面呈锯齿形，部分笔石标本可见隐约细长、锥管状的副胞管。

采集号：2019。登记号：NIGP60869。产地：山西大同口泉七峰山剖面。层位：冶里组，*Adelograptus-Clonograptus*带；该标本由林尧坤（1981）首次报道发表。

2，5 中国枝笔石 *Clonograptus sinensis*（Mu，1956）

主要特征：笔石体具短而平伸的两个原始枝，各自正分枝可达四级，分枝间距逐级递增；枝宽均匀。胎管小，呈圆锥形，口部孤立，伸出枝外。副胞管细直，锥管状。穆恩之（1956）建立该种时，归入*Herrmannograptus* Monsen，1937；后来该种被厘定，归属*Clonograptus*。

2. 幼年体标本。笔石体近于两侧对称，两个原始枝短，各自再行正分枝，二级枝长度不等；分枝三级，枝宽基本均匀。胎管圆锥状，亚胎管伸出枝外，呈孤立状；正胞管直管状，侧面排列成锯齿状。登记号：NIGP8186。产地：山西大同口泉七峰山剖面。层位：冶里组，*Adelograptus-Clonograptus*带。该标本由穆恩之（1956）首次报道发表，指定为*Clonograptus sinensis*（Mu，1956）的副模。

5. 成年笔石体。笔石体平伸，近于两侧对称，两个原始枝短，构成横索长1mm；原始枝各自再行正分枝，分枝达四级，分枝间距逐级递增；枝宽基本均匀，约0.5mm。胎管小，呈宽锥形，长1.2mm；正胞管为细长管状，侧面排列呈锯齿形；部分笔石枝上可见细直锥管状的副胞管，位于正胞管背侧。登记号：NIGP8185。产地：山西大同口泉七峰山剖面。层位：冶里组，*Adelograptus-Clonograptus*带。该标本由穆恩之（1956）首次报道发表，指定为*Clonograptus sinensis*（Mu，1956）的正模。

3 均一枝笔石 *Clonograptus uniformis*（Mu，1956）

主要特征：笔石体小，正分枝可达四级。枝细窄，宽度均匀；每级分枝的长度不甚规则，总体有向后递增趋势。

幼年体标本。两个原始枝从胎管中部生出，长约0.5mm，各自再行正分枝，分散角80° ~ 90° ；分枝三级，长度依次递增，枝直或微曲，宽度0.35mm；正胞管直管状，在笔石侧面排列成锯齿状。登记号：NG8189。产地：山西大同口泉七峰山剖面。层位：冶里组，*Adelograptus-Clonograptus*带。由穆恩之（1956）指定为*Clonograptus uniformis*（Mu，1956）的副模。

4 弯曲枝笔石太平亚种 *Clonograptus flexilis taipingensis* Li in Xia，1982

主要特征：笔石体较大，平伸，最大直径>100mm 。两个原始枝粗短，各自再行正分枝，可达5 ~ 7级；分枝间距向笔石体末端有递增趋势，各级分枝的分散角较小，多数在10° ~ 20° 。枝宽较均匀，0.6 ~ 0.9mm。正胞管直管状，口部具口尖。

登记号：NG56466（正模）。产地：安徽太平谭家桥剖面。层位：谭家桥组，*Clonograptus flexilis*带。由夏广胜（1982）首次发表。

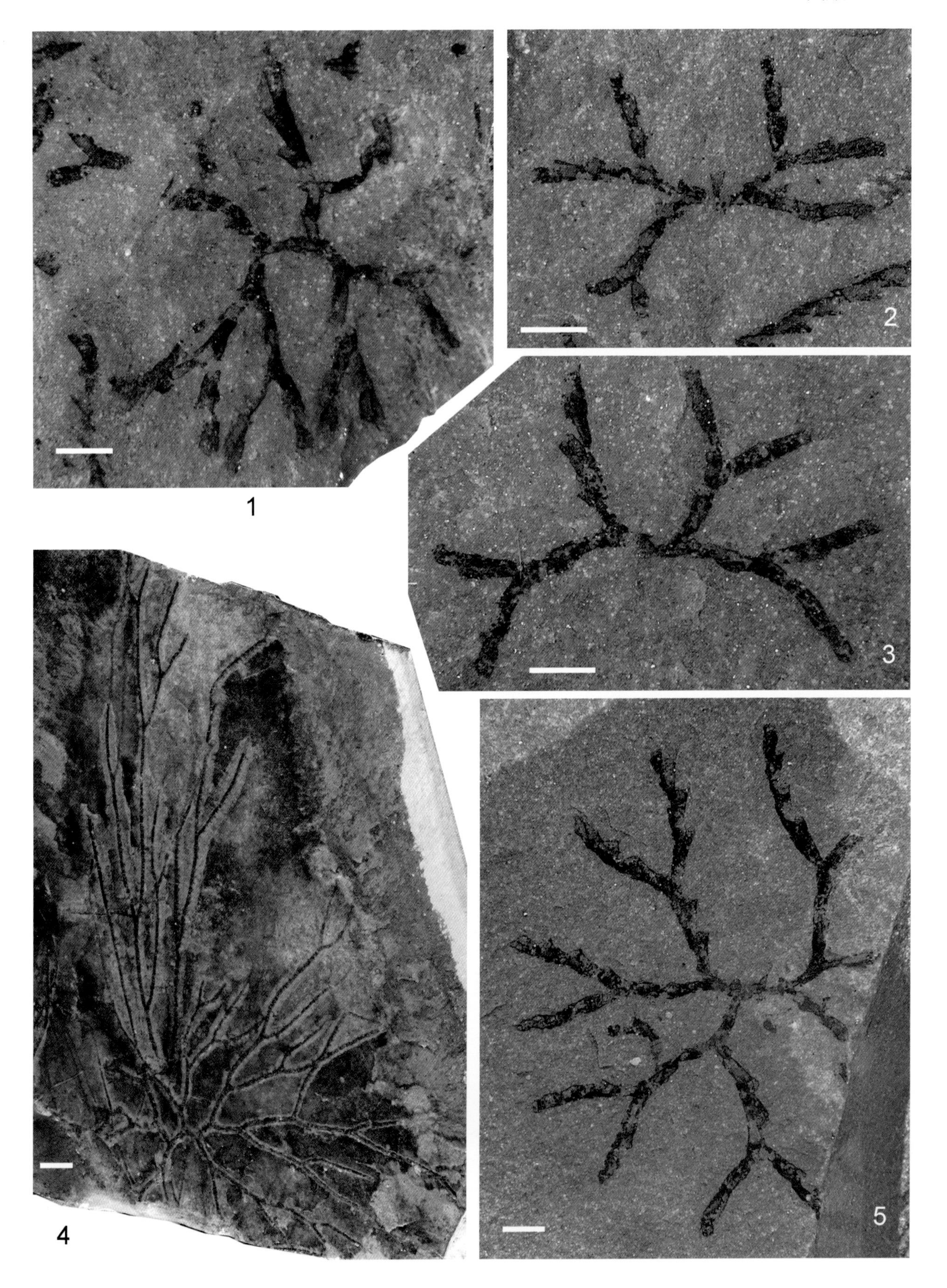
1
2
3
4
5

图版 5-1-7　笔石

（比例尺长度 =5mm）

弗洛阶（下部）

1　细线尖顶笔石 *Acrograptus filiformis*（Tullberg，1880）

主要特征：笔石体由两个细弱、近直的笔石枝组成。两枝下斜伸展，分散角通常为90°，也可略小；枝长多数在10mm内，但最长可达20mm以上；枝细而均匀，0.25 ~ 0.3mm。胎管长锥状，长约1mm，顶部具一根细的线管。始端第一对胞管不对称。胞管（只有正胞管，无副胞管）为细长管状，腹缘平直，掩盖少，倾角小。

登记号：NG31983。产地：贵州三都县三都中学剖面。层位：同高组，*Acroraptus filiformis*带。

2　灌木下垂笔石 *Pendeograptus fruticosus*（J. Hall，1865）

主要特征：笔石体钟形，长度达30mm以上；两个一级枝在胎管两侧下斜伸展，分散角约90°，或略小。四个二级枝由下斜快速转为下垂伸展，末端略微向外弯曲，使笔石体呈现钟形。胎管锥形，长约3mm，顶部常发育细长或带状的线管。胞管为直管状，侧面呈锯齿状。

登记号：NG106012。产地：内蒙古阿拉善左旗杭乌拉剖面。层位：沃博尔组，*Undulograptus austrodentatus*-*Pendeograptus fruticosus*带。

3—5　近似四笔石 *Tetragraptus approximatus* Nicholson，1873

主要特征：笔石体巨大，长度可达130mm以上，由两个一级枝和四个二级枝组成"工"字形。一级枝组成的横索直或近直，长度2 ~ 3mm；二级枝从横索两端生出后迅速分叉，呈180°或接近180°的分散角，并与横索垂直；二级枝通常较挺直，宽度由0.8mm逐渐增加到2mm。胞管直管状，锯齿状排列。

3. 老年体标本。登记号：NIGP171259。产地：西藏自治区申扎县知洼作古剖面。层位：扎扛组，*Tetragraptus approximatus*带。该标本由倪寓南采集，由Zhen et al.（2020，出版中）首次发表。

4. 成年体标本。登记号：NG67756。产地：江西玉山县毛家坞（过去作牟家坞）剖面，宁国组底部，*Tetragraptus approximatus*带。该标本由陈旭等（1983）描述发表。

5. 成年体标本。登记号：NIGP175408。产地：浙江桐庐县刘家剖面。层位：宁国组底部，*Tetragraptus approximatus*带。该标本由张元动等（2012）报道发表。

6　近似四笔石锯形亚种 *Tetragraptus approximatus prionodus* Xu & Huang，1979

主要特征：笔石体中等大小，横索长2mm。四个二级枝生出后迅速弯曲，分散角160° ~ 180°，沿垂直横索的方向生长，枝体迅速增宽，与横索一起构成"工"字形。胞管直管状，具口尖。

登记号：NG31845。产地：贵州三都县三都中学剖面。层位：同高组，*Tetragraptus approximatus*带。

1
2
3
4
5
6

图版 5-1-8　笔石

（比例尺长度 =1mm）

弗洛阶（上部）

1，2，4　膨大波罗的笔石 *Baltograptus turgidus*（Lee in Mu et al.，1974）

主要特征：笔石体两枝下曲，始部弯曲呈圆弧形，成年体的笔石枝末端近直或波形，外斜生长，分散角约150°。始端枝细，但迅速增宽，在下曲处达最大2.0 ~ 2.4mm，此宽度保持到末端。胎管长锥状，长约1.7mm，稍倾斜；胞管细长，亚胞管向腹侧弯曲，口尖显著。

采集号：1，2. AGC008；4. KMEC01。登记号：1. NIGP158753；2. NIGP158737；4. NIGP158741。产地：云南昆明二村剖面。层位：红石崖组，*Baltograptus varicosus*带。

注：李积金（见穆恩之等，1974）命名该种"膨胀对笔石"，与王举德（1968）建立的"下曲对笔石膨胀变种"构成同名。根据优先率原则和原始含义，将其中文名改为"膨大波罗的笔石"（两者拉丁名拼写不同，不必修改，只改中文名即可）。

3　云南波罗的笔石 *Baltograptus yunnanensis*（Li in Mu et al.，1979）

主要特征：笔石体两枝成宽缓的下曲形，成年体的笔石枝末端近直或波形微曲，水平伸展。始端枝细，但迅速增宽，在下曲处达最大2.4 ~ 2.6mm，此宽度保持到末端。胎管长锥状，长约1.7mm，直立。胞管细长，在笔石体始端亚胞管向腹侧弯曲，末端则变直，口尖显著。

采集号：AGC008。登记号：NIGP158760。产地：云南昆明二村剖面。层位：红石崖组，*Baltograptus varicosus*带。

5—9　膨胀波罗的笔石 *Baltograptus varicosus*（Wang，1974）

主要特征：笔石体两枝下曲，始部枝平伸，形成窄的肩部，但迅速转为下曲；成年体的笔石枝末端近直或波形，下斜或近水平生长。始端枝细，但较快增宽，在下曲处达最大1.5 ~ 1.9mm，此宽度保持到末端。胎管细长锥状，长约1.4 ~ 1.7mm，稍倾斜。第一对胞管不对称，始端胞管细长，亚胞管显著向腹侧弯曲，口尖显著，在口部背侧具凹口，向末端逐渐消失。

采集号：5，7. AGC015；6，8，9. KMEC01。登记号：5. NIGP158769；6. NIGP152348；7. NIGP158759；8. NIGP158747；9. NIGP158746。产地：5，7. 云南禄劝县桂花箐水库剖面；6，8，9. 云南昆明二村剖面。层位：红石崖组，*Baltograptus varicosus*带。

10，11　剧增波罗的笔石 *Baltograptus calidus*（Ni in Mu et al.，1979）

主要特征：笔石体粗壮，两枝成宽缓的下曲形；笔石体始部水平或略微上斜生长，形成宽阔的肩部。始端枝极细，但迅速增宽，在第一个胞管口的位置即达0.9 ~ 1.3mm，并迅速增宽至最大1.8 ~ 2.7mm，此宽度保持到末端。胎管长锥状，略微倾斜。胞管细长，在笔石体始端亚胞管向腹侧弯曲，但很快变直，口尖不明显。

采集号：10，11. AGC008。登记号：10. NIGP158767；11. NIGP158768。产地：云南昆明二村剖面。层位：红石崖组，*Baltograptus varicosus*带。

本图版标本均首次发表于Zhang & Zhang（2014）。

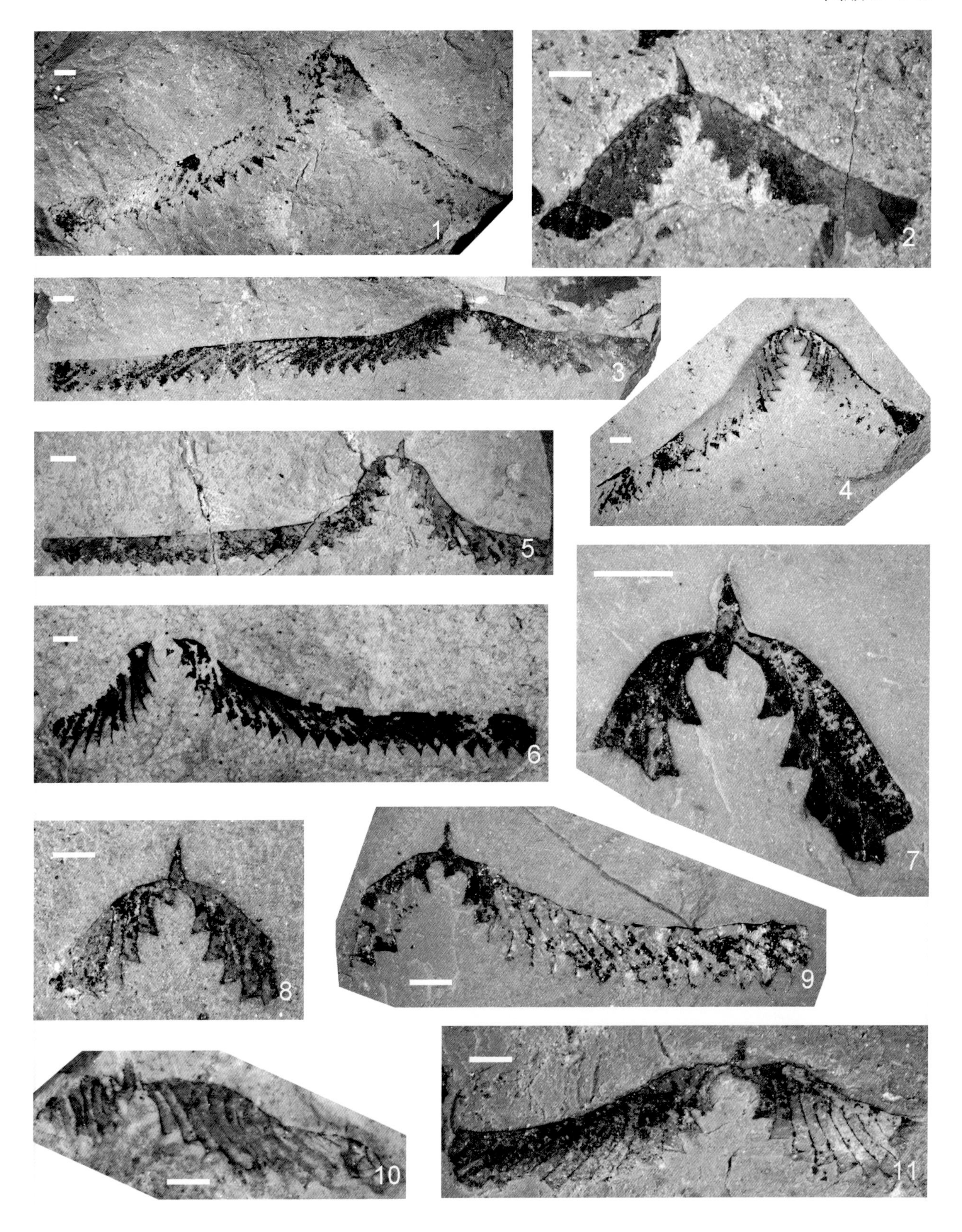
1
2
3
4
5
6
7
8
9
10
11

图版 5-1-9　笔石

（比例尺长度 =1mm）

弗洛阶（上部）

1—4　微波波罗的笔石 *Baltograptus vacillans*（Tullberg，1880）

主要特征：笔石体两枝始部下斜生长，始端分散角约100°，向末端略扩大，呈不典型下曲形。始端枝宽0.8 ~ 0.9mm，向末端渐变宽。胎管长锥状，直或在近口部微向背侧弯曲，长2mm。第一个胞管（$th1^1$）在近胎管口处折向外斜下方，胞管末端的自由部分显著向腹侧弯曲；始端第一对胞管的腹缘与胎管口部一起围成心脏形；胞管向笔石体末端逐渐变直，胞管宽度基本不变。

采集号：1. AFN198-5b；2. AFN198-61；3. AFN195-15；4. AFN198-42。登记号：1. NIGP142108；2. NIGP142110；3. NIGP142107；4. NIGP142106。产地：贵州遵义高桥大角寺剖面。层位：湄潭组，*Didymograptellus bifidus*带。

5—7　两分小对笔石 *Didymograptellus bifidus*（J. Hall，1865）

主要特征：笔石体两枝下垂，直或微向内弯曲，呈音叉形；始端两枝的分散角约90°，但很快变小，至两枝接近下垂。始端枝宽0.6 ~ 0.7mm，末端最宽为2.7mm。胎管呈锥形，近直；始端发育为“等称笔石式”。笔石体始端胞管向腹侧弧形弯曲，末端胞管变直。

采集号：5. AFN186-1；6. AFN187-1b；7. AFN194-16。登记号：5. NIGP142090；6. NIGP142091；7. NIGP142093。产地：贵州遵义高桥大角寺剖面。层位：湄潭组，*Didymograptellus bifidus*带。

8　库氏尖顶笔石 *Acrograptus kurcki*（Törnquist，1901）

主要特征：笔石体两枝下斜生长，枝近直，略向背侧弯曲，分散角100° ~ 110°。笔石体始端枝宽0.8mm，向末端缓慢增宽至1mm。笔石体的始端发育型式为*artus*式。胞管挺直，均匀细长。

采集号：AFN195-17。登记号：NIGP142099。产地：贵州遵义高桥大角寺剖面。层位：湄潭组，*Didymograptellus bifidus*带。

9　安娜叶笔石 *Phyllograptus anna* Hall，1865

主要特征：笔石体由四个枝向上攀合而成，细小，呈卵形，末端大致平齐。胞管向斜上方生长，近口部向腹侧微弯曲。

采集号：AFN182-2。登记号：NIGP112097。产地：贵州遵义高桥大角寺剖面。层位：湄潭组，*Didymograptellus bifidus*带。

本图版标本均首次发表于张元动等（2007）。

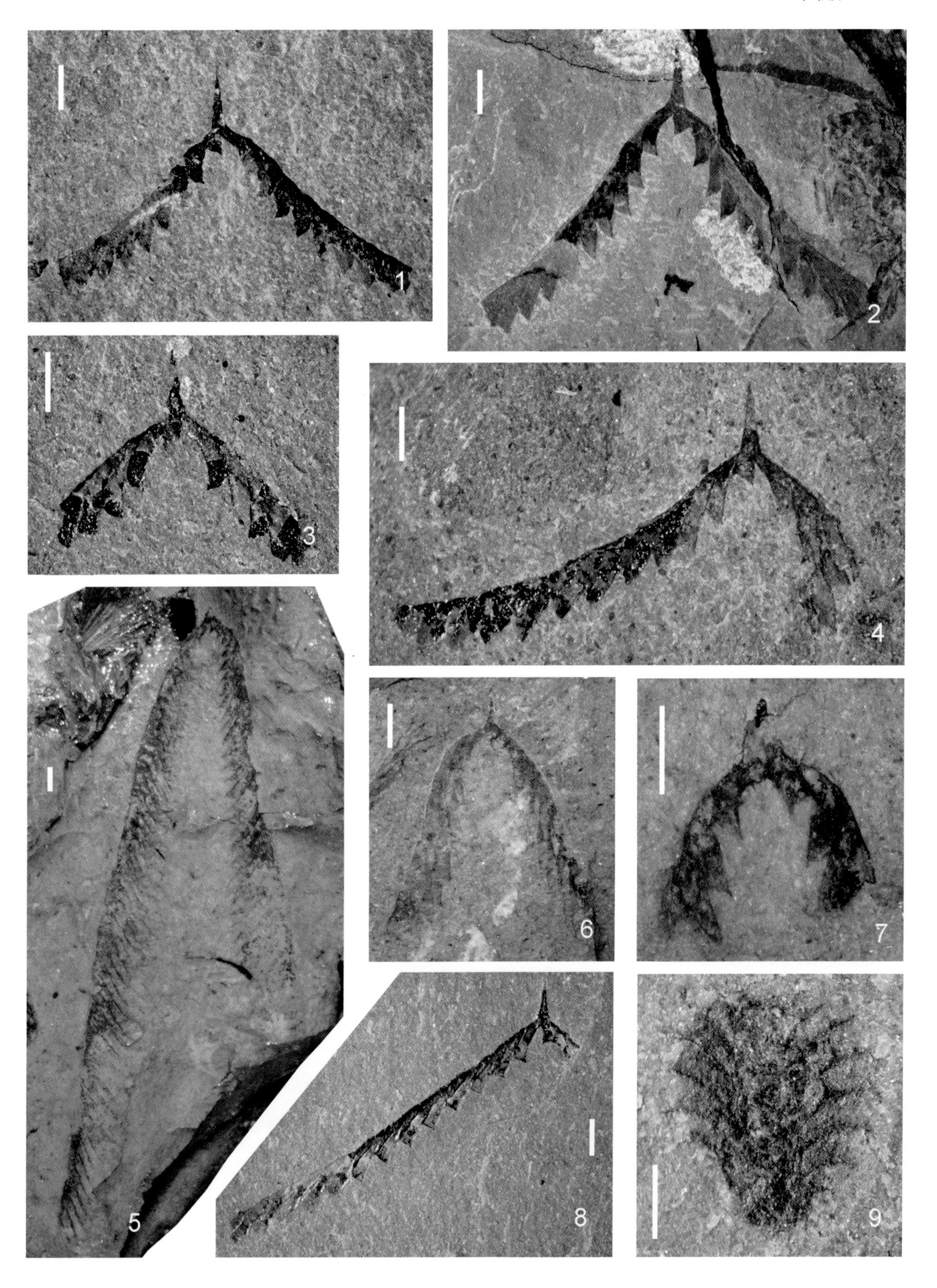
1
2
3
4
5
6
7
8
9

图版 5-1-10　笔石

（图 5 和 6 标本保存在中南大学，其余保存在中国科学院南京地质古生物研究所。图 2，3，8 的比例尺长度 =5mm；其余比例尺长度 =1mm）

大坪阶

1　维多利亚等称笔石 *Isograptus victoriae* Harris，1933

主要特征：笔石体由上斜的两个笔石枝组成，始端笔石枝略向背侧弯曲，末端拉直，围成心脏形或近“U”字形。笔石枝最长达17mm，宽度较均匀，平均2.1 ~ 2.3mm，最大可达2.7mm。胎管长度约3.3mm，线管常见，较粗壮，长达10mm以上。胞管直管状，近口部略向腹侧弯曲，常见口尖。

采集号：AEP-LJ7-1。登记号：NIGP175409。产地：浙江桐庐刘家剖面。层位：宁国组，*Azygograptus suecicus*带-*Exigraptus clavus*带。由张元动等（2012）首次发表。

2　燕形伸展笔石 *Expansograptus hirundo*（Salter，1863）

主要特征：笔石体由平伸的两个枝组成，体型较大，左右对称；笔石体长度可达50cm以上；枝较宽，最大宽度达4mm。胎管细长，长度达3.2mm以上。胞管直管状或略向腹侧弯曲，长度3 ~ 3.5mm，倾角较大，排列成锯齿状。胞管口部平或微内凹。

登记号：NG53940。产地：浙江江山黄泥岗剖面。层位：宁国组，*Expansograptus hirundo*带。标本由杨达铨等（1983）首次发表。

3，8　燕形伸展笔石江山亚种 *Expansograptus hirundo jiangshanensis*（Ge in Yang et al.，1983）

主要特征：该亚种基本特征与*Expansograptus hirundo*相似，但笔石枝较窄，增宽较缓慢（末端最大可达3mm）。

登记号：3. NG53942；8. NG53941。产地：浙江江山黄泥岗剖面。层位：宁国组，*Expansograptus hirundo*带。由杨达铨等（1983）首次发表。

4，7　模仿等称笔石 *Isograptus imitatus*（Harris，1933）

主要特征：笔石体由上斜的两个笔石枝组成，枝较直，形成“V”字形。笔石体始端尖圆。枝宽均匀，约2mm。胎管长约3.2mm，顶部具较长线管。胞管具口尖。

4. 采集号：yd141。登记号：NG106118。产地：内蒙古阿拉善左旗杭乌拉剖面。层位：沃博尔组，*Undulograptus austrodentatus*–*Pendeograptus fruticosus*带。由葛梅钰等（1990）首次发表。

7. 登记号：AEPLJ7-1。产地：浙江桐庐刘家剖面。层位：宁国组，*Exigraptus clavus*带。由张元动等（2012）首次发表。

5　拉普沃斯断笔石 *Azygograptus lapworthi* Nicholson，1875

主要特征：笔石体由一个下斜的、略微背曲的笔石枝组成。第一个胞管（th1）从亚胎管生出，生出点距离胎管口常超过0.2mm，无紧贴胎管生长段。胎管短锥形，口部膨大，背侧口尖显著。

采集号：HZW23-35。登记号：CSU10028。产地：湖北钟祥温峡口剖面。层位：大湾组，*Azygograptus suecicus*带。由Wang WH et al.（2019）首次发表。

6　艾维恩断笔石 *Azygograptus eivionicus* Elles，1922

主要特征：笔石体由一个下斜的、略微背曲的笔石枝组成。第一个胞管（th1）从亚胎管生出，无紧贴胎管生长段。胎管细长锥形，口部略有膨大，背侧具适度口尖。

采集号：HZW24-32-1。登记号：CSU10027。产地：湖北钟祥温峡口剖面。层位：大湾组，*Azygograptus suecicus*带。由Wang WH et al.（2019）首次发表。

9　瑞典断笔石 *Azygograptus suecicus* Moberg，1892

主要特征：笔石体较小，由一个直而下斜的笔石枝组成；枝宽较为均匀，末端略宽，可达0.7mm。胎管细长锥状，约1.5mm，口部结构简单，无膨大，无明显胎管口尖。第一个胞管（th1）从亚胎管的近口部生出，下斜生长。胞管细长，倾角小，腹缘直。

采集号：H59b。登记号：NIGP150182。产地：浙江常山黄泥塘水库剖面。层位：宁国组，*Azygograptus suecicus*带。由张元动等（2009）首次发表。

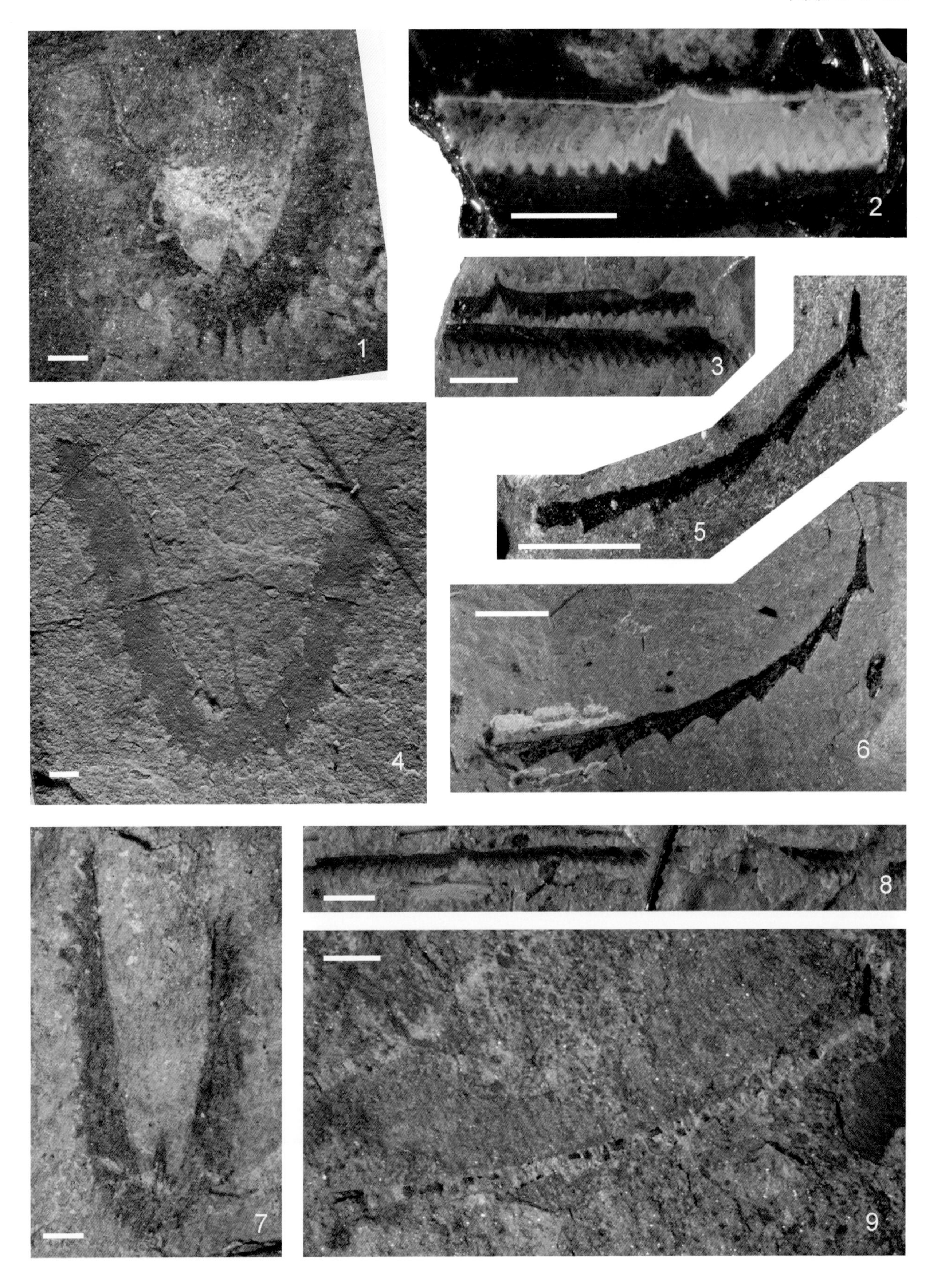
1
2
3
4
5
6
7
8
9

图版 5-1-11 笔石

（比例尺长度 =1mm）

大坪阶（上部）—达瑞威尔阶（下部）

1，7 槌状鄂西笔石 *Exigraptus clavus* Mu，1979

主要特征：笔石体较细小，长约7mm，呈棒槌状，始端圆形，末端变尖削。胎管直长，可达5.8mm，具有粗壮的胎管刺。胞管口部常有喇叭状扩大现象。中隔壁呈“之”字形波状弯曲。始端发育型式为“U”型。

采集号：1. AEP30。登记号：1. NIGP124848；7. NIGP136156。产地：江西玉山陈家坞剖面。层位：宁国组，*Exigraptus clavus* 带。图1首次发表于Chen et al.（1995b）；图7首次发表于Fortey et al.（2005）。

2 剑柄假等称笔石剑柄亚种 *Pseudisograptus manubriatus manubriatus*（Hall，1914）

主要特征：笔石体相对较大，两枝上斜或向上近平行伸长。剑柄粗大，由多达8～9对的始端胞管侧面上下叠置和腹背面左右叠置而成。胞管极度拉长，普遍发育原胞管褶；宽度均匀，但口部略有扩大。

采集号：AEP65。登记号：NIGP136146。产地：浙江江山丰足剖面。层位：宁国组，*Exigraptus clavus*带。首次发表于Fortey et al.（2005）。

注：*P. m. manubriatus*（Hall，1914）的正模标本是产自澳大利亚维多利亚州的（登记号NMVP31176），Copper & Ni（1986）认为已经遗失，因此指定了新模标本（NMVP 103870）。但是，最近又找到了*P. m. manubriatus*（Hall，1914）的正模标本，并发现它与Copper & Ni（1986）建立的*P. m. harrisi* Cooper & Ni，1986特征一致，因此*P. m. harrisi* Cooper & Ni，1986就成了后同名，应予以取消（VandenBerg & Maletz，2016）。浙江江山的当前标本过去也被定为*P. m. harrisi* Cooper & Ni，1986（Fortey et al.，2005），现参照模式标本也更改为*P. m. manubriatus*（Hall，1914）。

3 剑柄假等称笔石长钉状亚种 *Pseudisograptus manubriatus koi* Cooper & Ni

主要特征：笔石体相对短小，由上斜的两个笔石枝组成。始端剑柄发育，呈三角状，与上斜两枝构成锚形。胎管非常长，可达6mm。始端胞管具有侧面辫状叠置现象。两上斜枝的轴角比*Pseudisograptus manubriatus janus*略大。

采集号：AEP132。登记号：NIGP136151。产地：江西玉山陈家坞剖面。层位：宁国组，*Undulograptus austrodentatus* 带。首次发表于Fortey et al.（2005）。

4 均匀鄂西笔石 *Exigraptus uniformis* Mu，1979

主要特征：笔石体由两列笔石胞管向上攀合而成，呈长条形，长度达13mm，宽度约2.5mm。具粗壮的矛状胎管刺。胞管排列整齐，口部具有喇叭状扩大现象。中隔壁呈“之”字形波状弯曲，向末端有拉直趋势。始端发育型式为“U”型。

采集号：AEP127-1。登记号：NIGP136155。产地：江西玉山陈家坞剖面。层位：宁国组，*Exigraptus clavus*带。首次发表于Fortey et al.（2005）。

5，6 剑柄假等称笔石两面亚种 *Pseudisograptus manubriatus janus* Cooper & Ni，1986

主要特征：笔石体相对较大，由上斜的两个笔石枝组成。始端剑柄发育，长而尖削。胎管非常细长，长度达7mm，主体为亚胎管，具矛状胎管刺。始端胞管具显著的原胞管褶，相邻胞管在笔石体侧面发生部分辫状叠置，胞管末端向背侧折弯。

5. 正面标本。采集号：AEP25。登记号：NIGP93106。产地：浙江江山横塘剖面。层位：宁国组，*Exigraptus clavus*带。首次发表于陈旭等（1999）。

6. 采集号：AEP132。登记号：NIGP124886。产地：江西玉山陈家坞剖面。层位：宁国组，*Undulograptus austrodentatus* 带。首次发表于Chen et al.（1995b）。

8—10 长心笔石 *Cardiograptus amplus*（Hsü，1934）

主要特征：笔石体长，较大，长度可达45mm以上，由上攀的两列胞管组成。笔石体始端宽圆，宽约3mm，末端最大可达6mm，两侧近平行。胎管与第一个胞管构成“等称笔石式”对称。笔石体始端的两枝发生“背折”，与小型剑柄构成心形结构。胞管拉长，近口部向腹侧弯曲，口部略有扩大。

8. 反面标本。采集号：8. AEP35；9. AEP140；10. AEP38。登记号：8. NIGP136152；9. NIGP124888；10. NIGP124864。产地：8,10. 浙江江山横塘剖面；9. 江西玉山陈家坞剖面。层位：宁国组，*Undulograptus austrodentatus*带。图8首次发表于Fortey et al.(2005)；图9和10首次发表于Chen et al.（1995b）。

1
2
3
4
5
6
7
8
9
10

图版 5-1-12　笔石

（比例尺长度 =1mm）

大坪阶（上部）—达瑞威尔阶（下部）

1，12，13　美丽波曲笔石 *Undulograptus formosus*（Mu & Lee，1958）

主要特征：笔石体细长，由两列胞管向上攀合而成，一般长4.5 ~ 10.3mm，宽1.1 ~ 1.3mm，始端圆。胎管细长，略做“S”形弯曲；“C”型始端发育；始端第一对胞管左右对称，末端折向上生长，呈“U”字形。正常胞管细长，“S”形弯曲，口部向内弯曲，未见扩大现象。

采集号：1，12. AEP85；13. AEP83。登记号：1. NIGP136170；12. NIGP136172；13. NIGP124895。产地：浙江江山黄泥岗剖面。层位：宁国组，*Undulograptus austrodentatus*带。图1和12标本首次发表于Fortey et al.（2005）；图13首次发表于Chen et al.（1995b）。

2　波曲笔石？（未定种）*Undulograptus*? sp.

主要特征：笔石体细长，由两列胞管向上攀合而成，与美丽波曲笔石相似。始部具较矮短的剑柄构造，“U”型始端发育；中隔壁不连续。

采集号：AEP3。登记号：NIGP136173。产地：浙江江山拳头棚剖面。层位：宁国组，*Undulograptus austrodentatus*带。首次发表于Fortey et al.（2005）。

3—5，7—11　澳洲齿状波曲笔石 *Undulograptus austrodentatus*（Harris & Keble，1932）

主要特征：笔石体由两列胞管向上攀合而成，细长条状，长度可达13mm左右。始端较钝方，宽度1.2 ~ 1.5mm，末端最大宽度达1.8 ~ 2.0mm。胎管直，长4mm，胎顶达第4对胞管的口部高度；“U”型始端发育。胞管波状弯曲，口部呈喇叭状扩大。

11. 幼年体标本。采集号：3. AEP75；4. AEP138；5. AEP81；7. AEP33；8. AEP141；9. AEP2；10. AEP40；11. AEP3。登记号：3. NIGP136163；4. NIGP136165；5. NIGP124891；7. NIGP136164；8. NIGP136161；9. NIGP124889；10. NIGP124890；11. NIGP136166。产地：3，5. 浙江江山黄泥岗剖面；4，8. 江西玉山陈家坞剖面；7，10. 浙江江山横塘剖面；9，11. 浙江江山拳头棚剖面。层位：宁国组，*Undulograptus austrodentatus*带。

图5，9，10首次发表于Chen et al.（1995b），其余首次发表于Fortey et al.（2005）。

6　中国齿状波曲笔石 *Undulograptus sinodentatus*（Mu & Lee，1958）

主要特征：笔石体长达13mm，始端宽1.5 ~ 2mm，中部最宽达2.8mm，两侧近于平行。始端较钝方，始端发育为“U”型，具显著剑柄构造。胎管较粗状，长可达4.5mm。胞管呈波状弯曲，在笔石体始端明显，向末端逐渐拉直；口部喇叭状扩大显著。

采集号：AEP27。登记号：NIGP124893。产地：浙江江山横塘剖面。层位：宁国组，*Exigraptus clavus*带。首次发表于Chen et al.（1995b）。

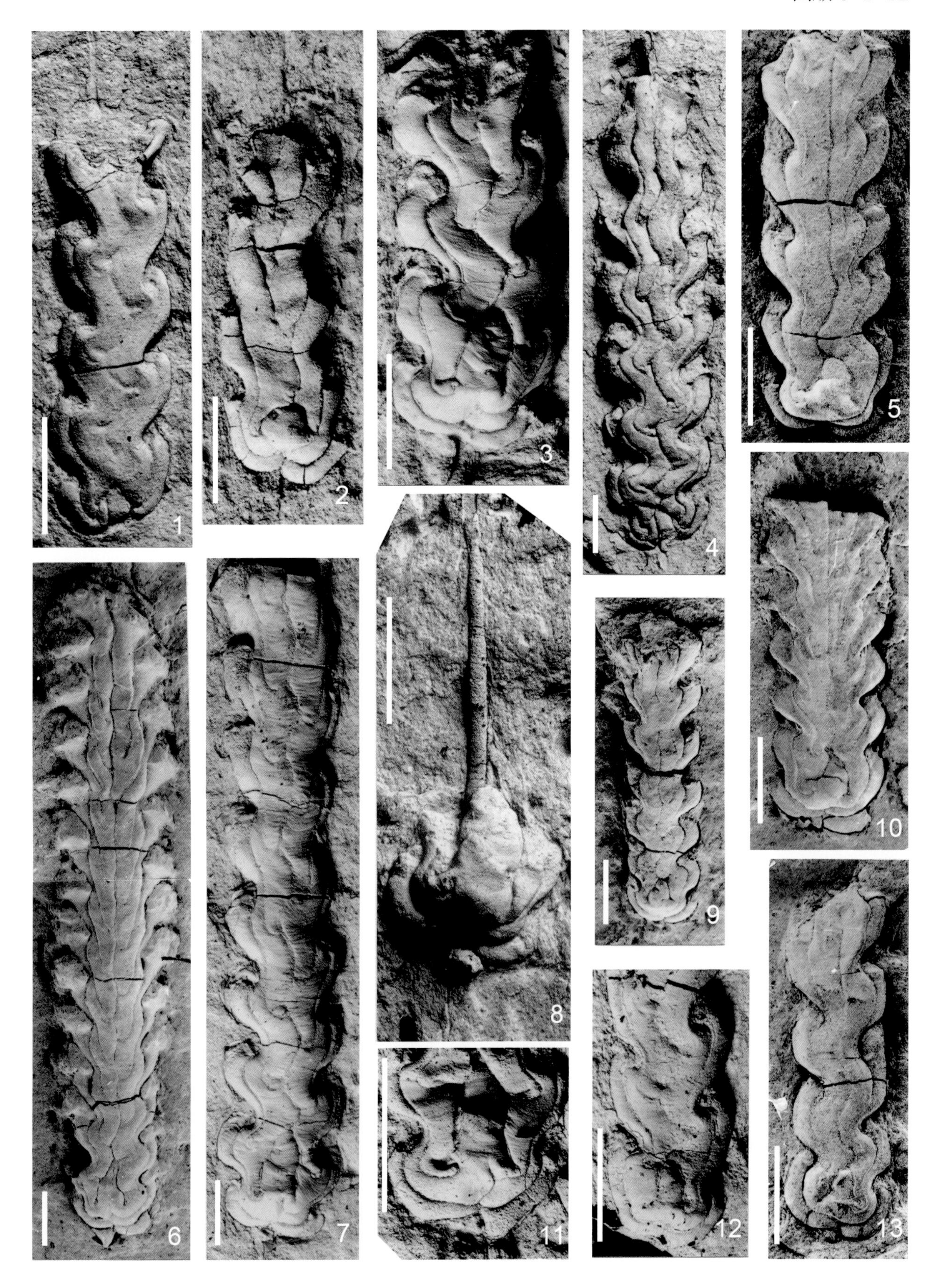
1
2
3
4
5
6
7
8
9
10
11
12
13

图版 5-1-13　笔石

（比例尺长度 =1mm）

达瑞威尔阶（下部）

1，2　江西香蕉笔石 *Arienigraptus jiangxiensis* Yu & Fang，1981

主要特征：笔石体小，外形似贝壳，中央部分隆起，胞管排列成香蕉状。笔石体左右对称，第一个胞管与胎管对称分布，其余胞管依次排列，胞管末端向外、斜上方弯曲；两个肩部向斜下方伸展，近直或作弧形弯曲。始端发育为等称笔石式。

1. 反面标本；2. 正面标本。采集号：1. AEP4；2. AEP82。登记号：1. NIGP136142；2. NIGP136143。产地：1. 浙江江山拳头棚剖面；2. 浙江江山黄泥岗剖面。层位：宁国组，*Undulograptus austrodentatus*带。这两个标本首次发表于Fortey et al.（2005）。

3，8　中国波曲笔石 *Undulograptus sinicus*（Mu & Lee，1958）

笔石体微小，条状，两侧平行，长度＜5mm，宽度＜0.9mm。胞管双“S”形强烈弯曲，具口刺，始端发育为“U”型。

正面标本。采集号：3. AEP3；8. AEP85。登记号：3. NIGP136168；8. NIGP124887。产地：3. 浙江江山拳头棚剖面；8. 浙江江山黄泥岗剖面。层位：宁国组，*Undulograptus austrodentatus*带。图3标本首次发表于Fortey et al.（2005）；图8标本首次发表于Chen et al.（1995b）。

4—6　浙江香蕉笔石 *Arienigraptus zhejiangensis* Yu & Fang，1981

笔石体小，外形似两侧对称伸展的贝壳，肩部水平或近于水平。胞管细长，始部向下，末端折向外斜上方。始端发育为等称笔石式。

采集号：4. AEP30；5. AEP74；6. AEP40。登记号：4. NIGP136144；5. NIGP124894；6. NIGP124855。产地：4，6. 浙江江山横塘剖面；5. 浙江江山黄泥岗剖面。层位：宁国组，*Undulograptus austrodentatus*带。图4标本首次发表于Fortey et al.（2005）；图5，6标本首次发表于Chen et al.（1995b）。

7　灌木状香蕉笔石 *Arienigraptus dumosus*（Harris，1933）

笔石体较小，大体呈圆形，通常直径＜5mm，由下斜的两列笔石规则排列组成。始端具有“等称笔石式对称”，始端发育型式为“等称笔石式”。胎管长可达4.8mm，剑柄宽约2.1mm，高约1.4mm，两肩宽缓下斜，每侧各含5个胞管。胞管呈管状，始端略微褶曲，中段垂直向下，末端折向外斜上方。胞管高度掩盖，始端两对胞管和胎管发生侧面叠置现象，其后胞管均为腹背叠置、连续排列。

采集号：AEP82。登记号：NIGP136145。产地：浙江江山黄泥岗剖面。层位：宁国组，*Undulograptus austrodentatus*带。标本首次发表于Fortey et al.（2005）。

1
2
3
4
5
6
7
8

图版 5-1-14　笔石

（比例尺长度 =1mm）

达瑞威尔阶（下、中部）

1—3，6　标准中国笔石 *Sinograptus typicalis* Mu，1957（=*Sinograptus aequabilis* Mu，1957）

主要特征：笔石体小，两枝呈“人”字形，下曲生长。笔石枝长约10mm，始端宽0.2mm，向末端增宽，末端最大宽度达0.5mm。胎管圆锥形，直立。胞管剧烈变形，并极度拉长，始部发育原胞管背褶，末端发育腹褶。在背褶和腹褶的顶端均发育细直的刺。

1，2. 图2为图1的反对面标本局部放大。登记号：NG8909（正模）。产地：浙江常山大坞剖面。层位：宁国组，*Acrograptus ellesae*带。由穆恩之（1957）首次发表。

3. 采集号：AEP261。登记号：NIGP139756。产地：浙江常山黄泥塘剖面。层位：宁国组，*Pterograptus elegans*带底部。由Chen et al.（2006b）首次发表。

6. 登记号：NG8914。产地：浙江常山大坞剖面。层位：宁国组，*Acrograptus ellesae*带。由穆恩之（1957）首次发表。

4　规则侯尔姆笔石 *Holmograptus regularis*（Mu，1957）

主要特征：笔石体由下斜的两个笔石枝组成，笔石枝宽度向末端迅速增加，最大达0.65mm。胞管变形强烈，普遍发育原胞管背褶，胞管口部内弯，具胞管腹刺。

登记号：NG8892（正模）。产地：浙江常山大坞剖面。层位：宁国组，*Acrograptus ellesae*带。由穆恩之（1957）首次发表。

5　刺形侯尔姆笔石 *Holmograptus spiniformis*（Mu，1957）

主要特征：由下斜—下曲的两个笔石枝组成，枝较细而均匀，宽度约0.3mm（不含背褶）。胞管变形强烈，原胞管背褶发育，高度0.5～0.6mm，形如向上的尖刺状。胞管口部内弯，弯曲处发育腹刺。

采集号：Ⅲ-13。登记号：NIGP137213。产地：浙江常山黄泥塘剖面。层位：胡乐组，*Nicholsonograptus fasciculatus*带。由陈旭等（2004）首次发表。

7　爱丽丝尖顶笔石 *Acrograptus ellesae*（Ruedemann，1908）

主要特征：笔石体小，由下斜的两个笔石枝组成，枝纤细而直，分散角约120°。枝长可达15mm，宽度由始端的0.3mm均匀加宽至末端的0.5mm。胞管简单，细管状，倾角小，掩盖少。

采集号：AFT-X89-14。登记号：NIGP152526。产地：库鲁克塔格却尔却克山。层位：却尔却克组，*Acrograptus ellesae*带。由陈旭等（2012b）首次发表。

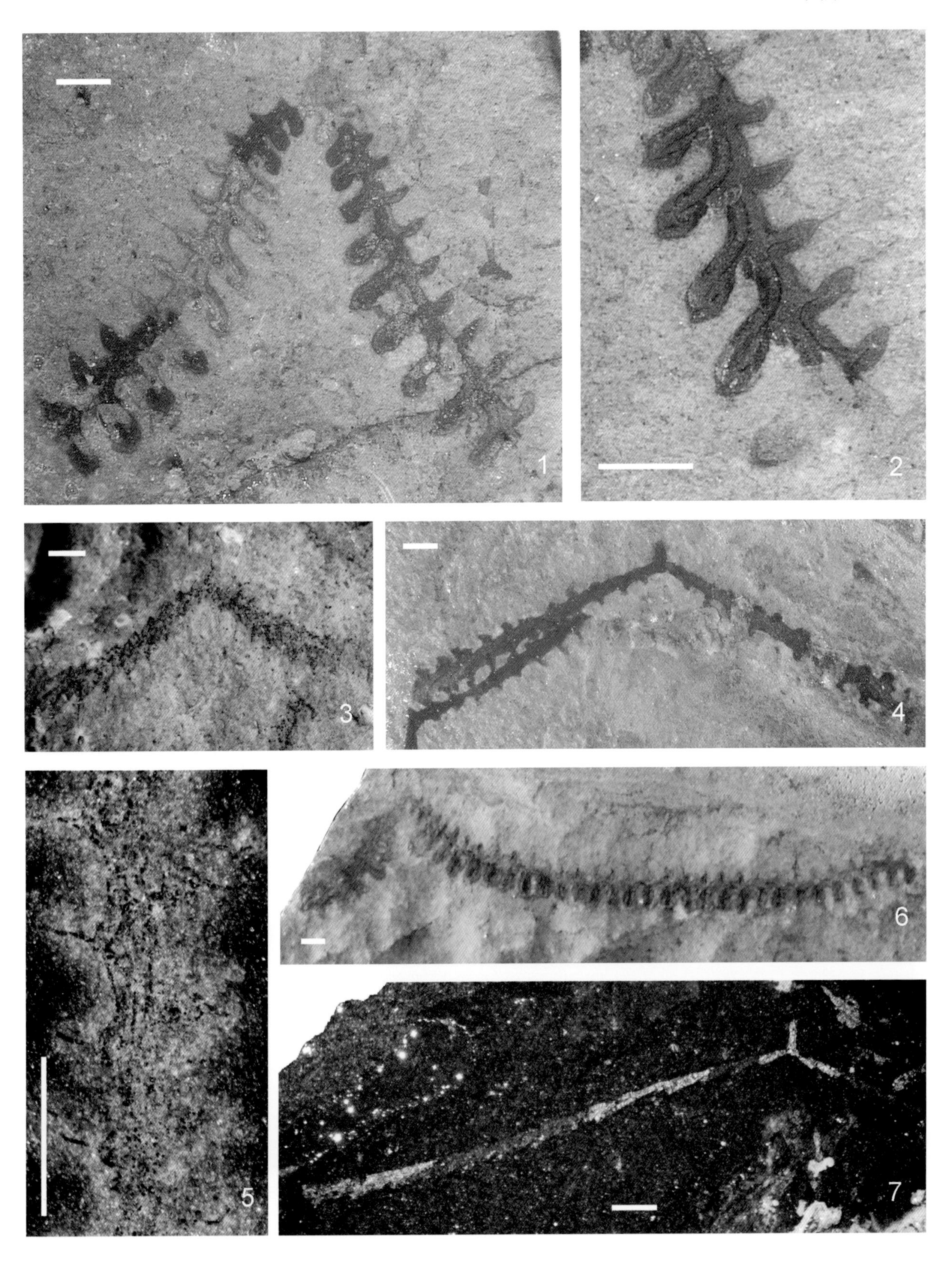
1
2
3
4
5
6
7

图版 5-1-15　笔石

（图 5 和 6 比例尺长度 =5mm，其余比例尺长度 =1mm）

达瑞威尔阶（中部）

1—4，7，8　束状尼氏笔石 *Nicholsonograptus fasciculatus*（Nicholson，1869）

主要特征：笔石体由胎管和单个笔石枝组成，呈镰刀形或“S”形。笔石体始端近直或微向背侧弯曲，宽度0.3 ~ 0.4mm；中末部转为向腹侧弯曲，宽度最大可达1.2mm。胎管短锥状。胞管特别细长，在笔石体末端可长达8mm，胞管口部内转，口缘内斜，具口刺。

1. 幼年体，胎管长锥形，胞管口部内转，具口盖，口刺发育，口穴呈袋形。采集号：Pm007-hb-20-2-38。登记号：NIGP175410。

2. 全貌，笔石枝呈“S”形，胎管刺发育。采集号：Pm007-20-1-16。登记号：NIGP175411。

3. 全貌，笔石体呈“S”形，胞管发育口刺。采集号：Pm007-hb-20-1-55。登记号：NIGP175412。

4. 全貌，笔石体呈“S”形，胞管发育口刺。采集号：Pm007-20-1-12。登记号：NIGP175413。

7. 幼年体，线管纤长，第一个胞管自原胎管底部生出，胞管口部发育口尖。采集号：Pm007-hb-20-2-11。登记号：NIGP175414。

8. 全貌，笔石体呈“S”形，胎管具胎管刺。采集号：SC-7-2-1。登记号：NIGP175415。

5，6　长型尼氏笔石 *Nicholsonograptus praelongus*（Hsü，1934）

主要特征：笔石体由胎管和镰刀形的单个枝组成；笔石枝向末端逐渐增宽，末端最大宽度2.5 ~ 2.7mm。胞管极度拉长，在笔石体末端最长可达10mm以上，宽度仅0.4mm；胞管密集排列，横过末端笔石体截面可有多达12个胞管；倾角小，掩盖大；口部发育口刺。

5. 全貌，笔石体呈长镰刀形，胞管发育纤长口刺，胞管掩盖程度较大。采集号：Pm007-20-1-64。登记号：NIGP175416。

6. 全貌，笔石体呈长镰刀形，胞管发育纤长口刺，胞管掩盖程度较大。登记号：NIGP175417。标本由汪隆武采集并提供。

9，10　狭窄尼氏笔石 *Nicholsonograptus angustus* Ni in Yang et al.，1983

主要特征：笔石枝纤细，呈宽缓“S”弯曲，枝长可达20mm，枝宽均匀，仅0.2 ~ 0.3mm。

9. 全貌，笔石体纤细，枝近水平，胞管掩盖程度较低。采集号：Pm007-21-1-23。登记号：NIGP175418。

10. 全貌，笔石体纤细，末端笔石枝弯曲，胞管具口尖，口穴呈袋形。采集号：Pm007-hb-21-94。登记号：NIGP175419。

11　多管尼氏笔石 *Nicholsonograptus multithecatus* Ge in Yang et al.，1983

主要特征：笔石体呈镰刀形，最长可达150mm。枝宽甚大，增宽迅速，始端枝宽0.6mm，向末端迅速增宽至3mm，部分标本最宽达5mm。胞管较大，向腹侧弯曲；口尖发育，粗壮，外曲成钩状。注：该种与中国尼氏笔石巨型亚种 *Nicholsonograptus sinicus ingentis*（Hsü，1934）可能为同物异名。

半成年体，胞管刺发育，胞管口具口盖；笔石枝自第四对胞管开始迅速增宽。采集号：Pm007-20-n-8-2。登记号：NIGP175420。

产地：浙江安吉杭垓九亩垄剖面。层位：胡乐组，*Nicholsonograptus fasciculatus*带。该图版标本均为本书首次发表；标本均为碳质薄膜。

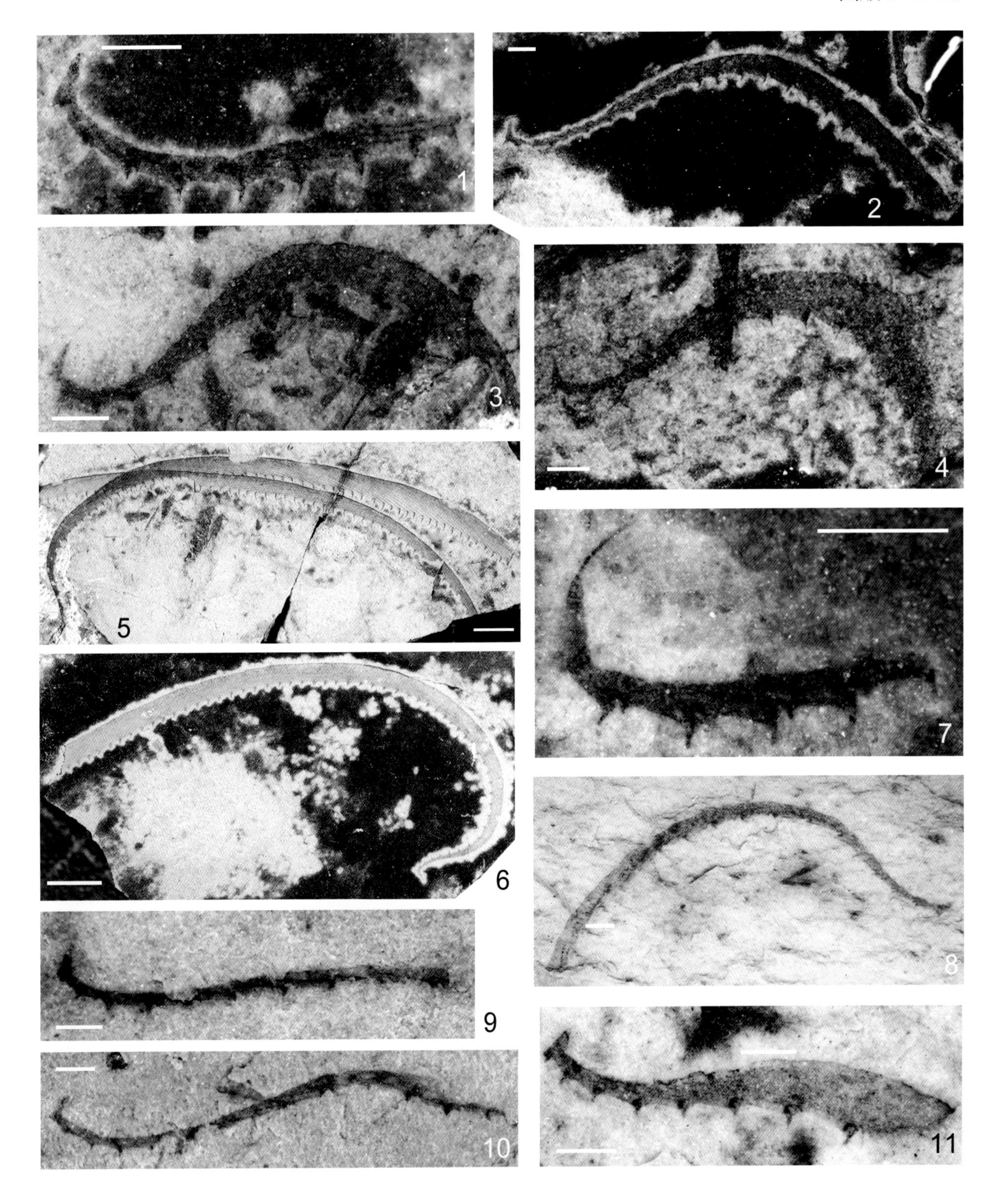
1
2
3
4
5
6
7
8
9
10
11

图版 5-1-16　笔石

（图 1，3，6 比例尺长度 =5mm；其余比例尺长度 =1mm）

达瑞威尔阶（中部）

1，3，4，6　斯堪尼翼笔石 *Pterograptus scanicus* Moberg，1901

主要特征：笔石体呈宽扇形，长可达30mm，宽约15mm，由下斜生长的主枝及从主枝上交互生长的侧枝组成。两个“原始枝”分散角100°～120°；主枝通常下斜而直，有时略呈下曲状；侧枝从主枝上以正分枝方式、相近间距交互生出，随即下垂，相互平行。胞管简单直管状，倾角小，口缘平直。

1. 断枝，显示侧枝密集有序排列。采集号：AFT-X-502。登记号：NIGP157071。产地：新疆阿克苏四石场剖面。层位：萨尔干组，*Pterograptus elegans*带。由Chen X et al.（2016）首次发表。

3. 上、下两个成年体标本，相互倒立。采集号：NJ311。登记号：NIGP157070。产地：新疆柯坪大湾沟剖面。层位：萨尔干组，*Pterograptus elegans*带。由Chen X et al.（2016）首次发表。

4. 半成年体，笔石体呈扇形梳状。采集号：Pm007-22-1-24-2。登记号：NIGP175421。产地：浙江安吉杭垓九亩垄剖面。层位：胡乐组，*Pterograptus elegans*带。由本书首次发表。

6. 层面至少包括5个标本，相互叠压。登记号：NIGP175422。产地：浙江安吉杭垓九亩垄剖面。层位：胡乐组，*Pterograptus elegans*带。标本由本书首次发表。

注：该种是根据瑞典南部斯堪尼亚的标本建立的，种名在穆恩之等（2002）中翻译为“瑞典翼笔石”，陈旭等（2018）根据该种的原始命名学含义，将中文名改为“斯堪尼翼笔石”。

2，5，7　精美翼笔石 *Pterograptus elegans* Holm，1881

主要特征：笔石体呈钟形或铃形，长度通常＞20mm，宽约9mm，由下斜生长的主枝及从主枝上交互生长的侧枝组成。两个“原始枝”分散角90°～100°，但末端下垂、角度变小，侧枝通常弯曲下垂，相互平行。胎管短小，尖锥状。胞管简单直管状，锯齿状排列，掩盖少。

2. 标本末端局部，显示侧枝的有序排列。采集号：24-2-11。登记号：NIGP150289。产地：浙江临安板桥剖面。层位：胡乐组，*Pterograptus elegans*带。由张元动等（2010）首次发表。

5. 全貌，笔石体长卵形，主枝和侧枝均为正分枝，侧枝向腹侧弯曲且彼此交错生长。采集号：Pm007-22-1-24。登记号：NIGP175423。产地：浙江安吉杭垓九亩垄剖面。层位：胡乐组，*Pterograptus elegans*带。由本书首次发表。

7. 全貌，笔石体长卵形，主枝和侧枝均为正分枝。采集号：Pm007-Hb-21-2-68。登记号：NIGP175424。产地：浙江安吉杭垓九亩垄剖面。层位：胡乐组，*Pterograptus elegans*带。由本书首次发表。

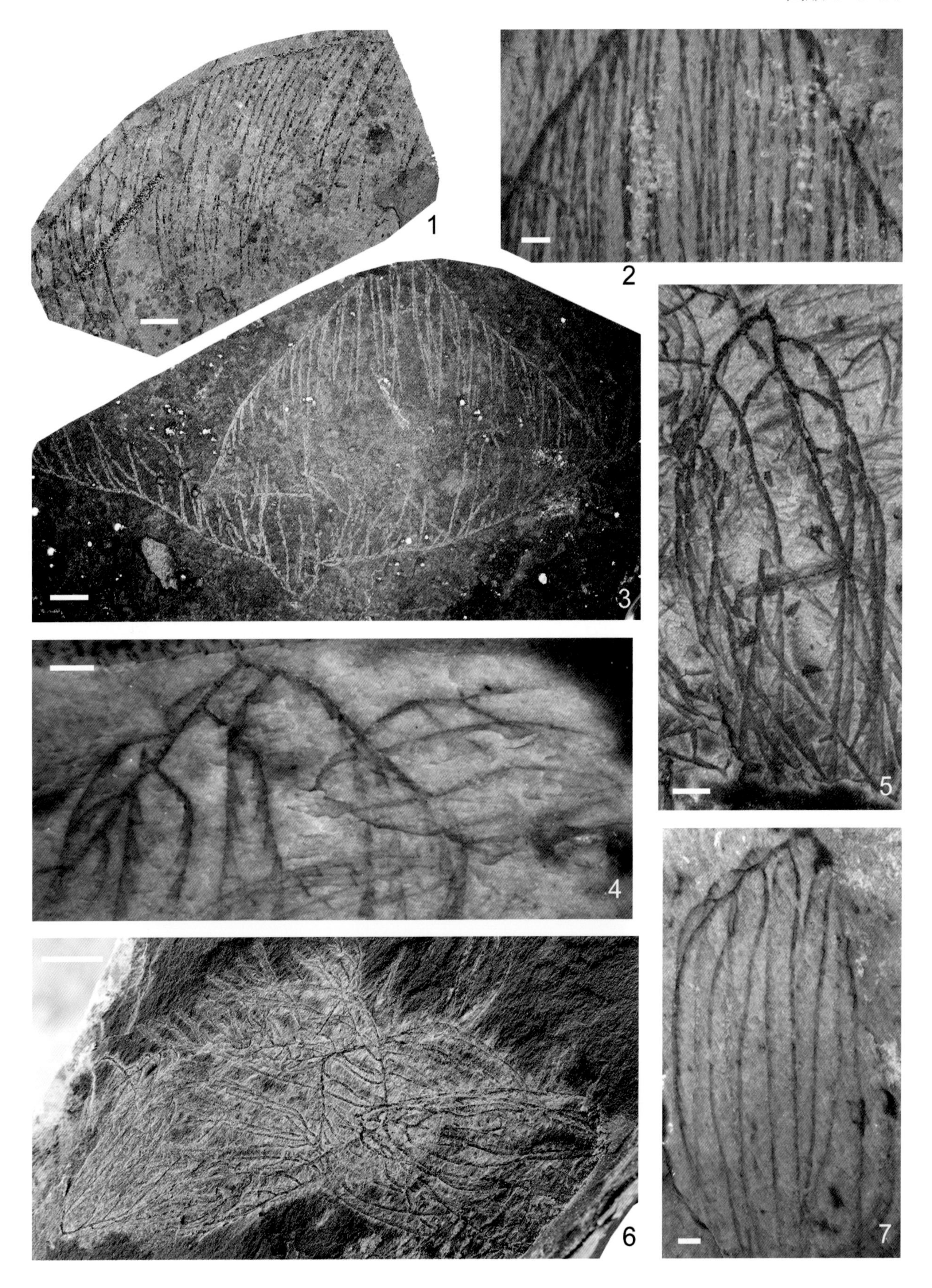
1
2
3
4
5
6
7

图版 5-1-17　笔石

（图 2，6，8 比例尺长度 =0.5mm；其余比例尺长度 =1mm）

达瑞威尔阶（上部）—桑比阶

1—5　蜿蜒江西笔石 *Jiangxigraptus vagus*（Hadding，1913）

主要特征：笔石体由上曲的、纤细的两个单列笔石枝组成，始端窄而浑圆。两枝的始部近于平行，至第五对胞管开始向外弯曲；笔石枝的始部在第二个胞管处宽0.4mm，以后宽度微弱增加，末端宽0.5mm。胎管窄而长，锥状，直立于两枝中央，长度约为1.5mm，胎管刺短小。胞管为典型的叉笔石式，并具有强壮的原胞管褶，膝上腹缘近直，与枝的背缘近于平行，胞管口部孤立、内转，口穴窄而深。古老A型始端发育（Mitchell，1987）。

2. 幼年体标本。采集号：1，2. AFF2；3. NJ365；4. NJ367；5. NJ363。登记号：1. NIGP157313；2. NIGP157314；3. NIGP 152525；4. NIGP157312；5. NIGP157309。产地：1，2. 新疆柯坪苏巴什沟剖面；3—5. 新疆柯坪大湾沟剖面。层位：1—4. 萨尔干组，*Nemagraptus gracilis*带；5. 萨尔干组，*Jiangxigraptus vagus*带。

6—8　楔形江西笔石 *Jiangxigraptus sextans*（Hall，1847）

主要特征：笔石体由两个上斜的单列笔石枝组成，始端尖削，呈楔形。笔石枝始端宽0.4mm，向末端增至最大宽度0.7 ~ 0.8mm（少数标本上枝宽均匀为0.7mm），枝较直，但背缘见不同程度波状弯曲。胎管通常向第二个枝（$th1^2$）斜靠，长约0.9mm，具胎管刺，亚胎管在近口部向反胎管刺一侧弯曲。胞管变形，原胞管褶发育，突出于胞管背缘之上；口部内转，发育腹刺。古老A型始端发育（Mitchell，1987）。

采集号：6. AFC64；7. AFF23；8. AFF283。登记号：6. NIGP157324；7. NIGP157285；8. NIGP157284。产地：6. 甘肃平凉官庄剖面；7，8. 新疆柯坪苏巴什沟剖面。层位：6. 平凉组，*Climacograptus bicornis*带；7，8. 萨尔干组，*Nemagraptus gracilis*带。

本图版标本均首次发表于Chen X. et al.（2016）。

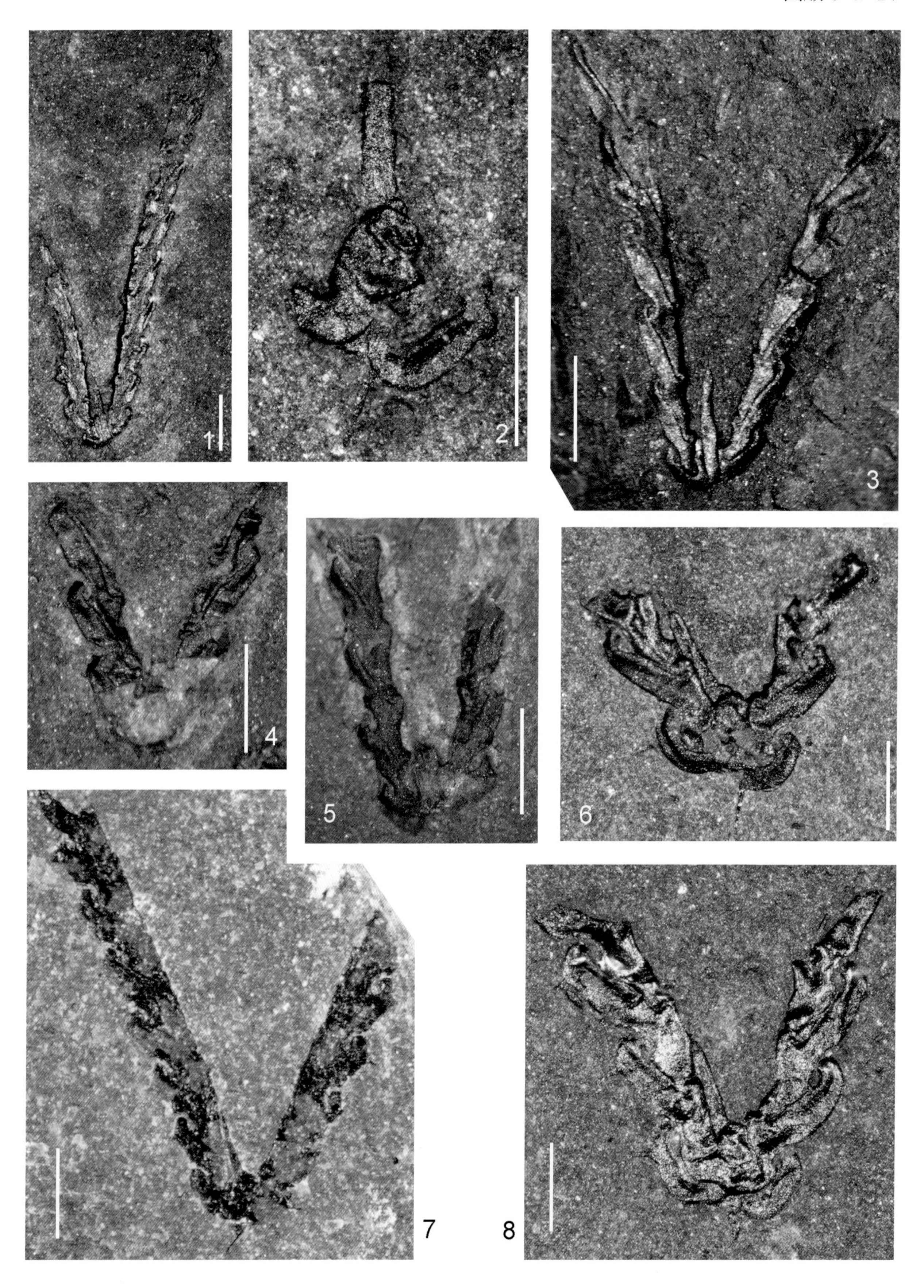
1
2
3
4
5
6
7
8

图版 5-1-18　笔石

（比例尺长度 =1mm）

达瑞威尔阶（上部）—桑比阶

1—9，11　圆滑赫斯特德笔石 *Hustedograptus teretiusculus*（Hisinger，1840）

主要特征：笔石体由两列胞管上攀组成，长条状，较粗大，长可达45mm；笔石体始端宽度1.2 ~ 1.4mm，向末端逐渐加宽，在中部或中末部达最大宽度。笔石体始端明显不对称，具有3个底刺（胎管刺和第一对胞管的腹刺），无反胎管刺；中隔壁完整。胎管长1.75mm，胎管刺显著；先进A型始端发育。雕笔石式胞管，向笔石体末端有膝弯拉直现象，或变为直笔石式。胞管腹缘呈长“S”形，口部可微内转，并具有微弱口尖。

采集号：1. AFC2j；2. AFF281；3. NJ367；4. FG28；5. NJ365；6—9，11. AFF283；12. NJ363。登记号：1. NIGP157409；2. NIGP157394；3. NIGP157408；4. NIGP157413；5. NIGP157407；6. NIGP157398；7. NIGP157396；8. NIGP157397；9. NIGP157406；11. NIGP157395；12. NIGP157672。产地：1. 甘肃平凉官庄剖面；2，6—9，11. 新疆柯坪苏巴什沟剖面；3，5，12. 新疆柯坪大湾沟剖面；4. 内蒙古乌海大石门剖面。层位：1. 平凉组，*Nemagraptus gracilis*带；2，3，5，6—12. 萨尔干组，*Nemagraptus gracilis*带；4. 克里摩里组上段，*Didymograptus murchisoni*带。

10　圆滑赫斯特德笔石? *Hustedograptus teretiusculus*（Hisinger，1840）?

主要特征：该标本特征疑似圆滑赫斯特德笔石。始端明显不对称，胎管刺显著。胞管为雕笔石式。中隔壁不显。注：该标本显示特征与圆滑赫斯特德笔石相似，但产自*Pterograptus elegans*带，明显低于该种的层位；鉴于只有一块标本，且保存一般，暂作存疑处理。

采集号：FG8。登记号：NIGP157414。产地：内蒙古乌海大石门剖面。层位：克里摩里组上段，*Pterograptus elegans*带。

本图版标本均首次发表于Chen X et al.（2016）。

1
2
3
4
5
6
7
8
9
10
11

图版 5-1-19 笔石

（比例尺长度 =1mm）

桑比阶

1—8 纤细丝笔石 *Nemagraptus gracilis*（Hall，1847）

主要特征：笔石体由两个弧形或半圆形的笔石枝（主枝）组成，呈“S”形中心对称；每个主枝的圆弧外侧分别生出若干个直的、辐射状排列的次枝，次枝与主枝垂直，枝长可达40mm以上，不再分枝。枝宽通常为0.5mm，较为均匀，但在笔石体始端稍窄。胎管短小，长约1mm，近口端外伸孤立，与主枝始部构成清楚的“十”字形。胞管形态均一，为纤笔石式。N型始端发育。

图4为图2始部的放大；图6为图5始部的放大。采集号：1. NJ365；2，4—7. FG46；3. NJ367；8. AFF281。登记号：1. NIGP152533；2，4. NIGP157345；3. NIGP157341；5，6. NIGP157346；7. NIGP157347；8. NIGP157342。产地：1，3. 新疆柯坪大湾沟剖面；2，4—7. 内蒙古乌海大石门剖面；8. 新疆柯坪苏巴什沟剖面。层位：1，3，8. 萨尔干组，*Nemagraptus gracilis*带；2，4—7. 乌拉力克组，*Nemagraptus gracilis*带。本图版标本均首次发表于Chen X et al.（2016）。

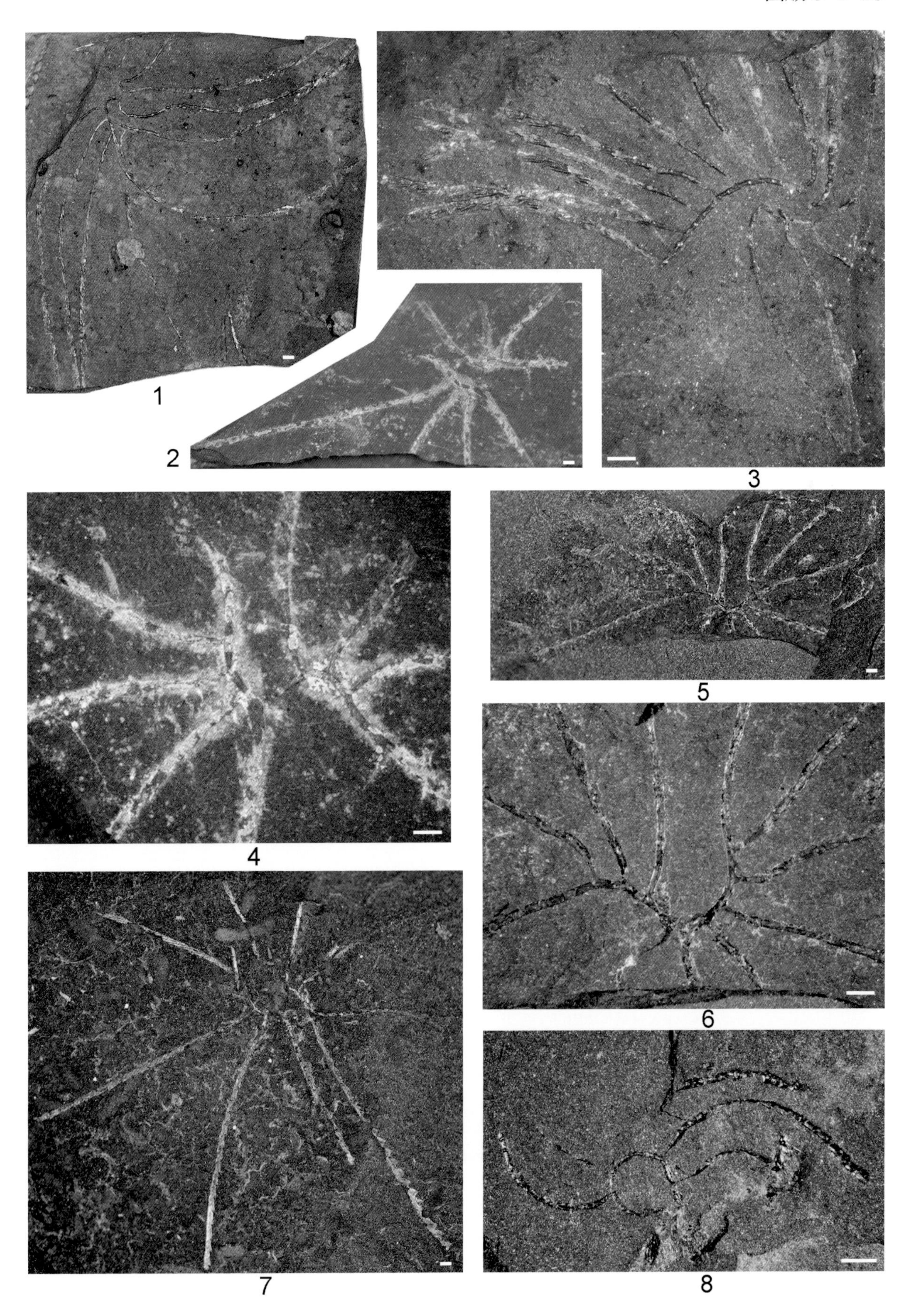
1
2
3
4
5
6
7
8

图版 5-1-20　笔石

（比例尺长度 =1mm）

桑比阶

1—4　旋翼柯坪笔石 *Kalpinograptus spiroptenus* Qiao，1977

主要特征：笔石体小，长6mm，宽5mm；两个笔石枝的始部以逆时针方向呈“S”形旋扭，侧面叠置，形成两个螺锥状突起，对称分布在胎管的正面和反面，包裹胎管；笔石枝末端上斜生长，轴角40°～50°。始端枝宽2～3mm，末端变窄为1mm。胎管为细长锥状，长达5mm，顶部具线管，口部具短小胎管刺。笔石体始端胞管强烈变形，具原胞管褶，先向下生长，后折为向外斜上方；笔石体末端胞管拉直，背褶不显。胞管口部普遍喇叭状扩大，发育刺状口尖。始端发育型式为变相的等称笔石式。

采集号：AFF281。登记号：1. NIGP157154；2. NIGP157153；3. NIGP157155；4. NIGP157156。产地：新疆柯坪苏巴什沟剖面。层位：萨尔干组，*Nemagraptus gracilis*带。

5　细小江西笔石 *Jiangxigraptus exilis*（Elles & Wood，1904）

主要特征：笔石体由两个上斜的单列笔石枝组成，形态特征与*Jiangxigraptus sextans*相似，区别在于本种笔石枝较细窄，一般宽度<0.5mm，而后者达0.7～0.8mm。胎管倾伏于第二个笔石枝。

正面标本。采集号：AFF283。登记号：NIGP157293。产地：新疆柯坪苏巴什沟剖面。层位：萨尔干组，*Nemagraptus gracilis*带。

6，8，9　穆氏江西笔石 *Jiangxigraptus mui* Yu & Fang，1966

主要特征：笔石体由两个狭窄而上斜-上曲的笔石枝组成，部分老年体标本枝长可达20mm，且两枝发生旋扭成“8”字形。笔石体始端枝宽0.4mm，至末端渐增至0.75mm。胎管直立于两枝之间；古老A型始端发育。胞管较长，普遍强烈变形，呈宽缓“S”形，原胞管褶突出，造成笔石枝背缘显著波状起伏；膝角圆滑或明显；胞管口部向内转，口穴窄而深；始端多对胞管发育腹刺。

采集号：6. NJ363；8，9. NJ365。登记号：6. NIGP157270；8. NIGP157265；9. NIGP157271。产地：新疆柯坪大湾沟剖面。层位：萨尔干组，*Nemagraptus gracilis*带。

7　分开江西笔石 *Jiangxigraptus divaricatus*（Hall，1859）

主要特征：笔石体两枝直而上斜，轴角为55°～120°，呈“V”字形；笔石枝的始端宽0.5～0.6mm，向上渐增至最大宽度0.8～0.9mm。胎管常向第二个枝一侧弯曲、斜靠，第一对胞管末端弯曲向上，呈“U”字形。胞管为典型的叉笔石式，具有强烈内转的口部和窄而深的口穴，口部孤立，膝上腹缘直而与枝平行，胞管口部之下有短小的腹刺。始端发育型式为古老A型。

采集号：AFF283。登记号：NIGP157292。产地：新疆柯坪苏巴什沟剖面。层位：萨尔干组，*Nemagraptus gracilis*带。

本图版标本均首次发表于Chen X et al.（2016）。

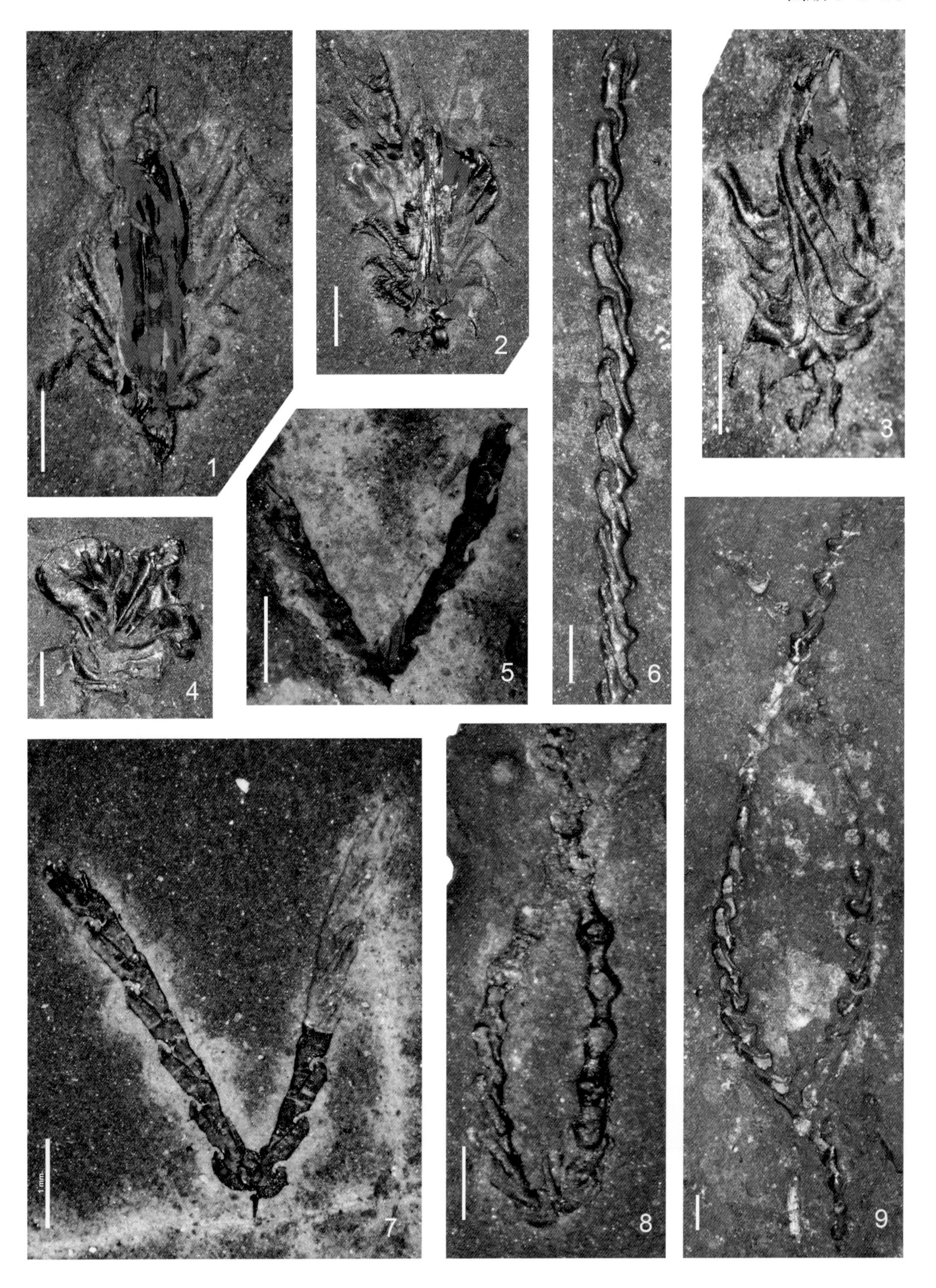
1
2
3
4
5
6
7
8
9

图版 5-1-21　笔石

（比例尺长度 =1mm）

桑比阶—凯迪阶（下部）

1—10　具尖直笔石 *Orthograptus apiculatus* Elles & Wood，1907

主要特征：笔石体大且壮，长可达45mm以上；始端尖削，向上15mm后就渐增至最大宽度，约4mm。胎管具有一个粗壮的胎管刺，拟胎管发育。在有些标本上可见第一对胞管上的近口刺。线管劲直，延伸至笔石体末端之外。胞管直管状，腹缘直，与笔石体轴向斜交，胞管口部常具有小的口尖。G型始端发育，中隔壁推迟发生或缺失。

图8为图2始端的放大。采集号：1，5. AFC2a；2，8. AFC2c；3. AFC13；4. AFC2；6. AFC151a；7. AFC252；9. AFC43；10. AFC149a。登记号：1. NIGP157357；2，8. NIGP157358；3. NIGP157365；4. NIGP157361；5. NIGP157360；6. NIGP157368；7. NIGP157364；9. NIGP157366；10. NIGP157367。产地：1—5，8—9. 甘肃平凉官庄剖面；6，10. 陕西陇县龙门洞剖面；7. 内蒙古乌海公乌素剖面。层位：1—5，8—9. 平凉组，*Nemagraptus gracilis*带；6，10. 龙门洞组，*Diplacanthograptus caudatus*带；7. 公乌素组，*Climacograptus bicornis*带。标本均首次发表于Chen X et al.（2016）。

1
2
3
4
5
6
7
8
9
10

图版 5-1-22　笔石

（比例尺长度 =1mm）

桑比阶（上部）—凯迪阶（下部）

1—12　双刺栅笔石 *Climacograptus bicornis*（Hall，1847）

主要特征：笔石体由双列胞管攀合而成，直长柱状，长可达50mm以上，两侧基本平行，始端宽0.8 ~ 1.0mm，向上增宽至最大宽度2.4 ~ 2.7mm。原胎管退化成1 ~ 2根索，但通常被后来生长的胞管掩盖而不可见；亚胎管正常，口部具短而直的胎管刺。笔石体始端两个底刺特别显著，由口部腹侧生出，弯曲成弓形，在其内侧（口侧）常有膜状物发育，使底刺看起来尤为粗壮，与笔石体始部构成对称的尾鳍形。胞管为典型的栅笔石式，膝上腹缘直，与笔石体轴向平行，胞管口缘平。D型始端发育。

图11为图9始端放大；图12为图2始端放大。采集号：1. AFC45； 2，12. AFC47；3. AFC129；4. AFC150；5，10. AFC59；6. AFC251；7. AFC252；8. AFC0；9，11. AFC131。登记号：1. NIGP157439；2，12. NIGP157443；3. NIGP157447；4. NIGP157449；5. NIGP157；6. NIGP157450；7. NIGP157442；8. NIGP157445；9，11. NIGP157448；10. NIGP157446。产地：1，2，5，10，12. 甘肃平凉官庄剖面；3，4，9，11. 陕西陇县龙门洞剖面；6，7. 内蒙古乌海公乌素剖面；8. 甘肃平凉官庄附近孤立露头。层位：1—3，5，8—12. 平凉组，*Climacograptus bicornis*带；4. 平凉组，*Diplacanthograptus caudatus*带；6，7. 公乌素组，*Climacograptus bicornis*带。本图版标本均首次发表于Chen X et al. (2016）。

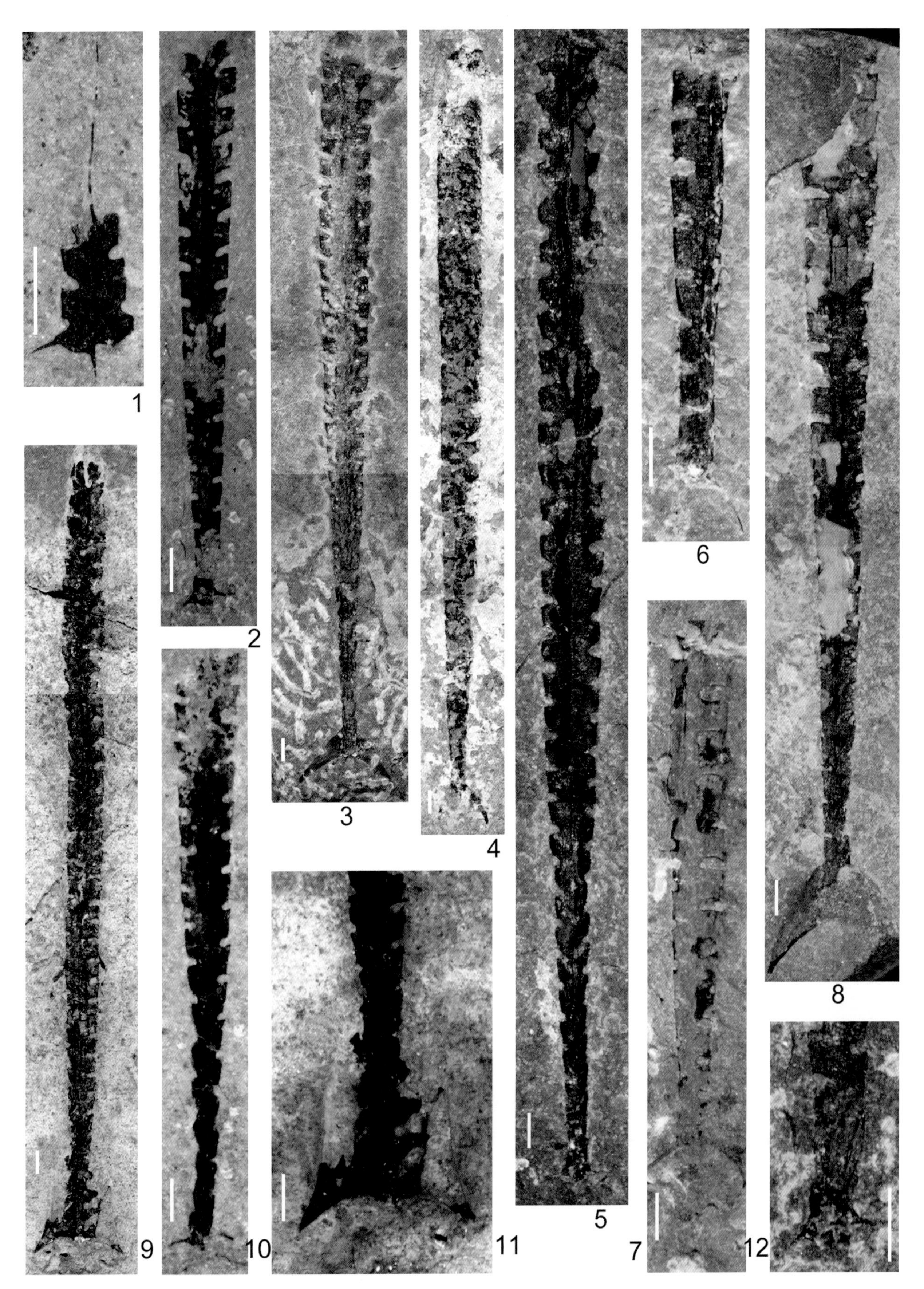
1
2
3
4
5
6
7
8
9
10
11
12

图版 5-1-23 笔石

（图 1，6—11 比例尺长度 =1mm；图 2—5 比例尺长度 =10mm）

桑比阶—凯迪阶（下部）

1 纤细棒笔石 *Corynoides gracilis* Hopkinson，1872

主要特征：笔石体细小，棒状，略弯曲，仅由胎管和最初的两个完整胞管组成。胎管细长，长5 ~ 8mm，口部宽0.1 ~ 0.3mm，具有胎管刺和一个反胎管刺。第一个胞管（$th1^1$）从原胎管顶部生出，沿胎管向下生长，长度与胎管相近，具胞管口刺。第二个胞管（$th1^2$）从第一个胞管始部向下生长，长度略短。第三个胞管的始部刚从其母胞管生出，胞管口略有扩张。第三个（最后的）胞管不完整，其扩展口部指示了笔石体生长的终结。

采集号：AFC250。登记号：NIGP157179。产地：内蒙古乌海公乌素剖面。层位：公乌素组，*Climacograptus bicornis*带。

2—4 中国孪笔石 *Syndyograptus sinensis* Mu，1963

主要特征：笔石体由两个上斜的主枝及由主枝上生出的成对次生枝（幼枝）组成。主枝和幼枝长度都可大于70mm，笔石枝宽0.8 ~ 0.9mm。胎管斜靠在$th1^2$所在枝的一侧。第一个胞管（$th1^1$）从亚胎管始部生出并向下生长，至胎管近口部转为向外、向上。幼枝从它们的母胞管口部生出，方式与丝笔石（*Nemagraptus*）相同。胞管为叉笔石式，具明显膝角，口部内转。

采集号：2，3. AFC44；4. AFC53。登记号：2. NIGP157352；3. NIGP157353；4. NIGP157355。产地：甘肃平凉官庄剖面。层位：平凉组，*Climacograptus bicornis*带。

5 扩张偶笔石 *Amphigraptus divergens*（Hall，1859）

主要特征：笔石体小，由两个直的主枝和六对幼枝（每个主枝各三对）组成，幼枝从主枝的前三对胞管生出。有时有第四个幼枝，从主枝的第四个胞管生出。主枝和幼枝都直而窄，宽仅0.6mm，长度均不超过16mm。

采集号：AFC57。登记号：NIGP157356。产地：甘肃平凉官庄剖面。层位：平凉组，*Climacograptus bicornis*带。

6，7 内曲假断笔石 *Pseudazygograptus incurvus*（Ekström，1937）

主要特征：笔石体由单个笔石枝组成，呈镰刀形弯曲。胎管为细长锥状，长度可达5mm以上，笔石枝由亚胎管的下部生出。第一个胞管（$th1^1$）沿胎管下延至胎管口缘之下，然后急转向外上方伸出，与胎管构成“V”字形。笔石枝始端宽0.25mm，向末端渐增至最大宽度1mm。胞管为简单的叉笔石式，口部微向内转，口穴窄而深。

采集号：6. NJ369；7. FG46。登记号：6. NIGP157124；7. NIGP157134。产地：6. 新疆柯坪大湾沟剖面；7. 内蒙古乌海大石门剖面。层位：6. 萨尔干组，*Nemagraptus gracilis*带；7. 乌拉力克组，*Nemagraptus gracilis*带。

8—11 中国双头笔石 *Dicranograptus sinensis* Ge in Yang et al.，1983

主要特征：笔石体小，呈“Y”字形，长度 < 16mm。双列部分仅由3 ~ 5对胞管组成，长度 < 3mm，宽度为0.7 ~ 1.0mm。单列部分两枝间的轴角为20° ~ 60°，枝宽仅0.6 ~ 0.8mm。始端发育型式为A型。笔石体始部短小的底刺由胎管刺和第一对胞管的两个腹刺组成。双列部分的胞管强烈内转，胞管口穴窄而深，腹缘直或微向外凸。

采集号：8. AFC53；9. AFC249；10. AFC72；11. AFC64。登记号：8. NIGP157202；9. NIGP157207；10. NIGP157204；11. NIGP157203。产地：8，10，11. 甘肃平凉官庄剖面；9. 内蒙古乌海公乌素剖面。层位：8，10，11. 平凉组，*Climacograptus bicornis*带；9. 公乌素组，*Climacograptus bicornis*带（？）。

本图版标本均首次发表于Chen X et al.（2016）。

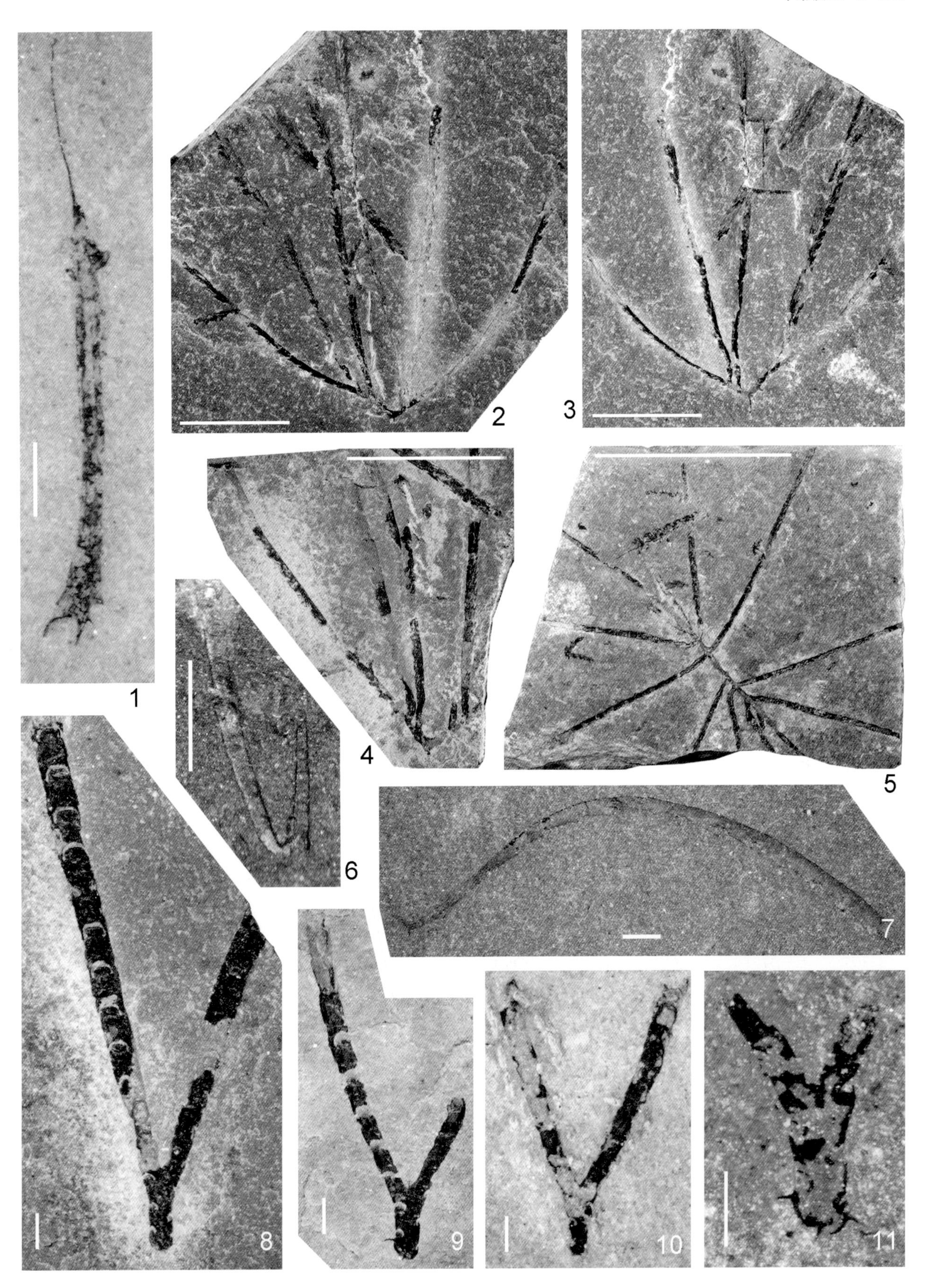
1
2
3
4
5
6
7
8
9
10
11

图版 5-1-24　笔石

（比例尺长度 =1mm）

桑比阶

1—8　华氏直笔石 *Orthograptus whitfieldi*（Hall，1859）

主要特征：笔石体长度超过20mm，始端尖削，笔石体始端宽度为0.8mm，末端最大宽度3mm。胎管具有一个直且粗壮的胎管刺、两个短小的反胎管刺。第1个胞管（$th1^1$）在胎管口部转曲向上，第2个胞管（$th1^2$）从$th1^1$的左侧生出，横过胎管然后向外斜上方伸出；笔石体的前4对胞管交错生长，因此笔石体始端无中隔壁；从第4对胞管之后，中隔壁才开始出现。中隔壁直或微曲，与胞管间壁线以短小的横靶相连。线管常延伸至笔石体末端之外，并可有分叉现象。G型始端发育。胞管为直管状，口缘斜直，胞管口具劲直口刺，向外斜上方伸出；胞管口刺末端略有膨胀，成细小扁平囊状。

5. 黄铁矿化半立体标本，全貌，显示笔石体形态、纤长的胞管口刺、纤细近直的中轴。图8为图6始端的放大。采集号：1，6，8. AFC53；2，3，7. AFC80；4. FG41；5. AGN-LZK-10-113。登记号：1. NIGP157380；2. NIGP157343；3. NIGP157374；4. NIGP157381；5. NIGP175425；6，8. NIGP157376；7. NIGP157373。产地：1，6，8. 甘肃平凉官庄剖面；2，3，7. 甘肃平凉官庄附近孤立露头；4. 内蒙古乌海大石门剖面；5. 重庆城口蓼子口剖面。层位：1—3，6—8. 平凉组，*Climacograptus bicornis*带；4. 乌拉力克组，*Nemagraptus gracilis*带；5. 庙坡组，*Nemagraptus gracilis*带。图1—4和6—8标本首次发表于Chen X et al.（2016），图5标本首次见于宋妍妍（2015）。

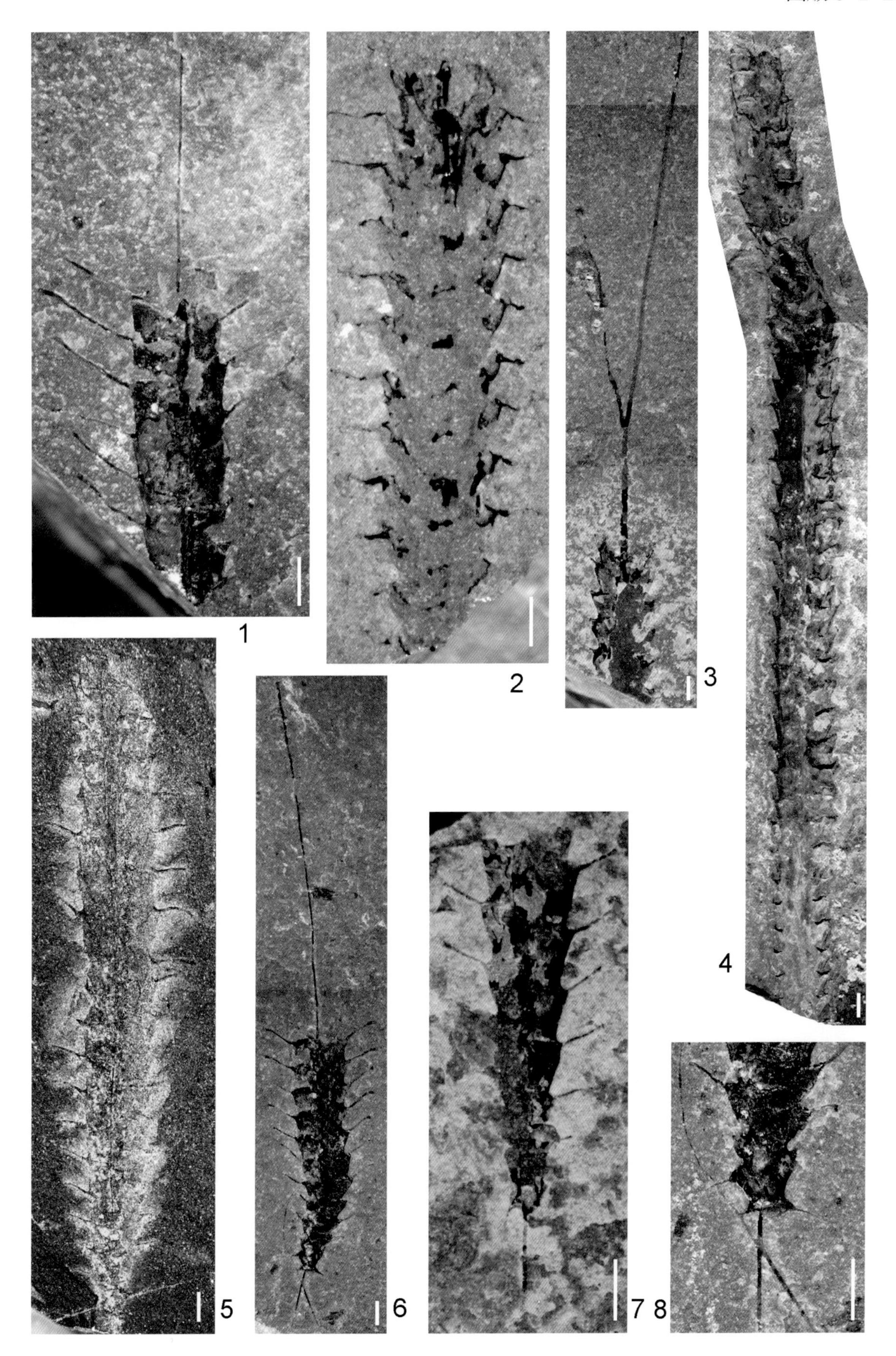
1
2
3
4
5
6
7 8

图版 5-1-25 笔石

（比例尺长度 =1mm）

凯迪阶（下部）

1—9 具尾双刺笔石 *Diplacanthograptus caudatus*（Lapworth，1876）

主要特征：笔石体较细长，长度可达50mm以上，始端尖削；笔石体中部最大宽度可达2.5mm。胞管为典型的栅笔石式，膝上腹缘平行，具膝檐；中隔壁直。胎管刺细短且向背侧弯曲，中老年体标本上常发育粗壮的拟胎管，呈鞘状，将胎管刺完全包围。第一个胞管（th1[1]）的折曲处腹侧常形成粗长的底刺，先与拟胎管相连接，而后孤立，末端可形成浮胞。中轴末端也常见浮胞。E型始端发育。

2. 笔石体底刺末端的心形浮胞；图3为图4的始端放大，示粗壮的底刺和拟胎管；5. 三个完整标本；6. 中轴伸出笔石体外并在末端形成球形浮胞；8，9. 完整的老年体标本，黄铁矿化，图8为图9的始端放大，示粗长的底刺、拟胎管及底刺末端的亚三角形浮胞。采集号：1. AFC151a；2. Nj550；3，4. Nj557；5. Nj561；6. AFC150；7. AFC151a；8，9. Nj171。登记号：1. NIGP157518；2. NIGP127024；3，4. NIGP127023；5. NIGP127025；6. NIGP157520；7. NIGP157519；8，9. NIGP127022。产地：1，6，7. 陕西陇县龙门洞剖面；2—5. 新疆柯坪大湾沟剖面；8，9. 新疆柯坪大西沟剖面。层位：1，6，7. 龙门洞组，*Diplacanthograptus caudatus*带；2—5，8，9. 印干组，*Diplacanthograptus lanceolatus*带。图1，6，7标本首次发表于Chen X et al.（2016）；图2—5，8—9标本首次发表于Chen et al.（2000a）；关于*D. caudatus*的详细形态特征可参见Goldman & Wright（2003）、Chen X et al.（2016）。

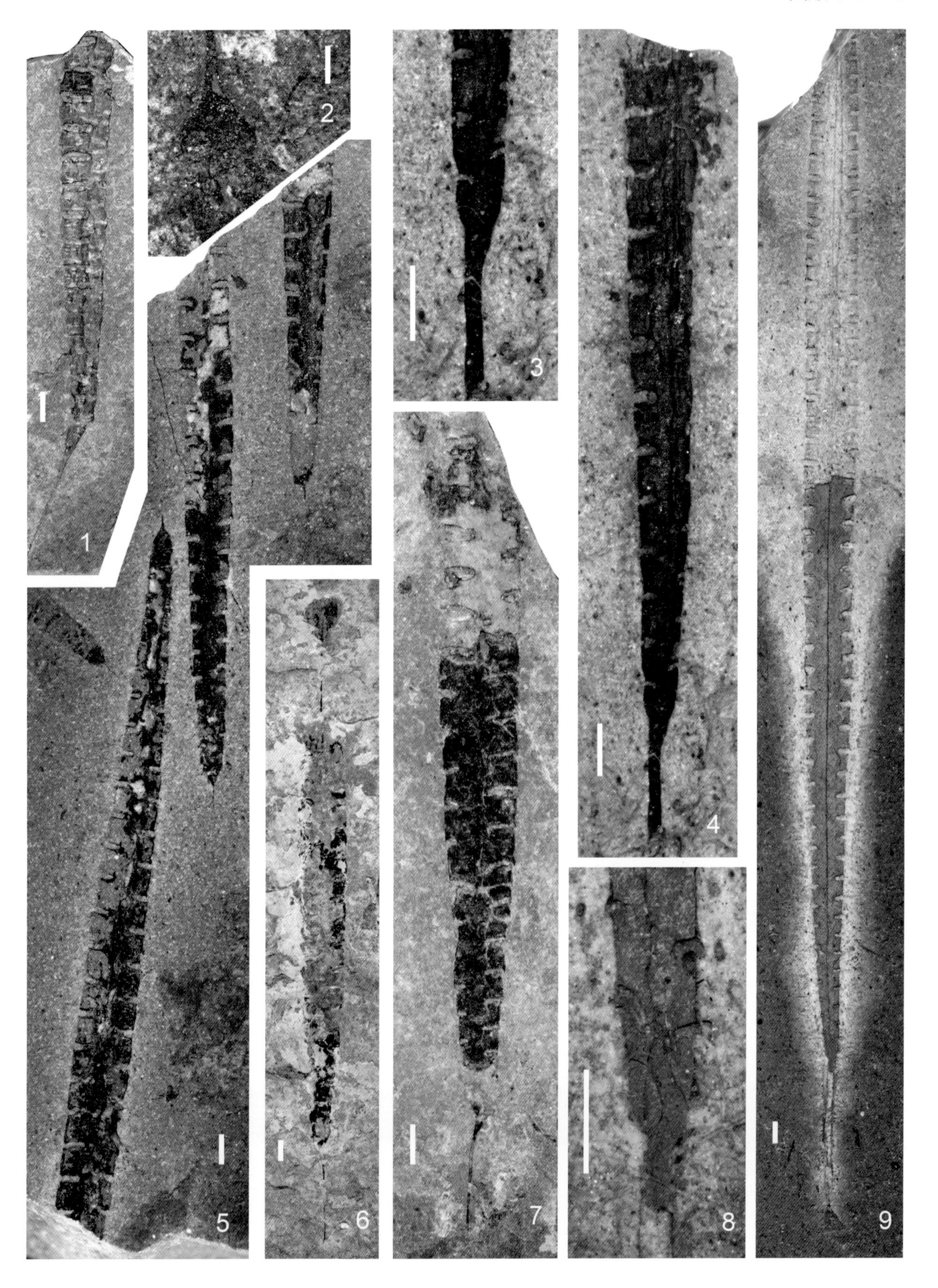
1
2
3
4
5
6
7
8
9

图版 5-1-26　笔石

（比例尺长度 =1mm）

凯迪阶（下部）

1，2　前标准围笔石 *Amplexograptus praetypicalis* Riva，1987

主要特征：笔石体长且粗壮，可达60mm以上，宽度从始端0.7 ~ 0.8mm向末端增大，最大达2.5mm。胎管长1.5 ~ 1.6mm，具有短小的胎管刺和反胎管刺。第一个胞管（$th1^1$）的起始部分向下生长，后弯折向上，腹侧具有腹刺，与胎管刺、反胎管刺构成笔石体始端的三个粗短底刺。G型始端发育。胞管围笔石式，口穴深凹，占体宽1/4。无中隔壁。

采集号：1. Nj578；2. Nj583。登记号：1. NIGP127000；2. NIGP126999。产地：新疆柯坪大湾沟剖面。层位：印干组，*Diplacanthograptus spiniferus*带。首次由Chen et al.（2000a）发表。

3　鱼叉双刺笔石 *Diplacanthograptus lanceolatus* VandenBerg，1990

主要特征：笔石体直，长度可达20mm以上，始端宽0.8mm，最大宽1.8mm。胎管刺和第一个胞管的腹刺组成鱼叉状的、通常不对称的底刺，胎管刺较长且其上发育最长达5mm的拟胎管（在笔石体长出第八对胞管时才开始生长）。E型始端发育。栅笔石式胞管，膝上腹缘平行，膝角明显，具膝檐。

采集号：Nj550。登记号：NIGP127035。产地：新疆柯坪大湾沟剖面。层位：印干组，*Diplacanthograptus lanceolatus*带（可与华北等地*Diplacanthograptus caudatus*带对比）。首次由Chen et al.（2000a）发表。

4　马氏围笔石具刺亚种 *Amplexograptus maxwelli spinosus* Chen et al.，2000

主要特征：该亚种与*Amplexograptus maxwelli maxwelli* Decker，1935相比主要有两点区别：①前者无中隔壁，后者在笔石体末端有中隔壁；②前者发育胞管膝刺，后者无。

登记号：NIGP127009。产地：新疆柯坪大湾沟剖面。层位：其浪组，*Diplacanthograptus lanceolatus*带。首次由Chen et al.（2000a）发表。

5，6　马氏围笔石马氏亚种 *Amplexograptus maxwelli maxwelli* Decker，1935

主要特征：笔石体挺直，长度达23mm以上，宽度由始端0.7mm增加到中部的2mm（最大值）。始端发育为G型，具有胎管刺、反胎管刺和第一个胞管的腹刺（下口刺）。胞管围笔石式，具圆滑膝角但无膝刺，膝上腹缘在笔石体始端平行，末端向外倾斜。中隔壁不明显。

5. 幼年体标本。采集号：Nj562。登记号：5. NIGP127003；6. NIGP127001。产地：新疆柯坪大湾沟剖面。层位：印干组，*Diplacanthograptus lanceolatus*带。首次由Chen et al.（2000a）发表。

7—10　具刺双刺笔石 *Diplacanthograptus spiniferus* Ruedemann，1912

主要特征：笔石体长度可达20mm以上，始端较窄，宽度0.7 ~ 0.8mm，笔石体中部最大宽度2.0 ~ 2.3mm。胎管口部向一侧弯曲，胎管刺弯斜，与第一个胞管的腹刺形成近于对称的、遒劲的“八”字形；成年体和老年体标本上常发育膜状鞘（包裹底刺及部分第一对胞管）。E型始端发育。胞管为栅笔石式，笔石体末端胞管膝角有变缓拉直趋势。

采集号：7. Nj571；8. Nj571；9. Nj574。登记号：7. NIGP127044-1（该标本与NIGP127044标本共生，入库但未上发表图版）；8. NIGP127031；9. NIGP127032；10. NIGP127034。产地：新疆柯坪大湾沟剖面。层位：印干组，*Diplacanthograptus spiniferus*带。首次由Chen et al.（2000a）发表。

1
2
3
4
5
6
7
8
9
10

图版 5-1-27　笔石

（比例尺长度 =1mm）

凯迪阶（上部）

1—3　环绕叉笔石 *Dicellograptus complexus* Davies，1929

主要特征：笔石体由环绕的两枝组成；两枝自胎管水平伸出后，先向上斜伸，然后各自向枝的背侧弯曲，相互环绕，呈“8”字形。笔石枝宽0.4 ~ 0.8mm。胞管叉笔石式，口部剧烈向内卷曲，膝角明显。A型始端发育。

采集号：1. AAE380；2，3. AAE380a。登记号：1. NIGP56787；2. NIGP21409；3. NIGP56788。产地：贵州省遵义市董公寺洞草沟剖面。层位：五峰组，上奥陶统凯迪阶上部*Dicellograptus complexus*带。

4—7　装饰叉笔石 *Dicellograptus ornatus* Elles & Wood，1904

主要特征：笔石体由上斜的两枝组成；两枝自胎管水平伸出后，急剧转曲向上斜伸，笔石枝直，宽0.3 ~ 0.8mm。第一对胞管近口部发育腹刺，形成2根显著的底刺，底刺下斜伸出，呈“八”字形，较为醒目。胞管叉笔石式，口部均向内卷曲，口穴狭小，膝角明显。

采集号：4. AAJ91；5. WM43；6. AAE358；7. KD20。登记号：4. NIGP56702；5. NIGP56708；6. NIGP56700；7. NIGP56704。产地：4. 湖北省襄阳市保康县马良坪剖面；5. 湖北省宜昌市王家湾剖面；6. 贵州省遵义市桐梓县红花园剖面；7. 贵州省遵义市道真仡佬族苗族自治县沙坝剖面。层位：4，6. 五峰组，*Paraorthograptus pacificus*带之*Tangyagraptus typicus*亚带；5，7. 五峰组，*Dicellograptus complexus*带。

本图版标本均首次发表于穆恩之等（1993）。

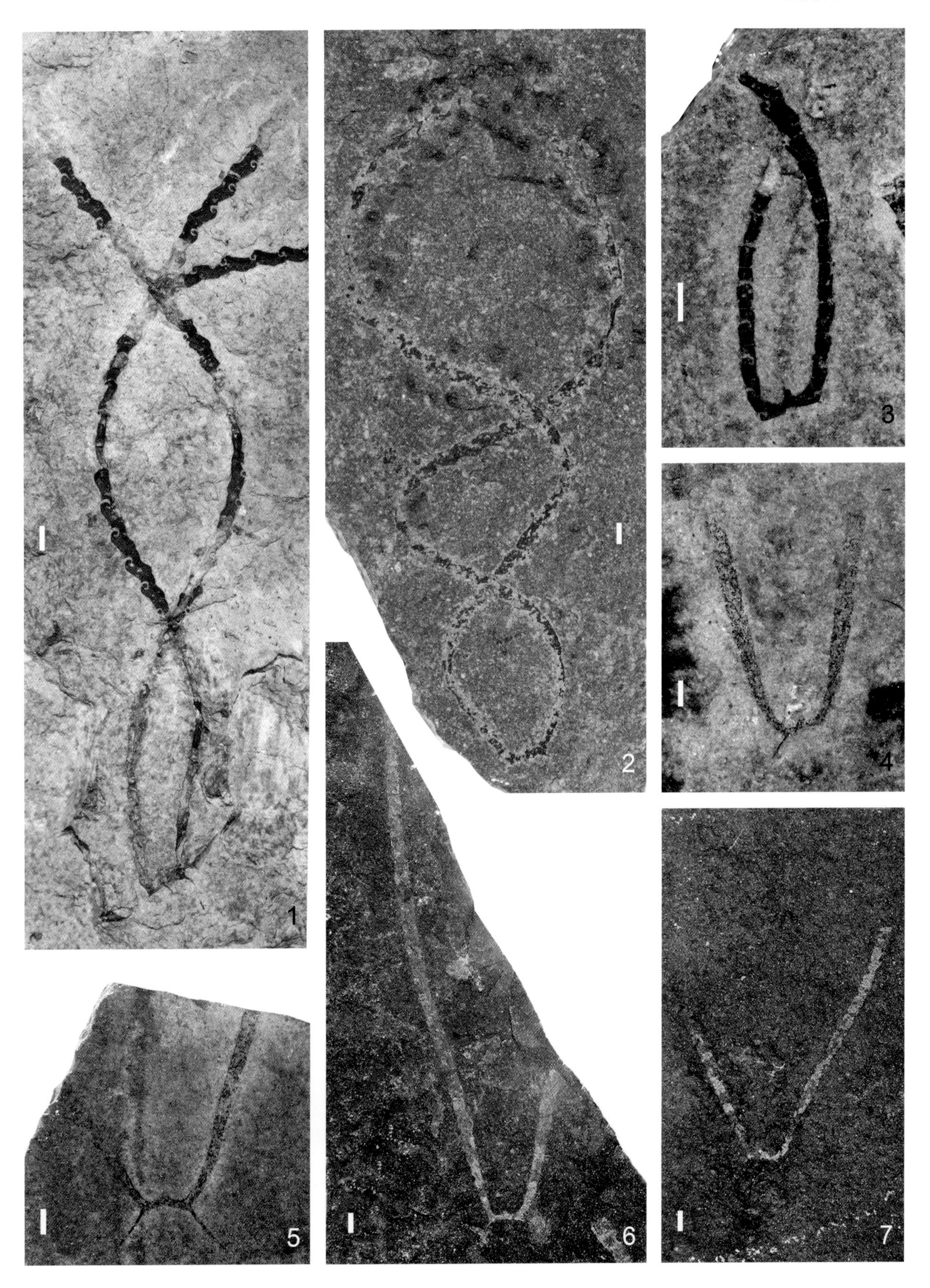
1
2
3
4
5
6
7

图版 5-1-28　笔石

（比例尺长度 =1mm）

凯迪阶（上部）

1，2　太平洋拟直笔石 *Paraorthograptus pacificus*（Ruedemann，1947）

主要特征：双列攀合笔石，笔石体宽0.8～1.7mm；始端具三根细小的底刺（胎管刺、胎管口刺、th1[1]腹刺）。胞管变形，从每个胞管的膝角处生出1～2根腹刺，刺一般细小，平伸；胞管口穴清楚。G型始端发育。

采集号：1. ACC351；2. AEE114。登记号：1. NIGP57061；2. NIGP57062。产地：1. 湖北宜昌黄花场剖面；2. 贵州遵义桐梓红花园剖面。层位：五峰组，*Paraorthograptus pacificus*带。

3—5　标准棠垭笔石 *Tangyagraptus typicus* Mu，1963

主要特征：笔石体由两个上斜的主枝及从主枝上生出的若干次枝组成。笔石体的两个主枝自胎管水平伸出，而后在第一对胞管末端处急剧转曲向上斜伸，在第一对胞管末端的转曲处腹侧各生出一根腹刺，长可达2.7mm，形成一对底刺。次枝自主枝的上斜段背侧生出，可进一步分枝多次；次枝及其胞管特征均与主枝类似，枝近直，宽0.3～0.7mm。胞管叉笔石式，口部均向内卷曲。

采集号：3. WM185；4，5. WM185。登记号：3. NIGP56837；4. NIGP21414；5. NIGP56821。产地：湖北宜昌棠垭剖面。层位：五峰组，上奥陶统凯迪阶上部*Paraorthograptus pacificus*带之*Tangyagraptus typicus*亚带。

本图版标本均首次发表于穆恩之等（1993）。

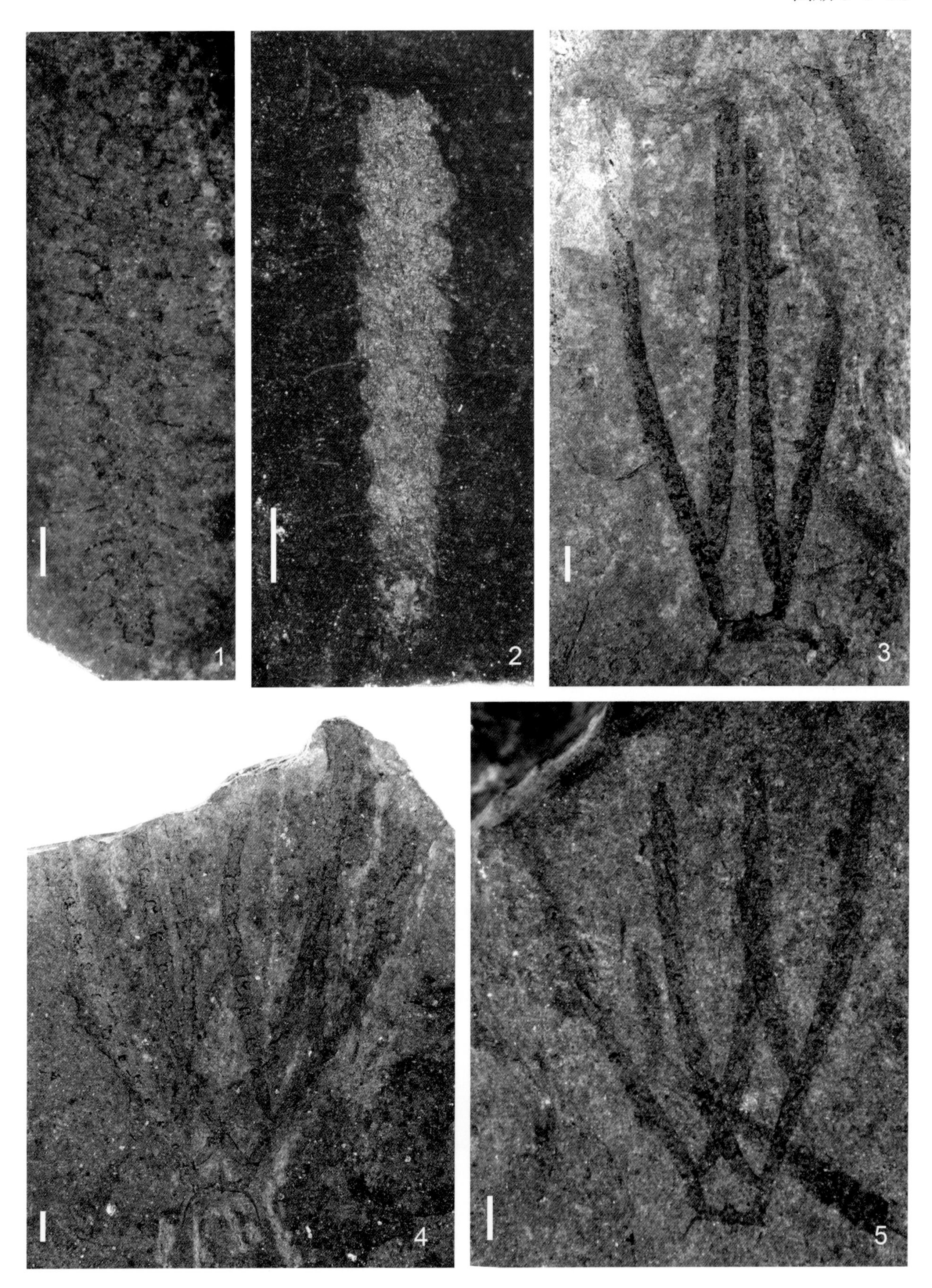
1
2
3
4
5

图版 5-1-29　笔石

（比例尺长度 =1mm）

凯迪阶（上部）

1—3　巨大尹氏笔石 *Yinograptus grandis* Mu in Wang et al.，1977

主要特征：双列有轴的细网类笔石；笔石体粗大，宽3 ~ 6mm（不计隔板刺）。胞管表皮退化，大网、细网、刺网均发育；隔板刺极其发育，粗壮长大，向上斜伸出笔石体外，通常左右两侧同步对称发生，长可达15mm。中轴自由伸展，常超出末端。

采集号：1. ACC97a；2. Sth-18d；3. STI-4。登记号：1. NIGP57824；2. NIGP57828；3. NIGP57830。产地：1. 贵州沿河甘溪剖面；2，3. 贵州松桃黄畈剖面。层位：五峰组，*Paraorthograptus pacificus*带。

4，5　奇特双角笔石 *Diceratograptus mirus* Mu，1963

主要特征：笔石体由分开-攀合-再分开并上斜生长的两个笔石枝组成。两枝自胎管水平伸出后，急剧转曲向上，在距始端不远处膨胀并攀合，在其下方形成三角形的轴隙；其后两枝又分开，各自向上斜伸，致笔石体呈双角状。枝宽0.6 ~ 0.8mm。胞管口部向内卷曲。

采集号：4，5. WM186。登记号：4. NIGP21415；5. NIGP56809；产地：湖北宜昌棠垭剖面。层位：五峰组，*Paraorthograptus pacificus*带之*Diceratograptus mirus*亚带。

本图版标本均首次发表于穆恩之等（1993）。

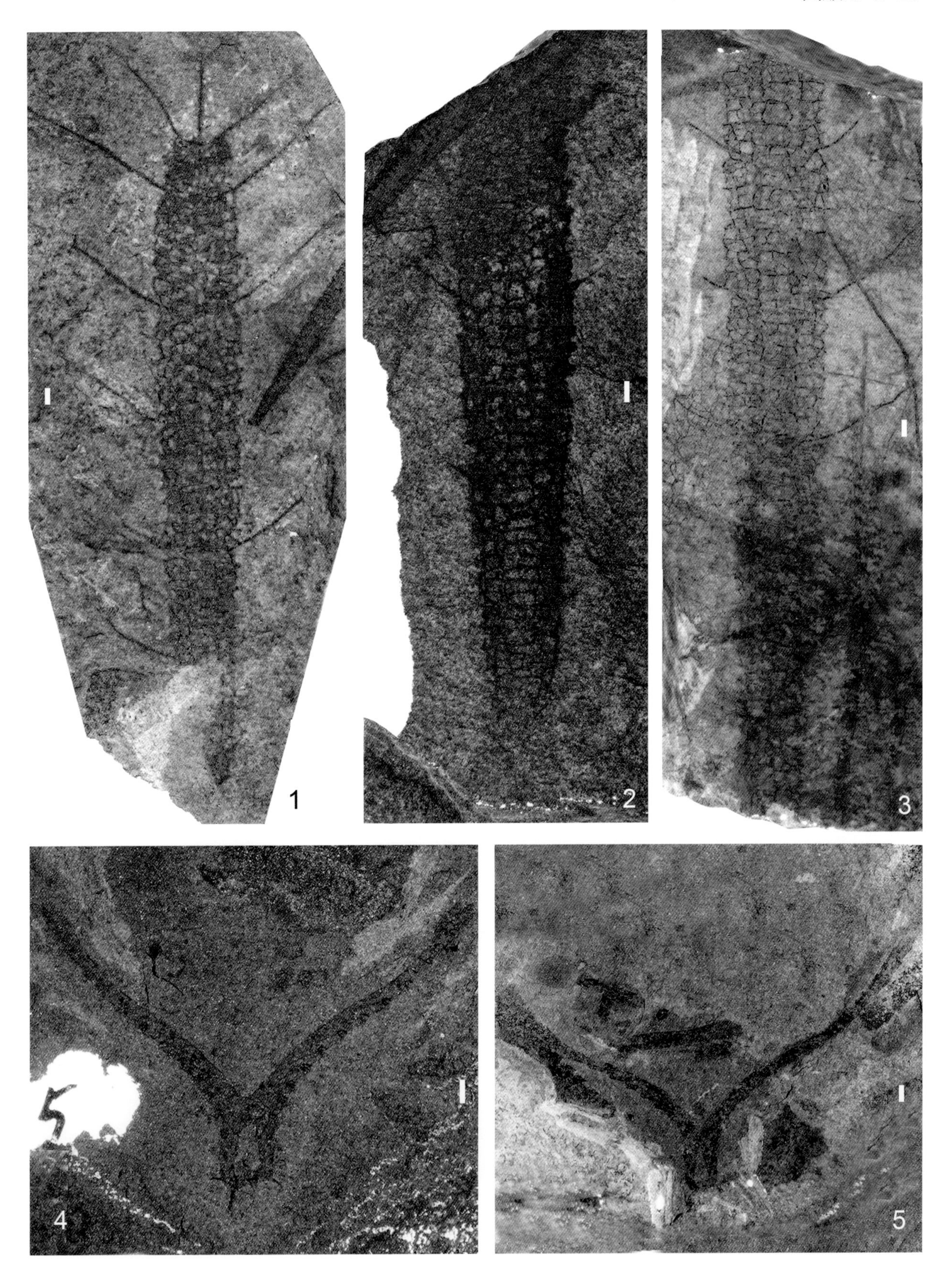
1
2
3
4
5

图版 5-1-30　笔石

（比例尺长度 =1mm）

凯迪阶（上部）

1，2，5　矛状栅笔石 *Climacograptus hastatus* T. S. Hall，1902

主要特征：双列笔石，笔石体始端尖窄，宽0.7mm，向末端逐渐变宽，中末部可达2.1mm。笔石体始端胎管刺显著，劲直向下，呈矛状，另可见2 ~ 4根胞管腹刺从第一对胞管侧向水平伸展。胞管为典型的栅笔石式，膝角明显，膝上腹缘直，口缘平。

采集号：1. Sth-18e；2. WM121；5. WM46。登记号：1. NIGP57336；2. NIGP57335；5. NIGP57328。产地：1. 贵州松桃黄畈剖面；2. 湖北宜昌王家湾敌草坝剖面；5. 湖北宜昌王家湾剖面。层位：1，5. 五峰组，*Paraorthograptus pacificus*带之*Diceratograptus mirus*亚带；2. 五峰组，*Dicellograptus complexus*带。

3，4，7　美丽附刺笔石 *Appendispinograptus venustus*（Hsü，1959）

主要特征：双列笔石，笔石体始部宽0.7mm，中末端可达1.5mm。笔石体始端具两根显著底刺，侧向伸出，呈弧形向两侧下方伸展，呈“八”字形；底刺上分别向上生出3个附生刺，呈耙状，底刺常被膜体包裹。E型始端发育。胞管为典型的栅笔石式，膝角明显，口缘平直。

采集号：3. WM121；4. ACD161；7. ACC350。登记号：3. NIGP57603；4. NIGP57602；7. NIGP57601。产地：3.湖北宜昌王家湾剖面；4，7. 湖北宜昌黄花场剖面。层位：五峰组，*Dicellograptus complexus*带。

6，8　均一拟绞笔石 *Paraplegmatograptus uniformis* Mu in Wang，1978

主要特征：细网类笔石，笔石体宽3mm左右。胞管表皮退化，大网、细网、刺网均发育，大网结构不规则，刺网由平伸的胞管口刺和腹刺组成，与大网区分明显。中轴自由伸展。

采集号：6. AAJ88；8. WM185。登记号：6. NIGP57750；8. NIGP57749。产地：6. 湖北襄阳保康马良坪剖面；8. 湖北宜昌棠垭剖面。层位：6. 五峰组，*Paraorthograptus pacificus*带之*Tangyagraptus typicus*亚带；8. 五峰组，*Dicellograptus complexus*带。

本图版标本均首次发表于穆恩之等（1993）。其中，图6和8过去鉴定为*Paraplegmatograptus gracilis* Mu in Wang，1978，后来Chen et al.（2000b）和Štorch et al.（2011）认为它是*Paraplegmatograptus uniformis* Mu的后同名。

5
1
2
3
4
6
7
8

图版 5-1-31 笔石

（比例尺长度 =1mm）

赫南特阶

1，5，6，9 奥伊苏中间笔石 *Metabolograptus ojsuensis*（Koren & Mikhailova in Apollonov et al.，1980）

主要特征：笔石体长条状，长可达25mm。胎管较长，但胎管刺短而粗壮。始部胞管为栅笔石式，膝角尖锐，膝上腹缘直，微倾，膝下腹缘近直或微内凹，常与中隔壁形成20° ~ 30° 夹角；末部胞管为雕笔石式。中隔壁完整。H型始端发育。

图9为图5的始端放大。登记号：1. NIGP133441；5，9. NIGP133443；6. NIGP133442。产地：1. 湖北宜昌分乡剖面；5，9. 贵州桐梓红花园剖面；6. 湖北宜昌王家湾剖面。层位：五峰组，*Metabolograptus extraordinarius*带。

2—4 异形中间笔石 *Metabolograptus extraordinarius*（Sobolevskaya，1974）

主要特征：笔石体较长大，长可达40mm以上，向末端增宽迅速，最宽可达3.5mm，末端微收缩。常具长胎管刺。胞管膝角较尖，膝上腹缘微向内凹，膝下腹缘较长而略微蜿蜒；口缘平直，口穴高约为膝上腹缘长的1/3 ~ 1/2。中隔壁直且完整。

登记号：2. NIGP133400；3. NIGP133403；4. NIGP133404。产地：贵州省桐梓县红花园剖面。层位：五峰组，*Metabolograptus extraordinarius*带。

7 矛状栅笔石 *Climacograptus hastatus* T. S. Hall，1902

主要特征：笔石体始端胎管刺劲直向下，呈矛状，2 ~ 4根胞管腹刺侧向伸展。栅笔石式胞管，胞管膝角明显，膝上腹缘直。

登记号：NIGP133364。产地：湖北宜昌分乡剖面。层位：五峰组，*Metabolograptus extraordinarius*带。

8 宽型围笔石 *Amplexograptus latus*（Elles & Wood，1906）

主要特征：笔石体始端浑圆，具三个底刺。围笔石式胞管，口缘平直，口穴较大，膝角显著，胞管掩盖约占其长度的1/2。注：Štorch et al.（2011）认为该种具有K型始端发育，将其厘定为*Anticostia lata*（Elles & Wood，1906）。

登记号：NIGP133335。产地：湖北宜昌分乡剖面。层位：五峰组，*Metabolograptus extraordinarius*带。

本图版标本均首次发表于Chen et al.（2005）。

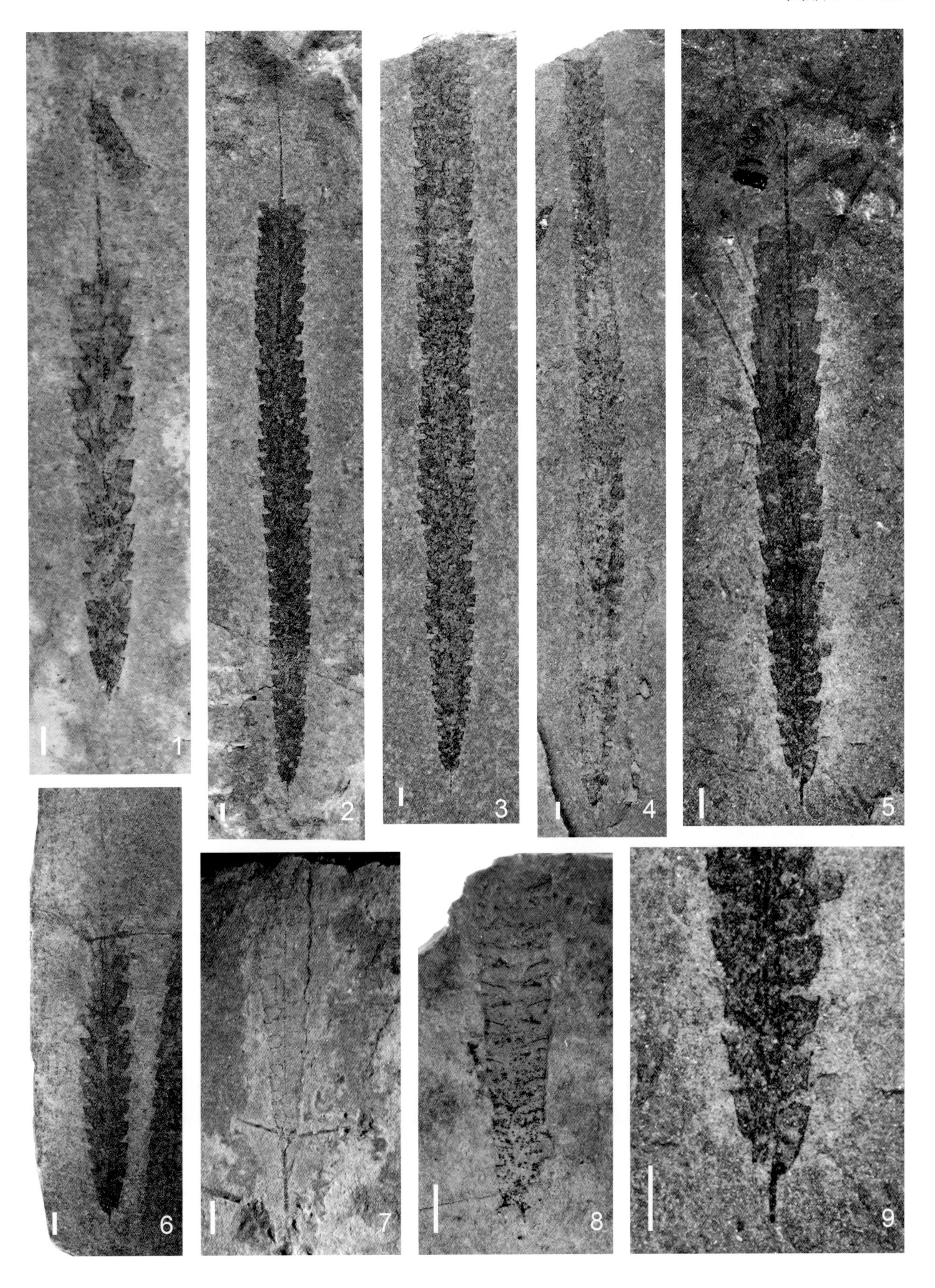
1
2
3
4
5
6
7
8
9

图版 5-1-32　笔石

（比例尺长度 =1mm）

赫南特阶

1　祖先祖先笔石 *Avitograptus avitus*（Davies，1929）

主要特征：笔石体始端尖削，常具粗壮的长胎管刺。胞管膝部钝圆，口缘平直，口穴较窄。J型始端发育。

登记号：NIGP133395。产地：湖北仁怀杨柳沟剖面。层位：龙马溪组，*Metabolograptus persculptus*带。

2，5　细条裂科伦笔石 *Korenograptus laciniosus*（Churkin & Carter，1970）

主要特征：笔石体长条状，纤细且直，始端尖圆，强烈不对称。胎管长，口部宽，胎管刺较短。中隔壁完整且直；雕笔石式胞管，胞管口缘平直。笔石体末端体壁减薄，中轴常伸出体外，并常有增厚现象。H型始端发育。

登记号：2. NIGP133412；5. NIGP133413。产地：湖北省仁怀杨柳沟剖面。层位：龙马溪组，*Metabolograptus persculptus*带。

3，4，6，7　小型正常笔石 *Normalograptus minor*（Huang，1982）

主要特征：笔石体细、直，始端尖细，向末端逐渐增宽。胎管刺较长，末端具有多级分叉现象，分叉通常始于胎管口之下1 ~ 2mm处。胞管栅笔石式，膝角尖锐—钝圆，膝上腹缘微向外倾，胞管口部微向内卷。H型始端发育。

登记号：3. NIGP133423；4. NIGP133427；6. NIGP133426；7. NIGP133424。产地：湖北省仁怀石场剖面。层位：龙马溪组，*Metabolograptus persculptus*带。

本图版标本均首次发表于Chen et al.（2005）。

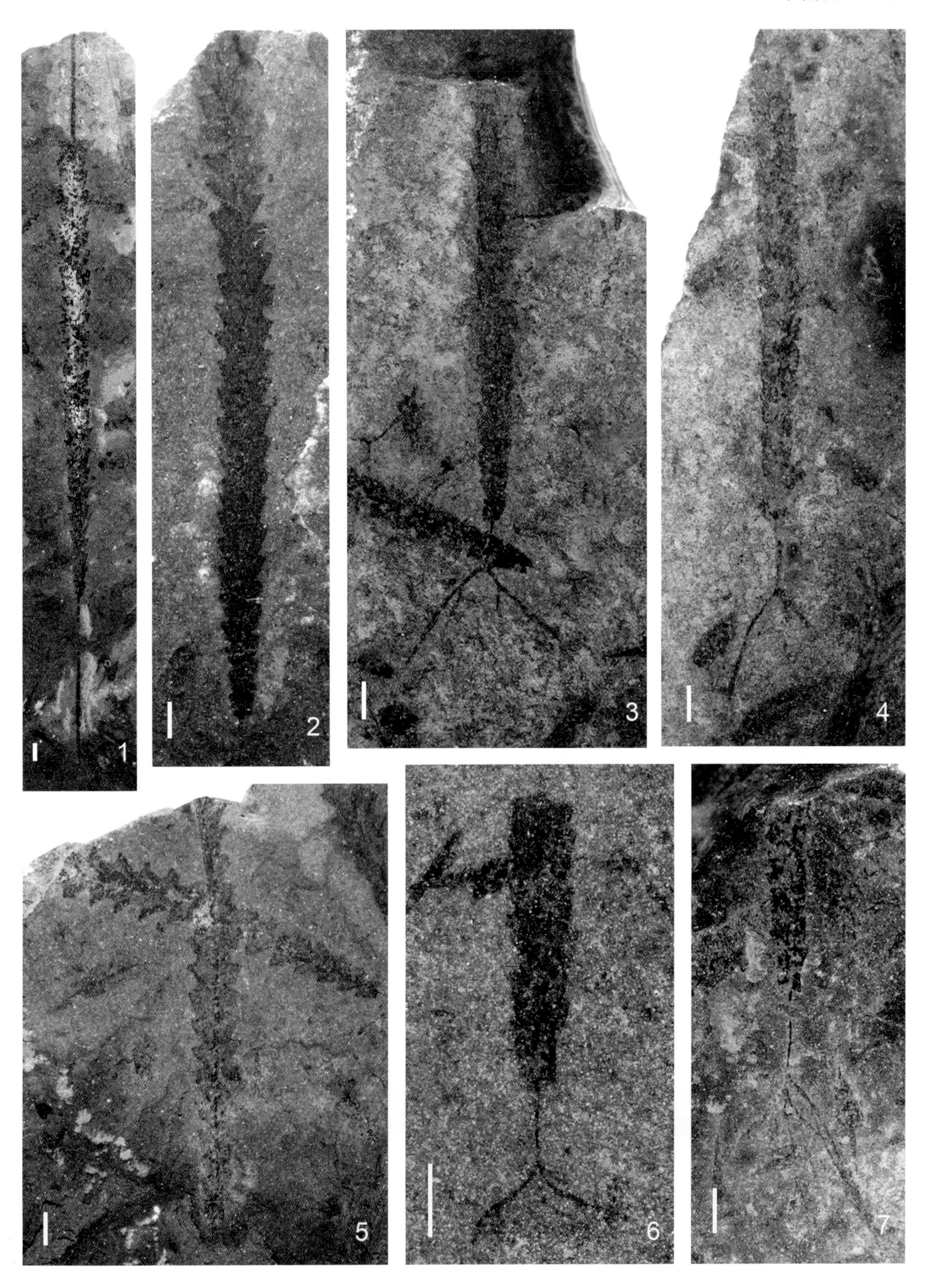
1
2
3
4
5
6
7

图版 5-1-33　笔石

（比例尺长度 =1mm）

赫南特阶

1，2　雕刻中间笔石 *Metabolograptus persculptus*（Elles & Wood，1907）

主要特征：笔石体长达30 ~ 40mm，始端稍尖削，宽1.0 ~ 1.5mm，笔石体最大宽度2.1 ~ 2.5mm。具长钉状胎管刺。胞管为雕笔石式，始端胞管膝角较明显，向末端逐渐变圆滑。有些标本具有中轴膨胀现象。

采集号：1. 708-4；2. Pm002-Hb35-4-2。登记号：1. NIGP142279；2. NIGP175426。产地：1. 浙江临安汤家剖面；2. 浙江安吉杭垓山岗上剖面。层位：1. 安吉组，*Metabolograptus persculptus*带；2. 文昌组，*Metabolograptus persculptus*带。图1标本由Chen et al.（2007）首次发表；图2标本由汪隆武等（2016）首次发表。

3　美丽新双笔石 *Neodiplograptus charis*（Mu & Ni，1983）

主要特征：笔石体长11 ~ 20mm，始端宽1.3 ~ 1.5mm，向上迅速增宽至2.4 ~ 2.8mm，最宽可达3.1mm。胎管刺粗短。始端胞管为栅笔石式，强烈折曲，膝上腹缘直，向外倾斜，向笔石体末端快速转变为雕笔石式。中轴膨胀，末端伸出体外。H型始端发育。

采集号：AEP708a。登记号：NIGP142276b。产地：浙江临安汤家剖面。层位：安吉组，*Metabolograptus persculptus*带。由Chen et al.（2007）首次发表。

4　祖先祖先笔石 *Avitograptus avitus*（Davies，1929）

主要特征：笔石体长可达27mm；始端较尖细，向末端由0.7 ~ 0.9mm增宽至1.5 ~ 1.8mm。胎管刺较粗壮且较长。胞管略微弯曲，具有圆缓的膝角，膝上腹缘向外倾斜。

采集号：AEP713a-16。登记号：NIGP142283。产地：浙江临安汤家剖面。层位：安吉组，*Metabolograptus persculptus*带—*Akidograptus ascensus*带。由Chen et al.（2007）首次发表。

5　渺小拟栅笔石 *Paraclimacograptus innotatus*（Nicholson，1869）

主要特征：笔石体细小，长条形。胞管为围笔石式—雕笔石式过渡类型，具有膝角，且除始端第一对胞管外均发育突出的膝檐；口穴较宽，膝上腹缘微内凹，向外倾斜或与笔石体平行。H型始端发育。

采集号：AEP710。登记号：5. NIGP142285。产地：浙江安吉孝丰茶园剖面。层位：安吉组，*Akidograptus ascensus*带。由Chen et al.（2007）首次发表。

6　适度新双笔石 *Neodiplograptus modestus*（Lapworth，1876）

主要特征：笔石体长度可达30mm，始端钝圆，向末端笔石体宽度由1.0mm 增宽至2.5 ~ 3.5mm。胎管刺细小；始端胞管为栅笔石式，具方形口穴，末端逐渐变为直管笔石式。H型始端发育。

采集号：AEP708-3。登记号：NIGP142294。产地：浙江临安汤家剖面。层位：安吉组，*Metabolograptus persculptus*带。由Chen et al.（2007）首次发表。

7　王家湾正常笔石 *Normalograptus wangjiawanensis*（Mu & Lin，1984）

主要特征：笔石体长条形，较宽大，最长可达40mm；笔石体末端最宽达2.2mm。胎管刺较长，并增宽形成铲状。中轴末端伸出笔石体外，并有显著增宽加厚现象。胞管为栅笔石式，膝上腹缘直，但向外倾斜；胞管间壁也向外倾。

登记号：NIGP82819。产地：湖北宜昌王家湾剖面。层位：龙马溪组，*Metabolograptus persculptus*带。由Chen et al.（2005）首次发表。

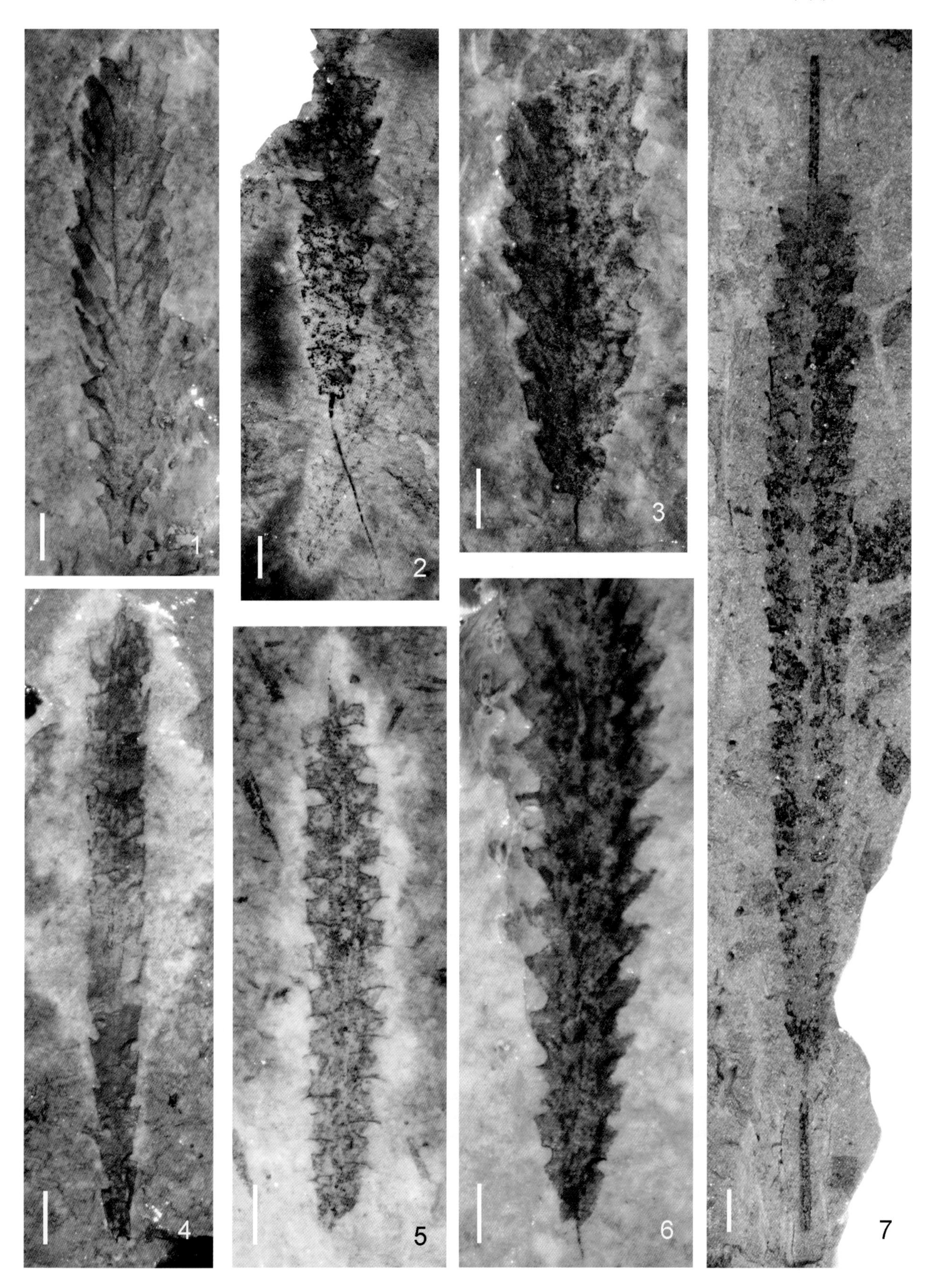
1
2
3
4
5
6
7

5.2 牙形类

牙形类（Conodonts）是一类早已绝灭了的海相微体化石，也常被称为牙形刺、牙形石或牙形虫等。它们个体很小，一般在0.2～2mm之间，极个别可达20mm；由磷灰石组成，是一种生活在古海洋中、能游泳小动物的化石。它广泛分布于寒武纪至三叠纪的海相地层中，并绝灭于三叠纪瑞替期末。

牙形类动物对生活环境的适应能力较强，可在浅水到较深水以及凉水至暖水的海洋环境中生存。这类化石个体小，种类繁多，分布广，特征明显，因演化迅速而形态变化快，所以在寒武纪至三叠纪海相生物地层研究中，它们是最具有权威性和高分辨率的生物化石门类之一，对地层的精细划分和对比有极其重要的作用。从寒武系至三叠系，可以利用牙形类精细划分地层及准确对比，确定年代地层系和阶的界线。在国际地层表中，有许多系和阶的底界GSSP（"金钉子"），就是根据牙形类的演化确立的，如奥陶系、石炭系、二叠系、三叠系的底界都是以牙形类标准分子的首次出现（FAD）为标志。我国奥陶系牙形类分带基本上与国际水平相当，大多牙形类分带都可进行国际对比。但因我国国土辽阔，牙形类生物地层分区明显，造成原先建立的华南区和华北区牙形类分带序列对比较为困难。经近几年的深入研究，这两大区系原有的牙形类分带序列被厘定，它们之间的对比问题已基本解决（王志浩等2014a，2014b；Wang et al.，2018，2019）。

牙形类是显生宙最早出现的生物门类之一，广义上说，它们可分为3种类型：即原牙形类（Protoconodonts）出现于前寒武纪，副牙形类（Paraconodonts）始于早寒武世，而真牙形类（Euconodonts）始于晚寒武世。奥陶系—三叠系的牙形类应都为真牙形类。现代研究证明，真牙形类来源于副牙形类，而副牙形类可能来源于原牙形类。多数牙形类专家认为，牙形类，特别是真牙形类是脊椎动物的祖先，它出现于晚寒武世，并在脊椎动物演化上处于领先地位（王成源和王志浩，2016）。

自Pander（1856）在波罗的地区发现牙形类以来，有关牙形类的生物属性的争论就从未停止过，这种奇怪的多刺的齿状化石曾被归入鱼类、环节动物、节肢动物、头足动物、袋虫类、腹毛类、毛颚类等动物，甚至植物等18种不同的生物门类。因此，没有任何一种化石门类像牙形类那样使人迷惑不解。自Briggs et al.（1983）在苏格兰的下石炭统发现牙形动物软体化石后，牙形动物的生物属性得到基本解决，即被归属到最早期的脊椎动物。它与现代的七鳃鳗（八目鳗）很相似：两侧对称，肛门后位，有尾鳍、背鳍，并有鳍条，有两个大眼睛，有肌节（并发现纤维肌肉组织）和脊索。重要的是，牙形类中有与脊椎动物牙齿相似的齿质（牙本质），并在其口面，特别是齿台型化石口面发现了微磨损痕迹，证明牙形类就是牙形类动物的牙齿，起咀嚼、粉碎和剪切食物作用。根据发现的软体化石，牙形类专家都认为牙形类动物两侧对称，具有良好的视力，能像鳗类一样在水中快速游泳，并能积极捕食和适应于不同的生活环境，属最早期的脊椎动物。它们也很可能源于盲鳗类或七鳃鳗类，具有钙化的骨骼，属脊椎动物中最原始的颚口类（Gnathostomata）。狭义的牙形类动物（真牙形类）起源于晚寒武世，处于脊椎动物演化的早期。而真牙形类的祖先很可能来源于早寒武世多细胞动物的大辐射，这已成为大多牙形类专家的共识（王成源和王志浩，2016）。

牙形类化石形态复杂多变，且特征明显，主要可分为单锥型（simple cone）、复合型（compound type）和齿台型（platform type）3大类。

5.2.1 牙形类基本结构

1. 牙形类结构术语

在牙形类器官属种排列模式中，位于前部的分子称为P分子，中间的称为M分子，后部的则称S分子。

这里需指出的是，在器官属种的研究中，不同作者使用的器官分子的代号可能是不同的。目前最常见的是用P分子、M分子和S分子等来代表各类形态分子在牙形类器官中的不同位置。齿台状、齿片梳状或已特化的枝形分子，它位于牙形类器官的前方两侧，可称为P分子。这类分子又可分为Pa分子和Pb分子，Pa分子靠前，Pb分子靠后。M分子为锄形、三角形或犁形，它位于器官中部的两侧。S分子位于牙形类器官之后部，是从对称至不对称的过渡系列。其中，Sa分子为宽翼状，两侧对称，位于牙类器官后部的前方中间位置；Sb分子为指掌状或三脚状；Sc分子为双羽状或锄形和梳形，有长的后齿突；Sd分子为四枝形分子。Sb分子、Sc分子和Sd分子分别位于牙形类器官后部的两侧和中间。

除用P分子、M分子和S分子等来描述器官属种外，尚有用保留形式属的属名，并在其词干后加-an或-form来描述，如pygodiform 和haddigodiform等分子，一些枝形分子则称为ramiform分子等。

以下是牙形类一些重要的构造术语。

锥形分子：角状、锥状的单锥形分子，由角状的主齿和基部组成，基部下方的空腔称基腔。

枝形分子：主齿基部向侧方、前方或后方延伸出带有细齿或光滑齿枝（或称齿耙或齿突，下同）的复合型牙形类。向前方延伸的齿枝称为前齿枝，向后延伸的则为后齿枝，向两侧延伸的则为侧齿枝。向内侧延伸的为内侧齿枝，向外侧延伸的则称外侧齿枝。

根据其外形，枝形分子又可分为翼状、三脚状、指掌状、双羽状、锄状和三突状等枝形。

主齿：位于基腔上方一个较大或最大的细齿。

反主齿：与主齿延伸方向相反的细齿。

口面：或称上面，发育细齿的一面。

反口面：或称下面，发育基腔或齿沟的一面。

前面：主齿或细齿弯曲外凸的一面。

后面：主齿或细齿弯曲内凹的一面。

内侧：主齿或刺体向一侧弯曲内凹的一面。

外侧：与内侧相反外凸的一面

基腔：主齿下方的空腔或凹窝。

齿沟：或称齿槽，在齿枝下方发育的沟或槽。

齿台：齿枝向两侧膨大或呈平台状的部分。

2. 牙形类结构图解

牙形类结构见图5-11至图5-20。

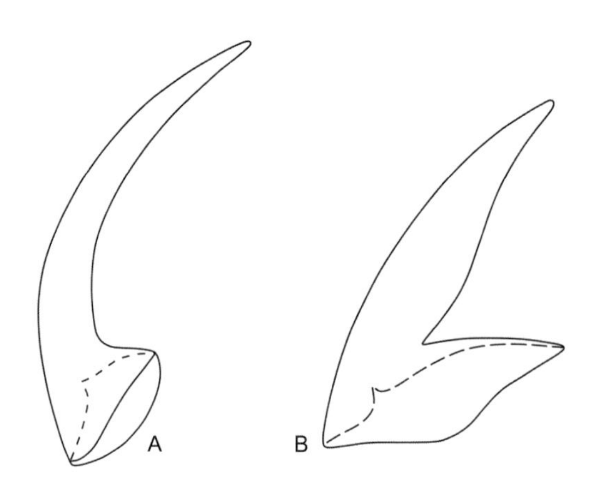

图 5-11 锥形分子的形状。A. 非膝曲状分子（nongeniculate）；B. 膝曲状分子（geniculate）。据 Lindström（1964）修改

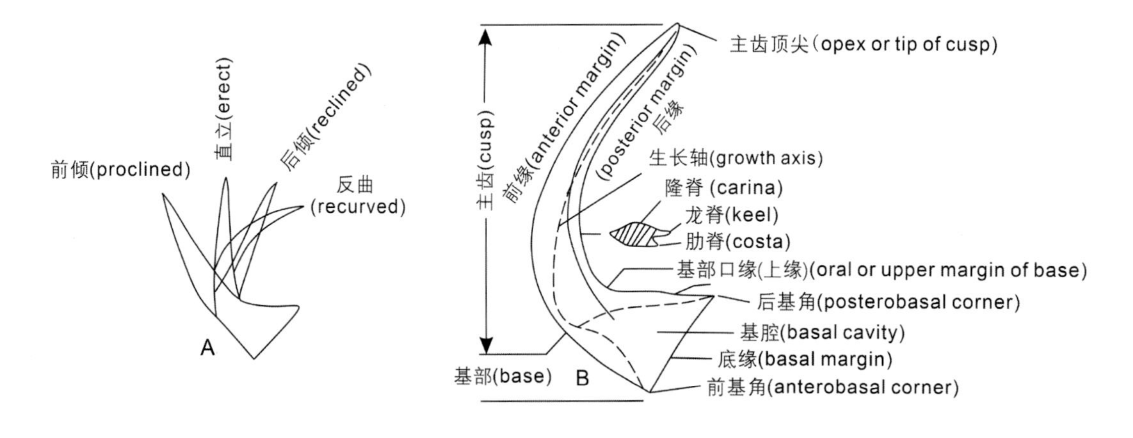

图 5-12 锥形分子的定向和形态构造。据 Lindström（1954）修改

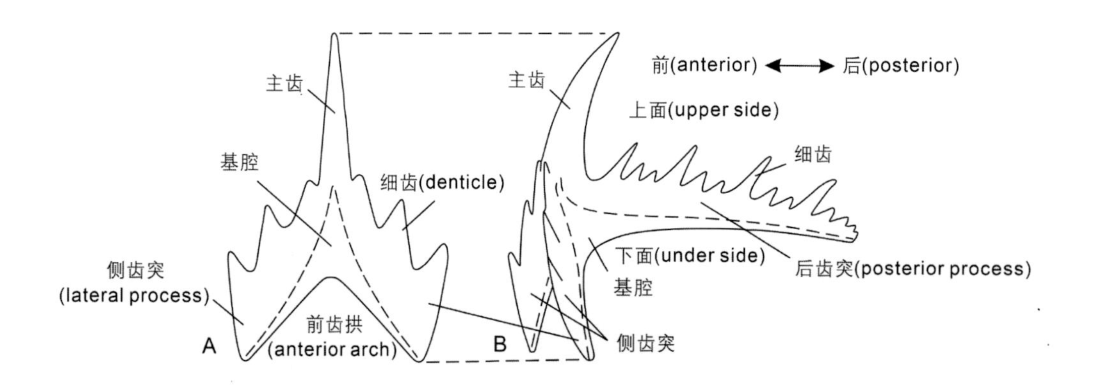

图 5-13 翼状枝形分子的形态。A. 前视；B. 侧视。据 Sweet（1981）修改

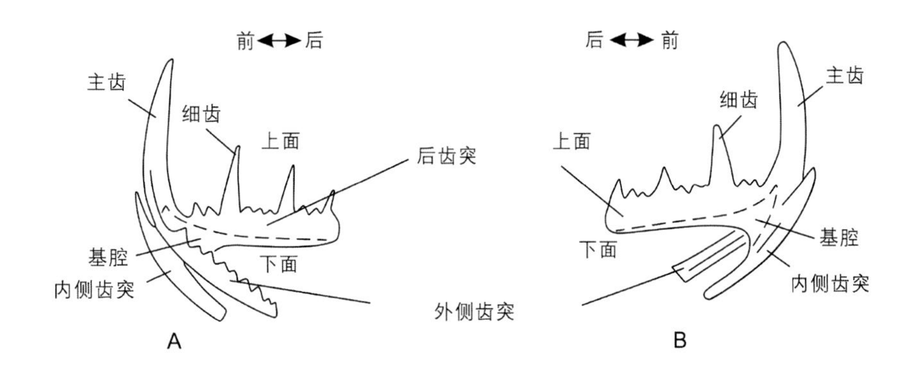

图 5-14　三脚枝形分子的形态。A. 外侧视；B. 内侧视。据 Sweet（1981）修改

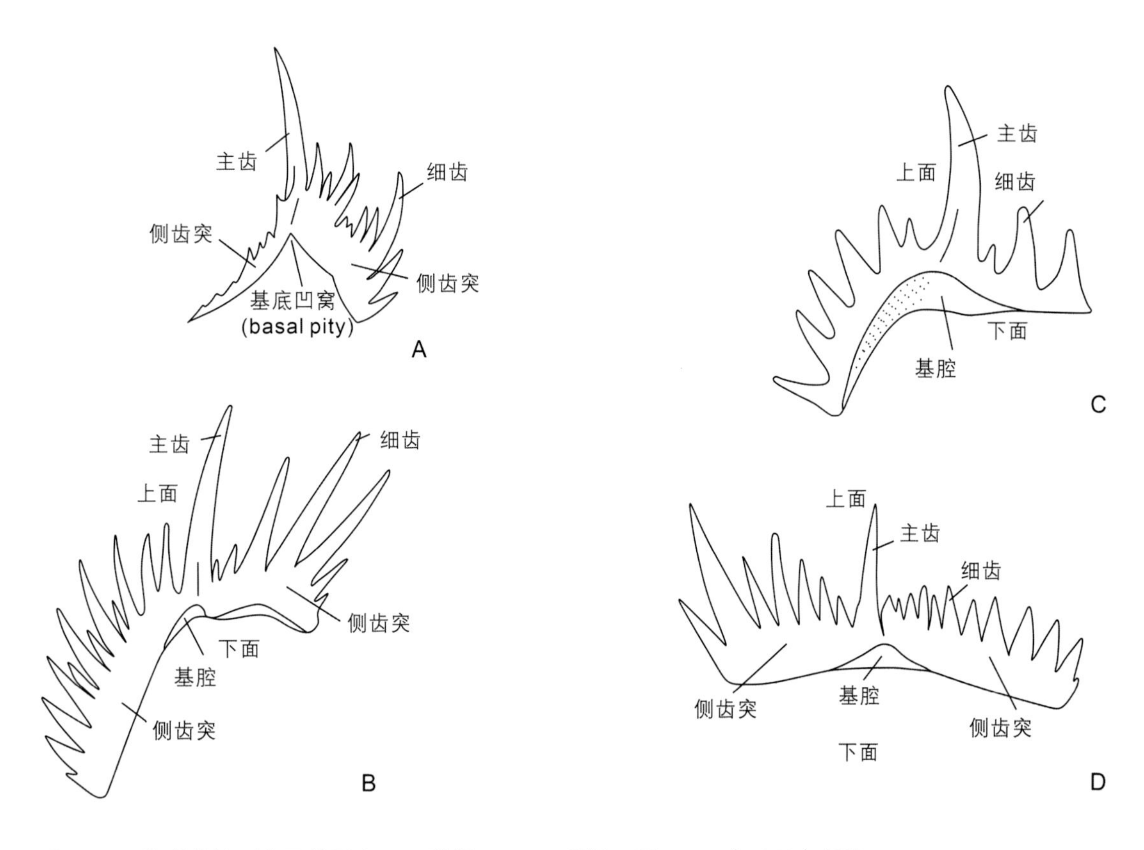

图 5-15　指掌状枝形分子的形态。A. 前视；B—D. 后视。据 Sweet（1981）修改

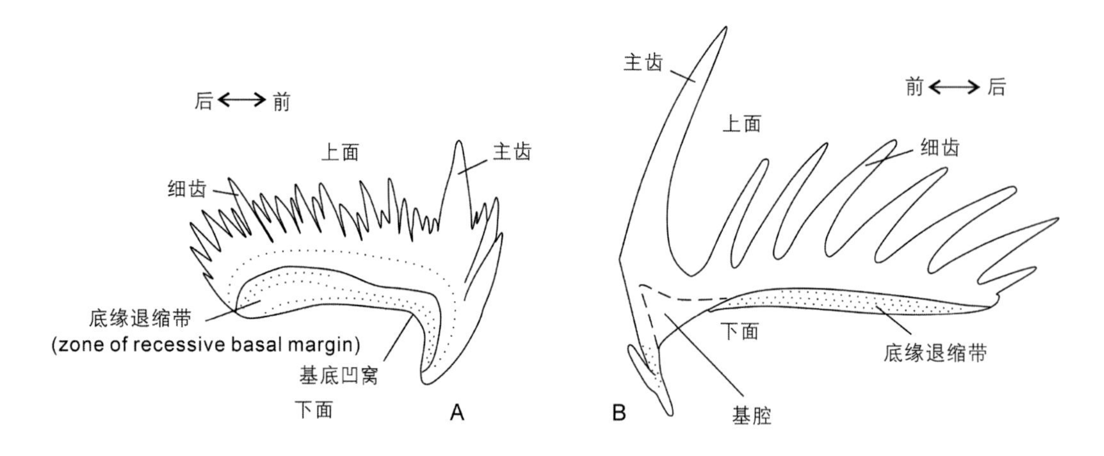

图 5-16　双羽状枝形分子的形态。A，B. 内侧视。据 Sweet（1981）修改

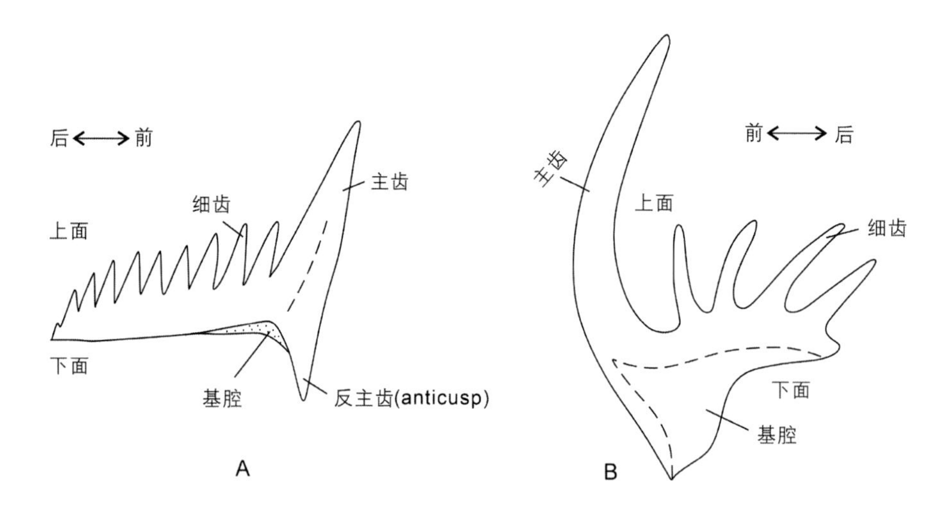

图 5-17　锄状枝形分子的形态。据 Sweet（1981）修改

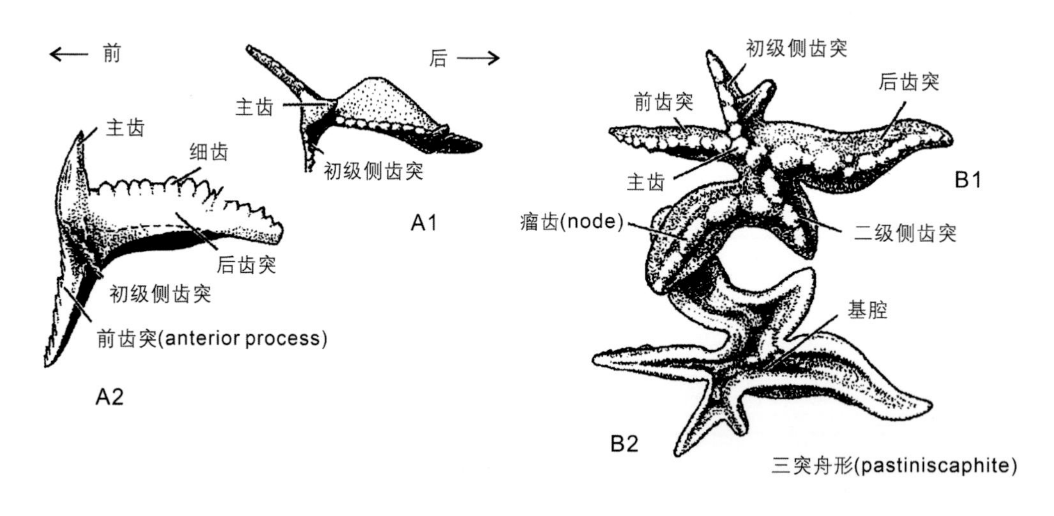

图 5-18　三突状刷形分子和三突状舟形分子形态。A1，A2. 三突状刷形分子；B1，B2. 三突状舟形分子。据 Sweet（1981）修改

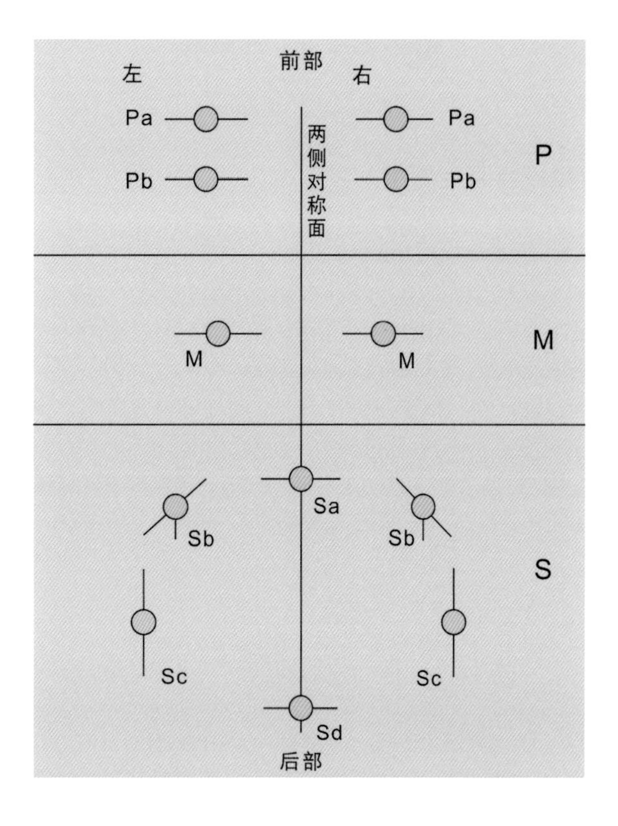

图 5-19　牙形类 P、M、S 分子的排列结构图解

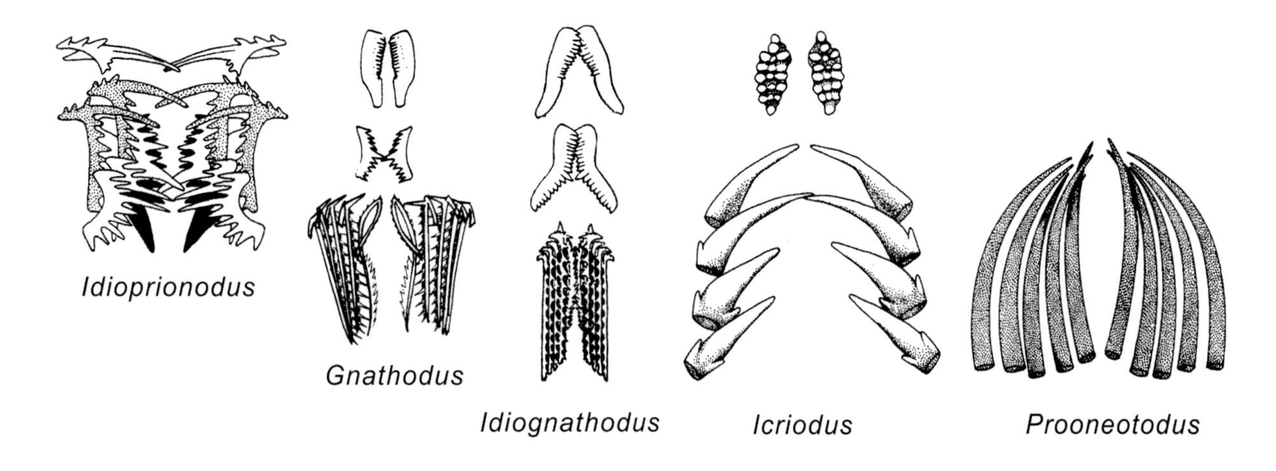

图 5-20　牙形类 P、M、S 分子的排列结构样例

5.2.2　牙形类图版及说明

本书共有17个牙形类化石图版。除特殊说明的外，标本均保存在中国科学院南京地质古生物研究所。比例尺长度为100μm。

图版 5-2-1　牙形类

（比例尺长度 =100μm）

寒武纪芙蓉统（顶部）—奥陶纪特马豆克阶

1—8　林斯特龙肿刺 *Cordylodus lindstromi* Druce & Jones，1971

主要特征：S分子和一些P分子具两个基腔顶尖，且位于第一个细齿之下的第二个基腔顶尖是尖的，但不伸至细齿。

1—3. S分子之侧视。采集号：1. HDB39；2. HAD15C；3. HAD15C。登记号：NIGP92891—92893。产地：吉林浑江大阳岔。层位：芙蓉统凤山组至下奥陶统冶里组。图影摘自Wang（1985）。

4. S分子之侧视。采集号：BDC20。登记号：NIGP78108。产地：辽宁本溪多房沟。层位：下奥陶统冶里组。图影摘自Wang（1984）。

5—8. S分子之侧视。采集号：5. HDA15C；6. HDA14-1；7. HDA14-1；8. HDA15-B。登记号：5. NIGP98295；6. NIGP98293；7. NIGP98296；8. NIGP98294。产地：吉林浑江大阳岔。层位：芙蓉统凤山组至下奥陶统冶里组。图影摘自Chen & Gong（1986）。

9—17　先祖肿刺 *Cordylodus proavus* Müller，1959

主要特征：器官种的S分子（圆形分子或称*q*分子）具一大而深的圆锥形基腔，基腔前缘微凸，主齿中部至顶部都具白色物质。

9—13，16，17. S分子之侧视；14，15. P分子之侧视。采集号：9. HDA9B2；10，11，16. HDA9-4；12. HDA9A-1；13. HDA7B1；14. HDA9-3；15. HDA9-10；17. HDA9-5。登记号：9. NIGP98330；10. NIGP98331；11. NIGP93321；12. NIGP98322；13. NIGP98334；14. NIGP98333；15. NIGP98337；16. NIGP98323；17. NIGP98332。产地：吉林浑江大阳岔。层位：芙蓉统凤山组至下奥陶统冶里组。图影摘自Chen & Gong（1986）。

18—24　中间肿刺 *Cordylodus intermedius* Furnish，1938

主要特征：S分子（圆形分子）的基腔大，较深，前缘明显内凹，顶尖指向前边。

18，24. P分子之侧视；19—23. S分子之侧视。采集号：18. HDA29-3；19，21. HDA14-3；20. HDA13B；22. HDA14-2；23. HDA11B2；24. HDA11A-1。登记号：18. NIGP98350；19. NIGP98349；20. NIGP98352；21. NIGP98351；22. NIGP98347；23. NIGP98370；24. NIGP98372。产地：吉林浑江大阳岔。层位：芙蓉统凤山组至下奥陶统冶里组。图影摘自Chen & Gong（1986）。

25，26　德鲁塞肿刺 *Cordylodus drucei* Miller，1980

主要特征：S分子（圆形分子）后齿突前侧方具一宽而低的并向下延伸的隆脊，基腔浅，前缘内凹。

S分子之侧视。采集号：HDA11B1。登记号：25. NIGP98373；26. NIGP98374。产地：吉林浑江大阳岔。层位：芙蓉统凤山组至下奥陶统冶里组。图影摘自Chen & Gong（1986）。

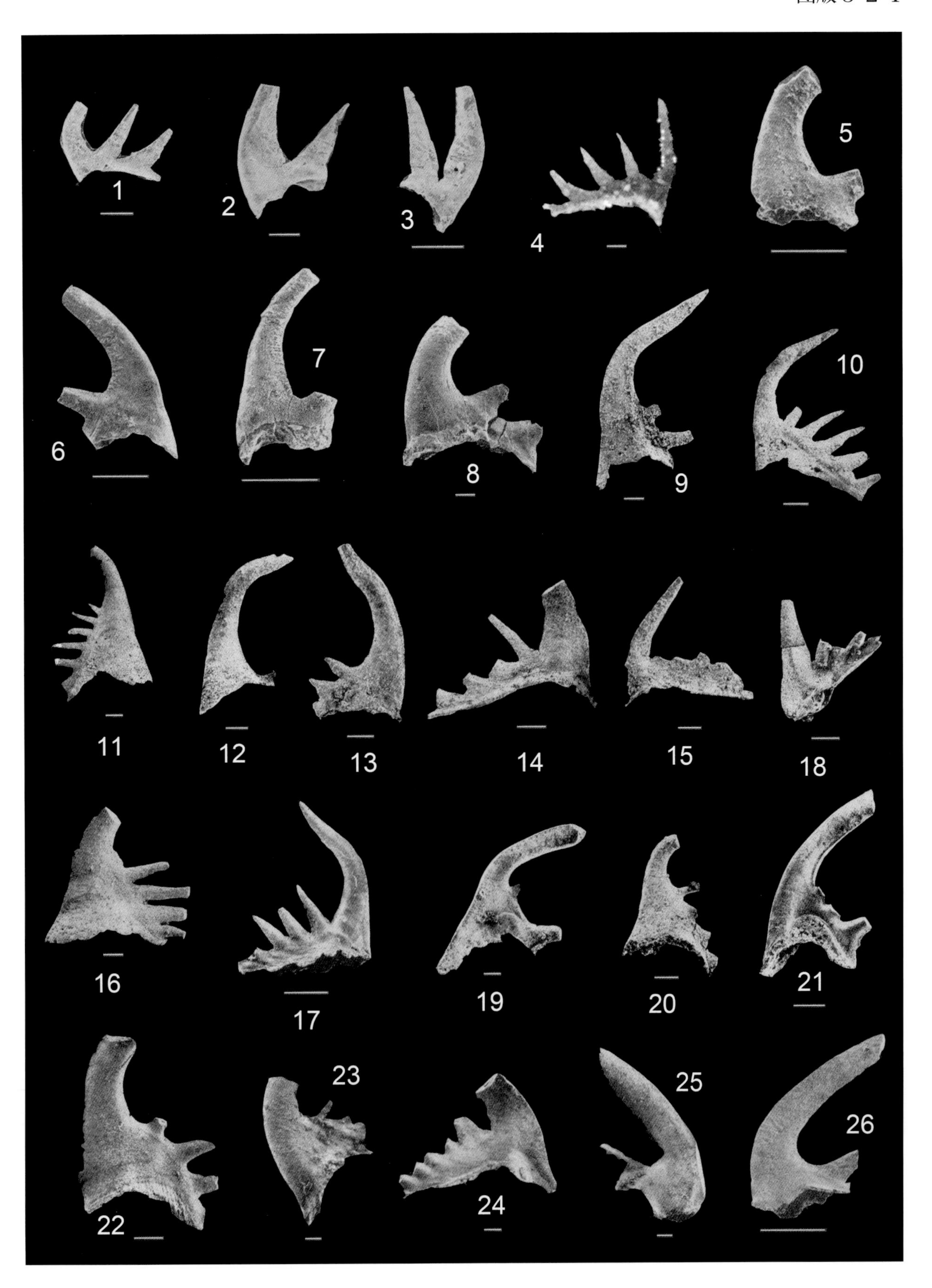
1
2
3
4
5
6
7
8
9
10
11
12
13
14
15
18
16
17
19
20
21
22
23
24
25
26

图版 5-2-2　牙形类

（标本 1—13 保存在美国国家博物馆；标本 14—23 保存在中国科学院南京地质古生物研究所。比例尺长度 =100μm）

特马豆克阶

1—13　吉林雅佩特颚刺 *Iapetognathus jilinensis* Nicoll et al.，1999

主要特征：此器官种可能仅由Sb分子、Sc分子、Sd分子、Pa分子、Pb分子和Xa分子等组成。所有分子具有一个带细齿的外侧齿突，Xa分子有一个后齿突。外侧齿突带2 ~ 4个细齿，主齿和细齿前、后方压扁。

1，2. 同一Pb分子之斜后方口视；3—6. 同一Pb分子之斜后方口视、后视、口视和反口视；7—11. 同一Pa分子之前视、口视、后视、外侧视和内侧视；12，13. 同一Pa分子之斜向后方口视和口视。登记号：1，2. USNM498970；3—6. USNM498971；7—11. USNM498972；12，13. USNM498973。产地：吉林浑江大阳岔剖面。层位：寒武系-奥陶系界线地层，下奥陶统治里组。以上所有图影摘自Nicoll et al.（1999）。

14—18　角肿刺 *Cordylodus angulatus* Pander，1856

主要特征：Pa分子基腔浅，前坡向后强烈凹入，后坡上拱，反口缘前基角角状。Pb分子的刺体基腔浅，顶尖位于主齿的中轴线处，前坡强烈向后弯，后坡上凸。基部反口缘呈S形弯曲，基部前缘呈弧形。

14，15. Pa分子之侧视；16—18. Pb分子之侧视。采集号：14—16. HDA31-4；17. HDA31-7；18. HDA31-6。登记号：14. NIGP98298；15. NIGP98300；16—18. NIGP98355—98357。产地：吉林浑江大阳岔剖面。层位：寒武系-奥陶系界线地层，下奥陶统治里组。图影摘自Chen & Gong（1986）。

19—23　赫氏朝鲜刺 *Chosonodina herfurthi* Müller，1964

主要特征：S分子刺体掌状，两侧近对称，一般具有5个近等长的中齿、2个较短的侧齿和2个侧腔。

S分子之后视。采集号：19. HDA31-1；20. HDA31-6；21—23. HDA31-4。登记号：19. NIGP98477；20. NIGP98482；21. NIGP98480；22. NIGP98481；23. NIGP98479。产地：吉林浑江大阳岔剖面。层位：寒武系-奥陶系界线地层，下奥陶统治里组。图影摘自Chen & Gong（1986）。

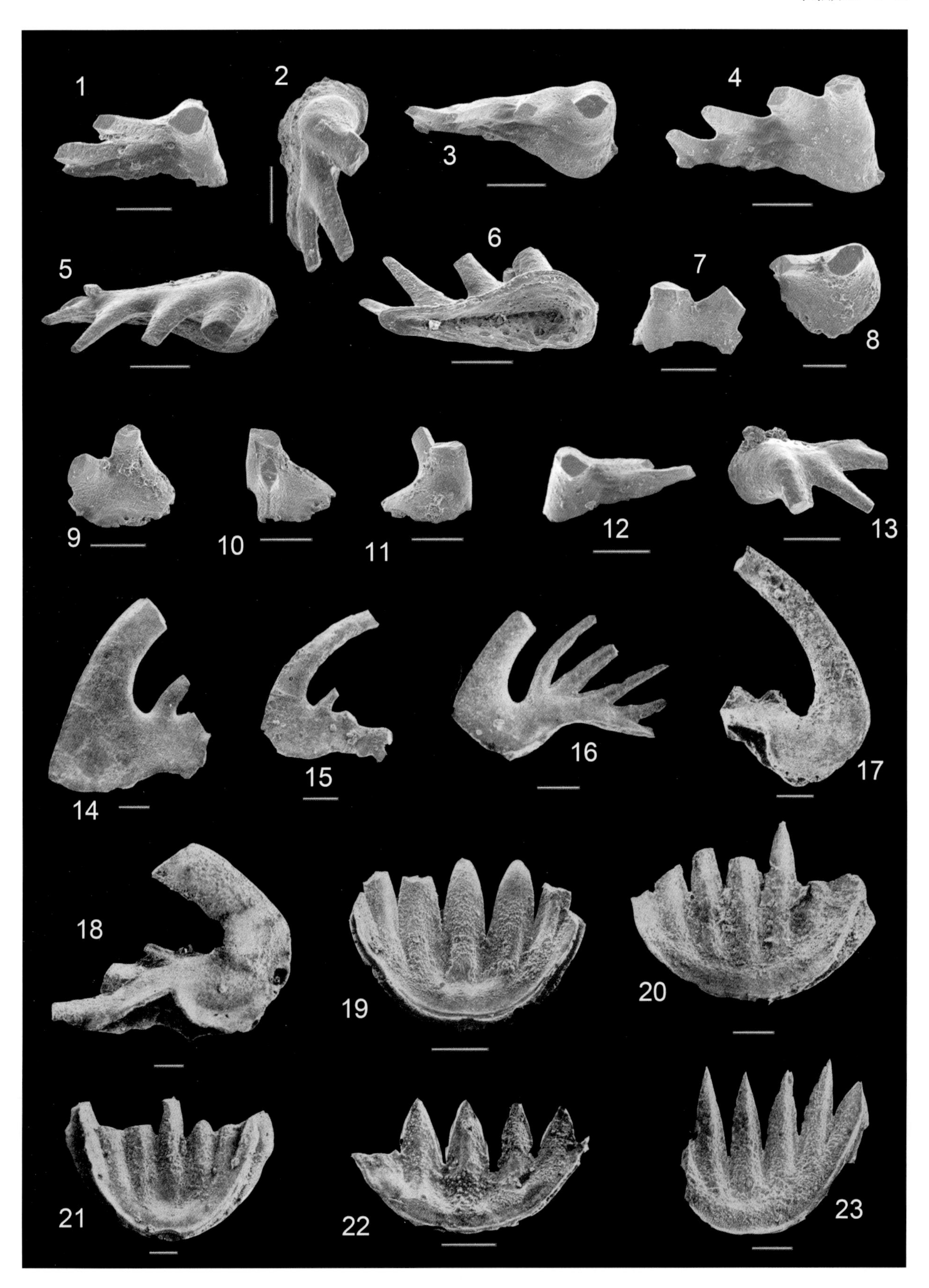
1
2
3
4
5
6
7
8
9
10
11
12
13
14
15
16
17
18
19
20
21
22
23

图版 5-2-3　牙形类

（比例尺长度 =100μm）

特马豆克阶—弗洛阶

1—5　马尼托罗斯刺 *Rossodus manitouensis* Repetski & Ethington，1983

主要特征：S分子宽而侧扁，形成由对称至不对称的过渡系列，其一侧具有宽的肋脊，基部宽，两侧缘或前、后缘常向下延伸呈角状，侧方肋脊也常向下延伸呈齿突状。

1—4. S分子之后视。采集号：1. HDA31-6；2，4. HDA31-4；3. HDA31-5。登记号：NIGP98510—98513。产地：吉林浑江大阳岔。层位：奥陶系底部。图影摘自Chen & Gong（1986）。

5. S分子之后视。采集号：C2-5。登记号：NIGP98513。产地：河北唐山赵各庄。层位：下奥陶统冶里组。图影摘自王志浩等（2014b）。

6—9　四褶克拉佩特锥刺 *Colaptoconus quadraplicatus*（Branson & Mehl，1934）

主要特征：器官种由对称至不对称的S分子组成。玻璃质的单锥形刺体基部小，后面和两侧面各具一明显的纵沟。

S分子之一个侧后视和三个侧视。采集号：6，7. C17a-3；8，9. C17a-6。登记号：NIGP159217—159220。产地：河北唐山赵各庄。层位：下奥陶统冶里组。图影摘自王志浩等（2014b）。

10，11　湖北伯格斯特龙刺 *Bergstroemognathus hubeiensis* An，1981

主要特征：Pb分子刺体明显上拱，前齿突细齿较少，大部分离；Sa分子主齿不明显，两齿突（齿片）细齿细、密集，大部愈合。

P分子之侧视。采集号：10. C24-2；11. C23-1。登记号：10. NIGP159227；11. NIGP159228。产地：河北唐山赵各庄。层位：下奥陶统亮甲山组。图影摘自王志浩等（2014b）。

12—16　双叶锯颚刺 *Serratognathus bilobatus* Lee，1970

主要特征：S分子刺体前方前视呈半圆形，中部为纵槽，两侧齿叶叶面发育由小细齿组成的横脊，后方则发育放射状排列的纵脊。刺体顶端较钝圆。

12，13. S分子之前视。采集号：C23-1。登记号：12. NIGP159229；13. NIGP159230。产地：河北唐山赵各庄。层位：下奥陶统亮甲山组。图影摘自王志浩等（2014b）。

14，15. 同一Sb分子之后视和前视。采集号：Xt15-5。登记号：NIGP105930a。产地：辽宁本溪。层位：下奥陶统亮甲山组。图影摘自王志浩等（1996）。

16. Sa分子之前视。采集号：Hx12。登记号：NIGP105931。产地：吉林浑江大阳岔。层位：下奥陶统亮甲山组。图影摘自王志浩等（1996）。

17—20　肥胖拟锯颚刺 *Paraserratognathus obesus* Yang，1983

主要特征：Sa分子刺体粗而短，主齿短小，基部高大而明显膨胀，肋脊在基部附近呈叠瓦状排列，后隆脊上发育次一级细棱脊。

S分子之三个侧视和一个后视。采集号：17. C23-4；18. C24-2；19. C23-9；20. C24-3。登记号：NIGP159233—15936。产地：河北唐山赵各庄。层位：下奥陶统亮甲山组。图影摘自王志浩等（2014b）。

21，22　伸长锯颚刺 *Serratognathus extensus* Yang C.S.，1983

主要特征：S分子至少有两侧对称的Sa分子和不对称的Sb分子，其两侧齿叶横向伸展为翼状，前面发育多而彼此分离的小圆柱状细齿，后面平凹；刺体前面中央发育一个较为粗大、直立的主齿。

S分子之前视和口视。采集号：C24-1。登记号：21. NIGP159231；22. NIGP159232。产地：河北唐山赵各庄。层位：下奥陶统亮甲山组。图影摘自王志浩等（2014b）。

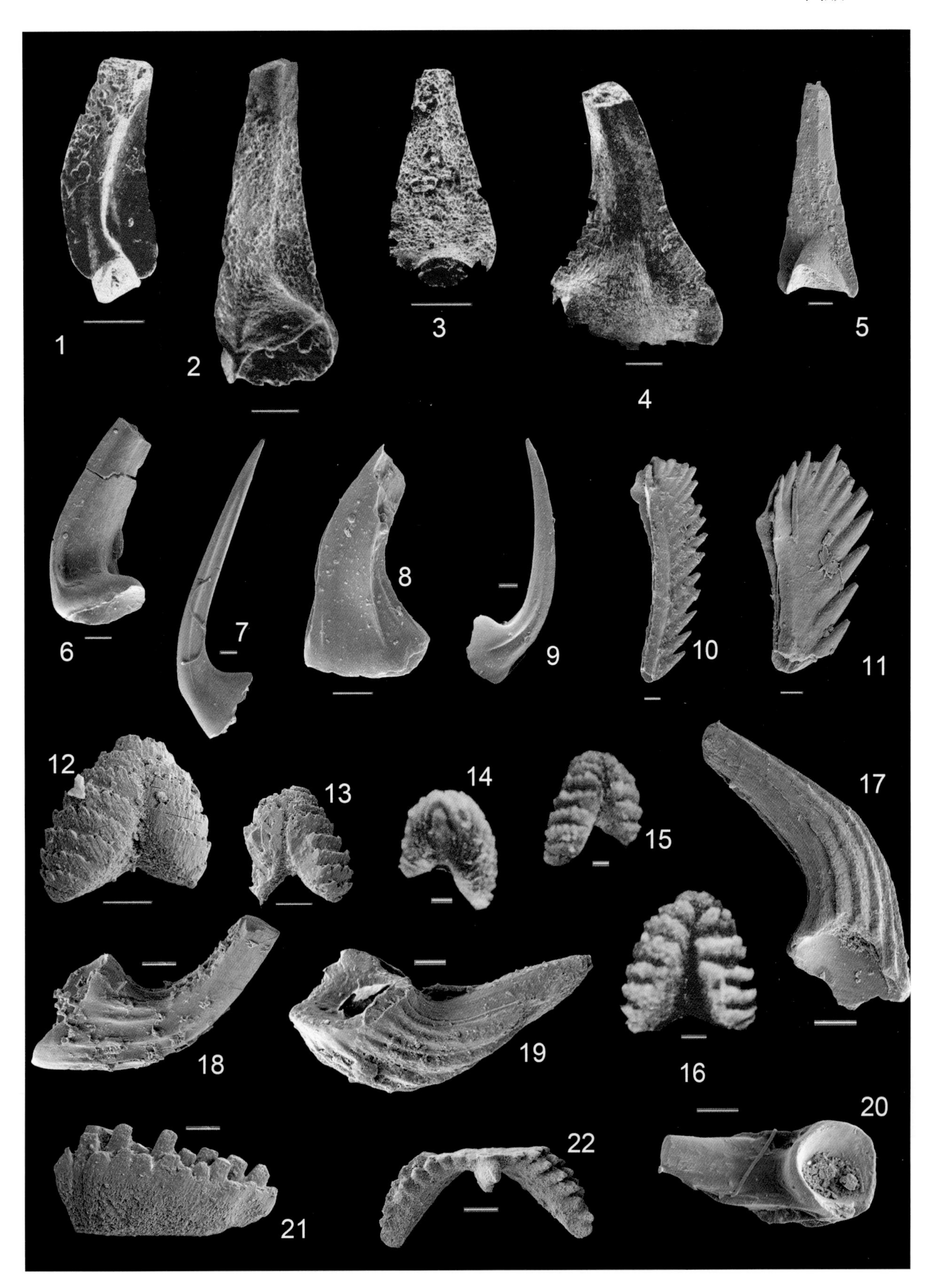
1
2
3
4
5
6
7
8
9
10
11
12
13
14
15
16
17
18
19
20
21
22

图版 5-2-4 牙形类

（标本均保存在澳大利亚博物馆。比例尺长度 =100μm）

特马豆克阶（顶部）

1—19 双裂三角刺 *Triangulodus bifidus* Zhen，2006

主要特征：器官种由修饰的scandodiform型P分子、M分子和具棱脊的S分子等七分子组成，所有分子都具双列棱脊。

1，2. Pa分子之侧视；3，4. M分子之侧视和后视；5. Sb1分子之侧视；6. Sb2分子之后视；7，9，10，12—14. S分子之后视、后方侧视、后方反口视、后视、侧视和侧视；8. Sc分子之侧视；11，15—19. Pb分子之侧视。采集号：1—3，9—11，19. THH19；4. WHC38；5，7. AFI979；6. AFI974；8. THH12；12—14. AF1979；15. AF128157；16. THH12；17. AMF128177；18. AF1979。登记号：1，2. AMF126172；3. AMF126171；4. AMF126174；5. AMF128180；6. AMF128184；7. AMF128188；8. AMF128187；9. AMF128190；10. AMF128189；11，19. AMF128176；12—14. AMF128188；15. Y60026；16. Y67037；17. Y67013；18. Y57924。产地：贵州桐梓红花园剖面。层位：下奥陶统红花园组。图影摘自Zhen et al.（2006）。

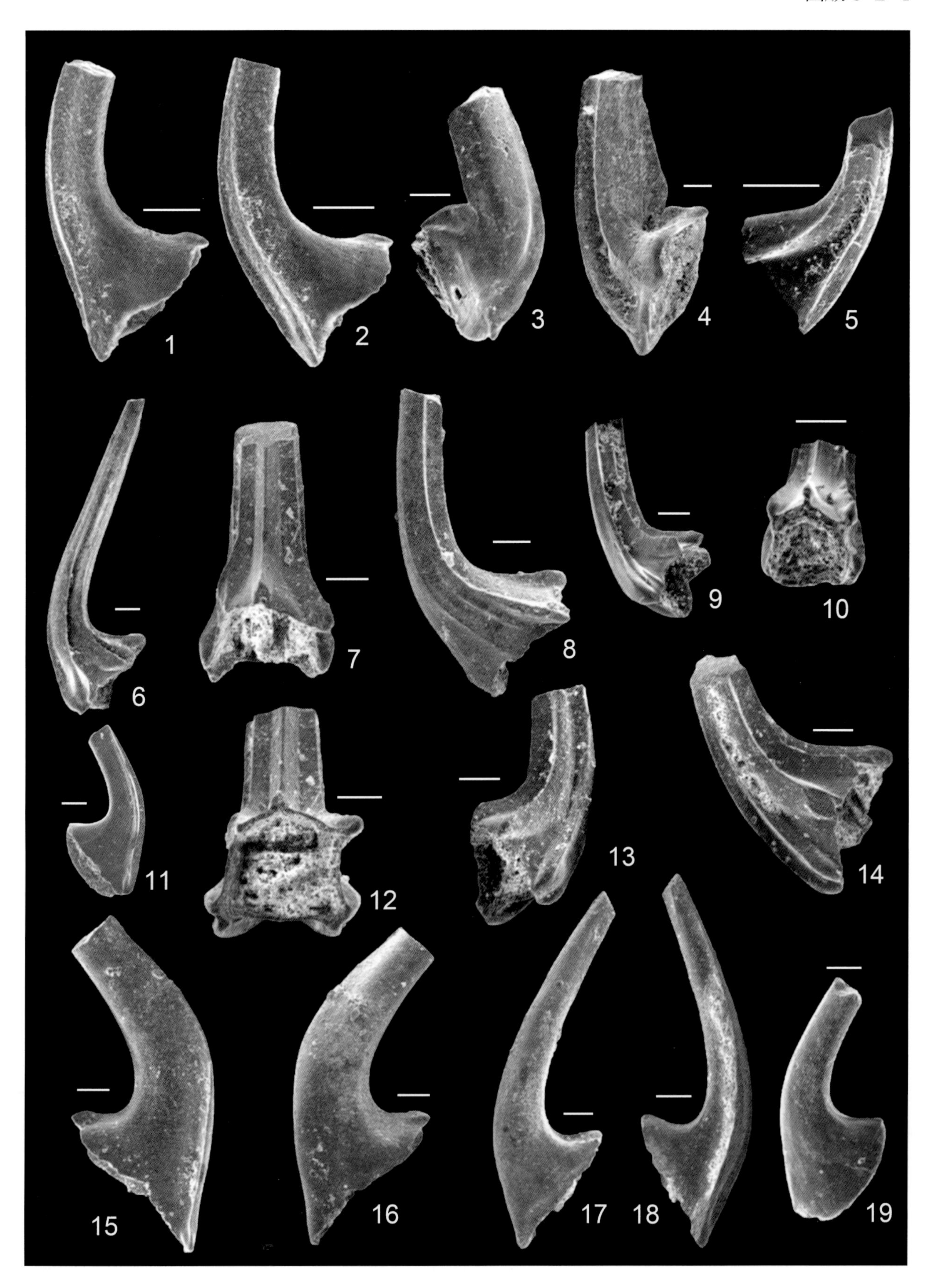
1
2
3
4
5
6
7
8
9
10
11
12
13
14
15
16
17
18
19

图版 5-2-5 牙形类

（标本 3—12 保存在北京大学地质系；标本 1，2，13—20 保存在中国科学院南京地质古生物研究所。比例尺长度 =100μm）

特马豆克阶（顶部）—大坪阶

1—3 叉开锯颚刺 *Serratognathus diversus* An，1981

主要特征：S分子刺体前视呈三角形，顶端尖利，两侧齿叶下方延伸成八字形。

1，2. Sb分子、Sa分子之前视。采集号：Tz3。登记号：1. NIGP132434；2. NIGP132435。产地：新疆塔里木盆地塔中探区。层位：下奥陶统丘里塔格上亚群。图影摘自王志浩和周天荣（1998）。

3. Sb分子之前视。登记号：BJ79-10（正模）。产地：南京地区。层位：下奥陶统红花园组。图影复制于An（1981）。

4—9 华美锯齿刺 *Prioniodus elegans* Pander，1856

主要特征：P分子主齿强壮，齿突窄而高，后齿突最长，前齿突向内侧方扭曲，并与后齿突大致成90° 角，侧齿突向前扭曲后又向前伸展。

4，5，8，9. M分子、Sd分子、Sd分子、P分子之侧视；6. P分子之口视；7. Sa分子之后视。登记号：4. Yj-7；5. Nj-35-3；6. Nj-35-3；7. Yj-7；8. Yj-7；9. Nj-35-3。产地：浙江余杭荆山岭。层位：下、中奥陶统荆山岭组。所有图影复制于安太庠（1987）。

10—12 原始三角刺 *Triangulodus proteus* An，Du，Gao & Lee，1981

主要特征：基部长，基腔中等深，Sb分子（acodiform型）有时在内侧基部前棱脊分叉，M分子的口缘角小。

Sd分子之后视、Sd分子之侧视、Sb分子之后视。登记号：10. Bj79-11；11. Xf1-6；12. Xf1-6。产地：湖北秭归新滩。层位：下奥陶统分乡组。图影复制于安太庠（1987）。

13—15 伊娃奥皮克刺 *Oepikodus evae*（Lindström，1955）

主要特征：P分子主齿直立至后倾；后齿突稍扭转、高；细齿发育，高而密，但分离，并由前向后变低；两前侧齿突较长，发育分离的细齿；S分子反主齿长，无细齿，两侧齿突发育弱；M分子反主齿和后齿突细长，无细齿。

13. P分子之侧视；14，15. M分子之侧视。采集号：AEP156A1。登记号：13. NIGP131035；14. NIGP131032；15. NIGP131033。产地：浙江常山黄泥塘。层位：下、中奥陶统宁国组。图影摘自Wang & Bergström（1995）。

16—19 原始拟箭刺 *Paroistodus originalis*（Sergeeva，1963）

主要特征：Drepanodiform型P分子两侧缓凸，基部明显向后拉长，口缘较直，脊状，前缘基部外凸呈角状、薄板状。

P分子、P分子、M分子、P分子之侧视。采集号：16，17. AFP210；18. AEP156H；19. AEP206。登记号：16. NIGP130395；17. NIGP130394；18. NIGP130998；19. NIGP130997。产地：浙江常山黄泥塘剖面。层位：下、中奥陶统宁国组。图影摘自Wang & Bergström（1995，1999）。

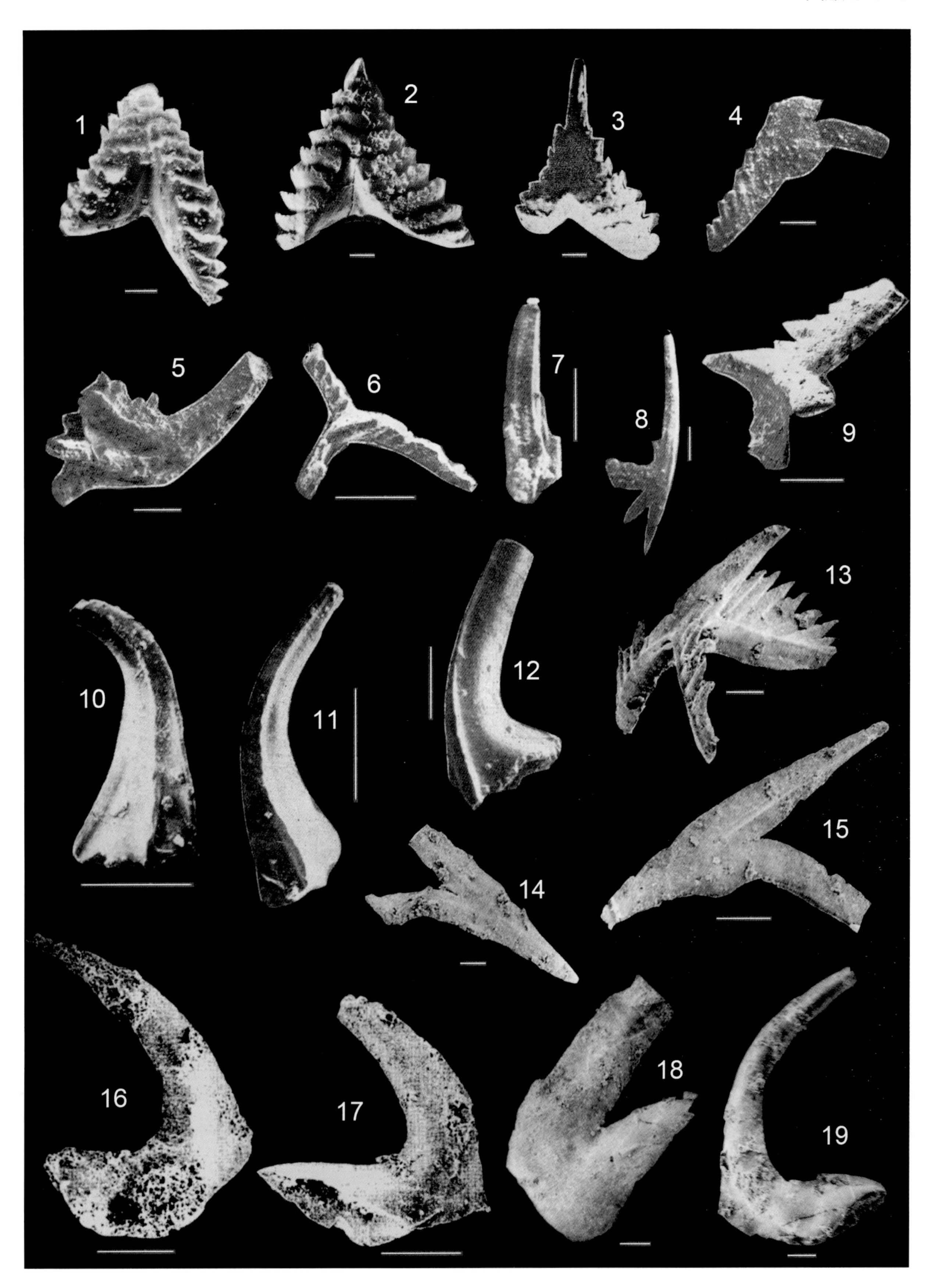
1
2
3
4
5
6
7
8
9
10
11
12
13
14
15
16
17
18
19

图版 5-2-6　牙形类

（标本 1—10，20，21 保存在中国科学院南京地质古生物研究所；标本 11，22—26 保存在北京大学地质系；标本 12—19 保存在瑞典斯德哥尔摩大学地质地球化学系。比例尺长度 =100μm）

弗洛阶—达瑞威尔阶

1—3　变形拟箭刺 *Paroistodus proteus*（Lindström，1954）

主要特征：P分子和S分子都为drepanodiform型，主齿两侧缓凸无棱脊，基部向后延伸短或稍长，口缘直。基腔最深处位于靠后部，前缘显著内凹，前部非常浅或翻转。M分子前缘直截状，前基角约90°。

Sa分子、Sc分子、Sd分子之侧视。采集号：AEP156H。登记号：1. NIGP130994；2. NIGP130993；3. 缺失。产地：浙江常山黄泥塘剖面。层位：下、中奥陶统宁国组。图影摘自Wang & Bergström（1995）。

4—7　微小奥泽克刺 *Microzarkodina parva* Lindström，1971

主要特征：P分子主齿前发育一个向侧方偏的细齿，后齿突之细齿短而分离，其长度短于主齿的1/2。

4. P分子之侧视；5. P分子之侧视；6. Sa分子之后视；7. P分子之侧视。采集号：AFA205。登记号：4. NIGP130399；5. NIGP130401；6. NIGP130398；7. NIGP130400。产地：湖北兴山建阳坪剖面。层位：下、中奥陶统大湾组。图影摘自Wang & Bergström（1999）。

8，9　古变列刺 *Lenodus antivariabilis*（An，1981）

主要特征：Pa分子的4个齿突互相融联多，Pa分子和Pb分子的主齿大和基腔深。

8，9. Pa分子之口视、Sd分子之侧视。采集号：8. AFA178；9. AFA213。登记号：8. NIGP130396；9.NIGP130397。产地：湖北宜昌陈家河和兴山建阳坪剖面。层位：下、中奥陶统大湾组。图影摘自Wang & Bergström（1999）。

10，11　变列刺 *Lenodus variabilis*（Sergeeva，1963）

主要特征：Pa分子刺体稍拱，主齿稍大，4个齿突较融联，大体等长，向外伸展；Pb分子稍高，主齿和后齿突大，基腔大而深。

Pa分子之口视。采集号：10. AFA189。登记号：10. NIGP130390；11. S-10。产地：湖北宜昌陈家河和四川华蓥山阎王沟剖面。层位：下、中奥陶统大湾组、湄潭组。图影摘自Wang & Bergström（1999）和安太庠（1987）。

12—19　桌角杰克刺 *Dzikodus tablepointensis*（Stouge，1984）

主要特征：器官种由Pa分子（polyplacognathiform型）和Pb分子（ambalodiform型）组成，Pa分子之前齿突的两齿脊被宽的齿台所分开；Pb分子前齿突具中齿脊和一小的外缺刻，所有齿突末端变宽。

12，13. Pa分子之侧视；14，15. Pb分子之侧视；16—19. M分子、Sa分子、Sb分子和Sd分子之侧视。采集号：12. Mc46；13. Mc78；14. Mc51；15. Mc54；16. Mc54；17. Mc51；18. Mc51；19. Mc45。登记号：12. Ko9442；13. Ko9456；14. Ko9427；15. Ko9436；16. Ko234；17. Ko232；18. Ko233；19. Ko231。产地：湖南桃源茅草铺剖面。层位：中奥陶统牯牛潭组。图影摘自Zhang（1998）。

20—26　船形波罗的刺 *Baltoniodus navis*（Lindström，1954）

主要特征：Pa分子齿突具细齿，基鞘宽，基腔向齿突末端延伸，侧齿突和后齿突成90°～100°相交；M分子则为oistodiform型，前齿突长，可有细齿发育。

20，21. Pa分子之侧视。采集号：AFA210。登记号：20. 130381；21. 130383。产地：湖北宜昌黄花场剖面、湖北兴山建阳坪剖面。层位：下、中奥陶统大湾组。图影摘自Wang & Bergström（1999）。

22，24. M分子和Sd分子之侧视。登记号：22. Hx-12；24. Hx-10。产地：安徽和县狮碾潘剖面（也称四碾盘剖面）。层位：下、中奥陶统小滩组。图影摘自安太庠（1987）。

23，25. Pa分子之侧视；26. Sa分子之后视。产地：湖北咸宁大屋剖面。层位：下、中奥陶统大湾组。图影摘自安太庠（1987）。

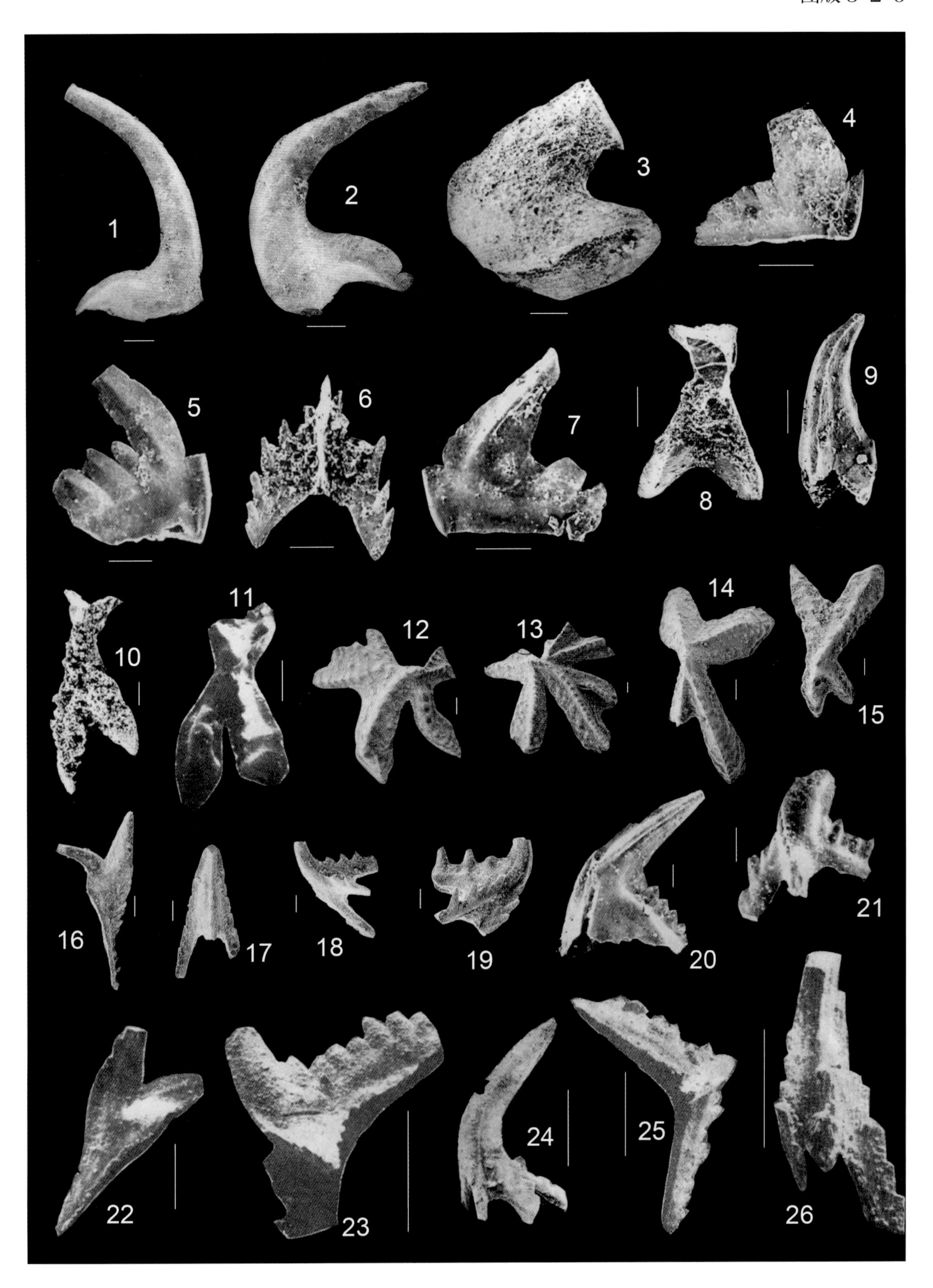
1
2
3
4
5
6
7
8
9
10
11
12
13
14
15
16
17
18
19
20
21
22
23
24
25
26

图版 5-2-7

（标本 2 保存在塔里木油田分公司；标本 6—8 保存在北京大学；标本 9 保存在华东石油地质局地质研究大队实验室；标本 11—21 保存在澳大利亚博物馆；其余标本保存在中国科学院南京地质古生物研究所。比例尺长度 =100μm）

弗洛阶—凯迪阶（下部）

1，2　犁形光颚刺 *Aphelognathus pyramidalis*（Branson，Mehl & Branson，1951）

主要特征：Pa分子强烈上拱，基鞘深，近犁形；主齿长，向侧后弯；前、后齿耙状齿突发育分离的细齿，细齿向内指，在主齿下形成45° 角，并几乎和基鞘侧向相连。

1. Pb分子之侧视。采集号：Ln46。登记号：NIGP132427。产地：新疆塔里木轮南-46井。层位：上奥陶统良里塔格组。图影摘自Wang and Qi（2001）。

2. Pb分子之侧视。采集号：G99-2068。登记号：2000-2-27。产地：新疆乌什南剖面。层位：上奥陶统印干组。图影摘自赵治信等（2000）。

3—5　携刀连齿刺 *Complexodus pugionifer*（Drygant，1974）

主要特征：与*Complexodus originalis*相似，Pa分子（amorphognathiform型）具1个前齿片和4个齿叶；后齿突宽长，与前齿片成一直线，发育1列较宽的细齿；外侧前齿叶上发育两排瘤齿或成两个次级齿叶。

Pb分子之口视。采集号：AGN-（DC）-1。登记号：NIGP161453—161455。产地：重庆城口大槽剖面。层位：中奥陶统牯牛潭组。图影摘自Wang et al.（2017）。

6，7　假平始板颚刺 *Eoplacognathus pseudoplanus*（Viira，1974）

主要特征：器官种由Pa和Pb两种分子组成，两者又有左旋型和右旋型之分；左旋型Pb分子三齿突近等大，其宽度略等，仅前齿突较短而宽；右旋型分子后齿突与侧齿突成较大交角，约90° 或更大。

Pb分子和Pa分子之口视。采集号：6. g45-555；7. g45-557。登记号：6. SB0560；7. SB0557。产地：河北唐山。层位：中奥陶统马家沟组。图影摘自安太庠等（1983）。

8，9　粗壮波罗的板颚刺 *Baltoplacognathus robustus* Bergström，1971

主要特征：Pb分子前齿突直而长，强壮；后齿突和后侧齿突很短，大小近相似，并与前齿突呈T形；前、后齿突之齿脊成弧形弯曲。Pa分子的前、后齿突之齿脊稍弯曲。

8. Pb分子之口视。登记号：Bd-12。产地：湖北宜昌黄花场剖面。层位：中奥陶统牯牛潭组。图影摘自安太庠（1987）。

9. Pb分子之口视。采集号：Wc11。登记号：82128。产地：南京江宁汤山。层位：中奥陶统牯牛潭组。图影摘自丁连生等（1993）。

10　后倾波罗的板颚刺 *Baltoplacognathus reclinatus*（Fåhraeus，1966）

主要特征：Pa分子具近直的前、后齿轴，细齿列较高，后内侧齿叶（齿突）短，前侧齿突具一很长的后分叉；左旋型Pb分子前齿突很长，其外侧缘较直。后齿突较宽，其大小与侧齿突相当。

Pb分子之口视。采集号：H54-2。登记号：52189。产地：内蒙古海勃湾老石旦东山剖面。层位：中奥陶统克里摩里组。图影摘自王志浩和罗坤泉（1984）。

11—21　红花园锯齿刺 *Prioniodus honghuayuanensis* Zhen，Liu & Percival，2005

主要特征：Pa分子和Pb分子后齿突、外侧齿突有细齿，前齿突无细齿或带有原始细齿并在末端向外侧弯；M分子具低而长的内侧齿突和外侧齿突。所有S分子具一前倾的主齿、长而带细齿的后齿突和无细齿或细齿不发育的侧齿突及前齿突。

11，12. Pa分子之侧视；13，14. Pb分子之侧视和前视；15，16. M分子之侧视；17，18，19. Sa分子之两侧视和前视；20. Sb分子之侧视；21. Sd分子之侧视。采集号：11，12. AFI993；13，14. AFI993；15，16. AFI993；17，19. AFI993；18. AFI997；20. AFI993；21. AFI993。登记号：11. AMF126760（正模）；12. AMF126761；13，14. AMF126762；15，16. AMF126764；17，19. AMF126768；18. AMF126770；20. AMF126771；21. AMF126778。产地：贵州桐梓红花园剖面。层位：下奥陶统红花园组。图影摘自Zhen et al.（2005）。

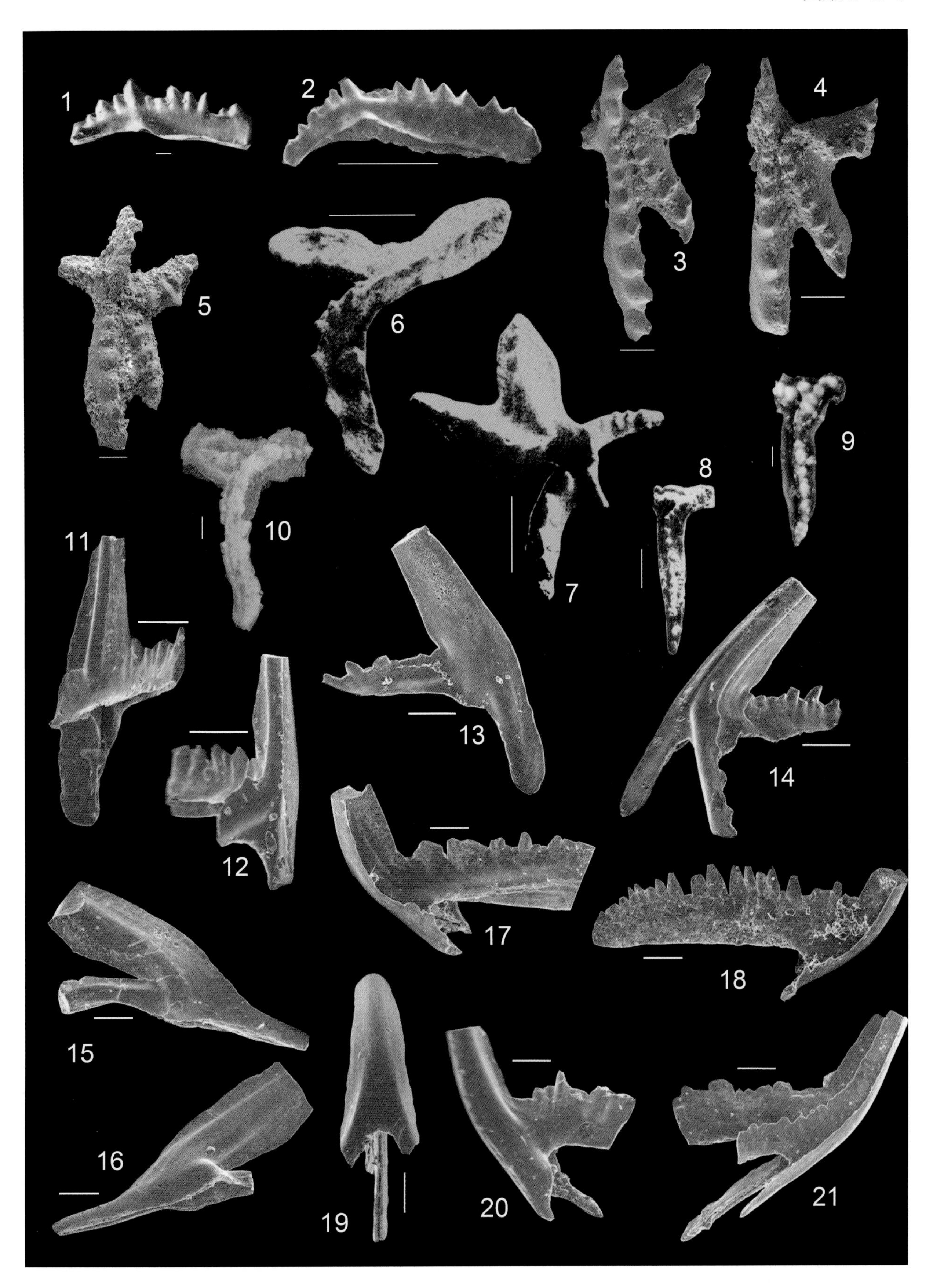
1
2
3
4
5
6
7
8
9
10
11
12
13
14
15
16
17
18
19
20
21

图版 5-2-8　牙形类

（比例尺长度 =100μm）

大坪阶—凯迪阶（下部）

1—7　三角波罗的刺 *Baltoniodus triangularis*（Lindström，1954）

主要特征：器官种的组成分子齿突具细齿，基腔深和发育大的基鞘。Pa分子内侧齿突发育较差；S分子的2 ~ 4个细齿缘脊常被基鞘联合；M分子前缘有不规则细齿；Pb分子刺体粗壮，基鞘宽大，与其齿鞘的宽度相比则较短，后齿突发育一基鞘隆起，细齿不规则或很少。

1. Pb分子之侧视；2. Sd分子之后视；3. Sa分子之侧视；4. M分子之侧视；5. Pa分子之侧视；6. Sc分子之侧视；7. Sb分子之侧视。采集号：1. Hod-c-2-2；2. Hod-c-2-3；3. Shod-16；4. Hod-c-2；5. Jod-23；6. Hod-c-2；7. Shod-16。登记号：1. NIGP6009；2. NIGP5936；3. NIGP59999；4. NIGP1467；5. NIGP6007；6. NIGP6000；7. NIGP1468。产地：湖北宜昌黄花场剖面。层位：下、中奥陶统大湾组下段。图影摘自李志宏等（2010）。标本保存在宜昌地质矿产研究所。

8—13　诺兰德波罗的刺 *Baltoniodus norrlandicus*（Löfgren，1978）

主要特征：S分子（tetraprioniodiform型）的4个齿突排列不对称，即介于2前—2后和1前—2侧—1后之间，且2个侧齿突上细齿很少。

8，9. Sd分子、Pb分子之侧视；10. Sa分子之后视；11. Pa分子之侧视；12. Sc分子之侧视；13. M分子之侧视。采集号：8. AFA189；9，11. AFA210；10，12. AFA213。登记号：8. NIGP130370；9.NIGP130381；10. NIGP130373；11. NIGP130371；12. NIGP130375；13. NIGP130990。产地：8，9. 湖北宜昌陈家河；10—13. 湖北兴山建阳坪剖面。层位：8，9. 中奥陶统牯牛潭组；10—13. 下、中奥陶统大湾组。图影摘自王志浩和伯格斯特龙（1999）。标本保存在中国科学院南京地质古生物研究所。

14—20　普通奥皮克刺 *Oepikodus communis*（Ethington & Clark，1964）

主要特征：P分子前齿突和前侧齿突短，无细齿。S分子后齿突细齿大小较均匀，反主齿和侧齿突无细齿。

14—19. M分子、Sc分子、Pb分子、Sa分子、Sb分子、Sd分子之侧视；20. Pa分子之反口视。采集号：14. YtM18；15—17，20. YTM17；18，19. YTM18。登记号：14. AMF130775；15. AMF130778；16. AMF130781；17. AMF130781；18. AMF130776；19. AMF130777；20. AMF130782。产地：贵州桐梓红花园剖面。层位：下、中奥陶统湄潭组。图影摘自Zhen et al.（2007）。标本保存在澳大利亚博物馆。

21，23　波状篱刺*Phragmodus undatus* Branson & Mehl，1933

主要特征：S分子主齿强壮，具侧脊，后齿突具一个与主齿同样大小或更大的大细齿，并于其与主齿间发育1 ~ 4个小细齿。

Sc分子之侧视。采集号：Ljp-2。登记号：21. NIGP65288；23. NIGP65236。产地：陕西陇县龙门洞。层位：上奥陶统龙门洞组。图影摘自王志浩和罗坤泉（1984）。标本保存在中国科学院南京地质古生物研究所。

22　陇县拟针刺 *Belodina longxianensis* Wang & Luo，1984

主要特征：S分子刺体一侧具沟槽，后缘（或称口缘）细齿扁而短，数量少，常只有1 ~ 2个，且发育不全，其顶端常与踵突等高。

S分子之侧视。采集号：Ljp-2。登记号：65254（正模）。产地：陕西陇县龙门洞剖面。层位：上奥陶统龙门洞组。图影摘自王志浩和罗坤泉（1984）。标本保存在中国科学院南京地质古生物研究所。

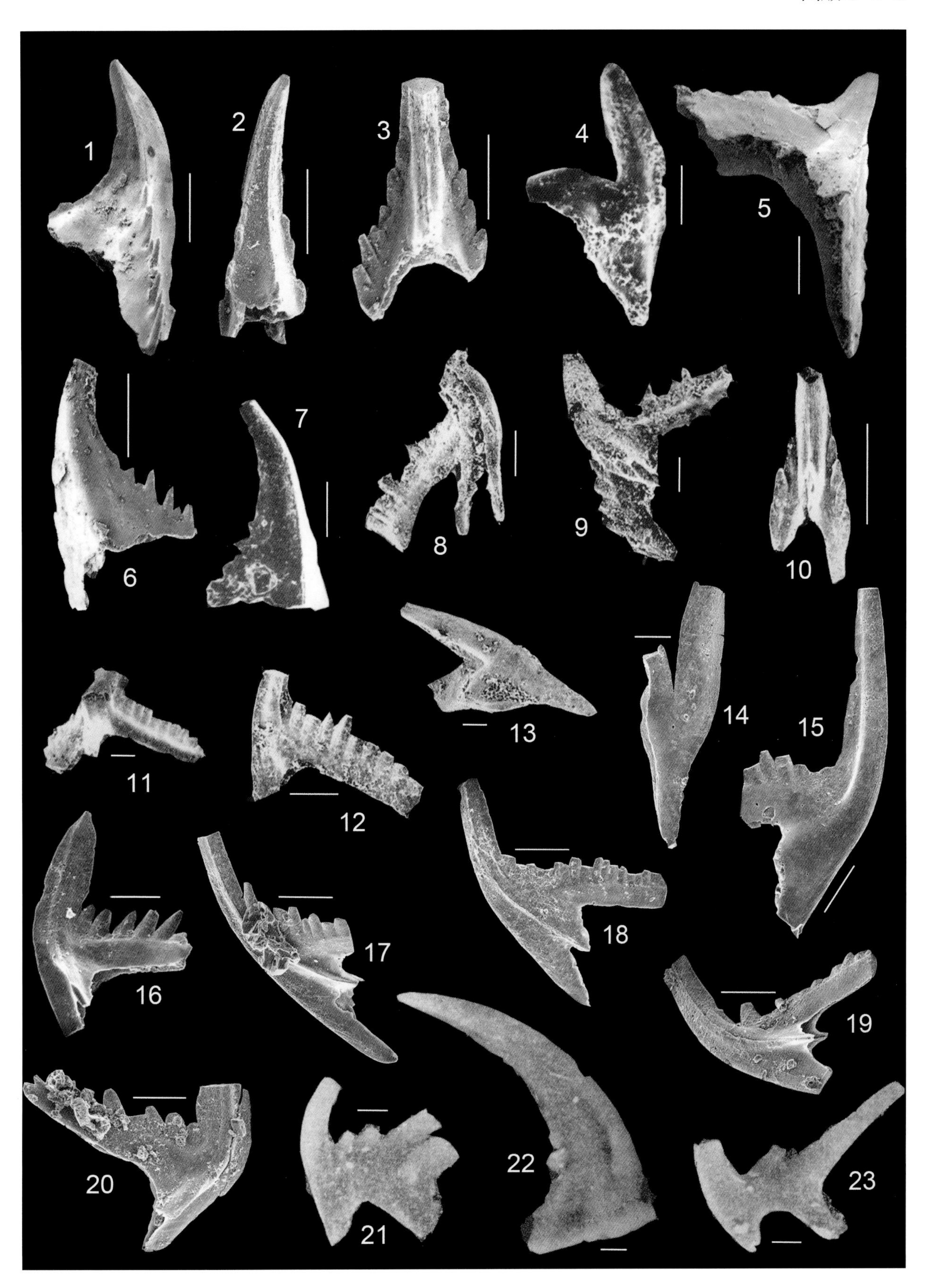
1
2
3
4
5
6
7
8
9
10
11
12
13
14
15
16
17
18
19
20
21
22
23

图版 5-2-9 牙形类

（标本 1—12 保存在中国科学院南京地质古生物研究所；标本 13，14 保存在北京大学。比例尺长度 =100μm）

达瑞威尔阶

1—12 厚扬子板颚刺 *Yangtzeplacognathus crassus*（Chen & Zhang，1998）

主要特征：Pb分子侧齿突最长而前、后齿突等长；Pa分子后齿突膨大，左型后齿突呈耳状，齿脊弯曲，后侧齿突短小；基腔大而深，占据了整个反口面。

1—3. Pa分子之口视；4. Pb分子之侧视；5，9，10. Sa分子之侧视、侧视与后视；6. Pb分子之侧视；7，8，11. Pb分子之口视；12. M分子之侧视。采集号：1—5，8—10，12. NJ294；6，7，11. NJ295。登记号：1—3. NIGP153113—153115；4. NIGP153117；5. NIGP153110；6，7. NIGP153118；8. NIGP153120；9. NIGP153111；10. NIGP153109；11. NIGP153123；12. NIGP153125。产地：新疆柯坪大湾沟剖面。层位：中奥陶统大湾沟组。图影摘自Zhen et al.（2011）。

13，14 瑞典始板颚刺 *Eoplacognathus suecicus* Bergström，1971

主要特征：左旋型Pb分子具有较直而稍长的前齿突，以及短而与前齿突近垂直的后齿突和侧齿突；所有齿突较细，但近等宽，中齿列短。右旋型Pb分子前、后和侧齿突近等长，前齿突稍窄，侧齿突与后齿突约成90° 角。Pa分子具4个齿突，后齿突中等长，稍弯曲；后侧齿突相当短，较宽；前侧齿突可分叉；前齿突与后齿突近等长，但呈齿片状。

Pb分子之口视。采集号：13. g45-562；14. g45-513。登记号：13. SB0548；14. SB0547。产地：河北唐山。层位：中奥陶统马家沟组。图影摘自安太庠等（1983）。

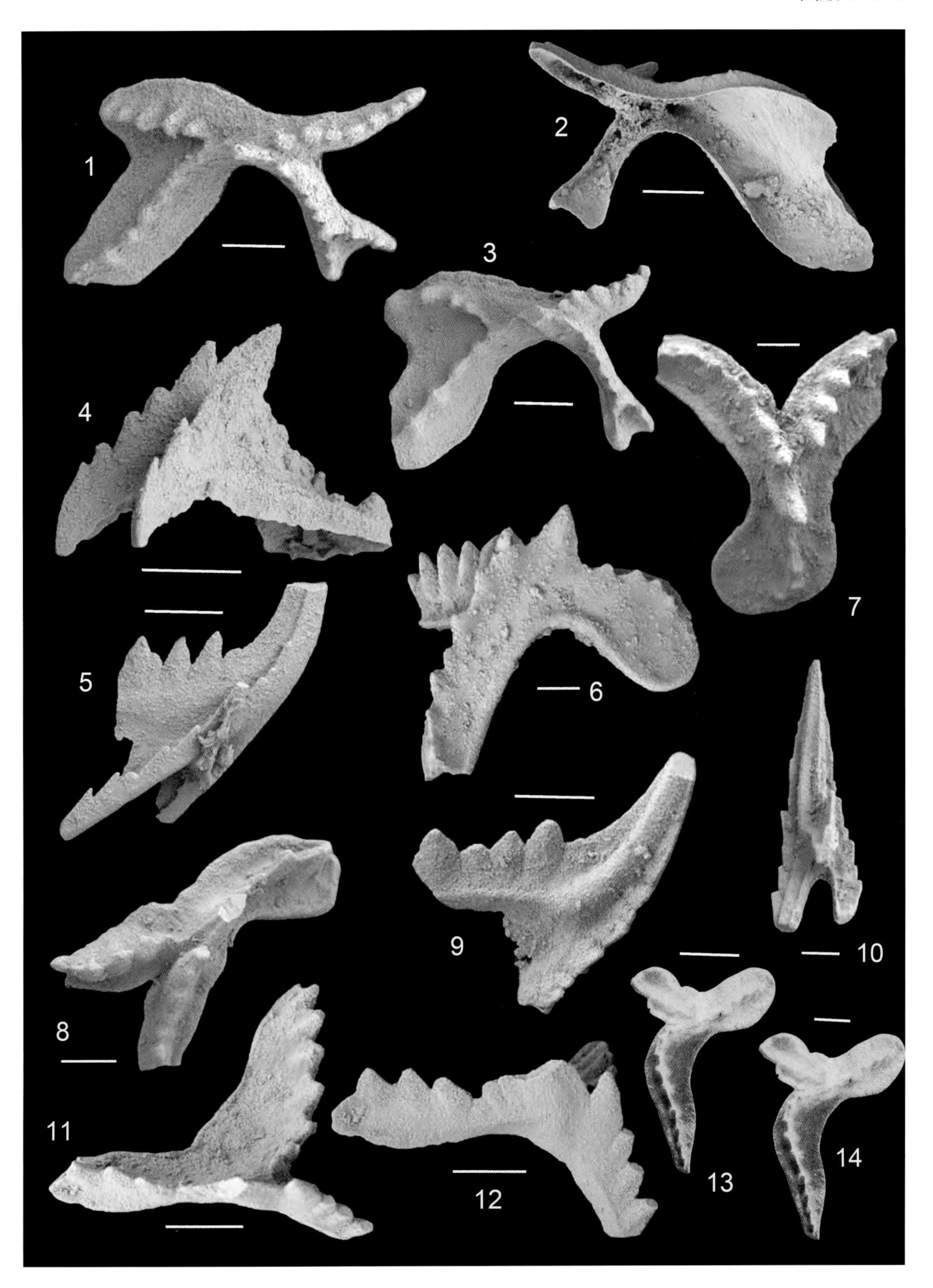
1
2
3
4
5
6
7
8
9
10
11
12
13
14

图版 5-2-10　牙形类

（比例尺长度 =100μm）

达瑞威尔阶

1—10　唐山唐山刺 *Tangshanodus tangshanensis* An，1983

主要特征：M分子（oistodontiform型）主齿强烈后倾，具锐利的前、后缘脊；前基部向前伸出，呈反主齿状，并可发育小细齿。Sb分子（gothodontiform型）不对称，主齿具前、后缘脊和一侧肋脊。基部向后延伸成后齿突并发育细齿。Sc分子（cordylodontiform型）主齿具前、后缘脊，基部仅发育后齿突并具细齿。Pa分子（prioniodontiform型）主齿直立或后倾，具锐利的前、后缘脊和一侧肋脊，并分别向基部延伸成齿突。其中，后齿突长，发育细齿；前、后各延伸出具细齿的前、后齿片。Sa分子（trichonodelliform型）两侧对称，主齿具一后缘脊和两侧肋脊，并分别向基部延伸出两侧齿突和一后齿突，齿突具细齿。Sd分子（epikodontiform型）两侧对称，主齿发育前、后缘脊和两侧肋脊，并向基部延伸出齿突和发育细齿。

1—2，9. S分子之侧视；3—7，10. P分子之侧视；8. M分子之侧视。采集号：1—4，8. C29-2；5. C34-2；6—7. C36-1；9. C35-1；10. C35-5。登记号：NIGP158929—158938。产地：河北唐山赵各庄剖面。层位：中奥陶统北庵庄组。

11—13　爪齿织刺 *Plectodina onychodonta* An & Xu，1983

主要特征：器官种由Pa分子、Pb分子、Sa分子、Sb分子、Sc分子、Sd分子和M分子组成。Pa分子为prioniodiform型，前齿片高；细齿下部愈合而上部分离，并由前向后依次变高，至主齿最高；后齿突低，细齿少而稀。Sc分子为cyrtoniodiform型，主齿长大，后倾；反主齿角状，无细齿；后齿突长，发育一列后倾细齿。Sa分子为trichonodelliform型，两侧齿突远端细齿较高。Sd分子为dichognathiform型，前缘脊末端常发育细齿。Sb分子为zygognathiform型，一侧齿突仅发育1个大细齿。M分子为subcordylodiform型，反主齿小，指向后下方；后齿突长，发育一列排列紧密的细齿。

11—12. Sc分子之侧视；13. P分子之侧视。采集号：C47-6。登记号：NIGP158939—158941。产地：河北唐山赵各庄剖面。层位：中奥陶统北庵庄组。

14　林西矢齿刺? *Acontiodus*? *linxiensis* An & Cui，1983

主要特征：形态种为薄片状单锥形刺体，主齿具高的后中脊，并向基部变弱；上部切面为“T”字形，下部为“山”字形；刺体中下部一侧向后扭，并在前侧发育一齿沟。

后视。采集号：C57-2。登记号：NIGP158942。产地：河北唐山赵各庄剖面。层位：中奥陶统马家沟组。

15　耳叶耳叶刺 *Aurilobodus aurilobus*（Lee，1975）

主要特征：薄片状的对称分子（Sa分子）和不对称分子（Sc分子）分别在基部侧方发育两个或一个明显的耳叶。

Sa分子之后视。采集号：C45-20。登记号：NIGP158943。产地：河北唐山赵各庄剖面。层位：中奥陶统北庵庄组。

本图版所有图影摘自王志浩等（2014a）。

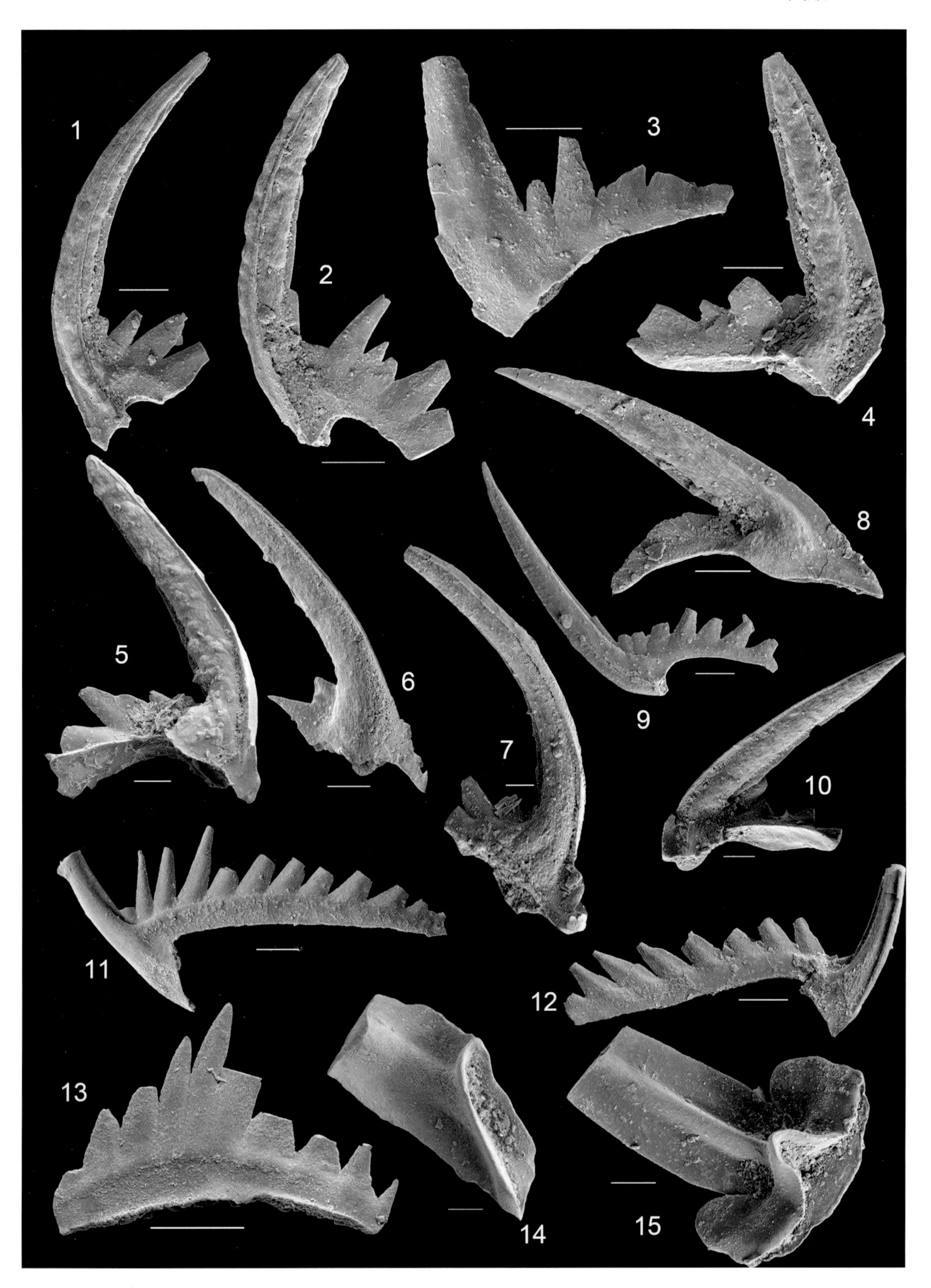
1
2
3
4
5
6
7
8
9
10
11
12
13
14
15

图版 5-2-11　牙形类

（比例尺长度 =100μm）

达瑞威尔阶

1—6　柯氏小帆刺 *Histiodella kristinae* Stouge，1984

主要特征：Pa分子的前端细齿高于近后端的主齿。

1—3，6. Pa分子之侧视。采集号：AGH-2。登记号：1. NIGP156443；2. NIGP156442；3. NIGP156441；6. NIGP156440。产地：内蒙古乌海大石门剖面。层位：中奥陶统克里摩里组。图影摘自王志浩等（2013b）。

4，5. Pa分子之侧视。采集号：AFT-X-K-13。登记号：4. NIGP152962；5. NIGP152966。产地：新疆柯坪大湾沟剖面。层位：中奥陶统大湾沟组。图影摘自Zhen et al.（2011）。

7—10　全齿小帆刺 *Histiodella holodentata* Ethington & Clark，1981

主要特征：Pa分子近梯形，中后部处主齿最高，由主齿向前齿片逐渐变低，而后快速变低，细齿细而密，主齿宽大，反口缘较平直。

7，8. Pa分子之侧视。采集号：AGH-2。登记号：7. NIGP156444；8. NIGP156445。产地：内蒙古乌海大石门剖面。层位：中奥陶统克里摩里组。图影摘自王志浩等（2013b）。

9，10. P分子之侧视。采集号：9. C36-3；10. C31-4。登记号：9. NIGP158927；10. NIGP158928。产地：河北唐山赵各庄剖面。层位：中奥陶统北庵庄组。图影摘自王志浩等（2014a）。

11，12　乌海小帆刺 *Histiodella wuhaiensis* Wang et al.，2013

主要特征：Pa分子齿片中前部细齿高而宽，后部细齿明显低而窄，无明显主齿；反口缘向下拱曲，由前、后端向中部和向下斜伸，在近中部相交处最低，呈钝角状。

Pa分子之侧视。采集号：AGH-2。登记号：11. NIGP156446（正模）；12. NIGP156448。产地：内蒙古乌海大石门剖面。层位：中奥陶统克里摩里组。图影摘自王志浩等（2013b）。

13　分离斜刺 *Loxodus dissectus* An，1983

主要特征：齿片状刺体薄而长，最高处位于靠前部，细齿大部愈合，其愈合线常延伸至近反口缘，基部低。

标本侧视。采集号：C-33-10。登记号：NIGP158951。产地：河北唐山赵各庄剖面。层位：中奥陶统北庵庄组。图影摘自王志浩等（2014a）。

14，15　莫洞扇颚刺 *Rhipidognathus maggolensis*（Lee，1976）

主要特征：S分子主齿发育，大而明显，但其大部分与细齿融合。

Sc分子之后视。采集号：14. C33-4；15. C31-1。登记号：14. NIGP158919；15. NIGP158918。产地：河北唐山赵各庄剖面。层位：中奥陶统北庵庄组。图影摘自王志浩等（2014a）。

1
2
3
4
5
6
7
8
9
10
11
12
13
14
15

图版 5-2-12　牙形类

（比例尺长度 =100μm）

达瑞威尔阶—桑比阶

1—8　新疆臀板刺 *Pygodus xinjiangensis* Wang & Qi，2001

主要特征：除齿台顶端主齿部分，齿台两侧近平行，外齿台明显比内齿台要宽。

1—4. Pa分子之口视；5—8. Pb分子之口视。采集号：1—4. Ln50-8；5—8. Ln50-8。登记号：1. NIGP158319；2. NIGP158350；3. NIGP158327；4. NIGP158330；5. NIGP158322；6. NIGP158323；7. NIGP158333；8. NIGP158324。产地：新疆塔里木盆地输台南沙漠16井下。层位：中奥陶统达瑞威尔阶。图影摘自王志浩等（2013c）。

9—11　锯齿臀板刺 *Pygodus serra*（Hadding，1913）

主要特征：Pygodiform型Pa分子齿台口面发育3条细齿列。

Pa分子之口视。采集号：9. Ln50-8；10. Ln50-8；11. Ln50-7。登记号：9. NIGP158331；10. NIGP158332；11. NIGP158353。产地：新疆塔里木盆地输台南沙漠16井下。层位：中奥陶统达瑞威尔阶。图影摘自王志浩等（2013c）。

12—22　鹅臀板刺 *Pygodus anserinus* Lamont & Lindström，1957

主要特征：Pygodiform型Pa分子齿台具4条细齿列。

12—14. Pa分子之口视。采集号：12. Ln50-6；13. Ln50-5；14. Ln50-5。登记号：12. NIGP158356；13. NIGP158362；14. NIGP158371。产地：新疆塔里木盆地输台南沙漠16井下。层位：上奥陶统桑比阶。图影摘自王志浩等（2013c）。

15，16. Pa分子之口视。采集号：AFC-25。登记号：15. NIGP156391；16. NIGP156390。产地：甘肃平凉官庄剖面。层位：上奥陶统平凉组。图影摘自王志浩等（2013a）。

17—20. Pb分子之口视。采集号：Ln50-7。登记号：17. NIGP158355；18. NIGP158366；19. NIGP156393；20. NIGP156392。产地：新疆塔里木盆地输台南沙漠16井下。层位：上奥陶统桑比阶。图影摘自王志浩等（2013c）。

21，22. S分子之侧视。采集号：Ln50-5。登记号：21. NIGP158365；22. NIGP158364。产地：新疆塔里木盆地输台南沙漠16井下。层位：上奥陶统桑比阶。图影摘自王志浩等（2013c）。

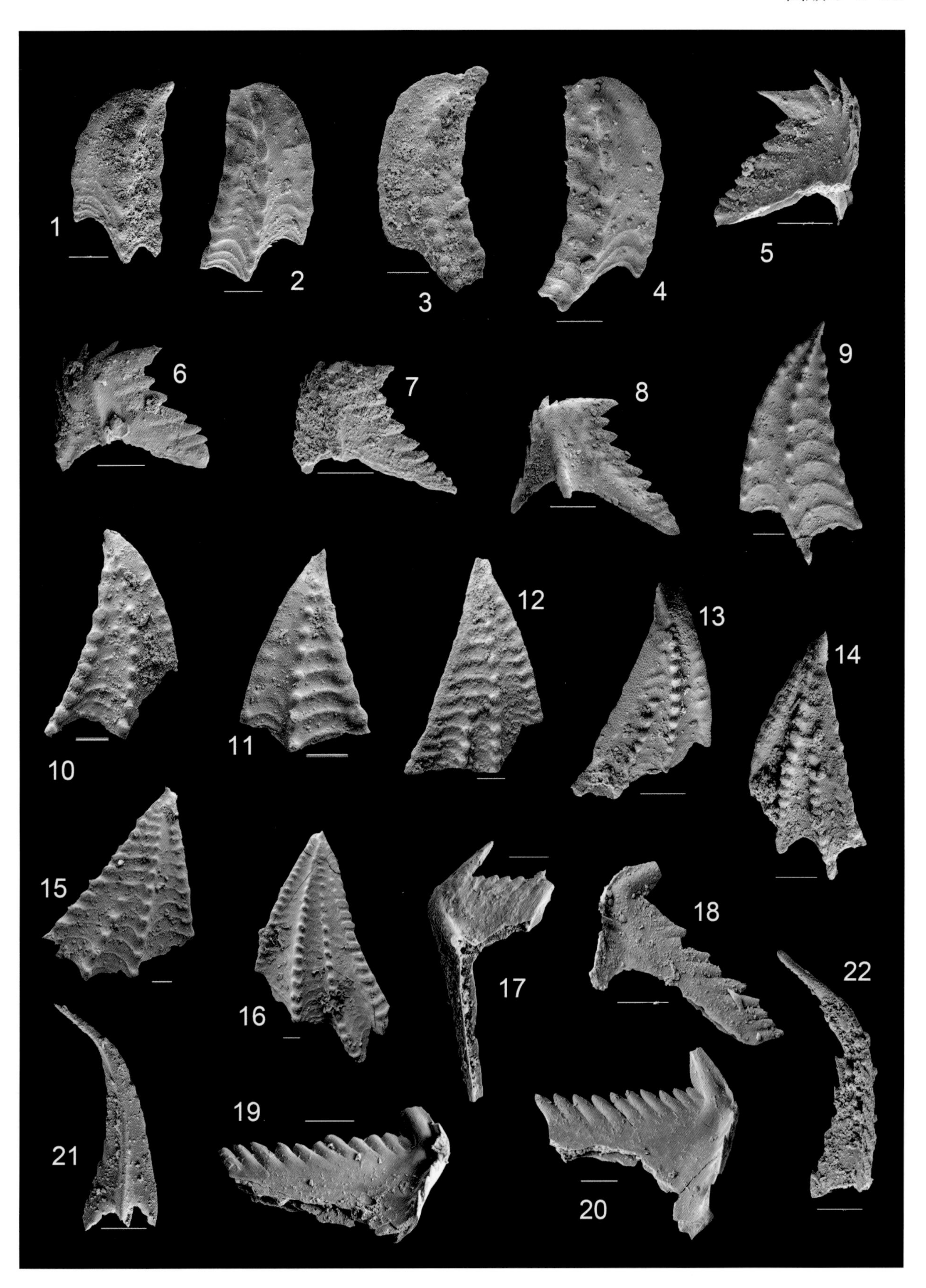
1
2
3
4
5
6
7
8
9
10
11
12
13
14
15
16
17
18
19
20
21
22

图版 5-2-13　牙形类

（比例尺长度 =100μm）

达瑞威尔阶—桑比阶

1—6　纽芬兰波兰刺 *Polonodus newfoundlandensis* Stouge，1984

主要特征：此种的Pb分子为ambalodiform型，前齿突与外侧齿突的夹角为60°，细齿小而钝；此种的Pa分子为polyplacognathiform型，前齿突具一深而明显的凹缺。

1—4. Pa分子之口视；5. Pb分子之口视；6. Pb分子之侧视。采集号：AFT-X-K13/13。登记号：1. NIGP152992；2. NIGP152993；3. NIGP152994；4. NIGP152995；5. NIGP152996；6. NIGP152999。产地：新疆柯坪大湾沟剖面。层位：中奥陶统大湾沟组。图影摘自Zhen et al.（2011）。

7—11　斯威特卡哈巴刺 *Cahabagnathus sweeti*（Bergström，1971）

主要特征：器官种为齿台型刺体，由Pa分子（Stelliplanate型）和Pb分子（pastiniplanate型）组成，Pb分子前齿突短，前、后齿突的细齿列呈一直线。

7，8. 同一Pa分子之口视和侧方口视；9. Pa分子之口视；10，11. Pb分子之口视。采集号：7，8. Nj384；9—11. AFT-X-K13/43。登记号：7，8. NIGP152884；9. NIGP152888；10. NIGP152886；11. NIGP152887。产地：新疆柯坪大湾沟剖面。层位：上奥陶统坎岭组。图影摘自Zhen et al.（2011）。

12—15　无叶波罗的刺 *Baltoniodus alobatus*（Bergström，1971）

主要特征：Pa分子后齿突向两侧膨胀成叶形齿棚或齿台，齿台近中部最宽，并向前、后方变窄，边缘呈波状。

12. Sd分子之侧后视；13. Sc分子之侧视；14. Pb分子之侧视；15. Pa分子之口视。采集号：12，15. Nj406；13，14. Nj403。登记号：12. NIGP152892；13. NIGP152859；14. NIGP152864；15. NIGP153893。产地：新疆柯坪大湾沟剖面。层位：上奥陶统坎岭组。图影摘自Zhen et al.（2011）。

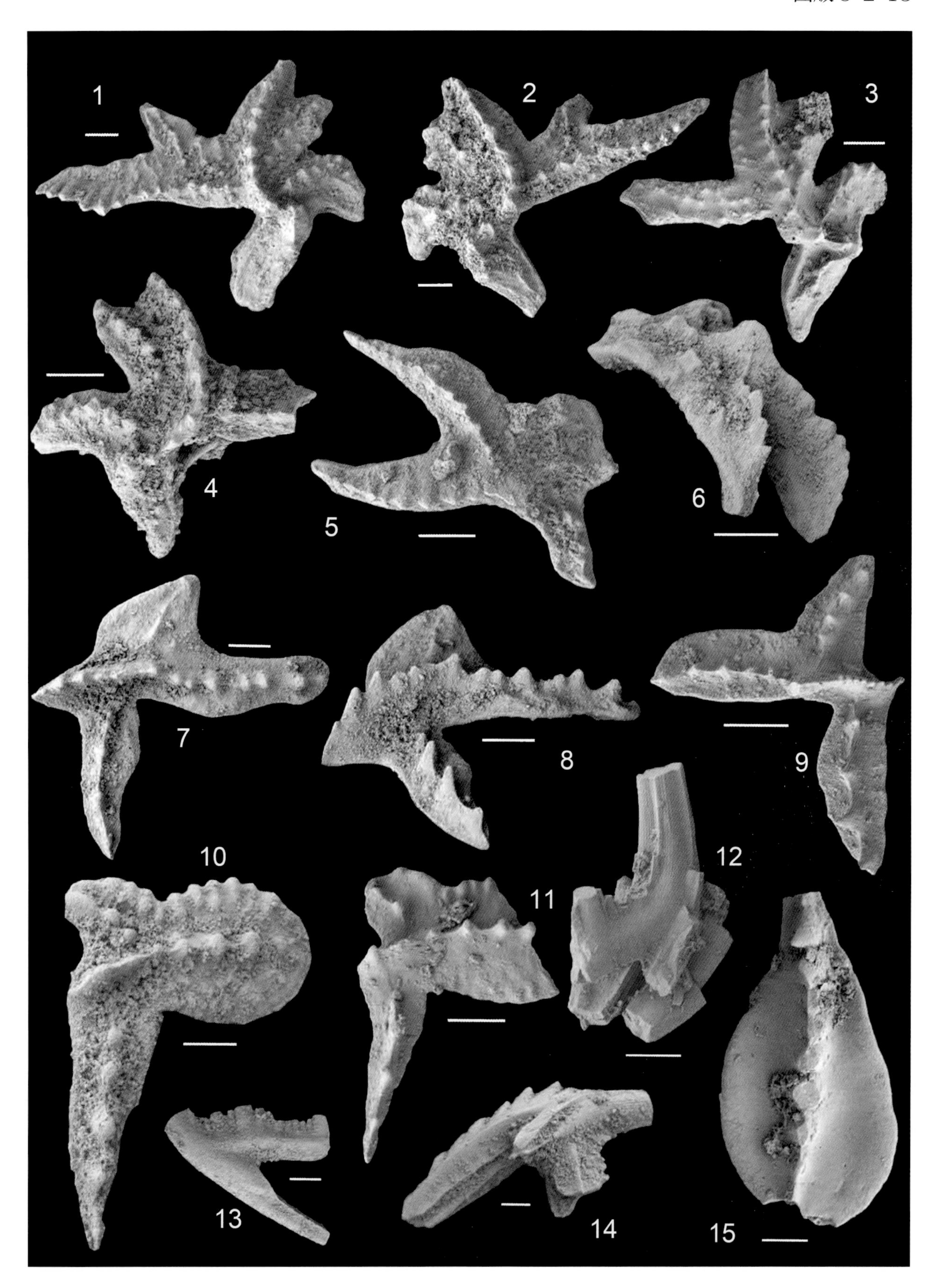
1
2
3
4
5
6
7
8
9
10
11
12
13
14
15

图版 5-2-14　牙形类

（比例尺长度 =100μm）

桑比阶

1—10　建业扬子板颚刺 *Yangtzeplacognathus jianyeensis*（An & Ding，1982）

主要特征：Pb分子具有4个齿突，其前齿突很短、窄而下弯。

1，2，4—6. Pb分子之口视；3. Pb分子之反口视；7. Pa分子之侧视；8，9. Pa分子之口视；10. Pa分子之反口视。采集号：1，3，8. AFT-X-K13/40；2. AFT-X-K13/41；4—6，10. AFT-X-K13/44；7，9. AFT-X-K13/43。登记号：1. NIGP153140；2. NIGP153139；3. NIGP153144；4. NIGP153137；5. NIGP153136；6. NIGP153135；7. NIGP153128；8. NIGP153134；9. NIGP153133；10. NIGP153130。产地：新疆柯坪大湾沟剖面。层位：上奥陶统坎岭组。图影摘自Zhen et al.（2011）。

1
2
3
4
5
6
7
8
9
10

图版 5-2-15 牙形类

（标本1—3，8—12，16保存在北京大学；标本5—7保存在南京大学；其余标本保存在中国科学院南京地质古生物研究所。比例尺长度 =100μm）

桑比阶—凯迪阶（下部）

1—3 短分枝哈玛拉刺 *Hamarodus brevirameus*（Walliser，1964）

主要特征：器官种由P分子、M分子、Sa分子、Sb分子和Sc分子等分子组成。P分子锥状刺体由主齿和基部组成，基部膨大，其前、后缘脊的下部或基底部分有小的细齿发育，基腔大而深。

Pa分子之侧视。登记号：1. Y-48；2. Yg-142；3. Eq-29。产地：1. 湖北宜都；2. 贵州沿河甘溪剖面；3. 陕西紫阳。层位：上奥陶统宝塔组。图影摘自安太庠（1987）。

4 雕纹原潘德尔刺 *Protopanderodus insculptus*（Branson & Mehl，1933）

主要特征：由对称、不对称的acontiodiform型S分子，不对称的scandodiform型的P分子组成，S分子基部向后拉长，口缘脊状并发育一个细齿，在基部反口缘靠前方有一较明显的凹缺。

Sc分子之侧视。采集号：Sj79。登记号：65261。产地：陕西泾阳。层位：上奥陶统泾河组。图影摘自王志浩和罗坤泉（1984）。

5—7 可变波罗的刺 *Baltoniodus variabilis*（Bergström，1962）

主要特征：Pa分子后齿突内侧膨大为三角形。

5，6. Pa分子之口视、Sc分子之侧视。采集号：5. Ky-5-124；6. Nj 406。登记号：5. 122653；6. 122657。产地：新疆柯坪地区。层位：上奥陶统坎岭组。图影摘自王志浩和周天荣（1998）。

7. Pa分子之口视。采集号：WC48。登记号：82010。产地：南京地区。层位：上奥陶统汤山组。图影复制于陈敏娟和张建华（1984）。

8—15 耀县耀县刺 *Yaoxianognathus yaoxianensis* An，1985

主要特征：Pa分子后齿突两大细齿之间有3个或3个以上的细齿；Pb分子前齿片较长，前端较浑圆，后齿片短，反口缘后端向上斜伸。

8—12. S分子、Pa分子、Sc分子、Sa分子、Pb分子之侧视。采集号：Tp31y13。登记号：8. 84524（正模）；9. 64527；10. 84523；11. 84525；12. 84526。产地：陕西耀县桃曲坡。层位：上奥陶统桃曲坡组。图影摘自安太庠等（1985）。

13—15. Pb分子之侧视。采集号：13. Leb15-1；14. Lh28-1；15. Leb14-1。登记号：13. NIGP65304；14. NIGP65306；15. NIGP65303。产地：13，15. 陕西陇县李家坡剖面；14. 陕西陇县曹家湾潭湾黑鹰寺沟。层位：13，15. 上奥陶统背锅山组；14. 上奥陶统龙门洞组。图影摘自王志浩和罗坤泉（1984）。

16 颚齿朱墨刺 *Jumudontus gananda* Cooper，1981

主要特征：P分子为齿片型，左右两侧明显不对称，基腔向一侧突出。

P分子之侧视。登记号：Na-43。产地：贺兰山大南池。层位：下奥陶统中梁子组。图影复制于安太庠等（1983）。

17，18 汇合拟针刺 *Belodina confluens* Sweet，1979

主要特征：S1分子基部前缘处呈弧形弯曲。

S1分子之侧视。采集号：17. Ln23；18. Nj688。登记号：17. NIGP132411；18. NIGP122669。产地：新疆塔里木盆地轮台南沙漠区井下和新疆巴楚地区一间房。层位：上奥陶统良里塔格组。图影摘自王志浩和周天荣（1998）。

19—21 扁平拟针刺 *Belodina compressa*（Branson & Mehl，1933）

主要特征：S1分子刺体基部高，两侧扁平，前缘近基部直。

19，21. 同一S1分子之侧视；20. M分子之侧视。采集号：19，21. Leb4-1；20. Yt40-1。登记号：19，21. NIGP65336；20. 65252。产地：陕西耀县。层位：上奥陶统桃曲坡组。图影摘自王志浩和罗坤泉（1984）。

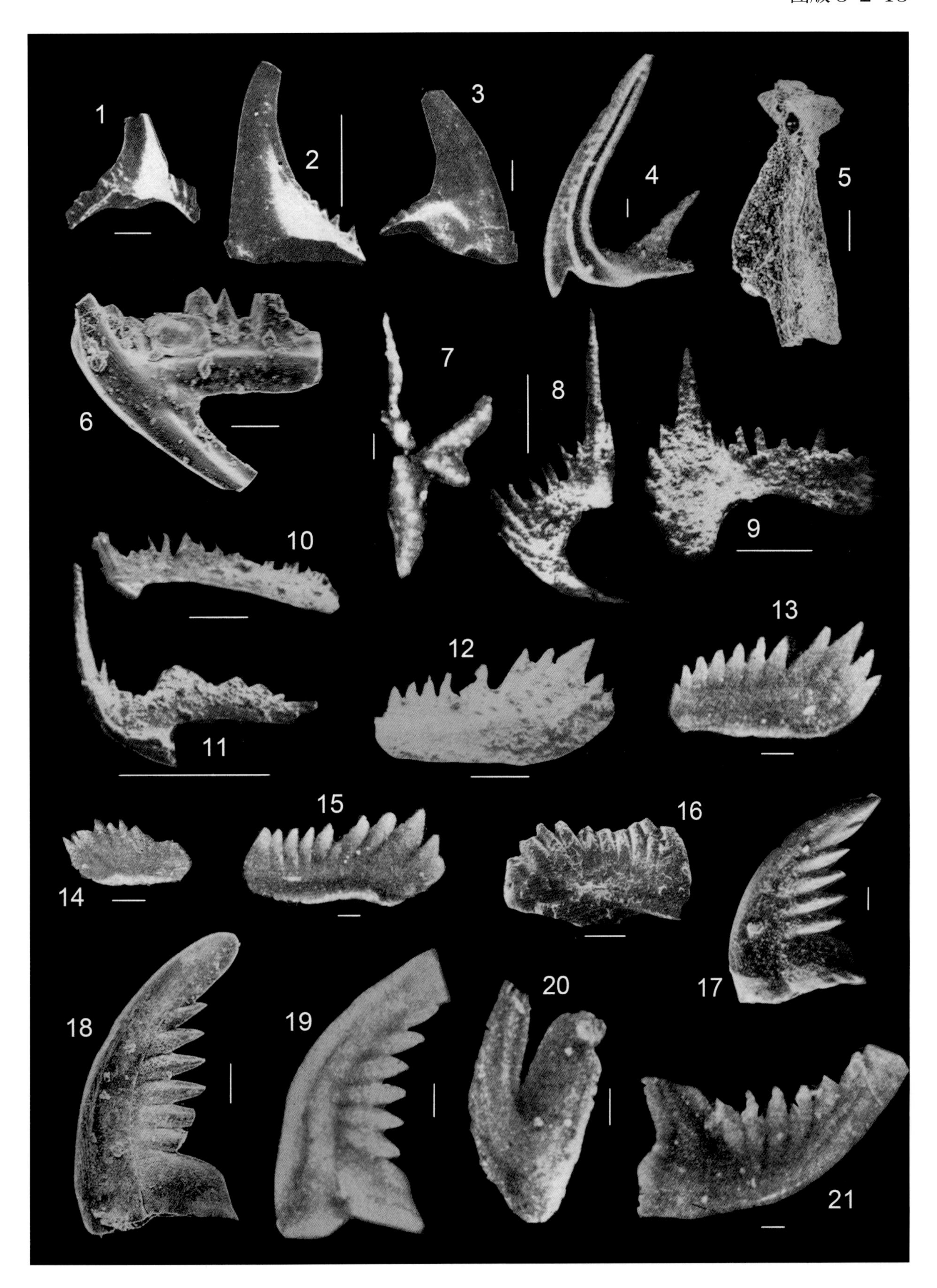
1
2
3
4
5
6
7
8
9
10
11
12
13
14
15
16
17
18
19
20
21

图版 5-2-16 牙形类

（比例尺长度 =100μm）

桑比阶—凯迪阶（下部）

1，2 四刺支架刺 *Erismodus quadridactylus*（Stauffer，1935）

主要特征：器官种组成分子的刺体发育细长且具棱脊的细齿，并在齿突同一平面内侧扁。

1. Pb分子之后视；2. Sc分子之侧视。采集号：1. AFC-60；2. AFC-53。登记号：1. NIGP156416；2. NIGP156415。

产地：甘肃平凉官庄剖面。层位：上奥陶统平凉组。图影摘自王志浩等（2013a）。

3—5 刺状织刺 *Plectodina aculeata*（Stauffer，1935）

主要特征：器官种的M分子是双羽形的，P分子发育具明显细齿的后齿突和侧齿突，主齿前倾。

3. Sb分子之后侧视；4，5. Pb分子之侧视。采集号：3. AFC-40；4. AFC-39；5. AFC-39。登记号：3. NIGP156439；4. NIGP156436；5. NIGP156437。产地：甘肃平凉官庄剖面。层位：上奥陶统平凉组。图影摘自王志浩等（2013a）。

6—10 原始扬子板颚刺 *Yangtzeplacognathus protoramosus*（Chen，Chen & Zhang，1983）

主要特征：Pb分子前齿突的齿脊在近主齿处强烈弯曲，或分化为两个细齿列。

6，7. Pa分子、Pb分子之口视。采集号：6. AFT-X-K13/40；7. AFT-X-K13/43。登记号：6. NIGP153146；7. NIGP153149。产地：新疆柯坪大湾沟剖面。层位：中奥陶统大湾沟组。图影摘自Zhen et al.（2011）。

8，10. Pb分子之口视；9. Pa分子之口视。采集号：8，10. AGH-44；9. AGH-44。登记号：8. NIGP156449；9. NIGP156451；10. NIGP156450。产地：内蒙古乌海大石门剖面。层位：中、上奥陶统乌拉力克组。图影摘自王志浩等（2013b）。

11，12 阿尼塔臀板刺 *Pygodus anitae* Bergström，1983

主要特征：Pa分子Pygodiform型，齿台前部至少有4列齿列，并发育一间单的齿叶状后齿台。

11. Pa分子之口视。采集号：AGH-44。登记号：NIGP156451a。产地：内蒙古乌海大石门剖面。层位：中奥陶统克里摩里组。图影摘自王志浩等（2013b）。

12. Pa分子之口视，×30。采集号：Hl-66-4。登记号：NIGP60797。产地：内蒙古乌海老石旦东山剖面。层位：中奥陶统克里摩里组。图影摘自王志浩和罗坤泉（1984）。

13 靴状原潘德尔刺 *Protopanderodus liripipus* Kennedy，Barnes & Uyeno，1979

主要特征：对称和不对称的acontiodiform型S 分子主齿两侧发育1 ~ 2条肋脊和沟槽，基部向后拉长，口缘尖利而无细齿，反口缘前方向上凹缺。

S分子之侧视。采集号：AGH-44。登记号：NIGP156464。产地：内蒙古乌海大石门剖面。层位：中、上奥陶统乌拉力克组。图影摘自王志浩等（2013b）。

14 安徽胡安颚刺 *Juanognathus anhuiensis* An，1987

主要特征：Sb分子两侧不对称，较细长，缘脊未向下延伸成齿突。

S分子之侧视。采集号：AGH-2。登记号：NIGP156463。产地：内蒙古乌海大石门剖面。层位：中奥陶统克里摩里组。图影摘自王志浩等（2013b）。

15 凡勒富刺 *Dapsilodus viruensis*（Fåhraeus，1966）

主要特征：Fåhraeus在建立此种时仅见acodiform型分子，即M分子。其基部短，侧扁，与主齿分异明显；主齿大，后倾，前、后缘脊锐利。

Sb分子之侧视。采集号：AGH-44。登记号：NIGP156409。产地：内蒙古乌海大石门剖面。层位：中、上奥陶统乌拉力克组。图影摘自王志浩等（2013b）。

16，17 多齿拟箭刺 *Paroistodus horridus*（Barnes & Poplowski，1973）

主要特征：P分子和S分子后齿突较长，并具分离的细齿。

S分子之侧视。采集号：AGH-17。登记号：16. NIGP156471；17. NIGP156470。产地：内蒙古乌海大石门剖面。层位：中奥陶统克里摩里组。图影摘自王志浩等（2013b）。

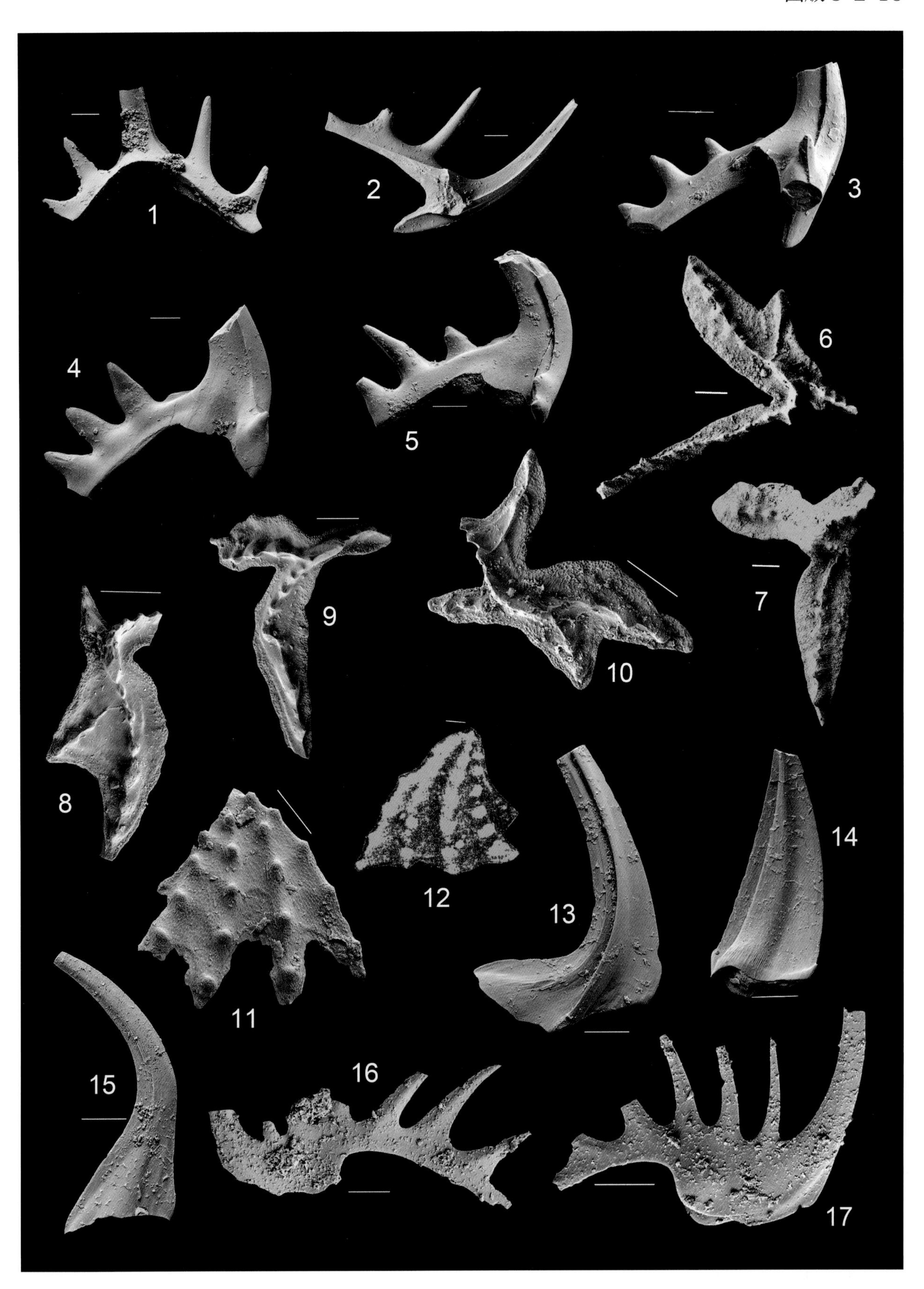
1
2
3
4
5
6
7
8
9
10
11
12
13
14
15
16
17

图版 5-2-17 牙形类

（标本 1—13，18，19 保存在北京大学；标本 14—16 保存在中国地质科学院地质研究所；其余标本保存在中国科学院南京地质古生物研究所。比例尺长度 =100μm）

凯迪阶（下部）

1—4 石川河塔斯玛尼亚刺 *Tasmanognathus shichuanheensis* An，1985

主要特征：Pa分子齿突发育，反口缘较直，几乎平伸；Pb分子后齿片较低，反口缘底缘稍向下拱；S分子细齿少而稀。

1—4. Pb分子、M分子、Sc分子、Sa分子之侧视。采集号：Tp2y1。登记号：1. 84502；2. 84503；3. 84501（正模）；4. 84504。产地：陕西耀县桃曲坡剖面。层位：中、上奥陶统耀县组。图影摘自安太庠等（1985）。

5—8 泗水塔斯玛尼亚刺 *Tasmanognathus sishuiensis* Zhang，1983

主要特征：由5个复合型分子组成，刺体扁，主齿前、后缘脊或侧肋脊锐利，位于主齿内下侧的舌状突起弱小；Sb分子前突起弱小，Pa分子和Pb分子后突起弱小。

5. Sa分子之侧视；6. Pa分子之侧视；7. Pb分子之侧视；8. Sc分子之侧视。采集号：5，6. BW120-75；7. M-m6-509；8. M-m6-511。登记号：5. SB0585；6. SB0588；7. SB0589（正模），8. SB0578。产地：5，6. 山东博山；7，8. 山东蒙阴。层位：上奥陶统峰峰组。图影摘自安太庠等（1983）。

9—13 细线塔斯玛尼亚刺 *Tasmanognathus gracilis* An，1985

主要特征：S分子齿突厚而长，齿耙状，细齿稀少而分离。

9. Pa分子之侧视；10. Sa分子之侧视；11. Sc分子之侧视；12. M分子之侧视；13. Pb分子之侧视。采集号：9—11. Tp16y15；12. Tp13y11；13. Tp16y15。登记号：9. 84509；10. 84512；11. 84510（正模）；12. 84508；13. 84507。产地：陕西耀县桃曲坡剖面。层位：中、上奥陶统耀县组。图影摘自安太庠等（1985）。

14—16 内蒙古耀县刺 *Yaoxianognathus neimengguensis*（Qiu，1984）

主要特征：Pb分子为ozarkodiform型，刺体较短而稍高，主齿位于中偏后处，前齿片细齿基本直立，主齿和后齿片细齿稍稍后倾；Pa分子后齿片大细齿之间常为2个小细齿。

Pb分子之侧视。登记号：14. 山46-15；15. 白11-4；16. 白16-4。产地：内蒙古乌拉特前旗佘太镇。层位：上奥陶统乌兰胡洞组。图影摘自林宝玉等（1984）。

17 隆起桃曲坡刺 *Taoqupognathus tumidus* Trotter & Webby，1995

主要特征：S分子刺体强壮、侧扁，刺体后缘波状外凸明显，主齿与齿踵之间裂陷深，两者汇合之顶端形似张开的口，形成锐角。

S分子之侧视。采集号：YY-25-26。登记号：NIGP122672。产地：新疆塔里木盆地库鲁克塔格乌里格兹塔格。层位：上奥陶统乌里格兹塔格组。图影摘自王志浩和周天荣（1998）。

18，19 光滑桃曲坡刺 *Taoqupognathus blandus* An，1985

主要特征：S分子侧扁，刺体后缘近中部向后呈一波形拱曲，齿踵在近反口缘处前、后方向明显变宽，并在一侧发育与反口缘平行的褶隆带。

S分子之内、外侧视。采集号：18. Tp16y15；19. Tp17y18。登记号：18. 84540；19. 84541（正模）。产地：陕西耀县桃曲坡剖面。层位：中、上奥陶统耀县组。图影摘自安太庠等（1985）。

20 李家坡耀县刺 *Yaoxianognathus lijiapoensis*（Wang & Luo，1984）

主要特征：Pa分子（prioniodiform型）主齿强大、近直立，后齿突细齿紧密，且一个大细齿和一个小细齿相间排列。

Pa分子之侧视。采集号：Leb4-1。登记号：NIGP65320（正模）。产地：陕西陇县李家坡剖面。层位：上奥陶统背锅山组。图影摘自王志浩和罗坤泉（1984）。

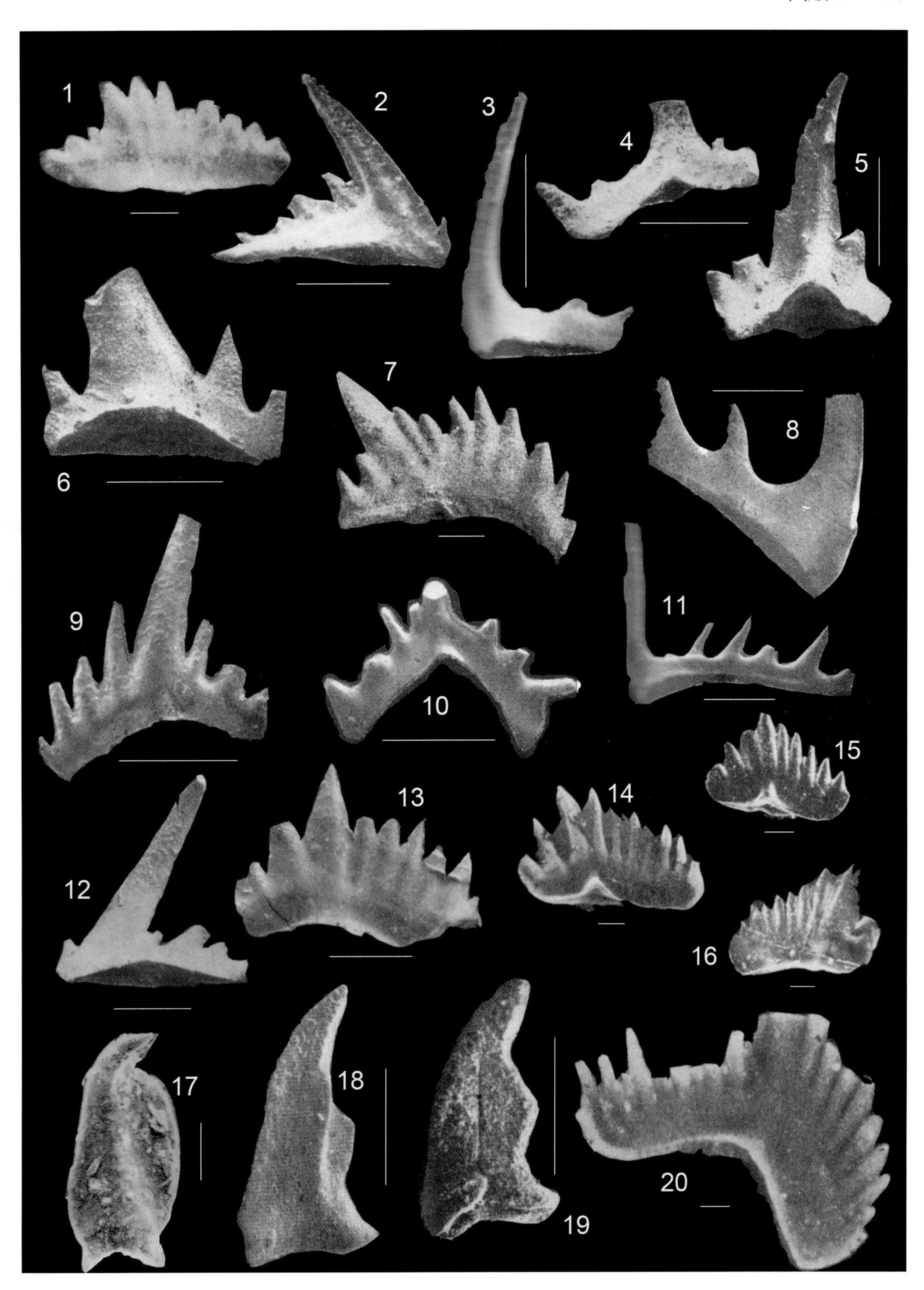
1
2
3
4
5
6
7
8
9
10
11
12
13
14
15
16
17
18
19
20

5.3 腕足动物

腕足动物（brachiopods）是一种海洋底栖无脊椎动物，源于寒武纪早期，是当时全球各地小壳动物群的重要组成部分。数亿年的演变期间，腕足动物有大发展也有严重萧条，但至今仍存在于地球海洋生态系统中，主要分布在较高纬度的较深、较凉（冷）海洋底域环境中。虽有时腕足动物在局部可以出现较多的数量和种类，但仍属现代海洋演化动物群（Modern Marine Evolutionary Fauna）（Sepkoski，1981）的次要分子。奥陶纪，在腕足动物宏演化进程中是一个里程碑。奥陶纪期间，腕足动物第一次成为海洋演化动物群的主角之一，无论是数量还是种类都经常占据优势。它的爆发式发展，标志着一次重大生物事件的肇始和古生代海洋演化动物群（Paleozoic Marine Evolutionary Fauna）的形成，这次重大事件即所谓的奥陶纪生物大辐射［Ordovician Radiation（Sepkoski，1981）或者Great Ordovician Biodiversification Event（Webby，1998）］。奥陶纪生物大辐射之后，腕足动物（底栖固着）与笔石（水中浮游）、三叶虫（底栖游移）共同构成海洋演化动物群的“三驾马车”，在当时的海洋生态系统中占据优势地位并延续6000万年之久（即奥陶纪—志留纪）。

腕足动物虽然营底栖固着生活，但它的幼虫阶段是可以主动浮游或被动漂浮并迁移的，因此，腕足动物具有特殊的生态、生物地理以及特定的地层对比意义。

5.3.1 腕足动物基本结构

腕足动物是一种两瓣壳无脊椎动物，壳包裹着软体。壳包括背壳和腹壳，软体包括肉茎和外套膜。外套膜包裹着内脏腔和腕腔，内脏腔在后，腕腔在前。内脏腔里最主要的是肌肉系统，特别是开壳肌、闭壳肌，这是连接两壳最主要的构造。当然，内脏腔内还有一些其他软体构造，比如消化系统、神经系统等。腕腔内主要容纳腕骨、纤毛环等。

对于化石腕足动物而言，壳是进行其分类学研究的最主要对象。腕足动物是两侧对称动物，一般是腹壳长于背壳，壳顶为后部。两壳的外形变化很大，有圆形、半圆形、椭圆形、方形、不规则形等。壳表从光滑到有细壳线、粗壳线、壳褶等，或有同心纹、同心层、同心皱等。贝体后部的铰合缘有直的也有弧形的，有具铰合面的也有不具铰合面的。铰合面上的三角孔有具窗板的也有不具窗板而洞开的，窗板的形态变化也很大。两壳从凸、平缓到凹的都有，有具中槽、中隆的也有不具槽隆的，因此，前结合缘有直缘型等多种型式。腕足动物的壳为磷质壳、钙质壳，钙质壳一般都是方解石，个别为文石；壳壁一般包括表层（原生层primary layer）、棱柱层（prismatic layer）和次生层（secondary layer），壳壁有时会有疹或假疹，或各种不同的突起或装饰。所有这些在两壳中不同的组合，均具有特定的形态功能，也就被赋予了独特的分类学意义。

腕足动物壳的内部构造分腹壳内部构造和背壳内部构造。腹壳内部包括铰齿（包括副铰齿）、齿板、腹窗台、肌痕面（开肌痕、闭肌痕、调整肌痕等）、脉管痕、生殖腺痕、匙形台、隔板（脊）等。背壳内部包括铰窝、副铰齿、背窗台、主基、主突起、铰窝、腕基（铰窝脊）、腕基支板、腕基突起、隔板槽、腕骨（腕螺、腕锁等）、肌痕面、隔板（脊）、脉管痕等。不同大类，两壳内部各具一些特定的结构、构造甚至是特殊的壳质构造等。

腕足动物贝体形态特征及主要构造见图5-21。

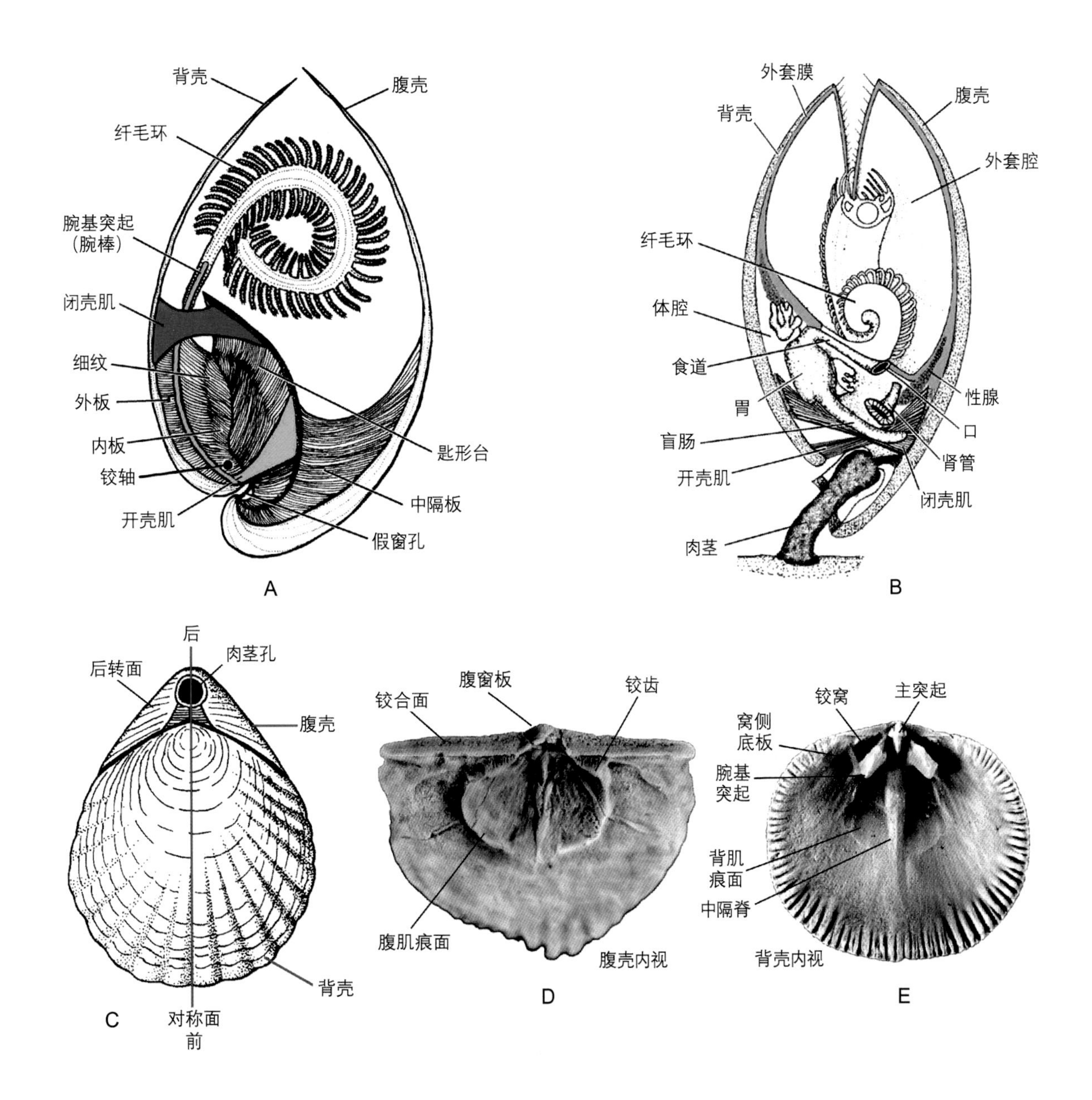

图5-21　腕足动物贝体形态特征及主要构造。A. 一枚铰合个体的纵切面，显示铰合构造、肌肉系统以及腕骨、纤毛环等；B. 一枚铰合个体的纵切面，主要显示内部软体组织，软体组织在化石腕足动物中通常不显示（因腐烂降解而不被保存）；C. 一枚铰合个体的背视，可见壳形、壳表装饰、贝体后部特征等；D. 一枚扭月贝类腹壳的内视（贝体宽 21.4mm），显示腹壳内部主要构造以及肌痕面中部纵向分布的肌隔；E. 一枚德姆贝类背壳的内视（贝体宽 12.6mm），显示背壳内部主要构造，除已经标注的，还有没有标注的，如脉管痕、贝体边缘的壳饰等

5.3.2　腕足动物图版及说明

除特殊标注外，其余标本均保存在中国科学院南京地质古生物研究所。

图版 5-3-1 腕足动物

特马豆克阶—大坪阶

1—2 湄潭芬根伯贝 *Finkelnburgia meitanensis* Wang，1956

主要特征：双凸型，三角孔洞开，细壳线；铰齿钝粗，齿板强，相向聚合形成假匙形台，体腔区常具许多纵脊；主突起缺失，腕基异向展伸，腕基支板相向聚于背窗腔，闭肌痕前后两对四叶状；成年壳体内表布满纵脊。

1. 一枚背壳的内视；2. 一枚腹壳的内视和外视。登记号：1. NIGP22175（地模）；2. NIGP22176（地模）。产地：贵州湄潭县城北段家沟剖面。层位：下奥陶统桐梓组下部（许汉奎等，1974）。

3—6 展翼三房贝 *Tritoechia alata* Xu，Rong & Liu，1974

主要特征：双凸型，亚方形，窗板发育，腹铰合面高，细壳线；齿板发育，假匙形台；主突起单脊状，铰窝脊异向展伸，与背窗台、背窗板、主突起及中隔脊形成似锚状构造，后一对闭肌痕大于前一对。

3. 一枚腹壳的外视；4. 一枚背壳的内视；5—6. 两枚腹壳的内视。登记号：3. NIGP22195（正模）；4. NIGP22196（副模）；5. NIGP22197（副模）；6. NIGP22253（副模）。产地：贵州桐梓红花园。层位：下奥陶统红花园组（许汉奎等，1974）。

7—9 大假洞脊贝 *Pseudoporambonites magna*（Xu，Rong & Liu，1974）

主要特征：贝体大，双凸型，细放射线；与扬子贝相似，但中槽、中隆不发育；固着匙形台在前部具多对纵脊支撑；主突起细脊状或不发育，腕基相向聚合于壳底中部，闭肌痕内外两对。

7. 背内模；8. 一枚铰合个体的背视、腹视、后视、侧视；9. 腹内模。登记号：7. NIGP47182；8. NIGP22251（正模）；9. NIGP22252（副模）。产地：7. 贵州思南；8，9. 贵州湄潭。层位：7. 下奥陶统湄潭组下部；8，9. 中奥陶统湄潭组上部（许汉奎等，1974；许汉奎和刘第墉，1984）。

10—12 扁平迭层贝 *Imbricatia compressa* Xu，Rong & Liu，1974

主要特征：壳形与扬子贝相似，槽隆不发育，细密放射线；主突起弱，腕基支板相向聚合，闭肌痕内外两对。

10，11. 背内模；12. 一枚腹壳的外视和内视。登记号：10. NIGP22202（副模）；11. NIGP22204（副模）；12. NIGP22203（正模）。产地：贵州思南。层位：下奥陶统湄潭组下部（许汉奎等，1974）。

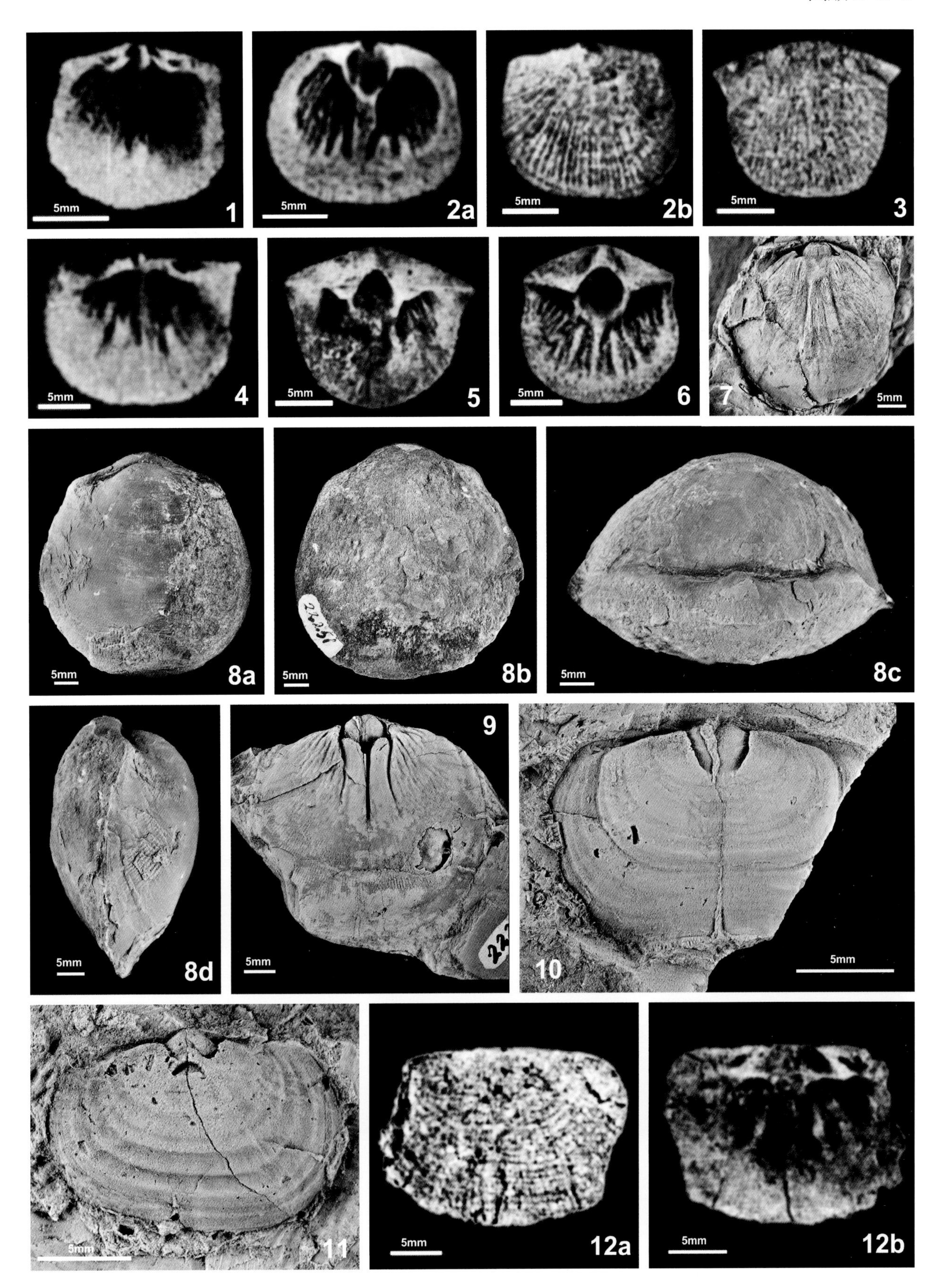
5mm
1
5mm
2a
5mm
2b
5mm
3
5mm
4
5mm
5
5mm
6
7
5mm
5mm
8a
5mm
8b
5mm
8c
5mm
8d
9
5mm
5mm
10
5mm
11
5mm
12a
5mm
12b

图版 5-3-2 腕足动物

弗洛阶

1—4 美丽准共凸贝 *Syntrophina formosa* Xu & Liu，1984

主要特征：贝体中等至大，缓双凸，壳表光滑；匙形台发育，仅前部被短中隔脊支撑；主突起不显，腕基被一对近平行延伸的隔壁支撑。

1，3，4. 腹内模；2. 背内模。登记号：1. NIGP22200（共模）；2. NIGP47213（共模）；3. NIGP47214（共模）；4. NIGP47215（共模）。产地：贵州思南、沿河。层位：下奥陶统湄潭组底部、下部（许汉奎和刘第墉，1984）。

5—13 细纹西南正形贝 *Xinanorthis striata* Xu，Rong & Liu，1974

主要特征：贝体中等，近圆形，腹双凸；细壳线，多次分叉。铰齿粗短，齿板短，肌痕面横椭圆形，三叶状。主突起细小，在背窗台后部，腕基支板侧向展伸，后一对闭肌痕大于前一对，有时闭肌痕中具纵脊。

5. 背外模；6，8—10，12. 背内模；7. 腹内模；11. 背内模及其主基局部放大，显示主突起、背窗台和异向展伸的腕基支板；13. 背内模及其主基局部放大。登记号：5. NIGP46990；6. NIGP22168（正模）；7. NIGP22167；8. NIGP46987；9. NIGP46986；10. NIGP174804；11. NIGP174805；12. NIGP174806；13. NIGP174807。产地：贵州沿河甘溪剖面、沙陀渡剖面。层位：下奥陶统湄潭组下部（程金辉，2004；Rong et al.，2017）。

图版 5-3-2

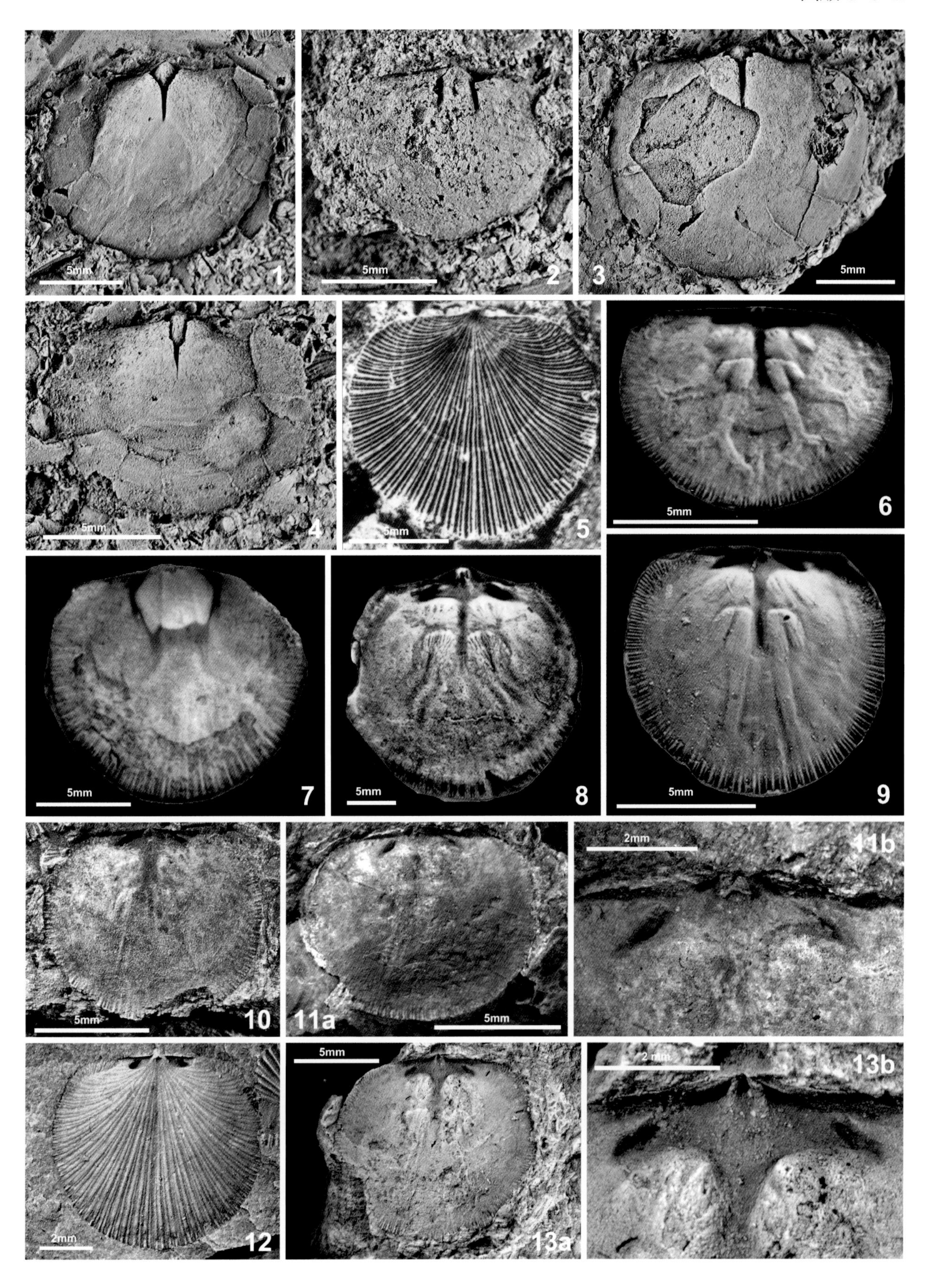
5mm
1
5mm
2
3
5mm
5mm
4
5mm
5
5mm
6
5mm
7
5mm
8
5mm
9
5mm
10
11a
5mm
2mm
11b
2mm
12
5mm
13a
2 mm
13b

图版 5-3-3 腕足动物

弗洛阶—大坪阶

1—8 细纹西南正形贝 *Xinanorthis striata* Xu，Rong & Liu，1974

主要特征：见图版5-3-2。

1. 同一枚标本中多个腹内模（下）、背内模（上）；2，3，5—8. 腹内模；4. 背外模。登记号：1. NIGP46991；2，3，5—8. NIGP174808；4. NIGP174809。产地：1. 贵州沿河甘溪剖面；2—8. 贵州桐梓红花园剖面。层位：1. 下奥陶统湄潭组近底部；2—8. 下奥陶统湄潭组下部（程金辉，2004；Rong et al.，2017）。

9—13 美丽假拟态贝 *Pseudomimella formosa*（Wang，1956）

主要特征：贝体中等至大，近方形或近圆形，背双凸；细密放射线。齿板退化，腹肌痕面向前抬升，高于壳底，具清晰的前侧围脊，开肌痕位于闭肌痕两侧，生殖腺痕显著，位于体腔区两侧，弱中隔板延伸至贝体中部。主突起刃脊状，向前与短、壮中隔脊相连，腕基异向展伸，腕基支板相向聚合于弱背窗台上，后一对闭肌痕大于前一对，闭肌痕外侧为一对显著的生殖腺痕，中隔脊一般不超过闭肌痕，主脉管痕从闭肌痕前侧端向前侧方展伸，接近前缘处转弯并多次分叉。

9. 背内模；10. 一枚铰合个体的腹视、背视和侧视；11. 腹壳的内视；12. 背壳的内视；13. 一枚内核的腹视和背视。登记号：9. NIGP46971；10. NIGP7999；11. NIGP8000（副选模）；12. NIGP8001（副选模）；13. NIGP8002（副选模）。产地：9. 云南巧家；10—13. 湖北宜昌黄花场剖面。层位：9. 中奥陶统巧家组中下部；10—13.下奥陶统大湾组下部（王钰，1956；许汉奎和刘第墉，1984；Rong et al.，2017）。

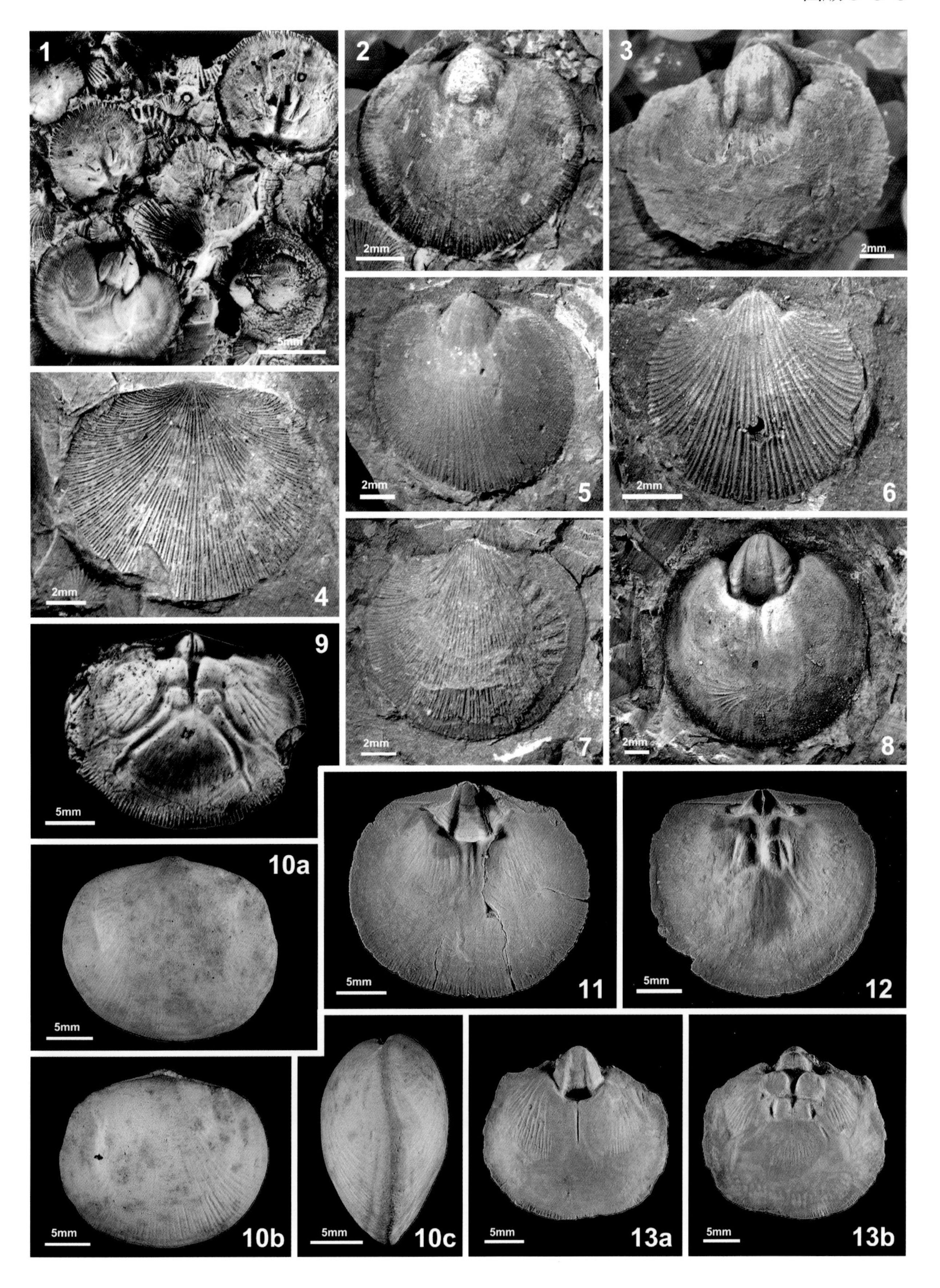
1
2
3
5mm
2mm
2mm
4
5
6
7
8
9
10a
10b
10c
11
12
13a
13b

图版 5-3-4 腕足动物

弗洛阶

1—5 美丽假拟态贝 *Pseudomimella formosa*（Wang，1956）

主要特征：见图版5-3-3。

1. 一枚背壳的内模和外模；2. 背内模；3—5. 腹内模。登记号：NIGP174810—174814。产地：1，2，4，5. 贵州桐梓红花园剖面；3. 贵州沿河沙陀渡剖面。层位：下奥陶统湄潭组下部（程金辉，2004）。

6—13 嵌插链正形贝 *Desmorthis intercalare*（Chang，1934）

主要特征：贝体小至中等，双凸型，粗壳线或壳褶，一般分叉2 ~ 3次。铰齿小，齿板很弱。主基小，主突起单脊状，限于背窗腔内，腕基支板短，近平行或稍向中部聚于低矮中隔脊上或壳底隆起上，形成明显的背窗台。

6—9，12. 背内模；10. 一枚背壳的内模和外模；11. 背外模；13. 腹内模。登记号：NIGP174815—174822。产地：6—9，11，13. 贵州桐梓红花园剖面；10，12. 贵州沿河沙陀渡剖面。层位：下奥陶统湄潭组近底部（张鸣韶，1934；程金辉，2004）。

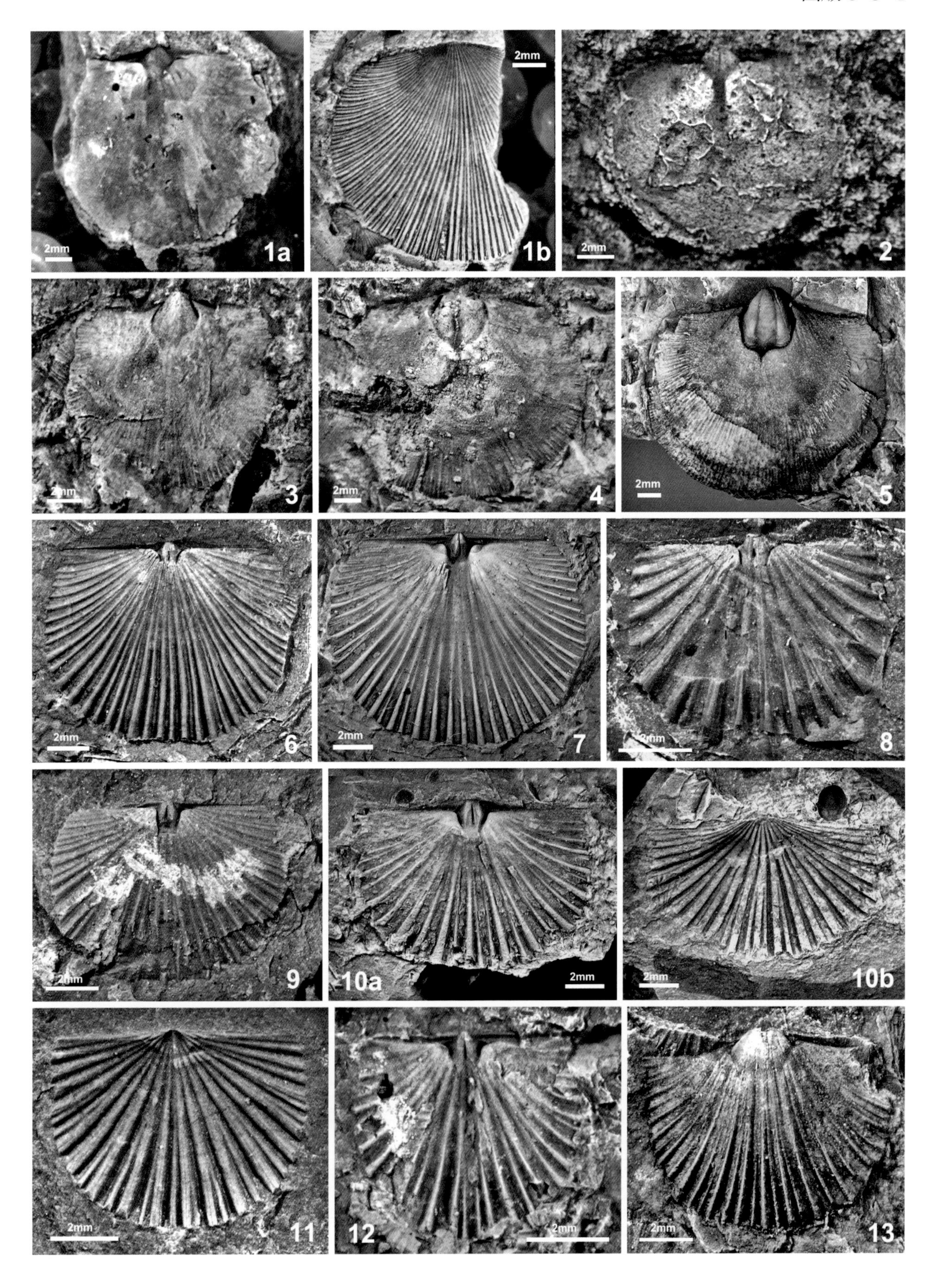
2mm
1a
2mm
1b
2mm
2
2mm
3
2mm
4
2mm
5
2mm
6
2mm
7
2mm
8
2mm
9
10a
2mm
2mm
10b
2mm
11
12
2mm
2mm
13

图版 5-3-5　腕足动物

弗洛阶

1—3　嵌插链正形贝 *Desmorthis intercalare*（Chang，1934）

主要特征：见图版5-3-4。

腹内模。登记号：NIGP174823—174825。产地：1，2. 贵州桐梓红花园剖面；3. 贵州沿河沙陀渡剖面。层位：下奥陶统湄潭组底部（张鸣韶，1934；程金辉，2004）。

4—12　南漳链正形贝 *Desmorthis nanzhangensis*（Xu & Liu，1984）

主要特征：贝体中等，横宽，腹壳凸度较小，壳线细密。铰齿小，齿板短，向侧前方延伸。主基小，主突起单脊状，限于背窗腔内，腕基支板短，向中前部延伸并聚于低弱的中隔脊或中部壳底隆起上。

4—6，8，10. 背内模；7，9，11，12. 腹内模。登记号：NIGP174826—174834。产地：重庆城口厚坪剖面。层位：下奥陶统营盘组下部（许汉奎和刘第墉，1984；程金辉，2004）。

13—15　小型夜出贝 *Nocturnellia minor* Xu & Liu，1984

主要特征：贝体小，近方形或半圆形，弱腹双凸，密型壳线。铰齿小，齿板短而薄，向侧前方延伸。主基小，主突起单脊状，限于背窗腔内，腕基支板近平行延伸，约占贝体长度的1/5。

13，15. 背内模；14. 腹内模。登记号：NIGP174835—174837。产地：贵州桐梓红花园剖面。层位：下—中奥陶统湄潭组下部至近底部（程金辉，2004）。

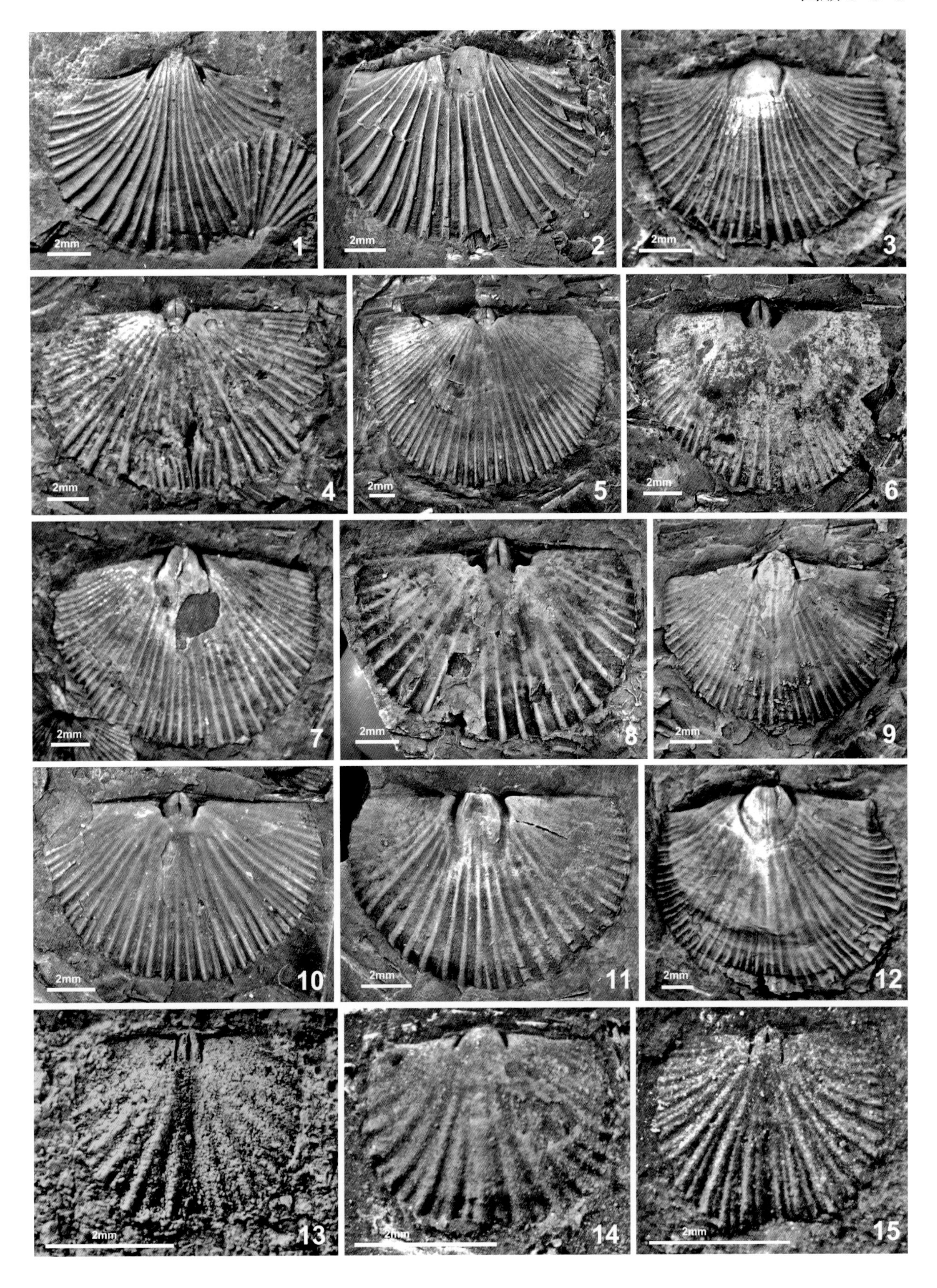
2mm
1
2mm
2
2mm
3
2mm
4
2mm
5
2mm
6
2mm
7
2mm
8
2mm
9
2mm
10
2mm
11
2mm
12
2mm
13
2mm
14
2mm
15

图版 5-3-6　腕足动物

弗洛阶—大坪阶

1—5　小型夜出贝 *Nocturnellia minor* Xu & Liu，1984

主要特征：见图版5-3-5。

1. 背内模；2，3，5. 腹内模；4. 腹外模。登记号：NIGP174838—174842。产地：1，2，5. 贵州桐梓红花园剖面；3，4. 贵州沿河沙陀渡剖面。层位：下—中奥陶统湄潭组下部（程金辉，2004）。

6—9　潘德拟勒拿正形贝 *Paralenorthis panderiana*（Hall & Clarke，1892）

主要特征：贝体小至中等，长半圆形，腹双凸，弱背中槽；壳褶粗，数量少，不分叉，壳表布满放射微纹。腹窗腔小，铰齿小，齿板发育，近平行向前延伸较短；肌痕限于腹窗腔内。主基较小，主突起单脊状，限于背窗腔内；背窗台前中部略抬升，腕基发育，腕基支板向前中部延伸聚于低矮中隔脊上；闭肌痕不显。

6，9. 腹内模；7，8. 背内模。登记号：NIGP174843—174846。产地：贵州桐梓红花园剖面。层位：下奥陶统湄潭组底部（程金辉，2004）。

10—15　丝绢拟勒拿正形贝 *Paralenorthis serica*（Martelli，1901）

主要特征：与潘德拟勒拿正形贝的主要区别在于，个体总体较大，壳线相对密集，腹壳凸度较小，腹壳肌痕面延伸较长，背壳主基相对较为横宽等。

10—13. 背内模；14，15. 腹内模。登记号：NIGP174847—174852。产地：重庆城口厚坪大槽剖面。层位：下奥陶统营盘组（程金辉，2004）。

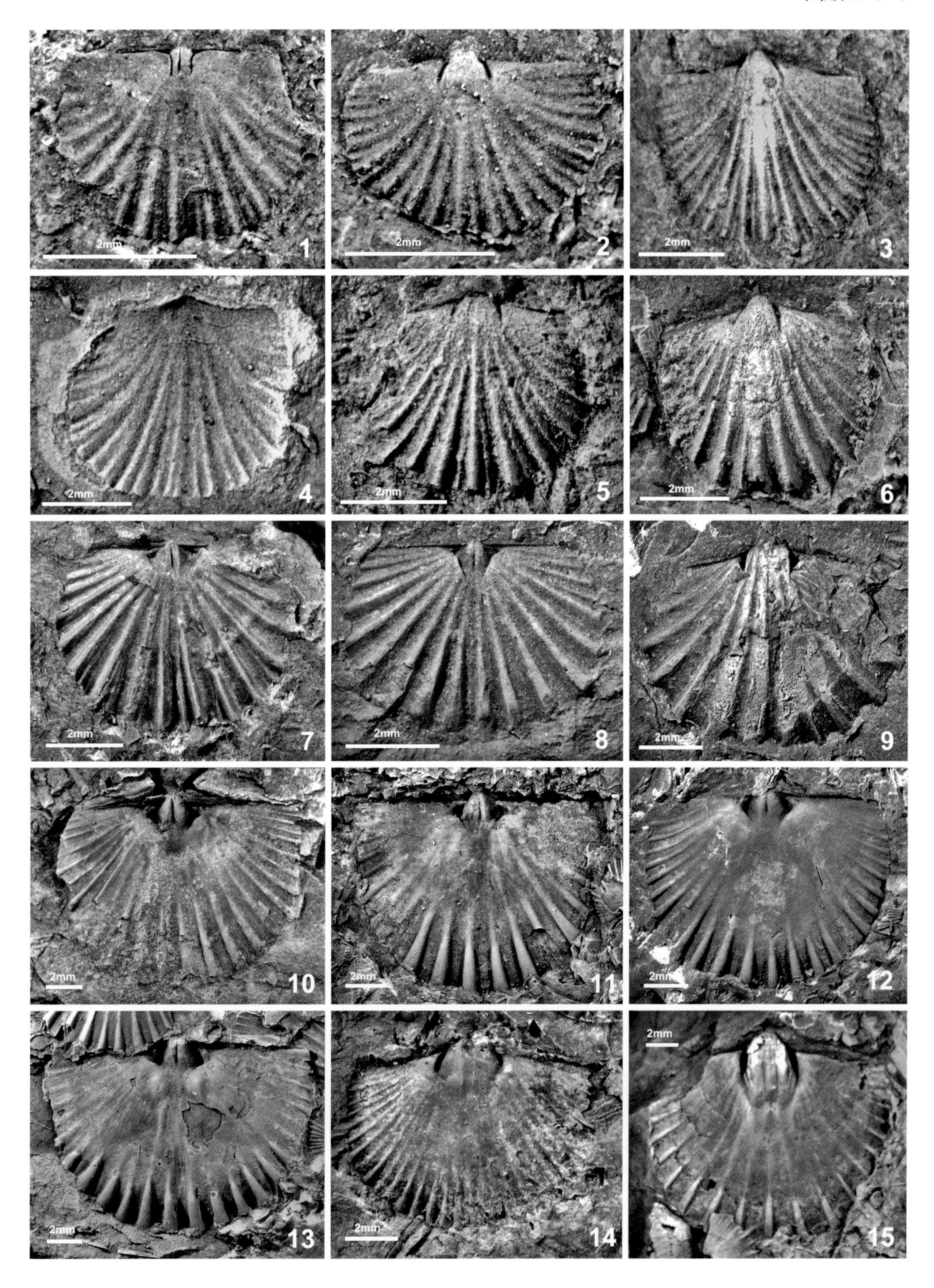
2mm
1
2mm
2
2mm
3
2mm
4
2mm
5
2mm
6
2mm
7
2mm
8
2mm
9
2mm
10
2mm
11
2mm
12
2mm
13
2mm
14
2mm
15

图版 5-3-7　腕足动物

弗洛阶

1—3　丝绢拟勒拿正形贝 *Paralenorthis serica*（Martelli，1901）

主要特征：见图版5-3-6。

1. 一枚腹壳的内模和外模；2. 腹外模及其局部放大，显示其不分叉的壳褶和细密且均匀分布的微放射纹；3. 腹内模。登记号：NIGP174853—174855。产地：重庆城口厚坪大槽。层位：下奥陶统营盘组下部（程金辉，2004）。

4—11　标准中华正形贝 *Sinorthis typica* Wang，1955

主要特征：贝体小至中等，近圆形，腹双凸至近平凸，具弱背中槽；壳线细密，多次分叉或插入式增加。铰齿粗壮，齿板厚而低矮，略朝中部前延并构成显著的肌痕围脊；肌痕面三叶状，开肌痕大并前延呈泪滴状；脉管痕显著、粗壮，朝前侧延伸接近前缘处转弯并多次分叉。背窗腔前中部抬升；主突起单脊状；冠部略膨大并向后方突伸出三角孔，向前超过背窗台；铰窝深；腕基粗壮，异向展伸；肌隔低宽，前后两对闭肌痕近等大或后一对稍大。

4. 一枚铰合个体的前视、侧视、腹视和背视；5. 腹壳的内视；6. 破损背壳的内视；7—11. 腹内模。登记号：4. NIGP7398（正模）；5. NIGP7399；6. NIGP7400；7—11. NIGP174856—174860。产地：4—7，9. 重庆城口厚坪大槽剖面；8，10. 贵州桐梓红花园剖面；11. 贵州沿河沙陀渡剖面。层位：4—7，9. 下奥陶统营盘组下部；8，10，11. 下奥陶统湄潭组下部（王钰，1955；程金辉，2004）。

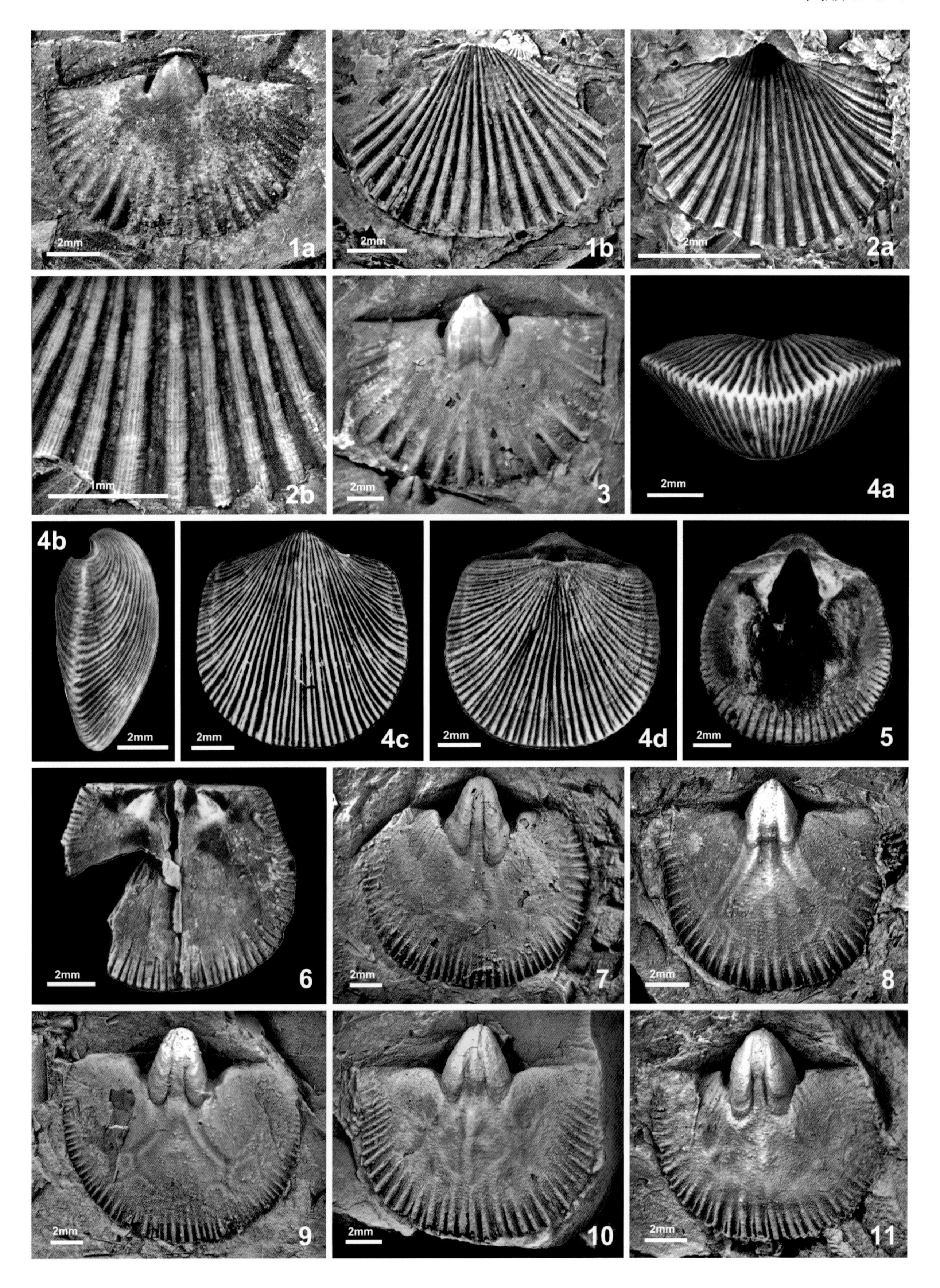
2mm
1a
2mm
1b
2mm
2a
1mm
2b
2mm
3
2mm
4a
4b
2mm
2mm
4c
2mm
4d
2mm
5
2mm
6
2mm
7
2mm
8
2mm
9
2mm
10
2mm
11

图版 5-3-8　腕足动物

弗洛阶

1—8　标准中华正形贝 *Sinorthis typica* Wang，1955

主要特征：见图版5-3-7。

1. 腹内模；2. 一枚腹壳的内模和外模；3. 背壳内模及其铸型；4. 背内模；5—7. 背壳内模；8. 背外模。登记号：NIGP174861—174868。产地：1. 贵州沿河沙陀渡剖面；2，3，5—8. 重庆城口厚坪大槽剖面；4. 贵州桐梓红花园剖面。层位：1，4. 下奥陶统湄潭组下部；2，3，5—8. 下奥陶统营盘组下部（程金辉，2004）。

9—12　密线准美正形贝 *Euorthisina multicostata* Xu et al.，1974

主要特征：贝体小至中等，半圆形，双凸型；壳褶粗、少，一般不分叉，个别插入式增加。铰齿小，齿板薄，小角度前延至1/5 ~ 1/4壳长，壳壁薄，壳内表清楚显示壳褶，肌痕面不显。主基小，主突起缺失，异向展伸的腕基具一对相向聚合的腕基支板，小型隔板槽前部由延伸不超过1/3壳长的中隔脊支撑，肌痕面不显。

9—11. 背内模；12. 背内模及其后部放大，显示其主基构造。登记号：NIGP174869—174872。产地：9. 贵州桐梓红花园剖面；10. 贵州沿河沙陀渡剖面；11，12. 重庆城口厚坪大槽剖面。层位：9，10. 下奥陶统湄潭组下部；11，12. 下奥陶统营盘组下部（程金辉，2004）。

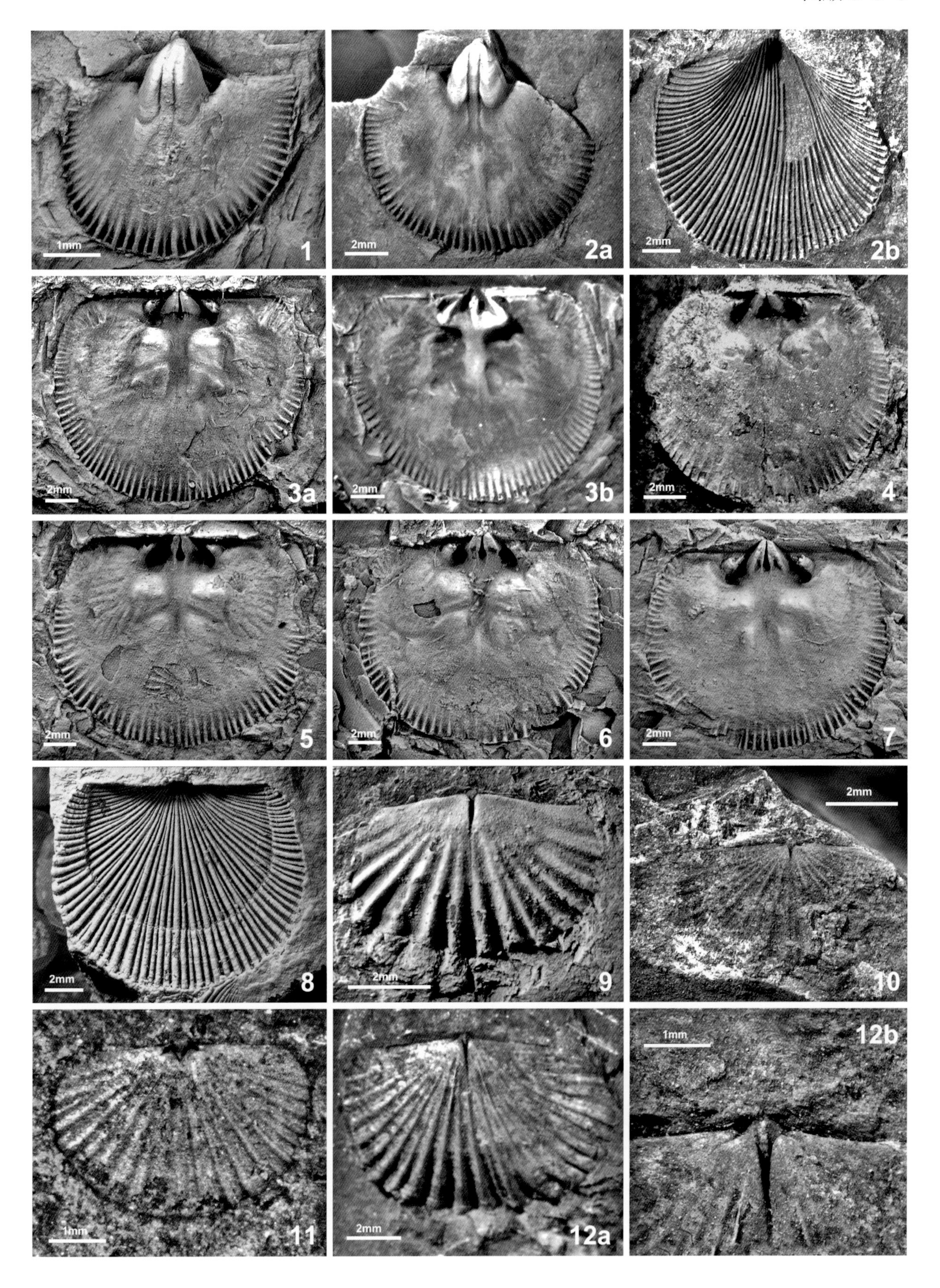
1mm
1
2mm
2a
2mm
2b
2mm
3a
2mm
3b
2mm
4
2mm
5
2mm
6
2mm
7
2mm
8
2mm
9
2mm
10
1mm
11
2mm
12a
1mm
12b

图版 5-3-9 腕足动物

弗洛阶—大坪阶

1—3 密线准美正形贝 *Euorthisina multicostata* Xu et al.，1974

主要特征：见图版5-3-8。

1. 背内模；2，3. 腹内模。登记号：NIGP174873—174875。产地：1. 贵州桐梓红花园剖面；2. 贵州沿河沙陀渡剖面；3. 重庆城口厚坪大槽剖面。层位：1，2. 中奥陶统湄潭组中部；3. 中奥陶统营盘组中部（程金辉，2004）。

4—12 标准龙女贝 *Nereidella typa* Wang，1955

主要特征：贝体小至中等，横椭圆形至近方形，双凸型，壳线细密，多次分叉，贝体前部偶见少量同心层。壳疹发育，在内模和外模上均清晰可见，规律分布。铰齿短粗，齿板发育，向前略偏中部延伸并构成肌痕外侧围脊；肌痕面大，三叶状，前部隆升；两侧的开肌痕三角形，前延并略长于闭肌痕；主脉管痕始于开肌痕的前端，近平行延伸超过贝体中部后向侧前方甚至是侧后方延伸、分叉，布满壳内表面。主基大，近一半壳宽，背窗腔前部隆升形成窗台；主突起不发育或细小弱脊状，限于背窗腔内；腕基粗壮，腕基支板相向聚合构成背窗台的前缘脊；肌隔低宽；后一对闭肌痕略大于前一对，均深陷，肌痕面无明显外侧围脊。

4. 一枚铰合个体的侧视、腹视、背视和前视；5. 腹壳的内视；6. 背壳的内视；7—10. 背内模；11. 腹外模及其局部放大，显示其规律的疹孔；12. 腹内模。登记号：4. NIGP7423；5. NIGP7425；6. NIGP7426；7—12. NIGP174876—174881。产地：4—6. 湖北宜昌黄花场剖面；7—12. 贵州沿河沙陀渡剖面。层位：4—6. 下奥陶统大湾组下部；7—12. 下奥陶统湄潭组下部（王钰，1955；程金辉，2004）。

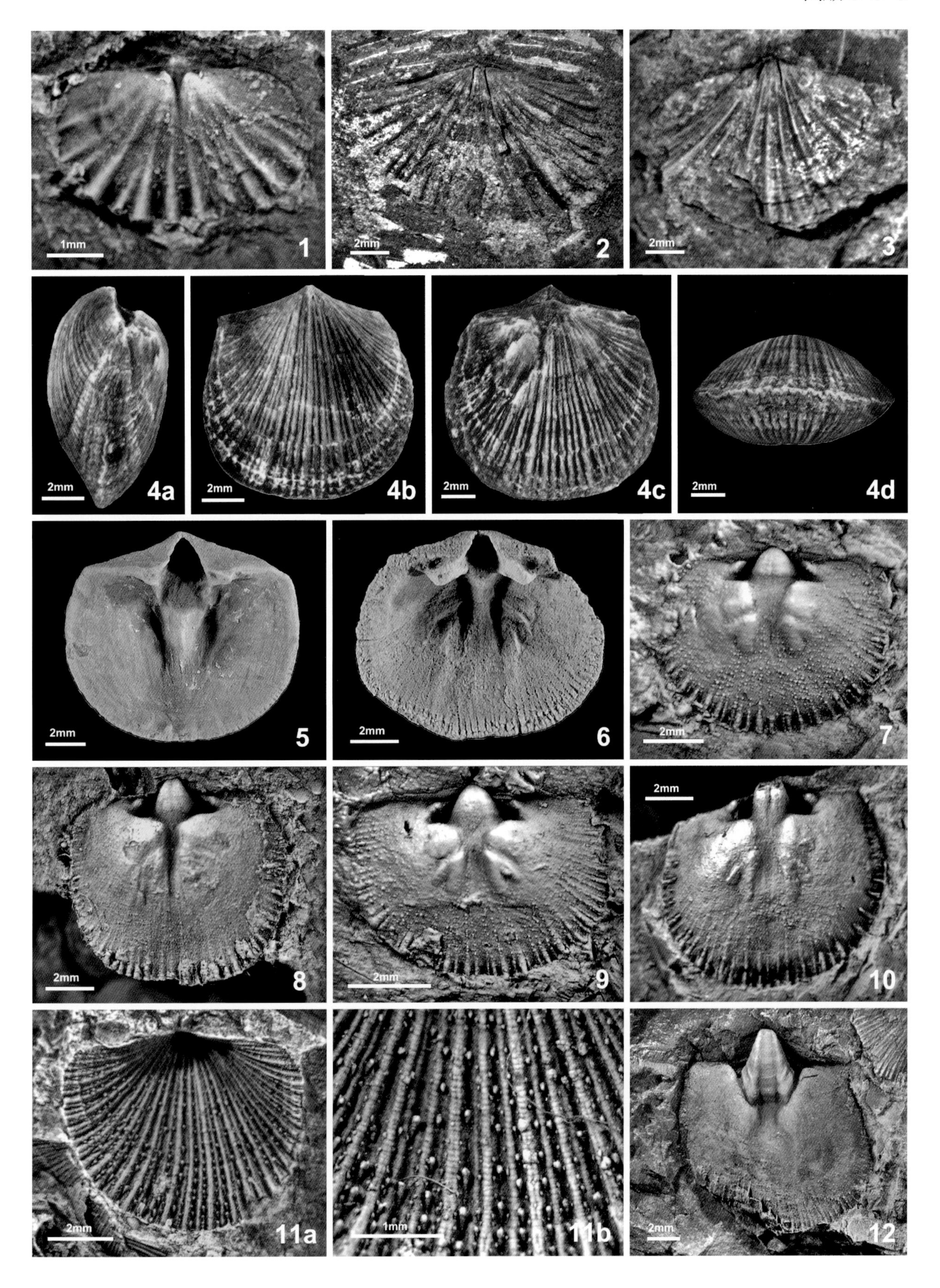
1mm
1
2mm
2
2mm
3
2mm
4a
2mm
4b
2mm
4c
2mm
4d
2mm
5
2mm
6
2mm
7
2mm
8
2mm
9
2mm
10
2mm
11a
1mm
11b
2mm
12

图版 5-3-10　腕足动物

弗洛阶—大坪阶

1—4　标准龙女贝 *Nereidella typa* Wang，1955

主要特征：见图版5-3-9。

1. 背内模（右）和腹内模（左）产出在同一枚标本上；2—4. 腹内模。登记号：1b. NIGP174882；1c. NIGP174883；2—4. NIGP174884—174886。产地：贵州沿河沙陀渡剖面。层位：下奥陶统湄潭组下部（程金辉，2004）。

5—11　巨大小薄贝 *Leptella grandis* Xu，Rong & Liu，1974

主要特征：贝体中等，半圆形，强凹凸；壳线细密，两种大小，粗壳线之间一般有3～4根细壳线。腹壳铰合面高，拱形腹窗板发育；铰齿粗短，无齿板；肌痕面位于腹窗腔内，前延部分具很弱的围脊或不具围脊；主脉管痕粗壮，始于开肌痕前端，近平行向前延伸过贝体中部后向前、向前侧多次分叉直至前缘；除肌痕面外，整个壳内表布满发育的假疹，越往贝体前部越发育。主基约占壳宽的1/4，但不足壳长的1/6；主突起不发育，或仅在最后端有一弱脊；腕基大角度异向展伸；背窗台发育；后一对闭肌痕明显大于前一对，缺乏外侧围脊；中隔脊低宽，前端明显隆升，个别个体甚至隆升为薄板并前延达2/3壳长处；脉管痕始于肌痕面，向前、前侧多次分叉，主脉管痕始于中隔脊两侧，平行延伸达2/3壳长处甚至更远，然后分叉；假疹只在贝体前部可见。

5，10，11. 腹内模；6. 背内模；7. 背外模；8. 背内模及其后部放大，显示其主基构造；9. 背内模。登记号：NIGP174887—174893。产地：5，7，9，11. 贵州沿河沙陀渡剖面；6，8，10. 贵州桐梓红花园剖面。层位：下奥陶统湄潭组下部（许汉奎等，1974；程金辉，2004）。

12　波罗扬子贝 *Yangtzeella poloi*（Martelli，1901）

主要特征：贝体中等至大，近方形，强双凸，腹中槽、背中隆发育，均始于贝体中部；壳表饰以细密放射线，通常较弱而造成"壳表光滑"的假象。铰齿粗壮，齿板发育，相向聚合形成匙形台，匙形台向前离开壳底后由双中隔板支撑，继续前延达1/4至1/3壳长处；一对主脉管痕始于匙形台离开壳底处的中部，近平行向前延伸至近贝体前缘后折向侧后方，并多次分叉；生殖腺痕发育，始于匙形台离开壳底处的两侧，具多个向前侧延伸的纵脊。主基小，无主突起；腕基强壮，异向展伸；腕基支板相向延伸形成腕房，腕房由一对小角度展伸的侧隔板支撑；有时在侧隔板后部还会出现横板，拱凸于侧隔板之上，支撑着腕房；侧隔板前延可达2/3至4/5壳长处；贝体中后部及两侧发育有许多低矮的纵向脊。

腹内模。登记号：NIGP174894。产地：贵州沿河沙陀渡剖面。层位：中奥陶统湄潭组中部（Martelli，1901；程金辉，2004；Zhan et al.，2010）。

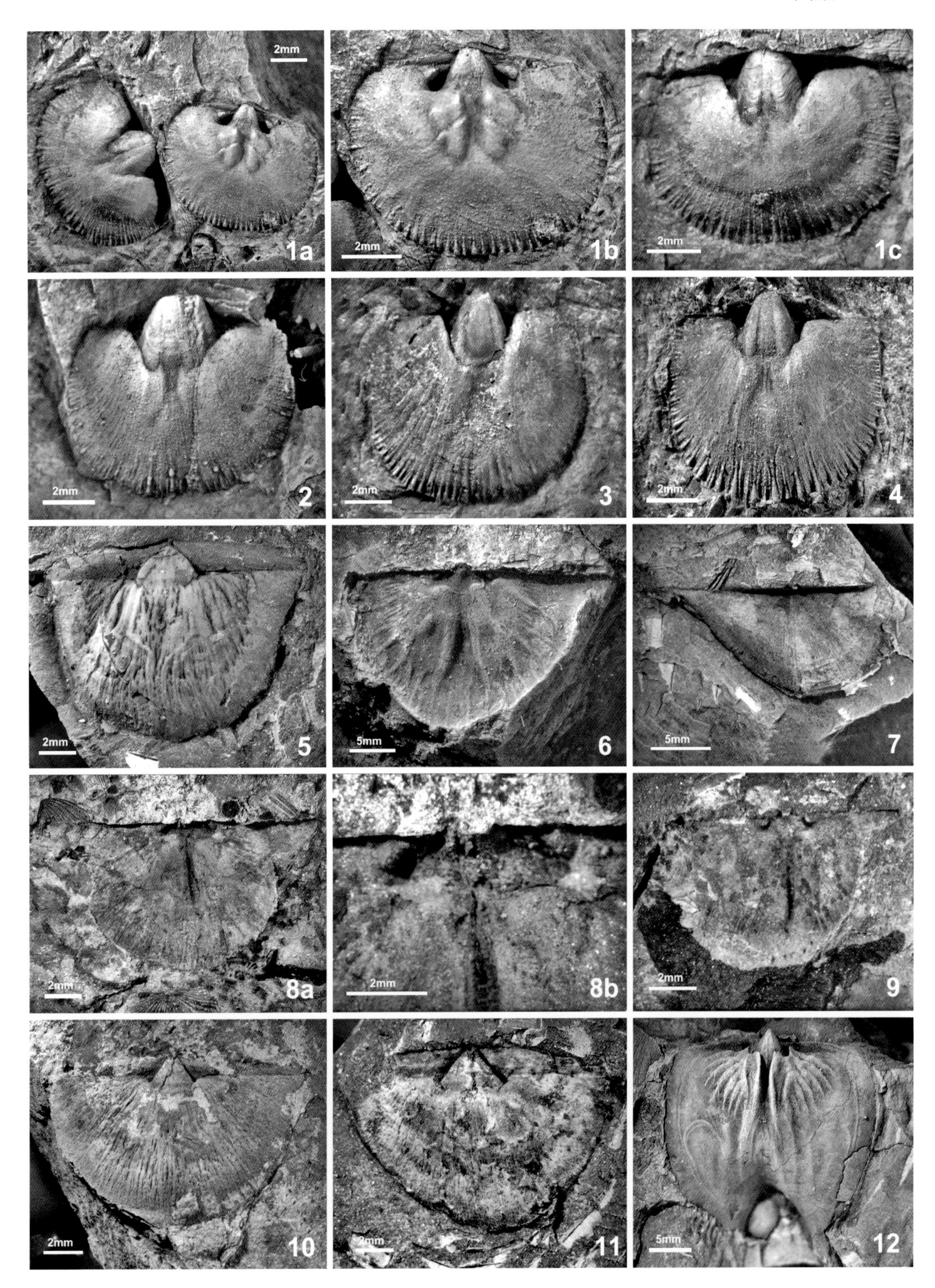
2mm
1a
2mm
1b
2mm
1c
2mm
2
2mm
3
2mm
4
2mm
5
5mm
6
5mm
7
2mm
8a
2mm
8b
2mm
9
2mm
10
2mm
11
5mm
12

图版 5-3-11　腕足动物

（登记号前缀为 NIGP 的标本均保存在中国科学院南京地质古生物研究所；前缀为 IGF 的标本保存在意大利佛罗伦萨大学的佛罗伦萨博物馆）

弗洛阶—大坪阶

1—6　波罗扬子贝 *Yangtzeella poloi*（Martelli，1901）

主要特征：见图版5-3-10。

1. 一枚铰合个体的腹视、背视、后视和前视；2. 一枚铰合个体的腹视及其局部放大，显示密集分布的细放射线；3. 一枚内核的腹视和背视；4. 一枚背壳的内视；5. 腹内模；6. 一枚铰合个体的背视、腹视、侧视、后视和前视。登记号：1. IGF102180（选模）；2. NIGP149416（地模）；3. NIGP22217；4. NIGP47190；5. NIGP47204；6. NIGP174895。产地：1. 陕西秦岭山区；2. 湖北宜昌黄花场剖面；3，4. 贵州思南鹦鹉溪剖面；5. 贵州沿河甘溪剖面；6. 贵州沿河沙陀渡剖面。层位：1. 下—中奥陶统西梁寺组；2. 中奥陶统大湾组上部；3—6. 下奥陶统湄潭组下部（Martelli，1901；程金辉，2004；Zhan et al.，2010）。

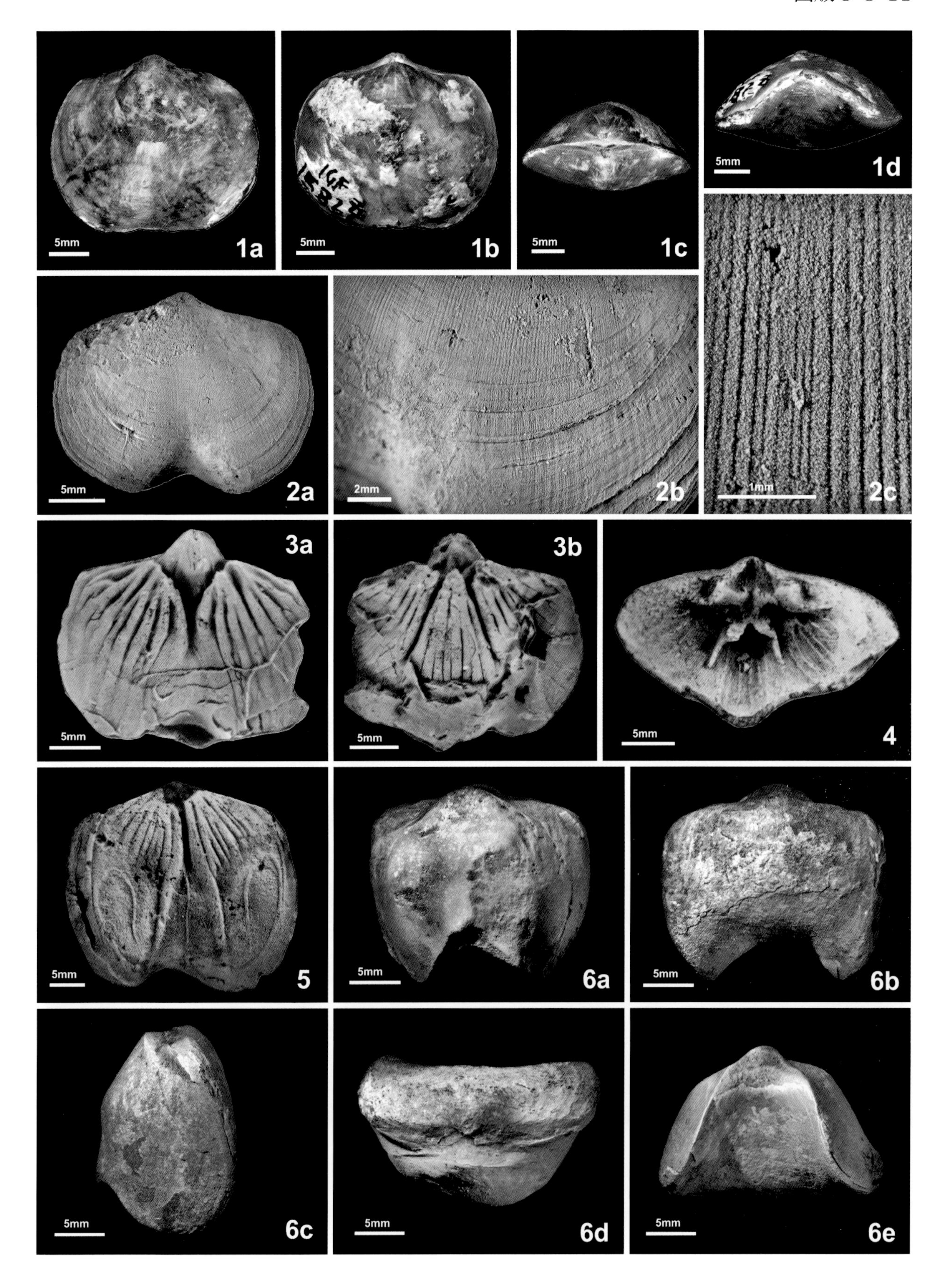
5mm
1a
5mm
1b
5mm
1c
5mm
1d
5mm
2a
2mm
2b
1mm
2c
3a
5mm
3b
5mm
5mm
4
5mm
5
5mm
6a
5mm
6b
5mm
6c
5mm
6d
5mm
6e

图版 5-3-12　腕足动物

（登记号前缀为 NIGP 的标本均保存在中国科学院南京地质古生物研究所；前缀为 YIGM 的标本均保存在地科院湖北地质调查中心宜昌分部，即前宜昌地质矿产研究所）

弗洛阶—达瑞威尔阶

1，2　波罗扬子贝 *Yangtzeella poloi*（Martelli，1901）

主要特征：见图版5-3-11。

1. 腹内模及其铸型；2. 背内模。登记号：1. NIGP174896；2. NIGP174897。产地：贵州沿河沙陀渡剖面。层位：中奥陶统湄潭组中部（程金辉，2004）。

3—7　宜昌假洞脊贝 *Pseudoporambonites yichangensis* Zeng，1977

主要特征：贝体中等至大，近圆形，背双凸，背中隆不显，腹中槽浅宽，在贝体前1/3；壳表饰以细密等间距的壳线，贝体前缘有时会出现数层同心层，壳线间隙具细密、规则排列的小坑，布满壳表。铰齿粗壮，齿板相向聚合形成匙形台；匙形台在腹窗腔之前抬升于壳底，被中隔板和一对侧隔板支撑。主基小，无主突起；腕基壮实，腕基支板薄、弱、低，近平行于铰合缘相向延伸形成的背窗腔的前围脊；一对主脉管痕小角度向前延伸至贝体前缘处后向侧后方折返并多次分叉。

3. 铰合个体的背视和前视；4. 内核的后视；5. 铰合个体的侧视、背视和前视；6. 背内模；7. 背壳外模的局部放大，显示其壳表装饰的细节。登记号：3. YIGM-IV45123（正模）；4. YIGM-IV45130（地模）；5. NIGP47166（地模）；6. YIGM-IV45129（地模）；7. YIGM-IV45125（地模）。产地：湖北宜昌分乡剖面。层位：下奥陶统大湾组下部（曾庆銮，1977；Rong et al.，2017）。

8—10　簇形雕正形贝 *Glyptorthis sarcina* Zhan & Jin，2005

主要特征：贝体小至中等，拉长的半圆形，双凸型；壳褶较少，多次分叉，在贝体前缘呈簇状。腹窗腔深，铰齿粗壮，齿板厚短，向前中部延伸，变弱变低，形成肌痕前侧围脊；肌痕面略呈三角形，中部的闭肌痕稍深陷。主基大，占壳宽的近40%，主突起厚脊状，限于背窗腔内，向前与高隆、厚实的中隔脊相连；腕基粗壮，腕基凸起呈棒状，近直角展伸，腕基支板无；中隔脊在肌痕面区域内最高，闭肌痕由后侧和前中各一对组成，近一半壳长，之间具多对纵向脊。

8. 背内模及其铸型；9. 背外模及其铸型；10. 腹内模。登记号：8. NIGP139065（正模）；9. NIGP139063（副模）；10. NIGP 139062（副模）。产地：云南威信狮子沟剖面。层位：中奥陶统十字铺组中部（Zhan & Jin，2005a）。

11　小型华美正形贝 *Saucrorthis minor* Xu，Rong & Liu，1974

主要特征：贝体小，近方形或亚圆形，平凸型，背壳或缓凸；稀疏的壳褶顶部棱脊状，通常不分叉，个别1～2次分叉，壳褶间具密集的细放射纹，部分个体在贝体前缘具少量同心层。腹窗腔深，铰齿粗壮，齿板短而厚，向前迅速变弱变薄并形成肌痕面的前侧围脊；肌痕面较大，占1/3壳长甚至更长，闭肌痕深陷，位于中后部，一对开肌痕泪滴状，前延较远。主基大，占壳宽的1/3至2/5；主突起单脊状，限于背窗腔内，向后端高耸突出三角孔；背窗台高，铰窝深陷，具发育的围脊和窝侧底板；腕基粗壮，近垂直或稍大角度异向展伸，腕基突起棒状，悬空延伸不远；闭肌痕深陷，近一半壳宽和1/3壳长，前后两对闭肌痕从近等大到后大前小，再到后小前大；主脉管痕始于肌痕前端，近平行前延至贝体前缘处后向后侧方弯曲并多次分叉；生殖腺痕位于贝体侧后方，较大，具多个纵脊支撑。两壳贝体前侧缘内面均清楚地显示粗壮的壳褶。

腹内模。登记号：NIGP139066。产地：云南威信狮子沟剖面。层位：中奥陶统十字铺组中部（许汉奎等，1974；Zhan & Jin，2005a，2005b）。

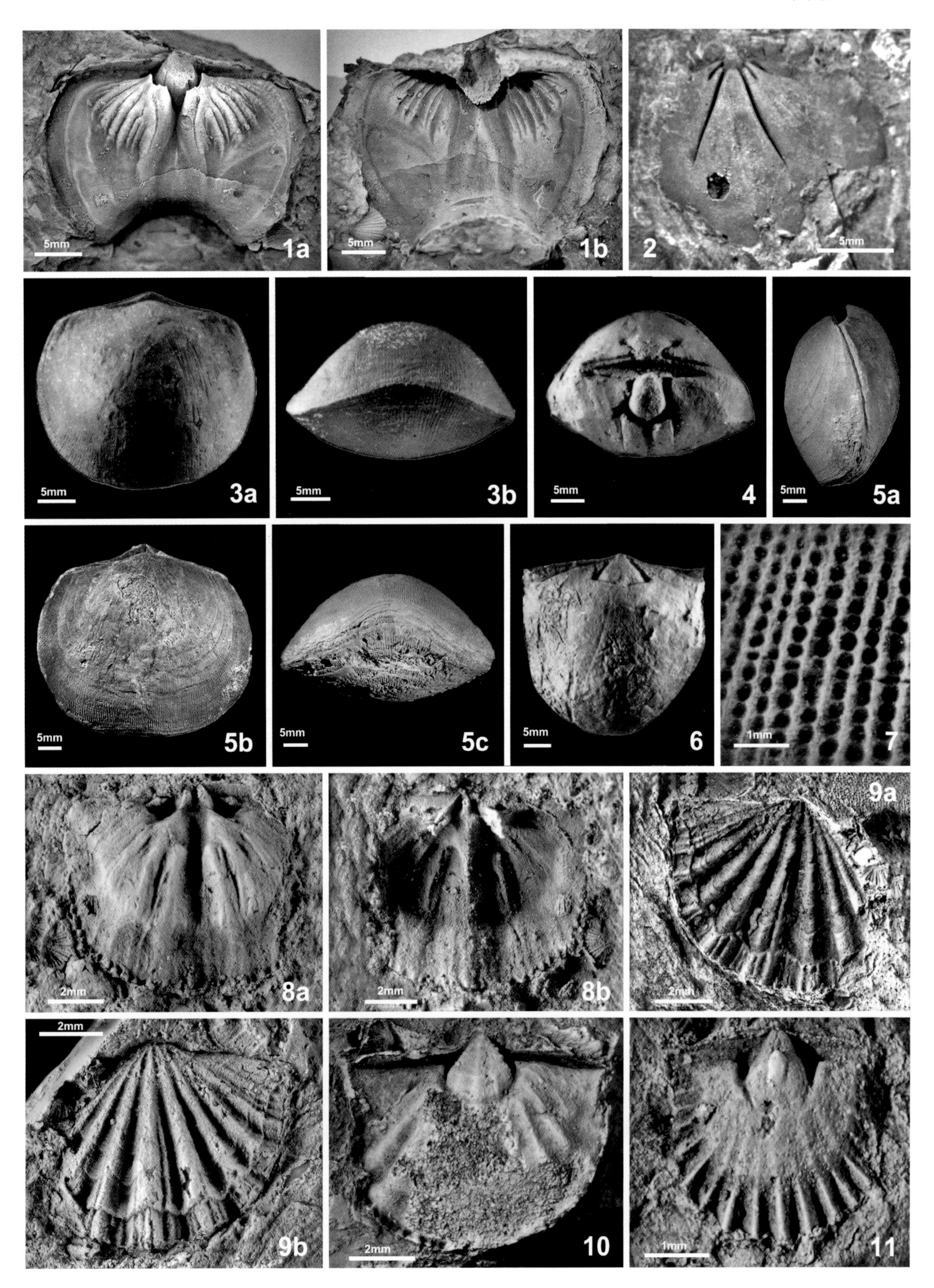
5mm
1a
5mm
1b
2
5mm
5mm
3a
5mm
3b
5mm
4
5mm
5a
5mm
5b
5mm
5c
5mm
6
1mm
7
2mm
8a
2mm
8b
9a
2mm
2mm
9b
2mm
10
1mm
11

图版 5-3-13　腕足动物

达瑞威尔阶

1—5　小型华美正形贝 *Saucrorthis minor* Xu，Rong & Liu，1974

主要特征：见图版5-3-12。

1，4. 腹内模；2. 背内模；3. 背内模及其铸型；5. 一枚背壳的外模和内模。登记号：1. NIGP139070；2. NIGP139072；3. NIGP139073。产地：1—3. 云南威信狮子沟剖面；4，5. 贵州遵义十字铺剖面。层位：中奥陶统十字铺组中部（许汉奎等，1974；Zhan & Jin，2005a，2005b）。

6—11　模糊华美正形贝 *Saucrorthis obscura*（Xu & Liu，1984）

主要特征：与小型华美正形贝非常相似，主要区别在于个体通常中等大小，壳褶或壳线较多且常有少量分叉，同心层更多、更加明显，腹壳及背壳肌痕面占贝体的比例均相对较小。

6，11. 背内模；7. 背内模及其铸型；8. 背外模；9. 背内模及其铸型；10. 背外模的铸型。登记号：6. NIGP134300；7. NIGP134310；8. NIGP134311；9. NIGP134312；10. NIGP134313；11. NIGP134324。产地：四川长宁双河剖面。层位：中奥陶统大沙坝组（许汉奎和刘第墉，1984；Zhan & Jin，2005b）。

1mm
1
1mm
2
1mm
3a
1mm
3b
2mm
4
1mm
5a
1mm
5b
2mm
6
2mm
7a
7b
2mm
2mm
8
2mm
9a
2mm
9b
2mm
10
2mm
11

图版 5-3-14　腕足动物

达瑞威尔阶

1—4　模糊华美正形贝 *Saucrorthis obscura*（Xu & Liu，1984）

主要特征：见图版5-3-13。

1. 腹内模及其铸型；2. 一枚铰合个体的腹视、侧视、背视和后视；3. 一枚背壳的外视和内视；4. 腹内模。登记号：1. NIGP134316；2. NIGP134320；3. NIGP134323；4. NIGP134325。产地：四川长宁双河剖面。层位：中奥陶统大沙坝组（许汉奎和刘第墉，1984；Zhan & Jin，2005b）。

5—7　混杂伪正形贝 *Nothorthis perplexa* Xu & Liu，1984

主要特征：贝体小至很小，半圆形，平凸型，背壳具弱中槽；壳线较少，个别分叉；腹窗腔深、窄，铰齿小，楔状，齿板不发育，近卵形的肌痕面限于贝体后1/3。背窗腔深，主突起单脊状，限于背窗腔内或其后部；腕基相对粗壮，三角形，近直角展伸，腕基支板无；前后两对闭肌痕均很弱，不超过贝体一半长度。壳壁薄，除肌痕面外，壳表装饰在壳内表均有显示。

5. 背内模及其铸型；6. 背内模及其铸型；7. 背内模。登记号：5. NIGP139080；6. NIGP134368；7. NIGP134371。产地：5. 云南威信狮子沟剖面；6，7. 四川长宁双河。层位：5. 中奥陶统十字铺组中部；6，7. 中奥陶统大沙坝组（许汉奎和刘第墉，1984；Zhan & Jin，2005a，2005b）。

8　威信古拟帐幕贝 *Protoskenidioides weixinensis* Zhan & Jin，2005

主要特征：个体极小，稍拉长的半圆形，腹双凸；壳线少，分叉或插入式增加。腹壳后顶部凸度最大，腹铰合面较高，腹窗腔深；铰齿壮，齿板薄脊状，低矮，向前中部延伸，构成一个固着匙形台。主基约1/3壳宽、1/4至1/3壳长；背窗腔深，主突起单脊状，限于背窗腔内；铰窝小而深；腕基粗壮，腕基凸起呈棒状，腕基支板清晰，薄、低，向前中部汇聚，形成成年个体背窗腔的前侧围脊；后一对闭肌痕远大于前一对，肌痕中部有始于背窗腔的高耸中隔脊，中隔脊向后与主突起不连，向前可延伸至贝体前缘，但在肌痕面处最高。壳壁薄，除肌痕面外，内表面均可见壳线。

一枚幼年个体的背内模。登记号：NIGP139098（副模）。产地：云南威信狮子沟剖面。层位：中奥陶统十字铺组中部（Zhan & Jin，2005a）。

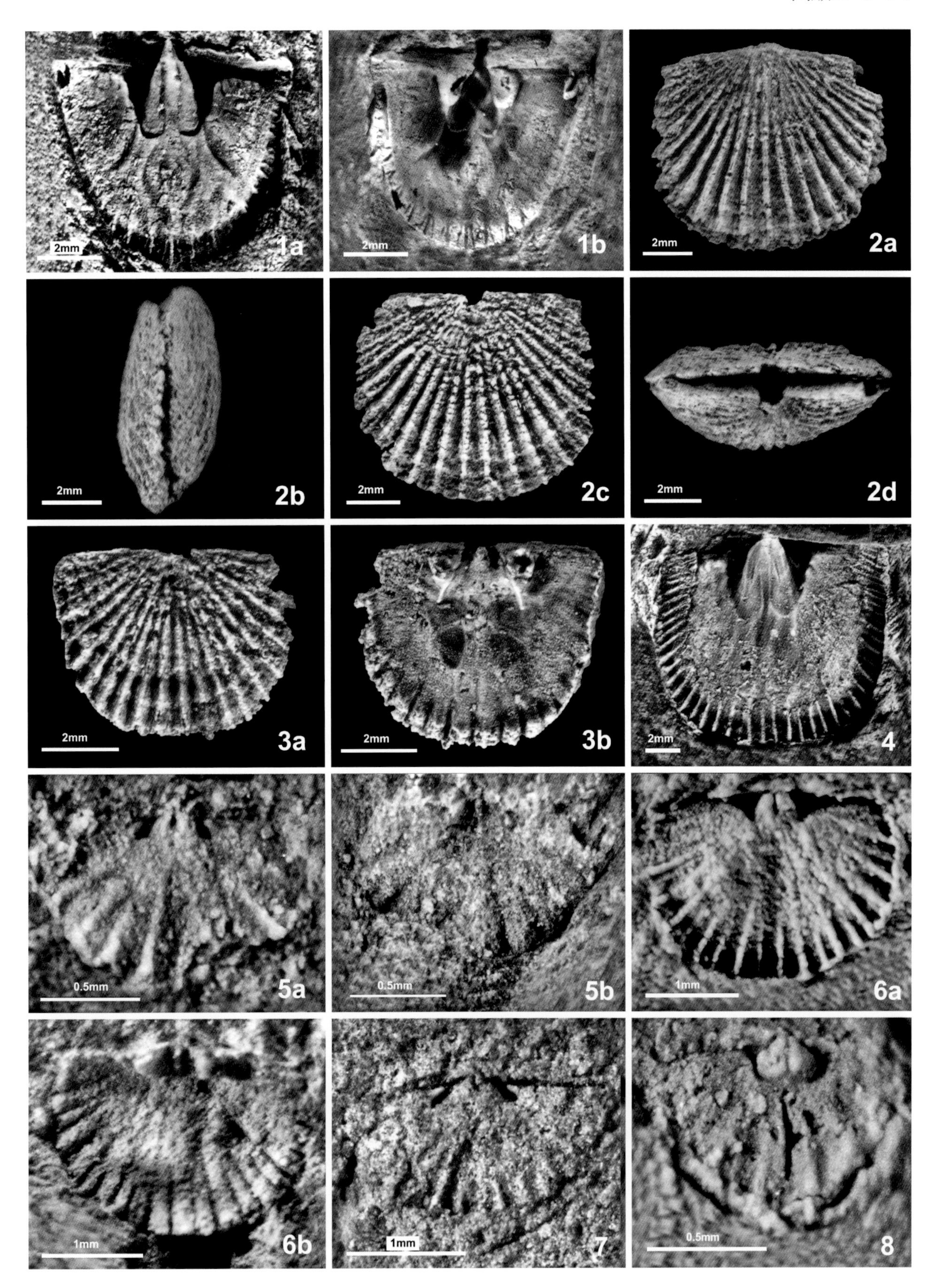
2mm
1a
2mm
1b
2mm
2a
2mm
2b
2mm
2c
2mm
2d
2mm
3a
2mm
3b
2mm
4
0.5mm
5a
0.5mm
5b
1mm
6a
1mm
6b
1mm
7
0.5mm
8

图版 5-3-15　腕足动物

达瑞威尔阶

1—5　威信古拟帐幕贝 *Protoskenidioides weixinensis* Zhan & Jin，2005

主要特征：见图版5-3-14。

1. 背内模及其铸型；2. 腹内模及其铸型；3. 一枚未成年个体的背内模；4. 背内模；5. 背内模及其铸型。登记号：1. NIGP139097（正模）；2. NIGP139086（副模）；3. NIGP139092（副模）；4. NIGP139094（副模）；5. NIGP139095（副模）。产地：云南威信狮子沟剖面。层位：中奥陶统十字铺组中部（Zhan & Jin，2005a）。

6—9　宽大准小薄贝 *Leptellina spatiosa* Zhan & Jin，2005

主要特征：贝体中等至大，半圆形，凹凸型，两壳均具发育的窗板，朝向背方的膝折不发育或很弱。铰齿小，楔状，齿板无；肌痕面占壳宽的1/4，具明显的外侧围脊，一对开肌痕近90° 朝前侧延伸，呈双叶状，中间的闭肌痕短，与两侧的开肌痕之间有低脊；一对主脉管痕始于开肌痕前侧端，向前侧延伸至贝体中部后多次分叉。主基占壳宽的1/5至1/4，主突起单脊状，因冠部膨大甚至呈棒状，向后突伸；腕基强但短小，异向展伸，腕基支板无，但有一个明显的背窗台；闭肌痕近圆形，前一对略大于后一对，外侧围脊不高但明显，中隔脊在肌痕面中前部达到最高，向前延伸可至贝体前缘；主脉管痕始于前一对闭肌痕前端，平行延伸至贝体前缘，向后侧方弯曲并多次分叉；两对闭肌痕之间还生出一对次脉管痕，向两侧延伸并多次分叉；贝体前侧缘有时发育不太高耸的边缘脊。除肌痕面和主脉管痕以外，贝体内表面布满较粗的假疹。

6. 背内模及其铸型；7. 一枚腹壳的内模（7a）和外模（7c）及内模的铸型（7b）；8. 背内模；9. 背外模。登记号：6. NIGP139101（副模）；7. NIGP139113（正模）；8. NIGP139116（副模）9. NIGP139119（副模）。产地：云南威信狮子沟剖面。层位：中奥陶统十字铺组中部（Zhan & Jin，2005a）。

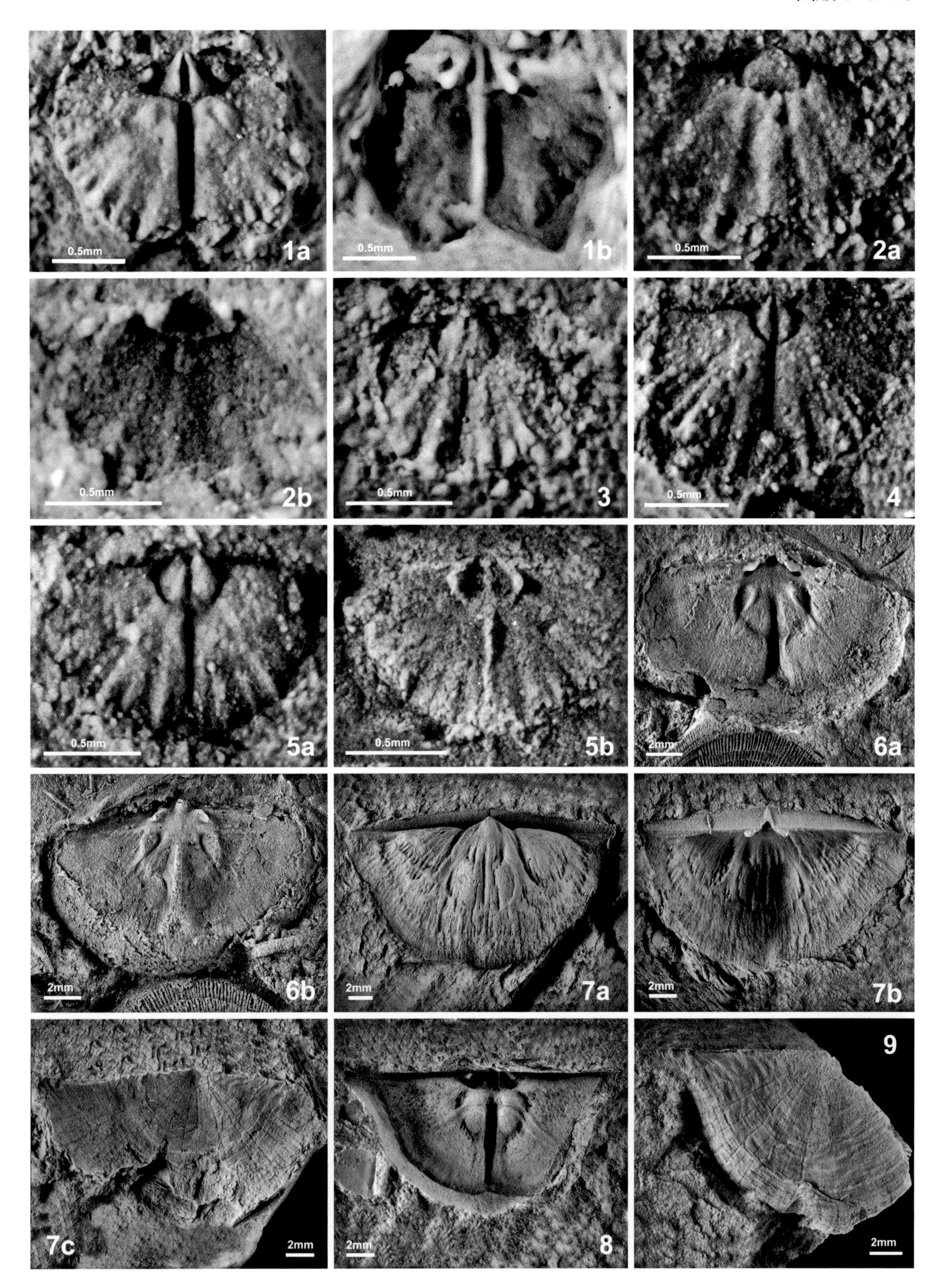
0.5mm
1a
0.5mm
1b
0.5mm
2a
0.5mm
2b
0.5mm
3
0.5mm
4
0.5mm
5a
0.5mm
5b
2mm
6a
2mm
6b
2mm
7a
2mm
7b
7c
2mm
2mm
8
9
2mm

图版 5-3-16 腕足动物

达瑞威尔阶

1. 宽大准小薄贝 *Leptellina spatiosa* Zhan & Jin，2005

主要特征：见图版5-3-15。

1. 内模及其铸型。登记号：NIGP139117（副模）。产地：云南威信狮子沟剖面。层位：中奥陶统十字铺组中部（Zhan & Jin，2005a）。

2—5 准小薄贝（未定种）*Leptellina* sp.

主要特征：与宽大准小薄贝相似，区别在于其贝体形态近圆形，腹壳肌痕面近三角形或近五边形，腹内一对主脉管痕始于肌痕面前侧端，平行延伸超过贝体一半，然后向前侧多次分叉，腹内中前部具一对粗壮的瘤突，背壳缓凹，前缘处具明显的边缘脊和向背方的膝折。

2. 腹内模；3. 腹内模及其铸型；4. 背内模；5. 背外模。登记号：2. NIGP139120；3. NIGP139122；4. NIGP139124；5. NIGP139126。产地：云南威信狮子沟剖面。层位：中奥陶统十字铺组中部（Zhan & Jin，2005a）。

6—9 狮子沟多脊贝 *Halirhachis leonina* Zhan & Jin，2005

主要特征：贝体小，半圆形，凹凸型；壳表饰以疏型壳线，始于壳顶的较粗的壳线有12 ~ 14根，插入或分叉式增加较弱的放射线。铰齿小，楔形，齿板薄、短、低矮；肌痕面小，抬升于壳底，一对开肌痕包围位于后中部的较小的闭肌痕，中隔脊和一对侧隔脊均粗壮，支撑前部抬升的肌痕面，并前延超过1/3壳长。主基近1/3壳宽，主突起单脊状，向后突伸，限于背窗腔内，腕基粗壮，三角形，腕基支板无；铰窝深，具发育的窝侧底板；肌痕面约1/3壳宽，无明显外侧围脊，后一对明显大于前中一对；粗壮的中隔脊只在前中一对闭肌痕中间，向前与强壮的边缘围脊相连，边缘围脊向侧后方延伸至铰合缘。

6. 腹内模及其铸型；7. 背外模及其铸型；8，9. 背内模。登记号：6. NIGP139102（正模）；7. NIGP139105（副模）；8. NIGP139106（副模）；9. NIGP139107（副模）。产地：云南威信狮子沟剖面。层位：中奥陶统十字铺组中部（Zhan & Jin，2005a）。

10 黄花小盖贝 *Calyptolepta huanghuaensis*（Chang，1983）

主要特征：贝体小，近半圆形，凹凸型，主端锐角，常形成窄耳；疏型壳线，始于壳顶的较粗的壳线有9 ~ 11根，其间的壳线常分叉两次，细弱。铰齿小，楔形，齿板薄短；肌痕面双叶状，占壳长的1/5，一对开肌痕位于两侧，略长于中间的闭肌痕；一对主脉管痕始于开肌痕前端，小角度向前侧延伸并转弯、分叉；体腔区前缘具明显围脊，连续或断续，或呈强瘤突状，脉管痕可跨越围脊；贝体前缘内表面布满粗壮的假疹。主基占壳宽的1/5至1/4，主突起单脊状，向后方突伸；铰窝小，腕基粗壮，异向展伸；肌台发育，横椭圆形，向前侧突伸，抬升于壳底，由一对强壮的侧隔板和多对侧板支撑，除侧隔板外其他侧板均限于肌台内；外一对闭肌痕远大于且长于中部的一对，两对肌痕之间有侧隔板分开；在体腔区边缘粗大且纵向延伸的突起（假疹）分割体腔区和贝体边缘；假疹布满除肌台以外的壳内表；无膝折但贝体边缘明显朝背方弯曲。

10. 背内模及其铸型。登记号：NIGP139138。产地：云南威信狮子沟剖面。层位：中奥陶统十字铺组中部（常美丽，1983；Zhan & Jin，2005a）。

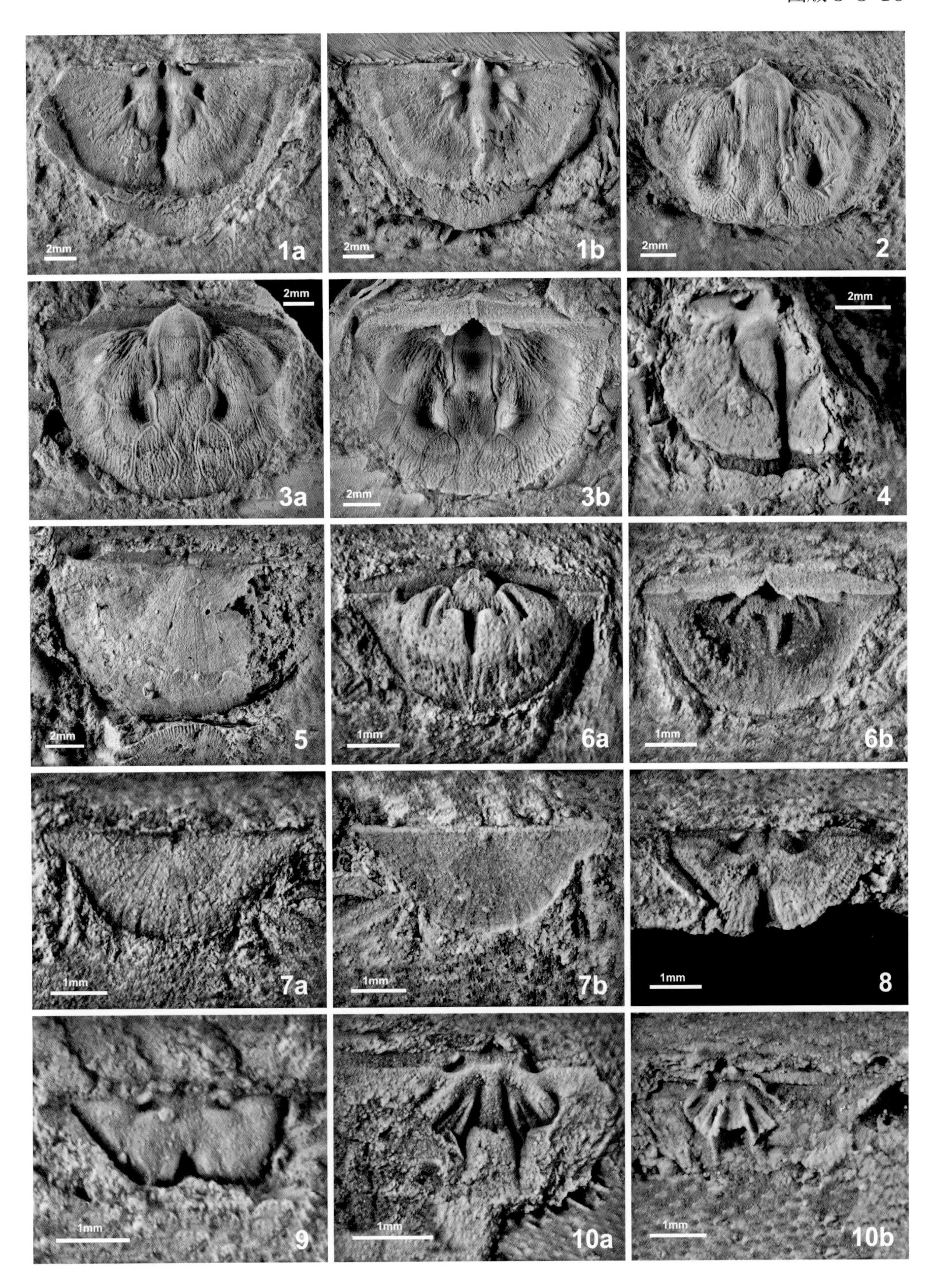
2mm
1a
2mm
1b
2mm
2
2mm
3a
2mm
3b
2mm
4
2mm
5
1mm
6a
1mm
6b
1mm
7a
1mm
7b
1mm
8
1mm
9
1mm
10a
1mm
10b

图版 5-3-17　腕足动物

达瑞威尔阶

1—4　黄花小盖贝 *Calyptolepta huanghuaensis*（Chang，1983）

主要特征：见图版5-3-16。

1. 背内模；2. 一枚未成年个体的背内模；3，4. 两枚背内模；登记号：1. NIGP139139；2. NIGP139140；3. NIGP139141；4. NIGP139143。产地：云南威信狮子沟剖面。层位：中奥陶统十字铺组中部（常美丽，1983；Zhan & Jin，2005a）。

5—12　城口小盖贝 *Calyptolepta chengkouensis*（Xu，Rong & Liu，1974）

主要特征：与黄花小盖贝相似，主要区别在于贝体更加横宽，密型壳线的粗细相对均一，腹肌痕面更小，背壳肌台中部更加高耸，分隔内外两对闭肌痕的主侧隔板更加发育但不与体腔区外侧围脊相连（甚至仅限于肌台），肌台区的其他侧脊很弱。

5，6，9，10. 腹内模；7，8.背外模；11. 背内模；12. 背内模（12b）及其铸型（12a）；登记号：5. NIGP134389；6. NIGP134391；9. NIGP134396；10. NIGP134398；7. NIGP134393；8. NIGP134395；11. NIGP134399；12. NIGP134401。产地：四川长宁双河剖面。层位：中奥陶统大沙坝组（许汉奎等，1974；许汉奎和刘第墉，1984；Zhan & Jin，2005b）。

13　古老小适薄贝 *Leptestiina veturna* Zhan & Jin，2005

主要特征：贝体小，近圆形，凹凸型，腹壳强凸；疏型壳线，始于壳顶的较粗壳线有7 ~ 9根，每两根较粗壳线之间有9 ~ 11根弱壳线。铰齿小，楔形，齿板短而高，近平行前延较短距离并构成肌痕外侧围脊；肌痕面近三角形至近五边形，约占1/5壳长，具明显围脊，一对开肌痕远大于中后部的闭肌痕；一对主脉管痕始于开肌痕前侧端，小角度前延至贝体中部后多次分叉；贝体内表的中前部布满较粗大的假疹。主突起单叶型，肌台较大，体腔区外侧围脊不显，无明显膝折。

腹内模及其铸型。登记号：139147（正模）。产地：云南威信狮子沟剖面。层位：中奥陶统十字铺组中部（Zhan & Jin，2005a）。

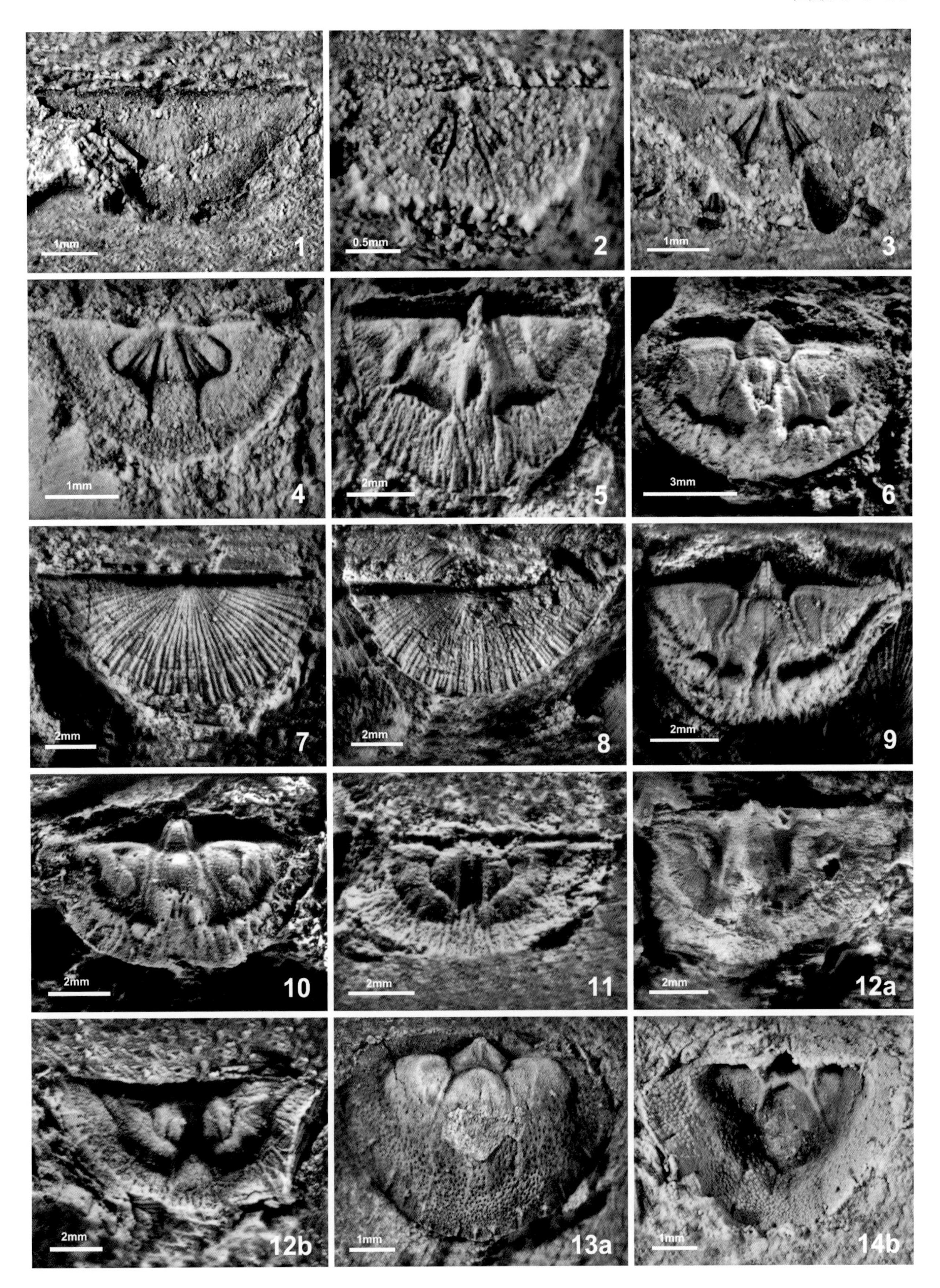
1mm
1
0.5mm
2
1mm
3
1mm
4
2mm
5
3mm
6
2mm
7
2mm
8
2mm
9
2mm
10
2mm
11
2mm
12a
2mm
12b
1mm
13a
1mm
14b

图版 5-3-18 腕足动物

达瑞威尔阶

1—3 古老小适薄贝 *Leptestiina veturna* Zhan & Jin，2005

主要特征：见图版5-3-17。

1，2. 腹内模；3. 背外模及其铸型，同时显示两壳铰合面。登记号：1. NIGP139146（副模）；2. NIGP139148（副模）；3. NIGP139152（副模）。产地：云南威信狮子沟剖面。层位：中奥陶统十字铺组中部（Zhan & Jin，2005a）。

4—7 宜昌马特贝 *Martellia ichangensis* Wang，1956

主要特征：贝体中等，近圆形，腹双凸；两壳三角孔均覆以高隆的窗板；等粗细的密型中空壳线布满壳表，同心层全壳分布，不均匀。铰齿粗壮，楔形，齿板高，相对较薄，近平行前延，先构成肌痕面外侧脊，之后继续前延超过贝体中部，但迅速变弱；肌痕面较长，一对延伸很长的开肌痕包围位于后中部的较小闭肌痕，肌隔极低矮；一对主脉管痕始于肌痕面前端，平行延伸达2/3壳长处后折向前侧及后部并多次分叉。主基宽大，个别可达壳宽的4/5，主突起单脊状，限于背窗腔内，向腹后方强烈突伸；背窗台发育，与两侧粗壮的铰窝脊相连形成强大弧形脊，并由粗壮的中隔脊支撑；前后两对闭肌痕组成的肌痕面呈倒梯形，无明显的外侧围脊但界线清晰，后一对闭肌痕远宽于前一对，前一对远长于后一对，两对肌痕面中各有一对纵向脊，肌隔向前变薄；脉管痕分散，多次分叉。

4. 腹内模及其铸型；5. 背内模；6. 背外模及其铸型；7. 背内模及其铸型。登记号：4. NIGP139156；5. NIGP139158；6. NIGP139159；7. NIGP139160。产地：云南威信狮子沟剖面。层位：中奥陶统十字铺组中部（王钰，1956；Zhan & Jin，2005a）。

8，9 三房贝（未定种）*Tritoechia* sp.

主要特征：贝体小，近半圆形，腹双凸；两壳均有发育的窗板；壳表饰以近等粗细的壳线，前缘处每毫米约有7根壳线。铰齿壮，齿板厚、短，平行前延至肌痕面前缘时截然结束；肌痕面限于腹窗腔内，近方形或近五边形，无前部围脊，较大的一对开肌痕略长于位于中部的稍抬升的闭肌痕；一对主脉管痕始于开肌痕前端，小角度向前侧延伸至贝体中部后转弯并多次分叉。主突起单脊状，限于背窗腔内，背窗台高隆，与两侧的铰窝脊相连，形成强大的弧形，向前空悬无支撑；肌痕面很弱，后一对闭肌痕大于前一对，无中隔脊或肌痕纵脊；壳壁较薄，贝体内表面的中前部可见壳线的反映。

8. 背内模及其铸型；9. 腹内模及其铸型。登记号：8. NIGP139165；9. NIGP139167。产地：云南威信狮子沟剖面。层位：中奥陶统十字铺组中部（Zhan & Jin，2005a）。

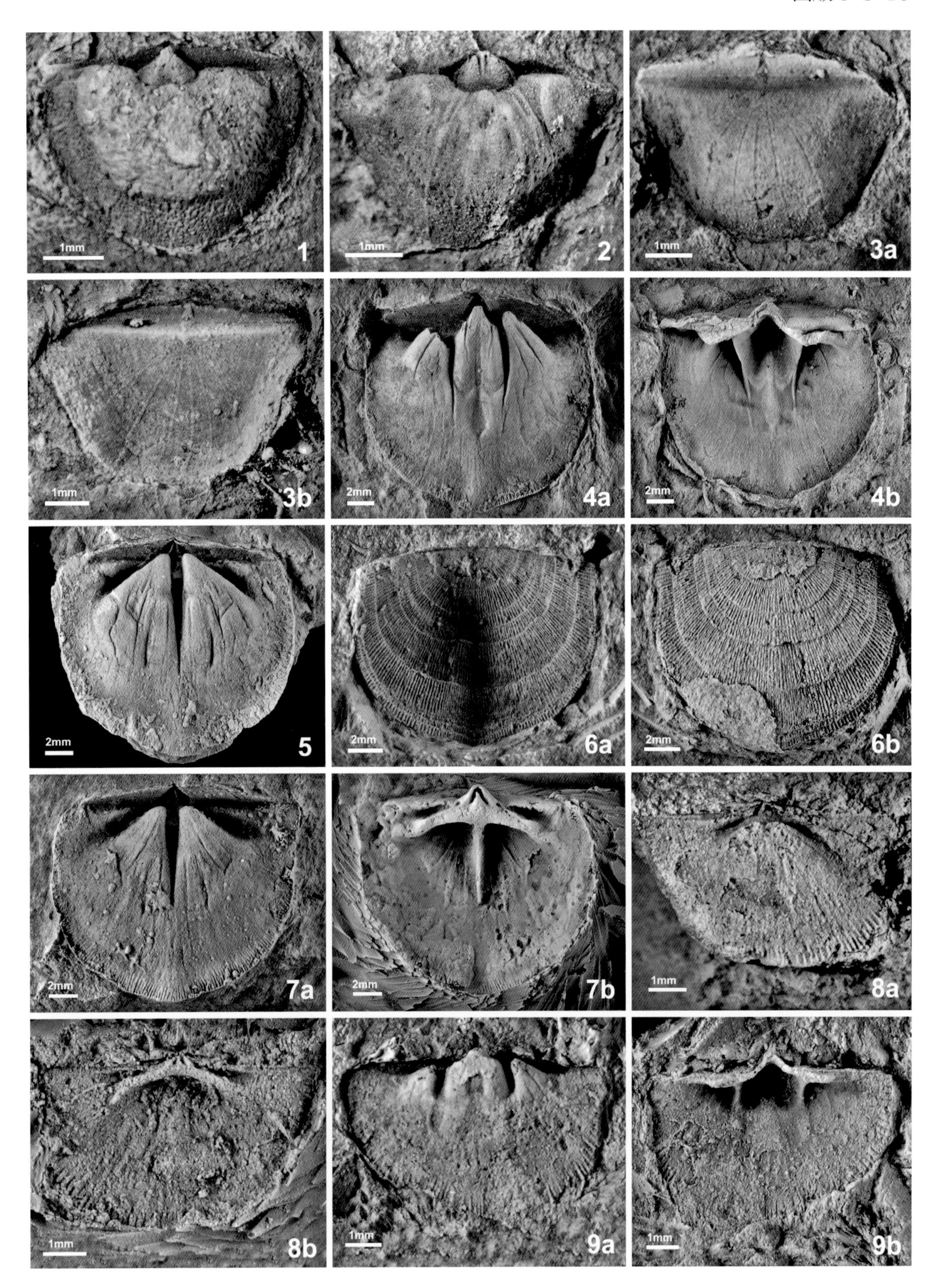
1mm
1
1mm
2
1mm
3a
1mm
3b
2mm
4a
2mm
4b
2mm
5
2mm
6a
2mm
6b
2mm
7a
2mm
7b
1mm
8a
1mm
8b
1mm
9a
1mm
9b

图版 5-3-19　腕足动物

达瑞威尔阶

1，2　川南三房贝 *Tritoechia chuannanensis* Zhan & Jin，2005

主要特征：贝体大，近圆形，强双凸；两壳三角孔均覆以拱形窗板；密型壳线近等粗细，中空，同心层发育，主要分布在贝体前部。铰齿粗壮，三角形，齿板短，近平行；肌痕面主要限于腹窗腔内，约为贝体长宽的1/5，无前侧围脊，开肌痕包围位于中后部的闭肌痕；一对主脉管痕很短，始于肌痕面前中部，多次分叉，布满贝体内表面的前中部和两侧。主基宽超过贝体一半，主突起单脊状，限于背窗腔内，背窗台不发育；铰窝小，铰窝脊异向展伸，中部分离，留出一个宽阔、深陷、仅略抬升于壳底的背窗腔；闭肌痕和脉管痕均不显，贝体内表面前缘可见壳饰的反映。

1. 腹内模及其铸型；2. 背内模及其铸型。登记号：1. NIGP134385（正模）；2. NIGP134386（副模）。产地：四川长宁双河剖面。层位：中奥陶统大沙坝组（Zhan & Jin，2005b）。

3　横宽洞脊贝 *Porambonites transversus* Xu，Rong & Liu，1974

主要特征：贝体很大，横椭圆形，背双凸，具明显的腹中槽和背中隆；密型壳线基本等粗细、中空，少量同心层出现在贝体前部。铰齿块状，齿板发育，近平行向前延伸达贝体中部，末端略向中部汇聚，形成很弱的固着匙形台；两齿板中间的区域，即肌痕面，明显深于两侧壳底，但很难区分出开肌痕和闭肌痕。主基小，主突起不发育；腕基弱小，突起呈棒状；内铰板发育，近平行或小角度前延，约占贝体长度的1/5。

一枚铰合个体内核的腹视、背视及其腹壳外模。登记号：NIGP139169。产地：云南威信狮子沟剖面。层位：中奥陶统十字铺组中部（许汉奎等，1974；Zhan & Jin，2005a）。

4—8　细弱直脊贝 *Orthambonites delicata*（Xu，Rong & Liu，1974）

主要特征：贝体小至中等，近圆形或半圆形，腹双凸；壳褶粗疏不分叉，壳褶间具细密放射纹，壳表还布满细密、均匀的同心微纹。腹窗腔深，有时具厚实的肉茎领；铰齿块状，齿板低，先厚后迅速变薄并向前中部延伸形成肌痕面前侧围脊；肌痕面呈纵长的三角形，一对开肌痕略长、略大于位于中部的闭肌痕，闭肌痕有时略抬升于壳底；一对主脉管痕始于开肌痕前端，平行前延至贝体前缘处再转弯分叉。主基约为贝体宽的1/4，主突起粗脊状，限于背窗腔内，冠部膨大，向腹后方强烈突伸，铰窝深；腕基粗壮，腕基突起棒状，腕基支板厚，约120°异向展伸，背窗台发育；肌痕面倒梯形，后一对闭肌痕圆形，明显大于前一对，肌隔低、宽；脉管痕不显。壳褶在两壳内表面的前部有强烈反映。

4. 腹内模；5. 一枚腹壳的外视（上）和一枚腹内模（下）；6. 一枚背壳的外视和内视；7. 一枚腹壳的外模和内模；8. 背内模。登记号：4. NIGP134298；5. NIGP134299；6. NIGP134296；7. NIGP136193；8. NIGP136368。产地：4—5. 四川长宁双河剖面；7，8. 贵州遵义十字铺剖面。层位：4—5. 中奥陶统大沙坝组；7，8. 中奥陶统十字铺组中部（许汉奎等，1974；Zhan & Jin，2005b）。

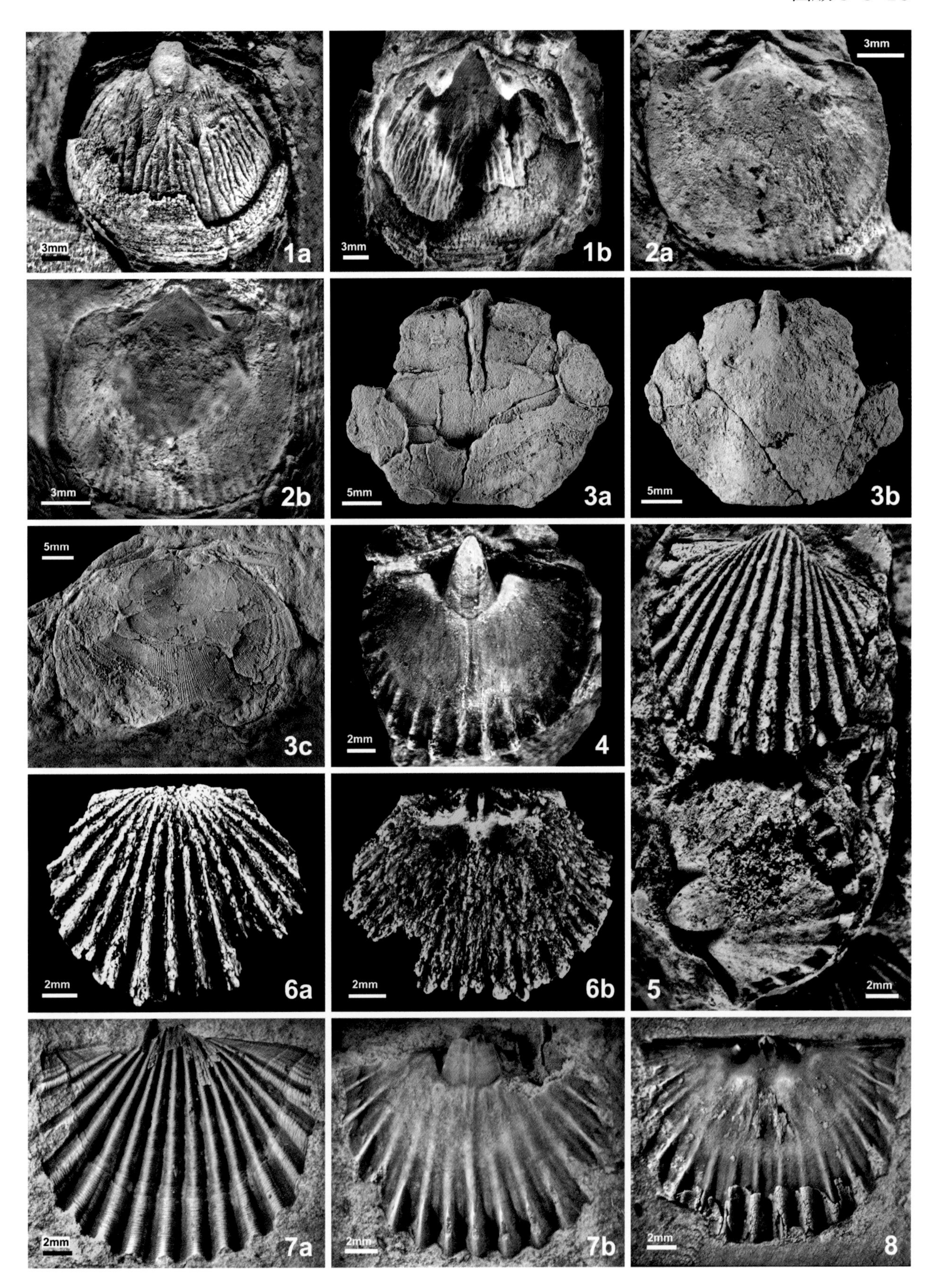
1a
3mm
1b
3mm
2a
3mm
2b
3mm
3a
5mm
3b
5mm
3c
5mm
4
2mm
5
2mm
6a
2mm
6b
2mm
7a
2mm
7b
2mm
8
2mm

图版 5-3-20 腕足动物

达瑞威尔阶

1，2 拟勒拿正形贝（未定种）*Paralenorthis* sp.

主要特征：与潘德拟勒拿正形贝相似，贝体较小，半圆形，双凸型，弱腹中隆和背中槽；壳褶仅在贝体中前部少量分叉，在贝体内表面前缘也有反映。铰齿不大，楔形，齿板短、厚，只作为肌痕面后侧围脊；肌痕面近三角形，一对开肌痕略长于中部的闭肌痕；主脉管痕始于开肌痕前端，小角度前延至贝体前缘，然后转弯并多次分叉。主基较大，主突起单脊状，限于背窗腔内；腕基粗壮，异向展伸，腕基支板几乎平行于铰合缘，相向延伸至中部，构成前部高耸的背窗台；后一对闭肌痕略大于前一对；脉管痕不显。

1. 腹内模及其铸型；2. 背内模及其铸型。登记号：1. NIGP134305；2. NIGP134301。产地：四川长宁双河剖面。层位：中奥陶统大沙坝组（Zhan & Jin，2005b）。

3—10 双分等正形贝 *Parisorthis dischidanteris* Zhan & Jin，2005

主要特征：贝体小至中等，拉长的半圆形或近圆形，腹双凸，常具弱背中槽；棱脊状壳褶在贝体中前部分叉1～2次。腹窗腔深、较宽；铰齿壮，齿板短、厚，向前延伸、迅速变薄并消失，构成肌痕面外侧围脊；肌痕面近三角形，约占壳长的1/4至1/3，位于中部的闭肌痕略抬升于壳底，稍大于两侧的开肌痕，有时构成明显的三叶状；一对主脉管痕始于开肌痕前端，平行延伸至贝体中部后转弯并多次分叉。背窗腔较深，背窗台宽，前部高耸；主基约占壳宽的1/4至1/3，主突起限于背窗腔内，冠部分成两个相等的单脊，即双叶状；铰窝深，腕基粗脊状，约90° 异向展伸，腕基凸起呈棒状，腕基支板弱或不发育，融入背窗台的前围脊；肌痕面大，无外侧围脊，但界线清晰，后一对闭肌痕略大于前一对；肌隔低、宽，向后与背窗台相连；脉管痕清晰，始于两对闭肌痕之间和前一对闭肌痕前端，向前侧延伸并多次分叉。两壳内表面的前部均清晰显示壳饰。

3，10. 背内模；4. 一枚背壳的内视和外视；5，7. 腹内模；6. 一枚背壳的内视；8. 一枚腹壳的内模和外模；9. 一枚内核的腹视和背视。登记号：3. NIGP134329（副模）；4. NIGP134333（副模）；5. NIGP134336（副模）；6. NIGP134337（副模）；7. NIGP134339（副模）；8. NIGP134338（副模）；9. NIGP134340（正模）；10. NIGP134343（副模）。产地：四川长宁双河剖面。层位：中奥陶统大沙坝组（Zhan & Jin，2005b）。

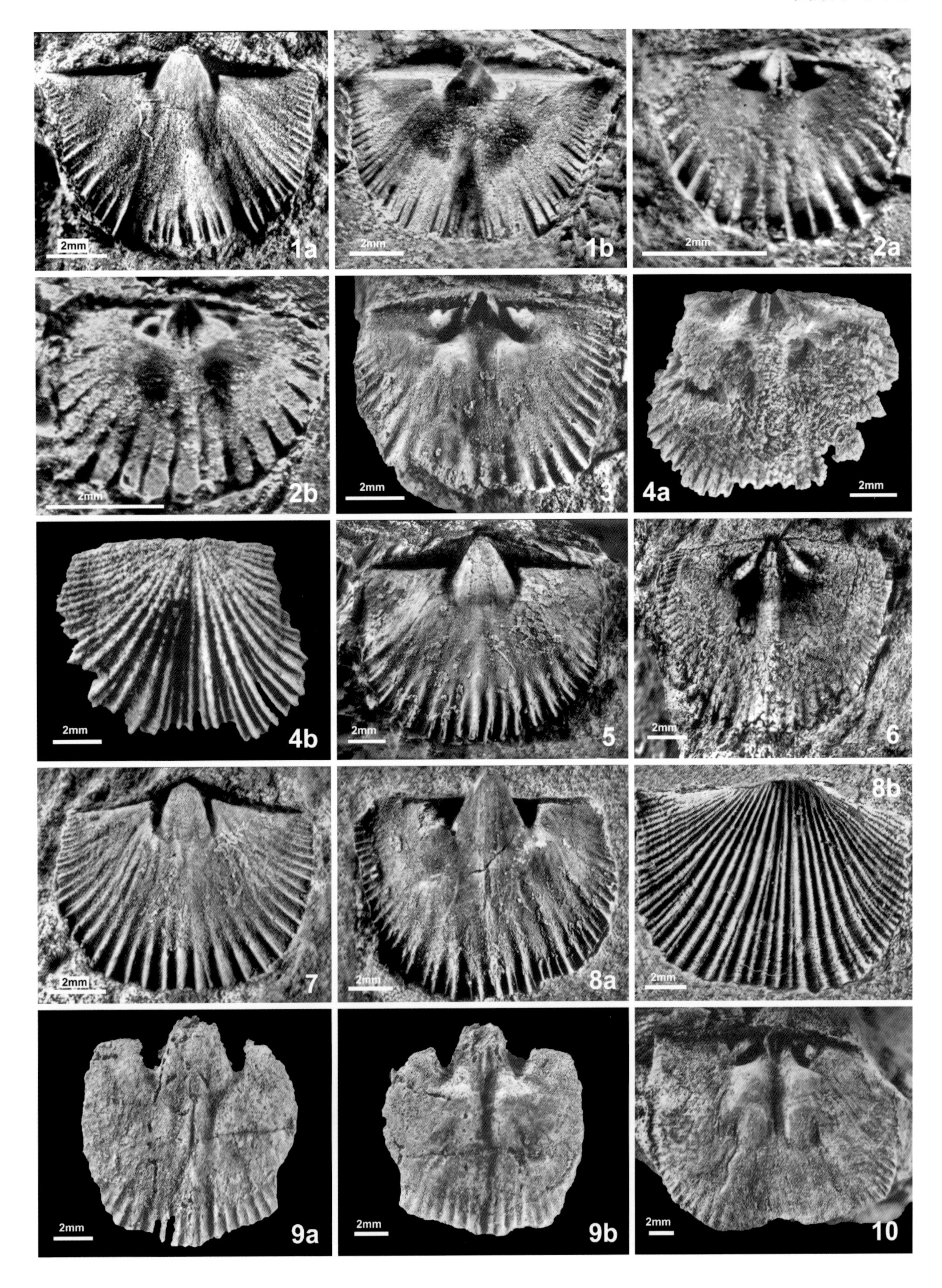
1a
1b
2a
2b
3
4a
4b
5
6
7
8a
8b
9a
9b
10
2mm

图版 5-3-21　腕足动物

达瑞威尔阶

1—7　双分等正形贝 *Parisorthis dischidanteris* Zhan & Jin，2005

主要特征：见图版5-3-20。

1. 一枚腹壳的内视和外视；2. 腹内模；3，4. 两枚背内模；5. 一枚不完整背壳的内视，还可见发育的腹壳铰合面以及部分背外模；6. 一枚背壳的内视，显示其双叶状主突起；7. 背外模。登记号：1. NIGP134341（副模）；2. NIGP134345（副模）；3. NIGP134347（副模）；4. NIGP134357（副模）；5. NIGP134358（副模）；6. NIGP134359（副模）；7. NIGP134360（副模）。产地：四川长宁双河剖面。层位：中奥陶统大沙坝组。

8　简单等正形贝 *Parisorthis simplex*（Wang，1956）

主要特征：与双分等正形贝总体相似，但简单等正形贝贝体通常较大，形态近方形，背壳更加隆凸，壳线更加细密，中前部分叉更多。

一枚铰合个体的侧视、腹视、背视、前视和后视。登记号：NIGP7994（正模）。产地：贵州遵义十字铺。层位：中奥陶统十字铺组（王钰，1956；Zhan & Jin，2005b）。

9　粗糙小赫德贝 *Hordeleyella rude*（Xu & Liu，1984）

主要特征：贝体小，稍拉长的半圆形，双凸型，腹中隆和背中槽弱、窄；两壳三角孔均洞开；簇形壳线，多次分叉。腹窗腔深，铰齿小，齿板发育，约70° 夹角向前侧短暂延伸，构成肌痕面后侧围脊；肌痕面近三角形，三叶状，位于中部的闭肌痕稍高于壳底，两侧的开肌痕前延并略长于闭肌痕。主基小，背窗腔深，主突起单脊状，限于背窗腔内，向腹后方强烈突伸；腕基突起粗壮，楔形；腕基支板厚实、短，近平行前延，略长于背窗腔；中隔脊始于背窗腔，宽、低，与中槽对应，可延至贝体前缘；近方形的肌痕面无明显外侧围脊，后一对闭肌痕略大于前一对。壳壁薄，整个壳内表除肌痕面外均清晰显示壳表装饰。

背内模及其铸型。登记号：NIGP134379。产地：四川长宁双河剖面。层位：中奥陶统大沙坝组（许汉奎和刘第墉，1984；Zhan & Jin，2005b）。

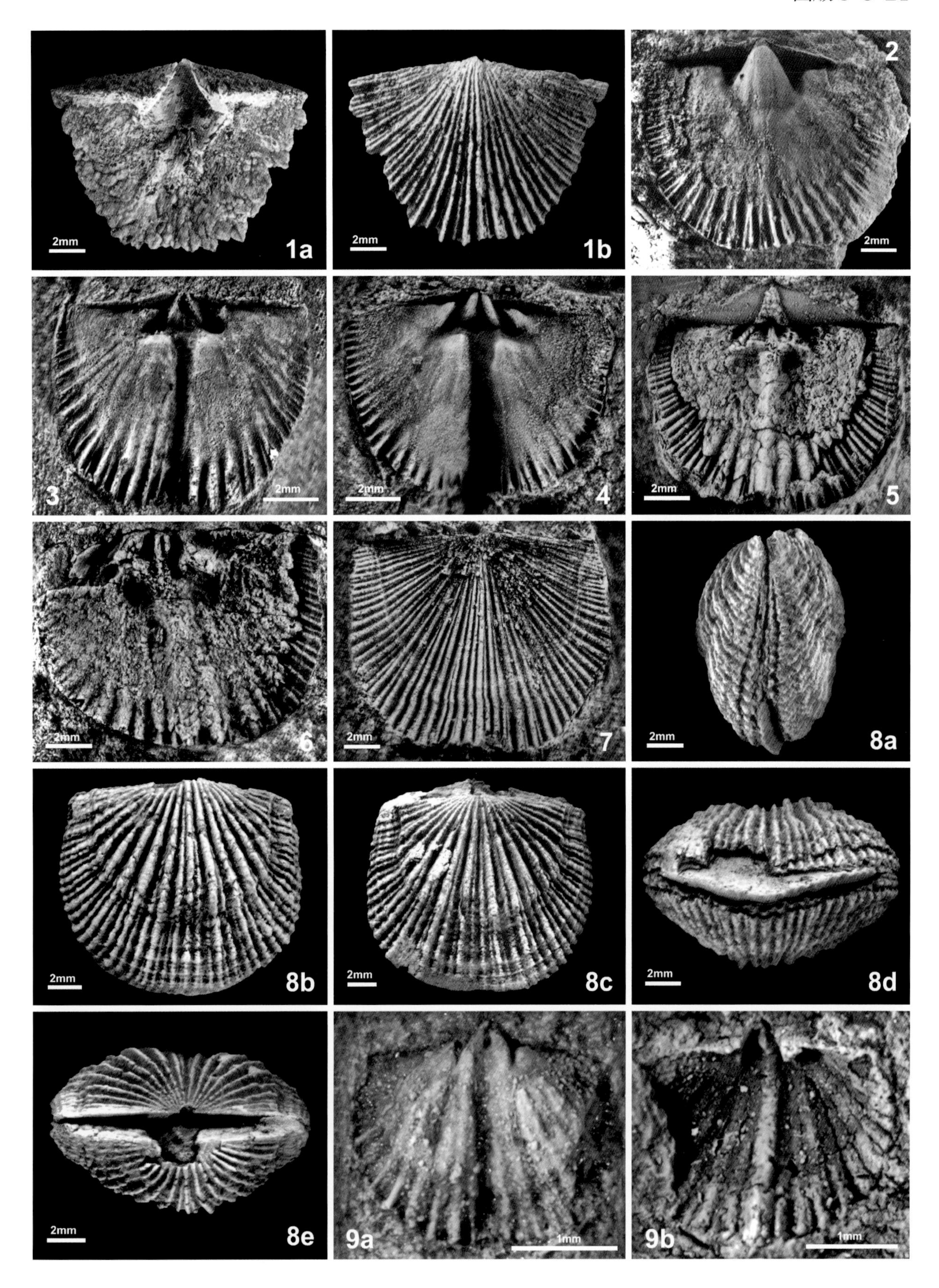
1a
2mm
1b
2mm
2
2mm
3
2mm
4
2mm
5
2mm
6
2mm
7
2mm
8a
2mm
8b
2mm
8c
2mm
8d
2mm
8e
2mm
9a
1mm
9b
1mm

图版 5-3-22 腕足动物

达瑞威尔阶

1，2 粗糙小赫德贝 *Hordeleyella rude*（Xu & Liu，1984）

主要特征：见图版5-3-21。

1. 背内模；2. 腹内模。登记号：1. NIGP134378；2. NIGP134380。产地：四川长宁双河剖面。层位：中奥陶统大沙坝组。

3—9 横宽细线贝 *Leptastichidia catatonosis* Zhan & Jin，2005

主要特征：贝体小至中等，半圆形，两主端常呈耳状，凹凸型，前缘处略折向背方；腹三角孔窄，覆以强烈拱凸的窗板；背三角孔稍宽，近后顶部覆以小板；疏型壳线；后侧区覆以发育的同心皱，通常有六对。铰齿小，楔形，齿板无；肌痕面三角形或近横长方形，无明显围脊；一对开肌痕略长于但稍小于位于中部的呈三角形的闭肌痕；一对主脉管痕始于开肌痕的前端，小角度朝前侧延伸，超过贝体中部后转弯并多次分叉。主基约占壳宽的1/5、壳长的1/8，主突起单脊状，限于背窗腔内，向腹后方强烈突伸；背窗腔明显隆升于壳底，但不高；铰窝浅，开放，铰窝脊较粗，异向展伸，向前呈棒状空悬；肌痕面清晰，倒梯形，无明显外侧围脊；后一对闭肌痕略大于前一对；中隔脊与背窗台相连，前延至贝体中部，穿越肌痕面时最宽、最发育；脉管痕分散型，有始于两对肌痕之间的，也有始于肌痕前端的，多次分叉。

3. 腹内模及其铸型；4. 背内模；5. 腹外模；6. 腹内模及其铸型；7. 腹内模；8. 背内模及其铸型；9. 腹外模及其铸型。登记号：3. NIGP134404（副模）；4. NIGP134400；5. NIGP134407；6. NIGP134409；7. NIGP134410；8. NIGP134411；9. NIGP134413。产地：四川长宁双河剖面。层位：中奥陶统大沙坝组（Zhan & Jin，2005b）。

10 小梅德纳贝（未定种）*Maydenella* sp.

主要特征：贝体小，近圆形，双凸型；背壳铰合面高于腹壳铰合面，三角孔洞开；粗壳褶顶部圆，始于壳顶或略前部，一般不分叉。铰齿粗壮，齿板强，相向聚合形成匙形台；匙形台后部固着，前部被短中隔板支撑。主基小，主突起无；腕基小，向前侧突伸呈棒状；内铰板薄、高，近平行前延达1/4壳长；肌痕面位于内铰板后部两侧，很小，前后各一对。除肌痕面外，两壳内表面均反映强烈且不分叉的壳褶。

背内模及其铸型；登记号：NIGP134626。产地：四川长宁双河剖面。层位：中奥陶统大沙坝组（Zhan & Jin，2005b）。

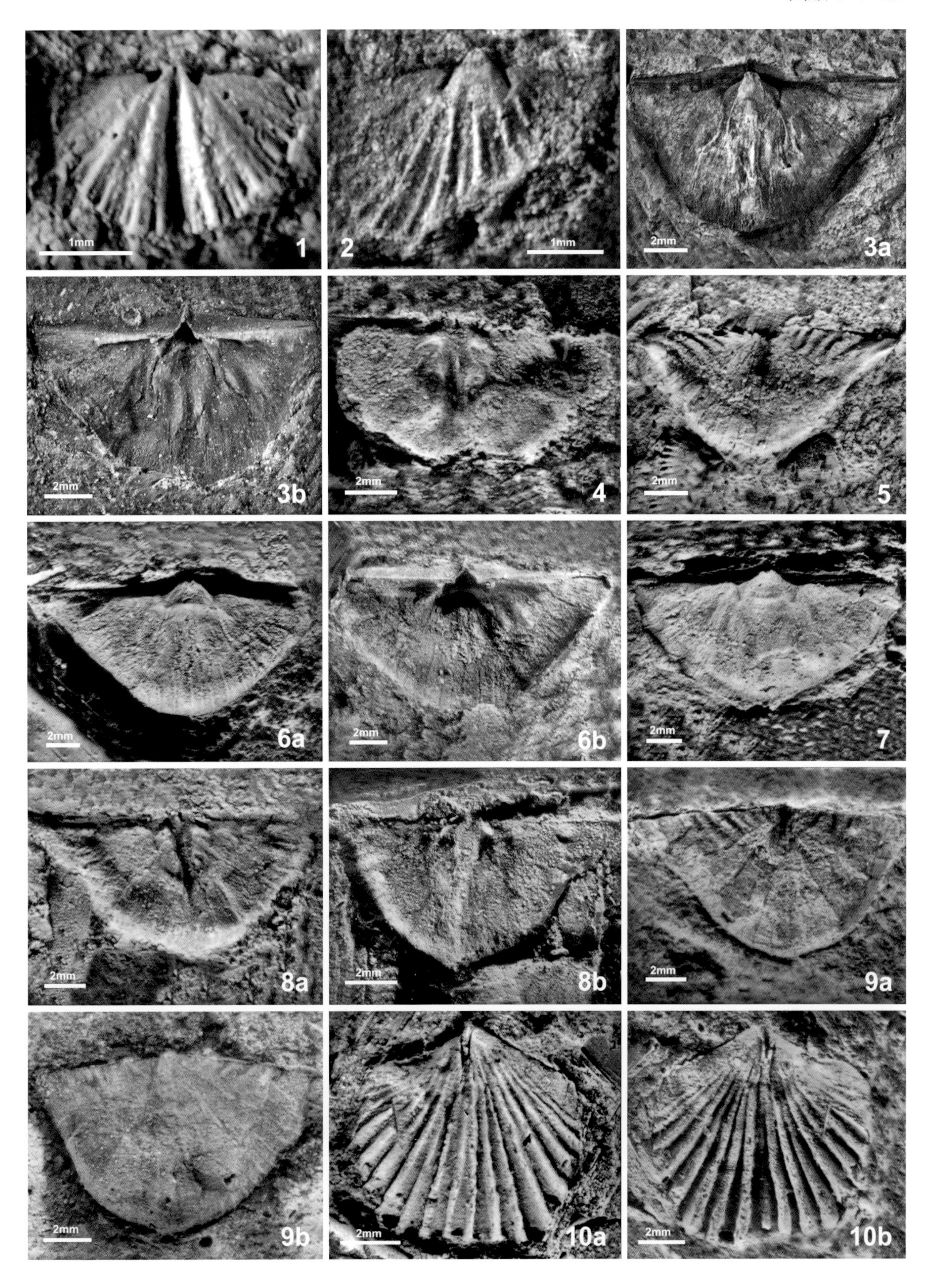
1mm
1
2
1mm
2mm
3a
2mm
3b
2mm
4
2mm
5
2mm
6a
2mm
6b
2mm
7
2mm
8a
2mm
8b
2mm
9a
2mm
9b
2mm
10a
2mm
10b

图版 5-3-23 腕足动物

达瑞威尔阶

1—9 疏线五边贝 *Pentagomena parvicostellata* Zhan & Jin，2005

主要特征：贝体中等至大，拉长的半圆形至近圆形，缓凹凸至弱双凸，三角孔宽，均覆以略拱凸的窗板；疏型壳线布满壳表，较粗的壳线分别始于壳顶、1/3和1/2壳长处，更细的壳线多以插入式增加，均匀分布。铰齿块状，齿板薄，先是异向展伸，再向中前部延伸，构成肌痕面的外侧围脊；肌痕面纵长，近五边形；一对较大的、三角形的开肌痕包围位于中后部的很小的心形闭肌痕；主脉管痕始于开肌痕前端，小角度前延超过2/3壳长后转弯并分叉。主基宽但短，背窗台隆升于壳底，主突起双叶状，向腹后方强烈突伸，主突起叶冠部膨大，三角形；腕基粗壮，异向展伸；肌痕面清晰，但无明显围脊，后一对闭肌痕圆、宽，前一对纵长，肌隔主要在后一对闭肌痕之间，整个肌痕面约占贝体的1/3；主脉管痕始于闭肌痕前端，小角度前延至贝体前部后转弯并多次分叉。

1，2，6. 背内模；3. 一枚背内模的铸型；4. 背外模；5，9. 腹内模；7. 两枚腹内模；8. 腹外模。登记号：1. NIGP134420（副模）；2. NIGP134426（正模）；3. NIGP134430（副模）；4. NIGP134429（副模）；5. NIGP134431（副模）；6. NIGP134433（副模）；7. NIGP134435（副模）；8. NIGP134437（副模）；9. NIGP134438（副模）。产地：四川长宁双河剖面。层位：中奥陶统大沙坝组（Zhan & Jin，2005b）。

10，11 背反向异月贝 *Heteromena dorsiconversa* Zhan & Jin，2005

主要特征：贝体中等至大，近圆形，缓凸凹；疏型壳线，较粗的壳线始于壳顶或1/3壳长处，贝体前部粗壳线之间的细壳线密集、等粗细，体腔区布满不规则同心皱；两壳窗板均退化。铰齿小，齿板短、薄，向侧前方展伸构成肌痕面后侧围脊；肌痕面清晰，近圆形，一对三角形的开肌痕远大于位于后中部的闭肌痕，薄中隔板仅在肌痕面后中部，向前迅速变低变宽并在肌痕面前缘处消失；细小假疹布满除肌痕面以外的整个壳内表。主基小，背窗腔窄浅，双叶型主突起“八”字形，限于背窗腔内，冠部略膨大；铰窝很小，铰窝脊短、薄板状，近80° 稍向前侧延伸构成闭肌痕的后侧围脊；肌痕面长椭圆形，约为贝体长宽的1/5，前一对闭肌痕大于后一对。两壳壁薄，较粗壳线和壳皱在除肌痕面以外的整个壳内表均有反映。

10. 背内模及其铸型；11. 一枚腹壳的外模和内模。登记号：10. NIGP134441（正模）；11. NIGP134442（副模）。产地：四川长宁双河剖面。层位：中奥陶统大沙坝组（Zhan & Jin，2005b）。

12 雕月贝（未定种）*Glyptomena* sp.

主要特征：贝体小，拉长的半圆形，平凸至弱凹凸；疏型壳线，较粗的壳线全部始于壳顶，前缘处粗壳线间的细壳线细密、等粗细。铰齿小，腹窗腔浅，齿板薄、短，向前侧异向展伸；肌痕面近五边形，约为贝体长宽的1/5，一对较大的开肌痕包围位于肌痕面中后部的闭肌痕。主基小，仅约1/10壳长、1/4壳宽，背窗腔明显，无窗台，双叶状主突起很小，限于背窗腔内，向后腹方突伸；铰窝脊明显、薄，约130° 异向展伸构成肌痕面的后侧围脊；肌痕面清晰，后一对闭肌痕近圆形，略大于前一对，其间具低宽肌隔。两壳壁薄，较粗壳线在除肌痕面以外的整个壳内表均有反映。

背内模。登记号：NIGP134445。产地：四川长宁双河剖面。层位：中奥陶统大沙坝组（Zhan & Jin，2005b）。

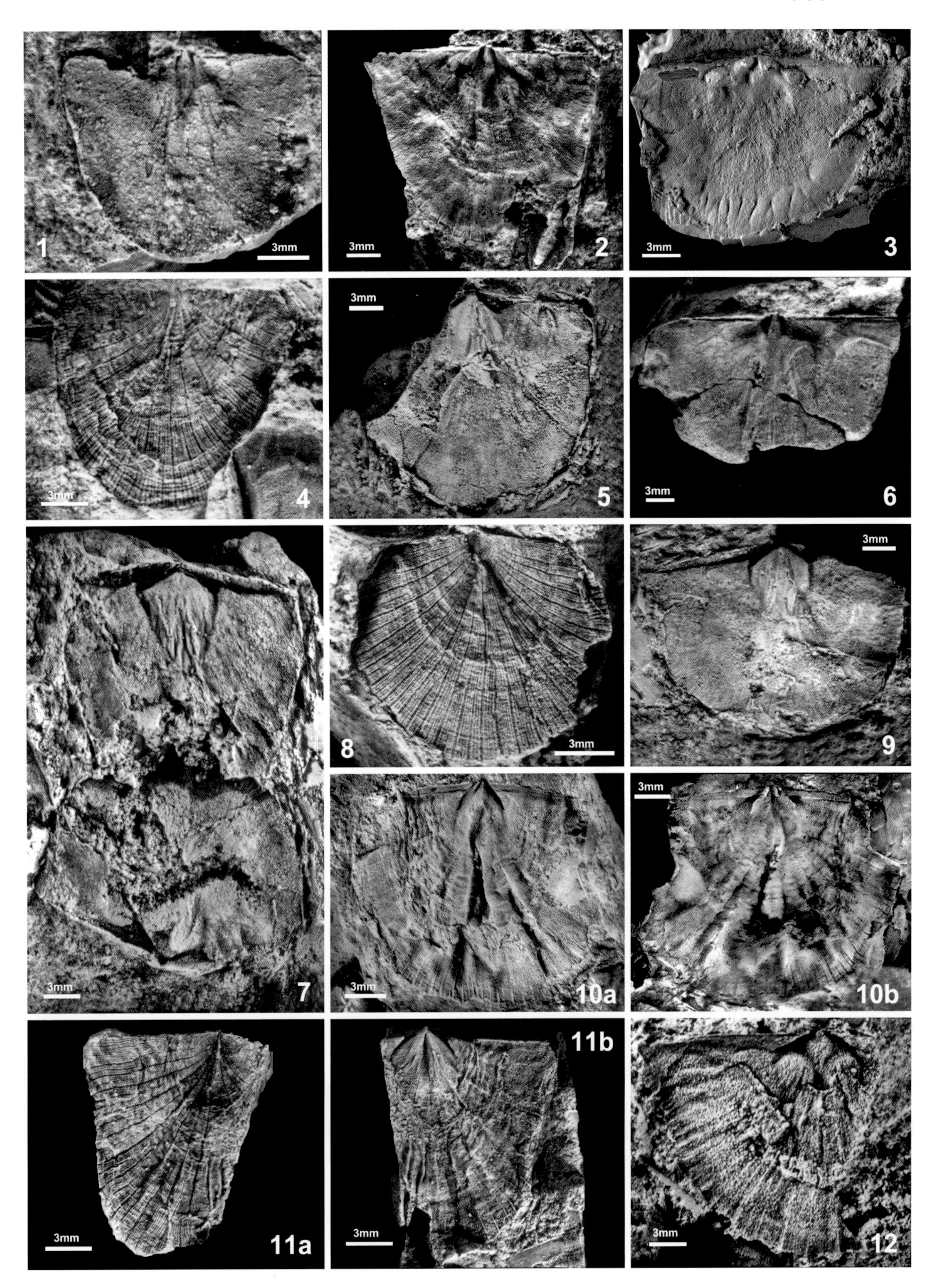
1
3mm
2
3mm
3
3mm
4
3mm
5
3mm
6
3mm
7
3mm
8
3mm
9
3mm
10a
3mm
10b
3mm
11a
3mm
11b
3mm
12
3mm

图版 5-3-24　腕足动物

（登记号前缀是“NIGP”的标本保存在中国科学院南京地质古生物研究所；前缀为“IV”的标本保存在地科院武汉地质调查中心宜昌分部）

达瑞威尔阶—桑比阶

1—3　雕月贝（未定种）*Glyptomena* sp.

主要特征：见图版5-3-23。

1. 背内模；2. 背外模；3. 腹内模。登记号：1. NIGP134446；2. NIGP134450；3.NIGP134451。产地：四川长宁双河剖面。层位：中奥陶统大沙坝组（Zhan & Jin，2005b）。

4　分乡顶孔贝 *Acrotreta fenxiangensis* Zeng，1987

主要特征：贝体很小，腹壳长卵形、后部尖突、中部有一条小凹沟；背壳近圆形；平凸或缓双凸；壳表仅饰有同心纹。腹内构造不详。背中隔板低、长，始于壳顶，可一直延伸至前缘，在其后侧方还具一对异向展伸的侧脊。

腹内模。登记号：IV45139（正模）。产地：湖北宜昌黄花场剖面。层位：上奥陶统庙坡组（曾庆銮，1987）。

5—8　优美多脊贝 *Multiridgia elegans* Zeng，1987

主要特征：贝体很小，半圆形，缓凹凸；疏型壳线，始于壳顶的较粗壳线一般不超过7根，前缘处较细的壳线大小均匀、密集。铰齿很小，齿板无；一对深陷的闭肌痕很小，肾形，位于腹窗腔内，中部具一发育的中隔板，中隔板约占壳长的1/10或更短；一对开肌痕弱，位于闭肌痕前侧方，远大于闭肌痕；大约1/3壳长处有一圈特别发育的朝背前方强烈突伸的突起，数量2～8对不等，自此往前的整个贝体内表面，特别是贝体前1/3，布满了粗壮的朝背前方突伸的假疹。主基不足贝体长宽的1/10，主突起很小，底切型；腕基很小，低脊状，异向展伸；铰窝很小；肌痕面不显著，略抬升于壳底；在大约2/5壳长处有一圈突向腹方的、较为发育的瘤突，与腹壳对应，2～8对不等；薄板状中隔板限于该弧形区域内，始于背窗腔前方，该弧形区域前方的贝体内表面，除极个别分布不规则的粗大瘤状突起外，布满壳内表的（除肌痕面外）假疹均很小。壳壁薄，两级壳线在贝体内表面均有反映。

5，6，7. 腹内模；8. 背内模。登记号：5. IV45744（副模）；6. IV45745（副模）；7. IV45750（正模）；8. IV45749（副模）。产地：湖北宜昌黄花场剖面。层位：上奥陶统庙坡组（曾庆銮，1987）。

9—11　下倾雕正形贝 *Glyptorthis cataclina* Zeng，1987

主要特征：贝体小，半圆形，腹双凸，背壳具浅中槽；壳褶分叉1～2次，前缘处近等大小，同心层成叠瓦状，主要在贝体中前部。铰齿壮，三角形，齿板强壮、短，以小角度向前延伸构成肌痕面的后侧围脊；肌痕面约占贝体长、宽的1/5，明显抬升于壳底的闭肌痕比两侧的开肌痕要宽、要长。主突起单脊状，限于较深的背窗腔内；腕基粗壮，楔形；腕基支板很短，近平行；肌隔薄，长度不足贝体长度的1/5；肌痕面小，近方形，前一对闭肌痕略大于后一对。壳壁薄，壳表装饰在除肌痕面外的贝体内表面均有反映。

9，11. 背内模；10. 腹内模。登记号：9. IV45752（正模）；10. IV45754（副模）；11. IV45757（副模）。产地：9，10. 湖北宜昌黄花场剖面；11. 湖北宜昌界岭剖面。层位：上奥陶统庙坡组（曾庆銮，1987）。

12，13　湖北似帐幕贝 *Skenidioides hubeiensis* Zeng，1987

主要特征：贝体很小，半圆形，腹双凸，腹铰合面高；壳线细密而低平。铰齿小，齿板发育，向中前部延伸并汇聚形成固着匙形台，前缘略底切，无中隔板支撑。主突起细小，单脊状；腕基粗壮，腕基支板厚，相向汇聚于厚实的中隔脊上，形成强烈前倾的隔板槽；中隔板在支撑隔板槽部分厚实，向前迅速变薄，延伸至贝体前缘；肌痕面不清晰，无明显外侧围脊，前一对闭肌痕略大于后一对。

12. 背内模；13. 腹内模。登记号：12. IV45758（正模）；13. IV45761（副模）。产地：湖北宜昌黄花场剖面。层位：上奥陶统庙坡组（曾庆銮，1987）。

14，15　分乡沟正形贝 *Taphrorthis fenxiangensis* S.M. Wang，1978

主要特征：贝体中等，近圆形，腹双凸；壳线通常分叉或插入增加两次，壳线间具极细的放射微纹。铰齿粗壮，齿板很弱，向前中部延伸并相连成肌痕面的前侧围脊；腹窗腔深，肌痕面为拉长的三角形，约占壳长的1/5，闭肌痕略宽并长于其两侧的开肌痕。背窗腔深，主基小，主突起细弱或不发育；腕基较粗壮，三角形，腕基支板极短小，近平行前延；闭肌痕面不清晰，但总体较小并位于背窗腔前方。壳壁薄，壳表装饰在除肌痕面以外的贝体内表面均有反映。

14. 背内模；15. 腹内模。登记号：14. IV45771（地模）；15. IV45772（地模）。产地：湖北宜昌黄花场剖面。层位：上奥陶统庙坡组（王淑敏和阎国顺，1978；曾庆銮，1987）。

图版 5-3-24

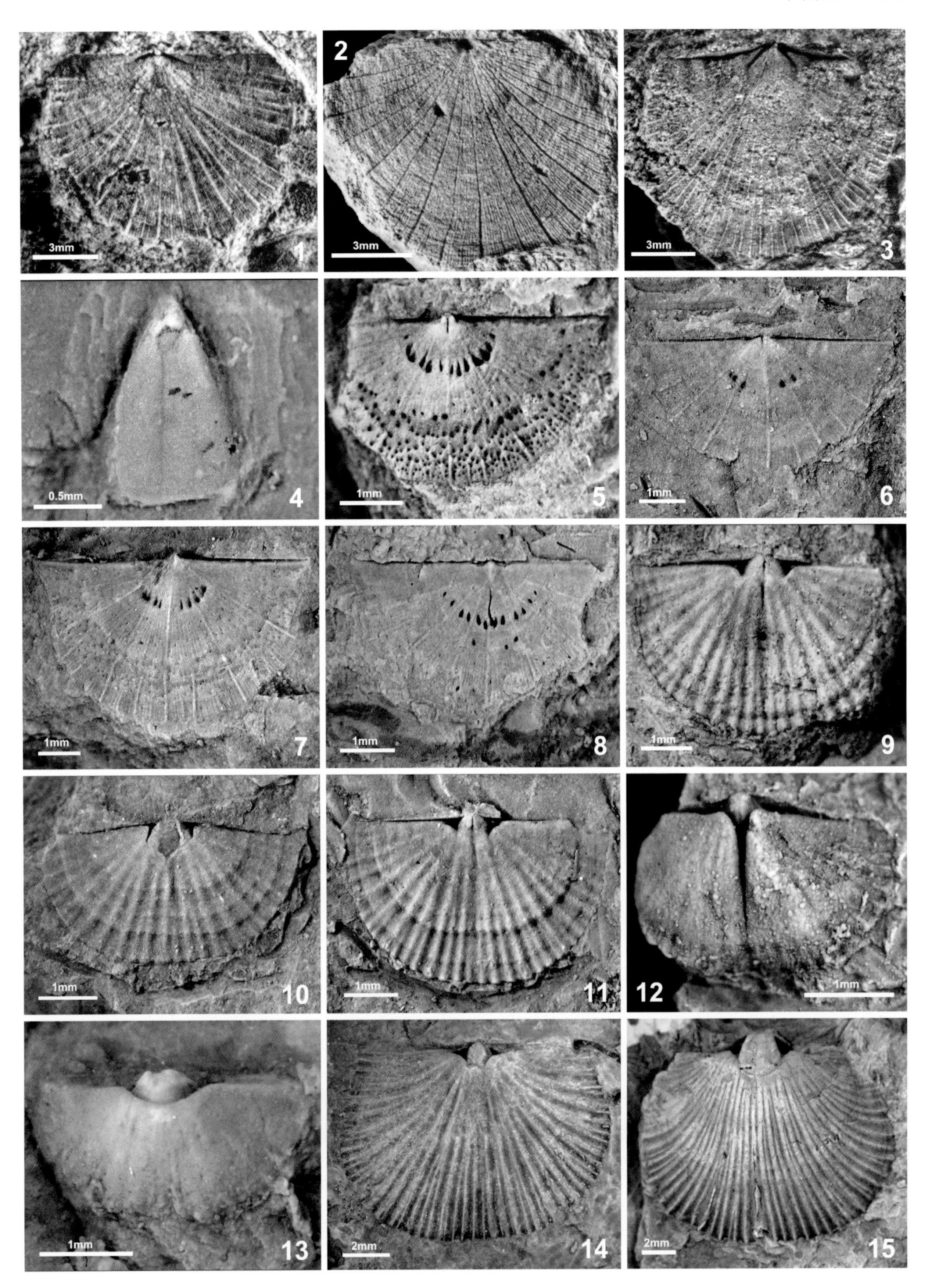
1
3mm
2
3mm
3
3mm
4
0.5mm
5
1mm
6
1mm
7
1mm
8
1mm
9
1mm
10
1mm
11
1mm
12
1mm
13
1mm
14
2mm
15
2mm

图版 5-3-25 腕足动物

（登记号前缀是“NIGP”的标本保存在中国科学院南京地质古生物研究所；前缀为“IV”的标本保存在地科院武汉地质调查中心宜昌分部）

桑比阶

1 美好拟欺正形贝 *Paradolerorthis calla* Zeng，1987

主要特征：贝体中等，近方形或横椭圆形，双凸型；腹、背三角孔均洞开；壳线细密，一般分叉两次。铰齿粗壮，三角形，齿板厚，略向前中部延伸并很快变低、消失；腹窗腔深，腹肌痕面长椭圆形，前侧围脊较弱，两侧的开肌痕较大，包围中部略抬升的闭肌痕；一对主脉管痕始于开肌痕前端，平行前延至超过2/3壳长后向侧后方转弯、分叉；生殖腺痕位于肌痕面两侧，具多对纵脊。背窗腔深，主突起单脊状，冠部膨大，向腹后方强烈突伸；铰窝小，无窝侧底部；腕基发育，三角形，腕基支板弱，相向聚于中部；肌痕面深陷，横长方形，无明显外侧围脊，约占壳长的1/4；后一对闭肌痕略大于前一对；肌隔低、宽；脉管痕分散状，始于两对闭肌痕之间以及前一对闭肌痕的前端，多次分叉。两壳前缘内表面可见壳饰的反映。

腹内模。登记号：IV45766（正模）。产地：湖北宜昌界岭剖面。层位：上奥陶统庙坡组下部（曾庆銮，1987）。

2—4 小小卡辛贝 *Kassinella minor*（Zeng，1987）

主要特征：贝体很小，稍拉长的半圆形，凹凸型；三角孔均洞开；壳线均匀，仅个别分叉。铰齿弱小，齿板无；肌痕面宽近贝体的1/3至一半，双叶状；侧围脊和前围脊有时非常清晰；肌隔发育，主要位于后部；一对闭肌痕位于中后部，深陷；主脉管痕始于开肌痕前侧端，多次分叉。主基约占壳宽的1/4，主突起强，底切型，前部壳底凹坑深；腕基粗壮，三角形，腕基支板很薄、短，近平行；肌痕面小，略凹陷，其前方具一发育的中隔板，中隔板仅在贝体中部，限于体腔区，向前与体腔区边缘围脊相连；围脊非常发育，脊高，略前倾，向后侧延伸但未到达铰合缘，围脊前方具稀疏粗大的假疹。除肌痕面外，两壳内表面均可见壳饰的反映。

2，4. 腹内模；3. 背内模。登记号：2. IV45774（副模）；3. IV45776（正模）；4. IV45779（副模）。产地：湖北宜昌黄花场剖面。层位：上奥陶统庙坡组（曾庆銮，1987）。

5，6 宜昌准小薄贝 *Leptellina yichangensis* Zeng，1987

主要特征：贝体小，半圆形，凹凸型；疏型壳线，始于壳顶的壳线仅5 ~ 7根，在1/3壳长处插入式增加一次较粗壳线。铰齿很小，无齿板；腹顶腔窄小，肌痕面横椭圆形或横长方形，约占贝体长宽的1/6，具明显的外侧围脊，近圆形的一对开肌痕包围位于中后部的小闭肌痕。主基约占贝体宽度的1/4，主突起单脊状，向腹后方突伸；腕基粗短，几乎平行于铰合缘，异向展伸；铰窝很小；体腔区前侧围脊发育，中隔板限于体腔区内，后一对闭肌痕略大于前一对。除肌痕面外，两壳内表面布满了密集的假疹，另可见较粗壳线的反映。

5. 一枚腹壳的外模和内模；6. 腹内模。登记号：5. IV45780（副模）；6. IV46030（副模）。产地：湖北宜昌黄花场剖面。层位：上奥陶统庙坡组（曾庆銮，1987）。

7 宜昌双叶贝 *Bilobia yichangensis* Zeng，1987

主要特征：贝体小，横向拉伸的半圆形，凹凸型；疏型壳线，始于壳顶的壳线较粗。铰齿很小，无齿板；肌痕面大，无明显的前侧围脊，闭肌痕很小，位于肌痕面中后部。主突起单脊状，冠部膨大，略呈底切型；腕基薄、脊状，近平行于铰合缘，异向展伸；肌痕面横椭圆形，具清晰但不强壮的外侧围脊，一对发育的侧隔板将内外两对闭肌痕分开，内一对闭肌痕小、短，略抬升于壳底，外一对闭肌痕较大，泪滴状，具多对纵脊，侧隔板可前延超过贝体中部。除肌痕面外，两壳内表面均布满细小的假疹。

背内模。登记号：7. IV45782（正模）。产地：湖北宜昌黄花场剖面。层位：上奥陶统庙坡组（曾庆銮，1987）。

8—10 宜昌小异肋贝 *Anisopleurella yichangensis* Zeng，1987

主要特征：贝体小，半圆形，凹凸型，腹、背三角孔均洞开；壳表饰以三根粗壳线和其他细壳线，后者均较弱但仍可区分出两种大小，壳面还覆以均匀细密的同心微纹。铰齿很小，无齿板；肌痕面不足贝体长宽的1/10，在壳顶处，被一很短的中隔板从中分开；壳内表其他区域仅可见三根粗壳线。主基小，底切型，主突起薄脊状；腕基薄、弱，近平行于铰合缘，异向展伸；肌痕面双叶状，占贝体长宽的近1/3，具明显的外侧围脊，外一对闭肌痕小角度向前侧方突伸，内部具一对纵脊，位于中部的内一对闭肌痕肾形，中部具明显的肌隔。除肌痕面外，壳内表均可见壳饰的反映。

8. 腹内模；9. 一枚铰合个体的腹内模（上）和背内模（下）；10. 背内模。登记号：8. IV45784（副模）；9. IV45785（副模）；10. IV45787（正模）。产地：8，10. 湖北宜昌黄花场剖面；9. 湖北宜昌界岭剖面。层位：上奥陶统庙坡组下部（曾庆銮，1987）。

11—14　湖北似丝贝 *Sericoidea hubeiensis* Chang，1983

主要特征：贝体很小，半圆形，凹凸型；腹、背三角孔均洞开；疏型壳线，较粗的壳线始于壳顶区或贝体中部。铰齿小，齿板不发育；肌痕面位于壳顶区，很弱；在2/3壳长处有时会发育一系列向前突伸的瘤突，弧形排列。主基很小，主突起底切型，与两侧异向展伸的薄、短铰窝脊（腕基）相连，腕基支板不发育；闭肌痕位于壳顶区，无清晰边界；肌痕面前方具一薄中隔板，前延至贝体中部；贝体中部发育3～5对粗大的向腹前方突伸的瘤突，呈弧形排列；部分贝体在3/4壳长处还发育另一圈呈弧形排列的瘤突，大小略小于贝体中部的。两壳内表面还可见细小假疹和较强的壳表装饰。

11，12. 背内模；13. 腹内模；14. 一枚铰合个体的腹内模（上）和背内模（下）。登记号：11. IV45792（地模）；12. IV45797（地模）；13. IV45800（地模）；14. IV45802（地模）。产地：湖北宜昌界岭剖面。层位：上奥陶统庙坡组（常美丽，1983；曾庆銮，1987）。

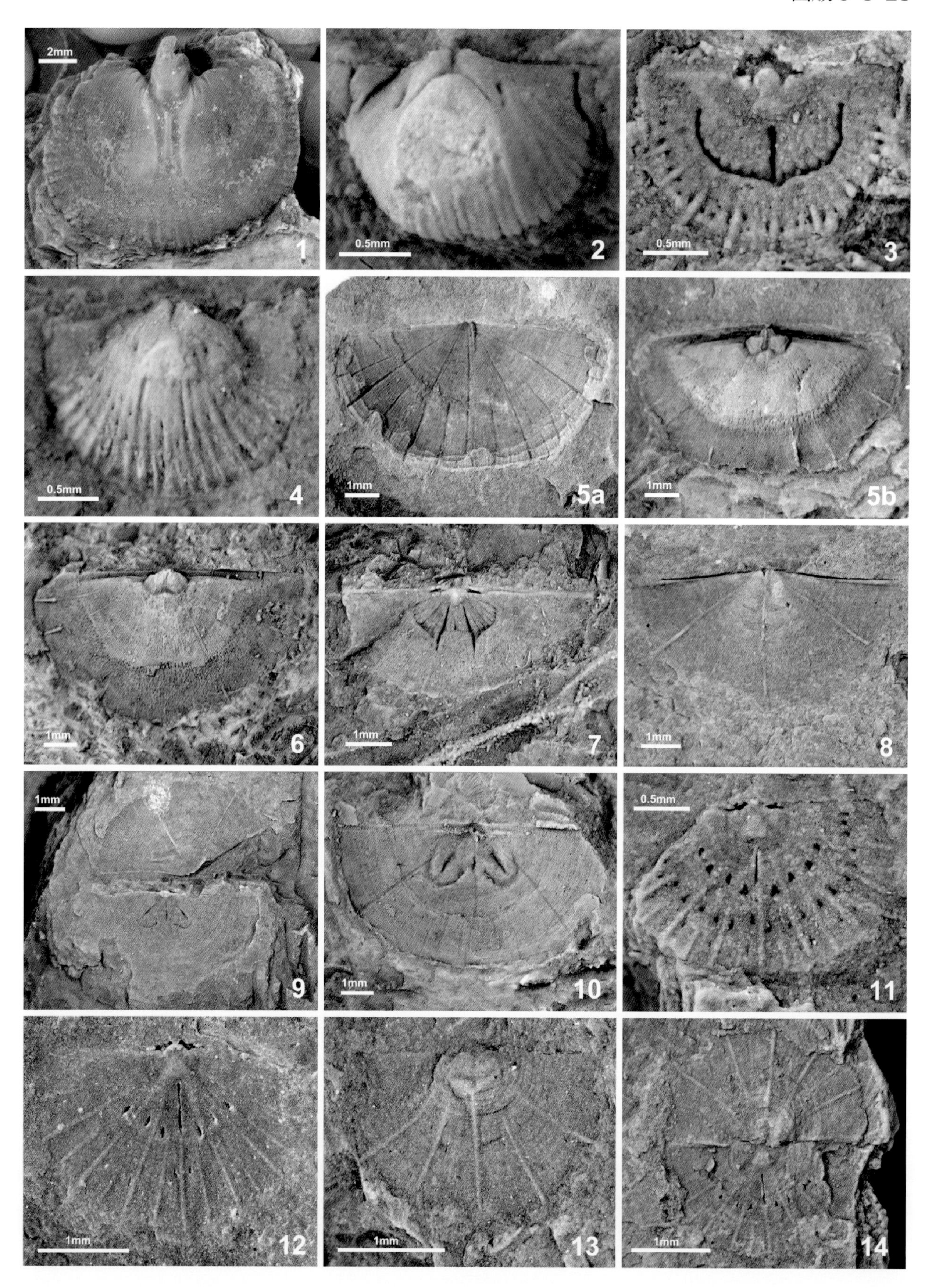
2mm
1
0.5mm
2
0.5mm
3
0.5mm
4
1mm
5a
1mm
5b
1mm
6
1mm
7
1mm
8
1mm
9
1mm
10
0.5mm
11
1mm
12
1mm
13
1mm
14

图版 5-3-26　腕足动物

（登记号前缀是“NIGP”的标本保存在中国科学院南京地质古生物研究所；前缀为“IV”的标本保存在武汉地质调查中心宜昌分部）

桑比阶—凯迪阶

1　宜昌小令贝 *Leangella yichangensis* Chang，1983

主要特征：贝体小，近圆形或拉长的半圆形，凹凸型，腹壳强凸；腹、背三角孔均洞开；疏型壳线。铰齿小，齿板发育，先向侧前方展伸再折向中部并很快消失，构成肌痕面的外侧围脊；肌痕面横椭圆形，约占贝体的1/5长、1/4宽，一对近圆形的开肌痕包围位于中后部的小闭肌痕。主突起粗脊状，冠部膨大，前部壳底有一凹坑；铰窝小，铰窝脊（腕基）薄、短，异向展伸；肌台占贝体的1/3至一半，前侧围脊极发育，呈“W”形，外一对闭肌痕明显大于位于中后部的内一对。除肌痕面外，两壳内表面均发育较多的假疹，壳表较粗的壳线也有反映。

腹内模。登记号：IV46029（地模）。产地：湖北宜昌黄花场剖面。层位：上奥陶统庙坡组（常美丽，1983；曾庆銮，1987）。

2—4　界岭叶月贝 *Foliomena jielingensis*（Zeng，1987）

主要特征：贝体小，半圆形，凹凸型；腹、背三角孔均洞开；壳表饰以同心纹。铰齿小，无齿板；肌痕面限于壳顶区，略陷于壳底，闭肌痕位于其中后部，略抬升。双叶型主突起很小，向腹后方突伸；铰窝很小，铰窝脊（腕基）薄、短，异向展伸；闭肌痕位于壳顶区，不显；一对侧隔板始于肌痕面前方，小角度前延并超过1/3壳长。壳壁薄，同心纹在贝体内表面均有反映。

2，3. 背内模；4. 腹内模。登记号：2. IV45820（正模）；3. IV45822；4. IV45823。产地：2. 湖北宜昌界岭剖面；3. 湖北宜昌黄花场剖面。层位：上奥陶统庙坡组（曾庆銮，1987）。

5　叶月贝（未定种）*Foliomena* sp.

主要特征：与界岭叶月贝相似，区别主要在于贝体更小，具更发育的同心纹，腹壳后顶部常发育肉茎胼胝。

一枚腹壳的外视。采集号：YL5。产地：陕西南郑梁山。层位：上奥陶统宝塔组中部（Rong et al.，1999）。

6，12　小异肋贝（未定种）*Anisopleurella* sp.

主要特征：与宜昌小异肋贝相似，区别主要在于贝体稍大，除三根粗壳线外，壳表只饰以细密的同心微纹，贝体横宽，两主端常伸展成耳状。

6. 一枚背壳的外视；12. 腹内模。采集号：6. LS10。登记号：12. NIGP137179。产地：6. 陕西南郑梁山；12. 湖北京山道子庙剖面。层位：6. 上奥陶统宝塔组中部；12. 上奥陶统临湘组上部（Rong et al.，1999）。

7，14　旋螺贝（未定种）*Cyclospira* sp.

主要特征：贝体小，近球形，强双凸，贝体前中部具明显的背中隆和腹中槽，前结合缘呈箱状；壳表仅饰以细弱且密集分布的同心微纹。铰齿很小，无齿板；肌痕面位于贝体后1/3，三角形；一对开肌痕大、深陷，向前突伸，并包围位于中后部的较小的闭肌痕；肌隔粗强，向前变高、变宽，并在前端分叉，与肌痕面的前侧围脊相连。主基很小，无主突起；腕骨仅由1～2圈腕螺，无腕锁。

7. 一枚铰合个体的背视和前视；14. 腹内模。采集号：7. YL5。登记号：14. NIGP137188。产地：7. 陕西南郑梁山；14. 湖北京山道子庙剖面。层位：7. 上奥陶统宝塔组中部；14. 上奥陶统临湘组上部（Rong et al.，1999）。

8，9　德赛贝（未定种）*Dedzetina* sp.

主要特征：贝体很小，近圆形，平凸型，具弱背中槽；密型壳线，始于壳顶，之后分叉2～3次。铰齿粗壮，齿板厚但短，向前中部变弱，构成肌痕面前侧围脊；肌痕面横椭圆形，主要位于腹窗腔内，深陷；位于两侧的开肌痕明显大于中前部的闭肌痕。主基壮，约占贝体长宽的1/4至1/3；铰窝深，具明显的窝侧底板；主突起厚脊状，冠部呈双叶型，纵贯背窗腔；腕基块状，腕基支板厚实、短，近平行前延；闭肌痕倒梯形，界线清晰但无明显外侧围脊，后一对闭肌痕更宽，前一对更长更大；肌隔薄板状，后部与主突起不相连。除肌痕面外，壳内表布满发育的疹孔。

8. 背内模；9. 腹内模。登记号：8. NIGP137165；9. NIGP137166。产地：湖北京山道子庙剖面。层位：上奥陶统临湘组上部（Zhan & Jin，2005c）。

10　五线粗脊贝 *Hadroskolos pentastichos* Zhan & Jin，2005

主要特征：贝体小，半圆形，缓凹凸；疏型壳线，始于壳顶的较粗壳线有5 ~ 7根，主要通过插入式增加2 ~ 3次。铰齿粗壮，无齿板；肌痕面双叶状，约占1/3壳宽和1/4壳长；肌隔厚、短，一对开肌痕向前侧突伸。主基很短，主突起厚脊状，底切型，与两侧的腕基相连；腕基异向展伸，铰窝小，无窝侧底板；肌痕面清晰，前一对闭肌痕明显大于位于中后部的后一对；一对侧隔板发育，始于背顶腔前方，止于肌痕面前缘；在肌痕面前缘处发育多对粗大的向腹前方突伸的突起或脊状物，而且，其附近的假疹也很粗大。假疹布满除肌痕面外的全部贝体内表面。壳壁薄，壳饰在内表面有较好反映。

背内模。登记号：NIGP137170（正模）。产地：湖北京山道子庙剖面。层位：上奥陶统临湘组上部（Zhan & Jin，2005c）。

11　多线小京山贝 *Jingshanella surculosa* Zhan & Jin，2005

主要特征：贝体小，半圆形，缓凹凸，密型壳线，三根始于壳顶的壳线明显粗于其他，其他壳线在前缘处基本等粗细。铰齿小，无齿板，沿铰合缘有四对副铰齿；肌痕面小，双叶状，限于壳顶区；低宽的肌隔有时不明显，闭肌痕位于中后部。主突起薄脊状，底切型，与两侧的腕基相连；腕基薄、短，异向展伸；铰窝小，无窝侧底板；肌痕面弱，横长方形，前后两对闭肌痕大小相近；一对侧隔板始于肌痕面前端，小角度前延并超过贝体中部。除肌痕面外，壳内表均可见发育的假疹以及壳饰的反映。

一枚铰合个体的腹内模（上）和背内模（下）。登记号：NIGP137175（正模）。产地：湖北京山道子庙剖面。层位：上奥陶统临湘组上部（Zhan & Jin，2005c）。

13　圣主贝（未定种）*Christiania* sp.

主要特征：贝体小，横长方形，凹凸型；壳表饰以细密的同心微纹。铰齿很小，齿板短、薄，向两侧展伸；肌痕面深陷，无明显的外侧围脊，一对开肌痕远大于位于中后部的一对小闭肌痕。主突起双叶状，两个小型主突起叶分离，并与两侧的腕基（铰窝脊）分离；腕基粗壮，腕基支板厚、内倾，向前侧延伸，在接近贝体前缘后迅速变弱并折向中前部与一对强壮的侧隔板相连，构成几乎占满整个体腔的双叶状构造；肌痕面位于这个双叶状构造的中后部；后一对闭肌痕较小，近圆形；前一对闭肌痕长椭圆形，较大；侧隔板始于前一对闭肌痕的前部内侧，自肌痕面前方迅速变高、变厚，并延伸至4/5壳长处。贝体其他内表面布满假疹。

背内模。登记号：NIGP137185。产地：湖北京山道子庙剖面。层位：上奥陶统临湘组上部（Zhan & Jin，2005c）。

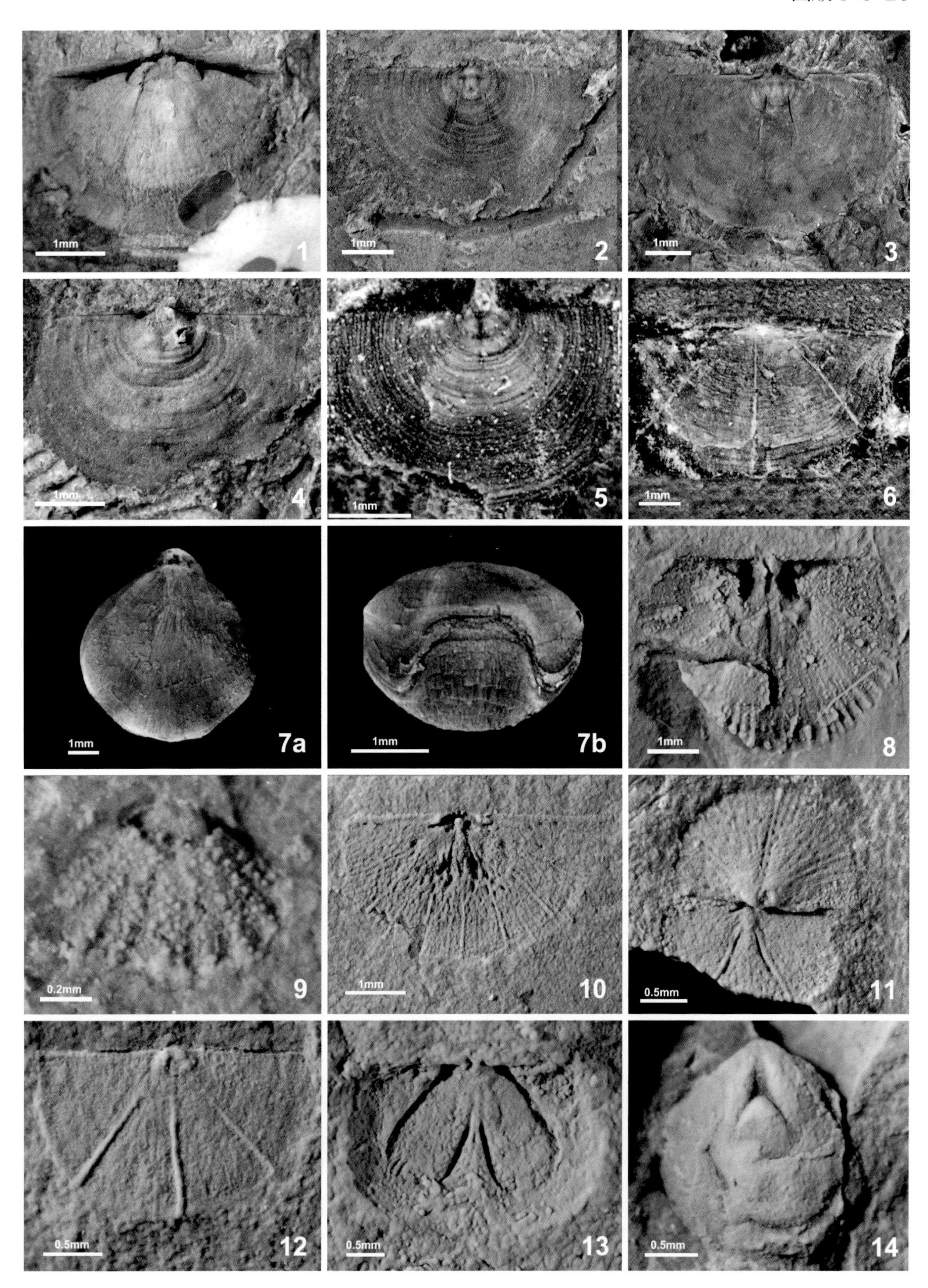
1mm
1
1mm
2
1mm
3
1mm
4
1mm
5
1mm
6
1mm
7a
1mm
7b
1mm
8
0.2mm
9
1mm
10
0.5mm
11
0.5mm
12
0.5mm
13
0.5mm
14

图版 5-3-27 腕足动物

凯迪阶（上部）

1 新疆叶月贝 *Foliomena xinjiangensis* Zhan et al.，2014

主要特征：与界岭叶月贝相似，主要区别在于贝体更小，长宽比更大，两主端几近直角，腹壳凸度小，背壳也相对较平，背壳内部的一对侧隔板在后部几乎相连。

一枚腹壳的外视和内视。登记号：NIGP158453（副模）。产地：新疆塔里木库鲁克塔格地区却尔却克山剖面。层位：上奥陶统银屏山组下部（Zhan et al.，2014）。

2—5 微小似丝贝 *Sericoidea minuta* Zhan et al.，2014

主要特征：贝体很小，半圆形至近圆形，缓平凸；疏型壳线，插入式增加，同心微纹布满壳表。腹壳最大凸度在胎壳；铰齿小，无齿板；肌痕面深陷，限于壳顶区，无明显外侧围脊；一对开肌痕近圆形，远大于位于中后部的闭肌痕；贝体两侧前部常发育一些不规则排列的向背前方突伸的瘤突。主基发育，约占贝体宽度的1/4至1/3；主突起厚脊，底切型，两侧与腕基相连；腕基直脊状，异向展伸；铰窝浅、小，无窝侧底板；肌痕面明显下陷，无明显外侧围脊；中隔板发育，始于肌痕面前端，前延可达贝体前缘或3/4壳长处；贝体前中部发育多个不规则排列的向腹前方突伸的瘤突。除肌痕面外，贝体内表面可见假疹和壳饰的反映。

2，3. 腹内模；4. 背内模；5. 一枚背壳的内视。登记号：2. NIGP158464（副模）；3. NIGP158465（副模）；4. NIGP158467（副模）；5. NIGP158472（正模）。产地：新疆塔里木库鲁克塔格地区却尔却克山剖面。层位：上奥陶统银屏山组中下部（Zhan et al.，2014）。

6，7 塔里木小卡辛贝 *Kassinella tarimensis* Zhan et al.，2014

主要特征：贝体很小，稍拉长的半圆形，缓凹凸；密型壳线，多插入式增加。腹窗腔窄、浅，铰齿小，楔形，无齿板；肌痕面横长方形，占贝体宽度的1/3，明显陷于壳底；一对长椭圆形的开肌痕远宽于并长于中后部的略抬升的闭肌痕；闭肌痕前端略显底切，前方有一对明显的凹沟，平行延伸至贝体前部；一对主脉管痕始于开肌痕的前侧端，小角度前延至贝体前部后转弯并分叉；贝体前缘处发育大量粗大的、向背前方突伸的瘤突，而在体腔区内这样的瘤突较少，不规则。

6. 一枚铰合个体的背视；7. 一枚腹壳的内视。登记号：6.NIGP158477（副模）；7. NIGP158479（正模）。产地：新疆塔里木库鲁克塔格地区却尔却克山剖面。层位：上奥陶统银屏山组中下部（Zhan et al.，2014）。

8 小型张舌贝 *Ectenoglossa minor* Zhan & Cocks，1998

主要特征：贝体小至中等，长舌状，中前部两侧缘近平行，近等双凸；壳表饰以同心纹，个别可见贝体前部发育少量同心层。腹喙窄；肉茎沟清晰，短、深凹；沟两侧还具一对近平行的短脊。

腹内模。登记号：NIGP128017（正模）。产地：江西玉山下镇剖面。层位：上奥陶统下镇组上部（Zhan & Cocks，1998）。

9，10 淳安近三分贝 *Peritrimerella chunanensis* Liang in Liu et al.，1983

主要特征：贝体中等至大，近圆形或横椭圆形，双凸至缓背双凸；壳表饰以同心微纹。腹内肌台近1/3壳长甚至更长，前缘底切，具厚中隔脊支撑，后者前延可超过贝体中部。背内肌台很发育，三角形，向前强烈底切，具强中隔板支撑，后者延伸至贝体前边缘；肌台中部具一纵向浅沟，双分肌台。

9. 背内模；10. 一枚幼年腹壳的内模。登记号：9. NIGP128020；10. NIGP128021。产地：浙江江山何家山剖面。层位：上奥陶统长坞组上部（刘第墉等，1983；Zhan & Cocks，1998）。

11—13 坛石褶正形贝 *Plectorthis tanshiensis*（Liang in Liu et al.，1983）

主要特征：贝体小至中等，近圆形，强双凸；壳线较粗疏，常不分叉或分叉1～2次，壳线间具细密放射纹。铰齿粗壮，齿板发育，向前侧延伸构成肌痕面外侧围脊，之后迅速变弱并向中部延伸；肌痕面近三角形，约占1/4壳长；一对开肌痕明显长于位于中部的闭肌痕；闭肌痕向前明显抬升于壳底。主基小，约占贝体长宽的1/5，背窗腔深，主突起单脊状，限于背窗腔内，冠部稍膨大；铰窝深，窝侧底板弱；腕基粗壮，腕基突起棒状；腕基支板厚、短，近平行；背窗腔前部略抬升于壳底；肌痕面近方形，约占贝体长宽的1/5至1/4，具发育的肌隔，后一对闭肌痕略大于前一对。壳壁薄，除肌痕面外的贝体内表面均清晰显示壳表装饰（刘第墉等，1983；Zhan & Cocks，1998）。

11. 背内模；12. 背内模及其铸型；13. 腹内模。登记号：11. NIGP128025；12. NIGP128026；13. NIGP128027。产地：浙江江山大桥镇店边剖面。层位：上奥陶统下镇组上部。

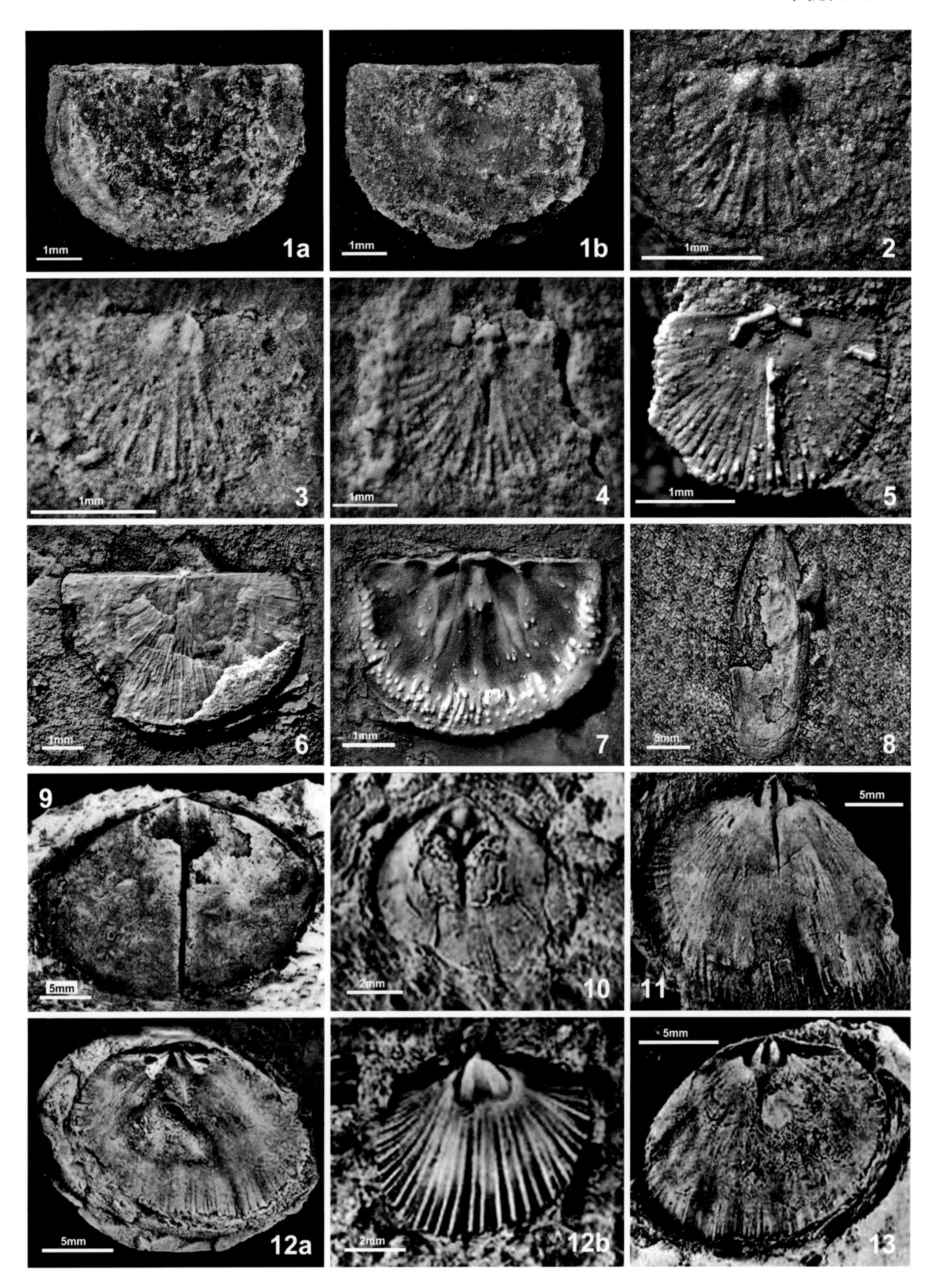
1mm
1a
1mm
1b
1mm
2
1mm
3
1mm
4
1mm
5
1mm
6
1mm
7
5mm
8
9
5mm
2mm
10
5mm
11
5mm
12a
2mm
12b
5mm
13

图版 5-3-28　腕足动物

凯迪阶（上部）

1　坛石褶正形贝 *Plectorthis tanshiensis*（Liang in Liu et al.，1983）

主要特征：见图版5-3-27。

腹内模。登记号：NIGP128029。产地：浙江江山大桥镇店边剖面。层位：上奥陶统下镇组上部。

2—4　浙江拟态贝 *Mimella zhejiangensis*（Liang in Liu et al.，1983）

主要特征：贝体中等，横椭圆形，双凸，腹、背三角孔均洞开；密型壳线，一般分叉1～2次。铰齿壮，齿板厚，近平行前延并构成肌痕面的侧围脊，肌痕面约占壳长的1/3，无肌隔，位于中部的闭肌痕向前略抬升。主突起发育，单脊状，冠部略膨大，纵贯背窗腔，背窗腔深；腕基壮，异向展伸，腕基突起棒状，腕基支板发育，向前中部延伸并构成清晰的背窗台；肌痕面近方形，约占壳长的1/4至1/3，无明显外侧围脊，中部具一始于背窗台的低、宽肌隔，后一对闭肌痕略大于前一对。

2. 一枚铰合个体的背视、后视和前视；3. 一枚铰合个体的侧视和背视；4. 一枚铰合个体的腹视。登记号：2. NIGP128030；3. NIGP128031；4. NIGP128032。产地：江西玉山下镇石燕山剖面。层位：上奥陶统下镇组上部（刘第墉等，1983；Zhan & Cocks，1998）。

5—7　拟帐幕贝（未定种）*Skenidioides* sp.

主要特征：贝体小，略拉长的半圆形，腹双凸，腹铰合面特别高，腹、背三角孔均洞开；壳线不分叉，少数分叉或插入式增加1～2次。铰齿壮，齿板厚，向前中部延伸并形成固着匙形台，匙形台通常占贝体长宽的1/4或稍大一些。主基发育，占壳长2/5、宽1/2，背窗腔深，主突起单脊状，纵贯背窗腔；铰窝小，窝侧底板发育，腕基块状，腕棒向腹前方突伸，腕基支板厚，向前中部延伸汇聚于背窗腔前缘，形成显著的背窗台，略前倾的背窗台被中隔板支撑，中隔板前延至贝体前边缘，向后与主突起相连；肌痕面倒梯形，无明显外侧围脊，近圆形的后一对闭肌痕大于前一对。

5. 一枚铰合个体的侧视和腹视；6. 一枚铰合个体的后视和背视；7. 背内模。登记号：5. NIGP128033；6. NIGP128034；7. NIGP128035。产地：5，6. 浙江江山大桥仕阳剖面；7. 浙江江山坛石木林垄剖面。层位：5，6. 上奥陶统下镇组上部；7. 上奥陶统长坞组下部（Zhan & Cocks，1998）。

8—10　江山短肌贝 *Epitomyonia jiangshanensis* Zhan & Cocks，1998

主要特征：贝体小，近圆形或横方形，腹双凸，腹壳铰合面高，腹、背三角孔均洞开，弱背中槽；壳线一般1～2次分叉，壳线间具放射微纹，同心微纹布满整个壳表。铰齿发育，三角形，齿板厚，向前中部延伸并构成肌痕面的前侧围脊；肌痕面近圆形，约占贝体长宽的1/5；一对开肌痕三角形，远大于位于中部高高抬升于壳底的小闭肌痕；中隔脊始于肌痕面中部，在肌痕面前缘处达到最高，向前延伸接近贝体中部，再往前变矮、变宽直至前缘。主基宽大，近一半壳宽，主突起厚脊状，冠部膨大，向前与强大的中隔脊相连；铰窝小，窝侧底板弱小；腕基粗壮，腕基支板厚、直，异向展伸并构成肌痕面的后侧围脊；肌痕面近方形，由中隔脊分割成两个巨大的双叶，侧及前侧围脊不明显，有时在前端具一对横板；中隔脊贯穿整个背壳，有时在贝体前缘处衍生出另一对隔板。沿贝体前缘或再朝里的贝体内表面，可见壳饰的反映。

8. 背内模；9. 一枚背壳的外模和内模；10. 腹内模。登记号：8. NIGP128036（正模）；9. NIGP128040（副模）；10. NIGP128038（副模）。产地：8，10. 浙江江山何家山伍家垄剖面；9. 江西玉山下镇塔山剖面。层位：8，10. 上奥陶统长坞组上部；9. 上奥陶统下镇组上部（Zhan & Cocks，1998）。

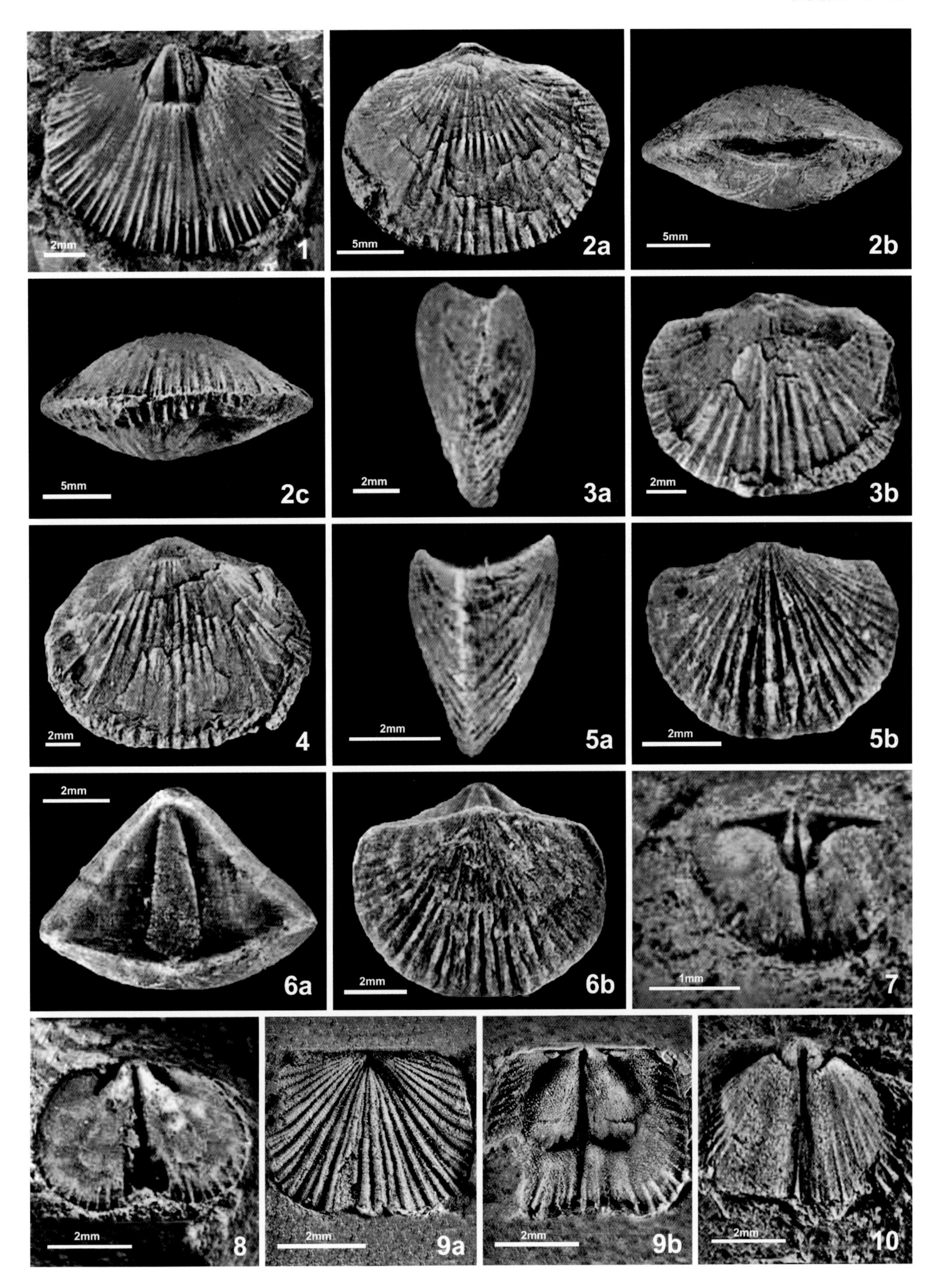
2mm
1
5mm
2a
5mm
2b
5mm
2c
2mm
3a
2mm
3b
2mm
4
2mm
5a
2mm
5b
2mm
6a
2mm
6b
1mm
7
2mm
8
2mm
9a
2mm
9b
2mm
10

图版 5-3-29 腕足动物

凯迪阶（上部）

1，2 腹双凸王钰贝 *Wangyuella ventribiconvexa* Zhan & Rong，1995

主要特征：贝体小，横椭圆形，腹双凸；腹铰合面很高，腹、背三角孔洞开；簇型壳线，始于壳顶的壳线向前分叉2～3次。铰齿壮，齿板弱、短，铰合面近圆形；一对很小的肾形闭肌痕位于中前部，明显抬升于壳底，被一对大许多的三角形开肌痕包围。主基很小，主突起单脊状，冠部双叶状，纵贯整个背窗腔；腕基粗壮，腕基支板厚，近平行延伸，限于背窗腔；背窗腔前部略抬升于壳底形成不明显的背窗台；肌痕面不大，近圆形，约占贝体长宽的1/5至1/4，无明显外侧围脊和肌隔，前一对闭肌痕略大于后一对。壳壁薄，除肌痕面以外的贝体内表面均可反映壳饰。

1. 一枚背壳的内模和外模；2. 背内模。登记号：1. NIGP124505（副模）；2. NIGP124504（副模）。产地：浙江江山何家山垄里剖面。层位：上奥陶统长坞组上部（詹仁斌和戎嘉余，1995；Zhan & Cocks，1998）。

3—5 浙江三重贝 *Triplesia zhejiangensis* Liang in Liu et al.，1983

主要特征：贝体小至中等，近圆形或近五边形，背双凸；腹中槽、背中隆均只在贝体前1/3；壳表仅饰以同心微纹。铰齿粗壮，齿板薄、短或不发育；肌痕面近圆形，约占壳长的1/4，明显陷于壳底但没有外侧围脊；一对泪滴状的开肌痕从两侧包围位于中前部的明显抬升于壳底的闭肌痕，开肌痕中常具1～2对纵脊；一对主脉管痕始于开肌痕前侧端，沿中槽两侧前延至贝体前缘后转弯并多次分叉。主突起发育，向腹后方强烈突伸，茎部长，冠部呈叉状；铰窝深，铰窝脊从两侧与主突起基部相连；肌痕面小，无明显外侧围脊，肌隔低宽。

3. 一枚铰合个体的前视、背视、后视和侧视；4. 腹内模；5. 一枚铰合个体的腹视。登记号：3. NIGP128046（地模）；4. NIGP128044（地模）；5. NIGP128045（地模）。产地：浙江江山大桥镇店边剖面。层位：上奥陶统下镇组上部（刘第墉等，1983；Zhan & Cocks，1998）。

6 锐重贝（未定种）*Oxoplecia* sp.

主要特征：贝体中等，近圆形，双凸；铰合缘不足贝体宽度一半；腹中槽、背中隆发育，始于1/4至1/3壳长处；壳表饰以密集分布、大小均匀的细放射线，贝体前部常发育1～2层同心层。腹壳内部与三重贝相似。主基小，主突起茎部短，冠部双分叉；铰窝很小，腕基弱脊状，异向展伸；肌痕面深陷，前后两对闭肌痕界线不清晰。

背内模。登记号：NIGP128047。产地：浙江江山大桥镇店边剖面。层位：上奥陶统下镇组上部（Zhan & Cocks，1998）。

7—10 优美次脊贝 *Metambonites meritus* Rong & Zhan in Zhan & Rong，1995

主要特征：贝体小至中等，稍拉长的半圆形，背双凸；腹、背三角孔均覆以窗板；疏型壳线，5根始于壳顶的壳线较粗，其他均是通过插入式增加的细壳线。铰齿小，楔形，齿板无，沿铰合缘有一些不规则的细小副铰齿，两侧铰合缘约2/5宽度处生出一对厚且内倾的板，近平行前延约2/5壳长后向中略偏后折返，并与贝体中部相连，形成一个较大型的假固着匙形台；匙形台内表面发育许多对放射脊，中部发育一个强的肌隔，肌隔两侧是明显深陷的闭肌痕；除假匙形台以外的贝体内表面布满了密集的假疹，还可见分散状的脉管痕以及部分粗壳线在内表的反映。主基小，约占贝体宽度的1/6、壳长的1/10，主突起强烈底切，向腹后方强烈突伸的横脊状主突起与两侧较发育的铰窝脊相连，铰窝深；与腹壳对应，在两侧铰合缘约2/5处生出一内倾厚板，向前中部延伸后又折向后中部，形成一个强烈底切的“W”形肌台；肌台上还有两对纵脊，分隔不同的闭肌痕，整个肌台约占贝体长宽的2/5，前方和前侧方均空悬；脉管痕分散状，与腹壳基本对应；假疹发育，密集；近前缘处可见壳饰的反映。

7. 背内模；8. 背内模及其铸型；9. 腹内模；10. 腹内模及其铸型。登记号：7. NIGP124521（副模）；8. NIGP124523（正模）；9. NIGP124531（副模）；10. NIGP124512（副模）。产地：浙江江山大桥镇店边剖面。层位：上奥陶统下镇组上部（詹仁斌和戎嘉余，1995；Zhan & Cocks，1998）。

图版 5-3-29

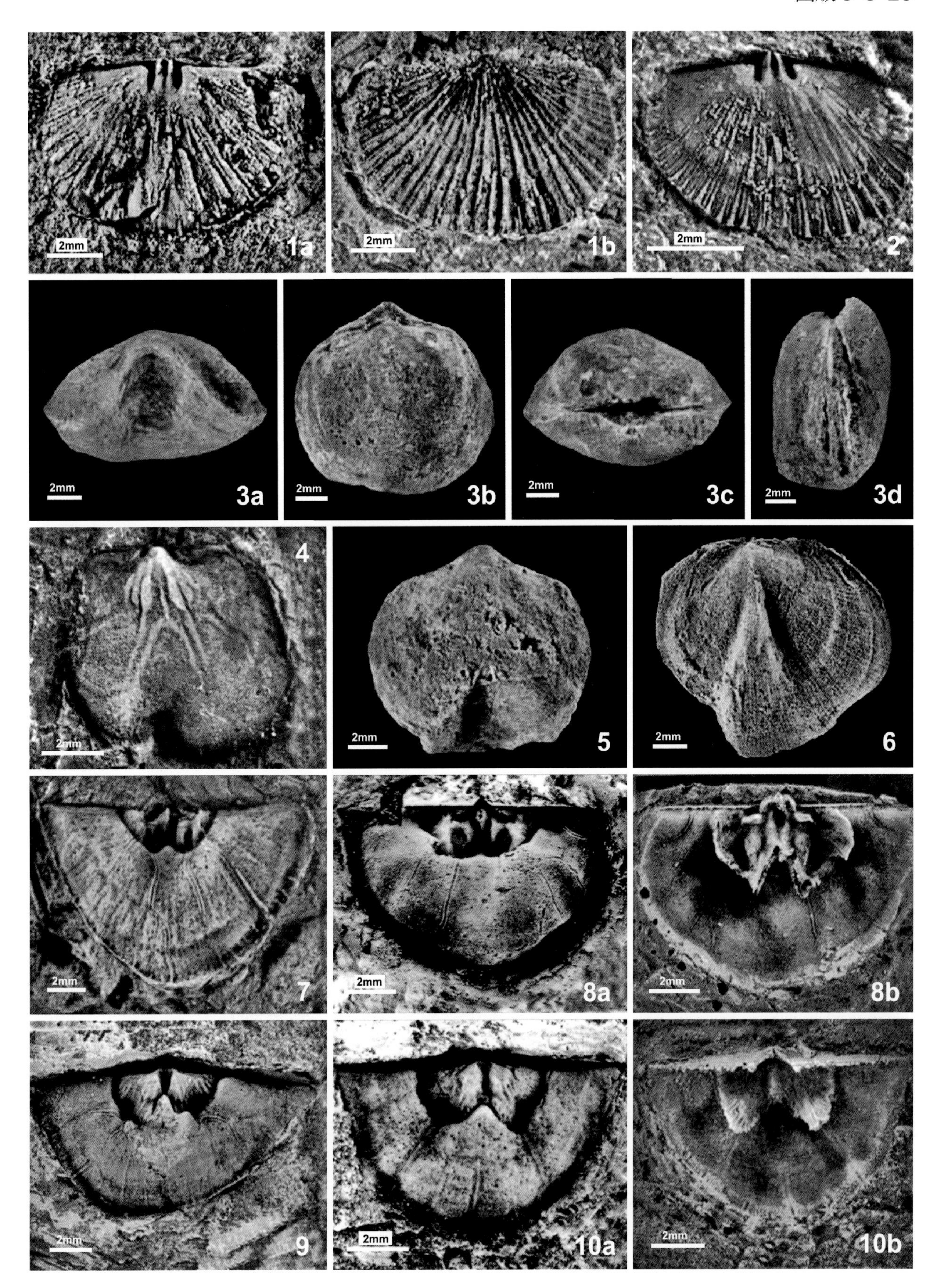

2mm
1a
2mm
1b
2mm
2
2mm
3a
2mm
3b
2mm
3c
2mm
3d
4
2mm
2mm
5
2mm
6
2mm
7
2mm
8a
2mm
8b
2mm
9
2mm
10a
2mm
10b

图版 5-3-30 腕足动物

凯迪阶（上部）

1—3 双凸共脊贝 *Synambonites biconvexus* Rong & Zhan in Zhan & Rong，1995

主要特征：贝体小，横向拉伸的半圆形，腹双凸；腹三角孔洞开；密型壳线近等粗细，分叉1 ~ 2次，均匀布满壳表；壳表常发育一些不规则分布的同心皱，特别是在两侧。腹窗腔窄、深，铰齿小，楔形，齿板厚，近平行前延约1/4壳长，再折向中部与肌隔相连；肌痕面纵长方形，双叶状，具强围脊和肌隔，开肌痕与闭肌痕界线不清；约4/5壳长的前缘处具强壮的边缘围脊；脉管痕分散状，多次分叉。主基约占1/4壳长、1/5壳宽，主突起粗脊状，强烈底切；铰窝小，铰窝脊薄、短；腕基突起棒状，自腕基突起处近平行延伸出一对隔板，延伸约1/4壳长后折向中部，形成略向前和前侧底切的肌台；肌台上具一对粗壮的侧隔板，分隔内外两对闭肌痕；与腹壳对应，在背壳近前缘处发育宽、深的凹沟。同心皱在两壳内表面均有反映。

1. 一枚腹外模的铸型；2. 背内模及其铸型；3. 腹内模（3b）及其铸型（3a）。登记号：1. NIGP125417（副模）；2. NIGP124515（正模）；3. NIGP124514（副模）。产地：浙江江山大桥镇店边剖面。层位：上奥陶统下镇组上部（Zhan & Rong，1995；Zhan & Cocks，1998）。

4—6 优美戎氏脊贝 *Rongambonites bella* Zhan & Cocks，1998

主要特征：贝体小至中等，半圆形，缓凹凸；疏型壳线，始于壳顶的较粗壳线约10 ~ 12根。铰齿粗壮，齿板厚、短，近平行前延约1/5壳长；肌痕面双叶状，前部有一个明显的伞盖状围脊，一对开肌痕远大于位于中后部的略抬升的闭肌痕；一对主脉管痕始于开肌痕前侧端，向前侧延伸很短距离后多次分叉，布满壳内表；近边缘处还发育一个弱边缘脊。主基发育，约占壳宽的1/5、壳长的1/6，底切型主突起向腹后方强烈突伸，冠部分化为中部一个粗单脊和两侧数对细小纵脊；铰窝小、浅，铰窝脊短、薄；腕基突起壮，棒状；肌痕面在背窗腔前方，梯形，外侧脊弱但肌隔厚、高，前一对闭肌痕明显大于后一对；肌痕面前方发育一个大型“V”形构造，向后侧端延伸；约4/5壳长的贝体边缘发育一个较弱的边缘脊，向后一直延伸至铰合缘。除肌痕面外，整个贝体内表面布满分散的脉管痕。

4. 腹内模；5. 背内模及其铸型；6. 背内模（6b）及其局部放大（6a），显示其特殊的主基构造。登记号：4. NIGP128052（副模）；5. NIGP128053（副模）；6. NIGP128054（正模）。产地：浙江江山大桥镇店边剖面。层位：上奥陶统下镇组上部（Zhan & Cocks，1998）。

7—9 中华小苏维伯贝 *Sowerbyella sinensis* Wang in Wang & Jin，1964

主要特征：贝体小至中等，半圆形，凹凸；疏型壳线，较粗的壳线始于壳顶或1/3壳长处，前缘处每两根较粗壳线间有3 ~ 5根细壳线。铰齿壮实，齿板薄，近直角或稍大一点角度向侧前方延伸构成肌痕面的后侧围脊，肌痕面双叶状，占贝体长度的1/4至1/3，一对开肌痕远大于位于后中部的很小的肾形闭肌痕，肌隔明显；主脉管痕始于开肌痕前侧端，向前侧多次分叉。主基约占贝体长宽的1/6，主突起横脊状，强底切，与两侧铰窝脊相连；铰窝很小，铰窝脊薄、直，约120° 向两侧展伸；一对侧隔板始于背窗腔前方，以大约30° 的夹角向前延伸并超过贝体中部；相当于中隔板的位置常具一浅沟；肌痕面较大、清晰，约占贝体一半长和1/3宽，有时会发育多对纵脊。除肌痕面外，两壳内表面布满小型假疹和部分壳饰在内表的反映。

7. 一枚铰合个体的腹内模（上）和背内模（下）；8. 腹内模；9. 背内模。登记号：7. NIGP128061；8. NIGP128062；9. NIGP128063。产地：江西玉山祝宅剖面。层位：上奥陶统下镇组中上部（王钰和金玉玕，1964；Zhan & Cocks，1998）。

10 店边皱小苏维伯贝 *Rugosowerbyella dianbianensis* Zhan & Cocks，1998

主要特征：与小苏维伯贝非常相似，最主要的区别在于该贝体布满非常发育的同心皱，在壳外表和内表均明显反映。

一枚铰合个体的腹外模、背外模（10a）和腹内模、背内模（10b）。登记号：NIGP128067（正模）。产地：浙江江山大桥镇店边剖面。层位：上奥陶统下镇组上部（Zhan & Cocks，1998）。

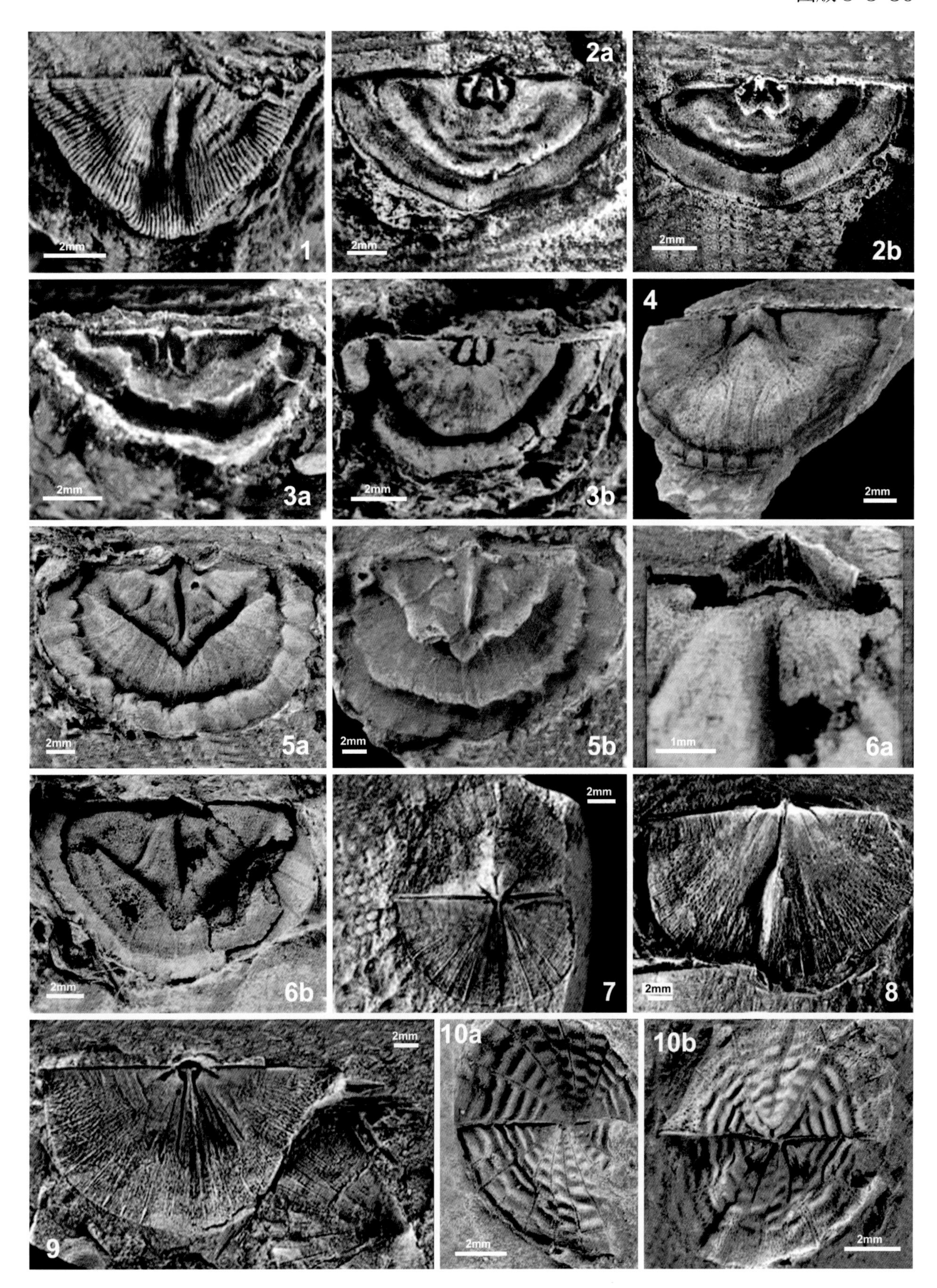
2mm
1
2a
2mm
2mm
2b
2mm
3a
2mm
3b
4
2mm
2mm
5a
2mm
5b
1mm
6a
2mm
6b
2mm
7
2mm
8
2mm
9
10a
2mm
10b
2mm

图版 5-3-31 腕足动物

凯迪阶（上部）

1—4 仕阳小卡辛贝 *Kassinella shiyangensis* Zhan & Cocks，1998

主要特征：贝体小，半圆形，稍拉长，缓凹凸；腹、背三角孔均覆以窗板；疏型壳线，始于壳顶的较粗壳线不均匀分布，其他壳线大致等粗细。铰齿壮，齿板通常薄、短；肌痕面双叶状，约占贝体长宽的1/4至1/3；前侧和外侧围脊发育有变化，但界线始终很清晰；肌隔发育，薄板状；一对开肌痕远大于位于中后部的深陷的闭肌痕；一对主脉管痕始于开肌痕前侧端，近平行前延至贝体前缘后转弯并多次分叉。

背顶腔深坑；主基发育，约占贝体宽的1/4、长的1/5至1/6；底切型主突起横脊状，向腹后方强烈突伸，两侧与铰窝脊相连；铰窝小，铰窝脊厚、直，末端膨大呈棒状；腕基支板低、宽，向前中部延伸，与特别厚壮的中隔脊相连；无明显肌台，但肌痕面清晰，无外侧围脊，横椭圆形；后侧一对闭肌痕略大于前中一对；中隔脊始于背窗腔，前延至贝体前缘；在大约4/5壳长处发育壮实的边缘围脊，向两后侧延伸至铰合缘。除肌痕面外，两壳内表面布满假疹和壳饰的反映。

1. 一枚铰合个体的背视和腹视；2. 腹内模；3. 一枚腹壳的内模和外模；4. 背内模。登记号：1. NIGP128055（副模）；2. NIGP128056（副模）；3. NIGP128057（副模）；4. NIGP128059（正模）。产地：1，2，4. 浙江江山大桥镇店边剖面；3. 浙江江山何家山乡伍家垄剖面。层位：1，2，4. 上奥陶统下镇组上部；3. 上奥陶统长坞组上部（Zhan & Cocks，1998）。

5—9 中华霍特达尔贝 *Holtedahlina sinica* Zhan & Cocks，1998

主要特征：贝体小至中等，拉长的半圆形，平双凸至缓双凸，主端浑圆；疏型壳线，始于壳顶的较粗的壳线多。铰齿壮，楔形，齿板薄，先向前侧延伸很短距离，后折向前中部形成肌痕面的外侧围脊；肌痕面近圆形或近五边形，约占贝体长宽的1/5，一对三角形的开肌痕包围位于中前部的窄长闭肌痕，肌隔位于肌痕面中前部。主基发育，约占壳宽的1/4、壳长的1/5，主突起双叶状，冠部稍膨大，背窗台发育；铰窝较深，外侧开放，铰窝脊厚、高，向两侧延伸；肌痕面呈倒锥形，约占壳长的1/3，后一对闭肌痕远大于前一对，除前部具肌隔外，两侧还具多对纵脊。除肌痕面外，两壳内表面均可见发育的壳饰。

5，9. 一枚背壳的内模和外模及背外模的铸型；6，8. 腹内模及其铸型；7. 背内模。登记号：5，9. NIGP128070（正模）；6，8. NIGP128071（副模）；7. NIGP128072（副模）。产地：浙江江山何家山乡垄里剖面。层位：上奥陶统长坞组上部（Zhan & Cocks，1998）。

10，11 扭月贝（未定种）*Strophomena* sp.

主要特征：贝体大，拉长的半圆形，凸凹型；壳表饰以密型壳线，粗细大致均等。铰齿壮，齿板内倾，先向前侧延伸，然后折向前中部，形成肌痕面的外侧围脊；肌痕面近圆形或近五边形，约占贝体长宽的1/5至1/4，一对开肌痕包围位于中后部的小闭肌痕，肌隔发育；近前缘处发育低、薄但清晰的边缘脊。主基发育，占近一半壳宽，但不足壳长的1/8；双叶状主突起粗壮，主突起叶棒状，冠部膨大至三角形，基部与两侧的铰窝脊相连；铰窝小，外侧开放，铰窝脊先向前侧延伸后折向铰合缘；肌痕面清晰，倒梯形，无外侧围脊，但可发育多对纵脊；肌隔弱，薄板状；后一对闭肌痕近圆形，略大于前一对；近前缘处的边缘脊很弱。假疹布满除肌痕面以外的整个壳内表。

10. 背内模；11. 腹内模。登记号：10. NIGP128068；11. NIGP128069。产地：10. 浙江江山大桥镇仕阳剖面；11. 江西玉山祝宅剖面。层位：10. 上奥陶统下镇组上部；11. 上奥陶统下镇组顶部（Zhan & Cocks，1998）。

12，13 变异塔山贝 *Tashanomena variabilis* Zhan & Rong，1994

主要特征：贝体小，近半圆形，凹凸型；密型壳线，仅少数较粗，多数等粗细。铰齿壮，齿板薄，先向前侧延伸，后折向前，近平行延伸；肌痕面近圆形，约占贝体长宽的1/4，一对开肌痕包围位于中后部的小闭肌痕，肌隔薄。主基壮，主突起双叶型，两主突起叶小柱状，突向腹后方；铰窝脊薄、直，铰窝小，外侧开放；肌痕面后侧围脊平行于铰窝脊，前侧围脊呈“∽”形，有时肌痕面内部还发育一些纵脊；中隔脊始于肌痕面前部，向前越来越高、越来越厚，结束于4/5壳长处。除肌痕面外，壳内表布满假疹，壳饰也有清晰显示。

12. 腹内模；13. 背内模。登记号：12. NIGP121542（副模）；13. NIGP121553（正模）。产地：江西玉山下镇塔山剖面。层位：上奥陶统下镇组上部（詹仁斌和戎嘉余，1994；Zhan & Cocks，1998）。

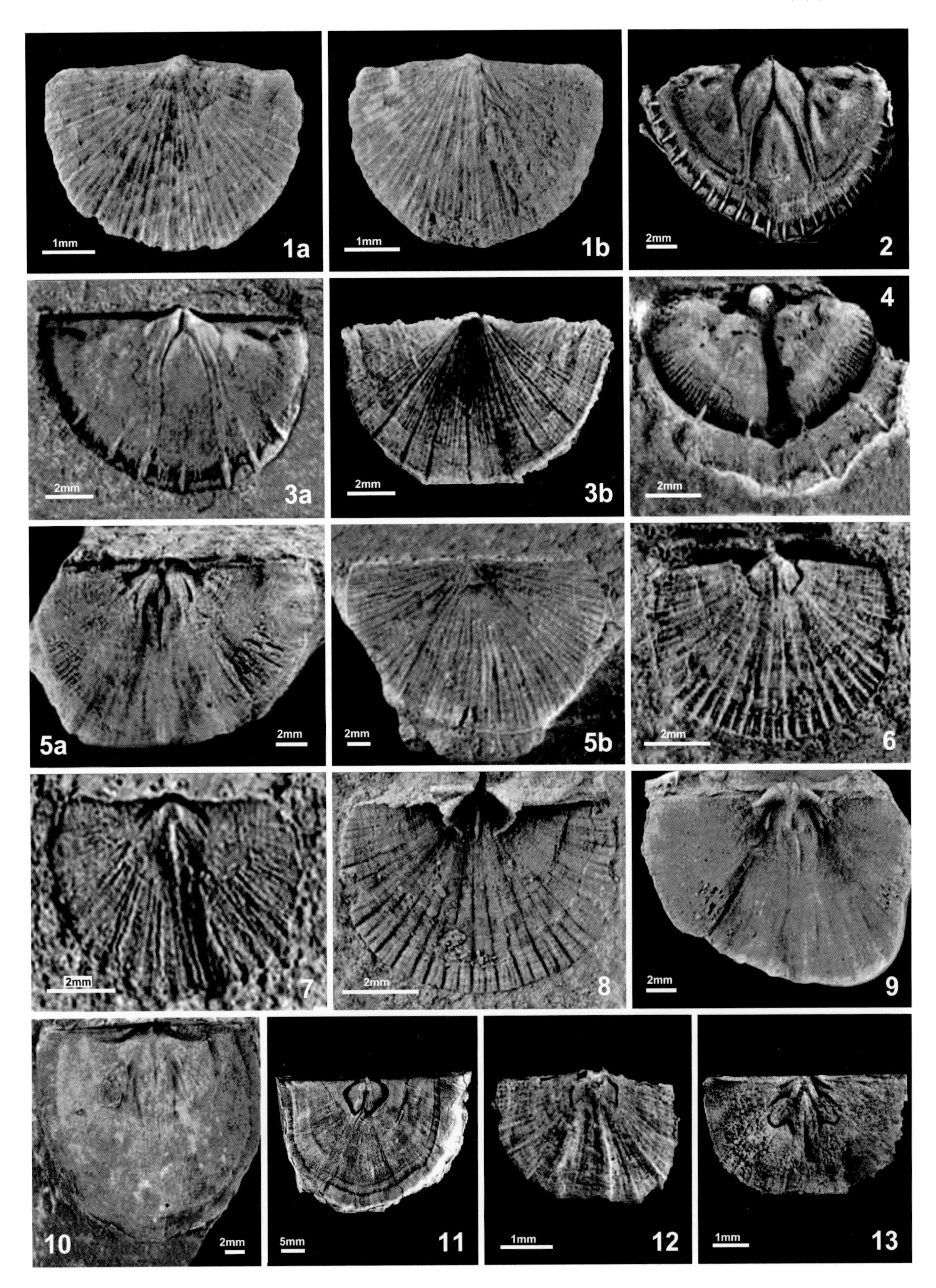
1mm
1a
1mm
1b
2mm
2
2mm
3a
2mm
3b
4
2mm
5a
2mm
2mm
5b
2mm
6
2mm
7
2mm
8
2mm
9
10
2mm
5mm
11
1mm
12
1mm
13

图版 5-3-32　腕足动物

凯迪阶（上部）

1—3　独特窗月贝 *Fenomena distincta* Zhan & Cocks，1998

主要特征：贝体小至中等，拉长的半圆形或近方形，平凸或缓双凸；疏型壳线，始于壳顶的较粗壳线仅4～6根，第二级较粗壳线始于约1/3壳长处，壳线增加方式多为插入式。腹铰合面高，三角孔覆以发育的拱形窗板；铰齿壮，板状，后表面具多对纵脊；齿板弱、短，向侧前方延伸构成肌痕面后侧围脊；肌痕面不清晰，一对近三角形开肌痕从外侧包围窄长闭肌痕；中隔板很弱，延伸至贝体中部。主基发育，约占贝体宽2/5、长1/7，背窗腔深；主突起双叶型，两主突起叶小角度向腹后方突伸，基部与两侧的铰窝脊相连；铰窝深，向两侧开放；铰窝脊高、厚，先向侧前方延伸再折向腹后方至平行于铰合缘；肌痕面纵长方形，明显抬升于壳底，具粗强中隔脊、一对粗厚侧隔板及数量不等的侧隔板或许多向腹前方强烈突伸的瘤突；中隔脊和粗侧隔板均在肌痕面前缘处最强最高，后一对闭肌痕明显大于前一对；一对主脉管痕始于前一对闭肌痕前端，平行前延至3/4壳长处开始分叉。两壳内表的前缘均显示明显的壳表装饰。

1. 腹内模及其铸型；2. 背内模及其铸型；3. 背内模及其铸型。登记号：1. NIGP128073（副模）；2. NIGP128074（正模）；3. NIGP128076（副模）。产地：浙江江山大桥镇店边剖面。层位：上奥陶统下镇组上部（Zhan & Cocks，1998；Rong et al.，2017）。

4—6　三脊淳安贝 *Chunanomena triporcata* Zhan et al.，2008

主要特征：贝体较大，拉长的半圆形，双凸型；疏型壳线，较粗的壳线始于壳顶和约1/3壳长处，其他壳线基本等粗细。铰齿小，齿板发育，呈锐角向前侧延伸约1/4壳长，构成肌痕面后侧围脊；肌痕面近五边形，约占壳长的2/5，一对开肌痕包围位于中后部较小的心形闭肌痕，开肌痕中常具多对较弱纵脊。主基约占贝体长的1/6、宽的1/5；双叶型主突起限于背窗腔内，向腹后方强烈突伸；两个主突起叶冠部圆形，基部与两侧的铰窝脊相连；铰窝小，铰窝脊先小角度向侧前方延伸，在铰窝前方折向铰合缘；背窗台很弱，向前与肌隔相连；肌痕面纵长方形，后一对闭肌痕前方出现一对平行前延至肌痕面前端的侧隔板，侧隔板与肌隔共同构成典型的“三脊”现象；主脉管痕始于肌痕面前端，短暂前延便转弯分叉。除肌痕面外，两壳内表面均可见壳饰的反映。

4. 腹内模及其铸型；5. 腹内模及其铸型；6. 一枚背壳的内模和外模。登记号：4. NIGP142016（副模）；5. NIGP142018（副模）；6. NIGP142025（正模）。产地：浙江淳安姜吕塘剖面。层位：上奥陶统长坞组上部（Zhan et al.，2008；Rong et al.，2017）。

7　小圆淳安贝 *Chunanomena sembellina* Zhan et al.，2008

主要特征：与三脊淳安贝非常相近，主要区别在于该贝体更小，近圆形，腹壳近平，壳表常有不规则同心皱，主突起叶略呈叉状且更向后方突伸，背内一对侧隔板呈小角度前延而非平行，壳壁更薄。

腹内模（7a）及其铸型（7c）及其后部放大（7b），显示铰齿、齿板和肌痕面等构造特征。登记号：NIGP142048（正模）。产地：浙江淳安姜吕塘剖面。层位：上奥陶统长坞组上部（Zhan et al.，2008）。

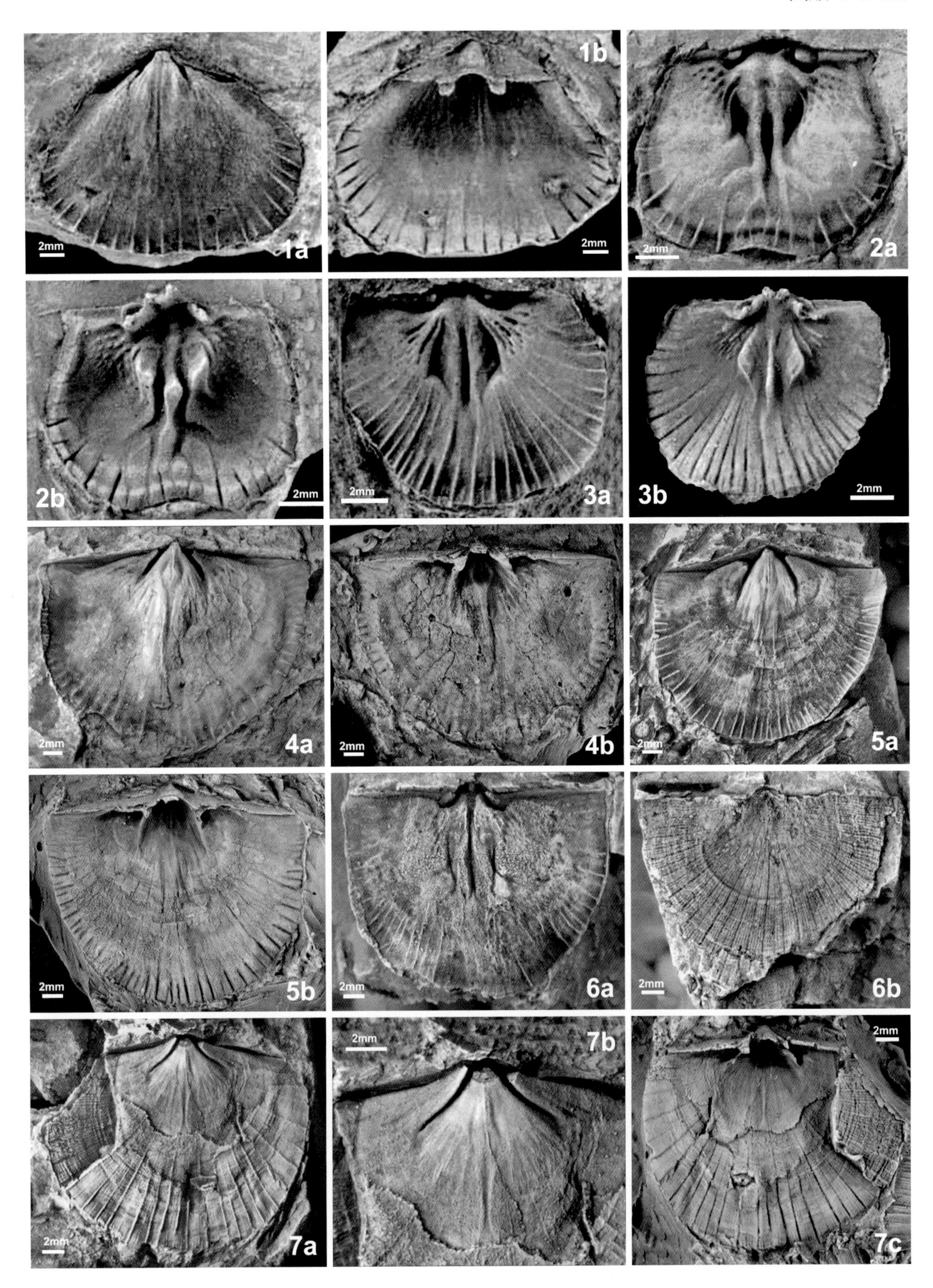
1a
1b
2a
2b
3a
3b
4a
4b
5a
5b
6a
6b
7a
7b
7c
2mm

图版 5-3-33　腕足动物

凯迪阶（上部）

1—3　小圆淳安贝 *Chunanomena sembellina* Zhan et al.，2008

主要特征：见图版5-3-32。

1. 腹外模及其铸型；2. 背内模；3. 一枚背壳的内模和外模。登记号：1. NIGP142048（正模）；2. NIGP142049（副模）；3. NIGP142051（副模）。产地：浙江淳安姜吕塘剖面。层位：上奥陶统长坞组上部（Zhan et al., 2008）。

4，5　中等侧脊贝 *Lateriseptomena modesta* Zhan et al.，2008

主要特征：贝体小至中等，稍拉长的半圆形，平凸且具短、弱的背向膝折；疏型壳线，同心微纹。铰齿壮，楔形，朝背方的一面具多对细小纵脊（细齿）；齿板高、薄，内倾，先向前侧延伸，后折向前并明显变低，近平行延伸至贝体中部，再次变弱并折向后中部，形成强烈双叶状的肌痕面外侧围脊；肌痕面约占壳宽的1/3、壳长的一半，前部呈强烈的双叶状，一对位于后中部的很小闭肌痕明显抬升于壳底，肌痕面后中部具一浅沟。主基大，双叶型主突起具两个很小的、限于背窗腔内的单脊状主突起叶，基部与铰窝脊分离；铰窝浅，开放，铰窝脊低、薄，先向前侧再折向铰合缘，铰窝底部具多对纵向细脊；一对侧隔板始于背窗腔前方，约30° 向前延伸接近贝体中部；肌痕面弱，横椭圆形，中部具一低宽肌隔，外侧具多对很弱的纵脊。除肌痕面外，两壳内表面均布满假疹，弱膝折处并无明显的边缘围脊。

4. 一枚内核的背视、腹视和后视；5. 背内模及其铸型。登记号：4. NIGP142062（副模）；5. NIGP142063（正模）。产地：浙江淳安姜吕塘剖面。层位：上奥陶统长坞组上部（Zhan et al.，2008；Rong et al.，2017）。

6，7　褶皱侧脊贝 *Lateriseptomena rugosa* Zhan et al.，2008

主要特征：与中等侧脊贝相似，主要区别在于该贝体一般较小，但更纵长，壳壁更薄，壳表常布满同心皱并在内表也清晰显示，铰窝脊并不明显向侧后方延伸，背内一对侧隔板夹角更小直至近平行，膝折不发育。

6. 背内模及其铸型；7. 一枚背壳的内模和外模。登记号：6. NIGP142068（正模）；7. NIGP128079（副模）。产地：浙江淳安姜吕塘剖面。层位：上奥陶统长坞组上部（Zhan et al.，2008）。

8—10　大型圣主贝（亲近种）*Christiania* aff. *magna* Sheehan，1987

主要特征：贝体小至中等，近方形或长椭圆形，凹凸型；壳表仅饰以同心微纹。腹壳后顶部常发育肉茎胼胝，铰齿很小，齿板不发育或很弱、薄、短；肌痕面深陷，近圆形，无外侧围脊，较大的开肌痕从外侧包围位于中后部的更加深陷的闭肌痕；一对主脉管痕始于开肌痕前端，小角度或近平行前延至贝体近前缘。主基小，背窗腔明显深陷，双叶型主突起由两个孤立的小主突起叶组成，与两侧的铰窝脊也不相连；铰窝小，铰窝脊低、薄、短，侧端稍膨大；背壳内具厚实高壮的两对侧隔板，内一对侧隔板始于背窗腔前方，后端有时会相连，外一对侧隔板始于肌痕面的外侧端，后端有时可与铰窝脊前侧端相连，同一侧的两对侧隔板在后部具一横板相连，前侧端有时会由较弱的边缘脊相连，后部的横板同时还是肌痕面的前侧围脊；中隔脊或中隔板有时发育，在贝体中后部，肌痕面前方；整个背壳内部的边缘围脊很弱，但普遍发育。除肌痕面外，两壳内表面均可见发育的假疹，特别是在贝体前缘处。

8. 一枚铰合个体的背视；9. 腹内模；10. 背内模。登记号：8. NIGP128081；9. NIGP128082；10. NIGP128083。产地：8. 浙江江山坛石乡木林垄剖面；9，10. 浙江江山店边剖面。层位：8. 上奥陶统长坞组上部；9，10. 上奥陶统下镇组上部（Sheehan，1987；Zhan & Cocks，1998）。

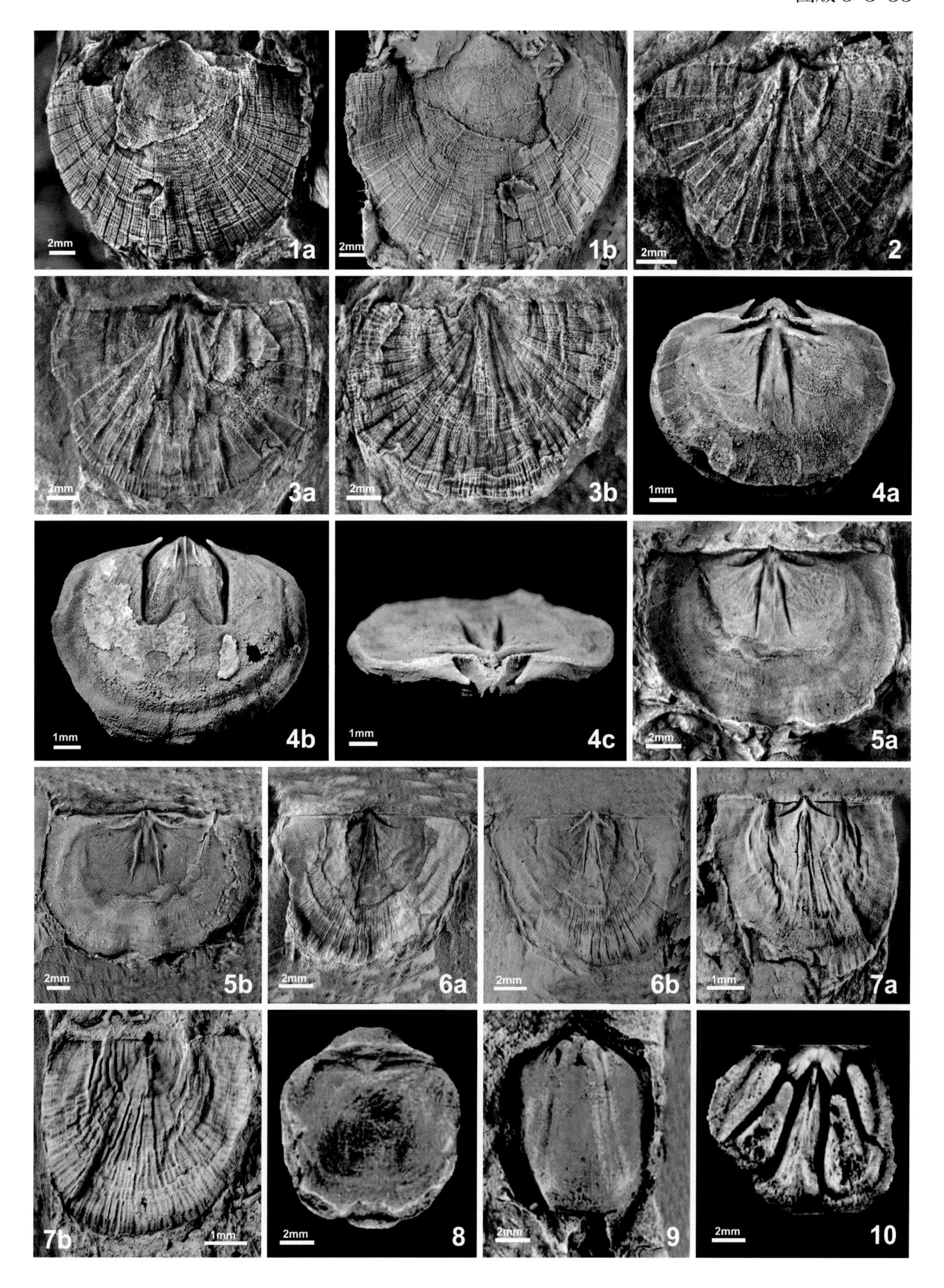
2mm
1a
2mm
1b
2mm
2
2mm
3a
2mm
3b
1mm
4a
1mm
4b
1mm
4c
2mm
5a
2mm
5b
2mm
6a
2mm
6b
1mm
7a
7b
1mm
2mm
8
2mm
9
2mm
10

图版 5-3-34　腕足动物

凯迪阶（上部）

1　单褶准东方凸贝 *Eosotrophina uniplicata*（Liang in Liu et al.，1983）

主要特征：贝体小至中等，横椭圆形至近五边形，背双凸；贝体中前部具强腹中槽和背中隆，前接合缘呈舌状；壳表光滑。铰齿块状，齿板发育，相向聚合成匙形台并在前部由双柱中隔板支撑；中隔板插入壳壁，向前延伸并超过贝体中部。铰窝浅，铰窝脊短、厚实；内铰板短、矮，外铰板高、长，两者均前延至贝体中部，相向聚合形成隔板槽，并由双柱中隔板支撑；一对异板很小、很短，但总存在；背中隔板延伸可达2/5壳长。

一枚铰合个体的侧视、后视、背视、腹视和前视。登记号：NIGP124530（地模）。产地：浙江江山店边剖面。层位：上奥陶统下镇组上部（刘第墉等，1983；詹仁斌和戎嘉余，1995；Zhan & Cocks，1998；Rong et al.，2017）。

2—5　江山铰合面房贝 *Deloprosopus jiangshanensis*（Liang in Liu et al.，1983）

主要特征：贝体中等至大，长椭圆形或圆三角形，腹双凸；腹、背铰合面发育但较窄，腹铰合面凹曲，腹壳具明显的后转面，腹壳喙强烈凹曲，腹、背三角孔均洞开；放射褶较稀疏，少数分叉或插入式增加1 ~ 2次；弱背中隆、腹中槽，前结合缘直缘型。铰齿小，齿板厚、长，相向聚合形成匙形台，并由一双柱中隔板支撑；中隔板楔入壳壁，在贝体中部与匙形台分离，双双继续前延一段距离。主突起缺失，铰窝小，铰窝脊薄、低；外腕板很短，近平行，向中部倾斜；内腕板长，向前侧延伸近1/5壳长；腕基突起（腕棒基）棒状，前2/3与腕板分离。

2. 背内模（2b）及其后视（2a）；3. 一枚铰合个体的侧视和背视；4. 一枚铰合个体的背视；5. 一枚铰合个体的侧视。登记号：2. NIGP128084；3. NIGP128085；4. NIGP128086；5. NIGP128087。产地：江西玉山祝宅剖面。层位：上奥陶统下镇组（刘第墉等，1983；Zhan & Cocks，1998；Jin et al.，2006；Rong et al.，2017）。

6—8　礼泉反轭螺贝 *Antizygospira liquanensis* Fu，1982

主要特征：贝体小，近圆形或长椭圆形，双凸型，腹中槽、背中隆均始于壳顶，中隆两侧具明显的深沟，前结合缘呈“W”形；壳褶稀疏，个别分叉或插入式增加1 ~ 2次，前缘处有时可见少量同心层。铰齿小，齿板薄、短，约75°向前延伸；肌痕面三角形，限于腹窗腔。主突起缺失，铰窝小；铰窝脊薄，向前侧延伸，略呈弧形；铰板强，向腹中部延伸不远；腕棒突起扁、短，腕螺少，常难以保存。

6. 一枚腹壳的外模和内模；7. 背内模；8. 一枚铰合个体的后视和侧视。登记号：6. NIGP128095；7. NIGP128096；8. NIGP128097。产地：江西玉山祝宅剖面。层位：上奥陶统下镇组（傅力浦，1982；Zhan & Cocks，1998；Rong et al.，2017）。

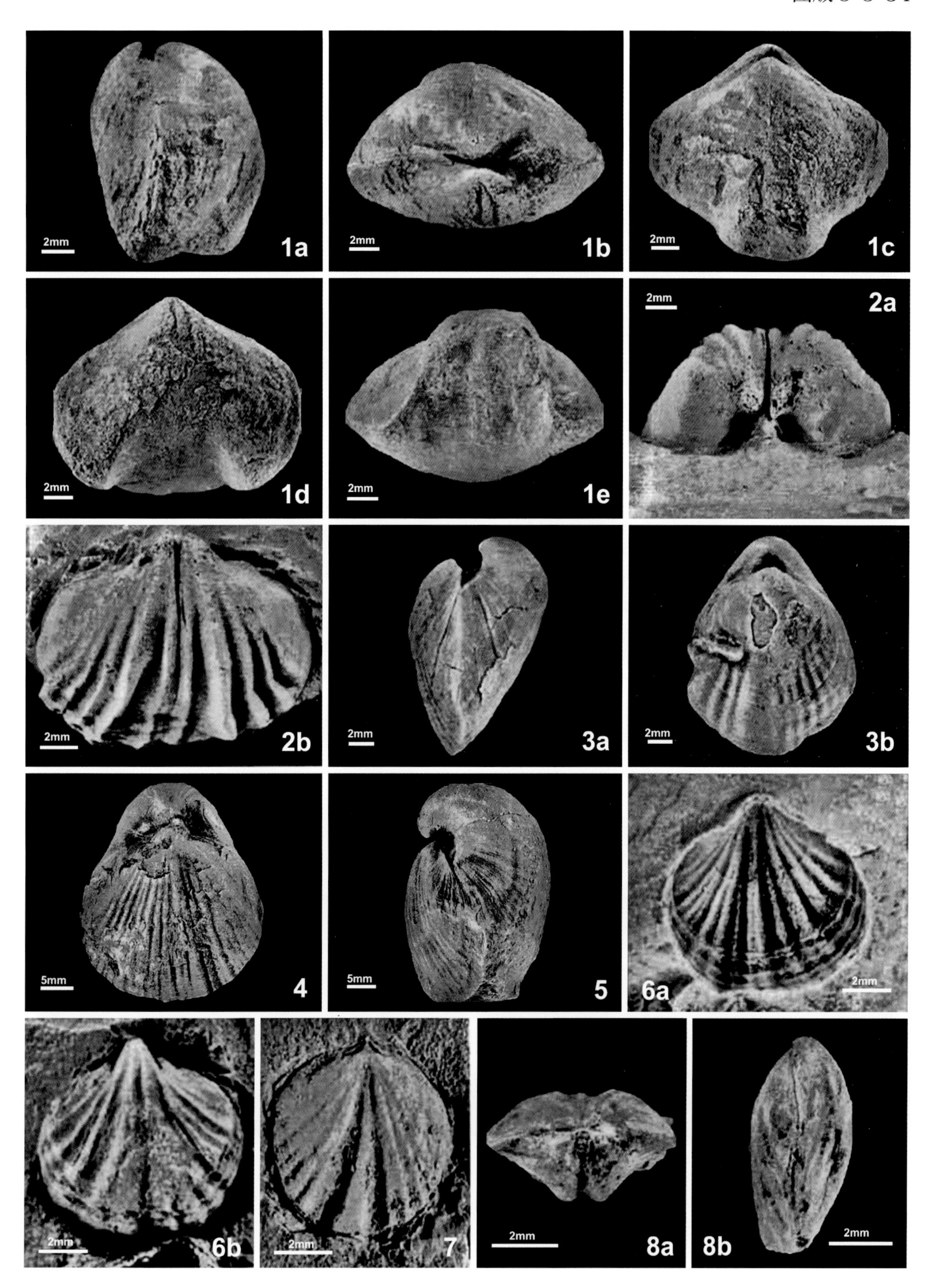
2mm
1a
2mm
1b
2mm
1c
2mm
1d
2mm
1e
2mm
2a
2mm
2b
2mm
3a
2mm
3b
5mm
4
5mm
5
2mm
6a
2mm
6b
2mm
7
2mm
8a
2mm
8b

图版 5-3-35　腕足动物

凯迪阶（上部）

1—3　浙江阿尔泰窗贝 *Altaethyrella zhejiangensis*（Wang，1964）

主要特征：贝体小至中等，横椭圆形至圆三角形，双凸，腹、背三角孔均洞开，肉茎孔顶孔型；强腹中槽、背中隆均始于壳顶；壳褶较少，始于壳顶，一般不分叉；中隆上常具4根壳褶，中槽内常具3根壳褶，但也有少数个体中槽内具1根（隆上2根）、2根（隆上3根）或4根（隆上5根）壳褶。铰齿小，齿板薄、短，向前侧延伸；肌痕面深陷，限于腹窗腔内。主突起细脊状，限于背窗腔后端；铰窝小，铰窝脊厚、低，内铰板厚、短，相互分离；肌痕面主要位于后顶部，很小，具低、宽肌隔。贝体前部可见壳褶在内表面的反映。

1. 一枚铰合个体的背视和前视；2. 一枚铰合个体的后视、侧视和前视；3. 一枚铰合个体的后视、背视、侧视和腹视。登记号：1. NIGP128090；2. NIGP128091；3. NIGP128092。产地：江西玉山下镇石燕山剖面。层位：上奥陶统下镇组上部（王钰和金玉玕，1964；刘第墉等，1983；Zhan & Cocks，1998）。

4，5　于浪始准携螺贝 *Eospirigerina yulangensis*（Liang in Liu et al.，1983）

主要特征：个体小至中等，横椭圆形，背双凸；腹中槽、背中隆发育，主要在贝体中前部，前结合缘呈舌状；壳褶稀少，仅个别分叉1～2次，分别出现在1/3和2/3壳长处，中槽内1～2根壳褶（中隆上2～3根）。铰齿壮，齿板薄、短，肌痕面小，三角形，限于腹窗腔内。主突起缺失，铰窝深，铰窝脊高；铰板发育，相互分离，近平行前延；中隔脊始于背窗腔，很短；腕棒突起弱，宽板状；腕螺难以保存。

4. 一枚铰合个体的前视、侧视、腹视、背视和后视；5. 一枚铰合个体的后视、腹视、背视和前视。登记号：4. NIGP128093；5. NIGP128094。产地：浙江江山仕阳尾剖面。层位：上奥陶统下镇组上部（刘第墉等，1983；Zhan & Cocks，1998）。

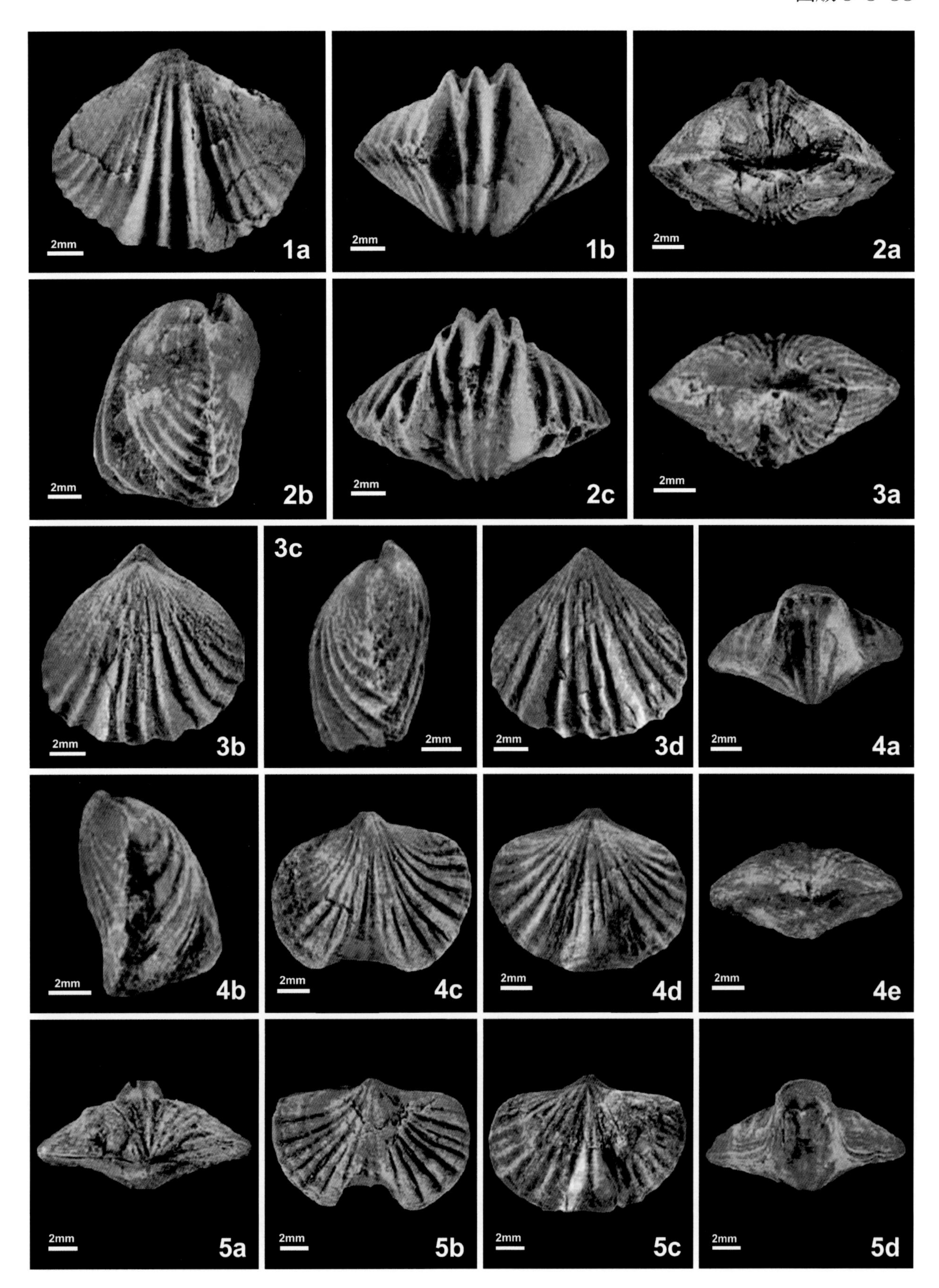
2mm
1a
2mm
1b
2mm
2a
2mm
2b
2mm
2c
2mm
3a
2mm
3b
3c
2mm
2mm
3d
2mm
4a
2mm
4b
2mm
4c
2mm
4d
2mm
4e
2mm
5a
2mm
5b
2mm
5c
2mm
5d

图版 5-3-36　腕足动物

凯迪阶（上部）

1—3　卵形卵螺贝 *Ovalospira ovalis* Fu，1982

主要特征：贝体小至中等，卵圆形，双凸型；背中隆、腹中槽弱至强，前结合缘从直缘型至明显舌状；无铰合面，腹三角孔具厚实双层窗板，肉茎孔顶孔型；壳褶稀疏，始于壳顶，不分叉也没有插入性增加，槽内一根、隆上两根。铰齿粗壮，齿板发育，近平行前延不远并构成肌痕面的外侧围脊；肌痕面三角形，限于腹顶腔内。主突起缺失；铰窝较深，内铰窝脊发育但特别短；铰板厚实，近平行延伸但不相连；腕棒基棒状，空悬前延且不足1mm；肌痕面深陷，位于贝体后部背顶腔前方，肌隔低、宽。

1. 一枚铰合个体的后视、前视、背视、腹视和侧视；2. 一枚铰合个体的前视和背视；3. 一枚铰合个体的前视、背视、后视、腹视和侧视。登记号：1. NIGP128099；2. NIGP128100；3. NIGP128101。产地：1，2. 江西玉山祝宅剖面；3. 浙江江山仕阳尾剖面。层位：1，2. 上奥陶统下镇组中部；3. 上奥陶统下镇组上部（傅力浦，1982；Zhan & Cocks，1998；Rong et al.，2017）。

4—6　先驱原始石燕 *Protospirifer praecursor*（Rong et al.，1994）

主要特征：贝体很小，通常3 ~ 5mm，近圆形或横椭圆形，双凸型；腹、背铰合面发育，腹、背三角孔均洞开；壳表饰以均匀分布的细密放射线和同心微纹，贝体前缘处每毫米有10 ~ 12根放射线。铰齿很小，齿板薄、短，小角度前延；肌痕面三角形，限于腹窗腔内，仅薄齿板作为其外侧围脊，无肌隔。主基很小，主突起缺失；铰窝小，向侧面开放；铰板弱、短，向前空悬；腕基突起棒状；肌痕面不显，位于背顶腔前方，很小；腕螺发育，1 ~ 4个螺环，无腕锁，但具微弱的腕锁突起。壳壁薄，除肌痕面外，两壳内表面常清晰显示壳饰。

4. 一枚铰合个体的背视；5. 一枚铰合个体的侧视；6. 一枚背壳的外模和内模，在外模标本的后部还可见同一个体的部分腹内模。登记号：4. NIGP124755；5. NIGP124756；6. NIGP128103。产地：江西玉山祝宅剖面。层位：上奥陶统下镇组下—中部（Rong et al.，1994；Zhan & Cocks，1998；Rong et al.，2017）。

2mm
1a
2mm
1b
2mm
1c
2mm
1d
2mm
1e
2mm
2a
2mm
2b
2mm
3a
2mm
3b
2mm
3c
2mm
3d
2mm
3e
1mm
4
1mm
5
1mm
6a
1mm
6b

图版 5-3-37 腕足动物

赫南特阶

1，2 基兰辛奈儿贝 *Kinnella kielanae*（Temple，1965）

主要特征：贝体小，近圆形或横椭圆形，腹双凸，腹壳铰合面高，腹、背三角孔均具窗板覆盖；密型壳线，部分较粗壳线中空。铰齿块状，楔形；齿板短、粗，或不发育，向两侧延伸很短；肌痕面近圆形，除齿板构成的后侧围脊外，无明显围脊；一对较大的三角形开肌痕包围位于中部的窄条状闭肌痕。主基强壮，主突起厚脊，纵贯背窗腔，冠部膨大，并分成双叶状，主突起叶顶面还具有多对细小横脊，主突起基部前延并与肌隔相连；铰窝很小，腕基块状，腕基支板短、厚，近平行前延，并很快变矮、变薄，折向中前部，聚于肌隔上；肌痕面梯形，两对闭肌痕均纵向棱形，后中部一对与前外侧一对基本等大。除肌痕面外，整个壳内表布满疹，贝体前部还可见壳饰的反映。

1. 腹内模的正视和侧视；2. 背内模及其后部放大，显示其主基构造。登记号：1. NIGP136755；2. NIGP136756。产地：湖北宜昌王家湾剖面。层位：上奥陶统观音桥层（Temple，1965；Rong，1984）。

3—5 波兰平月贝 *Paromalomena polonica*（Temple，1965）

主要特征：贝体小，稍拉长的半圆形，缓凹凸或近平凸，肉茎孔顶孔型，腹、背三角孔均具窗板覆盖；密型壳线，以插入或分叉方式增加，全部壳线近等粗细，同心纹均匀密布。铰齿小，齿板薄、短，以钝角向侧前方延伸，仅作为肌痕面的后侧围脊；肌痕面小，明显陷于壳底，除齿板外无其他外侧围脊；一对较大的开肌痕近圆形，从外侧包围位于中后部的小闭肌痕。主基很小，双叶型主突起的两叶很小，靠得很近，陷于背窗腔内；铰窝很小，铰窝脊薄、低，近130° 向侧前方延伸至不远处；肌痕面小，明显陷于壳底。除肌痕面外，两壳内表面布满假疹和壳饰的反映。

3. 腹内模；4，5. 背内模。登记号：3. NIGP136757；4. NIGP136758；5. NIGP136759。产地：湖北宜昌王家湾剖面。层位：上奥陶统观音桥层（Temple，1965；Rong，1984）。

6 粗线褶窗贝 *Plectothyrella crassicosta*（Dalman，1828）

主要特征：贝体中等至大，近圆形，强双凸；腹中槽、背中隆；棱脊状强壳褶不分叉，仅在壳顶前方插入式少量增加，同心层主要在贝体前部。铰齿小，齿板不发育；肌痕面深陷，横椭圆形，无明显外侧围脊，一对开肌痕包围位于中部的肾形闭肌痕。背顶腔深，主突起缺失；腕基块状，腕基支板很短，略朝前中部延伸并与肌隔相连形成不发育的隔板槽；腕基突起（腕棒突起）呈粗棒状，向腹后方强烈突伸，甚至达到壳长的一半；铰窝小，铰窝脊厚；肌痕面近圆形，在背窗腔前方有低、宽肌隔，肌痕面前方出现中隔板；中隔板薄、高，前延接近贝体前缘。部分贝体前部内表面可见壳饰的反映。

背内模。登记号：NIGP136760。产地：湖北宜昌王家湾剖面。层位：上奥陶统观音桥层（Rong，1984）。

7，8 中华难得正形贝 *Dysprosorthis sinensis* Rong，1984

主要特征：贝体小，近圆形，腹双凸；簇形壳线，多次分叉或插入。铰齿小，齿板薄，向前侧、前中延伸且变弱，构成肌痕面外侧围脊；肌痕面近圆形，三叶状，两侧的开肌痕略大于中部的闭肌痕。主突起单脊状，冠部膨大呈棒状，位于背窗腔的后顶部；铰窝很小，腕基发育但突起不强；腕基支板不发育或很短，近平行延伸；肌痕面很小，始于壳顶的中隔板有时不发育。除肌痕面外，整个壳内表面布满疹以及壳饰的反映。

7. 背内模；8. 腹内模。登记号：7. NIGP136761（地模）；8. NIGP136762（地模）。产地：湖北宜昌王家湾剖面。层位：上奥陶统观音桥层（Rong，1984）。

9 孤独德拉勃正形贝 *Draborthis caelebs* Marek & Havlíček，1967

主要特征：贝体小，近圆形，平凸型；密型壳线。铰齿小，齿板薄，向前侧延伸；肌痕面卵圆形，无前侧围脊。主突起单脊状，冠部膨大，基部与肌隔相连；铰窝小，腕基块状，腕基支板很短且近平行延伸；肌痕面大，接近一半壳长、1/3壳宽，后中部一对闭肌痕小于外前一对。除肌痕面外，贝体内表面布满疹以及壳饰的反映。

背内模。登记号：NIGP136763。产地：湖北宜昌王家湾。层位：上奥陶统观音桥层（Marek & Havlíček，1967；Rong，

1984）。

10　宜昌三重贝 *Triplesia yichangensis* Zeng，1977

主要特征：贝体中等，近圆形，双凸型，强腹中槽、背中隆，前结合缘舌状；壳表仅饰以同心纹。铰齿小，齿板薄，锐角向前侧延伸约占壳长的1/5；肉茎胼胝发育；肌痕面近三角形，明显陷于壳底，无前侧围脊。主突起强壮，呈叉形向腹后方强烈突伸；肌痕面不显。

腹内模。登记号：NIGP136764。产地：湖北宜昌王家湾剖面。层位：上奥陶统观音桥层（曾庆銮，1977；Rong，1984）。

11　龟形德姆贝 *Dalmanella testudinaria*（Dalman，1828）

主要特征：贝体小，近圆形，平凸型，弱背中槽；密型壳线，分叉和插入式增加。铰齿小，齿板薄、短，锐角或近直角向前侧延伸并形成肌痕面的后侧围脊；肌痕面小，近三角形，主要限于腹窗腔内，无前侧围脊。主基小，约占贝体长宽的1/6至1/5；主突起单脊状，限于背窗腔内，冠部分成双叶状；铰窝很小；腕基薄，约60° 前延，个别近平行；肌痕面纵长方形，明显抬升于壳底，前一对闭肌痕明显大于后一对。除肌痕面外，两壳内表面均覆以密集分布的疹和壳饰的反映。

背内模。登记号：NIGP136765。产地：湖北宜昌王家湾剖面。层位：上奥陶统观音桥层（Dalman，1828；汪啸风等，1983；Rong，1984）。

12，13　似锐重贝克利夫通贝 *Cliftonia oxoplecioides* Wright，1963

主要特征：贝体中等，近圆形，双凸型；腹中槽、背中隆，前结合缘强舌突；壳褶个别有分叉，或插入式增加，近等粗细，同心微纹均匀布满壳表。铰齿小，齿板薄，约75° 向前侧延伸至约1/6壳长；肌痕面近三角形，无前围脊，中部的闭肌痕略抬升于壳底。主突起叉状并向后腹方突伸，茎部短，腕基壮实，无支板；肌痕面位于背顶腔内，无围脊。除肌痕面外，两壳内表面均可见壳饰的反映（Wright，1963；汪啸风等，1983；Chen et al.，2006a）。

12. 背内模；13. 腹内模。登记号：12. NIGP136766；13. NIGP136767。产地：湖北宜昌王家湾剖面。层位：上奥陶统观音桥层。

14　末端埃月贝 *Aegiromena ultima* Marek & Havlíček，1967

主要特征：贝体小，半圆形，缓凹凸；密型壳线，较粗壳线多。铰齿小，无齿板；肌痕面双叶状，具发育有后侧围脊，泪滴状的开肌痕远大于位于中后部的一对小闭肌痕。主基约占壳宽的1/5，底切型主突起薄脊状，与两侧的铰窝脊相连；铰窝很小，铰窝脊大约130° 向前侧延伸至不远处；肌痕面近横方形，约占贝体长宽的1/3，前一对闭肌痕大于后一对，肌隔主要在肌痕面的中前部。除肌痕面外，两壳内表面布满密集的向前方突伸的较大假疹以及壳饰的反映（Marek & Havlíček，1967；汪啸风等，1983；Rong，1984）。

一枚铰合个体的背内模（上）和腹内模（下）。登记号：NIGP136768。产地：湖北宜昌王家湾剖面。层位：上奥陶统观音桥层。

15，16　疏线始齿扭贝 *Eostropheodonta parvicostellata* Rong，1984

主要特征：贝体小至中等，近圆形或拉长的半圆形，平凸型；密型壳线，近等粗细，插入和分叉式增加，同心微纹均匀布满壳表。铰齿小，齿板短、薄，近直角向前侧延伸；肌痕面弱，棱形，仅由齿板构成后侧围脊，一对三角形的开肌痕远大于位于中部的窄长闭肌痕。主基约为贝体的1/8长、1/6宽，主突起双叶状且限于背窗腔内，单脊状两叶以小角度向腹前方突伸，两侧与铰窝脊不相连；铰窝小，外侧开放；铰窝脊薄、低、短，约120° ；肌痕面小，略抬升于壳底，具低宽肌隔。除肌痕面外，两壳内表面均布满细小假疹和壳饰的反映。

15. 背内模；16. 腹内模。登记号：15. NIGP136769（地模）；16. NIGP136770（地模）。产地：湖北宜昌王家湾剖面。层位：上奥陶统观音桥层（Rong，1984；Chen et al.，2006a）。

17　厚欣德贝始端亚种 *Hindella crassa incipiens*（Williams，1951）

主要特征：贝体中等至大，近五边形，双凸型，壳表仅饰以同心微纹。铰齿小，齿板厚实，向前中部延伸并构成固着匙形台；肌痕面主要限于腹窗腔内，深陷，位于中部的窄长闭肌痕更深；肌痕面前方壳底出现一个向前逐渐变宽的凹槽，其两侧壳底是一对明显的脊状构造。主突起缺失，内铰板相连形成窄而深的隔板槽，有时具一中隔板支撑；腕锁发育，向后方呈弧形；腕螺发育，圈数因贝体大小而变化。

腹内模。登记号：NIGP136771。产地：湖北宜昌王家湾剖面。层位：上奥陶统观音桥层（Williams，1951；Rong，1984）。

18　三分薄皱贝 *Leptaena trifidum*（Marek & Havlíček，1967）

主要特征：贝体中等至大，横长方形，平凸或缓凹凸，前缘具短的背向膝折；密型壳线近等粗细，同心皱发育，特别是贝体中前部，但集中在体腔区，膝折上没有。铰齿小，齿板短、薄，近直角前延至肌痕面中部，然后折向前中部，形成肌痕面的外侧围脊；肌痕面长椭圆形或棱形，前部无围脊，一对三角形的开肌痕远大于位于中部的窄长闭肌痕。双叶型主突起小，两叶分离，限于背窗腔内，侧面与铰窝脊不相连；铰窝很小，向外侧开放；铰窝脊直、短、薄，约120° 向前侧延伸并构成肌痕面后侧围脊；肌痕面明显陷于壳底，棱形或纵长方形，约占贝体长宽的1/6，肌隔低、宽，前一对闭肌痕略大于后一对，有时会在肌痕面前方出现一延伸至贝体中部的弱中隔板。背向膝折通常只占贝体的1/5。除肌痕面外，两壳内表面均可见清晰的壳饰。

背内模。登记号：NIGP136772。产地：湖北宜昌王家湾剖面。层位：上奥陶统观音桥层（Marek & Havlíček，1967；Rong，1984；Chen et al.，2006a）。

19，20　箭形赫南特贝 *Hirnantia sagittifera*（M'Coy，1851）

主要特征：贝体大，近圆形，背双凸；密型壳线，多次分叉或插入式增加。铰齿粗壮，齿板薄，近直角向前侧延伸较短距离后迅速变弱、变低，并向前中部延伸构成肌痕面外侧围脊；肌痕面圆三角形或纵卵形，显著陷于壳底，一对开肌痕从侧面包围中部的三角形闭肌痕。主突起很小，限于背窗腔后部，冠部可出现一些细脊甚至可分为双叶状，主突起前方略抬升于壳底形成弱背窗台；腕基厚、短，铰窝小，向侧面开放；肌痕面方形，约占贝体长宽的1/5，无明显外侧围脊但界线清晰，中部具宽肌隔，前一对闭肌痕明显大于后一对。除肌痕面外，两壳内表面清晰显示壳饰。

19. 腹内模；20. 背内模。登记号：19. NIGP136774；20. NIGP136775。产地：湖北宜昌王家湾。层位：上奥陶统观音桥层（M'Coy，1851；Rong，1984；Chen et al.，2006a）。

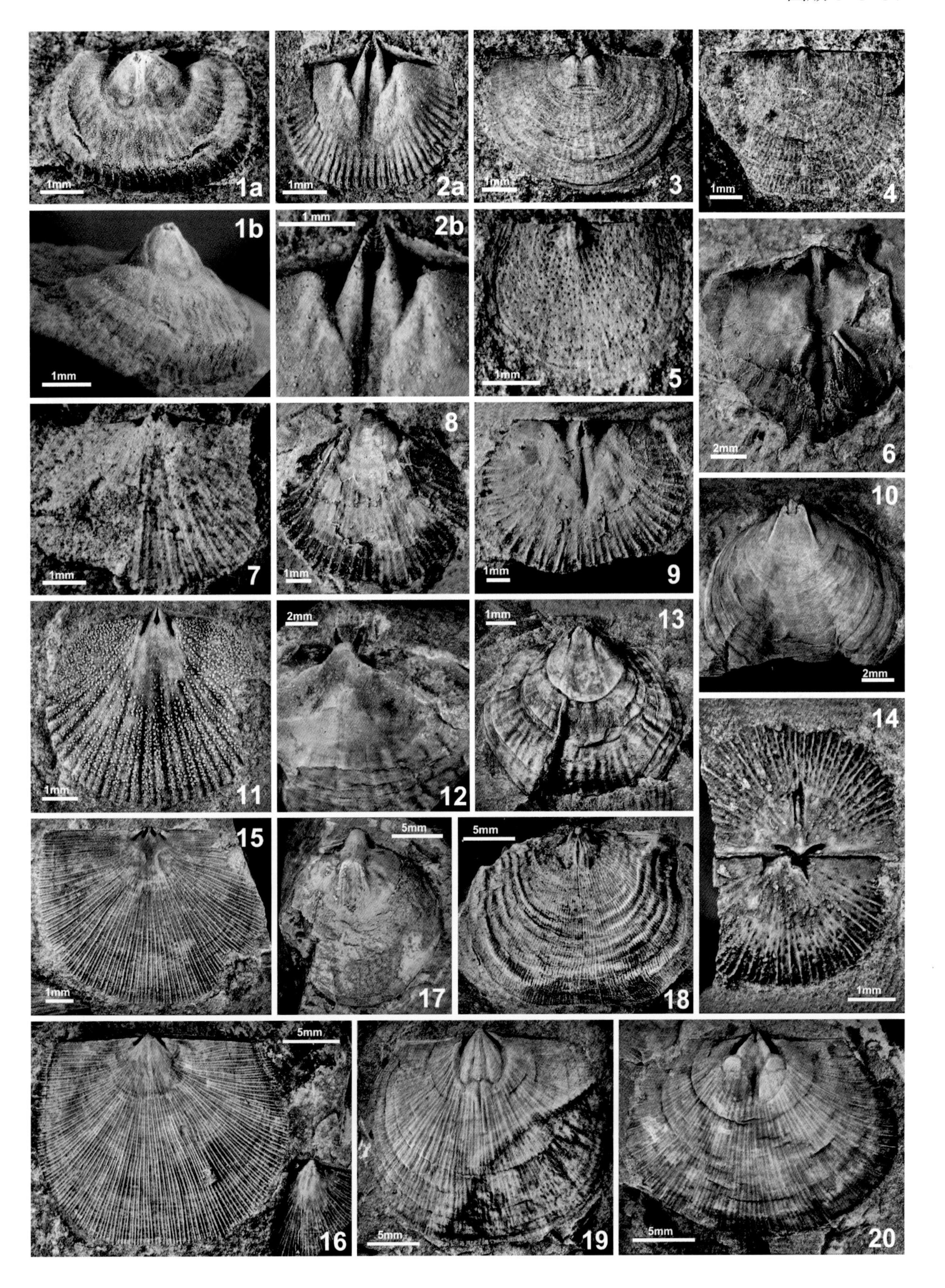
1a
1mm
2a
1mm
3
1mm
4
1mm
1b
1mm
2b
1 mm
5
1mm
6
2mm
7
1mm
8
1mm
9
1mm
10
2mm
11
1mm
12
2mm
13
1mm
14
1mm
15
1mm
17
5mm
18
5mm
16
5mm
19
5mm
20
5mm

5.4 三叶虫

三叶虫是一类已经灭绝的节肢动物，生活在寒武纪至二叠纪的海洋中。

三叶虫化石保存的通常是三叶虫的背壳。背壳纵向分成3部分：轴部和两个肋部。横向又分为3部分：头部、胸部和尾部。头部被一对面线（或称缝合线）分切成中间部分的头盖和两侧的活动颊。头盖又分为中间凸起的轴区和两侧的固定颊。胸部由许多可自由弯曲的体节所组成，体节数目可以从2节至40节，胸部的每一胸节是由位于中间的轴环节和在其两侧的肋节所组成。尾部系由背壳愈合而成的单一硬板。

三叶虫一直被认为是寒武纪演化动物群的主体门类。Adrain et al.（1998）将全球奥陶纪三叶虫进一步归类，将其划分成两个主要动物群，一类为Whiterock动物群，另一类为Ibex动物群。后者在早奥陶世显示高度分异，然后迅速衰落，并在奥陶纪末期群体灭绝事件中全部消亡；前者发生于早奥陶世，在中奥陶世辐射并迅速繁衍，进而度过奥陶纪末生物大灭绝难关，演化为志留纪动物群，其中部分支系还在泥盆纪、石炭纪或二叠纪得到发展或延续。Whiterock动物群是古生代演化动物群的重要组成部分，在古生代演化动物群的发生、发展、辐射和演化中扮演了一个不可或缺的重要角色。Adrain et al.（2004）进而又将Ibex动物群分成Ⅰ和Ⅱ两个部分，Ibex动物群Ⅰ仅在特马豆克早期繁衍发达，而Ibex动物群Ⅱ则在经历了早奥陶世晚期的一次辐射后才走向衰落；但总体上Ibex动物群只是寒武纪演化动物群在奥陶纪的延续，并不属于古生代演化动物群的研究范围。

三叶虫可能是古生代地理分布跨度最大的生物类群。国内外研究已经表明其生活的古纬度范围可以从赤道到极地，生活的古生态环境可以从近岸潮间带到大陆斜坡。

5.4.1 三叶虫基本结构

1. 头部

眼睛：三叶虫的视觉器官，分为复眼和聚合眼。

边缘沟：界定三叶虫头部边缘的沟。

侧边缘沟：面线以外的边缘沟。

侧边缘：侧边缘沟以外的部分。

侧缘：面线以外的头部外缘。

前边缘沟：面线前支以内的边缘沟。

头鞍前沟：背沟或轴沟的前方部分。

前缘：面线前支以内的头部外缘。

头鞍前节（又称头鞍前叶）：头鞍在最前方头鞍沟之前的部分。

前坑：头鞍前侧角附近，轴沟上的小凹坑。

眼脊：突起的条带，从眼叶的前端到头鞍的前侧角或前侧角之后。

眼叶沟：眼叶和固定颊之间的沟。

眼叶：眼叶沟以外的固定颊部分。

轴沟（又称背沟）：界定头鞍的沟。

头盖：面线以内的部分。

面线后段（又称面线后支）：面线在眼叶之后的部分。

侧头鞍沟（又称头鞍侧沟）：头鞍上成对的沟。

颈沟：界定颈环前缘的沟。

中颈瘤：颈环中部的瘤。

颈前头鞍节（又称第一对头鞍节、第一对头鞍侧叶）：颈环之前的第一对头鞍侧叶。

侧头鞍节（又称头鞍侧叶）：两对头鞍侧沟之间的部分。

后边缘沟：头盖两侧在面线以内的边缘沟。

后边缘：头盖两侧在后边缘沟之后的部分。

颊刺：颊部的刺。

2. 腹部

腹边缘板：头部中部腹部的边缘。

唇瓣（又称口板）：头鞍前部下方的甲板。

腹边缘：背甲向腹面的延伸部分。

3. 尾部

肋区：尾轴以外的两侧部分。

关节半环：轴环节前端半椭圆形或半圆形的关节部分。

轴节：尾轴的节。

肋节：肋区的节。

间肋沟：肋节之间的沟。

肋区边缘刺：肋区对应的边缘刺。

肋沟：肋节上的沟。

后刺：后部的边缘刺。

关节面：肋节前外侧急剧向倾斜的部分。

边缘：边缘沟以外的部分。

边缘沟：界定边缘的沟。

轴沟（又称背沟）：界定尾轴的沟。

尾刺：从尾轴延伸出来的刺。

轴末区（又称末节）：尾轴的最后一节。

肋节后带：肋节上肋沟之前的部分。

肋节前带：肋节上肋沟之后的部分。

4. 三叶虫结构图解

三叶虫结构图解见图5-22至图5-24。

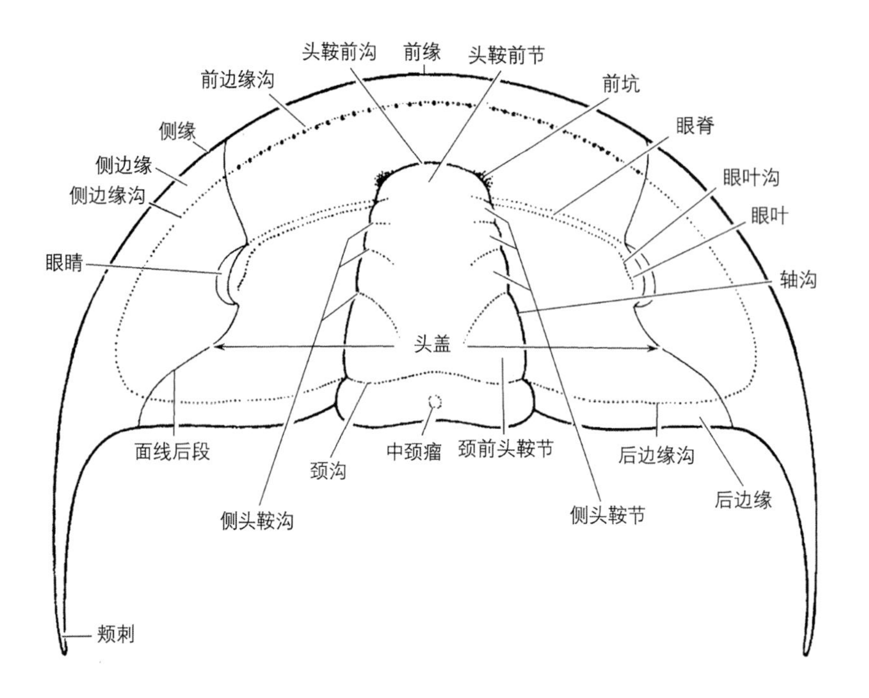

图 5-22　典型褶颊虫目三叶虫头部构造。引自 Harrington et al.（1959）（见林天瑞，2017）

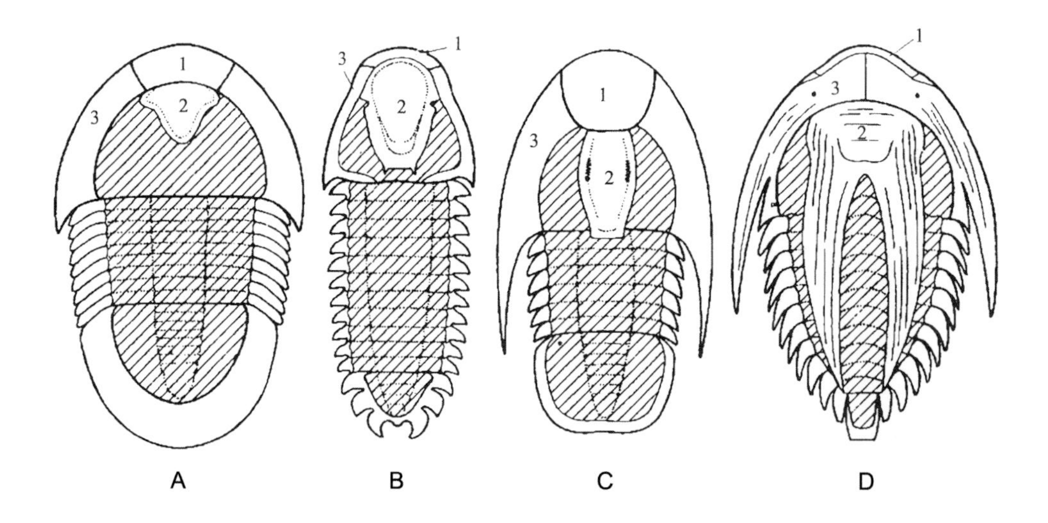

图 5-23　不同类型三叶虫的腹面，斜线表示外壳腹面部分。引自 Harrington et al.（1959）（见林天瑞，2017）。A. *Stygina latifrons*，爱尔兰晚奥陶世，×1.7；B. *Cheirurus gibbus*，波希米亚志留纪，×0.65；C. *Phillipsinella parabola*，苏格兰晚奥陶世，×4；D. *Hypodicranitus striatulus*，美国纽约州晚奥陶世，×1.6。1. 腹边缘板；2. 唇瓣；3. 腹边缘

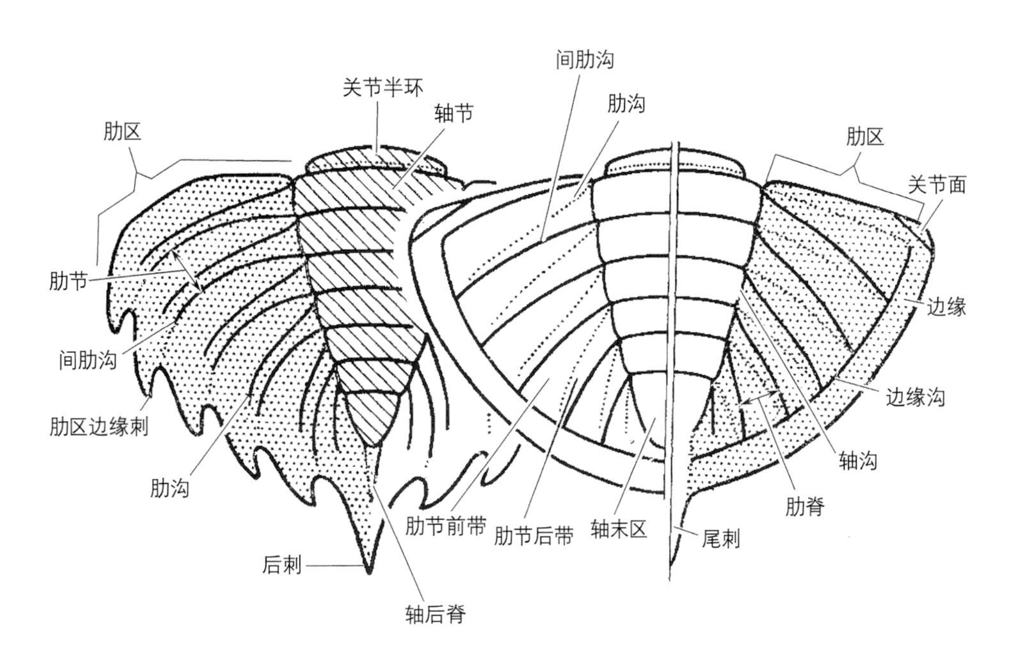

图 5-24 三叶虫腹部和尾部构造图解。引自 Harrington et al.（1959）（见林天瑞，2017）

5.4.2 三叶虫图版及说明

本书三叶虫标本保存在中国科学院南京地质古生物研究所（登记号前缀NIGP）、西安地质矿产研究所（登记号前缀XIG）及武汉地质矿产研究所（登记号前缀WIGM）。

本书所示的三叶虫化石有一部分产自宝塔组地层，对该套地层过去使用过不同的岩石地层划分方案，其中周志强等（1999）将宝塔组范围扩大，定义为包括达瑞威尔期—凯迪中期的地层，自下而上包括牯牛潭段、庙坡段/大田坝段、普溪河段（狭义宝塔组）、临湘组/涧草沟组。后来，周志强等（2016）根据岩性，又分地区重新厘定了宝塔组的含义。本书为避免混淆和歧义，在湘、鄂、渝、黔等地区使用狭义宝塔组概念，对中、上奥陶统地层自下而上划分为牯牛潭组、庙坡组（或大田坝组）、宝塔组、临湘组（或涧草沟组）；在陕南、川北等地采用广义宝塔组概念（“宝塔组”，加引号以示区别），分下、中、上部，分别相当于大田坝组、宝塔组（狭义）、临湘组。

图版 5-4-1　三叶虫

特马豆克阶

1　开展朝鲜虫 *Chosenia divergens* Lu，1975

主要特征：光盖虫科三叶虫，头鞍沟极不显著，头鞍前端两侧有前坑。

头盖，背视；采集号：DP1。产地：湖北宜昌。层位：特马豆克阶分乡组。

2，3，5，12　宽裸头虫 *Psilocephalina lata* Lu，1975

主要特征：头盖宽，具头鞍中疣。尾部宽并呈亚梯形，尾轴宽锥形，前缘占尾宽的1/3，向后急剧缩小，具5 ~ 6个轴环节和1个末节，边缘沟不显。

2. 头盖，背视；3. 尾部，背视；5. 尾部，背视；12. 尾部，背视。采集号：2，3，5. DP1；12. OL-63。产地：2，3，5. 湖北宜昌；12. 湖北松滋。层位：特马豆克阶分乡组。

4　斑点栉壳虫 *Asaphopsis granulatus* Hsü，1948

主要特征：尾部外形为圆三角形，尾轴长锥形，肋部有6个肋叶，尾边缘窄，边缘沟不显，后侧刺细而长。

尾部，背视。采集号：OL-13。产地：湖北松滋。层位：特马豆克阶南津关组。

6　长小桐梓虫 *Tungtzuella elongata* Lu，1975

主要特征：头鞍长，沿纵向略隆起成脊状线。头鞍沟完全缺失。后侧翼外形近1/4圆形。后边缘沟宽而浅。

头盖，背视；采集号：OL-63。产地：湖北松滋。层位：特马豆克阶分乡组。

7，10　万凉亭虫（未定种）*Wanliangtingia* sp.

主要特征：头鞍近长方形，中部扩大，3对头鞍沟。前边缘沟内有一排小坑。眼叶中等大小，靠近背沟。

7. 头盖，侧视；10. 头盖，背视。采集号：OL-11。产地：湖北松滋。层位：特马豆克阶南津关组。

8，9　四川假隐头虫 *Pseudocalymene szechuanensis*（Lu，1959）

主要特征：头鞍亚柱形，中部略收缩，向前延伸到前边缘沟，无头鞍沟。背沟宽而深。尾部半圆形，尾轴向后微微收缩，具7节轴节和1节末节，肋部分5节。

8. 头盖，背视；9. 尾部，背视。采集号：OL-20。产地：湖北松滋。层位：特马豆克阶南津关组。

11　指纹形指纹头虫 *Dactylocephalus dactyloides* Hsü，1948

主要特征：头鞍具有指纹状同心圆线纹，头鞍沟不明显，眼叶大，位于头鞍中部。

头盖，背视，登记号：NIGP16762。产地：湖北宜昌。层位：特马豆克阶南津关组。

图11标本由卢衍豪（1975）首次发表，其余由袁文伟等（2000）首次发表。

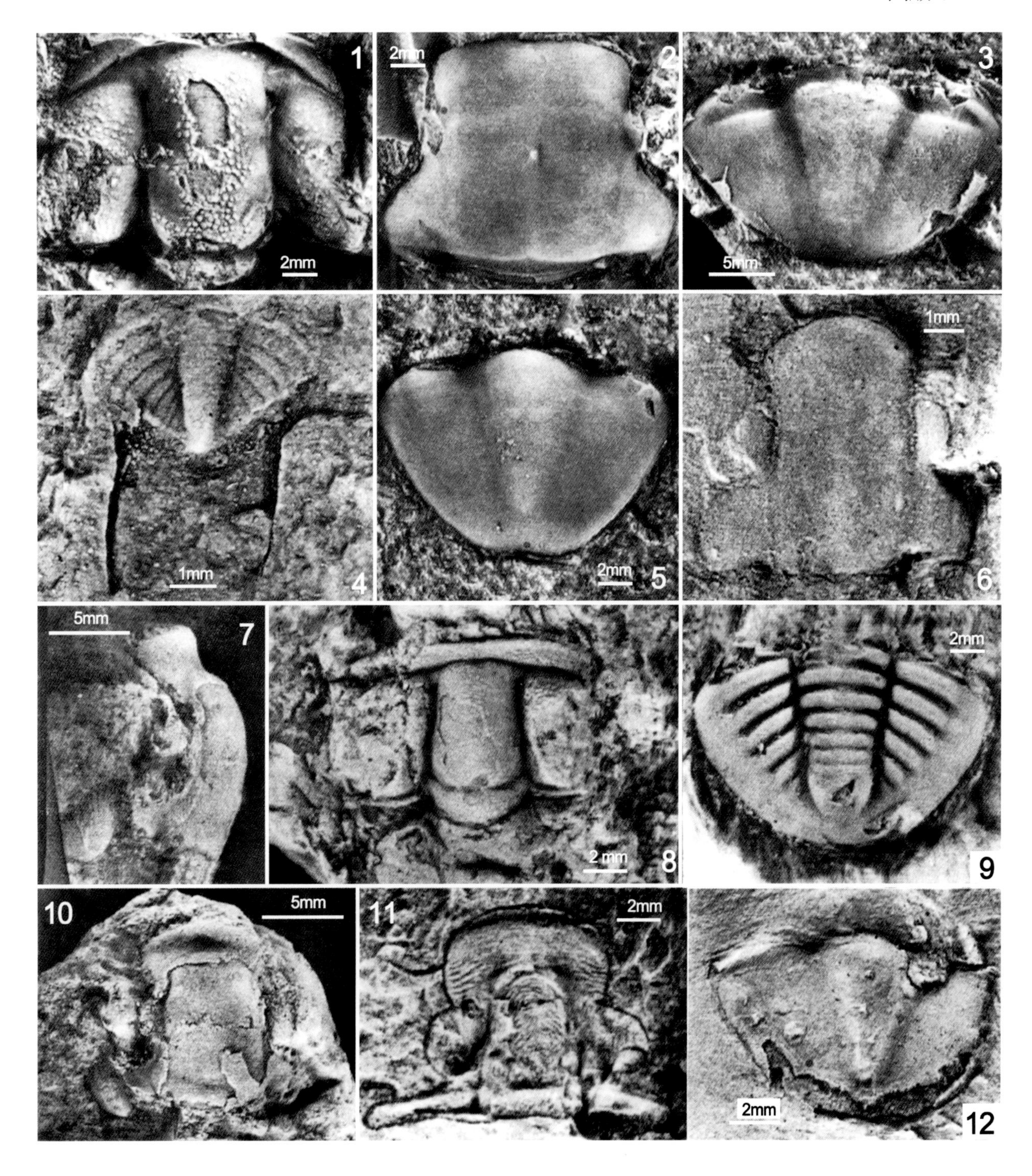
1
2mm
2mm
2
3
5mm
1mm
4
2mm
5
1mm
6
5mm
7
2 mm
8
2mm
9
10
5mm
11
2mm
2mm
12

图版 5-4-2　三叶虫

特马豆克阶

1—4　胖大霍斯佩斯虫 *Hospes pinguis* Peng，1990

主要特征：头盖宽，头鞍呈向前收缩的梯形。胸部6节胸节。尾部近三角形，肋部4节。

背甲，背视。登记号：1. NIGP108062；2. NIGP108064；3. NIGP108065；4. NIGP108066。产地：湖南桃源。层位：特马豆克阶马刀堉组。

5，6　窄缘后玉屏虫 *Metayuepingia angustilimbata* Liu，1977

主要特征：头鞍长方形，中部略收缩，前端圆润，无头鞍沟。固定颊窄，后侧翼宽。胸部分8节。尾部半椭圆形，尾轴宽而短，具4个轴节和1个末节，肋部光滑不分节。

背甲，背视。登记号：5. NIGP108172；6. NIGP108189。产地：湖南桃源。层位：特马豆克阶马刀堉组。

7　东方美丽饰边虫 *Euloma orientale* Liu，1977

主要特征：头盖近四边形。头鞍梯形，向前略收缩，具3对头鞍侧沟。尾部宽是长的4倍，具2节轴节和1节末节。

背甲，背视。登记号：NIGP108054。产地：湖南桃源。层位：特马豆克阶马刀堉组。

8　宽边幻影头虫 *Apatocephalus latilimbatus* Peng，1990

主要特征：头鞍铃形，前叶长，具3对头鞍侧沟，眼叶区小，眼叶沟和背沟几乎重合。前边缘近三角形。

头盖，背视。登记号：NIGP108145。产地：湖南桃源。层位：特马豆克阶马刀堉组。

9　亚梯形栉壳虫 *Asaphopsis subtrapezius* Peng，1990

主要特征：头盖前边缘前突，鞍前区宽（纵向），头鞍近梯形，具一对前坑，前坑位于眼脊之后。

头盖，背视。登记号：NIGP108202。产地：湖南桃源。层位：特马豆克阶马刀堉组。

10，11　尖额舒马德虫 *Shumardia acutifrons* Liu，1977

主要特征：头盖半圆形，横向凸。背沟深而清晰。前叶向外侧展开。尾部椭圆形，宽是长的2倍，尾轴具3节环节和1个末节。

10. 头盖，背视；11. 尾部，背视。登记号：10. NIGP108078；11. NIGP108081。产地：湖南桃源。层位：特马豆克阶马刀堉组。

该图版标本由Peng（1990）首次发表。

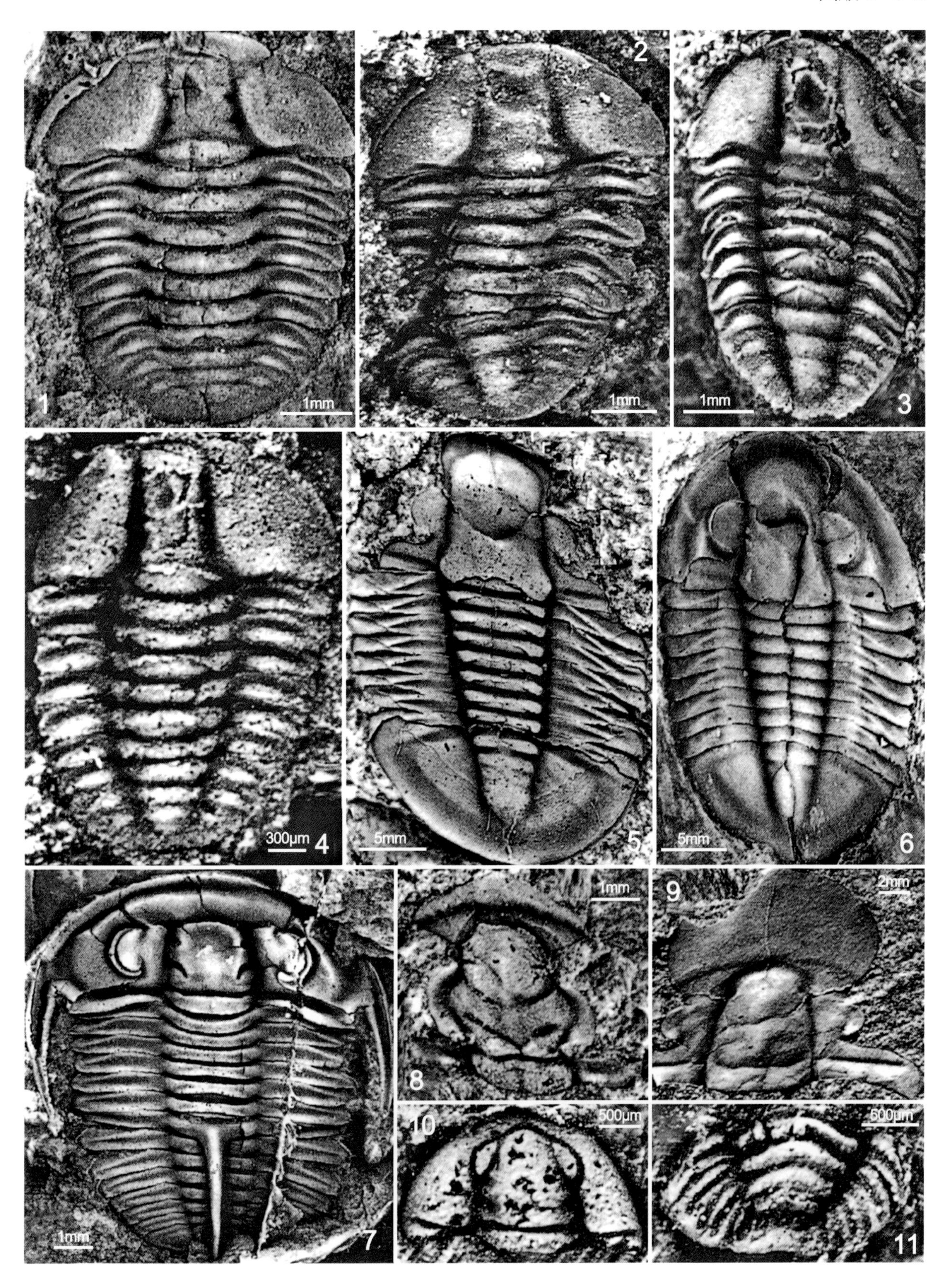
1
1mm
2
1mm
1mm
3
300μm
4
5mm
5
5mm
6
1mm
7
1mm
8
2mm
9
10
500μm
600μm
11

图版 5-4-3　三叶虫

弗洛阶—达瑞威尔阶

1　宽假隐头虫 *Pseudocalymene transversa*（Lu，1975）

主要特征：头盖宽，近长方形。头鞍向前略变窄，具3对头鞍侧沟。头鞍具前坑。

不完整头盖，背视。登记号：NIGP133780。产地：湖北宜昌。层位：弗洛阶大湾组。标本由图凡伊和周志毅（2002）首次发表。

2，6，7　瓦考特宝石虫 *Nileus walcotti* Endo，1932

主要特征：头部近肾状，颊角圆润。头鞍宽，两侧近平行。眼大，半圆形。尾部半圆形，肋部无沟。

2. 头部，背视；6. 尾部，背视；7. 胸尾部，背视。登记号：2. NIGP80751；6. NIGP133784；7. NIGP80753。产地：2，7. 新疆柯坪；6. 湖北宜昌。层位：2，7. 大坪阶—达瑞威尔阶大湾沟组；6. 大坪阶大湾组。标本2和7由Zhou et al.（1998）首次发表，标本6由图凡伊和周志毅（2002）首次发表。

3，4，5，8　三瘤小褶尾虫 *Mioptychopyge trinodosa*（Zhang，1981）

主要特征：头部半椭圆形，颊刺基部宽。面线前支微扩张。尾轴均匀收缩，腹边缘宽。

3. 头胸部，背视；4. 尾部，背视；5. 尾部，背视；8. 尾部，背视。登记号：3. NIGP80739；4. NIGP80738；5. NIGP80735；8. NIGP80737。产地：新疆柯坪。层位：大坪阶—达瑞威尔阶大湾沟组。标本由Zhou et al.（1998）首次发表。

9　吉纳斯纳卡卡罗林虫 *Carolinites genacinaca* Ross，1951

主要特征：头鞍凸，前缘呈直线。颈沟深。固定颊内后角有一大瘤。

头盖，背视。登记号：NIGP133773。产地：湖北宜昌。层位：弗洛阶—达瑞威尔阶大湾组。标本由图凡伊和周志毅（2002）首次发表。

10　舒氏大洪山虫 *Taihungshania shui* Sun，1931

主要特征：尾部长方形，中轴窄，14～16个轴节，后边缘平，宽度相等。

尾部，背视。登记号：NIGP134006。产地：陕西宁强。层位：弗洛阶—大坪阶赵家坝组。标本由Turvey（2007）首次发表。

11　方方尾虫 *Microparia*（*Quadratapyge*）*quadrata* Liu，1988

主要特征：头鞍抛物线形，头鞍沟不明显。尾部两侧近平行，第一轴节沟清晰，尾边缘宽。

尾部，背视。登记号：NIGP134021。产地：湖南热市。层位：达瑞威尔阶紫台组。标本由Turvey（2007）首次发表。

12，13　李希霍芬汉中三瘤虫 *Hanchungolithus richthofeni*（Kayser，1883）

主要特征：头鞍大棒状，3对头鞍侧沟。头部具眼粒和眼脊。饰边平，前部窄，具很多不规则排列的小坑。尾部短，具6～7个轴节。

12. 头部，背视；13. 尾部，背视。登记号：12. NIGP134060；13. NIGP134068。产地：陕西宁强。层位：大坪阶赵家坝组。标本由Turvey（2007）首次发表。

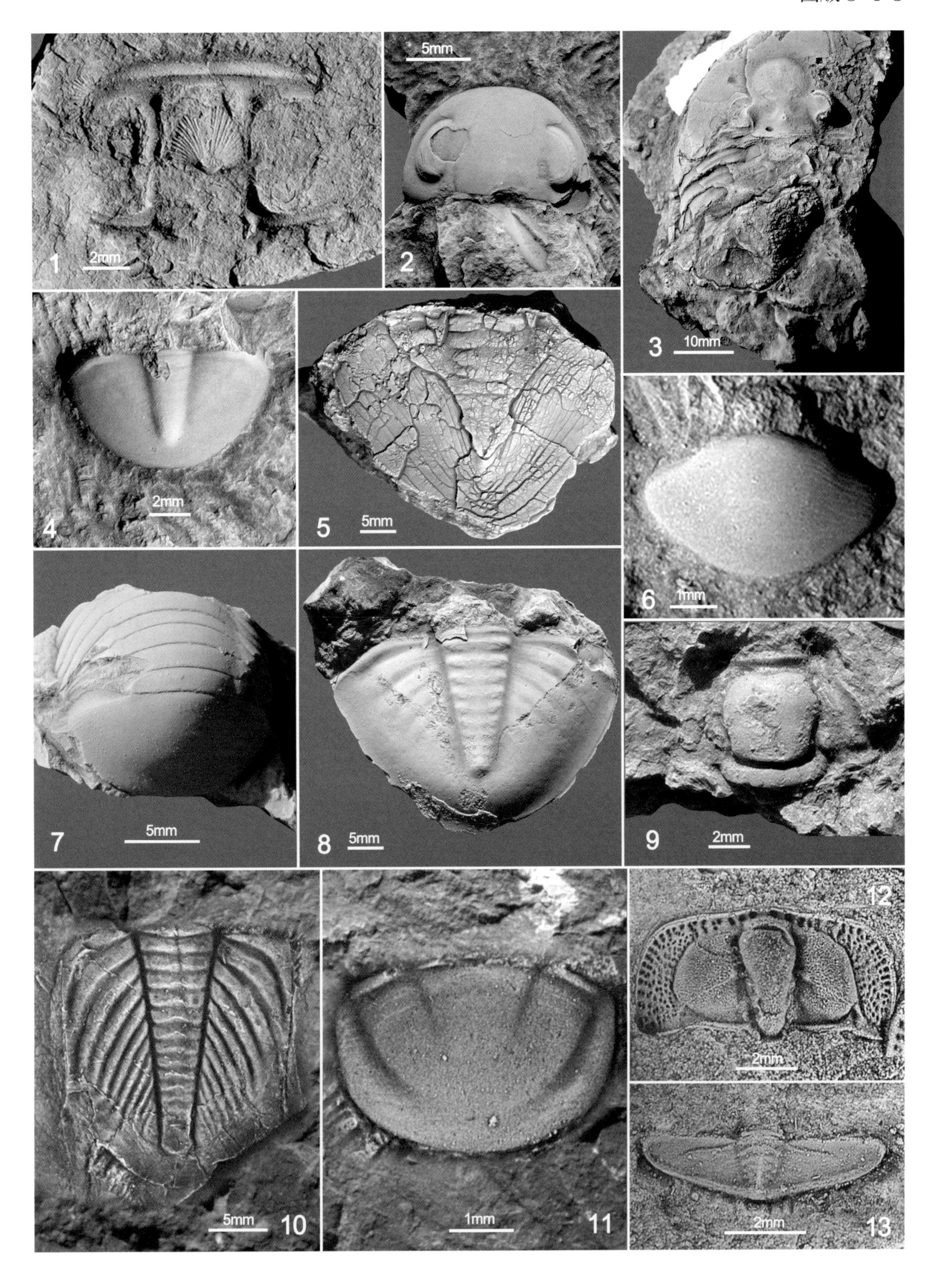
1
2mm
2
5mm
3
10mm
4
2mm
5
5mm
6
1mm
7
5mm
8
5mm
9
2mm
10
5mm
11
1mm
12
2mm
13
2mm

图版 5-4-4　三叶虫

大坪阶—达瑞威尔阶

1，5，6　汉南奥格玛栉虫 *Ogmasaphus hannanicus*（Lu，1957）

主要特征：头部半圆形。头鞍凸起，无头鞍沟。眼叶中等大小，位置靠后。尾部半圆形，尾轴宽。

1. 头部，背视；5. 尾部，背视；6. 不完整背甲，背视。登记号：1. NIGP80724；5. NIGP80723；6. NIGP80725。产地：新疆柯坪。层位：大坪阶大湾沟组。

2，3　椭圆形半球形虫 *Sphaerocoryphe*（*Hemisphaerocoryphe*）*elliptica*（Lu，1975）

主要特征：头部半椭圆形，强烈凸起。前2对头鞍沟不显著，后一对强烈向后拱曲。壳面具小瘤。

头胸部，后背视、背视。登记号：NIGP80770。产地：新疆柯坪。层位：达瑞威尔阶大湾沟组。

4，7　大型光大壳虫 *Liomegalaspides major*（Zhang，1981）

主要特征：头部次三角形，颊刺基部窄，背沟后端弱。尾部分节弱，中轴微凸，向后变窄。背沟浅而宽。

尾部，背视。登记号：4. NIGP807437；7. NIGP80742。产地：新疆柯坪。层位：达瑞威尔阶大湾沟组。

8—10　方形假隐头虫 *Pseudocalymene quadrata*（Lu，1975）

主要特征：背甲卵形。头盖次方形，头鞍两侧大致平行，具3对头鞍侧沟。眼小。尾部半圆形，中轴窄、强凸，末端到尾边缘后缘距离短，轴节和肋节各7节。

8. 尾部，背视；9. 活动颊，背视；10. 尾部，背视。8. NIGP80716；9. NIGP80714；10. NIGP80715。产地：新疆柯坪。层位：大坪阶—达瑞威尔阶大湾沟组。

11—13　新疆正安虫 *Zhenganites xinjiangensis*（Zhang，1981）

主要特征：头鞍窄，具中瘤，前度钝圆。眼大，位置后。尾部后端宽圆，中轴向后收缩明显，具7节轴节和1节末节。尾边缘宽而平。

11. 尾部，背视；12. 尾部，背视；13. 头胸部，背视。登记号：11. NIGP80732；12. NIGP80730；13. NIGP80731。产地：新疆柯坪。层位：大坪阶—达瑞威尔阶大湾沟组。

该图版标本由Zhou et al.（1998）首次发表。

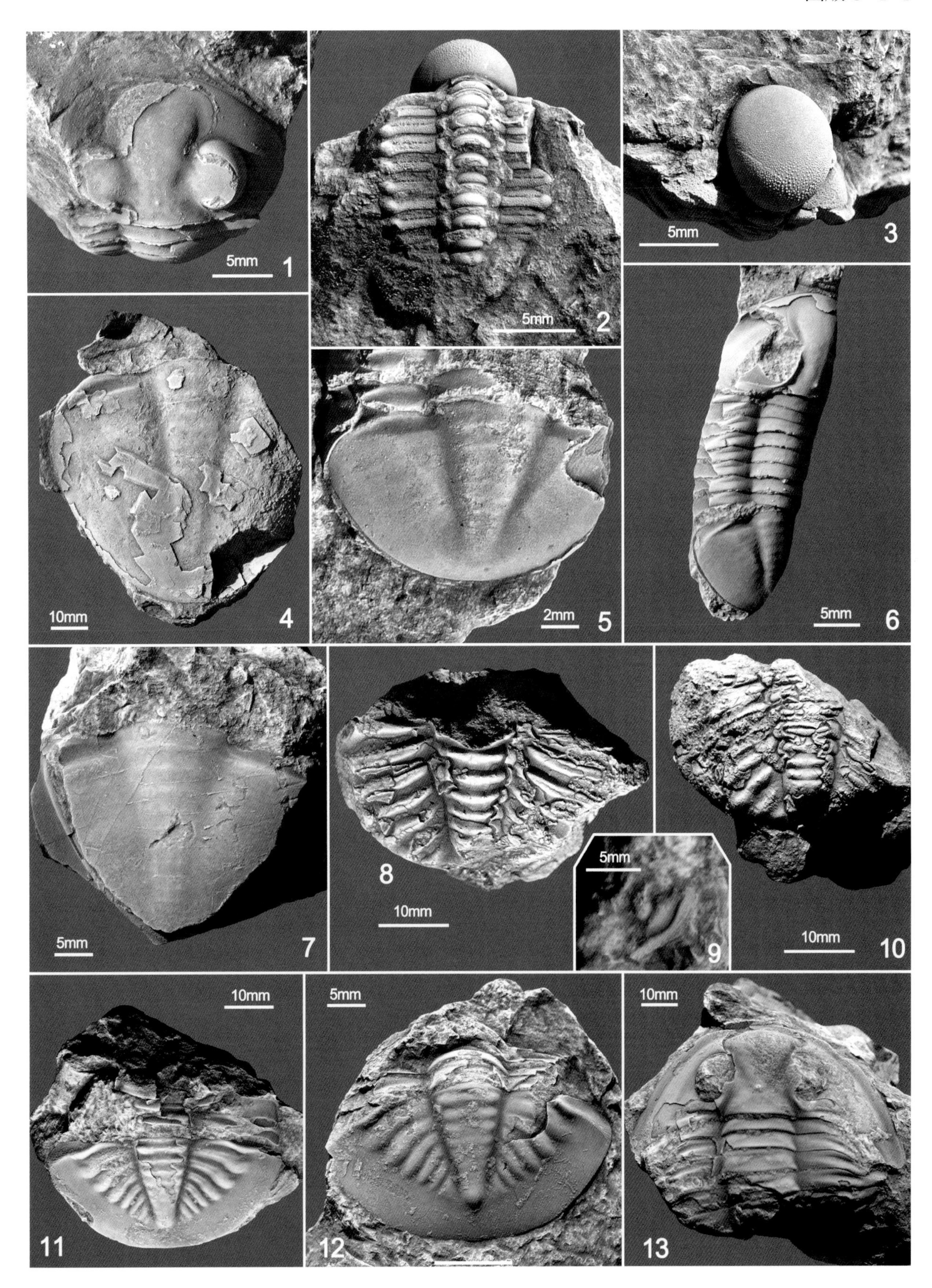
5mm
1
5mm
2
5mm
3
10mm
4
2mm
5
5mm
6
5mm
7
8
10mm
5mm
9
10mm
10
10mm
11
5mm
12
10mm
13

图版 5-4-5　三叶虫

弗洛阶—达瑞威尔阶

1，6—9　短头缅甸虫 *Birmanites brevicus* Xiang & Zhou，1987

主要特征：头鞍除基底叶外，呈梨形，强烈凸起，前端平切。3对头鞍沟。外边缘急剧向前收缩，伸出一向前上翘的头盖前刺。眼叶小。尾轴和尾肋分别凸起，尾轴具4节环节和1节末节。

1. 头胸部，背视；6. 头胸部，背视；7，9. 卷曲的背甲，背视；8. 背甲，背视。登记号：1. NIGP80717；6. NIGP80721；7，9. NIGP80719；8. NIGP80722。产地：新疆柯坪。层位：达瑞威尔阶大湾沟组。标本由Zhou et al.（1998）首次发表。

2　光滑九溪虫 *Jiuxiella laevigata* Liu，1977

主要特征：头部半圆形，后边缘沟深，颈环短，头鞍强烈凸起，具眼脊。胸部具6节胸节。

头胸部，背视。登记号：NIGP134089。产地：湖南九溪。层位：达瑞威尔阶九溪组。标本由Turvey（2005）首次发表。

3，5　始原始卵形头虫 *Ovalocephalus eoprimitivus* Zhou & Zhou，2008

主要特征：头鞍缓慢向前增宽，缺失横穿头鞍的基底头鞍沟，第2～4对头鞍沟长。眼叶位置靠后。尾部有5个轴节和5对肋脊，轴后区长，约占尾部长度的35%。

3. 头盖，背视；5. 头盖，背视。登记号：3. YIGM070114；5. NIGP133781。产地：3. 湖北宜昌黄花场剖面；5. 湖北宜昌大坪剖面（陈家河剖面）。层位：弗洛阶大湾组下段。标本由图凡伊和周志毅（2002）首次发表，周志毅和周志强（2008）厘定。

4，10　新疆正安虫 *Zhenganites xinjiangensis*（Zhang，1981）

主要特征：头鞍窄，具中瘤，前度钝圆。眼大，位置靠后。尾部后端宽圆，中轴向后收缩明显，具7节轴节和1节末节。尾边缘宽而平。

4. 头胸部，背视；10. 尾部，背视。登记号：4. NIGP80730；10. NIGP80728。产地：新疆柯坪。层位：大坪阶—达瑞威尔阶大湾沟组。标本由Zhou et al.（1998）首次发表。

11，12　中间型阿里斯托隐头虫 *Aristocalymene intermedia*（Lu，1975）

主要特征：Reedocalymenine类三叶虫，头鞍梯形，头鞍侧叶圆，头鞍侧沟浅，抵达颈沟。眼区清晰，眼叶和眼脊位置靠前。尾轴向后均匀收缩，具5～7节轴节。

11. 头盖，背视；12. 头盖，背视。登记号：11. NIGP133883；12. NIGP133777。产地：湖北宜昌。层位：大坪阶—达瑞威尔阶大湾组。标本由图凡伊和周志毅（2002）首次发表。

1
5mm
1mm
2
1mm
3
5mm
4
1mm
5
8
6
5mm
7
5mm
5mm
10mm
5mm
11
2mm
12
5mm
9
10

图版 5-4-6　三叶虫

达瑞威尔阶

1，3，4　湖北缅甸虫 *Birmanites hupeiensis* Yi，1957

主要特征：面线前段由眼部向前强烈外伸。唇瓣前端圆润，后边缘内凹极深，两侧强烈分叉成一对三角形的尖后叶。尾部半椭圆形，中轴窄，锥形，具11～13节轴节和1节末节。

1. 尾部，背视；3. 背甲，背视；4. 唇瓣，腹视。登记号：1. NIGP80295；3. NIGP80299；4. NIGP80298。产地：贵州遵义。层位：达瑞威尔阶十字铺组。

2　双棘虫属（未定种）*Diacanthaspis* sp.

主要特征：头鞍向前略扩大，头鞍侧叶L1和L2呈长卵形，L2小。背沟浅。固定颊窄。眼脊明显。壳面具瘤。

头部，背视。登记号：NIGP80381。产地：贵州遵义。层位：达瑞威尔阶十字铺组。

5，11，12　十字铺大头虫 *Bumastoides shihtzupuensis*（Sun，1931）

主要特征：头盖四方形，头鞍短而宽。背沟浅。眼叶大，位于头盖中部之后。尾部稍大于半圆形，平凸。

5. 头盖，背视；11. 尾部，背视；12. 头盖，背视。登记号：5. NIGP80302；11. NIGP80319；12. NIGP80326。产地：贵州遵义。层位：达瑞威尔阶十字铺组。

6　小安南虫（未定种）*Annamitella* sp.

主要特征：头鞍近长方形，中等凸起，具4对头鞍侧沟。尾部近卵形，中轴凸起，向后渐收缩，具5个环节和1个末节。

尾部，背视。登记号：NIGP80304。产地：贵州遵义。层位：达瑞威尔阶十字铺组。

7　中华中华赛美虫 *Sinocybele sinensis*（Lu，1975）

主要特征：头盖外形近三角形，宽度大于长度的2倍。头鞍前端圆润，两侧近平行，具3对头鞍侧沟。眼叶小，位于头盖后方。眼脊极为发育。

头部，背视。登记号：NIGP80366。产地：贵州遵义。层位：达瑞威尔阶十字铺组。

8—10　仁怀斜视虫 *Illaenus renhuaiensis* Yin，1978

主要特征：头盖亚方形，平缓凸起。头鞍短而宽，向后扩张。背沟宽而深，长度为头盖的1/2。尾部半圆形，中轴短，锥形，背沟很宽。

8. 头盖，背视；9. 尾部，背视；10. 尾部，背视。登记号：8. NIGP80313；9. NIGP80314；10. NIGP80318。产地：贵州遵义。层位：达瑞威尔阶十字铺组。

13　尖角远瞩虫 *Telephina angulata*（Yi，1957）

主要特征：头盖反梯形。头鞍圆梯形，具1对头鞍侧沟。眼叶前端成1对小刺。壳面具瘤饰。

头盖，背视。登记号：NIGP80327。产地：贵州遵义。层位：达瑞威尔阶十字铺组。

该图版标本由Zhou et al.（1984）首次发表。

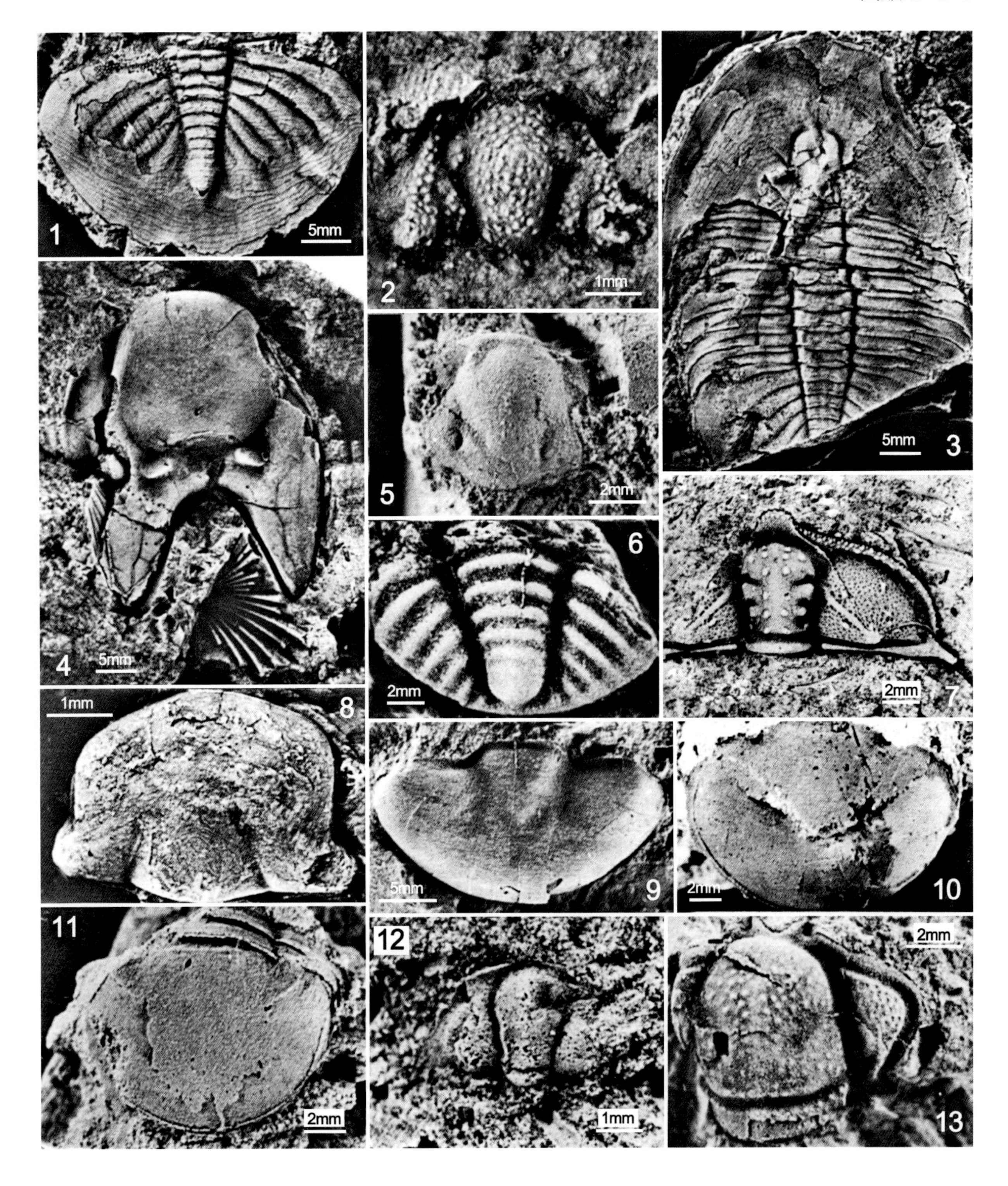
1
5mm
2
1mm
3
5mm
4
5mm
5
2mm
6
2mm
7
2mm
8
1mm
9
5mm
10
2mm
11
2mm
12
1mm
13
2mm

图版 5-4-7　三叶虫

达瑞威尔阶

1　尖角远瞩虫 *Telephina angulata*（Yi，1957）

主要特征：见图版5-4-6。

头盖，背视。登记号：NIGP80330。产地：贵州遵义。层位：达瑞威尔阶十字铺组。

2—4　十字铺窃头虫 *Phorocephala shizipuensis* Yin，1978

主要特征：头鞍近方形，强烈凸起，前端圆润。颈沟宽而深。眼叶大。前边缘窄而凸起。尾部扇形，中轴凸起，锥形，具4个环节和1个末节。肋部具清晰的肋沟和间肋沟，各4对。

2. 头盖，背视；3. 头盖，背视；4. 尾部，背视。登记号：2. NIGP80335；3. NIGP80336；4. NIGP80338。产地：贵州遵义。层位：达瑞威尔阶十字铺组。

5　反常线形头虫 *Ampyx abnormalis* Yi，1957

主要特征：背甲卵形。头鞍菱形，强凸，具一长的圆形前刺。胸部具6节胸节。尾部三角形（更多特征参见图版5-4-8的图6，11，13，15，16）。

背甲，背视。登记号：NIGP80341。产地：贵州遵义。层位：达瑞威尔阶十字铺组。

6，7　易氏菱形线形头虫 *Rhombampyx yii*（Lu，1965）

主要特征：背甲近圆形。头部近三角形。头鞍菱形，强烈凸起，具前伸的长刺，截面圆形。尾部宽，半椭圆形；中轴凸起，锥形。

6. 背甲，背视；7. 尾部，背视。登记号：6. NIGP80346；7. NIGP80344。产地：贵州遵义。层位：达瑞威尔阶十字铺组。

8　丁氏孙氏隐头虫 *Calymenesun tingi*（Sun，1931）

主要特征：头鞍钟形，强烈凸起，前端平切。3对头鞍沟。外边缘急剧向前收缩，伸出一向前上翘的头盖前刺。眼叶小。尾轴和尾肋分别凸起，尾轴具4节环节和1节末节。

背甲，背视。登记号：NIGP80358。产地：贵州遵义。层位：达瑞威尔阶十字铺组。

9　假高圆球虫属（未定种）*Pseudosphaerexochus* sp.

主要特征：头鞍宽，头鞍侧叶L1宽。头鞍侧沟S1和S2宽而深。固定颊宽。尾部具4节轴环节，伸出部分梯状。

背甲，背视。登记号：NIGP80351。产地：贵州遵义。层位：达瑞威尔阶十字铺组。

10　乐氏矛头虫 *Lonchodomas yohi*（Sun，1931）

主要特征：头部三角形，头鞍矛状，强烈凸起，前刺截面为菱形。

背甲，背视。登记号：NIGP80347。产地：贵州遵义。层位：达瑞威尔阶十字铺组。

该图版标本由Zhou et al.（1984）首次发表。

1
1mm
1mm
2
1mm
3
1mm
4
5
6
2mm
7
2mm
5mm
8
2mm
9
5mm
5mm
10

图版 5-4-8　三叶虫

桑比阶

1，8　楯形似李莎戈尔虫 *Lisogorites scutelloides*（Lu，1975）

主要特征：头鞍强烈向前扩大，眼区窄，前边缘短，但中部向前尖出。尾部半圆形，具7～8个轴节和长尾刺。

1. 尾部，背视；8. 头盖，背视。登记号：1. NIGP124457；8. NIGP124452。产地：湖北宜昌。层位：桑比阶庙坡组。标本由林天瑞等（2000）首次发表。

2，3，5，10，19　庙坡狭颊虫 *Stenopareia miaopoensis* Lu，1975

主要特征：头盖宽大于长，平凸。头鞍凸度较高，无头鞍沟。眼叶小。后侧翼小。尾部半椭圆形，平凸。中轴小而短，近等腰三角形。肋沟浅，壳面光滑。

2. 尾部，背视；3. 尾部，背视；5. 尾部，背视；10. 头盖，背视；19. 头盖，背视。登记号：2. NIGP124465；3. NIGP124468；5. NIGP124466；10. NIGP124464；19. NIGP124463。产地：湖北宜昌。层位：桑比阶庙坡组。标本由林天瑞等（2000）首次发表。

4，7，14，17，18　惠氏庙坡虫 *Miaopopsis whittardi*（Yi，1957）

主要特征：背壳卵形。头鞍宽度是长度的3倍，前叶膨大隆起；具侧叶。胸部具5个胸节。尾部宽度是长度的3倍，边缘明显。尾轴强烈凸起，具12节轴节和1节末节。肋沟2对。

4. 背甲，背视；7. 尾部，背视；14. 头盖，背视；17. 胸尾部，背视；18. 背甲，背视。登记号：4. NIGP124389；7. NIGP124394；14. NIGP124390；17.NIGP124381；18. NIGP124388。产地：湖北宜昌。层位：桑比阶庙坡组。标本由彭善池等（2001）发表。

6，11，13，15，16　反常线头虫 *Ampyx abnormalis* Yi，1957

主要特征：头盖近三角形，具一根细长前刺，前刺截面为圆形。尾部圆三角形，中轴在前缘的宽度小于尾宽的1/3（更多特征参见图版5-4-7的图5）。

6. 尾部，背视；11. 头盖，背视；13. 头盖，背视；15. 尾部，背视；16. 尾部，背视。登记号：6. NIGP124404；11. NIGP124398；13. NIGP124400；15. NIGP124401；16. NIGP124396。产地：湖北宜昌。层位：桑比阶庙坡组。标本由彭善池等（2001）发表。

9，12，20　乐氏矛头虫 *Lonchodomas yohi*（Sun，1931）

主要特征：头部外形近等边三角形，头鞍具4对明显肌痕，前刺截面为菱形。尾部半椭圆形，宽度大于长度，边缘强烈下弯。

9. 头盖，背视；12. 尾部，背视；20. 头部，背视。登记号：9. NIGP124404；12. NIGP124415；20. NIGP124413。产地：湖北宜昌。层位：桑比阶庙坡组。标本由彭善池等（2001）发表。

图版 5-4-8

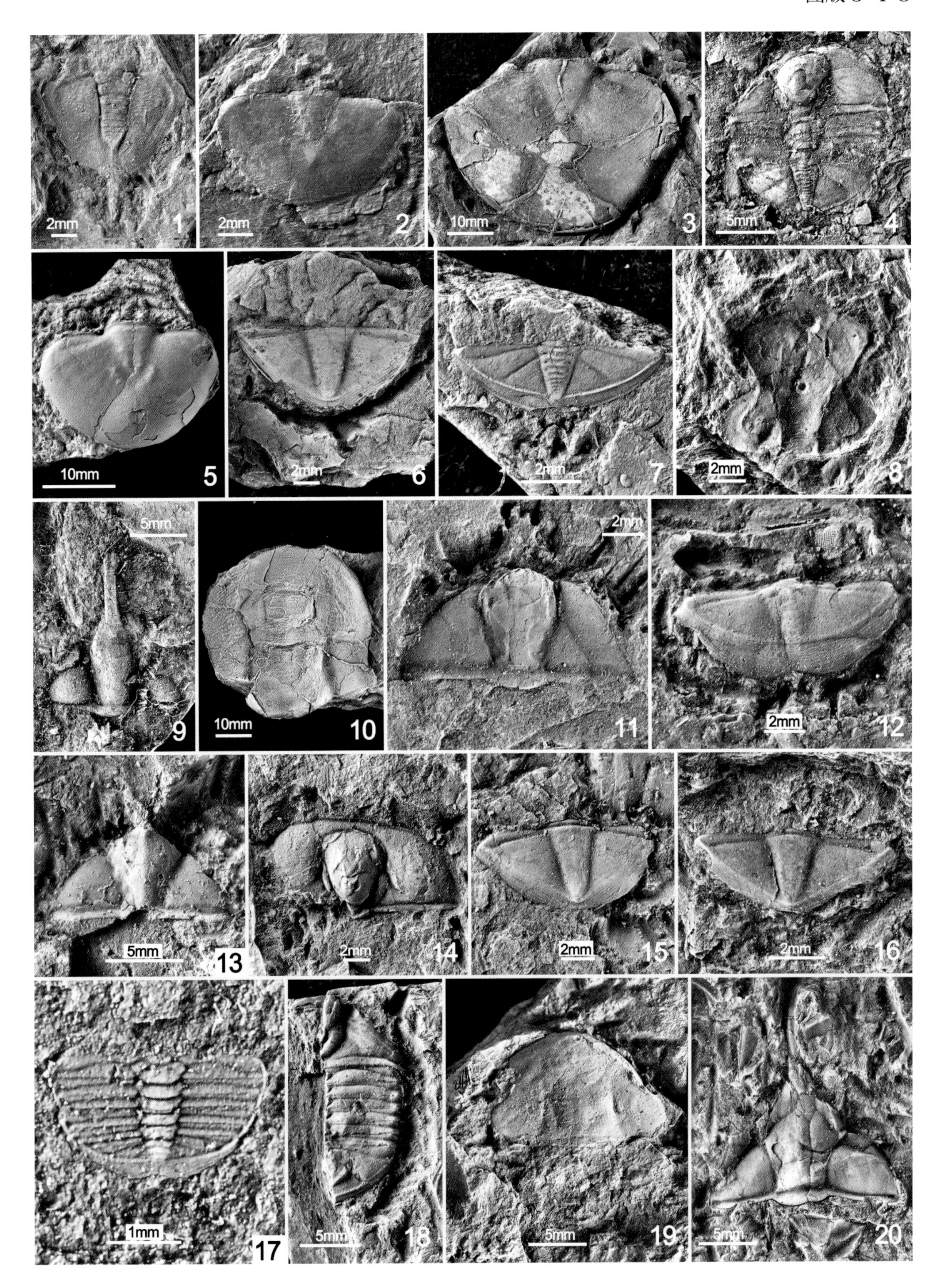

2mm
1
2mm
2
10mm
3
5mm
4
10mm
5
2mm
6
2mm
7
2mm
8
5mm
9
10mm
10
2mm
11
2mm
12
5mm
13
2mm
14
2mm
15
2mm
16
1mm
17
5mm
18
5mm
19
5mm
20

图版 5-4-9　三叶虫

桑比阶

1，5，7　方形扁平褶尾虫 *Platyptychopgye quadrata* Xia，1978

主要特征：背壳长卵形。头部半椭圆形。头鞍在眼叶前强烈向外、向前扩大，前端浑圆，具1对浅的头鞍侧沟。胸部可见7节胸节。尾部半椭圆形，背沟浅而宽，尾轴具10个轴环节。

1. 背甲，背视；5. 尾部，背视；7. 头盖，背视。登记号：1. NIGP124438；5. NIGP124442；7. NIGP124436。产地：湖北宜昌。层位：桑比阶庙坡组。标本由林天瑞等（2000）首次发表。

2，8—10，12　湖北缅甸虫 *Birmanites hupeiensis* Yi，1957

主要特征：头鞍基底叶短，前边缘扇状，极平极宽，没有一条特别高凸的纵脊。尾部半椭圆形，尾长是尾宽的4/5。中轴窄，锥形。尾部边缘宽，但界线不显著。

2. 尾部，背视；8. 背甲，背视；9. 唇瓣，腹视；10. 头盖，背视；12. 尾部，背视。登记号：2. NIGP124432；8. NIGP124423；9. NIGP124427；10. NIGP124420；12. NIGP124431。产地：湖北宜昌。层位：桑比阶庙坡组。标本由林天瑞等（2000）首次发表。

3　乐氏矛头虫 *Lonchodomas yohi*（Sun，1931）

主要特征：见图版5-4-8。

头盖，背视。登记号：NIGP124412。产地：湖北宜昌。层位：桑比阶庙坡组。标本由彭善池等（2001）发表。

4，11，14，17　宽甲瑞德隐头虫 *Reedocalymene expansa* Yi，1957

主要特征：头鞍凸，半卵形，背沟窄而深，具3对头鞍侧沟。外边缘向前引长成一条大而长的头前舌，其中部有一条弱的中脊。胸部有13节胸节。尾部宽度大于长度，中轴凸，近锥形，具7～8节轴节。

4. 背甲，背视；11. 尾部，背视；14. 头盖，背视；17. 头盖，背视。登记号：4. NIGP124313；11. NIGP124418；14. NIGP124419；17. NIGP124319。产地：湖北宜昌。层位：桑比阶庙坡组。标本由彭善池等（2001）发表。

6，13，15　分乡畦桁虫 *Ogmasaphus fenhsiangensis*（Yi，1957）

主要特征：头鞍前部向前扩大明显，中等凸起，眼叶大。尾部外形呈宽三角形，边缘沟浅，尾轴锥形，具8节以上轴环节。

6. 尾部，背视；13. 头盖，背视；15. 尾部，背视。登记号：6. NIGP124451；13. NIGP124445；15. NIGP124449。产地：湖北宜昌。层位：桑比阶庙坡组。标本由林天瑞等（2000）首次发表。

16　收敛宝石虫 *Nileus convergens* Lu，1975

主要特征：尾部为纺锤形或半椭圆形，宽度约为长度的2倍。中轴窄，锥形。腹边缘很宽。

尾部，背视；登记号：NIGP124461。产地：湖北宜昌。层位：桑比阶庙坡组。标本由林天瑞等（2000）首次发表。

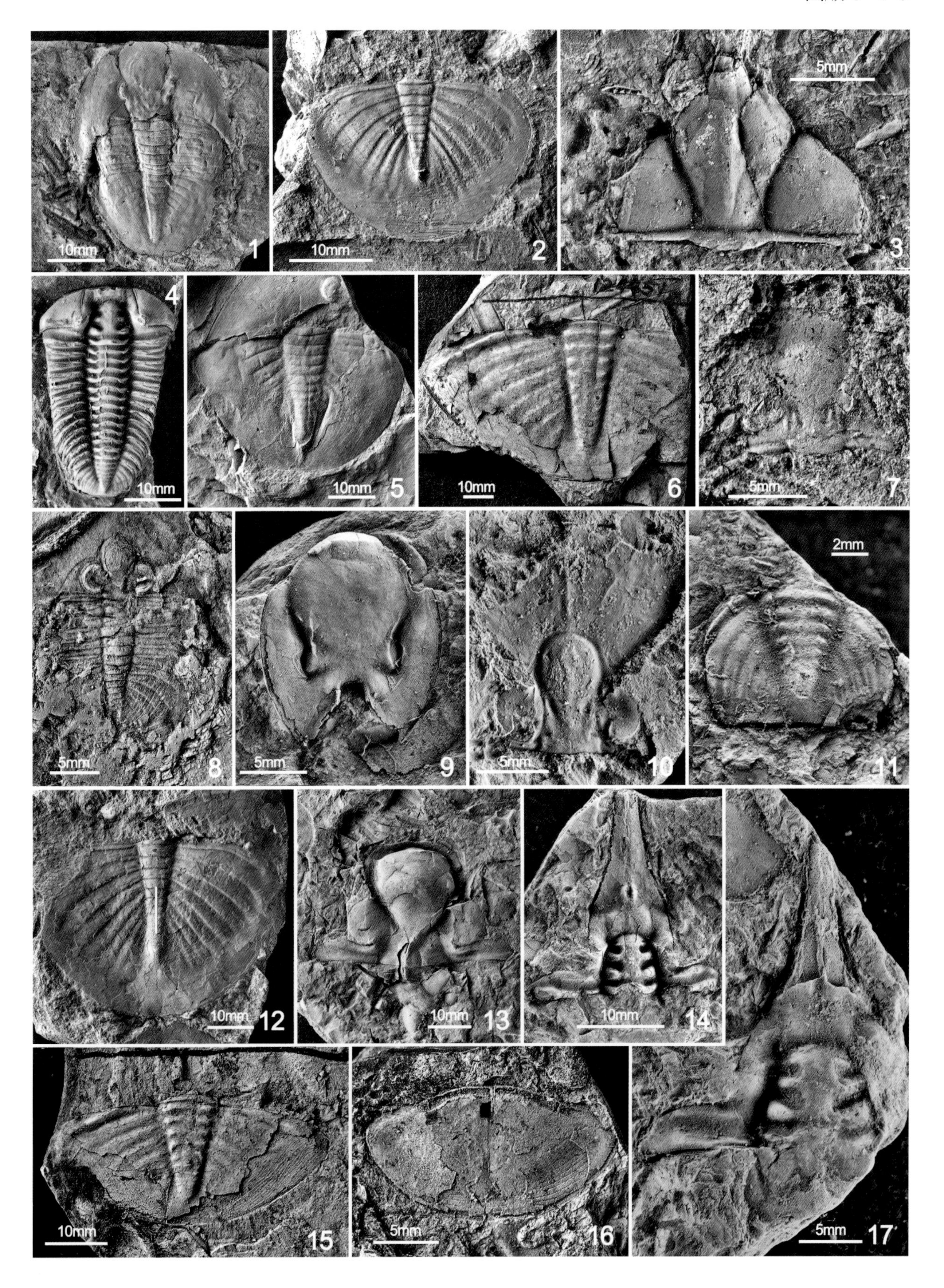
10mm
1
10mm
2
5mm
3
4
10mm
10mm
5
10mm
6
5mm
7
5mm
8
5mm
9
5mm
10
2mm
11
10mm
12
10mm
13
10mm
14
10mm
15
5mm
16
5mm
17

图版 5-4-10　三叶虫

桑比阶

1—3，5　庙坡女神母虫 *Dionide miaopoensis* Lu，1975

主要特征：头盖半圆形。头鞍亚方形，中等凸起。固定颊微微凸起，布满网状脊线。尾部半椭圆形或亚三角形。尾轴长锥形，具10 ~ 12个轴节。

1. 头盖，背视；2. 尾部，背视；3. 尾部，背视；5. 头盖，腹视。登记号：1. NIGP124369；2. NIGP124373；3. NIGP124374；5. NIGP124372。产地：湖北宜昌。层位：桑比阶庙坡组。标本由彭善池等（2001）首次发表。

4，6，9—13，15　十字铺六刺尾虫 *Hexacopyge shihtzupuensis*（Lu，1957）

主要特征：前边缘亚三角形。头鞍前舌两侧近平行，具2对头鞍沟。唇瓣近方形，后缘平直，边缘窄，中心体三分。

4. 唇瓣，腹视；6. 活动颊，背视；9. 唇瓣，腹视；10. 头盖，背视；11. 头盖，背视；12. 头盖，背视；13. 头盖，背视；15. 头盖，背视。登记号：4. NIGP124359；6. NIGP124361；9. NIGP124364；10. NIGP124352；11. NIGP124357；12. NIGP124358；13. NIGP124351；15. NIGP124356。产地：湖北宜昌。层位：桑比阶庙坡组。标本由彭善池等（2001）首次发表。

7　中华远瞩虫 *Telephina chinensis*（Yi，1957）

主要特征：头盖似矩形，宽度显著大于长度。头鞍圆三角形。固定颊宽。眼叶远离头鞍。

头盖，背视；登记号：NIGP124346。产地：湖北宜昌。层位：桑比阶庙坡组。标本由彭善池等（2001）首次发表。

8，14，16，17，19　长头远瞩虫 *Telephina longicephala* Lu，1975

主要特征：头盖外形次方形或反梯形。头鞍长度略大于宽度，具密集小瘤。固定颊窄而凸，次三角形。眼沟深。

8. 头盖，背视；14. 活动颊，背视；16. 头盖，背视；17. 头盖，背视；19. 头盖，背视。登记号：8. NIGP124340；14. NIGP124335；16. NIGP124339；17. NIGP124336；19. NIGP124338。产地：湖北宜昌。层位：桑比阶庙坡组。标本由彭善池等（2001）首次发表。

18　特殊三瘤球接子 *Trinodus tarda*（Barrande，1846）

主要特征：尾轴短，向后均匀收缩；前轴节的关节面F1和F2等长，长柱状中瘤贯通前轴节；后轴节短。肋区向后变宽。边缘沟宽而深；边缘凸起，具有一对细小的边缘刺。

尾部，背视。登记号：NIGP124331。产地：湖北宜昌。层位：桑比阶庙坡组。标本由彭善池等（2001）首次发表。

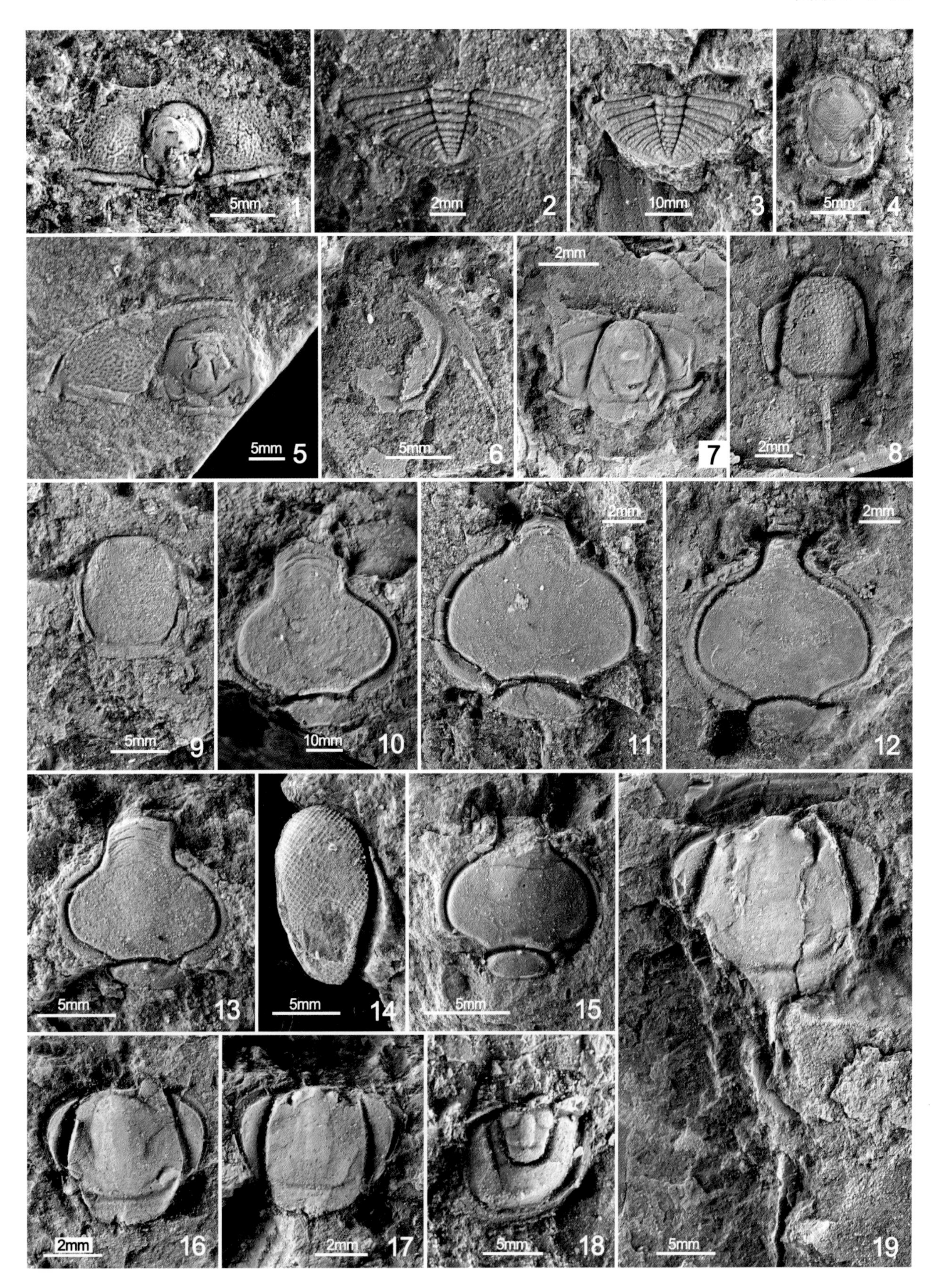
5mm 1
2mm 2
10mm 3
5mm 4
5mm 5
5mm 6
2mm 7
2mm 8
5mm 9
10mm 10
2mm 11
2mm 12
5mm 13
5mm 14
5mm 15
2mm 16
2mm 17
5mm 18
5mm 19

图版 5-4-11 三叶虫

桑比阶

1—6 陀螺状六刺尾虫 *Hexacopyge turbiniformis* Zhou，Zhou & Yuan，2004

主要特征：头鞍前舌相对狭窄，眼叶狭窄，头盖表面的纹饰清晰而细密；唇瓣前缘平圆，卵形区长度占中体长度的一半，尾轴宽大而强烈凸起并呈陀螺状，第二和第三对尾刺较细。

1. 尾部，背视；2. 活动颊，背视；3. 唇瓣，腹视；4，6. 头盖，背视、前视；5. 头盖，背视。登记号：1. NIGP131841；2. NIGP150856；3. NIGP150853；4，6. NIGP150848；5. NIGP150575。产地：1，3—6. 湖南慈利；2. 湖南桃源。层位：桑比阶大田坝组。

7—11 奇异坎岭虫 *Kanlingia mirabilis* Zhou et al.，2016

主要特征：颈前头鞍较少凸起，没有肌痕，纵中脊模糊，头刺有纵中沟，固定颊较宽，头部后边缘较窄。

7，8. 头盖，侧视、背视；9，10. 尾部，后视、背视；11. 尾部，背视。登记号：7，8. NIGP132914；9，10. NIGP132913；11. NIGP132916。产地：陕西宁强。层位：桑比阶“宝塔组”。

12—14 热市坎岭虫 *Kanlingia reshiensis* Zhou et al.，2016

主要特征：带针头类三叶虫。颈前头鞍亚菱形，沿纵中线呈脊状凸起，向颊区和鞍前区陡峭下倾。

头盖，背视、侧视、前背视。登记号：NIGP151121。产地：湖南桃源。层位：桑比阶大田坝组。

该图版标本由周志强等（2016）首次发表。

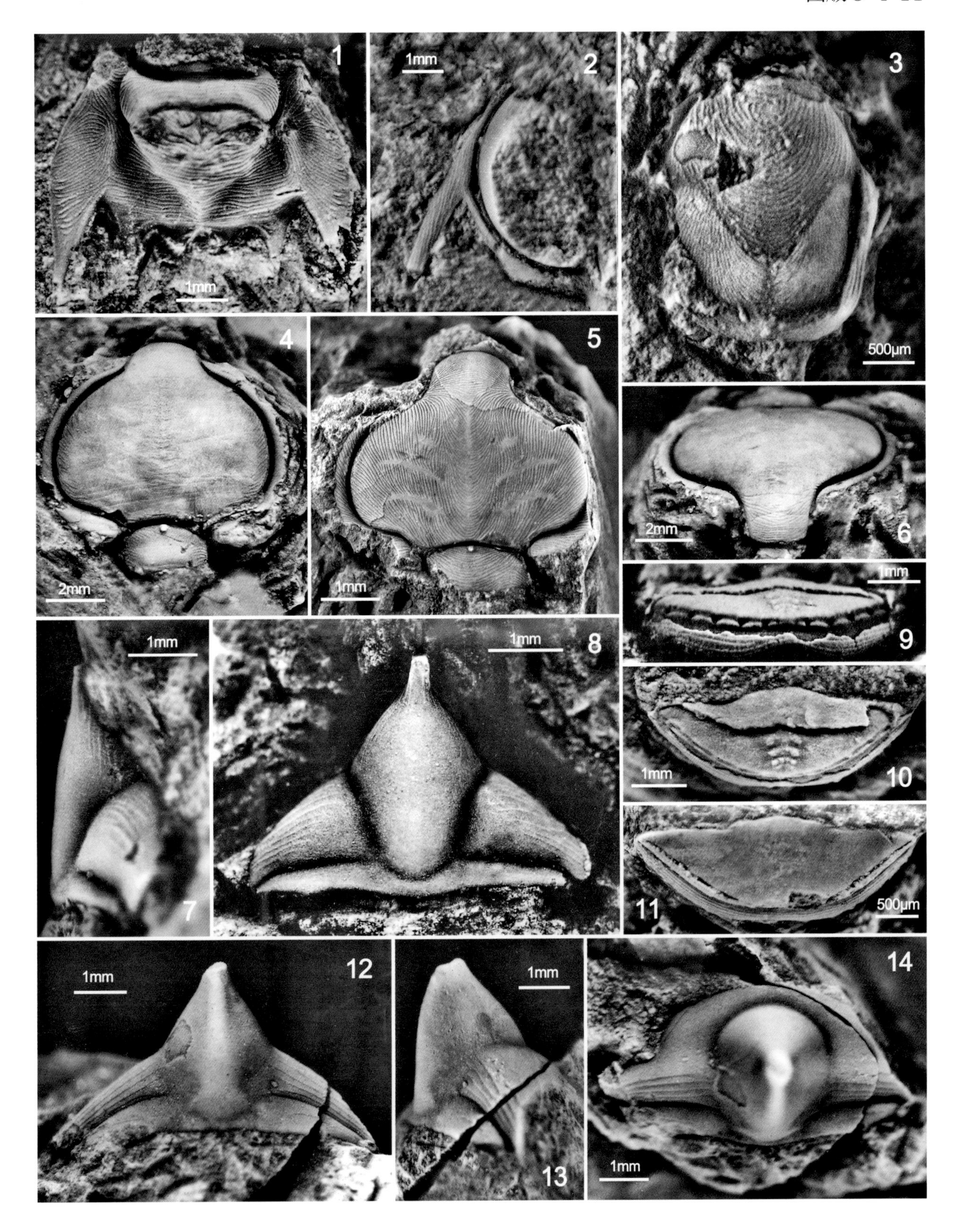
1
1mm
2
1mm
3
500μm
4
2mm
5
1mm
6
2mm
9
1mm
7
1mm
8
1mm
10
1mm
11
500μm
12
1mm
13
1mm
14
1mm

图版 5-4-12　三叶虫

桑比阶

1　热市坎岭虫 *Kanlingia reshiensis* Zhou et al.，2016

主要特征：见图版5-4-11。

头盖，背视；登记号：NIGP151094。产地：湖南桃源。层位：桑比阶大田坝组。

2—5　宽边方尾虫 *Microparia*（*Quadratapyge*）*latilimbata* Zhou in Zhou et al.，1977

主要特征：尾轴宽大，呈漏斗形。尾轴约等于尾长的2/3，且大于尾部前缘宽度的2/5。轴后脊微弱，向后延伸，越过尾边缘沟至边缘。

2，3. 头部，背视、侧视；4，5. 尾部，背视、侧视。登记号：2，3. NIGP132873；4，5. NIGP132871。产地：2，3. 陕西勉县；4，5. 陕西宁强。层位：桑比阶宝塔组。

6—12　桃源方尾虫 *Microparia*（*Quadratapyge*）*taoyuanensis* Zhou et al.，2016

主要特征：在中瘤之后发育有两对曲折的、呈直角的、强烈向后弯曲的头鞍肌痕。

6，9. 头部，背视、侧视；7，10. 尾部，背视、侧视；8，12. 头盖，背视、前视；11. 活动颊，腹视。登记号：6，9. NIGP150955；7，10. NIGP150960；8，12. NIGP150956；11. NIGP150963。产地：湖南慈利。层位：桑比阶大田坝组。

该图版标本由周志强等（2016）首次发表。

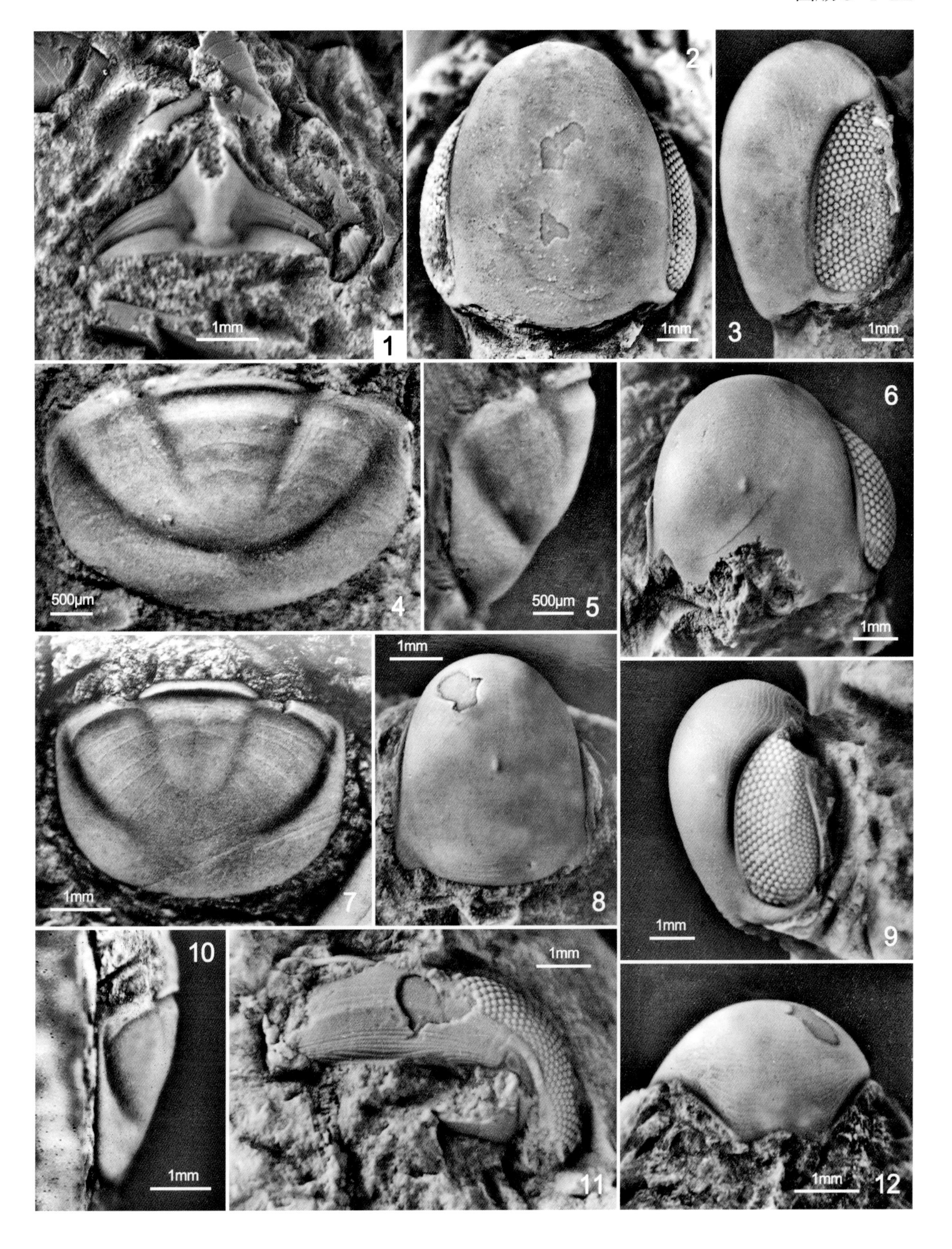
1
1mm
2
1mm
3
1mm
4
500μm
5
500μm
6
1mm
7
1mm
8
1mm
9
1mm
10
1mm
11
1mm
12
1mm

图版 5-4-13　三叶虫

桑比阶—凯迪阶

1，2　球形卵形头虫 *Ovalocephalus globosus* Abdulaev，1972

主要特征：头鞍在侧沟S2之前较强烈向前扩张，S2短，S3、S4较模糊。眼叶位置稍靠前，其后缘与侧叶L2位置平。头盖在颈前环节有清晰的瘤饰。

头盖，背视；登记号：1. NIGP150708；2. NIGP131838。产地：1. 湖南桃源；2. 湖南慈利。层位：桑比阶大田坝组。

3—8　细线纹拟糙壳虫 *Paraperaspis striolatus* Zhou et al.，2016

主要特征：宝石虫类三叶虫，眼叶较小，唇瓣后边缘中央有一钝三角形突起。尾轴轮廓模糊，锥形，边缘沟很浅，不显。

3，4. 头盖，侧视、背视；5，7. 尾部，侧视、背视；6. 活动颊，背视；8. 唇瓣，腹部；登记号：3，4. NIGP151012；5，7. NIGP151010；6. NIGP151011；8. NIGP151015。产地：湖南桃源。层位：桑比阶大田坝组。

9，10，14　共眼前圆尾虫（相似种）*Pricyclopyge* cf. *synophthalma*（Kloucek，1916）

主要特征：头鞍呈梨形，具4对肌痕。胸部具6节胸节。尾部呈三角形，尾轴清晰，尾边缘沟清楚。

9. 尾部，背视；10，14. 头盖，背视、侧视；登记号：9. NIGP132899；10，14. NIGP132898。产地：陕西宁强。层位：桑比阶“宝塔组”下部。

11—13　长头远瞩虫 *Telephina longicephala* Lu，1975

主要特征：头鞍两侧向前微微收缩，前端圆润。头鞍前方有一对小头刺。眼沟深，眼叶向后渐变窄。尾部亚三角形，尾轴粗大并具中瘤。

11. 头盖，背视；12. 活动颊，背视；13. 尾部，背视。登记号：11. NIGP131837；12. NIGP150771；13. NIGP150778。产地：11，13. 湖南桃源；12. 湖南慈利。层位：桑比阶大田坝组。

该图版标本由周志强等（2016）首次发表。

图版 5-4-13

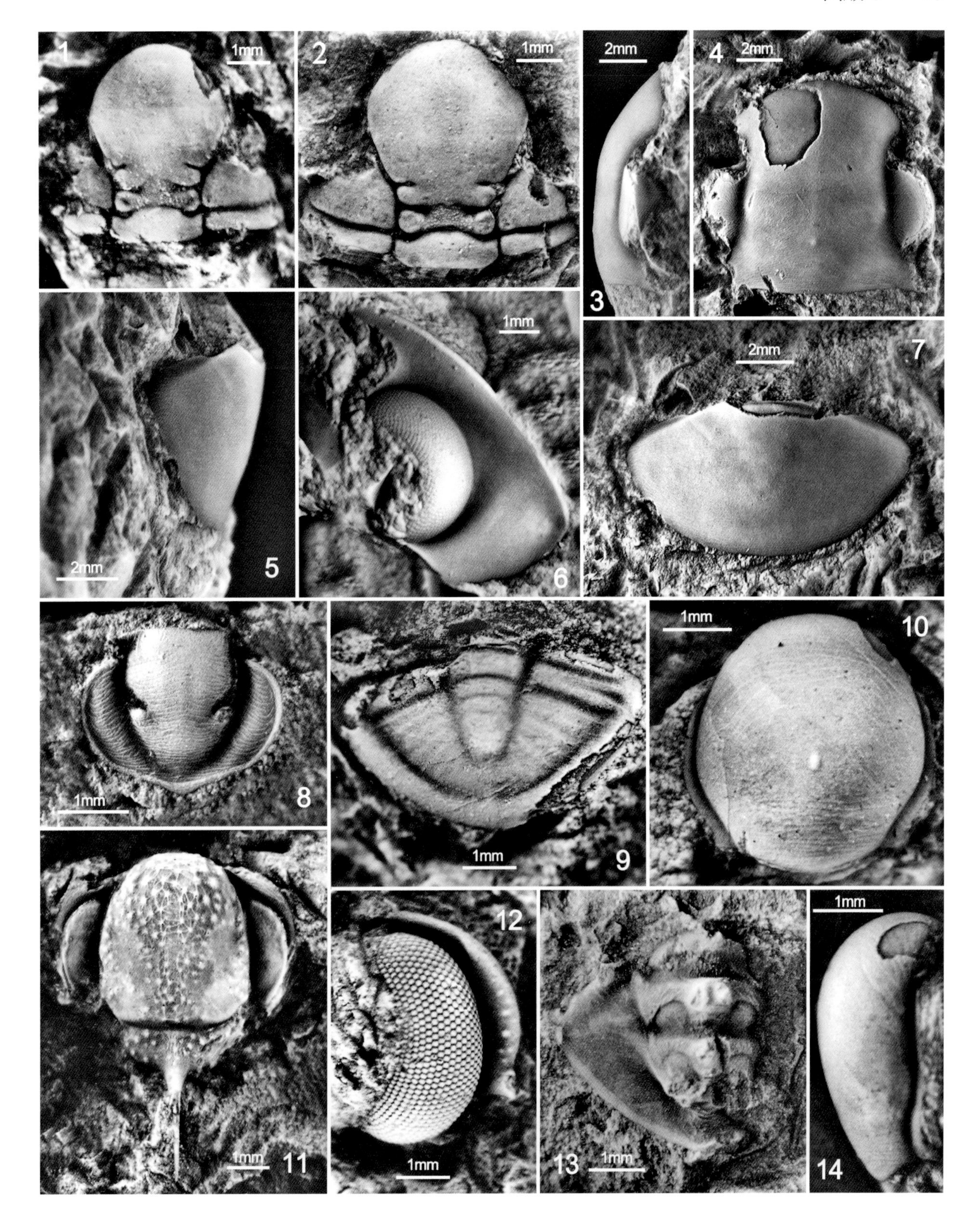
1
1mm
2
1mm
2mm
3
4
2mm
5
2mm
1mm
6
2mm
7
8
1mm
9
1mm
1mm
10
11
1mm
12
1mm
13
1mm
1mm
14

图版 5-4-14　三叶虫

桑比阶—凯迪阶

1，2　异常西郊虫 *Agerina incredibilis*（Petrunina in Repina et al.，1975）

主要特征：尾轴在前缘占尾部宽度的三分之一，尾轴向后略微收缩，由一个大的关节半环、4个环节和1个末节组成，末端钝圆。肋部凸起，可见两节肋沟和间肋沟。

1. 头盖，背视；2. 尾部，背视。登记号：1. NIGP132840；2. NIGP132844。产地：1. 陕西宁强；2. 四川旺苍。层位：桑比阶—凯迪阶下部“宝塔组”下—中部。

3，5，6　长额阿塞斯特虫 *Alceste longifrons*（Olin，1906）

主要特征：头盖半椭圆形，纵向凸度大。头鞍窄长。尾部亚三角形，后缘窄圆。尾轴短，向后微微收缩。

3，6. 头盖，前背视、背视；5. 尾部，背视。登记号：3，6. NIGP150559；5. NIGP150550。产地：3，6. 湖南桃源；5. 陕西宁强。层位：凯迪阶下部“宝塔组”中部。

4，7，9，10　布氏壶头虫 *Amphitryon burmeisteri*（Bancroft，1949）

主要特征：头鞍平缓凸起，具3对清晰的头鞍沟。活动颊的眼台低而窄。唇瓣最大宽度位于横中线处。壳表密布细脊线。

4. 尾部，背视；7. 头盖，背视；9. 唇瓣，背视；10. 活动颊，背视。登记号：4. NIGP150820；7. NIGP150822；9. NIGP150817；10. NIGP150818。产地：陕西宁强。层位：凯迪阶下部“宝塔组”中部。

8，11—13　雕纹壶头虫 *Amphitryon insculptum*（Ji，1986）

主要特征：与*Amphitryon burmeisteri*相似，主要区别是其头鞍缺乏线纹装饰。

8，11. 头盖，侧视、背视；12. 尾部，背视；13. 唇瓣，腹视。登记号：8，11. NIGP131858；12. NIGP131864；13. NIGP131867。产地：8，11. 陕西勉县；12，13. 陕西南郑。层位：凯迪阶下部“宝塔组”上部。

该图版标本由周志强等（2016）首次发表。

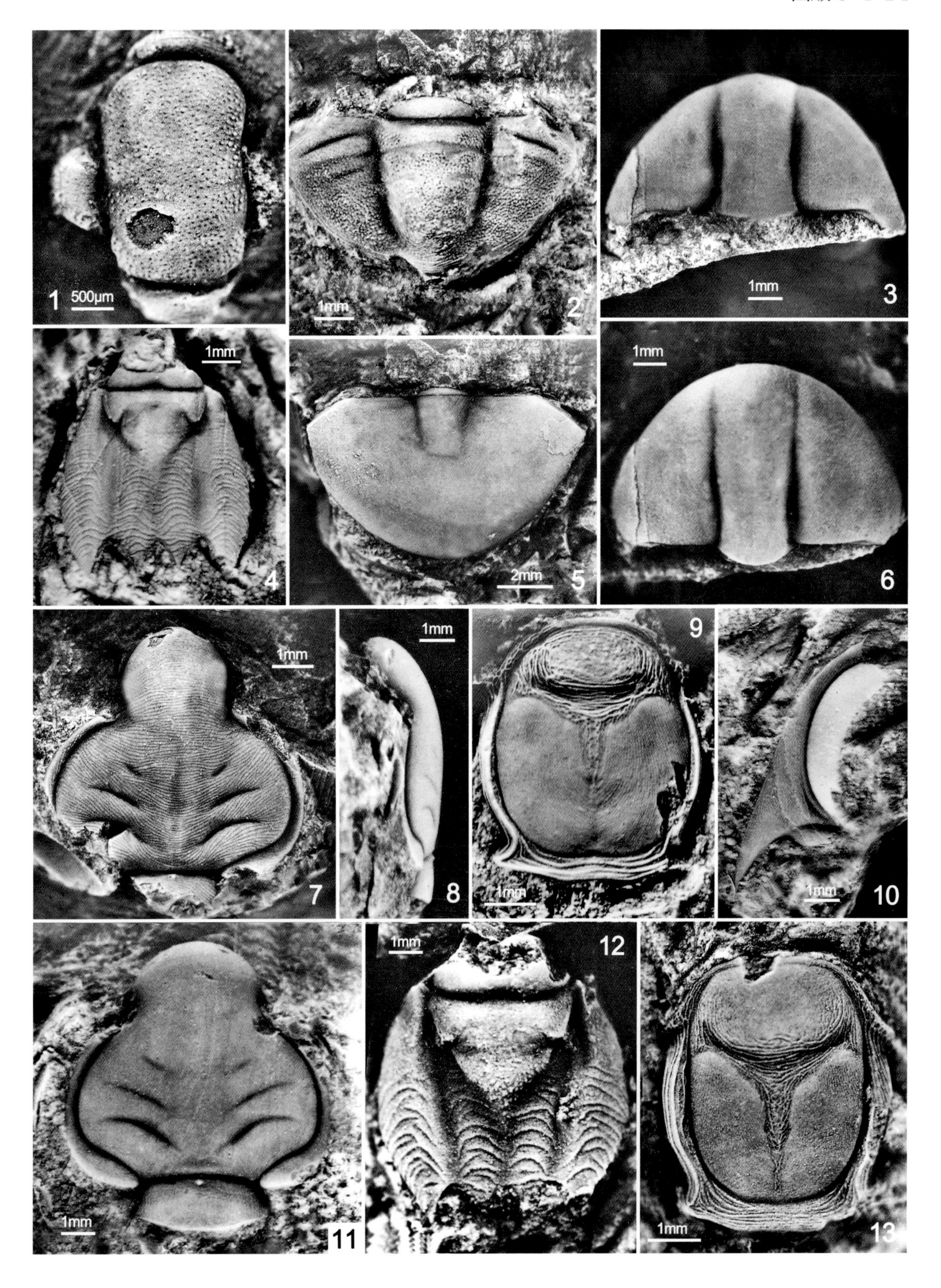
1
500μm
2
1mm
3
1mm
4
1mm
5
2mm
6
1mm
7
1mm
8
1mm
9
1mm
10
1mm
11
1mm
12
1mm
13
1mm

图版 5-4-15　三叶虫

凯迪阶

1—6　拟宽边桨肋虫 *Remopleurides amphitryonoides* Lu，1975

主要特征：头鞍椭圆形，最大宽度位于头鞍后部1/4至1/3处。活动颊平缓凸起，颊刺短、三角形。唇瓣亚方形。尾部小，尾轴锥形并强烈凸起，尾部具两对尾肋刺。

1，4. 头盖，背视、斜侧视；2. 尾部，背视；3. 唇瓣，背视；5. 活动颊，背视；6. 不完全胸部，背视。登记号：1，4. WIGM OT0019；2. WIGM OT0030；3. WIGM OT0031；5. WIGM OT0020；6. WIGM OT0029。产地：湖北宜昌。层位：凯迪阶下部宝塔组。

7—11，14　川西萨尕夫虫 *Sagavia chuanxiensis*（Li & Xiao，1984）

主要特征：头盖很长，头鞍两侧近平行，尾边缘窄。

7. 尾部，背视；8，11，14. 头部，前视、背视、侧视；9，10. 卷曲背壳，尾背视、头背视。登记号：7. NIGP131885；8，11，14. NIGP131881；9，10. NIGP131880。产地：7，8，11，14. 陕西南郑；9，10. 陕西勉县。层位：凯迪阶下部“宝塔组”上部。

12　纤沟高圆球虫 *Sphaerexochus fibrisulcatus* Lu，1975

主要特征：头鞍强凸，呈球状。

头盖，背视。登记号：NIGP150653。产地：四川南江。层位：凯迪阶下部“宝塔组”中部。

13　高圆球虫（未定种）*Sphaerexochus* sp.

主要特征：尾部横宽，中轴中等凸起，宽于肋叶。尾部壳面密布细瘤。

尾部，背视。登记号：NIGP150651。产地：陕西南郑。层位：凯迪阶下部“宝塔组”中部。

该图版标本由周志强等（2016）首次发表。

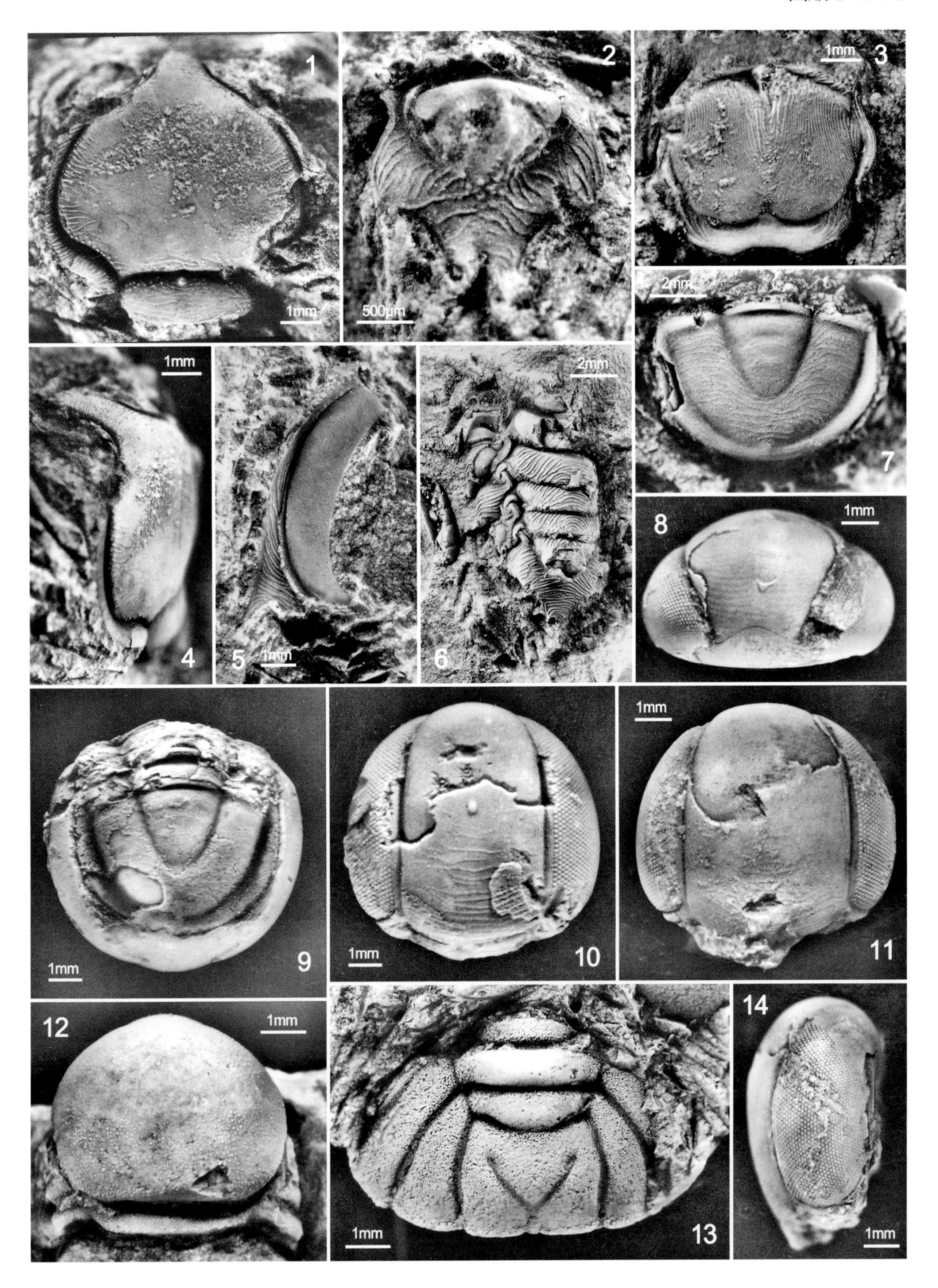
1
1mm
2
500μm
1mm
3
2mm
7
1mm
4
5
1mm
6
2mm
8
1mm
9
1mm
10
1mm
11
12
1mm
13
1mm
14
1mm

图版 5-4-16　三叶虫

凯迪阶

1—4　指纹窄眼睑虫 *Stenoblepharum dactylum*（Xia，1978）

主要特征：头鞍中等凸起，两侧微微收缩。头鞍侧沟不显。前边缘沟窄，清晰。背沟和鞍前沟窄而深。颈环横向凸起，具中瘤。活动颊是典型的蚜头虫类活动颊。尾部亚三角形，后缘钝角形。尾轴在前缘处约占尾宽的1/3，有4～5个轴节和1个末节。

1，2. 头盖，背视、侧视；3. 活动颊，背视；4. 尾部，背视。登记号：1，2. XIG tr658；3. NIGP150727；4. XIG tr636。产地：1，2，4. 陕西宁强；3. 湖南桃源。层位：1，2，4. 凯迪阶下部“宝塔组”中部；3. 凯迪阶下部宝塔组。

5—11　雅氏奇异圆尾虫 *Xenocyclopyge jaskovitchi* Petrunina in Repina et al.，1975

主要特征：头鞍具两对头鞍沟，向轴的一对头鞍沟为钩状。复眼。尾部半圆形。尾轴有4个轴节和1个末节。

5，7，9. 卷曲背壳，尾背视、头背视、胸背视；6，10，11. 头部，背视、前视、侧视；8. 尾部，背视。登记号：5，7，9. NIGP150987；6，10，11. NIGP150982；8. NIGP150983。产地：5，7，9. 陕西勉县；6，8，10，11. 陕西宁强。层位：凯迪阶下部“宝塔组”中部。

12—14　放射形奇异圆尾虫 *Xenocyclopyge radiata* Lu，1962

主要特征：头鞍具两对坑状的头鞍沟。复眼。尾部半椭圆形，宽大于长。中轴锥形，分节模糊。肋部在后部近轴端有一对浅坑。

12. 头部，背视；13. 尾部，背视；14. 尾部，背视。登记号：12. NIGP150976；13. NIGP150977；14. NIGP150974。产地：陕西宁强。层位：凯迪阶下部“宝塔组”中部。

该图版标本由周志强等（2016）首次发表。

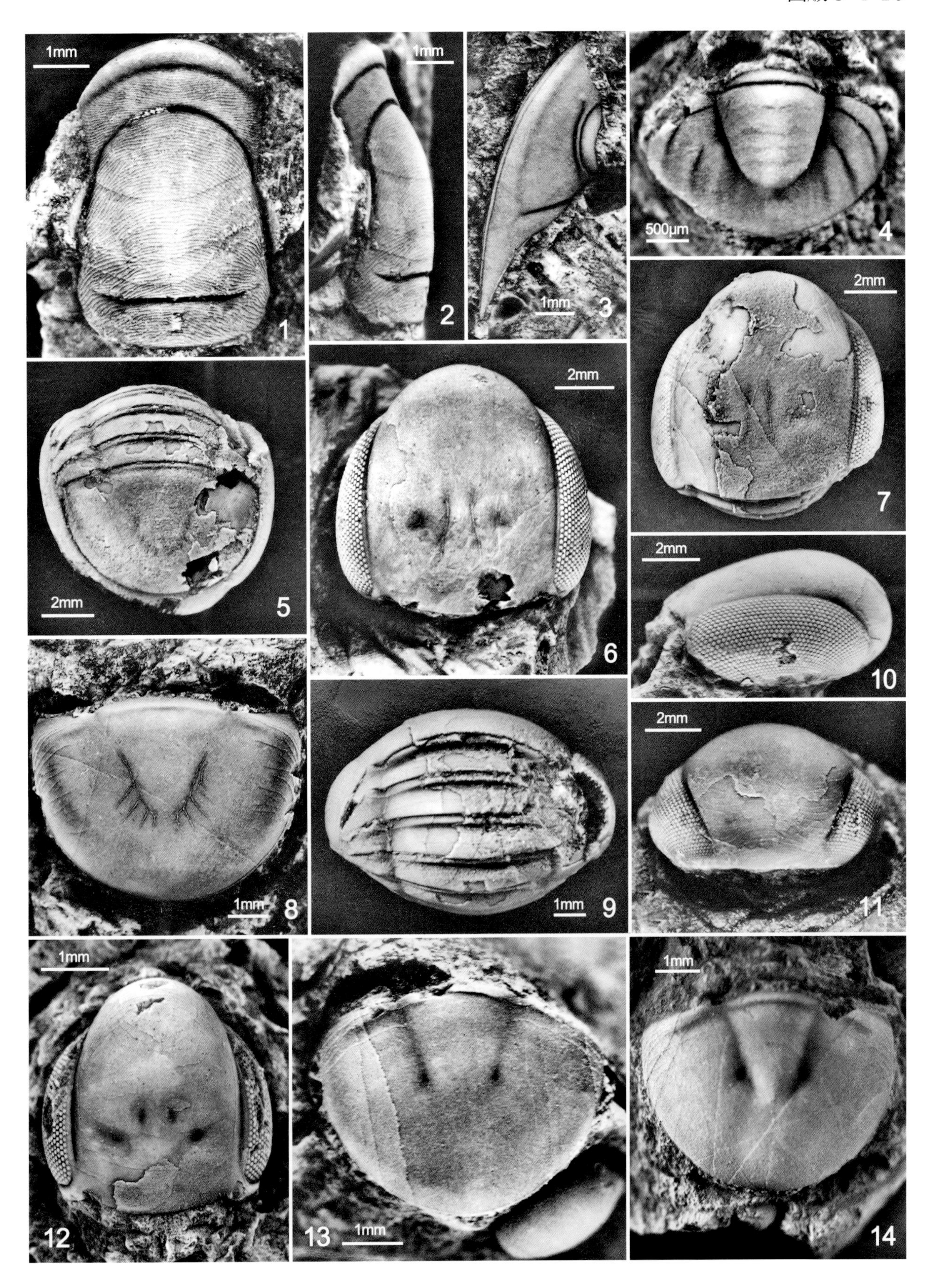
1mm
1
1mm
2
1mm
3
500μm
4
2mm
7
2mm
5
2mm
6
2mm
10
2mm
1mm
8
1mm
9
11
1mm
12
13
1mm
1mm
14

图版 5-4-17　三叶虫

凯迪阶

1—4　秀山壮股虫 *Hadromeros xiushanensis*（Sheng，1964）

主要特征：头盖长度约为后缘宽度的3/5。头鞍沟3对。尾轴凸起，锥形，有3个轴节和1个末节。

1，4. 尾部，背视；2. 头盖及部分胸节，背视；3. 头盖，背视；登记号：1，4. NIGP150644；2. NIGP150643；3. NIGP150648。产地：1，2，4. 陕西宁强；3. 湖南慈利。层位：1，2，4. 凯迪阶中部"宝塔组"上部；3. 凯迪阶中部临湘组。

5—8　四沟卵形头虫 *Ovalocephalus tetrasulcatus*（Kielan，1960）

主要特征：头盖亚三角形。头鞍强烈凸起，卵形。头鞍沟4对。胸部中轴凸起。尾部横宽。尾轴具4个轴节和1个末节。

5. 头盖，背视；6. 不完全胸部，背视；7. 尾部，背视；8. 活动颊，背视。登记号：5. NIGP27579；6. NIGP150677；7. NIGP27680；8. NIGP150676。产地：陕西南郑。层位：凯迪阶中下部"宝塔组"中—上部。

9，10　雕刻拟候氏虫 *Parahawleia insculpta* Zhou in Lu et al.，1976

主要特征：头盖半圆形。头鞍向前扩大，头鞍沟3对。胸节11节。尾部半圆形。尾轴锥形，有5个轴节和1个末节。轴沟深。

9. 头盖，背视；10. 不完整背壳，背视。登记号：9. NIGP150709；10. NIGP150711。产地：陕西宁强。层位：凯迪阶中部"宝塔组"顶部。

11—13　陕西假痂壳虫 *Pseudopetigurus shanxiensis* Zhou Z.Q. in Li et al.，1975

主要特征：头盖长宽近等。头鞍卵形，强烈凸起。尾部亚半椭圆形。壳面具瘤。

11，12. 头盖，侧视、背视；13. 尾部，背视。登记号：11，12. XIG G177；13. NIGP150768。产地：11，12. 陕西南郑；13. 湖南慈利。层位：11，12. 凯迪阶中部"宝塔组"顶部；13. 凯迪阶中部临湘组。

该图版标本由周志强等（2016）首次发表。

图版 5-4-17

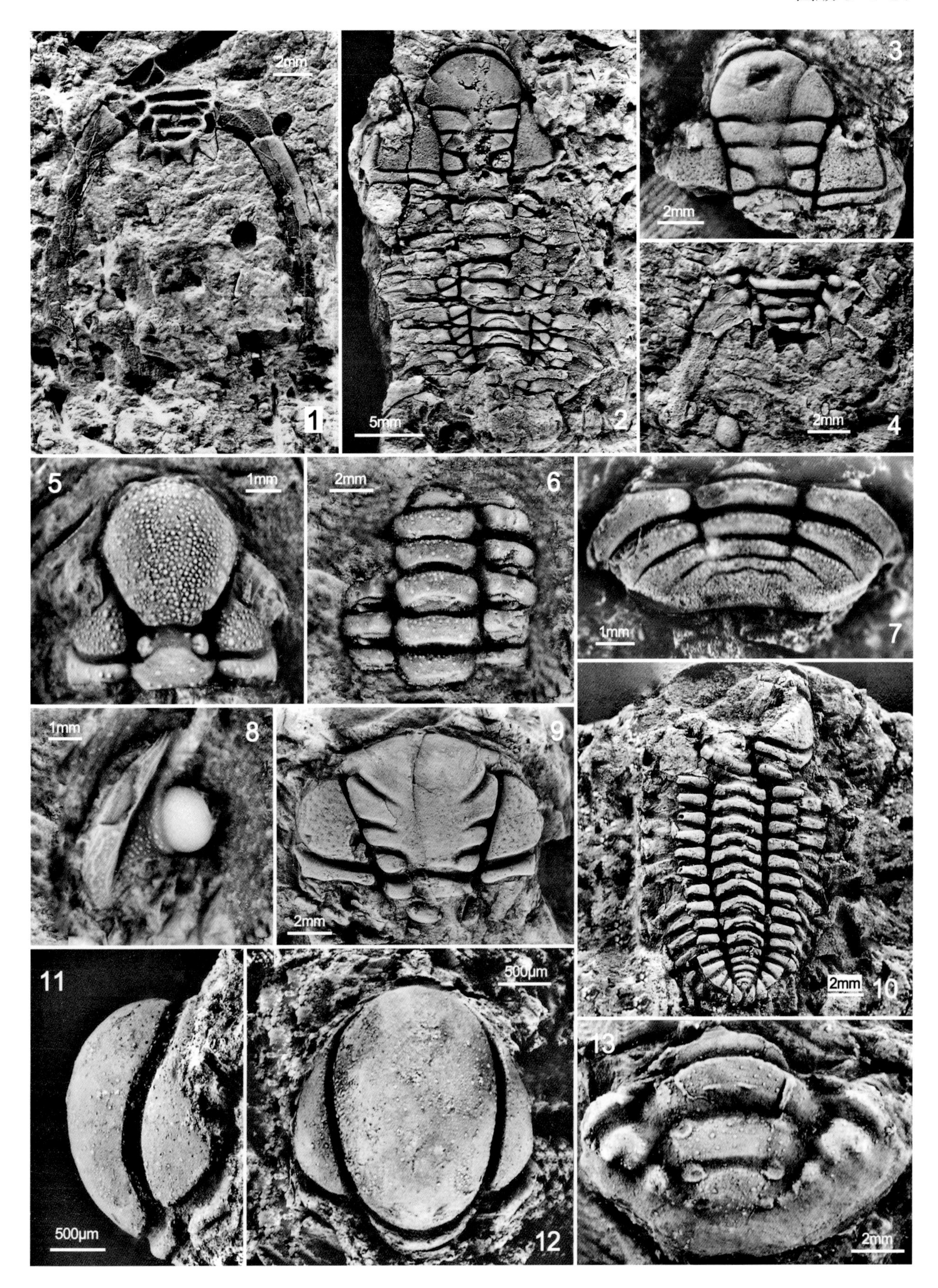

1
2mm
2
5mm
3
2mm
4
2mm
5
1mm
6
2mm
7
1mm
8
1mm
9
2mm
10
2mm
11
500μm
12
500μm
13
2mm

图版 5-4-18　三叶虫

赫南特阶

1—7，9—11　短尖刺宋溪虫 *Mucronaspis*（*Songxites*）*mucronata*（Brongniart，1822）

主要特征：颈前头鞍向前均匀扩大，头鞍侧沟S1和S2近平行。头部前边缘窄（纵向），侧边缘沟清晰并与后边缘沟交于颊角处，唇瓣后边缘具2～3对小刺。胸部具10节胸节。尾轴具10～13节轴节和1节末节，末节延伸为尾刺。

1—5，7，9. 头部，背视；6. 活动颊，背视；10. 头部，侧背视；11. 背甲，背视。登记号：1. NIGP152209；2. NIGP152198；3. NIGP152196；4. NIGP152197；5. NIGP152190；6. NIGP152190；7. NIGP152193；9. NIGP152195；10. NIGP152191；11. NIGP152194。产地：浙江德清。层位：1. 赫南特阶安吉组；2—5，6，7，9—11. 赫南特阶堰口组。

8，12　松桃平宽头盔虫 *Platycoryphe songtaoensis* Lu & Wu，1982

主要特征：头部半圆形，较宽，颈前头鞍近梯形并缓缓凸起，具3对头鞍侧沟。颈环凸起，宽度均一。具弱的眼脊。尾部长宽近相等，具9节轴环节和1节末节。

8. 头部，背视；12. 尾部，背视。登记号：8. NIGP152212；12. NIGP152215。产地：浙江德清。层位：赫南特阶堰口组。

13　始狮头虫（未定种）*Eoleonaspis* sp.

主要特征：尾轴具2节宽而强烈凸起的轴节和1节末节。尾部具一对大的尾刺，其间还有2对小刺。

尾部，背视。登记号：NIGP152218。产地：浙江德清。层位：赫南特阶堰口组。

该图版标本由Zhou et al.（2011）首次发表。

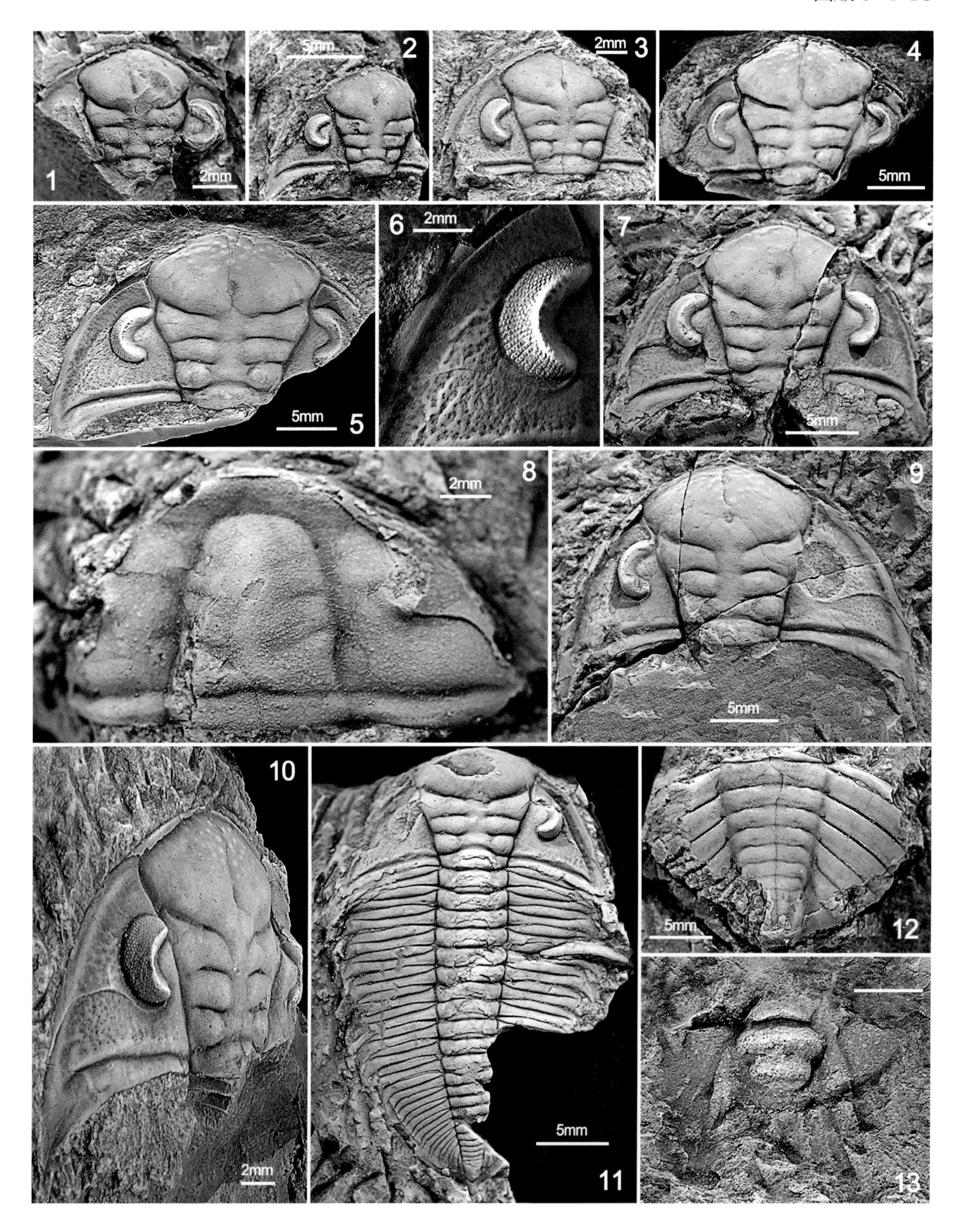
1
2mm
5mm
2
2mm
3
4
5mm
5mm
5
6
2mm
7
5mm
2mm
8
9
5mm
10
2mm
5mm
11
5mm
12
13

图版 5-4-19　三叶虫

赫南特阶

1—9　短尖刺宋溪虫 *Mucronaspis*（*Songxites*）*mucronata*（Brongniart，1822）

主要特征：见图版5-4-18。

1—3，5，6. 尾部，背视；4，7. 唇瓣，腹视；8. 不完整头部，背视；9. 尾部，侧视。登记号：1. NIGP152205；2. NIGP152207；3. NIGP152211；4. NIGP152203；5. NIGP152208；6，9. NIGP152206；7. NIGP152204；8. NIGP152210。产地：浙江德清。层位：赫南特阶堰口组。标本由Zhou et al.（2011）首次发表。

10—17　武宁宋溪虫 *Mucronaspis*（*Songxites*）*wuningensis*（Lin，1974）

主要特征：头部半椭圆形。头鞍向前扩大，前端浑圆，具3对深的侧头鞍沟。前面一对自头鞍前侧角向后斜伸一小段距离，后急转向内，近平伸；中间一对近水平；后一对向内略向后伸出，在近轴端分叉。眼叶较小，新月形，前端位置近前一对侧头鞍沟，后端在中间一对侧头鞍沟前的相对位置。固定颊小。活动颊较固定颊宽，为次三角形，具一狭的边缘。尾部次三角形，宽度略大于长度（尾刺除外），尾轴长锥形，具12个轴节和1个末节。肋部8节。

10，13，15. 头部，背视；11，12. 尾部，背视；14. 胸节，背视；16. 头部，侧视；17. 眼睛，腹视。登记号：10. NIGPT040；11. NIGPT045；12. NIGPT047；13. NIGPT031；14. NIGPT047b；15—17. NIGPT036a。产地：江西武宁。层位：赫南特阶新开岭组。标本由林天瑞（1974）首次发表。

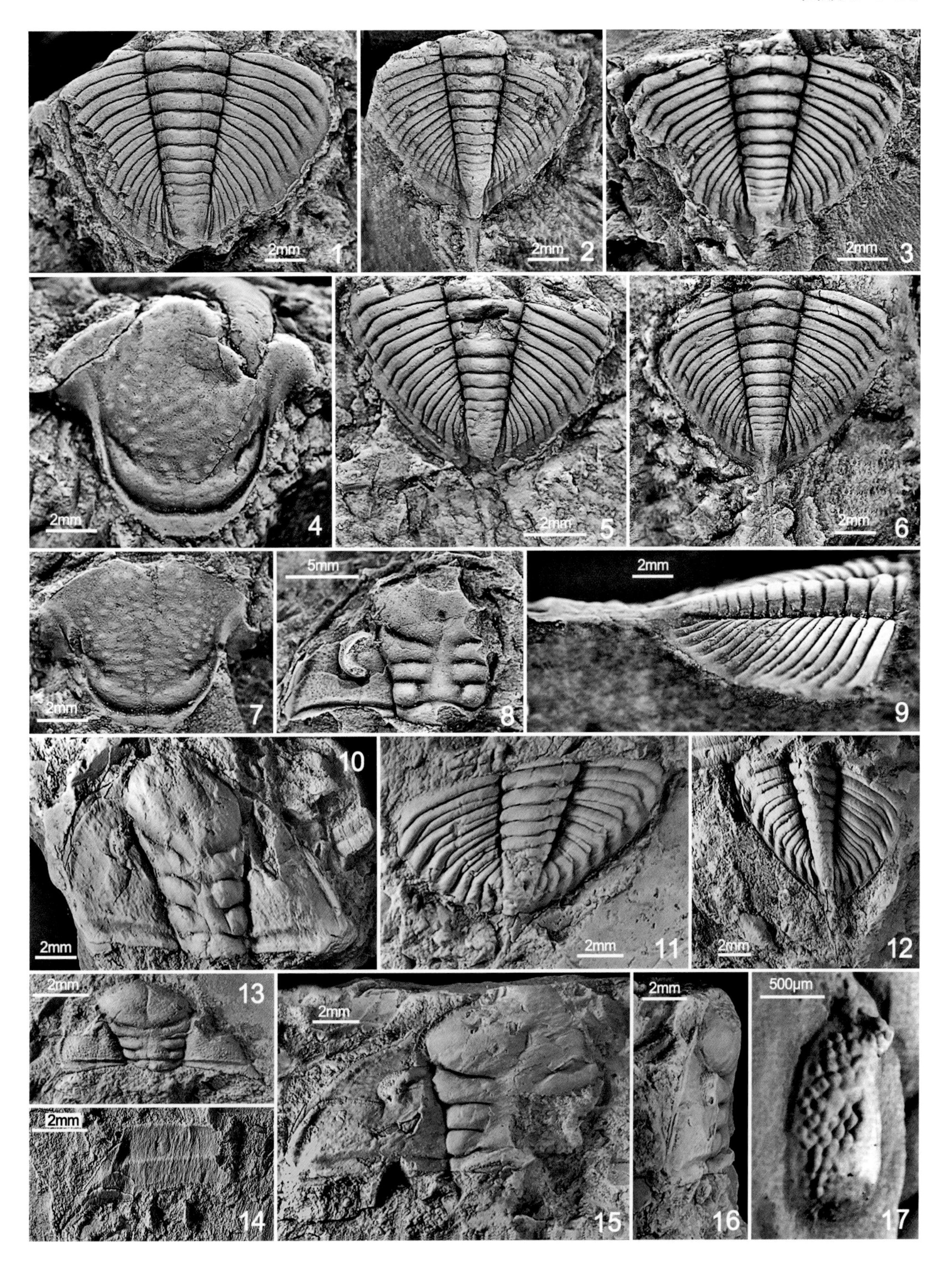
2mm
1
2mm
2
2mm
3
2mm
4
2mm
5
2mm
6
2mm
7
5mm
8
2mm
9
10
2mm
2mm
11
2mm
12
2mm
13
2mm
14
2mm
15
2mm
16
500μm
17

5.5 头足类

头足类动物（软体动物门头足纲）包括鹦鹉螺、菊石和鞘形类等，奥陶纪的头足类化石均属于鹦鹉螺。鹦鹉螺是一类海生的肉食性动物，善于在水中游泳或水底爬行。其两侧对称，头在前方且显著，头部两侧具发达的眼，中央有口，口内有角质颚片和齿舌，颚呈喙状并可钙化成化石（喙石）。腕的一部分环列于口的周围，用于捕食，另一部分则在靠近头部的腹侧构成排水漏斗（图5-25）。壳被覆于体外。鹦鹉螺自寒武纪开始出现，一直延续至现代。

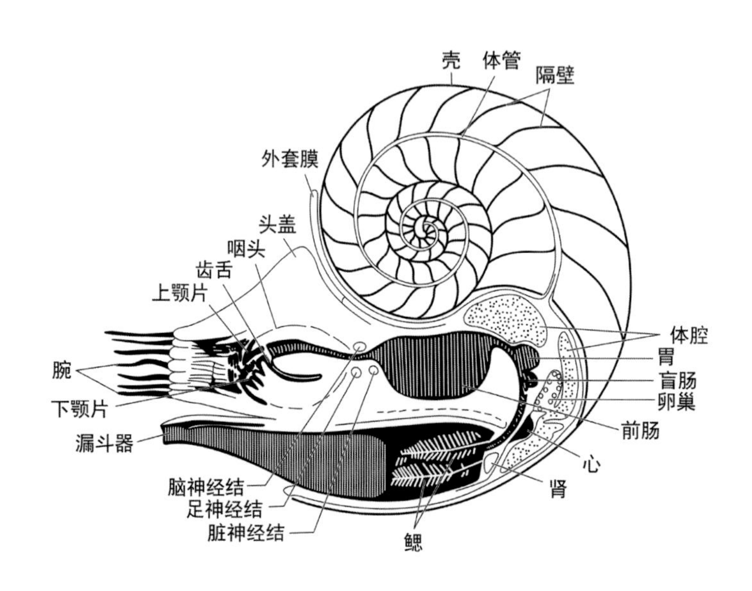

图 5-25　鹦鹉螺结构示意

5.5.1　头足类基本结构

1. 鹦鹉螺壳体结构术语

住室（body chamber）：壳体前部包容鹦鹉螺主要软组织的部分。

闭锥（又称“气壳”，phragmocone）：壳体被隔壁分割成不同气室的部分。

气室（camera）：由外壳、体管和相邻的两个隔壁包围的空间。

腹湾（又称“漏斗湾”，hyponomic sinus）：壳口前缘腹部的凹痕。

内腹弯（endogastric）：壳体向腹侧弯曲。

外腹弯（exogastric）：壳体向背侧弯曲。

体管（siphuncle）：壳体内部从始端开始贯穿所有气室的管状构造，由隔壁颈、连接环、体管沉积和体管索构成。

外体管（ectosiphuncle）：由隔壁颈和连接环组成。

内体管（endosiphuncle）：外体管之内的所有软组织和硬组织。

隔壁（septum）：壳体内分泌的横向隔板，与壳壁相连，将闭锥分成多个气室。

隔壁颈（septal neck）：隔壁的一部分，通常向壳体后部弯曲。

隔壁孔（septal foramen）：隔壁颈着生之处。

连接环（connecting ring）：连接相邻隔壁颈的管状构造。

触区（又称“垫区”，adnation area）：连接环与隔壁前面的接触区域。

体管沉积（endosiphuncular deposits）：体管内的原生沉积。

内锥（endocone）：体管内的锥状钙质沉积。常见于内角石类的体管之内。

内锥管（endosiphuncular tube）：连接内锥顶端的管状构造。

内体房（endosiphocone）：体管内最后一个内锥前面的锥状空间。

气室膜（cameral mantle）：在气室内分泌气室沉积的软组织。

口盖（aptychus）：用于关闭壳口的钙质薄片。

脐孔（umbilical perforation）：旋环的旋卷轴处的空隙。

棱（carina）：腹部壳表上较强而尖的脊状旋向装饰。

纵棱（strigation）：壳表上的旋向脊、槽状装饰。

纵旋纹（lira）：壳表上旋向的细线纹。

横瘤（bulla）：放射状排列的瘤状装饰。

纵瘤（clavus）：旋向分布的瘤状装饰。

横肋（pila）：放射状分布的肋状装饰。

外缝合线（external suture）：旋卷壳脐线之间旋环腹部和侧部之间的缝合线。

内缝合线（internal suture）：旋卷壳脐线之间旋环接触区的缝合线。

2. 壳形及壳的基本结构

鹦鹉螺的壳基本成分多为钙质，形态多种多样，包括伸直的直形壳、稍弯的弓形壳、松卷的环形壳及平旋壳等8种类型（图5-26）。

鹦鹉螺壳最初形成的部分称为原壳（又称胎壳），一般为灯泡状，位于壳体的最后段即始端。鹦鹉螺由其外套膜分泌壳质使壳体不断增长，每隔一段时间在其壳内又会分泌一个横向的隔壁（又称梯板），隔壁将壳体内部划分为最前端一个很大的住室和后面的闭锥两部分。壳口所在的一端称前方，壳口上漏斗弯所在的一侧称为腹侧。弯曲壳形者拱凸的一侧为腹方，下凹的一侧为背方，但也有少数弯曲的壳形拱凸的一侧为背方。在平旋壳中，旋环的外侧为腹方，内侧为背方。

鹦鹉螺平旋壳侧面最后一个旋环之间低凹的部分称为脐部。外旋环与相邻内旋环的接合线称为脐线。靠近脐线的旋环内侧部分叫脐壁。

3. 壳表纹饰

鹦鹉螺壳壁的表面一般都具有与壳口边缘平行的横向壳饰，代表壳体生长的痕迹，细的叫生长线，粗强的叫生长脊、生长环或横肋。与壳口边缘垂直的或与壳圈旋转方向一致的纵向壳饰，依粗细的不同也有线、脊、肋的区别。有些旋卷的壳在腹部有一旋向粗脊，称为腹棱；有时每一壳圈有3 ~ 10个横向凹陷，称为收缩沟。此外，还有瘤或刺等壳饰。

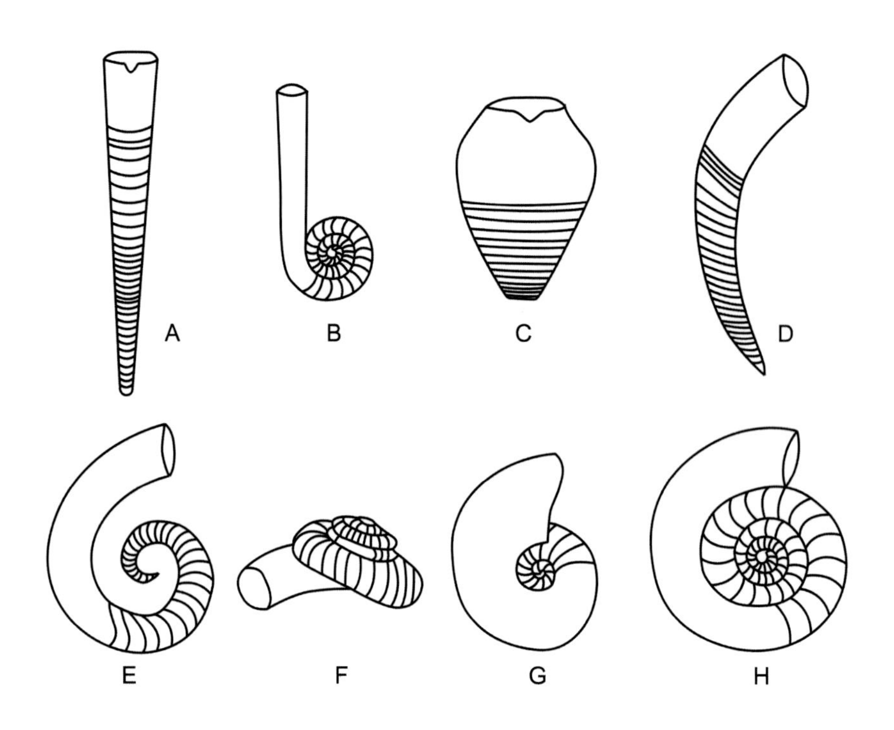

图 5-26 鹦鹉螺壳的基本类型。A. 直角石式；B. 喇叭角石式；C. 短粗角石式；D. 弓角石式；E. 环角石式；F. 锥角石式；G. 鹦鹉螺式；H. 触环角石式

4. 鹦鹉螺壳的内部构造

鹦鹉螺软体的后端生有一个肉质的体管索。自住室穿过各气室而达原壳，其外被一灰质管道所包围，该灰质管道被称为体管（图5-27）。隔壁颈沿隔壁孔向后方延伸形成的体管称后伸体管，向前延伸的称前伸体管。隔壁颈根据长度及直弯等特点，可分为3种类型（图5-28）。某些鹦鹉螺在体管内具有体管形成后的沉积物，如横过体管的沉积物，称横隔板或闭板。许多锥形板在体管内相互叠置形成内锥体，形似隔壁的空腔称内隔壁，自内体房或内体管向外体管延伸的纵板状构造称体隙（图5-29）。隔壁孔内的沉积物沿隔壁颈处向内增生形成环节状沉积，最后留下的中空管道亦称内体管。有时存在自内体管向外放射的管道，称放射管或内支管（图5-29）。星节状沉积是由许多从体管壁向中心延伸的辐射状纵板组成的沉积物，分节或不分节（图5-29）。此外，许多古生代的鹦鹉螺在其气室内尚可形成沉积物，按其沉积的位置可分为壁前沉积、附壁沉积（壁后沉积和壁侧沉积的统称）及环颈沉积。一个隔壁的壁后沉积与前一隔壁的壁前沉积之间的接触线极似隔壁，称假隔壁（图5-30）。隔壁的边缘与壳内面相接触，形成一些曲折的线，称缝合线，其向前凸曲的部分称为鞍，向后弯曲的部分称为叶。

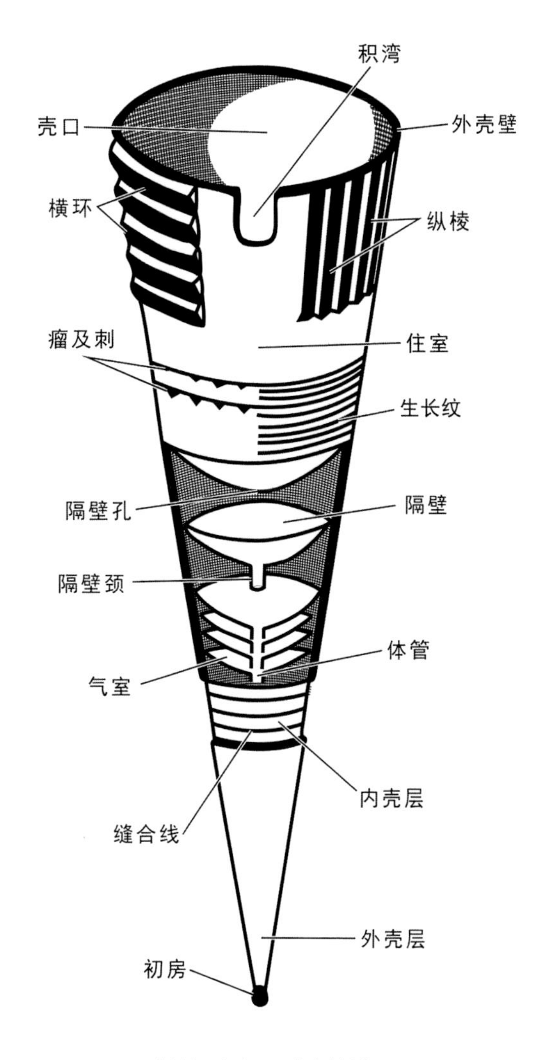

图 5-27　鹦鹉螺直角石式壳构造

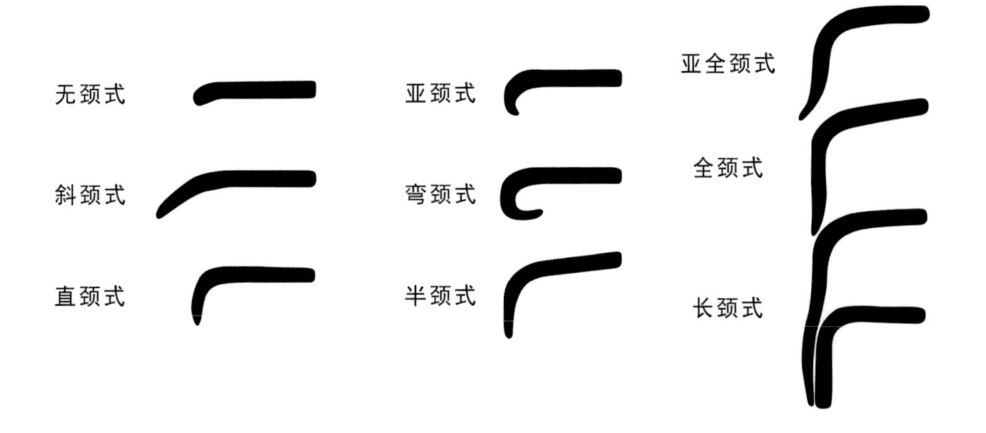

图 5-28　鹦鹉螺隔壁颈基本类型

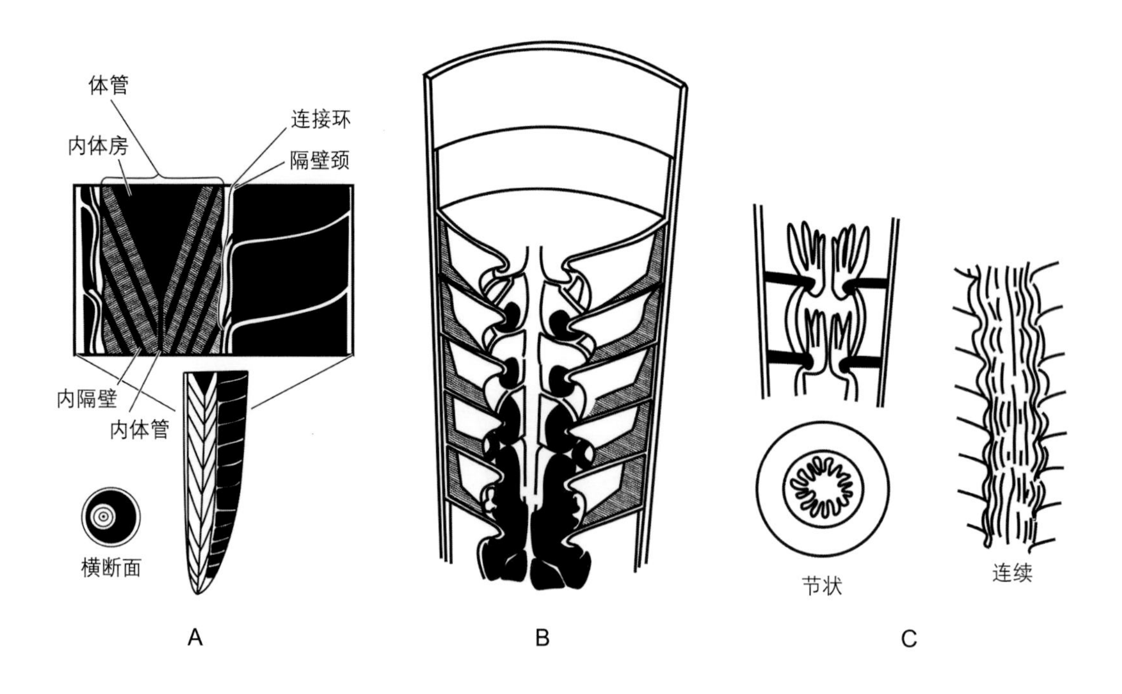

图 5-29 体管沉积类型。A. 内锥沉积；B. 环节状沉积；C. 星节状沉积

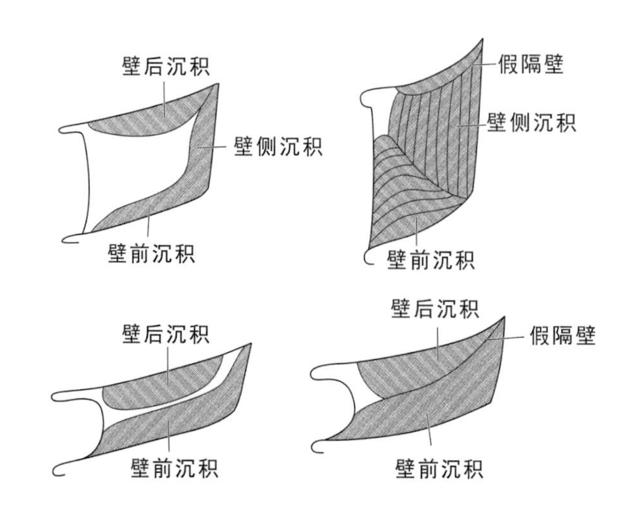

图 5-30 气室沉积类型

5.5.2 头足类图版及说明

标本均保存在中国科学院南京地质古生物研究所。

图版 5-5-1 头足类

（比例尺长度 =1cm）

特马豆克阶—弗洛阶

1 留下爱丽斯木角石 *Ellesmeroceras liuxiaense* Zou，1987

主要特征：直角石式壳，个体小，壳体扩大慢；体管较大，直径为壳径的1/5.5，位于壳体腹缘。

纵切面，登记号：NIGP75368。产地：浙江余杭闲林埠荆山岭剖面。层位：特马豆克阶留下组（邹西平，1987）。

注：爱丽斯木角石又称爱丽斯曼角石。

2，7 内弯唐山角石 *Tangshanoceras endogastrum* Chen，1976

主要特征：壳中等大小，内腹式弯曲，向前扩大较快；体管在腹侧的近边缘，直径为壳径的1/4；连接环粗厚。

纵切面。登记号：2. NIGP34678；7. NIGP34686。产地：河北唐山赵各庄剖面。层位：弗洛阶亮甲山组（陈均远，1976）。

3，6 闲林爱丽斯木角石 *Ellesmeroceras xianlinense* Zou，1987

主要特征：直角石式壳，个体小，壳体扩大慢；体管位于壳体腹缘，体管细。

纵切面。登记号：3. NIGP75367；6. NIGP75366。产地：浙江余杭闲林埠荆山岭剖面。层位：特马豆克阶留下组（邹西平，1987）。

4，5 急快多泡角石 *Polydesmia abruptum* Chen in Chen & Zou，1984

主要特征：体管粗大，亚中心，直径相当于壳径的2/3；隔壁颈弓形，稍长于下缘；体管辅支管陡斜，体管沉积发育。

纵切面。登记号：4. NIGP54259；5. NIGP54251。产地：内蒙古海勃湾老石旦东山剖面。层位：弗洛阶三道坎组（陈均远和邹西平，1984）。

8，12 乌海假五顶角石 *Pseudowutinoceras wuhaiense* Chen，1984 in Chen & Zou，1984

主要特征：壳体直形，体管在腹侧的近边缘，体管节宽扁，隔壁颈外弯陡急，颈部尖窄，体管内具厚的附壁沉积。

纵切面。登记号：8. NIGP52182；12. NIGP54244。产地：内蒙古海勃湾老石旦东山剖面。层位：弗洛阶三道坎组（陈均远和邹西平，1984）。

9 乌海珠角石 *Actinoceras wuhaiense* Chen，1984 in Chen & Zou，1984

主要特征：个体较小，壳体直形，体管位置中偏腹部，体管节扁盘状，隔壁颈珠角石式，壁前沉积发育。

纵切面，登记号：NIGP54254。产地：内蒙古海勃湾老石旦东山剖面。层位：弗洛阶三道坎组（陈均远和邹西平，1984）。

10 双拱蝉尾角石 *Kerkoceras bicostatum* Chen & Liu，1974

主要特征：体管腹缘近直，背缘弯拱，体管状如蝉尾，短小。

侧视。登记号：NIGP15645。产地：重庆綦江观音桥剖面。层位：弗洛阶红花园组（陈均远和刘耕武，1974）。

11 亚弓形伸角石（比较种）*Ectenoceras* cf. *subcurvatum* Kobayashi，1933

主要特征：壳体微弱内腹弯曲，扩大缓慢；体管细，位于腹缘；连接环略厚。

纵切面。登记号：NIGP61497。产地：内蒙古清水河刘家窑。层位：特马豆克阶冶里组（邹西平，1981）。

13 月牙形变斜内角石 *Rectroclintendoceras meniscoides* Chen & Liu，1974

主要特征：体管前部收缩，背侧强拱，顶端位于中背部；内缝合线向腹前倾斜。

侧视。登记号：NIGP21978。产地：重庆秀山大田坝剖面。层位：特马豆克阶南津关组（陈均远和刘耕武，1974）。

14 双拱变斜内角石 *Rectroclintendoceras biconvexum* Chen & Liu，1974

主要特征：体管细长，前端收缩，体房腔顶端近体管中部。

侧视。登记号：NIGP21977。产地：重庆秀山大田坝剖面。层位：特马豆克阶南津关组（陈均远和刘耕武，1974）。

图版 5-5-1

图版 5-5-2 头足类

（比例尺长度 =1cm）

弗洛阶

1 梯形朝鲜角石 *Coreanoceras trapezoidum* Chen & Liu，1974

主要特征：直角石式壳，腹部具粗壮的索状突起，纵沟位于近中心稍偏背方，具一对近直的体隙。

侧视。登记号：NIGP15653。产地：重庆秀山大田坝剖面。层位：弗洛阶红花园组（陈均远和刘耕武，1974）。

2 短锥朝鲜角石 *Coreanoceras breviculus* Zou，1981

主要特征：体管横断面为背腹微扁，体房腔腹部的脊状突起低弱，体管叠锥部分粗短。

侧视。登记号：NIGP61481。产地：山西偏关老营鸭子坪。层位：弗洛阶亮甲山组（邹西平，1981）。

3 肾形朝鲜角石 *Coreanoceras reniforme* Chen & Liu，1974

主要特征：内体锥横切面似肾形，纵沟横切面弯眉形。

体管侧视。登记号：NIGP15613。产地：重庆秀山大田坝剖面。层位：弗洛阶红花园组（陈均远和刘耕武，1974）。

4 弱环拟高原角石 *Parakogenoceras exilicostratum* Chen，1984 in Chen & Zou，1984

主要特征：直壳，壳体较大，体管在腹部近边缘，体管节形状似倒梨形。

纵切面。登记号：NIGP52181。产地：内蒙古海勃湾老石旦东山剖面。层位：弗洛阶三道坎组（陈均远和邹西平，1984）。

5 乌海拟高原角石 *Parakogenoceras wuhaiense* Chen，1984 in Chen & Zou，1984

主要特征：体管的叠部窄。

纵切面。登记号：NIGP54306。产地：内蒙古海勃湾老石旦东山剖面。层位：弗洛阶三道坎组（陈均远和邹西平，1984）。

6，11 冶里冶里角石 *Yehlioceras yehliense*（Grabau，1922）

主要特征：体房腔较深，体管始端部分近钝圆形。

体管侧视。登记号：6. NIGP61478；11. NIGP61479。产地：山西偏关老营鸭子坪。层位：弗洛阶亮甲山组（邹西平，1981）。

7 大型蝉尾角石 *Kerkoceras magnum*（Chen，1976）

主要特征：体管叠锥部分较大，腹缘近直，始端具小型乳头状突起。

体管侧视，登记号：NIGP34687。产地：内蒙古清水河狼窝沟。层位：弗洛阶亮甲山组（陈均远，1976）。

8，16 维柯列夫前房角石 *Proterocameroceras vichorevense* Balaschov，1962

主要特征：壳体较大，隔壁颈向体管内倾斜，体管位于壳体腹缘。

纵切面。登记号：8. NIGP75413；16. NIGP75414。产地：浙江余杭闲林埠荆山岭剖面。层位：弗洛阶荆山组（邹西平，1987）。

9，10 留下前房角石 *Proterocameroceras liuxiaense* Zou，1987

主要特征：壳呈圆柱状，扩大程度缓慢；体管大，位于壳体腹部；体房腔较深。

纵切面，登记号：9. NIGP75408；10. NIGP75409。产地：浙江余杭闲林埠荆山岭剖面。层位：弗洛阶荆山组（邹西平，1987）。

12，15 小型东北角石 *Manchuroceras minutum* Zou，1981

主要特征：壳体在始端处迅速扩大，表面具缝合线，隔壁间距较密，体房腔深。

侧视，登记号：12. NIGP61477；15. NIGP61482。产地：内蒙古清水河狼窝沟。层位：弗洛阶亮甲山组（邹西平，1981）。

注：东北角石又称满州角石。

13 偏关东北角石 *Manchuroceras pianguanense* Zou，1981

主要特征：壳体在始端扩大后微收缩。

侧视。登记号：NIGP61480。产地：内蒙古清水河狼窝沟。层位：弗洛阶亮甲山组（邹西平，1981）。

14 巴东东北角石 *Manchuroceras badongense* Chen & Liu，1974

主要特征：体管粗短，始端呈短锥；体房腔月牙形，腹区强拱。

纵切面。登记号：NIGP21979。产地：湖北巴东思阳桥剖面。层位：弗洛阶红花园组（陈均远和刘耕武，1974）。

1
2
3
4
5
6
7
8
9
10
11
12
13
14
15
16

图版 5-5-3 头足类

（比例尺长度 =1cm）

大坪阶

1，9 远壁前环角石 *Protocycloceras remotum* Lai，1960

主要特征：壳体直形、扩大率较大，体管稍偏离壳中心。

纵切面。登记号：1. NIGP105029；9. NIGP105028。产地：江苏句容仑山剖面。层位：大坪阶大湾组（邹西平，1988）。

2，11 湖北前环角石 *Protocycloceras hupehense*（Shimizu & Obata，1936）

主要特征：外形大而直，壳表具横环，体管稍偏离壳中心，隔壁颈直短颈式。

纵切面。登记号：2. NIGP105053；11. NIGP105036。产地：江苏句容仑山剖面。层位：大坪阶大湾组（邹西平，1988）。

3，10 底普拉氏前环角石 *Protocycloceras deprati* Reed，1917

主要特征：壳体直形，体管位置偏向腹面，隔壁颈直短颈式。

纵切面。登记号：3. NIGP105026；10. NIGP105051。产地：江苏句容仑山剖面。层位：大坪阶大湾组（邹西平，1988）。

4 王氏前环角石 *Protocycloceras wangi*（Zhang，1957）

主要特征：壳体直形，壳体较大，体管在腹部近边缘，体管节形状似倒梨形，体管沉积发育。

纵切面。登记号：NIGP21983。产地：重庆秀山大田坝剖面。层位：大坪阶紫台组（陈均远和刘耕武，1974）。

5，8 四川前环角石 *Protocycloceras sichuanense* Wang，1978

主要特征：体管位于壳中心。

纵切面。登记号：5. NIGP105052；8. NIGP105033。产地：江苏句容仑山剖面。层位：大坪阶大湾组（邹西平，1988）。

6 翁氏前环角石 *Protocycloceras wongi*（Yü，1930）

主要特征：壳体扩大缓慢，壳表具横环；体管细，位于壳体中央。

纵切面。登记号：NIGP75390。产地：浙江余杭闲林埠荆山岭剖面。层位：大坪阶闲林埠组（邹西平，1987）。

7 安徽前环角石 *Protocycloceras anhuiense* Qi in Qi et al.，1983

主要特征：直角石式壳，体管位于腹中部，隔壁颈正直，连接环很厚。

体管侧视。登记号：NIGP105058。产地：江苏句容仑山剖面。层位：大坪阶大湾组（邹西平，1988）。

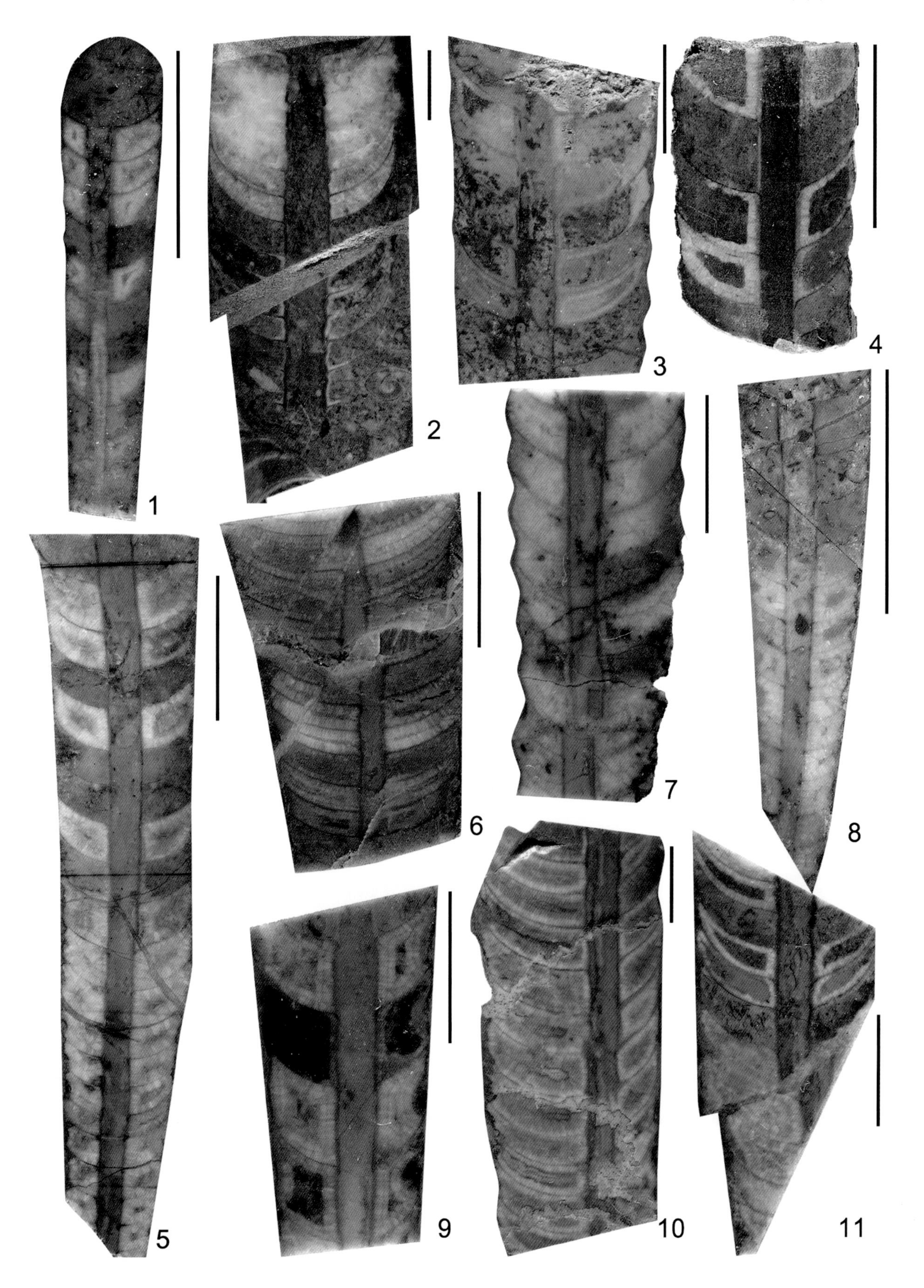
1
2
3
4
5
6
7
8
9
10
11

图版 5-5-4 头足类

（比例尺长度 =1cm）

大坪阶

1 密壁梯级角石 *Bathmoceras densum* Chen & Liu，1974

主要特征：壳体直形，气室密集，体管位于壳体腹边缘，腹尖窄，隔壁颈短颈式，缝合线横直。

腹视。登记号：NIGP21981。产地：重庆秀山大田坝剖面。层位：大坪阶紫台组（陈均远和刘耕武，1974）。

2 长阳吉赛尔角石 *Chisiloceras changyangense*（Zhang，1957）

主要特征：壳体直形，呈圆柱形，气室较低，体管较粗、偏中心，体房腔较深，内体管很大。

纵切面。登记号：NIGP105047。产地：江苏句容仑山剖面。层位：大坪阶大湾组（邹西平，1988）。

3，4 宜昌吉赛尔角石 *Chisiloceras ichangense* Wang，1966

主要特征：壳体直形，体管大并位于壳中央。

纵切面。登记号：3. NIGP105044；4. NIGP105045。产地：江苏句容仑山剖面。层位：大坪阶大湾组（邹西平，1988）。

5，7 扬子壳角石 *Cochlioceras yangtzeense* Zhang，1957

主要特征：壳体直形，缝合线呈波形，气室较低，隔壁颈短，连接环较厚。

纵切面。登记号：5. NIGP105024；7. NIGP105043。产地：江苏句容仑山剖面。层位：大坪阶大湾组（邹西平，1988）。

6 雷氏吉赛尔角石 *Chisiloceras reedi*（Yü，1930）

主要特征：壳体扩大缓慢，体管粗大，位于壳的近中部，气室低，缝合线微倾斜。

纵切面。登记号：NIGP21986。产地：贵州石阡白沙剖面。层位：大坪阶湄潭组（陈均远和刘耕武，1974）。

8 不明原鞘角石 *Proterovaginoceras incognitum*（Schröder，1882）

主要特征：壳亚柱状，壳表不具装饰，体管位于壳的近边缘，隔壁颈长达一个半气室。

纵切面。登记号：NIGP75471。产地：浙江余杭闲林埠荆山岭剖面。层位：大坪阶闲林埠组（邹西平，1987）。

9 穆氏原鞘角石 *Proterovaginoceras mui*（Zhang，1957）

主要特征：壳体直形，体管与腹壁相接触。

纵切面。登记号：NIGP105023。产地：江苏句容仑山剖面。层位：大坪阶大湾组（邹西平，1988）。

10 大型原鞘角石 *Proterovaginoceras giganteum*（Yü，1930）

主要特征：壳体近圆柱形、扩大缓慢，体管位于腹中之间，气室较高。

纵切面。登记号：NIGP21985。产地：重庆秀山大田坝剖面。层位：大坪阶紫台组（陈均远和刘耕武，1974）。

11 瑶山吉赛尔角石 *Chisiloceras yaoshanense* Qi in Qi et al.，1983

主要特征：壳体直形，体管大、位置稍偏离壳中心。

纵切面。登记号：NIGP105046。产地：江苏句容仑山剖面。层位：大坪阶大湾组（邹西平，1988）。

1
2
3
4
5
6
7
8
9
10
11

图版 5-5-5　头足类

（比例尺长度 =1cm）

大坪阶

1　椭圆角内角石 *Triendoceras ellipticum*（Yü，1930）

主要特征：壳体直形，体管粗大并位于壳的腹边缘，隔壁颈全颈式，气室低矮，缝合线近平直。

纵切面。登记号：NIGP21984。产地：重庆秀山大田坝剖面。层位：大坪阶紫台组（陈均远和刘耕武，1974）。

2　北阳鞘角石马路口亚种 *Vaginoceras peiyangense malukonense* Chen in Xu & Liu，1977

主要特征：壳体直形，体管直径为壳径的1/2.5 ~ 1/3，隔壁下凹0.5 ~ 1个气室高度。

纵切面。登记号：NIGP105050。产地：江苏句容仑山剖面。层位：大坪阶大湾组（邹西平，1988）。

3，5　句容岗山角石 *Gangshanoceras jurongense* Zou，1988

主要特征：壳微弯，壳表光滑、不具横环，体管位于壳中央与腹壁之间，连接环微膨胀。

纵切面。登记号：3. NIGP105061；5. NIGP105060。产地：江苏句容仑山剖面。层位：大坪阶大湾组（邹西平，1988）。

4　仑山楚德逊角石 *Troedssonella lunshanensis* Zou，1988

主要特征：壳体直形，壳壁较厚，体管位置偏离壳中心，体管节稍膨胀，附壁沉积发育。

纵切面。登记号：NIGP105064。产地：江苏句容仑山剖面。层位：大坪阶大湾组（邹西平，1988）。

6　中央链角石 *Ormoceras centrale*（Kobayashi & Matumoto，1942）

主要特征：壳体较大，壳体直形，扩大缓慢，体管粗，位于壳体中部，体管节扁球形。

纵切面。登记号：NIGP46776。产地：山东新泰汶南剖面。层位：大坪阶北庵庄组（陈均远等，1980）。

7　偏管假北极角石 *Pseudeskimoceras marginale*（Endo，1932）

主要特征：壳体长锥形，体管中偏背部，体管节扁球形，隔壁颈弯颈式，连接环膨大。

纵切面。登记号：NIGP46736。产地：山东淄博八陡剖面。层位：大坪阶北庵庄组（陈均远等，1980）。

8　南票高原角石 *Kogenoceras nanpiaoensis*（Kobayashi & Matumoto，1942）

主要特征：壳体直形，横环高窄，体管中偏背部，体管节倒梨形。

纵切面。登记号：NIGP46787。产地：山东新泰汶南剖面。层位：大坪阶北庵庄组（陈均远等，1980）。

9　夹沟古藤角石 *Kotoceras jiagouense* Chen，Zou & Qi in Chen et al.，1980

主要特征：内锥微弱内腹弯曲，体房腔较浅。

纵切面。登记号：NIGP46756。产地：安徽宿县夹沟剖面。层位：达瑞威尔阶马家沟组下部（陈均远等，1980）。

10　李氏中内角石 *Mesosendoceras leei*（Yü，1930）

主要特征：壳体直形，扩大率1 : 7；体管径为壳径的1/2。

纵切面。登记号：NIGP105059。产地：江苏句容仑山剖面。层位：大坪阶大湾组（邹西平，1988）。

11　盘形中五顶角石 *Mesowutinoceras discoides* Chen，1976

主要特征：壳体直形，体管近壳中心，体管节宽扁，隔壁颈阿门角石式，中心管粗壮，气室沉积发育。

纵切面。登记号：NIGP34698。产地：山东新泰汶南剖面。层位：大坪阶北庵庄组（陈均远，1976）。

1
2
3
4
5
6
7
8
9
10
11

图版 5-5-6 头足类

（比例尺长度 =1cm）

达瑞威尔阶

1 霍尔氏原鞘角石 *Proterovaginoceras holmi*（Flower，1964）

主要特征：壳体直形，扩大率1 : 10；体管径为壳径的1/2.5 ~ 1/2.8。

纵切面。登记号：NIGP105025。产地：江苏句容仑山剖面。层位：达瑞威尔阶牯牛潭组（邹西平，1988）。

2 高仑村古藤角石 *Kotoceras gaoluncunense* Zou，1988

主要特征：壳形大，微弱内腹弯曲；体管大，与腹壁相接触；隔壁倾斜较大。

纵切面。登记号：NIGP105066。产地：江苏句容仑山剖面。层位：达瑞威尔阶牯牛潭组（邹西平，1988）。

3，11 管状古藤角石 *Kotoceras cylindricum* Kobayashi，1934

主要特征：壳体大而直，扩大较快，未见气室沉积；体管大，位于腹缘，具内锥体。

纵切面。登记号：3. NIGP52180；11. NIGP54361。产地：陕西耀县桃曲坡剖面。层位：达瑞威尔阶耀县组（陈均远和邹西平，1984）。

4 不明原鞘角石 *Proterovaginoceras incognitum*（Schröder，1882）

主要特征：见图版5-5-4。

纵切面。登记号：NIGP15405。产地：重庆綦江观音桥剖面。层位：达瑞威尔阶牯牛潭组（陈均远和刘耕武，1974）。

5 佛里氏古藤角石 *Kotoceras frechi*（Kobayashi，1927）

主要特征：壳体直形或微弱内腹弯曲；体管大，位于腹缘，与腹壁接触。

纵切面。登记号：NIGP54362。产地：陕西耀县桃曲坡剖面。层位：达瑞威尔阶耀县组（陈均远和邹西平，1984）。

6 余杭原鞘角石 *Proterovaginoceras yuhangense*（Zou，1987）

主要特征：壳体直形；体管较大，呈圆管状，位于壳体腹缘。

纵切面。登记号：NIGP75447。产地：浙江余杭闲林埠荆山岭剖面。层位：达瑞威尔阶牯牛潭组（邹西平，1987）。

7 腹缘原鞘角石 *Proterovaginoceras ventrale*（Flower，1964）

主要特征：壳体直形，气室密度为2个，体管大并位于腹缘，体房腔深。

纵切面。登记号：NIGP75463。产地：浙江余杭闲林埠荆山岭剖面。层位：达瑞威尔阶牯牛潭组（邹西平，1987）。

8，9 波纹状原鞘角石 *Proterovaginoceras undulatum*（Zhang，1959）

主要特征：壳体较大，体管粗大并位于近腹缘，连接环在体管节始端呈波状弯曲。

纵切面。登记号：8. NIGP54367；9. NIGP54376。产地：内蒙古海勃湾老石旦东山剖面。层位：达瑞威尔阶桌子山组上部（陈均远和邹西平，1984）。

10 长锥沂蒙山角石 *Yimengshanoceras longiconicum*（Chen，Zou & Qi in Chen et al.，1980）

主要特征：壳体较大，微弱内腹弯曲，体管在腹边缘，隔壁颈半颈式到亚全颈式。

纵切面。登记号：NIGP46792。产地：山东淄博八陡剖面。层位：达瑞威尔阶马家沟组下部（陈均远等，1980）。

1
2
3
4
5
6
7
8
9
10
11

图版 5-5-7 头足类

（比例尺长度 =1cm）

达瑞威尔阶

1，8 桌子山多泡角石 *Polydesmia zuezshanensis* Zhang，1959

主要特征：壳体直形，体管粗大，体管沉积呈放射状纤维结构，隔壁颈珠角石式。

纵切面。登记号：1. NIGP54257；8. NIGP54289。产地：内蒙古海勃湾哈图沟剖面。层位：达瑞威尔阶桌子山组（陈均远和邹西平，1984）。

2 亚里水泡角石 *Pomphoceras yaliense*（Chen，1975）

主要特征：直角石式壳，隔壁颈珠角石式，颈部较长，连接环前段呈泡状弯曲。

纵切面。登记号：NIGP54354。产地：内蒙古海勃湾老石旦东山剖面。层位：达瑞威尔阶桌子山组上部（陈均远和邹西平，1984）。

3 球形鄂尔多斯角石 *Ordosoceras sphaeriforme* Zhang，1959

主要特征：壳体直形，体管在壳体中部，隔壁颈下缘较短，连接环下垂部分微呈弧形。

纵切面。登记号：NIGP54297。产地：内蒙古海勃湾苏伯沟剖面。层位：达瑞威尔阶桌子山组（陈均远和邹西平，1984）。

4 亚球形湄潭角石 *Meitanoceras subglobosum* Chen & Liu，1974

主要特征：壳体直形，体管位于壳的亚中部，体管节扁球状，连接环膨大且始端较直。

纵切面。登记号：NIGP15413。产地：贵州湄潭五里坡剖面。层位：达瑞威尔阶牯牛潭组（陈均远和刘耕武，1974）。

5，9 拉什仲水泡角石 *Pomphoceras lashenzhongense* Zou & Shen in Chen & Zou，1984

主要特征：直角石式壳，隔壁颈较长，下缘较短，连接环前段呈泡状弯曲。

纵切面。登记号：5. NIGP54365；9. NIGP54383。产地：5. 内蒙古海勃湾老石旦东山剖面；9. 宁夏盐池青龙山剖面。层位：达瑞威尔阶桌子山组上部（陈均远和邹西平，1984）。

6 内弯鄂尔多斯角石 *Ordosoceras endogastrum* Chen in Chen & Zou，1984

主要特征：壳体微弱内腹式弯曲。

纵切面。登记号：NIGP54265。产地：内蒙古海勃湾苏伯沟剖面。层位：达瑞威尔阶桌子山组（陈均远和邹西平，1984）。

7 大型中五顶角石 *Mesowutinoceras giganteum* Chen in Chen & Zou，1984

主要特征：壳体较大，体管节扁盘状，隔壁颈下缘较长且呈平卧状，中心管粗壮，气室沉积发育。

纵切面。登记号：NIGP54282。产地：内蒙古海勃湾老石旦东山剖面。层位：达瑞威尔阶桌子山组（陈均远和邹西平，1984）。

10 内蒙古塞角石 *Sactoceras neimongolense* Zou & Shen in Chen & Zou，1984

主要特征：壳体大、直形，隔壁颈短弯颈式，体管位于壳中央，连接环膨大，体管节呈心脏形。

纵切面。登记号：NIGP54371。产地：内蒙古海勃湾老石旦东山剖面。层位：达瑞威尔阶桌子山组顶部（陈均远和邹西平，1984）。

11 球形颈角石 *Deiroceras globosum*（Zou & Shen in Chen & Zou，1984）

主要特征：壳形直，隔壁颈短弯颈式，连接环膨大，体管节呈球形，辐射管横直。

纵切面。登记号：NIGP54341。产地：内蒙古海勃湾老石旦东山剖面。层位：达瑞威尔阶桌子山组上部（陈均远和邹西平，1984）。

12 乌海水泡角石 *Pomphoceras wuhaiense* Zou & Shen in Chen & Zou，1984

主要特征：壳体较大，微弱内腹弯曲；隔壁颈较长，下缘较短，连接环呈泡状弯曲；体管沉积发育。

纵切面。登记号：NIGP52176。产地：内蒙古海勃湾老石旦东山剖面。层位：达瑞威尔阶桌子山组上部（陈均远和邹西平，1984）。

1
2
3
4
5
6
7
8
9
10
11
12

图版 5-5-8 头足类

（比例尺长度 =1cm）

达瑞威尔阶

1 浙江象鼻角石 *Rhynchorthoceras zhejiangense* Zou，1987

主要特征：壳体直形，体管细且呈直管状，隔壁颈长而直。

纵切面。登记号：NIGP75481。产地：浙江余杭闲林埠荆山岭剖面。层位：达瑞威尔阶牯牛潭组（邹西平，1987）。

注：象鼻角石又称鼻直角石。

2 仑山象鼻角石 *Rhynchorthoceras lunshanense* Zou，1988

主要特征：体管细，位于壳中央；隔壁颈略向体管内倾斜，长度为气室高度的1/2。

纵切面。登记号：NIGP105031。产地：江苏句容仑山剖面。层位：达瑞威尔阶牯牛潭组上部（邹西平，1988）。

3 假隔壁小灰角石 *Stereoplasmoceras pseudoseptatum* Grabau，1922

主要特征：个体大，壳体直形，体管中偏背部，隔壁颈背部微弱外弯，腹部微弱内斜，连接环膨大。

纵切面。登记号：NIGP46761。产地：山东章丘文祖。层位：达瑞威尔阶马家沟组（陈均远等，1980）。

4，5 小型钩形角石 *Ancistroceras minutum* Zou & Shen in Chen & Zou，1984

主要特征：扩大率为1 : 4，隔壁颈直短颈式，体管细，位置中偏腹部，连接环直形。

纵切面。登记号：4. NIGP54349；5. NIGP54348。产地：内蒙古海勃湾老石旦东山剖面。层位：达瑞威尔阶桌子山组上部（陈均远和邹西平，1984）。

6 句容象鼻角石 *Rhynchorthoceras jurongense* Zou，1988

主要特征：体管位于壳中央且呈细直管状，隔壁颈直，连接环厚。

纵切面。登记号：NIGP105022。产地：江苏句容仑山剖面。层位：达瑞威尔阶牯牛潭组上部（邹西平，1988）。

7 观音桥拟前环角石 *Protocycloceroides guanyinqiaoense* Chen in Chen & Liu，1974

主要特征：壳体圆柱形、缓慢扩大，体管位于壳的腹中部，气室密度中等，隔壁颈短颈式且微内弯，连接环粗厚，壳表有微弱的轮环和细纹线。

纵切面。登记号：NIGP15395。产地：重庆綦江观音桥剖面。层位：达瑞威尔阶牯牛潭组（陈均远和刘耕武，1974）。

8 板桥吉赛尔角石 *Chisiloceras banqiaoense* Zou，1987

主要特征：壳体微弱弯曲，隔壁较平缓；体管较大且位于壳中央，体管内具体房腔。

纵切面。登记号：NIGP75432。产地：浙江临安板桥高垟头剖面。层位：达瑞威尔阶牯牛潭组（邹西平，1987）。

9 高垟头吉赛尔角石 *Chisiloceras gaoqiangtouense* Zou，1987

主要特征：壳体直形，体管大且位于壳中央，连接环在始端膨胀，体管壁呈波浪状。

纵切面。登记号：NIGP75427。产地：浙江临安板桥高垟头剖面。层位：达瑞威尔阶牯牛潭组（邹西平，1987）。

10 湖北古鹦鹉螺 *Palaeonautilus hubeiensis* Chen & Liu，1974

主要特征：鹦鹉螺式壳，半外卷，旋环两侧直径扩大急速；体管细小，近于背边缘。

腹视。登记号：NIGP21987。产地：湖北巴东思阳桥剖面。层位：达瑞威尔阶牯牛潭组上部（陈均远和刘耕武，1974）。

11 新泰巴氏角石 *Bassleroceras xintaiense* Chen，1976

主要特征：壳外弯；体管细小，位于腹的近边缘；隔壁颈短；连接环粗厚，不膨大。

纵切面。登记号：NIGP34693。产地：山东新泰汶南剖面。层位：达瑞威尔阶马家沟组（陈均远，1976）。

1
2
3
4
5
6
7
8
9
10
11

图版 5-5-9　头足类

（比例尺长度 =1cm）

达瑞威尔阶

1，2，3　耀县平板角石 *Platophrenoceras yaoxianense* Zou & Shen in Chen & Zou，1984

主要特征：壳体较小、细直，壳表具横环，隔壁下凹度极浅，连接环微弱膨胀。

纵切面。登记号：1. NIGP54357；2. NIGP54356；3. NIGP54379。产地：陕西耀县桃曲坡剖面。层位：达瑞威尔阶耀县组（陈均远和邹西平，1984）。

4，9　副细长米契林角石 *Michelinoceras paraelongatum* Zhang，1962

主要特征：壳细直、扩大程度极缓慢，隔壁颈为直短颈式，体管细且位置偏壳中央。

纵切面。登记号：4. NIGP75478；9. NIGP75477。产地：浙江临安板桥高垟头剖面。层位：达瑞威尔阶牯牛潭组（邹西平，1987）。

5　筒形副垫角石 *Paradnatoceras tubiforme* Chen & Liu，1974

主要特征：直形壳体，体管位于壳的亚中央，体管节筒状，隔壁颈弯颈式。

纵切面。登记号：NIGP15425。产地：贵州思南英武溪剖面。层位：达瑞威尔阶牯牛潭组（陈均远和刘耕武，1974）。

6　不规则米契林角石 *Michelinoceras irregulare* Zou，1988

主要特征：壳形直，体管直管状且位置稍偏离壳中心。

纵切面。登记号：NIGP105065。产地：江苏句容仑山剖面。层位：达瑞威尔阶牯牛潭组（邹西平，1988）。

7　杨氏米契林角石 *Michelinoceras yangi* Zhang，1957

主要特征：壳体直形、扩大缓慢，隔壁颈为直短颈式。

纵切面。登记号：NIGP75474。产地：浙江临安板桥高垟头剖面。层位：达瑞威尔阶牯牛潭组（邹西平，1987）。

8　可变米契林角石 *Michelinoceras variabilum* Chen，1987

主要特征：壳体直形，体管中心，气室密度较大。

纵切面。登记号：NIGP134133。产地：云南丽江鸣音下胖罗剖面。层位：达瑞威尔阶昔腊坪组（张允白和陈挺恩，2002）。

10　高家边长阳角石 *Changyangoceras gaojiabianense* Zou，1988

主要特征：壳体直形，体管亚中心，连接环背侧直，腹侧略膨胀，隔壁颈直短。

腹视。登记号：NIGP134138。产地：云南丽江鸣音下胖罗剖面。层位：达瑞威尔阶昔腊坪组（张允白和陈挺恩，2002）。

11　肋汶南角石 *Wennanoceras costatum* Chen，1976

主要特征：壳圆柱形，壳表的横环高而窄；体管居中，隔壁颈直短，连接环微弱膨大。

纵切面。登记号：NIGP34692。产地：山东新泰汶南剖面。层位：达瑞威尔阶马家沟组（陈均远，1976）。

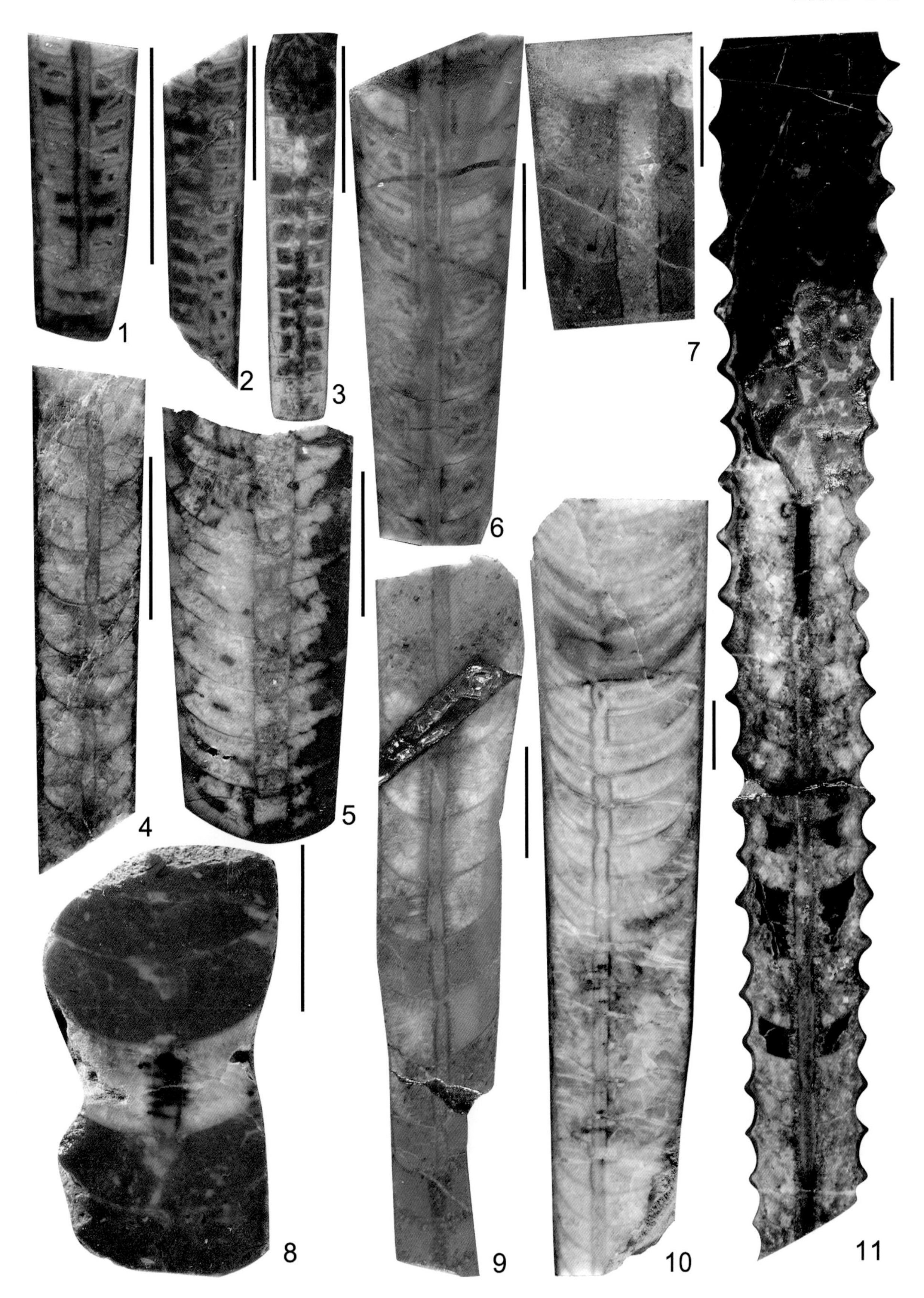
1
2
3
4
5
6
7
8
9
10
11

图版 5-5-10　头足类

（比例尺长度 =1cm）

达瑞威尔阶

1，7，8　桃曲坡柳林角石 *Liulinoceras taoqupoense* Zou & Shen in Chen & Zou，1984

主要特征：壳细长，幼年期微弱弯曲，壳表具横环及细密的横纹，体管细且偏中央，体管节呈纺锤状。

纵切面。登记号：1. NIGP54319；7. NIGP54322；8. NIGP52178。产地：陕西耀县桃曲坡剖面。层位：达瑞威尔阶耀县组（陈均远和邹西平，1984）。

2，3　大体管柳林角石 *Liulinoceras magnitubulatum* Zou & Shen in Chen & Zou，1984

主要特征：壳表具横环，气室较高，隔壁颈直颈式或微弱弯曲；体管位置偏中心，连接环厚且微弱膨大，体管节呈纺锤状。

纵切面。登记号：2. NIGP54327；3. NIGP54326。产地：陕西耀县桃曲坡剖面。层位：达瑞威尔阶耀县组（陈均远和邹西平，1984）。

4，9　耀县中珠角石 *Centroonoceras yaoxianense* Zou & Shen in Chen & Zou，1984

主要特征：壳体中等大小，微弱内腹弯曲；体管位置偏中心，隔壁颈短，连接环微弱膨胀，体管节近串珠状。

纵切面。登记号：4. NIGP54337；9. NIGP54335。产地：陕西耀县桃曲坡剖面。层位：达瑞威尔阶耀县组（陈均远和邹西平，1984）。

5　精美古檐角石 *Archigeisonoceras elegatum* Chen，1984

主要特征：壳体直形，壳表具直横纹；体管近中心、略偏腹，隔壁颈直短，连接环略膨大。

纵切面。登记号：NIGP134139。产地：云南丽江鸣音下胖罗剖面。层位：达瑞威尔阶昔腊坪组（张允白和陈挺恩，2002）。

6，10　心形柳林角石 *Centroonoceras cordiforme* Zou & Shen in Chen & Zou，1984

主要特征：壳体细长、中等大小，微弱内腹弯曲；隔壁颈短、微弱弯曲；体管位于腹部，体管节呈上宽下窄的心脏形。

纵切面。登记号：6. NIGP54336；10. NIGP54334。产地：陕西耀县桃曲坡剖面。层位：达瑞威尔阶耀县组（陈均远和邹西平，1984）。

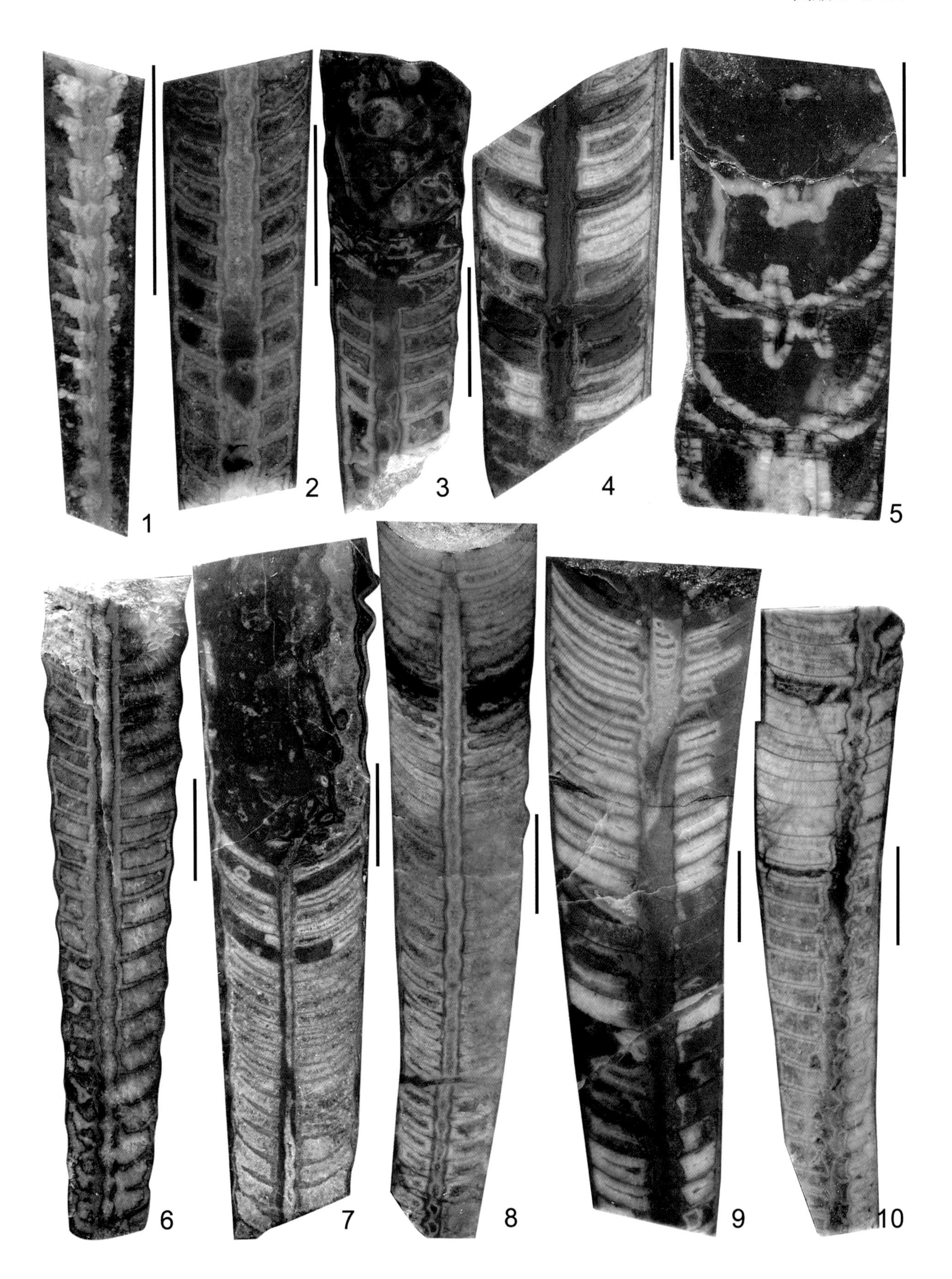
1
2
3
4
5
6
7
8
9
10

图版 5-5-11　头足类

（比例尺长度 =1cm）

达瑞威尔阶

1　西藏韦德玛角石 *Wadema xizangensis*（Chen，1983）

主要特征：壳体直形，个体大，壳体扩大缓慢；体管位于中央，体管节呈扁球状，体管内具环节状沉积；气室密度较大。

纵切面。登记号：NIGP71626。产地：西藏聂拉木甲村剖面。层位：达瑞威尔阶阿来组（陈挺恩，1983）。

2　收缩水泡角石 *Pomphoceras contractum*（Chen，1975）

主要特征：壳体直形、扩大缓慢；体管较细，在壳的近中部；隔壁颈近直，气室低，连接环收缩明显。

纵切面。登记号：NIGP22984。产地：西藏聂拉木甲村剖面。层位：达瑞威尔阶阿来组（陈均远，1975）。

3　湾沟链角石（比较种）*Ormenoceras* cf. *wangouense* Liang，1981

主要特征：壳小型、直角石式，体管位于腹面与中央之间且呈串珠状，气室低矮，连接环在气室内膨大，中心管明显。

纵切面。登记号：NIGP71431。产地：西藏聂拉木甲村剖面。层位：达瑞威尔阶阿来组（陈挺恩，1983）。

4　粗阿门角石（比较种）*Armenoceras* cf. *robustum*（Kobayashi & Matumoto，1942）

主要特征：壳大型、直角石式，扩大缓慢；体管大，位于腹部，扁串珠状；隔壁颈弯颈式；体管内悬垂沉积发育。

纵切面。登记号：NIGP71430。产地：西藏聂拉木甲村剖面。层位：达瑞威尔阶阿来组（陈挺恩，1983）。

5　亚里鄂尔多斯角石 *Ordosoceras yaliense* Chen，1975

主要特征：壳体直形；体管在壳的近中部，隔壁颈较短、弯颈式，连接环的圆环部分内侧强收缩，隔壁孔小。

纵切面。登记号：NIGP22981。产地：西藏聂拉木甲村剖面。层位：达瑞威尔阶阿来组（陈均远，1975）。

6　远壁五顶角石 *Wutinoceras remotum* Chen，1975

主要特征：壳体较大，壳体直形，扩大缓慢；体管粗大，位于腹的近边缘；隔壁颈链角石式；体管的中心管粗壮。

纵切面。登记号：NIGP22982。产地：西藏聂拉木甲村剖面。层位：达瑞威尔阶阿来组（陈均远，1975）。

7　宽体鄂尔多斯角石 *Ordosoceras latesiphonatum* Chen，1983

主要特征：壳体较大，壳直角石式；体管位于中心稍偏腹部，体管节扁珠状，连接环两侧在气室内膨大。

纵切面。登记号：NIGP71428。产地：西藏聂拉木甲村剖面。层位：达瑞威尔阶阿来组（陈挺恩，1983）。

8　聂拉木链角石 *Ormenoceras nyalamense* Chen，1975

主要特征：体型中等，亚圆柱状，壳体扩大缓慢；体管在壳的中部，体管节亚球形，下部微收缩，隔壁颈弯颈式。

纵切面。登记号：NIGP22985。产地：西藏聂拉木甲村剖面。层位：达瑞威尔阶阿来组（陈均远，1975）。

9　亚球形湄潭角石扁平亚种 *Meitanoceras subglobosum discoides* Yang，1980

主要特征：壳体较大，直角石式，扩大缓慢；体管大，位于中央偏腹部；隔壁颈亚直颈式；连接环两端收缩，中间膨大，呈球状。

纵切面。登记号：NIGP71429。产地：西藏聂拉木甲村剖面。层位：达瑞威尔阶阿来组（陈挺恩，1983）。

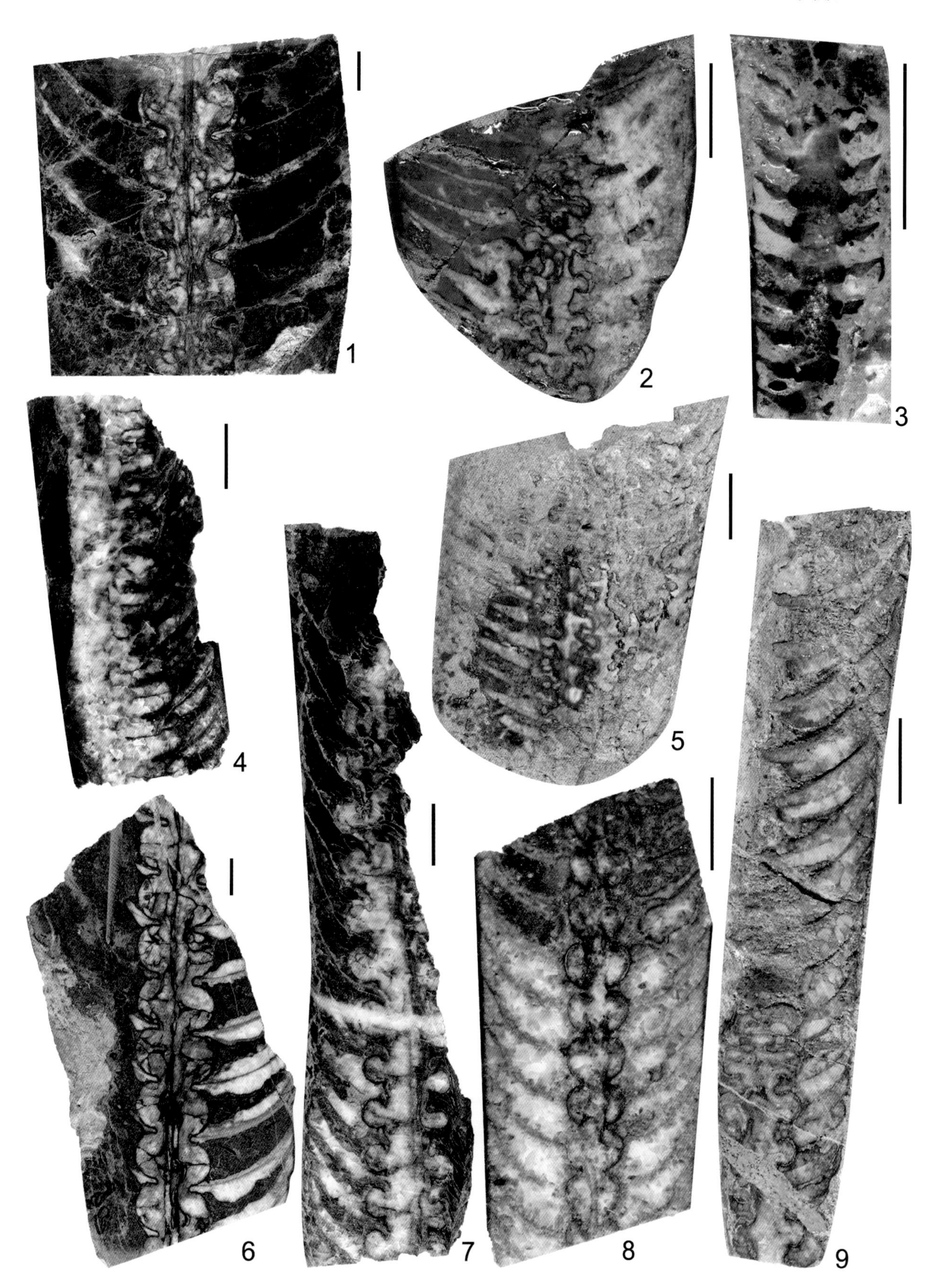
1
2
3
4
5
6
7
8
9

图版 5-5-12 头足类

（比例尺长度 =1cm）

达瑞威尔阶

1 南方原鞘角石 *Proterovaginoceras meridionale*（Kobayashi，1937）

主要特征：壳体直形，体管位于腹边缘；隔壁颈长颈式，连接环很薄。

纵切面。登记号：NIGP93158。产地：新疆喀喇昆仑山天神达坂。层位：达瑞威尔阶冬瓜山组顶部（刘世坤等，1986）。

2 凉泉高原角石 *Kogenoceras liangquanense* Chen，1983

主要特征：直角石式壳，壳表具粗壮的横肋；隔壁颈亚弯颈式，体管节呈梨形。

纵切面。登记号：NIGP71437。产地：西藏聂拉木甲村剖面。层位：达瑞威尔阶阿来组（陈挺恩，1983）。

3 句容长阳角石 *Changyangoceras jurongense* Pan，1986

主要特征：壳小，直角石式；隔壁颈很短，微弱内斜。

纵切面。登记号：NIGP93167。产地：新疆喀喇昆仑山天神达坂。层位：达瑞威尔阶冬瓜山组上部（刘世坤等，1986）。

4 巢湖吉赛尔角石 *Chisiloceras chaohuense* Qi in Qi et al.，1983

主要特征：体管粗大且微偏中心；隔壁颈长颈式，连接环薄。

纵切面。登记号：NIGP93164。产地：新疆喀喇昆仑山天神达坂。层位：达瑞威尔阶冬瓜山组顶部（刘世坤等，1986）。

5 内管原鞘角石 *Proterovaginoceras endocylindricum*（Yü，1930）

主要特征：壳体直形；体管位于腹边缘，隔壁颈长颈式，连接环细薄。

纵切面。登记号：NIGP93156。产地：新疆喀喇昆仑山天神达坂。层位：达瑞威尔阶冬瓜山组顶部（刘世坤等，1986）。

6 聂拉木副垫角石 *Paradnatoceras nyalamense* Chen，1983

主要特征：壳体直形；体管细窄，体管节筒状，体管内具灰质沉积。

纵切面。登记号：NIGP71435。产地：西藏聂拉木甲村剖面。层位：达瑞威尔阶阿来组（陈挺恩，1983）。

7 外弯吉赛尔角石 *Chisiloceras exogastrum* Pan，1986

主要特征：壳粗大，微弱外腹弯曲；隔壁颈长颈式。

纵切面。登记号：NIGP93165。产地：新疆喀喇昆仑山天神达坂。层位：达瑞威尔阶冬瓜山组顶部（刘世坤等，1986）。

8 亚三角原鞘角石 *Proterovaginoceras subtriangulum*（Zhang & Liu in Liu et al.，1986）

主要特征：横断面亚三角形，体管逐渐收缩。

纵切面。登记号：NIGP93159。产地：新疆喀喇昆仑山天神达坂。层位：达瑞威尔阶冬瓜山组顶部（刘世坤等，1986）。

9 和县原鞘角石 *Proterovaginoceras hexianense*（Chen，1983）

主要特征：壳体直形；体管位于腹边缘，隔壁颈长颈式，连接环薄。

纵切面。登记号：NIGP93155。产地：新疆喀喇昆仑山天神达坂。层位：达瑞威尔阶冬瓜山组顶部（刘世坤等，1986）。

10 庐山原鞘角石 *Proterovaginoceras lushanense*（Chen & Ying in Qi et al.，1983）

主要特征：壳体直形；体管位于腹边缘，隔壁颈长颈式。

纵切面。登记号：NIGP93154。产地：新疆喀喇昆仑山天神达坂。层位：达瑞威尔阶冬瓜山组上部（刘世坤等，1986）。

11 窄体管原鞘角石 *Proterovaginoceras stenosiphonatum*（Zhang & Liu in Liu et al.，1986）

主要特征：壳粗大；体管位于腹边缘，连接环与隔壁颈等厚。

纵切面。登记号：NIGP93160。产地：新疆喀喇昆仑山天神达坂。层位：达瑞威尔阶冬瓜山组上部（刘世坤等，1986）。

1
2
3
4
5
6
7
8
9
10
11

图版 5-5-13　头足类

（除特别标注外，比例尺长度 =1cm）

达瑞威尔阶—桑比阶

1，2，4，5　李氏喇叭角石 *Lituites lii* Yü，1930

主要特征：喇叭角石式壳，直壳细长、稍显弯曲，旋卷部分旋环相互不接触，但间距较小。

纵切面。登记号：1. NIGP164733；2. NIGP164734；4. NIGP164736；5. NIGP164737。产地：湖南永顺猛晓村剖面。层位：达瑞威尔阶上部—桑比阶下部大田坝组（方翔等，2017）。

3，6—8　宁强喇叭角石 *Lituites ningkiangense* Lai，1965

主要特征：喇叭角石式壳，直壳部分呈直形，旋环部分相互接触，旋环直径大。

3a. 纵切面，3b. 侧视；6. 纵切面；7a. 纵切面，7b. 始端结构；8a. 纵切面，8b. 侧视，8c. 隔壁颈与连接环特征。登记号：3. NIGP164735；6. NIGP164738；7. NIGP164739；8. NIGP164740。产地：3. 湖南张家界云盘塔剖面；6—8. 湖南永顺猛晓村剖面。层位：达瑞威尔阶上部—桑比阶下部大田坝组。

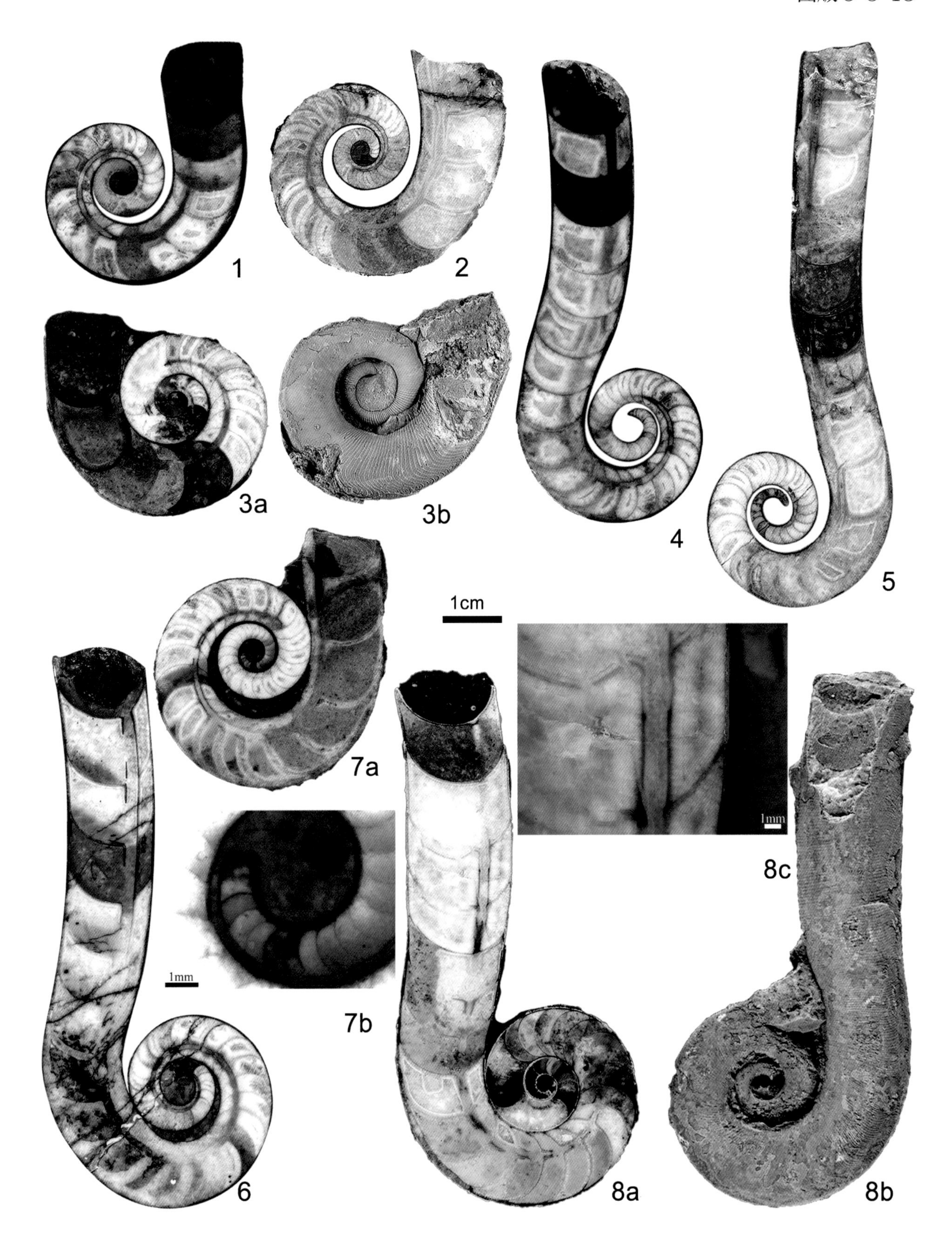
1
2
3a
3b
4
5
1cm
6
7a
7b
1mm
8a
8b
8c
1mm

图版 5-5-14　头足类

（除特别标注外，比例尺长度 =1cm）

达瑞威尔阶—桑比阶

1—3，7，8　展开喇叭角石 *Lituites evolutus* Fang，Chen & Zhang in Fang et al，2017

主要特征：喇叭角石式壳，旋环松散，近直壳部分迅速远离旋卷部分。

1a. 纵切面，1b. 隔壁形态；2. 侧视；3. 纵切面；7. 侧视；8. 纵切面。登记号：1. NIGP164741；2. NIGP164742；3. NIGP164743；7. NIGP164747；8. NIGP164748。产地：湖南永顺猛晓村剖面。层位：达瑞威尔阶上部—桑比阶下部大田坝组（方翔等，2017）。

4—6，9　安徽喇叭角石 *Lituites anhuiense* Qi，1980

主要特征：喇叭角石式壳，旋环数量少且直径较小，气室密度小。

4. 纵切面；5. 纵切面；6. 纵切面；9a. 侧视，9b. 横纹腹叶。登记号：4. NIGP164744；5. NIGP164745；6. NIGP164746；9. NIGP164747。产地：湖南永顺猛晓村剖面。层位：达瑞威尔阶上部—桑比阶下部大田坝组（方翔等，2017）。

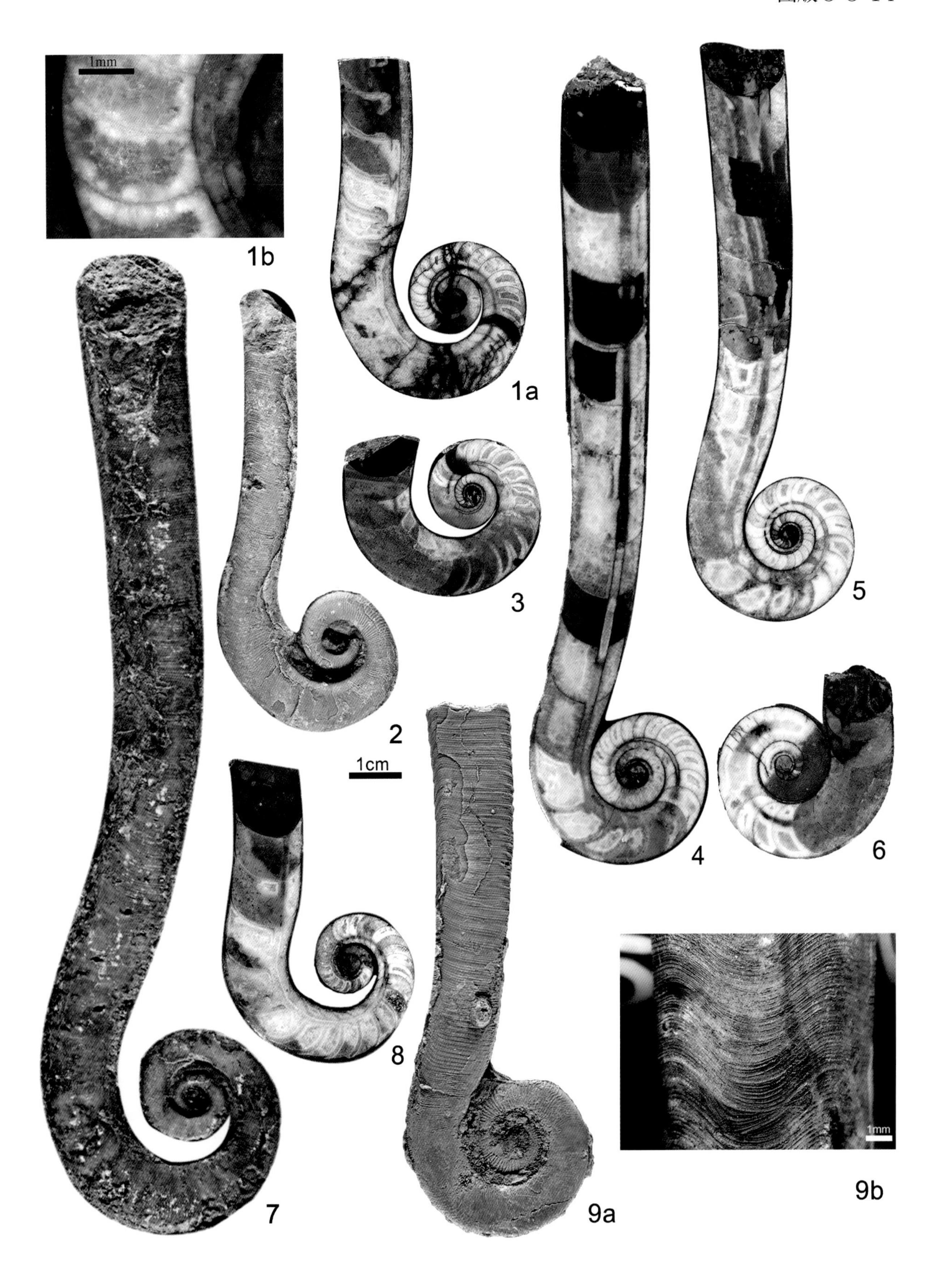
1mm
1b
1a
3
2
1cm
5
4
6
8
7
9a
1mm
9b

图版 5-5-15　头足类

（比例尺长度 =1cm）

达瑞威尔阶—桑比阶

1—4　灵内环喇叭角石 *Cyclolituites lynnensis* Kjerulf，1865

主要特征：个体较小，壳面肋纹较细。

1a. 侧视，1b. 纵切面；2. 纵切面；3a. 纵切面，3b. 侧视；4. 纵切面。登记号：1. NIGP164750；2. NIGP164751；3. NIGP164752；4. NIGP164753。产地：湖南永顺猛晓村剖面。层位：达瑞威尔阶上部—桑比阶下部大田坝组（方翔等，2017）。

5—7　湖北环喇叭角石 *Cyclolituites hubeiensis* Liu & Xu in Xu & Liu，1977

主要特征：壳体较大，壳面肋纹粗壮。

5a. 纵切面，5b. 侧视；6a. 纵切面，6b. 侧视；7a. 纵切面，7b. 侧视。登记号：5. NIGP164754；6. NIGP164755；7. NIGP164756。产地：湖南永顺猛晓村剖面。层位：达瑞威尔阶上部—桑比阶下部大田坝组（方翔等，2017）。

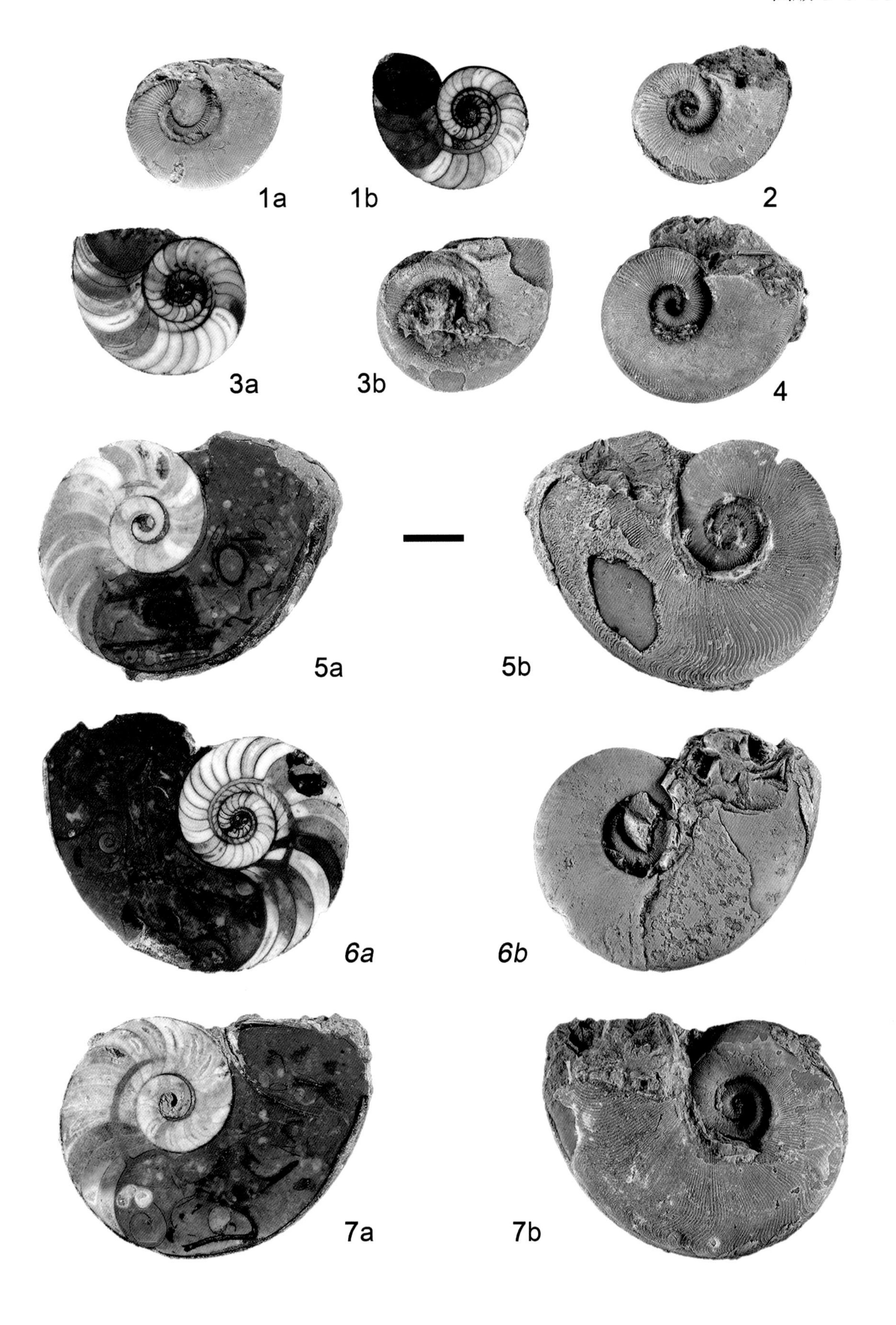
1a
1b
2
3a
3b
4
5a
5b
6a
6b
7a
7b

图版 5-5-16　头足类

（比例尺长度 =1cm）

达瑞威尔阶—桑比阶

1—7　宁强喇叭角石 *Lituites ningkiangense* Lai，1965

主要特征：旋卷部分的旋环数目为2 ~ 3个，后一旋环与前一旋环接触，脐孔较大。

侧视。登记号：1. NIGP162230；2. NIGP162231；3. NIGP162232；4. NIGP162233；5. NIGP162234；6. NIGP162235；7. NIGP162236。产地：湖北远安真金剖面。层位：达瑞威尔阶上部—桑比阶下部庙坡组（方翔等，2015）。

8　分乡钩形角石 *Ancistroceras fengxiangense*（Zhang，1964）

主要特征：壳体由直壳和旋壳部分组成。直壳部分呈直角石式，扩大率较大；旋壳部分尺寸较小。

侧视。登记号：NIGP162237。产地：湖北远安真金剖面。层位：达瑞威尔阶上部—桑比阶下部庙坡组（方翔等，2015）。

注：钩形角石又称钩角石。

9　米契林角石（未定种）*Michelinoceras* sp.

主要特征：壳体直形，扩大率适中，缝合线微弱向后弯曲。

侧视。登记号：NIGP162238。产地：湖北远安真金剖面。层位：达瑞威尔阶上部—桑比阶下部庙坡组（方翔等，2015）。

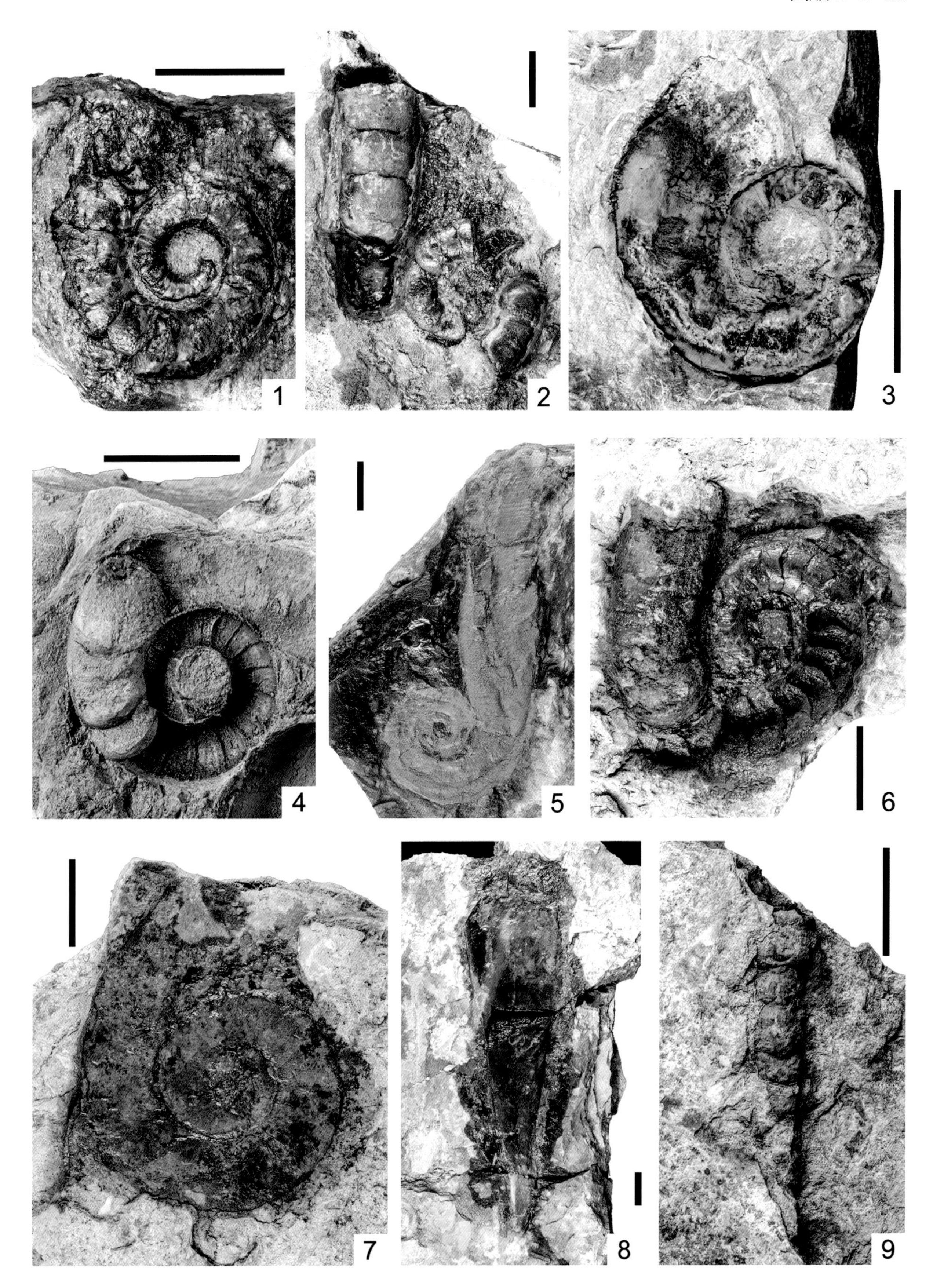
1
2
3
4
5
6
7
8
9

图版 5-5-17　头足类

（比例尺长度 =1cm）

凯迪阶

1，4　翼棱角石 *Gonioceras alarium* Chen，1976

主要特征：壳体较大，体管位于腹中部，隔壁颈呈阿门角石式，体管节扁球形，体管沉积腹部较发育。

纵切面。登记号：1. NIGP34713；4. NIGP34703。产地：山东淄博八陡剖面。层位：凯迪阶八陡组（陈均远，1976）。

2，7　中心棱角石 *Gonioceras centrale* Chen，1976

主要特征：体管在壳的近中心，连接环始端平卧状。

纵切面。登记号：2. NIGP34706；7. NIGP34709。产地：山东淄博八陡剖面。层位：凯迪阶八陡组（陈均远，1976）。

3　贵州东方米契林角石 *Eosomichelinoceras guizhouense* Yang，1978

主要特征：壳体直形，扩大率较小；体管较细，位于腹中位。

纵切面。登记号：NIGP134137。产地：云南丽江鸣音下胖罗剖面。层位：凯迪阶百草坪组（张允白和陈挺恩，2002）。

5，6，8—11　华南襄阳角石 *Hsiangyangoceras huananense*（Chen in Chen & Liu，1974）

主要特征：壳亚圆柱状，扩大缓慢；壳表具细纹，形成宽浅的腹弯；体管细小，位于壳的背中部；隔壁颈直短颈式。

5，6，9—11. 纵切面。登记号：5. NIGP82854；6. NIGP82842；9. NIGP82844；10. NIGP82843；11. NIGP82841。产地：湖北宜昌黄花场剖面。层位：凯迪阶宝塔组（Chen & Zou，1984）。

8. 纵切面。登记号：NIGP15424。产地：重庆綦江观音桥剖面。层位：凯迪阶马蹄组（陈均远和刘耕武，1974）。

图版 5-5-17

图版 5-5-18　头足类

（比例尺长度 =1cm）

凯迪阶

1，2，5　埃勒斯蛇山角石 *Sheshanoceras ehlersi*（Foerste，1933）

主要特征：个体较小，直径增长缓慢；体管居中，隔壁颈亚直颈式，连接环膨大。

纵切面。登记号：1. NIGP54360；2. NIGP54308；5. NIGP54245。产地：内蒙古海勃湾公乌素剖面。层位：凯迪阶蛇山组（陈均远和邹西平，1984）。

3　长江米契林角石 *Michelinoceras changjiangense* Chen in Qi et al.，1983

主要特征：体管位置稍偏离壳中心，直径为壳径的1/7～1/8；壳体宽度相当于2个气室高度。

纵切面。登记号：NIGP105056。产地：江苏句容仑山剖面。层位：凯迪阶宝塔组下部（邹西平，1988）。

4，10　副细长米契林角石急速亚种 *Michelinoceras paraelongatum abruptum* Lai & Qi，1977

主要特征：壳体直形、圆柱状；体管偏心，隔壁颈直短颈式；气室高度由高突然变低。

纵切面。登记号：4. NIGP82823；10. NIGP82822。产地：湖北宜昌黄花场剖面。层位：凯迪阶宝塔组上部（Chen & Zou，1984）。

6　密壁米契林角石 *Michelinoceras densum*（Yü，1930）

主要特征：壳体扩大率为1 : 10～1 : 9；体管细，位于壳中心，隔壁下凹度为1/3个气室；壳体宽度相当于1.5个气室高度。

纵切面。登记号：NIGP105049。产地：江苏句容仑山剖面。层位：凯迪阶宝塔组下部（邹西平，1988）。

7　副细长米契林角石 *Michelinoceras paraelongatum* Zhang，1962

主要特征：体管位于壳中心和腹壁之间，直径为壳径的1/9～1/10；隔壁下凹度为气室高度的1/3～1/4；壳体宽度相当于1.5个气室高度。

纵切面。登记号：NIGP105057。产地：江苏句容仑山剖面。层位：凯迪阶宝塔组下部（邹西平，1988）。

8，11，12　申扎米契林角石 *Michelinoceras xainzaense* Chen，1987

主要特征：直形壳；缝合线直形或微弯曲；体管细小且位于壳中心，隔壁颈短颈式，连接环直。

纵切面。登记号：8. NIGP82838；11. NIGP82840；12. NIGP82839。产地：湖北宜昌黄花场剖面。层位：凯迪阶宝塔组上部（Chen & Zou，1984）。

9　似环县米契林角石 *Michelinoceras paraxuanxianense* Chen，1975

主要特征：壳体直形、扩大率适中；表面具生长纹，缝合线直或微弯；体管细小且位于近中心，隔壁颈短颈式。

纵切面。登记号：NIGP82837。产地：湖北宜昌黄花场剖面。层位：凯迪阶宝塔组上部（Chen & Zou，1984）。

1
2
3
4
5
6
7
8
9
10
11
12

图版 5-5-19　头足类

（比例尺长度 =1cm）

凯迪阶

1，3　中华泰歇特角石 *Teichertoceras sinense* Chen in Chen & Zou，1984

主要特征：早期内腹弯曲，腹缘微弱凹弧形，背缘微拱突；体管在腹部近边缘，体管节亚方形，隔壁颈平卧状。

纵切面。登记号：1. NIGP52184；3. NIGP54272。产地：陕西耀县桃曲坡剖面。层位：凯迪阶桃曲坡组（陈均远和邹西平，1984）。

2，4，5　博港类圈角石 *Anaspyroceras beauportense*（Whiteaves，1898）

主要特征：壳体直形，增长缓慢，壳表横环横直，横肋纹细密，体管细小、亚中心，连接环微弱膨大。

2，4. 纵切面；5. 侧视。登记号：2. NIGP54305；4. NIGP54260；5. NIGP52188。产地：内蒙古海勃湾公乌素剖面。层位：凯迪阶蛇山组（陈均远和邹西平，1984）。

6　陕西江山角石 *Jiangshanoceras shaanxiense* Chen in Chen & Zou，1984

主要特征：个体小，壳体直形，增长极缓慢；体管居中，隔壁颈直短颈式，连接环不膨大，横环低矮。

纵切面。登记号：NIGP54261。产地：陕西耀县桃曲坡剖面。层位：凯迪阶桃曲坡组（陈均远和邹西平，1984）。

7　稀环盘角石（相似种）*Discoceras* cf. *rarospira*（Eichwald），1860

主要特征：鹦鹉螺式壳，旋环呈椭圆形，横断面两侧收缩，缝合线横直。

纵切面。登记号：NIGP134148。产地：云南丽江鸣音下胖罗剖面。层位：凯迪阶百草坪组（张允白和陈挺恩，2002）。

8　宽腹轮角石（亲近种）*Trocholites* aff. *lativentrosus* Lai & Wang in Wang，1981

主要特征：鹦鹉螺式壳，旋环扩大慢，横断面背腹压缩、腹部平凸、背部内凹，生长纹在腹部形成腹叶。

纵切面。登记号：NIGP134147。产地：云南丽江鸣音下胖罗剖面。层位：凯迪阶百草坪组（张允白和陈挺恩，2002）。

9—11　欧亚盘角石 *Discoceras eurasiaticum* Frech，1911

主要特征：鹦鹉螺式壳，旋环扩大率适中，断面为亚方形，宽大于高。

9，10. 侧视；11. 纵切面。登记号：9. 2856GSC；10. NIGP82860；11. NIGP82859。产地：湖北宜昌黄花场剖面。层位：凯迪阶宝塔组上部。图9标本首次发表于Yü（1930）；图10，11标本发表于Chen & Zou（1984）。

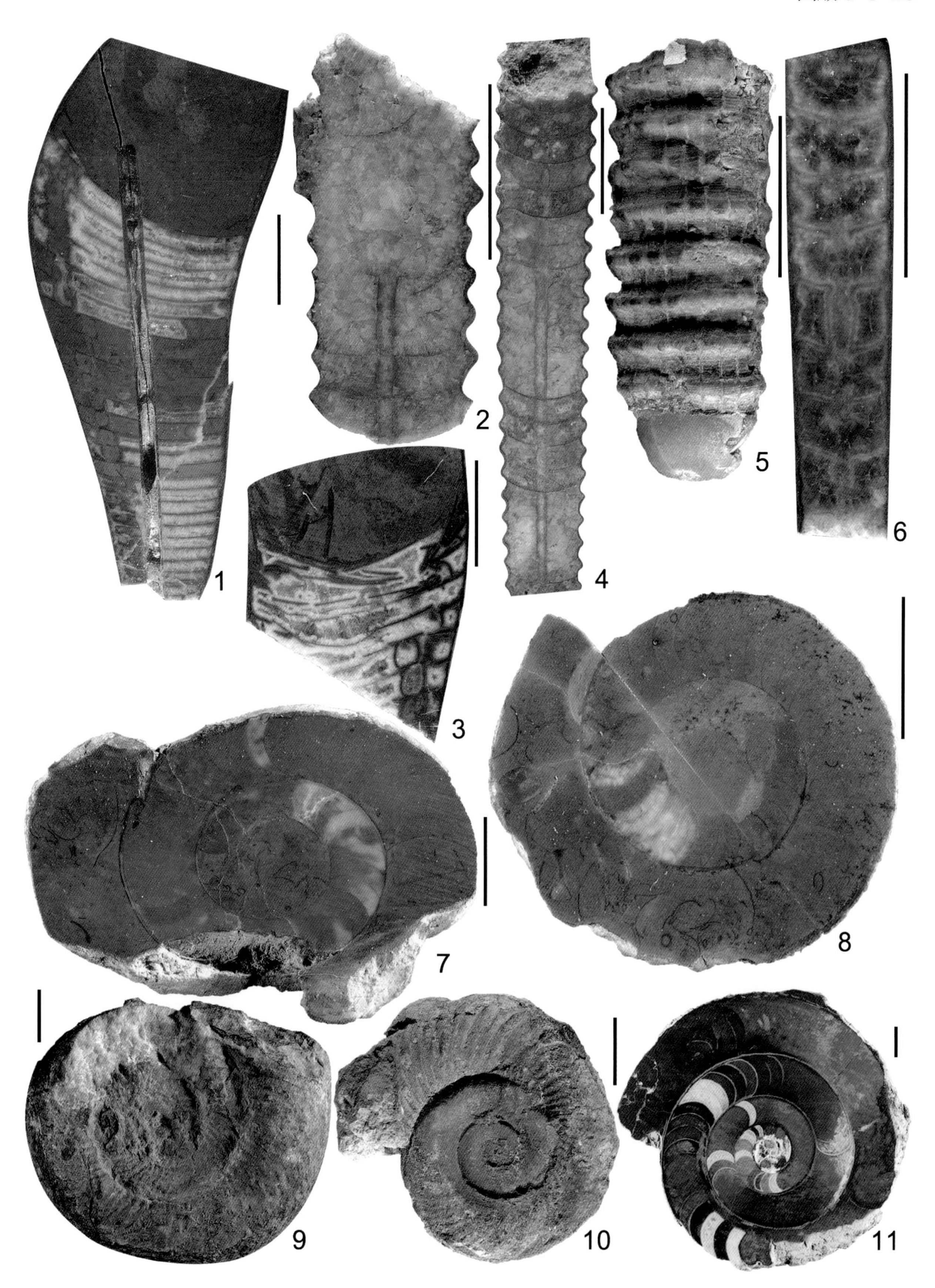
1
2
3
4
5
6
7
8
9
10
11

图版 5-5-20　头足类

（比例尺长度 =1cm）

凯迪阶

1，2　收缩韦斯顿角石 *Westonoceras compressum* Chen in Chen & Zou，1984

主要特征：壳体近直形，微弱外腹式弯曲，直径增长快，气室前段腹缘呈驼形凸起，体管在近腹缘，连接环厚。

纵切面。登记号：1. NIGP52183；2. NIGP54266。产地：陕西耀县桃曲坡剖面。层位：凯迪阶桃曲坡组（陈均远和邹西平，1984）。

3，7，8　陕西贝洛特角石 *Beloitoceras shaanxiense* Chen in Chen & Zou，1984

主要特征：壳体为短的弯锥形且扩大较快，腹缘弯弧形，背缘近直；体管在近腹缘，体管节前端收缩较急，隔壁颈外弯，连接环较厚。

纵切面。登记号：3. NIGP54269；7. NIGP54264；8. NIGP54268。产地：陕西耀县桃曲坡剖面。层位：凯迪阶桃曲坡组（陈均远和邹西平，1984）。

4　柳林贝洛特角石*Beloitoceras liulinense* Chen in Chen & Zou，1984

主要特征：壳体弯锥形，扩大迅速，前端向前收缩；体管较小，在腹边缘；体管节梯级形；连接环较粗厚。

纵切面。登记号：NIGP54252。产地：陕西耀县桃曲坡剖面。层位：凯迪阶桃曲坡组（陈均远和邹西平，1984）。

5　渭北肿角石 *Oncoceras weibeiense* Chen in Chen & Zou，1984

主要特征：壳体较小，外腹弯曲，壳体增长较快，气壳前段及住室部分向前收缩；体管细小且在腹边缘，隔壁颈亚直颈式，连接环微弱膨大；气室高度低。

纵切面。登记号：NIGP54263。产地：陕西耀县桃曲坡剖面。层位：凯迪阶桃曲坡组（陈均远和邹西平，1984）。

6　宽弓形温尼伯角石（近似种）*Winnipegoceras* cf. *laticurvatum*（Whiteaves，1895）

主要特征：壳外腹弯曲；隔壁较平缓，腹侧隔壁颈为直短颈式，背侧隔壁颈为短弯颈式；体管细且在近腹缘，连接环向外膨胀。

纵切面。登记号：NIGP75491。产地：浙江余杭闲林埠荆山岭剖面。层位：凯迪阶砚瓦山组（邹西平，1987）。

9，10　黄花场雷家逊角石 *Richardsonoceras huanghuachangense* Zou & Chen in Chen & Zou，1984

主要特征：壳体外腹式弯曲，横断面两侧强收缩；体管位于腹边缘，隔壁下凹深度较大，体管节轻微收缩。

纵切面。登记号：9. NIGP82864；10. NIGP82865。产地：湖北宜昌黄花场剖面。层位：凯迪阶宝塔组上部（Chen & Zou，1984）。

11　亚洲雷家逊角石 *Richardsonoceras asiaticum*（Yabe，1920）

主要特征：壳体外腹式弯曲，横断面两侧强收缩，体管位于近腹缘，体管节轻微膨胀，隔壁颈较短。

纵切面。登记号：NIGP82867。产地：湖北宜昌王家湾剖面。层位：凯迪阶宝塔组上部（Chen & Zou，1984）。

12　秀山雷家逊角石 *Richardsonoceras xiushanense* Chen & Liu，1974

主要特征：壳体大，外腹式弯曲，横断面两侧强收缩，体管细小且位于腹边缘，缝合线弯曲。

纵切面。登记号：NIGP21991。产地：重庆秀山大田坝剖面。层位：凯迪阶临湘组（陈均远和刘耕武，1974）。

1
2
3
4
5
6
7
8
9
10
11
12

图版 5-5-21　头足类

（比例尺长度 =1cm）

凯迪阶

1，4，6　仑山象鼻角石 *Rhynchorthoceras lunshanense* Zou，1988

主要特征：直角石式壳，始部微向背部弯曲，扩大率较大；体管居中；气室较密。

纵切面。采集号：1. AGN-PXH-2-1；4. AGN-PXH-1-4；6. AGN-PXH-2-3。登记号：1. NIGP163139；4. NIGP163142；6. NIGP163144。产地：湖北宜昌普溪河剖面。层位：凯迪阶下部宝塔组（Fang et al.，2017）。

2，3，7—12　中华震旦角石 *Sinoceras chinense*（Foord，1888）

主要特征：直角石式壳，表面具有波状横纹；壳体扩大率适中；体管居中，隔壁颈为直颈式，长度为气室高度的一半。

纵切面。采集号：2. AGN-PXH-2-2；3. AGN-PXH-1-8；7. AGN-PXH-1-7；8. AGN-PXH-2-4；9. AGN-CJHM-1-7；10. AGN-CJHM-1-2；11. AGN-CJHM-1-4；12. AGN-CJHM-1-5。登记号：2. NIGP163140；3. NIGP163141；7. NIGP63145；8. NIGP163146；9. NIGP163147；10. NIGP163148；11. NIGP163149；12. NIGP163150。产地：2，3，7，8. 湖北宜昌陈家河剖面；9—12. 湖北宜昌普溪河剖面。层位：凯迪阶下部宝塔组。.

5　偏心震旦角石 *Sinoceras eccentrica*（Yü，1930）

主要特征：直角石式壳，壳体扩大率较大；体管偏心；隔壁颈为直颈式，长度为隔壁高度的一半。

纵切面。采集号：AGN-CJHM-1-1。登记号：NIGP163143。产地：湖北宜昌陈家河剖面。层位：凯迪阶下部宝塔组（Fang et al.，2017）。

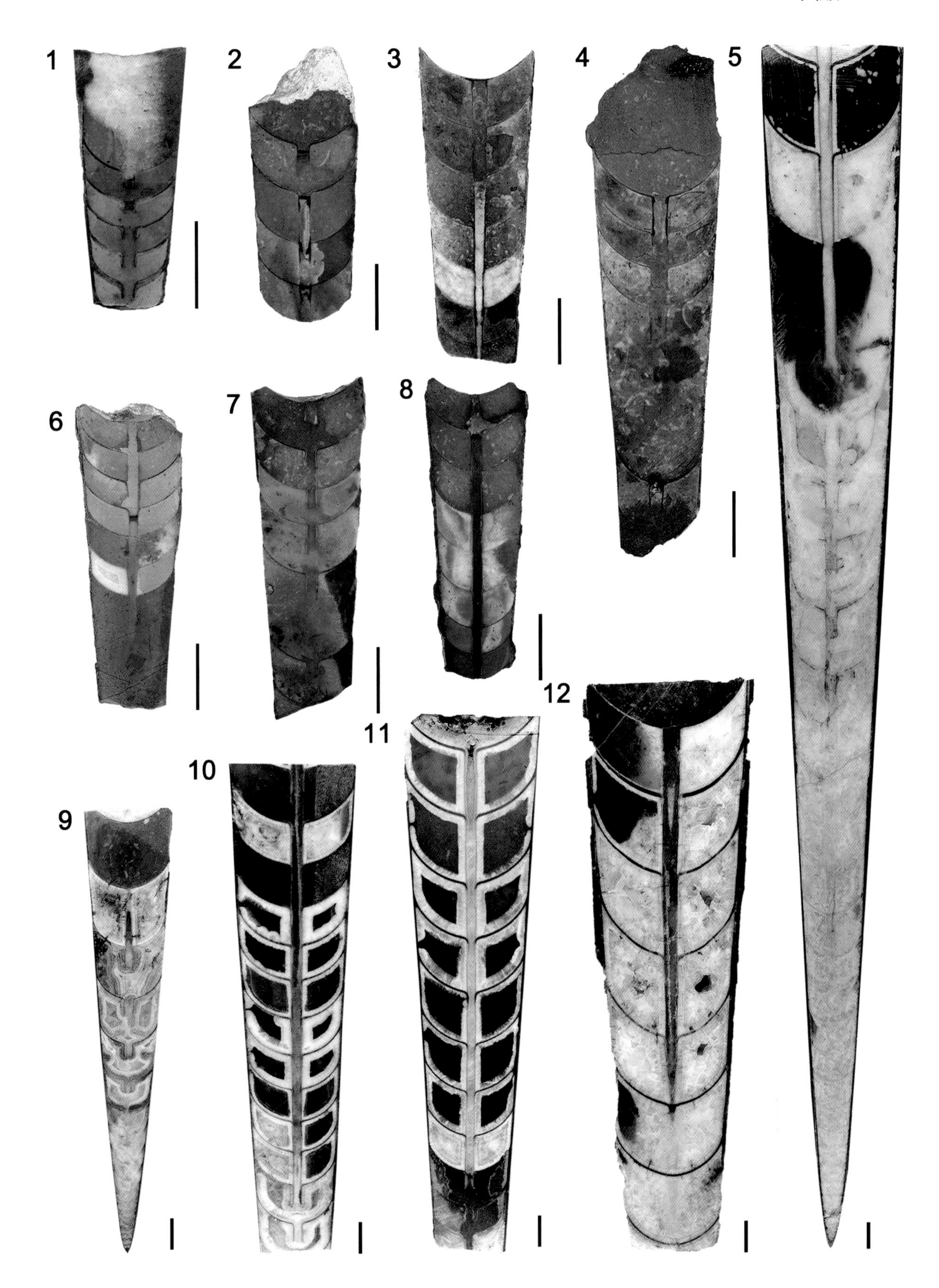
1
2
3
4
5
6
7
8
9
10
11
12

图版 5-5-22　头足类

（比例尺长度 =1cm）

凯迪阶

1　副细长米契林角石 *Michelinoceras paraelongatum* Zhang，1962

主要特征：壳体直形，体管略偏离中心，连接环微膨大，壳体宽度相当于2个气室高度。

纵切面。登记号：NIGP80085。产地：西藏聂拉木阿来村。层位：凯迪阶甲曲组（原泉上组；陈挺恩，1984）。

2　华南襄阳角石 *Hsiangyangoceras huananense*（Chen in Chen & Liu，1974）

主要特征：见图版5-5-17。

纵切面。登记号：NIGP80090。产地：西藏聂拉木阿来村。层位：凯迪阶甲曲组（原泉上组；陈挺恩，1984）。

3　精美古檐角石 *Archigeisonoceras elegatum* Chen，1984

主要特征：壳体直形，横断面圆形，壳体扩大缓慢；体管偏腹侧，串管状；连接环微弱膨大。

纵切面。登记号：NIGP80095。产地：西藏聂拉木阿来村。层位：凯迪阶甲曲组（原泉上组；陈挺恩，1984）。

4　粗大古檐角石 *Archigeisonoceras robustum* Chen，1984

主要特征：壳粗大，直角石式，扩大缓慢。

纵切面。登记号：NIGP80097。产地：西藏聂拉木阿来村。层位：凯迪阶甲曲组（原泉上组；陈挺恩，1984）。

5　中华肋直角石 *Pleurorthoceras chinense* Chen，1987

主要特征：直角石式壳，隔壁颈直颈式，连接环平直且在隔壁孔附近略收缩。

纵切面。登记号：NIGP74358。产地：西藏申扎永珠公社。层位：凯迪阶冈木桑组上部（陈挺恩，1987）。

6　细长米契林角石 *Michelinoceras elongatum*（Yü，1930）

主要特征：壳直角石式，扩大缓慢；体管位于中央，稍偏腹部。

纵切面。登记号：NIGP80080。产地：西藏聂拉木阿来村。层位：凯迪阶甲曲组（原泉上组；陈挺恩，1984）。

7　适度副垫角石 *Paradnatoceras modestum* Chen，1987

主要特征：壳直角石式且扩大缓慢；体管稍偏腹部，隔壁颈弯颈式，体管节筒状，气室沉积发育。

纵切面。登记号：NIGP74368。产地：西藏申扎日阿觉山。层位：凯迪阶雄梅组（陈挺恩，1987）。

8　西藏汶南角石 *Wennanoceras xizangense* Chen，1984

主要特征：壳体直形，横断面圆形；壳表具粗壮横环；体管居中，隔壁颈直短颈式，连接环直而细薄。

纵切面。登记号：NIGP80092。产地：西藏聂拉木阿来村。层位：凯迪阶甲曲组（原泉上组；陈挺恩，1984）。

9　聂拉木小楚德逊角石 *Troedssonella nyalamensis* Chen，1984

主要特征：壳体直形，横断面亚圆形；体管亚中心，隔壁颈亚直颈式，连接环细薄、微膨大。

纵切面。登记号：NIGP80093。产地：西藏聂拉木阿来村。层位：凯迪阶甲曲组（原泉上组；陈挺恩，1984）。

10　申扎中珠形角石 *Centroonoceras xainzaense* Chen，1987

主要特征：壳微弓形且扩大缓慢，横断面呈亚圆形；体管位于中央，隔壁颈呈直颈式至亚弯颈式，连接环微膨大。

纵切面。登记号：NIGP74364。产地：西藏申扎永珠公社。层位：凯迪阶冈木桑组上部（陈挺恩，1987）。

11　藏北江山角石 *Jiangshanoceras zangbeiense* Chen，1987

主要特征：直角石式壳，壳表具横环；隔壁颈直短颈式，连接环厚而直。

纵切面。登记号：NIGP74363。产地：西藏申扎永珠公社。层位：凯迪阶冈木桑组上部（陈挺恩，1987）。

1
2
3
4
5
6
7
8
9
10
11

图版 5-5-23 头足类

（比例尺长度 =1cm）

凯迪阶

1 喇叭角石（未定种）*Lituites* sp.

主要特征：隔壁颈直颈式，稍内斜。

纵切面。登记号：NIGP74404。产地：西藏申扎永珠公社。层位：凯迪阶冈木桑组顶部（陈挺恩，1987）。

2 小型玉山角石 *Yushanoceras minutum* Lai，1980

主要特征：壳小、盘状，横断面扁桃形，体管位于背部，壳表具粗壮的横肋。

纵切面。登记号：NIGP74409。产地：西藏申扎永珠公社。层位：凯迪阶冈木桑组顶部（陈挺恩，1987）。

3 波状钩形角石（比较种）*Ancistroceras* cf. *undulatum* Boll，1857

主要特征：壳体直形、长锥形，扩大快；隔壁颈直短颈式，连接环厚。

纵切面，登记号：NIGP74405。产地：西藏申扎永珠公社。层位：凯迪阶冈木桑组顶部（陈挺恩，1987）。

4 亚弯形钩形角石 *Ancistroceras subcurvatum* Qi，1980

主要特征：壳长锥状且微弱弯曲，横断面圆形，体管近中心，隔壁颈亚直颈式且微内斜，连接环微弱膨大。

纵切面。登记号：NIGP80100。产地：西藏聂拉木阿来村。层位：凯迪阶甲曲组（原泉上组；陈挺恩，1984）。

5 西藏下镇角石 *Xiazhenoceras xizangense* Chen，1987

主要特征：壳盘状、轮廓圆形，壳表具横肋，缝合线具宽浅的侧叶和较宽的腹鞍，体管位于背缘。

纵切面。登记号：NIGP74408。产地：西藏申扎永珠公社。层位：凯迪阶冈木桑组顶部（陈挺恩，1987）。

6 箭形鞘角石（比较种）*Vaginoceras* cf. *belemitiforme* Holm，1885

主要特征：壳体直形，横断面亚圆形，体管位于腹边缘，隔壁颈直颈式，连接环直而细薄。

纵切面。登记号：NIGP80078。产地：西藏聂拉木阿来村。层位：凯迪阶甲曲组（原泉上组；陈挺恩，1984）。

7 云南轮角石 *Trocholites yunnanensis* Reed，1917

主要特征：壳体盘状，壳表具粗壮的后向横肋，隔壁颈直短颈式。

纵切面。登记号：NIGP74397。产地：西藏申扎永珠公社。层位：凯迪阶冈木桑组顶部（陈挺恩，1987）。

8 下镇轮角石 *Trocholites xiazhenense* Chen & Liu，1976

主要特征：壳圆盘状，壳表具向后弯曲的细线，缝合线具宽浅的侧叶，体管位于背侧。

纵切面。登记号：NIGP74400。产地：西藏申扎永珠公社。层位：凯迪阶冈木桑组顶部（陈挺恩，1987）。

9 博伊斯路德曼角石（比较种）*Ruedemannoceras* cf. *boycci*（Whitfield，1886）

主要特征：壳体微弱弯曲，体管稍偏心，串珠状，连接环向气室强烈膨大，体管节亚球形。

纵切面。登记号：NIGP80099。产地：西藏聂拉木阿来村。层位：凯迪阶甲曲组（原泉上组；陈挺恩，1984）。

10 聂拉木原鞘角石 *Proterovaginoceras nyalamense*（Chen，1975）

主要特征：壳体较大，扩大缓慢；体管在近腹缘，中等宽度；隔壁颈长颈式；连接环细薄；气室较高。

纵切面。登记号：NIGP23001。产地：西藏聂拉木甲村剖面。层位：凯迪阶甲曲组（陈均远，1975）。

1
2
3
4
5
6
7
8
9
10

图版 5-5-24 头足类

（比例尺长度 =1cm）

凯迪阶

1 申扎申扎角石 *Xainzanoceras xainzaense* Chen，1987

主要特征：弓角石式壳，内腹弯曲，体管位于腹边缘，隔壁颈直短颈式。

纵切面。登记号：NIGP74389。产地：西藏申扎日阿觉山。层位：凯迪阶雄梅组（陈挺恩，1987）。

2 粗大拟雷家逊角石 *Richardsonoceroides robustum* Chen，1987

主要特征：壳体较粗大，弓角石式壳，微弱外腹弯曲，成年期后由弯曲变为近直形。

纵切面。登记号：NIGP74384。产地：西藏申扎日阿觉山。层位：凯迪阶雄梅组（陈挺恩，1987）。

3 永顺雷家逊角石 *Richardsonoceras yongshunense* Lai & Qi，1977

主要特征：弓角石式壳，外腹弯曲，体管很细且位于腹部，隔壁颈亚直颈式。

纵切面。登记号：NIGP74371。产地：西藏申扎永珠公社。层位：凯迪阶冈木桑组顶部（陈挺恩，1987）。

4 简单星形角石 *Actinomorpha simplex* Chen，1975

主要特征：壳体中等大小，体管较宽，隔壁颈较短，体管内具星节状沉积。

纵切面。登记号：NIGP23006。产地：西藏聂拉木甲村。层位：凯迪阶甲曲组（陈均远，1975）。

5 申扎小迪斯特角石 *Diestocerina xainzaensis* Chen，1987

主要特征：弓角石式壳，内腹弯曲，体管位于腹部。

纵切面。登记号：NIGP74391。产地：西藏申扎永珠公社。层位：凯迪阶冈木桑组顶部（陈挺恩，1987）。

6 亚洲拟雷家逊角石 *Richardsonoceroides asiaticum*（Yabe in Yabe & Hoyasaka，1920）

主要特征：弓角石式壳，微弱外腹弯曲，壳体下端扩大快，上部扩大慢。

纵切面。登记号：NIGP74381。产地：西藏申扎日阿觉山。层位：凯迪阶雄梅组（陈挺恩，1987）。

7 西藏星形角石 *Actinomorpha xizangensis* Chen，1987

主要特征：短角石式壳，腹面微弯，背部近直，体管位于腹中之间，连接环膨大。

纵切面。登记号：NIGP74388。产地：西藏申扎永珠公社。层位：凯迪阶冈木桑组顶部（陈挺恩，1987）。

8 标准拟雷家逊角石 *Richardsonoceroides typicum* Chen，1987

主要特征：弓角石式壳，外腹弯曲；壳体幼年部分扩大快，成年部分扩大缓慢；体管细小，隔壁颈亚直颈式，连接环膨大。

纵切面。登记号：NIGP74375。产地：西藏申扎日阿觉山。层位：凯迪阶雄梅组（陈挺恩，1987）。

9 简单雷家逊角石 *Richardsonoceras simplex*（Billings，1857）

主要特征：弓角石式壳，外腹弯曲；体管于腹部，隔壁颈亚直短颈式，连接环稍膨大。

纵切面。登记号：NIGP74372。产地：西藏申扎日阿觉山。层位：凯迪阶雄梅组（陈挺恩，1987）。

10 湖北拟雷家逊角石 *Richardsonoceroides hubeiense*（Xu in Xu & Liu，1977）

主要特征：弓角石式壳，外腹弯曲，下部弯曲明显，上部近直形。

纵切面。登记号：NIGP74382。产地：西藏申扎日阿觉山。层位：凯迪阶雄梅组（陈挺恩，1987）。

11 中华小马丁角石 *Madinganella sinensis* Chen，1987

主要特征：壳体较大，微弱弯曲；体管串珠状，微偏腹侧；隔壁颈弯短颈式。

纵切面。登记号：NIGP74390。产地：西藏申扎日阿觉山。层位：凯迪阶雄梅组（陈挺恩，1987）。

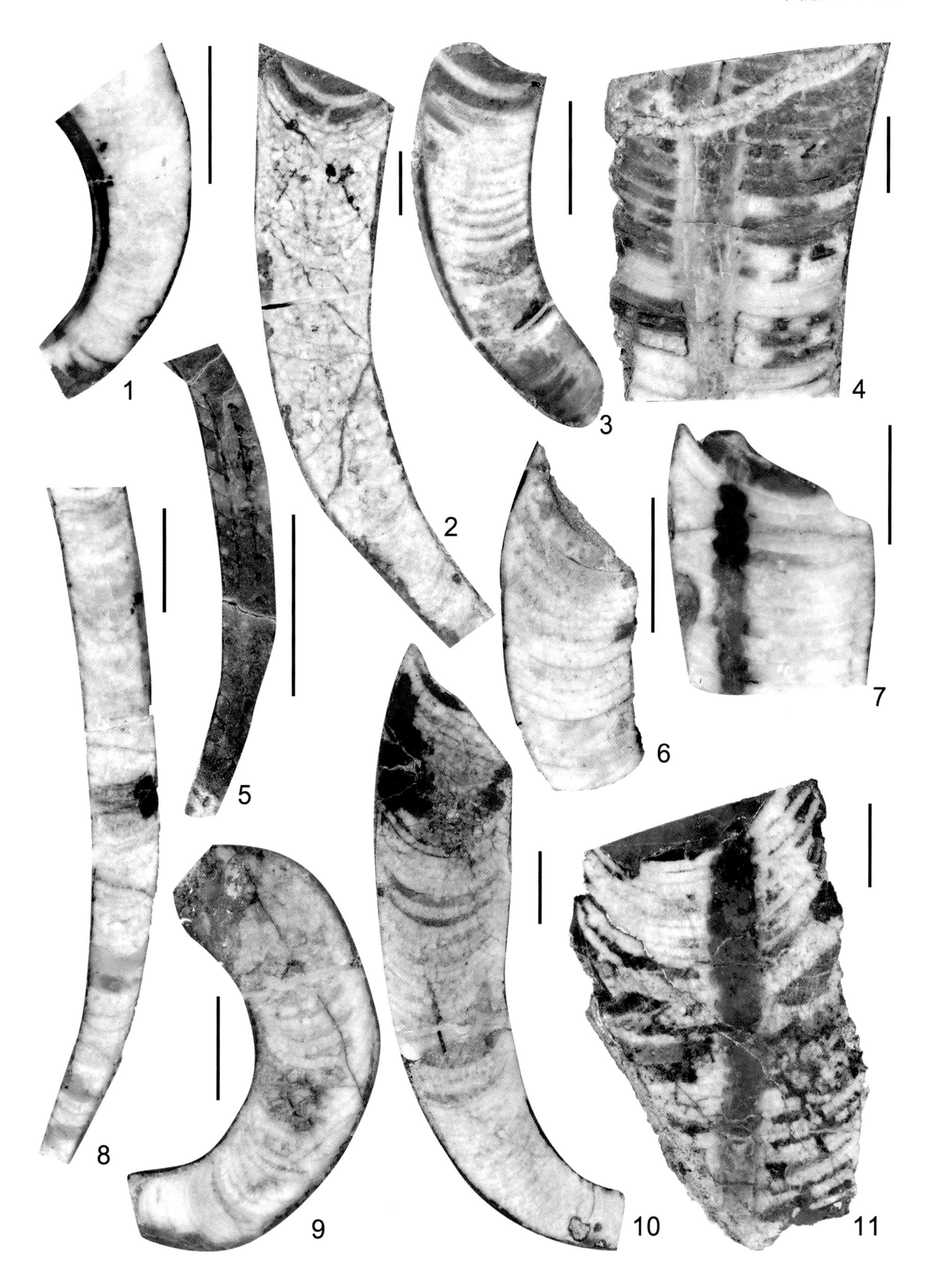
1
2
3
4
5
6
7
8
9
10
11

图版 5-5-25　头足类

（比例尺长度 =1cm）

赫南特阶

1，6，8　北贡肋直角石 *Pleurorthoceras beigongense* Zou，1985

主要特征：壳形细直，横断面呈圆形；隔壁颈短且极微弱弯曲，体管细且位置偏离壳中央，连接环微膨胀。

纵切面。登记号：1. NIGP88772；6. NIGP88777；8. NIGP88765。产地：安徽泾县北贡山冲走路岗。层位：赫南特阶五峰组（邹西平，1985）。

2，10　泾县肋直角石 *Pleurorthoceras jingxianense* Zou，1985

主要特征：壳形细直，气室较高；体管细且位置略偏离壳中央，连接环略微收缩。

纵切面。登记号：2. NIGP88768；10. NIGP88762。产地：安徽泾县北贡山冲走路岗。层位：赫南特阶五峰组（邹西平，1985）。

3，5　山冲肋直角石 *Pleurorthoceras shanchongense* Zou，1985

主要特征：壳形细直，隔壁颈短，气室沉积发育；体管细且位于壳中央，连接环直或弱膨胀。

纵切面。登记号：3. NIGP88776；5. NIGP88774。产地：安徽泾县北贡山冲走路岗。层位：赫南特阶五峰组（邹西平，1985）。

4，9　细管肋直角石 *Pleurorthoceras slendertubulatum* Zou，1985

主要特征：壳形细直，横断面呈圆形；气室内沉积物发育；体管细且位置偏离壳中央，体管节在隔壁孔处略微收缩，连接环直。

纵切面。登记号：4. NIGP88767；9. NIGP88763。产地：安徽泾县北贡山冲走路岗。层位：赫南特阶五峰组（邹西平，1985）。

7　塞尔柯克肋直角石（比较种）*Pleurorthoceras* cf. *selkirkense*（Whiteaves，1892）

主要特征：壳形细直，标本下半部气室稍高。

纵切面。登记号：NIGP88775。产地：安徽泾县北贡山冲走路岗。层位：赫南特阶五峰组（邹西平，1985）。

1
2
3
4
5
6
7
8
9
10

5.6 几丁虫

几丁虫（Chitinozoa），又称几丁石或胞石，由Alfred Eisenack在波罗的海沿岸漂砾中发现、报道并正式命名（Eisenack，1931），是一类已灭绝的、具轴向辐射对称有机质壳体的海洋微体化石。基本形状有烧瓶形、棒状、瓦罐状等，大小介于50 ~ 2000μm，目前已报道的最长壳体为2700μm（Nõlvak et al.，2019），常见壳体大小为100 ~ 500μm，常单个或聚集保存。几丁虫广泛出现在早奥陶世（特马豆克早中期）至晚泥盆世（法门末期）的海相沉积物中。

5.6.1 几丁虫基本结构

目前，几丁虫的形态术语主要采用Paris et al.（1999）在厘定和完善几丁虫分类系统时推出的一套系统术语。根据颈（或前体与口盖）的发育与否（图5-31），几丁虫被划分为前体目和口盖目，下分3科19亚科57属。常用的形态学术语及简要释义如表5-1（李星学，2009）。

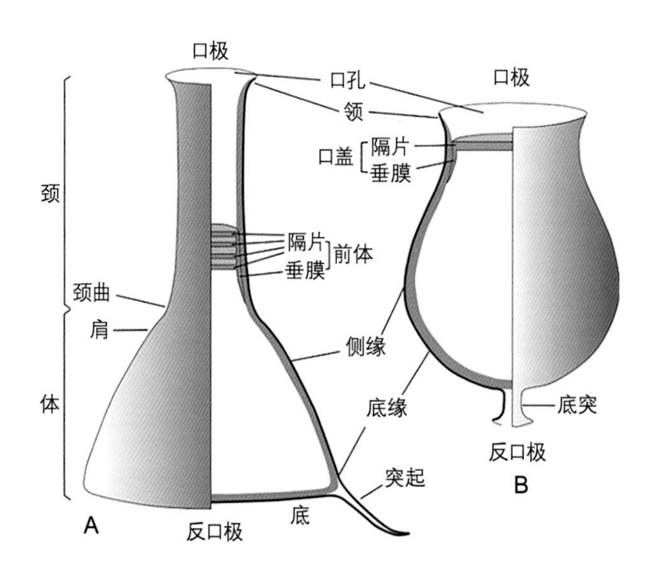

图 5-31　前体目与口盖目几丁虫的主要形态特征。A. 前体目；B. 口盖目。改自 Paris et al.（1999）

表5-1　几丁虫的主要形态构造中英译文及简要释义

英文名	中译名	注释
anti-apertural pole	反口极	人为确定的壳体的下部，与口极相对
aperture	口孔	壳体顶端未闭合的开口
apertural plug	口塞	泛指用于封闭开口的塞子，即口盖或前体
apertural pole	口极	人为确定的壳体的上部
apex	顶端	辐射对称轴与底部的交点
axis	中轴	连接开口中心和顶点之间的假想线，代表壳体的辐射对称轴
base	底	体室的底部
callus	基疣	部分属种顶端上的加厚短桩
carina	裙边	部分属种体室外壁的环状伸展膜，可位于底缘之上、底缘或底缘之下
central cavity	中央腔	指体室的内部空腔
chamber	体室	指颈或领之下的壳体
collarette（=collar）	领	颈或者无颈壳体的体壁向口极扩展变薄的部分
copula	联桁	壳体外层围绕顶端延伸成的薄膜状细管
crests	脊	独立的或连在一起的纵向成行排列的刺状纹饰，或网状至膜状的纵向纹饰
flanks	侧缘	体室上位于颈/领与底缘之间的体壁外部轮廓
flexure	颈曲	区分颈与侧缘界限的凹陷区域
glabrous	无毛	指壳体表面无显著刺状等其他纹饰构造，包括完全光滑、粗糙、蠕虫状、穴状、毡子状、海绵状、颗粒状（高度低于2μm）等
lip	唇	围绕开口的领（或颈）的最远端部分
margin	底缘	底和侧缘的过渡区域
mucron	底突	围绕顶点的直立状加厚突起
neck	颈	体室向开口端延伸的管状结构
operculum	口盖	无颈的属种中封闭开口的碟状塞子，常见一膜状物向反口极方向呈喇叭状延伸（垂膜）
peduncle	茎梗	从顶端延伸而成的强壮而短的或拉长的柱状构造
perforated	穿孔	指在裙边或领上紧密排列的孔洞；有的属种的孔洞会变大，彼此之间仅余线状的残留，从而形成网状
process	突起	在底缘上或者接近底缘处发育的内部中空的单根长刺
prosome	前体	位于颈底部的内口塞，可呈单一的碟状，亦可由多个水平隔膜相连而形成较为复杂的复体构造
reticulum	网	紧密连接在侧缘上的网状外壁，可延伸至底缘之外形成穿孔状的裙边
rica	垂膜	口盖或前体的膜状外延部分，一般与体室上部相连
ridge	褶	壳壁上的纵向线状加厚构造

续表

英文名	中译名	注释
scar	遗痕	顶点或口盖中央的环形印迹（凹陷或稍微突起），或裙边、刺、附肢等脱落后在壳壁上留下的痕迹
septa	隔膜	前体内的横向膜状构造，数量为几个到20多个
shoulder	肩	侧缘顶部的凸起区域，紧临颈曲之下。当肩和颈曲都存在时，体室上部呈“S”形
siphon（=bulb）	膜管	壳体外壁在底部向反口极方向延伸成薄膜管状构造
sleeve	袖套	部分或完全紧贴壳体表层的薄膜状构造笼罩在壳体表面并向反口极方向延伸
spine	刺	壳体表面长度大于2 μm的短小突起，大多是中空的
vesicle / test	壳体	几丁虫的有机质外壳
wall	壳壁	指围成壳体的有机质膜状外壁

5.6.2 几丁虫图版及说明

除特殊说明外，标本均保存在中国科学院南京地质古生物研究所。采集号说明：采集样品号/扫描电镜号，两者之间用“/”隔开，如AFI996/411065。

图版 5-6-1　几丁虫

［比例尺长度 =100μm。标本 4 保存于比利时根特大学，标本 12 保存于武汉地质调查中心宜昌基地（原宜昌地质矿产研究所），其余标本保存在中国科学院南京地质古生物研究所］

特马豆克阶—弗洛阶

1—4　短颈瓶几丁虫 *Lagenochitina brevicollis* Taugourdeau & de Jekhowsky，1960

主要特征：壳体中等偏小，短颈瓶状，颈曲显著，肩弱；体室卵圆形至圆方形，侧缘强烈鼓胀，底缘不明显，底外凸；壳表光滑。

登记号：1. PZ164682；2. PZ164681；3. PZ167493；4. YYR18-1。产地：1，2. 贵州习水；3. 贵州桐梓；4. 湖南益阳。层位：特马豆克阶顶部。引自Wang et al.（2013）。

5—8　爱沙尼亚瓶几丁虫 *Lagenochitina esthonica* Eisenack，1955

主要特征：瓶状壳体中等大小，颈短柱状，颈曲显著，肩不等程度发育；体室卵圆至圆方形，底缘圆，底平或微凸；壳表无纹饰。

登记号：5. PZ164658；6. PZ164659；7. PZ164660；8. PZ164661。产地：贵州习水良村剖面。层位：特马豆克阶顶部至弗洛阶下部。

9—12　夷陵瓶几丁虫 *Lagenochitina yilingensis* Chen，2009

主要特征：壳体中等大小，颈非常短，颈曲显著，肩微弱或不发育；体室长卵圆形，侧缘鼓胀，底缘不明显，底或平或凸，可见明显底突构造；壳表无纹饰。

采集号：9. AFI996/411065；10. AFI1001/466024；12. HOD-21/1862。登记号：11. PZ164670。产地：9，10. 贵州桐梓；11. 贵州习水；12. 湖北宜昌。层位：弗洛阶底部。引自Chen XH et al.（2009）。

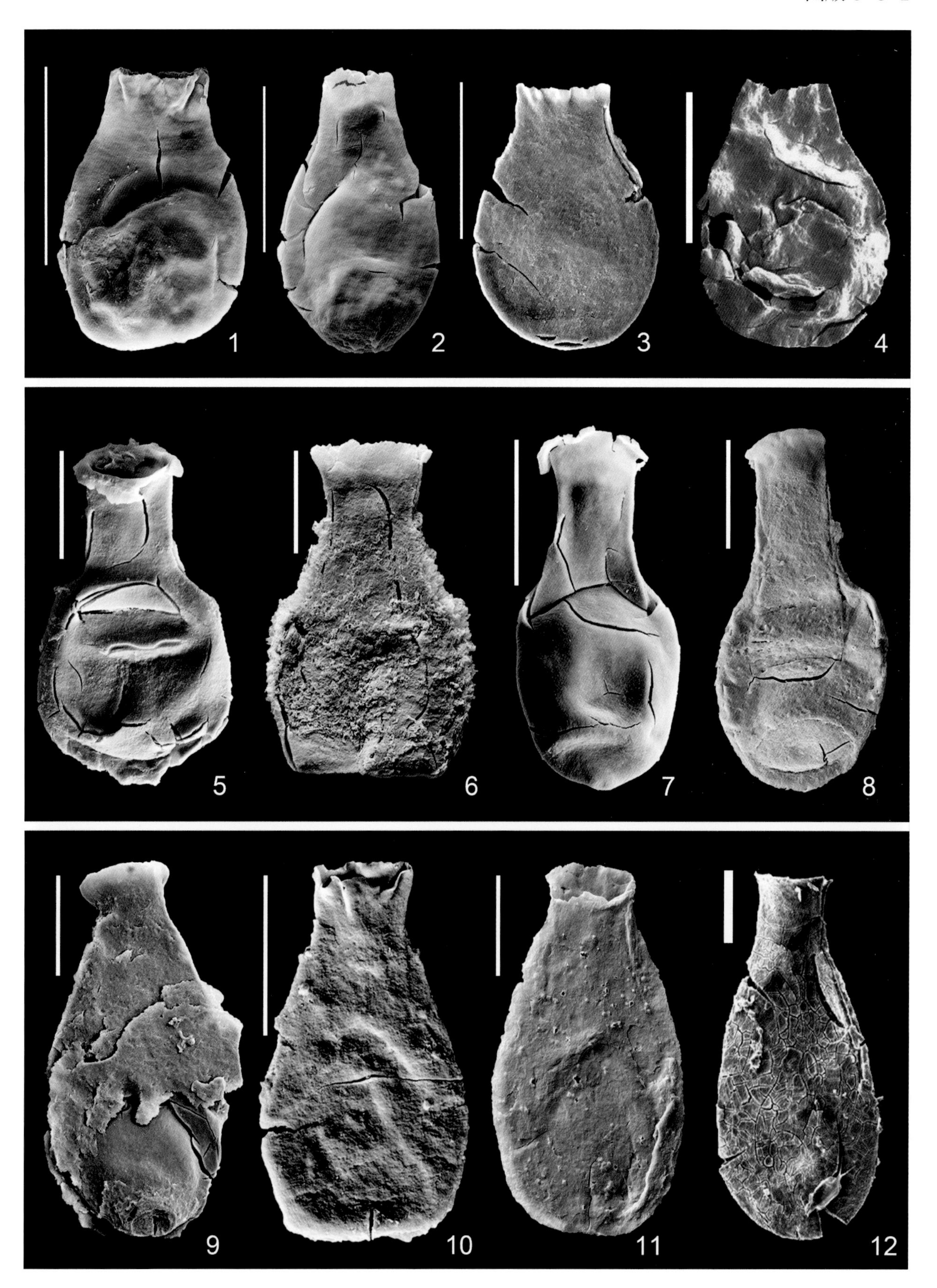
1
2
3
4
5
6
7
8
9
10
11
12

图版 5-6-2　几丁虫

（比例尺长度 =100μm）

特马豆克阶

1—8　方尖塔状瓶几丁虫 *Lagenochitina obeligis* Paris，1981

主要特征：壳体中等偏小，短柱状颈，颈曲发育，肩不等程度发育；体室卵圆形或近圆形，侧缘鼓胀，底缘不明显，底呈半球形或尖拱状，部分标本可观测到底突构造；壳表光滑。

采集号：3. 13GTH12/411033；4. 13GTH12/411036；5. 13GTH12/482020；6. GXL29/482056；7. GXL29/482048；8. 13GTH12/411032。登记号：1. PZ164714；2. PZ164715。产地：1，2，6，7. 贵州习水良村剖面；3—5，8. 贵州桐梓红花园剖面。层位：特马豆克阶上部。

9—12　佩斯托沃瓶几丁虫 *Lagenochitina pestovoensis* Obut，1973

主要特征：壳体中等大小，长颈瓶状，颈曲显著，肩弱或不发育；体室呈球形或卵圆形，侧缘强烈鼓胀，底缘圆或不明显，底外凸或呈半球形，底突不等程度发育；壳表光滑。

登记号：9. PZ164664；10. PZ164669；11. PZ164666；12. PZ164668。产地：贵州习水。层位：特马豆克阶中上部。

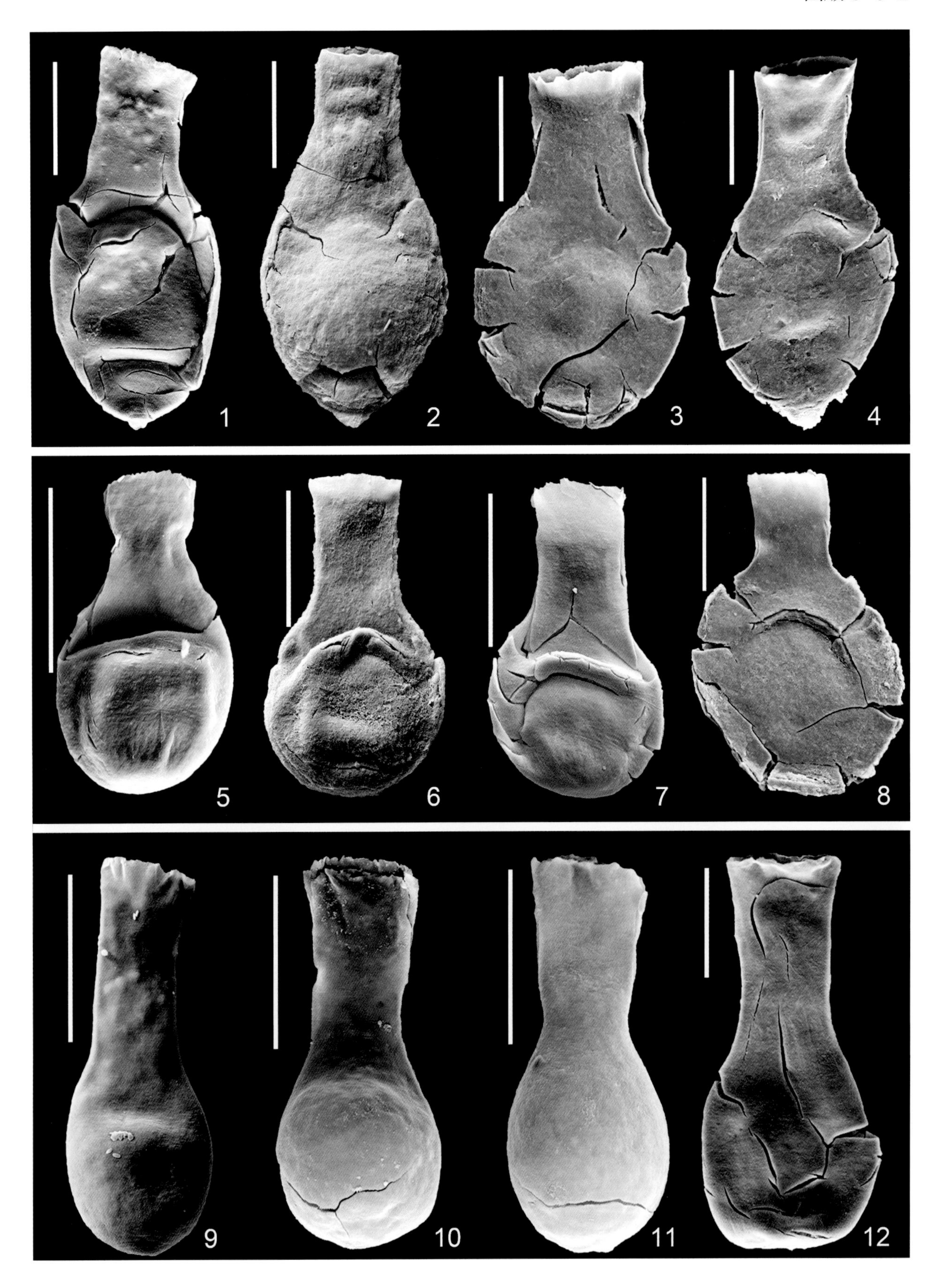
1
2
3
4
5
6
7
8
9
10
11
12

图版 5-6-3　几丁虫

（比例尺长度 =100μm）

特马豆克阶—弗洛阶

1—10　对称真锥几丁虫 *Euconochitina symmetrica*（Taugourdeau & de Jekhowsky，1960）

主要特征：壳体小，外形如锥，颈曲不明显，肩不发育，颈短柱状，领强烈外翻；体室锥形，侧缘或平或内凹，底缘钝或近直角状，底平；壳表光滑。

采集号：1. 13GTH12/411023；2. 13GTH12/411050；3. 13GTH12/411054；6. 13GTH12/411049；7. GXL30/482064；10. GXL31/482104。登记号：4. PZ164671；5. PZ164671；8. PZ164674；9. PZ167486。产地：1—3，6，9. 贵州桐梓；4，5，7，8，10. 贵州习水。层位：特马豆克阶顶部至弗洛阶底部。

11—18　分乡真锥几丁虫 *Euconochitina fenxiangensis* Chen et al.，2008

主要特征：壳体小而矮胖，颈曲宽阔，肩不发育，领柱状或轻微外扩；体室短锥状，侧缘微鼓或微凹，底缘呈不等程度锐角状，底平；壳表光滑。

采集号：11. 13GTH12/411021；12. AGO305/531025；13. AFI1059a/459024；14. AGO305/531027。登记号：15. PZ167487；16. PZ164676；17. PZ164677；18. PZ164678。产地：11，13，15. 贵州桐梓；16—18. 贵州习水；12，14. 湖北松滋。层位：特马豆克阶顶部至弗洛阶下部。

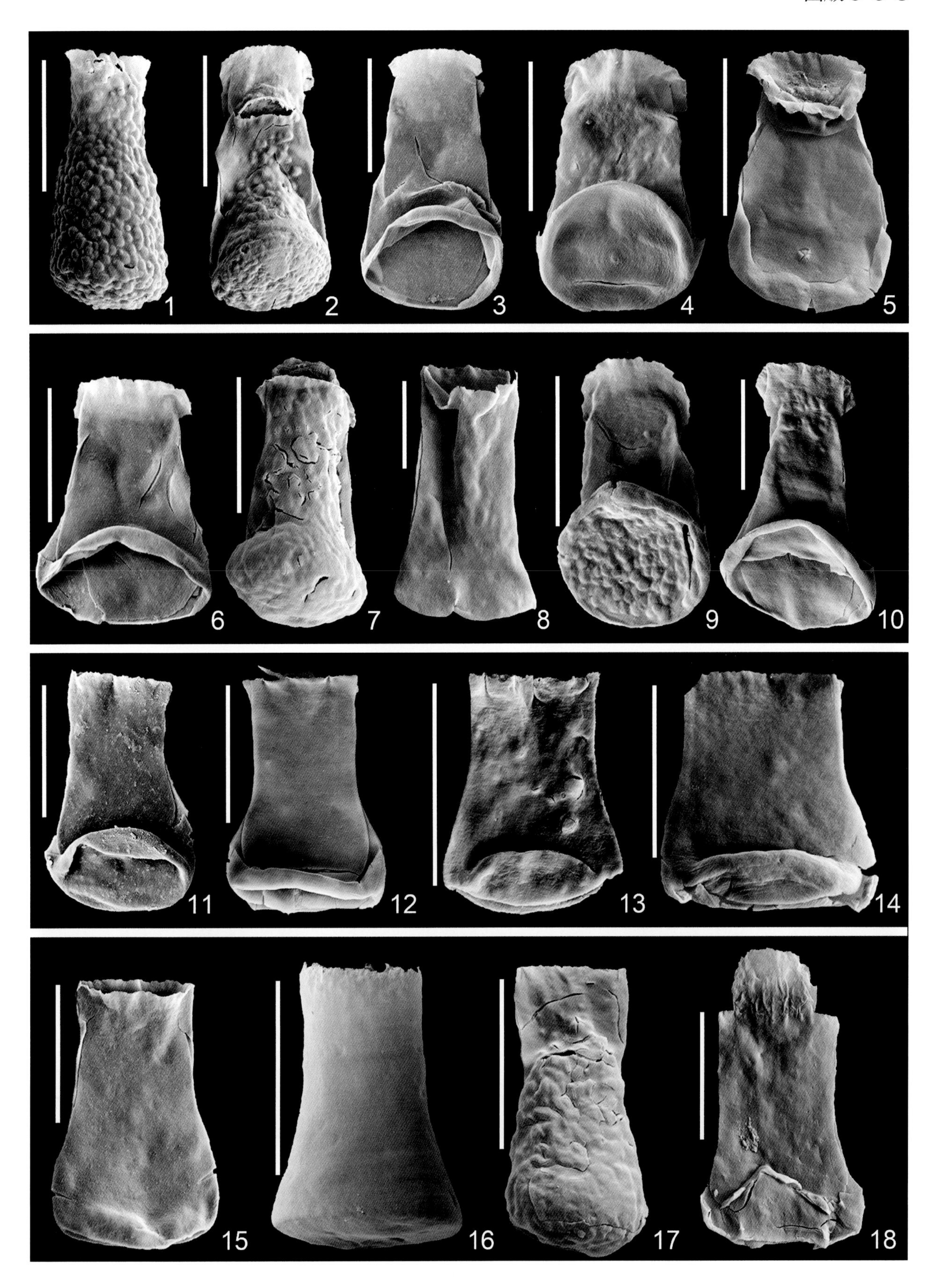
1
2
3
4
5
6
7
8
9
10
11
12
13
14
15
16
17
18

图版 5-6-4　几丁虫

（比例尺长度 =100μm。标本 11 与 14 保存于武汉地质调查中心宜昌基地；其余标本保存在中国科学院南京地质古生物研究所）

特马豆克阶—弗洛阶

1—3　简单真锥几丁虫 *Euconochitina brevis* Taugourdeau & Jekhowsky，1960

主要特征：壳体小、棒状，颈曲显著，无肩，颈柱状；体室短棒状或近卵圆形，底缘圆，底平或微凸；壳表光滑。

采集号：1. 13GTH12/411029；2. AFI996/411089；3. AFI996/411079。产地：贵州桐梓。层位：特马豆克阶顶部。

4，5　泡链几丁虫（相似种）*Desmochitina* cf. *bulla* Taugourdeau & de Jekhowsky，1960

主要特征：壳体小、矮瓶状，颈短柱状，领轻微外扩，体室卵圆形，侧缘鼓胀，底缘不明显，底突显著；壳表光滑。

登记号：4. PZ164684；5. PZ164685。产地：贵州习水。层位：特马豆克阶顶部。

6—9　对称真锥几丁虫类 *Euconochitina* ex gr. *symmetrica*（Taugourdeau & de Jekhowsky，1960）

主要特征：相对于*Euconochitina symmetrica*而言，壳体更为纤长，颈占壳体比例更大，两者同层位产出。

采集号：6. GXL35/495058；8. 13GTH12/411026。登记号：7. PZ167488；9. PZ164717。产地：6，9. 贵州习水；7，8. 贵州桐梓。层位：特马豆克阶顶部。

10　对称真锥几丁虫 *Euconochitina symmetrica*（Taugourdeau & de Jekhowsky，1960）

主要特征：见图版5-6-3。

采集号：GXL32/495014。产地：贵州习水。层位：特马豆克阶顶部。

11—15　重庆瓶几丁虫 *Lagenochitina chongqingensis* Chen，2009

主要特征：壳体小、形如棒，颈体分异明显，颈曲开阔，肩弱或缺失，颈柱状；体室呈卵圆形或近柱状，侧缘鼓胀，底缘钝圆，底平或微凹；壳表光滑，体室下部及壳底可见横向条纹。

采集号：11. Hoh3/7022；12. AGO320/531038；13. AGO320/531041；14. Hoh3/7014；15. AGO333/531020。产地：12，13，15. 湖北松滋；11，14. 湖北宜昌黄花场剖面。层位：特马豆克阶上部至弗洛阶下部。引自陈孝红等（2009）。

16—22　简单孤几丁虫 *Eremochitina brevis* Benoît & Taugourdeau，1961

主要特征：壳体呈长棒状或锥状，壳体大小差异较大；颈曲微弱或宽阔，肩不发育，颈柱状；体室棒状，侧缘微鼓，底缘不明显，底凸；壳表光滑，底部发育管状联桁。

采集号：18. AFI998/411104；19. AFI996/411090；20. AGO309/531034；21. AGO320/531046；22. GXL31/482077。登记号：16. PZ164707；17. PZ167513。产地：16，22. 贵州习水；17—19. 贵州桐梓；20，21. 湖北松滋。层位：特马豆克阶顶部至弗洛阶。

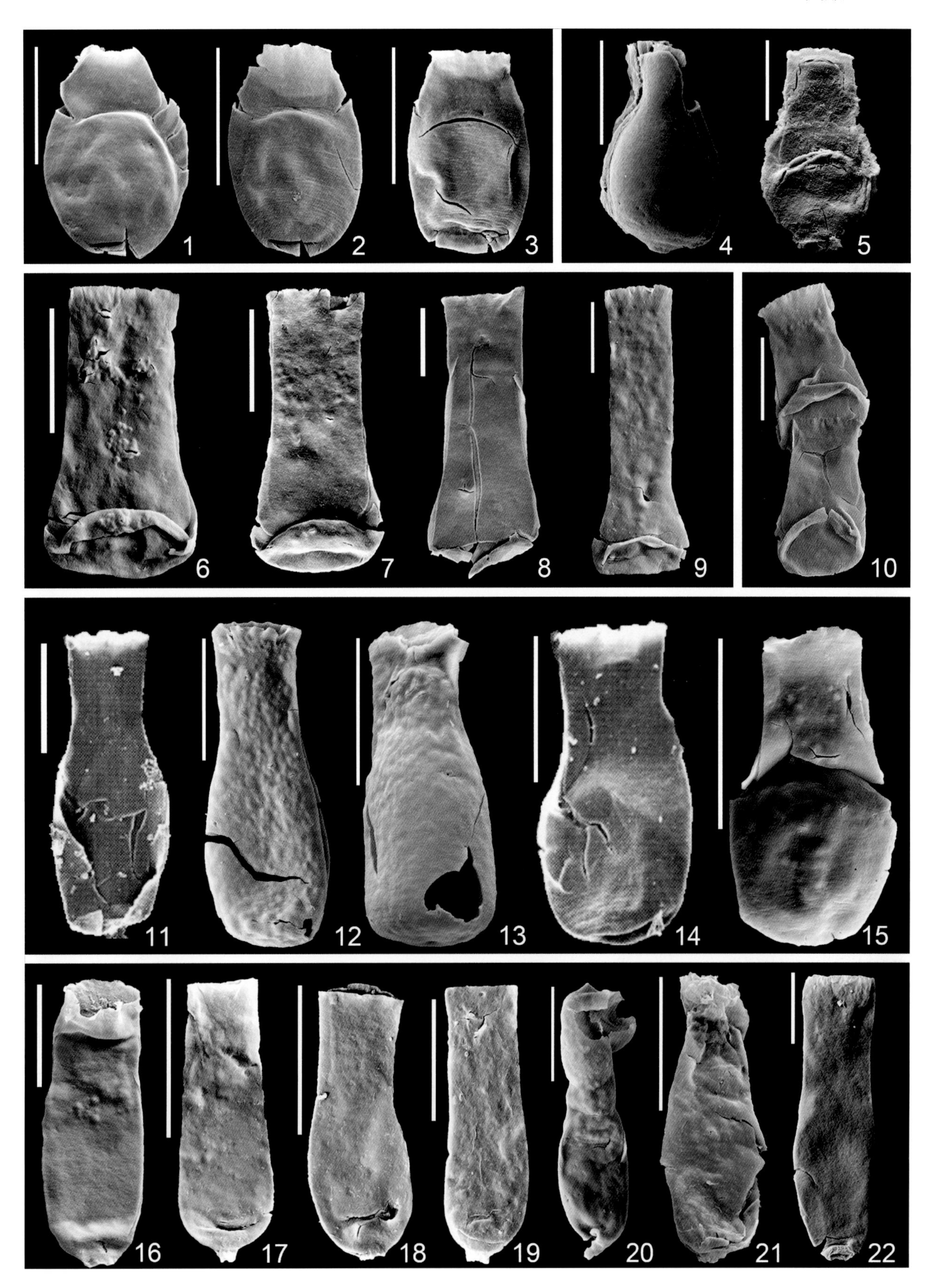
1
2
3
4
5
6
7
8
9
10
11
12
13
14
15
16
17
18
19
20
21
22

图版 5-6-5　几丁虫

（比例尺长度 =100μm；标本 9，10 和 16 保存于武汉地质调查中心宜昌基地，其余标本保存在中国科学院南京地质古生物研究所）

特马豆克阶—大坪阶

1—4　皱纹链几丁虫 *Desmochitina rugosa* Eisenack，1962

主要特征：壳体中等大小，无颈，领强烈外翻；体室呈椭圆形至卵圆形，侧缘鼓胀，底缘不明显，底呈拱形或半圆形；壳表发育强度不等的不规则网状隆褶。

采集号：1. AFI1001/466025；3. AFI1056i/459073；4. AFI1059a/459015。登记号：2. PZ167484。产地：贵州桐梓。层位：弗洛阶。

5—10　隐锥几丁虫 *Conochitina decipiens* Taugourdeau & de Jekhowsky，1960

主要特征：壳体中等大小，形如锥；颈体分异不明显，颈曲弱，无肩，颈长柱状；体室呈锥形，侧缘在近底缘处微凸，向口孔方向趋于平行，底缘圆，底平，壳表光滑，壳底发育基疣。

采集号：6. AFI1001/466019；7. AFI1069/450037；8. AFI1041/466035；9. K0311/7000；10. HOD-18/29736。登记号：5. PZ167514。产地：5—8. 贵州桐梓；9，10. 湖北宜昌。层位：弗洛阶底部至大坪阶中上部。引自Chen XH et al.（2009）。

11—13　纤薄锥几丁虫 *Conochitina exilis* Bockelie，1980

主要特征：壳体纤长且呈长柱状，颈体分异不明显；侧缘平直、近平行，底缘圆，底平或微凸；壳表光滑，底突不明显。

采集号：11. AFI996/411056；12. AFI998/411100；13. AFI1001/466017。产地：贵州桐梓。层位：弗洛阶。

14—16　宽形瓶几丁虫 *Lagenochitina lata* Taugourdeau & de Jekhowsky，1960

主要特征：壳体中等偏大，短颈瓶状，颈体分异明显；颈曲显著，肩不发育，颈短柱状；体室卵圆形，侧缘鼓胀，底缘不明显，底凸；壳表光滑，未见底突。

采集号：16. HOD-24/5638。登记号：14. PZ164702；15. PZ167499。产地：14. 贵州习水；15. 贵州桐梓；16. 湖北宜昌。层位：特马豆克阶顶部。引自Chen XH et al.（2009）。

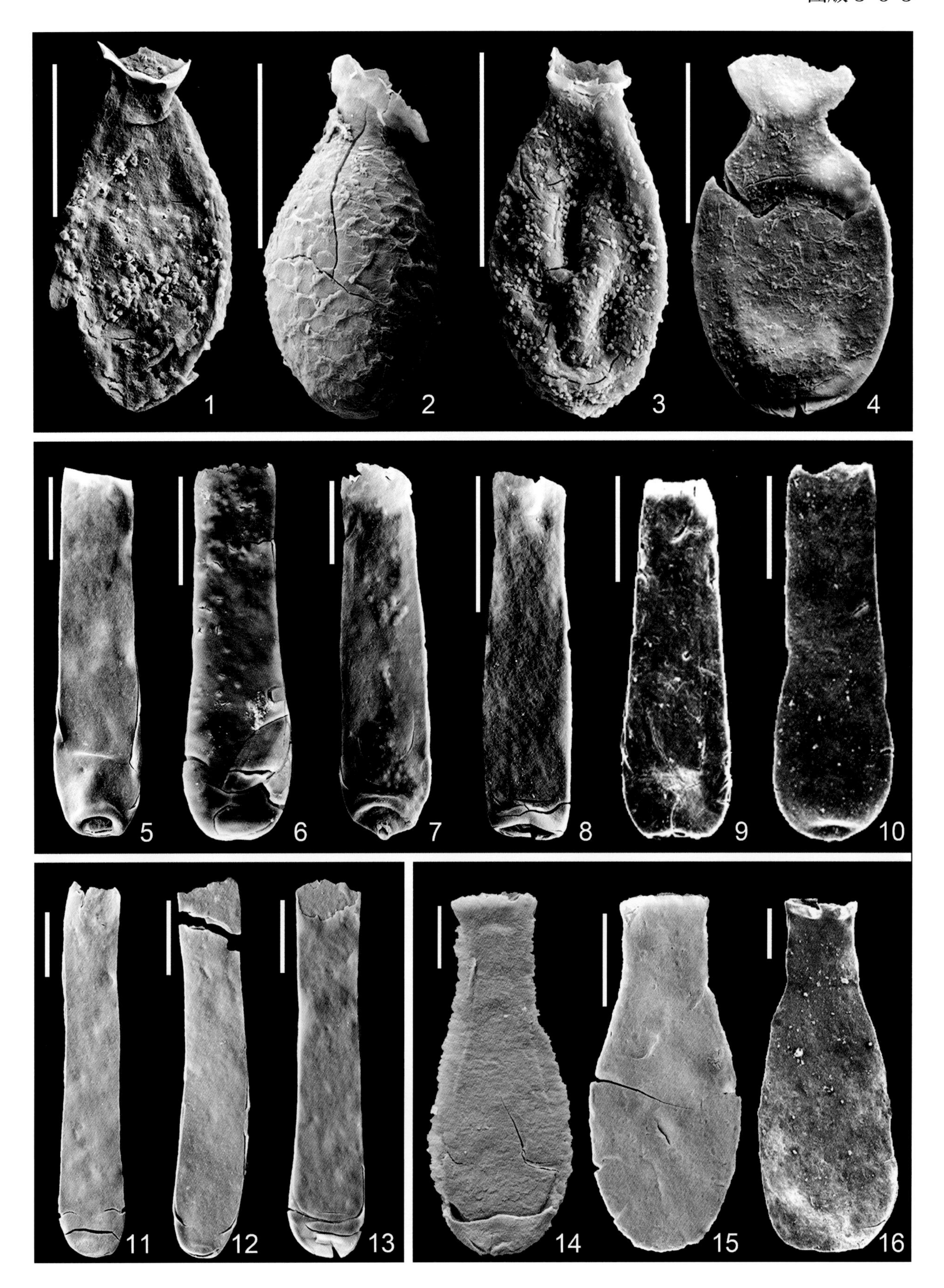
1
2
3
4
5
6
7
8
9
10
11
12
13
14
15
16

图版 5-6-6　几丁虫

（图 1，2，5 的比例尺长度 =50μm；图 14a，15a 和 19a 的比例尺长度 =10μm；其余比例尺长度 =100μm）

弗洛阶—达瑞威尔阶

1—10　阿尔哈吉里几丁虫（未定种）*Alhajrichitina* sp.

主要特征：壳体小，柱状颈，颈曲显著，肩不明显；体室呈透镜状或纺锤状，底缘钝圆，底突出而呈尖拱状或半球形，部分标本底缘有加厚，底部中央发育吸盘状联桁；壳表光滑，体室底部可见不连续的同心状纹层。

采集号：1. AFI1045a/459064；2. AFI1045a/459044；3. AFI1045a/459046；5. AFI1050/459088；6. AFI1057/459138；7. AFI1060/461001；8. AFI1047/466027；9. AFI1054a/459094；10. AFI1056f/466011。登记号：4. PZ167492。产地：贵州桐梓。层位：弗洛阶上部。

11—19　大坪网几丁虫 *Sagenachitina dapingensis* Chen，2009

主要特征：壳体中等偏大，长颈瓶状，颈体分异明显，颈曲显著；体室卵圆形或半圆形，侧缘近于平直或微鼓，底缘上发育具穿孔的网状裙边；底平，底部中央可见圆形遗痕；壳表光滑；部分标本颈部可见后期形成的纵向条纹。

图14a为图14底部的局部放大；图15a为图15的局部放大；图19a和19b为图19的局部放大。采集号：11. AFI1090/450135；12. AFI1090/450137；13. AFI1092/410010；14. AGO427/542089；15. AGO427/542092；16. AFI1094/410097；17. AFI1063/461078；18. AFA263/409020。登记号：19. PZ167503。产地：11—13，16—19. 贵州桐梓；14，15. 湖北松滋。层位：弗洛阶顶部至达瑞威尔阶底部。

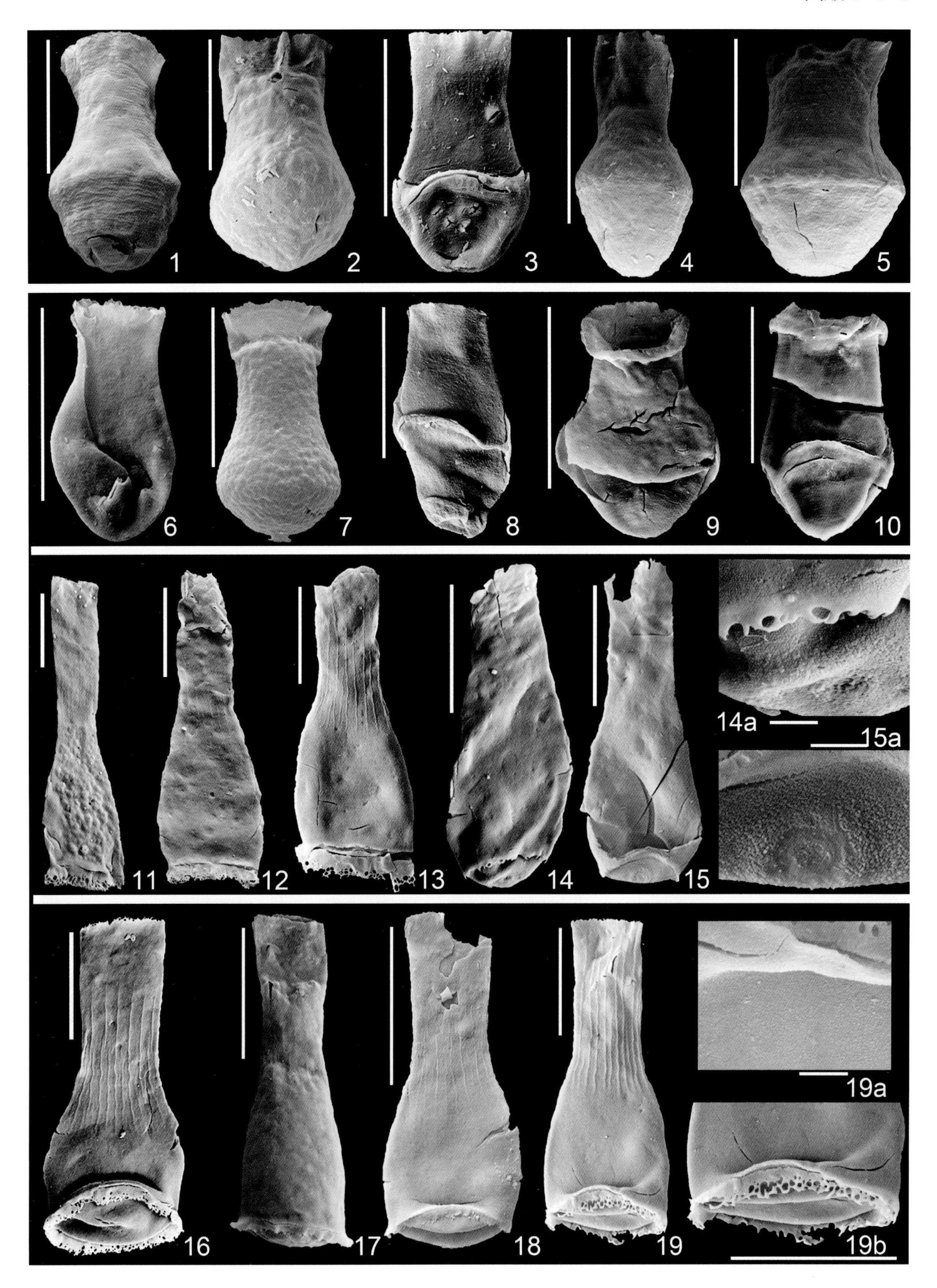
1
2
3
4
5
6
7
8
9
10
11
12
13
14
15
14a
15a
16
17
18
19
19a
19b

图版 5-6-7　几丁虫

（图 9 和 10 比例尺长度 =50μm，图 12a 比例尺长度 =10μm，其余比例尺长度 =100μm）

弗洛阶

1—8　茅台袋几丁虫 *Bursachitina maotaiensis*（Chen，2009）

主要特征：壳体小，形如锚，无颈；体室呈卵圆形至近锥形，侧缘微凹或微凸，底缘圆，底尖拱状或半圆形；壳表发育横向皱纹，底部以及底缘上方同心纹层发育。

采集号：1. AFI1057/459118；2. AFI1057/459117；3. AFI1057/459130；4. AFI1057/459132；5. AFI1041/466038；6. AFI1041/466037；7. AFI1043/466028；8. AFI1057/459136。产地：贵州桐梓。层位：弗洛阶。模式标本见陈孝红等（2009）。

9—13　黔北袋几丁虫 *Bursachitina qianbeiensis* Chen，2009

主要特征：壳体小，形如布袋状，呈链状排列，无颈；体室呈锥形，侧缘直，底缘圆，底部发育吸盘状联桁；壳表发育横向皱纹。

图12a为图12的局部放大。采集号：10. AFI1059a/459016；11. AFI1060/461003；12. AFI1059a/459017；13. AFI1059a/459022。登记号：9. PZ167496。产地：贵州桐梓。层位：弗洛阶上部。模式标本见陈孝红等（2009）。

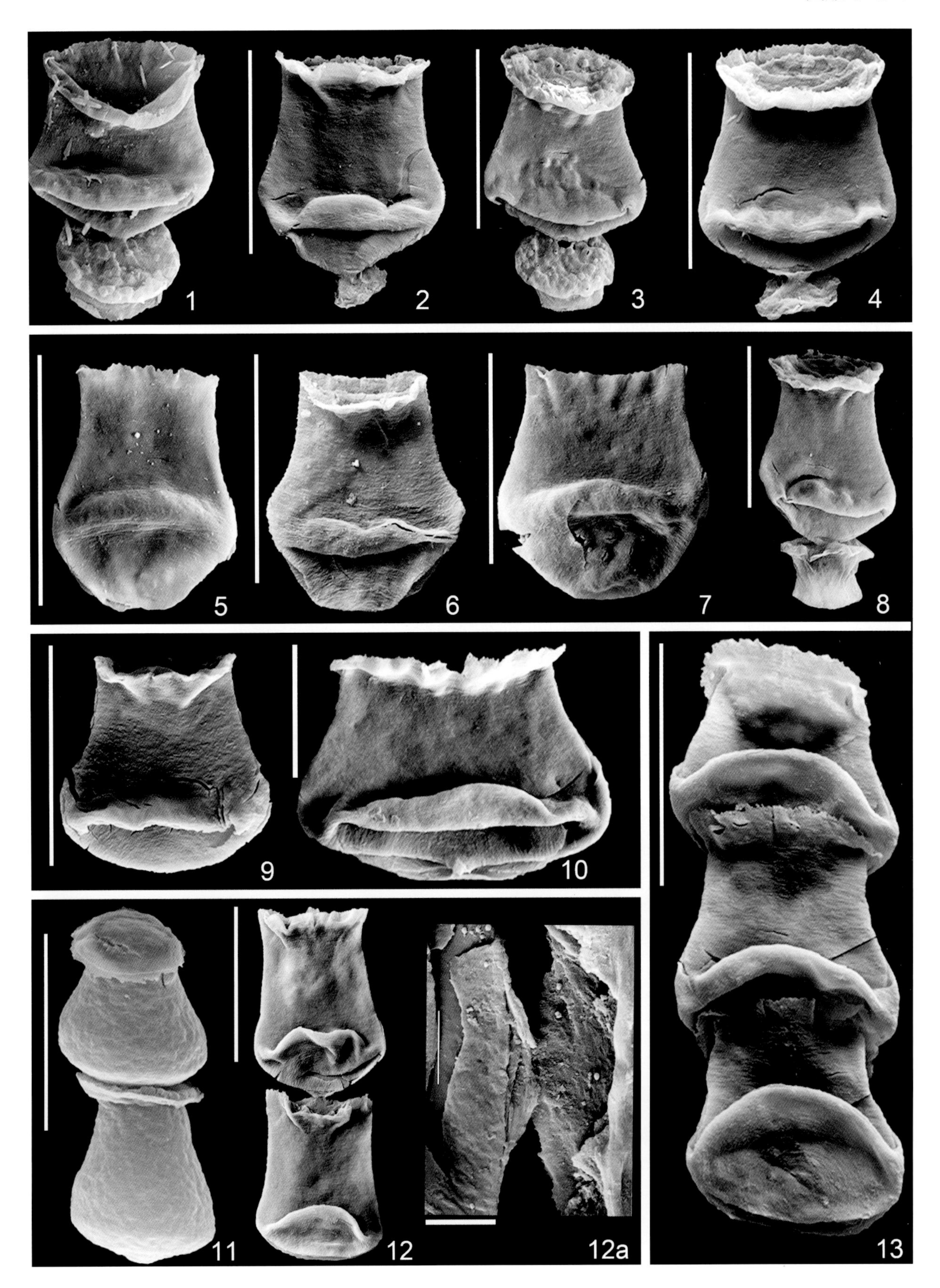
1
2
3
4
5
6
7
8
9
10
11
12
12a
13

图版 5-6-8　几丁虫

（比例尺长度 =100μm）

弗洛阶—达瑞威尔阶

1—5　卵链几丁虫 *Desmochitina ovulum* Eisenack，1962a

主要特征：壳体小，无颈；体室长卵圆形，侧缘微凹或微凸，底缘圆，底尖拱状或半圆形；壳表光滑。

采集号：1. AFI1057/459112；2. AFI1057/459110；3. AFI1057/459121；4. AFI1057/459149；5. AFI1057/459150。产地：贵州桐梓。层位：弗洛阶上部。

6—9　谷粒链几丁虫 *Desmochitina cocca* Eisenack，1931

主要特征：壳体小，无颈；体室呈卵圆形，侧缘微凹或微凸，底缘圆，底半圆形；壳表光滑。

采集号：6. AFI1057/459151；7. AFI1057/459134；8. AFI1062a/461042；9. AFI1062a/461043。产地：贵州桐梓。层位：弗洛阶上部至大坪阶底部。

10—13　精致锥几丁虫 *Conochitina lepida* Jenkins，1967

主要特征：壳体较小，壳形如锥；颈体分异不明显，短柱状颈；体室锥形，侧缘微鼓，底缘圆或近直角状，底平，底部中间发育底突；壳表光滑。

采集号：11. AFI1096/409067；12. AFI1092/410016；13. AFA263/409022。登记号：10. PZ167489。产地：贵州桐梓。层位：大坪阶顶部至达瑞威尔阶底部。

14，15　爱沙尼亚瓶几丁虫 *Lagenochitina esthonica* Eisenack，1955

主要特征：壳体大，体形纤长，锥状或棒状；颈体分异较明显，柱状颈；长柱状体室，侧缘平直，底缘圆，底平或微凸；壳表光滑。

采集号：15. AFI1096/409063。登记号：14. PZ167523。产地：贵州桐梓。层位：达瑞威尔阶底部。

16—18　不等杯几丁虫 *Cyathochitina dispar* Benoît & Taugourdeau，1961

主要特征：壳体中等大小；颈体分异明显，柱状颈；锥形至卵圆形体室，侧缘微鼓，底缘顿圆，底平，脊状裙边发育；壳表光滑。

采集号：16. AFI1096/409091；17. AFA263/409019；18. AFA264/409046。产地：贵州桐梓。层位：大坪阶顶部至达瑞威尔阶下部。

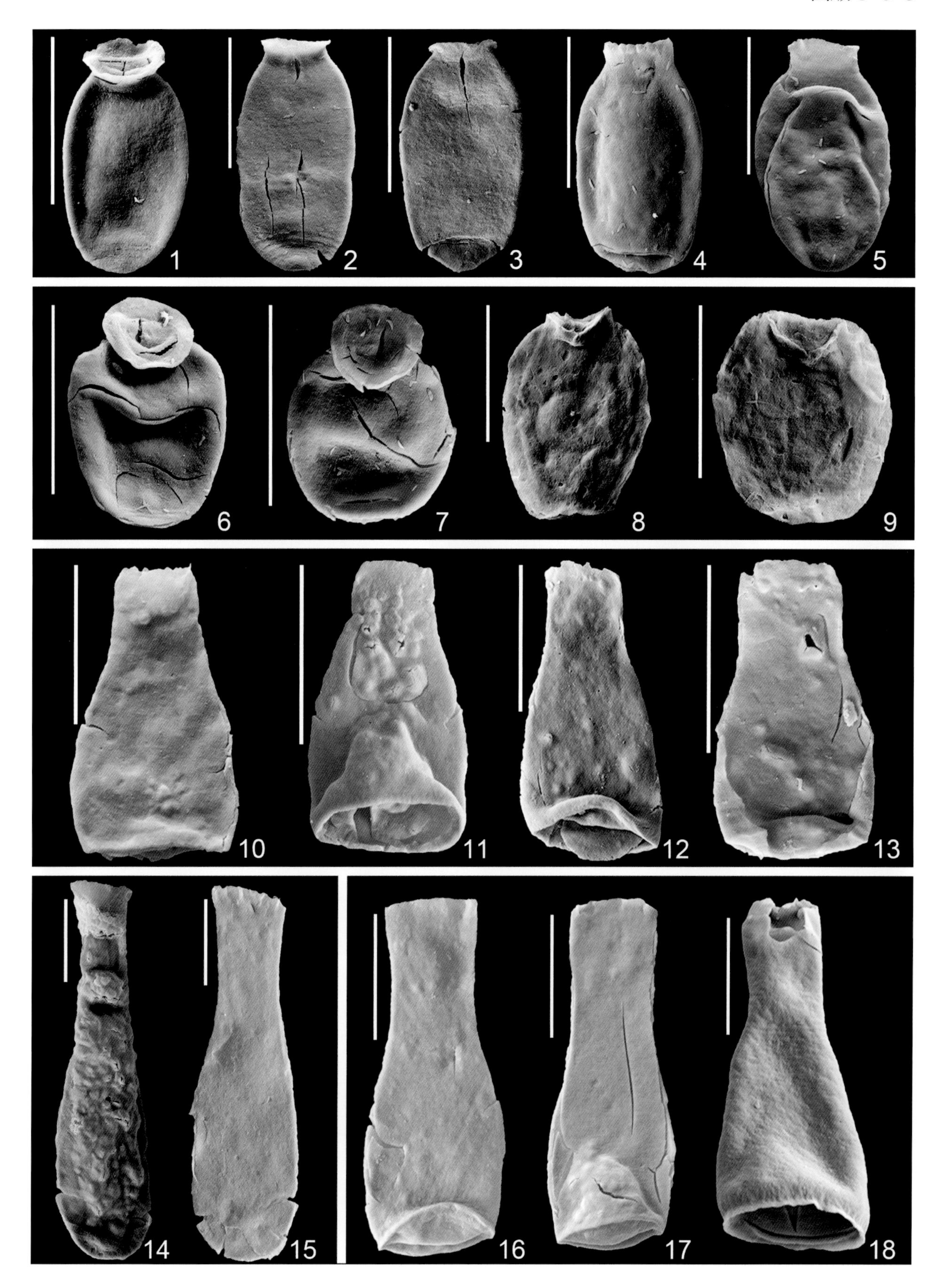
1
2
3
4
5
6
7
8
9
10
11
12
13
14
15
16
17
18

图版 5-6-9　几丁虫

（图 8a 比例尺长度 =10μm，其余比例尺长度 =100μm）

弗洛阶—达瑞威尔阶

1—6　瓶几丁虫（未定种）*Lagenochitina* sp.

主要特征：壳体中等偏大，形如棒；颈体分异较明显，颈短柱状；体室呈棒状或长卵圆形，侧缘微鼓，底缘圆，底外凸或呈半圆形。壳壁由两层组成：内壁光滑无纹饰；外壁粗糙，可观测到海绵状凹坑。

采集号：1. AFI1059a/459004；2. AFI1090/450132；3. AFI1092/410028；4. AFI1091/410060；6. AFI1090/450152。登记号：5. PZ167524。产地：贵州桐梓。层位：弗洛阶顶部至达瑞威尔阶底部。

7—11　微刺针几丁虫 *Belonechitina micracantha*（Eisenack，1965）

主要特征：壳体中等大小，长棒状；颈体分异明显，颈柱状；体室呈棒状，侧缘微鼓，底缘圆，底平或微凸；壳表发育细密的简单短刺。

图8a为图8底部局部放大。采集号：7. AFI1096/409078；9. AFI1071/450007；10. AFI1092/410022；11. AFI1092/410019。登记号：8，8a. PZ167507。产地：贵州桐梓。层位：弗洛阶顶部至达瑞威尔阶底部。

12—14　弱锥几丁虫 *Conochitina langei* Combaz & Péniguel，1972

主要特征：壳体大，长棒状；颈体分异较明显，柱状颈；棒状体室，侧缘微鼓，底缘圆，底凸或近半圆形，底突发育；壳表光滑。

采集号：13. AFI1092/410029；14. AFI1096/410002。登记号：12. PZ167522。产地：贵州桐梓。层位：达瑞威尔阶中下部。

15—18　雷蒙德锥几丁虫 *Conochitina raymondii* Achab，1980

主要特征：壳体较大，长棒锥状；颈体分异不明显；侧缘直，向颈部方向汇聚，而后至口孔方向趋于平行或微微外扩；口孔直或呈轻微的倒锥状；最大壳宽位于底缘上方，底缘圆，底平，壳表光滑。由于标本保存情况，暂未见到明显的底突构造。

采集号：15. AFI1096/409064；16. AFI1090/450125；17. AFI1092/410003；18. AFI1096/409061。产地：贵州桐梓。层位：达瑞威尔阶中下部。

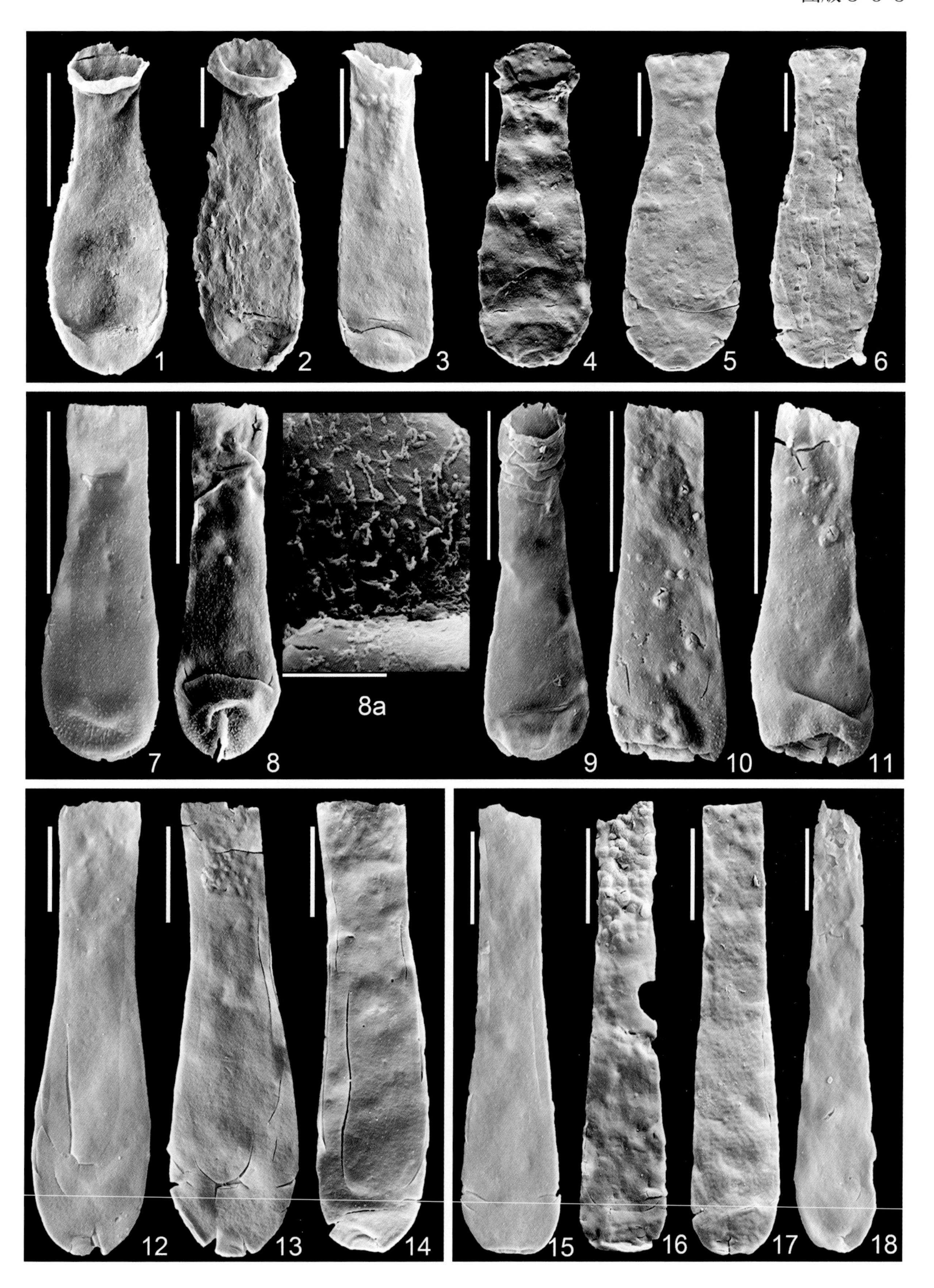
1
2
3
4
5
6
7
8
8a
9
10
11
12
13
14
15
16
17
18

图版 5-6-10　几丁虫

（比例尺长度 =100μm）

弗洛阶—桑比阶

1—5　高桥针几丁虫 *Belonechitina gaoqiaoensis* Chen in Chen et al.，2009

主要特征：壳体中等大小，柱锥状；颈体分异较明显；侧缘平直微鼓，底缘圆，底平；壳表发育稀疏的简单短刺。采集号：2. AFI1056i/459080；3. AFI1057/459141；4. AFI1057/459139；5. AFI1092/410030。登记号：1. PZ167509。产地：贵州桐梓、遵义。层位：弗洛阶上部至达瑞威尔阶下部。模式标本见陈孝红等（2009）。

6—8　巢杯几丁虫（相似种）*Cyathochitina* cf. *calix*（Eisenack，1931）

主要特征：壳体中等大小，柱锥状；颈体分异明显；侧缘平直微鼓，底缘钝，底平，窄裙边发育；壳表光滑。采集号：6. AFI1092/410011；7. AFI1089/450082；8. AFI5033/283116。产地：6，7. 贵州桐梓；8. 湖北宜昌。层位：大坪阶上部至达瑞威尔阶下部。

9，10　詹金斯杯几丁虫（相似种）*Cyathochitina* cf. *jenkinsi* Neville，1974

主要特征：壳体中等大小，柱锥状；颈体分异明显；侧缘平直微鼓，底缘钝，底平，发育窄裙边；壳表发育竖纹。采集号：9. AFA264c/617017；10. AFA264c/617007。产地：贵州桐梓。层位：大坪阶顶部至达瑞威尔阶下部。

11—16　泊墨特瓶几丁虫 *Lagenochitina poumoti* Combaz & Péniguel，1972

主要特征：壳体中等偏大，长棒状，颈体分异不明显，柱状颈；近柱状体室，侧缘平直，底缘圆，底平；壳表光滑。采集号：12. AFI1090/450129；13. AFI1080/412061；14. AFI1069/450038；15. AFI1071/450021；16. AFI1065/461048。登记号：11. PZ167518。产地：贵州桐梓。层位：大坪阶上部至桑比阶下部。

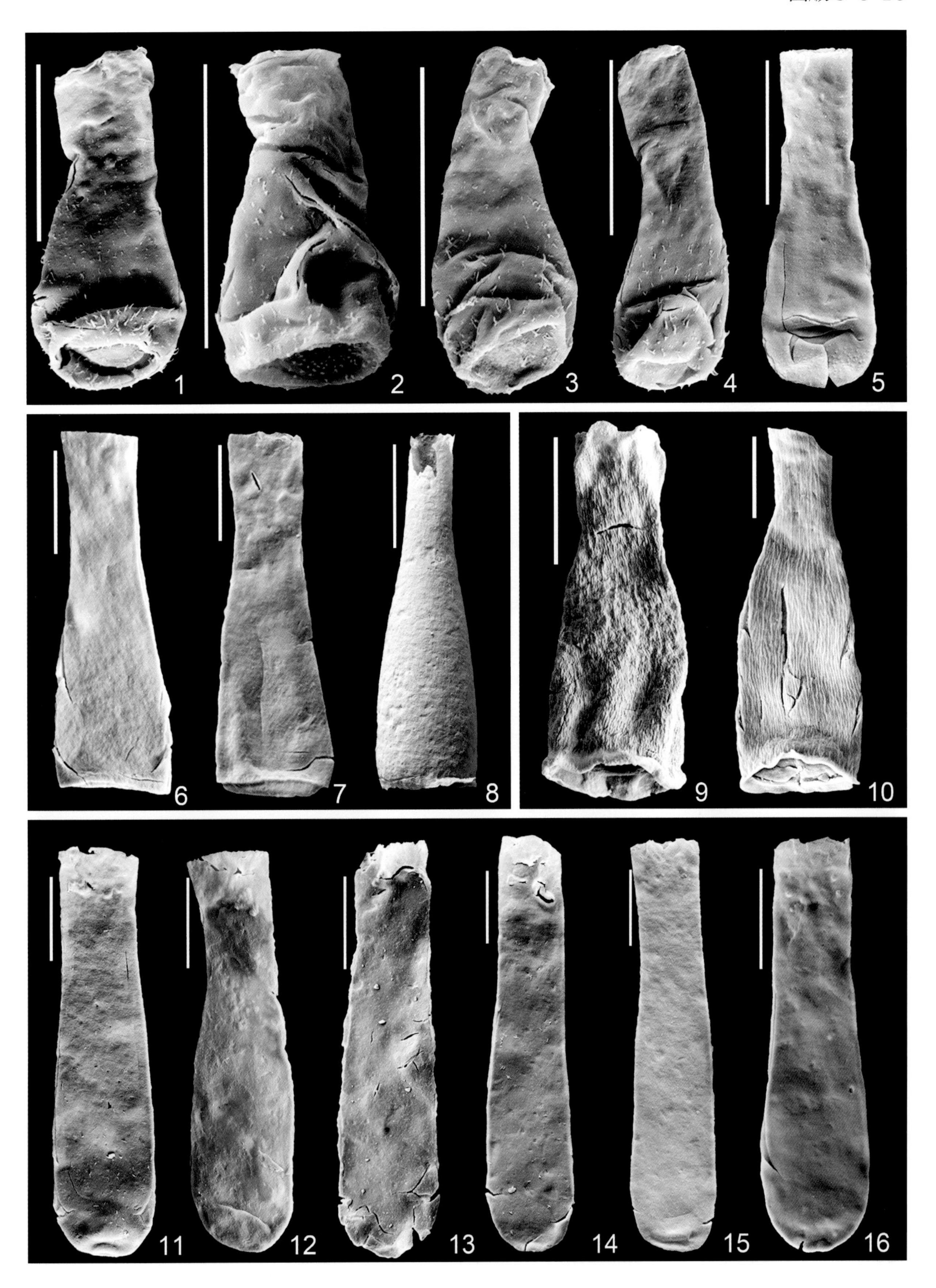
1
2
3
4
5
6
7
8
9
10
11
12
13
14
15
16

图版 5-6-11　几丁虫

（比例尺长度 =100μm）

达瑞威尔阶—桑比阶

1—5　遵义杯几丁虫 *Cyathochitina zunyiense* Chen & Wang，1996

主要特征：壳体小，倒置漏斗状，颈体分异明显，短柱状颈；锥状体室，侧缘平直微鼓，底缘呈锐角状或近直角状，发育窄小裙边；壳表光滑。

采集号：1. GZS17/617003；2. GZS12/542041；3. GZS12/542040；4. GZS12/542038；5. AFA264c/409013。产地：1—4. 贵州遵义；5. 贵州桐梓。层位：达瑞威尔阶。

6—13　铃状杯几丁虫 *Cyathochitina campanulaeformis*（Eisenack，1931）

主要特征：壳体中等大小，壳形如钟，颈体分异明显，颈曲显著，肩发育，颈柱状；锥状体室，侧缘轻微外鼓，底缘尖锐，发育窄小裙边，底平。

采集号：6. GZS23/550017；7. GZS22/550014；8. GZS10/542025；9. GZS18/550003；10. GZS07/542023；11. GZS17/617004；12. GZS06/542015。登记号：13. PB22101。产地：6—12. 贵州遵义；13. 湖北宜昌。层位：达瑞威尔阶至桑比阶下部。

14，15　凸杯几丁虫 *Cyathochitina kuckersiana*（Eisenack，1934）

主要特征：壳体中等大小，壳形如钟，颈体分异明显，柱状颈；锥状体室，侧缘轻微内凹，底缘尖锐，发育宽大裙边，底平。采集号：15. GZS15/542058。登记号：14. PB22100。产地：14. 湖北宜昌；15. 贵州遵义。层位：达瑞威尔阶至桑比阶下部。

16—18　杯几丁虫（未定种1）*Cyathochitina* sp. 1

主要特征：壳体中等大小，壳形如钟，颈曲显著，肩发育，短柱状颈；卵圆形体室，底缘钝或不明显，发育膜状大裙边，底平；壳表布满细密的纵向褶皱。

采集号：16. AFI5043/412024；17. AFA264d/617024；18. AFA264c/617015。产地：16. 湖北宜昌；17，18. 贵州桐梓。层位：达瑞威尔阶顶部至桑比阶中下部。

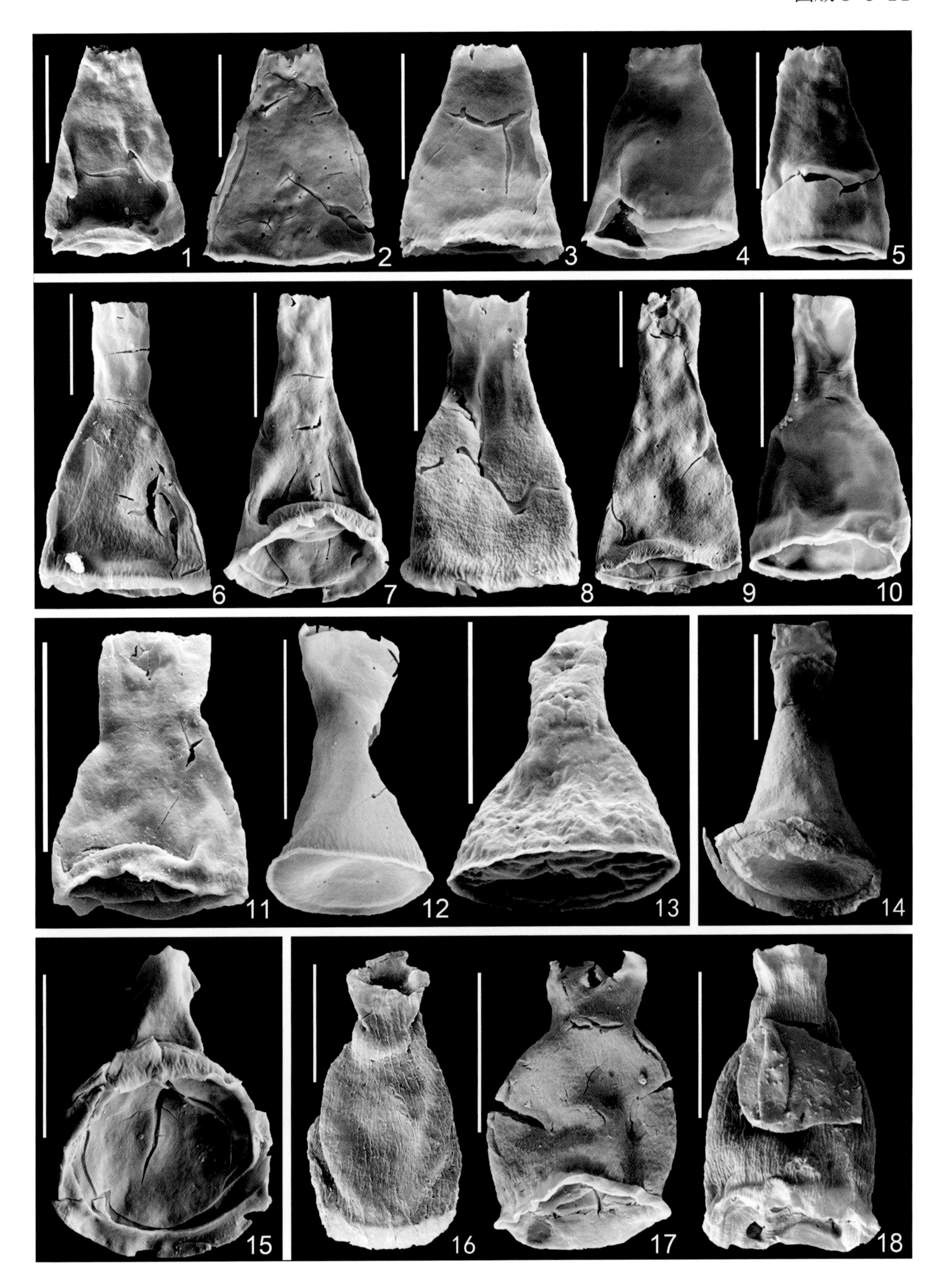
1
2
3
4
5
6
7
8
9
10
11
12
13
14
15
16
17
18

图版 5-6-12　几丁虫

（图 4a 和 5a 比例尺长度 =10μm，其余比例尺长度 =100μm）

大坪阶—桑比阶

1—4　魏森贝格针几丁虫简单亚种 *Belonechitina wesenbergensis brevis*（Eisenak，1972）

主要特征：壳体较小，形如短棒，颈体分异明显，颈曲开阔，颈短柱状；体室锥状，侧缘平直或微鼓，底缘钝圆或呈近直角状，底平或微凸；壳表发育三角形刺饰。

图4a为图4的局部放大。采集号：1. AFA264c/409010；2. AFA264c/617011。登记号：3. PB22037；4，4a. PB22038。产地：1，2. 贵州桐梓；3，4. 湖北宜昌。层位：达瑞威尔阶顶部。

5　粗针几丁虫（相似种）*Belonechitina* cf. *hirsuta*（Laufeld，1967）

主要特征：壳体小，壳体矮胖，颈体分异明显，颈曲发育，颈柱状；体室锥形，侧缘平直微鼓，底缘钝圆，底平；壳表刺状构造发育，单根刺与 λ 刺共存。

图5a为图5的局部放大。登记号：5. PB22039。产地：湖北宜昌。层位：桑比阶底部。

6—8　塞比杯几丁虫 *Cyathochitina sebyensis* Grahn，1981

主要特征：壳体较大，喇叭状，颈体分异明显，颈曲发育，颈长柱状；体室锥形，侧缘轻微凹陷或轻微鼓胀，底缘尖锐或呈近直角状，底平，裙边发育或窄或宽。

登记号：6. PB22090；7. PB22091；8. PB22092。产地：湖北宜昌。层位：达瑞威尔阶顶部至桑比阶下部。

9—11　锥几丁虫（未定种）*Conochitina* sp.

主要特征：壳体大，近柱状，颈体分异不明显，底缘圆，底平，壳表光滑。

登记号：9. AGO365/542076；10. AGO366/542107；11. AFI1063/461076。产地：9，10. 湖北松滋；11. 贵州桐梓。层位：弗洛阶上部至大坪阶下部。

12，13　巨棒锥几丁虫 *Conochitina grandicula* Achab，1980

主要特征：壳体大，纤长棒状，颈体分异不明显，侧缘平直，底缘不明显，底呈半圆形。

采集号：12. AFI1094/410087；13. AFI1090/450124。产地：贵州桐梓。层位：大坪阶顶部至达瑞威尔阶底部。

14—16　具缘棒几丁虫 *Rhabdochitina magna* Eisenack，1931

主要特征：壳体大，长柱状，颈体分异不明显，侧缘平直或微外鼓，底缘顿圆，底或平或微凸，部分标本可见底突。

采集号：16. AFI1090/450123。登记号：14. PB22051；15. PB22052。产地：14，15. 湖北宜昌；16. 贵州桐梓。层位：大坪阶近顶部至桑比阶下部。

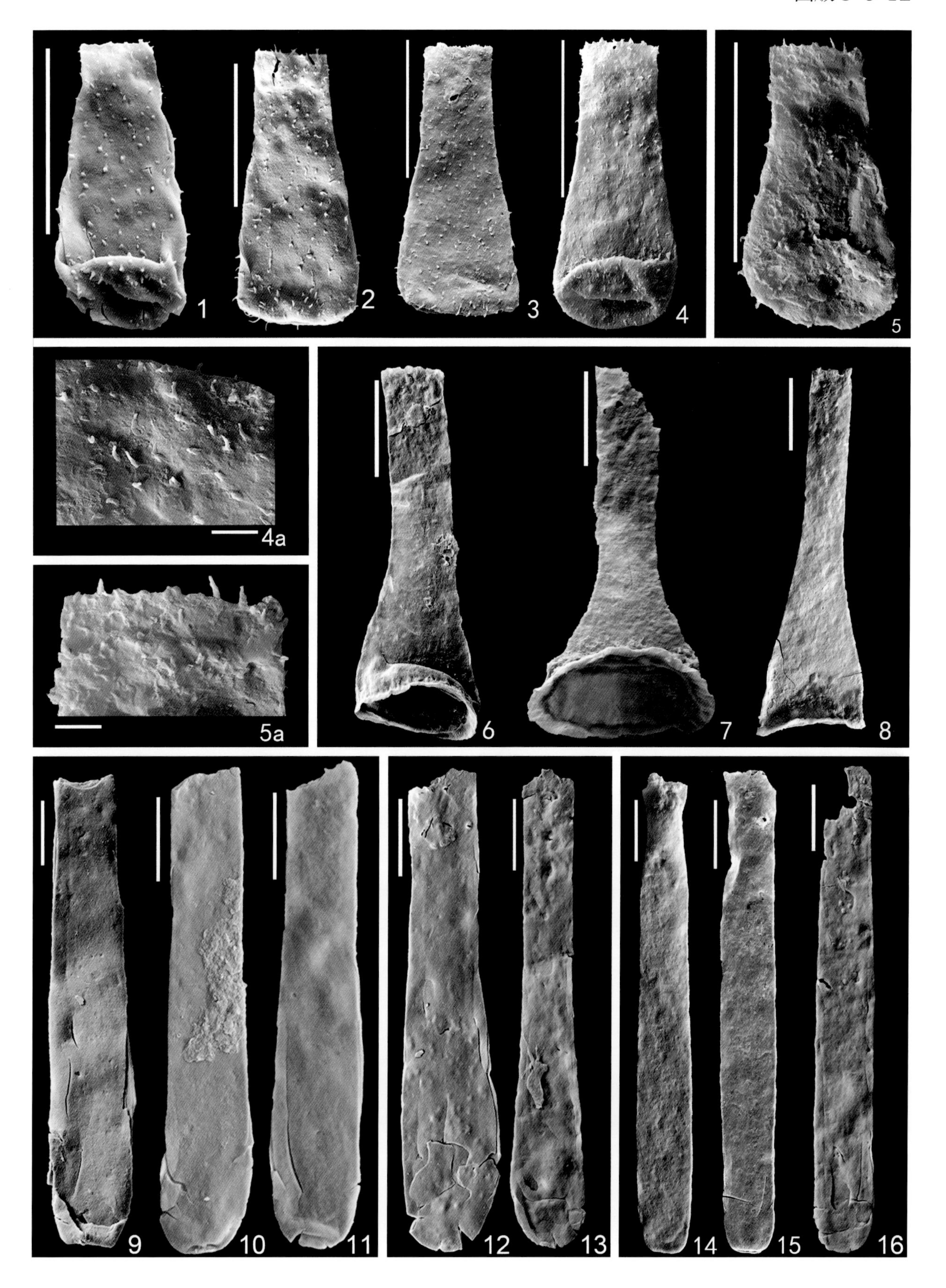
1
2
3
4
5
4a
5a
6
7
8
9
10
11
12
13
14
15
16

图版 5-6-13 几丁虫

（比例尺长度 =100μm）

达瑞威尔阶—桑比阶

1，2 糙链几丁虫 *Desmochitina erinacea* Eisenack，1931

主要特征：壳体小，近圆形或椭圆形；无颈，领发育，呈碟状或碗状；底缘不明显，底或平或凸；壳壁外层发育大小不一、不平整的雕刻状或海绵状纹饰构造，部分标本壳表见疣状突起。

登记号：1. PB22057；2. PB22058。产地：湖北宜昌。层位：桑比阶。

3，4 圆方瓶几丁虫 *Lagenochitina capax* Jenkins，1967

主要特征：壳体较小，短颈罐状，颈体分异明显，短柱状颈；圆方形体室，侧缘鼓胀强烈，底缘不明显，底平；壳表光滑。

登记号：3. PB22044；4. PB22045。产地：湖北宜昌。层位：桑比阶下部。

5，6 粒纹阿莫里克几丁虫 *Armoricochitina granulifera* Nõlvak & Grahn，1993

主要特征：壳体中等大小，颈体分异明显，短柱状颈；卵圆形体室，侧缘鼓胀，底缘或圆或钝，裙边发育，裙边与底缘的连接处发育纵向褶皱；壳表发育颗粒状纹饰。

登记号：5. PB22041；6. PB22099。产地：湖北宜昌。层位：桑比阶下部。

7，8 普塞卡瓶几丁虫（相似种）*Lagenochitina* cf. *prussica* Eisenack，1931

主要特征：壳体中等大小，壳形矮胖；颈体分异明显，颈短柱状；体室卵圆形或球形，侧缘强烈鼓胀，底缘不明显，底外凸；壳表光滑，具有海绵状凹坑。

登记号：7. PB22048；8. PB22049。产地：湖北宜昌。层位：桑比阶下部。

9—12 大型巢杯几丁虫 *Cyathochitina megacalix* Liang et al.，2017

主要特征：壳体大而纤长；颈体分异明显，柱状长颈约占壳长1/2；长锥形体室，近底部可见明显收缢，脊状裙边发育；壳表发育细弱的纵向隆脊或纵向纹饰。

登记号：9. PB22103；10. PB22104；11. PB22105；12. PB22106。产地：湖北宜昌。层位：达瑞威尔阶上部至桑比阶底部。

13 竖脊洛菲尔德几丁虫 *Laufeldochitina stentor*（Eisenack，1937）

主要特征：壳体大；颈体分异明显，颈柱状；体室棒状，侧缘鼓胀，底缘不明显，底平，裙边发育；壳表发育纵向脊。

登记号：PB22054。产地：湖北宜昌。层位：桑比阶下部。

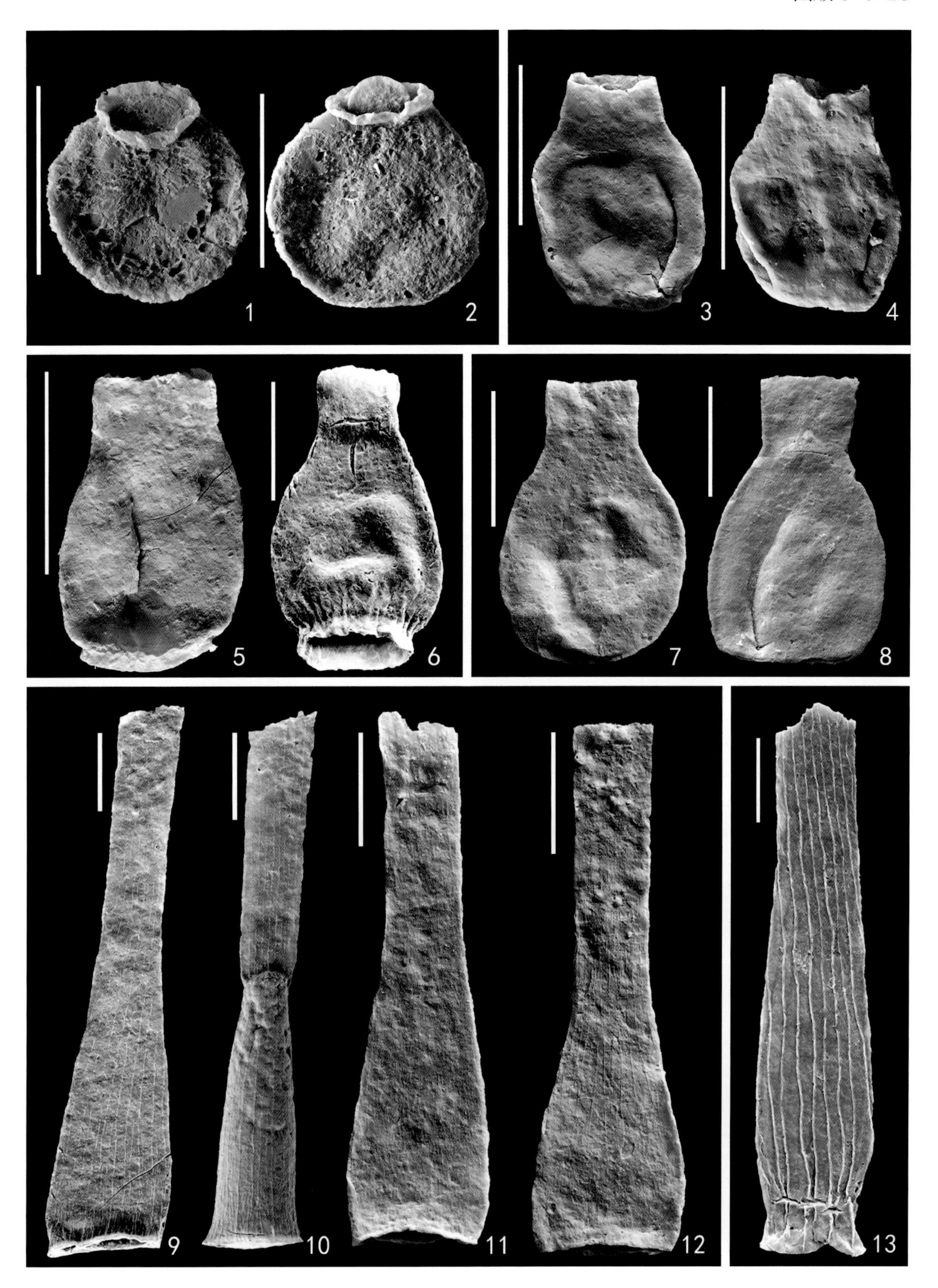
1
2
3
4
5
6
7
8
9
10
11
12
13

图版 5-6-14　几丁虫

（图 5a 比例尺长度 =10μm，其余比例尺长度 =100μm）

桑比阶

1—4　纤薄艾森纳克几丁虫 *Eisenackitina tenuis* Liang et al.，2017

主要特征：壳体小，壳形呈锥形，无颈；体室锥形，侧缘鼓，底缘圆，底平；壳表发育细小单根短刺。

登记号：1. PB22071；2. PB22072；3. PB22073；4. PB22074。产地：湖北宜昌。层位：桑比阶中部。

5—7　刺几丁虫（未定种）*Spinachitina* sp.

主要特征：壳体中等大小，柱锥状，颈体分异明显；侧缘不同程度鼓胀，底缘钝，底平，底缘遗留一圈皇冠状比较强壮的刺状突起根部；壳表布满刺状构造磨蚀后遗留的根部，刺饰在体室中下部呈纵向排列，颈部发育零散均匀分布的简单刺饰。

图5a为图5底部的局部放大。登记号：5. PB22060；6. PB22061；7. PB22062。产地：湖北宜昌。层位：桑比阶下部。

8—10　布尔曼刺几丁虫 *Spinachitina bulmani*（Jansonius，1964）

主要特征：壳体中等大小，颈体分异明显，颈长柱状；体室长锥形，侧缘平直或微鼓，底缘钝，底平或微凸，底缘发育一圈皇冠状突起，突起呈短小的简单三角形或短锥状。

登记号：8. PB22077；9. PB22078；10. PB22079。产地：湖北宜昌。层位：桑比阶下部。

11，12　庞塞特瓶几丁虫 *Lagenochitina ponceti* Rauscher，1973

主要特征：壳体中等大小，形如棒；颈体分异明显，颈长柱状；体室棒状，侧缘微鼓，底缘钝圆，底微凸；壳表光滑。

登记号：11. PB22088；12. PB22089。产地：湖北宜昌。层位：桑比阶下部。

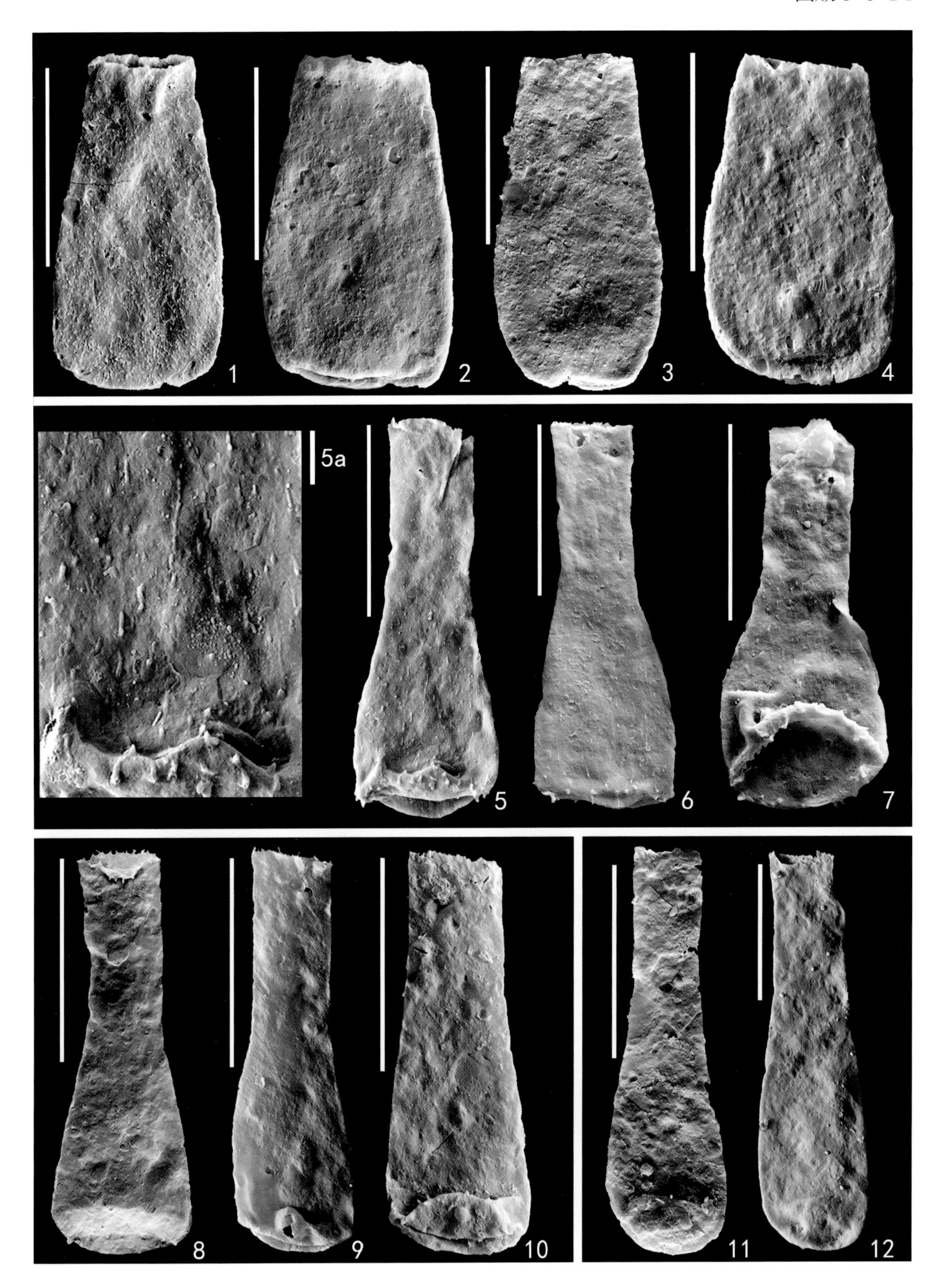
1
2
3
4
5a
5
6
7
8
9
10
11
12

图版 5-6-15　几丁虫

（图 5a 和 8a 比例尺长度 =50μm，其余比例尺长度 =100μm；标本保存在比利时根特大学，引自 Hennissen et al.，2010）

达瑞威尔阶—桑比阶

1，2　比姆瓶几丁虫 *Lagenochitina pirum*（Achab，1982）

主要特征：壳体中等偏大，颈体分异明显，颈短柱状；体室卵圆形，侧缘鼓胀，底缘不明显，底平；壳表光滑。

采集号：1. NJ349；2. NJ369。产地：新疆柯坪。层位：达瑞威尔阶下部至桑比阶下部。

3—5　瓶几丁虫（未定种A）*Lagenochitina* sp. A *sensu* Achab，1984

主要特征：壳体中等偏大，棒状，颈体分异明显，颈短柱状；体室近长柱状，侧缘微鼓，底缘圆，底平；壳表发育颗粒状纹饰。

图5a为图5的底部放大。采集号：NJ373。产地：新疆柯坪。层位：桑比阶下部。

6，7　排刺墙几丁虫 *Hercochitina seriespinosa*（Jenkins，1969）

主要特征：壳体小，颈体分异明显，颈短柱状，体室近柱状，侧缘微鼓，底缘圆，底平，壳表发育“λ”刺。

采集号：NJ331。产地：新疆柯坪。层位：达瑞威尔阶中部。

8，9　管针几丁虫 *Belonechitina tuberculata*（Eisenack，1962）

主要特征：壳体大，长柱状；颈体分异不明显，侧缘平直，底缘圆，底平；壳表发育颗粒状突起。

图8a为图8的局部放大。标本均不完整。采集号：8. NJ352；9. NJ355。产地：新疆柯坪。层位：达瑞威尔阶上部。

10—12　条纹洛菲尔德几丁虫 *Laufeldochitina striata*（Eisenack，1937）

主要特征：壳体大，长棒状；颈体分异较明显，颈柱状；体室长卵圆形，侧缘微鼓，底缘不明显，底平，裙边发育，底缘上方有不规则竖纹。

采集号：10. NJ367；11. NJ355；12. NJ349。产地：新疆柯坪。层位：达瑞威尔阶上部。

13—15　长颈杯几丁虫 *Cyathochitina cycnea*（Hennissen et al.，2010）

主要特征：壳体较大，颈体分异明显，颈长柱状；体室卵圆形，侧缘鼓胀，底缘不明显，底平，裙边发育；壳表光滑。

采集号：13. NJ352；14. NJ373；15. NJ373。产地：新疆柯坪。层位：达瑞威尔阶下部至桑比阶下部。

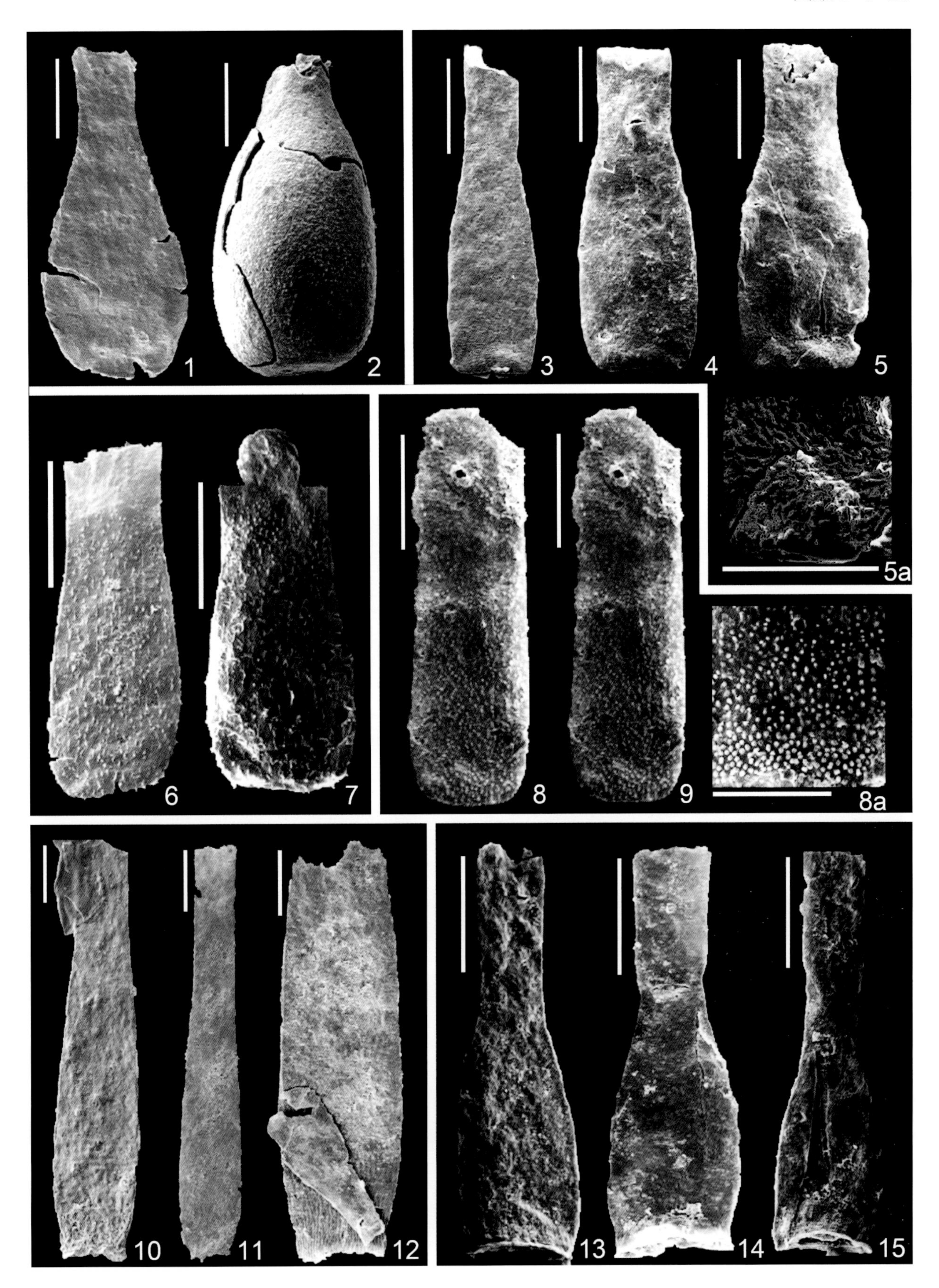
1
2
3
4
5
5a
6
7
8
9
8a
10
11
12
13
14
15

5.7 疑源类

疑源类是Evitt（1963）提出的非正式分类单元，用以包括不同形态、大小和未知生物亲缘关系的有机质壁微体化石。它被Evitt（1963）定义为："未知和可能来自不同生物亲缘关系的微体化石，中央腔被一层或多层主要为有机成分的壁包围；它们的对称性、形状、结构和装饰多种多样，其中央腔封闭，或以孔状、撕裂状的不规则破裂和圆形开口（圆口）等多种方式与外部相通。"

疑源类的化学成分类似于孢粉素，大多数疑源类可能是海生真核浮游生物的休眠囊孢。

5.7.1 疑源类基本结构

大多数疑源类由有机质壁围成的空壳体或中心体及外围修饰的突起、网脊、隔壁、翼或膜等组成。壳体壁和突起还会有表面装饰。对疑源类的描述，不仅必须清楚地描述表面的纹饰，还要描述表面元素的密度和分布，以及它们在壳体或突起上是否相同。因此疑源类的形态学鉴定特征主要包括膜壳、壳壁、附生物（突起等）、脱囊开口等的不同。

疑源类结构如图5-32所示。

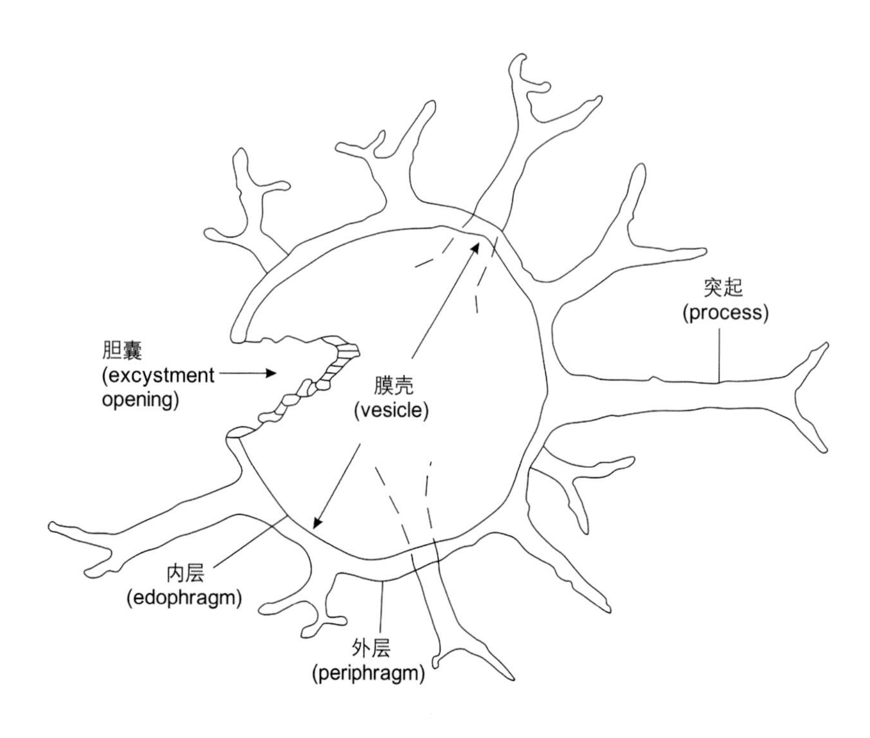

图 5-32　疑源类结构示意。引自尹磊明（2006）

疑源类大小的变化范围很大，从小于10μm到大于1mm，大多数种在15 ~ 80μm，且形态各异。描述疑源类的形态时，应该包括它的对称性、轮廓形态、突起的分布以及其他一些外部特征。另外，许多形态间是过渡的，因此用大量标本去确定同一分类单元中的形态差异有多大是很重要的。同一种疑源类标本会因为被压扁或者其他成岩作用而在形态上产生差异。

1. 膜壳（vesicle）

疑源类的膜壳一般中空，壳体形态多样，如球形、椭球形、纺锤形、新月形、衬垫形、豆形、蛋形、枕垫形等均有发现，此外还有圆柱形、长颈瓶形、梨形及星形等。

2. 壳壁（vesicle wall）

疑源类的壳壁及其数目、化学组成、超微结构等差异都是影响基本分类和生物学亲缘关系的重要特征。大多数疑源类只有一层壁，但是两层不等厚的壁也不少见，在一些种中甚至有自己的内囊孢。

疑源类膜壳外壁表面光滑或有纹饰，如颗粒状、蜂巢状等，还可有突起、脊和翼缘状顶饰。顶饰可以彼此连接，形成其他复杂形式。由于疑源类的纹饰与化石花粉粒、孢子及沟鞭藻的表面纹饰相似，因此对疑源类壳壁表面纹饰的描述大多沿用以上微体化石类群业已建立的术语，比如光滑（psilate）、皱（rugulate）、粗糙（scabrate）、条纹（striate）、网状（reticulate）、丝状（filose）或纤毛状（ciliate）、颗粒（granulate）、齿状（denticulate）、棘刺（echinate）、疣（verrucate）、棒杆（baculate）、基柱（pilate）、棒瘤（clavate）、鲛粒（shagrinate）等。

3. 突起（processe）

突起是从膜壳表面突出的线性附生物，是疑源类分类、命名的重要形态特征。疑源类突起的大小、形态，与壳体的自然连接方式，以及表面装饰差异很大，需要用大量的术语描述。一般，突起从简单的圆柱体或锥体到非常复杂、精细的末梢。突起可以是中空的或是实心的，直接或间接与壳体相连。突起上有时也会有纹饰，它们与壳体上的纹饰相同或不同。在一个壳体上，突起的类型可能是一种、两种或多种。突起的数目和分布也很重要，它们会影响疑源类的对称性。

4. 脱囊结构（excystment structures）

许多疑源类具有休眠状态原生质体脱囊的证据，在膜壳壁上表现为各种形状的开口。疑源类的脱囊开口有几种类型：壳体壁上简单的部分裂口；壳体上近均裂的开口；有时带有口盖的圆口；盘形开口。

如果脱囊的过程和脱囊结构的组成是在细胞产生疑源类（囊孢）的控制下，那么脱囊结构保存的类型对疑源类的生物亲缘关系有指示作用。许多疑源类并不出现脱囊结构，这些囊孢可能简单地代表了同一物种死亡的囊孢。

5.7.2 疑源类图版及说明

标本均保存在中国科学院南京地质古生物研究所。采集号说明：包括两部分，如“AFI1039-3，B45/4”，前者为采集样品号，指示产地层位来源；后者为标本的薄片定位坐标（使用England Finder坐标），指示其在薄片（通常含多个标本）中的位置。

图版 5-7-1　疑源类

特马豆克阶—达瑞威尔阶

1　塔氏刺面对弧藻 *Acanthodiacrodium tasselii* Martin，1969

主要特征：膜壳轮廓卵形，纵向有肋纹，膜壳两端各有6～13枚突起，突起锥形、中空。

采集号：AFI1039-3，B45/4。产地：贵州桐梓红花园剖面。层位：弗洛阶—达瑞威尔阶。

2　布尔曼刺面对弧藻 *Acanthodiacrodium burmanniae*（Burmann，1968）Fensome et al.，1990

主要特征：膜壳轮廓近矩形，纵向有肋纹，两端各有4～6个突起，突起锥形、中空。

采集号：HHDW10-2，E46/4。产地：湖北宜昌黄花场剖面。层位：弗洛阶—达瑞威尔阶。

3　格鲁塔特袋形藻 *Aryballomorpha grootaerii*（Martin，1982）Martin & Yin，1988

主要特征：膜壳球形，具管状延伸。突起中空，均匀分布，末端分支，并与相邻突起末端分支连接成网。

采集号：AGO134-1，H43/4。产地：湖北松滋响水洞剖面。层位：特马豆克阶。

4　序列小瓶藻 *Ampullula composta*（Yin et al.，1998）Yan et al.，2010

主要特征：膜壳亚球形，具圆形开口。主突起颈状，与壳腔不连通，远端常呈冠状。其他突起异型，与壳腔不连通，纵向成排及围绕两端分布，远端常呈漏斗形。

采集号：HHDW17-3，V42/4。产地：湖北宜昌黄花场剖面。层位：弗洛阶—达瑞威尔阶。引自Yan et al.（2010）。

5　浓厚小瓶藻 *Ampullula crassula*（Vavrdová，1990）Yan et al.，2010

主要特征：膜壳亚球形。主突起颈状，其他突起同型，均与壳腔不连通，近圆柱形，末端花萼状。

采集号：AFI1030-5，K34/2。产地：贵州桐梓红花园剖面。层位：弗洛阶—达瑞威尔阶。引自Yan et al.（2010）。

6　二村小瓶藻 *Ampullula erchunensis*（Fang，1986）Brocke，1997

主要特征：膜壳球形或亚球形，具圆口。主突起颈状，其他突起异型，均与壳腔不连通，远端花萼状。

采集号：HHDW10-3，L51。产地：湖北宜昌黄花场剖面。层位：弗洛阶—达瑞威尔阶。引自Yan et al.（2010）。

7　初始小瓶藻 *Ampullula princeps* Brocke，1997

主要特征：膜壳球形或亚球形，具圆口。主突起颈状，其他突起异型，分布于膜壳端部，均与壳腔不连通，远端花萼状。

采集号：HHDW9-1，H53。产地：湖北宜昌黄花场剖面。层位：弗洛阶—达瑞威尔阶。引自Yan et al.（2010）。

8　瑞典小瓶藻 *Ampullula suetica* Righi，1991

主要特征：膜壳似球体或椭球体，且具大圆口。大圆口另一端存在一颈状突起。突起与壳腔不连通，末端成花萼状，饰有小齿。

采集号：AFI1033-2，R42。产地：贵州桐梓红花园剖面。层位：弗洛阶—达瑞威尔阶。引自Yan et al.（2010）。

9　罗斯阿萨巴斯卡藻 *Athabascaella rossii* Martin，1984 emend. Martin & Yin，1988

主要特征：膜壳球形，突起短圆柱形或圆锥形，末端2～4分叉，分叉末端钝圆或平截。

采集号：AGC43-4，V52/2。产地：云南禄劝六江剖面。层位：特马豆克阶—弗洛阶。

10　细小阿尔科纳藻 *Arkonia tenuata* Burmann，1970

主要特征：膜壳轮廓三角形，每个角上伸出一个突起，壳壁为肋状条纹覆盖。

采集号：AFI1075-2，J49。产地：贵州桐梓红花园剖面。层位：弗洛阶—达瑞威尔阶。引自燕夔和李军（2005）。

11　波莱福德阿萨巴斯卡藻 *Athabascaella playfordi* Martin，1984 emend. Martin & Yin，1988

主要特征：膜壳球形。突起近基部中空，与壳腔连通；主干柱状或锥状；末端分叉，一般分裂为2～3枝，每枝有2～4次分叉，分叉尖端延伸为细的丝状物。

采集号：AFI1033-4，M50。产地：贵州桐梓红花园剖面。层位：弗洛阶—达瑞威尔阶。

12　丝状树形藻 *Arbusculidium filamentosum*（Vavrdová，1965）Vavrdová，1972 emend. Fatka & Brocke，1999

主要特征：膜壳椭球形至近圆柱形，纵向有肋纹，一端有2～5个锥形、中空的突起，另一端有大量远端分叉、相互交织成网状的同型或异型突起。

采集号：AFI1039-3，E36/4。产地：贵州桐梓红花园剖面。层位：弗洛阶—达瑞威尔阶。引自李军等（2011）。

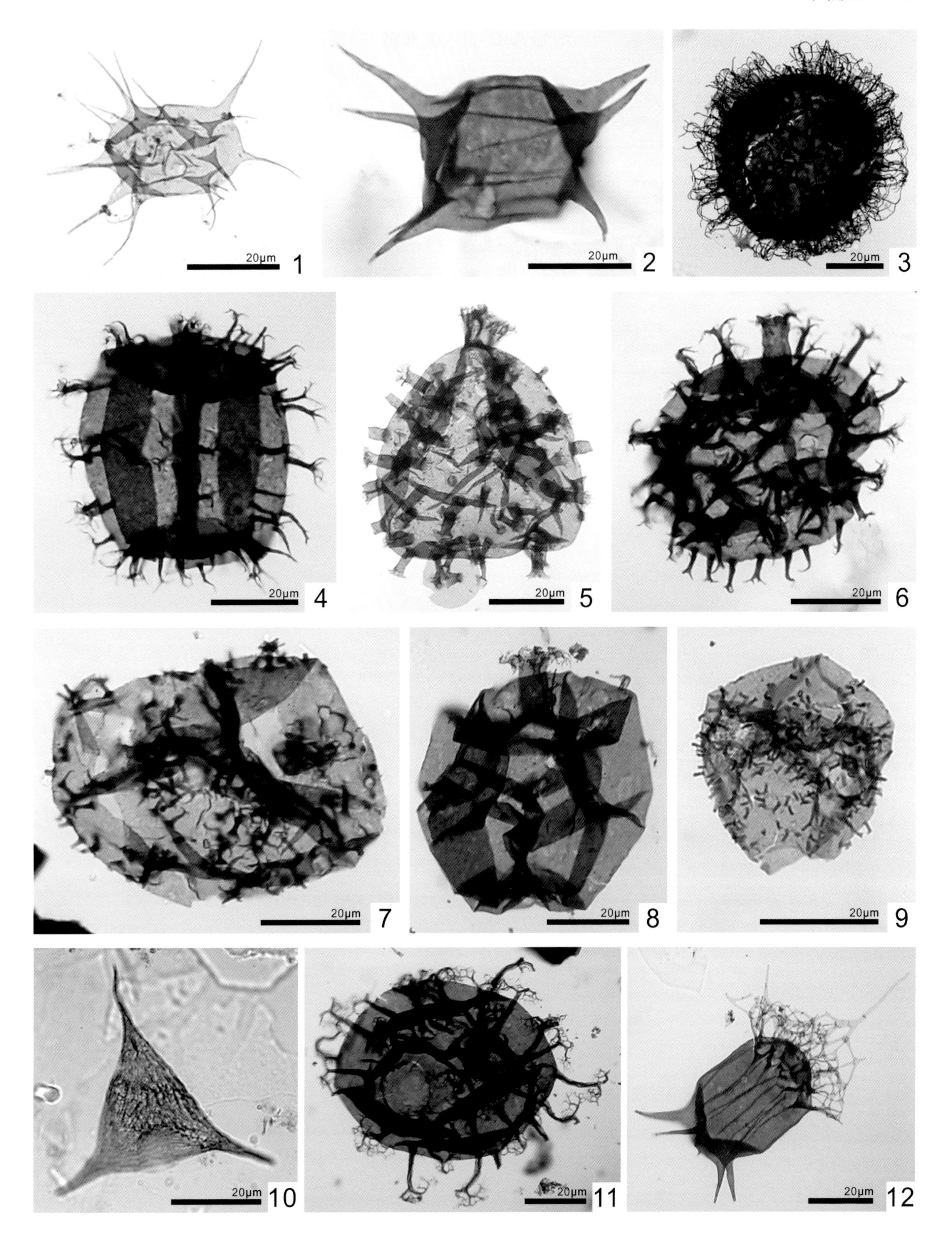
20μm 1
20μm 2
20μm 3
20μm 4
20μm 5
20μm 6
20μm 7
20μm 8
20μm 9
20μm 10
20μm 11
20μm 12

图版 5-7-2 疑源类

弗洛阶—凯迪阶

1 假发阿萨巴斯卡藻 *Athabascaella penika* Martin & Yin，1988

主要特征：膜壳球形。突起圆柱形至圆锥形，与壳腔连通，末端有2～4短粗的初级分叉。每个分叉可二次分叉，末端圆钝。

采集号：HHDW4-1，S41/1。产地：湖北宜昌黄花场剖面。层位：弗洛阶—达瑞威尔阶。

2 多孔耳壳藻（简单变种）*Aureotesta clathrata* var. *simplex*（Cramer et al.，1974）emend. Brocke et al. 1997

主要特征：膜壳轮廓方形至矩形，四个角各伸出一个突起。突起中空，与膜壳间无明显界线。膜壳及突起间覆盖薄而透明的膜。

采集号：AFI1039-3，N37/3。产地：贵州桐梓红花园剖面。层位：弗洛阶—达瑞威尔阶。引自李军等（2011）。

3 快乐幸运藻 *Barakella felix* Cramer & Díez，1977

主要特征：膜壳棱柱形至亚椭圆形，两极区有4～6个主突起。主突起中空，与壳腔连通，末端尖。一极主突起间有丝状物。

采集号：AFI1033-5，W53。产地：贵州桐梓红花园剖面。层位：弗洛阶—达瑞威尔阶。

4 短丝波罗的海球藻 *Baltisphaeridium brevifilicum* Kjellström，1971

主要特征：膜壳球形，表面饰颗粒状纹饰。突起短、锥形，简单，基部与壳腔不连通，末端尖锐，不分叉。

采集号：HHDW30-3，P49。产地：湖北宜昌黄花场剖面。层位：弗洛阶—达瑞威尔阶。

5 杯刺波罗的海球藻 *Baltisphaeridium calicispinae* Górka，1969

主要特征：膜壳球形，壳壁表面饰鲛粒。突起中空，表面常饰小刺，与壳腔不连通，与壳壁斜交，末端简单。

采集号：HHDW11-1，L45/2。产地：湖北宜昌黄花场剖面。层位：弗洛阶—达瑞威尔阶。

6 内塞波罗的海球藻（相似种）*Baltisphaeridium* cf. *bystrentos* Loeblich & Tappan，1978

主要特征：膜壳球形。突起同型，刺状、中空，与壳腔不连通，末端尖锐。

采集号：KPD19-2，G35。产地：新疆柯坪大湾沟剖面。层位：桑比阶—凯迪阶。引自Li et al.（2006）。

7 昆明波罗的海球藻 *Baltisphaeridium kunmingense* Fang，1986

主要特征：膜壳球形。突起圆柱形至圆锥形，中空，壁薄，与壳腔不连通，与壳壁斜交，末端尖锐，表面装饰颗粒或细刺。

采集号：HHDW3-2，F40/1。产地：湖北宜昌黄花场剖面。层位：弗洛阶—达瑞威尔阶。

8 波德博诺夫波罗的海球藻 *Baltisphaeridium podboroviscense* Górka，1969

主要特征：膜壳球形，部分裂开式开口。突起直或微弯曲，与壳壁直交或斜交，与壳腔不连通，末端简单、不分叉。

采集号：HHDW14-1，D44/2。产地：湖北宜昌黄花场剖面。层位：弗洛阶—达瑞威尔阶。

9 长刺波罗的海球藻（长刺变种）*Baltisphaeridium longispinosum* var. *longispinosum*（Eisenack，1931）Staplin et al.，1965

主要特征：膜壳球形，中裂式开口。突起均匀分布，中空，与壳腔不连通，与膜壳直径相当或更长。

采集号：AFI1051-2，D45/4。产地：贵州桐梓红花园剖面。层位：弗洛阶—达瑞威尔阶。

10 异饰波罗的海球藻 *Baltisphaeridium dispar*（Turner，1984）Uutela & Tynni，1991

主要特征：膜壳球形，光滑，裂开式开口，具3～8枚直或微弯曲的突起。突起中空，与壳腔不连通，末端尖锐。

采集号：KPD33-1 E28/1。产地：新疆柯坪大湾沟剖面。层位：桑比阶—凯迪阶。引自Li et al.（2006）。

11，12 脆弱波罗的海球藻 *Baltisphaeridium fragile* Tongiorgi et al.，1995

主要特征：膜壳球形，裂开式开口。突起同型，圆锥形至亚圆柱形，中空，与壳腔不连通，基部略微膨胀，远端弯曲，末端尖锐。

采集号：11. HHDW10-2，H34；12. HHDW17-1，R34/3。产地：湖北宜昌黄花场剖面。层位：弗洛阶—达瑞威尔阶。

图版 5-7-2

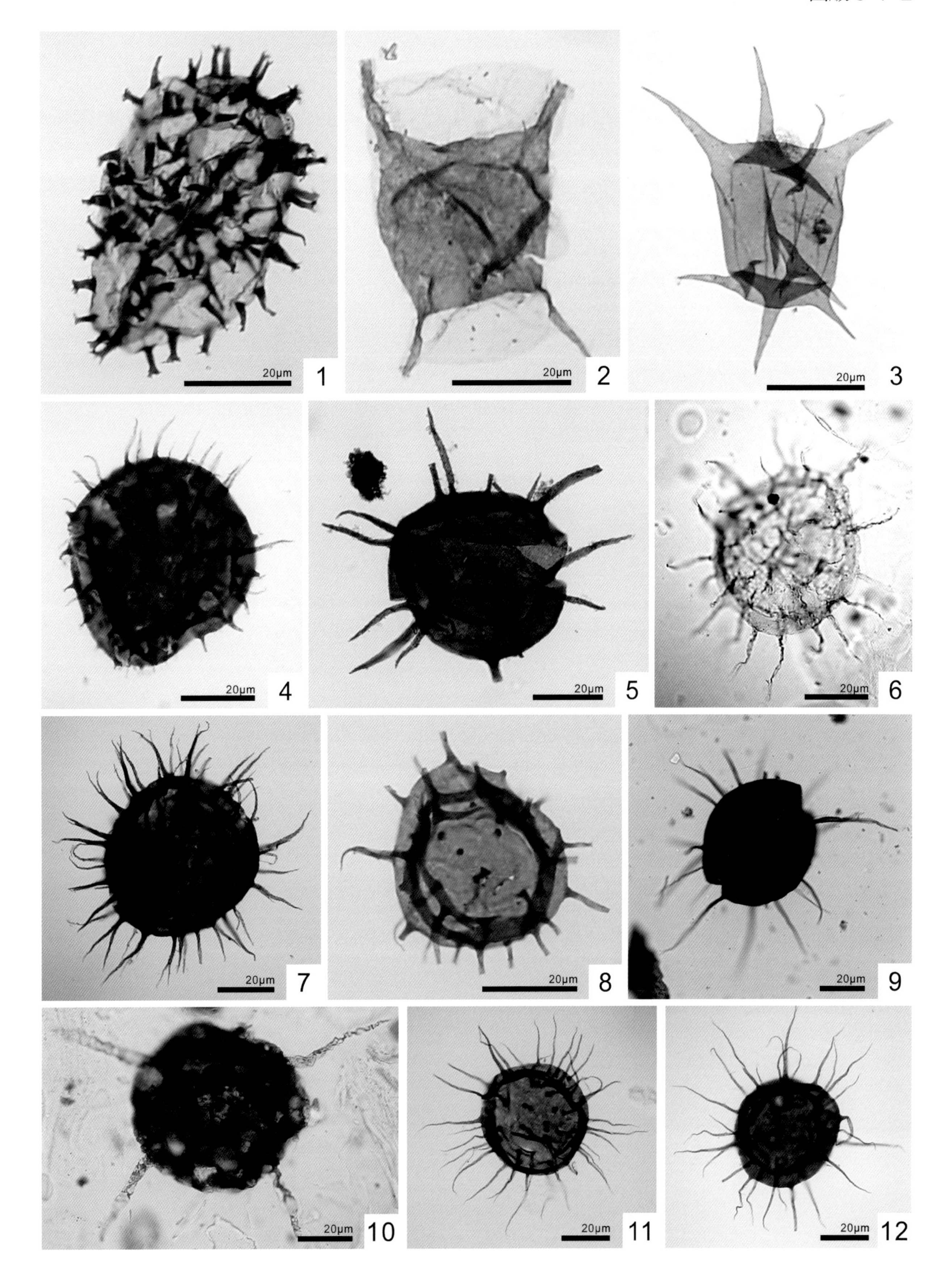
20μm 1
20μm 2
20μm 3
20μm 4
20μm 5
20μm 6
20μm 7
20μm 8
20μm 9
20μm 10
20μm 11
20μm 12

图版 5-7-3　疑源类

弗洛阶—凯迪阶

1，2　库里巴波罗的海球藻 *Baltisphaeridium coolibahense* Playford & Wicander，1988

主要特征：膜壳球形，表面光滑，辐射分布丝状突起。突起与壳壁斜交，中空，与壳腔不连通，末端简单，常相互粘连或交织呈网状。

采集号：1. HHDW10-2，M49；2. HHDW10-1，W48。产地：湖北宜昌黄花场剖面。层位：弗洛阶—达瑞威尔阶。

3　细齿波罗的海球藻 *Baltisphaeridium denticulatum* Lu，1987

主要特征：膜壳球形。突起圆柱形至圆锥形，长度不一，中空、坚实，与壳腔不连通，远端尖锐，突起表面装饰细刺。

采集号：HHDW9-3，T43/4。产地：湖北宜昌黄花场剖面。层位：弗洛阶—达瑞威尔阶。

4　颗粒波罗的海球藻 *Baltisphaeridium granosum* Kjellström，1971

主要特征：膜壳球形，部分裂开式开口。突起锥形，直或微弯曲，中空，与壳腔不连通，与壳壁斜交，末端简单，不分叉。

采集号：HHDW27-3，Q49/2。产地：湖北宜昌黄花场剖面。层位：弗洛阶—达瑞威尔阶。

5　克拉巴夫波罗的海球藻 *Baltisphaeridium klabavense*（Vavrdová，1965）Kjellström，1971

主要特征：膜壳球形，表面具疣，开裂式开口。突起亚圆柱形，简单、坚实、中空，与壳腔不连通，基部略微收缩，末端尖锐，突起表面饰小刺。

采集号：HHDW17-3，N41/3。产地：湖北宜昌黄花场剖面。层位：弗洛阶—达瑞威尔阶。

6　微刺波罗的海球藻 *Baltisphaeridium microspinosum*（Eisenack，1954）Downie，1959

主要特征：膜壳球形。突起短刺状、圆锥形，基部略膨胀，与壳腔不连通，末端尖锐，不分叉。

采集号：AFI4009-2，L43/1。产地：湖北宜昌大坪剖面。层位：弗洛阶—达瑞威尔阶。

7　微粒波罗的海球藻（相似种）*Baltisphaeridium* cf. *oligopsakium* Loeblich & Tappan，1978

主要特征：膜壳球形。突起同型，直或微弯曲，与壳腔不连通，末端简单、尖锐，表面饰颗粒。

采集号：KPD6-2，L15。产地：新疆柯坪大湾沟剖面。层位：桑比阶—凯迪阶。引自Li et al.（2006）。

8　奥妮波罗的海球藻 *Baltisphaeridium onniense*（Turner，1984）Uutela & Tynni，1991

主要特征：膜壳球形。突起同型，具塞，与壳腔不连通，末端简单，与膜壳斜交。

采集号：KPD14-2，F30。产地：新疆柯坪大湾沟剖面。层位：桑比阶—凯迪阶。引自Li et al.（2006）。

9　稀刺波罗的海球藻 *Baltisphaeridium pauciechinatum* Turner，1984

主要特征：膜壳球形，中裂式开口。突起刺状，末端尖锐，与膜壳不连通，与膜壳表面呈角度接触。

采集号：KPD7-2，T17/3。产地：新疆柯坪大湾沟剖面。层位：桑比阶—凯迪阶。引自Li et al.（2006）。

10　里特瓦波罗的海球藻 *Baltisphaeridium ritvae* Kjellström，1971

主要特征：膜壳球形。突起均匀，中空，与壳腔不连通，基部略宽，与壳壁斜交，末端简单，不分叉。

采集号：AFI4005-1，S45/2。产地：湖北宜昌大坪剖面。层位：弗洛阶—达瑞威尔阶。

11　克里斯托弗波罗的海裂球藻 *Baltisphaerosum christoferi*（Kjellström，1976）Turner，1984

主要特征：膜壳球形，中裂式开口。突起圆锥形，基本同型，中空，与壳腔不连通，末端简单，不分叉。

采集号：HHDW11-1，F42。产地：湖北宜昌黄花场剖面。层位：弗洛阶—达瑞威尔阶。

12　内塞波罗的海裂球藻 *Baltisphaerosun bystrentos*（Loeblich & Tappan，1978）Turner，1984

主要特征：膜壳球形，中裂式开口。突起圆柱形，中空，与壳腔不连通，末端简单，不分叉。

采集号：AFI4009-4，M44。产地：湖北宜昌大坪剖面。层位：弗洛阶—达瑞威尔阶。

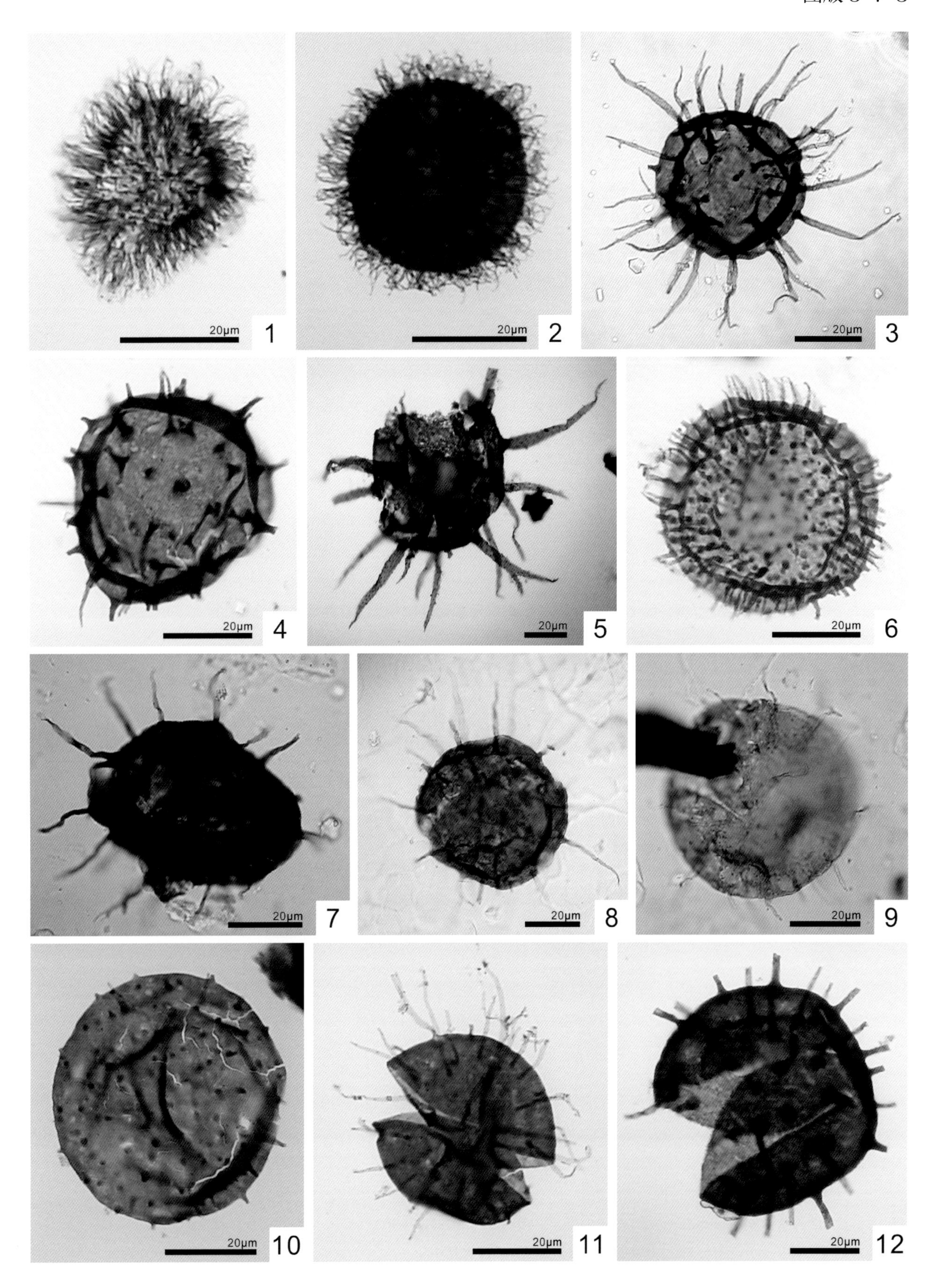
20μm
1
20μm
2
20μm
3
20μm
4
20μm
5
20μm
6
20μm
7
20μm
8
20μm
9
20μm
10
20μm
11
20μm
12

图版 5-7-4　疑源类

特马豆克阶—凯迪阶

1　光秃锅形藻 *Caldariola glabra* Molyneux in Molyneux & Rushton，1988

主要特征：膜壳球形，表面光滑或饰颗粒，具大圆口，可见口盖。

采集号：AGO122-1，J48。产地：湖北松滋响水洞剖面。层位：特马豆克阶。

2　优美顶饰藻 *Coryphidium elegans* Cramer et al.，1974b

主要特征：膜壳轮廓近四边形，壳壁装饰短突起及肋纹。突起基部宽，远端丝状，实心，纤细，末端尖。

采集号：AFI1093-1，P35/4。产地：贵州桐梓红花园剖面。层位：弗洛阶—达瑞威尔阶。引自燕夔和李军（2005）。

3　波希米亚顶饰藻 *Coryphidium bohemicum* Vavrdová，1972

主要特征：膜壳轮廓近四边形，四角钝圆，表面具肋状条纹。突起异型，锥形或柱形，末端封闭，呈平截、二分叉或多分叉。

采集号：AFI1033-1，X44/4。产地：贵州桐梓红花园剖面。层位：弗洛阶—达瑞威尔阶。

4　卵形冠毛翼线藻 *Cristallinium ovillense*（Cramer & Díez，1972）Martin in Martin & Dean，1981

主要特征：膜壳球形，壳壁薄，表面被膜状物分割成多角区域。

采集号：AGO128-1，U50。产地：湖北松滋响水洞剖面。层位：特马豆克阶。

5　齿状冠毛翼线藻 *Cristallinium dentatum*（Vavrdov，1976）Martin，1982

主要特征：膜壳球形，壳壁薄，表面被膜状物分割成多角区域，多角区域边缘膜上有4~10枚短的实心头状突起。

采集号：AFI1033-2，P33/3。产地：贵州桐梓红花园剖面。层位：弗洛阶—达瑞威尔阶。

6　颗粒波缘盔藻 *Cymatiogalea granulate* Vavrdová，1966

主要特征：膜壳球形，壳壁被划分为多角区域，有透明的薄膜。膜壳开口圆形，有口盖。突起粗壮，末端二分叉或三分叉，见二次分叉。

采集号：AFI1039-2，E38/2。产地：贵州桐梓红花园剖面。层位：弗洛阶—达瑞威尔阶。

7　卡勃特指梭藻 *Dactylofusa cabottii*（Cramer，1971）Fensome et al.，1990

主要特征：膜壳卵形或椭圆形，壳腔中空，壳壁单层，表面具螺旋状纹饰。

采集号：KPD 28-2，J24/4。产地：新疆柯坪大湾沟剖面。层位：桑比阶—凯迪阶。引自Li et al.（2006）。

8　波浪驼背藻（相似种）*Dorsennidium* cf. *undosum* Wicander et al.，1999

主要特征：膜壳轮廓多边形。突起刺状，中空，5~10枚，由膜壳角延伸而成的突起较其他突起长且宽，所有突起均与壳腔连通。

采集号：KPD6-2，R26/1。产地：新疆柯坪大湾沟剖面。层位：桑比阶—凯迪阶。引自Li et al.（2006）。

9　环卷毛壳藻 *Dasydorus cirritus* Playford & Martin，1984

主要特征：膜壳轮廓蛋形至椭圆形，窄圆端光滑，其余大部分壳壁表面饰有密集的杆状物或微刺。杆状物或微刺基部膨大，与壳腔不连通。

采集号：AFI1033-1，W46/2。产地：贵州桐梓红花园剖面。层位：弗洛阶—达瑞威尔阶。

10　端小毛壳藻 *Dasydorus microcephalus* Tongiorgi et al.，2003

主要特征：膜壳卵形或椭圆形至亚圆形，顶端光滑、较小，其余大部分区域装饰稀疏的小刺。小刺基部略微膨胀成瘤状，末端尖锐。

采集号：AFI4018-3，E42/2。产地：湖北宜昌大坪剖面。层位：弗洛阶—达瑞威尔阶。

11　缘膜指梭藻（中华变种）*Dactylofusa velifera* var. *sinensis* Wang et al., 2015

主要特征：膜壳纺锤形至椭圆形，两端各有一简单突起。突起中空，与壳腔连通。膜壳边缘延伸出薄的透明的膜状遮蔽物，壳壁装饰平行于长轴的条纹。

采集号：AFI1039-5，E33。产地：贵州桐梓红花园剖面。层位：弗洛阶—达瑞威尔阶。引自Wang et al.（2015）。

12　美丽雅臂藻 *Excultibrachium concinnum* Loeblich & Tappan，1978

主要特征：膜壳球形，中裂式开口。突起圆柱形，中空，与壳腔不连通，末端3~5分叉。

采集号：KPD7-2，P32/4。产地：新疆柯坪大湾沟剖面。层位：桑比阶—凯迪阶。引自Li et al.（2006）。

13　稀瘤面球藻 *Lophosphaeridium rarum* Timofeev，1959 ex Downie，1963

主要特征：膜壳球形，轮廓圆形至椭圆，壳壁表面分布稀疏颗粒状至瘤状装饰。

采集号：AFI1033-5，J52/3。产地：贵州桐梓红花园剖面。层位：弗洛阶—达瑞威尔阶。

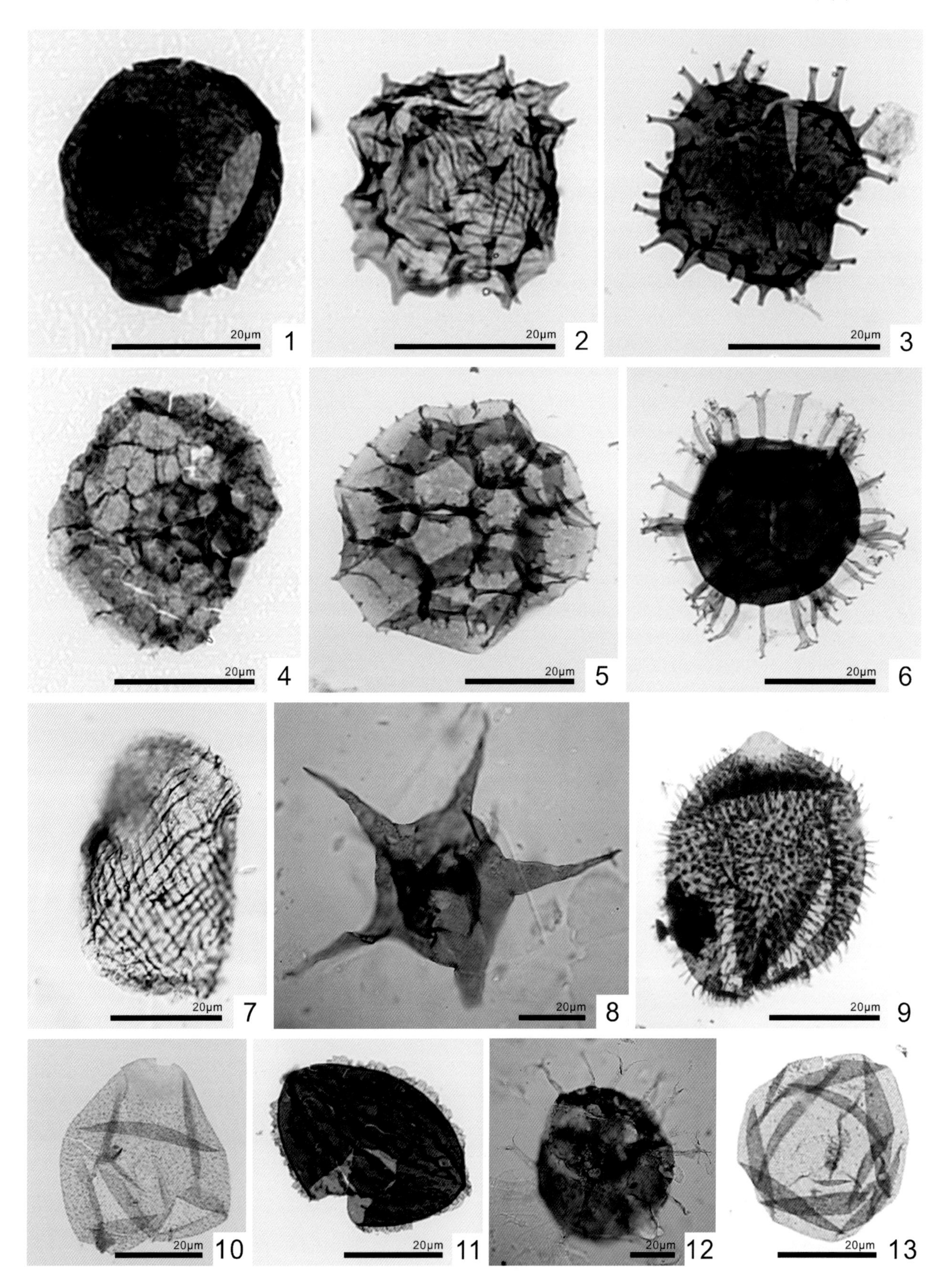
20μm
1
20μm
2
20μm
3
20μm
4
20μm
5
20μm
6
20μm
7
20μm
8
20μm
9
20μm
10
20μm
11
20μm
12
20μm
13

图版 5-7-5　疑源类

特马豆克阶—凯迪阶

1　马丁棘突球藻 *Gorgonisphaeridium martiniae*? Foster & Wicander，2016

主要特征：膜壳球形。突起均匀分布于膜壳上，多数刺状，实心，直，末端钝圆或尖锐，不分叉或二分叉。

采集号：AGO125-1，P58。产地：湖北松滋响水洞剖面。层位：特马豆克阶。

2　颗粒空枝藻 *Gyalorhethium chondrodes* Loeblich & Tappan，1978

主要特征：膜壳球形。突起基部同型，锥形，中空，与壳腔自由连通，末端尖锐。突起表面饰颗粒。

采集号：KPD10-2，O25/4。产地：新疆柯坪大湾沟剖面。层位：桑比阶—凯迪阶。引自Li et al.（2006）。

3　异瘤洛伯里奇藻 *Loeblichia heterorhabda* Playford & Wicander，1988

主要特征：膜壳球形。突起实心，异型，部分突起刺状，部分突起颗粒状。膜壳具圆口。

采集号：HHDW11-3，W36。产地：湖北宜昌黄花场剖面。层位：弗洛阶—达瑞威尔阶。

4　柠檬黄盾状瘤面球藻 *Lophosphaeridium citrinipeltatum* Cramer & Díez，1972

主要特征：膜壳球形，壳壁单层，壳壁表面均匀密布颗粒状装饰。

采集号：HHDW28-3，N35。产地：湖北宜昌黄花场剖面。层位：弗洛阶—达瑞威尔阶。

5　卡尔乔百合球藻 *Liliosphaeridium kaljoi* Uutela & Tynni，1991 emend. Playford et al.，1995

主要特征：膜壳球形。突起实心，近同型，远端呈杯形或具萼的喇叭形，与膜壳斜交，部分突起微弯曲。

采集号：AFI4016-2，L44。产地：湖北宜昌大坪剖面。层位：弗洛阶—达瑞威尔阶。

6　中介百合球藻 *Liliosphaeridium intermedium*（Eisenack，1976）Playford et al.，1995

主要特征：膜壳球形。突起实心，分布不规则，近同型，漏斗状，能明显分出主干和萼，与膜壳斜交。

采集号：AFI4017-3，F32。产地：湖北宜昌大坪剖面。层位：弗洛阶—达瑞威尔阶。

7　圆头粗鳞藻 *Leprotolypa evexa* Colbath，1979

主要特征：膜壳轮廓圆形至椭圆形。突起基部同型，圆柱形至圆锥形，中空，与壳腔自由连通；突起末端封闭，一般钝圆，少数尖锐或二分叉。

采集号：KPD26B-2，M23/1。产地：新疆柯坪大湾沟剖面。层位：桑比阶—凯迪阶。引自Li et al.（2006）。

8　粗皮钢藻（相似种）*Ferromia* cf. *pellita*（Martin，1977）emend. Martin，1996

主要特征：膜壳球形至椭球形。突起锥形，与壳腔连接，末端尖锐。

采集号：AFI1033-4，Q45/1。产地：贵州桐梓红花园剖面。层位：弗洛阶—达瑞威尔阶。

9　尖微刺藻 *Micrhystridium acuminosum* Cramer & Díez，1977

主要特征：膜壳近球形，轮廓亚圆形，被突起遮盖，表面分布许多短突起。突起锥形，中空，末端尖细，不分叉。

采集号：AFI1039-2，G43。产地：贵州桐梓红花园剖面。层位：弗洛阶—达瑞威尔阶。

10　伸展微刺藻 *Micrhystridium prolixum* Wicander et al.，1999

主要特征：膜壳球形。突起同型，刺状，中空，末端尖锐，12 ~ 15枚，与壳腔联通。

采集号：KPD19-2，G29/3。产地：新疆柯坪大湾沟剖面。层位：桑比阶—凯迪阶。引自Li et al.（2006）。

11　二道堡子卢氏藻 *Lua erdaopuziana* Martin & Yin，1988

主要特征：膜壳球形。主突起管状；其他突起异型，短，圆柱至锥形，中空，与壳腔连接，末端尖锐或二分叉至二次分叉。

采集号：AGO118-1，M41/1。产地：湖北松滋响水洞剖面。层位：特马豆克阶。

12　不规则多叉球藻 *Multiplicisphaeridium irregulare* Staplin et al.，1965

主要特征：膜壳轮廓圆形、亚圆形至多边形，突起与壳腔自由连通，多数突起末端分叉（二分叉或多分叉），少数突起不分叉。

采集号：HHDW10-3，M47。产地：湖北宜昌黄花场剖面。层位：弗洛阶—达瑞威尔阶。

13　直角球藻（未定种）*Orthosphaeridium* sp.

主要特征：膜壳轮廓圆形，裂开式开口。壳壁粗糙，饰颗粒，表面可见膜状装饰物。突起4 ~ 5枚，粗壮，中空；基部被塞、收缩；突起表面饰稀疏颗粒。

采集号：HHDW28-2，M40。产地：湖北宜昌黄花场剖面。层位：弗洛阶—达瑞威尔阶。

图版 5-7-5

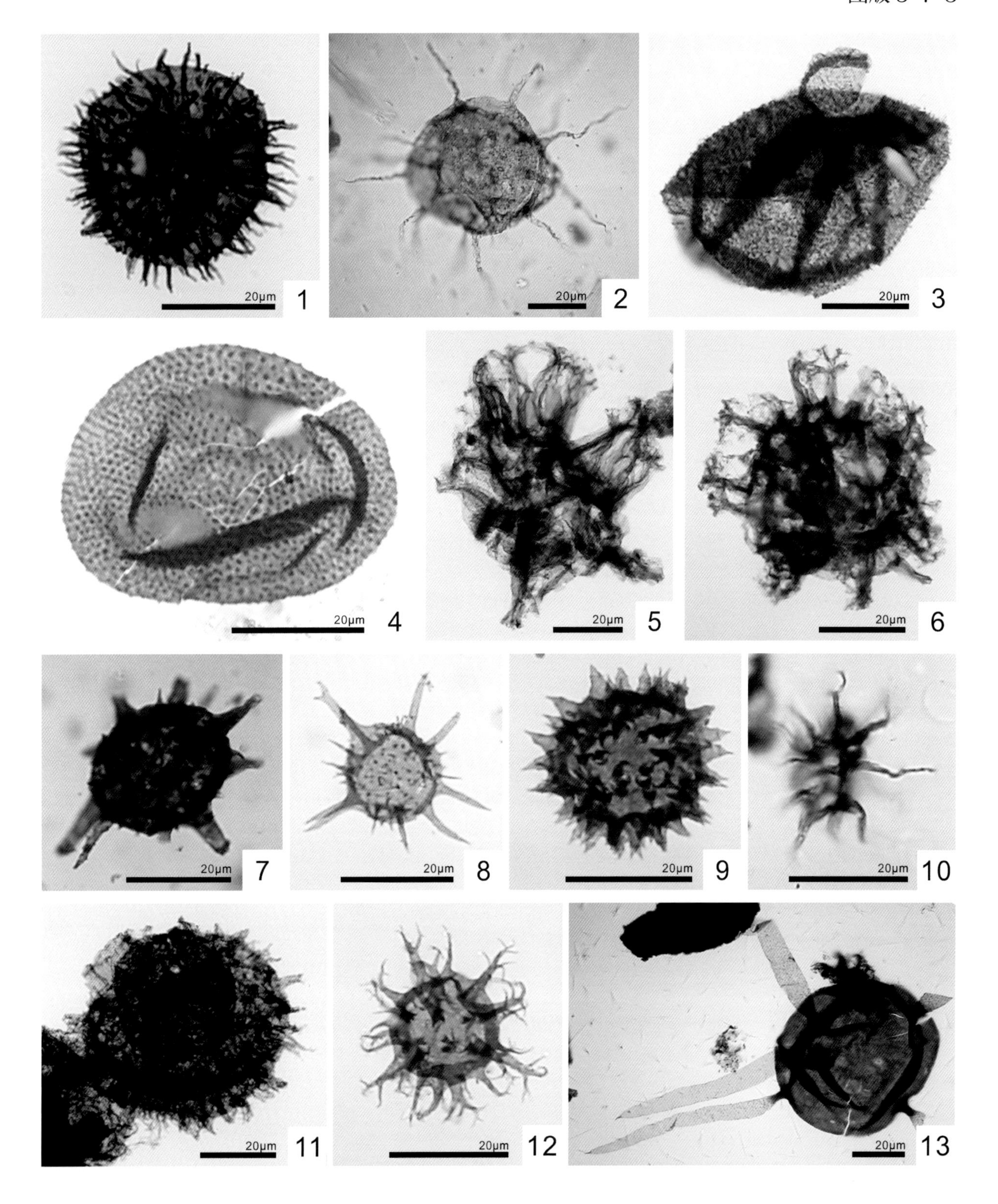
20μm 1
20μm 2
20μm 3
20μm 4
20μm 5
20μm 6
20μm 7
20μm 8
20μm 9
20μm 10
20μm 11
20μm 12
20μm 13

图版 5-7-6　疑源类

弗洛阶—凯迪阶

1　双凸舟梭藻 *Navifusa ancepsipuncta* Loeblich，1970

主要特征：膜壳轮廓梭形，表面粗糙、饰颗粒，长宽比（1.5~2）：1，两边近平行，微微外凸，两端圆钝。

采集号：KPD26B-2，G20/4。产地：新疆柯坪大湾沟剖面。层位：桑比阶—凯迪阶。引自Li et al.（2006）。

2　印第安纳舟梭藻 *Navifusa indianensis* Loeblich & Tappan，1978

主要特征：膜壳轮廓梭形，表面饰颗粒，长宽比3.1：1，两边近平行，两端钝圆。

采集号：KPD11-2，Q15/2。产地：新疆柯坪大湾沟剖面。层位：桑比阶—凯迪阶。引自Li et al.（2006）

3　塔里木舟梭藻 *Navifusa tarimensa* Li et al.，2006

主要特征：膜壳轮廓梭形，表面饰凸点，长宽比（1.5~1.8）：1，两边近平行或微凸，两端钝圆。

采集号：KPD26B-2，S30/1。产地：新疆柯坪大湾沟剖面。层位：桑比阶—凯迪阶。引自Li et al.（2006）。

4　草耙多叉球藻 *Multiplicisphaeridium dikranon* Vecoli，1999

主要特征：膜壳轮廓圆形至亚圆形，单层壁，壳壁中厚。突起圆柱形，与壳腔自由连通。多数突起末端分叉，二分叉或多分叉，部分突起有二次至四次分叉；少数突起不分叉。壳壁与突起表面光滑，见稀疏分布的颗粒。

采集号：HHDW9-3，S51/2。产地：湖北宜昌黄花场剖面。层位：弗洛阶—达瑞威尔阶。

5　优美奥陶球藻 *Ordovicidium elegantulum* Tappan & Loeblich，1971

主要特征：膜壳球形，轮廓圆形至亚圆形，壳壁光滑或粗糙。突起圆柱形，异型，光滑，与壳腔不连通。突起与壳壁垂直或斜交，末端二分叉或三分叉，部分突起二次分叉。膜壳裂开式开口。

采集号：KPD12-2，S25/4。产地：新疆柯坪大湾沟剖面。层位：桑比阶—凯迪阶。引自Li et al.（2006）。

6　卡拉道克光面球藻 *Leiosphaeridia caradocensis*（Turner，1984）Li et al.，2006

主要特征：膜壳球形，轮廓圆形，表面饰颗粒，中裂式开口，开口近乎平分膜壳。

采集号：KPD9-2，F30。产地：新疆柯坪大湾沟剖面。层位：桑比阶—凯迪阶。引自Li et al.（2006）。

7　艾登瘤面球藻 *Lophosphaeridium edenense* Loeblich & Tappan，1978

主要特征：膜壳球形，轮廓圆形至椭圆形，壳壁饰密集的实心颗粒。

采集号：AFI5042-3，L39/1。产地：湖北宜昌界岭剖面。层位：桑比阶。引自燕夔和李军（2007）。

8　谢尔斯特伦厚壁球藻 *Pachysphaeridium kjellstromii* Rebecai & Tongiorgi，1999

主要特征：膜壳球形，轮廓圆形，单层壁，壁厚。膜壳单面突起超过40枚，短、锥形，中空，常微弯曲或与膜壳呈角度接触。突起基部与壳腔连通；末端封闭、圆滑，棒状或微膨胀。壳壁光滑或有颗粒状纹饰。突起常饰有微弱的条纹。

采集号：AFI4014-4，U36/4。产地：湖北宜昌大坪剖面。层位：弗洛阶—达瑞威尔阶。

9　密盖厚壁球藻 *Pachysphaeridium pachyconcha* Ribecai & Tongiorgi，1999

主要特征：膜壳球形，轮廓圆形，单层壁，壁厚。突起异型，锥形至亚圆柱形，中空，与壳腔连通，常微弯曲或与膜壳呈角度接触。突起末端封闭，顶端截平或微膨胀。壳壁饰颗粒。突起表面有微弱的纵向“脊”纹。

采集号：AFI4019-3，K44/3。产地：湖北宜昌大坪剖面。层位：弗洛阶—达瑞威尔阶。

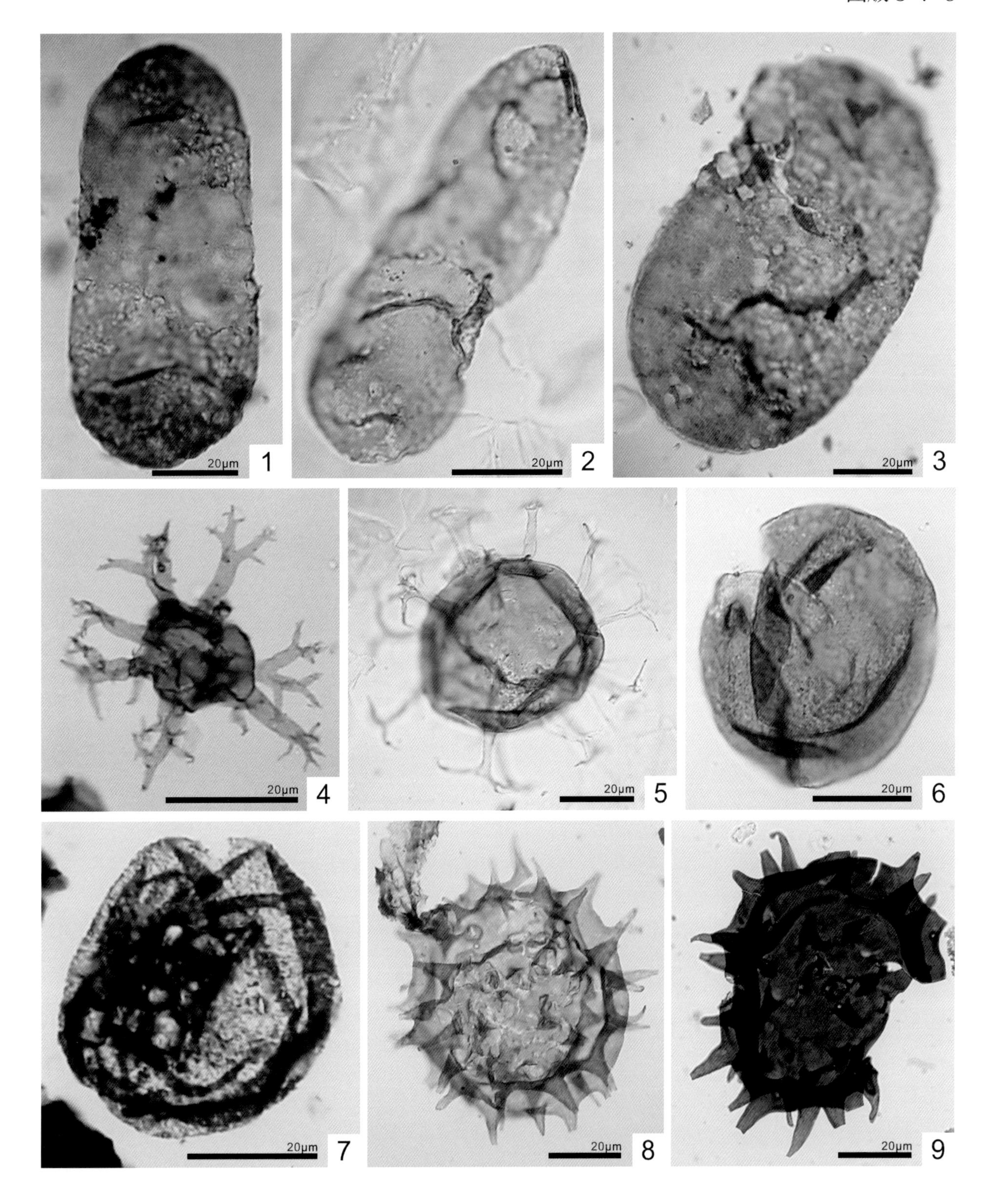
20μm
1
20μm
2
20μm
3
20μm
4
20μm
5
20μm
6
20μm
7
20μm
8
20μm
9

图版 5-7-7　疑源类

弗洛阶—达瑞威尔阶

1　棒突厚壁球藻 *Pachysphaeridium rhabdocladium*（Lu，1987）Rebecai & Tongiorgi，1999

主要特征：膜壳球形。突起柱形至锥形，不分叉，末端圆钝或棒状，部分突起上饰微弱纵向条纹。

采集号：HHDW7-2，N45/2。产地：湖北宜昌黄花场剖面。层位：弗洛阶—达瑞威尔阶。

2　条纹厚壁球藻 *Pachysphaeridium striatum*（Lu，1987）Rebecai & Tongiorgi，1999

主要特征：膜壳球形。突起强壮、短粗，圆柱形至亚圆柱形，末端常膨大呈头状，表面饰纵向脊纹。

采集号：AFI4009-4，E40/3。产地：湖北宜昌大坪剖面。层位：弗洛阶—达瑞威尔阶。

3　膨端瓣突藻 *Petaloferidium bulliferum* Yin et al.，1998

主要特征：膜壳球形。突起短，圆柱形至亚圆锥形，中空，与壳腔连通。突起末端常膨大呈泡状，少数呈圆形。

采集号：AFI1039-5，X30。产地：贵州桐梓红花园剖面。层位：弗洛阶—达瑞威尔阶。

4　花刺瓣突藻 *Petaloferidium florigerum*（Vavrdová，1977）Fensome et al.，1990

主要特征：膜壳球形。突起坚实，与壳腔连通，分布不均匀，末端呈花瓣状。部分标本可见膜壳裂口。

采集号：AFI1093-1，S52。产地：贵州桐梓红花园剖面。层位：弗洛阶—达瑞威尔阶。

5　狭片翼突球藻 *Peteinosphaeridium angustilaminae* Palyford et al.，1995

主要特征：膜壳球形。突起为3片透明、长轴方向放射排列的薄叶片，末端尖锐或圆钝。膜壳开口圆形。

采集号：HHDW31-2，U47。产地：湖北宜昌黄花场剖面。层位：弗洛阶—达瑞威尔阶。

6　盾甲翼突球藻 *Peteinosphaeridium armatum* Tongiorgi et al.，1995

主要特征：膜壳球形。突起实心，末端分为3片不同的强壮羽片，主干和羽片上发育翼状物，翼的边缘以及羽片上饰不同形态的小刺，翼状物基部三角形。膜壳上具圆口。

采集号：AFI1033-2，P46/3。产地：贵州桐梓红花园剖面。层位：弗洛阶—达瑞威尔阶。

7　花冠翼突球藻 *Peteinosphaeridium coronula* Yin et al.，1998

主要特征：膜壳球形。突起基本同型，实心，远端花瓣状，除圆口区域外，均匀分布于壳壁上。突起主干拉长，形成四边形叶片，主干末端分出4个尖锐的羽片。膜壳具圆口。

采集号：HHDW11-1，H39。产地：湖北宜昌黄花场剖面。层位：弗洛阶—达瑞威尔阶。

8　异形翼突球藻 *Peteinosphaeridium dissimile* Górka，1969

主要特征：膜壳球形。突起异型，不分叉，远端呈叶型，具3层叶片，每层叶片外边缘具短而强壮的小刺。膜壳具圆口。

采集号：HHDW14-3，K39/4。产地：湖北宜昌黄花场剖面。层位：弗洛阶—达瑞威尔阶。

9　光滑梨形藻 *Pirea levigata* Tongiorgi et al.，1995

主要特征：膜壳表面光滑，亚椭圆形，底边圆滑。端部突起短、锥形，基部宽，与膜壳交接处轮廓微凹至近乎直立，突起顶端圆滑。

采集号：HHDW18-1，O55。产地：湖北宜昌黄花场剖面。层位：弗洛阶—达瑞威尔阶。

10　纹饰翼突球藻 *Peteinosphaeridium exornatum* Tongiorgi et al.，1995

主要特征：膜壳球形。突起实心，短粗，横切面呈三角形，末端为3片短的羽片，主干和羽片上有翼，翼边缘饰有锥形小刺。膜壳具圆口。

采集号：HHDW10-1，U50/4。产地：湖北宜昌黄花场剖面。层位：弗洛阶—达瑞威尔阶。引自Li et al.（2014）。

11　强枝翼突球藻 *Peteinosphaeridium robustriramosum* Tongiorgi et al.，1995

主要特征：膜壳球形。突起强壮，实心，末端为3片羽片，主干和羽片上发育翼状物。翼状物从基部到末端基本等宽或微变细，边缘向外伸出强壮的齿或刺，齿或刺末端呈丝状。膜壳上具圆口。

采集号：HHDW12-1，P45/1。产地：湖北湖北宜昌黄花场剖面。层位：弗洛阶—达瑞威尔阶。

12　细丝翼突球藻 *Peteinosphaeridium tenuifilosum* Tongiorgi et al.，1995

主要特征：膜壳球形。突起实心，纤细，末端分为3片薄羽片，主干和羽片上发育翼状物。翼状物从基部到末端逐渐变细，边缘及羽片饰小刺，小刺末端丝状。膜壳上具圆口。

采集号：HHDW3-2，D39/2。产地：湖北宜昌黄花场剖面。层位：弗洛阶—达瑞威尔阶。

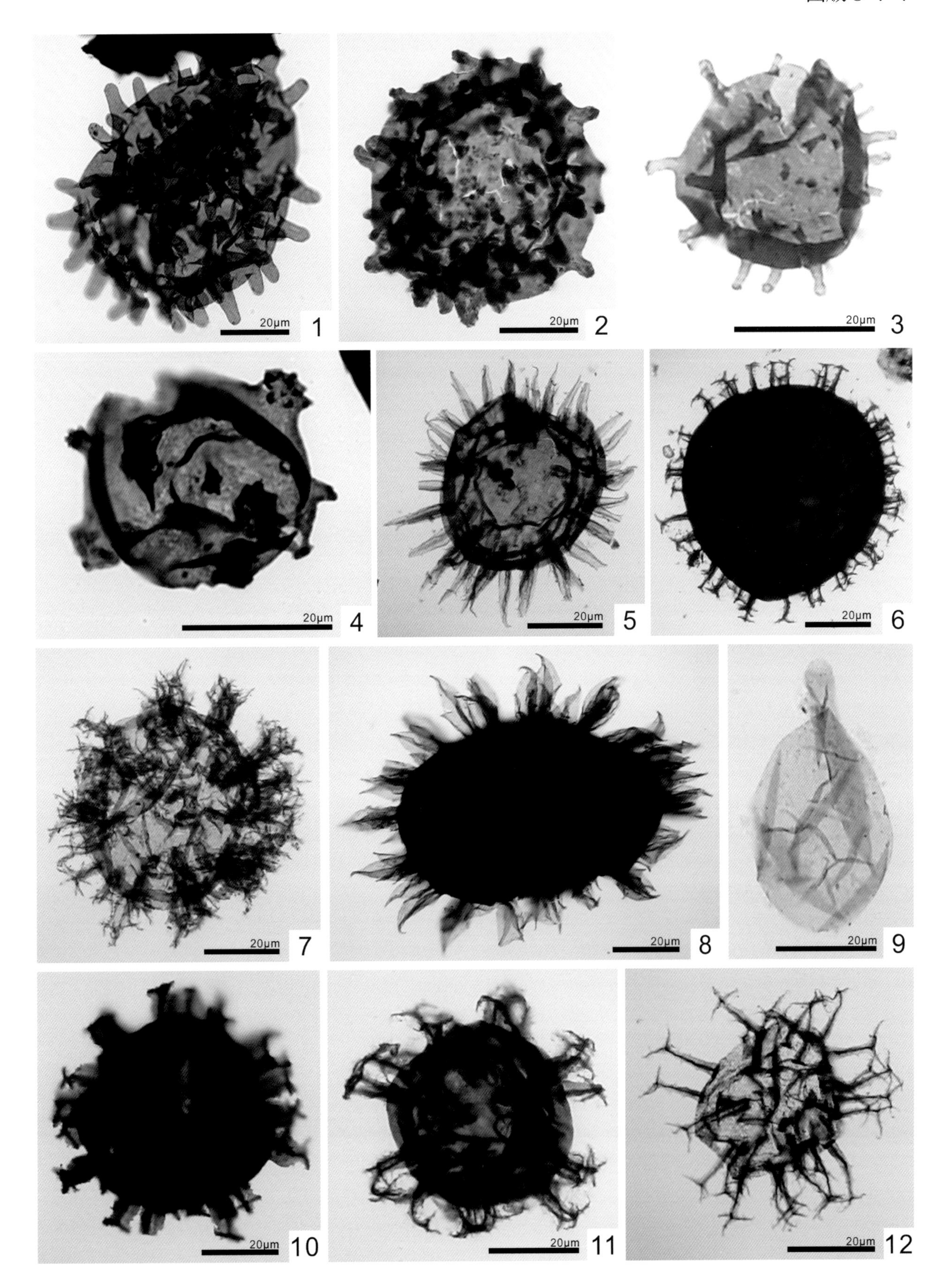
20μm
1
20μm
2
20μm
3
20μm
4
20μm
5
20μm
6
20μm
7
20μm
8
20μm
9
20μm
10
20μm
11
20μm
12

图版 5-7-8　疑源类

弗洛阶—达瑞威尔阶

1　装饰梨形藻 *Pirea ornata*（Burmann，1970）Eisenack et al.，1976

主要特征：膜壳轮廓梨形，顶端延伸形成突起。突起与壳腔连通，末端钝圆。壳壁具褶皱，表面密布实心小刺，小刺末端膨大。

采集号：HHDW17-3，J49。产地：湖北宜昌黄花场剖面。层位：弗洛阶—达瑞威尔阶。

2　中华梨形藻 *Pirea sinensis* Li，1987

主要特征：膜壳轮廓梨形，顶部延伸形成突起。突起与壳腔连通，末端钝圆，表面饰实心小刺，末端膨胀呈头状。

采集号：HHDW11-2，S48/3。产地：湖北宜昌黄花场剖面。层位：弗洛阶—达瑞威尔阶。

3　纤细多角藻 *Polygonium gracile* Vavrdová，1966

主要特征：膜壳轮廓多边形，各边大致等长。突起锥状，在膜壳上均匀分布，且与壳腔连通。突起基部较宽，末端封闭、尖锐。

采集号：AFI1039-1，Y36。产地：贵州桐梓红花园剖面。层位：弗洛阶—达瑞威尔阶。

4　花凸腔突藻 *Rhopaliophora florida* Yin et al.，1998

主要特征：膜壳球形。突起短粗，中空，呈棱柱形或微膨胀，横切面正方形，末端封闭，与壳腔不连通。膜壳具圆口。

采集号：AFI1030-4，B45/4。产地：贵州桐梓红花园剖面。层位：弗洛阶—达瑞威尔阶。引自Li et al.（2014）。

5　乳突腔突藻 *Rhopaliophora mamilliformis* Lu，1987 emend. Tongiorgi et al.，1995

主要特征：膜壳球形。突起异型，壁薄，透明，中空，与壳腔不连通，末端封闭，近膜壳部分收缩，远端膨胀，末端平头至乳头状或不规则叶状。膜壳具圆口。

采集号：HHDW11-1，H45。产地：湖北宜昌黄花场剖面。层位：弗洛阶—达瑞威尔阶。引自Li et al.（2014）。

6　膜状腔突藻 *Rhopaliophora membrana* Li，1987

主要特征：膜壳球形，具膜状突起。突起与壳腔不连通，宽度、数目、形态各异，向外延伸。膜壳具圆口。

采集号：HHDW12-3，K47。产地：湖北宜昌黄花场剖面。层位：弗洛阶—达瑞威尔阶。引自Li et al.（2014）。

7　掌形腔突藻 *Rhopaliophora palmata*（Combaz & Peniguel，1972）emend. Playford & Martin，1984

主要特征：膜壳球形。突起实心，透明，管状至棱镜状，壁薄，基部收缩，末端封闭，与壳腔不连通。膜壳具圆口。

采集号：AFI4005-1，Q54/3。产地：湖北宜昌大坪剖面。层位：弗洛阶—达瑞威尔阶。引自Li et al.（2014）。

8　球形腔突藻 *Rhopaliophora pilata*（Combaz & Peniguel，1972）emend. Playford & Martin，1984

主要特征：膜壳球形。突起实心，透明，壁薄，管状至棱柱状，与壳腔不连通，末端封闭，基部到末端基本等宽。膜壳具圆口。

采集号：AFI1033-4，M54。产地：贵州桐梓红花园剖面。层位：弗洛阶—达瑞威尔阶。引自Li et al.（2014）。

9　无饰囊袋藻 *Sacculidium inornatum* Ribecai et al.，2002

主要特征：膜壳球形。突起实心，基部常呈片状，主干亚锥状至柱状，上部常有小刺，末端有2～3枚分叉。膜壳具圆口。

采集号：AFI4017-1，X51。产地：湖北宜昌大坪剖面。层位：弗洛阶—达瑞威尔阶。引自李军等（2011）。

10　首要条纹藻小型变种 *Striatotheca pricipalis* var. *parva* Burmann，1970

主要特征：膜壳轮廓四边形。突起自四角伸出，与壳腔连通，末端尖锐。壳壁饰条纹。

采集号：AFI1039-3，O36。产地：贵州桐梓红花园剖面。层位：弗洛阶—达瑞威尔阶。

11　变态条纹藻 *Striatotheca transformata* Brumann，1970

主要特征：膜壳轮廓四边形或五边形。突起自各角伸出，四边形标本的第五个突起从膜壳较长边的中部伸出。突起与壳腔连通，末端尖锐。壳壁为肋状条纹覆盖，条纹在壳壁边缘与各边大致平行，在壳壁中部互相交错呈网状。

采集号：AFI1033-2，V37/1。产地：贵州桐梓红花园剖面。层位：弗洛阶—达瑞威尔阶。

12　条纹星斑藻 *Stelliferidium striatulum*（Vavrdová，1966）Deunff et al.，1974

主要特征：膜壳球形。突起圆柱形，与壳腔不连通，基部有辐射状的星形脊，末端二分叉或多分叉至二次分叉或三次分叉。膜壳具圆形开口，可见圆形口盖。

采集号：AFI1033-3，Q52。产地：贵州桐梓红花园剖面。层位：弗洛阶—达瑞威尔阶。

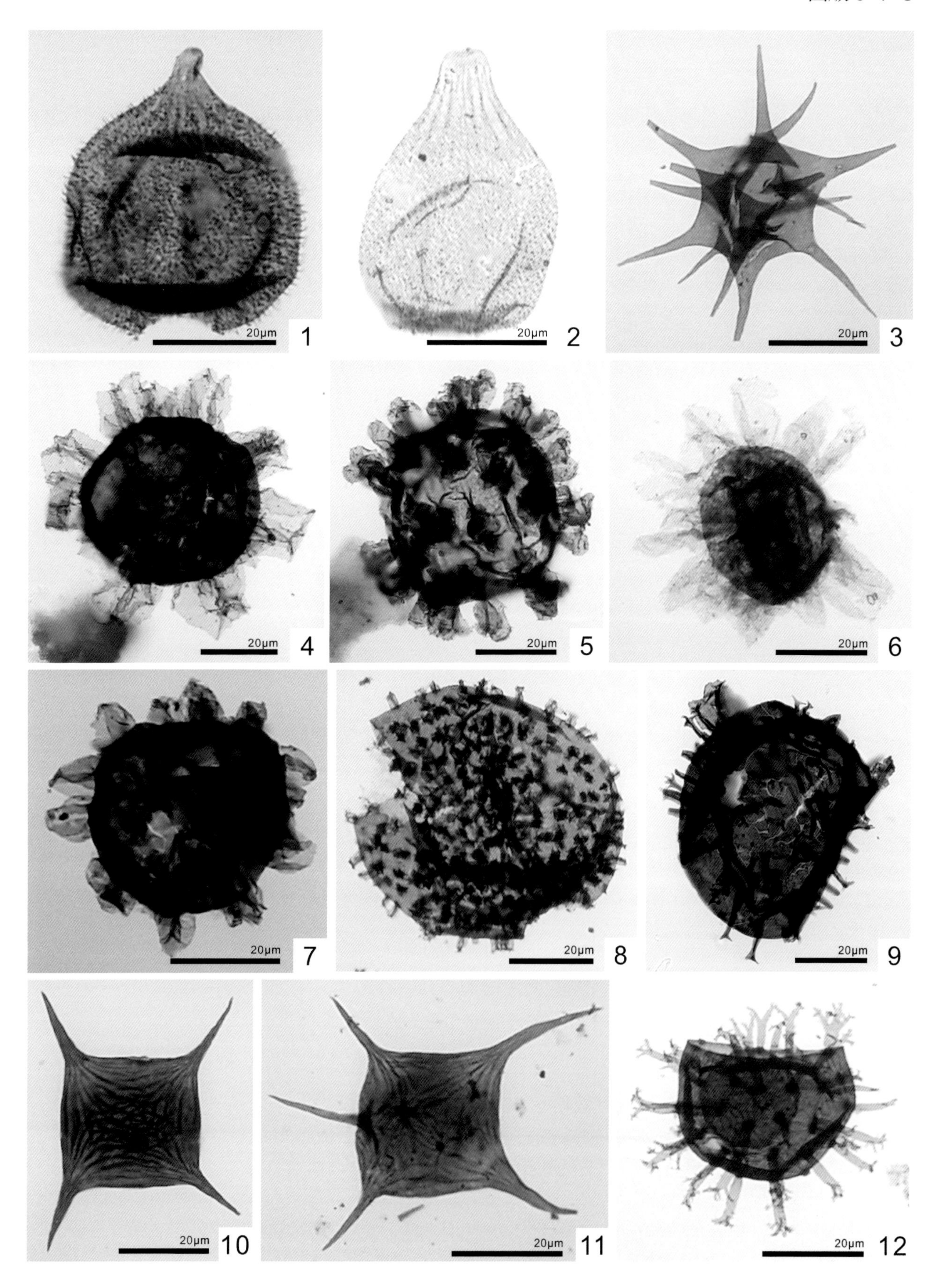
20μm
1
20μm
2
20μm
3
20μm
4
20μm
5
20μm
6
20μm
7
20μm
8
20μm
9
20μm
10
20μm
11
20μm
12

图版 5-7-9　疑源类

弗洛阶—达瑞威尔阶

1　大圆口囊袋藻 *Sacculidium macropylum*（Eisenack，1959）Ribecai et al.，2002

主要特征：膜壳球形。突起实心，坚实，部分弯曲，异型，基部常呈片状，主干亚锥状至柱状，上部刺状，末端简单或2～3分叉。膜壳具圆口，圆口对应端有假圆口。

采集号：AFI1093-1，N39/4。产地：贵州桐梓红花园剖面。层位：弗洛阶—达瑞威尔阶。

2　翼边囊袋藻 *Sacculidium peteinoides* Ribecai et al.，2002

主要特征：膜壳球形。突起异型，主干常呈薄片状，末端分叉而形成平台状。膜壳具圆口，假圆口呈膜质叶状伸出。

采集号：AFI1039-3，G35。产地：贵州桐梓红花园剖面。层位：弗洛阶—达瑞威尔阶。

3　单规条纹藻 *Striatotheca monorugulata* Yin et al. 1998

主要特征：膜壳轮廓呈四边形。突起自四角伸出，中空，与壳腔连通，不分叉。壳壁表面各有1～2条肋纹分别平行于四边。

采集号：AFI1033-1，U50。产地：贵州桐梓红花园剖面。层位：弗洛阶—达瑞威尔阶。

4　添加鞘形藻 *Tectitheca additionalis* Burmann，1968

主要特征：膜壳轮廓为不规则五边形，每个角上延伸出一突起。角上突起锥状，基部加宽，与壳腔连通，末端尖，不分叉。膜壳上另具3～5枚基部宽的锥状突起，较角上的突起短。

采集号：AFI1030-2，D33/1。产地：贵州桐梓红花园剖面。层位：弗洛阶—达瑞威尔阶。

5　瓦迪薄壁藻？（相似种）*Tenuirca*? cf. *wadeiae* Playford & Wicander，1988

主要特征：膜壳球形，双层壁，具许多小突起。突起透明，截面近矩形，末端圆形或微内凹。膜壳具圆口。

采集号：AFI1030-3，M49/1。产地：贵州桐梓红花园剖面。层位：弗洛阶—达瑞威尔阶。

6　阶梯状薄壁藻？*Tenuirica*? *gradata* Tongiorgi et al.，2003

主要特征：膜壳近球形，双层壁。突起中空，透明，截面近矩形，末端圆形或微内凹。膜壳外层有透明膜状物包被或连接突起。

采集号：HHDW11-1，R43/3。产地：湖北宜昌黄花场剖面。层位：弗洛阶—达瑞威尔阶。

7　阿伦尼格瓦夫多娃藻 *Vavrdovella areniga*（Vavrdová，1973）Loeblich & Tappan，1976

主要特征：膜壳轮廓近菱形，各角伸出一枚突起，膜壳上伸出8枚突起。突起简单，锥形，弯曲，基部微膨胀，末端尖锐，不分叉，与壳腔自由连通。

采集号：AFI1039-2，L32。产地：贵州桐梓红花园剖面。层位：弗洛阶—达瑞威尔阶。

8　湄潭桐梓藻 *Tongzia meitana* Li，1987

主要特征：膜壳球形。突起中空，与壳腔不连通，远端分叉成两枝，分叉夹角为60°～160°。

采集号：HHDW17-3，Q46/1。产地：湖北宜昌黄花场剖面。层位：弗洛阶—达瑞威尔阶。

9　莱尔德细刺藻 *Veryhachium lairdii*（Deflandre，1946）Deunff，1959，ex Downie，1959

主要特征：膜壳轮廓四边形，每个角上延伸出一突起。突起圆锥形，基部宽，与壳腔连通，末端尖锐，不分叉。

采集号：AFI1039-2，E33。产地：贵州桐梓红花园剖面。层位：弗洛阶—达瑞威尔阶。

10　对称细刺藻 *Veryhachium symmetricum* Lu，1987 emend. Tongiorgi et al.，1995

主要特征：膜壳轮廓近矩形或五边形，中空，膜壳角部有4～5枚突起。突起锥形，基部较宽，与壳腔连通，末端尖锐。膜壳上常有3～4枚较短且窄的突起。

采集号：HHDW10-1，O44。产地：湖北宜昌黄花场剖面。层位：弗洛阶—达瑞威尔阶。

11　三刺稀刺藻 *Veryhachium trispinosum*（Eisenack，1938）Deunff，1954，ex Downie，1959

主要特征：膜壳轮廓三角形，三边外突。突起自三个角伸出，锥状，与壳腔连通，末端尖锐，不分叉。

采集号：AFI1033-5，J52。产地：贵州桐梓红花园剖面。层位：弗洛阶—达瑞威尔阶。

12　三槽稀刺藻 *Veryhachium trisulcum* Deunff，1951 emend. Deunff，1959，ex Downie，1959

主要特征：膜壳轮廓三角形，中空。突起自三个角伸出，锥状，与壳腔连通，末端尖锐，不分叉，突起长度可达膜壳边长的2～3倍。

采集号：AFI1039-3，D33/4。产地：贵州桐梓红花园剖面。层位：弗洛阶—达瑞威尔阶。

图版 5-7-9

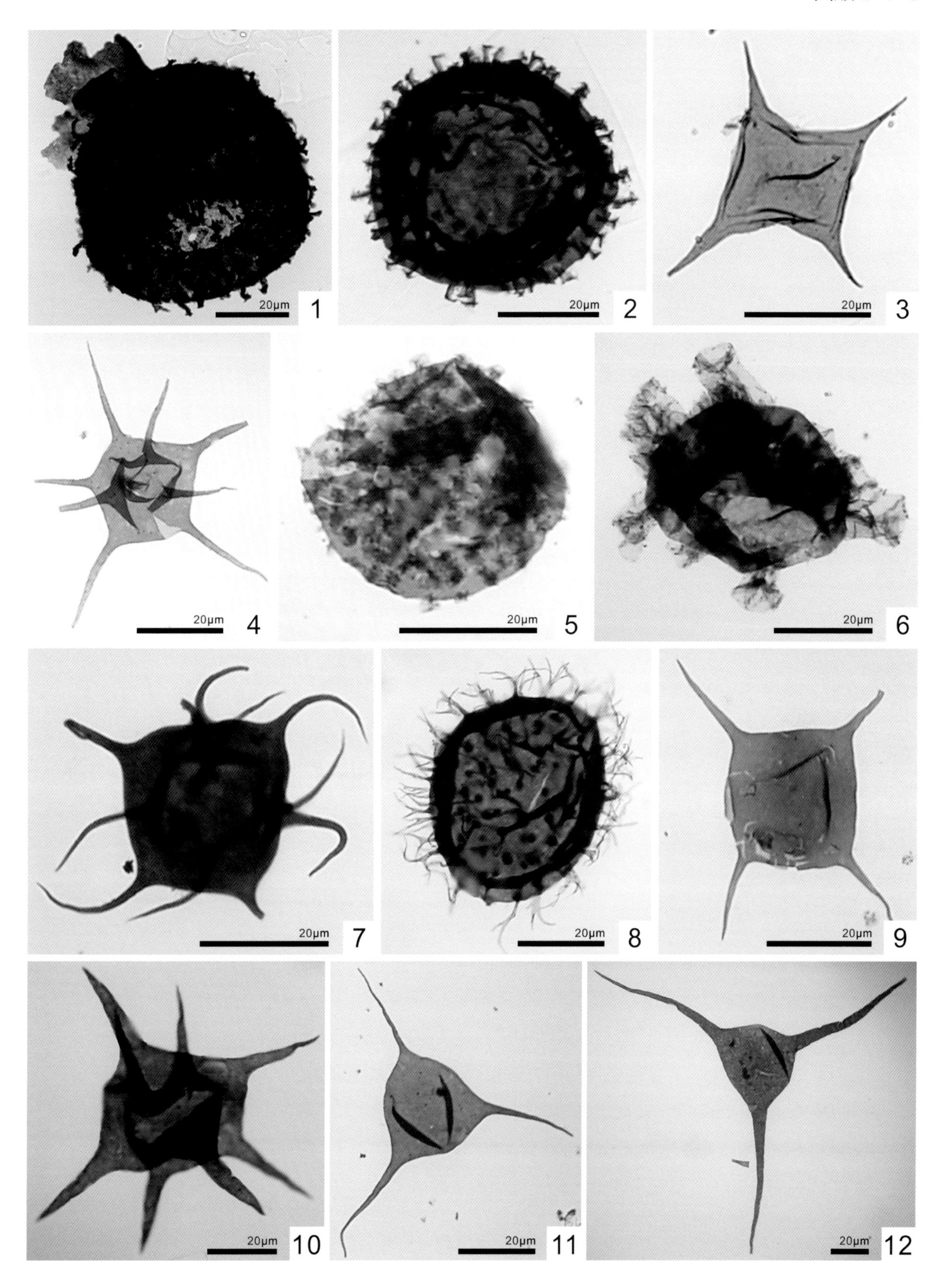
20μm 1
20μm 2
20μm 3
20μm 4
20μm 5
20μm 6
20μm 7
20μm 8
20μm 9
20μm 10
20μm 11
20μm 12

5.8 放射虫

放射虫（radiolarians）分类位置属原生生物界肉鞭毛虫门（Sarcomastigophora）肉足虫亚门（Sarcodina）放射虫纲（Radiolaria）（童金南和殷鸿福，2007）。

5.8.1 放射虫基本结构

1. 放射虫结构特征

放射虫具有放射状轴伪足（axopodium），与其他原生动物的主要区别是在体中央有一个球形、梨形或圆盘形的中心囊（central capsule）（图5-33）。中心囊表面覆有几丁质或类似蛋白质的薄膜，将细胞质分为囊内（intracapsule）和囊外（extracapsule）两部分。囊内和囊外的细胞质通过中心囊膜表面上的小孔相互沟通。囊内有一个或多个细胞核和各种细胞器，司营养和生殖功能。囊外细胞质多泡，能增加放射虫的浮力，以利于浮游。放射虫形状多样，通常为球形、钟罩形等。身体直径0.1~2.5mm，群生的可大于15mm。

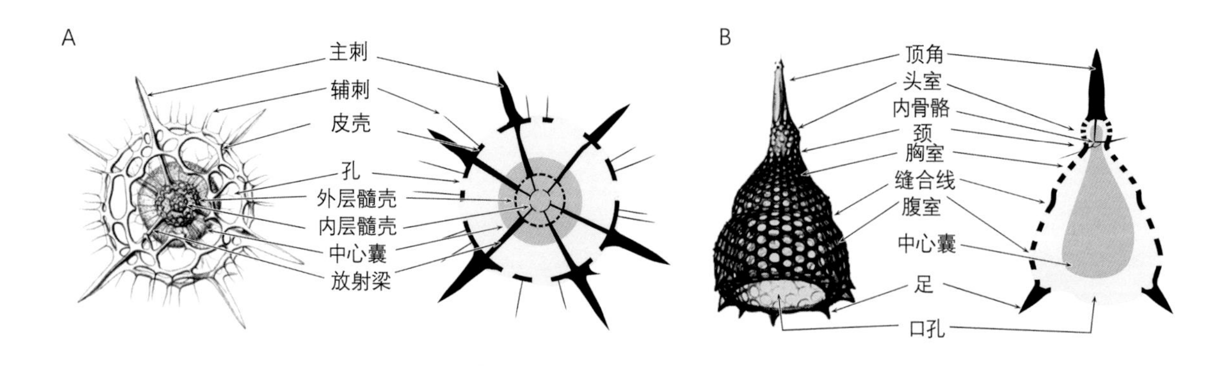

图 5-33 典型放射虫的化石结构。A. 泡沫虫；B. 罩笼虫。修改自 Boltovskoy 和 Correa（2014）

刺（spine）：放射状细长的针状骨髓，一端附连在壳体上。

辅刺（by-spine）：壳孔之间的结点上伸出的小刺，有时与次一级壳结合。

皮壳（cortical shell）：又称“外壳”。在具多个壳层的放射虫壳体中，为最外面的球壳。

髓壳（medullary shell）：一些泡沫虫类中皮壳之内的1 ~ 2层同心壳。

放射梁（radial beam）：放射虫骨髓中，连接同心壳层的棒状骨髓。

中心囊（central capsule）：在放射虫细胞内，包裹了细胞质和细胞核的几丁质或假几丁质的囊。它将细胞质分隔为内质和外质两部分。

顶角（apical horn）：罩笼虫中位于头壳顶点的主刺或角，一般与头室内的顶刺相连。

头室（cephalis）：罩笼虫壳中的第一节壳室。

胸室（thorax）：罩笼虫壳中的第二节壳室。

腹室（abdomen）：罩笼虫壳中的第三节壳室。

腹后室（post-abdominal segment）：罩笼虫中腹壳之后一个或多个壳室。

缝合孔（sutural pore）：罩笼虫中的隐头、隐胸类的胸室与头室或腹室结合处占有一定位置且形状或大小与一般孔不同的孔。

2. 放射虫骨骼成分及保存

放射虫的骨骼通常包藏在细胞中，由细胞质所分泌。骨架的化学成分因类而异，多为硅质或含有机质的硅质，少数含碳酸锶。现生放射虫的骨骼清晰透明，各向同性，在透射光下呈玻璃状，少数为淡色。骨骼硬且脆，无弹性。

放射虫在海洋硅质循环中起着重要的作用。SiO_2在海水中可被溶解，但溶解的程度随环境不同而有变化，与放射虫骨骼本身的结构也有一定的关系。在大洋0 ~ 1000m深度的贫硅水体中，溶解度较大。但溶解度并不随水深增加而增大，主要与水体中游离硅质的浓度有关。在海底火山活动时，常有硅质供给，从而加大海水中硅质浓度。因而，一般认为火山活动有利于放射虫的生活和保存。溶解作用对于不同类群也有一定的选择性，骨骼纤细的种类更易溶解。在有机组分沉积速率较高的地方，放射虫骨骼较易保存，有机酸与骨骼表面的Mg、Al等阳离子形成的络合物，起着保护作用。

放射虫动物死亡后，其骨骼沉落于海洋底面。在水深大于碳酸盐补偿深度（4000 ~ 5000m）地区，放射虫骨骼常可成为沉积物的主要组分。生物成因的硅质组分含量为20% ~ 30%，且主要为放射虫骨骼的极细粒沉积，称放射虫软泥。

3. 放射虫的骨骼类型

除骨针外放射虫骨骼的壳壁结构有3种主要类型：①网格状。由小棒（bar）按一定几何模式在二维空间排列，形成小孔，并相连成网状。小孔常为六角形，孔缘硅质再沉积后，可呈圆形或不规则形状。一般来说，孔的大小和形状在一个种内是一致的，常作为种的鉴别特征。②海绵状。由细短的小棒在三维空间不规则地交错连接而成，常分辨不出清晰的孔形。③具孔板状。壳壁致密均质，其上排列稀疏、大小不等的孔。

放射虫类骨骼的形态多样，随种类而异。泡沫虫类骨骼最常见的形态为球形，放射状刺常从球体表面伸出。球形的骨骼常由两个或更多相互套置的同心球壳构成，球壳之间由放射状的小梁相连。位于中心的球壳称髓壳，而位于外侧的球壳称皮壳。髓壳一般很小，且为放射虫所特有骨髓（图5-34）。典型的古生代泡沫虫具有一个由放射小梁汇聚构成的内针，在一些现生类型也存在类似的构造，但这些构造具特有的偏心性。罩笼虫类的骨骼是一极开口的异极壳，呈轴对称或两侧对称；而阿尔拜虫类的骨骼全为两侧对称，壳壁多为无孔板状。

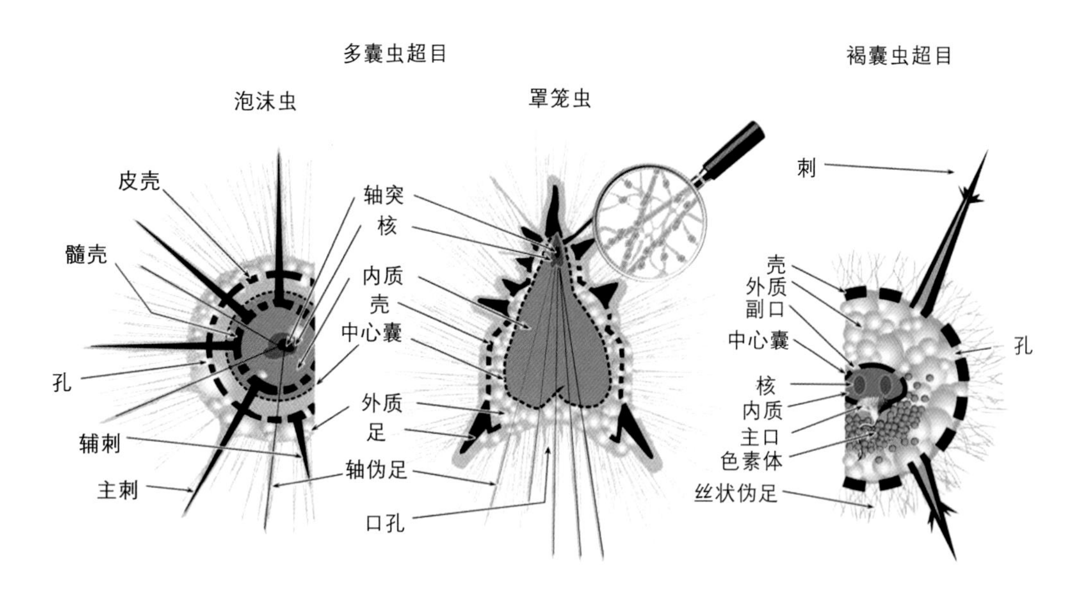

图 5-34　放射虫细胞组织。修改自 Boltovskoy et al.（2017）

5.8.2　放射虫图版及说明

除特别说明的外，标本均保存在中国科学院南京地质古生物研究所。所有图版比例尺长度=100μm。

图版 5-8-1　放射虫

弗洛阶（上部）—达瑞威尔阶

1，2　奥陶棱孔虫 *Antygopora ordovicica* Maletz & Bruton，2005

主要特征：壳体近球形，具有2个格状壳，两壳间具较多的放射梁相连。壳表孔呈蜂巢状。无主刺。

登记号：1. SZG3-1；2. SZG3-2。

3—5　纽芬兰贝奥苏克虫 *Beothuka terranova* Aitchison et al.，1998

主要特征：壳体长椭球形。杆形极刺两根，长度不相等。壳表孔被微粒硅覆盖。

登记号：3. SZG7-1；4. SZG7-2；5. SZG7-3。

6—8　贝奥苏克虫（未定种A）*Beothuka* sp. A

主要特征：壳体近球形，由3个格状壳组成，各壳间间距近乎相等。杆形主刺6 根，细长，长度大于外壳直径，各主刺间90° 角相间。辅刺不发育。

登记号：6. SZG7-4；7. SZG7-5；8. SZG7-6。

9—11　贝奥苏克虫（未定种B）*Beothuka* sp. B

主要特征：壳体近球形。杆形极刺2根，长度不等，长度小于壳径。辅刺不发育。内部还发育1个格状内壳。壳孔较少。

登记号：9. SZG7-7；10. SZG7-8；11. SZG18-1。

12—14　粗糙空滴虫 *Inanigutta dasysa*（Nazarov，1976）

主要特征：单个格状壳近球形。杆形主刺6根，细长，长度大于壳径。辅刺细小。壳孔细小。

登记号：12. SZG19-1；13. SZG19-2；14. SZG19-3。

15—17　致密棱孔虫 *Antygopora compacta* Maletz & Bruton，2007

主要特征：2个格状壳近球形。杆形主刺4 ~ 6根，长度小于外壳直径。内壳较小，壳径约为外壳直径的1/3。辅刺长，数目多，长度约为主刺长度的一半。

登记号：15. SZG7-9；16. SZG7-10；17. SZG20-1。

18—20　巴卡纳斯空日虫 *Inanihella bakanasensis*（Nazarov，1975）

主要特征：2个格状壳近球形，内壳很大，与外壳毗邻。主刺短小，杆形，数目多，但不超过24个。辅刺不发育。

登记号：18. SZG7-11；19. SZG7-12；20. SZG7-13。

21—24　单带虫（未定种）*Haplotaeniatum* sp.

主要特征：海绵壳近球形，由1个初房和4 ~ 5个旋向排列的假海绵层组成。海绵层间距不相等，由梁相连，无主刺。

登记号：21. SZG7-14；22. SZG7-15；23. SZG7-16；24. SZG7-17。

25—27　海绵贝奥苏克虫 *Beothuka spongiosa* Won & Iams，2013

主要特征：海绵壳体圆卵形，具有2根近乎相等的主刺，长度大于壳径，辅刺不发育。

登记号：25. SZG7-18；26. SZG7-19；27. SZG7-20。

28—30　阿克特奇姆空滴虫 *Inanigutta akdjmensis*（Nazarov，1975）

主要特征：单个格状壳球形。杆形主刺6根，纤细，长度小于壳径。辅刺发育，细长。孔间梁较宽。

登记号：28. SZG21-1；29. SZG21-2；30. SZG21-3。

31—33　致密空滴虫 *Inanigutta densa*（Hinde，1890）

主要特征：单个格状壳球形，中等大小。杆形主刺6根，短，长度小于壳径。辅刺发育，也是杆形，比较短。

登记号：31. SZG7-21；32. SZG7-22；33. SZG7-23。

产地：宁夏同心韦州酸枣沟。层位：下—中奥陶统三道沟组。本图版标本系首次发表。

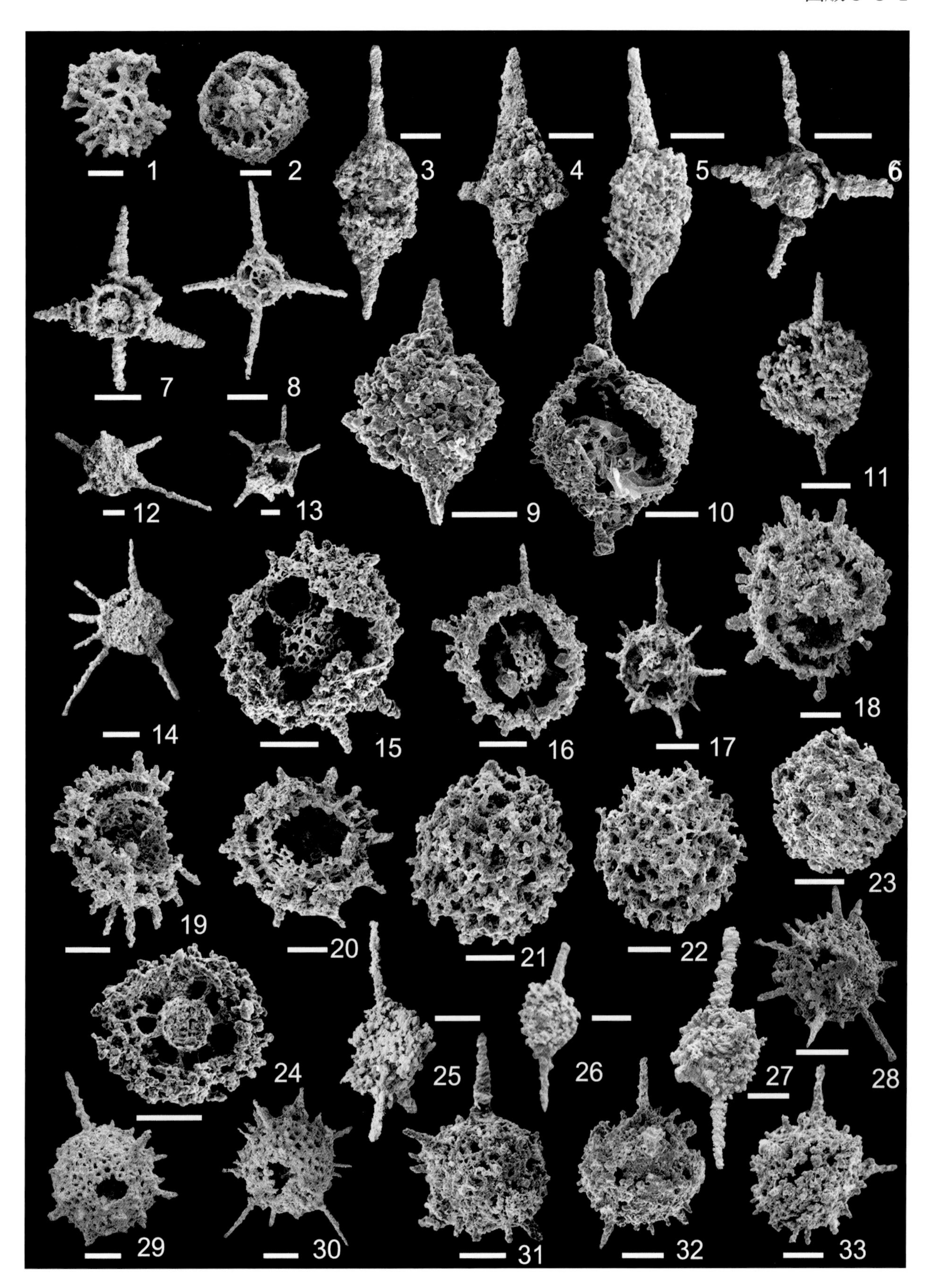
1
2
3
4
5
6
7
8
9
10
11
12
13
14
15
16
17
18
19
20
21
22
23
24
25
26
27
28
29
30
31
32
33

图版 5-8-2　放射虫

弗洛阶（上部）—达瑞威尔阶

1—3，12—14　拉斯特源滴虫 *Oriundogutta rusti*（Ruedemann & Wilson，1936）

主要特征：单个格状壳球形，中等大小。杆形主刺10根以上，长度小于壳径之半。辅刺发育，比较短。壳孔大小不均匀。

登记号：1. SZG7-24；2. SZG7-25；3. SZG7-26；12. SZG14-5；13. SZG14-6；14. SZG14-7。

4，5　球内射虫（未定种）*Sphaeroentactinia* sp.

主要特征：壳体球形，由许多细小的分枝互相拼合形成。主刺4根，杆形，长度不一，其中1根较长，长度大于壳径；其余3根形状和大小相似，长度小于壳径。

登记号：4. SZG7-27；5. SZG7-28。

6，7　扁平空滴虫 *Inanigutta complanata*（Nazarov，1975）

主要特征：单个格状壳大，椭球形或球形。杆形主刺6根，直且粗壮，长度与壳径相近或略大于壳径。辅刺细小、少，呈杆形。

登记号：6. SZG17-1；7. SZG18-2。

8—11　单独空滴虫 *Inanigutta unica*（Nazarov，1975）

主要特征：单个格状壳球形。杆形主刺6根，长度小于壳径。辅刺发育，杆形，稍长。

登记号：8. SZG14-1；9. SZG14-2；10. SZG14-3；11. SZG14-4。

15—17　阿克沙克双空滴虫 *Inanibigutta aksakensis*（Nazarov，1975）

主要特征：2个格状壳球形，内壳直径约为外壳直径的1/3。杆形主刺6根，细长，长度小于外壳直径，主刺彼此间以90° 角相间。辅刺细小，不甚发育。

登记号：15. SZG7-29；16. SZG21-4；17. SZG21-5。

18—21　联合单内射虫 *Haplentactinia juncta* Nazarov，1975

主要特征：内骨骼为6根细长的放射针，针的中部发育的骨刺相互缠绕，形成球形壳。壳孔不规则，较大，孔的结点发育辅刺。

登记号：18. SZG17-2；19. SZG18-3；20. SZG18-4；21. SZG18-5。

22，23　假海绵梅虫（未定种）*Pseudospongoprunum* sp.

主要特征：单个海绵状壳近球形至椭圆形。杆形极刺2根，长短不一，长刺长度与壳的长径相近，短刺长度小于壳径。辅刺不发育。

登记号：22. SZG19-4；23. SZG19-5。

24—26　三叉球虫（未定种B）*Triaenosphaera* sp. B

主要特征：单个格状壳球形。杆形主刺4根，呈四面体状排列，长度小于壳径。壳孔的结点发育辅刺，数量多，较长，也是杆形。

登记号：24. SZG8-1；25. SZG8-2；26. SZG8-3。

27，28　双空滴虫（未定种B）*Inanibigutta* sp. B

主要特征：2个格状壳球形，大小中等—较大。杆形主刺6根，长度不相等，其中1根长度达外壳直径的3倍，其余5根大小和形状相似。内壳较小，壳径约为外壳直径的1/3。辅刺发育，细小。

登记号：27. SZG19-6；28. SZG23-1。

29—32　多斑卡里姆纳球虫 *Kalimnasphaera maculosa* Webby & Blom，1986

主要特征：2个格状壳近球形。内壳较小，壳径约为外壳直径的1/3。杆形主刺6根，细长，长度一般大于外壳壳径。辅刺发育，细小，具骨刺，相邻骨刺相互连接，形成一个完整或不完整的窗孔状构造。图中标本未见口孔。

登记号：29. SZG19-7；30. SZG19-8；31. SZG21-6；32. SZG21-7。

产地：宁夏同心韦州酸枣沟。层位：下—中奥陶统三道沟组。本图版标本系首次发表。

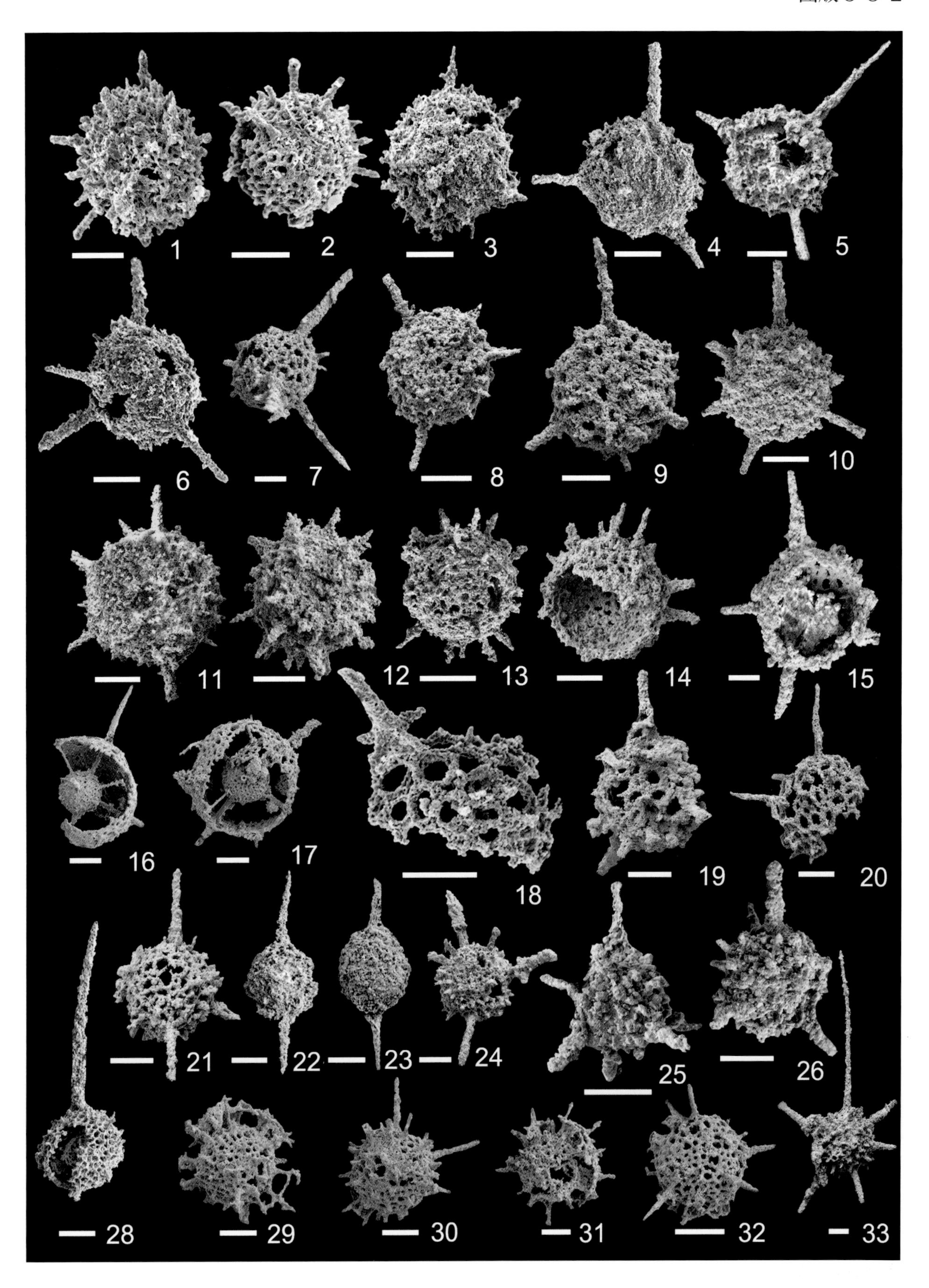
1
2
3
4
5
6
7
8
9
10
11
12
13
14
15
16
17
18
19
20
21
22
23
24
25
26
28
29
30
31
32
33

图版 5-8-3 放射虫

大坪阶

1，2 纺缍形似贝奥苏克虫 *Quasibeothuka fusiformis* Wang，2008

主要特征：单壳纺锤形。中部宽度最大。两端发育两根长短不一的极刺。两极刺杆形，位于同一直线上。一根较强壮，短锥形；另一根细长。

登记号：1. AFTX82-1；2. AFTX82-2。

3，4 卵形似贝奥苏克虫 *Quasibeothuka ovata* Wang，2008

主要特征：海绵单壳卵形。两根极刺长短不一，一根锥形，另一根柔弱且较长。

登记号：3. AFTX78-1；4. AFTX82-3。

5—7 椭圆形似贝奥苏克虫 *Quasibeothuka ellipsoidala* Wang，2008

主要特征：单壳较长，椭圆形。壳的中部近长方形，两侧边近平行。两根极刺长短不一。一刺较短，锥形；另一刺柔弱，较长。

登记号：5. AFTX80-1；6. AFTX80-2；7. AFTX82-4。

8 双刺似贝奥苏克虫 *Quasibeothuka bithornya* Wang，2008

主要特征：只保存部分壳体。单壳小。一端具有2根细长的杆形极刺，一根微曲，另一根直。另一端极刺未保存。在壳的两侧未发现其他的杆形刺。

登记号：AFTX80-3。

9—11 长纺缍形似贝奥苏克虫 *Quasibeothuka longifusiformis* Wang，2008

主要特征：单壳小，长纺锤形。两根极刺长短不一，一根较短，另一根细长。

登记号：9. AFTX82-5；10. AFTX82-6；11. AFTX80-4。

12，13 长刺贝奥苏克虫 *Beothuka longispiniformis* Wang，2008

主要特征：壳小，椭圆形。壳表孔近圆形。杆形极刺两根，长短略不等，但长度较长，一般都超过壳体的直径。

登记号：12. AFTX80-5；13. AFTX80-6。

14—18 库鲁克塔格四球虫 *Tetrasphaera kuruktagensis* Wang，2008

主要特征：壳球形，具有4个同心球形格状壳。外壳具许多近圆形壳孔。壳表未发现主刺和辅刺。外壳和髓壳的壳壁厚度和各壳间距大致相等。壳间有数量不等的梁相连。

登记号：14. AFTX74-1；15. AFTX76-1；16. AFTX80-7；17. AFTX82-7；18. AFTX82-8。

19，20 贝奥苏克虫（未定种C）*Beothuka* sp. C

主要特征：格状壳椭圆形，壳较小。两根杆形极刺细长，长度近乎相等，大于外壳的长径。壳孔大，形状多样，大小不均匀。辅刺不发育。

登记号：19. AFTX82-9；20. AFTX82-10。

21 贝奥苏克虫（未定种D）*Beothuka* sp. D

主要特征：海绵壳椭圆形。杆形极刺两根，近乎相等，长度略小于外壳直径。

登记号：AFTX76-2。

22—26 可变贝奥苏克虫 *Beothuka variabilis* Won et al.，2013

主要特征：壳球形。具有1~2个髓壳和6根杆形主刺。主刺细弱，长度小于壳径。

登记号：22. AFTX80-8；23. AFTX80-9；24. AFTX80-10；25. AFTX80-11；26. AFTX80-12。

27—30 贝奥苏克虫（未定种E）*Beothuka* sp. E

主要特征：壳椭圆形。两根杆形极刺细弱，长度小于外壳短径。

登记号：27. AFTX82-11；28. AFTX82-12；29. AFTX82-13；30. AFTX82-14。

产地：新疆塔里木盆地库鲁克塔格地区。层位：中奥陶统大坪阶黑土凹组。由于标本保存较差，大部分壳面为微粒硅覆盖，只有少量标本（如图20）见有壳孔，引自王玉净等（2008）。

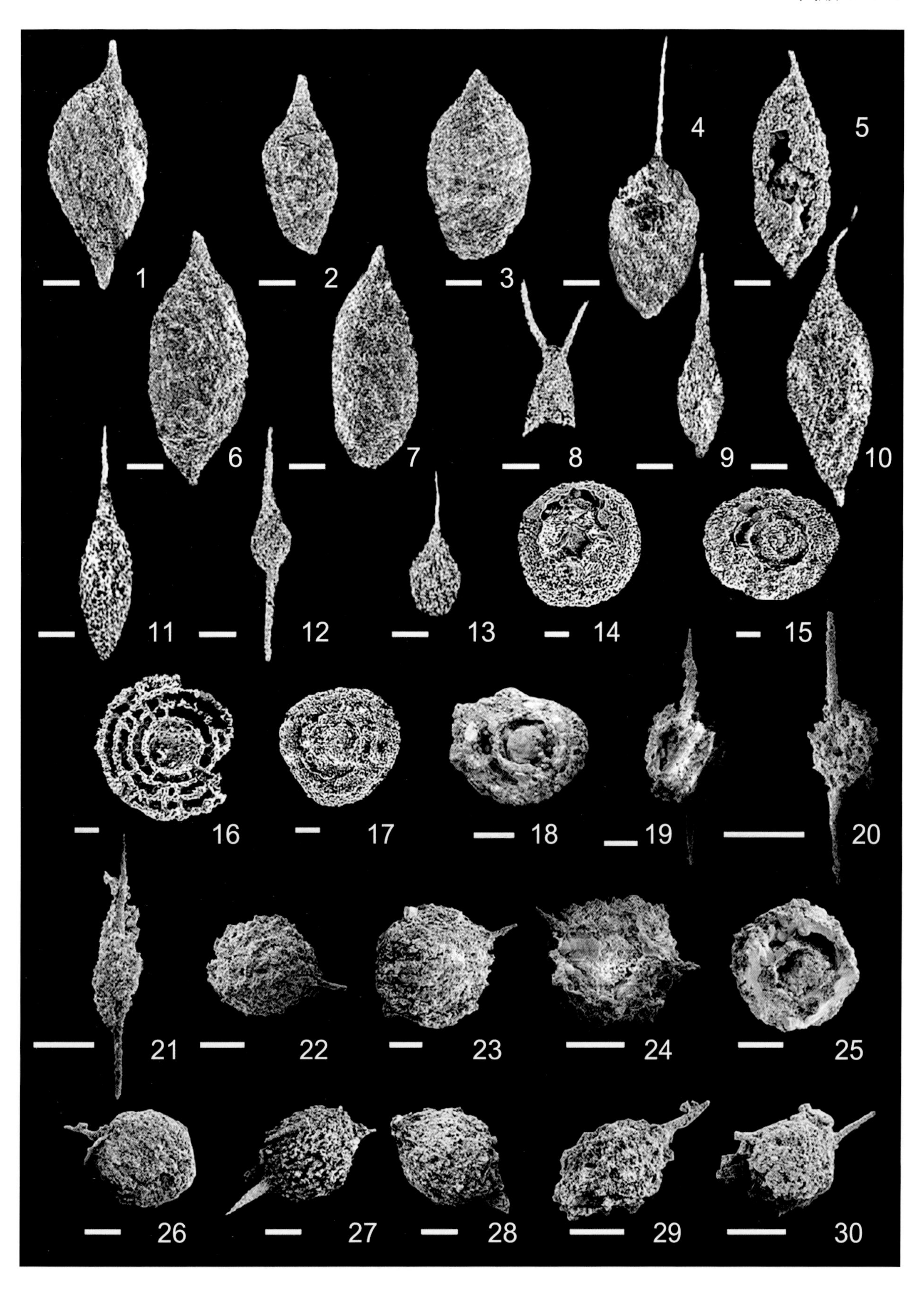
1
2
3
4
5
6
7
8
9
10
11
12
13
14
15
16
17
18
19
20
21
22
23
24
25
26
27
28
29
30

图版 5-8-4　放射虫

（标本存放在中国科学院地质与地球物理研究所）

达瑞威尔阶

1，2　百经埃伦伯格虫 *Ehrenbergia baijingensis* Li，1995

主要特征：单壳铃状，小。没有顶角。整个壳由许多线状排列的连续肋组成，肋间有一系列小孔。壳的顶部无肋。壳底无口，只有一个中空的凹处。

登记号：1. 931184；2. 941210。

3，4　奥伦古石壶虫 *Palaeolithochytris olenus* Li，1995

主要特征：外壳金字塔形。具有4根足，其中1根有1个分叉。壳表具小孔。

登记号：3. 931220；4. 931253。

5，6　莱撒古石壶虫 *Palaeolithochytris lethaea* Li，1995

主要特征：外壳金字塔形。具有3 根强壮的足，足未见分支。

登记号：5. 910849；6. 910458。

7，8　拉斯特前笼虫 *Procyrtis rustii* Li，1995

主要特征：头宽，亚锥形，具小角。具有4根分叉的足。

登记号：7. 931388；8. 920321。

9，10　庆来前笼虫 *Procyrtis qinglai* Li，1995

主要特征：头金字塔形。足长，大约是头高的3倍。头无顶角。

登记号：9. 930878；10. 931229。

11，12　雪花状原始角舍虫 *Protoceratoikiscum chinocrystallum* Goto，Umeda & Ishiga，1992

主要特征：由7根主刺和3列以上弧形辅刺相连形成蜘蛛网状壳体。两种刺厚度相近。

登记号：11. 930601；12. 930656。

13，14　似星状原始角舍虫 *Protoceratoikiscum similistellatum* Li，1995

主要特征：壳体扇形，由从中心放射状伸展的5根杆形主刺组成。刺间具有2 ~ 3列直或弧形杆形辅刺。第1、4刺呈一直线，第2、5刺呈另一直线，第3刺以钝角相间于二直角刺之间。

登记号：13. 930945；14. 931026。

15，16　延年真阿尔拜虫 *Etymalbaillella yennienii* Li，1995

主要特征：壳长圆锥形。具小顶角和3 ~ 5个翼。壳壁孔构呈斜向排列。孔多边形，不甚规则。壳的近端开口。

登记号：15. 910727；16. 930311。

17，18　伦斯真阿尔拜虫 *Etymalbaillella renzii* Li，1995

主要特征：壳长圆锥形。具有1 个顶角和1对翼。壳的近端较宽。

登记号：17. 930919；18. 930560。

19　变科尼尔虫 *Konyrium varium* Nazarov & Popov，1976

主要特征：壳体橄榄形。具顶极和底极，顶极具1根顶刺，底极可以有几根底刺。连接顶极和底极的是6根拱形隆脊。

登记号：931329。

20　平直古马鞍虫 *Palaeoephippium plattum* Goto，Umeda & Ishiga，1992

主要特征：从一根很短的中棒上放射产生4根底刺和2根小项刺。底刺细长、扁平，彼此间近于垂直。在这4根底刺中，有2根较短，另外1根最长的底刺向下有弯曲。未见再分叉和骨刺。

登记号：930855。

21　简单古马鞍虫 *Palaeoephippium simplum* Goto，Umeda & Ishiga，1992

主要特征：壳体由同一平面均匀放射的3根细长刺组成，其中1根主刺长且较粗壮，其余2根主刺细和较短。

登记号：920310。

22　具刺单带虫 *Haplotaeniatum spinatum* Goto，Umeda & Ishiga，1992

主要特征：壳体小，以圆形小骨针为特征。圆形小骨针形成2个或几个球形壳。杆形主刺4根，长度小于外壳壳径。辅刺细小。

登记号：931348。

23　大刺单极虫 *Haplopolus macracanthus*（Ruedemann & Wilson，1936）

主要特征：壳近球形，中等大小。两根杆形极刺细长，长度大于壳径。壳孔较大，形状和大小不甚规则。辅刺细小。

登记号：930751。

24，25　瘤状双空滴虫 *Inanibigutta verrucula*（Nazarov in Nazarov & Popov，1976）

主要特征：2个格状壳球形，较大。杆形主刺6根，直或轻微弯曲，彼此间以90°角相间，长度通常大于壳径；其中1根杆型主刺比其余5根长，刺上发育骨刺。辅刺短小，发育程度不等。壳孔角卵形，分布较稀。

登记号：24. 931128；25. 910334。

26　单内射虫（未定种）*Haplentactinia* sp.

主要特征：单个格状壳近球形，壳形不甚规则。壳孔大，大小不均匀。孔间梁较宽。杆形主刺6根，细长，长度等于或小于壳径。辅刺不发育。

登记号：931336。

产地：青海祁连清水沟—百经寺混杂岩带。层位：中奥陶统达瑞威尔阶下部硅质岩。图版主要是由李红生（1995）鉴定和描述的新属种。其中一些老属种，如图11，12，19，26由作者重新鉴定和描述。

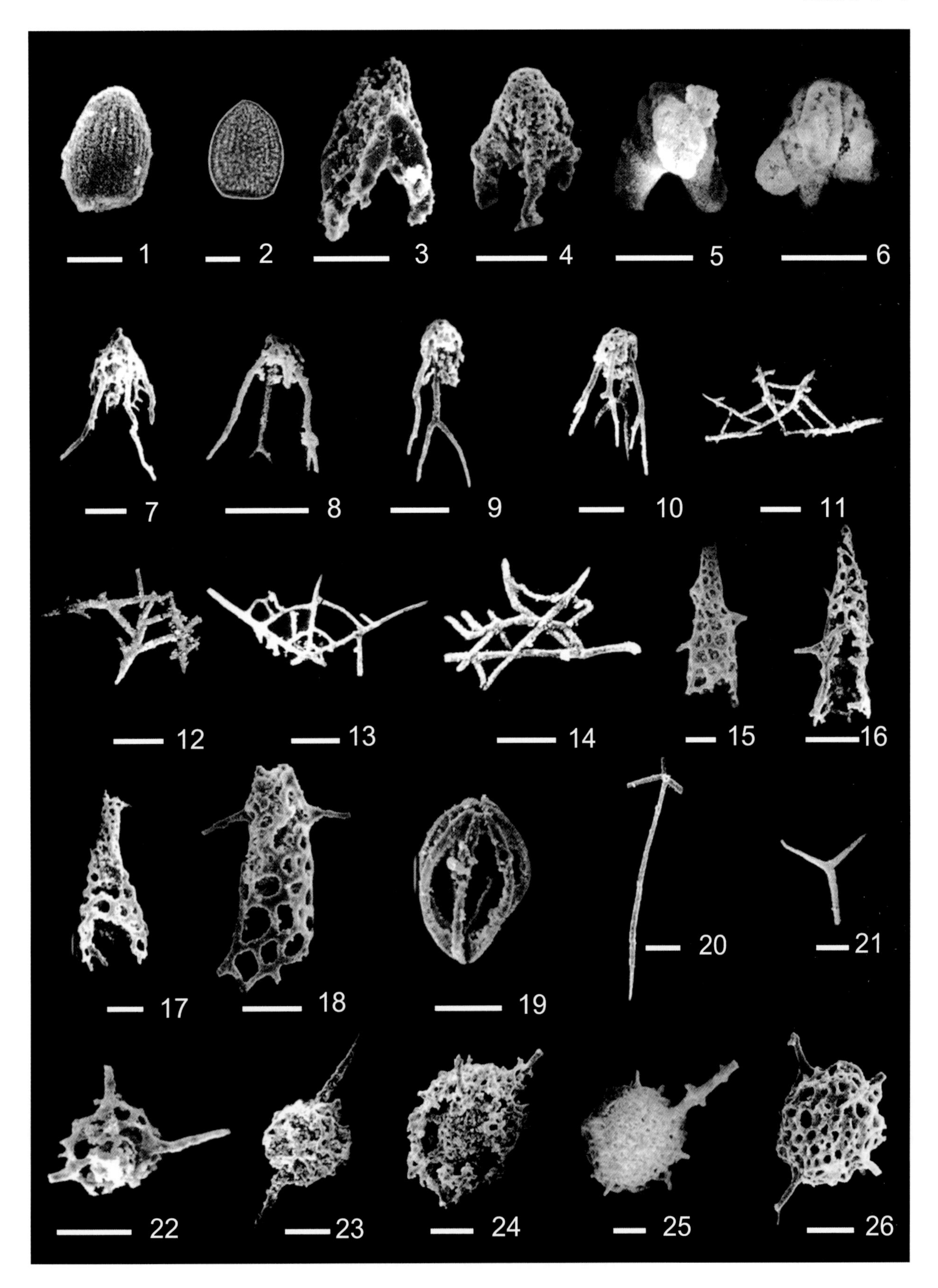

1
2
3
4
5
6
7
8
9
10
11
12
13
14
15
16
17
18
19
20
21
22
23
24
25
26

图版 5-8-5　放射虫

桑比阶

1—5　卡里姆纳球虫（未定种）*Kalimnasphaera* sp.

主要特征：2个格状壳球形。杆形主刺7根以上，长度大于壳径，基部具沟。口孔一般一个，很少有2个。辅刺有时出现。主刺和辅刺上未见骨刺。

登记号：1. AFC2d-1；2. AFC2d-2；3. AFC2d-3；4. AFC2d-4；5. AFC2d-5。

6—10，25—29　源滴虫（未定种）*Oriundogutta* sp.

主要特征：单个海绵壳球形。长锥形主刺12 根以上，长度略小于壳径。壳孔较小。辅刺发育。

登记号：6. AFC2d-6；7. AFC2d-7；8. AFC2d-8；9. AFC2d-9；10. AFC2d-10；25. AFC2d-25；26. AFC2d-26；27. AFC2d-27；28. AFC2d-28；29. AFC2d-29。

11—15　华丽源滴虫 *Oriundogutta bella* Wang，1993

主要特征：单个格状壳球形。锥形主刺8根，粗短，长度小于壳径。壳孔较大，大小不均匀。辅刺偶尔发育。

登记号：11. AFC2d-11；12. AFC2d-12；13. AFC2d-13；14. AFC2d-14；15. AFC2d-15。

16—19　双空滴虫（未定种A）*Inanibigutta* sp. A

主要特征：2个格状壳球形。杆形主刺4根，呈四面体状排列。有时主刺上发育简单的骨刺。辅刺有时发育。

登记号：16. AFC2d-16；17. AFC2d-17；18. AFC2d-18；19. AFC2d-19。

20—24　官庄甘肃角舍虫 *Gansuceratoikiscum guanzhuangensis* Wang，2010

主要特征：6根杆形主刺位于一根偏心位置的中棒上。其中，1，4刺（i杆或交叉杆）呈直线相连；2，5刺（a杆）和3，6刺（b杆）位于交叉杆的两侧，相对而不相连。各刺间有一组弧形辅刺与主刺相交形成一个近球形或椭圆形壳体。a杆上发育4 ~ 6对穴肋，每对穴肋向两侧张开而不相连。i杆的一侧发育翅膜组织和口。

登记号：20. AFC2d-20；21. AFC2d-21；22. AFC2d-22；23. AFC2d-23；24. AFC2d-24。

产地：甘肃平凉银洞官庄。层位：上奥陶统桑比阶平凉组。本图版标本系首次发表。

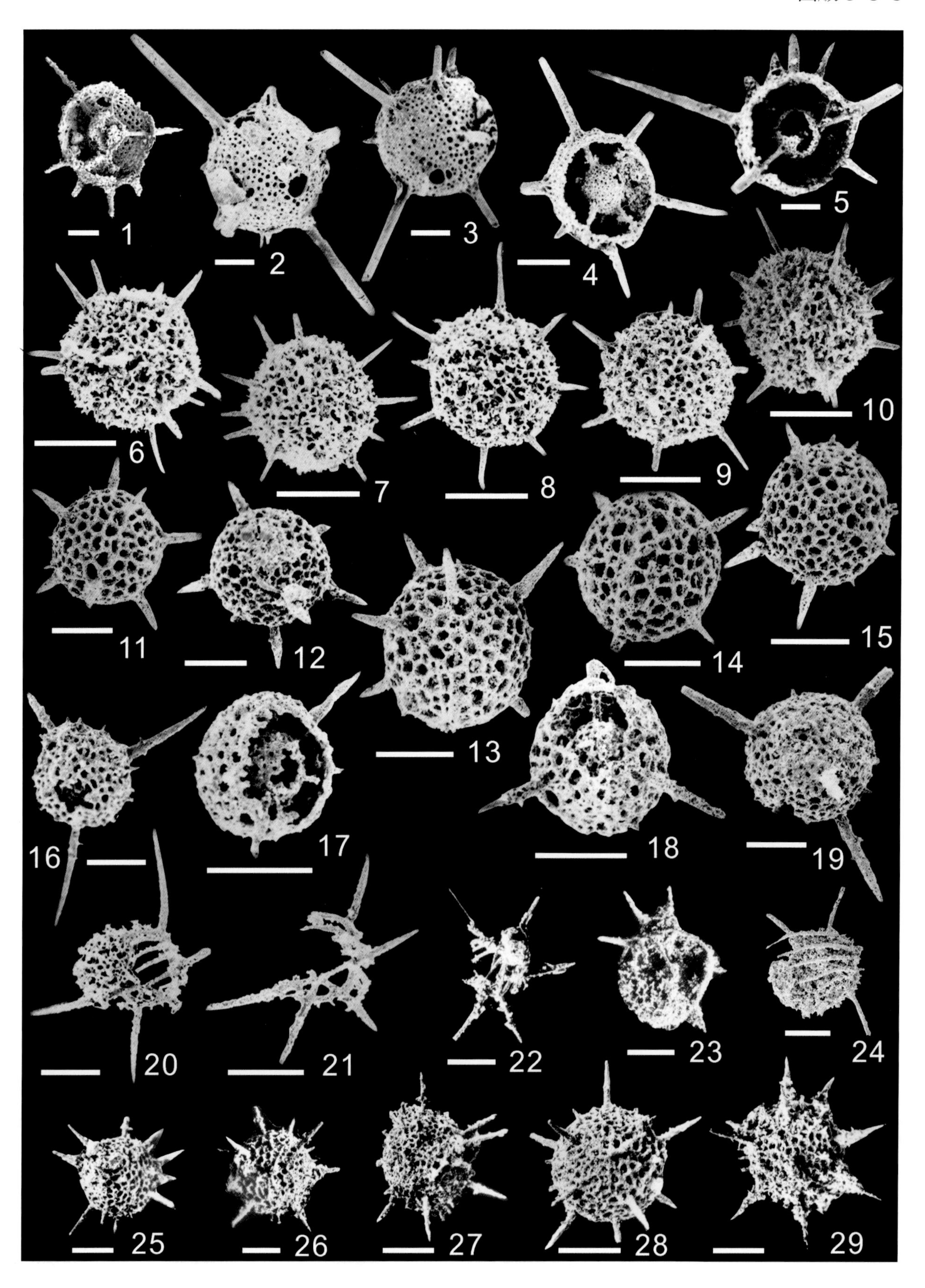
1
2
3
4
5
6
7
8
9
10
11
12
13
14
15
16
17
18
19
20
21
22
23
24
25
26
27
28
29

图版 5-8-6　放射虫

桑比阶

1—3　八枝古马鞍虫 *Palaeoephippium octaramocum* Renz，1990

主要特征：内骨骼为一个很短的中棒，从两端产生2根顶刺和4根基刺，有时基刺呈双分叉。刺杆形，大部分平直，有时有轻微弯曲。辅刺发育，针状，缠绕，在刺间形成一个带状或盔状边缘。

登记号：1. AFC2d-30；2. AFC2d-31；3. AFC2d-32。

4，5，15　海绵状单带虫 *Haplotaeniatum spongium*（Renz，1990）

主要特征："海绵壳"单个、不规则，但基本球形。壳体中等大小，围着一个小的亚球形初室做两圈以上松散的迷宫状螺旋形旋转。主刺杆形，6～8根，向内延伸，与螺旋层的梁相连，并同初房融合。网孔松散，大。刺的长度是壳径之半或与壳径相近。

登记号：4. AFC2d-33；5. AFC2d-34；15. AFC2d-44。

6—10　空日虫（未定种）*Inanihella* sp.

主要特征：2 个格状壳球形。杆形主刺8根，长锥形，刺短，长度约为壳径的1/3。无骨刺。辅刺较发育。

登记号：6. AFC2d-35；7. AFC2d-36；8. AFC2d-37；9. AFC2d-38；10. AFC2d-39。

11—13　多斑卡里姆纳球虫 *Kalimnasphaera maculosa* Webby & Blom，1986

主要特征：见图版5-8-2。

登记号：11. AFC2d-40；12. AFC2d-41；13. AFC2d-42。

14　后门孔虫（未定种）*Cessipylorum* sp.

主要特征：单个格状壳球形。杆形主刺6 根以上，有时这些刺未保存。壳表有一个特大的口孔发育。辅刺细小。

登记号：AFC2d-43。

16—20　双分叉古马鞍虫 *Palaeoephippium bifircum* Goodbody，1986

主要特征：壳体由2个顶射和4个基射组成，基射又可多次双分叉。未见辅刺。

登记号：16. AFC2d-45；17. AFC2d-46；18. AFC2d-47；19. AFC2d-48；20. AFC2d-49。

21—25　三叉球虫（未定种）*Triaenosphaera* sp.

主要特征：单个格状壳球形。杆形主刺4 根，细长、直，刺长大于壳径，呈四面体状排列，无骨刺。辅刺短小。

登记号：21. AFC2d-50；22. AFC2d-51；23. AFC2d-52；24. AFC2d-53；25. AFC2d-54。

26，27　单内射虫（未定种）*Haplentactinia* sp.

主要特征：见图版5-8-4。

登记号：26. AFC2d-55；27. AFC2d-56。

28—30　阿克沙克双空滴虫 *Inanibigutta aksakensis*（Nazarov，1975）

主要特征：见图版5-8-2。

登记号：28. AFC2d-57；29. AFC2d-58；30. AFC2d-59。

产地：甘肃平凉银洞官庄。层位：上奥陶统桑比阶平凉组。本图版标本系首次发表。

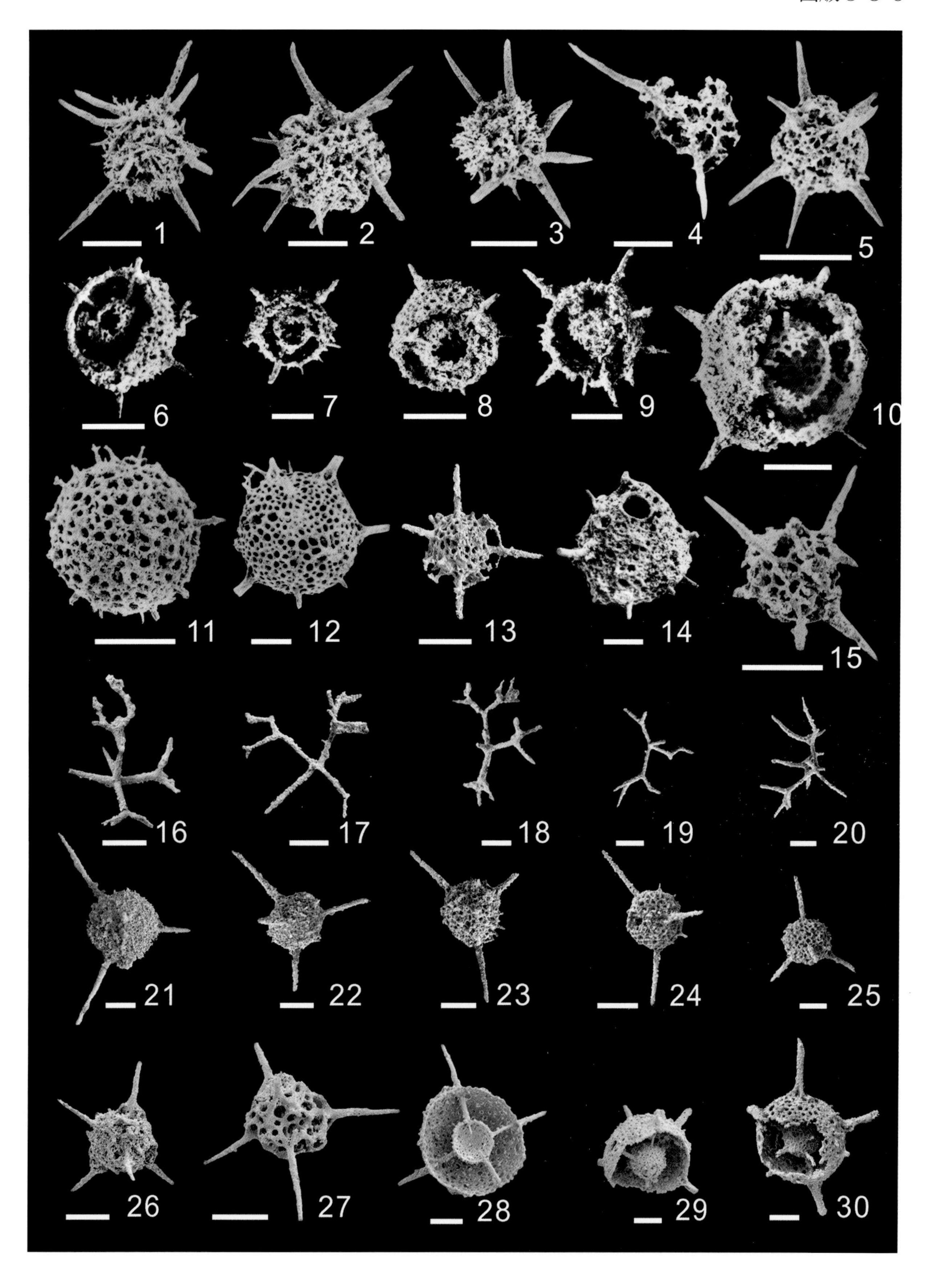
1
2
3
4
5
6
7
8
9
10
11
12
13
14
15
16
17
18
19
20
21
22
23
24
25
26
27
28
29
30

图版 5-8-7　放射虫

桑比阶

1—3　彭罗斯空日虫 *Inanihella penrosei*（Ruedemann & Wilson，1936）

主要特征：2个格状壳球形。壳较大。许多杆形主刺呈规则的放射状排列，长度略大于或等于外壳直径。辅刺细小。

登记号：1. R0034；2. R0039；3. R0063。

4，5　空滴虫（未定种）*Inanigutta* sp.

主要特征：单个格状壳菱形。杆形主刺6根，强壮、长，刺直或轻微弯曲，长度大于壳径。辅刺少，偶尔出现。壳孔近圆形，大小不均。

登记号：4. R0060；5. R0061。

6　角状源滴虫 *Oriundogutta cornuta*（Hinde，1890）

主要特征：单个格状壳球形。杆形主刺7 根或更多，直，形状和大小相似，长度一般小于壳径。辅刺有时发育。

登记号：R0062。

7，8　开放后门孔虫 *Cessipylorum apertum*（Nazarov，1975）

主要特征：单个格状壳球形。杆形主刺6 根以上，直。刺的长度一般小于或等于壳径。有一个大的口孔，近圆形。辅刺发育，细小。壳孔小，分布较密。

登记号：7. R0063；8. R0064。

9—11　平凉双空滴虫 *Inanibigutta pinliangensis* Wang，1993

主要特征：2个格状壳亚球形至球形。杆形主刺6根，直，长度与壳径近乎相等。刺上发育较发达的分叉骨刺，1次或多次分叉。辅刺较发育，有时也见有简单的分叉，但分叉未相连形成窗孔状构造，也未见口孔。

登记号：9. R0066；10. R0067；11. R0072。

12—14　瘤状双空滴虫 *Inanibigutta verrucula*（Nazarov in Nazarov & Popov，1976）

主要特征：见图版5-8-4。

登记号：12. R0075；13. R0078；14. R0080。

15—17　微小双空滴虫 *Inanibigutta minuta* Wang，1993

主要特征：2个格状壳都较小，近球形。杆形主刺6根，直、细长，刺上发育简单的骨刺，长度小于或等于外壳直径。辅刺稀少。壳孔近圆形，大小比较均匀。

登记号：15. R0081；16. R0082；17. R0083。

18，19　纳扎诺夫源滴虫 *Oriundogutta nazarovi* Wang，1993

主要特征：单个格状壳球形至亚球形。杆形主刺8根以上，直，长度与壳径相近。主刺上发育强壮的分支骨刺。辅刺短小。壳孔较大，大小不均匀。

登记号：18. R0085；19. R0086。

20—23　甘肃空滴虫 *Inanigutta gansuensis* Wang，1993

主要特征：单个格状壳亚三角形至球形。杆形主刺6根，直、长，长度通常大于壳径。在主刺上有时发育简单的分支骨刺。辅刺少、短。

登记号：20. R0087；21. R0088；22. R0095；23. R0103。

24，25　华丽源滴虫 *Oriundogutta bella* Wang，1993

主要特征：见图版5-8-5。

登记号：24. R0106；25. R0116。

26，27　扁平空滴虫 *Inanigutta complanata*（Nazarov，1975）

主要特征：见图版5-8-2。

登记号：26. R0119；27. R0120。

28—30　杂源滴虫 *Oriundogutta miscella*（Nazarov，1980）

主要特征：单个格状壳小球形。针形主刺8 ~ 12根，长度小于壳径。辅刺有时发育，微小。

登记号：28. R0121；29. R0124；30. R0127。

31　微小源滴虫 *Oriundogutta minuta* Wang，1993

主要特征：单个格状壳很小，亚球形。针形主刺10根以上，长度不相等，但都小于壳径。辅刺发育，但更微小。

登记号：R0135。

产地：甘肃平凉银洞官庄。层位：上奥陶统桑比阶平凉组。本图版标本引自（Wang，1993）。

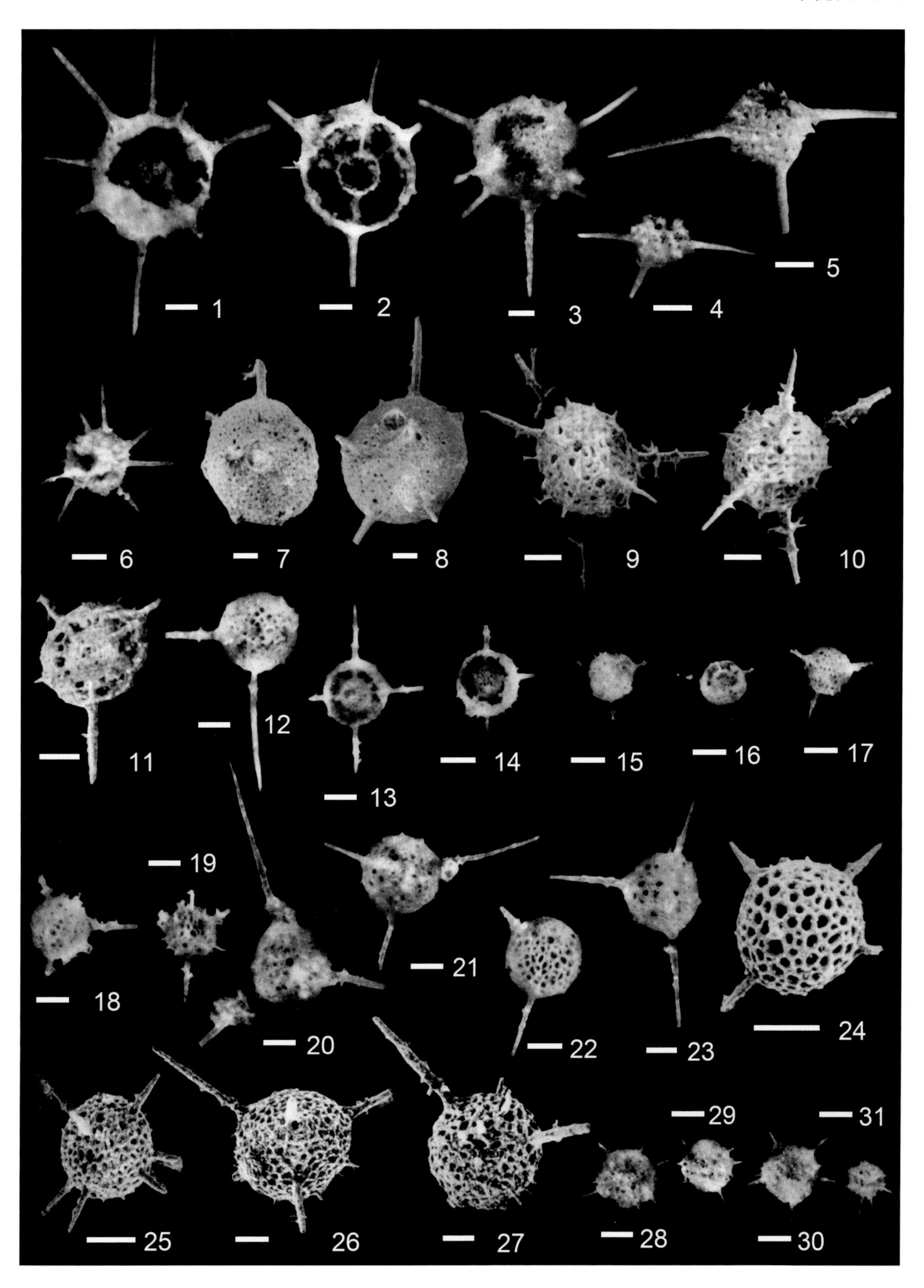
1
2
3
4
5
6
7
8
9
10
11
12
13
14
15
16
17
18
19
20
21
22
23
24
25
26
27
28
29
30
31

图版 5-8-8　放射虫

（标本保存在西北大学地质系）

凯迪阶

1，2　卵形单带虫 *Haplotaeniatum ovatum* Noble & Webby，2009

主要特征：由小骨针形成螺旋形致密的迷宫状卵形壳。基部有一个门孔状构造。刺细。

登记号：1. 980066。

3，4　雪花状原始角舍虫 *Protoceratoikiscum chinocrystallum* Goto，Umeda & Ishiga，1992

主要特征：见图版5-8-4。

登记号：3. 980063；4. 980051。

5，23　八枝古马鞍虫 *Palaeoephippium octaramosum* Renz，1990，emend. Noble & Webby，2009

主要特征：由6根射刺和细小的小刺组成盔形或带状裙边的壳体。刺位置多变，呈典型的双分叉。

登记号：5. 980062。

6，10，11　装饰侧边虫 *Secuicollacta ornata* Goto，Umeda & Ishiga，1992

主要特征：格状壳小，球形。杆形主刺6 ~ 8根，长度小于壳径。孔大，多边形至亚圆形。辅刺短小。

登记号：6. 980068；10. 980067；11. 980057。

7，8　窗孔状单带虫 *Haplotaeniatum fenestratum* Goto，Umeda & Ishiga，1992

主要特征：内壳由小的圆形骨针形成，第二或更多层壳是由孔的装饰形成的。外孔位于孔构内边的外面。孔的小骨针以直角伸展。圆形小骨针由内至外直径越来越大，呈窗孔状。无主刺。

登记号：7. 980061；8. 980060。

9　多斑卡里姆纳球虫 *Kalimnasphaera maculosa* Webby & Blom，1986

主要特征：见图版5-8-2。

登记号：980054。

12，13　锥状波里斯虫 *Borisella subulata*（Webby & Blom 1986）

主要特征：单个格状壳小，球形。杆形主刺4 ~ 6根，细长、直，长度是壳径的2倍以上。辅刺细小。壳孔多边形至亚圆形。

登记号：12. 980058；13. 980059。

14　变异双空滴虫 *Inanibigutta inconstans*（Nazarov，1975）

主要特征：2个格状壳球形。内壳小。杆形主刺6根，长度与外壳直径相近。辅刺发育，较长，针状。

15，16　瘤状双空滴虫 *Inanibigutta verrucula*（Nazarov in Nazarov & Popov，1976）

主要特征：见图版5-8-4。

登记号：15. 980055。

17，18　赵老峪空日虫 *Inanihella chaolaoyuensis* Wang，2020

主要特征：2个格状壳球形，内壳约占外壳直径的1/3。细长杆形主刺12根以上，刺直或轻微弯曲，长度大于外壳直径。辅刺发育，细长，针状。

登记号：17. 980053；18. 980052。

19，20　彭罗斯空日虫 *Inanihella penrosei*（Ruedemann & Wilson，1936）

主要特征：见图版5-8-7。

登记号：20. 980056。

21　平直古马鞍虫 *Palaeoephippium plattum* Goto，Umeda & Ishiga，1992

主要特征：见图版5-8-4。

22　海绵状单带虫 *Haplotaeniatum spongium*（Renz，1990）

主要特征：见图版5-8-6。

登记号：22. 980067。

产地：陕西富平赵老峪一带赵老峪剖面。层位：上奥陶统凯迪阶金粟山组下部。图影原由崔智林等（2000）和宋庆原等（2000）鉴定，只有属种名单，没有描述，这次进行重新鉴定和简单描述。有登记号的标本引自崔智林等（2000），无登记号的标本引自宋庆原等（2000）。

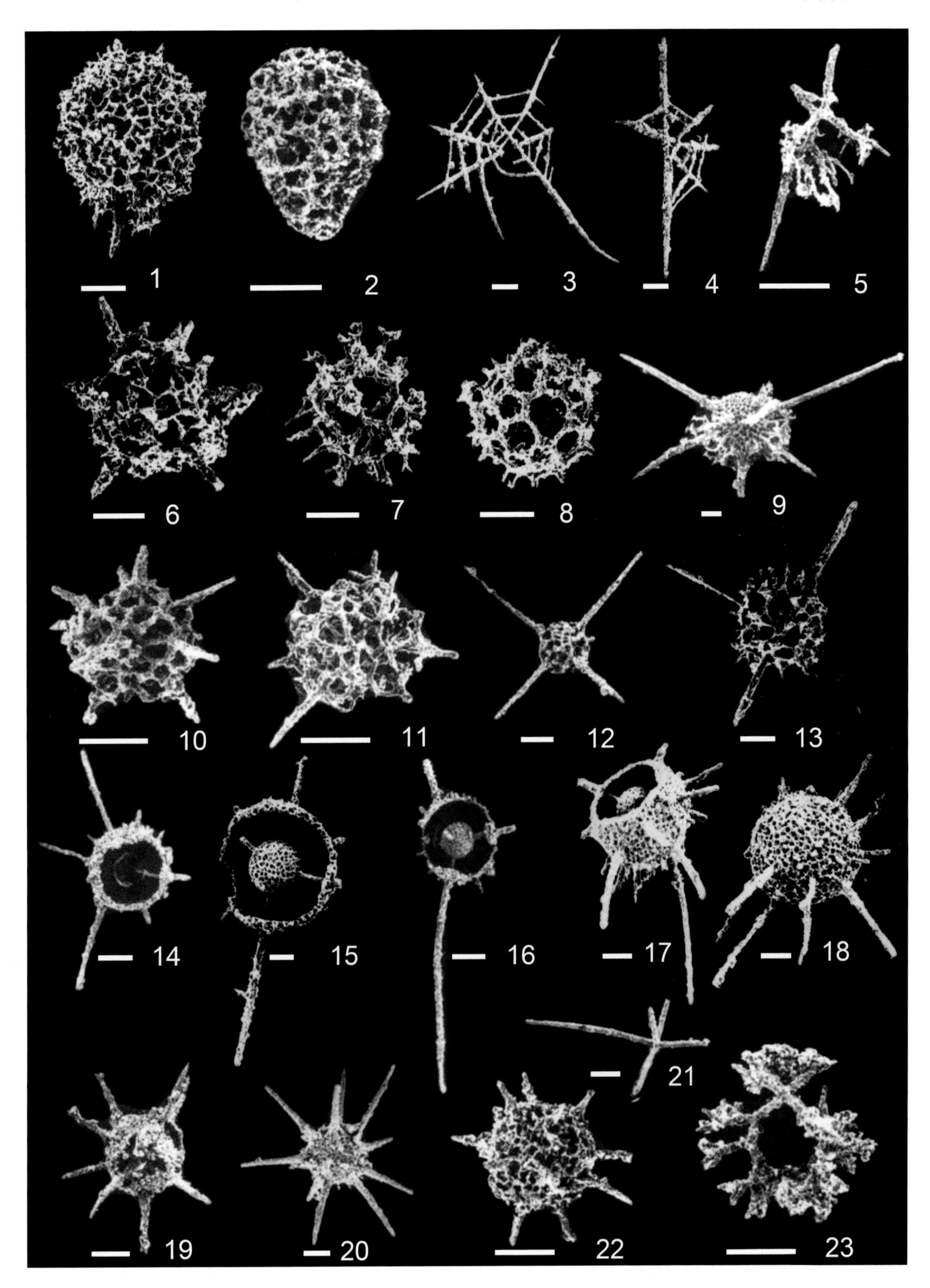
1
2
3
4
5
6
7
8
9
10
11
12
13
14
15
16
17
18
19
20
21
22
23

5.9 珊 瑚

珊瑚属于腔肠动物门，自寒武纪起一直延续到现在。奥陶纪珊瑚主要包括皱纹（四射）珊瑚（Rugose coral）和横板珊瑚（Tabulate coral）两个类群。它们是古生代常见的海洋底栖无脊椎动物，种类丰富，数量众多，分布广泛，是古生代地层划分的重要标准化石分子。较为明确的皱纹（四射）珊瑚和横板珊瑚出现于中奥陶世，它们的多样性在晚奥陶世的生物大辐射中显著增加，并在该时期首次作为主要造礁生物参与了后生动物礁的建造，这个时期横板珊瑚的造礁作用显著大于皱纹（四射）珊瑚。晚奥陶世的生物大灭绝造成了这两个珊瑚类群多样性水平的显著下降。随后，横板珊瑚和皱纹（四射）珊瑚在志留纪和泥盆纪持续辐射，并都在中泥盆世达到了多样性水平的峰值。晚泥盆世的F-F生物大灭绝事件重创了海洋生态系统，也对珊瑚的演化造成了深远影响。石炭纪和二叠纪残存的皱纹（四射）珊瑚和横板珊瑚类群继续演化，这个时期皱纹（四射）珊瑚的造礁作用大于横板珊瑚。最后，在晚二叠世的生物大灭绝中两个珊瑚类群惨遭灭绝。

对皱纹（四射）珊瑚和横板珊瑚的研究主要通过其保存在岩石中的骨骼部分开展。珊瑚骨骼由软体组织分泌而成。珊瑚虫营单独生活的称为单体，单体分泌的骨骼为单体珊瑚（solitary coral）。成群生活在一起的称为复体，复体分泌的骨骼为复体珊瑚（compound coral）。由于遗留下来的骨骼的形态反映了软体的特征，因而可以用来鉴别珊瑚的属种并研究它们的亲缘关系和分类。皱纹（四射）珊瑚因珊瑚体外壁表面常有皱纹而得名，通常珊瑚体中具有辐射分布的纵向骨骼（隔壁）和水平分布的横向骨骼（横板和鳞板等）。隔壁是珊瑚骨骼中最重要的构造，它的发生方式和顺序，对于珊瑚体的外形和对称程度具有决定性的影响。隔壁通常分为两级，第一级的大隔壁和第二级的小隔壁相间分布，少数皱纹（四射）珊瑚的一级和二级隔壁之间还可以出现三级甚至四级隔壁。单体皱纹（四射）珊瑚的形状有盘状、荷叶状、陀螺状、宽弯锥状、角锥状、弯柱状、曲柱状、拖鞋状、方锥状等；而复体皱纹（四射）珊瑚的形状有枝状、笙角柱状、笙状、多角星射状、多角柱状、互嵌状、互通状等。皱纹（四射）珊瑚大多生活在近岸浅海的环境中。在古生代礁体及其周围环境的皱纹（四射）珊瑚生活在温暖、富氧、高能、正常盐度及营养物质丰富的浅海环境中，最佳的深度不超过25m。而一些单体无鳞板的皱纹（四射）珊瑚可与现代的非造礁六射珊瑚动物群类比，能生活在水深200m以下的海洋环境中。

横板珊瑚因其横板发育而得名，其隔壁发育程度较弱或呈刺状。横板珊瑚的个体与皱纹（四射）珊瑚相比较小，且几乎全部为复体。横板珊瑚可分为无联结构造类、具联结构造类、日射珊瑚类。根据珊瑚虫个体相互关系的不同，可分为块状复体（massive）、丛状复体（fasciculate）和不同类型的蔓延状复体（reptant）。横板珊瑚是古生代重要的造礁生物类群，推测其生活环境与现代礁相六射珊瑚（与虫黄藻共生）生活在相似的温度、盐度及深度范围内，目前还无法证明古生代礁相的珊瑚是否与虫黄藻共生。

5.9.1 珊瑚基本结构

1. 皱纹（四射）珊瑚名词解释

皱纹（四射）珊瑚结构见图5-35。

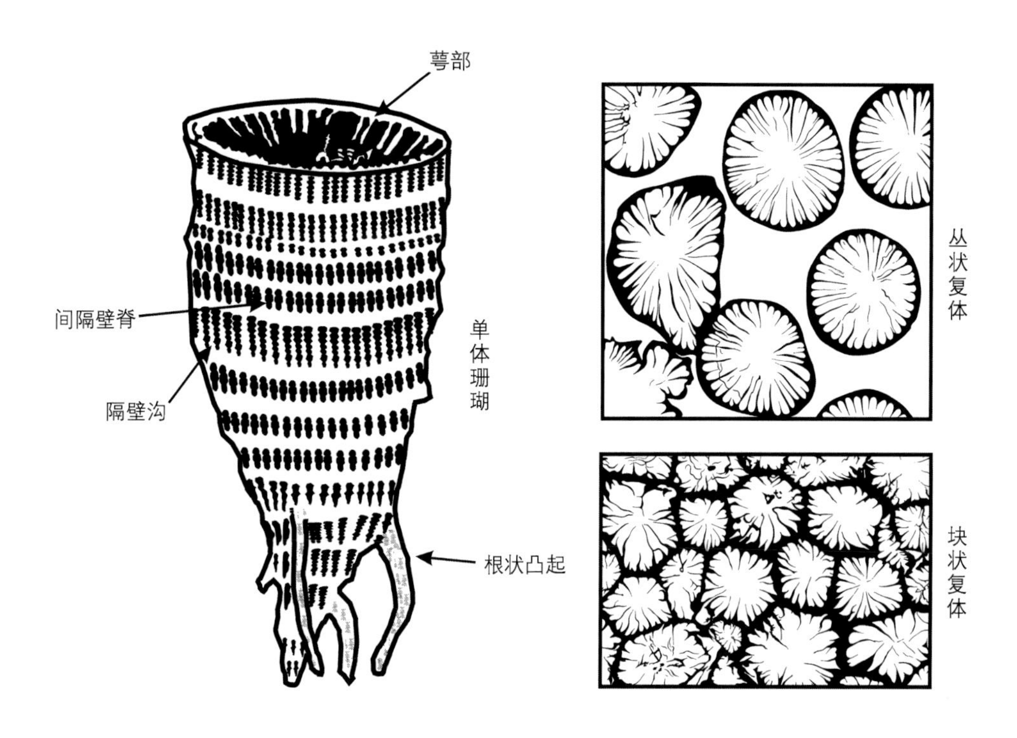

图 5-35 皱纹（四射）珊瑚的表面构造与类型

萼部（calice）：珊瑚体的顶（末）端部分，中央常有杯状凹陷，为珊瑚虫生长栖息之所。

隔壁沟（septal groove）：隔壁的产生引起体壁内陷，因此在外壁上呈现出垂直于横向生长纹的纵沟。

间隔壁脊（interseptal ridge）：隔壁沟之间隆起的纵脊。

根状凸起（radiciform process）：珊瑚个体的始端或复体珊瑚的基部发育的构造，有利于更好地加固和支持珊瑚体。

单体珊瑚（solitary coral）：单体分泌的骨骼。

复体珊瑚（compound coral）：群体珊瑚的骨骼，分为丛状复体和块状复体两种类型。

皱纹（四射）珊瑚隔壁编号见图5-36。

C：主隔壁（cardinal septum），为最初在珊瑚个体近始端中央的对称面上先产生的一个连续隔壁。

A：侧隔壁（alar septum），在主隔壁外端的两侧出现的一对原生隔壁，逐渐向两侧分离而形成侧隔壁。

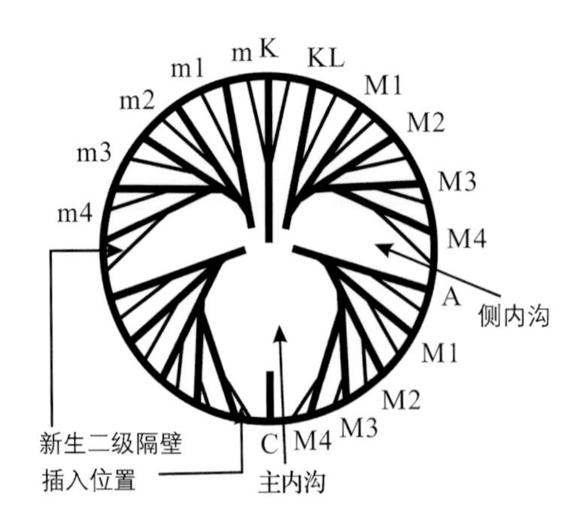

图 5-36　皱纹（四射）珊瑚的隔壁及其发生顺序

K：对隔壁（counter septum），与主隔壁相对一端的隔壁。

KL：对侧隔壁（counter-lateral septum），对隔壁两侧的一对隔壁。

M 1-4：一级隔壁（major septum），发生在次级隔膜内腔中的隔壁，常与6个原生隔壁（主隔壁、侧隔壁、对隔壁、对侧隔壁）等长。

m 1-4：二级隔壁（minor septum），在一级隔壁（包括原生隔壁）之间、多在隔膜外腔中发生的隔壁，长度通常较一级隔壁短。

主内沟（cardinal fossulae）：在一级隔壁发生的后期，主隔壁常萎缩，加之晚生的一级隔壁常发育不全，使主隔壁内端及其附近形成的明显凹陷。

侧内沟（alar fossulae）：侧隔壁在内缘或顶缘退缩，使侧隔壁内端及其附近形成凹陷。

图5-37展示了皱纹（四射）珊瑚横切面和纵切面结构。

外壁（outer wall）：单体珊瑚或丛状复体的珊瑚个体边缘的灰质壳，通常为两层结构，外侧厚度非常薄的称为表壁（epitheca），内侧较厚的致密层称为壁（theca）。壁为隔壁发生的地方。

边缘厚结带（peripheral stereozone）：隔壁始端有时强烈灰质加厚而侧向接触，形成的较厚灰质带。

一级隔壁（major septa）：珊瑚个体内部辐射排列的纵向板状结构称隔壁（septa），其中较长的为一级隔壁。

二级隔壁（minor septa）：两条一级隔壁间较短的隔壁为二级隔壁。二级隔壁有时不太发育，仅为短脊状或隐于外壁内。

中轴（columella）：由一种坚实致密的钙质柱状体形成的轴部构造。

鳞板（dissepiment）：为珊瑚体边缘的小型弯曲或球状、向中心倾斜的纵向板状构造，鳞板形状变化很大，可分为规则鳞板（regular dissepiment）或同心状鳞板（concentric dissepiment）、人字形或鱼骨状鳞板（herringbone dissepiment）、朗士德珊瑚型（longsdaleoid）鳞板。脱离隔壁而单独发育的鳞板，其拱面可光滑无隔壁残留，称为泡沫珊瑚型（cystiphylloid）鳞板。

泡沫板（transeptal dissepiment）：鳞板带外缘切割不连续的隔壁，向轴心凸的鳞板。

横板（tabulae）：是上下相叠的横向组织，将珊瑚虫软体不断上长而放弃的部分加以隔离。横板主要是横向骨骼构造，可上凸、水平或下凹，可中间凸起或轴部凹陷。每个连续的横板面可由单一的横板组成，称为完整横板（complete tabulae）。

不完整横板（incomplete tabulae）：由一系列亚球形小横板（tabellae）组成的横板面。

鳞板带（dissepimentarium）：鳞板占有的边缘区。

横板带（tabularium）：发育横板的区域。

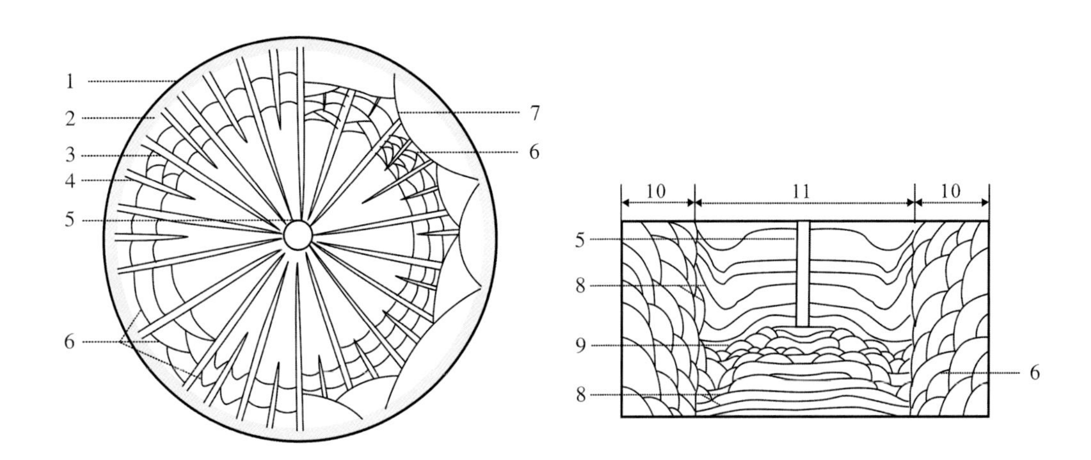

图 5-37　皱纹（四射）珊瑚横切面和纵切面结构。以 Hill（1935，1981）为主，并参考 Bamber & Fedorowski（1998）加以补充。图将奥陶纪珊瑚各种可能出现的形态类型综合在一起，这些结构不一定同时在单个珊瑚个体中。1. 外壁；2. 边缘厚结带；3. 一级隔壁；4. 二级隔壁；5. 中轴；6. 鳞板；7. 泡沫板；8. 横板；9. 不完整横板；10. 鳞板带；11. 横板带

2. 横板珊瑚名词解释

横板珊瑚结构见图5-38。

珊瑚个体（corallite）：一个珊瑚虫分泌的完整的骨骼称为珊瑚个体，而群体珊瑚虫分泌的完整骨骼构造称为复体（compound coral）。

联接构造（connections）：连接珊瑚个体并使个体组成复体的所有骨骼构造称为联接构造。联接构造可分为联接孔（connecting pores）、联接管（connecting tubes）和联接板（connecting plates）。

隔壁（septa）：由珊瑚虫软体的放射状褶皱部分分泌的骨骼称为隔壁构造，隔壁构造最能反映珊瑚虫软体的特征，对珊瑚化石的分类具有重要意义。

横板（tabulae）：横切珊瑚个体体腔的水平或倾斜的骨骼构造称为横板。横板是横板珊瑚的重要特征，它是珊瑚虫软体基部外胚层分泌的骨骼构造。多数横板珊瑚具有简单、完整、水平或微上下弯曲的横板。

间隙管（coenenchyme tube）：日射珊瑚个体之间的骨骼组织称为共骨组织，它主要包括间隙管

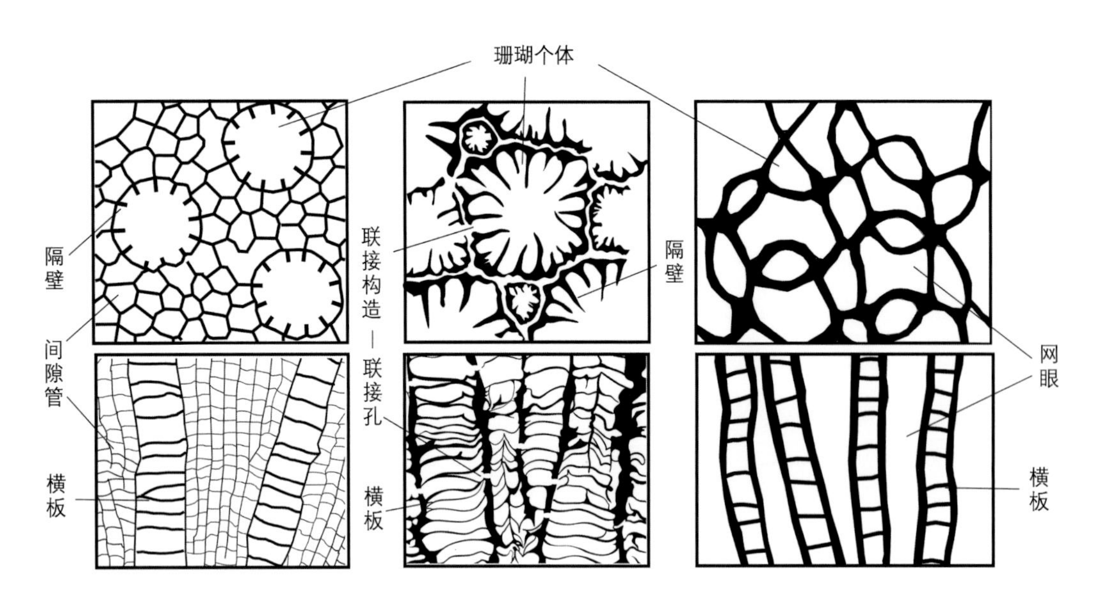

图 5-38　横板珊瑚结构。以日射珊瑚（左）、阿盖特珊瑚（中）、镣珊瑚（右）为例，改编自 Dai et al.（2016）、Sun et al.（2016）、Liang et al.（2018）

（由一些小管构成）或者泡沫组织。

网眼（lacuna）：链状珊瑚个体之间的空间。

羽簇（fascicle）：一群具钙化集中点的放射状钙质晶针。

羽榍（trabecula）：羽簇沿一定方向排列形成的柱状结构。

单羽榍（monacanth）：所有羽针均出自一个钙化中心并向上辐射的简单羽榍。

复羽榍（rhabdacanth）：以一群没有固定钙化中心的羽针聚集在一个主要轴部周围而形成的结构。

5.9.2　珊瑚图版及说明

标本多数保存在中国科学院南京地质古生物研究所、中国地质科学院地质研究所、中国地质大学（北京）。

图版 5-9-1　珊瑚

（比例尺长度 =2mm）

凯迪阶

1，2　浙江扭心珊瑚 *Streptelasma chekiangensis* Yü，1960

主要特征：单体，外形不明，个体横切面近圆形，局部呈不规则突出状，外壁薄而细密。长短隔壁由羽榍组成，一致加厚，尤以基部为甚，在直径为11mm的横切面计数34×2，相邻隔壁的基部常侧向衔接，组成宽约1.2mm的边缘厚结带。一级隔壁长达轴部，在中心相交；隔壁轴端向主隔壁方向扭曲，相聚成簇；侧内沟及对侧内沟处留有细长空隙。次级隔壁短，长不及一级隔壁的四分之一，稍微突出于边缘厚结带之外。横板发育，不太完整，在中央部分或近中央处显著隆起，向两侧下斜，以近外壁处凹度最大，随后又复斜上升起交于外壁。纵切面显示横板常被隔壁所截断，鳞板不发育。

登记号：1.NIGP10378；2. NIGP10379 。产地：浙江江山仕阳尾剖面。层位：上奥陶统凯迪阶下镇组。标本由俞昌民（1960）发表。

3，4　小型古珊瑚 *Paleophyllum minimum* Yü，1960

主要特征：群体笙状，个体小，圆柱形，体径大小不均衡，一般为3.0 ~ 3.5mm，小者仅2.25mm，体壁厚0.15mm。隔壁长短相间，数目不等，随个体大小而变化，一般长短隔壁计数（15 ~ 19）×2，少数仅12对。一级隔壁细长，为个体直径的3/10 ~ 4/10；次级隔壁仅约为一级隔壁的一半。隔壁均由羽榍构成，基部加厚，呈宽三角形，相邻隔壁的基部常侧向衔接，组成边缘厚结带。个体中央残留隔壁线条。横板完整，大致呈宽马鞍状，中央平坦，两侧下斜；个别横板中央下凹，留有凹穴。相邻横板间的平均间距为0.5 ~ 0.7mm，较稀疏的部分为1.00 ~ 1.15mm。

登记号：3.NIGP10380；4. NIGP10381。产地：浙江江山仕阳尾剖面。层位：上奥陶统凯迪阶下镇组。标本由俞昌民（1960）发表。

5，6　石佛寺小蜂房星珊瑚（亲近种）*Favistina* aff. *shifosiensis*（Cao，1982）

主要特征：不规则的小型块状群体。个体角柱状，相互毗连，横切面4 ~ 7边形，个体大小分异不明显，体径2 ~ 4mm。体壁厚度中等，约0.4mm。隔壁22 ~ 24个，长短两级，基部宽，向个体轴部急剧变薄。长隔壁伸入轴部，少数长隔壁的内端弯曲并接合，短隔壁长度为长隔壁的l/4 ~ 1/3，与长隔壁交替出现。横板完全，平列、波曲、下凹或倾斜。横板之间的间距为0.3 ~ 0.5mm。

登记号：5. NIGP99383；6. NIGP99384。产地：河南淅川石燕河剖面。层位：上奥陶统凯迪阶石燕河组。标本由曹宣铎和林宝玉（1982）发表。

7，8　斜隔壁蜂巢星珊瑚 *Favistina obliquiseptata*（Yü，1960）

主要特征：块状群体，角柱状的个体呈5 ~ 6边形，较大个体直径4.8 ~ 6.4mm，体壁薄，约0.1mm，中线明显。隔壁较细，总数28，长短隔壁相间排列，与体壁呈锐角相交。横板薄，水平，局部微下凹，分布较稀疏但很规则，间距一般为1.8mm。

登记号：7. NIGP10393；8. NIGP10394。产地：青海门源大梁。层位：上奥陶统凯迪阶扣门子组。标本由俞昌民（1960）发表。

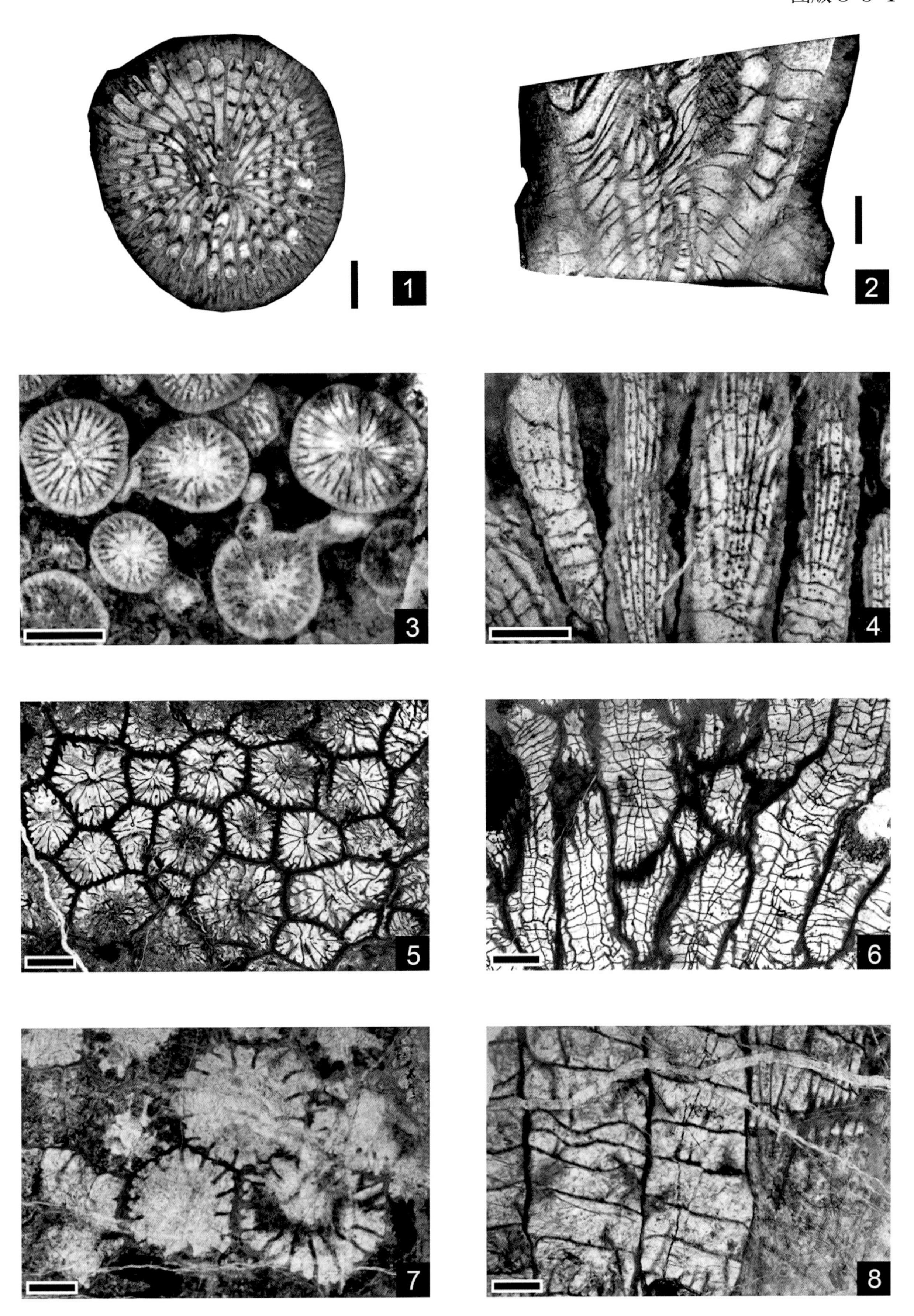
1
2
3
4
5
6
7
8

图版 5-9-2 珊瑚

（比例尺长度 =5mm）

凯迪阶

1，2 不定萨福特珊瑚 *Saffordophyllum inconstus* Deng & Li，1979

主要特征：群体珊瑚，由角柱状个体毗连组成。个体截面多边形，一般4 ~ 8边形。体径3.5 ~ 7.0mm。体壁微波浪状，中间线清楚，厚度为0.2 ~ 0.4mm。隔壁脊分布在体壁弯曲的凸面上，横面常呈尖刺状。横板完整，平坦或微弯曲，横板之间的距离为1.0 ~ 2.3mm，无壁孔。

登记号：1. NIGP41384；2. NIGP41385。产地：青海祁连菜士吐河。层位：上奥陶统凯迪阶扣门子组下部。标本由邓占球和李璋荣（1979）首次发表。

3，4 黑泉河萨福特珊瑚 *Saffordophyllum heiquanheensis* Deng & Li，1979

主要特征：群体块状，由相互毗连的角柱状个体组成，个体截面多边形，小个体3 ~ 4边形，体径约2.5mm，大个体5 ~ 8边形，体径为4.5 ~ 6.5mm。个体最大的体径可达8.5mm。体壁波浪状弯曲，厚度为0.1 ~ 0.2mm。隔壁构造分布在体壁弯曲的凸面上，呈脊状或短板状，一般发育良好，在不同的个体内数目差异较大。横板完整，平坦或微弯曲，横板间距为1.0 ~ 1.5mm。无壁孔。

登记号：3. NIGP41386；4. NIGP41387。产地：青海祁连黑泉河。层位：上奥陶统凯迪阶扣门子组上部。标本由邓占球和李璋荣（1979）首次发表。

5，6 青海萨福特珊瑚 *Saffordophyllum qinghaiensis* Deng & Li，1979

主要特征：群体块状，由紧密毗连的角柱状个体组成，个体横切面4 ~ 7边形。大个体常为5 ~ 7边形，体径为3 ~ 5mm；小个体四边形，体径为1.5 ~ 3.0mm。体壁呈微波浪形，体壁厚度为0.15 ~ 0.20mm。隔壁脊分布在波状体壁凸面，但不甚发育。无壁孔。体壁的中间线一般存在。羽榍的间隙不清晰。横板完整，呈微弯曲或弯曲状，横板之间的距离为0.2 ~ 1.0mm。

登记号：5. NIGP41388；6. NIGP41389。产地：青海祁连龙皇歪道。层位：上奥陶统凯迪阶扣门子组上部。标本由邓占球和李璋荣（1979）首次发表。

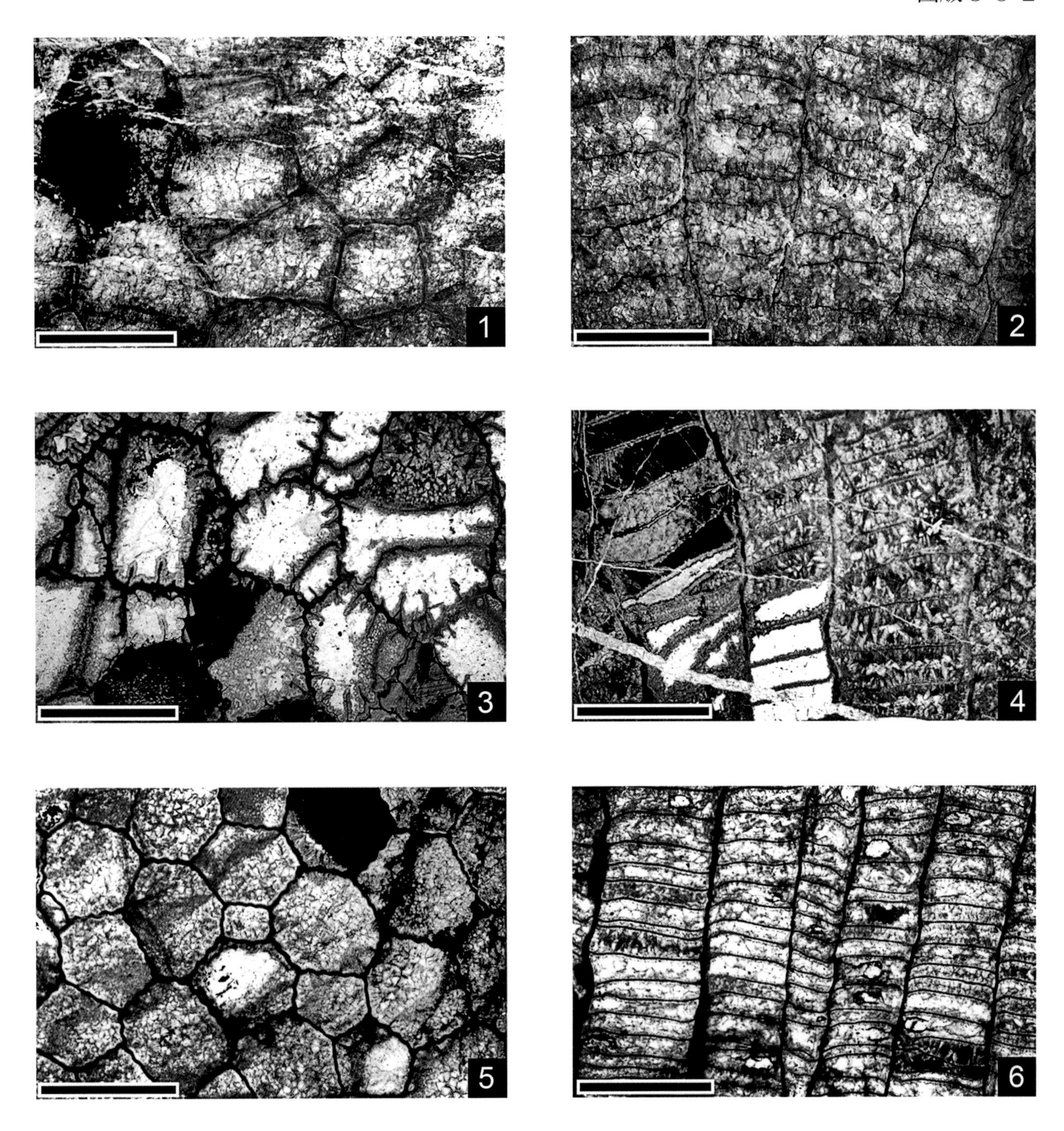
1
2
3
4
5
6

图版 5-9-3 珊瑚

（比例尺长度 =2mm）

凯迪阶

1，2 圆形美群珊瑚 *Calapoecia rotunda* Deng & Li，1979

主要特征：外形丛状或块状群体。个体圆柱状，横切面圆形或浑圆形。体壁较厚，隔壁脊状，数目通常为20个。隔壁内端偶见锯齿状的刺列。个体之间由叠层状连接板构成共骨平台。连接板与连接孔相通，孔在个体体壁呈格子状排列。在个体外缘，隔壁外段往往伸出体外形成放射状的隔壁环。横板完全或不完全，边缘斜板偶见。

登记号：1. NIGP41379；2. NIGP41380。产地：青海祁连龙皇歪道。层位：上奥陶统凯迪阶扣门子组上部。标本由邓占球和李璋荣（1979）首次发表。

3，4 安蒂科斯蒂美群珊瑚淅川亚种 *Calapoecia anticostiensis xichuanensis* Deng，1987

主要特征：外形丛状或块状群体。个体圆柱状，横切面圆形或浑圆形，体径2.5 ~ 3.5mm。体壁略厚，0.3 ~ 0.4mm，由20 ~ 22个羽榍排成一圈。隔壁脊状，局部发育成短板并伸入内腔，内端钝圆。部分个体的隔壁伸出体外，构成完整或不完整的放射环。个体间距为 0.5 ~ 2.0mm，相邻个体之间由叠层状的连接板构成共骨平台。连接板与连接孔相通，孔在个体体壁呈格子状排列。横板完全或不完全。

登记号：3. NIGP99376；4. NIGP99377。产地：河南淅川石燕河剖面。层位：上奥陶统凯迪阶石燕河组。标本由邓占球（1987）首次发表。

5，6 穹床板似网膜珊瑚 *Plasmoporella convexotabulata* Kiaer，1899

主要特征：半球形至球形群体，底面直径50 ~ 105mm，高55 ~ 58mm，个体近圆形或星射形，体径2.3 ~ 2.7mm，相邻个体的距离介于个体体径的1/4 ~ 1。体壁消失或为泡沫状组织所代替，隔壁脊粗短，呈扭曲状，仅相当个体体径的1/6 ~ 1/8。横板完整或不完整，中央部分隆起或呈强烈的泡沫状。共骨组织由小型的泡沫板组成，圆球状，相互叠置，泡沫板高度一般为0.2 ~ 0.6mm。

登记号：5. NIGP105657；6. NIGP105658。产地：新疆和布克赛尔。层位：上奥陶统凯迪阶布龙果尔组。标本由邓占球（1999）首次发表。

7，8 青海似网膜珊瑚 *Plasmoporella chinghueiensis* Yü，1960

主要特征：个体圆形，体径约2.5mm，相邻个体间距0.8 ~ 1.0mm。外壁缺失，隔壁刺粗短，为数12，长度为个体直径的1/4 ~ 1/5。横板排列不规则，上凸或呈低矮的泡沫状，平均间距0.1 ~ 0.4mm，共骨组织由低矮宽阔的泡沫板组成。

登记号：7. NIGP10450；8. NIGP10451。产地：青海门源大梁。层位：上奥陶统凯迪阶扣门子组。标本由俞昌民（1960）首次发表。

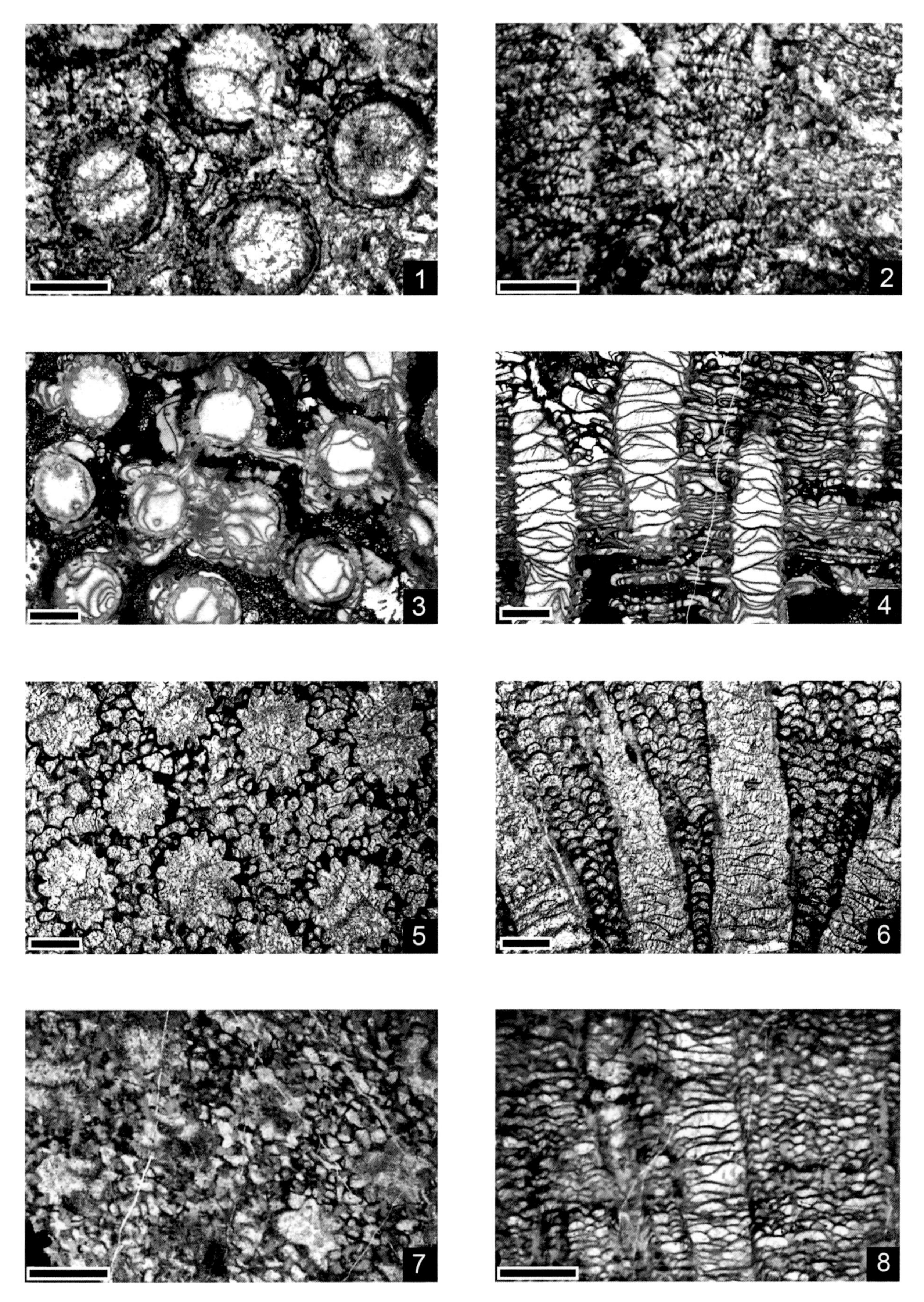
1
2
3
4
5
6
7
8

图版 5-9-4　珊瑚

（图 1—6 比例尺长度 =2mm；图 7—8 比例尺长度 =1mm）

凯迪阶

1，2　凸形原日射珊瑚 *Protoheliolites convexus*（Yü，1960）

主要特征：群体半球状。个体圆形至圆角形，体径1.35 ~ 1.5mm。个体紧邻或相距很近，最大间距至0.4mm。体壁曲折状，较厚，致使个体横切面的轮廓近似花瓣形。壁刺发育，为数12，长度适中，约相当于个体体径的1/4。横板完整，中央显著隆起，平均间距为0.15 ~ 0.35mm。共骨组织较为不发育。

登记号：1. NIGP10441；2. NIGP10442。产地：新疆库鲁克塔格地区乌里格兹塔格。层位：上奥陶统凯迪阶。标本由俞昌民（1960）首次发表。

3，4　东方原日射珊瑚 *Protoheliolites orientalis*（Yü，1960）

主要特征：群体半球状，顶面宽阔，直径可达24mm。个体近乎角柱形，略具圆形，体径1.15 ~ 1.35mm。体壁较厚，约0.17mm，略呈曲折状。相邻个体常紧密相邻，夹有少许小型的四方形小管，个体间的间距最大0.35mm。壁刺发育，为数12，长度适中，约相当于个体体径的1/4左右。在群体发育的幼年期，横板水平状，微下凹，平均间距约0.4mm；在群体发育的老年期，横板则排列较密，很不规则。共骨组织较为不发育。

登记号：3. NIGP10437；4. NIGP10438。产地：新疆库鲁克塔格地区乌里格兹塔格。层位：上奥陶统凯迪阶。标本由俞昌民（1960）首次发表。

5，6　新疆日射珊瑚 *Heliolites sinkiangensis* Yü，1960

主要特征：群体较大，菌伞状或穹隆状。个体圆形，个别者体型稍有延长，体径1.00 ~ 1.15mm，小者仅0.92mm，大者可达1.20 ~ 1.25mm。体壁光滑或稍微呈锯齿状弯曲。壁刺不发育或者发育微弱。体壁较厚，0.05 ~ 0.10mm，相邻个体间距甚近，甚至直接接触，个体间的距离最大可至0.7mm。横板完整，水平状，微下凹，相邻横板间平均间距为0.40 ~ 0.45mm。间隙管多边形，以五边形者为主，直径0.2 ~ 0.4mm，间隙管的横板水平状，间距0.25 ~ 0.40mm。

登记号：5. NIGP10423；6. NIGP10424。产地：新疆库鲁克塔格地区乌里格兹塔格。层位：上奥陶统凯迪阶。标本由俞昌民（1960）首次发表。

7，8　塔山日射珊瑚 *Heliolites tashanensis* Lin & Chow，1977

主要特征：群体较小，菌伞状，个体圆形，体径0.4 ~ 0.5mm。体壁光滑或稍微呈锯齿状弯曲，壁刺不发育。体壁较薄，相邻个体间距平均0.39 ~ 0.43mm。横板完整或者不完整，水平状，微下凹，相邻横板间平均间距为0.14mm。间隙管多边形，以五边形者为主，或者不规则形状，平均面积0.015 ~ 0.017mm^2。

登记号：C5-4。产地：江西玉山祝宅剖面。层位：上奥陶统凯迪阶下镇组。标本由林宝玉和邹鑫祜（1977）首次发表。

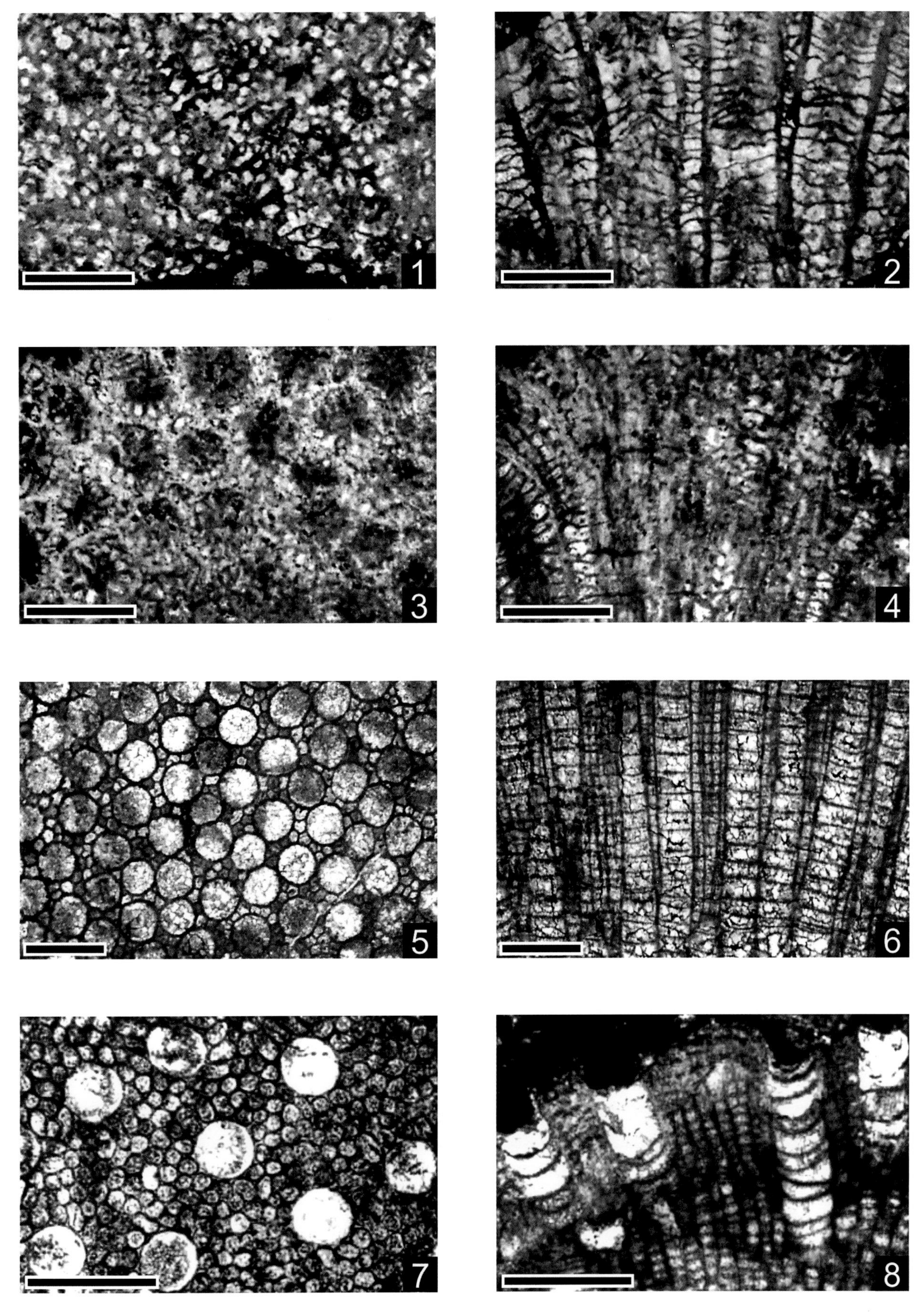
1
2
3
4
5
6
7
8

图版 5-9-5　珊瑚

（比例尺长度 =1mm）

凯迪阶

1，2　卡拉科尔日射珊瑚 *Heliolites caracolica* Lin & Chow，1977

主要特征：群体菌伞状，个体圆形，面积0.25～0.30mm²。体壁光滑或稍微呈锯齿状弯曲。壁刺较为发育，长度为0.06～0.08mm；体壁较薄，相邻个体间距0.26～0.44mm不等，每个个体周边有大约12个间隙管。横板完整或者不完整，水平状，微下凹，相邻横板间平均间距为0.2mm。间隙管多边形，面积0.02～0.03mm²。

采集号：C12-922。产地：江西玉山祝宅剖面。层位：上奥陶统凯迪阶下镇组。标本由林宝玉和邹鑫祜（1977）首次发表。

3，4　中轴日射珊瑚 *Heliolites columella* Lin & Chow，1977

主要特征：群体菌伞状，个体圆形，面积0.19～0.25mm²。体壁光滑或稍微呈锯齿状弯曲，壁刺非常发育；体壁较薄，相邻个体间距平均0.45～0.69mm，每个个体周边有12～15个小管；横板完整或者不完整，水平状，微下凹，相邻横板间平均间距为0.15mm。间隙管多边形，面积0.015～0.020mm²。

采集号：C12-904。产地：江西玉山祝宅剖面。层位：上奥陶统凯迪阶下镇组。标本由林宝玉和邹鑫祜（1977）首次发表。

5，6　外村日射珊瑚 *Heliolites waicunensis* Lin & Chow，1977

主要特征：群体菌伞状，个体圆柱形，面积0.23～0.30mm²；体壁光滑或稍微呈锯齿状弯曲。壁刺非常发育；体壁较薄，相邻个体间距0.4～0.6mm，每个个体周边有14～16个小管；横板完整或者不完整，水平状，微下凹，相邻横板间平均间距为0.15mm。间隙管多边形，面积0.02～0.03mm²。

采集号：C8（3）-21。产地：江西玉山祝宅剖面。层位：上奥陶统凯迪阶下镇组。标本由林宝玉和邹鑫祜（1977）首次发表。

7，8　中国日射珊瑚不规则亚种 *Heliolites sinensis irregularis* Lin & Chow，1977

主要特征：群体菌伞状，个体圆柱形，面积0.42～0.47mm²；体壁光滑或稍微呈锯齿状弯曲。壁刺非常发育；体壁较薄，相邻个体间距0.54～0.66mm，每个个体周边有14个小管；横板完整或者不完整，水平状，微下凹，相邻横板间平均间距为0.22mm。间隙管多边形，面积0.029～0.058mm²。

采集号：C8（3）-10。产地：江西玉山祝宅剖面。层位：上奥陶统凯迪阶下镇组。标本由林宝玉和邹鑫祜（1977）首次发表。

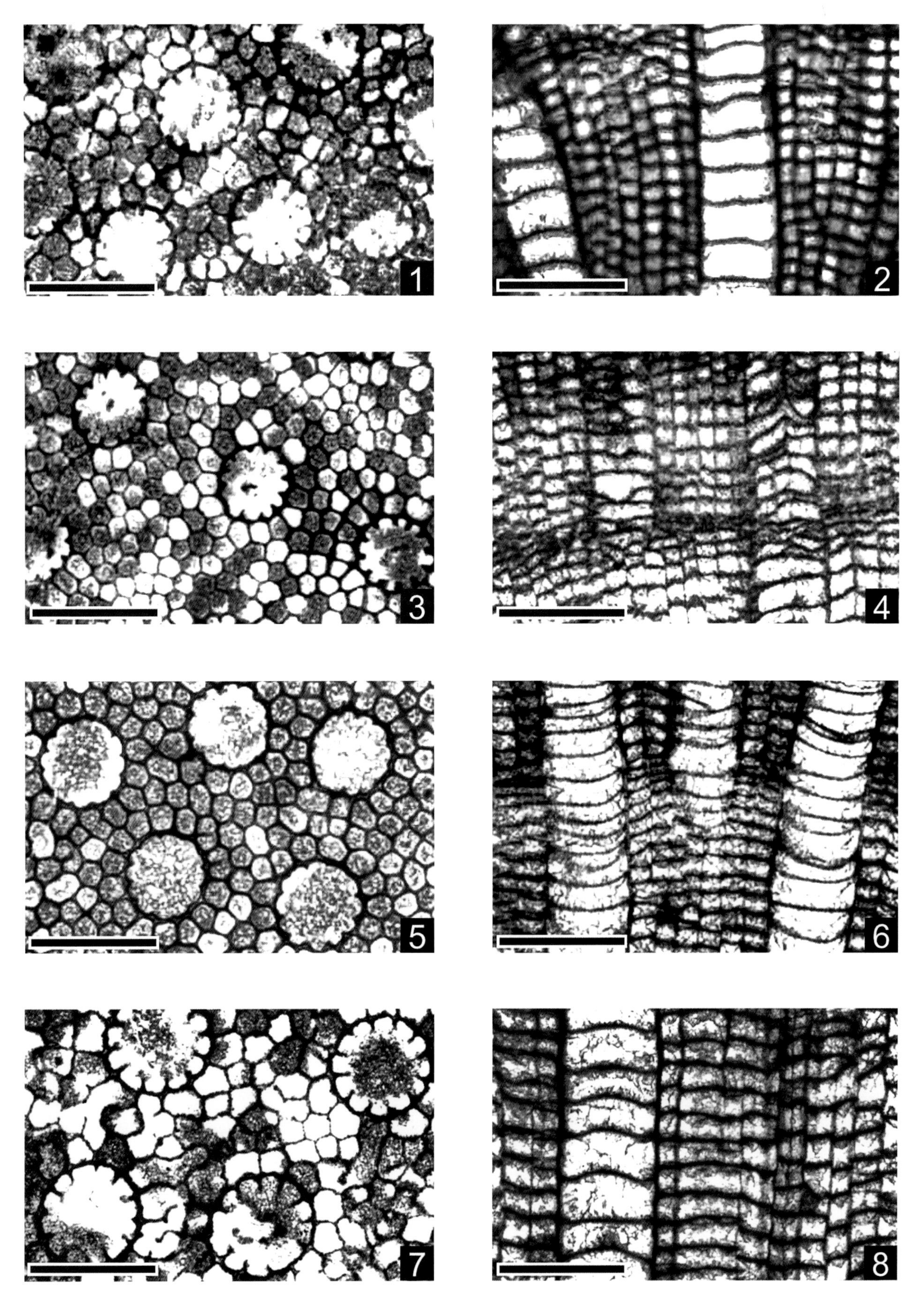
1
2
3
4
5
6
7
8

图版 5-9-6　珊瑚

（图 1，2，7，8 比例尺长度 =2mm；图 3，4，5，6 比例尺长度 =5mm）

凯迪阶

1，2　新疆沃姆斯日射珊瑚 *Wormsipora sinkiangensis* Yü，1960

主要特征：群体半球状。个体圆形或花瓣形，体径1.4mm左右，相邻个体间距很小。体壁薄，厚度0.01 ~ 0.06mm，内外作规则性曲折状，体壁内折处发育个体内的壁刺，体壁外凸处可见相邻个体的壁刺，壁刺有时深入间隙管内，使间隙管呈碎裂状。壁刺短，横板水平状或不规则凸起状，偶尔呈近乎泡沫状，间距0.25 ~ 0.4mm。间隙管不太发育，在横切面上呈四边形或多边形，大者直径可达1.0mm，其内的横板呈不规则的凸起状或泡沫状，一般凸起高度约0.2mm。

登记号：1. NIGP10443；2. NIGP10444。产地：新疆库鲁克塔格地区乌里格兹塔格。层位：上奥陶统凯迪阶。该标本由俞昌民（1960）首次发表。

3，4　椭圆镣珊瑚 *Catenipora subovata* Yü，1960

主要特征：块状复体，由群体组成的网眼极不规则，宽窄大小不一致，有的呈多边形，也有狭长的条带状，每条链的个体数目也不一致，少者1 ~ 3个，多则11 ~ 12个。个体呈椭圆形，长1.65 ~ 1.75mm，宽1.2 ~ 1.3mm。横板细，水平状，排列较整齐，平均间距0.70 ~ 0.85mm。壁刺较为不发育。

登记号：3. NIGP10401；4. NIGP10402。产地：青海省门源县大梁。层位：上奥陶统凯迪阶扣门子组。该标本由俞昌民（1960）首次发表。

5，6　均形镣珊瑚 *Catenipora uniforma*（Yü，1960）

主要特征：块状复体，网眼以多边形为主，五边形居多。每条链的个体数目2 ~ 6个，以3 ~ 4个最为普遍。个体长方形至长椭圆形，长1.50 ~ 1.75mm，宽1.25 ~ 1.35mm。壁刺不发育，横板细，水平状，中央微下凹，间距0.7 ~ 0.9mm。

登记号：5. NIGP10416；6. NIGP10417。产地：青海门源大梁。层位：上奥陶统凯迪阶扣门子组。该标本由俞昌民（1960）首次发表。

7，8　浙江镣珊瑚 *Catenipora zhejiangensis* Yü，1963

主要特征：块状复体，由群体组成的网眼极不规则，宽窄大小均不一致，有的呈多边形，也有狭长的条带状，每条链的个体数目也不一致。个体呈椭圆形，长0.75 ~ 1.74mm，宽0.60 ~ 1.2mm。横板细，水平状，排列较整齐，间距0.45 ~ 0.63mm。壁刺不发育或发育。

同一个标本的两张薄片。登记号：NIGP10427。产地：浙江江山。层位：上奥陶统凯迪阶下镇组。该标本由俞昌民（1960）首次发表、命名。

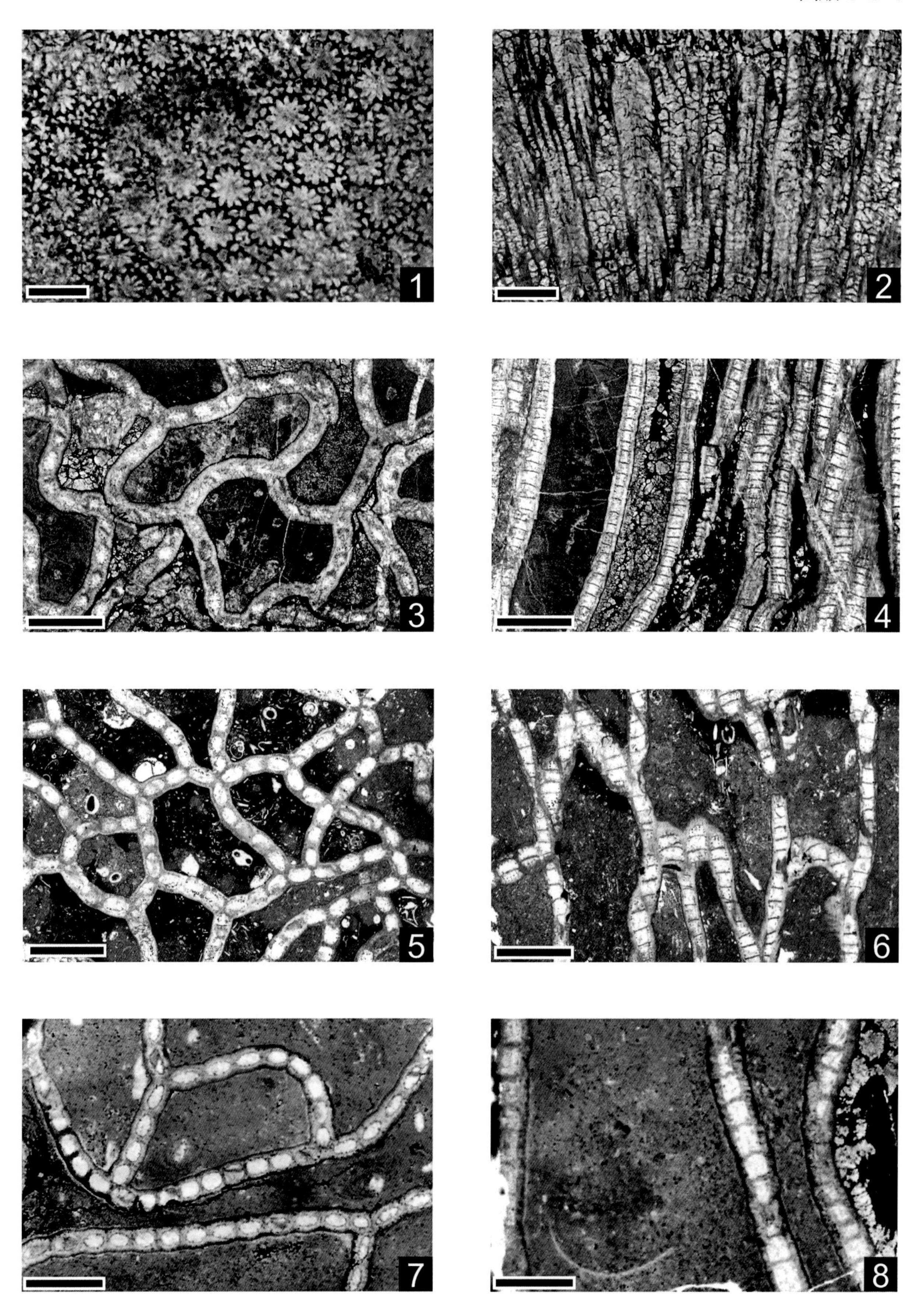
1
2
3
4
5
6
7
8

图版 5-9-7　珊瑚

（比例尺长度 =5mm）

凯迪阶

1，2　稀隔板阿盖特珊瑚 *Agetolites rariseptatus* Lin & Chow，1977

主要特征：块状群体，由角柱状个体相互连接而成。个体横切面多边形，通常为4 ~ 7边形。小个体4 ~ 5边形，体径2.0 ~ 2.5mm；大个体6 ~ 7边形，体径3.0 ~ 3.5mm。隔壁长短两级，数目共18 ~ 20个。长隔壁长度为个体半径的1/2 ~ 2/3，短隔壁呈短脊状。体壁微弯曲，厚度约为0.2mm。连接孔分布在个体交角处，圆形，孔径0.3 ~ 0.4mm，孔间距0.3 ~ 0.4mm。横板完全，平列状，微倾斜。横板间距0.4 ~ 0.6mm。

登记号：1. NIGP99380；2. NIGP99381。产地：河南淅川石燕河剖面。层位：上奥陶统凯迪阶石燕河组。标本由林宝玉和邹鑫祜（1977）首次发表。

3，4　疏床板阿盖特珊瑚 *Agetolites raritabulatus* Lin，1960

主要特征：半球状群体，由角柱状个体相互连接而成。个体横切面多边形，通常为4 ~ 8边形。小个体4 ~ 5边形，体径2.5 ~ 3.0 mm；大个体6 ~ 8边形，体径3.5 ~ 4.5mm。隔壁长短两级，数目20个左右。长隔壁长度为个体半径的1/2 ~ 2/3，短隔壁是长隔壁的1/3 ~ 1/2。体壁微弯曲，厚度为0.2 ~ 0.3mm。连接孔分布在个体交角处，孔径约0.3mm。横板完全，微波曲状或平列状，少数两侧下倾。横板间距0.3 ~ 0.7mm。

登记号：3. NIGP99378；4. NIGP99379。产地：河南淅川石燕河剖面。层位：上奥陶统凯迪阶石燕河组。标本由林宝玉和邹鑫祜（1977）首次发表。

5，6　玉山阿盖特珊瑚 *Agetolites yushanensis* Lin，1960

主要特征：块状群体，由角柱状个体相互连接而成。个体横切面多边形，通常为六边形。小个体近圆形。大个体周长8.37 ~ 13.86mm。隔壁长短两级，数目共15 ~ 19个。长隔壁长度与短隔壁长度的比值为1.42 ~ 2.07。体壁厚度为0.22 ~ 0.32mm。连接孔分布在个体交角处，圆形。横板完全，平列状，微倾斜。

登记号：NIGP162423。产地：江西玉山祝宅剖面。层位：上奥陶统凯迪阶下镇组。标本由林宝玉和邹鑫祜（1977）首次发表。

7，8　外村阿盖特珊瑚 *Agetolites waicunensis*（Lin & Chow，1977）

主要特征：块状群体，由角柱状个体相互连接而成。个体横切面多边形，通常为六边形。小个体近圆形或不规则。大个体周长14.42 ~ 19.06mm。隔壁长短两级，数目共17 ~ 20个。长隔壁长度与短隔壁长度的比值为1.42 ~ 2.07。体壁厚度为0.16 ~ 0.29mm。连接孔分布在个体交角处，圆形。横板完全，平列状，微倾斜。

登记号：NIGP162455。产地：江西玉山祝宅剖面。层位：上奥陶统凯迪阶下镇组。标本由林宝玉和邹鑫祜（1977）首次发表。

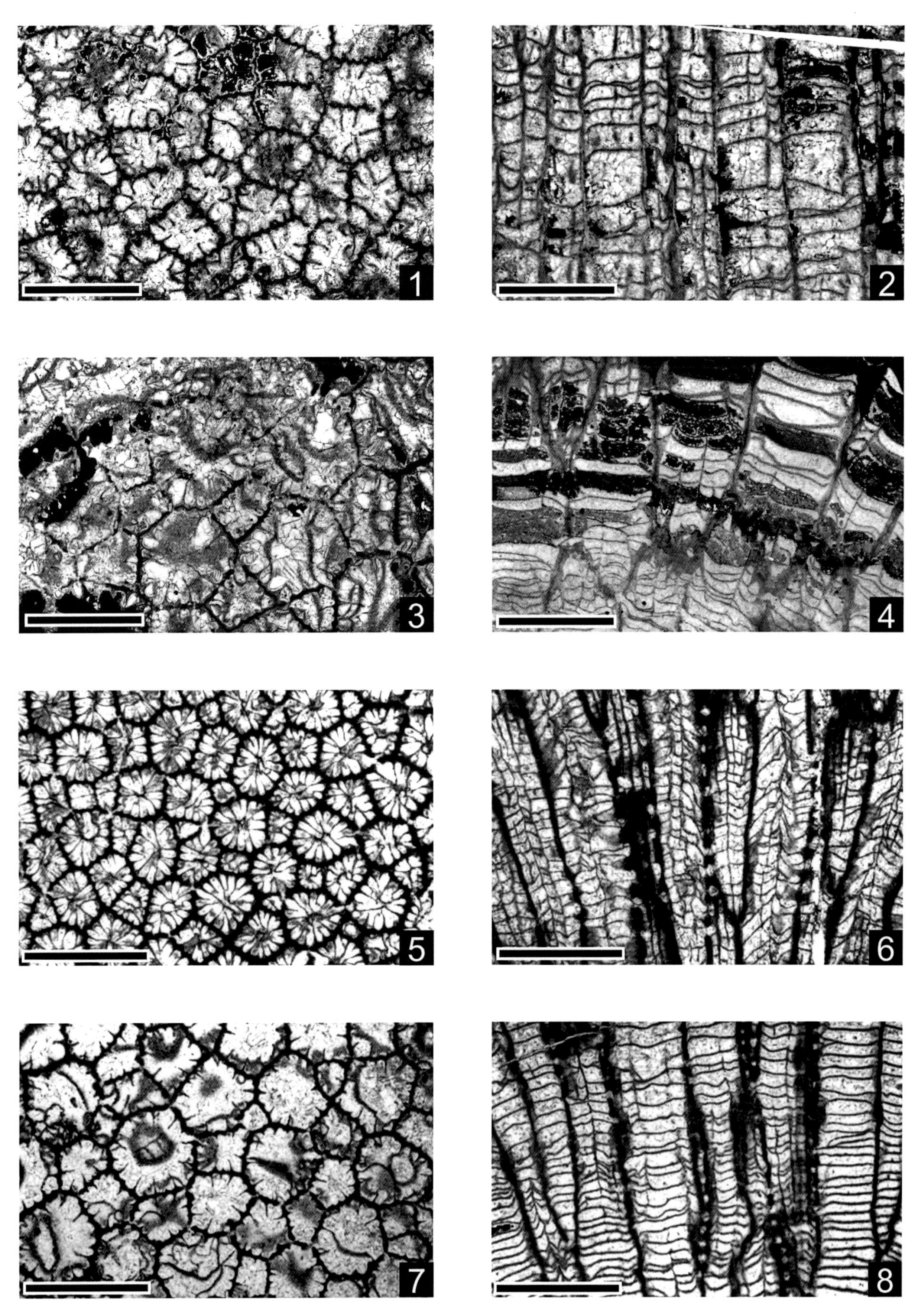
1
2
3
4
5
6
7
8

图版 5-9-8　珊瑚

（比例尺长度 =5mm）

凯迪阶

1，2　巨型阿盖特珊瑚 *Agetolites maxima*（Lin & Chow，1977）

主要特征：块状群体，由角柱状个体相互连接而成。个体横切面多边形，成年个体多为6 ~ 8边形。小个体近圆形或矩形。大个体周长18.57 ~ 22.71mm。隔壁计数18 ~ 21，长短两级，长隔壁0.76mm，短隔壁0.33mm。长隔壁与短隔壁的长度比值介于2.01 ~ 2.59。壁孔稀少。横板完全，平列状，微倾斜。

登记号：NIGP162501。产地：江西玉山祝宅剖面。层位：上奥陶统凯迪阶下镇组。标本由林宝玉和邹鑫祜（1977）首次发表。

3，4　巨型古巢珊瑚 *Paleofavosites grandis* Yü，1960

主要特征：块状群体，个体多边形，以6 ~ 8边形者居多，个别属于幼年阶段发育不佳的个体，呈五边形或四边形；个体很大，直径一般4.5 ~ 6.0mm。体壁较厚，但厚度不均匀，0.15 ~ 0.4mm不等；体壁中部的黑线明显，在纵切面呈曲折状。壁刺极为发育，长短不尽一致，隐约有长短相间排列之势，但不十分规则。壁刺长者达0.5 ~ 0.7mm；短者呈脊状，稍突出于体壁，长度不及0.2mm。在纵切面上，壁刺呈平伸或稍呈斜上伸状。壁孔不太明显。横板完整，排列较稀，一般中间平坦，两侧下倾，极个别情况下也有上曲的，相邻横板平均间距为1.25 ~ 1.50mm，密者为0.6 ~ 1.0mm，最大间距可达2.0mm。

登记号：3. NIGP10420；4. NIGP10421。产地：甘肃固原石节子沟。层位：上奥陶统凯迪阶背锅山组。标本由俞昌民（1960）首先发表。

5，6　北方古巢珊瑚 *Paleofavosites borealis* Tchernychev，1937

主要特征：块状群体，个体多边形，以6 ~ 8边形者居多，个体较大，直径一般4.0 ~ 5.5mm。体壁较厚但不均匀，0.2 ~ 0.4mm不等。壁刺不太发育，长短不尽一致。长者达0.3 ~ 0.5mm；短者呈脊状，稍突出于体壁，长度不及0.2mm。在纵切面上，壁刺呈平伸或稍呈斜上伸状。壁孔不太明显，圆形或不规则。横板完整，排列较稀，一般中间平坦，两侧下倾，相邻横板平均间距为1.05 ~ 1.4mm，密者为0.6 ~ 1.0mm，最大间距可达2.0mm。

登记号：5. NIGP105537；6. NIGP105538。产地：新疆和布赛克尔。层位：上奥陶统凯迪阶布龙果尔组。标本由邓占球（1999）发表。

7，8　双生松孔珊瑚 *Lyopora binata* Deng，1987

主要特征：大型块状或半球状群体，直径约10 cm。个体角柱状，相互连接，横切面多边形，常为5 ~ 7边形，体径3.5 ~ 5.0mm。在较厚的体壁内中间缝清楚，微曲折状。体壁直，厚度变化大。横板完全，平坦、倾斜或波曲状。

登记号：7. NIGP99388；8. NIGP99389。产地：河南省淅川县石燕河剖面。层位：上奥陶统凯迪阶石燕河组。标本由邓占球（1987）发表。

图版 5-9-8

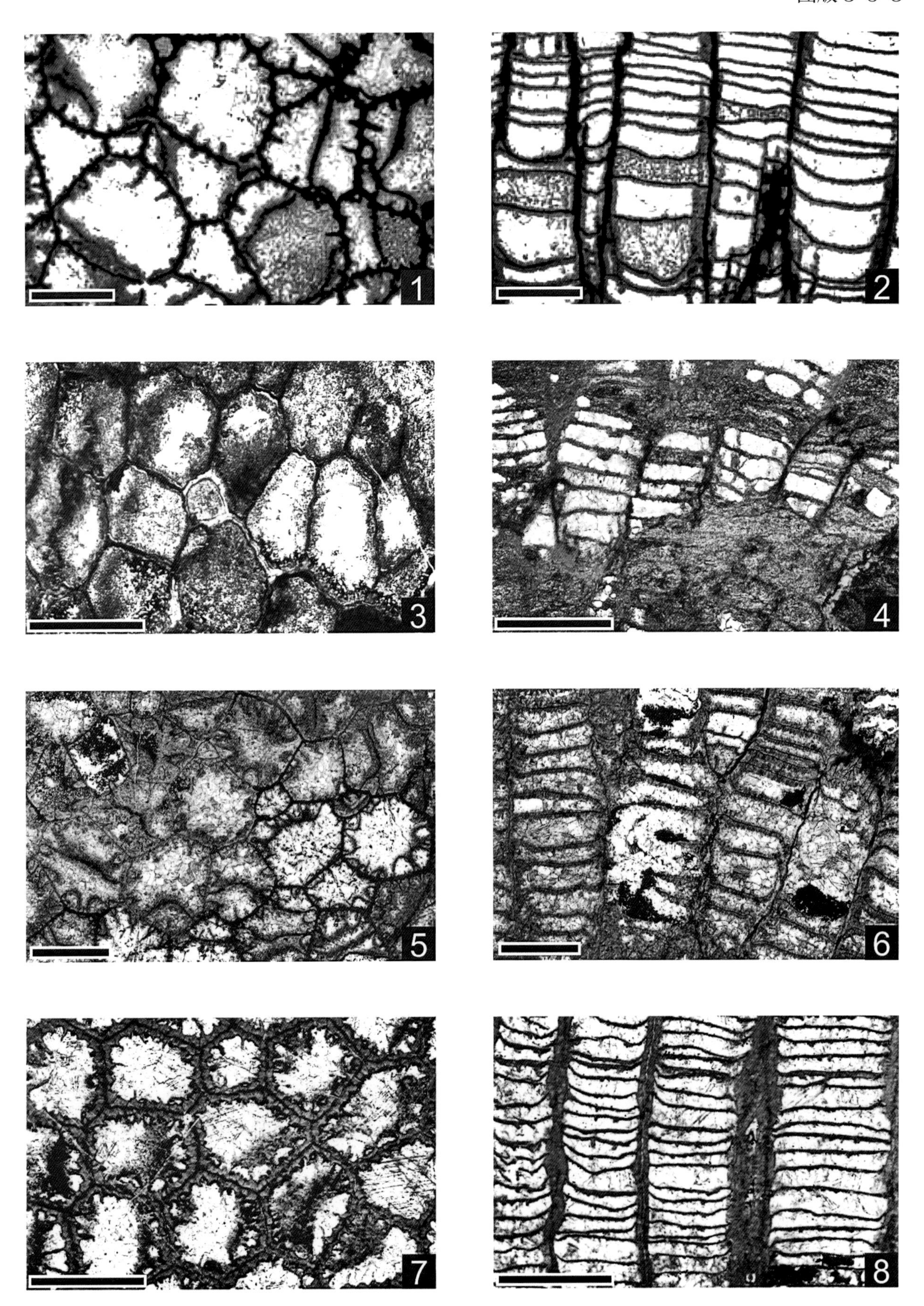

图版 5-9-9　珊瑚

（比例尺长度 =5mm）

赫南特阶

1—4　斜横板漏管珊瑚 *Siphonolasma obliquitabulatum* He，1978

主要特征：尖锥状单体，始端微曲，具清楚的隔壁沟和细的生长横纹，个体高度约50mm，萼部最大直径23mm，萼深20mm，也有部分标本阔锥状，其萼部最大直径25mm。青年期，隔壁强烈加厚密接，长达中心，常具坚实的轴部构造。成年期早期，有时仍具有小而坚实的轴部构造。后期，一级隔壁缩短，轴部构造消失，隔壁仍显著加厚，基部彼此密接，内端尖削，同时出现明显的主内沟。在横切面上，常有横板切线围绕封闭主内沟。次级隔壁增长，长度约为一级隔壁的1/2。具边缘厚结带，宽度一般2 ~ 3mm。隔壁计数40 × 2左右。横板一般完全，分布较均匀，间距1 ~ 2mm。横板一般较薄，但有加厚现象，在横板中部往往上凸或平凸，横板两侧倾斜不等，近主内沟一侧倾斜较陡。

登记号：1. UGBM-yo-148；2. UGBM-yo-157；3. UGBM-yo-158；4. UGBM-yo-165。产地：贵州毕节燕子口镇中沟、大田。层位：上奥陶统赫南特阶五峰组观音桥层。标本由何心一（1978）首次发表。

5，6　锥状郎伯珊瑚 *Lambeophyllum corniculum* He，1978

主要特征：小型圆锥状单体，高度约23mm，萼部最大直径18mm，萼深可达18mm，萼底有少数分散的齿状凸起。隔壁沟很明显，并具有生长横脊，外壁较厚，1.0 ~ 1.5mm。一级隔壁四分式排列清楚，伸达中心，主、对隔壁未相交。对隔壁稍伸长，末端略膨大，并与邻近隔壁相连；主隔壁短而薄，位于窄长主内沟中，其余长隔壁轴端分别在4个象限连接。隔壁计数30 × 2。在萼缘未见到垂直于隔壁两侧的小刺，但在隔壁的一侧或两侧有许多向内倾斜的齿状凸起，排列规则。次级隔壁仅在萼缘发育，呈短脊状。

图5，6为同一个标本。登记号：UGBM-ko-177。产地：贵州毕节燕子口镇中沟剖面。层位：上奥陶统赫南特阶五峰组观音桥层。标本由何心一（1978）首次发表。

7—15　圆柱状似拟包珊瑚 *Paramplexoides cylindricus* He，1978

主要特征：弯角锥状单体，有的也呈圆柱状，始端弯曲，具清楚的隔壁沟和生长皱纹；一般高60mm，直径20mm左右。圆柱状的个体高度可达105mm，萼部最大直径40mm。青年期早期，隔壁不加厚，薄而弯曲；青年期后期，隔壁稍加厚，部分长隔壁伸到中心。成年期，隔壁变薄后退，长度约为个体半径的1/2 ~ 3/4，有的只有个体半径的1/3。主隔壁在青年期和成年期早期均突出伸长。一级隔壁在中部和基部有时稍加厚，内端薄而弯曲，次级隔壁很短或无，有时在一级和次级隔壁之间，还有短刺状凸起，成年期隔壁计数（31 ~ 36）× 2。横板完全，很少有分化。早期，横板分布较稀疏，均匀下凹；后期，横板较密，横板中部平凸或下凹，边缘上凸，也有的标本横板呈不规则弯曲，在横板上有时具低脊状凸起。

7—13，15为同一个标本（正模）及其系列连续横切面，其中7—9为青年期横切面，10—12为成年期横切面，13为萼部横切面，15为切片前完整个体；14为另副模标本的成年期横切面。登记号：7. UGBM-yo-187；8. UGBM-yo-188；9. UGBM-yo-190；10. UGBM-yo-191；11. UGBM-yo-192；12. UGBM-yo-193；13. UGBM-yo-194；14. UGBM-ko-116。产地：贵州毕节燕子口镇中沟剖面。层位：上奥陶统赫南特阶五峰组观音桥层。标本由何心一（1978）首次发表。

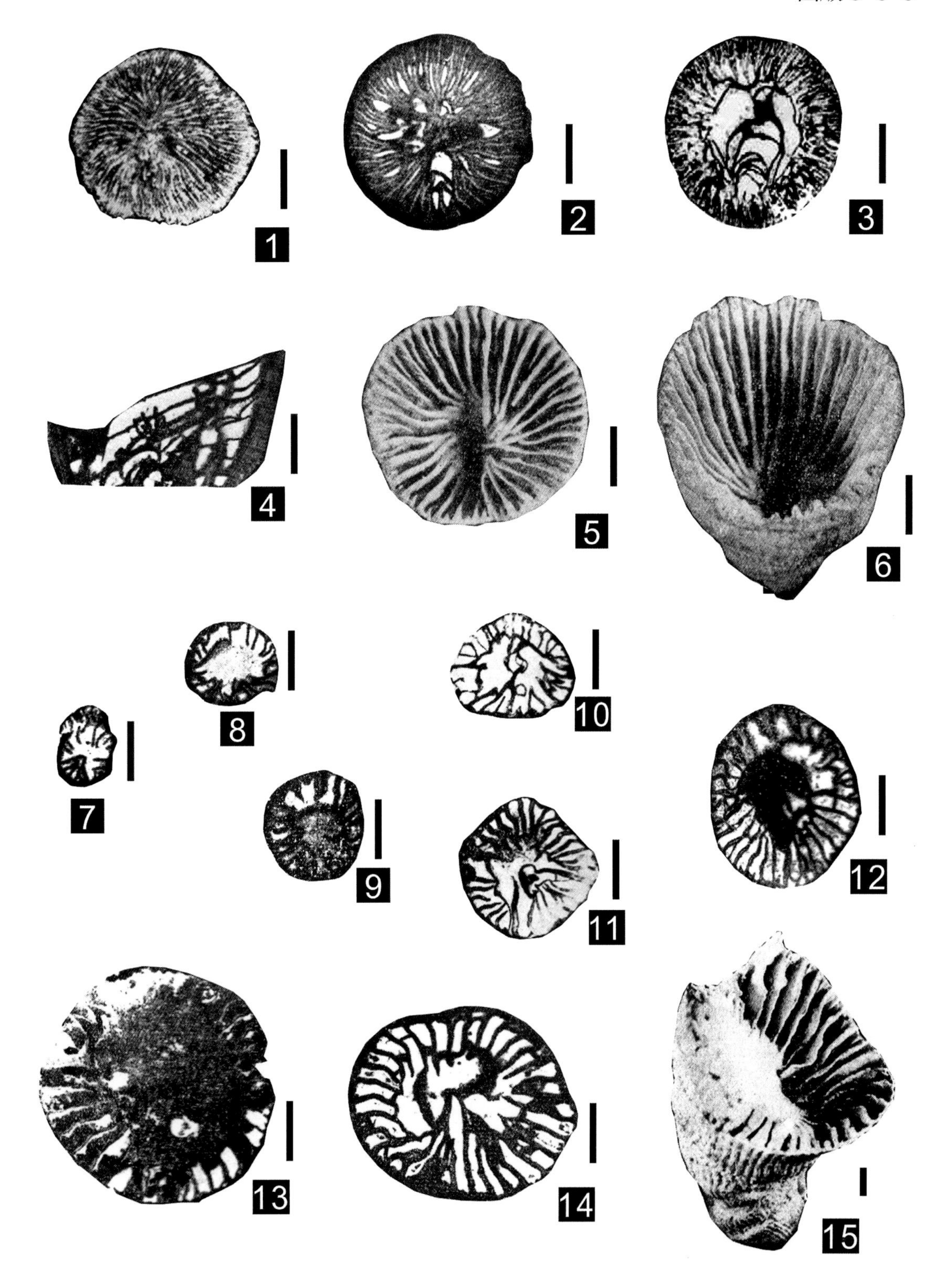
1
2
3
4
5
6
7
8
9
10
11
12
13
14
15

5.10 层孔虫

层孔虫（Stromatoporoid）名词是德国的Goldfuss于1826年创立的，因其骨骼表面呈层纹状而得名。层孔虫通常生活在温暖、光照条件较好、水动力较强的浅海环境中，往往与珊瑚、藻类等生物大量聚集在一起而形成生物礁，其为古生代最重要的造礁生物之一。层孔虫受到生态环境的控制和影响，在形态上存有较大差异，因此是重要的指相化石。层孔虫的亲缘关系和分类位置在研究历史中存在较大的争议，有人认为它与腔肠动物门的水螅类有密切关系，也有人认为它是有孔虫，近年来更多的学者认为它与海绵动物中的硬海绵类非常相似，因此把层孔虫作为一个纲置于海绵动物门内。

目前已知最早的层孔虫——泡沫层孔虫属出现于早奥陶世弗洛期。然而直到中奥陶世，层孔虫才开始大量出现，并以拉贝希层孔虫目（Labechiida）的分子为主，自晚奥陶世的凯迪期开始，网格层孔虫目（Clathrodictyida）开始全球性的辐射，并在生物礁的建造过程中起了至关重要的作用。志留纪开始层孔虫各目逐渐分化，表现为网格层孔虫目的分子继续辐射，而拉贝希目的分子明显减少。而层孔虫目（Stromatoporida）、小层孔虫目（Stromatoporellida）、放射层孔虫目（Actinosromatida）、笛管层孔虫目（Syringostromatida）和双孔层孔虫目（Amphiporida）少量出现，这5个目的多样性水平在泥盆纪急剧升高，并在中泥盆世与珊瑚和藻类共同形成了地史时期最大规模的生物礁。自晚泥盆世弗拉期始，层孔虫的多样性水平开始显著下降，晚泥盆世的F-F生物灭绝事件重创了海洋生态系统，并使得大部分层孔虫属种惨遭灭绝。到了晚泥盆世法门期，由于拉贝希目层孔虫的“回光返照”，层孔虫的多样性水平有了一定程度的恢复。随后的泥盆纪-石炭纪之交又发生了一次大型灭绝事件，使得层孔虫作为重要的造礁生物退出了历史舞台，只残存少量层孔虫分子于石炭纪，并最终灭绝。

5.10.1 层孔虫基本结构

骨骼（skeleton）：由虫体不断分泌的钙质碳酸盐形成骨架，一层骨架形成后又继续向上生长，这样周而复始，最后形成大小不同、各种形状的骨骼，是区分层孔虫不同属种的重要依据（图5-39）。

横切面（transverse section或tangential section）：垂直于层孔虫生长或者柱体、轴管方向的切面（图5-39）。

纵切面（longitudinal section）：垂直于细层的切面（图5-39）。

星根（astrorhizae）：在层孔虫骨骼表面或者横切面中见到的呈放射状或星状分布的沟槽，它们的排列呈规则或不规则状。在纵切面中表现为直立管和水平延伸至层间空隙内的沟孔（图5-39）。

骨素（skeletal element）：组成层孔虫骨骼的纵向和横向的钙质骨骼。

泡沫板（cyst plate）：为层孔虫骨骼较原始的横向骨素，呈平缓或稍作拱形的薄板（图5-40）。

泡沫组织（cyst）：由许多泡沫板相互交叠而形成。

支柱（pillar）：为层孔虫的纵向骨素，其形状和排列常有变化，是层孔虫最重要的构造特征之一。

细层（lamina）：为层孔虫的横向骨素（图5-40），是层孔虫骨骼的一个很重要的构造，细层的厚薄、排列密度、内部结构及微细构造等是层孔虫属种鉴定的重要依据。

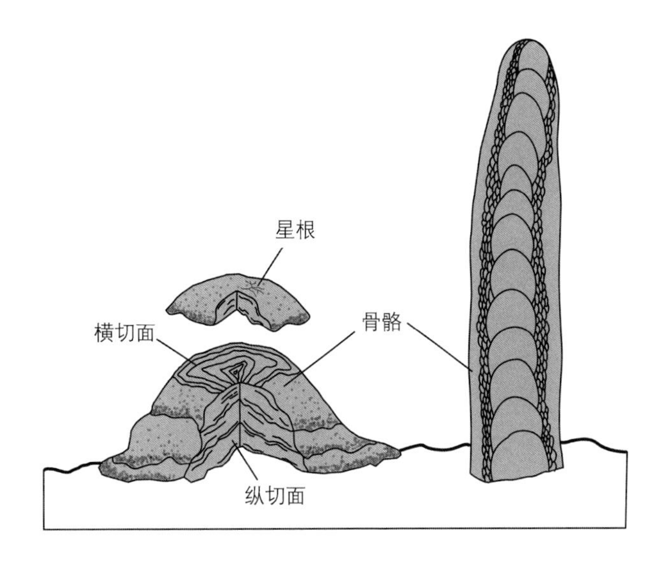

图 5-39 奥陶纪层孔虫常见外部形态

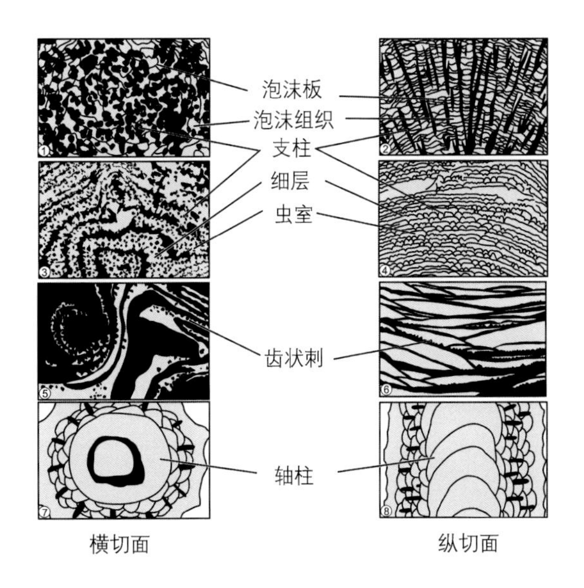

图 5-40 层孔虫主要结构名称。图 1，2，5—8 为拉贝希目层孔虫分子示例；图 3，4 为网格层孔虫目分子示例。左列展示层孔虫横切面构造，右列展示层孔虫纵切面构造

虫室（gallery）：两细层和支柱之间的空间，是层孔虫虫体的软组织居住的地方（图5-40）。

齿状刺（denticle）：是泡沫板或层状板上的小的锥状突起（图5-40）。

轴柱（axial column）：含有横板的柱状体，通常位于骨骼的中央（图5-40）。

5.10.2 层孔虫图版及说明

标本均保存在中国科学院南京地质古生物研究所。

图版 5-10-1　层孔虫

（比例尺长度 =4mm）

达瑞威尔阶

1，2　博山假柱网层孔虫 *Pseudostylodictyon poshanense* Ozaki，1938

主要特征：骨骼薄层状，常附着在其他层孔虫的硬体上，含粗大的直立柱和急弯的同心层。直立柱的上端粗圆，中间空隙很宽，可达20mm，但有时可减少至消失，而由分枝增加作为直立柱。同心层和支柱连接形成网状结构。支柱常比细层厚，但短，不穿过细层，仅从细层的顶部起向上伸展。支柱之间的细层向下弯曲很紧，有一部分并在一起，紧松间互成带。在层带之间的地方无支柱。每三个层带约占25mm。在5mm内有10个细层和14个支柱。

登记号：NIGP12155。产地：山东博山窝裕北。层位：中奥陶统达瑞威尔阶上部马家沟组。标本由Ozaki（1938）、董得源（2001）发表。

3，4　泡沫山东层孔虫 *Ludictyon vesiculatum* Ozaki，1938

主要特征：骨骼为圆柱状或高的圆锥状，直径2 ~ 3 cm。柱体由排列紧密和宽松的两组泡沫板交替分布而成。在柱体的边缘，泡沫板逐渐呈直立状分布。泡沫板的大小变化很大，在排列紧密的地方，2mm内有9 ~ 11层泡沫板，每层厚0.06 ~ 0.08mm。单层泡沫板中间为厚0.03mm的黑色致密层，致密板上、下均为黑色纤维层。少数泡沫板中间的黑色致密层为浅色层所代替。有些标本轴柱的外缘由宽展的泡沫板组成，有的似层状。在横切面上泡沫板做同心状排列，常疏密相间，大小变化很大，泡沫板上的齿状刺不明显。

登记号：3. NIGP121555a；4. NIGP121555b。产地：山东章丘北庄。层位：中奥陶统达瑞威尔阶上部马家沟组。标本由Ozaki（1938）、董得源（2001）发表。

5，6　易变拉贝希层孔虫 *Labechia variabilis* Yabe & Sugiyama，1930

主要特征：骨骼为不规则块状。水平骨素主要由宽展的泡沫板组成，有的表现为细层状，在2mm内有6 ~ 7层泡沫板。泡沫板每层厚0.03mm，中间的致密层常为浅色层代替。支柱发育，可穿过若干泡沫板或细层，常向上分叉，一般在2mm内有4 ~ 5个分叉，每个宽0.12 ~ 0.18mm。在弦切面上支柱呈孤立的点状。

登记号：5. NIGP64217；6. NIGP64218。产地：山东章丘孟家峪。层位：中奥陶统达瑞威尔阶上部马家沟组。标本由Yabe & Sugiyama（1930）、Ozaki（1938）、董得源（1982，2001）发表。

7，8　宿县隐板层孔虫 *Cryptophragmus suxianensis* Dong，1982

主要特征：骨骼为圆柱状，直径8 ~ 12mm。柱状体由拱形的泡沫板叠置而成，泡沫板厚0.08 ~ 0.12mm。泡沫板中间有黑色致密层，致密层上下为黑色纤维层（有的呈丛毛状）。柱体边缘未形成壁状构造，外部有少数直立分布的泡沫板。这类泡沫板要比组成柱体的泡沫板小得多，有的可以相互叠置，不像是附属的有机体，而是柱状体的一部分。横切面上泡沫板呈同心状分布。

登记号：7. NIGP64225；8. NIGP64427。产地：安徽宿县夹沟。层位：中奥陶统达瑞威尔阶马家沟组下部。标本由董得源（1982）首次发表。

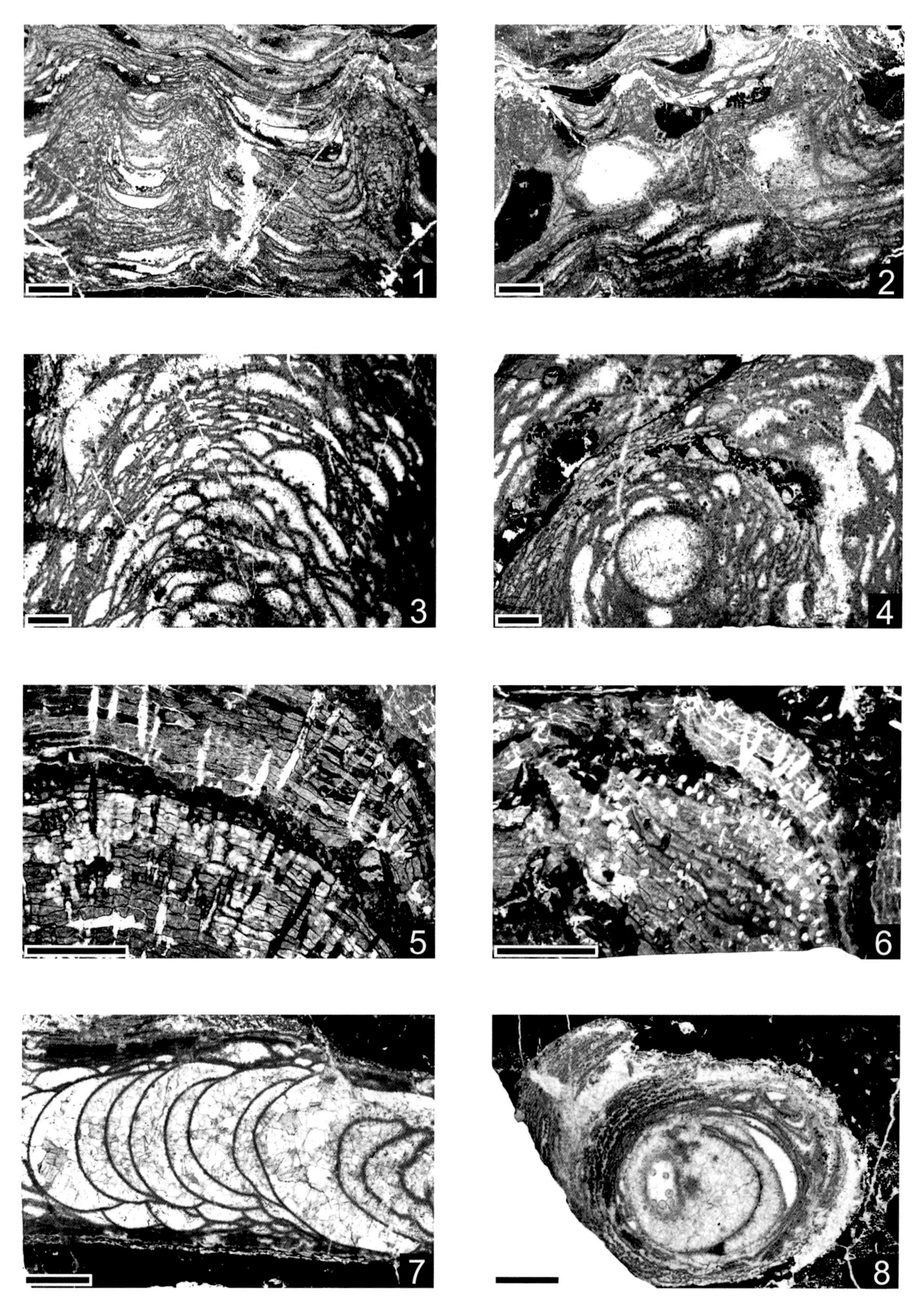
1
2
3
4
5
6
7
8

图版 5-10-2　层孔虫

（比例尺长度 =4mm）

达瑞威尔阶—桑比阶

1，2　筒状隐板层孔虫 *Cryptophragmus cylindrica*（Foerste，1909）

主要特征：骨骼为柱状，直径5 ~ 9mm。柱体的轴部由大小变化很大的向上拱起的半圆形泡沫板叠置而成，上下均为大泡沫板，中间为小泡沫板，形似哑铃状。泡沫板厚0.2mm，中间为黑色致密层，致密层上下为黑色丛毛状纤维层。在轴部狭窄处的外面含有纵向分布的小泡沫板。在横切面上泡沫板呈同心圆形排列。

登记号：1. NIGP64229；2. NIGP64230。产地：安徽萧县老虎山。层位：中奥陶统达瑞威尔阶马家沟组下部。标本由董得源（1982）首次发表。

3，4　阿尔金拉贝希层孔虫 *Labechia altunensis* Dong & Wang，1984

主要特征：骨骼厚层状，厚约7mm，底面凸凹不平，上表面较平。泡沫板呈拱形或拉长的扁平状，高0.15 ~ 0.30mm，宽0.5 ~ 1.2mm，在2mm内有10 ~ 11层，每层厚0.02 ~ 0.05mm。支柱长短不等，有的几乎穿越整个骨骼，有的仅穿越2 ~ 6层泡沫板；在横向2mm内支柱5 ~ 6个，每个支柱宽0.10 ~ 0.25mm，与泡沫板连接处稍加厚，并向下尖灭，似放射状凸起物，在弦切面上呈孤立的圆点状或棱角状，但互不连接。

登记号：3. NIGP70384；4. NIGP70399。产地：新疆若羌索尔库里。层位：达瑞威尔阶上部—桑比阶底部玛列兹肯群。标本由董得源和王宝瑜（1984）首次发表。

5，6　平缓小拉贝希层孔虫 *Labechiella plaula*（Dong & Wang，1984）

主要特征：骨骼厚层状，上表面有斑点状突起。横向骨素由宽而平缓的泡沫板或近乎波浪状的细层组成，在2mm内有6 ~ 8层泡沫板。每层泡沫板厚0.02 ~ 0.05mm，个别达0.1mm，一般高0.1 ~ 0.5mm，宽0.6mm以上。支柱较长，有的为断续状，在横向2mm内有2 ~ 3个，每个支柱宽0.2 ~ 0.5mm，与泡沫板连接处有放射状突起物，在弦切面上呈孤立的圆点状或菱角形。

登记号：NIGP70398。产地：新疆若羌索尔库里。层位：达瑞威尔阶上部—桑比阶底部玛列兹肯群。标本由董得源和王宝瑜（1984）首次发表。

7，8　美丽小拉贝希层孔虫 *Labechiella formosa*（Dong & Wang，1984）

主要特征：骨骼团块状，横向骨素由扁平的泡沫板和平直的细层组成。细层常限于相邻两支柱之间，上下近于平行排列，少数延伸很长；细层间距为0.2 ~ 0.4mm，在2mm内有7 ~ 9层，每个细层厚0.02 ~ 0.06mm。支柱很粗壮，在横向2mm内有3 ~ 4个，每个支柱宽0.3 ~ 0.6mm，在与横向骨素交接处常加厚形成下斜的放射状突起。支柱在弦切面上呈孤立的圆形或不规则状，分布均匀。

登记号：NIGP70397。产地：新疆叶城康达雷克地区。层位：达瑞威尔阶上部—桑比阶底部玛列兹肯群。标本由董得源和王宝瑜（1984）首次发表。

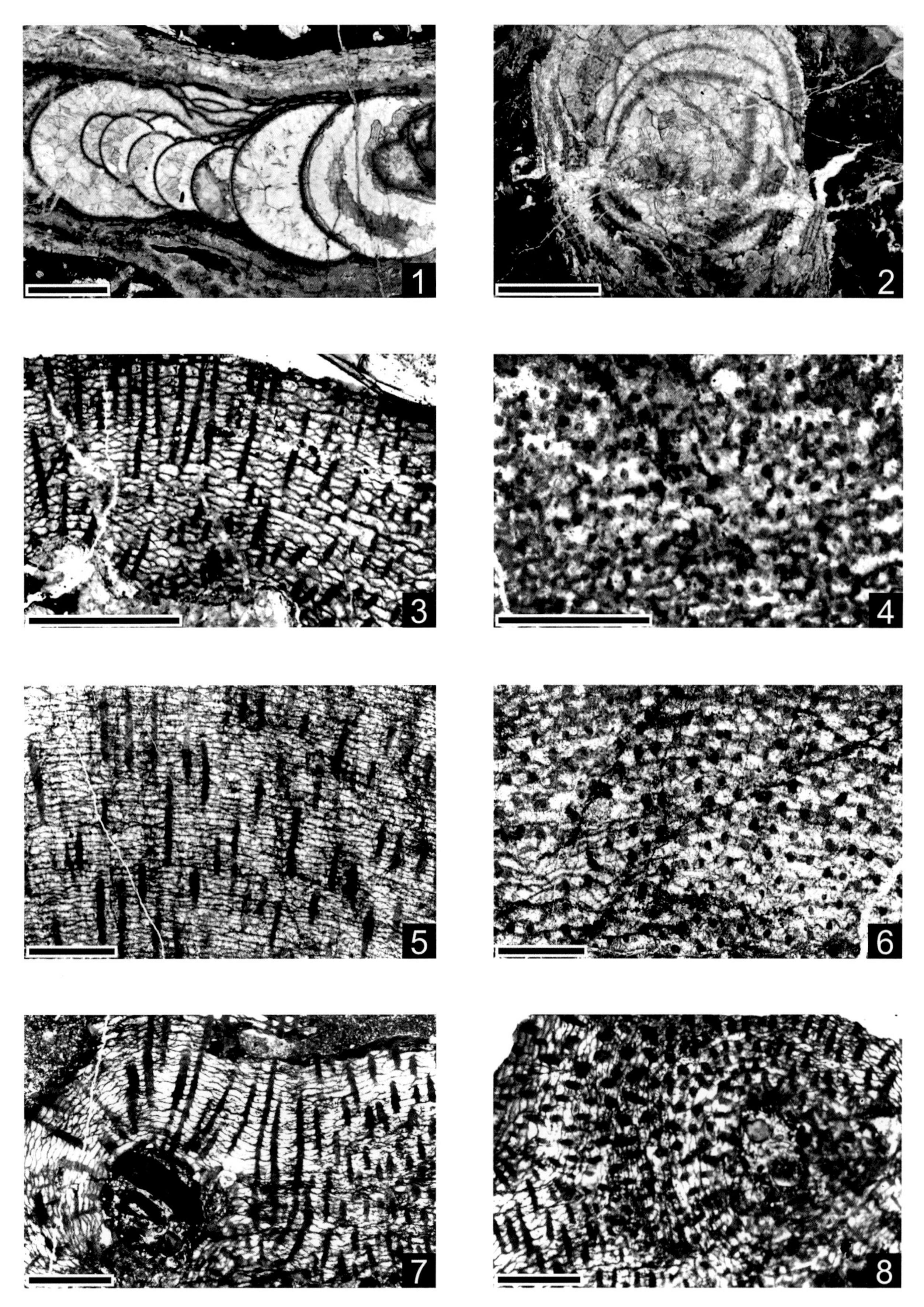

图版 5-10-3　层孔虫

（比例尺长度 =4mm）

达瑞威尔阶—凯迪阶

1，2　中国拉贝希层孔虫 *Labechia sinensis* Dong & Wang，1984

主要特征：骨骼块状或不规则状。泡沫板小而排列紧密，大小和分布都较均匀，在2mm内有10 ~ 12层。泡沫板厚0.02 ~ 0.05mm，高0.1 ~ 0.3mm，宽0.3 ~ 0.8mm。支柱很发育，可穿越整个骨骼，排列很紧密，彼此近于平行，在与泡沫板交接处稍有加厚并向下尖灭，形成似齿状的突起。在横向2mm内支柱4 ~ 6个，每个支柱宽0.2 ~ 0.3mm。支柱在弦切面上呈孤立的圆点状或角状，有的具齿状突起，但互不连接。

登记号：NIGP70383。产地：新疆若羌索尔库里。层位：达瑞威尔阶上部—桑比阶底部玛列兹肯群。该标本由董得源和王宝瑜（1984）首次发表。

3，4　恩扎斯曲折层孔虫 *Camptodictyon amzassensis*（Khalfina，1960）

主要特征：骨骼块状。骨素由强烈褶皱的细层组成，纵切面上呈波浪状或“人”字形的褶，有的弯曲成圆孔状。细层很厚，一般为0.15 ~ 0.20mm，在2mm内有6 ~ 7层，由暗色中线及浅色疏松层组成。支柱不明显，多由细层弯曲而成，宽约0.1 ~ 0.2mm。虫室形状变化较大，多为蠕虫状或圆孔状，在弦切面上呈裂隙状或不规则状。星根未见。

登记号：NIGP70420。产地：新疆和布克赛尔布龙果尔。层位：上奥陶统凯迪阶布龙果尔组。标本由董得源和王宝瑜（1984）首次发表，当时定为*Ecclimadictyon xinjiangense*和*Ecc. crassilamellatum*，当前笔者认为这是*Camptodictyon amzassensis*（Khalfina，1960）的后同名。

5，6　乳头网格层孔虫（相似种）*Clathrodictyon* cf. *mammillatum*（Schmidt，1858）

主要特征：骨骼为半圆球状或盘状，表面有平缓的突起，同心层网格较清楚。细层较不规则，稍小褶曲，有的似平缓的泡沫板，在2mm内有9 ~ 10层，每层厚0.03 ~ 0.05mm。支柱常由泡沫状细层向下弯折而成，有的支柱在层间上部分叉并形成小空泡；在横向2mm内支柱6 ~ 7个，每个支柱宽0.04 ~ 0.06mm，有的可达0.08mm。在弦切面上，细层呈同心状排列，中心部分圆形。支柱在细层附近有小圆形空泡，细层之间表现为孤立的圆点状或不规则状。

登记号：NIGP169634。产地：江西玉山祝宅。层位：上奥陶统凯迪阶下镇组。标本由Lin & Webby（1988）首次发表。

7，8　微弯曲网格层孔虫（相似种）*Clathrodictyon* cf. *microundulatum* Nestor，1964

主要特征：骨骼为板状或半圆球形，直径可达50mm，高度可达20mm。细层较为连续，在下凹的支柱之间呈现小的褶皱，在2mm内有7 ~ 9层，每层厚0.02 ~ 0.06mm。支柱通常较短，局限于两个细层之间，在弦切面上支柱呈圆形或椭圆形，直径0.03 ~ 0.12mm，间距0.2 ~ 0.5mm。

登记号：NIGP159446。产地：江西玉山祝宅。层位：上奥陶统凯迪阶下镇组。

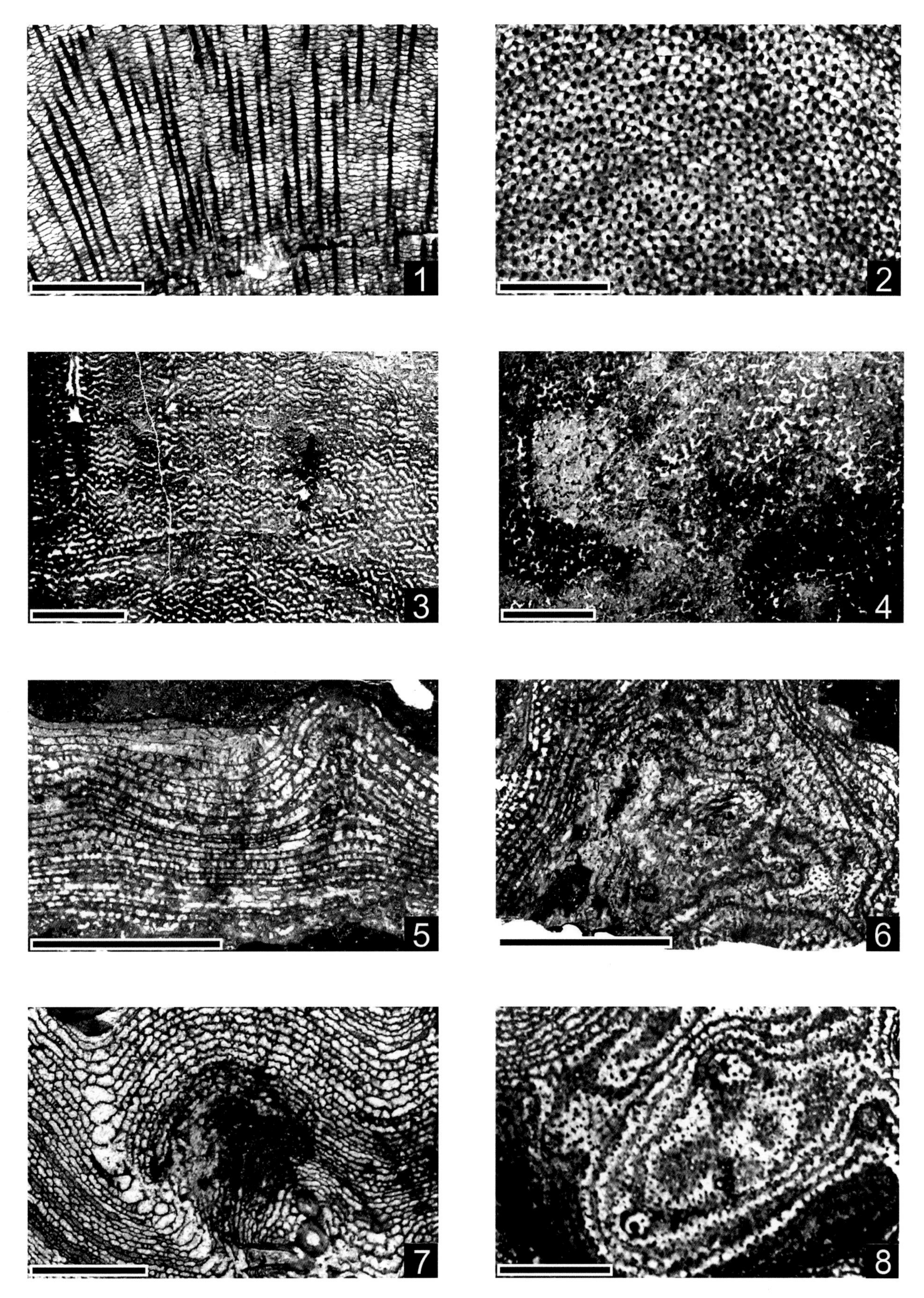
1
2
3
4
5
6
7
8

参考文献

安太庠 . 1982. 华北区的奥陶系 // 赖才根等 . 中国地层 5—中国的奥陶系 . 北京：地质出版社，46–67.

安太庠 . 1987. 中国南部早古生代牙形石 . 北京：北京大学出版社 .

安太庠，郑昭昌 . 1990. 鄂尔多斯盆地周缘的牙形石 . 北京：科学出版社 .

安太庠，张放，向维达，张又秋，徐文豪，张慧娟，姜德标，杨长生，蔺连第，崔占堂，杨新昌 . 1983. 华北及邻区牙形石 . 北京：科学出版社 .

安太庠，张安泰，徐建民 . 1985. 陕西耀县、富平奥陶系牙形石及其地层意义 . 地质学报，59（2）：97–108.

安泰庠，丁连生 . 1982. 宁镇山脉地区奥陶系牙形石的初步研究及对比 . 石油学报，（4）：1–12.

曹宣铎，林宝玉 . 1982. 皱珊瑚目 // 地质矿产部西安地质矿产研究所 . 西北地区古生物图册：陕、甘、宁分册 . 北京：地质出版社，12–50.

常美丽 . 1983. 湖北宜昌黄花场奥陶系庙坡组的腕足类化石 . 古生物学报，22（4）：474–481.

陈金华 . 1990. 塔里木中、新生代地质发展史 // 周志毅，陈丕基 . 塔里木生物地层和地质演化 . 北京：科学出版社，337–366.

陈金华，杨恒仁 . 1995. 中、新生代地质发展史 // 周志毅，林焕令 . 西北地区地层、古地理和板块构造 . 南京：南京大学出版社，211–239.

陈均远 . 1975. 珠穆朗玛峰地区的鹦鹉螺化石 // 中国科学院西藏科学考察队 . 珠穆朗玛峰地区科学考察报告：古生物（第一分册）. 北京：科学出版社，267–308.

陈均远 . 1976. 中国北方奥陶纪地层及头足类化石研究的进展 . 古生物学报，15（1）：55–74.

陈均远，刘耕武 . 1974. 奥陶纪鹦鹉螺 // 中国科学院南京地质古生物研究所 . 西南地区地层古生物手册 . 北京：科学出版社，138–143.

陈均远，邹西平 . 1984. 鄂尔多斯地区奥陶纪头足动物群 . 中国科学院南京地质古生物研究所集刊，20：33–84.

陈均远，周志毅，邹西平，林尧坤，杨学长，李自堃，齐敦伦，王树恒，徐华忠，朱训道 . 1980. 苏鲁皖北方型奥陶纪地层及古生物特征 . 中国科学院南京地质古生物研究所集刊，16：159–195.

陈均远，周志毅，林饶坤，杨学长，邹西平，王志浩，罗坤泉，姚宝琦，沈后 . 1984. 鄂尔多斯地台西缘奥陶纪生物地层研究的进展 . 中国科学院南京地质古生物研究所集刊，20：1–31.

陈敏娟，张建华 . 1984. 宁镇山脉地区中奥陶统牙形刺 . 微体古生物学报，1（2）：120–134.

陈敏娟，陈云棠，张建华 . 1983. 宁镇地区奥陶系牙形刺序列 . 南京大学学报：自然科学版，（1）：129–138.

陈挺恩 . 1983. 乔治娜角石 *Georgina* 在西藏南部的发现及其意义 . 中国科学院南京地质古生物研究所丛刊，6：117–131.

陈挺恩 . 1984. 西藏南部奥陶纪头足类动物群特征及奥陶系再划分 . 古生物学报，23：452–471.

陈挺恩 . 1987. 申扎奥陶纪鹦鹉螺 . 中国科学院南京地质古生物研究所丛刊，11：133–191.

陈孝红，汪啸风 . 1996. 扬子台地中部兰维恩至兰代洛世几丁虫生物地层 . 微体古生物学报，13：75–83.

陈孝红，张淼，王传尚 . 2009. 华南地区奥陶纪几丁虫 . 北京：地质出版社 .

陈旭，韩乃仁 . 1964. 江西玉山早奥陶世笔石地层 . 地质论评，22（2）：81–90.

陈旭，戎嘉余 . 1992. 中国及邻区奥陶纪板块 . Palaeoworld，2：131–142.

陈旭，杨达铨，韩乃仁，李罗照．1983. 江西玉山下奥陶统宁国组底部工字笔石带的笔石．古生物学报，22（3）：324–330.

陈旭，戎嘉余，丘金玉，韩乃仁，李罗照，李守军．1987a. 江西玉山祝宅晚奥陶世地层、沉积特征及环境初探．地层学杂志，11（1）：25–36.

陈旭，肖承协，陈洪冶．1987b. 华南五峰期笔石动物群的分异及缺氧环境．生物学报，26（3）：326–344.

陈旭，徐均涛，成汉均，汪明洲，陈祥荣，许安东，邓占球，伍鸿基，丘金玉，戎嘉余，1990. 论汉南古陆及大巴山隆起．地层学杂志，14（2）：81–116.

陈旭，Mitchell, C.E., 张元动，王志浩，Bergström, S.M., Winston, D., Paris, F. 1997. 中奥陶统达瑞威尔阶及其全球层型剖面点（GSSP）在中国的确立．古生物学报，36（4）：423–431.

陈旭，王志浩，张元动．1998. 中国第一个"金钉子"剖面的建立．地层学杂志，22（1）：1–9.

陈旭，樊隽轩，韩乃仁．1999. 笔石 *Pseudisograptus* 的最小平均生命期．古生物学报，38（3）：386–393.

陈旭，戎嘉余，樊隽轩，詹仁斌，张元动，王志浩，王宗哲，李荣玉，王怿，米切尔（Mitchell, C.E.），哈帕尔（Harper, D.A.T.）. 2000a. 扬子区奥陶纪末赫南特亚阶的生物地层学研究．地层学杂志，24（3）：169–175.

陈旭，戎嘉余，张元动，樊隽轩．2000b. 奥陶纪年代地层学研究评述．地层学杂志，24（1）：18–26.

陈旭，戎嘉余，周志毅，张元动，詹仁斌，刘建波，樊隽轩．2001. 上扬子区奥陶—志留纪之交的黔中隆起和宜昌上升．科学通报，46（12）：1052–1056.

陈旭，张元动，许红根，俞国华，汪隆武，齐岩辛．2004. 浙江常山黄泥塘奥陶系达瑞威尔阶地层研究的新进展．地层古生物论文集，28：29–40.

陈旭，戎嘉余，樊隽轩，詹仁斌，Mitchell, C.E., Harper, D.A.T., Melchin, M.J., 彭平安，Finney, S.C., 汪啸风．2006. 奥陶系上统赫南特阶全球层型剖面和点位的建立．地层学杂志，30（4）：289–305.

陈旭，张元动，樊隽轩，成俊峰，李启剑．2010. 赣南奥陶纪笔石地层序列与广西运动．中国科学：地球科学，4（12）：1621–1631.

陈旭，张元动，樊隽轩，唐兰，孙海清．2012a. 广西运动的进程：来自生物相和岩相带的证据．中国科学：地球科学，42（11）：1617–1626.

陈旭，张元动，李越，樊隽轩，唐鹏，陈清，张园园．2012b. 塔里木盆地及周缘奥陶系黑色岩系的生物地层学对比．中国科学：地球科学，42（8）：1173–1181.

陈旭，张元动，王志浩，Mitchell, C.E., Bergström, S.M., Winston, D., Paris, F., 方翔．2013. 奥陶系中奥陶统达瑞威尔阶全球标准层型剖面和点位 // 中国科学院南京地质古生物研究所．中国"金钉子"——全球标准层型剖面和点位研究．杭州：浙江大学出版社，153–181.

陈旭，Bergström, S.M., 张元动，王志浩．2014. 中国晚奥陶世凯迪早期区域构造事件．科学通报，59（1）：59–65.

陈旭，樊隽轩，王文卉，王红岩，聂海宽，石学文，文治东，陈冬阳，李文杰．2017. 黔渝地区志留系龙马溪组黑色笔石页岩的阶段性渐进展布模式．中国科学：地球科学，47：720–732.

陈旭，张元动，丹尼尔・古特曼，斯迪格・伯格斯冲，樊隽轩，王志浩，斯坦尼・芬尼，陈清，马譞．2018. 中国西北地区奥陶系达瑞威尔阶至凯迪阶的笔石研究．杭州：浙江大学出版社．

程金辉．2004. 华南上扬子及早奥陶世晚期 - 中奥陶世早期的腕足动物．北京：中国科学院研究生院．

崔智林，华洪，宋庆原．2000. 晚奥陶世北秦岭弧后盆地放射虫组合．地质学报，74（3）：254–258.

邓胜徽，黄智斌，景秀春，杜品德，卢远征，张师本 . 2008. 塔里木盆地西部奥陶系内部不整合 . 地质论评，54（6）：741–747.

邓义楠，王约，陈洪德，侯明才，朱江，赵明胜 . 2010. 黔北桐梓五峰组观音桥段双壳类和腹足类的生态意义 . 地层学杂志，34（3）：328–333.

邓占球 . 1987. 河南淅川晚奥陶世珊瑚 . 古生物学报，26（5）：616–625.

邓占球 . 1999. 新疆北部一些古生代床板珊瑚 // 中国科学院南京地质古生物研究所 . 新疆北部古生代化石 . 南京：南京大学出版社，187–269.

邓占球，李璋荣 . 1979. 床板珊瑚亚纲，西北地区古生物图册青海分册（二）：珊瑚 . 北京：地质出版社 . 6–15.

丁连生，陈敏娟，张建华，曹海虹 . 1993. 寒武纪、奥陶纪牙形刺 // 王成源 . 下扬子地区牙形刺——生物地层与有机质成熟度的指标 . 北京：科学出版社，155–213.

董得源 . 1982. 安徽省北部早奥陶世层孔虫 . 古生物学报，21（5）：577–583.

董得源 . 2001. 中国层孔虫 . 北京：科学出版社 .

董得源，王宝瑜 . 1984. 新疆古生界层孔虫及其地层意义 . 中国科学院南京地址古生物研究所丛刊，7：237–286.

段吉业，夏德馨，安素兰，刘鹏举，彭向东 . 2002. 华北板块东部奥陶纪地层与古地理的多重分析 . 长春：吉林科学技术出版社 .

方翔 . 2015. 湖北远安上奥陶统庙坡组鹦鹉螺动物群 . 地层学杂志，39：135–141.

方翔 . 2017. 湘西中—上奥陶统大田坝组喇叭角石科鹦鹉螺动物群及其个体发育 . 古生物学报，56（3）：331–346.

方晓思 . 1986. 云南昆明—禄劝地区奥陶纪微古植物群及其地层意义 . 地层古生物论文集，16：170–185.

冯洪真，刘家润，施贵军 . 2000. 湖北宜昌地区寒武系—下奥陶统的碳氧同位素记录 . 高校地质学报，6（1）：106–115.

冯洪真，李明，张元动，Erdtmann, B.-D.，李丽霞，王文卉 . 2009. 华南上特马道克阶的笔石带序列及其全球对比 . 中国科学（D辑）：地球科学，39（5）：556–568.

傅琨 . 1982. 扬子区的奥陶系 // 赖才根等 . 中国地层 5—中国的奥陶系 . 北京：地质出版社，92–131.

傅力浦 . 1977. 陕西陇县龙门洞平凉组笔石分带 . 西北地质，3：25–32.

傅力浦 . 1982. 腕足动物门 // 西安地质矿产研究所 . 西北地区古生物图册：陕、甘、宁分册（一）：前寒武纪 - 早古生代部分 . 北京：地质出版社，95–178.

傅力浦 . 1983. 陕西紫阳发现五峰期晚期笔石 . 地质论评，29（6）：566.

傅力浦 . 1996. 陕西紫阳早奥陶世权河口组的笔石 . 古生物学报，35（5）：591–599.

傅力浦，胡云绪，张子福，王树洗 . 1993. 鄂尔多斯中、上奥陶统沉积环境的生物标志 . 西北地质科学，14（2）：22–34.

葛梅钰 . 1962. 浙江龙游奥陶纪笔石地层 . 地质学报，42（3）：307–316.

葛梅钰 . 1964. 浙江、昌化、诸暨、绍兴等地奥陶纪笔石地层 . 中国科学院地质古生物研究所集刊，地层文集 1 号：98–126.

葛治洲，戎嘉余，杨学长，刘耕武，倪寓南，董得源，伍鸿基 . 1979. 西南地区的志留系 // 中国科学院南京地质古生物研究所 . 西南地区碳酸盐生物地层 . 北京：科学出版社，155–220.

关士聪，车树政 . 1955. 内蒙古伊克昭盟桌子山地区地层系统 . 地质学报，35（2）：95–108.

贵州区调队 . 1979. 奥陶系 // 贵州省地质局 . 中华人民共和国区域地质调查报告（1 ：20 万，威信幅）. 贵阳：贵州省地质局，15–47.

郭彦如，赵振宇，徐旺林，史晓颖，高建荣，包洪平，刘俊榜，张延玲，张月巧 . 2014. 鄂尔多斯盆地奥陶系层序地层格架 . 沉积学报，32（1）：44–60.

韩乃仁 . 1966. 浙江江山含翼笔石 *Pterograptus* 层的发现 . 地层学杂志，1（2）：162.

韩乃仁 . 1983. 浙江江山下奥陶统发现肿笔石（*Oncograptus*）. 地质论评，29（6）：567–569.

何心一 . 1978. 贵州毕节晚奥陶世观音桥层四射珊瑚动物群 . 地层古生物论文集，6：1–45.

胡艳华，钱俊锋，褚先尧，徐岩，顾明光，李建峰 . 2012. 华南加里东运动研究综述及其性质初探 . 科技通报，28（11）：42–48，71.

黄枝高，肖承协，夏天亮 . 1988. 江西崇义 - 永新地区中上奥陶统重要笔石动物群 . 北京：地质出版社，1–322.

计荣森 . 1940. 长江三峡寒武纪之古杯类 . 中国地质学会志，20（2）：122–145.

贾承造，张师本，吴绍祖 . 2004. 塔里木盆地及周边地层（上）—各纪地层总结 . 北京：科学出版社 .

景秀春，杜品德，张放，张师本，卢远征，邓胜徽 . 2007. 塔里木盆地亚科瑞克剖面奥陶系牙形石生物地层初步研究 . 地质论评，53（2）：242–249.

景秀春，邓胜徽，赵宗举，卢远征，张师本 . 2008. 塔里木盆地柯坪地区寒武 – 奥陶系界线附近的碳同位素组成与对比 . 中国科学（D 辑）：地球科学，38（10）：1284–1296.

赖才根 . 1960. 湖北宜昌、陕西汉中扬子贝层鹦鹉螺类化石 . 古生物学报，8：251–264.

赖才根 . 1965. 陕西汉中宁强奥陶志留纪的头足类 . 古生物学报，13：308–335.

赖才根 . 1980. 浙赣地区中晚奥陶世的头足类 . 中国地质科学院院报地质研究所分刊，1（2）：67–99.

赖才根等 . 1982. 中国地层（5）：中国的奥陶系 . 北京：地质出版社 .

赖才根，齐敦伦 . 1977. 湘西北奥陶纪头足类 . 地层古生物论文集，3：1–61.

李超，樊隽轩，孙宗元 . 2018. 奥陶系无机碳同位素地层学综述 . 地层学杂志，42（4）：402–428.

李积金 . 1983. 皖南奥陶系的分带、对比及一些重要笔石的记述 . 中国科学院南京地质古生物研究所丛刊，6：133–158.

李积金，陈旭 . 1962. 黔南三都寒武纪及奥陶纪笔石 . 古生物学报，10（1）：12–31.

李积金，肖承协，陈洪冶 . 2000. 江西崇义早奥陶世宁国期典型太平洋笔石动物群（中国古生物志：新乙种第 33 号）. 北京：科学出版社 .

李锦轶，张进，曲军峰 . 2012. 华北与阿拉善两个古陆在早古生代晚期拼合—来自宁夏牛首山沉积岩系的证据 . 地质论评，58（2）：208–214.

李军，燕夔，Servais, T. 2011. 湖北宜昌地区下 - 中奥陶统界线疑源类生物地层学意义 . 微体古生物学报，28（4）：357–369.

李四光，赵亚曾 . 1924. 峡东地质及长江之历史 . 中国地质学会志，3（3–4）：351–392.

李星学 . 2009. 古生物学名词（第二版）. 北京：科学出版社 .

李越，王建坡，沈安江，黄智斌 . 2007. 新疆巴楚中奥陶统上部一间房组瓶筐石礁丘的演化意义 . 古生物学报，46（3）：341–348.

李越，黄智斌，王建坡，王志浩，薛耀松，张俊明，张元动，樊隽轩，张园园 . 2009. 新疆巴楚中—晚奥陶世牙形刺生物地层和沉积环境研究 . 地层学杂志，33（2）：113–122.

李志宏，Stouge, S.S.，陈孝红，王传尚，汪啸风，曾庆銮 . 2010. 湖北宜昌黄花场下奥陶统弗洛阶 *Oepikodus evae* 带精细地层划分对比 . 古生物学报，49（1）：108–124.

梁仲发 . 1981. 头足纲 // 沈阳地质矿产研究所 . 东北地区古生物图册（一）：古生代分册 . 北京：地质出版社，467–483.

林宝玉，邹鑫祜 . 1977. 浙赣地区晚奥陶世床板珊瑚、日射珊瑚及其地层意义 . 地层古生物论文集，3：108–208.

林宝玉，邱洪荣，许长城 . 1984. 内蒙古乌拉特前旗佘太镇地区奥陶纪地层的新认识 . 地质论评，30（2）：95–104.

林天瑞 . 2017. 三叶虫概论 . 北京：科学出版社 .

林天瑞，彭善池，李越 . 2000. 峡东地区庙坡组栉虫类、宝石虫类和斜视虫类三叶虫 . 古生物学报，39：205–216.

林尧坤 . 1981. 正笔石式树形笔石的新材料并论其分类 . 中国科学院南京地质古生物研究所丛刊，3：241–262.

林尧坤 . 1988. 论网格笔石（*Dictyonema*）的束线构造 . 古生物学报，27（2）：218–237.

刘第墉，许汉奎，梁文平 . 1983. 腕足动物门 // 地质矿产部南京地质矿产研究所 . 华东地区古生物图册（一）：早古生代分册 . 北京：地质出版社，254–286.

刘季辰，赵亚曾 . 1927. 浙江西部地质 . 中央地质调查所地质汇报，9：11–28.

刘世坤，张建东，陈挺恩 . 1986. 东喀喇昆仑山奥陶纪鹦鹉螺化石新材料 . 古生物学报 . 25：491–506.

刘晓，张元动，周传明 . 2012. 浙西北晚奥陶世文昌组和堰口组的沉积成因——兼论其构造和古地理意义 . 古地理学报，14（1）：101–116.

刘义仁，傅汉英 . 1989a. 中国奥陶系江阶、石口阶的候选层型剖面—湖南祁东双家口剖面（Ⅰ）. 地层学杂志，13：161–192

刘义仁，傅汉英 . 1989b. 中国奥陶系江阶、石口阶的候选层型剖面—湖南祁东双家口剖面（Ⅱ）. 地层学杂志，13：235–254

卢礼昌 . 1987. 湖北宜昌黄花场大湾组一些疑源类 . 微体古生物学报，4（2）：87–102.

卢衍豪 . 1959. 中国南部奥陶纪地层分类和对比 . 北京：地质出版社 .

卢衍豪 . 1975. 华中及西南奥陶纪三叶虫动物群（中国古生物志：新乙种第 11 号）. 北京：科学出版社 .

卢衍豪，穆恩之，侯佑堂，张日东，刘第墉 . 1955. 浙西古生代地层新见 . 地质知识，2：1–6.

卢衍豪，钱义元，周志毅，陈均远，刘耕武，余汶，陈旭，许汉奎 . 1976. 中国奥陶纪的生物地层和古动物地理 . 中国科学院南京地质古生物研究所集刊，（7）：1–90.

罗璋，郑云川 . 1981. 浙西两条下、中奥陶统剖面简介并论浙西早、中奥陶统的划分与对比 . 浙江地质通讯，（1）：94–103.

骆金锭，洪祖寅，陈文彬 . 1980. 福建永安魏坊发现奥陶纪的笔石 . 古生物学报，19（6）：511–512.

骆天天，张元动 . 2008. 湖北宜昌和南漳奥陶系大湾组笔石生物地层 . 地层学杂志，32（3）：253–264.

马譞，陈旭，Goldman, D. 2015. *Ningxiagraptus* 的再研究 . 古生物学报，54（4）：465–471.

门凤岐，赵祥麟 . 1993. 古生物学导论 . 北京：地质出版社 .

穆恩之 . 1956. 几种正分枝的多枝笔石 . 古生物学报，4（3）：331–344.

穆恩之 . 1957. 浙江常山宁国页岩中的一些新笔石 . 古生物学报，5（3）：369–437.

穆恩之 . 1958. “娇笔石”——浙西江山胡乐页岩中的一个新笔石属 . 古生物学报，6（3）：259–266.

穆恩之 . 1959. 中国含笔石地层——中国地质学基本资料专题总结论文集（第 3 号）. 北京：地质出版社 .

穆恩之 . 1963. 笔石体的复杂化 . 古生物学报，11（3）：346–377.

穆恩之 . 1974. 正笔石及正笔石式树形笔石的演化、分类和分布 . 中国科学，2：174–183.

穆恩之，李积金 . 1958. 浙西江山、常山一带宁国页岩中的攀合笔石 . 古生物学报，6（4）：391–427.

穆恩之，李积金，葛梅钰，陈旭，倪寓南，林尧坤，穆西南 . 1974. 奥陶纪—笔石 // 中国科学院南京地质古生物研究所 . 西南地区地层古生物手册 . 北京：地质出版社，154–164.

穆恩之，葛梅钰，陈旭，倪寓南，林尧坤 . 1979a. 西南地区下奥陶统笔石（中国古生物志：新乙种第 13 号）. 北京：科学出版社 .

穆恩之，朱兆玲，陈均远，戎嘉余 . 1979b. 西南地区的奥陶系 // 中国科学院南京地质古生物研究所 . 西南地区碳酸盐生物地层 . 北京：科学出版社，108–154.

穆恩之，李积金，葛梅钰，陈旭，林尧坤，倪寓南 . 1993. 华中区上奥陶统笔石（中国古生物志：新乙种 29 号）. 北京：科学出版社 .

穆恩之，李积金，葛梅钰，林尧坤，倪寓南 . 2002. 中国笔石 . 北京：科学出版社 .

倪寓南 . 1991. 江西武宁下奥陶统顶部和中奥陶统的笔石 . 中国古生物志新乙种，28：1–147.

倪寓南，耿良玉，王志浩，赵治信，陈挺恩，张允白，王海峰，章森桂，袁文伟，张师本，高琴琴，李军 . 2001. 奥陶系 // 周志毅 . 塔里木盆地各纪地层 . 北京：科学出版社，39–80，343–344.

潘正勤 . 1986. 江苏宁镇山脉早奥陶世头足类 . 古生物学报，25：312–327.

彭善池，林天瑞，李越 . 2001. 峡东地区上奥陶统庙坡组球接子类及其它多节类三叶虫 . 古生物学报，40：1–19.

齐敦伦 . 1980. 安徽无为奥陶纪头足类及其地层意义 . 古生物学报，19：245–262.

齐敦伦，应中鄂，邹西平，陈均远，陈挺恩 . 1983. 头足纲 // 南京地质矿产研究所 . 华东地区古生物图册（一）：早古生代分册 . 北京：地质出版社，295–351.

钱义元，李积金，李蔚侬，江纳言，毕治国，高永修 . 1964. 安徽南部震旦系及下古生界的新认识 . 中国科学院地质古生物研究所集刊，地层文集第 1 号：21–66.

乔新东 . 1977. 柯坪笔石——新疆柯坪萨尔干组中的一个新笔石新属 . 古生物学报，16：287–292.

全国地层委员会《中国地层表》编委会 . 2014. 中国地层表及说明书 . 北京：地质出版社 .

戎嘉余，陈旭，詹仁斌，樊隽轩，王怿，张元动，李越，黄冰，吴荣昌，王光旭 . 2010. 贵州桐梓县境南部奥陶系 – 志留系地层界线新认识 . 地层学杂志，34（4）：337–348.

戎嘉余，詹仁斌，王怿，黄冰，唐鹏，栾晓聪 . 2015. 东秦岭淅川奥陶、志留纪地层的新观察 . 地层学杂志，39（1）：1–14.

盛莘夫 . 1934. 浙江地质纪要 . 浙江省立西湖博物馆 .

盛莘夫 . 1974. 中国奥陶系划分和对比 . 北京：地质出版社 .

舒良树 . 2006. 华南前泥盆纪构造演化：从华夏地块到加里东期造山带 . 高校地质学报，12（12）：418–431.

舒良树 . 2012. 华南构造演化的基本特征 . 地质通报，31（7）：1035–1053.

宋奠南 . 2001. 对怀远运动的再认识 . 山东地质，17（1）：19–23, 51.

宋庆原，崔智林，华洪，王学仁 . 2000. 陕西富平晚奥陶世放射虫化石 . 西北大学学报，30（1）：65–68.

宋妍妍 . 2015. 中扬子地区奥陶系庙坡组笔石动物群及其环境背景 . 南京：中国科学院南京地质古生物研究所 .

宋妍妍，张元动，张举 . 2013. 浙西赣东北奥陶纪达瑞威尔晚期 - 桑比早期笔石序列新探 . 地层学杂志，37（2）：144–154.

宋妍妍，张元动，王志浩，方翔，马譞，刘鹏举 . 2018. 中扬子区奥陶系庙坡组底界穿时的生物地层学证据 . 地层学杂志，42（2）：128–144.

苏文博，王永标，龚淑云 . 2006. 一条新发现的奥陶系—志留系界线剖面 . 现代地质，20（3）：409–412.

孙云铸 . 1933. 中国奥陶纪及志留纪之笔石 . 中国古生物志乙种，14（1）：1–70.

唐增才，张元动，甄勇毅，胡文杰，袁强，俞国华 . 2014. 浙江临安板桥早奥陶世牙形刺新材料及其意义 . 地层学杂志，38(4)：381–389.

田在艺 . 1948. 陇东奥陶纪地层及第三纪地层 . 石油地质专刊 .

童金南，殷鸿福 . 2007. 古生物学 . 北京：高等教育出版社 .

图凡伊，周志毅 . 2002. 湖北宜昌大坪奥陶纪阿仑尼克期三叶虫生态组合 . 古生物学报，41：10–18.

涂珅，王舟，王家生 . 2012. 宜昌王家湾奥陶系－志留系界线地层高分辨率碳、氧稳定同位素记录及其成因 . 地球科学，37（2）：165–174.

万天丰 . 2006. 中国大陆早古生代构造演化 . 地学前缘，13（6）：30–42.

汪隆武，张建芳，陈津华，张元动，陈小友，朱朝晖，刘健，胡艳华，马譞 . 2015. 浙江安吉上奥陶统钾质斑脱岩特征 . 地层学杂志，39（2）：155–168.

汪隆武，张元动，朱朝晖，张建芳，刘风龙，陈津华，徐双辉，蔡晓亮，马譞，胡开明 . 2016. 上奥陶统赫南特阶下扬子地区标准剖面（浙江省安吉县杭垓剖面）的地质特征及其意义 . 地层学杂志，40（4）：370–381.

汪啸风 . 1978. 奥陶纪笔石 // 湖北省地质局三峡地层研究组 . 峡东地区震旦纪至二叠纪地层古生物 . 北京：地质出版社，192–210.

汪啸风 . 2016. 中国南方奥陶纪构造古地理及年代与生物地层的划分与对比 . 地学前缘，23（6）：253–267.

汪啸风，金玉琴，吴兆同，傅汉英，黎作聪，马国干 . 1977. 笔石类 . 中南地区古生物图册：早古生代部分 . 北京：地质出版社，266–470.

汪啸风，倪世钊，曾庆銮，徐光洪，周天梅，李志宏，项礼文，赖才根 . 1987. 长江三峡地区生物地层学（2）：早古生代分册 . 北京：地质出版社 .

汪啸风，陈旭，陈孝红，朱慈英 . 1996a. 中国地层典—奥陶系 . 北京：地质出版社 .

汪啸风，李志明，陈建强，陈孝红，苏文博 . 1996b. 华南早奥陶世海平面变化及其对比 . 华南地质与矿产，3：1–11.

汪啸风，陈孝红，王传尚，李志宏 . 2004. 中国奥陶系和下志留统下部年代地层单位的划分 . 地层学杂志，28（1）：1–17.

汪啸风，Stouge, S.，陈孝红，李志宏，王传尚，Erdtmann, B.-D.，曾庆銮，周志强，陈辉明，张淼，徐光洪 . 2005. 全球下奥陶统—中奥陶统界线层型候选剖面— 宜昌黄花场剖面研究新进展 . 地层学杂志，29（增刊）：467–489.

王传尚，汪啸风，陈孝红，李志宏 . 2003. 峡东地区奥陶系庙坡组地球化学异常与海平面变化研究 . 地质地球化学，37（2）：57–64.

王钢 . 1981. 四川古蔺下奥陶统桐梓组笔石的发现 . 古生物学报，20（4）：349–352.

王海峰 . 1997. 吉林大阳岔及其邻近地区奥陶纪最早期笔石的序列于对比 . 地层学杂志，21（4）：293–299.

王建坡，李越，张园园，杨海军，黄智斌 . 2009. 新疆巴楚晚奥陶世礁丘中的蓝菌群落 . 微体古生物学报，26（2）：139–147.

王举德 . 1974. 笔石类 // 云南省地质局 . 云南化石手册 . 昆明：云南省地质局，731–761.

王明倩 . 1981. 头足纲 // 新疆地质局区域地质调查大队等 . 西北地区古生物图册：新疆维吾尔自治区分册（一）. 北京：地质出版社，115–134.

王汝植 . 1966. 湖北宜昌奥陶纪鹦鹉螺化石及其在地层上的意义 . 长春地质学院科学论文集，4：101–106.

王汝植 . 1978. 头足纲 // 西南地质科学研究所 . 西南地区古生物图册：四川分册（一）. 北京：地质出版社，402–431.

王淑敏 . 1984. 腕足动物门 // 湖北省区域地质测量队 . 湖北省古生物图册 . 武汉：湖北科学技术出版社，128–236.

王淑敏，阎国顺 . 1978. 奥陶纪腕足动物 // 湖北省地质局三峡地层研究组 . 峡东地区震旦纪至二迭纪地层古生物 . 北京：地质出版社，210–228.

王文卉，冯洪真，李丽霞，李明，陈文建 . 2012. 湖南益阳下奥陶统的细弱匿笔石 *Adelograptus tenellus*（Linnarsson, 1871）. 古生物学报，51（2）：186–199.

王怿，樊隽轩，张元动，徐洪河，Melchin，M.J. 2011. 湖北恩施太阳河奥陶纪 – 志留纪之交沉积间断的研究 . 地层学杂志，35（4）：361–366.

王玉净，张元动 . 2011. 江苏仑山地区上奥陶统五峰组放射虫动物群及其地质意义 . 微体古生物学报，28（3）：251–260.

王玉净，成俊峰，张元动 . 2008. 新疆库鲁克塔格地区中奥陶统黑土凹组中的放射虫新属种 . 古生物学报，47（4）：393–404.

王玉净，成俊峰，张元动 . 2010. 放射虫新属 *Gansuceratoikiscum* 化石保存模式和基本构造功能分析 . 古生物学报，49（1）：472–477.

王玉净，崔智林，张元动，华洪，武学进 . 2020. 陕西富平金粟山组放射虫动物群及其时代 . 微体古生物学报，37（1）：21–34.

王钰 . 1938. 湖北峡东“宜昌石灰岩”的时代问题 . 地质论评，3（2）：131–142.

王钰 . 1955. 腕足类的新属 . 古生物学报，3（2）：83–114.

王钰 . 1956. 腕足类的新种 Ⅰ . 古生物学报，4（1）：1–24.

王钰，金玉玕 . 1964. 腕足类 // 中国科学院南京地质古生物研究所 . 华南区标准化石手册 . 北京：科学出版社，46–47.

王振涛，周洪瑞，王训练，景秀春，张永生，袁路朋，沈智军 . 2016. 鄂尔多斯盆地西缘北部奥陶纪盆地原型：来自贺兰山和桌子山地区奥陶系的沉积响应 . 地质论评，62（4）：1041–1060.

王志浩，伯格斯特龙 . 1999. 华南奥陶系达瑞威尔阶底界附近的牙形刺 . 微体古生物学报，16（4）：325–350.

王志浩，罗坤泉 . 1984. 鄂尔多斯地台边缘晚寒武世 – 奥陶纪牙形刺 . 中国科学院南京地质古生物研究所丛刊，8：237–304.

王志浩，周天荣 . 1998. 塔里木西部与东北部奥陶系的牙形刺及其意义 . 古生物学报，37（2）：173–193.

王志浩，张俊明，周志毅，张进林 . 1983. 河北卢龙武山寒武 - 奥陶系界线剖面地质旅行指南 . 南京：中国科学院南京地质古生物研究所 .

王志浩，伯格斯特龙，S.M.，莱恩，H. R. 1996. 中国奥陶纪牙形刺分区和生物地层 . 古生物学报，35（1）：26–59.

王志浩，李越，王建坡，马俊业，姚小刚，黄智斌，张园园 . 2009. 塔里木中央隆起区上奥陶统的牙形刺 . 微体古生物学报，26（2）：97–116.

王志浩，祁玉平，吴荣昌 . 2011. 中国寒武纪和奥陶纪牙形刺 . 合肥：中国科学技术大学出版社 .

王志浩，Bergström, S.M.，甄勇毅，张元动 . 2013a. 甘肃平凉晚奥陶世平凉组牙形刺的新发现及其意义 . 微体古生物学报，30（2）123–131.

王志浩，伯格斯特龙，甄勇毅，张元动，吴荣昌，陈清 . 2013b. 内蒙古乌海大石门奥陶系牙形刺和 *Histiodella* 动物群的发现及意义 . 微体古生物学报，30（4）：323–343.

王志浩，吴荣昌，伯格斯特龙 . 2013c. 新疆塔克拉玛干沙漠轮南区奥陶纪牙形刺及 *Pygodus* 属的演化 . 古生物学报，52（4）：1–13.

王志浩，Bergström, S.M.，甄勇毅，张元动，吴荣昌 . 2014a. 河北唐山达瑞威尔阶（Darriwilian）牙形刺生物地层的新认识 . 古生物学报，53（1）：1–15.

王志浩，伯格斯特龙，甄勇毅，张元动，吴荣昌 . 2014b. 河北唐山下奥陶统牙形刺生物地层的新认识 . 微体古生物学报，31（1）：1–14.

王志浩，伯格斯特龙，张元动，甄勇毅，吴荣昌 . 2015. 浙赣地区上奥陶统砚瓦山组的牙形刺及其地层意义 . 古生物学报，54（2）：147–157.

王志浩，甄勇毅，张元动，吴荣昌 . 2016. 我国华北不同相区奥陶系牙形刺生物地层的再认识 . 地层学杂志，40（1）：1–16.

魏秀喆，肖承协，陈胜高，俞韬 . 1966. 江西永新、宁冈一带奥陶纪笔石地层 . 地层学杂志，1：65–76.

吴浩若 . 2000. 广西加里东运动构造古地理问题 . 古地理学报，2（1）：70–76.

西安地质矿产研究所 . 1963. 1 ∶ 100 万宝鸡幅地质图说明书 . 西安：西安地质矿产研究所 .

夏广胜 . 1982. 安徽省古生物图册：安徽笔石化石 . 合肥：安徽省科学技术出版社 .

肖承协，陈洪冶 . 1990. 玉山古城一带早中奥陶世笔石动物群 . 江西地质，4（2）：83–206.

肖承协，黄学涔 . 1974. 江西崇义早奥陶世笔石地层 . 江西地质科技情报，（3）：1–24.

肖承协，夏天亮 . 1984. 江西崇义早奥陶世早期含笔石地层 . 地层学杂志，（3）：220–224.

肖承协，薛春汀，黄学涔 . 1975. 江西崇义早奥陶世笔石地层 . 地质学报，（2）：112–125.

肖承协，夏天亮，王昭雁 . 1982. 对江西崇义地区奥陶系的新观察 . 地层学杂志，6：64–71.

肖承协，陈洪冶，夏天亮，何群 . 1991. 江西玉山古城一带早中奥陶世笔石地层 . 地层学杂志，15（2）：81–99.

谢从瑞，傅力浦，朱小辉，王洪亮，周志强 . 2017. *Climacograptus longxianensis* 在甘肃平凉的发现及地质意义 . 西北地质，50（1）：1–3.

谢家荣，赵亚曾 . 1925. 湖北西部罗惹坪志留系的研究 . 中国地质学会志，4：39–44.

熊剑飞，武涛，叶德胜 . 2006. 新疆巴楚中—晚奥陶世牙形刺研究的新进展 . 古生物学报，45（3）：359–373.

徐光洪，刘贵兴 . 1977. 头足纲 // 湖北省地质科学研究所等 . 中南地区古生物图册（一）：早古生代部分 . 北京：地质出版社，78–104.

许汉奎，刘第墉 . 1984. 中国西南地区早奥陶世晚期的腕足类化石 . 中国科学院南京地质古生物研究所丛刊，8：147–236.

许汉奎，刘第墉，戎嘉余 . 1974. 西南地区奥陶纪腕足类 // 中国科学院南京地质古生物研究所 . 西南地区地层古生物手册 . 北京：科学出版社，144–154.

许杰 . 1934. 长江下游之笔石化石 . 国立中央研究院地质研究所专刊，甲种第四号：1–106.

许杰 . 1959. 一个新发现的具有特殊附连物的栅笔石 . 古生物学报，7（5）：346–352.

许杰，黄枝高 . 1979. 新疆霍城县果子沟地区下奥陶统的笔石动物群 . 地质学报，53（1）：1–19.

许杰，马振图 . 1948. 宜昌建造及宜昌期动物群 . 前中央研究所地质，1：1–51.

燕夔，李军 . 2005. 贵州桐梓红花园奥陶系湄潭组疑源类生物地层 . 地层学杂志，29（3）：236–256.

燕夔，李军 . 2007. 湖北宜昌奥陶系庙坡组疑源类 . 微体古生物学报，24（4）：422–433.

杨达铨 . 1964. 浙江安吉下志留统中的几种笔石 . 古生物学报，12（4）：628–636.

杨达铨 . 1983. 浙江西北部上奥陶统上部的笔石 . 古生物学报，22（6）：597–605.

杨达铨，倪寓南，李积金，陈旭，林尧坤，俞剑华，夏广胜，焦世鼎，方一亭，葛梅钰，穆恩之 . 1983. 半索动物门 // 地质矿产部南京地质矿产研究所 . 华东地区古生物图册（一）：早古生代分册 . 北京：地质出版社，353–508.

杨绳武 . 1978. 鹦鹉螺超目 // 贵州地层古生物工作队 . 西南地区古生物图册：贵州分册（一）. 北京：地质出版社，358–379.

杨绳武 . 1980. 西南地区奥陶纪珠角石类的新材料 . 古生物学学报，19：170–173.

姚伦淇，杨达铨 . 1991. 浙西及邻区下奥陶统牙形刺序列及不同相区的对比 . 地层学杂志，15（1）：26–34.

野田势次郎（Seijiro Noda）. 1915. 钱塘江流域の地质 .（日本）地质调查所地质要报（Bulletin of the Imperial Geological Survey of Japan），25（1）：17–29.

尹磊明 . 2006. 中国疑源类化石 . 北京：科学出版社 .

尹磊明，Playford, G. 2003. 浙江常山黄泥塘全球层型剖面的中奥陶世疑源类 . 古生物学报，42（1）：89–103.

俞昌民 . 1960. 中国奥陶纪珊瑚化石 . 古生物学报，8：65–132.

俞昌民，吴望始，赵嘉明，张肇诚 . 1963. 中国的珊瑚化石 . 北京：科学出版社 .

俞国华 . 1996. 浙江省岩石地层 . 武汉：中国地质大学出版社 .

俞剑华，方一亭 . 1966. 江西修水流域胡乐组内褶曲胞管笔石的发现 . 古生物学报，1（1）：92–97.

俞剑华，方一亭 . 1981. 华南下奥陶统宁国组内的一个新笔石属——香焦笔石 *Arienigraptus*. 古生物学报，29（1）：27–31.

袁文伟，周志毅，张俊明，周志强，孙晓文，周天梅 . 2000. 湘鄂西奥陶纪 Tremadocian 期三叶虫相 . 地层学杂志，24（4）：275–282.

曾庆銮 . 1977. 腕足动物门 // 湖北省地质科学研究所，河南省地质局，湖北省地质局，湖南省地质局，广东省地质局，广西壮族自治区地质局 . 中南地区古生物图册（一）：早古生代部分 . 北京：地质出版社，27–29.

曾庆銮 . 1987. 腕足动物门 // 汪啸风，倪世钊，曾庆銮，徐光洪，周天梅，李志宏，项礼文，赖才根 . 长江三峡地区生物地层学（2）：早古生代分册 . 北京：地质出版社，209–244.

曾庆銮 . 1991. 峡东地区奥陶纪腕足类群落与海平面升降变化 . 中国地质科学院宜昌地质矿产研究所文集，16：19–42.

曾庆銮，倪世钊，徐光洪，赖才根，项礼文，周天梅，汪啸风，李志宏 . 1983. 长江三峡东部地区奥陶系划分与对比 . 中国地质科学院宜昌地质矿产研究所所刊，6：1–56.

曾庆銮，赖才根，徐光洪，倪世钊，周天梅，项礼文，汪啸风，李志宏 . 1987. 奥陶系 // 汪啸风，倪世钊，曾庆銮，徐光洪，周天梅，李志宏，项礼文，赖才根 . 长江三峡地区生物地层学（2）：早古生代分册 . 北京：地质出版社，43–142.

詹仁斌，戎嘉余 . 1994. 江西玉山下镇晚奥陶世扭月贝族一新属——*Tashanomena*. 古生物学报，33（4）：416–428.

詹仁斌，戎嘉余 . 1995. 浙赣边区晚奥陶世腕足动物四新属 . 古生物学报，34（5）：549–574.

詹仁斌，戎嘉余 . 2006. 华南早—中奥陶世腕足动物的辐射 // 戎嘉余等 . 生物的起源、辐射与多样性演变：华夏化石记录的启示 . 北京：科学出版社，259–284.

张国伟，郭安林，王岳军，李三忠，董云鹏，刘少峰，何登发，程顺有，鲁如魁，姚安平 . 2013. 中国华南大陆构造与问题 . 中国科学：地球科学，43（10）：1553–1582.

张举，张元动，宋妍妍 . 2013. 滇东地区奥陶系红石崖组的时代 . 地层学杂志，37（1）：8–17.

张鸣韶 . 1934. 中国中部艾家层下部之腕足类化石 . 中国古生物志，乙种 1 号 .

张鸣韶，盛莘夫 . 1958. 川黔边境的奥陶纪地层 . 地质学报，38（3）：326–335.

张浅深，俞受鋆，黄建辉，林天瑞，卢华复，钱清 . 1964. 江西南部前泥盆系的初步认识 . 地质学报，44（4）：388–404.

张日东 . 1957. 湖北长阳中奥陶统扬子贝层中的鹦鹉螺化石 . 古生物学报，5：259–271.

张日东 . 1959. 内蒙伊克昭盟棹子山区域下奥陶纪的头足类化石 . 古生物学报，7：33–61.

张日东 . 1962. 甘肃环县中奥陶统几种头足类化石 . 古生物学报，10：514–521.

张日东 . 1964. 砚瓦山组石灰岩及宝塔组石灰岩头足类的新材料 . 古生物学报，12：129–138.

张日东，俞昌民，陆麟黄，张遴信 . 1959. 新疆天山南麓古生代地层 . 中国科学院古生物研究所集刊，2：1–43.

张师本，高琴琴 . 1992. 塔里木盆地震旦纪至二叠纪地层古生物（Ⅱ）：柯坪—巴楚地区分册 . 北京：石油工业出版社 .

张文堂 . 1962. 中国的奥陶系 // 全国地层委员会 . 全国地层会议学术报告汇编 . 北京：科学出版社，1–161.

张文堂，李积金，钱义元，朱兆玲，陈楚震，张守信 . 1957. 湖北峡东寒武纪及奥陶纪地层 . 科学通报，（5）：145–146.

张文堂，许汉奎，陈旭，陈均远，袁克兴，林尧坤，王俊庚 . 1964. 贵州北部的奥陶系 // 中国科学院南京地质古生物研究所 . 贵州北部的古生代地层，33–78.

张元动，王志浩，冯洪真，骆天天，Erdtmann, B.-D. 2005. 中国特马豆克阶笔石地层述评 . 地层学杂志，29（3）：215–235.

张元动，陈旭，王志浩 . 2008. 奥陶系达瑞威尔阶全球界线层型综合研究报告 // 第三届全国地层委员会 . 中国主要断代地层建阶研究报告（2001–2005）. 北京：地质出版社，436–454.

张元动，许红根，郭维民，贺振宇，周清，王旭东 . 2009. 浙江常山黄泥塘水库剖面的生物地层学 . 地层学杂志，33（4）：337–346.

张元动，陈旭，Daniel Goldman，张举，成俊峰，宋妍妍 . 2010. 华南早 - 中奥陶世主要环境下笔石动物的多样性与生物地理分布 . 中国科学：地球科学，40（9）：1164–1180.

张元动，张举，汪建国，宋妍妍，汪隆武，俞国华，黎康清 . 2012. 浙江桐庐县刘家奥陶纪剖面生物地层学初步研究 . 地层学杂志，36（1）：1–12.

张元动，曹长群，俞国华 . 2013. “三山地区”古生代地层剖面 // 陈旭，袁训来 . 地层学与古生物学研究生华南野外实习指南 . 合肥：中国科学技术大学出版社，84–119.

张元动，李国祥，祁玉平，许红根，朱学剑，梁昆，郑全锋 . 2015. 浙赣“三山”地区研究生野外教学实习 . 南京：中国科学院南京地质古生物研究所 .

张元动，詹仁斌，甄勇毅，王志浩，袁文伟，方翔，马譞，张俊鹏 . 2019. 中国奥陶纪综合地层和时间框架 . 中国科学：地球科学，49（1）：66–92.

张允白，陈挺恩 . 2002. 云南丽江奥陶纪鹦鹉螺 . 古生物学报，41：77–88.

赵祥麟，林尧坤，张舜新 . 1988. 吉林浑江地区奥陶纪新厂阶笔石序列——兼论寒武 - 奥陶系界线 . 古生物学报，27（2）：188–204.

赵政璋，李永铁，叶和飞，张昱文 . 2001. 青藏高原地层 . 北京：地质出版社 .

赵治信 . 1987. 新疆巴楚地区奥陶纪“萨尔干塔格群”和“丘里塔格群”的牙形石及时代讨论 . 新疆石油地质，8（2）：75–79.

赵治信，张桂芝，肖继南 . 2000. 新疆古生代地层及牙形石 . 北京：石油工业出版社 .

赵宗举，赵治信，黄智斌 . 2006. 塔里木盆地奥陶系牙形石带及沉积层序 . 地层学杂志，30（3）：193–203.

浙江省区测队 . 1967. 1 ：20 万临安幅区域矿产地质调查报告 . 杭州：浙江省地质局 .

中国科学院南京地质古生物研究所 . 1974. 西南地区地层古生物手册 . 北京：科学出版社 .

中国科学院南京地质古生物研究所 . 1984. 中国各系界线地层及古生物：寒武系与奥陶系界线（一）. 合肥：安徽科学技术出版社 .

钟端，郝永祥 . 1990. 奥陶系 // 钟端，郝永祥 . 塔里木盆地震旦纪至二叠纪地层古生物 Ⅰ：库鲁克塔格地区分册 . 南京：南京大学出版社，41–104.

周棣康，周金钟，赵明，秦天西 . 1991. 塔里木盆地东北地区寒武、奥陶纪古大陆边缘沉积与油气 // 贾润胥 . 中国塔里木盆地北部油气地质研究（第一辑）：地层沉积 . 武汉：中国地质大学出版社，36–43.

周东延，李洪辉，冯祺，邹冬平，李锐坚 . 1992. 塔里木盆地东部地区上震旦统—奥陶系"槽"、"台"、"过渡带"的发现及其意义 // 童晓光等 . 塔里木盆地油气勘探论文集 . 乌鲁木齐：新疆科技卫生出版社，226–236.

周清杰，郑建京 . 1990. 塔里木构造分析 . 北京：科学出版社 .

周天梅，刘义仁，孟宪松，孙振华 . 1977. 三叶虫纲 // 中南地区古生物图册（一）. 北京：地质出版社，104–266.

周志强，周志毅，袁文伟 . 1999. 扬子区奥陶纪宝塔组的划分 . 地层学杂志，23（4）：283–286.

周志强，周志毅，项礼文 . 2016. 中国扬子陆块中、西部奥陶系宝塔组三叶虫动物群 . 北京：地质出版社 .

周志毅，周志强 . 2008. 湖北宜昌奥陶纪大湾组的三叶虫新种 *Ovalocephalus eoprimitivus* sp. nov. 古生物学报，47（4）：454–456.

周志毅，陈均远，林尧坤，王志浩，徐均涛，张进林 . 1983. 唐山地区奥陶系的新观察 . 地层学杂志，7（1）：19–32.

周志毅，陈旭，王志浩，王宗哲，李军，耿良玉，方宗杰，乔新东，张太荣 . 1990. 奥陶系 // 周志毅，陈丕基 . 塔里木生物地层和地质演化 . 北京：科学出版社，56–130.

周志毅，林焕令，倪寓南 . 1995. 早古生代板块构造和地质演化 // 周志毅，林焕令 . 西北地区地层、古地理和板块构造 . 南京：南京大学出版社 .

朱庭祜，孙海寰 . 1924. 浙江地质调查所简报 .

朱庭祜，徐瑞麟，王镇屏 . 1930. 浙江西北部地质 . 两广地质调查所年报，第 3 卷（上册）.

朱忠德，胡明毅，刘秉礼，肖传桃，杨威，李相明 . 2006. 中国早中奥陶世生物礁研究 . 北京：地质出版社 .

邹西平 . 1981. 内蒙古清水河及山西偏关奥陶系鹦鹉螺 . 古生物学报，20：353–362.

邹西平 . 1985. 安徽泾县上奥陶统五峰组鹦鹉螺化石 . 古生物学报，24：605–613.

邹西平 . 1987. 浙江余杭、临安奥陶纪鹦鹉螺化石 . 中国科学院南京地质古生物研究所丛刊，12：231–295.

邹西平 . 1988. 江苏句容仑山附近奥陶纪鹦鹉螺 . 古生物学报，27：309–329.

Achab, A. 1980. Chitinozoaires de l'Arenig inférieur de la Formation de Lévis (Québec, Canada). Review of Palaeobotany and Palynology, 31: 219–239.

Achab, A. 1982. Chitinozoaires de l'Arenig supérieur (Zone D) de la Formation de Lévis, Québec, Canada. Canadian Journal of Earth Sciences, 19: 1295–1307.

Achab, A. 1984. Chitinozoaires de l'Ordovicien Moyen de subsurface de l'Ile Anticosti. Review of Palaeobotany and Palynology, 43: 123–143.

Adrain, J.M., Fortey, R.A., Westrop, S.R. 1998. Post-Cambrian trilobite diversity and evolutionary faunas. Science, 280(5371): 1922–1925.

Adrain, J.M., Westrop, S.R., Fortey, R.A. 2004. Trilobites: global patterns//Webby, B.D., Droser, M.L., Paris, F., Percival, I.G. The Great Ordovician Biodiversification Event. New York: Columbia University Press, 72–76.

Ainsaar, L., Meidla, T., Tinn, O. 2004. Middle and Upper Ordovician stable isotope stratigraphy across the facies belts in the East Baltic//Hints, O., Ainsaar, L. WOGOGOB-2004 Conference Materials. Tartu: Tartu University Press, 11–12.

Ainsaar, L., Meidla, T., Tinn, O., Martma, T., Dronov, A. 2007. Darriwilian (Middle Ordovician) carbon isotope stratigraphy in Baltoscandia. Acta Palaeontologica Sinica, 46 (Suppl.): 1–8.

Ainsaar, L., Kaljo, D., Martma, T., Meidla, T., Männik, P., Nólvak, J., Tinn, O. 2010. Middle and Upper Ordovician carbon isotope chemostratigraphy in Baltocandia: A correlation standard and clues to environmental history. Palaeogeography, Palaeoclimatology, Palaeoecology, 294: 189–201.

Aitchison, J.C. 1998. A Lower Ordovician (Arenig) radiolarian fauna from the Ballantrae Complex, Scotland. Scottish Journal of Geology, 34: 73–81.

Albanesi, G.L., Bergström, S.M., Schmitz, B., Serra, F., Feltes, N.A., Voldman, G.G., Ortega, G. 2013. Darriwilian (Middle Ordovician) $\delta^{13}C_{carb}$ chemostratigraphy in the Precordillera of Argentina: Documentation of the middle Darriwilian Isotope Carbon Excursion (MDICE) and its use for intercontinental correlation. Palaeogeography, Palaeoclimatology, Palaeoecology, 389: 48–63.

An, T.X. 1981. Recent progress in Cambrian and Ordovician conodont biostratigraphy of China. Geological Society of America Special Paper, 187: 209–226.

Apollonov, M.K., Bandaletov, S.M., Nikitin, J.F. 1980. The Ordovician–Silurian Boundary in Kazakhstan. "Nauka" Kazakhstan SSR Publishing House.

Balashov, Z.G. 1962. Superorder Endoceratoidea//Ruzhencev, B.E. Fundamentals of paleontology: Cephalopod mollusks I. Russian Moscow Academy of Sciences of USSR, 173–207.

Baliński, A., Sun, Y.L. 2015. Fenxiang biota: A new Early Ordovician shallow-water fauna with soft-part preservation from China. Science Bulletin, 60(8): 812–818.

Baliński, A., Sun, Y.L. 2017. Early Ordovician black corals from China. Bulletin of Geosciences, 92(1): 1–12.

Bamber, E.W., Fedorowski, J. 1998. Biostratigraphy and systematics of Upper Carboniferous cerioid rugose corals, Ellesmere Island, Arctic Canada. Geological Survey of Canada Bulletin, 511: 1–127.

Barnes, C.R., Poplawski, M.L.S. 1973. Lower and middle Ordovician conodonts from the Mystic Formation, Quebec, Canada. Journal of Paleontology, 47(4): 760–790.

Benoît, A., Taugourdeau, P. 1961. Sur quelques chitinozoaires de l'Ordovicien du Sahara. Revue de I'Institut Francais du Pétrole, 16: 1403–1421.

Bergström, S.M. 1962. Conodonts from the Ludibundus Limestone (Middle Ordovician) of the Tvaren area (S.E. Sweden). Arkiv för Mineralogi och Geologi, 3: 1–61.

Bergström, S.M. 1971. Conodont biostratigraphy of the Middle and Upper Ordovician of Europe and eastern North America. Geological Society of America Memoir, 127: 83–160.

Bergström, S.M. 2007. Middle and Upper Ordovician conodonts from the Fågelsång GSSP, Scania, southern Sweden. GFF, 129: 77–82.

Bergström, S.M., Finney, S.C., Chen X., Pålsson, C., Wang, Z.H., Grahn, Y. 2000. A proposed global boundary stratotype for the base of the Upper Series of the Ordovician System: The Fågelsång section, Scania, southern Sweden. Episodes, 23: 102–109.

Bergström, S.M., Löfgren, A., Maletz, J. 2004. The GSSP of the second (upper) stage of the Lower Ordovician Series: Diabasbrottet at Hunneberg, Province of Västergötland, southwest Sweden. Episodes, 27: 265–272.

Bergström, S.M., Finney, S.C., Chen, X., Goldman, D., Leslie, S.A. 2006a. Three new Ordovician global stage names. Lethaia, 39: 287–288.

Bergström, S.M., Saltzman, M.M., Schmitz, B. 2006b. First record of the Hirnantian (Upper Ordovician) δ^{13}C excursion in the North American Midcontinent and its regional implications. Geological Magazine, 143 (5): 657–678.

Bergström, S.M., Young, S., Schmitz, B., Saltzman, M.R. 2007. Upper Ordovician (Katian) δ^{13}C chemostratigraphy: A Trans-Atlantic comparison. Acta Palaeontologica Sinica, 46 (Suppl.): 37–39.

Bergström, S.M., Chen, X., Gutierrez-Marco, J.C., Dronov, A. 2009. The new chronostratigraphic classification of the Ordovician System and its relations to major regional series and stages and to δ^{13}C chemostratigraphy. Lethaia, 4: 97–107.

Bergström, S.M., Young, S., Schmitz, B. 2010. Katian (Upper Ordovician) δ^{13}C chemostratigraphy and sequence stratigraphy in the United States and Baltoscandia: A regional comparison. Palaeogeography, Palaeoclimatology, Palaeoecology, 296(3/4): 217–234.

Bergström, S.M., Lehnert, O., Calner, M., Joachimski, M.M. 2012. A new upper Middle Ordovician–Lower Silurian drillcore standard succession from Borenshult in Östergötland, southern Sweden: 2. Significance of δ^{13}C chemostratigraphy. GFF, 134: 39–63.

Bergström, S.M., Wang, Z.H., Goldman, D. 2016. Relations between Darriwilian and Sandbian conodont and graptolite biozones//Chen, X., et al. Darriwilian to Katian (Ordovician) Graptolites from Northwest China. Hangzhou: Zhejiang University Press, 39–78.

Billings, E. 1857. Fossils of the Upper Silurian rocks, Niagara and Clinton Groups. Canadian Naturalist and Geologist, Series One, 6: 57–60.

Bockelie, T.G. 1980. Early Ordovician Chitinozoa from Spitsbergen. Palynology, 4: 1–14.

Boll, E. 1857. Beitrag zur Kenntnis der silurischen Cephalopoden in nord-deutschen Diluvium und den anstehenden Lagern Schwedens. Archiv des Vereins der Freunde der Naturgeschichten in Mecklenburg, 9: 58–96.

Boltovskoy, D., Correa, N. 2014. Radiolaria (Acantharia, Polycystina y Phaeodaria)//Calcagno, J. Los Invertebrados Marinos. Buenos Aires: FundaciÓn de Historia Natural Félix de Azara, 35–47.

Boltovskoy, D., Anderson O., Correa, N. 2017. Radiolaria and Phaeodaria//Archibald, J. M., Simpson, A.G.B., Slamovits, C.H. Handbook of the Protists. Switzerland: Springer, Cham, 731–763.

Botting, J.P., Muir, L.A., Zhang, Y.-D., Ma, X., Ma, J.-Y., Wang, L.-W., Zhang, J.-F., Song, Y.-Y., Fang, X. 2017a. Flourishing sponge-based ecosystems after the End-Ordovician mass extinction. Current Biology, 27: 556–562.

Botting, J.P., Zhang, Y.D., Muir, L.A. 2017b. Discovery of missing link between demosponges and hexactinellids confirms palaeontological model of sponge evolution. Scientific Reports, 7: 5286.

Botting, J.P., Muir, L.A., Wang, W.H., Qie, W.K., Tan, J.Q., Zhang, L.N., Zhang, Y.D. 2018a. Sponge-dominated offshore benthic ecosystems across South China in the aftermath of the end-Ordovician mass extinction. Gondwana Research, 61: 150–171.

Botting, J.P., Zhang, Y.D., Muir, L.A. 2018b. A candidate stem-group rossellid (Porifera, Hexactinellida) from the latest Ordovician Anji Biota, China. Bulletin of Geosciences, 93(3): 275–285.

Botting, J.P., Janussen, D., Zhang, Y.D., Muir, L.A. 2020. Exceptional preservation of two new early rossellid sponges: The dominant species in the Hirnantian (Late Ordovician) Anji Biota of China. Journal of the Geological Society, 177: 1025–1038.

Branson, E.B., Mehl, M.G. 1933. Conodont studies. University of Missouri Studies, 8(1–4): 1–349.

Branson, E.B., Mehl, M.G., Branson, C.C. 1951. Richmond conodonts of Kentucky and Indiana. Journal of Paleontology, 25(1): 1–17.

Brenchley, P.J., Carden, G.A., Hints, L., Kaljo, D., Marshall, J.D., Martma, T., Meidla, T., Nõlvak, J. 2003. High-resolution stable isotope stratigraphy of Upper Ordovician sequences: Constraints on the timing of bioevents and environmental changes associated with mass extinction and glaciation. Bulletin of Geological Society of America, 115 (1): 89–104.

Briggs, D.E.G., Clarkson, E.N.K., Aldridge, R.J. 1983. The conodont animal. Lethaia, 16(1): 1–14.

Brocke, R. 1997. Evaluation of the Ordovician acritarch genus *Ampullula* Righi. Annales de la Société Géologique de Belgique, 120(1): 73–98.

Brocke, R., Fatka, O., Servais, T. 1998. A review of the Ordovician acritarchs Aureotesta and Marrocanium. Annales de la Société Géologique de Belgique, 120(1): 1–22.

Bulman, O.M.B. 1954. The graptolite fauna of the *Dictyonema* Shales of the Oslo region. Norsk Geologisk Tidsskrift, 33: 1–40.

Bulman, O.M.B. 1955. Graptolithina//Moore, R.C. Treatise on Invertebrate Paleontology, Part V. Lawrence: Geological Society of America & University of Kansas Press, xvii, 101.

Bulman, O.M.B. 1970. Graptolithina//Teichert, C. Treatise on Invertebrate Paleontology. Part V. 2th Ed. New York & Lawrence: Geological Society of America & University of Kansas Press, i–xxxii, 1–163.

Burmann, G. 1968. Diacrodien aus dem unteren Ordovizium. Palaeontographica Abteilung B, 2(4): 637–659.

Burmann, G. 1970. Weitere organische Mikrofossilien aus dem unteren Ordovizium. Palaeontographica Abteilung B, 3(3–4): 289–332.

Chen, J.Y., Gong, W.L. 1986. Conodonts//Chen, J.Y. Aspects of Cambrian-Ordovician Boundary in Dayangcha, China. Beijing: Prospect Publishing House, 93–223.

Chen, J.Y., Qian, Y.Y., Lin, Y.K., Zhang, J.M., Wang, Z.H., Yin, L.M., Erdtmann, B.-D. 1985. Study on Cambrian-Ordovician Boundary Strata and Its Biota in Dayangcha, Hunjiang, Jilin, China. Beijing: China Prospect Publishing House.

Chen, J.Y., Qian, Y.Y., Zhang, J.M., Lin, Y.K., Yin, L.M., Wang, Z.H., Wang, Z.Z., Yang, J.D., Wang, Y.X. 1988. The recommended Cambrian–Ordovician global boundary stratotype of the Xiaoyangqiao section (Dayangcha, Jilin Province). Geological Magazine, 125(4): 415–444.

Chen, T.E., Zou, X.P. 1984. On the Baota (Pagoda) Formation//Nanjing Institute of Geology and Palaeontology. Stratigraphy and Palaeontology of Systemic Boundaries in China, Ordovician-Silurian Boundary (1). Hefei: Anhui Science and Technology Publishing House, 467–498.

Chen, X. 1985. Earliest Ordovician graptolites from western Zhejiang, China and their faunal distribution. Journal of Paleontology, 59(3): 495–510.

Chen, X., Bergström, S.M. 1995. The base of the *austrodentatus* zone as a level for global subdivision of the Ordovician system. Palaeoworld, 5: 1–117.

Chen, X., Rong, J.Y., Wang, X.F., Wang, Z.H., Zhang, Y.D., Zhan, R.B. 1995a. Correlation of the Ordovician rocks of China. International Union of Geological Sciences Publication, 31: 1–104.

Chen, X., Zhang, Y.D., Mitchell, C.E. 1995b. Castlemainian to Darriwilian (Late Yushanian to Early Zhejiangian) graptolite faunas. Palaeoworld, 10: 36–66.

Chen, X., Ni, Y.N., Mitchell, C.E., Qiao, X.D., Zhan, S.G. 2000a. Graptolites from the Qilang and Yingan Formations (Caradoc, Ordovician) of Kalpin, Western Tarim, Xinjiang, China. Journal of Paleontology, 74: 282–300.

Chen, X., Rong, J.Y., Mitchell, C.E., Happer, D.A.T., Fan, J.X., Zhan, R.B., Zhang, Y.D., Li, R.Y., Wang, Y. 2000b. Late Ordovician to earliest Silurian graptolite and brachiopod biozonation from the Yangtze region, South China, with a global correlation. Geological Magazine, 137(6): 623–650.

Chen, X., Zhang, Y.D., Mitchell, C.E. 2001. Early Darriwilian graptolites from central and western China. Alcheringa, 25: 191–210.

Chen, X., Fan, J.X., Melchin, M.J., Mitchell, C.E. 2005. Hirnantian (latest Ordovician) graptolites from the Upper Yangtze Region, China. Palaeontology, 48: 235–280.

Chen, X., Rong, J.Y., Fan, J.X., Zhan, R.B., Mitchell, C.E., Harper, D.A.T., Melchin, M.J., Peng P.A., Finney, S.C., Wang, X.F. 2006a. The Global boundary Stratotype Section and Point (GSSP) for the base of the Hirnantian Stage (the uppermost of the Ordovician System). Episodes, 29(3): 183–196.

Chen, X., Zhang, Y.D., Bergström, S.M., Xu, H.G. 2006b. Upper Darriwilian graptolite and conodont zonation in the global stratotype section of the Darriwilian stage (Ordovician) at Huangnitang, Changshan, Zhejiang, China. Palaeoworld, 15: 150–170.

Chen, X., Zhang, Y.D., Yu, G.H., Liu, X. 2007. Latest Ordovician and earliest Silurian graptolites from the northwestern Zhejiang. Acta Palaeontologica Sinica, 46 (Suppl.): 77–82.

Chen, X., Bergström, S.M., Zhang, Y.D., Fan, J.X. 2009. The base of the Middle Ordovician in China with special reference to the succession at Hengtang near Jiangshan, Zhejiang Province, Southern China. Lethaia, 42: 218–231.

Chen, X., Bergström, S.M., Zhang, Y.D., Goldman, D., Chen, Q. 2010a. Upper Ordovician (Sandbian–Katian) graptolite and conodont zonation in the Yangtze region, China. Earth and Environmental Science Transactions of the Royal Society of Edinburgh, 101(2): 111–134.

Chen, X., Zhou, Z.Y., Fan, J.X. 2010b. Ordovician paleogeography and tectonics of the major paleoplates of China. Geological Society of America Special Papers, 466: 85–104.

Chen, X., Zhang, Y.D., Goldman, D., Bergström, S.M., Fan, J.X., Wang, Z.H., Finney, S.C., Chen, Q., Ma, X. 2016. Darriwilian to Katian (Ordovician) Graptolites from Northwest China. Hangzhou: Zhejiang University Press & Elsevier.

Chen, X.H., Paris, F., Zhang, M. 2008. Chitinozoans from the Fenxiang Formation (Early Ordovician) of Yichang, Hubei Province, China. Acta Geologica Sinica - English Edition, 82: 287–294.

Chen, X.H., Paris, F., Wang, X.F., Zhang, M. 2009. Early and Middle Ordovician chitinozoans from the Dapingian type sections, Yichang area, China. Review of Palaeobotany and Palynology, 153: 310–330.

Chen, Z.Y., Kim, M.H., Choh, S.J., et al. 2016. Discovery of *Anticostia uniformis* from the Xiazhen Formation at Zhuzhai, South China and its stratigraphic implication. Palaeoworld, 25(3): 356–361.

Churkin, M. Jr., Carter, C. 1970. Early Silurian graptolites from southeastern Alaska and their correlation with graptolite sequences in North America and the Arctic. United States Geological Survey Professional Paper, 653: 1–51.

Clarkson, E. 1998. Invertebrate Paleontology and Evolution. 4th Ed. Oxford: Blackwell Science.

Colbath, G.K. 1979. Organic-walled microphytoplankton from the Eden Shale (Upper Ordovician), Indiana, U.S.A. Palaeontographica Abteilung B, 171: 1–38.

Combaz, A., Peniguel, G. 1972. Étude palynostratigraphique de l'Ordovicien dans quelques sondages du Bassin de Canning (Australie Occidentale). Bulletin du Centre de Recherches Pau-SNPA, 6: 121–167.

Cooper, A.H., Rushton, A.W.A., Molyneux, S.G., Hughes, R.A., Moore, R.M., Webb, B.C. 1995. The stratigraphy, correlation, provenance and palaeogeography of the Skiddaw Group (Ordovician) in the English Lake District. Geological Magazine, 132 (2): 185–211.

Cooper, B.J. 1981. Early Ordovician conodonts from the Horn Valley Siltstone, Central Australia. Palaeontology, 24(1): 147–183.

Cooper, R.A., Ni, Y.N. 1986. Taxonomy, phylogeny, and variability of *Pseudisograptus* Beavis. Palaeontology, 29: 313–363.

Cooper, R.A., Sadler, P.A. 2012. The Ordovician Period//Gradstein, F., Ogg, J., Schmitz, M., Ogg, G. The Geological Time Scale. Amsterdam: Elsevier, 489–522.

Cooper, R.A., Maletz, J., Wang, H.F., Erdtmann, B.-D. 1998. Taxonomy and evolution of earliest Ordovician graptoloids. Norsk Geologisk Tidsskrift, 78: 3–32.

Cooper, R.A., Nowlan, G.S., Williams, S.H. 2001. Global Stratotype Section and Point for base of the Ordovician System. Episodes, 24(1): 19–28.

Cramer, F.H. 1971. Distribution of selected Silurian acritarchs. An account of the palynostratigraphy and paleogeography of selected Silurian acritarch taxa. Revista Espanõla de Micropaleontologia Numero extraordinario, 1: 1–203.

Cramer, F.H., Díez, M.d.C.R. 1972. North American Silurian Palynofacies and their spatial arrangement: Acritarchs. Palaeontographica Abteilung B, 138: 107–180.

Cramer, F.H., Díez, M.d.C.R. 1977. Late Arenigian (Ordovician) acritarchs from Cis-Saharan Morocco. Micropaleontology, 23(3): 339–360.

Cramer, F.H., Allam, B., Kanes, W.H., Díez, M.d.C.R. 1974a. Upper Arenigian to Lower Llanvirnian acritarchs from the subsurface of the Tadla Basin in Morocco. Palaeontographica Abteilung B, 145(5–6): 182–190.

Cramer, F.H., Kanes, W.H., Díez, M.d.C.R. 1974b. Early Ordovician acritarchs from the Tadla basin of Morocco. Palaeontographica Abteilung B, 146: 57–64.

Dai, M.J., Liu, L., Lee, D.-J., Peng, Y.B., Miao, A.S. 2016. Morphometrics of *Heliolites* (Tabulata) from the Late Ordovician Yushan, Jiangxi, South China. Acta Geologica Sinica, 89: 38–54.

Davies, K.A. 1929. Notes on the graptolite faunas in the Upper Ordovician and Lower Silurian. Geological Magazine, 66(1): 1–27.

Decker, C.E. 1935. The graptolites of the Simpson Group of Oklahoma. Proceedings of the National Academy of Science, 21(5): 239–243.

Deflandre, G., 1946. Fichier micropaléontologique-série 8. Hystrichosphaeridés III. Espèces du Primaire. Archives Originales, Center de Documentation; Centre National de la Recherche Scientifique, France, 257(I–V): 1096–1185.

Deunff, J. 1951. Sur la présence de microorganismes (Hystrichosphères) dans les schistes ordoviciens du Finistères. Compte rendu sommaire des séances de L'Académie des Sciences, 233(4): 321–323.

Deunff, J. 1954. *Veryhachium*, genre nouveau d'Hystrichosphères du Primaire. Compte rendu sommaire des séances de la Société géologique de France, 11: 305–307.

Deunff, J. 1959. Microorganismes planctoniques du Primaire Armorician. I. Ordovicien du Véryhac'h (presqu'île de Crozon). Bulletin de la Société Géologique et Minéralogique de Bretagne, 2: 1–41.

Deunff, J., Górka, H., Rauscher, R. 1974. Observations nouvelles et précisions sur les acritarches à large ouverture polaire du paléozoïque inférieur. Géobios, 7(1): 5–18.

Dong, X.P., Zhang, H.Q. 2017. Middle Cambrian through lowermost Ordovician conodonts from Hunan, South China. Journal of Paleontology Memoir, 73: 1–89.

Dong, X.P., Repetski, J.E., Bergström, S.M. 2004. Conodont biostratigraphy of the Middle Cambrian through lowermost Ordovician in Hunan, South China. Acta Geologica Sinica, 78: 1185–1206.

Downie, C. 1959. Hystrichospheres from the Silurian Wenlock Shale of England. Palaeontology, 2: 56–71.

Downie, C. 1963. 'Hystrichospheres' (acritarchs) and spores of the Wenlock Shales (Silurian) of Wenlock, England. Palaeontology, 6: 625–652.

Drygant, D.M. 1974. New Middle Ordovician conodonts from the northwestern Volyn. Paleontologichesky Sbornik, 11: 54–58.

Dzik, J. 1994. Conodonts of the Mójcza Limestone. Palaeontologia Polonica, 53: 43–128.

Eichwald, E. de. 1860. Lethaea Rossica ou Paléontologie de la Russie. Premier volume. Seconde Section de l'ancienne Période, Schweizerbart, Stuttgart.

Eisenack, A. 1931. Mikrofossilien des baltischen Silurs. I. Paläontologische Zeitschrift, 13: 74–118.

Eisenack, A. 1934. Neue mikrofossilien des baltischen Silurs. III. und neue mikrofossilien des böhmischen Silurs. I. Paläontologische Zeitschrift, 16: 52–76.

Eisenack, A. 1937. Neue Mikrofossilien des baltischen Silurs. IV. Paläontologische Zeitschrift, 19: 217–243.

Eisenack, A. 1938. Hystrichosphaerideen and verwandte Formen in baltischen Silur. Zeitschrift für Gesschiebeforschung und Flachlandgeologie, 14: 1–30.

Eisenack, A. 1954. Hystrichosphaerern aus dem baltischen Gotlandium. Senchenbergiana, 34(4–6): 205–211.

Eisenack, A. 1955. Neue Chitinozoen aus dem Silur des Baltikums und dem Devon der Eifel. Senckenbergiana Lethaea, 36: 311–319.

Eisenack, A. 1959. Neotypen baltischer Silur-Hystrichosphären und neue Arten. Palaeontographica Abteilung A, 112: 193–211.

Eisenack, A. 1962. Neotypen baltischer Silur-Chitinozoen und neue Arten. Neues Jahrbuch für Geologie und Paläontologie, Abhandlungen, 114: 291–316.

Eisenack, A. 1965. Die Mikrofauna der Ostseekalke. 1. Chitinozoen, Hystrichosphären. Neues Jahrbuch für Geologie und Paläontologie, Abhandlungen, 123: 115–148.

Eisenack, A. 1972. Beiträge zur Chitinozoen-Forschung. Palaeontographica Abteilung, A: 117–130.

Eisenack, A., Cramer, F.H., Díez, M.d.C.R. 1976. Katalog der fossilen Dinoflagellaten, Hystrichospären und verwandten Mikrofossilien, Band IV Acritarcha 2, Teil. E. Schweizerbart'sche Verlagsbuchhandlung, Stuttgart. 1–861.

Ekström, G. 1937. Upper *Didymograptus* Shale in Scania. Sveriges Geologiska Undersökning Serie C, Afhandlingar och Uppsatser, 403: 1–53.

Elles, G.L. 1922a. A new *Azygograptus* from North Wales. Geological Magazine, 59: 299–301.

Elles, G.L. 1922b. The graptolite faunas of the British Isles. Proceedings of the Geological Association, 33: 168–200.

Elles, G.L., Wood, E.M.R. 1902. A Monograph of British Graptolites, Part 2: Dichograptidae. London: Palaeontographical Society, 55–102.

Elles, G.L., Wood, E.M.R. 1904. A Monograph of British Graptolites, Part 4. London: Monograph of the Palaeontographical Society, 135–180.

Elles, G.L., Wood, E.M.R. 1906. A Monograph of British Graptolites, Part 5. London: Palaeontographical Society, 181–216.

Elles, G.L., Wood, E.M.R. 1907. A Monograph of British Graptolites, Part 6. London: Palaeontographical Society, 217–272.

Emmons, E. 1855. American Geology. Albany: Sprague Printers.

Endo, R. 1932. The Canadian and Ordovician formations and fossils of South Manchuria. Washington: United States Government Printing Office.

Ethington, R.L., Clark, D.L. 1964. Conodonts from the El Paso Formation (Ordovician) of Texas and Arizona. Journal of Paleontology, 38 (3): 685–704.

Evitt, W.R. 1963. A discussion and proposals concerning fossil dinoflagellates, hystrichospheres, and acritarchs, II. Proceedings of the National Academy of Sciences of the United States of America, 49(3): 298–302.

Fåhraeus, L.E. 1966. Lower Viruan (Middle Ordovician) conodonts from the Gullhögen Quarry, Southern Central Sweden. Sveriges Geologiska Undersökning, C610: 1–40.

Fan, J.X., Peng, P.A., Melchin, M.J. 2009. Carbon isotopes and event stratigraphy near the Ordovician–Silurian boundary, Yichang, South China. Palaeogeography, Palaeoclimatology, Palaeoecology, 276: 160–169.

Fang, X., Zhang, Y.B., Chen, T.E., Zhang, Y.D. 2017. A quantitative study of the Ordovician cephalopod species *Sinoceras chinense* (Foord) and its palaeobiogeographic implications. Alcheringa, 41: 321–334.

Fatka, O., Brocke, R. 1999. Morphologic variability in two populations of Arbusculidium filamentosum (Vavrdová 1965) Vavrdová 1972. Palynology, 23: 153–180.

Feng, H.Z., Erdtmann, B.-D. 1999. The early Tremadoc graptolite sequence in the Wuning area, South China and its international correlation. Acta Universitatis Carolinae – Geologica, 43(1/2): 21–24.

Fensome, R.A., Willianms, G.L., Brass, J.M., Freeman, J.M., Hill, J.M. 1990. Acritarchs and fossil prasinophyte: An index to genera, species and infraspecific taxa. A.A.S.P. Contrib. Ser, 25: 1–771.

Finney, S.C. 2005. Global series and stages for the Ordovician system: A progress report. Geologica Acta, 3(4): 309–316.

Finney, S.C., Grubb, B.J., Hatcher, R.D.Jr. 1996. Graphic correlation of Middle Ordovician graptolite shale, southern Appalachians: An approach for examining the subsidence and migration of a Taconic foreland basin. Geological Society of America Bulletin, 108: 355–371.

Finney, S.C., Berry, W.B.N., Cooper, J.D., Ripperdan, R.L., Sweet, W.C., Jacobson, S.R., Soufiane, A., Achab, A. Noble, P.J. 1999. Late Ordovician mass extinction: A new perspective from stratigraphic sections in central Nevada. Geology, 27: 215–218.

Flower, R.H. 1964. The Nautiloid Order Ellesmeroceratida (Cephalopoda). State Bureau of Mines and Mineral Resources, New Mexico Institute of Mining and Technology Campus Station Memoir, 12: 1–234.

Foerste, A.F. 1909. Preliminary notes on Cincinnatian and Lexington fossils. Bulletin of the Science Laboratories of Denison University, 14: 289–334.

Foerste, A.F. 1933. Black River and other cephalopods from Minnesota, Wisconsin, Michigan, and Ontario. Journal of Scientific Laboratories of Denison University, 27: 47–136.

Foord, A.H. 1888. Catalogue of the fossil Cephalopoda in the British Museum (Natural History), Part. 1—Nautiloidea, 1–344.

Fortey, R.A., Zhang, Y.D., Mellish, C. 2005. Relationships of biserial graptolites. Palaeontology, 48(6): 1241–1272.

Foster, C., Wicander, R. 2016. An Early Ordovician organic-walled microphytoplankton assemblage from the Nambeet Formation, Canning Basin, Australia: Biostratigraphic and paleogeographic significance. Palynology, 40: 379–409.

Frech, F. 1911. Das Silur von China. Richthofen's China, 5: 1–17.

Goldman, D., Wright, S.J. 2003. A revision of "*Climacograptus*" *caudatus* (Lapworth) based on isolated three-dimensional material from the Viola Springs Formation of Central Oklahoma, USA// Ortega, G., Aceñolaza, G.F. Proceedings of the 7th International Graptolite Conference: Instituto Superior de Correlación Geológica (INSUGEO), Serie Correlación Geológica, 18: 33–37.

Goldman, D., Leslie, S.A., Nõlvak, J., Young, S., Bergström, S.M., Huff, W.D. 2007. The global stratotype section and point (GSSP) for the base of the Katian Stage of the Upper Ordovician Series at Black Knob Ridge, southeastern Oklahoma, USA. Episodes, 30: 258–270.

Goodbody, Q.H. 1986. Wenlock Palaeoscenidiidae and Entactiniidae (Radiolaria) from the Cape Phillips Formation of the Canadian Arctic Archipelago. Micropaleontology, 32: 129–157.

Gorjan, P., Kaiho, K., Fike, D.A., Chen, X. 2012. Carbon- and sulfur-isotope geochemistry of the Hirnantian (Late Ordovician) Wangjiawan (Riverside) section, South China: Global correlation and environmental event interpretation. Palaeogeography, Palaeoclimatology, Palaeoecology, 337–338: 14–22.

Górka, H. 1969. Microorganismes de l'Ordovicien de Pologne. Palaeontologia Polonica, 22: 1–102.

Goto, H., Umeda, M., Ishiga, H. 1992. Late Ordovician Radiolarians from the Lachlan Fold Belt, Southeastern Australia. Memoirs of the Faculty of Science, Shimane University, 26: 145–170.

Grabau, A.W. 1922. Ordovician fossils from North China. Palaeontologia Sinica Series B, 1（1）: 1–100.

Grahn, Y. 1981. Middle Ordovician Chitinozoa from Öland. Sveriges Geologiska Undersökning, Ser. C, 784: 1–51.

Guo, X.Y., Gao, R., Keller, R., Xu, X., Wang, H.Y., Li, W.H. 2013. Imaging the crustal structure beneath the eastern Tibetan Plateau and implications for the uplift of the Longmen Shan range. Earth and Planetary Science Letters, 379: 72–80.

Hadding, A. 1913. Undre Dicellograptusskifern i Skåne. Lunds Universitets Årsskrift, N.F., Afd. 2, Bd 9, Nr 15: 1–91.

Hall, J. 1847. Paleontology of New York. Vol 1: Containing descriptions of the organic remains of the lower divisions of the New York System (equivalent of the Lower Silurian rocks of Europe). Albany: Geological Survey of New York.

Hall, J. 1859. Notes upon the genus *Graptolithus*. Palaeontology of New York, Supplement to Vol.1. Albany: Geological Survey of New York, 495–522.

Hall, J. 1865. Figures and Descriptions of Canadian Organic Remains. Decade II, Graptolites of the Quebec Group. Geological Survey of Canada, 1–151.

Hall, T.S. 1914. Victorian graptolites, part IV: Some new or little-known species. Proceedings of the Royal Society of Victoria, 27: 104–118.

Harrington, H.J., Henningsmoen, G., Howell, B.F., Jaanusson, V., Lochman-Balk, C., Moore, R.C., Poulsen, C., Rasetti, F., Richter, E., Richter, R., Schmidt, H., Sdzuy, K., Struve, W., Tripp, R., Weller, J.M., Whittington, H.B. 1959. Systematic descriptions//Moore, R.C. Treatise on Invertebrate Paleontology, Part O, Arthropoda 1. Lawrence: Geological Society of America and University of Kansas Press, 170–540.

Harris, W.J. 1933. *Isograptus caduceus* and its allies in Victoria. Proceedings of the Royal Society of Victoria, 46(1): 79–115.

Harris, W.J., Keble, R.A. 1932. Victorian graptolite zones, with correlations and descriptions of species. Proceedings of the Royal Society of Victoria, 44: 25–48.

Havlíček, V. 1967. Brachiopoda of the suborder Strophomenidina in Czechoslovakia. Rozpravy Ústředního Ústavu Geologického, 33: 1–235.

Hennissen, J., Vandenbroucke, T.R.A., Chen, X., Tang, P., Verniers, J. 2010. The Dawangou auxiliary GSSP (Xinjiang Autonomous Region, China) of the base of the Upper Ordovician Series: Putting global chitinozoan biostratigraphy to the test. Journal of Micropalaeontology, 29: 93–113.

Hill, D. 1935. British terminology for rugose corals. Geological Magazine, 72: 481–519.

Hill, D. 1981. Coelenterata. Supplement 1. Rugosa and Tabulata//Teichert, C. Treatise on Invertebrate Paleontology, Part F. Lawrence: Geological Society of America and University Kansas Press, 1–762.

Hinde, G.J. 1890. Radiolarian Chert in the Ballantrae Series (=Llandeilo-Caradoc) of the south of Scotland. Geological Magazine, 7(3):144.

Hisinger, W. 1840. Lethaea Suecica Seu Petrificata Suecica, Supplementum 2. Stockholm: Holmiae.

Holm, G. 1881. Bidrag til könnedomen om Skandinaviens Graptoliter I. Öfversigt af Kunglia Svenska Vetenskapsakademi Förhandlingar, 38(4): 71–84.

Holm, G. 1885. Ueber die innere Organisation einiger silurischer Cephalopoden. Paläontologie Abhandlungen, 3: 1–21.

Hopkinson, J. 1872. On some new species of graptolites from the south of Scotland. Geological Magazine, 9: 501–509.

Hsü, C. 1934. The graptolites of the Lower Yangtze Valley. Monograph of the National Research Institute of Geology, Academia, Series A, 5: 1–106.

Jansonius, J. 1964. Morphology and classification of some Chitinozoa. Bulletin of Canadian Petroleum Geology, 12: 901–918.

Jenkins, W.A.M. 1967. Ordovician chitinozoa from Shropshire. Palaeontology, 10: 436–488.

Jenkins, W.A.M. 1969. Chitinozoa from the Ordovician Viola and Fernrale limestones of the Arbuckle Mountains, Oklahoma. Special Papers in Palaeontology, 5: 1–44.

Jeon, J.W., Liang, K., Lee, M., Kershaw, S. 2019. Earliest known spatial competition between stromatoporoids: Evidence from the Upper Ordovician Xiazhen Formation of South China. Journal of Paleontology, 94(1): 1–10.

Jin, J.S., Zhan, R.B., Rong, J.Y. 2006. Taxonomic reassessment of two virgianid brachiopod genera from the Upper Ordovician and Lower Silurian of South China. Journal of Paleontology, 80: 72–82.

Jing, X.C., Zhou, H.R., Wang, X.L. 2016a. Biostratigraphy and biofacies of the Middle Darriwilian (Ordovician) conodonts from the Laoshidan section in the western margin of the North China Craton. Marine Micropaleontology, 125: 51–65.

Jing, X.C., Zhou, H.R., Wang, X.L. 2016b. Ordovician (middle Darriwilian-earliest Sandbian) conodonts from the Wuhai area of Inner Mongolia, North China. Journal of Paleontology, 89(5): 768–790.

Jing, X.C., Stouge, S., Tian, Y.F., Wang, X.L., Zhou, H.R. 2019. Katian (Upper Ordovician) carbon isotope chemostratigraphy in the Neixiang area, central China: Implications for intercontinental correlation. Geological Magazine, 156(12): 2053–2066.

Kaljo, D., Martma, T., Sandre, T. 2007. Post-Hunnebergian Ordovician carbon isotope trend in Baltoscandia, its environmental implications and some similarities with that in Nevada. Palaeogeography, Palaeoclimatology, Palaeoecology, 245: 138–155.

Kennedy, D.J., Barnes, C.R., Uyeno, T.T. 1979. A Middle Ordovician conodont faunule from the Tetagouche Group, Camel Back Mountain, New Brunswick. Canadian Journal of Earth Sciences, 16(3): 540–551.

Kjellström, G. 1971. Ordovician microplankton (baltisphaerids) from the Grötlingbo Borehole No. 1 in Gotland, Sweden. Sveriges Geologiska Undersökning, Avhandlingar och Uppsatser, Series C (665), Årsbok, 65(1): 1–75.

Kjellström, G. 1976. Lower Viruan (Middle Ordovician) microplankton from the Ekön Borehole No. 1 in Östergötland, Sweden. Sveriges Geologiska Undersökning, Avhandlingar och Uppsatser, Series C (665), Årsbok, 70(6): 1–44.

Kjerulf, T. 1865. Veiviser Ved Geologiske Exursioner I Christiania Omegn. Universitets program for 2d Halvaar, i–iv. Oslo: Christiania, 1–41.

Kobayashi, T. 1927. Ordovician fossils from Corea and South Manchuria. Japanese Journal of Geology and Geography, 5: 173–212.

Kobayashi, T. 1933. Faunal study of the Wanwanian (Basal Ordovician) Series with special notes on the Ribeiridae and the ellesmereoceroids. Journal of the Faculty of Science Imperial University of Tokyo, Section II, 3(7): 250–328.

Kobayashi, T. 1934. The Cambro-Ordovician formations and faunas of South Chosen. Paleontology, Part. 1, Middle Ordovician faunas. Journal of Tokyo Imperial University, Faculty of Science, Section II, 3: 329–520.

Kobayashi, T. 1937. Contribution to the study of the apical end of the Ordovician Nautiloid. Japanese Journal of Geology and Geography, 14: 1–21.

Kobayashi, T., Matumoto, T. 1942. Three new Toufangian Nautiloids from Eastern Jehol. Japanese Journal of Geology and Geography, 18: 313–317.

Lapworth, C. 1876. The Silurian System in the South of Scotland//Armstrong, J., Young, J., Robertson, D. Catalogue of Western Scottish Fossils. Glasgow: Blackie & Son, 1–28.

Laufeld, S. 1967. Caradocian Chitinozoa from Dalarna, Sweden. Geologiska Föreningen i Stockholm Förhandlingar, 89: 275–349.

Lee, D.-C. 2013. Late Ordovician trilobites from the Xiazhen Formation in Zhuzhai, Jiangxi Province, China. Acta Palaeontologica Polonica, 58(4): 855–883.

Lee, D.-C., Park, J., Woo, J., Kwon, Y.-K., Lee, J.-G., Guan, L.M., Sun, N., Lee, S.-B., Liang, K., Liu, L., Rhee, C.-W., Choh, S.-J., Kim, B.-S., Lee, D.-J. 2012. Revised stratigraphy of the Xiazhen Formation (Upper Ordovician) at Zhuzhai, South China, based on palaeontological and lithological data. Alcheringa, 36(3): 387–404.

Lee, H.-Y. 1975. Conodonts from the Dumugol Formation (Lower Ordovician), South Korea. Journal of the Geological Society of Korea, 11(2): 75–93.

Lee, M., Elias, R.J., Choh, S.-J., Lee, D.-J. 2016. Insight from early coral–stromatoporoid intergrowth, Late Ordovician of China. Palaeogeography, Palaeoclimatology, Palaeoecology, 463: 192–204.

Leslie, S.A., Saltzman, M.R., Bergström, S.M., Repetski, J.E., Howard, A., Seward, A.M. 2011. Conodont biostratigraphy and stable isotope stratigraphy across the Ordovician Knox/Beekmantown unconformity in the central Appalachians. Serie Cuadernoa del Mueseo Geominero, 14: 301–308.

Li, H.S. 1995. New genera and species of middle Ordovician Nassellaria and Albaillellaria from Baijingsi, Qilian Mountains, China. Scientia Geologica Sinica, 4: 331–346.

Li, J. 1987. Ordovician acritarchs from the Meitan Formation of Guizhou Province, south-west China. Palaeontology, 30: 613–634.

Li, J., Wicander, R., Yan, K., Zhu, H. 2006. An Upper Ordovician acritarch and prasinophyte assemblage from Dawangou, Xinjiang, northwestern China: Biostratigraphic and paleogeographic implications. Review of Palaeobotany and Palynology, 139: 97–128.

Li, J., Servais, T., Yan, K. 2014. The Ordovician acritarch genus Rhopaliophora: Biostratigraphy, palaeobiogeography and palaeoecology. Review of Palaeobotany and Palynology, 208: 1–24.

Li, W.J., Chen, J.T., Wang, L.W., Fang, X., Zhang, Y.D. 2019. Slump sheets as a record of regional tectonics and paleogeographic changes in South China. Sedimentary Geology, 392. doi.org/10.1016/j.sedgeo.2019.105525.

Liang, Y., Paris, F., Tang, P. 2017. Middle–Late Ordovician chitinozoans from the Yichang area, South China. Review of Palaeobotany and Palynology, 244: 26–42.

Lin, B.Y., Webby, B.D. 1988. Clathrodictyid stromatoporoids from the Ordovician of China. Alcheringa, 12: 233–247.

Lindström, M. 1954. Conodonts from the lowermost Ordovician strata of south-central Sweden. Geologiska Föreningen i Stockholm Förhandlingar, 76(4): 517–604.

Lindström, M. 1964, Conodonts. Amsterdam: Elsevier.

Lindström, M. 1971. Lower Ordovician conodonts of Europe. Geological Society of America Memoir, 127: 23–59.

Loeblich, J.A.R. 1970. Morphology, ultrastructure and distribution of Paleozoic acritarchs. Proceedings of the North American Palaeontological Convention, G: 705–788.

Loeblich, J.A.R., Tappan, H. 1976. Some new and revised organic-walled phytoplankton microfossil genera. Journal of Paleontology, 52(2): 301–308.

Loeblich, J.A.R., Tappan, H. 1978. Some Middle and late Ordovician microphytoplancton from Central North America. Journal of Paleontology, 52(6): 1223–1287.

Löfgren, A. 1978. Arenigian and Llanvirnian conodonts from Jamtland, northern Sweden. Fossils and Strata, 13: 1–129.

Luan, X.C., Wu, R.C., Zhan, R.B., Liu, J.B. 2019. The Zitai Formation in South China: unique deeper-water marine red beds in terms of lithology, distribution and $\delta^{13}C_{carb}$ chemostratigraphy. Palaeoworld, 28: 198–210.

M'Coy, F. 1851. On some new Cambro-Silurian fossils. The Annals and Magazine of Natural History, 8: 387–409.

Ma, X., Zhang, Y.D. 2018. Graptolite biostratigraphy of the Hulo Formation (Middle Ordovician) in NW Zhejiang, South China// Zhang, Y. D., Zhan, R. B., Fan, J. X., Muir, L. A. Proceedings of the International Geoscience Programme (IGCP) Project 653 Annual Meeting, October 8th—12th, 2017, Yichang, China. Hangzhou: Zhejiang University Press, 101–106.

Ma, X., Wang, Z.H., Zhang, Y.D., Song, Y.Y., Fang, X. 2015. Carbon isotope records of the Middle–Upper Ordovician transition in Yichang area, South China. Palaeoworld, 24(1–2): 136–148.

Maletz, J. 1997. Graptolites from the *Nicholsonograptus fasciculatus* and *Pterograptus elegans* Zones (Abereiddian, Ordovician) of the Oslo region, Norway. Greifswalder Geowissenschaftliche Beiträge, 4: 5–98.

Maletz, J. 2011. The identity of the Ordovician (Darriwilian) graptolite *Fucoides dentatus* Brongniart, 1828. Palaeontology, 54(4): 851–865.

Maletz, J. 2014. The classification of the Pterobranchia (Cephalodiscida and Graptolithina). Bulletin of Geosciences, 89(3): 477–540.

Maletz, J., Bruton, D.L. 2007. Lower Ordovician (Chewtonian to Castlemainian) Radiolarians of Spitsbergen. Journal of Systematic Palaeontology, 5(3): 245–288.

Maletz, J., Bruton, D.L. 2008. The Middle Ordovician *Proventocitum procerulum* radiolarian assemblage of Spitsbergen and its biostrratigraphic correlation. Palaeontology, 51(5): 1181–1200.

Maletz, J., Kozłowska, A. 2013. Dendroid graptolites from the Lower Ordovician (Tremadocian) of the Yichang area, Hubei, China. Paläontologische Zeitschrft, 87: 445–454.

Maletz, J., Lenz, A.C., Bates, D.E.B. 2016. Part V, Second Revision, Chapter 4: Morphology of the Pterobranch Tubarium. Treatise Online, 76: 1–63.

Marek, L., Havlíček, V. 1967. The articulate brachiopods of the Kosov Formation (Upper Ashgillian). Věstnik Ústředního Ústavu Geologického, 42: 275–284.

Martelli, A. 1901. Fossili del Siluriano inferiore dellos Schensi (China). Societa Geologica Italiana Bollettino, 20: 295–310.

Martin, F. 1969. Les acritarches de l'Ordovicien et du Silurien belges. Détermination et valeur stratigraphique. Institut Royal des Sciences Naturelles de Belgique Mémoires, 160: 1–177.

Martin, F. 1977. Acritarches du Cambro-Ordovicien du Massif du Brabant, Belgique. Bulletin-Institut royal des sciences naturelles de Belgique (Sciences de la Terre), 51(1): 1–33.

Martin, F. 1982. Some aspects of late Cambrian and early Ordovician acritarchs// Bassett, M.G., Dean, W.T. The Cambrian-Ordovician boundary: sections, fossil distributions, and correlations. Cardiff: National Museum of Wales, Geological Series 3, 29–40.

Martin, F. 1984. New Ordovician (Tremadoc) acritarch taxa from the middle member of the Survey Peak Formation at Wilcox Pass, southern Canadian Rocky Mountains, Alberta. Geological Survey of Canada, Current Research A, 84–1A: 441–448.

Martin, F. 1996. Systematic revision of the acritarch Ferromia pellita and its bearing on Lower Ordovician stratigraphy. Review of Palaeobotany and Palynology, 93: 23–34.

Martin, F., Dean, W.T. 1981. Middle and upper Cambrian and Lower Ordovician acritarchs from Random Island, eastern Newfoundland. Bulletin of the Geological Survey of Canada, 343: 1–43.

Martin, F., Yin, L. 1988. Early Ordovician acritarchs from southern Jilin Province, north-east China. Palaeontology, 31: 109–127.

Melchin, M.J. 1998. Morphology and phylogeny of some early Silurian 'diplograptid' genera from Cornwallis Island, Arctic Canada. Palaeontology, 41: 263–315.

Melchin, M.J., Mitchell, C.E. 1991. Late Ordovician extinction in the Graptoloidea//Barnes, C.R., Williams, S.H. Advances in Ordovician geology. Geological Survey of Canada Paper, 90–9: 143–154.

Melchin, M.J., Mitchell, C.E., Holmden, C., Štorch, P. 2014. Environmental changes in the Late Ordovician–early Silurian: Review and new insights from black shales and nitrogen isotopes. GSA Bulletin, 125(11/12): 1635–1670.

Miller, J.F., Repetski, J.E., Nicoll, R.S., Nowlan, G., Ethington, R.L. 2014. The conodont *Iapetognathus* and its value for defining the base of the Ordovician System. GFF, 136: 185–188.

Miller, J.F., Evans, K.R., Ethington, R.L., Freeman, R.L., Loch, J.D., Repetski, J.E., Ripperdan, R.L., Taylor, J.F. 2015. Proposed auxiliary boundary stratigraphic section and point (ASSP) for the base of the Ordovician System at Lawson Cove, Utah, USA. Stratigraphy, 12: 219–236.

Mitchell, C.E. 1987. Evolution and phylogenetic classification of the Diplograptacea. Palaeontology, 30(2): 353–405.

Mitchell, C.E. 1990. Directional macroevolution of the diplograptacean graptolites: a product of astogenetic heterochrony and directed speciation//Taylor, P.D., Larwood, G.P. Major Evolutionary Radiations. Systematics Association Special Volumes, 42: 235–264.

Mitchell, C.E., Chen, X., Bergström, S.M., Zhang, Y.D., Wang, Z.H., Webby, B.D., Finney, S.C. 1997. Definition of a global boundary stratotype for the Darriwilian Stage of the Ordovician System. Episodes, 20: 158–166.

Mitchell, C.E., Melchin, M.J., Cameron, C.B., Maletz, J. 2013. Phylogenetic analysis reveals that *Rhabdopleura* is an extant graptolite. Lethaia, 46: 34–56.

Moberg, J.C. 1892. Om några nya graptoliter från Skånes under graptolitskiffer. Geologiska Föreninger i Stockholm Förhandlingar, 14: 339–350.

Moberg, J.C. 1901. *Pterograptus scanicus* n.sp. Geologiska Föreninger i Stockholm Förhandlingar, 23: 345–350.

Molyneux, S.G., Rushton, A.W.A. 1998. The age of the Watch Hill Grits (Ordovician), English Lake District: Structural and palaeogeographical implications. Transactions of the Royal Society of Edinburgh, Earth Sciences, 79: 43–69.

Monsen, A. 1937. Die Graptolithenfauna im Unteren Didymograptusschiefer (Phyllograptusschiefer) Norwegens. Norsk Geologisk Tidsskrift, 16: 57–263.

Mu, E.Z. 1974. Evolution, classification and distribution of Graptoloidea and Graptodendroids. Scientia Sinica, 17: 227–238.

Mu, E.Z., Lin, Y.K. 1984. Graptolites from the Ordovician-Silurian boundary sections of Yichang area, W. Hubei//Nanjing Institute of Geology and Palaeontology, Academia Sinica. Stratigraphy and Palaeontology of Systemic Boundaries in China, Ordovician-Silurian Boundary (1). Hefei: Anhui Science and Technology Publishing House, 45–82.

Mu, E.Z., Ni, Y.N. 1983. Uppermost Ordovician and lowermost Silurian graptolites from the Xainza area of Xizang (Tibet) with discussion on the Ordovician-Silurian boundary. Palaeontologia Cathayana, 1: 151–179.

Muir, L.A., Zhang, Y.D., Botting, J.P., Ma, X. 2020. *Avitograptus* species (Graptolithina) from the Hirnantian (uppermost Ordovician) Anji Biota of South China and the evolution of *Akidograptus* and *Parakidograptus*. Journal of Paleontology, 94(5): 955–965.

Munnecke, A., Zhang, Y.D., Liu, X., Cheng, J.F. 2011. Stable carbon isotope stratigraphy in the Ordovician of South China. Palaeogeography, Palaeoclimatology, Palaeoecology, 307: 17–43.

Nazarov, B.B., Nõlvak, J. 1983. Radiolarians from the Upper Ordovician of Estonia. Proceedings of the Academy of Sciences of the Estonian SSR: Geology, 32(1): 1–8.

Nazarov, B.B., Popov, L.E. 1976. Radiolarians, inarticulate brachiopods, and organisms of uncertain taxonomic position from the Middle Ordovician of eastern Kazakhstan. Paleontologicheskiy Zhurnal, 4(4): 33–42.

Nazarov, B.B., Popov, L.E. 1980. Stratigraphy and fauna of the siliceous-carbonate sequence of the Ordovician of Kazakhstan (Radiolaria and inarticulate brachiopods). Transactions of the Geological Institute of the Soviet Akademy of Sciences, 331: 1–192.

Nazarov, B.B., Popov, L.E., Apollonov, M.K. 1975. Radiolyarii nizhnego paleozoya Kazakhstana (Lower Paleozoic Radiolaria in Kazakhstan). Izvestiya Akademiya Nauk SSSR, Seriya Geologicheskaya (Proceedings of the USSR Academy of Sciences, Geological Series), 10: 96–105.

Nazarov, B.B., Popov, L.E., Apollonov, M.K. 1977. Lower Paleozoic radiolarians of Kazakhstan. International Geology Review, 19: 913–920.

Nestor, H. 1964. Stromatoporoidei ordovika i llandoveri Estonii (Ordovician and Llandoverian Stromatoporoidea of Estonia). Tallinn, Estonia: Institut Geologii Akademii nauk Estonskoy SSR.

Nestor, H., Copper, P., Stock, C. 2010. Late Ordovician and Early Silurian Stromatoporoid sponges from Anticosti Island, Eastern Canada: Crossing the O/S mass extinction boundary. Ottawa: NRCR Research Press.

Neville, R.S. 1974. Ordovician chitinozoa from western Newfoundland. Review of Palaeobotany and Palynology, 18: 187–221.

Nicholson, H.A. 1869. On some new species of graptolites. Annals and Magazine of Natural History, 4(4): 231–242.

Nicholson, H.A. 1873. On some fossils from the Quebec Group of Point Levis, Quebec. Annals and Magazine of Natural History, 4(11): 133–143.

Nicholson, H.A. 1875. On a new genus and some new species of graptolites from the Skiddaw Slates. Annals and Magazine of Natural History, 4(16): 269–273.

Nicoll, R.S., Miller, J.F., Nowlan, G.S., Repetski, J.E., Ethington, R.L. 1999. *Iapetonudus* (N. gen.) and *Iapetognathus* Landing, unusual earliest Ordovician multielement conodont taxa and their utility for biostratigraphy. Brigham Young Univ Geol Stud, 44: 27–101.

Noble, P.J., Webby, B.D. 2009. Katian (Ordovician) radiolarians from the Malongulli Formation, New South Wales, Australia, a re-examination. Journal of Paleontology, 83: 548–561.

Noda, S. 1915. Geology of the Northwestern Part of Cheh-kiang-sheng. Bulletin of the Imperial Geological Survey of Japan, 25(1): 17–29.

Nõlvak, J., Grahn, Y. 1993. Ordovician chitinozoan zones from Baltoscandia. Review of Palaeobotany and Palynology, 79: 245–269.

Nõlvak, J., Liang, Y., Hints, O. 2019. Early diversification of Ordovician chitinozoans on Baltica: New data from the Jägala waterfall section, northern Estonia. Palaeogeography, Palaeoclimatology, Palaeoecology, 525: 14–24.

Norin, E. 1937. Geology of Western Quruq Tagh (Eastern Tien-shan). Reports from the Scientific Expedition to the North-Western Provinces of China under Leadership of Dr. Sven Hedin (III)—Geology (1).

Nowlan, G.S., Nicoll, R.S. 1995. Re-examination of the conodont biostratigraphy at the Cambrian–Ordovician Xiaoyangqiao section, Dayangcha, Jilin Province, China//Cooper, J.D., Droser, M.L., Finney, S.C. Ordovician Odyssey: Short papers for the 7th International Symposium on the Ordovician System. SEPM, 77: 113–116.

Obut, A.M. 1973. On the geographic distribution, comparative morphology, ecology, phylogeny and systematic position of chitinozoans//Zhuravleva, J.T. Environment and Life in the Geological Past, Nauka, Novosibirsk, 72–84.

Ortega, G., Albanesi, G.L., Banchig, A.L., Peralta, G.L. 2008. High resolution conodont-graptolite biostratigraphy in the Middle–Upper Ordovician of the Sierra de La Invernada Formation (Central Precordillera, Argentina). Geologica Acta, 6: 227–235.

Ozaki, K. 1938. On some stromatoporoids from the Ordovician limestones of Shantung and south Manchuria. Journal of Shanghai Science Institute, 2(2): 205–223.

Palyford, G., Martin, F. 1984. Ordovician acritarchs from the Canning Basin, Western Australia. Alcheringa, 8: 187–223.

Palyford, G., Wicander, R. 1988. Acritarch palynoflora of the Coolibah Formation (Lower Ordovician), Georgina Basin, Queensland. Association of Australasian Palaeontologists Memoir, 5: 5–40.

Pander, C.H. 1856. Monographie der fossilen fische des Silurischen systems der Russischen Gouvernements. St. Petersburg, Buchdruckerei der Kaiserlichen Akademie der Wissenschafter, 1–91.

Paris, F. 1981. Les Chitinozoaires dans le Paléozoïque de sud-ouest de l'Europe: Cadre géologique, étude systématique, biostratigraphie. Mémoires de la Société Géologique et Minéralogique de Bretagne, 26.

Paris, F., Grahn, Y., Nestor, V., Lakova, I. 1999. A revised chitinozoan classification. Journal of Paleontology, 73: 549–570.

Peng, S.C. 1990. Tremadoc stratigraphy and trilobite faunas of northwestern Hunan. Beringeria, 2: 1–171.

Playford, G., Ribecai, C., Tongiorgi, M. 1995. Ordovician acritarch genera *Peteinosphaeridium*, *Liliosphaeridium*, and *Cycloposphaeridium*: morphology, taxonomy, biostratigraphy, and palaeogeographic sig-nificance. Bollettino della Società Paleontologica Italiana, 34: 3–54.

Rauscher, R. 1973. Recherches micropaléontologiques et stratigraphiques dans l'Ordovicien et le Silurien en France: Étude des Acritarches, des Chitinozoaires et des Spores. Sciences Géologiques, bulletins et mémoires, 38.

Reed, F.R.C. 1917. Ordovician and Silurian fossils from Yunnan. Palaeontologia India, 6: 1–69.

Renz, G.W. 1990. Late Ordovician (Caradocian) radiolarians from Nevada. Micropalaeontology, 36(4): 367–377.

Ribecai, C., Tongiorgi, M. 1999. The Ordovician acritarch genus *Pachysphaeridium* Burmann 1970: New, revised, and reassigned species. Palaeontographia Italica, 86: 117–153.

Ribecai, C., Raevskaya, E., Tongiorgi, M. 2002. *Sacculidium* gen. nov. (Acritarcha), a new representative of the Ordovician *Stelomorpha-Tranvikium* plexus. Review of Palaeobotany and Palynology, 121: 163–203.

Richthofen, F.V. 1912. China—Ergenisse eigener reisen und darauf gegründeter studien. Verlag Von Dietrich Reimer, Berlin. 1–817.

Rickards, R.B., Stait, B.A. 1984. *Psigraptus*, its classification, evolution and zooid. Alcheringa, 8: 101–111.

Rickards, R.B., Wright, A.J. 2003. The *Pristiograptus dubius* (Suess, 1851) species group and iterative evolution in the Mid- and Late Silurian. Scottish Journal of Geology, 39 (1): 61–69.

Righi, E. 1991. Ampullula, a new acritarch genus from the Ordovician (Arenig–Llanvirn) of Öland, Sweden. Review of Palaeobotany and Palynology, 68: 119–126.

Ripperdan, R.L., Magaritz, M., Kirschvink, J.L. 1993. Carbon isotope and magnetic polarity evidence for non-depositional events within the Cambrian-Ordovician boundary section near Dayangcha, Jilin Province, China. Geological Magazine, 130: 443–452.

Riva, J. 1987. The graptolite *Amplexograptus praetypicalis* n. sp. and the origin of the *typicalis* group. Canadian Journal of Earth Sciences, 24: 924–933.

Rong, J.Y. 1984. Brachiopods of latest Ordovician in the Yichang district, western Hubei, Central China//Nanjing Institute of Geology and Palaeontology. Stratigraphy and Palaeontology of Systematic Boundaries in China, Ordovician-Silurian boundary (1), 111–176.

Rong, J.Y., Li, R.Y. 1999. A Silicified *Hirnantia* Fauna (Latest Ordovician Brachiopods) from Guizhou, Southwest China. Journal of Paleontology, 73(5): 831–849.

Rong, J.Y., Zhan, R.B., Han, N.R. 1994. The oldest known *Eospirifer* (Brachiopoda) in the Changwu Formation (Late Ordovician) of western Zhejiang, East China, with a review of the earliest spiriferoids. Journal of Paleontology, 68(4): 763–776.

Rong, J.Y., Zhan, R.B., Harper, D.A.T. 1999. Late Ordovician (Caradoc-Ashgill) brachiopod faunas with *Foliomena* based on data from China. Palaios, 14: 412–431.

Rong, J.Y., Chen, X., Harper, D.A.T. 2002. The latest Ordovician *Hirnantia* Fauna (Brachiopoda) in time and space. Lethaia, 35: 231–249.

Rong, J.Y., Huang, B., Zhan, R.B., Harper, D.A.T. 2008. Latest Ordovician brachiopod and trilobite assemblage from Yuhang, northern Zhejiang, East China: a window on Hirnantian deep-water benthos. Historical Biology, 20: 137–148.

Rong, J.Y., Jin, Y.G., Shen, S.Z., Zhan, R.B. 2017. Phanerozoic Brachiopod Genera of China. Beijing: Science Press.

Rong, J.Y, Harper, D.A.T., Huang B., Li, R.Y., Zhang, X.L., Chen, D. 2020. The latest Ordovician Hirnantian brachiopod faunas: New global insights. Earth-Science Reviews, 208: 103280.

Ruedemann, R. 1912. The Lower Siluric shales of the Mohawk Valley. Bulletin of the New York State Museum, 162: 1–145.

Ruedemann, R. 1937. A new North American graptolite faunule. American Journal of Science, 3: 57–62.

Ruedemann, R., Wilson, T.Y. 1936. Eastern New York Ordovician cherts. Bulletin of the Geological Society of America, 47(10): 1535–1586.

Salter, J.W. 1863. Notes on the Skiddaw Slate fossils. Quarterly Journal of the Geological Society of London, 19: 135–140.

Saltzman, M.R., Young, S.A. 2005. Long-lived glaciation in the Late Ordovician? Isotopic and sequence stratigraphic evidence from western Laurentia. Geology, 33: 109–112.

Schmidt, F. 1858. Untersuchungen über die Silurische Formation von Ehstland, Nord-Livland und Oesel. Archiv für die Naturkunde Liv-, Ehst- und Kurlands, 2: 1–249.

Schmitz, B., Bergström, S.M., Wang, X.F. 2010. The middle Darriwilian (Ordovician) δ^{13}C excursion (MDICE) discovered in the Yangtze Platform succession in China: Implications of its first recorded occurrences outside Baltoscandia. Journal of the Geological Society, 167(2): 249–259.

Schröder, H. 1882. Beiträge zur Kenntniss der in ost- und westpreussischen Diluvialgeschieben gefundenen Silurcephalopoden (Fortsetzung). Schriften der Physikalisch-Ökonomischen Gesellschaft zu Königsberg, 22: 54–96.

Sepkoski, Jr. J.J. 1981. A factor analytic description of the Phanerozoic marine fossil record. Paleobiology, 7(1): 36–53.

Sergeeva, S.P. 1963. Novyy ranneordovikskiy rod konodontov semeystva Prioniodinidae (A new Early Ordovician conodont genus of the family Prioniodinidae). Paläontologische Zeitschrift, 4: 138–140.

Serpagli, E. 1967. I conodonti dell' Ordoviciano superiore (Ashgilliano) della Alpi Carniche. Bollettino della Società Paleontologica Italiana, 6: 30–111.

Sheehan, P.M. 1987. Late Ordovician (Ashgillian) Brachiopods from the region of the Sambre and Meuse Rivers, Belgium. Bulletin De L'institut Royal Des Sciences Naturelles De Belgique, Sciences De La Terre, 57: 5–81.

Shimizu, S., Ohata, T. 1936. Three new genera of Ordovician nautiloids belonging to the Wutinoceratidae (Nov.) from east Asia. Journal of Shanghai Science Institute, 2: 27–35.

Sobolevskaya, R.F. 1974. New Ashgill graptolites in the middle flow basin of the Kolyma River//Obut, A.M. Graptolites of the USSR. Nauka, Siberian Branch, Novosibirsk, 163–71.

Song, S.G., Yang, L.M., Zhang, Y.Q., Niu, Y.L., Wang, C., Su, L., Gao, Y.L. 2017. Qi-Qin Accretionary Belt in Central China Orogen: Accretion by trench jam of oceanic plateau and formation of intra-oceanic arc in the Early Paleozoic Qin-Qi-Kun Ocean. Science Bulletin, 62: 1035–1038.

Staplin, F.L., Jansonius, J., Pocock, A.A.J. 1965. Evaluation of some acritarchous hystrichosphere genera. Neues Jahrbuch für Geologie und Paläontologie Abhandlungen, 123: 167–201.

Stauffer, C.R. 1935. The conodont fauna of the Decorah shale (Ordovician). Journal of Paleontology, 9: 596–620.

Štorch, P., Mitchell, C.E., Finney, S.C., Melchin, M.J. 2011. Uppermost Ordovician (upper Katian–Hirnantian) graptolites of north-central Nevada, U.S.A. Bulletin of Geosciences, 86(2): 301–386.

Stouge, S.S. 1984. Conodonts of the Middle Ordovician Table Head Formation, western Newfoundland. Fossils and Strata, 16: 1–145.

Sun, N., Elias, R.J., Choh, S.-J., Lee, D.-C., Wang, X.L., Lee, D.-J. 2016. Morphometrics and palaeoecology of the coral *Agetolites* from the Xiazhen Formation (Upper Ordovician), Zhuzhai, South China. Alcheringa, 40: 251–274.

Sweet, W.C. 1979. Late Ordovician conodonts and biostratigraphy of the western Midcontinent Province. Brigham Young University, Geology Studies, 26(3): 45–85.

Sweet, W.C. 1981. Morphology and composition of elements//Clark, D.L. et al. Treatise on Invertebrate Paleontology, Part W (Miscellanea, Conodonta, Supplement 2). Geological Society of America Inc. and The University of Kansas, W5–W20.

Tappan, H., Loeblich, J.A.R. 1971. Surface sculpture of the wall in lower Paleozoic acritarchs. Micropaleontology, 17: 385–410.

Taugourdeau, P., de Jekhowsky, B. 1960. Répartition et description des chitinozoaires siluro-dévoniens de quelques sondages de la CREPS, de la CFPA et de la SN Repal au Sahara. Revue de I´Institut Francais du Pétrole.

Temple, J.T. 1965. Upper Ordovician brachiopods from Poland and Britain. Acta Palaeontologica Polonica, 10: 379–427.

Timofeev, B.V. 1959. The ancient flora of the Prebaltic region and its stratigraphic significance. Trudy VNIGRI, 129:1–319.

Tongiorgi, M., Yin, L.M, di Milia, A. 1995. Arenigian acritarchs from the Daping section (Yangtze Gorges area, Hubei Province, Southern China) and their palaeogeographic significance. Review of Palaeobotany and Palynology, 86: 13–48.

Tongiorgi, M., Yin, L.M, di Milia, A. 2003. Lower Yushangian to Zhjiangian palynology of the Yangtze Gorges area (Daping and Huanghuachang sections), Hubei Province, South China. Palaeontographica Abteilung B, 266: 1–160.

Törnquist, S.L. 1901. Graptolites of the lower zones of the Scanian and Vestrogothian *Phyllo-Tetragraptus* beds. Lunds Universitets Årsskrift, 37(2): 1–26.

Trotter, J.A., Webby, B.D. 1995. Upper Ordovician conodonts from the Malongulli Formation, Cliefden Caves area, central New South Wales. AGSO Journal of Australian Geology and Geophysics, 15(4): 475–499.

Tullberg, S.A. 1880. Några Didymograptus-arter i undre graptolitskiffer vid Kiviks-Esperöd. Geologiska Föreninger i Stockholm Förhandlingar, 5: 39–43.

Turner, R.E. 1984. Acritarchs from the type area of the Ordovician Caradoc Series, Shropshire, England. Palaentographica B, 190: 87–157.

Turvey, S.T. 2005. Reedocalymenine trilobites from the Ordovician of central and eastern Asia, and a review of species assigned to *Neseuretus*. Palaeontology, 48: 549–575.

Turvey, S.T. 2007. Asaphoid trilobites from the Arenig-Llanvirn of the South China Plate. Palaeontology, 50: 347–399.

Uutela, A., Tynni, R. 1991. Ordovician acritarchs from the Rapla borehole, Estonia. Geological Survey of Finland Bulletin, 353: 1–153.

VandenBerg, A.H.M. 1990. The ancestry of *Climacograptus spiniferus* Ruedemann. Alcheringa, 14: 39–51.

VandenBerg, A.H.M., Maletz, J. 2016. The holotype of *Pseudisograptus manubriatus manubriatus* (Hall, 1914)—implications for the identification of *Pseudisograptus manubriatus* subspecies. Alcheringa, 40: 422–428.

Vanguestaine, M. 1978. Données nouvelles dans l'Ordovicien inférieur du bassin de la Senne, Massif du Brabant, Belgique. Annales de la Société Géologique de Belgique, 100: 193–198.

Vavrdová, M. 1965. Ordovician acritarchs from central Bohemia. Vestník ústredního ústavu geologického, 40: 351–357.

Vavrdová, M. 1966. Palaeozoic microplankton from Central Bohemia. Časopis pro Mineralogii a Geologii, 11: 409–414.

Vavrdová, M. 1972. Acritarchs from Klabava Shales. Vestník ústredního ústavu geologického, 47: 79–86.

Vavrdová, M. 1973. New acritarchs from Bohemian Arenig (Ordovician). Vestník ústredního ústavu geologického, 48: 285–289.

Vavrdová, M. 1976. Excystment mechanism of Early Paleozoic acritarchs. Časopis pro Mineralogii a Geologii, 21: 55–64.

Vavrdová, M. 1977. Acritarchs from the Sárka Formation (Llanvirnian). Vestník ústredního ústavu geologického, 52: 109–118.

Vavrdová, M. 1990. Early Ordovician acritarchs from the locality Mýto near Rokycany (late Arenig, Czechoslovakia). Časopis pro Mineralogii a Geologii, 35: 239–250.

Vecoli, M. 1999. Cambro-Ordovician palynostratigraphy (acritarchs and prasinophytes) of the Hassi-R'Mel area and northern Rhadames Basin, North Africa. Palaeontographia Italica, 86: 1–112.

Viira, V. 1974. Ordovician Conodonts of the East Baltic. Tallinn: Valgus.

Wang, K., Chatterton, B.D.E., Wang, Y. 1997. An organic carbon isotope record of Late Ordovician to Early Silurian marine sedimentary rocks, Yangtze Sea, South China: Implications for CO_2 changes during the Hirnantian glaciation. Palaeogeography, Palaeoclimatology, Palaeoecology, 132: 147–158.

Wang, W.H., Muir, L.A. 2015. Taxonomic and biostratigraphic reappraisal of some early Tremadocian (Ordovician) graptolites from Changde, South China. Palaeoworld, 24: 86–99.

Wang, W.H., Feng, H.Z., Vandenbroucke, T.R.A., Li, L.X., Verniers, J. 2013. Chitinozoans from the Tremadocian graptolite shales of the Jiangnan Slope in South China. Review of Palaeobotany and Palynology, 198: 45–61.

Wang, W.H., Muir, L.A., Chen, X., Tang, P. 2015a. Earliest Silurian graptolites from Kalpin, western Tarim, Xinjiang, China. Bulletin of Geosciences, 90(3): 519–542.

Wang, W.H. Servais, T., Yan, K., Vecoli, M., Li, J. 2015b. The Ordovician acritarch *Dactylofusa velifera* Cocchio 1982: A biostratigraphical and palaeogeographical index species. Palynology, 39(1): 128–141.

Wang, W.H., Zhang, L.N., Liu, H., Deng, X., Tan, J.Q. 2019. The Early–Middle Ordovician graptolite genus *Azygograptus* in South China: New material and paleogeographic implications. Palaeogeography, Palaeoclimatology, Palaeoecology, 533. doi.org/10.1016/j.palaeo.2019.109264.

Wang, X.F., Wang, C.S. 2001. Tremadocian (Ordovician) graptolite diversification events in China. Alcheringa, 25: 155–168.

Wang, X.F., Stouge, S., Erdtmann, B.-D., Chen, X.H., Li, Z.H., Wang, C.S., Zeng, Q.L., Zhou, Z.Q., Chen, H.M., 2005. A proposed GSSP for the base of the Middle Ordovician Series: The Huanghuachang section, Yichang, China. Episodes, 28(2): 105–117.

Wang, X.F., Stouge, S., Chen, X.H., Li, Z.H., Wang, C.S., Finney, S.C., Zeng, Q.L., Zhou, Z.Q., Chen, H.M., Erdtmann, B.-D. 2009. The Global Stratotype Section and Point for the base of the Middle Ordovician Series and the Third Stage (Dapingian). Episodes, 32(2): 96–113.

Wang, X.F., Stouge, S., Maletz, J., Bagnoli, G., Qi, Y.P., Raevskaya, E.G., Wang, C.S., Yan, C.B. 2019. Correlating the global Cambrian–Ordovician boundary: Precise comparison of the Xiaoyangqiao section, Dayangcha, North China with the Green Point GSSP section, Newfoundland, Canada. Palaeoworld, 28(3): 243–275.

Wang, Y.J. 1993. Middle Ordovician radiolarians from the Pingliang Formation of Gansu Province, China. Micropalaeontology Special Publication, 6: 98–114.

Wang, Z.H. 1984. Late Cambrian and Early Ordovician conodonts from North and Northeast China with comments on the Cambrian-Ordovician boundary//Nanjing Institute of Geology and Palaeontology, Academia Sinica. Stratigraphy and Palaeontology of Systemic Boundaries in China, Cambrian–Ordovician Boundary (2). Hefei: Anhui Science and Technology Publishing House, 195–258.

Wang, Z.H. 1985. Conodonts//Chen, J.Y., Qian, Y.Y., Lin, Y.K., Zhang, J.M., Wang, Z.H., Yin, L.M., Erdtmann, B.-D. 1985. Study on Cambrian-Ordovician Boundary Strata and Its Biota in Dayangcha, Hunjian, Jilin, China. Beijing: China Prospect Publishing House, 83–101.

Wang, Z.H., Bergström, S.M. 1995. Castlemainian (Late Yushanian) to Darriwilian (Zhejiangian) conodont faunas//Chen, X., Bergström, S.M. The base of the *austrodentatus* zone as a level for global subdivision of the Ordovician system. Palaeoworld, 5: 86–91.

Wang, Z.H., Bergström, S.M. 1999. Conodont-graptolite biostratigraphic relations across the base of the Darriwilian Stage in the Yangtze platform and the JCY area in Zhejiang, China. Bollettino della Società Paleontologica Italiana, 37 (2-3): 187–198.

Wang, Z.H., Qi, Y.P. 2001. Ordovician conodonts from drillings in the Taklimakan Desert, Xinjiang, NW China. Acta Palaeontologica Sinica, 18 (2): 133–148.

Wang, Z.H., Qi, Y.P., Bergström, S.M. 2007. Ordovician conodonts of the Tarim Region, Xinjiang, China: Occurrence and use as palaeoenvironment indicators. Journal of Asian Earth Sciences, 29: 832–843.

Wang, Z.H., Bergström, S.M., Zhen, Y.Y., Chen, X., Zhang, Y.D. 2013. On the integration of Ordovician conodont and graptolite biostratigraphy: New examples from Gansu and Inner Mongolia in China. Alcheringa, 37: 510–528.

Wang, Z.H., Bergström, S.M., Song, Y.Y., Ma, X., Zhang, Y.D. 2017. On the diachronous nature of the top of the Ordovician Kuniutan Formation on the Yangtze Platform: Implications of the conodont biostratigraphy of the Dacao section, Chongqing. Palaeoworld, 26: 37–49.

Wang, Z.H., Zhen, Y.Y., Bergström, S.M., Zhang, Y.D., Wu, R.C. 2018. Ordovician conodont biozonation and biostratigraphy of North China. Australasian Palaeontological Memoirs, 51: 65–79.

Wang, Z.H., Zhen, Y.Y., Bergström, S.M., Wu, R.C., Zhang, Y.D., Ma, X. 2019. A new conodont biozone classification of the Ordovician System in South China. Palaeoworld, 28 (1–2): 173–186.

Webby, B.D. 1998. IGCP Project No. 410, The Great Ordovician Biodiversification Event. IGCP 410 Newsletter, 1: 1–18.

Webby, B.D., Blow, W. 1986. The first well-preserved radiolarians from the Ordovician of Australia. Journal of Paleontology, 60: 145–157.

Whiteaves, J.F. 1892. The Orthoceratidae of the Trenton limestone of the Winnipeg basin. Transactions of the Royal Society of Canada, 9(4): 77–90.

Whiteaves, J.F. 1895. Descriotions of eight new species of fossils from the (Glena) Trenton limestones of Lake Winnipeg and the Red River Valley. The Canadian Record of Science, 6: 387–397.

Whiteaves, J.F. 1898. On some fossil Cephalopoda in the Museum of the Geological Survey of Canada: with descriptions of eight species that appear to be new. The Ottawa Naturalist, 12: 116–127.

Whitfield, R.P. 1886. Notice of geological investigations along the eastern shores of Lake Champlain, conducted by Prof. H.M. Seely and Prest. Ezra Brainerd, of Middlebury College, with descriptions of new fossils discovered. Bulletin of America Museum of Natural History, 1: 293–345

Wicander, R., Playford, G., Robertson, E.B. 1999. Stratigraphic and Paleogeographic significance of an Upper Ordovician acritarch flora from the Maquoketa Shale, northeastern Missouri, U.S.A. Journal of Paleontology, 73: 1–38.

Williams, A. 1951. Llandovery brachiopods from Wales with special reference to the Llandovery District. Quarterly Journal of Geological Society, London, 107: 85–136.

Won, M.-Z., Iams, W.J. 2013. Early Ordovician (early Arenig) radiolarians from the Cow Head Group and review of the Little Port Complex fauna, Western Newfoundland. Palaeoworld, 22: 10–31.

Wright, A.D. 1963. The fauna of the Portrane Limestone, I. Bulletin of the British Museum (Natural History), Geology, 8(5): 223–254.

Wu, R.C., Calner, M., Lehnert, O., Peterffy, O., Joachimski, M.M. 2015. Lower–Middle Ordovician δ^{13}C chemostratigraphy of western Baltica (Jämtland, Sweden). Palaeoworld, 24: 110–122.

Wu, R.C., Calner, M., Lehnert, O. 2017. Integrated conodont biostratigraphy and carbon isotope chemostratigraphy in the Lower-Middle Ordovician of southern Sweden reveals a complete record of the MDICE. Geological Magazine, 154: 334–353.

Wu, R.C., Calner, M., Lehnert, O., Lindskog, A., Joachimski, M. 2018. Conodont biostratigraphy and carbon isotope stratigraphy of the Middle Ordovician (Darriwilian) Komstad Limestone, southern Sweden. GFF, 140: 44–54.

Wu, R.C., Liu, J.B., Calner, M., Gong, F.Y., Lehnert, O., Luan, X.C., Li, L.X., Zhan, R.B. 2020. High-resolution carbon isotope stratigraphy of the Lower and Middle Ordovician succession of the Yangtze Platform, China: Implications for global correlation. Journal of the Geological Society, 177(3): 537–549.

Xia, F.S., Zhang, S.G., Wang, Z.Z. 2007. The oldest bryozoans: new evidence from the late Tremadocian (early Ordovician) of east Yangtze Gorges in China. Journal of Paleontology, 81(6): 1308–1326.

Yabe, H., Hoyasaka, I. 1920. Palaeontology of Southern China. Geographical Research in China 1911–1916 Reports, 3: 1–221.

Yabe, H., Sugiyama, T. 1930. On some Ordovician stromatoporoids from south Manchuria, North China and Choseon (Corea), with notes on two European forms. Tohoku Imperial University, Science Report (Series 2, Geology), 14: 47–62.

Yan, D.T., Chen, D.Z., Wang, Q.C., Wang, J.G., Wang, Z.Z. 2009. Carbon and sulfur isotopic anomalies across the Ordovician–Silurian boundary on the Yangtze Platform, South China. Palaeogeography, Palaeoclimatology, Palaeoecology, 274: 32–39.

Yan, K., Servais, T., Li, J. 2010. Revision of the Ordovician acritarch genus *Ampullula* Righi 1991. Review of Palaeobotany and Palynology, 163: 11–25.

Yang, D.Q. 1990. Ordovician section in Huangnitang of Changshan, W. Zhejiang// Ni, Y.N., Fang, Y.T. Abstracts and Excursion of the 4th International Conference of Graptolites, 65–69.

Yin, L.M., di Milia, A., Tongiorgi, M. 1998. New and emended acritarch taxa from the lower Dawan Formation (lower Arenig, Huanghuachang Section, South China). Review of Palaeobotany and Palynology, 102: 223–248.

Young, S.A., Saltzman, M.R., Bergström, S.M. 2005. Upper Ordovician (Mohawkian) carbon isotope ($\delta^{13}C$) stratigraphy in eastern and central North America: Regional expression of a perturbation of the global carbon cycle. Palaeogeography, Palaeoclimatology, Palaeoecology, 222: 53–76.

Young, S.A., Saltzman, M.R., Bergström, S.M., Leslie, S.A., Chen, X. 2008. Paired $\delta^{13}C_{carb}$ and $\delta^{13}C_{org}$ records of Upper Ordovician (Sandbian-Katian) carbonates in North America and China: Implications for paleoceanographic change. Palaeogeography, Palaeoclimatology, Palaeoecology, 270: 166–178.

Yü, C.C. 1930. The Ordovician Cephalopoda of Central China. Palaeontologia Sinica, 1(2): 1–101.

Yu, S.Y., Fang, X., Munnecke, A., Li, W.J., Zhen, Y.Y., Li, Y., Wang, Z.H., Zhang, Y.D. 2019. First documentation of Middle Ordovician warm-water carbonates in the Mount Jolmo Lungma (Mount Everest) area, southern Xizang (Tibet), China, and its paleogeographic implications. Palaeogeography, Palaeoclimatology, Palaeoecology, 530: 136–151.

Yuan, T., Yi, H.S., Zhang, S., Cai, Z.H., Li, G.J. 2018. Carbon isotope excursions and paleo-oceanography of the Ordovician–Silurian boundary carbonate rocks from the Xainza Area, Tibet. Acta Geologica Sinica (English Edition), 92(5): 2052–2054.

Zalasiewicz, J.A., Taylor, L., Rushton, A.W.A., Loydell, D.K., Rickards, R.B., Williams, M. 2009. Graptolites in British stratigraphy. Geological Magazine, 146: 785–850.

Zhan, R.B., Cocks, L.R.M. 1998. Late Ordovician brachiopods from the South China Plate and their palaeogeographical significance. Special Papers in Palaeontology, 59: 1–70.

Zhan, R.B., Jin, J.S. 2005a. Brachiopods from the Middle Ordovician Shihtzupu Formation of Yunnan Province, China. Acta Palaeontologica Polonica, 50(2): 365–393.

Zhan, R.B., Jin, J.S. 2005b. Brachiopods from the Dashaba Formation (Middle Ordovician) of Sichuan Province, Southwest China. Special Papers in Palaeontology, 74: 1–63.

Zhan, R.B., Jin, J.S. 2005c. New data on the *Foliomena* fauna (Brachiopoda) from the Upper Ordovician of South China. Journal of Paleontology, 79(4): 670–686.

Zhan, R.B., Jin, J.S. 2007. Ordovician–Early Silurian (Llandovery) Stratigraphy and Palaeontology of the Upper Yangtze Platform. Beijing: Science Press.

Zhan, R.B., Rong, J.Y., Jin, J.S., Cocks, L.R.M. 2002. Late Ordovician brachiopod communities of southeast China. Canadian Journal of Earth Sciences, 39(4): 445–468.

Zhan, R.B., Jin, J.S., Rong, J.Y., Chen, P.F., Yu, G.H. 2008. Strophomenide brachiopods from the Changwu Formation (Late Katian, Late Ordovician) of Chun'an, western Zhejiang, south-east China. Palaeontology, 51(3): 737–766.

Zhan, R.B., Jin, J.S., Chen, P.F. 2010. Early–Mid Ordovician *Yangtzeella* (Syntrophiidina, Brachiopoda) and its evolutionary significance. Palaeontology, 53(1): 77–96.

Zhan, R.B., Rong, J.Y., Jin, J.S., Liang, Y., Yuan, W.W., Zhang, Y.D., Wang, Y. 2014. Discovery of a Late Ordovician *Foliomena* fauna in the Tarim desert, Northwest China. Palaeoworld, 23: 125–142.

Zhang, J., Zhang, Y.D. 2014. Graptolite fauna of the Hungshihyen Formation (Early Ordovician), eastern Yunnan, China. Alcheringa, 38(3): 434–449.

Zhang, J.H. 1998. Conodonts from the Guniutan Formation (Llanvirnian) in Hubei and Hunan Provinces, south-central China. Stockholm Contributionsin Geology, 46: 1–161.

Zhang, S.X., Zhen, Y.Y. 1991. China// Moullade, M. Nairn, A.E.M. The Phanerozoic Geology of the World I: The Palaeozoic, A. Amsterdam: Elsevier, 219–274.

Zhang, T.G., Shen, Y.A., Zhan, R.B., Shen, S.Z., Chen, X. 2009. Large perturbations of the carbon and sulphur cycle associated with the Late Ordovician mass extinction in South China. Geology, 37: 299–302.

Zhang, T.G., Shen, Y.A., Algeo, T.J. 2010. High-resolution carbon isotopic records from the Ordovician of South China: Links to climatic cooling and the Great Ordovician Biodiversification Event (GOBE). Palaeogeography, Palaeoclimatology, Palaeoecology, 289: 102–112.

Zhang, Y.D., Chen, X. 2003. The Early-Middle Ordovician graptolite sequence of the Upper Yangtze region, South China//Albanesi, G.L., Beresi, M.S., Peralta, S.H. Ordovician from the Andes. INSUGEO, serie Correlación Geologica, 17: 173–180.

Zhang, Y.D., Erdtmann, B.-D. 2004. Late Tremadoc (Ordovician) biostratigraphy and graptolites at Dayangcha of Baishan, NE China. Paläontologische Zeitschrift, 78(2): 323–354.

Zhang, Y.D., Munnecke, A. 2016. Ordovician stable carbon isotope stratigraphy in the Tarim Basin, NW China. Palaeogeography, Palaeoclimatology, Palaeoecology, 458: 154–175.

Zhang, Y.D., Erdtmann, B.-D., Feng, H.Z. 2004. Tremadocian (Early Ordovician) graptolite biostratigraphy of China. Newsletters on Stratigraphy, 40(3): 155–182.

Zhang, Y.D., Chen, X., Yu, G.H., Goldman, D., Liu, X. 2007. Ordovician and Silurian Rocks of Northwest Zhejiang and Northeast Jiangxi Provinces, SE China. Hefei: University of Science and Technology of China Press.

Zhang, Y.D., Fan, J.X., Liu, X. 2009. Graptolite biostratigraphy of the Shihtien Formation (Darriwilian) in West Yunnan, China. Bulletin of Geosciences, 84(1): 35–40.

Zhang, Y.D., Munnecke, A., Chen, X., Cheng, J.F., Liu, X. 2011. Biostratigraphic and chemostratigraphic correlation for the base of the Middle Ordovician between Yichang and western Zhejiang areas, South China. Acta Geologica Sinica, 85(2): 320–329.

Zhang, Y.D., Wang, Y., Zhan, R.B., Fan, J.X., Zhou, Z.Q., Fang, X. 2014. Ordovician and Silurian Stratigraphy and Palaeontology of Yunnan, Southwest China. Beijing: Science Press.

Zhang, Y.Y., Wang, J., Munnecke, A., Li, Y. 2015. Ramp morphology controlling the facies differentiation of a Late Ordovician reef complex at Bachu, Tarim Block, NW China. Lethaia, 48(4): 509–521.

Zhen, Y.Y., Liu, J.B., Percival, I.G. 2005. Revision of two prioniodontid species (Conodonta) from the Early Ordovician Honghuayuan Formation of Guizhou, South China. Records of the Australian Museum, 57: 303–320.

Zhen, Y.Y., Percival, I.G., Liu, J.B. 2006. Early Ordovician *Triangulodus* (Conodonta) from the Honghuayuan Formation of Guizhou, South China. Alcheringa, 30: 191–212.

Zhen, Y.Y., Liu, J.B., Percival, I.G. 2007. Revision of the conodont *Erraticodon hexianensis* from the upper Meitan Formation (Middle Ordovician) of Guizhou, South China. Paleontological Research, 11(2): 145–162.

Zhen, Y.Y., Percival, I.G., Liu, J.B., Zhang, Y.D. 2009a. Conodont fauna and biostratigraphy of the Honghuayuan Formation (Early Ordovician) of Guizhou, South China. Alcheringa, 33(3): 257–295.

Zhen, Y.Y., Zhang, Y.D., Percival, I.G. 2009b. Early Ordovician (Floian) Serratognathidae fam. nov. (Conodonta) from Eastern Gondwana: Phylogeny, biogeography and biostratigraphic applications. Memoirs of the Association of Australasian Palaeontologists, 37: 669–686.

Zhen, Y.Y., Zhang, Y.D., Percival, I.G. 2009c. Early Sandbian (Late Ordovician) conodonts from the Yenwashan Formation, western Zhejiang, South China. Alcheringa, 33(2): 133–161.

Zhen, Y.Y., Wang, Z.H., Zhang, Y.D., Bergström, S.M., Percival, I.G., Cheng, J.F. 2011. Mid to Late Ordovician (Darriwilian-Sandbian) conodonts from the Dawangou Section in the Kalpin area of the Tarim Basin, northwestern China. Records of the Australian Museum, 63: 203–266.

Zhen, Y.Y., Zhang, Y.D., Tang, Z.C., Percival, I.G., Yu, G.H. 2015. Early Ordovician conodonts from Zhejiang Province, southeast China and their biostratigraphic and palaeobiogeographic implications. Alcheringa, 39(1): 109–141.

Zhen, Y.Y., Zhang, Y.D., Wang, Z.H., Percival, I.G. 2016. Huaiyuan Epeirogeny—Shaping Ordovician stratigraphy and sedimentation on the North China Platform. Palaeogeography, Palaeoclimatology, Palaeoecology, 448 (2016): 363–370.

Zhen, Y.Y., Zhang, Y.D., Harper, D.A.T., Zhan, R.B., Fang, X., Wang, Z.H., Yu, S.Y., Li, W.J. 2020. Ordovician successions in southern-central Xizang (Tibet), China—Refining the stratigraphy of the Himalayan and Lhasa terranes. Gondwana Research, 83: 372–389.

Zheng, Y.F., Xiao, W.J., Zhao, G.C. 2013. Introduction to tectonics of China. Gondwana Research, 23(4): 1189–1206.

Zhou, Z.Q., Zhou, Z.Y., Yuan, W.W. 2011. Late Ordovician (Hirnantian) *Mucronaspis* (*Songxites*)-dominant trilobite fauna from northwestern Zhejiang, China. Memoirs of the Association of Australasian Palaeontologists, 42: 75–92.

Zhou, Z.Y., Yin, G.Z., Tripp, R.P. 1984. Trilobites from the Ordovician Shihtzupu Formation, Zunyi, Guizhou Province, China. Transactions of the Royal Society of Edinburgh: Earth Sciences, 75: 13–36.

Zhou, Z.Y., Dean, W.T., Yuan, W.W., Zhou, T.R. 1998. Ordovician trilobites from the Dawangou Formation, Kalpin, Xinjiang, North-West China. Palaeontology, 41: 693–735.

属种索引

A

B

C

D

E

F

G

H

I

J

K

L

N

O

P

Q

R

S

T

U

V

W

X

Y

Z